图 5-10 图像着色

a）原图像　　　　　　　　　　　b）颜色直方图

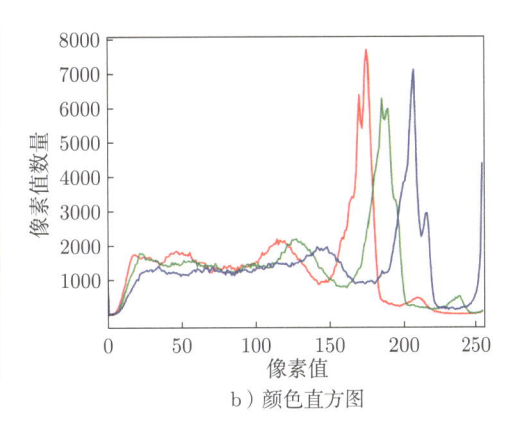

图 8-12 用颜色直方图提取全局特征

图 8-14 Harris 角点检测示例

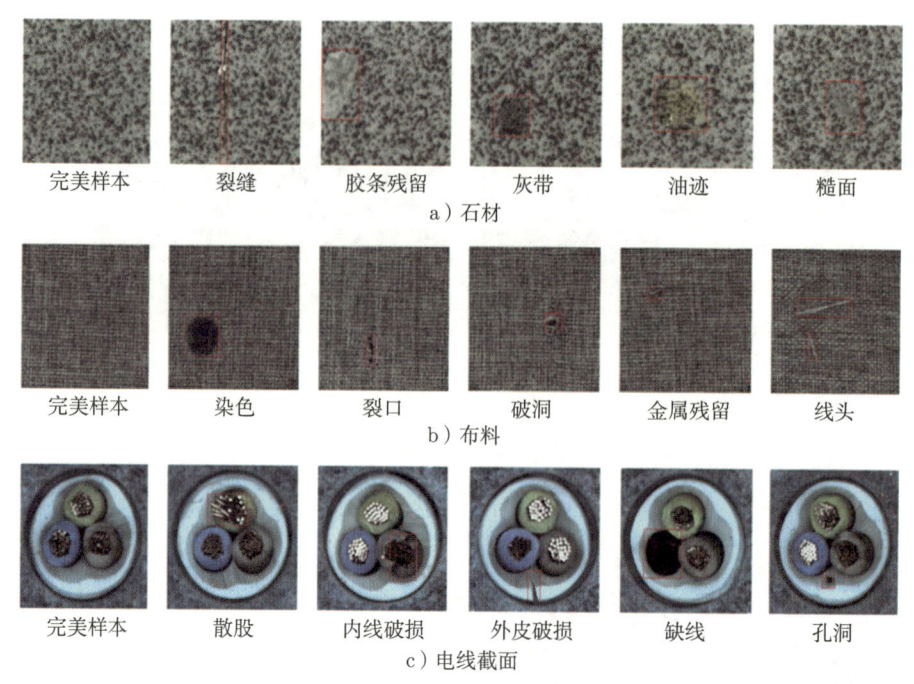

完美样本　　　　裂缝　　　　胶条残留　　　　灰带　　　　油迹　　　　糙面
a）石材

完美样本　　　　染色　　　　裂口　　　　破洞　　　　金属残留　　　　线头
b）布料

完美样本　　　　散股　　　　内线破损　　　　外皮破损　　　　缺线　　　　孔洞
c）电线截面

图 8-46　石材、布料和电线截面缺陷样例

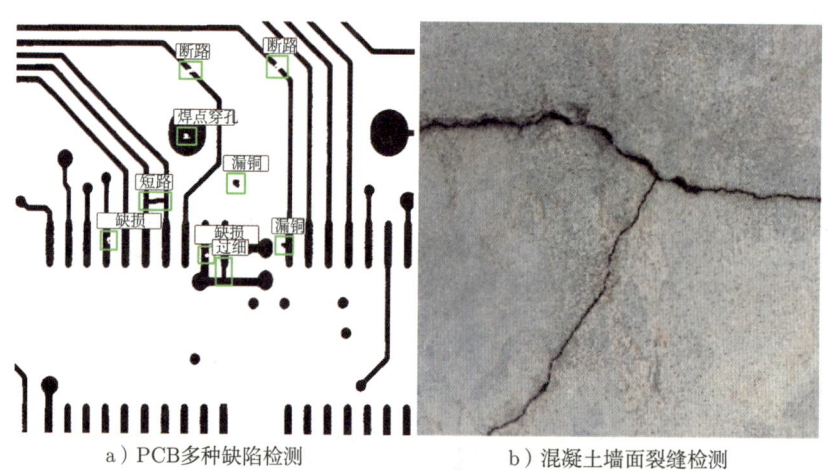

a）PCB多种缺陷检测　　　　b）混凝土墙面裂缝检测

c）工件（螺丝）磨损检测（红色和绿色区域标记预期检出的缺陷）

图 8-47　多个应用场景下的缺陷检测示例

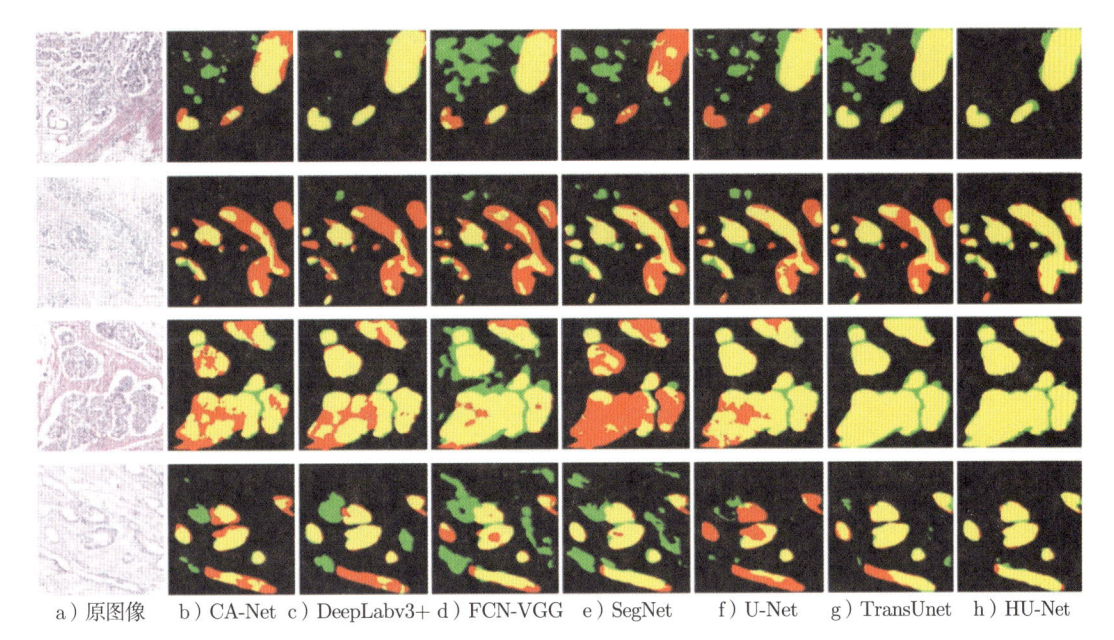

a）原图像　　b）CA-Net　c）DeepLabv3+　d）FCN-VGG　　e）SegNet　　f）U-Net　　g）TransUnet　　h）HU-Net

图 8-60　在 BOT 数据集上进行的病灶分割任务示例

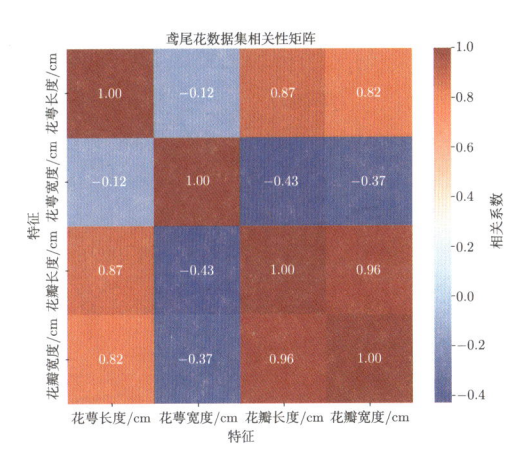

图 10-6　鸢尾花数据集特征相关性热图

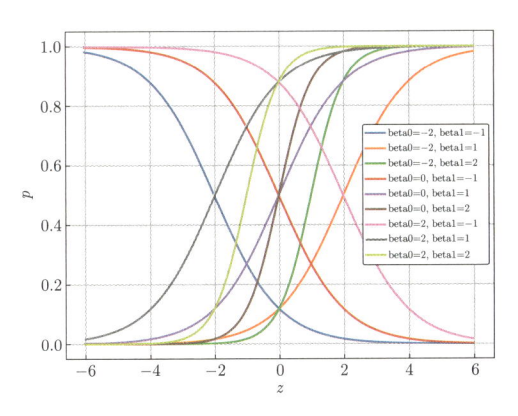

图 10-11　Logistic 函数图

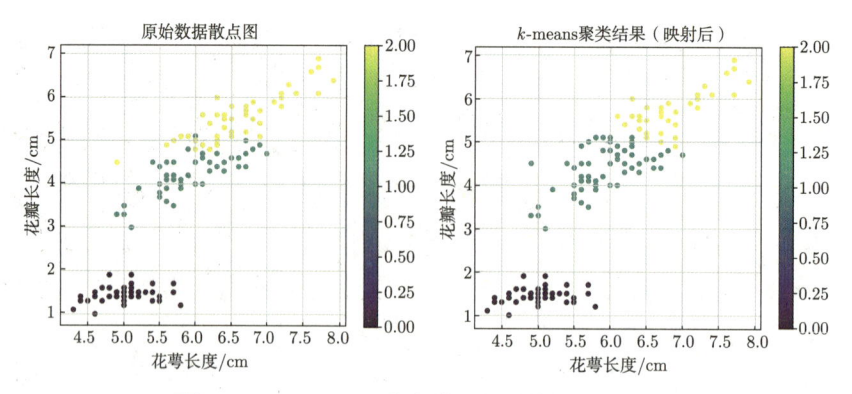

图 10-15　k-means 聚类结果与原始数据集对比

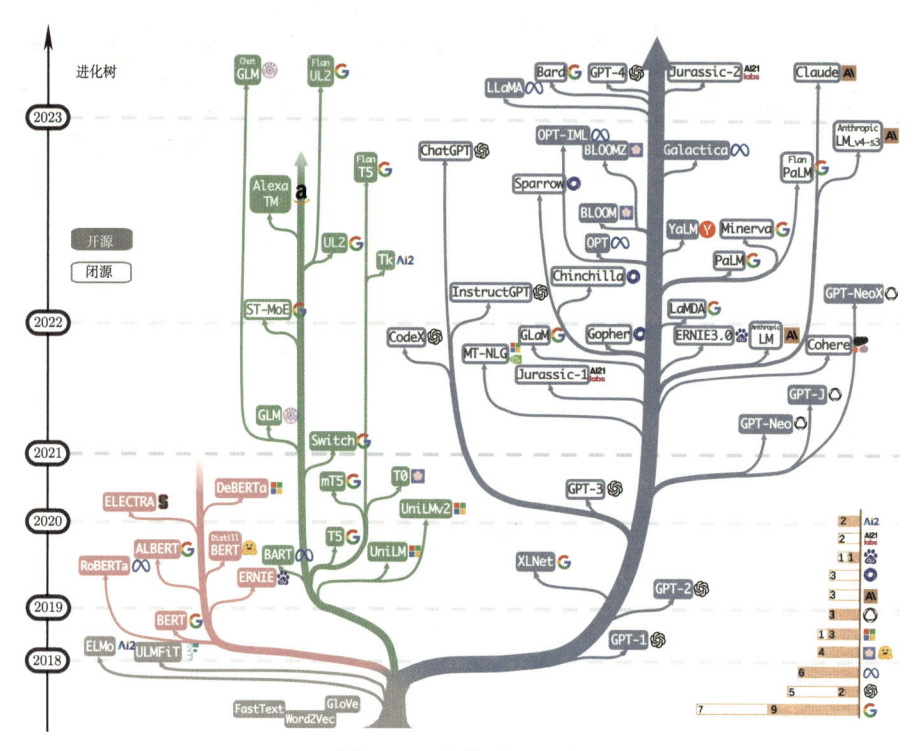

图 13-4　大模型进化史

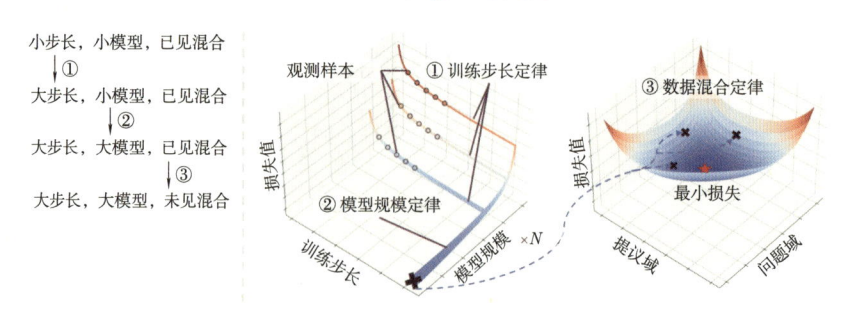

图 13-11　数据优化流程：首先在小模型上训练小步数，依据关于训练步数的规模定律及关于模型大小的规模定律得到对应大模型在大训练步数下的表现。分别对多组数据配比重复该实验，得到多组数据配比大模型大训练步数的预测值，利用这些预测值和数据混合定律，从而预知大模型训练下不同数据配比的表现

普通高等学校人工智能通识系列教材

人工智能通识基础

魏明强 宫丽娜 唐金辉 张道强 黄圣君　著

机械工业出版社
CHINA MACHINE PRESS

本书创新性地构建了五大知识模块：经典人工智能基础、现代人工智能基础、人工智能前沿基础、人工智能交叉应用基础，以及人工智能初级编程基础。内容体系覆盖了人工智能的核心原理与方法论、机器学习关键技术、计算机视觉与语音处理、大模型技术、智能体与多智能体系统、具身智能等领域，并深入探讨了人工智能在科学智能、文科智能、产业智能化、启发式人工智能等跨学科中的应用场景，以及人工智能伦理等社会性议题。作为面向高等院校的通识教材，本书致力于培养学生的跨学科思维和创新能力，使其能够在各自的专业领域有效运用人工智能技术。

本书内容的设计充分考虑了不同学科背景学习者的需求，建议采用差异化教学策略：对于文科专业学生，可着重关注人工智能与社会发展、伦理规范、人机交互等应用层面的内容；理科专业的学生可深入钻研算法原理、数学模型等理论基础；工科专业的学生则可侧重工程实践，重点学习系统开发、架构设计和性能优化等实用技能。

图书在版编目（CIP）数据

人工智能通识基础 / 魏明强等著. —— 北京：机械工业出版社，2025.4 (2025.6重印). —— (普通高等学校人工智能通识系列教材). —— ISBN 978-7-111-78189-9

Ⅰ. TP18

中国国家版本馆 CIP 数据核字第 2025C77B06 号

机械工业出版社（北京市百万庄大街22号　邮政编码 100037）
策划编辑：李永泉　　　　　　　　责任编辑：李永泉　张翠翠　侯　颖　王　芳
责任校对：任婷婷　赵　童　马荣华　李可意　杨　霞　景　飞
责任印制：单爱军
北京瑞禾彩色印刷有限公司印刷
2025年6月第1版第2次印刷
185mm×260mm・34.5 印张・2 插页・965 千字
标准书号：ISBN 978-7-111-78189-9
定价：89.00元

电话服务　　　　　　　　　　　　网络服务
客服电话：010-88361066　　　　　机 工 官 网：www.cmpbook.com
　　　　　010-88379833　　　　　机 工 官 博：weibo.com/cmp1952
　　　　　010-68326294　　　　　金 书 网：www.golden-book.com
封底无防伪标均为盗版　　　　　　机工教育服务网：www.cmpedu.com

前　言

近年来，很多国家将人工智能上升为国家战略，制定了一系列加速技术研发与应用的政策，如我国发布了《新一代人工智能发展规划》、美国推出了《国家人工智能研发战略计划》、欧盟委员会发布了《人工智能白皮书》、日本提出了《人工智能技术战略》。这些战略布局不仅着眼于技术创新和产业应用，更将人才培养、数据安全和伦理监管置于核心地位，旨在抢占未来科技制高点，引领智能化时代发展潮流。

在这一时代背景下，人工智能通识教育的重要性愈发凸显，成为培养未来社会所需复合型人才的关键环节。随着以深度学习、大模型为代表的人工智能技术在各领域的深度渗透，掌握人工智能基础知识和技能已成为各行业人才的必备素养。《人工智能通识基础》一书应运而生，旨在帮助读者系统掌握人工智能核心技术，理解其在多学科交叉领域的创新应用，培养解决复杂问题的跨学科思维能力。

本书立足于人工智能发展前沿，系统阐述了人工智能的基本概念、发展历程和核心技术，深入剖析了人工智能技术在航空航天、工业制造、医疗健康、金融服务、文化创意等领域的创新应用。本书通过丰富的案例分析，展现了人工智能赋能传统产业转型升级、推动新兴领域创新发展的巨大潜力，为读者提供了将理论知识转化为实践能力的有效路径。

全书共分 5 个部分，21 章，构建了完整的人工智能知识体系。

第一部分：经典人工智能基础（第 1～4 章）

本部分系统介绍了人工智能的基本概念、知识表示学习、确定性和不确定性推理、搜索求解策略等核心内容，为读者奠定坚实的理论基础。

第二部分：现代人工智能基础（第 5～10 章）

本部分深入探讨了机器学习、深度学习、自然语言处理、计算机视觉、语音处理、数据挖掘与预测分析等关键技术，展现了人工智能技术的最新进展。

第三部分：人工智能前沿基础（第 11～15 章）

本部分聚焦推荐系统、智能计算机图形学、大模型技术、智能体与多智能体系统、具身智能等前沿领域，揭示了人工智能的未来发展方向。

第四部分：人工智能交叉应用基础（第 16～20 章）

本部分展现了人工智能在科学智能、文科智能、人工智能＋、领域启发式人工智能等领域的创新应用，并探讨了人工智能的社会伦理与社会影响。

第五部分：人工智能初级编程基础（第 21 章）

本部分基于国产深度学习框架"计图"，介绍了深度学习模型训练和图像处理基础技能，以培养读者的实践能力。

为满足不同专业背景读者的学习需求，本书提供差异化学习建议：

- 文科专业读者可重点关注人工智能与社会发展、伦理规范、人机交互等内容，培养科技人文素养；
- 理科专业读者可深入钻研算法原理、数学模型等理论基础，提升科研创新能力；
- 工科专业读者可侧重工程实践，重点学习系统开发、架构设计和性能优化等实用技能。

本书的编写得到了南京航空航天大学、太原理工大学的大力支持,并获得国家自然科学基金项目（T2322012、62172218、62032011）和深圳市科技计划项目（JCYJ20220818103401003、JCYJ2022053017240300）资助。在此，谨向所有为本书出版提供帮助的单位和个人致以诚挚的谢意。

人工智能发展日新月异，书中难免存在不足之处，恳请广大读者和专家学者不吝指正。我们期待本书能够成为人工智能领域学习者和研究者的良师益友，为推动我国人工智能人才培养和科技创新贡献力量。

编　者

目 录

前言

第一部分　经典人工智能基础

第 1 章　绪论　　2

1.1 人工智能基本概念　　3
    1.1.1　人工智能的定义　　3
    1.1.2　人工智能三大级别　　5
    1.1.3　人工智能的驱动因素　　6
1.2 人工智能发展简史　　7
1.3 人工智能与大数据技术的关系　　12
    1.3.1　大数据推动人工智能发展　　12
    1.3.2　人工智能赋能大数据应用　　13
    1.3.3　两者协同效应　　13
1.4 人工智能技术路线　　14
    1.4.1　计算机视觉　　14
    1.4.2　自然语言理解　　15
    1.4.3　机器学习　　16
    1.4.4　机器人　　17
    1.4.5　人工智能技术开发工具　　18
1.5 人工智能与交叉应用　　19
    1.5.1　智能医疗　　20
    1.5.2　智能安防　　21
    1.5.3　智能家居　　21
    1.5.4　智能制造　　22
    1.5.5　自动驾驶　　22
    1.5.6　人工智能+　　23
1.6 本书内容安排　　23
1.7 针对不同专业学生的学习建议　　24
    1.7.1　文科类专业　　24
    1.7.2　理科类专业　　25
    1.7.3　工科类专业　　25
1.8 小结　　26

第 2 章　知识表示学习　　28

2.1 知识与知识表示基本概念　　28
    2.1.1　知识的概念　　28

		2.1.2	知识的特性	29
		2.1.3	知识表示	30
	2.2	一阶谓词逻辑表示法		31
		2.2.1	命题与命题逻辑	31
		2.2.2	谓词	32
		2.2.3	谓词逻辑	32
		2.2.4	谓词公式	34
		2.2.5	谓词公式的性质	35
		2.2.6	一阶谓词逻辑表示法的特点	37
	2.3	产生式表示法		38
		2.3.1	产生式表示法的定义	38
		2.3.2	产生式表示法的基本形式	39
		2.3.3	产生式表示法的优点和局限性	40
	2.4	框架表示法		41
		2.4.1	框架的定义与组成	41
		2.4.2	框架网络	42
		2.4.3	框架表示法的优点及局限性	43
	2.5	语义网络表示法		44
		2.5.1	语义网络的概念	44
		2.5.2	语义网络的基本语义关系	44
		2.5.3	语义网络表示法的优点及局限性	46
	2.6	知识图谱表示法		47
		2.6.1	知识图谱的定义	47
		2.6.2	知识图谱的表示	48
		2.6.3	知识图谱的架构	48
		2.6.4	知识图谱的典型应用	49
	2.7	知识表示方法的选择		50
	2.8	小结		51
第3章	确定性和不确定性推理			52
	3.1	推理基本概念		52
		3.1.1	推理定义	53
		3.1.2	推理类型	53
	3.2	自然演绎推理		54
	3.3	规则演绎系统		56
		3.3.1	规则正向演绎系统	56
		3.3.2	规则逆向演绎系统	60
		3.3.3	规则双向演绎系统	61
	3.4	产生式系统		63
		3.4.1	产生式系统的基本组成	63
		3.4.2	产生式系统的工作方式	64
		3.4.3	产生式系统的推理方向	65
	3.5	可信度方法		67
		3.5.1	不确定性推理中的基本问题	68
		3.5.2	C-F 模型	68
	3.6	模糊推理方法		71
		3.6.1	模糊集合	72
		3.6.2	模糊关系	74
		3.6.3	模糊推理过程	75
	3.7	小结		76
第4章	搜索求解策略			77
	4.1	搜索求解策略概述		77
		4.1.1	搜索的概念	78
		4.1.2	状态空间知识表示	79
		4.1.3	搜索策略	80
	4.2	盲目搜索		81

		4.2.1	广度优先搜索	81
		4.2.2	深度优先搜索	83
	4.3	启发式搜索		85
		4.3.1	最佳优先搜索	85
		4.3.2	A* 算法	87
		4.3.3	群体智能算法	89
	4.4	对抗搜索		97
		4.4.1	对抗搜索概述	97
		4.4.2	极小极大值算法	98
		4.4.3	$\alpha-\beta$ 剪枝算法	102
		4.4.4	蒙特卡洛树搜索算法	105
	4.5	小结		108

第二部分　现代人工智能基础

第 5 章　机器学习　110

5.1	机器学习概述		110
	5.1.1	机器学习的定义	111
	5.1.2	基本术语	111
	5.1.3	机器学习的发展	113
	5.1.4	机器学习的分类	113
5.2	监督学习		115
	5.2.1	k 近邻算法	116
	5.2.2	决策树	117
	5.2.3	支持向量机	118
5.3	无监督学习		119
	5.3.1	聚类	120
	5.3.2	自监督学习	123
5.4	半监督学习		125
	5.4.1	自训练	126
	5.4.2	半监督学习的应用	127
5.5	强化学习		127
	5.5.1	什么是强化学习	127
	5.5.2	强化学习模型	128

		5.5.3	强化学习应用	130
	5.6	主动学习		130
		5.6.1	主动学习概念与目标	131
		5.6.2	主动学习的分类	131
		5.6.3	主动学习的查询策略	132
		5.6.4	主动学习的应用场景	133
	5.7	Python 机器学习库		134
		5.7.1	NumPy 和 SciPy	134
		5.7.2	Python Imaging Library（PIL）	134
		5.7.3	Pandas	135
		5.7.4	Matplotlib	135
		5.7.5	scikit-learn	135
	5.8	小结		135

第 6 章　深度学习　136

6.1	深度学习的定义与特点		136
	6.1.1	深度学习的基本概念	136
	6.1.2	人工智能、机器学习和深度学习的关系	136
	6.1.3	深度学习与机器学习的区别	137
6.2	深度学习基本架构		138
	6.2.1	人工神经网络简介	138
	6.2.2	深度神经网络的结构	140
	6.2.3	深度神经网络的工作原理	141
6.3	深度学习训练与优化		141
	6.3.1	损失函数与优化方法	141
	6.3.2	深度学习模型的训练过程	144
	6.3.3	过拟合与正则化	145
	6.3.4	超参数调整与交叉验证	148

6.4	常见的深度学习模型	150		7.5.2	问答系统	189
	6.4.1 卷积神经网络	150	7.6	小结		191
	6.4.2 循环神经网络	154				
	6.4.3 生成对抗网络	155	**第 8 章**	**计算机视觉**		**192**
	6.4.4 自编码器	157	8.1	计算机视觉概述		192
	6.4.5 图神经网络	159		8.1.1 计算机视觉的概念		192
	6.4.6 扩散模型	161		8.1.2 计算机视觉的重要性		193
	6.4.7 Transformer	163		8.1.3 计算机视觉的历史背景		
6.5	深度学习框架与工具	165		和发展		194
	6.5.1 TensorFlow	165	8.2	计算机视觉的工作原理		195
	6.5.2 PyTorch	167		8.2.1 计算机视觉与人类视觉		
	6.5.3 LangChain	168		的比较		195
	6.5.4 Jittor	169		8.2.2 图像的数字表示		197
	6.5.5 MindSpore	170		8.2.3 计算机"看"图像的		
	6.5.6 PaddlePaddle	172		方式		198
	6.5.7 其他常用工具与库	173	8.3	计算机视觉的核心技术		199
6.6	小结	174		8.3.1 图像处理基础		199
				8.3.2 特征提取与描述		201
第 7 章	**自然语言处理**	**175**	8.4	计算机视觉的核心任务		208
7.1	自然语言处理概述	175		8.4.1 图像分类		209
	7.1.1 什么是自然语言处理	175		8.4.2 目标检测		213
	7.1.2 主要任务及应用领域	176		8.4.3 图像分割		215
7.2	文本表示	177	8.5	计算机视觉应用		218
	7.2.1 离散表示	178		8.5.1 人脸识别		218
	7.2.2 分布式表示	178		8.5.2 图像复原与超分辨率		219
7.3	语言模型	180		8.5.3 图像表面缺陷检测		225
	7.3.1 传统语言模型	180		8.5.4 视频理解与生成		229
	7.3.2 基于神经网络的			8.5.5 遥感与红外图像处理		233
	语言模型	182		8.5.6 医学影像处理		237
7.4	文本分类与情感分析	183	8.6	小结		240
	7.4.1 文本分类	184				
	7.4.2 情感分析	185	**第 9 章**	**语音处理**		**242**
7.5	机器翻译与问答系统	187	9.1	语音基础知识		242
	7.5.1 机器翻译	187		9.1.1 语音三要素		242

  9.1.2 语音信号四个重要
     参数   243
  9.1.3 隐马尔可夫模型 244
  9.1.4 高斯混合模型 245
9.2 语音识别   246
  9.2.1 语音识别的特征提取 247
  9.2.2 语音识别的声学模型 250
  9.2.3 语音识别的语言模型 254
  9.2.4 语音识别的解码搜索 255
  9.2.5 基于深度学习的端到端
     的语音识别方法 256
9.3 语音合成   257
  9.3.1 语音合成的技术流程 257
  9.3.2 语音合成的语言分析 258
  9.3.3 语音合成的声学系统 259
9.4 语音增强   261
  9.4.1 语音增强与语音预处理
     的关系   261
  9.4.2 语音增强的听觉问题 262
  9.4.3 语音增强算法 263
  9.4.4 基于深度学习的
     语音增强新算法 263
9.5 语音情感识别   266
  9.5.1 描述情绪的情感模型 266
  9.5.2 情感声学的声学特征 267
  9.5.3 语音情感识别系统 267
9.6 小结   268

第10章 数据挖掘与预测分析 269
10.1 数据挖掘概述   269
  10.1.1 数据挖掘的概念 269
  10.1.2 数据挖掘的主要流程 270
  10.1.3 数据挖掘的基本任务 271
10.2 数据预处理   272

  10.2.1 数据清洗   272
  10.2.2 数据集成   274
  10.2.3 数据变换   275
  10.2.4 数据归约   276
10.3 分类与回归分析   278
  10.3.1 分类   278
  10.3.2 回归分析   281
10.4 聚类分析   283
  10.4.1 聚类分析概述 283
  10.4.2 聚类分析的应用 283
10.5 关联规则挖掘   284
  10.5.1 关联规则的基本概念 284
  10.5.2 Apriori 算法 285
10.6 小结   287

第三部分 人工智能前沿基础

第11章 推荐系统   290
11.1 推荐系统概述   290
  11.1.1 产生背景与发展
      历史   291
  11.1.2 主要目标   292
  11.1.3 整体流程   293
11.2 经典推荐算法   295
  11.2.1 推荐算法分类 295
  11.2.2 基于内容的推荐 296
  11.2.3 基于协同过滤的推荐 300
  11.2.4 混合推荐算法 305
11.3 基于深度学习的推荐算法 307
  11.3.1 Wide&Deep 模型 307
  11.3.2 DeepFM 模型 308
  11.3.3 神经协同过滤模型 309
  11.3.4 小结   310
11.4 电商与社交网络应用 311
11.5 小结   316

第12章　智能计算机图形学　318

12.1　智能计算机图形学的发展历程　318
12.2　三维模型表示与生成　321
12.2.1　三维模型表示　321
12.2.2　三维模型生成　325
12.3　三维模型表征学习　326
12.4　智能三维建模　329
12.5　智能三维渲染　330
12.6　航空装备三维测量应用　331
12.7　小结　333

第13章　大模型技术　334

13.1　大模型的本质　334
13.2　大模型的发展历程　337
13.3　大模型的网络结构　340
13.3.1　GPT 家族　340
13.3.2　BERT 家族　343
13.4　大模型的训练流程　346
13.4.1　预训练阶段　346
13.4.2　人类引导：有监督微调阶段　350
13.4.3　给 AI 模型请个"好老师"：奖励建模阶段　354
13.4.4　AI 指导 AI：强化学习阶段　355
13.5　大模型的分类及多维应用　356
13.5.1　大模型的分类　356
13.5.2　大模型的多维应用　358
13.6　小结　359

第14章　智能体与多智能体系统　361

14.1　智能体　361
14.1.1　智能体的概念　361
14.1.2　智能体的特性　362
14.1.3　智能体的结构　363
14.1.4　智能体的类型　365
14.2　多智能体系统　369
14.2.1　多智能体的概念　369
14.2.2　多智能体系统的特性　370
14.2.3　多智能体系统的结构　370
14.2.4　多智能体系统的分类　372
14.3　多智能体系统的通信　376
14.3.1　直接通信　376
14.3.2　间接通信　377
14.4　多智能体系统的协作和协同　378
14.4.1　任务分配　378
14.4.2　行为协调　379
14.4.3　冲突避免　381
14.5　多智能体博弈与决策　382
14.5.1　纳什均衡策略　383
14.5.2　进化博弈策略　383
14.5.3　最大最小策略　384
14.6　基于大模型的智能体应用　385
14.6.1　大模型智能体概念及框架　385
14.6.2　大模型智能体关键技术　386
14.6.3　斯坦福小镇的案例分析　387
14.7　小结　390

第15章　具身智能　391

15.1　具身智能概述　391
15.1.1　基本概念　392
15.1.2　前世今生　394

15.1.3　为什么要关注具身
　　　　　　智能　　　　　　　396
　15.2　具身智能的组成　　　397
　　　15.2.1　负责顶层决策的
　　　　　　"大脑"　　　　　397
　　　15.2.2　负责核心运动控制的
　　　　　　"小脑"　　　　　404
　　　15.2.3　负责执行动作的
　　　　　　"身体"　　　　　407
　15.3　具身智能的关键技术　409
　　　15.3.1　具身感知　　　　409
　　　15.3.2　具身交互　　　　411
　　　15.3.3　具身执行　　　　412
　15.4　具身机器人　　　　　413
　　　15.4.1　固定底座机器人　414
　　　15.4.2　轮式机器人　　　414
　　　15.4.3　履带式机器人　　414
　　　15.4.4　四足机器人　　　414
　　　15.4.5　类人机器人　　　415
　　　15.4.6　仿生机器人　　　415
　15.5　具身智能仿真平台　　416
　　　15.5.1　Habitat 平台　　　416
　　　15.5.2　Isaac Sim　　　　417
　　　15.5.3　AI2-THOR　　　　417
　15.6　小结　　　　　　　　418

第四部分　人工智能交叉应用基础

第 16 章　科学智能　　　　　　420
　16.1　科学研究范式　　　　420
　　　16.1.1　从科学研究第一范式
　　　　　　到第五范式转变　420
　　　16.1.2　人工智能在科学
　　　　　　研究中的运用方式　423

　16.2　赋能理学　　　　　　424
　　　16.2.1　赋能数学　　　　424
　　　16.2.2　赋能物理学　　　427
　　　16.2.3　赋能化学　　　　430
　16.3　赋能工学　　　　　　431
　　　16.3.1　赋能机械学　　　432
　　　16.3.2　赋能电子学　　　432
　　　16.3.3　赋能材料学　　　434
　16.4　赋能天文学　　　　　436
　　　16.4.1　人工智能在天文学
　　　　　　中的主要应用　　437
　　　16.4.2　人工智能预测小行
　　　　　　星撞击地球风险　437
　　　16.4.3　人工智能助力发现
　　　　　　系外行星　　　　438
　16.5　赋能医学　　　　　　439
　　　16.5.1　人工智能在医学中
　　　　　　的主要应用　　　439
　　　16.5.2　人工智能为癌症治
　　　　　　疗提供个性化决策
　　　　　　支持　　　　　　439
　　　16.5.3　人工智能助力乳腺
　　　　　　癌早期诊断　　　440
　16.6　赋能军事科学　　　　440
　　　16.6.1　智能武器与自动化
　　　　　　系统　　　　　　442
　　　16.6.2　情报分析与情报收集442
　　　16.6.3　指挥与控制系统　442
　　　16.6.4　网络战与网络防御442
　　　16.6.5　后勤管理　　　　442
　　　16.6.6　军事训练与模拟　442
　　　16.6.7　自主无人系统与协同
　　　　　　作战　　　　　　443
　　　16.6.8　战略与战术预测　443

第 17 章　文科智能　445

- 17.1 文科智能概述　445
  - 17.1.1 发展阶段　445
  - 17.1.2 核心要素与支柱　446
- 17.2 赋能人文学科　446
  - 17.2.1 赋能文学　447
  - 17.2.2 赋能历史学　448
  - 17.2.3 赋能哲学　449
- 17.3 赋能社会科学　450
  - 17.3.1 赋能经济学　450
  - 17.3.2 赋能管理学　451
- 17.4 赋能艺术学　453
  - 17.4.1 音乐与舞蹈　454
  - 17.4.2 戏剧与影视　454
  - 17.4.3 美术学　455
  - 17.4.4 设计学　455
- 17.5 小结　456

第 18 章　人工智能+　457

- 18.1 智能制造　457
  - 18.1.1 溯源和定义　457
  - 18.1.2 中国制造业发展历程和未来发展战略目标　458
  - 18.1.3 智能制造系统架构　459
  - 18.1.4 智能制造标准体系结构　459
  - 18.1.5 中国智能制造产业

16.6.9 机器人战士与增强士兵　443
16.6.10 无人运输与物流自动化　443
16.7 小结　443

链全景图　460
- 18.1.6 案例 1：华为工业质检　461
- 18.1.7 案例 2：小米汽车工厂　461
- 18.1.8 案例 3：芯片智能化设计　462
- 18.1.9 案例 4：工业软件智能化　463
- 18.2 智能大国重器　464
  - 18.2.1 大国重器概述　465
  - 18.2.2 大国重器中的人工智能　466
- 18.3 智能"四航"　467
  - 18.3.1 智能航空航天　467
  - 18.3.2 智能民航　468
  - 18.3.3 智能航海　470
  - 18.3.4 智能轻量化航空航天设备　471
- 18.4 智慧矿业　474
  - 18.4.1 智能勘探与资源评估　474
  - 18.4.2 智能矿山与自动化生产　474
  - 18.4.3 矿山安全与风险管理　474
  - 18.4.4 矿石加工与质量控制　474
  - 18.4.5 可持续发展与绿色矿业　475
  - 18.4.6 供应链与市场分析　475
  - 18.4.7 具体案例：盘古矿山大模型　475
- 18.5 智慧电网　476
  - 18.5.1 智慧电网的关键特性　476
  - 18.5.2 智慧电网的应用场景　476
- 18.6 智慧水利　477

18.6.1　智慧水利的核心特征　477
　　18.6.2　智慧水利的应用场景　478
18.7　智慧土木　479
　　18.7.1　智慧土木的核心特征　479
　　18.7.2　智慧土木的应用场景　479
　　18.7.3　智慧资源　480
18.8　智慧中华美食　481
　　18.8.1　生产工艺优化　481
　　18.8.2　质量控制　482
　　18.8.3　供应链管理　482
　　18.8.4　市场营销与消费者分析　482
　　18.8.5　智能包装与追溯系统　482
18.9　小结　482

第19章　领域启发式人工智能　483

19.1　生物启发式人工智能　483
　　19.1.1　人工神经网络　483
　　19.1.2　群体智能　483
　　19.1.3　仿生机器人学　484
　　19.1.4　人工免疫系统　484
　　19.1.5　神经拟态计算　486
　　19.1.6　脑机接口　487
　　19.1.7　全脑仿真　489
19.2　物理启发式人工智能　489
　　19.2.1　量子计算　490
　　19.2.2　模拟退火　490
　　19.2.3　流体动力学　491
　　19.2.4　扩散模型　492
　　19.2.5　图神经网络　493
　　19.2.6　模拟电路神经网络　494
19.3　小结　495

第20章　人工智能的社会伦理与社会影响　496

20.1　人工智能的社会伦理　496
　　20.1.1　从"电车难题"到人工智能伦理　497
　　20.1.2　人类面临的人工智能伦理问题　498
　　20.1.3　人工智能伦理的定义　500
　　20.1.4　人工智能监管　501
20.2　人工智能的社会影响与挑战　502
　　20.2.1　人工智能的社会影响　503
　　20.2.2　人工智能面临的挑战　504
20.3　人工智能的未来　509
　　20.3.1　人工智能发展趋势　509
　　20.3.2　我国人工智能发展态势　511
20.4　小结　513

第五部分　人工智能初级编程基础

第21章　人工智能初级编程　516

21.1　十五道编程题目　516
　　21.1.1　垃圾分类系统　516
　　21.1.2　智能家居中的语音控制系统　517
　　21.1.3　个性化健康监控系统　517
　　21.1.4　智能菜谱推荐系统　517
　　21.1.5　在线教育中的个性化学习路径推荐　518
　　21.1.6　自动驾驶中的路径规划　518
　　21.1.7　人工智能驱动的购物助手　518

21.1.8 情感分析客服机器人 518
21.1.9 基于知识图谱的医疗问答系统 519
21.1.10 智能停车管理系统 519
21.1.11 基于图像识别的宠物健康监测系统 520
21.1.12 智能课程安排助手 520
21.1.13 智能校园导航系统 520
21.1.14 校园活动与讲座推荐系统 520
21.1.15 基于 LSGAN 的图像生成与优化系统 521

21.2 案例分析——基于 LSGAN 的图像生成与优化系统 521
　21.2.1 数据集准备 522
　21.2.2 模型定义 522
　21.2.3 模型训练 525
　21.2.4 结果与测试 526
21.3 DeepSeek-R1 模型部署和使用 526
　21.3.1 DeepSeek 是什么 526
　21.3.2 DeepSeek 的使用与本地部署 527

参考文献 529

第一部分

经典人工智能基础

第 1 章

绪论

1956 年，在达特茅斯会议上，约翰·麦卡锡（John McCarthy）等学者历史性地引入了"人工智能"（Artificial Intelligence，AI）这一开创性概念，标志着人工智能学科正式诞生，成为探索智能机器领域的崭新起点。随后，随着计算机科学、数学、心理学、哲学等多个学科的深度交叉与融合，人工智能逐渐发展成为一门独立的、充满活力的学科体系。

经历了曲折的发展历程，进入 21 世纪后，人工智能领域迎来了前所未有的飞跃。深度学习技术的突破、大数据技术的广泛应用以及大模型技术的崛起，共同推动了人工智能的高速发展。这些技术的融合与创新不仅极大拓展了人工智能的应用边界，还深刻改变了人类社会的方方面面，引领人们步入了智能化、自动化、高效化的"智能时代"。

当下，人工智能的应用如同细雨润物，已悄无声息地融入了日常生活的方方面面。从网易云音乐根据个人喜好精心打造的个性化音乐推送，到小鹏汽车引领的安全智能自动驾驶新风尚；从《黑神话：悟空》这款沉浸式游戏所带来的前所未有的震撼体验，到招商银行小招助手等金融服务智能体无微不至的陪伴；从小米智能家居系统编织的互联生活网，让家中的每一件设备都紧密相连，到京东京小智智能客服高效处理海量用户咨询，展现了高效与人性化并存的服务新境界；再到平安好医生利用 AI 技术提供的便捷线上智能问诊服务，以及高德地图凭借智能算法为用户规划最佳出行路径，无不彰显着人工智能正以无微不至的关怀，显著提升着人们的生活质量与工作效率，让未来生活更加美好可期。

这些仅仅是人工智能广袤应用领域的璀璨一隅。随着技术的持续演进，AI 正展现出无限潜力，将会在更多维度上重塑世界。尤其近年来，随着大模型和生成式 AI 技术的飞速发展，人工智能已崛起为新质生产力。各行各业正从简单的"+AI"模式，即在现有业务中融入人工智能技术，逐步转变为更加深入的"AI+"模式，即以 AI 为核心，引领和驱动业务的全面创新及升级。这一趋势势不可挡，将持续推动社会各个领域的变革与发展。

2024 年，我国政府工作报告首次提出实施"人工智能+"行动，旨在整合资源，汇聚各方力量，打造具有全球竞争力的数字产业集群，深入推进人工智能技术在各行业的应用与融合，推动我国经济迈向高质量发展的新阶段。同年 7 月，备受全球瞩目的世界人工智能大会（WAIC）在上海隆重举行，大会以"工商促共享，以善治促善智"为主题，深入探讨了人工智能技术的最新进展及其在各行业中的赋能作用。在此次大会上，具身智能成为焦点，尤其是人形机器人的应用备受关注。人形机器人不仅满足了公众对通用人工智能（AGI）的期待，还因其在多场景下作为提升生产力的直接物理媒介的潜力，引发了广泛讨论。

随着具身机器人的惊艳亮相，生成式人工智能与机器人技术的完美结合开启了新篇章。具身智能的崛起，充分展现了人工智能作为交叉学科的强大综合性和前沿性，它融合了计算机科学、控制论、信息论、神经心理学及哲学等多个学科领域的智慧，不断催生新思想、新观念、新理论和新技术。然而，人工智能的应用远不止于此。随着各行各业对 AI 的需求不断增长，人工智能与其他领域的深度融合变得尤为重要。在此大背景下，了解人工智能是什么，理解其背后的技术原理和壁垒，如何在不同领域中发挥作用，已经成为当今社会每个人都需要掌握的基本知识。

基于此，本章将介绍人工智能的基本概念、发展简史、人工智能与大数据技术的关系、人工智能技术路线、人工智能与交叉应用等内容。通过对这些内容的梳理，本章以期为读者提供一个全面而深入的认识，使其能够全面理解人工智能在当今社会中充当的关键角色，从而为后续章节的深入学习打下坚实基础。

1.1 人工智能基本概念

人工智能历经 60 余载，演进历程可粗略划分为三大阶段：首阶段（1956—1976 年），聚焦于逻辑推理，构建了 AI 的初步框架；次阶段（1976—2006 年），以专家系统为核心，展现了 AI 在特定领域的专业能力；自 2006 年起，则步入了认知智能的新时代，强调数据驱动与自主学习，这一阶段的时长虽未知，却深刻重塑了技术生态。

随着大数据的爆发、算力的提升以及算法的创新，AI 实现了从简单规则系统向能够处理复杂任务、具备自我学习和适应能力的智能系统的飞跃。2016 年 3 月，谷歌 DeepMind 研发的 AlphaGo 在围棋人机大战中击败韩国职业九段棋手李世石，"人工智能"一词正式进入普通民众的视野并被逐渐熟知。至此，AI 从科研辅助工具成功跃升为实用功能型利器，研究模式也从学术引领转向商业驱动，AI 开始真正地解决实际问题，广泛渗透于各应用领域。在学术界，AI 领域的学术论文数量激增，研究深度与广度不断拓展，新的理论与方法层出不穷；在投资界，AI 创业公司如雨后春笋般涌现，吸引了全球资本的广泛关注与投入，推动了 AI 产业的蓬勃发展；在职场，AI 岗位需求急剧增长，成了众多求职者追逐的热门方向，AI 人才成为市场竞相争夺的稀缺资源。此外，AI 开源软件（如 TensorFlow、scikit-learn 等）的兴起也为整个行业注入了新的活力。开源平台与框架的普及降低了 AI 技术的门槛，促进了技术的交流与共享，加速了 AI 技术的普及与创新。通过开源社区的合作与贡献，AI 技术得以更快地迭代与优化，为各行各业的数字化转型提供了强有力的支撑。然而，在这股 AI 热潮之下，我们不禁要问：这火热的 AI 究竟是什么？AI 火热的驱动因素又是什么？

1.1.1 人工智能的定义

大多数人对人工智能的印象往往来自电影，而电影大多把人工智能的形象塑造成机器人，然而人工智能是否等同于机器人？其实不尽然，机器人只是人工智能的一种载体，而人工智能是一门领域技术，因此两者并不等同，那么到底什么是人工智能？与其他新兴学科相似，为人工智能提供一个统一且精确的定义是一项具有挑战性的任务。鉴于其融合了"**人工**"与"**智能**"两个核心概念，为了更深入地理解人工智能，我们可以先分别探讨"人工"和"智能"的含义。

"人工"一词的含义相对直观，它主要强调了这种智能形态的起源与本质，即它是人类智慧与技术相结合的产物，明确区分了源自人类设计、干预的产物与自然界自然演化的成果。在生态系统中，城市公园、人工湿地等是人类智慧对自然环境的重塑与补充，与珊瑚礁、红树林等天然生态系统形成鲜明对比。同样地，当谈论人工智能（AI）时，不论称之为机器智能或是计算机智能，都清晰地表明了其内含的"智能"是人类制造的，或是通过机器和计算机所表现出的一种智能模式。从本质上讲，人工智能与自然智能存在显著区别，它是一种通过人工手段模拟出来的人造智能。至少在可预见的未来，我们应如此诠释它。

然而，对"智能"的定义则存在多种理论观点。思维理论认为，智能源于大脑的思维活动，知识是这些活动的产物，通过研究思维的规律和方法可以洞察智能的本质；知识阈值理论认为，智能行为取决于知识的丰富程度及其普遍适用性，它体现在从庞大的信息库中寻找满意的解决方案的能力；而进化理论强调，智能是复杂系统所展现的一种特性，系统的整体行为及其与环境的互动共同塑造了智能。

综上所述，我们可以将**智能**简洁地定义为知识和智力的结合。其中，知识构成了一切智能行为的基础，而智力则体现在获取知识并运用这些知识解决问题的能力上。基于此，我们可以进一步理解何为"人工智能"。人类的自然智能（人类智能）伴随着人类活动处处时时存在。人类的许多活动，如下棋、竞技、解算题、猜谜语、进行讨论、编制计划和编写计算机程序，甚至驾驶汽车和骑自行车等，都需要"智能"。如果机器能够执行这种任务，就可以认为机器已具备一定程度的"人工智能"。

人工智能是一个涵盖多个学科且迅速发展的领域，不同发展阶段的专家常常基于各自的专业背景和研究视角来界定人工智能。这种多样化的观点造成了人工智能定义的不统一，目前尚缺乏一个被广泛认可的统一标准定义。这一现象不仅体现了人工智能的复杂性和跨学科特点，同时也展示了其在不同应用场景中的灵活性和多样性。接下来，我们将依据专业人士的见解，对"人工智能"的相关定义进行介绍。

定义 1.1　人工智能（学科）

人工智能（学科）是一新兴学科，以计算机科学为核心，融合了计算机、心理学、哲学等多个学科领域的知识。它致力于研究、开发能够模拟、延伸和扩展人类智能的理论、方法、技术及应用系统，以期深入理解智能的本质，并创造出能够模仿人类智能反应方式的新型智能机器。

定义 1.2　人工智能（能力）

人工智能（能力）是指智能机器所执行的通常与人类智能有关的智能行为，如判断、推理、证明、识别、感知、理解、通信、设计、思考、规划、学习和问题求解等思维活动。

定义 1.3　人工智能（技术）

人工智能（技术）是通过计算机程序或机器来模拟、实现人类智能的技术和方法。它利用机器学习、深度学习等算法，使计算机具有感知、理解、判断、推理、学习、识别、生成、交互等类人智能的能力。

为了让读者对人工智能的定义能有更深刻的理解，下面介绍其他几种定义。

定义 1.4　尼尔森——"人工智能是关于知识的科学"。所谓"知识的科学"，就是研究知识的表示、知识的获取和知识的运用。

这一定义强调了知识在人工智能中的核心地位，以及研究知识表示、获取和运用的重要性。所谓"知识的科学"，不仅涵盖了知识的各个方面，还涉及了如何通过算法和模型来模拟人类的学习和推理过程，以实现机器的智能化。其观点更关注于如何让机器在理解世界、处理信息和解决问题方面展现出类似于人类的智慧和能力。

定义 1.5　斯图尔特·罗素（Stuart Russell）与彼得·诺维格（Peter Norvig）在他们的著作《人工智能：一种现代的方法》中，将人工智能定义为"智能体的研究与设计，这些智能体能够感知其环境，并据此采取行动以最大化其成功的可能性"。

这一定义强调了 AI 系统的感知能力、决策能力和优化目标的重要性。

定义 1.6　人工智能是能够执行通常需要人类智能的任务，诸如视觉感知、语音识别、决策和语言翻译的计算机系统理论和开发（谷歌在 2017 年对人工智能的定义）。

这一定义详尽且深刻地揭示了人工智能的本质范围，同时突出了它在广泛领域内所展现的关键作用与巨大的发展潜力。它不仅涵盖了 AI 在模拟人类智能任务方面的卓越能力，如视觉识别、语言处理及复杂决策等，还强调了这些技术如何推动并变革各行各业，预示着未来无限的可能性与机遇。

1.1.2 人工智能三大级别

从定义上看，人工智能其实就是利用计算机来模拟人类智能行为的一门学科。但是，不同时代背景和应用场景下的 AI，其智能程度和能力范围不尽相同。AI 一般被划分成三大级别（见图 1-1）：弱人工智能（Artificial Narrow Intelligence，ANI）、强人工智能（Artificial General Intelligence，AGI）和超人工智能（Artificial Super Intelligence，ASI）。其中，弱人工智能和强人工智能的概念是由约翰·塞尔在其 1984 年出版的《心、脑与科学》一书中提出的。塞尔认为，弱人工智能能够模拟人类的智能行为，但并不具备真正的智能和自我意识；而强人工智能则被认为能像人类一样思考和行动，甚至可能超越人类的智能。这一理论框架为后续关于人工智能的研究和发展提供了重要的理论基础。而关于"超人工智能"的概念，虽然没有一个明确的提出者，但它是基于强人工智能的概念进一步延伸，指的是在智能上超越人类的人工智能系统。这一概念反映了对于未来人工智能可能达到的能力的一种展望和探讨。

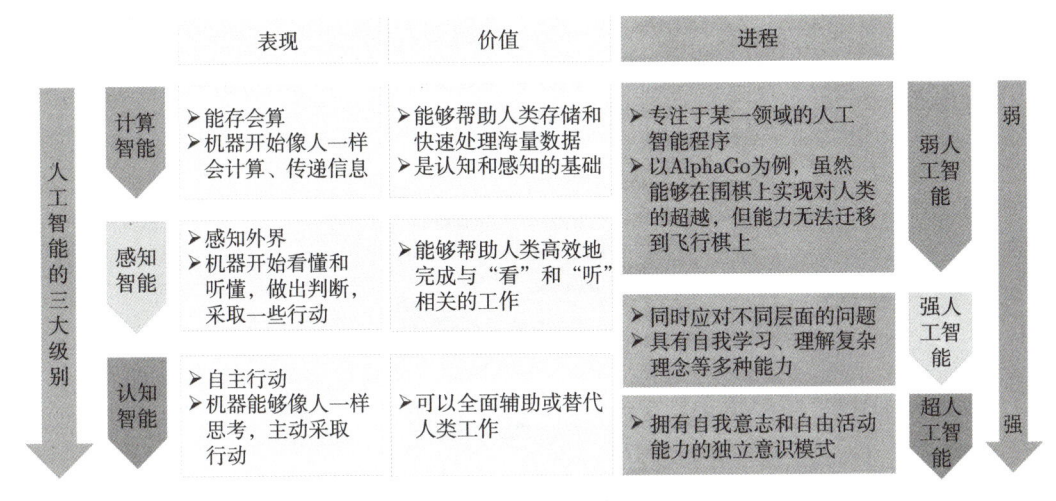

	表现	价值	进程	
计算智能	➢能存会算 ➢机器开始像人一样会计算、传递信息	➢能够帮助人类存储和快速处理海量数据 ➢是认知和感知的基础	➢专注于某一领域的人工智能程序 ➢以 AlphaGo 为例，虽然能够在围棋上实现对人类的超越，但能力无法迁移到飞行棋上	弱人工智能
感知智能	➢感知外界 ➢机器开始看懂和听懂，做出判断，采取一些行动	➢能够帮助人类高效地完成与"看"和"听"相关的工作		
认知智能	➢自主行动 ➢机器能够像人一样思考，主动采取行动	➢可以全面辅助或替代人类工作	➢同时应对不同层面的问题 ➢具有自我学习、理解复杂理念等多种能力	强人工智能
			➢拥有自我意志和自由活动能力的独立意识模式	超人工智能

图 1-1 人工智能三大级别：弱人工智能、强人工智能、超人工智能

1. 弱人工智能

弱人工智能是一种专注于解决特定任务的人工智能系统，是仅能感知外界信号并做出反应的"感知智能"。这类系统通常具备高度的专业性和针对性，能够在某一领域内表现出卓越的能力，但一旦超出其设计范围，能力就会大打折扣，无法跨领域执行任务。例如熟知的 AlphaGo（阿尔法狗），这款由谷歌 DeepMind 团队开发的人工智能系统，在围棋领域达到了顶尖水平，甚至能够战胜人类世界冠军。然而，尽管它在围棋方面的能力超群，但如果问它关于天气、历史或其他领域的问题，它可能就无能为力了。

2. 强人工智能

与弱人工智能专注于特定领域不同，强人工智能是指能够理解、学习、应用各种知识和技能的人工智能系统。该类人工智能系统具备类似于人类的广泛认知能力，不仅能够执行特定任务，还具备自主学习、自主决策及推理创新的能力。这类系统通常被认为是未来 AI 发展的重要方向之一。但目前，强人工智能仍处于理论研究阶段，尚未实现，仍需突破现有技术的诸多瓶颈。

3. 超人工智能

超人工智能是人工智能技术发展的终极目标，其致力于实现 AI 系统的智能水平远超于人类。超人工智能不仅具有全面的知识和技术，还能在不同情境下进行优化和革新，甚至拥有情感和意识。从理论上而言，该类型人工智能能够解决人类无法解决的问题，从而带来前所未有的技术上的突破。然而，超人工智能的发展也引发了诸多争议和担忧。一些人担心超人工智能可能会威胁到人类的生存和发展，甚至可能导致人类文明的终结。因此，在推动超人工智能发展的同时，也需要认真思考如何确保其安全性和可控性。

虽然当前的研究和应用主要集中在弱人工智能领域，但强人工智能和超人工智能的潜力不可忽视。随着技术的不断进步和理论研究的深化，我们有理由相信，未来这些先进的 AI 系统将逐步进入人们的日常生活，为人类带来更加便捷、高效、智能的生活方式。然而，我们也必须警惕这些技术可能引发的风险和挑战，确保它们的发展始终在人们的掌控之中，服务于人类的整体利益。

1.1.3　人工智能的驱动因素

了解了何为 AI，接下来了解下 AI 为何会持续火热。AI 持续火热的驱动力主要来自技术本身的质的飞跃和基础设施的完善，包括数据，模型和算法，算力，开源框架、物联网和大数据技术等基础设施，而这些正是人工智能技术发展的基础和核心推动力，共同构成了推动人工智能发展的"四驾马车"（见图 1-2）。它们之间相互依存、相互促进，共同搭建起人工智能发展的坚实基础，推动了技术的持续进步和应用领域的广泛拓展。

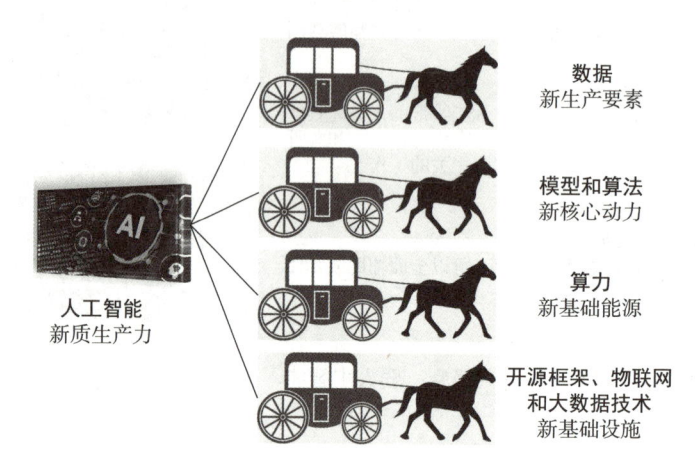

图 1-2　推动人工智能发展的"四驾马车"

1. 高质量和大规模的海量数据——新时代的核心资源

高质量和大规模的海量数据，作为 AI 发展的基石，为技术提供了源源不断的滋养。数据不仅是 AI 模型训练的"食粮"，更是其不断优化、自我进化的关键。随着数据采集技术的不断进步和互联网应用的广泛普及，数据资源日益丰富，为 AI 在各个领域的应用提供了无限可能。

2. 模型和算法——技术进步的引擎

算法是 AI 技术进步的灵魂。近年来，算法领域取得了诸多重大突破，特别是深度学习、强化学习等技术的兴起，为 AI 的发展开辟了新路径。这些算法不仅提升了 AI 的感知、理解和决策能力，还推动了 AI 在图像识别、语音识别、自然语言处理等领域的广泛应用。同时，随着研究的深入，新的算法和模型不断涌现，为 AI 技术的持续发展注入了新的活力。

3. 算力——AI 高效运行的能源

算力，作为 AI 发展的基础能源，其重要性不言而喻。近年来，计算硬件领域的突破，特别是英伟达 GPU、寒武纪、中科海光等高性能计算芯片的涌现，极大地提升了 AI 的计算能力。这些硬件的升级，不仅突破了传统计算的瓶颈，更为 AI 的高效运行注入了强大动力，使得更复杂的算法和模型得以实现。当然除了硬件,还有软件层面的算力优化提升,通过算法优化、并行计算、分布式计算等手段,可以充分利用现有硬件资源,提高计算效率,使得在大数据集上快速运行成为可能。

4. 开源框架、物联网和大数据技术等基础设施——AI 生态的基石

开源框架作为 AI 生态的重要组成部分,为技术的普及和应用提供了重要支持。TensorFlow、PyTorch 等开源框架的兴起,降低了 AI 技术的门槛,使得更多的开发者能够参与到 AI 的研发中来。同时,这些框架还促进了技术的交流和共享,加速了 AI 技术的迭代和创新。物联网和大数据技术则为 AI 的感知层和数据处理提供了强大支持。物联网通过连接各种传感器和设备,为 AI 提供了丰富的实时数据,增强了其感知和决策能力。而大数据技术则为海量数据的存储、清洗、整合提供了技术保障,使得 AI 能够更有效地利用这些数据资源,提升深度学习算法的性能。

1.2 人工智能发展简史

人工智能的发展历程波澜壮阔,见证了从概念构想到现实应用的蜕变,以及从理论探索到技术突破的不断进步。本节将通过回顾这一发展历程,帮助读者更深入地理解人工智能的本质与前景。

1. 孕育

回溯历史长河,人类对于"拟人智能"即人工智能的探索源远流长。公元九世纪的华夏大地,便已诞生了能歌善舞的"人形舞姬"、报时的"机关人"等,这些无不彰显着古代中国对人工智能的初步探索与尝试。

随着科学技术的不断进步,数理逻辑、自动机理论、控制论、信息论和系统论等学科的相继创立,以及通用电子数字计算机的发明,为人工智能的诞生奠定了坚实的思想、理论和物质技术基础。在人工智能的萌芽阶段,两大研究路径并行不悖:一种路径以美国神经生物学家 W. McCulloch 和 Pitts 为代表,他们通过建立**神经元的数学模型**,从神经心理学的角度探索智能的微观结构;另一路径则由英国数学家图灵(Turing)引领,他提出了**图灵机的数学模型**(通用图灵机见图 1-3),不局限于机器与生物生命的结构相似性,而是聚焦于建立评估机器智能的准则,关注智能行为的实现。此外,1950 年,图灵在其论文中还通过"图灵测试"(见图 1-4)提出了"机器能思维"的设想,不仅为人工智能下了定义,还论证了其存在的可能性,标志着人工智能雏形的基本形成及诞生条件的成熟。至此可见,人工智能的兴起与发展并非偶然,而是科学技术持续进步的必然结果,是人类智慧与创造力不断积累的结晶。

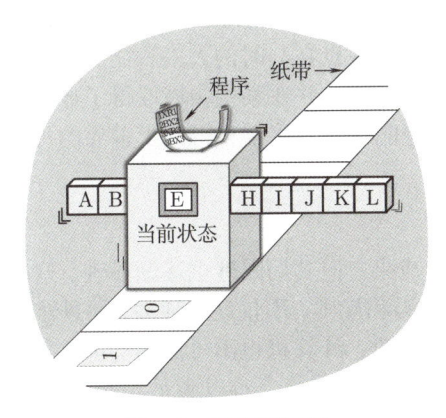

图 1-3 通用图灵机

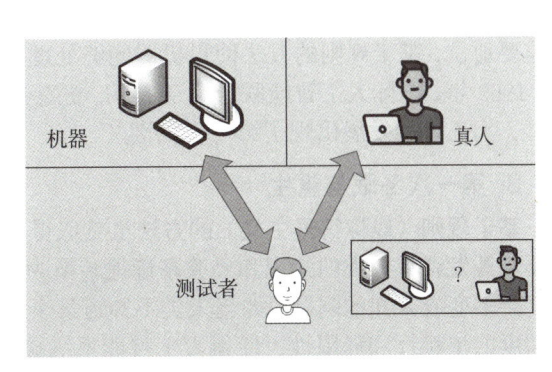

图 1-4 图灵测试

2. 开端

1956 年的**达特茅斯会议**标志着人工智能作为一门新兴学科的正式诞生。会议之后，人工智能领域迎来了一个短暂的黄金时期，其研究在多个方面取得了显著进展，包括机器学习、定理证明、模式识别、问题求解以及人工智能语言等。在这一黄金时期，研究者们不再满足于纯粹的理论探讨，而是开始致力于将人类的经验、逻辑和已有事实融入实际的程序设计中。他们的目标是让机器能够模拟人类的推理和决策过程，从而表现出某种程度的智能。为了实现这一目标，研究者们采用了**基于规则**的方法，这种方法的核心在于通过观察和分析人类的思维过程，归纳出反映人类智能活动的基本规则和原则。然后，研究者们将归纳出的规则转换为计算机可以理解和执行的代码。通过编程使机器能够按照这些规则执行特定的任务，从而在一定程度上模拟人类的智能行为。基于规则的方法的出现，使得以逻辑方法来模拟智能的**符号主义学派**兴起并大放光彩。

- **机器学习**：1957 年，弗兰克·罗森布拉特（Frank Rosenblatt）开发了名为"Perceptron"（感知机）的神经网络模型，其为一个简单的两层神经网络，具备学习能力，并能够通过训练来识别模式。《纽约时报》在当时对感知机的潜力给予了高度评价，称它为电子计算机的雏形，设想了其未来可能具备的能力，包括自主行走、说话、看见东西、书写，甚至能够自我复制和生产，以及拥有感知自我存在的能力，预示着未来技术的无限可能。
- **定理证明**：1965 年，鲁宾孙（J.A.Robinson）提出了归结（消解）原理，该原理是一个基于一阶逻辑的反证法证明策略。1957 年，艾伦·纽厄尔（Allen Newell）、赫伯特·A. 西蒙（Herbert A.Simon）以及 J.C.肖（J.C.Shaw）共同研发了逻辑理论机。逻辑理论机是一个计算机程序，主要目的是证明数学定理，特别是数学原理中的定理。该程序使用了启发式搜索和产生式规则等技术，并在运行期间成功地证明了 38 个定理。
- **模式识别**：1959 年，塞尔夫里奇推出了一个具有里程碑意义的模式识别程序，标志着计算机在识别图像数据模式上的突破。1965 年，另一位杰出的科学家罗伯特（Roberts）成功编制了一款能分辨并构造积木模型的程序，展现了计算机处理三维物体及其关系的能力。
- **问题求解**：1960 年，纽厄尔、西蒙和肖再度合作并研制出了"通用问题求解程序"，其可求解 11 种不同类型的问题，提高了启发式程序的通用性，扩大了计算机进行脑力劳动的应用范围。
- **人工智能语言**：1958 年，麦卡锡研制了人工智能语言——LISP（LISt Processing，表处理）语言。LISP 是一种基于 λ 演算的函数式编程语言，主要用于人工智能领域，特别是符号计算、自然语言处理和专家系统等方面。LISP 语言的特点包括使用前缀表示法、动态类型、垃圾回收和强大的宏系统等，这使得 LISP 成为一种非常适合表达复杂算法和数据处理任务的编程语言，并且衍生出了许多方言和变种，如 Common Lisp、Scheme 等。

由上述人工智能在专有领域的发展可见，符号主义学派的观点在当时的人工智能研究中占据了重要地位，基于规则的方法使得机器能够处理一些复杂的问题，并在某些领域取得了显著的成果。1969 年，国际人工智能联合会议成立，更意味着人工智能这门新兴学科得到了世界的肯定和认可，人工智能发展出现了第一次浪潮。

3. 第一次冬眠与重生

基于规则（或称符号主义）的方法虽然取得了一定的成果，但其局限性也逐渐显现。这种方法要求开发者将人类的知识和经验精确地转换为复杂的代码和规则，不仅耗时耗力，而且难以应对复杂多变或未知的问题，如当人类不知道某个问题的解法时，计算机也不可能学会如何解。这种高度的依赖性和局限性，使得人工智能系统缺乏灵活性和创新能力，难以满足人类对"智能"的更高期待。因此，符号主义学派的发展陷入了停滞，人工智能研究也一度陷入低谷。该时期的

机器翻译技术在很大程度上反映了基于规则方法的缺陷，其需要人工定义大量的语法规则和词汇表，不仅耗时耗力，还难以覆盖所有语言现象，特别是对于具有文化特色、语境依赖或隐喻含义的表述，基于规则的方法往往无法准确翻译，导致译文失真或产生误解。例如，当把中文"一举两得"的英文"kill two birds with one stone"翻译成法语就变成了"用一支箭雕刻出两个形象"；当把"倾盆大雨"的英文"rain cats and dogs"翻译成俄语，再翻译回来的时候，竟变成了"猫和狗在雨中行走"。

面对20世纪70年代的"寒冬"挑战，人工智能领域非但没有沉沦，反而在众多专家学者的不懈追求下，孕育出了重生的曙光。短短数十年间，便迎来了翻天覆地的变化，其转折点正是1977年费根鲍姆在第五届国际人工智能联合会议上提出的"知识工程"概念，标志着人工智能正式迈入了一个**以知识为核心驱动力**的全新阶段——"知识应用期"。在这一时期，人工智能的发展重心转向了如何更有效地获取、表示、推理和应用人类知识。专家系统正是这一时期的核心成果。

专家系统，顾名思义，是模拟人类专家在特定领域内的专业知识与决策过程构建出的智能系统。其由三大核心要素构成：专家知识库、逻辑推理系统以及用户互动界面。该系统实现了对专业领域知识的深度挖掘与高效应用，其本质是对逻辑推理能力的极致优化与拓展，同时也是符号主义理论在实践中的辉煌展现。这一时期，也可以说是符号主义的鼎盛时期。随着专家系统的广泛应用与深入发展，其在多个领域均取得了令人瞩目的成就。医疗领域的MYCIN专家系统（见图1-5），以精准的病情诊断与治疗方案建议，为医生提供了强有力的辅助；地质勘探领域的PROSPECTOR专家系统，则通过对地质数据的深度分析，为矿产资源的发现与开采开辟了新途径。这些成功案例，不仅彰显了专家系统的巨大潜力与价值，也进一步巩固了符号主义在人工智能领域的领先地位。专家系统的广泛应用，使得"知识是智能的基础"这一理论的重要性显著提升。研究者们对知识的获取、表示以及利用等进行了更为深入的研究并取得了较大的进展，特别是对不确定性知识的表示和推理建立了主观Bayes理论、确定性理论、证据理论等，对人工智能中的模式识别、自然语言理解等领域的发展提供了有力支持，解决了许多理论及技术上的问题。

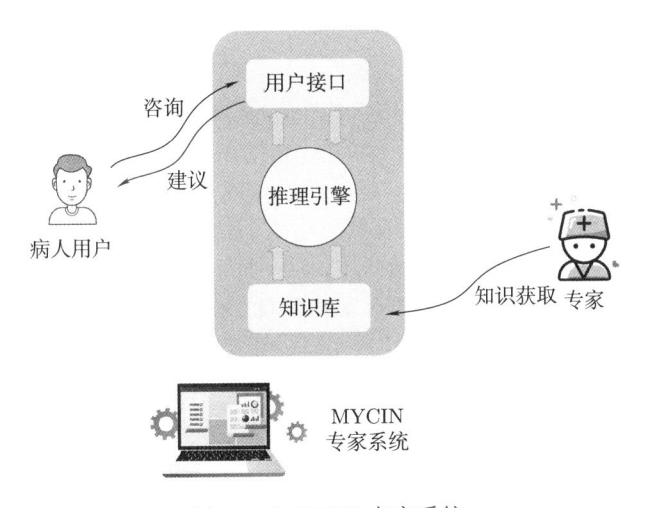

图1-5 MYCIN专家系统

专家系统发光发热的同时，**机器学习**也悄然崛起，学者们深刻认识到当前人工智能"说一做一"模式的局限性，于是积极探索新途径，旨在赋予人工智能自我学习和进化的能力。这一探索的核心，便是让机器能够从海量数据中自主挖掘规律，进而构建出解决问题的新策略，这一进程被统称为"机器学习"。在这一探索的征途中，1974年，哈佛大学的沃伯斯（Paul Werbos）博士提出的**反向传播算法（BP 算法）**无疑是该时期的一大亮点。BP 算法通过误差的梯度反向传播来调整多层前馈神经网络的权重，解决了训练难题，赋予网络处理复杂问题的能力，成为神经网络领域的基石之一。然而遗憾的是，1974 年刚好处于第一次冬眠时期，因此 BP 算法并未受瞩目。直到 1986 年，在 Hinton 和 David E. Rumelhart 等人的努力下，BP 算法才重新焕发光彩，被深入挖掘并广泛应用于神经网络的训练与优化之中。类神经网络的出现也让**连接主义（一种强调通过大量简单处理单元相互连接来模拟复杂智能行为的理论）**初露锋芒，虽然连接主义受到当时理论框架的不完善以及计算硬件能力的限制，尚未发挥真正的实力，但已向众人证明其可能性。

4. 第二次冬眠与平稳发展

到 20 世纪 80 年代后期，虽然已有专家系统和机器学习的支持，但由于专家系统的局限性和机器学习的高门槛，人工智能领域引来了第二次"泡沫"。专家系统虽强，但缺乏自我学习能力、应用受限且知识获取困难，而机器学习又仰赖大量的训练资料和庞大的计算能力。在此背景下，传统 AI 的数学计算体系显然不够完善和严谨，这促使学者们探索跨学科数学工具（如高等代数、概率统计等），并引入神经计算、进化计算等模仿生物行为的计算方法。这些有别于传统人工智能的智能计算理论和方法被统称为**计算智能（Computational Intelligence, CI）**。计算智能的出现不仅弥补了传统人工智能在数学理论和计算方面的不足，还更新了人工智能的理论框架，极大地丰富了其内涵，使得人工智能进入了一个新的发展时期。

其中，最为耀眼的便是人工智能在博弈领域的突出表现。两者的应用最早可追溯到 1959 年萨缪尔在 IBM 上编写的一款国际跳棋程序，该程序的棋艺虽非顶尖，但能从棋谱和实战中学习提升，深化了人们对"人工智能"的初印象。在反复的兜转中，萨缪尔通过不断改进程序，成功在 1962 年击败了人类玩家。至此，人工智能在博弈领域挑战人类的号角正式吹响。1996 年，美国 IBM 公司策划了一场前所未有的"人机大战"，邀请了国际象棋棋王卡斯帕罗夫与"**深蓝**"计算机系统进行对决。深蓝，这台运算速度高达每秒 1 亿次的超级计算机，在第一盘比赛中凭借其强大的计算能力击败了世界冠军，惊动了整个棋坛。然而，尽管深蓝表现出色，但最终还是未能抵挡住卡斯帕罗夫高深棋艺的攻势。为了挽回颜面并进一步展示人工智能的潜力，IBM 在一年内对深蓝进行了多次升级和改良。带着全新的实力和更强的计算能力，深蓝再次向卡斯帕罗夫发起挑战，并在一场备受全球关注的对决中，以 3.5∶2.5 的总比分赢得了胜利。这场胜利不仅彰显了当时人工智能技术的卓越成就，更向世人展示了计算机在速度和准确性方面的巨大优势。尽管其棋路还远未达到模拟人类思维方式的程度，但深蓝已经成功地完成了大量原本只有人类思维才能完成的任务，这一壮举无疑为人工智能的发展史增添了新的辉煌篇章。

在此后的十年间，人类与机器在国际象棋领域的对决中互有胜负，形成了一种势均力敌的局面。然而，自 2006 年棋王卡拉姆尼克被国际象棋软件 Deep Fritz 击败之后，人类在国际象棋比赛中再也没有能够战胜计算机。深蓝的成功主要得益于机器学习技术的不断创新与发展。这一技术的发展不仅为深蓝提供了从海量数据中提取有价值信息的能力，还赋予了它不断学习和自我优化的能力。凭借这些能力，深蓝在与国际象棋大师的对弈中能够逐渐适应对手的棋风，并制定出克敌制胜的策略。回顾该时期，机器学习领域取得了多项重要成就，其中包括 Vladimir Vapnik 等人提出的**支持向量机**、John Lafferty 等人提出的**条件随机场**、David Blei 和 Michael Jordan 等人提出的**话题模型 LDA**，以及布雷曼博士提出的**随机森林算法**等。这些成就不仅推动了机器学习技术的整体进步，也为深蓝的成功奠定了坚实的基础，充分展示了机器学习在推动人工智能发展方面的重要作用。

博弈领域的蓬勃发展并非孤星闪耀，神经网络技术同样见证了 AI 的璀璨光芒。不受第二次人工智能冬眠的影响，类神经网络的支持者杰弗里·辛顿（Geoffrey Hinton）仍然持续研究并改善类神经网络，并于 2006 年提出了新的类神经网络训练方法，成功训练多层类神经网络，并以**深度学习（Deep Learning）**之名重新包装，让此技术重新浮出水面，Hinton 也因此被誉为深度学习之父。

5. 蓬勃发展的第三次浪潮

摩尔定律的持续效应预示着硬件性能将经历指数级的飞跃，这一趋势与 21 世纪初互联网、云计算等的蓬勃兴起相辅相成，极大地简化了数据的挖掘与汇聚过程。在此背景下，类神经网络技术迎来了前所未有的发展机遇，实现了显著的技术突破。特别值得一提的是，2012 年成为深度学习领域的一个里程碑年份。在这一时期，Hinton 凭借一个名为 AlexNet 的 8 层卷积神经网络（CNN）以显著的优势（超越第二名 10.8% 的准确率）赢得了竞赛的冠军。AlexNet 的成功标志着深度学习在计算机视觉领域的崛起，尤其是卷积神经网络（CNN）的崛起。随后在 2015 年，微软亚洲研究院的何凯明等人再次将深度学习推向了新的高度。他们提出的残差网络（Residual Network，ResNet）采用了 152 层的深度结构，并成功应用于 ImageNet 图像分类竞赛，取得了令人瞩目的 3.57% 的整体错误率，这一成绩不仅大幅超越了之前的记录，还首次实现了低于人类平均错误率 5% 的水平。该残差神经网络的核心创新在于发现了网络不恒等变化导致的"退化现象"，并针对该现象引入了"快捷连接"，缓解了在深度神经网络中增加深度带来的梯度消失问题。这种创新的设计使得训练更深层次的神经网络成为可能，进一步推动了深度学习在计算机视觉以及其他领域的发展。

2014 年，DeepMind 团队以卓越的前瞻性和创造力，巧妙融合了深度学习的强大表征能力与行为主义的增强式学习策略，孕育出了革命性的人工智能围棋软件——AlphaGo。随着 AlphaGo 在 2016 年成功击败韩国顶尖职业棋手李世石，随后又在 2017 年与世界排名第一的柯洁一较高下并取得胜利，其影响力远远超出了围棋界本身，成为了全球瞩目的焦点。这一系列胜利不仅验证了 AI 在复杂策略游戏中的卓越能力，更激发了社会各界对人工智能未来无限可能的广泛讨论与热烈期待，从而正式引爆了第三次人工智能热潮。值得注意的是，AlphaGo 的成功背后，行为主义的发展也扮演了关键角色。通过增强式学习机制，AlphaGo 能够在不断的自我对弈与反思中积累经验，优化策略，这种"从实践中学"的方式与**行为主义**的核心原则不谋而合，展现了人工智能在学习与适应方面的巨大潜力，也预示着这一时期行为主义的发展成果将会是空前绝世的。

2017 年无疑也是生成式人工智能发展史上的关键一年，它为后续诸多突破性进展奠定了基础。该年，Vaswani 及其同事提出了基于自注意力机制的神经网络结构——Transformer 架构。自从 Transformer 架构问世以来，其已成为大语言模型（Large Language Model，LLM）开发的关键组件，并在自然语言处理（NLP）领域取得了突破性的进展。随后 OpenAI 于 2018 年 6 月推出了基于 Transformer 的 GPT-1 模型，展示了无监督预训练结合特定任务微调的强大潜力。同时，谷歌也利用该新颖的 Transformer 架构，于 2018 年底发布并开源了基于双向 Transformer 的预训练语言模型（Bidirectional Encoder Representations from Transformers，BERT），通过同时考虑上下文信息，进一步提升了 NLP 任务的性能。除了 GPT-1 和 BERT 之外，2017 年还见证了图神经网络的兴起。GNN 利用一种消息传递算法在图的节点和边上传播信息。这使得网络可以以更直观的方式学习数据的结构和关系。

2021 年，OpenAI 推出了两款引人注目的神经网络模型：DALL-E 和 CLIP，它们独特地连接了文本与图像的世界。DALL-E 模型凭借其强大的生成能力，能够根据文本描述直接创作出对应的图像；而 CLIP 模型则擅长于将图像与文本类别进行精准匹配，展现了出色的跨模态理解能力。这两款模型的发布，进一步推动了人工智能在图像与文本交互领域的发展，标志着大模型在多模态领域的一次飞跃。

2022 年 11 月，**ChatGPT** 横空出世，掀起了生成式人工智能浪潮。其基于 GPT 技术，构建了一个强大的大语言模型，通过学习海量文本数据的模式和规律，成功实现了对自然语言的高效理解和生成。这一技术突破极大地改变了自然语言处理领域的研究范式。仅仅数月后，OpenAI 再度发力，于 2023 年 3 月发布了 ChatGPT 的升级版——GPT-4。相较于前代，GPT-4 在功能和应用上实现了质的飞跃。它不局限于文本处理，而是更进一步地融入了音频和视觉信息的处理能力，实现了在音频、视觉和文本之间的实时推理和交互。这一创新极大地提升了 GPT-4 的**多模态交互性能**，使其应用场景得到了极大的拓展，包括图像分析、语音识别等前沿领域。随着技术的不断突破，OpenAI 的开发重点逐步过渡到图像的生成，并发布了 DALL-E 3，这是一款具有强大图像生成能力的模型。OpenAI 进一步将 DALL-E 3 的技术应用于其新平台 Sora 中，使得 Sora 继承了 DALL-E 3 的卓越画质和出色的遵循指令能力，从而可根据用户的文本提示创建逼真的视频，深度模拟真实物理世界，生成具有多个角色、包含特定运动的复杂场景。

回顾人工智能的发展历程，其演进轨迹鲜明地勾勒出一条从**逻辑推理**起步，经由**知识工程**的积累，再到**自主学习能力**飞跃的壮阔路径。这一过程并非一蹴而就的，也非某一学派独领风骚，而是全球范围内多学科交叉融合、众多学者不懈努力共同铸就的辉煌篇章。近年来，**生成式人工智能**的蓬勃发展尤为引人注目，它仿佛一扇即将开启的大门，预示着人类正站在通往通用人工智能新时代的门槛上。往昔，人工智能的研究聚焦于构建专用系统，这些系统专为解决特定任务或实现特定功能而生，如语音识别、图像解析、自然语言处理等，它们在这些领域内展现出了卓越的性能。然而，一旦面临超出其预设范畴的挑战，这些系统的局限性便显露无遗。而今，生成式人工智能技术的崛起如同一股强劲的东风，为 AI 领域带来了前所未有的变革与希望。这些技术不仅极大地拓宽了 AI 的创造力边界，赋予了 AI 系统前所未有的生成能力，更为其自我学习、自我进化铺设了坚实的基石。它们让 AI 不再仅仅是执行任务的工具，而是拥有了更接近于人类智慧的适应性和创造力。当然，通往通用人工智能的道路并非坦途，仍需跨越数据鸿沟、优化算法设计、应对伦理法律等多重挑战。但正是这些挑战，激发了科研工作者们不断探索与创新的热情。我们有理由相信，在时间的见证下，随着技术的持续精进与研究的日益深入，这些难题终将逐一攻克，通用人工智能的宏伟蓝图将逐步变为现实。

1.3 人工智能与大数据技术的关系

大数据技术是指一系列用于收集、存储、处理、分析和可视化大规模、多样化、快速生成数据的方法和工具。它的主要目的是从海量数据中提取有价值的信息和知识，以支持决策、预测、优化和创新。大数据技术不仅关注数据的数量，还关注其速度、种类和真实性，即所谓的"**大数据的 4 个 V**"：Volume（数据量大）、Velocity（速度快）、Variety（种类多）和 Veracity（真实性）。

那么，人工智能和大数据技术之间存在什么样的关系呢？

其实，AI 的火热与近年来大数据领域的重大突破是密不可分的。本轮 AI 浪潮是由大数据驱动的，算法本质上也就是"炼数术"。因此，AI 进步的一个关键瓶颈依然是数据，特别是在进行监督学习时所需要的高质量训练数据集。在此背景下，人工智能与大数据技术之间就形成了一种紧密的相互依存和促进关系。大数据技术为人工智能的发展提供了充足的数据资源，而人工智能则为大数据的处理、分析和应用提供了强大的技术支撑。

1.3.1 大数据推动人工智能发展

数据驱动的模型训练：人工智能特别是机器学习和深度学习模型的训练依赖于大量的数据。随着大数据技术的兴起，海量数据的收集、存储和管理变得更加高效，这为 AI 模型提供了丰富的训练数据，帮助它们不断学习和优化。

更精准的预测与决策：大数据涵盖了来自各行各业的大量信息，AI 通过分析这些数据，可以发现隐藏在数据中的模式和规律，进而实现更为准确的预测和决策。例如，在金融、医疗等领域，AI 可以通过大数据分析帮助做出风险评估、疾病诊断等关键判断。

1.3.2 人工智能赋能大数据应用

数据挖掘和分析：人工智能技术可以从复杂的大数据中自动提取有价值的信息和见解。传统的数据分析方法可能无法高效处理大规模、非结构化的数据，而 AI 则可通过自然语言处理、图像识别等技术，帮助快速挖掘数据中的关键内容。

智能化数据处理：在大数据系统中，人工智能可以帮助处理海量的数据源、过滤噪声信息，并实时优化数据处理流程，提升数据的应用效率。例如，AI 技术可用于自动化清洗、分类、聚合数据，使数据更加高效地为决策服务。

1.3.3 两者协同效应

AI 模型的性能优化：随着大数据技术的不断发展，AI 能够利用更加全面、实时的数据进行建模，从而显著提升模型的精度和性能。

自动化系统和预测：通过结合大数据与 AI，企业可以开发自动化系统，实时监控并预测未来趋势，从而实现智能化的生产、运营和服务。

总的来说，大数据为人工智能提供了数据基础，人工智能则赋予了大数据智能化的处理能力，两者共同推动着各个行业的创新和变革。同时，提到人工智能与大数据之间的关系，不得不提物联网和云计算技术。其实，人工智能（AI）、物联网（IoT）、大数据和云计算是当前信息技术领域的四大支柱，它们之间的关系紧密而互补，形成了现代智能技术生态（见图 1-6）。物联网通过传感器和设备实时采集大量数据，构成大数据的重要来源。大数据技术则对这些数据进行清洗、存储和分析，为人工智能模型提供训练和学习的基础。人工智能通过分析大数据，识别模式、进行预测，并为物联网设备提供智能化的决策和控制。云计算则为大数据处理和 AI 训练提供了灵活的计算资源和存储空间，支持大规模的并行处理和实时数据分析，提升了智能系统的整体效率与可扩展性。这四者共同推动了智能化应用在各行业的快速发展。

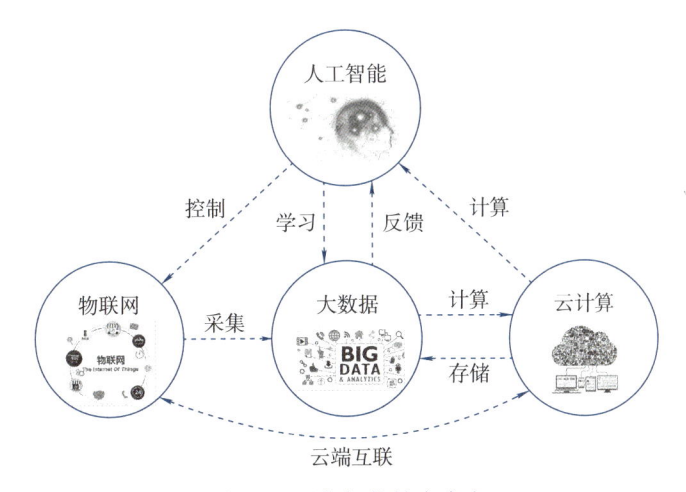

图 1-6 现代智能技术生态

1.4 人工智能技术路线

人工智能（AI）指的是通过机器来完成通常只有"人"才能胜任的任务，这些任务主要集中在几个关键领域，即视觉识别、自然语言理解、机器人和机器学习，它们分别对应着人类的基本能力——看、听、动和学习。从技术层面来看，人工智能可以分为感知、认知和执行3个层次。感知技术包括机器视觉和语音识别，这些技术帮助 AI 系统获取外部信息；认知技术则涉及机器学习，旨在让系统理解和分析信息；而执行技术包括人工智能与机器人相结合的硬件技术以及智能芯片的计算技术，这些技术使 AI 系统能够在物理世界中执行任务。

然而，尽管 AI 系统在特定任务上表现出色（如简单的算术运算，早在20世纪70年代的小计算器就已经比人类更擅长这类任务），但在处理更复杂、更通用的任务时，AI 系统面临着更大的挑战。在狭窄的背景下，AI 系统可以在特定的问题或应用上取得显著进展，但一旦任务稍有改变，系统的性能就可能会大幅下降。这一现象表明，虽然人工智能技术在感知、认知和执行层面都有所突破，但其成熟度仍然依赖于任务的复杂性和背景的特定性，各领域间的发展也在逐步交叉融合，朝着更统一的方向迈进。

1.4.1 计算机视觉

视觉是人脑最主要的信息来源，计算机视觉是指通过计算机或图像处理器及相关设备来模拟人类视觉，以让机器获得相关的视觉信息并加以理解，是机器能够"看懂"周围环境的计算基础，最终解决机器代替人眼的问题。

从技术层面来看，计算机视觉是一种将图像、视频等视觉信息转换为数字信号，并进行分析和处理的技术。根据识别对象的不同，计算机视觉可以进一步细分为图像识别、人脸识别、文字识别等多个子领域。这些技术能够对静态图片、动态视频甚至实时的物体进行特征提取和分析，从而为后续操作提供关键的感知数据。

从整体的技术流程来看，计算机视觉的处理过程分别为图像采集、目标提取、目标识别、目标分析，如图 1-7 所示。首先是图像采集，这一步通过传感器或摄像设备获取原始图像数据；接下来是目标提取，通过算法从图像中识别出感兴趣的对象或区域；然后是目标识别，利用模式识别或深度学习等方法对提取出的对象进行分类和识别；最后是目标分析，对识别出的对象进行进一步的理解与解读，如物体的形状、运动轨迹或行为分析等。

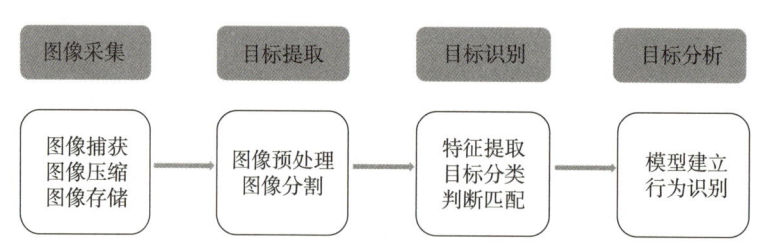

图 1-7 计算机视觉处理的几个过程

随着技术的飞速发展，图像识别和人脸识别等感知技术已经逐步进入应用市场，特别是在交通、医疗、工业、农业、金融、商业等领域，这些技术的广泛应用引发了一系列新业态、新模式和新产品的突破性发展，推动了深刻的产业变革。苹果公司的 iPhone 手机就是这一趋势的代表，它集成了 Face ID 和 A13 芯片等先进的 AI 技术。苹果的 Face ID 技术实现了高效的人脸验证功能。在 iPhone 的顶部，集成了用于实现 Face ID 的多种器件，包括红外摄像头、泛光感应元件、点阵投影器和普通摄像头。当红外摄像头检测到一张面孔时，点阵投影器会发射出 30000 个微小的光点，这些光点的反馈被红外摄像头捕捉，用以构建人脸的三维数据模型。该模型随后与 A13 芯片中存储的面部模型进行比对，如果匹配成功，那么设备即可解锁并唤醒。为了提高人脸识别的精确度，苹果在其芯片中集成了一个神经引擎，专门用于神经网络处理图像和点阵模式。此外，苹果还邀请了好莱坞特效面具公司制作面具，以训练神经网络，从而提升系统的安全性。美国科技媒体网站 The Verge 曾使用一台具备夜视功能的摄像机成功拍摄到这些肉眼不可见的红外光点。这些光点在视觉效果上极为震撼，不仅密集地投射在人脸上，还覆盖到衣物上，展现了 Face ID 技术的高精度和复杂性。

在大规模视觉识别挑战赛（LSVRC）中，图像标签错误率从 2010 年的 28.5% 下降至如今的 2.5%，标志着 AI 系统在物体识别性能上已经超越了人类。这一显著进步反映了视觉识别技术的快速成熟。尤其是在国内，视觉与图像领域的投资融资位居 AI 领域之首，占据了整个 AI 投资的 23%（数据来源：腾讯的《中美两国人工智能产业发展报告》）。这一现象表明，国内投资者对视觉与图像技术的前景持高度乐观态度，认为该领域已经具备了高度的成熟度，并有望引领未来的科技创新和产业发展。

1.4.2　自然语言理解

自然语言理解是指机器接收人类提问的语音输入，先通过语音识别将人类语音转换为文字，再运用自然语义分析理解人类提问的含义（即理解人类的行为），最后反馈给人类与所提问相关的精准搜索结果，其核心技术在于用自然语义分析来理解人类日常说话中的提问，可以分为语音识别和自然语言处理两个部分。

语音识别是让计算机能够像人类一样"听懂"语言的技术。通过麦克风或其他音频采集设备，计算机能够接收到外界的声音信号，并通过处理算法将其转换为可理解的文字或命令，从而使机器能够理解并执行语音指令。语音识别的最终目标是让机器替代人耳，准确地感知和理解语言信息。自然语言处理是指通过计算机模拟人类对语言的理解和生成过程，使机器能够"理解"和"生成"自然语言。它包括从语义理解到语言生成的全流程，使机器能够正确地解析和反映用户的文本输入。自然语言处理的最终目标是让机器能够像人脑一样，流畅地理解和生成语言信息，实现人机之间的自然交流。

语音识别与自然语言处理是使机器能够"听懂"用户语言的核心技术基础。语音识别侧重于对用户语言的感知，语音识别为机器感知用户指令奠定了基础，但更为关键的是如何让机器理解这些指令的含义，这就需要依赖自然语言处理技术。自然语言处理将用户的语音转换为机器能够执行的指令，涉及自然语言理解、多轮对话处理、机器翻译等多个领域。

尽管深度学习在自然语言处理中的作用仍有待进一步探索，但在语义理解和语言生成等领域已经取得了重要突破。如今，许多提供语音技术服务的公司不再局限于单一的语音识别或语义理解业务，而是开始推出整体的智能语音交互产品。这些产品能够在语音感知和语义理解之间实现更紧密的集成，从而为用户提供更加自然和智能的交互体验。这标志着语音技术从感知层面向更高层次的认知与执行层面不断迈进，推动了智能语音交互的全面发展。

从 PC 互联网到移动互联网，再到如今的 AI 时代，每个时代都伴随着一次交互方式的变革。利用语音识别、自然语言处理和自然语言理解等技术研发的对话机器人，正在革新传统的人机交互模式。这些对话机器人既可以内嵌在应用程序中，也可以与硬件结合，致力于成为用户的个性"助理"。目前，这些"助理"已经具备基本的问答、对话和上下文理解功能，正在为用户打造全新的人机交互体验，并提供多场景的便捷服务。

例如，智能音箱已成为近年来美国消费市场的热门产品。虽然苹果公司的 Siri 依然是语音交互领域的领导者，但 Amazon Alexa 正在迅速崛起，不仅能够进行对话应答，还可以与多种智能家居设备进行互动，如通过语音控制灯光等。谷歌的智能音箱功能类似于 Alexa。苹果也于 2018 年 2 月 9 日正式推出了 HomePod 智能音箱。

语音交互可以说是人机"交流"的重要环节，也是未来人工智能发展的关键入口之一。在国内，自然语言处理领域的融资规模位居第二，占整个 AI 投资的 19%。国内企业中，京东与科大讯飞合作布局的智能音箱，致力于成为家庭控制中心。阿里推出了"天猫精灵"智能音箱，小米则发布了小米 AI 音箱。激烈的智能音箱竞争背后，实际上是下一代服务入口之争。

百度基于 AI 技术打造的对话式人工智能系统 DuerOS，已经在多款智能硬件产品中陆续应用。搭载 DuerOS 的设备让用户能够通过自然语言对话的方式实现多种功能，如影音娱乐、信息查询、生活服务和出行路况等。腾讯的所有语音端均采用了自研的 AI 技术，而阿里则在淘宝、支付宝电话客服、天猫精灵、优酷、虾米音乐等平台上广泛应用了自己的语音技术。除了自家技术，BAT（百度、阿里、腾讯）也在加速对外开放平台，推动扩展。阿里云、腾讯云小微和百度 DuerOS 平台均已开放了语音识别、视觉识别等 AI 技术，百度还宣布语音技术全系列接口永久免费开放。

在谷歌 I/O 大会上，Google Assistant 展现出了更加拟人化的特性，成为谷歌 AI 用户体验中最直观的语音助手。谷歌正努力将其打造成更具人性化的助手：不仅声音更加拟人化，对话也更加贴近日常交流习惯。在 I/O 大会的展示中，Google Assistant 接到预定餐厅座位的指令后，用户可以继续忙自己的事情，而 AI 会自行拨打电话与餐厅工作人员进行多轮对话并敲定时间。这个展示突显了 Google Assistant 的对话能力增强，显著提升了用户与机器对话的体验。

1.4.3 机器学习

人类大脑一直是未解之谜。我们如何思考，人脑如何运作，以及智能的本质究竟是什么，这些问题自古以来就吸引了哲学家和科学家进行不断探索。早期研究者认为，逻辑是人类智慧的核心特征之一。因此，许多人工智能研究的先驱试图让计算机程序遵循逻辑学的基本原则来进行运算、归纳和推理。这一时期，人工智能的目标是通过严格的逻辑推导实现智能行为。然而，研究人员很快意识到，人类的思维过程并不完全依赖逻辑。事实上，大部分思维是直觉的，往往依赖下意识的"经验"。基于知识库和逻辑规则构建的人工智能系统（如专家系统）虽然能够在特定的狭窄领域内解决问题，但却难以扩展到更广泛的应用场景和日常生活中。于是，随着对智能本质认识的深入，研究者开始探索一种新的实现人工智能的方法——机器学习。通过让机器自主学习数据中的模式和规律，机器学习为人工智能开辟了更广阔的应用空间。

人类的聪明之处在于能够通过已有的认知对未知问题进行推理和类比。当人类读书时，书籍提供数据，人脑通过思考与学习从中提炼出智慧。类似地，机器学习则是让计算机通过已知的数据进行训练，生成适当的模型，并利用该模型对新情境进行判断和推理的过程。机器学习的本质是一种计算机算法。通过对大量的样本数据进行训练，计算机能够学会对未来输入的数据做出正确的反馈。训练过程中，计算机会通过不断的试错来调整参数，以减少错误率。当错误率降低到符合预期标准时，模型便可以应用于实际任务。机器学习可以分为两大类：监督式学习和非监督式学习。其中，监督式学习依赖标注过的训练数据，而非监督式学习则从未标注的数据中自主寻找模式和规律。

机器学习的应用非常广泛，应用在文本方面就是自然语言处理,应用在图像方面就是图像（模式）识别，应用在视频上就是实体识别，应用在汽车上就是自动驾驶，等等。

机器学习的一项重要突破发生在 2006 年，那就是深度学习的崛起。深度学习的起源可以追溯到 20 世纪 80—90 年代的神经网络研究。其模型灵感来自人类大脑的视觉皮层及人类的学习方式，借助工程化的方法简化了这些功能。尽管深度学习模型是否真正反映了人类大脑的工作机制仍存在争议，但这一技术突破的关键在于，它首次使机器在语音识别、图像识别等领域达到了甚至超越了人类的感知能力。

深度学习是机器学习的重要分支，作为新一代计算模式，它通过多层次的非线性函数组合来模拟人类神经系统的工作方式，推动了人工智能的新一轮飞跃。与传统计算模式不同，深度学习依托多层人工神经网络算法，模仿人脑的神经网络工作原理，从海量数据中自发提取规律，并灵活应用于不同场景。因此，它不需要人工干预来提取特定问题的特征。

近年来，IT巨头纷纷开源人工智能平台，各类深度学习框架层出不穷。自2015年以来，全球顶尖科技公司相继开源了核心的人工智能平台，如Caffe、CNTK、MXNet、Neon、TensorFlow、Theano和Torch等，使得深度学习的普及和应用更加广泛。深度学习的代表性案例之一是谷歌的AlphaGo，而AlphaGo Zero进一步展示了纯强化学习的潜力。AlphaGo Zero不依赖人类的示范或领域知识，仅通过自我对弈优化神经网络，最终以100∶0的成绩击败了AlphaGo。这标志着深度学习在不受约束的环境中也能展现卓越的学习能力，推动了AI技术的更大突破。谷歌作为人工智能领域的领军者，已建立起完整的AI生态系统。其自主研发的深度学习平台TensorFlow，现已成为主流的开源框架，广泛应用于谷歌搜索、谷歌翻译等服务。为了适应移动和终端设备，谷歌还推出了TensorFlow Lite，进一步巩固了其在AI领域的主导地位。本书的多个章节将围绕TensorFlow展开，探讨深度学习的技术及其应用。深度学习的技术成熟度已经从实验室应用迅速转向实际产业，覆盖了众多行业和场景，为语音识别、图像处理、自动驾驶等领域带来了革命性的突破。

美国在机器学习应用领域的投资占美国整体AI投资的21%，仅次于芯片领域的31%。机器学习热潮的背后是三大关键因素的融合推动：首先是深度学习算法的不断突破；其次是大数据的迅猛增长；最后是机器学习计算能力的飞速提升，尤其是GPU芯片等专用硬件的应用，将模型训练时间从几个月缩短至几天甚至几小时。硬件芯片技术也在快速发展，谷歌、英伟达、英特尔等公司相继推出了下一代GPU芯片，这些新一代硬件有望将训练速度提高10～100倍，进一步加速机器学习的进步。

1.4.4 机器人

在人工智能的应用领域中，机器人代表了"动"的部分，它们不仅能听、看和学习，还具备实际的行动能力。机器人通过集成感知、认知和执行功能，将虚拟的智能决策转化为物理行动，实现与环境的交互。无论是家庭中的智能助手，还是工业生产线上的自动化设备，机器人通过精确的运动控制和智能算法，使得自动化和智能化变得切实可行。随着技术的进步，机器人正在不断拓展其应用范围，从简单的任务到复杂的操作，它们正逐步成为人们生活和工作的得力助手。

尽管大部分智能机器人目前还处于产业发展的初期阶段，随着全球人工智能迈入第三次发展高峰，智能化已成为机器人发展的关键方向。人工智能与机器人技术的深度融合，正在显著提升机器人智能化的水平。现代智能机器人具备了自主感知、认知、决策、学习、执行以及社会协作的能力。例如，美国波士顿动力公司（Boston Dynamics）专注于研发同猎狗般灵活的机器人，这些机器人不仅能爬楼梯、在与人类的拔河比赛中保持平衡，还能开门以便其他机器人通过。这些功能展示了机器人在未来可能展现出的快速、高效甚至令人敬畏的能力。除此之外，我国的宇树科技有限公司也致力于人形机器人的开发，并且在2024年的世界机器人大会上展示了他们自主研发的两款已量产的人形机器人（Unitree G1、H1）和两款四足机器狗。其中，Unitree G1人形智能体如图1-8所示，具有超越常人的灵活性，解锁无限运动潜力。此外，这款机器人可进行高难度的动态动作，如动态站起、坐下折叠、舞棍等。并且Unitree G1还基于深度强化学习和仿真训练，借助AI的加速发展，在不断升级和演进。

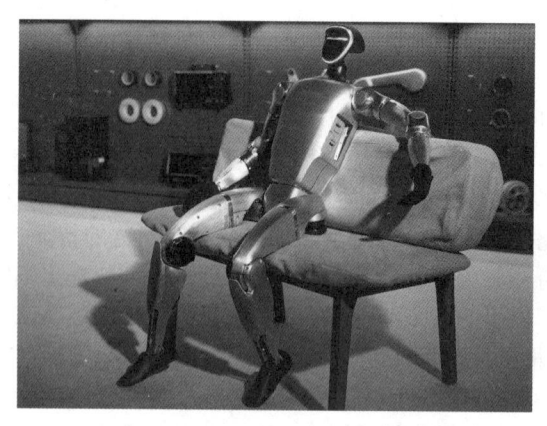

图 1-8　Unitree G1 人形智能体

全球范围内，智能机器人正在迅速涌现，如日本的 ASMO、Actroid-F 仿人机器人、Pepper 智能机器人，以及美国的 BigDog 仿生机器人等。许多科技巨头也通过收购机器人公司，将智能机器人作为人工智能的重要载体，以推动该领域的发展。例如，谷歌接连收购了 Schaft、Redwood Robotics 等 9 家机器人公司，积极布局类人形机器人制造和机器人协同。然而，机器人技术的发展并非总是一帆风顺。例如，曾经日本人以能让机器人跳舞为傲，但福岛核灾难暴露了其机器人在应急情况下的脆弱性。美国也派遣了机器人到灾区，但常常遇到技术问题，比如电缆缠绕导致机器人无法移动。这些问题表明，尽管智能服务机器人在不断进步，但仍处于产业化的初步阶段。

1.4.5　人工智能技术开发工具

在人工智能技术的发展过程中，强大的开发工具为研究人员和工程师提供了高效的支持，推动了 AI 技术的创新与应用。AI 的常用开发框架包括 scikit-learn、谷歌的 TensorFlow、Facebook 的 Torch、微软的 CNTK 等，这些框架都是开源软件。

scikit-learn，简称为 sklearn，是一款针对 Python 编程语言的开源机器学习库。它包含丰富的分类、回归和聚类算法，如支持向量机、随机森林、梯度提升、k-means、DBSCAN 等。sklearn 是 GitHub 上最受欢迎的机器学习库之一，且与其他常用的 Python 库无缝集成，如用于绘图的 Matplotlib 和 Plotly、数组运算的 NumPy，以及用于数据处理的 Pandas 数据帧。作为专注于机器学习的 Python 开源框架，sklearn 提供了多种成熟的算法，安装简单，使用方便，且拥有大量示例、详细的教程和文档。其性能表现相对优秀，特别适合初学者和应用开发者。然而，sklearn 也有一些局限性，如不支持深度学习和强化学习，这些技术在今天的 AI 应用中变得非常重要。此外，sklearn 仅支持 Python 语言，对 GPU 的利用效率较低，这在处理大规模数据和高计算需求的任务时可能会受到限制。

2015 年，谷歌发布了第二代人工智能系统 TensorFlow，并宣布将其开源。TensorFlow 提供了广泛的深度学习工具、功能和示例，成了深度学习领域的基础框架之一。2013 年，卷积神经网络的发明者 Yann LeCun 加入 Facebook，领导团队在图像识别和自然语言处理技术上取得了显著进展。Facebook 的深度学习框架基于 Torch 实现，并于 2015 年 12 月正式开源。

2018 年，百度发布了飞桨（PaddlePaddle），这是我国首个自主研发、功能丰富、开源开放的产业级深度学习平台。飞桨在业内率先实现了动静统一的框架设计，兼顾科研和产业需求，在开发便捷的深度学习框架、大规模分布式训练、高性能推理引擎、产业级模型库等技术上处于国际领先水平。2020 年，清华大学也推出了自主研发的深度学习框架——计图（Jittor），这是一个完全基于动态编译（Just-in-time），内部使用创新的元算子和统计计算图的深度学习框架。

表 1-1 中列出了各个公司所提供的 AI 开源平台。

表 1-1 AI 开源平台

公司	开源时间	平台名称	简介
谷歌	2015.11	TensorFlow	谷歌的第二代深度学习系统
微软	2015.11	DMTK	一个将机器学习算法应用在大数据上的工具包
Facebook	2015.12	Torchnet	深度学习 Torch 框架，鼓励模块化编程
微软	2016.01	CNTK	通过一个有向图将神经网络描述为一系列计算步骤
百度	2018.07	飞桨	我国首个自主研发的产业级深度学习平台
清华大学	2020.03	计图（Jittor）	完全基于动态编译的深度学习框架

除了上述的 AI 开源平台和框架外，AWS 还推出了 SageMaker，Apache 则提供了 Spark MLlib。Spark MLlib 是一个高度可扩展的机器学习库，支持 Java、Scala、Python 及 R 语言，广泛应用于大规模数据处理。它与 Python 的 NumPy 和 R 的数据包等工具集成，能够高效地进行交互操作。MLlib 提供了多种机器学习算法，如分类、回归、聚类等，并且可以轻松融入 Hadoop 的工作流程中。该库在处理大规模数据时表现出色，具有极快的速度。Spark MLlib 的优点在于其高效处理大规模数据的能力，并支持多种编程语言；缺点是它的学习曲线较为陡峭，且目前仅支持与 Hadoop 的即插即用集成。

1.5 人工智能与交叉应用

人工智能与交叉应用指的是将人工智能技术与其他领域或学科进行结合和应用，创造出跨学科的新型解决方案或技术。这种交叉应用通过整合不同领域的知识、数据和方法，使 AI 能够在更多元的场景下发挥作用，从而解决传统领域中无法通过单一技术手段解决的问题。例如，将 AI 的技术能力（如机器学习、自然语言处理、计算机视觉、机器人等）与其他学科（如医学、金融、教育、工程、艺术等）或技术领域相结合，通过多学科的交互与合作，我们可以得到更加创新的解决方案，以至于推动行业的智能化升级和社会问题的高效解决。

随着 AI 与各行业的深度融合，传统行业正在向智能化迈进，包括 AI+ 金融、AI+ 医疗、AI+ 安防、AI+ 家居和 AI+ 教育等领域，AI 应用场景如图 1-9 所示。在各个垂直行业，传统厂商凭借其产业链、渠道和用户数据的优势，通过接入互联网和人工智能技术进行转型。与此同时，创业公司则专注于技术突破与场景应用的落地，在细分市场中快速崛起，推动技术进步。应用层的企业直接面对用户，沿着 2B 或 2C 的路径发展，借助用户数据不断完善产品，以更好地满足市场需求。

图 1-9 AI 应用场景

人工智能的产业化应用受到技术平台、市场环境、用户需求等多重因素的影响。如何实现 AI

的自主创新并将其应用于具体行业场景,是未来发展的关键。目前,人工智能的主要应用领域涵盖安防、制造、服务、金融、教育、传媒、法律、医疗、家居、农业、汽车等行业。随着 AI 技术的不断成熟,商业化应用场景逐渐落地,智能家居、金融、医疗、驾驶和安防等行业已经成为 AI 主要的应用场景,展现出广阔的发展前景。

1.5.1 智能医疗

目前,传统的医疗行业面临诸多挑战,包括医疗资源不足、区域分布不均、医生培养周期长、医疗成本高、误诊率较高,以及疾病变化迅速等问题。随着人口老龄化的加剧和慢性病的持续增长,医疗服务的需求也在不断增加。这些医疗痛点与日益增长的服务需求,推动了人工智能在医疗领域的广泛应用。通过引入人工智能技术,医疗行业将逐步形成智能化的辅助诊断系统。借助图像识别、知识图谱等先进技术,AI 可以辅助医生进行诊断决策。此外,医学大数据的发展将推动患者信息的数字化处理,提升对潜在疾病的发现概率,并提供更精准的解决方案。人工智能将为医生和患者带来全新的诊疗方式,显著提升疾病诊断和治疗的效率与准确性,推动医疗服务的智能化与个性化发展。

2017 年 7 月 8 日,国务院发布《新一代人工智能发展规划》,提出发展便捷高效的智能服务,围绕教育、医疗、养老等需求,加快人工智能创新应用;同时,也提出推广人工智能治疗这种新模式、新手段,建立智能医疗体系,开发人机协同的手术机器人、智能诊疗助手等,实现智能影像识别、病理分型和智能多学科会诊;而在智能健康和养老方面,提出加强群体智能健康管理,突破健康大数据分析、物联网等技术,构建安全便捷的智能化养老基础设施体系,加强老年人产品智能化和智能产品适老化等。

在医疗领域,人工智能技术展现了广阔的应用前景。结合全球企业的实践经验,"人工智能 + 医疗"的具体应用场景涵盖了多个方面,包括医学影像分析、辅助诊疗系统、虚拟医疗助理、新药研发、个性化健康管理、可穿戴设备的监控、急救室和医院的智能管理、数据洞察与风险评估、营养与病理管理,以及生活方式的监督与改善等。这些应用为医疗行业带来了更高效、精准的解决方案,推动了医疗服务的智能化发展。

"人工智能 + 医学影像"将 AI 技术应用于医学影像诊断,实际上是模仿人类医生的阅片过程。人工智能在医学影像中的应用主要涉及 4 个环节:数据预处理、图像分割、特征提取以及匹配判断。AI 凭借其强大的图像识别和深度学习能力,能够有效提升传统医学影像诊断的准确性,缓解影像科医生工作量大、读片准确度低等问题。通过提高工作效率和诊断精度,AI 技术可帮助解决影像科医生短缺的难题,并减轻放射科医生的工作压力。同时,人工智能还助力疾病的早期筛查,及早发现病灶,显著提高患者的存活率。虽然单一病种的影像识别市场空间有限,但在政策的推动下,影像科、检验科的市场化运营以及病理中心的建立,为高端诊断服务和影像识别技术带来了广阔的发展机会。

"人工智能 + 辅助诊疗"是将 AI 技术应用于辅助诊疗的过程,使机器学习能够模拟专家医生的知识和思维,通过诊断推理解释病因并提供可靠的治疗方案。在这一过程中,AI 首先获取患者的病症信息,进行推理分析,判断疾病原因及发展趋势,最终形成有效的治疗方案。其典型流程为获取病症信息 → 提出假设 → 制定治疗方案。IBM Watson 是"人工智能 + 辅助诊疗"领域最成熟的案例之一。它结合了认知技术、推理技术、自然语言处理、机器学习以及信息检索等多项技术,已经通过了美国职业医师资格考试,并在美国多家医院提供辅助诊疗服务。Watson 能够在 17s 内处理 3469 本医学专著、248000 篇论文、69 种治疗方案、61540 次试验数据和 106000 份临床报告,通过分析这些数据,迅速找到疾病与治疗方案的对应关系,并构建医学知识图谱,帮助医生优化诊断决策。截至 2017 年 3 月底,Watson 肿瘤医生在全球 7 个国家服务的病患数量已达到数万名。未来,"人工智能 + 辅助诊疗"在基层医疗中的应用前景广阔,尤其在常见病诊疗方面能够显著提高医疗效率,降低成本,推动医疗资源的优化利用。

总而言之,人工智能在医疗领域的广泛应用有助于缓解当前医疗资源不足的核心问题。面对高昂的医疗成本和医生培养周期较长等挑战,AI 凭借其高效的分析能力,显著提升了医疗行业的整体效率与产能。此外,人工智能的应用还能够促进基层医疗的发展,提高基层医生的诊断准确性,使"人工智能 + 医疗"成为可复制、可推广的医疗资源解决方案。未来,AI 技术在医疗领域的深度融合,将推动医疗服务更加智能化和普及化。

1.5.2 智能安防

安防领域涵盖了从身份识别和家居安防到反恐和国防等的广泛应用。随着现代社会人口流动的增加,安防需求变得越来越迫切。图像识别技术在身份识别中的重要性日益凸显。AI 技术的进步能够显著提升身份识别的多样性和准确率,这对于提升安防水平至关重要。在国防安全领域,安防应用更具国家战略意义,AI 技术的引入将进一步加强国家安全保障。

在视频监控技术迅猛发展的背景下,视频监控画面产生的信息量已远超人力处理的能力。传统的人工回放录像取证方法效率低下且易出错。而大数据技术则具备处理海量信息的能力,结合人工智能技术,能够实现实时监控和基准判断。智能视频分析(Intelligent Video Analysis,IVA)技术成为解决海量视频数据处理的有效方案。

IVA 技术利用计算机视觉,主要应用于两个方面。一是基于特征的识别,包括车牌识别和人脸识别。这种特征识别技术在安防体系中显著提升了时效性、安全性和精准度。二是行为分析技术,包括人数管控、个体追踪、禁区管控和异常行为分析等。这些技术可应用于交通规则监测、周界防范、物品遗留检测和人员密度检测等领域。通过对视频中的图像序列进行定位、识别和追踪,智能视频分析能够进行有效的分析和判断,实现实时监控并及时上报异常。这使得安防从被动防范转向主动预警,实现对潜在危险的主动识别。

在应用领域方面,平安城市和智能交通依然是安防行业的主要应用场景。政府和公安部门将技术用于交通监控和道路视频监控中尤为关键。计算机视觉技术被广泛应用于机场、火车站等公共场所,这些大规模视频监控系统可以实时进行人脸抓拍、布控报警、属性识别、统计分析及重点人员轨迹还原等功能,并提供及时有效的智能预警。这种技术对于追踪有作案前科的惯犯尤为有效,目前多用于公安部门在事前、事中和事后进行敏感人员布控及失踪人员查找。安全布防需要消耗大量的警力资源,尤其是在运动会、国家会议和演唱会等重点区域和活动中。随着人工智能产品的不断进步,实时监测系统、巡逻机器人和排爆机器人等技术逐渐取代传统安防体系中重复且低效的工作,从而节省警力资源并提升整体安全管理效率。

1.5.3 智能家居

在智能家居领域,人工智能将进一步推动家居生活产品的智能化发展。一方面,它将提升各类家居产品的智能化水平,如照明系统、音响系统、能源管理系统和安防系统,推动家居设备从基础的感知功能逐步进化到具有认知和自主决策能力。另一方面,智能家居系统的构建也将日益完善,搭载人工智能的多种设备(如机器人、智能音箱、智能电视等)有望成为智能家居的核心。通过不断自我学习和控制,这些系统将逐步为不同的用户提供个性化的服务体验。

目前,智能家居正经历从手机控制向多种控制方式结合的过渡阶段。尽管手机应用程序仍然是智能家居的主要控制手段,但基于人工智能技术开发的语音助手和配备语音交互功能的硬件产品已逐渐进入市场。这些技术使得通过语音控制实现多设备联动的场景逐步成为现实。展望未来,人工智能将推动智能家居系统从多控制方式向感应式控制,最终发展到机器自我学习和自主决策的阶段。

传统的鼠标和触屏操作正逐步演变为更加自然的语音交互方式。语音交互的潜力不仅在于用户数据的深度挖掘，还在于其背后内容和服务的整合。语音作为物联网时代的入口，将催生新的商业模式。目前，智能音箱、服务机器人、智能电视等智能产品已成为搭载语音识别和自然语言处理技术的主要载体。这些产品不仅提供基本服务，还接入了移动互联网服务，能够控制其他智能家居设备。它们为付费内容、第三方服务和电商等资源开辟了新的流量入口，通过记录和分析用户数据，厂商能够将服务融入生活的不同场景中，使服务更加人性化。

1.5.4 智能制造

智能制造是一种由智能机器和人类专家共同组成的先进人机协作系统，能够在制造过程中执行诸如分析、推理、判断、构思和决策等智能活动。通过智能机器与人类专家的密切协作，智能制造不仅扩展和增强了人类在制造中的脑力劳动，还部分取代了传统制造过程中的人为决策。相比于传统的自动化生产，智能制造引入了更高层次的柔性化、智能化及高度集成化的概念，进一步革新了制造自动化的范畴。

随着人工智能技术的深入应用，制造业正从半自动化向全自动化加速迈进。通过构建工业以太网、广泛使用传感器及不断优化智能算法，制造过程中的各个生产环节得以实现全面的数据互通，形成了人与机器、机器与机器之间的无缝连接。这种技术进步不仅使人机交互更加便捷，还使机器间能够实现高效的协同工作，极大提高了生产精度。同时，人工智能还能预测产品需求变化，进而动态调整产能，进一步优化资源配置。人工智能在制造业中的应用，不仅有助于替代传统的人工操作，还能够大幅提高生产效率，降低运营成本，最终实现低成本的个性化智能制造服务。

1.5.5 自动驾驶

自动驾驶，也被称为无人驾驶，是指通过人工智能、视觉计算、雷达、监控设备和全球定位系统的协同作用，使计算机能够在没有人类干预的情况下，安全、自动地控制机动车辆行驶。2022年12月22日，国内首个低速自动驾驶系统性能测试认证在北京经开区举行颁证仪式。2023年1月5日，百度研究院发布自动驾驶系统在内的2023年十大科技趋势预测。2023年11月21日，交通运输部办公厅印发了《自动驾驶汽车运输安全服务指南（试行）》。2024年5月，特斯拉提出想在我国落地"无人驾驶出租车"，对此，尽管中国政府尚未完全批准其FSD（全自动驾驶系统）的全面落地，但可能会支持其进行国内测试和示范应用。

先进驾驶辅助系统（Advanced Driver Assistance System, ADAS）则是通过车载传感器实时收集车辆内外的环境数据，帮助驾驶者快速感知潜在危险。ADAS使用的主要传感器包括摄像头、雷达、激光雷达和超声波传感器。与自动驾驶的主要区别在于，ADAS是自动驾驶实现过程中一个重要的阶段性技术，未来有望逐步演化为完全自动驾驶系统，为最终的无人驾驶铺平道路。

毫无疑问，自动驾驶技术是自汽车发明以来最具颠覆性的创新之一。它不仅改变了汽车工业，还对社会发展、出行方式产生了深远影响。在自动驾驶领域，华为、百度等公司专注于提供解决方案，而特斯拉则选择自主造车，它们找到了各自的发展路径，预见并把握了未来的趋势。国内车企也纷纷成立技术创新中心，在自动驾驶、车联网和人工智能技术上不断取得突破，推动我国智能汽车产业链进入结构性变革阶段。目前，乘用车自动驾驶技术已经实现L3级别，具备自动超车、限速调节和最优车道选择等功能。同时，无人配送车和自动驾驶货车也已进入规模化量产阶段，这将进一步加速道路智能化建设，彻底重塑未来的出行模式。

1.5.6 人工智能+

2024 年的《政府工作报告》在谈到"科技创新实现新的突破"时，肯定了"关键核心技术攻关成果丰硕"，特别提到了"人工智能、量子技术等前沿领域创新成果不断涌现"。在谈到"大力推进现代化产业体系建设，加快发展新质生产力"时，《政府工作报告》中说，深化大数据、人工智能等研发应用，开展"人工智能+"行动，打造具有国际竞争力的数字产业集群。这是"人工智能+"行动的首次提出。

人工智能+（Artificial Intelligence Plus），英文缩写为 AI+。它将"人工智能"作为一种基础性、驱动性的技术力量，与制造、医疗、教育、交通、农业等多个领域进行深度融合，创造出新的产品、服务和商业模式，推动经济形态不断发生演变，从而带动社会经济实体的生命力蓬勃发展。

通俗来说，"AI+"就是"AI+各个行业"，但这并不是简单的两者相加，而是利用人工智能技术和互联网平台，让人工智能与传统行业、新型行业进行深度融合，创造新的发展生态。它代表了一种新的社会形态，即充分发挥"人工智能"在整个社会中的作用，将"人工智能"的创新成果深度融合于经济、社会各领域之中，提升全社会的创新力和生产力，形成更广泛的以互联网为基础设施和实现工具的经济发展新形态。

1.6 本书内容安排

本书分为 21 章，全面涵盖了人工智能的基础理论、研究方法以及广泛的交叉应用场景。以下是各部分主要内容的简要介绍。

第一部分：**经典人工智能基础**。包括第 1 章 绪论、第 2 章 知识表示学习、第 3 章 确定性和不确定性推理、第 4 章 搜索求解策略。这一部分介绍了人工智能的基本概念和核心技术，涵盖知识表示、推理方法和搜索策略，为读者后续理解和应用现代人工智能技术奠定基础。

第二部分：**现代人工智能基础**。包括第 5 章 机器学习、第 6 章 深度学习、第 7 章 自然语言处理、第 8 章 计算机视觉、第 9 章 语音处理、第 10 章 数据挖掘与预测分析。此部分探讨了机器学习和数据处理技术，涵盖监督学习、无监督学习、强化学习、数据挖掘方法和数据分析技术。机器学习是人工智能的核心领域之一，本部分将深入介绍其原理和应用，帮助读者更深入地理解人工智能的方法和技术。

第三部分：**人工智能前沿基础**。包括第 11 章 推荐系统、第 12 章 智能计算机图形学、第 13 章 大模型技术、第 14 章 智能体与多智能体系统、第 15 章 具身智能。这一部分集中讨论人工智能如何与人类和环境进行自然交互，并介绍了一些应用技术，涉及计算机视觉和智能图形学等领域，将对大模型技术和推荐系统这些应用技术进行一定的介绍。

第四部分：**人工智能交叉应用基础**。包括第 16 章 科学智能、第 17 章 文科智能、第 18 章 人工智能+、第 19 章 领域启发式人工智能、第 20 章 人工智能的社会伦理与社会影响。这部分探讨了人工智能在跨学科领域的应用及其对社会的影响和伦理问题，展示了人工智能在不同学科中的融合与创新，并讨论了技术发展带来的挑战与机遇。

第五部分：**人工智能初级编程基础**。这部分包括第 21 章 人工智能初级编程。依托国产深度学习开源框架——Jittor（计图）等先进工具，教授如何高效地训练深度学习模型及执行基础图像处理任务，为本土 AI 人才的培养搭建基石，促进一个健康、充满活力的 AI 生态体系的构建与发展。

通过以上 5 个部分的有机组合，本书为读者提供一个系统而全面的人工智能学习框架。每一章节都以清晰的逻辑结构和深入的内容为读者提供知识，以助力他们深入理解人工智能和交叉应用。详细的章节安排如图 1-10 所示。

经典
- 第1章 绪论
- 第2章 知识表示学习
- 第3章 确定性和不确定性推理
- 第4章 搜索求解策略

现代
- 第5章 机器学习
- 第6章 深度学习
- 第7章 自然语言处理
- 第8章 计算机视觉
- 第9章 语音处理
- 第10章 数据挖掘与预测分析

前沿
- 第11章 推荐系统
- 第12章 智能计算机图形学
- 第13章 大模型技术
- 第14章 智能体与多智能体系统
- 第15章 具身智能

交叉
- 第16章 科学智能
- 第17章 文科智能
- 第18章 人工智能+
- 第19章 领域启发式人工智能
- 第20章 人工智能的社会伦理与社会影响

实践 第21章 人工智能初级编程

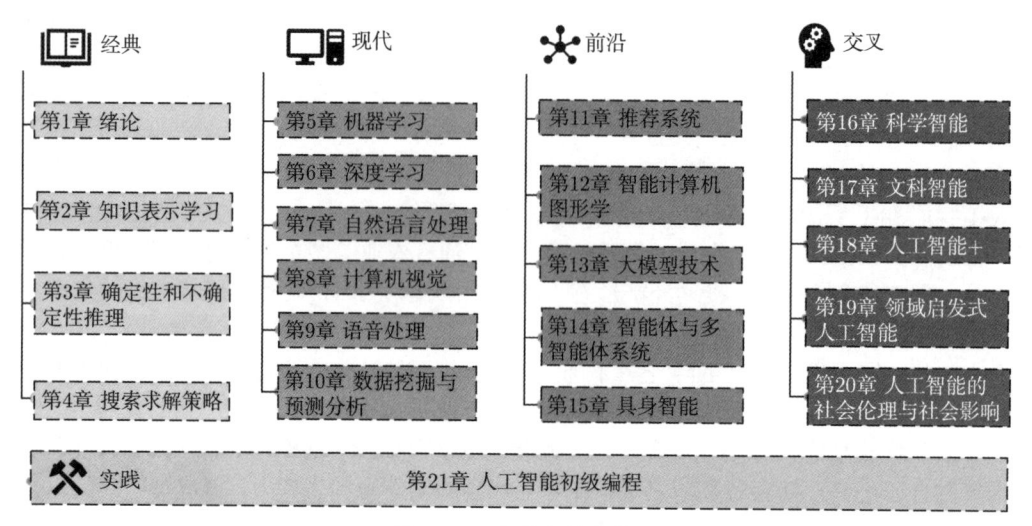

图 1-10 本书章节安排

1.7 针对不同专业学生的学习建议

鉴于读者群体可能拥有多样化的文理工科背景及个性化学习需求，我们特此提出以下建议，旨在帮助读者在使用本书时能够因材施教，各取所需。

1.7.1 文科类专业

对于文科类专业的读者，本书提供了丰富的视角，鼓励将重点放在人工智能与社会影响、伦理道德、用户体验等方面的探讨上。通过学习这些章节，该类读者将能够深入理解人工智能在社会科学领域的实际应用，掌握如何利用人工智能技术解决社会问题，以及如何在人文视角下审视人工智能的发展与挑战。

建议 32 学时，学习章节如下。

- 第 1 章 绪论：了解人工智能的基础概念和发展历史，**4 学时**。
- 第 2 章 知识表示学习：理解知识表示的基本概念，分析人工智能如何与人文领域结合，**2 学时**。
- 第 5 章 机器学习：帮助运用数据分析和模式识别技术，研究人文社会科学中的复杂问题，如趋势分析、社会行为预测和文本挖掘，从而增强在数据驱动决策和智能应用领域中的竞争力，**4 学时**。
- 第 7 章 自然语言处理：帮助更好地分析和处理大量文本数据，提升语言理解、文本分析和信息提取能力，从而在语言学、文学、传媒和人文社会科学等领域开展更深入的研究与应用，**2 学时**。
- 第 11 章 推荐系统：帮助理解个性化信息推送的原理，应用于文化产业、传媒、市场营销等领域，提升用户体验和内容分发的精准度，进而增强数据驱动的内容策划和传播能力，**2 学时**。
- 第 13 章 大模型技术：帮助掌握如何利用强大的语言生成和理解能力，在语言学、文学创作等领域实现自动化内容生成、文本分析和多语言处理，提升科研和应用的创新能力，**4 学时**。

- 第 15 章　具身智能：帮助理解智能系统如何通过与物理环境互动来实现认知和行为，从而将这一技术应用于文化创意、教育、艺术展览等领域，创造出更加沉浸式和交互式的体验，**2 学时**。
- 第 17 章　文科智能：帮助运用人工智能技术提升艺术创作和数字人文研究的效率及创新性，推动艺术与科技的融合，开拓新的表达形式和研究方法，**6 学时**。
- 第 18 章　人工智能＋：帮助将人工智能技术融入人文社科领域，推动跨学科创新，提升在文化、教育、传媒等领域的数字化应用能力和数据驱动的决策水平，**4 学时**。
- 第 20 章　人工智能的社会伦理与社会影响：帮助理解和评估人工智能技术在社会、文化、法律等领域的道德挑战和影响，从而在技术应用中推动负责任的创新与人性化发展，**2 学时**。

1.7.2　理科类专业

对于理科类专业的读者，则建议深入挖掘本书的算法理论与数学模型部分，重点学习人工智能模型的核心原理、数据科学的基本方法以及相关的数学基础。这将有助于该类读者构建坚实的理论基础，为后续在人工智能领域的深入研究与创新实践奠定坚实的基础。

建议 **32 学时**，学习章节如下。

- 第 1 章　绪论：为后续深入学习打下基础，**2 学时**。
- 第 2 章　知识表示学习：理解知识的表达形式和推理方法，**2 学时**。
- 第 3 章　确定性和不确定性推理：学习如何在不确定条件下进行智能决策，**2 学时**。
- 第 4 章　搜索求解策略：了解常见的搜索算法和问题求解策略，**2 学时**。
- 第 5 章　机器学习：深入学习监督学习、无监督学习等机器学习技术，**2 学时**。
- 第 6 章　深度学习：重点研究神经网络和深度学习算法的原理及应用，**2 学时**。
- 第 7 章　自然语言处理：掌握自然语言处理的基本原理，**2 学时**。
- 第 8 章　计算机视觉：掌握计算机视觉的基本任务和如何生成视频，**2 学时**。
- 第 9 章　语音处理：掌握语言处理的基本原理，**2 学时**。
- 第 10 章　数据挖掘与预测分析：掌握如何从数据中挖掘模式并进行预测，**2 学时**。
- 第 13 章　大模型技术：掌握大模型技术的基本原理，**2 学时**。
- 第 16 章　科学智能：帮助运用人工智能技术加速科学发现、优化实验分析和模型预测，提升在自然科学领域的研究效率和创新能力，**2 学时**。
- 第 18 章　人工智能＋：帮助将人工智能技术与自身专业领域相结合，提升数据分析、自动化实验和创新研发的能力，加速科学研究和技术应用的突破，**2 学时**。
- 第 19 章　领域启发式人工智能：帮助运用自然界的生物和物理原理来设计创新算法和智能系统，解决复杂科学问题，推动生物、物理、工程等领域的前沿研究和技术突破，**2 学时**。
- 第 20 章　人工智能的社会伦理与社会影响：帮助在推动技术创新的同时，理解和应对人工智能应用带来的伦理挑战和社会影响，确保科技进步与社会责任相平衡，促进可持续发展，**2 学时**。
- 第 21 章　人工智能初级编程：帮助将人工智能算法与技术应用于实际科研与工程项目中，提升解决复杂问题的能力，推动自动化分析、建模与创新研发，**2 学时**。

1.7.3　工科类专业

对于工科类专业的读者，本书着重强调了人工智能技术的实际应用与工程实现。该类读者应当侧重于学习编程技能、系统架构设计、硬件优化以及人工智能技术的集成应用等方面的内容。

通过实践案例与项目演练，该类读者将能够掌握如何将人工智能技术转化为实际生产力，推动产业升级与技术革新。

建议 32 学时，学习章节如下。
- 第 1 章　绪论：为深入应用打好基础，**2 学时**。
- 第 2 章　知识表示学习：理解知识的表达形式和推理方法，**2 学时**。
- 第 3 章　确定性和不确定性推理：学习如何在不确定条件下进行智能决策，**2 学时**。
- 第 4 章　搜索求解策略：了解常见的搜索算法和问题求解策略，**2 学时**。
- 第 5 章　机器学习：掌握机器学习的核心方法及其在工程中的应用，**2 学时**。
- 第 6 章　深度学习：了解深度学习的原理，并能够在实际项目中应用，**2 学时**。
- 第 8 章　计算机视觉：学习视觉处理技术，应用于工程领域的智能系统，**2 学时**。
- 第 9 章　语音处理：了解语音识别与处理的技术，应用于人机交互系统中，**2 学时**。
- 第 11 章　推荐系统：学习推荐系统的设计与实现，应用于实际产品开发，**2 学时**。
- 第 12 章　智能计算机图形学：掌握图形学技术，应用于虚拟现实和三维建模等工程场景，**2 学时**。
- 第 13 章　大模型技术：帮助在复杂系统设计、智能制造和工程优化中运用人工智能的强大建模与预测能力，提升工程效率、创新设计和解决实际问题的能力，**2 学时**。
- 第 14 章　智能体与多智能体系统：帮助设计和开发分布式智能系统，实现自动化协作、资源优化和复杂任务的高效执行，应用于机器人、智能制造、交通控制等工程领域，**2 学时**。
- 第 15 章　具身智能：帮助开发能够与物理环境互动的智能系统，提升机器人、自主车辆和智能设备的感知、控制与交互能力，从而推动工程自动化和智能制造的发展，**2 学时**。
- 第 16 章　科学智能：帮助运用人工智能技术加速实验设计、优化工程流程、提升数据分析与建模能力，从而推动工程创新和科学突破，**2 学时**。
- 第 18 章　人工智能 +：帮助将人工智能技术融入工程领域，提升自动化、智能控制和优化设计的能力，从而推动智能制造、建筑、能源等领域的创新与效率提升，**2 学时**。
- 第 21 章　人工智能初级编程：帮助掌握人工智能算法的实际应用，开发智能化工程解决方案，优化自动化系统和复杂任务的执行，提升工程设计和实施效率，**2 学时**。

1.8 小结

本章全面概述了人工智能的基本概念、发展简史、与大数据技术的关系、技术路线及其在多个领域的交叉应用。我们期望，通过深入阅读本章内容，读者能够初步构建起对人工智能整体框架和基础背景的认知，并领略到人工智能在各行各业所蕴含的巨大潜力和深远影响。

人工智能不单是计算机科学的一个分支，更是一个融合了多学科知识的关键领域，正日益重塑着人们的生活方式和工作模式。随着技术的持续演进，人工智能将在更多行业内扮演举足轻重的角色，进而引领社会的创新与进步。

同时，我们必须正视公众对人工智能的多元化担忧。首先是对 AI 可能广泛取代人类进行工作，进而导致失业率激增与社会经济不平等的深刻忧虑；其次是对 AI 系统失控甚至孕育自我意识的恐惧，这种恐惧部分根植于科幻作品的渲染之中，担忧其对人类安全构成潜在风险；再者是对数据隐私与安全的深切关切，人们担心个人信息在 AI 系统中的滥用或泄露可能引发一连串的隐私侵犯问题。

此外，公众对 AI 的误解同样不容忽视。一种常见的误解是，认为 AI 已经能够全面替代人类的智能与创造力，忽视了其当前仍高度依赖于人类预设的算法与数据进行运作的事实；另一种误解则是将 AI 视为一个神秘莫测的"黑箱"，对其内部复杂的运行机制和工作原理知之甚少。

这些担忧与误解共同交织，映射出公众面对快速发展的 AI 技术时，既满怀期待又保持谨慎的复杂心理状态。为了缓解这些担忧并纠正误解，我们需要加强科普宣传，提升公众对 AI 技术的正确认知；同时，建立健全的数据保护机制，确保个人信息的安全与隐私；并推动 AI 伦理与治理的研究，引导 AI 技术健康、可持续地发展，更好地服务于人类社会。

在后续的章节中，我们将进一步挖掘人工智能的具体技术手法和实践应用场景，深入剖析其技术内核、实施策略、实际成效，以及与人工智能相关的伦理问题。我们希望通过这些详尽的阐释，帮助读者更透彻地理解人工智能，掌握其精髓，以便能够在实际工作中灵活运用。

第 2 章
知识表示学习

人类的智能活动，如语言理解、逻辑推理和决策制定，依赖于对知识的深刻理解和灵活应用。同样，人工智能系统若要模拟人类的智能行为，必须具备从复杂数据中学习、组织和运用知识的能力。在人工智能领域，知识不仅是信息的集合，更是智能系统进行理解、推理和决策的基石。知识表示学习已逐渐成为提升智能系统能力的关键驱动力。

掌握知识表示学习，不仅能够帮助我们深入理解人工智能的核心原理，还能为我们开发更加智能和可靠的应用提供坚实的理论基础。基于这一认识，本章将首先探讨知识表示的基本概念和方法，阐明如何将知识表示为计算机可处理的形式；接着深入分析知识表示学习的主要技术，包括一阶谓词逻辑表示法、产生式表示法、框架表示法、语义网络表示法和知识图谱表示法等；最后对不同的知识表示学习方法进行比较，展望其未来发展方向，并讨论如何通过创新的学习方法进一步增强人工智能的智能化能力。

2.1 知识与知识表示基本概念

在探讨知识表示学习之前，首先需要理解什么是"知识"及如何进行"知识表示"。知识不仅是信息和数据的简单积累，还包含了对世界的理解、规律的总结及在特定情境下的应用能力。对于人工智能系统而言，知识是驱动其理解、推理和决策的核心，而知识表示则是将这些复杂的概念和关系以计算机能够理解和处理的形式加以表达的过程。本节将围绕知识与知识表示的基本概念展开。

2.1.1 知识的概念

在探讨数据、信息、知识与智慧时，经常会遇到这样的表述："数据海量增长，信息却显得稀缺""置身于信息的汪洋，却因缺乏知识而迷失方向"。那么，数据、信息、知识及智慧的本质究竟是什么呢？

以医学为例，数据具体化为患者的生理指标、病历记录或医学图像。这些数据经历整理、分析和解释后，转换为关于患者健康状态、疾病诊断路径及治疗方案的信息。医生则凭借自身丰富的实践经验、专业知识与临床技能，将这些信息转换为个性化的治疗方案，这便是知识在医疗实践中的展现。更进一步，智慧则体现在医生对复杂病例的综合考量、治疗策略的灵活应变以及对患者全方位的关怀，旨在达成最佳的治疗效果。

据此，可以得出数据、信息、知识和智慧的概念。

- **数据**是对现实世界中客观事物的符号表示，通常以文本、数字、图形、图像、声音或视频等形式存在，本身并没有明确的意义或用途，仅为未经加工的素材。
- **信息**是数据经过处理与解读后的产物，具有使用价值。通过对数据进行整理、分析和解释，数据之间建立了联系，从而形成有意义的结果。信息包含上下文语境，可以用于描述、解释和预测。

- **知识**是通过对信息进行系统化训练、提炼、研究、总结和分析后得出的结构化信息，是人们在长期的生活及社会实践中、在科学研究及实验中积累起来的对客观世界的认识与经验。
- **智慧**是知识的高级应用，表现为在特定情境下灵活运用知识解决问题的能力，以及对复杂问题的深刻洞察与创造性应对，旨在实现既定目标。

图 2-1 直观展示了这一递进关系：数据通过组织与分析转换为信息，信息再经过解释与评价提炼为知识，而知识则通过理解与归纳升华为智慧。

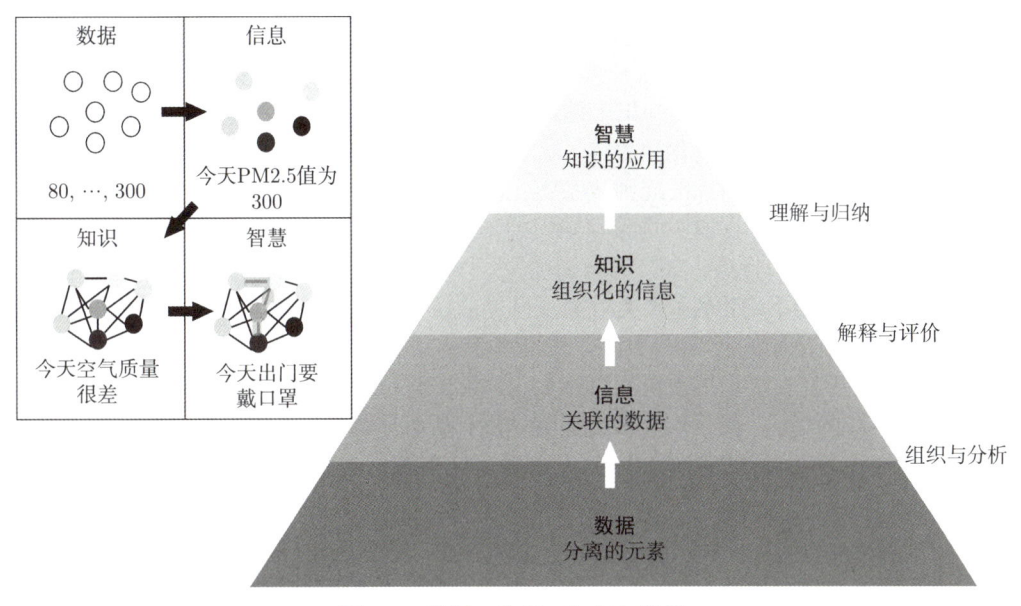

图 2-1　数据、信息、知识与智慧

2.1.2　知识的特性

明确知识的概念后，本小节探讨其特性，以深入理解知识在人工智能中的作用。通常，知识具有相对正确性、不确定性、可表示性与可利用性等特点。

1. 相对正确性

知识的**相对正确性**是指知识必须在特定条件和特定环境下才是正确的。这意味着，知识的正确性往往依赖于特定的条件和环境。以"1+1=2"为例，这一数学真理在十进制体系中无疑是正确的，但若在不同的进制系统（如二进制）中进行运算，则可能不再适用。在人工智能领域，为了提高计算效率，通常会根据具体问题的需求对知识规则进行精简和定制。在这种情况下，知识的正确性只需满足问题解决的要求即可。以一个小型动物园为例，假设动物的种类有限且明确，当判断动物是否具备飞行能力时，"如果该动物会飞，那么它就是信天翁"这一规则在特定的动物集合内是正确的，因为它准确反映了集合内唯一具备飞行能力的动物特征。这便是知识相对正确性的实际应用表现。

2. 不确定性

知识的**不确定性**是指知识并不总是有"真"与"假"这两种状态，而是在"真"与"假"之间还存在许多中间状态，伴随着不同程度的可信度（置信度）。这种不确定性的根源可以归结为以下方面。

- **随机性引起的不确定性**：某些知识建立在随机事件的基础之上，这些事件的结果并不固定，因此所形成的知识自然带有不确定性。例如，"头痛且流鼻涕可能是感冒的症状"这一表述，其中的"可能"实际上反映了"头痛且流鼻涕"与"患了感冒"之间的一种不确定的因果关系，具有"头痛且流鼻涕"的人不一定都"患了感冒"。因此它是一条具有不确定性的知识。
- **模糊性引起的不确定性**：在自然界和人类社会中，对于许多现象和概念，由于其本质的模糊性，使得界定它们变得困难且不够明确。这种模糊性往往导致我们在描述这些现象时无法做到精确，进而引发不确定性。例如，使用"高"与"不高"这样的形容词描述人的身高时并没有明确的边界，某个特定的身高既可能被认为"高"，也可能被认为"不高"，这取决于语境或标准。因此，这种模糊性使得相关的知识和结论无法给出绝对的确定性。
- **经验引起的不确定性**：许多知识来源于专家的长期实践和经验积累，这些经验虽然有效且实用，但往往难以精确量化和表述。专家能够依靠丰富的经验解决复杂问题，然而要将这些经验转换为明确、精确的规则或系统化的知识却并非易事。此外，经验本身往往伴随着不精确性和模糊性，这进一步导致知识的不确定性。因此，在专家系统中，大部分知识都具有不确定性这一特点，如"老马识途"。
- **不完全性引起的不确定性**：人类对客观世界的认识是通过感性经验的逐步积累，逐渐升华为理性认识，进而形成知识。因此，知识本身有一个不断完善和深化的过程。在这一过程中，可能由于客观事物展现得不够充分，导致人们对它的认识不够全面；或者尽管事物已经展露出许多特征，但人们尚未把握其本质，从而导致认识的不准确。换句话说，人们对一些事物尚未完全清楚明了，因此无法确定其本质。

3. 可表示性与可利用性

知识的**可表示性**是指知识可以用适当形式表示出来，这些形式包括但不限于语言、文字记载、图形描绘乃至复杂的神经网络模型等。这一过程确保了知识能够被有效地存储于各种媒介之中，如书籍、数据库、数字平台乃至人工智能系统中，同时也促进了知识的广泛传播与交流。

知识的**可利用性**是指知识可以被利用。在日常生活中，人们无时无刻不在运用自己的知识储备来应对挑战、做出决策，这充分展示了知识的可利用性。从简单的算术运算到复杂的科学研究，从日常生活的琐事处理到国家战略的规划实施，都离不开对知识的有效利用。

2.1.3 知识表示

在人类世界，知识以丰富多样的形式存在。然而，当我们试图将这些宝贵的知识传授给机器，让它们也能理解、学习和应用时，就面临一个重大挑战：机器并不能直接理解人们习惯的知识表示方式。为了跨越这一鸿沟，让机器能够"读懂"并利用人类的知识，需要一种转换机制，即**知识表示**。

知识表示研究在机器中如何用最合适的形式对知识进行描述，将人类知识形式化或格式化，以便在机器中存储和使用知识。**知识表示，就是将人类知识进行形式化或格式化的过程**。它像一座桥梁，连接了人类思维与机器智能，使得机器能够像人类一样理解世界、解决问题并创造新知。知识表示可看成一组事物的约定，以把人类知识表示成机器能处理的数据结构。知识表示是一种数据结构与控制结构的统一体，既考虑知识的存储又考虑知识的使用。

由于对人类大脑中知识形成和知识结构的机制还没有全部研究清楚，因此没有通用的知识表示形式。目前，研究人员根据具体问题及所属领域的特性，开发了多样化的知识表示策略。针对同一问题，可能存在多种不同的表示方式，而每种方式在解决问题的效率与难度上往往有所差异。选择一个合适的知识表示方法，有利于知识的存储和运用，使问题求解变得容易。在建立一个具体的智能系统时，究竟采用哪种表示模式，目前还没有统一的标准，也不存在一个万能的知识表示模式。

知识表示作为人工智能领域的核心概念，大体上可以划分为三大类别：符号主义、经验主义及连接主义。符号主义以逻辑和符号系统为基础，通过谓词逻辑构建严密的推理体系，利用产生式系统模拟人类的决策过程，以及采用框架系统来组织和表达复杂的知识结构。经验主义通常侧重于从经验数据中提取和表示知识，可能涉及状态描述、特征提取等多种方式。连接主义则通过构建语义网络或知识图谱等结构，模拟人脑神经元之间的连接模式，利用语义网络来捕捉概念间的语义关系，知识图谱则进一步将实体、属性及关系组织成图状结构，以更直观和全面的方式表示及推理知识。

2.2～2.6 节将深入探讨几种常用的知识表示学习方法，这些方法各具特色，适用于不同的应用场景和需求。通过了解和实践这些知识表示技术，读者可以更好地理解机器如何"思考"。

2.2 一阶谓词逻辑表示法

命题逻辑和谓词逻辑是最早应用于人工智能的两种逻辑。命题逻辑是最基本的逻辑系统，它处理的基本单元是命题，而谓词逻辑则扩展了命题逻辑，能处理命题内部的个体、属性和关系。它们在知识形式化表示方面，特别是在逻辑推理和自动证明方面发挥着重要作用，在人工智能的发展历史中占据重要地位。

一阶谓词逻辑是谓词逻辑的一种特定形式，是最常用的逻辑系统，它允许量化的对象是个体，而不是函数或谓词。换句话说，在一阶逻辑中，量词只能作用于个体，而不能作用于谓词或函数。它是一种基于数理逻辑的表示方法，其中，数理逻辑可分为一阶经典逻辑与非一阶经典逻辑。一阶经典逻辑是指一阶经典命题逻辑和一阶经典谓词逻辑。非一阶经典逻辑是指除经典逻辑以外的那些逻辑，如二阶逻辑、多值逻辑、模糊逻辑等。

2.2.1 命题与命题逻辑

命题与命题逻辑，作为逻辑学的两大基石，不仅在数学、哲学中占据重要位置，更在人工智能的发展历程中扮演着至关重要的角色。它们提供了一种形式化的语言，用于精确地表示和推理知识，是构建智能系统不可或缺的工具。

1. 命题

在探讨命题与命题逻辑时，首先需要明确命题的基本概念。**命题（Proposition）是一个非真即假的陈述句**。判断一个句子是否为命题，首先应该判断它是否为陈述句，再判断它是否有唯一的真值。没有真假意义的语句（如感叹句、疑问句等）不是命题。命题是具有真假意义的语句。命题代表人们进行思维时的一种判断，或者是肯定，或者是否定。若命题的意义为真，则称它的真值为真，记作 T（True），如 3<5。若命题的意义为假，则称它的真值为假，记作 F（False），如太阳从西边升起。

一个命题可在一种条件下为真，在另一种条件下为假。如 1+1=10，在二进制情况下是真值为 T 的命题，但在十进制情况下则是真值为 F 的命题。同样，对于命题"今天是晴天"，也要根据当天的实际情况来决定其真值。

2. 命题逻辑

命题逻辑是研究命题及命题之间关系的符号逻辑系统。在命题逻辑中，命题通常用大写的英文字母表示，例如，可用英文字母 P 表示"西安是个古老的城市"这个命题。英文字母表示的命题既可以是一个特定的命题,称为命题常量,也可以是一个抽象的命题,称为命题变元。对于命题变元而言,只有把确定的命题代入后,它才可能有明确的真值。

"命题逻辑"是"谓词逻辑"的基础。在现实世界中,在特定情况下具有明确的"真"或"假"含义的陈述,在逻辑上称为"命题"。例如:A. 天在下雨;B. 天晴;C. 日照的天气很宜人;D. 我们在辛苦于远程研修中。这些表达单一意义的命题称为"原子命题"。

简单陈述句表达的命题称为简单命题或原子命题。引入否定、合取、析取、条件、双条件等联结词,可以将原子命题构成复合命题。可以定义命题的推理规则和蕴含式,从而进行简单的逻辑证明。这些内容和谓词逻辑类似,读者可以参看有关书籍。

命题逻辑表示法有较大的局限性,它无法把所描述事物的结构及逻辑特征反映出来,也不能把不同事物间的共同特征表述出来。例如,对于"老李是小李的父亲"这一命题,若用英文字母 P 表示,则无论如何也看不出老李与小李的父子关系。又如对于"李白是诗人"和"杜甫也是诗人"这两个命题,用命题逻辑表示时,也无法把两者的共同特征(都是诗人)形式化地表示出来。由于这些原因,在命题逻辑的基础上发展起了谓词逻辑。

2.2.2 谓词

在逻辑推理中,面对需要深入剖析事物间的复杂关系及共同特征等挑战时,命题逻辑显得力不从心。为了更精准地描述世界,揭示事物间的内在联系,逻辑学家巧妙地在命题逻辑的基础上引入了谓词逻辑。谓词逻辑是基于命题逻辑中谓词分析的一种逻辑,是在命题逻辑的基础上进一步发展而来的,可以将命题逻辑视为谓词逻辑的一种特殊形式。

一个谓词可分为个体和谓词名。**个体**表示某个独立存在的事物或者某个抽象的概念。个体表示对象、概念或者事物,通常用小写的英文字母表示。**谓词名**用于刻画个体的性质、状态,或者个体间的关系。谓词名是由使用者根据需要人为定义的,一般用具有相应意义的英文单词表示,或者用大写的英文字母表示,也可以用其他符号甚至中文表示。

谓词的一般形式为

$$P(x_1, x_2, \cdots, x_n)$$

式中,P 称为谓词名,$x_1, x_2, \cdots, x_n$ 为个体,谓词中的个体数目称为谓词的元数。若 x 只有一个,则 $P(x)$ 称为一元谓词,而 $P(x_1, x_2)$ 称为二元谓词。

在谓词中,个体可以为常量、变量或函数,如 $\text{Greater}(x, 5)$、$\text{Greater}(\sin(x), 5)$。若谓词中的个体都为常量、变量或函数,则称它为一阶谓词;如果个体本身是谓词,则称为二阶谓词;以此类推。例如"SMITH 作为一个工程师为 IBM 工作"这个命题,可表示为二阶谓词 $\text{Works}(\text{Engineer}(\text{SMITH}), \text{IBM})$,因为其中的个体 $\text{Engineer}(\text{SMITH})$ 是一个一阶谓词。本章主要介绍一阶谓词。

2.2.3 谓词逻辑

在表达复杂语境时,如"有的人喜欢梅花,有的人喜欢菊花,还有的人既喜欢梅花又喜欢菊花",基础谓词逻辑结构难以表达。为了更精确地描述这种复杂情况,通常可以借助命题逻辑或谓词逻辑中的联结词与量词,将简单的命题组合成复合命题。具体而言,"有的人喜欢梅花"可以表示为

$$(\exists x)\text{Like}(x, \text{flower1})$$

"有的人喜欢菊花"则为

$$(\exists x)\text{Like}(x, \text{flower2})$$

而"还有的人既喜欢梅花又喜欢菊花"则表达为

$$(\exists x)(\text{Like}(x,\text{flower1}) \land \text{Like}(x,\text{flower2}))$$

将这三者通过逻辑或"∨"连接起来，就构成了能够全面反映上述复杂语境的复合命题：

$$(\exists x)\text{Like}(x,\text{flower1}) \lor (\exists x)\text{Like}(x,\text{flower2}) \lor (\exists x)(\text{Like}(x,\text{flower1}) \land \text{Like}(x,\text{flower2}))$$

无论是命题逻辑还是谓词逻辑，均可用联结词与量词把一些简单命题连接起来构成一个复合命题，以表示一个比较复杂的含义。

1. 谓词逻辑的联结词

简单命题可通过"联结词"构成"复合命题"。联结词有 5 种，它们的优先级别依序为 ¬、∨、∧、→、↔。

1）¬，"否定"或者"非"。它表示否定位于它后面的命题。¬P 为真，当且仅当 P 为假。

例如，小明不在 1 号房间内，表示为

$$\neg\text{INROOM}(\text{XiaoMing}, R1)$$

2）∨，"析取"或者"或"。它表示连接的两个命题具有"或"关系。复合命题"$A \lor B$"表示"A 或 B"。$A \lor B$ 为假，当且仅当 A、B 同时为假。

例如，小明打篮球或踢足球，表示为

$$\text{Plays}(\text{XiaoMing}, \text{Basketball}) \lor \text{Plays}(\text{XiaoMing}, \text{Football})$$

3）∧，"合取"或者"与"。它表示连接的两个命题具有"与"关系。复合命题"$A \land B$"表示"A 与 B"。$A \land B$ 为真，当且仅当 A、B 同时为真。

例如，我喜欢足球与篮球，表示为

$$\text{Like}(\text{I}, \text{Basketball}) \land \text{Like}(\text{I}, \text{Football})$$

4）→，"蕴含"或者"条件"。"$A \to B$"表示"A 蕴含 B"，即表示"如果 A 则 B"。其中，A 称为条件的前件，B 称为条件的后件。$A \to B$ 为假，当且仅当 A 为真，B 为假。

5）↔，"等价"或者"双条件"。"$A \leftrightarrow B$"表示"A 当且仅当 B"。$A \leftrightarrow B$ 为真，当且仅当 A、B 同时为真或 A、B 同时为假。

以上联结词的真值由表 2-1 给出。

表 2-1 谓词逻辑联结词的真值表

PQ	$\neg P$	$P \lor Q$	$P \land Q$	$P \to Q$	$P \leftrightarrow Q$
TT	F	T	T	T	T
TF	F	T	F	F	F
FT	T	T	F	T	F
FF	T	F	F	T	T

2. 谓词逻辑的量词

量词表示个体与个体域之间的包含关系，谓词逻辑中有两个量词，即全称量词（Universal Quantifier）和存在量词（Existential Quantifier）。

全称量词 $\forall x$：表示该量词要求个体域中"所有的个体 x"或"每一个个体 x"都要遵从所约定的谓词关系。

例如，"所有的风扇都是白色的"表示为

$$(\forall x)[\text{FAN}(x) \to \text{COLOR}(x, \text{WHITE})]$$

存在量词 $\exists x$：表示该量词要求存在于个体域中的"某些个体 x"或"某个个体 x"要遵从所约定的谓词关系。

例如，"有个风扇是黑色的"表示为

$$(\exists x)\,[\text{FAN}\,(x) \to \text{COLOR}\,(x, \text{BLACK})]$$

全称量词和存在量词出现在同一个命题中时，量词的次序将影响命题的意思。例如，

$$(\forall x)\,(\exists y)\,(\text{Employee}\,(x) \to \text{Manager}\,(y, x))$$

表示"每个雇员都有一个经理"。而

$$(\exists y)\,(\forall x)\,(\text{Employee}\,(x) \to \text{Manager}\,(y, x))$$

表示"有一个人是所有雇员的经理"。

又如 $(\forall x)(\exists y)\text{LOVE}(x,y)$ 表示"每个人都有喜欢的人"。

而 $(\exists y)(\forall x)\text{LOVE}(x,y)$ 表示"有的人大家都喜欢他"。

2.2.4 谓词公式

事实上，**谓词公式**是指由谓词符号、常量符号、变量符号、函数符号以及括号、逗号等按一定语法规则组成的字符串的表达式。谓词公式是通过一系列规则构建的，这些规则确保了公式的合法性和逻辑性。具体构造规则如下：

① 单个谓词是谓词公式，称为原子谓词公式。
② 若 A 是谓词公式，则 $\neg A$ 也是谓词公式。
③ 若 A、B 都是谓词公式，则 $A \wedge B$，$A \vee B$，$A \to B$，$A \leftrightarrow B$ 也都是谓词公式。
④ 若 A 是谓词公式，则 $(\forall x)A$、$(\exists x)A$ 也都是谓词公式。
⑤ 有限步应用 ①~④ 生成的公式也是谓词公式。

在探讨逻辑系统时，我们区分了命题逻辑与谓词逻辑，两者在解释公式及确定真值的方式上存在显著差异。

在命题逻辑中，对命题公式中各个命题变元的一次真值指派称为命题公式的一个解释。一旦命题确定后，根据联结词（如与、或、非）的定义，就可以通过逻辑运算计算出整个公式的真值（T 或 F）。例如，考虑命题 A "这个整数是偶数"和 B "这个整数是奇数"，我们可以构造公式 $C = A \vee B$，表示"这个整数要么是偶数要么是奇数"。在这个例子中，无论 A 和 B 的具体真值如何，C 的真值始终为真（T），因为至少有一个命题（A 或 B）会成立。这种直接通过命题真值指派来求解公式真值的方法，是命题逻辑的核心特点。

与命题逻辑不同，在谓词逻辑中，由于引入了个体变元和函数，其公式的复杂性和解释方式都有所不同。这里不能简单地通过真值指派来直接解释公式，而是需要先明确个体变元和函数在特定个体域中的具体取值，再针对这些取值为谓词指派真值。由于个体域和个体取值的多样性，一个谓词公式往往有多个可能的解释，每个解释都伴随着一个特定的真值。以公式 $(\forall x)(P(x) \to Q(x))$ 为例，它表示"对于所有的 x，如果 x 具有属性 P，则 x 也具有属性 Q"。在此，$P(x)$ 可能表示"x 是学生"，$Q(x)$ 可能表示"x 通过了考试"。为了解释这个公式，我们首先设定个体域（如某班级的学生），然后针对每个个体（如 Alice 和 Bob 等）分别判断 $P(x)$ 和 $Q(x)$ 的真值。如果对于个体域中的某个元素，如 Bob，P 为真而 Q 为假（Bob 是学生，但没通过考试），违反了"如果是学生，就通过了考试"的假设，则整个公式在该解释下为假。

2.2.5 谓词公式的性质

介绍了谓词公式的构造规则之后,本小节通过展示谓词公式所具备的一些基本性质来使读者进一步深入理解其逻辑特性和应用潜力。这些性质揭示了谓词公式之间的逻辑关系,为后续的逻辑推理和证明提供了重要依据。

1. 谓词公式的永真性、永假性

如果谓词公式 P 对个体域 D 上的任何一个解释都取得真值 T,则称 P 在 D 上是永真的;如果 P 在每个非空个体域上均永真,则称 P 永真。同样地,有以下定义:如果谓词公式 P 对个体域 D 上的任何一个解释都取得真值 F,则称 P 在 D 上是永假的;如果 P 在每个非空个体域上均永假,则称 P 永假。比如,"对于任意的实数 x,它的正弦值均小于 5",可以表示为 $\text{Greater}(\sin(x), 5)$,这个谓词公式对于实数域上的任何一个值都取得真值,则 $\text{Greater}(\sin(x), 5)$ 在实数上是永真的。

2. 谓词公式的永真蕴含

对于谓词公式 P 与 Q,如果 $P \to Q$ 永真,则称公式 P 永真蕴含 Q,记作 $P \Rightarrow Q$,且称 Q 为 P 的逻辑结论,P 为 Q 的前提。

下面列出一些主要永真蕴含式。

(1) 假言推理

$$P, P \to Q \Rightarrow Q$$

即由 P 为真及 $P \to Q$ 为真,可推出 Q 为真。

(2) 拒取式推理

$$\neg Q, P \to Q \Rightarrow \neg P$$

即由 Q 为假及 $P \to Q$ 为真,可推出 P 为假。

例如,P 是"按下按钮",$P \to Q$ 为"如果按下按钮,则灯会亮"这一规则,且这一规则是正确的,已知 Q 为假(即灯没有亮),则可以推出 P 为假(即按钮没有被按下)。

(3) 假言三段论

$$P \to Q, Q \to R \Rightarrow P \to R$$

即由 $P \to Q, Q \to R$ 为真,可推出 $P \to R$ 为真。

例如,$P \to Q$ 是"如果下雨,则地面会湿",假设 $Q \to R$ 是"如果地面湿,则人们会穿雨靴"。已知 $P \to Q$ 和 $Q \to R$ 都为真,则可以推出 $P \to R$ 为真(即如果下雨,则人们会穿雨靴)。

(4) 全称固化

$$(\forall x)P(x) \Rightarrow P(y)$$

其中,y 是个体域中的任一个体,利用此永真蕴含式可消去公式中的全称量词。

例如,假设 $(\forall x)P(x)$ 是"所有的猫都是哺乳动物",y 是个体域中的一个特定个体,比如"汤姆",则可以推出 $P(y)$ 为真,即"汤姆是哺乳动物"。

(5) 存在固化

$$(\exists x)P(x) \Rightarrow P(y)$$

其中,y 是个体域中某一个可使 $P(y)$ 为真的个体。利用此永真蕴含式可消去公式中的存在量词。

例如,$(\exists x)P(x)$ 是"存在至少一只棕色的老鼠",假设已经找到了这样的一只老鼠,并称之为"杰瑞",则可以(在已知上下文中)说 $P(y)$ 为真,其中 y 代表"杰瑞",即"杰瑞是棕色的老鼠"。

3. 谓词公式的可满足性、不可满足性

对于一个给定的谓词公式 P，如果存在至少一个解释，使得在该解释下 P 的真值为真（T），则称谓词公式 P 是可满足的。相反地，如果对于所有的解释，谓词公式 P 的真值均为假（F），则称 P 是不可满足的。

以谓词公式 $(\exists x)(\text{Like}(x, \text{icecream}))$ 为例，其中 x 代表某个人，个体域是所有人，这个公式表示，存在至少一个人 x 使得 $(\text{Likes}(x, \text{icecream}))$ 为真。现在，假设我们考虑的实际个体域是你周围的人群，已知 Lisa 是这个群体中的一员，且她喜欢冰淇淋，即 $(\text{Like}(\text{Lisa}, \text{icecream}))$ 为真。那么，该公式在此解释下为真，因为至少存在一个人（Lisa）喜欢冰淇淋。由于我们能够找到一个使公式为真的解释，因此这个谓词公式是可满足的。

相反地，考虑另一个谓词公式 $(\forall x)(\text{hasWings}(x) \wedge \text{isHuman}(x))$，其中，$\text{hasWings}(x)$ 表示 x 有翅膀，$\text{isHuman}(x)$ 表示 x 是人类。这个公式要求个体域中的每一个 x（假设个体域为人类）都必须同时拥有翅膀且是人类。然而，在现实中，人类是不可能有翅膀的。因此，无论如何解释这个公式，都无法找到一个使 $\text{hasWings}(x)$ 和 $\text{isHuman}(x)$ 同时为真的 x。所以，这个公式在所有可能的解释下都为假，因此它是不可满足的。

4. 谓词公式的等价性

设 P 与 Q 是两个谓词公式，D 是它们共同的个体域，若对 D 上的任何一个解释，P 与 Q 都有相同的真值，则称公式 P 和 Q 在 D 上是等价的。如果 D 是任意个体域，则称 P 和 Q 是等价的，记为 $P \Leftrightarrow Q$。等价就是双向的永真蕴含。

下面给出一些主要的等价公式。

（1）交换律
$$P \vee Q \Leftrightarrow Q \vee P$$
$$P \wedge Q \Leftrightarrow Q \wedge P$$

（2）结合律
$$(P \vee Q) \vee R \Leftrightarrow P \vee (Q \vee R)$$
$$(P \wedge Q) \wedge R \Leftrightarrow P \wedge (Q \wedge R)$$

（3）分配律
$$P \vee (Q \wedge R) \Leftrightarrow (P \vee Q) \wedge (P \vee R)$$
$$P \wedge (Q \vee R) \Leftrightarrow (P \wedge Q) \vee (P \wedge R)$$

（4）德·摩根律（De.Morgen's Law）
$$\neg(P \vee Q) \Leftrightarrow \neg P \wedge \neg Q$$
$$\neg(P \wedge Q) \Leftrightarrow \neg P \vee \neg Q$$

例如，"P：今天下雨，Q：今天刮风"，$P \vee Q$ 表示"今天下雨或者今天刮风"，$\neg(P \vee Q)$ 表示"今天既不下雨也不刮风"，因此 $\neg(P \vee Q)$ 等价于 $\neg P \wedge \neg Q$。$\neg(P \wedge Q)$ 表示"今天不是既下雨又刮风"，$\neg P \vee \neg Q$ 表示"今天不下雨或者今天不刮风"，因此 $\neg(P \wedge Q)$ 等价于 $\neg P \vee \neg Q$。

（5）双重否定律（对合律）
$$\neg(\neg P) \Leftrightarrow P$$

（6）吸收律
$$P \vee (P \wedge Q) \Leftrightarrow P$$
$$P \wedge (P \vee Q) \Leftrightarrow P$$

(7) 补余律（否定律）
$$P \vee \neg P \Leftrightarrow \mathrm{T}$$
$$P \wedge \neg P \Leftrightarrow \mathrm{F}$$

(8) 联结词化归律
$$P \to Q \Leftrightarrow \neg P \vee Q$$

例如，"如果是学生（P），那么他需要考试（Q）"，等价于"他不是学生或者他参加了考试"。

(9) 逆否律
$$P \to Q \Leftrightarrow \neg Q \to \neg P$$

例如，"若现在在下雨，则我穿雨衣"，等价于"若我不穿雨衣，则现在不下雨"。

(10) 量词转换律（否定移过量词）
$$\neg(\forall x)P \Leftrightarrow (\exists x)(\neg P)$$
$$\neg(\exists x)P \Leftrightarrow (\forall x)(\neg P)$$

例如，P 表示"参加这次活动"，"这个班所有的同学都参加这次活动"的否定命题，等价于"存在一个同学，他没有参加活动"。同理，"这个班有同学参加这次活动"的否定命题，等价于"所有的同学都没有参加这次活动"。

(11) 量词分配律（约束量词移进）
$$(\forall x)(P \wedge Q) \Leftrightarrow (\forall x)P \wedge (\forall x)Q$$
$$(\exists x)(P \vee Q) \Leftrightarrow (\exists x)P \vee (\exists x)Q$$

2.2.6　一阶谓词逻辑表示法的特点

一阶谓词逻辑是谓词逻辑的一种特定形式，是常用的逻辑系统，具有强大的表达能力，能够表达复杂的命题。它通过引入个体变量、谓词、量词和逻辑联结词，提供了比命题逻辑更丰富的表达能力。下面介绍一阶谓词逻辑表示法的**优点**和**局限性**。

1. 一阶谓词逻辑表示法的优点

- **接近自然语言**：一阶谓词逻辑是一种形式化语言，它通过谓词、变量、量词和逻辑联结词来表示知识。由于其表达方式接近日常使用的自然语言，因而能够相对容易地被理解和用于知识的表述。
- **表达精确的知识**：一阶谓词逻辑是一种二值逻辑，它的真值只有两种，即真或假。这意味着它适用于表达精确的知识，不涉及模糊性或不确定性。此外，使用一阶谓词逻辑进行演绎推理时，可以确保推导出的结论也是精确的，因此它非常适合处理明确且可确定的推理问题。
- **易于实现和管理**：一阶谓词逻辑表示的知识可以相对容易地转换为计算机可处理的内部形式。这使得知识可以通过计算机进行存储、检索和修改。此外，还可以将知识分成不同的模块，便于管理和维护，从而提升系统的可扩展性和灵活性。

2. 一阶谓词逻辑表示法的局限性

- **不能处理不确定性的知识**：一阶谓词逻辑只能处理精确的知识，无法处理不确定或模糊的知识。然而，人类的知识常常是不确定的，许多情况下只能用概率或程度来描述。这种局限性限制了一阶谓词逻辑在表示知识时的范围和适用性，特别是在需要处理模糊性、不确定性或概率推理的场景中，它显得不足。

- **效率低**：在使用一阶谓词逻辑表示知识时，推理是基于形式逻辑的，专注于谓词公式的形式结构和真值，而不考虑其背后的语义和实际含义。这种形式化的推理方式可能导致推理过程变得冗长，并且容易忽略某些重要的背景信息或隐含知识，从而降低系统的效率和智能性。

总之，尽管一阶谓词逻辑表示法存在一些局限性，如无法处理不确定性和组合爆炸等问题，但它仍然是一种重要且广泛应用的知识表示方法。由于其具有严谨的语法、推理规则，以及强大的表达能力，因此许多专家系统都采用一阶谓词逻辑来表达和推理知识。例如，格林等人开发的用于求解化学问题的 QA3 系统、菲克斯等人开发的机器人行动规划系统 STRIPS，以及菲尔曼等人开发的机器证明系统 FOL，都使用了一阶谓词逻辑来构建有效的推理框架。

2.3 产生式表示法

一阶谓词逻辑在表达不确定性和模糊性知识上的局限性，催生了产生式表示法。产生式表示法又称为产生式规则表示法，通过引入概率、模糊逻辑以及灵活的规则系统，弥补了传统一阶谓词逻辑在处理不确定性和模糊性方面的不足。它允许在不确定或模糊的条件下进行推理，使得系统能够处理更多样化的场景，并在复杂环境中表现出更强的适应性。接下来，将深入讨论产生式表示法的定义、基本形式及其优点和局限性。

2.3.1 产生式表示法的定义

"产生式"是由美国数学家波斯特于 1943 年最早提出的，并把产生式作为计算手段。他根据串代替规则提出了一种被称为波斯特机的计算机模型。模型中的每条规则都称为一个产生式。

产生式表示法是一种基于规则的知识表示和推理方法，已经成了人工智能中应用最多的一种知识表示模式，尤其是在专家系统方面。许多成功的专家系统都采用产生式表示法。相比于一阶谓词逻辑的二值（真/假）推理，产生式表示法通过引入概率或可信度，允许系统在不确定的条件下进行推理，进而处理不确定性的问题。

通常，产生式表示法通过一系列的 IF-THEN 规则来表示知识和推理规则，这些规则可用于模拟人类专家的决策过程。例如，规则可以为

IF 天空多云 THEN 可能会下雨

在这种情况下，产生式表示法可以引入不确定性因素，如通过赋予规则**权重**或**概率**来表示某种结果的可能性。比如，上述规则可以扩展为

IF 天空多云 THEN 可能会下雨（概率为 70%）

同时，产生式表示法还可以与模糊逻辑结合，处理模糊性问题。模糊逻辑允许我们对模糊概念进行推理，而不是仅限于精确的二值判断。例如，描述"高温"时，可以用模糊集合来表示不同程度的"高温"，而不是简单的"是"或"否"。例如，在模糊逻辑下，规则可以变成：

IF 温度高 THEN 可能需要空调（温度高的程度为 0.8，意味着需要空调的可能性为 80%）

通过结合模糊逻辑，产生式表示法在处理诸如"高""低"这种模糊概念时可以表现得更加灵活，避免了一阶谓词逻辑无法处理模糊信息的局限。

因此，产生式表示法以其独特的优势能够便捷地描述事实、规则，并灵活处理这些元素中的不确定性度量，展现了强大的适应性和实用性。在此之后，几经修改与充实，该方法被用到多个领域中。1972 年，纽厄尔和西蒙在研究人类知识模型中开发了基于规则的产生式系统，使其成为人工智能领域内应用最为广泛的知识表示模型之一。

2.3.2 产生式表示法的基本形式

产生式通常用于表达事实、规则以及它们的不确定性度量，适合于表示事实性知识和规则性知识。在探讨产生式表示法的基本形式之前，首先介绍"确定性"的含义。**确定性**在这里指的是知识或规则在给定条件下无歧义、无模糊性的明确性。例如，"人在 18 岁后成年"是一个确定性的规则，因为在指定条件下（年龄到达 18 岁时）总成立（成年），没有例外。基于此，产生式表示法的基本形式可分为以下几类。

1. 确定性规则知识的产生式表示

确定性规则知识的产生式表示的基本形式为

$$\text{IF} \quad P \quad \text{THEN} \quad Q$$

或者

$$P \rightarrow Q$$

其中，P 是产生式的前提，用于指出该产生式是否有可用的条件；Q 是一组结论或操作，用于指出当前提 P 所指示的条件满足时，应该得出的结论或应该执行的操作。整个产生式的含义是，如果前提 P 被满足，则可得到结论 Q 或执行 Q 所规定的操作。例如：

$$r_4: \text{IF} \quad \text{动物会飞} \quad \text{AND} \quad \text{会下蛋} \quad \text{THEN} \quad \text{该动物是鸟}$$

这是一个产生式。其中，r_4 是该产生式的编号；"动物会飞 AND 会下蛋"是前提 P；"该动物是鸟"是结论 Q。

2. 不确定性规则知识的产生式表示

不确定性规则知识的产生式表示的基本形式为

$$\text{IF} \quad P \quad \text{THEN} \quad Q(\text{置信度})$$

或者

$$P \rightarrow Q(\text{置信度})$$

例如，在专家系统 MYCIN 中有这样一条产生式：

IF 本微生物的染色结果是革兰氏阴性，本微生物的形状呈杆状，病人是中间宿主 THEN 该微生物是绿杆菌（置信度为 0.6）

它表示当前提示中列出的各个条件都得到满足时，结论"该微生物是绿杆菌"可以相信的程度为 0.6。这里，用 0.6 指出了知识的强度。

3. 确定性事实性知识的产生式表示

确定性事实性知识的产生式一般用三元组表示为

$$(\text{对象}, \text{属性}, \text{值})$$

或者

$$(\text{关系}, \text{对象} 1, \text{对象} 2)$$

例如，老李的年龄是 40 岁，表示为（Li, Age, 40）。老李和老王是朋友，表示为（Friend, Li, Wang）。

4. 不确定性事实性知识的产生式表示

不确定性事实性知识的产生式一般用四元组表示为

$$(对象, 属性, 值, 置信度)$$

或者

$$(关系, 对象1, 对象2, 置信度)$$

例如，老李的年龄很可能是 40 岁，表示为（Li, Age, 40, 0.8）。老李和老王不大可能是朋友，表示为（Friend, Li, Wang, 0.1）。

2.3.3 产生式表示法的优点和局限性

产生式表示法是一种广泛应用于人工智能和专家系统中的知识表示方法，具有以下优点和局限性。

1. **产生式表示法的优点**

- **自然性**：产生式表示法用"如果，则"的形式表示知识，这是人们常用的一种表达因果关系的知识表示形式，既直观、自然，又便于进行推理。正是这一原因，才使得产生式表示法成为人工智能中最重要且应用最多的一种知识表示模式。
- **模块性**：产生式是规则库中最基本的知识单元，它们与推理机构相对独立，而且每条规则都具有相同的形式，这就便于对其进行模块化处理，为知识的增、删、改带来了方便，为规则库的建立和扩展提供了可管理性。
- **清晰性**：产生式有固定的格式，每一条产生式规则都由前提与结论（操作）这两部分组成，而且每一部分所含的知识量都比较少，这就既易于对规则进行设计，又易于对规则库中知识的一致性及完整性进行检测。

2. **产生式表示法的局限性**

- **效率不高**：在产生式表示法求解问题的过程中，首先要用产生式的前提部分与综合数据库中的已知事实进行匹配，从规则库中选出可用的规则，这一过程可能产生多个匹配结果，需要采取策略进行冲突消解。鉴于规则库一般都比较庞大，而匹配是十分费时的工作，因此工作效率是不高的。另外，在求解复杂问题时容易引起组合爆炸。
- **不能表达具有结构性的知识**：产生式适合于表达具有因果关系的过程性知识，但对具有结构关系的知识却无能为力，它不能把具有结构关系的事物间的区别与联系表示出来。框架表示法可以解决这方面的问题。因此，产生式表示法除了可以独立作为一种知识表示模式外，还经常与其他表示法结合起来表示特定领域的知识。

基于此，产生式表示法适合于表示具有下列特点的领域知识：

1）由许多相对独立的知识元组成的领域知识，彼此间关系不密切，不存在结构关系。例如化学反应方面的知识。

2）具有经验性及不确定性的知识，而且相关领域中对这些知识没有严格、统一的理论。例如医疗诊断、故障诊断等方面的知识。

3）领域问题的求解过程可被表示为一系列相对独立的操作，而且每个操作都可被表示为一条或多条产生式规则。

也就是说，产生式表示法在处理明确的逻辑推理方面表现出色，但它对不确定性、模糊性或概率推理的支持有限。在处理不确定问题时，产生式表示法通常需要结合其他方法（如模糊逻辑或概率推理）来增强处理能力。

2.4 框架表示法

框架表示法是由人工智能研究者马文·明斯基（Marvin Minsky）于 1975 年提出的一种结构化的知识表示方法，用于在计算机系统中表示复杂的结构化知识。框架理论认为，人们对现实世界中各种事物的认识可以以一种类似于框架的结构存储在记忆中，当面临一种新事物时，就从记忆中找出一个合适的框架并根据实际情况对其细节加以修改、补充，从而形成对当前事物的认识。

例如，一个人走进一个教室之后就能依据以往对"教室"的认识，想象到这个教室一定有四面墙，有门、窗，有天花板和地板，有课桌、凳子、讲台、黑板等。尽管他对这个教室的大小、门窗的个数、桌的数量、颜色等细节还不清楚，但对教室的基本结构是可以预见到的。因为他已经在记忆中建立了关于教室的框架。该框架不仅指出了相应事物的名称（教室），而且还指出了事物各有关方面的属性（如有四面墙，有课桌，有黑板）。通过对该框架的查找，人们就很容易得到教室的各个特征。在他进入教室后，经观察得到了教室的大小、门窗的个数、桌的数量、颜色等细节，把它们填入教室框架中，就得到了教室框架的一个具体事例。

产生式表示法中的知识单位是规则，这种知识单位过小，难于处理复杂问题，而且产生式表示法的知识库与推理是相互分离的。框架表示法是一种适应性强，概括性高，结构化良好，推理方式灵活，又能把陈述性知识与过程性知识相结合的知识表示方法。接下来，将向读者详细介绍框架的定义与组成、框架网络，以及其优点和局限性。

2.4.1 框架的定义与组成

框架是一种描述固定情况的数据结构，一般可以把框架看成由节点和关系组成的网络。框架的最高层次是固定的，并且它描述对于假定情况总是正确的事物，在框架的较低层次上有许多终端，称为槽（Slot）。在槽中填入具体值，就可以得到一个描述具体事务的框架，每一个槽都可以有一些附加说明，称为侧面（Facet），其作用是指出槽的取值范围和求值方法等。一个框架可以包含各种信息：描述事物的信息、如何使用框架的信息、关于下一步将发生什么情况的期望及如果期望的事件没有发生应该怎么办的信息等，这些信息包含在框架的各个槽或侧面中。

框架是一种描述所讨论对象（事物、事件、概念等）属性和行为的数据结构，其一般形式如图 2-2 所示。每个框架都有一个框架名，唯一标识一个框架。一个框架由若干个槽构成，每个槽都有槽名，一个槽用于说明框架某一方面的属性，属性的值即为槽值。一个槽有可能划分为若干个侧面，具有相应的侧面名，一个槽可能含有若干细分属性，一个侧面用来说明其中的一个属性，属性的值即为侧面值。无论是框架、槽或侧面，都可以为其附加一些说明性的信息，比如一些约束条件，可以指出什么样的值才能填入槽和侧面中去。约束条件用来约束、限制槽值和侧面值的填写。一般不单独列出，而是包含在值的填写约束中。

对于一个框架，当人们把观察或认识到的具体细节填入后，就得到了该框架的一个具体实例，框架的这种具体实例被称为**实例框架**。以下是框架表示知识的举例。

例 2.1 若要描述某高校的"人工智能与交叉应用"这一概念，那么可以考察其具有的几个属性，如课程类别、课程性质（学分、学时、开课学期、考核方式）、授课方式、授课教师（姓名、性别、年龄、职称、学院）、授课对象（年级、人数、专业）等。其中，"课程类别""课程性质""授课方式""授课教师"和"授课对象"为"人工智能与交叉应用"的槽，"课程类别"和"授课方式"没有侧面，"课程性质"有 4 个侧面，"授课教师"有 5 个侧面，"授课对象"有 3 个侧面。如果给各个槽和侧面赋以具体的值，就可以得到"人工智能与交叉应用"这一概念的一个实例框架。

<框架名>

	侧面名$_{11}$	侧面值$_{111}$，侧面值$_{112}$，…，侧面值$_{11p1}$
槽名1：	侧面名$_{12}$	侧面值$_{121}$，侧面值$_{122}$，…，侧面值$_{12p2}$
	⋮	
	侧面名$_{1m}$	侧面值$_{1m1}$，侧面值$_{1m2}$，…，侧面值$_{1mpm}$
	侧面名$_{21}$	侧面值$_{211}$，侧面值$_{212}$，…，侧面值$_{21p1}$
槽名2：	侧面名$_{22}$	侧面值$_{221}$，侧面值$_{222}$，…，侧面值$_{22p2}$
	⋮	
	侧面名$_{2m}$	侧面值$_{2m1}$，侧面值$_{2m2}$，…，侧面值$_{2mpm}$
	约束条件$_1$	
约束：	约束条件$_2$	
	⋮	
	约束条件$_n$	

图 2-2　框架的一般形式

框架名：<人工智能与交叉应用>
  课程类别：学位课
  课程性质：学分：2
      学时：40
      开课学期：秋季学期前十周
      考核方式：闭卷考试
  授课方式：线上授课
  授课教师：姓名：张三
      性别：女
      年龄：30
      职称：副教授
      学院：人工智能学院
  授课对象：年级：一年级本科生
      人数：120
      专业：计算机科学与技术

2.4.2　框架网络

  一般来说，单个框架只能表示简单对象的知识。在实际应用时，当对象比较复杂时，往往需要把多个相互联系的框架组织起来进行表示。框架是知识的基本单位，把一组有关的框架连接起来便可形成一个**框架网络**（框架系统）。在一个用框架表示知识的系统中一般含有多个框架，一个框架一般含有多个不同的槽、不同的侧面，分别用不同的框架名、槽名和侧面名表示，呈现框架之间的横向联系。

  由于框架中的槽值或侧面值可以是另一个框架的名字，因此通过一个框架可以找到一个框架。与此同时，下层框架还可以继承上层框架的属性及值，避免了重复描述，节约了时间和空间的开销，在此框架之间建立起了纵向联系。用框架名作为槽值时所建立起来的框架间是横向联系，用

"继承"槽建立起来的框架间是纵向联系,像这样具有横向联系及纵向联系的一组框架称为框架网络。例如,图 2-3 所示为自然灾害框架,将一则地震消息用框架表示:"某年某月某日,某地发生 ×× 级地震,造成伤亡人数"。"地震框架"是"自然灾害框架"的子框架。

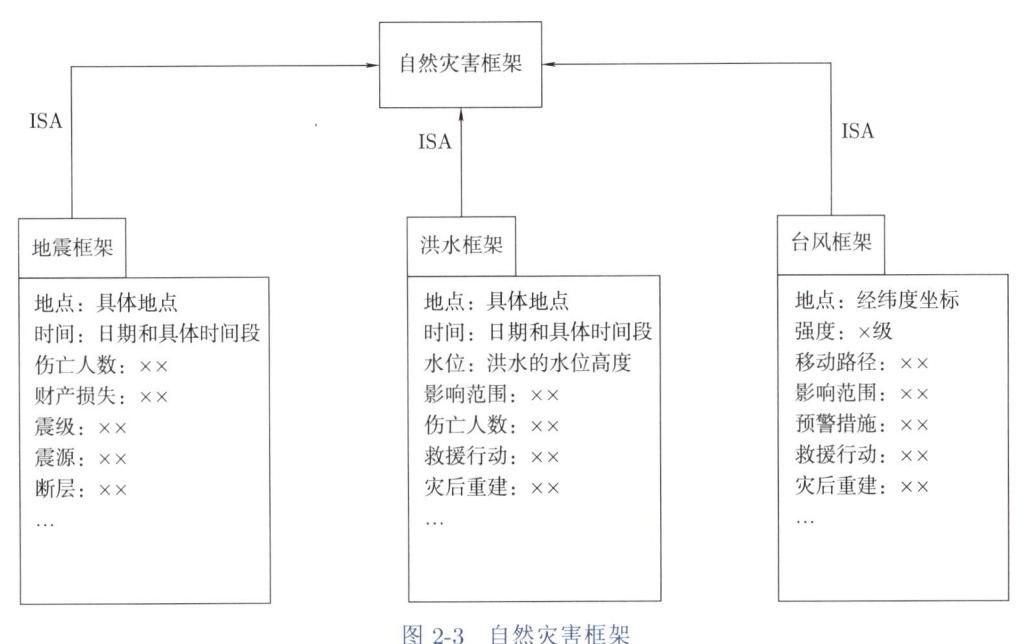

图 2-3 自然灾害框架

2.4.3 框架表示法的优点及局限性

框架表示法是一种结构化的知识表示方法,通过槽、默认值、继承等机制有效表示复杂对象、概念及其属性之间的关系。它适合处理结构化知识并支持推理,具体的优点和局限性如下。

1. 框架表示法的优点

- **结构性**:框架表示法突出的优点是它善于表达结构性的知识,能够把知识的内部结构关系及知识间的联系表示出来。
- **继承性**:框架表示法通过设定槽值为另一个框架的名称,实现了框架间的联系,进而建立起表示复杂知识的框架网络。在框架网络中,下层框架可以继承上层框架的槽值,也可以进行补充和修改,这样不仅减少了知识的冗余,而且较好地保证了知识的一致性。
- **自然性**:框架表示法体现了人们在观察事物时的思维活动,当看到新事物时,通过从记忆中调用类似事物的框架,并对其中的某些细节进行修改、补充,就形成了对新事物的认识,这与人们的认识活动是一致的。

2. 框架表示法的局限性

框架表示法的主要不足在于不擅长表达过程性的知识。相较于产生式表示法或其他能够明确描述一系列操作或算法流程的方法,框架表示法更多地聚焦于表示事物的属性、关系及其内部结构,而非这些事物如何动态变化或相互作用的过程。此外,框架表示法在某些情况下可能显得较为呆板,其固定的结构和表示方式可能限制了其灵活性和易用性,特别是在需要处理复杂、多变的过程性知识时。

2.5 语义网络表示法

语义网络的概念是在 1968 年奎廉（Quillian）的博士论文《人类联想的一个显示心理学模型》中最先提出来的。他认为记忆是由概念间的联系实现的，因此语义网络也称为联想网络。它是一种通过概念及其语义关系来表示知识的一种网络图。1970 年，西蒙（Simmon）在他的自然语言理解系统中也采用了语义网络表示法。目前，语义网络表示法已经成为人工智能中应用较多的一种知识表示方法，尤其是在自然语言处理方面的应用。接下来，将向读者详细介绍语义网络的概念、基本语义关系及其优点和局限性。

2.5.1 语义网络的概念

语义网络最初作为表达长期记忆结构的心理学模型被提出，后用于知识表达。语义网络是知识表示中最重要的方法之一，是一种表达能力强而且灵活的知识表示方法。语义网络是通过概念及语义关系来表达知识的一种网络图。从图论的观点看，它是一个带标识的有向图。语义网络基本网元与语义网络结构如图 2-4 所示。

1）有向图的节点表示各种事物、概念、情况、属性、动作、状态等，如图 2-4 中的节点 A、节点 B。

2）将节点与节点连接起来的线称为弧。弧表示各种语义关系，指明它所连接的节点间的某种语义关系，如图 2-4a 中的节点 A 与节点 B 之间的弧 R。

3）节点和弧必须带有标识，以便区分各个不同对象以及对象之间各种不同的关系。在图 2-4 中，不同的弧用不同的标识表示。

从结构上看，语义网络一般是由一些基本的语义单元构成的，这些最基本的语义单元可用三元组表示为（节点 1、弧、节点 2），称为基本网元，如图 2-4a 所示。把多个基本网元用相应的语义关联在一起时，就得到一个语义网络，如图 2-4b 所示。

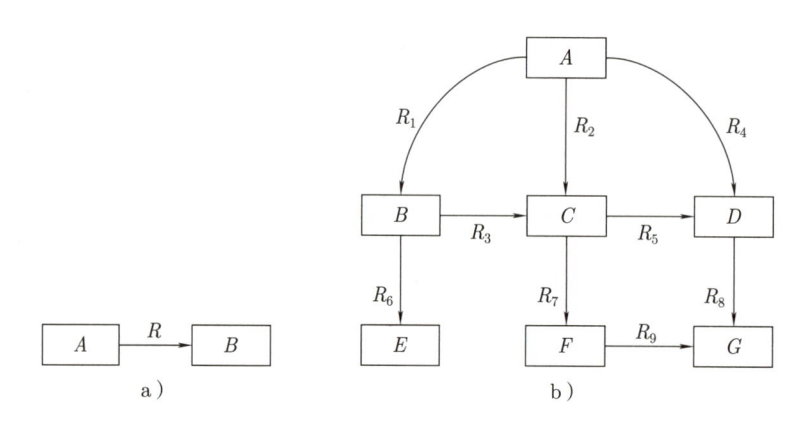

图 2-4 语义网络基本网元与语义网络结构

2.5.2 语义网络的基本语义关系

语义联系的类型多种多样，覆盖了丰富广泛的内容。下面列举了一些常见且被广泛接受的基本语义联系类型。

- **类属关系**：类属关系是指具有共同属性的不同事物间的分类关系、成员关系或实例关系，它体现的是"具体与抽象""个体与集体"的层次分类。类属关系具有继承性，处在具体层的节点可以继承抽象层节点的所有属性。

AMO（A-Member-Of）：表示某个事物是另一个事物的成员，例如，"张三是一名学生"的语义网络表示如图 2-5 所示。

ISA（Is-A）：表示某个事物是另一个事物的实例，例如，"洪水是一种自然灾害"的语义网络表示如图 2-6 所示。

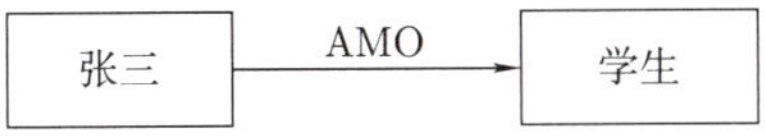

图 2-5 "张三是一名学生"的语义网络表示 　　图 2-6 "洪水是一种自然灾害"的语义网络表示

AKO（A-Kind-Of）：表示某个事物是另一个事物的一种类型，例如，"猫是一种动物"的语义网络表示如图 2-7 所示。

洪水是一种自然灾害，而不是一个类，所以不是 AKO。自然灾害是一个抽象类，而不是一个实体类，所以不是 AMO。

- **包含关系**：也称为聚集关系，指具有组织或结构特征的"部分与整体"之间的关系。有向弧上的标识为 Part-of。包含关系与类属关系最主要的区别就是，包含关系一般不具有属性的继承性。

Part-of：表示一个事物是另一个事物的一部分。例如，"轮胎是汽车的一部分"的语义网络表示如图 2-8 所示。

图 2-7 "猫是一种动物"的语义网络表示　　图 2-8 "轮胎是汽车的一部分"的语义网络表示

- **属性关系**：指事物和其属性之间的关系。

Have：表示一个节点拥有另一个节点表示的实物，例如，"鸟有翅膀"的语义网络表示如图 2-9 所示。

Can：表示属性和事物之间的能力或技能关系，例如，"汽车能跑"的语义网络表示如图 2-10 所示。

图 2-9 "鸟有翅膀"的语义网络表示　　图 2-10 "汽车能跑"的语义网络表示

- **时间关系**：指不同事件在其发生时间方面的先后关系，节点间不具备属性继承性。

Before：表示一个事件在另一个事件之前发生，例如，"唐朝在宋朝之前"的语义网络表示如图 2-11 所示。

After：表示一个事件在另一个事件之后发生，例如，"宋朝在唐朝之后"的语义网络表示如图 2-12 所示。

图 2-11 "唐朝在宋朝之前"的语义网络表示　　图 2-12 "宋朝在唐朝之后"的语义网络表示

- **位置关系**：指不同事物位置方面的关系，节点的属性不具有继承性。

Located-on：含义为"在上"，表示某一物体在另一个物体之上，例如，"书在桌子上"的语义网络表示如图 2-13 所示。

Located-at：含义为"在"，表示某一物体在某一位置，例如，"南航位于南京"的语义网络表示如图 2-14 所示。

Located-under：含义为"在下"，表示某一物体在另一个物体之下。

Located-inside：含义为"在内"，表示某一物体在另一个物体之内。

Located-outside：含义为"在外"，表示某一物体在另一个物体之外。

图 2-13 "书在桌子上"的语义网络表示　　图 2-14 "南航位于南京"的语义网络表示

- **相近关系**：指不同事物在形状、内容方面相似或接近。

Similar-to：表示一个事物与另一个事物相似，例如，"狗似狼"的语义网络表示如图 2-15 所示。

Near-to：表示一个事物与另一个事物接近，例如，"办公楼接近江边"的语义网络表示如图 2-16 所示。

图 2-15 "狗似狼"的语义网络表示　　图 2-16 "办公楼接近江边"的语义网络表示

- **因果关系**：指由某一事物的发生而导致另一事物的发生，适于表示规则性知识。

If-then：表示两个节点之间的因果关系，含义是"如果……那么……"，例如，"如果天晴，小明骑自行车上班"的语义网络表示如图 2-17 所示。

- **组成关系**：它表示"构成"联系，是一种一对多的联系，被它联系的节点间不具有属性继承性。

Composed-of：表示某一事物由其他一些事物构成，例如"整数由正整数、负整数及零组成"的语义网络表示如图 2-18 所示。

图 2-17 "如果天晴，小明骑自行车上班"的语义网络表示　　图 2-18 "整数由正整数、负整数及零组成"的语义网络表示

2.5.3　语义网络表示法的优点及局限性

语义网络表示法采用网络表示法比较合适的领域，大多数是根据非常复杂的分类进行推理的领域，以及需要表示事件状况、性质及动作之间关系的领域。具体的优点及局限性如下。

1. 语义网络表示法的优点

- **结构性**：语义网络表示法能把事物的属性以及事物间的各种语义联系显式地表示出来，用其他表示方法能表达的知识几乎都可以用语义网络表示出来。

- **联想性**：语义网络本来是作为人类联想记忆模型提出来的，它着重强调事物间的语义联系，体现了人类的联想思维过程。
- **自然性**：语义网络实际上是一个带有标识的有向图，可直观地把事物的属性及事物间的语义联系表示出来，便于理解自然语言，并且自然语言与语义网络之间的转换也比较容易实现。

2. 语义网络表示法的局限性
- **非严格性**：与谓词逻辑相比，语义网络没有公认的形式表示体系。一个给定的语义网络所表达的含义完全依赖于处理程序如何对它进行解释。在推理过程中，有时不能区分事物的"类"与"个体"，因此通过推理网络而实现的推理不能保证其正确性。另外，目前采用的表示量词的网络表示方法在逻辑上都是不充分的，不能保证不存在二义性。
- **处理复杂**：语义网络表示知识的手段是多种多样的，这虽为其表示带来了灵活性，但同时也由于表示形式的不一致使得对它的处理增加了复杂性。由于节点之间的联系可以是线性的，也可以是非线性的，甚至可以是递归的，因而对相应知识的检索就相对复杂一些，要求对网络的搜索有强有力的组织原则。

2.6 知识图谱表示法

知识图谱的概念最早由谷歌在 2012 年 5 月 17 日提出，其将知识图谱定义为用于增强搜索引擎功能的辅助知识库。知识图谱的提出源于对传统搜索引擎所提供的字符串匹配结果的局限性的认识。它强调了对于结构化的知识和语义关联的理解，目的是更好地理解和呈现人类知识。随着人工智能的发展，知识图谱被广泛应用于智能搜索、智能问答、个性化推荐等领域。谷歌、百度和搜狗等搜索引擎公司也纷纷构建了自己的知识图谱，分别称为知识图谱、知心和知立方，以改进搜索质量。那么，在知识图谱中以什么样的形式对现实世界中的知识进行表示与存储呢？本节将深入介绍知识图谱中的知识表示。

2.6.1 知识图谱的定义

知识图谱是一种基于图形结构的知识表示方式，用于组织和表示实体、属性、实体之间的关系。它以实体-属性-关系的三元组形式记录知识，以便计算机可以理解和推理。

知识图谱以结构化的形式描述客观世界中概念、实体间的复杂关系，将互联网的信息表达成更接近人类认知世界的形式，提供了一种更好地组织、管理和理解互联网海量信息的能力。它把复杂的知识领域通过数据挖掘、信息处理、知识计量和图形绘制显示出来，揭示知识领域的动态发展规律。知识图谱的三要素为：实体、关系与属性。通过实体、属性和关系的组合，知识图谱可以描述和表示丰富的知识。

实体（Entity）：知识图谱中的实体是指现实世界中的事物或概念，如人物、地点、事件、产品等。每个实体都有一个唯一的标识符，通常用于表示其在知识图谱中的身份。图 2-19 所示为知识图谱示例。"唐人街探案 3""哪吒之魔童闹海"等为实体。

关系（Relation）：关系定义了实体之间的连接方式或语义关联，描述了实体之间的某种关系或联系，如图 2-19 中的"上映时间""片长"等。

属性（Attribute）：属性是与实体相关联的描述性信息或特征，用于更详细地描述实体的特性，如图 2-19 中的"2025 年""144 分钟"等。

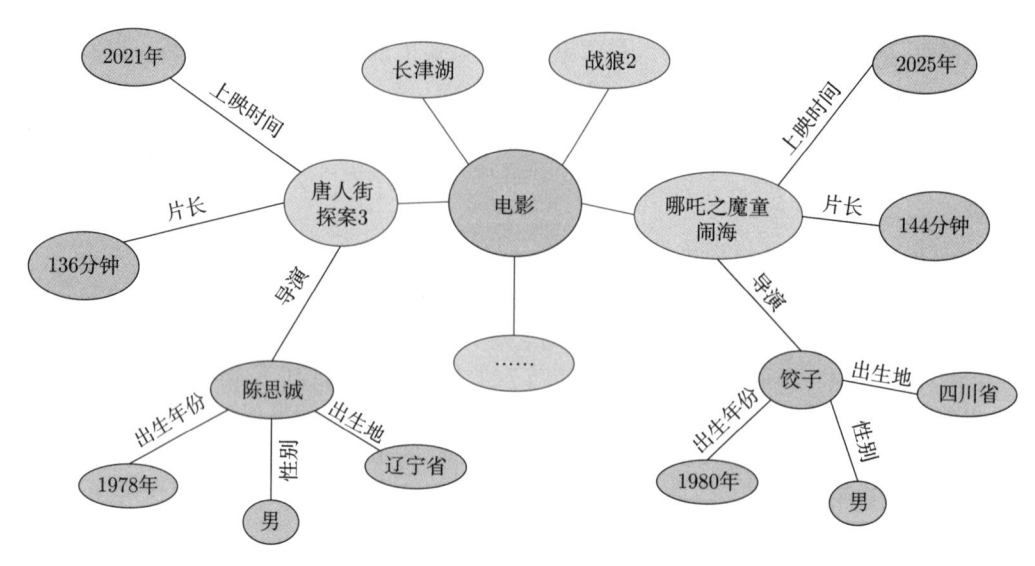

图 2-19 知识图谱示例

2.6.2 知识图谱的表示

知识图谱通常以图的形式表示，其中，节点代表实体或概念，边代表实体之间的关系。通过图的形式，可以直观地展示实体之间的关联关系，以及实体的属性信息。三元组是知识图谱的一种通用表示方式。三元组的基本形式主要分为以下两种。

1）(实体1-关系-实体2)：哪吒之魔童闹海-导演-饺子是一个（实体1-关系-实体2）的三元组样例。

2）(实体-属性-属性值)：陈思诚是一个实体，出生年份是一种属性，1978年是属性值。(陈思诚-出生年份-1978年)构成一个（实体-属性-属性值）的三元组样例。

这种表示方式使计算机能够理解实体之间的语义关系，并进行推理和搜索。

通过将实体、属性和关系组合起来，知识图谱可以形成一个复杂的图形结构。图中的节点和边可以通过唯一的标识符来引用和检索，从而使得知识图谱具备高效的存储和查询能力。

2.6.3 知识图谱的架构

知识图谱的架构可以分为逻辑架构与技术架构。

1. 逻辑架构

在逻辑上，通常将知识图谱划分为两个层次：数据层和模式层。

数据层主要由一系列的事实组成，而知识将以事实为单位进行存储，如哪吒之魔童闹海-导演-饺子；饺子-性别-男。

模式层构建在数据层之上，是知识图谱的核心，存储经过提炼的知识，本体是结构化知识库的概念模板，通过本体库而形成的知识库不仅层次结构较强，并且冗余程度较小，如实体1-关系-实体2，实体-属性-属性值。

2. 技术架构

在技术上，构建知识图谱的过程涉及以下几个关键步骤。

知识抽取：从各种类型的数据源中提取出实体、属性及实体间的相互关系，在此基础上形成本体化的知识表达。

知识融合：在获得新知识之后，需要对其进行整合，以消除矛盾和歧义，比如某些实体可能有多种表达方式，某个特定称谓也许对应于多个不同的实体等。

知识加工：对于经过融合的新知识，需要经过质量评估（部分需要人工参与甄别），才能将合格的部分加入知识库中，以确保知识库的质量。

知识图谱的整体架构如图 2-20 所示，其中，虚线框内的部分为知识图谱的构建过程，同时也是知识图谱更新的过程。

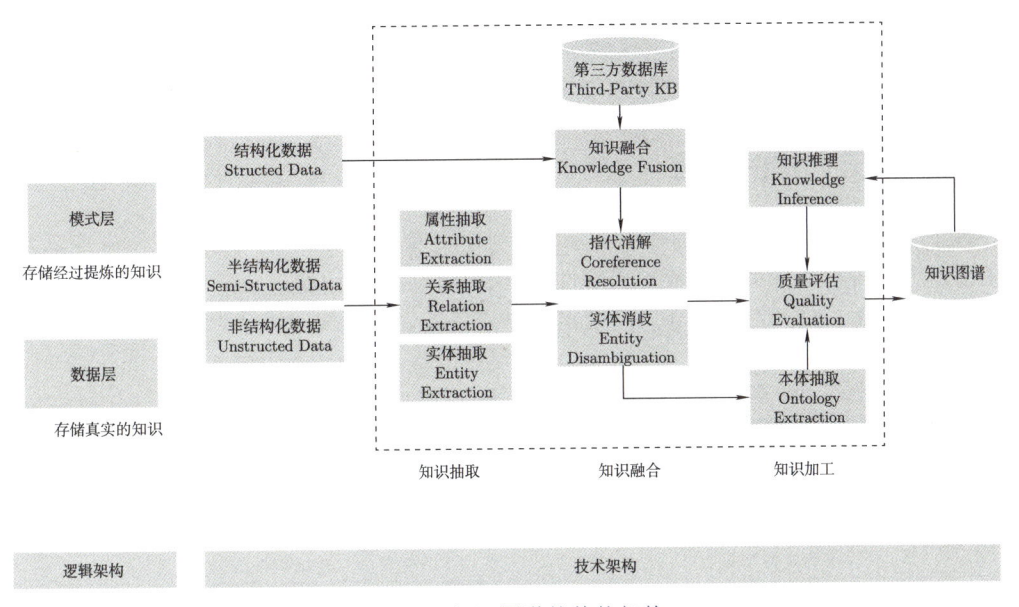

图 2-20　知识图谱的整体架构

2.6.4　知识图谱的典型应用

知识图谱的真正魅力在于它的图结构，这样可以在知识图谱上运行搜索、随机游走、网络流等大规模的图算法，使得知识图谱与图论、概率图等碰撞出火花。

1. 智能搜索

知识图谱通过将用户的查询转换为语义化的查询来改进搜索引擎的精度。知识图谱的结构化形式使得搜索引擎可以更好地理解和推断用户的意图，返回与查询相关的实体、关系和属性信息，提高搜索结果的准确性和相关性。以谷歌为代表的搜索引擎公司利用知识图谱为查询词赋予丰富的语义信息，建立与现实世界实体的关系，从而帮助用户更快找到所需的信息。谷歌知识图谱从 Freebase 和维基百科等知识库中获取专业信息，通过分析大规模网页内容抽取知识。现在，谷歌的这幅知识图谱已经将 5 亿个实体编织其中，建立了 35 亿个属性和相互关系，并还在不断高速扩充。

2. 知识问答

利用知识图谱中的结构化知识，可以建立自然语言问答系统，帮助用户进行自然语言交互。问答系统通过对知识图谱的查询来获取知识库中的信息并进行回答，目前搜索引擎已经支持对很多查询直接返回精确答案，而非海量网页。无论是理解用户查询意图，还是探索新的搜索形式，都毫无例外地需要进行语义理解和知识推理，而这都需要大规模、结构化的知识图谱的有力支持，知识图谱成为各大互联网公司的必争之地。

3. 推荐系统

知识图谱将用户与不同实体之间的联系表示出来。这些联系可以用于构建个性化推荐系统，提供更加符合用户兴趣和偏好的推荐结果。知识图谱可以用于构建个性化推荐系统，通过分析用户的兴趣、偏好和行为，建立用户与实体之间的关系，并根据这些关系推荐符合用户兴趣的内容、产品或服务。知识图谱还可以帮助解决推荐系统中的冷启动和数据稀疏等问题，提高推荐的准确性和覆盖率。

未来，知识表示与知识图谱将继续发展和创新，特别是在语义理解和智能推理方面。基于知识图谱的深度学习、推理、自然语言生成等技术将大幅提高人工智能的水平，为实现更高层次的智能化和人机交互提供更多的可能性。

2.7 知识表示方法的选择

在人工智能领域，选择合适的知识表示方法对于实现高效、准确的知识表示与推理至关重要。不同的表示方法各有其独特的优势与局限性，适用于不同的应用场景。表 2-2 所示为一阶谓词逻辑、产生式、框架、语义网络和知识图谱这 5 种主要知识表示法的优缺点及是否结构化。

表 2-2 常用的知识表示法的优缺点及是否结构化

	优点	缺点	是否结构化
一阶谓词逻辑表示法	接近于自然语言；语义明确；具有灵活性、模块性；容易实现	不能表示不确定性的知识；可能出现组合爆炸；效率低	非结构化方法
产生式表示法	自然清晰；便于进行模块化处理；可表示不确定性知识	组合爆炸、匹配时间长、效率不高；不能表达具有结构性的知识	非结构化方法
框架表示法	善于表达结构性的知识；具有继承性；与人们的认识活动一致	不善于表达过程性的知识	结构化方法
语义网络表示法	结构性，其他表示方法能表达的知识几乎都可以用语义网络表示出来；联想性；容易实现	可能存在二义性；表示形式的不一致，处理复杂	结构化方法
知识图谱表示法	结构化的知识；语义丰富；数据集成与统一；灵活性与可扩展性	构建成本高；更新复杂；技术门槛高	结构化方法

1）**一阶谓词逻辑表示法**以其自然性、明确性、严密性、灵活性和容易实现的特点，在知识表示和推理领域展现出显著优势。它接近自然语言，便于理解和接受，且能精确表达知识，确保推理结论的准确性。然而，该方法也存在局限性，主要在于无法有效表示不确定性和模糊性知识，限制了其应用范围，同时在处理大量事实时可能遭遇组合爆炸问题，且推理过程较长，影响系统效率。

2）**产生式表示法**以其自然性、模块性、有效性和清晰性在人工智能中占据重要地位，尤其擅长表达因果关系、启发式及过程性知识。然而，其效率受限于庞大的规则库匹配和冲突消解过程，且难以表达结构性知识。因此，它更适用于由独立知识元组成、具有经验性及不确定性、且求解过程可分解为独立操作的领域，如化学反应、医疗诊断等。同时，为弥补不足，产生式表示法常与其他表示法结合使用，如框架表示法或语义网络表示法，以更全面地表达特定领域知识。

3）**框架表示法**以其结构性和继承性的特点，在表达具有内部结构关系和相互联系的知识方面表现出色。它通过建立框架网络，实现了复杂知识之间的关联，允许下层框架继承并扩展上层框架的属性，从而减少了知识冗余，并确保了一致性。此外，框架表示法还贴近人们的认知过程，可通过调用和修改记忆中的框架来认识新事物，展现了其自然性。然而，框架表示法在表达过程性知识方面存在局限性，不擅长描述动态变化与交互过程，且其固定结构可能限制灵活性和易用性，特别是在处理复杂多变的过程性知识时。

4）**语义网络表示法**以其结构性、联想性和自然性为显著特点，能够直观地展示事物的属性及它们之间的复杂语义联系，几乎可以表达所有类型的知识，并便于与自然语言进行转换。然而，语义网络也存在非严格性和处理复杂性等缺点。由于缺乏公认的形式表示体系，因此其表达的含义可能因处理程序而异，导致推理正确性难以保证。同时，多样化的表示形式虽然灵活，但也增加了处理的复杂度，尤其是在知识检索和网络搜索时，需要强有力的组织原则来应对潜在的递归和非线性联系。

5）**知识图谱表示法**以其严谨的结构化表示、强大的语义关联性和直观的可视化效果，成为知识表示与推理的重要工具。它能够系统地组织复杂知识，清晰展示实体间的层次与关联，几乎覆盖了所有领域的知识表示需求，并为智能问答、决策支持等应用提供了坚实基础。然而，知识图谱的构建与维护同样面临着严峻挑战。一方面，其高度结构化要求精确的数据定义与整合，对数据源的质量和一致性有较高要求；另一方面，随着图谱规模的扩大、复杂性的增加，带来了处理效率的难题，特别是在处理大规模数据查询和推理时，需要高效的算法与强大的计算能力作为支撑。此外，知识图谱的更新与维护亦不容忽视，需定期检查和修正，以保持其时效性和准确性。

每种知识表示方法都有其独特的优势和局限性。在选择合适的方法时，我们需要根据具体的应用场景、知识类型及系统需求进行综合考量。同时，也应注意到不同方法之间的互补性，通过结合使用多种表示方法，以更全面地表达和理解领域知识。

2.8　小结

本章深入探讨了知识及其在人工智能中的表示方法。知识是把有关的信息关联在一起形成的关于客观世界某种规律性认识的动态信息结构，主要由事实、规则和概念构成，并具备相对正确性、不确定性、可表示性与可利用性等特性。本章还介绍了5种常见的知识表示方式：一阶谓词逻辑表示法，具有自然、精确、严密的特点，但存在表示不确定知识时的组合爆炸和效率低的问题；产生式表示法，既能表示确定性知识，也能表示不确定性知识，具备自然性、模块性等优点，但效率不高且难以表达结构性知识；框架表示法，通过框架和槽描述对象属性，具有结构性、继承性；语义网络表示法，以网络图形式表达概念和关系，具有结构性、联想性，但处理复杂且可能存在逻辑二义性；知识图谱表示法，作为新兴技术，以图形式表示实体和关系，提供结构化和语义化的知识表示方式，是人工智能系统理解和应用知识的重要工具。

通过系统学习这些知识表示技术，读者能够全面理解知识在人工智能领域中的重要地位和作用。这些技术不仅为人工智能系统提供了丰富的知识表示手段，还促进了系统对知识的有效理解和应用。因此，本章为后续相关知识的学习奠定了坚实的基础，有助于读者更深入地探索人工智能的广阔领域。

第 3 章

确定性和不确定性推理

上一章深入探讨了多种知识表示方法，这些方法为计算机理解和存储知识提供了有效途径。然而，拥有知识只是智能的一部分，更关键的是如何运用这些知识，这就引出了本章的主题——推理。推理，作为人类智慧的结晶，是人们解决问题、做出决策的核心手段。在人工智能领域，推理同样扮演着举足轻重的角色。计算机通过各种推理方法，能够模拟人类的思维过程，从而在实际应用中发挥巨大的作用。

在确定性场景中，所有相关因素和规则都是清晰明确的，计算机可以依据这些确切的信息进行逻辑推理，得出确定无疑的结论，即确定性推理。这种推理方式在许多领域都有广泛应用，如自动化控制、程序验证等。然而，现实世界更多地充满了不确定性。在不完整或模糊的信息面前，计算机需要运用不确定性推理来做出最佳判断。这种推理方式更为复杂，但也更接近人类的日常思维。它要求计算机能够在信息不足的情况下，依然能够给出合理、可靠的结论。

本章将从推理的基本概念入手，逐步深入介绍确定性推理和不确定性推理的常见方法。通过本章的学习，读者将对推理有更全面的了解，为学习后续章节中更高级的知识打下坚实的基础。

3.1 推理基本概念

先从现实生活中的两个简单例子入手，进而引出推理的定义与类型。

例 3.1 灯泡开关。

假设有以下已知信息。

规则 1：如果开关是打开的，那么灯泡就会亮。

规则 2：如果灯泡亮了，那么房间就会被照亮。

现在观察到开关是打开的。根据已知的规则，可以进行如下推理过程。

观察：开关是打开的。

应用规则 1：根据规则 1，如果开关是打开的，那么灯泡就会亮。

结论 1：灯泡是亮的。

应用规则 2：根据规则 2，如果灯泡亮了，那么房间就会被照亮。

结论 2：房间被照亮了。

最终结论：由于开关是打开的，因此可以确定房间被照亮了。

在这个过程中，我们可以看出每一步的推理都基于已知的规则和事实，得出的结论是确定的，没有任何不确定性。

例 3.2 天气预报。

假设有以下信息。

规则 1：如果天上有乌云，那么有 80% 的概率会下雨。

规则 2：如果气压低，那么有 60% 的概率会下雨。

现在观察到天上有乌云，同时气压也比较低。我们需要推断今天是否会下雨，推理过程如下。

观察 1：天上有乌云。
应用规则 1：有乌云，所以有 80% 的概率会下雨。
观察 2：气压低。
应用规则 2：气压低，所以有 60% 的概率会下雨。
现在需要结合这两个不确定性的因素估计下雨的概率。
推理示例：
加权平均法（简化处理）：假设两条规则的权重相等，那么综合考虑后，今天下雨的概率大约是 70%。
最终结论：根据当前的观察和已知规则，有 70% 的概率今天会下雨。
这个推理过程是不确定性的，因为无法得到一个确定的结论"今天一定会下雨"，而是得出了一个概率性的结论。推理结果依赖于对信息的不确定性和概率的评估。

3.1.1 推理定义

通过深入分析例 3.1 和例 3.2，我们可以对推理的定义进行更为精确和丰富的阐述。**推理是从一组已知的事实或前提出发，借助逻辑规则、算法或概率评估，推导出新的结论或知识的过程**。这个过程可能涉及确定性的逻辑推理，如在例 3.1 中，我们依据确定的规则链条，从"开关是打开的"这一前提出发，最终得出了"房间被照亮了"的确定性结论。同时，推理也可能包含不确定性的成分，如在例 3.2 中，我们结合多个具有概率性的前提，通过加权平均法等方式，得出了一个概率性的结论。推理的基本形式可以更为具体地表示为

$$P_1, P_2, \cdots, P_n \Rightarrow Q$$

其中，$P_1, P_2, \cdots, P_n$ 为一组已知事实或前提，可以是确定的事实，也可以是带有概率性的信息；Q 为结论或知识，可以是一个确定性的结论，也可以是一个概率性的推断。

在人工智能领域，推理扮演着至关重要的角色。它不仅是智能系统运用知识求解问题的核心方法，还是机器实现自主学习、决策和问题解决能力的基石。推理机制的设计和实现，直接决定了智能系统的性能和智能化水平。通过逻辑推理、概率推理等多样化方法，智能系统能够更为精准地理解、分析和应对复杂问题，从而不断提升其智能化和实用性。

3.1.2 推理类型

推理是一种重要的思维形式，在人类对世界的认知和探索中扮演举足轻重的角色。从历史的长河来看，推理方法经历了从简单的类比、归纳、演绎，到当前更为高级和复杂的数学逻辑推导、模糊逻辑判断等演变。**按推理时所用知识的确定性来划分，可以将推理划分为两大类：确定性推理与不确定性推理**。前者涵盖了自然演绎推理、规则演绎系统以及产生式系统等方法；而后者则包括可信度方法、模糊推理方法等策略（见图 3-1）。

确定性推理，顾名思义，是指在给定确切的前提和规则的基础上，通过严密的逻辑链条推导出确定性结论的过程。正如例 3.1 所示，根据"开关是打开的"可以确切推导出"房间被照亮"的结论。这种推理模式的每一步都是明确、可预测的，不涉及任何概率或不确定因素。正因如此，确定性推理在数学、计算机科学、人工智能及逻辑学等多个学科领域都有着广泛的应用。

相对而言，**不确定性推理**则适用于那些存在信息缺失、模糊或概率性因素的场景。正如例 3.2 所示，当观察到天上有乌云且气压低时，不能直接得出一个确定的结论，而是通过概率评估来推测下雨的可能性。这种推理方式充分考虑了信息的不完整性和不确定性，通过特定的推理机制来

得出最可能的结论,是概率论、模糊逻辑及贝叶斯推理等学术领域的研究重点。在现实生活中,由于人们经常需要处理各种不确定和模糊的信息,因此不确定性推理具有极高的实用价值。

图 3-1 推理类型

为了读者更好地理解确定性推理和不确定性推理,本章接下来将简要介绍自然演绎推理、规则演绎系统、产生式系统、可信度方法和模糊推理方法等推理方法。

3.2 自然演绎推理

自然演绎推理是一种严谨且有效的逻辑推理方法,它尽可能地模拟了人们日常生活中使用的推理方式,让人们能够更容易地理解和接受。在使用自然演绎推理时,需要首先从一组已知的前提开始,这些前提可以是事实、假设或者其他已经被证实的命题,接下来运用一系列的推理规则,将复杂的逻辑问题拆解成一系列简单、直接的步骤,最后得出推理的结论。如果所有的前提都是真的,那么经过一系列推理步骤后,所得出的结论也必然是真的。

在自然演绎推理中,三段论是一个经常被使用的推理结构,包括 3 个部分:大前提、小前提和结论。以下是一个三段论的例子。

大前提:计算机专业的学生都会编程
小前提:小李是计算机专业的学生
⇒ 结论:小李会编程

在这个例子中,大前提提供了一个普遍性的陈述,即所有属于"计算机专业的学生"都具备"会编程"这一特性,小前提则指出了小李属于"计算机专业的学生"这一特定类别。因此,结合这两个前提可以推断出小李作为计算机专业的学生也必然具备"会编程"这一特性。

在推导的过程中,只使用单一前提有时是无法完成推导的,需要随时引入其他前提来共同推出新结论。例如,把上述例子的大前提记为 P_1,把小前提记为 P_2,再添加一个前提 P_3 "会编程的学生都学习了至少一种编程语言"。仅凭 P_1 和 P_2 这两个前提,只能推导出"小李会编程"这一结论。然而,如果想要进一步了解小李的编程技能掌握情况,就需要引入额外的前提。此时添加前提 P_3,并结合 P_1 和 P_2 推导出的"小李会编程"这一结论,便可以进一步推导出"小李学习了至少一种编程语言"。这个过程展示了在逻辑推理中,如何通过引入新的前提和结合已有的结论来推导出更深入、更具体的信息。基于这个逻辑,需要引入以下规则。

- 规则 P(前提引用规则):在推导过程中可以随时引入前提集合中的任何一个前提。
- 规则 T(逻辑结果引用规则):在推导过程中可以随时引入由前面一个或多个公式推导出来的逻辑结果。
- 规则 CP(附加前提规则):如果能根据给定的前提集合 Γ 与公式 P 推导出 S,则能从此前提集合 Γ 推导出 $P \to S$。

上述 3 个推理规则加上第 2 章提到的**基本等价公式**和**永真蕴含公式**，构成了完整的自然演绎推理。但在使用永真蕴含公式时，应当避免"肯定后件"和"否定前件"的错误。还是以上面的例子为例，肯定后件，即"小李会编程"，不能直接推断出小李一定是计算机专业的学生，因为非计算机专业的学生也有可能会编程；否定前件，即"小李不是计算机专业的学生"，也不能直接推断出小李不会编程，同样还是因为非计算机专业的学生也有可能会编程。严格来说，当"肯定后件"，即 Q 和 $P \to Q$ 为真时，前件 P 可以为真，也可以为假；当"否定前件"，即 $\neg P$ 和 $P \to Q$ 为真时，后件 Q 可以为真，也可以为假。

自然演绎推理提供了一套灵活的规则，可以适用于各种逻辑系统，包括命题逻辑和谓词逻辑，这使得自然演绎推理在处理不同类型的逻辑问题时具有广泛的适用性。下面举例说明自然演绎推理的具体过程。

例 3.3 已知：
- 所有摄入足够维生素 C 的人都不容易得坏血病。
- 经常吃橙子可以摄入足够的维生素 C。
- 小明经常吃橙子。

求证：小明不容易得坏血病。

证明：

首先定义：
- $C(x)$：x 摄入足够的维生素 C。
- $B(x)$：x 容易得坏血病。
- $O(x)$：x 经常吃橙子。
- M：小明。

根据上述定义，将已知转换为以下谓词公式。
- 所有摄入足够维生素 C 的人都不容易得坏血病：$(\forall x)(C(x) \to \neg B(x))$。
- 经常吃橙子可以摄入足够的维生素 C：$(\forall x)(O(x) \to C(x))$。
- 小明经常吃橙子：$O(M)$。

接下来应用推理规则进行推理。

因为：$(\forall x)(C(x) \to \neg B(x))$。

由全称固化，有：$C(y) \to \neg B(y)$。

因为：$(\forall x)(O(x) \to C(x))$。

由全称固化，有：$O(z) \to C(z)$。

由规则 P 和假言推理，有：$O(M), O(z) \to C(z) \Rightarrow C(M)$。

由规则 T 和假言推理，有：$C(M), C(y) \to \neg B(y) \Rightarrow \neg B(M)$，即小明不容易得坏血病。

通过这个例子，我们可以总结出使用自然演绎法进行推理的流程。

1）**明确问题**：首先，需要明确要解决的问题或要证明的结论。在这个例子中，要证明的是"小明不容易得坏血病"。

2）**定义谓词**：为了将自然语言转换为逻辑语言，需要定义相关的谓词。在这个例子中，定义了摄入维生素 C、得坏血病和吃橙子的谓词，以便能够用精确的逻辑公式来表达已知信息。

3）**转换前提**：将自然语言描述的前提转换为逻辑公式，这一步骤是将实际问题抽象化为逻辑问题的关键。在这个例子中，3 个前提分别被转换为相应的逻辑表达式。

4）**应用推理规则**：接下来，使用逻辑推理规则，比如全称固化和假言推理，从已知的前提中进行推导，这些规则指导人们如何根据已有的逻辑公式推导出新的结论。在这个例子中，通过全称固化和假言推理，结合已知的前提，逐步推导出了目标结论。

5）得出结论：在应用推理规则进行逐步推导后，最终得出结论。在这个例子中，我们得出了"小明不容易得坏血病"的结论，这与最初要证明的目标一致。

6）检查与验证：必要时需要检查并验证推理过程和结论是否正确，这包括回顾整个推理流程，确保每一步的推导都是合理的，并且结论是基于前提推导出的。

通过这个流程，自然演绎推理帮助人们从一个明确的起点出发，通过逻辑公式的转换和推理规则的应用，最终得到一个明确的结论。这种方法体现了逻辑推理的严谨性和系统性，是解决问题和证明结论的有力工具。

3.3 规则演绎系统

规则演绎系统依赖规则和事实来进行推理。**规则**通常指的是某一特定领域中的一般知识，它们以蕴含形式（如 $P \to Q$）来表达，这种蕴含形式允许人们充分利用其逻辑含义，即从前提 P 推导出结论 Q。**事实**则指的是特定问题领域中的专门知识或实际情况，它们以无蕴含形式的表达式来表示。事实是推理的起点或基础，与规则结合使用，以验证或推导出新的结论。规则演绎系统的核心在于直接根据这些事实和类似于 $P \to Q$ 的规则来证明一个目标公式。由于这种方法强调使用规则进行演绎推理，因此得名"规则演绎系统"。规则演绎系统可以分为规则正向演绎系统、规则逆向演绎系统和规则双向演绎系统，接下来将分别简要介绍。

3.3.1 规则正向演绎系统

规则正向演绎系统是从事实到目标进行操作的，即从状况条件到动作进行推理或从 IF 到 THEN 的方向。在规则演绎系统中，事实表达式是对已知或假设为真的命题的陈述，通常用来描述系统中的某种特定状态或关系。事实表达式作为推理的基础，是逻辑推理系统中的核心元素之一。与或形表达式则是由 ∧（与）和 ∨（或）符号连接构成的逻辑形式，它保留了公式更多的原始结构和信息。

在规则正向演绎系统中，事实表达式的与或形变换是将初始事实转换为与或形式，与或图表示则是将这些与或形式的事实表达式可视化为图结构，其中，节点代表逻辑表达式或其子表达式。节点又可分为根节点和叶节点，根节点代表整个表达式，而叶节点代表单个文字。与或图的 F 规则变换是正向演绎过程中应用的规则，用于从已知事实推导出新的事实。作为终止条件的目标公式是演绎过程的最终目标，当演绎系统能够证明目标公式时，演绎过程终止。这些组成部分相互关联，共同构成了规则正向演绎系统的推理机制。

1. 事实表达式的与或形变换

事实表达式的与或形变换是一种关键的技术手段，能够将复杂的逻辑表达式转换为让逻辑推理过程更加系统化和结构化的标准形式，从而简化推理算法的设计和实现。事实表达式的与或形变换可以更容易地识别系统中的矛盾和冲突，确保逻辑推理的正确性。此外，这种变换通过识别和消除重复或相互冲突的规则和事实，能够优化规则集，提高整体效率和可靠性。例如，当多个事实表达式包含冗余信息时，通过与或形变换可以将它们简化或合并，从而减少推理过程中不必要的步骤。因此，事实表达式的与或形变换不仅是提高推理系统效率的必要手段，也是确保系统逻辑一致性和准确性的基础。下面以一个具体例子展示事实表达式的与或形变换的具体过程。

例 3.4 对下列事实表达式进行与或形变换：

$$(\forall x)(\exists y)\{(P(x) \to Q(y)) \land \neg[R(x,y) \lor (S(y) \to T(x))]\}$$

解：具体的与或形变换过程如下。

1）利用等价式 $P \rightarrow Q \Leftrightarrow \neg P \vee Q$ 消去蕴含符号"$\rightarrow$"：

$$(\forall x)(\exists y)\{(\neg P(x) \vee Q(y)) \wedge \neg[R(x,y) \vee (\neg S(y) \vee T(x))]\}$$

2）把否定符号"$\neg$"移到每个谓词符号前：

$$(\forall x)(\exists y)\{(\neg P(x) \vee Q(y)) \wedge [\neg R(x,y) \wedge (S(y) \wedge \neg T(x))]\}$$

3）变量标准化，即重新命名变量，使不同的量词约束变量有不同的名字：这里已经满足不同的量词约束变量有不同的名字，无须重命名，公式保持不变。

4）引入 Skolem 函数消去存在量词：

$$(\forall x)\{(\neg P(x) \vee Q(f(x))) \wedge [\neg R(x, f(x)) \wedge (S(f(x)) \wedge \neg T(x))]\}$$

5）将公式化为前束形，即所有量词都在公式前面：公式已经是前束形，即所有量词都在公式前面，保持不变。

6）略去全称量词（默认事实表达式中尚存的变量是全称量词量化的变量）：

$$(\neg P(x) \vee Q(f(x))) \wedge [\neg R(x, f(x)) \wedge (S(f(x)) \wedge \neg T(x))]$$

7）重新命名变量，使同一变量不出现在不同的主要合取式中：这里同一变量没有出现在不同的主要合取式中，公式保持不变。

2. 事实表达式的与或图表示

在复杂的规则演绎系统中，事实往往以高度抽象的形式表达，特别是在处理多个条件和规则的组合时，事实表达式会变得非常冗长和复杂。事实表达式以图形的方式展示时，系统中各个事实之间的关系变得显而易见，不仅让用户更容易掌握每个逻辑模块的独立含义，还使它们的相互影响关系更加透明，可以大幅减少理解和推理过程中的认知负担。

具体来说，在用与或图表示与或形时，析取表达式 $(E_1 \vee E_2 \vee \cdots \vee E_n)$ 用一个半圆弧（k 线连接符）连接它的 n 个子表达式节点，合取表达式 $(E_1 \wedge E_2 \wedge \cdots \wedge E_n)$ 直接用单线连接符与它的 n 个子表达式节点相连。

如图 3-2 所示，整个事实表达式 $(\neg P(x) \vee Q(f(x))) \wedge [\neg R(x, f(x)) \wedge (S(f(x)) \wedge \neg T(x))]$ 是一个合取表达式，要求两个部分的条件都要成立。首先，表达式的左分支展示了 $\neg P(x) \vee Q(f(x))$，这是一个析取表达式。根据与或图的规则，析取操作通过"k 线连接符"（半圆弧）将 $\neg P(x)$ 和 $Q(f(x))$ 连接起来，这种连接方式表明这两个命题只需其中之一成立即可满足逻辑要求。这一部分的与或图通过直观的半圆弧展示了"或"关系，使得用户能够轻松理解逻辑条件之间的选择性。接着，表达式的右分支 $\neg R(x, f(x)) \wedge (S(f(x)) \wedge \neg T(x))$ 是一个合取表达式，合取逻辑在与或图中通过单线连接符直接将各个子表达式连接，表示所有条件必须同时满足。$\neg R(x, f(x))$ 作为一个独立的命题，与另一个合取表达式 $S(f(x)) \wedge \neg T(x)$ 相连，之后，该表达式被进一步分解成 $S(f(x))$ 和 $\neg T(x)$，这些子命题之间依然通过单线连接，表明它们是"与"关系，所有条件必须同时为真。这种结构使得用户可以顺序地跟踪每个逻辑关系，逐步理解各个子表达式之间的相互依赖。

另一方面，随着系统规模的增长，事实表达式往往会变得更加难以维护。在面对数十甚至上百个规则时，文本形式的表达容易引发疏漏或误解。而通过与或图，这些规则被分解为多个层次，用户可以逐步分析每个子问题，从而更加系统化地处理规则的推导。这种层次化、结构化的方式能够有效帮助系统设计者优化逻辑结构，或在扩展系统功能时减少出错的风险。

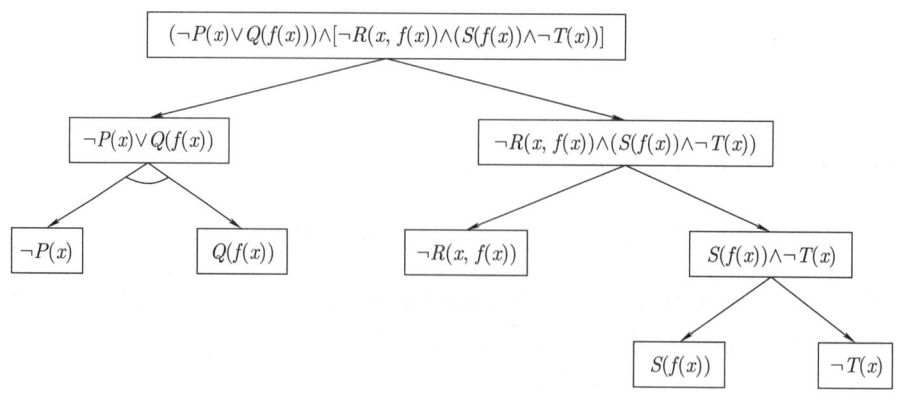

图 3-2 例 3.4 中事实表达式的与或图表示

此外，与或图还为调试提供了极大的便利。在复杂的逻辑系统中，当某个推理结果出现错误时，可能需要逐步排查各个逻辑条件才能找到根源。与或图能够直观地展示每个条件的评估路径，让系统设计者或用户能够更快地定位问题，并找到具体的逻辑错误。相比于传统的文本化调试方法，图形化的调试过程更加直观且高效，极大提升了分析问题的速度和准确性。

因此，事实表达式的与或图表示不仅是将复杂逻辑可视化的工具，更是提升系统设计、调试、优化效率的重要手段。它通过分解复杂问题、展示清晰的逻辑依赖关系，帮助用户更好地理解规则演绎过程，并在开发和维护中发挥着至关重要的作用。

3. 与或图的 F 规则变换

正向产生式系统以正向方式使用规则（F 规则）对与或图结构进行变换。为了使规则能够应用在与或图中，必须对原始的蕴含式进行化简处理，将其转换为可以适用的与或形结构，确保复杂的逻辑表达式能够被有效地分解为多个子问题，使系统能够逐步进行推理。

简单起见，设规则的左侧具有单文字的形式，即 $L \to W$，其中，L 是单文字，W 是与或形的唯一公式。这个蕴含式中的所有变量都假定有全称量词的约束，并且为了避免变量之间的混淆，规则中的变量名通常与事实公式或其他规则公式中的变量区别开来。

例 3.5 对下列公式进行 F 规则变换：

$$(\forall x)\{[(\exists y)(\forall z)P(x,y,z)] \to (\forall u)Q(x,u)\}$$

解：原始逻辑蕴含式 $(\forall x)\{[(\exists y)(\forall z)P(x,y,z)] \to (\forall u)Q(x,u)\}$ 包含复杂的量词和嵌套结构，这使得在与或图中直接应用 F 规则变得十分困难，所以需要先消去存在量词。

1）消去蕴含符号：

$$(\forall x)\{\neg[(\exists y)(\forall z)P(x,y,z)] \vee (\forall u)Q(x,u)\}$$

2）将否定符号移入第一个析取式内，同时调换量词符号：

$$(\forall x)\{(\forall y)(\exists z)[\neg P(x,y,z)] \vee (\forall u)Q(x,u)\}$$

3）进行 Skolem 化：

$$(\forall x)\{(\forall y)[\neg P(x,y,f(x,y))] \vee (\forall u)Q(x,u)\}$$

4）将所有的全称量词移到前面并消去：

$$\neg P(x,y,f(x,y)) \vee Q(x,u)$$

5）恢复蕴含式：

$$P(x,y,f(x,y)) \to Q(x,u)$$

消去存在量词后，蕴含式 $P(x,y,f(x,y)) \to Q(x,u)$ 中的 x、y、u 默认受全称量词的约束，所以可不在公式的最前面标出 $\forall x$、$\forall y$、$\forall u$。此时，当我们在某个与或图结构中见到 $P(x,y,f(x,y))$ 时，便可以推出 $Q(x,u)$，如图 3-3 所示。

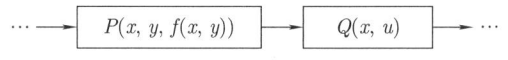

图 3-3 在某个与或图结构中使用 F 规则变换

通过使用 F 规则变换与或图，正向推理系统得以从初始事实或前提开始，添加新的事实节点或更新现有的逻辑结构，逐步推导出新的事实或结论，从而为推理的下一步提供依据。随着这些规则的不断应用，系统逐步从已知条件推出新的信息，直到最终到达目标结论。F 规则不仅推动了推理的进展，还确保了推理的每一步都有清晰的逻辑基础。

4. 作为终止条件的目标公式

应用 F 规则的目的在于从某个事实公式和某个规则集出发来证明某个目标公式。在正向推理系统中，目标公式通常是可证明的表达式，意味着它可以通过规则推导出来。特别地，当目标公式是文字析取形（即由多个简单命题通过"或"连接而成）时，系统会把它作为推理的"终点线"。在推理过程中，目标公式的每个组成部分（目标文字）都会被用来指导系统的推导方向，并帮助系统找到与它匹配的事实或规则。系统会不断生成推理图中的新节点，直至匹配到目标公式为止。目标公式的重要作用在于：它不仅决定了推理何时终止，也明确了系统的推理方向和目标。换句话说，推理的每一步都是为了让系统更接近目标公式，直到最终达到这个"终点线"。下面以具体例子来展示这个过程。

例 3.6 有事实 $A \vee B$，规则 $A \to \neg C \wedge D$ 和 $B \to E \wedge \neg F$，使用规则正向演绎系统证明目标 $\neg C \vee E$。

证明：先将事实化为与或形并用与或图表示，然后将规则化为由单文字前项和与或形后项组成的蕴含公式，并用与或图表示。在事实的与或图上使用与或图的 F 规则变换，得到一个含有目标的图并作为终止的解图，如图 3-4 所示。

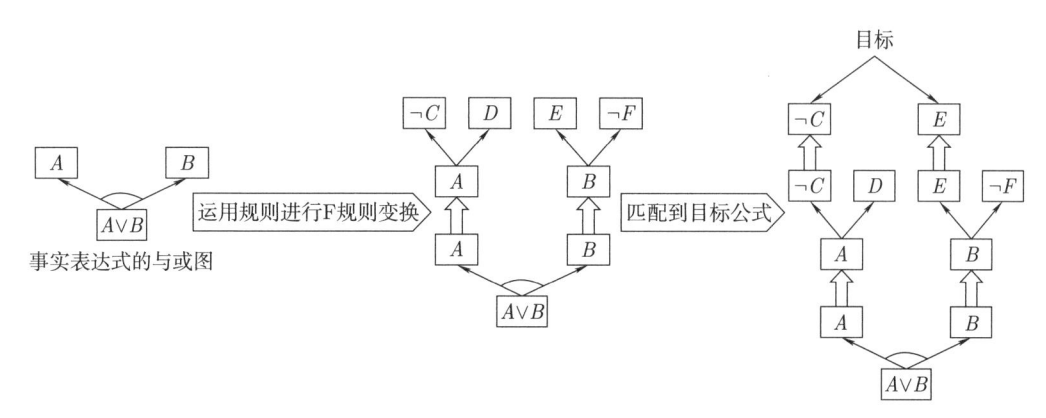

图 3-4 满足结束条件的与或图

3.3.2 规则逆向演绎系统

与规则正向演绎系统相对的是**规则逆向演绎系统**，它从明确了系统要达成的具体结论或状态的目标表达式出发，试图倒推出如何达到这个目标。规则逆向演绎系统查找哪些规则能够满足目标并验证这些规则的前提条件是否成立，从而逐步追溯到已知的事实。逆向演绎是一种目标驱动的推理方式，通常用于明确需要达成某一结论但尚不清楚如何达到时的任务，能高效地针对性解决问题，不会推导出与目标无关的中间结论。

1. 目标表达式的与或形变换

目标表达式与事实表达式的与或形变换在规则演绎系统中有着类似的逻辑基础，但它们的应用方式和功能有所不同。事实表达式的与或形变换主要用于简化规则正向演绎系统推理过程中的事实处理。通过这种变换，系统可以将复杂的逻辑表达式转换为标准形式，从而使推理算法在处理复杂事实集时更加系统化。与此类似，目标表达式的与或形变换在规则逆向演绎系统推理中也扮演了重要角色，它的主要功能是将复杂的目标逻辑分解为更小的子目标，从而简化推理路径。在逆向推理过程中，系统从一个明确的目标出发，通过与或形变换逐步分解目标，直至找到能够满足这些目标的前提条件。这种分解不仅能够提高推理的效率，还使得系统可以更加专注于实现目标的相关路径，避免无关条件的验证，帮助系统高效地达成目标。

尽管事实表达式与目标表达式的推理方向不同，一个是自下而上的正向推理，另一个是自上而下的逆向推理，但它们在逻辑运算层面上的处理方式是一致的。两者的与或形变换都遵循形式逻辑中的基本规则，确保系统能够在处理复杂逻辑时保持一致性和准确性。通过这种变换，无论是事实还是目标，系统都能够有效地解决推理过程中的冲突，优化推理路径，从而提升整体的推理效率和准确性。

2. 与或图的 B 规则变换

与 F 规则的"从已知推出未知"不同，逆向推理规则（B 规则）从目标出发来变换逆向演绎系统的与或图结构。理解 B 规则的关键在于其特定的结构，它以形式 $W \to L$ 表达，其中，W 是与或形的唯一公式，L 是文字。在蕴含式中，任何变量的量词辖域都为整个蕴含式，这样可以确保推理过程的简洁性和有效性。当面临一个复杂的目标 W 时，B 规则允许从这个目标出发进行推理。例如，有一个表达式 $W \to (L_1 \land L_2)$，B 规则会把它拆解成两个更简单的规则：$W \to L_1$ 和 $W \to L_2$。这种分解方式使得在进行推理时不会被复杂的结构所困扰，能够更清晰地看到如何从目标回推到已知条件。

通过反复应用 B 规则变换，系统能够在图中构建一条从目标到已知事实的推理路径，从而通过一系列推导验证是否能够满足目标。这个过程不仅是解决问题的手段，还能确保推理路径的逻辑严谨性，每一步都建立在明确的逻辑基础上，最终帮助系统达到预定目标。

3. 作为终止条件的事实节点的一致解图

在规则逆向演绎系统中，事实表达式以文字合取形表示。当系统中的某个事实文字与图中节点标记的文字匹配时，便可以将相关的后裔事实节点加入与或图中。这些节点通过标有最小生成统一体（mgu）的匹配弧与目标文字节点相连，允许同一事实文字在不同的上下文中多次使用，从而生成多个事实节点。最终，系统成功的关键在于与或图中存在一个包含一致解图的终止事实节点，这标志着推理过程的结束并确认了所需的结论。

下面以一个简单的例子展示基于规则的逆向演绎系统是如何工作的。这个例子的事实、应用规则和问题分别表示如下。

事实：

F_1：DOG(FIDO)；狗的名字叫 Fido。

F_2：¬BARKS(FIDO)；Fido 是不叫的。
F_3：WAGS-TAIL(FIDO)；Fido 摇尾巴。
F_4：MEOWS(MYRTLE)；猫咪的名字叫 Myrtle。
规则：
R_1：(WAGS-TAIL$(x_1) \land$ DOG$(x_1)) \to$ FRIENDLY(x_1)；摇尾巴的狗是温顺的狗。
R_2：(FRIENDLY$(x_2) \land \neg$BARKS$(x_2)) \to \neg$AFRAID(y_2, x_2)；温顺且不叫的东西不值得害怕。
R_3：DOG$(x_3) \to$ ANIMAL(x_3)；狗为动物。
R_4：CAT$(x_4) \to$ ANIMAL(x_4)；猫为动物。
R_5：MEOWS$(x_5) \to$ CAT(x_5)；猫咪是猫。
问题：是否存在这样的一只猫和一条狗，使得这只猫不怕这条狗？
用目标表达式表达此问题为

$$(\exists x)(\exists y)(\text{CAT}(x) \land \text{DOG}(y) \land \neg \text{AFRAID}(x, y))$$

图 3-5 所示为这个问题的一致解图。在图中，双线框表示事实节点，规则编号标记所应用的规则。此解图中有 8 条匹配弧，每条匹配弧上都有一个置换，这些置换为 $\{x/x_5\}$, $\{\text{MYRTLE}/x\}$, $\{\text{FIDO}/y\}$, $\{x/y_2, y/x_2\}$, $\{\text{FIDO}/y\}$ 等，将它们应用于目标表达式，就得到该问题的回答语句如下：

$$\text{CAT(MYRTLE)} \land \text{DOG(FIDO)} \land \neg\text{AFRAID(MYRTLE, FIDO)}$$

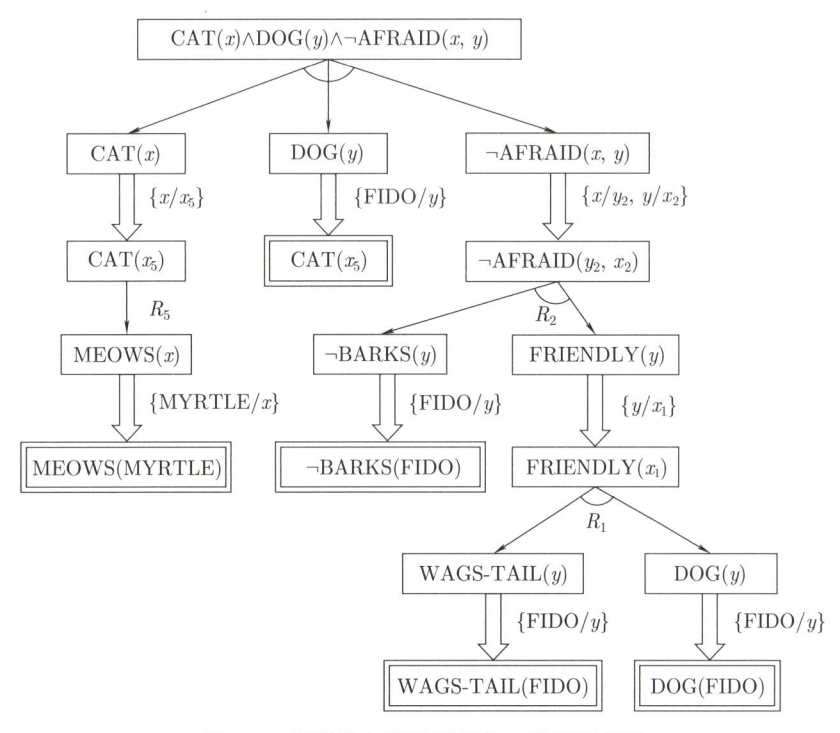

图 3-5 规则逆向演绎系统的一致解图例子

3.3.3 规则双向演绎系统

规则正向演绎系统虽然能够根据既定规则从前提推导出结论，但在面对复杂问题时，可能会因为缺乏灵活性而无法有效应对变化或异常情况。相反，规则逆向演绎系统则侧重于从结果回溯推导出可能的前提，但在信息不完整或模糊的情况下，容易陷入歧义与不确定性。因此，单一的演绎方式常常无法全面解决实际问题，这就引出了规则双向演绎系统。

规则双向演绎系统的总数据库由表示目标和表示事实的两个与或图结构组成，最初这些与或图是为表达给定事实和目标设计的，而现在其表达式形式却不再受到严格限制，并通过正向系统的 F 规则和逆向系统的 B 规则对这两个图结构进行修正。尽管实际上在修正数据库操作时只沿一个方向进行，但这两种规则依然被称为 F 规则和 B 规则，前者侧重于单文字前项，后者则限制在单文字后项上。

规则双向演绎系统的主要复杂之处在于其终止条件，这涉及两个图结构之间的适当交接处。这些结构可由标有合一文字的节点通过匹配棱线连接，使用对应的 mgu 来标记匹配棱线。对于初始图，事实图和目标图间的匹配棱线必须在叶节点之间。当用 F 规则和 B 规则对图进行扩展之后，匹配就可以出现在任何文字节点上。在完成两个图间的所有可能匹配之后，仍然需要判定目标图中根节点上的表达式是否已经根据事实图中根节点上的表达式和规则得到了证明。只有求得这样的一个证明，证明过程才算成功地终止；若在给定方法限度内找不到证明，则以失败告终。

一个简单的终止条件是某个判定与或图根节点是否为可解过程的直接归纳，是建立在事实节点和目标节点间一种称为 CANCEL 的对称关系的基础上的。CANCEL 的递归定义如下：如果 (n,m) 中有一个为事实节点，另一个为目标节点，而且如果 n 和 m 都由可合一的文字所标记，或者 n 有外向 k 线连接符接至一个后继节点集 $\{S_i\}$，使得对此集的每个元 CANCEL(S_i,m) 都成立，那么就称这两个节点 n 和 m 互相 CANCEL（即互相抵消）。当事实图的根节点和目标图的根节点互相 CANCEL 时，就得到一个候补解。在事实图和目标图内证明该目标根节点和事实根节点互相 CANCEL 的图结构称为候补 CANCEL 图。如果候补 CANCEL 图中所有匹配的 mgu 都是一致的，那么这个候补解就是一个实际解。

图 3-6 所示为规则双向演绎系统的一个例子。

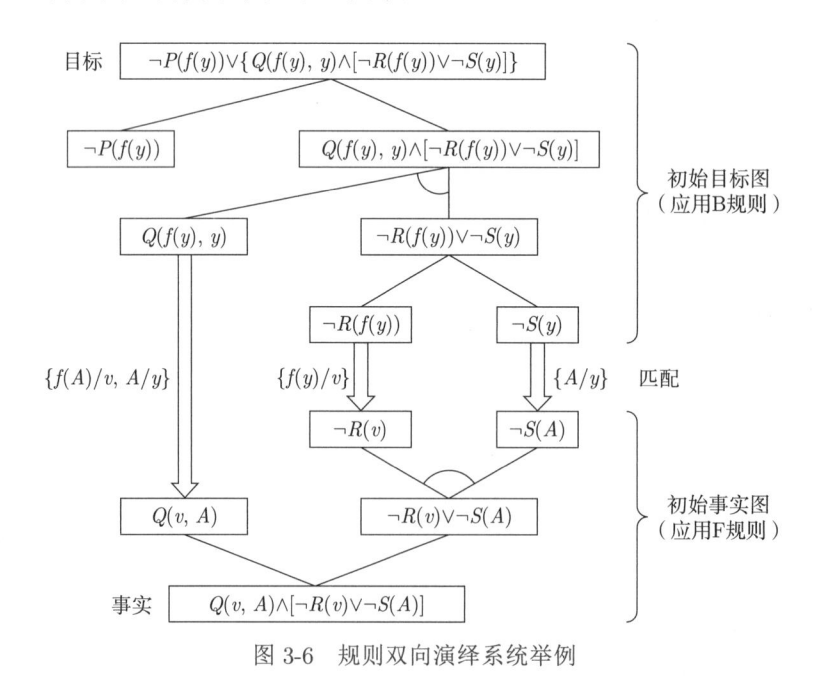

图 3-6 规则双向演绎系统举例

3.4 产生式系统

第 2 章介绍了产生式表示法。将一组具有基本知识的产生式放在一起，它们互相配合、协同作用，便构成了产生式系统。这是一种基于"如果……那么……"规则的计算模型，能够在满足特定条件时自动做出相应的决定，属于经典的确定性推理方法。也就是说，当相同的条件再次出现时，它会得出相同的结论。正是因为这种确定性，产生式系统才被广泛应用于人工智能和认知科学等领域，用来模拟人类的推理和决策过程。本节将介绍产生式系统的基本组成，包括规则库、综合数据库、推理机这三大核心组件，以及工作方式和推理方向。通过对这些内容的学习，读者将能够理解产生式系统如何在确定性环境中进行有效的推理，并为后续学习更复杂的推理机制打下基础。

3.4.1 产生式系统的基本组成

一般来说，产生式系统由 3 部分组成：规则库、综合数据库和推理机。

1. 规则库

规则库又称产生式规则集，是存储系统推理和决策过程的一组规则，规则通常以"IF-THEN"的形式表示，包含条件和相应的动作。规则之间通常是独立的，添加、删除和修改规则不会影响系统的整体结构，可以根据需要动态更新，适应不同的应用场景和需求。随着规则数量的增加，规则库可能变得复杂，因此需要对规则库中的知识进行合理的组织和管理，包括规则合并、消除冗余规则和排除矛盾规则等。

2. 综合数据库

综合数据库又称全局数据库、事实库、上下文、黑板和工作存储器等，负责存储和管理系统需要的各种数据，如初始事实、中间结果和最终结论等。当综合数据库中的某些已知事实与规则库中的某条产生式前提匹配时，该产生式规则会被触发，并把由它推出的结论加入综合数据库中，作为后面推理的已知事实。

3. 推理机

推理机又称控制执行机构，由一组程序组成。它通过匹配规则的条件部分和综合数据库的已知事实，决定哪些规则可以被触发，并执行相应的动作。推理机的设计和实现直接影响产生式系统的效率和性能。简单来说，推理机主要完成以下操作。

- **推理**：按某种策略将综合数据库中的已知事实与规则库中的规则进行匹配。
- **冲突消解**：如果匹配成功的规则不止一条，则称为"发生了冲突"。此时，推理机必须调用合理的策略进行冲突消解，以便从匹配成功的规则中选出一条执行。
- **执行规则**：将规则右侧的结论加入综合数据库中或执行规则对应的操作。
- **检查推理终止条件**：检查综合数据库中是否包含了最终结论，包含则停止系统运行。

产生式系统的一个显著优点在于其**模块性**，这使得每条产生式都可以相对独立地进行增加、删除和修改，有助于系统在知识更新或维护时不必对整个系统进行重构。此外，产生式系统具备**均匀性**，即每条产生式都只表达整体知识的一个片段，知识被分解为多个小单元，易于理解和管理。对用户和系统来说，这种分片化的知识表示更加直观明了。同时，产生式系统能够以一种**自然的方式**来表达常识性或直观的知识，类似于人类根据经验做出的条件反应，这种表现形式在模拟人类推理时非常实用。

然而，产生式系统的局限性也不可忽视。其主要缺点是**执行效率较低**。由于系统中的每条产生式都是独立的程序单元，系统需要逐条匹配和执行规则，因此这样的过程可能会耗费较多的时间，尤其在规则数量庞大时，推理速度可能变得非常缓慢。此外，产生式之间彼此独立，不能互相调用或包含,导致系统在控制层面缺乏灵活性。这使得它不适合解决一些理论性强、需要复杂推理控制的问题。总体来说,虽然产生式系统在表示知识和模拟人类直觉推理上有其优势,但在效率和复杂问题求解上存在较大的局限。

3.4.2 产生式系统的工作方式

产生式系统是由一个个独立的小程序(即产生式)组成的系统。与普通的程序不同,产生式的执行不是事先固定的,而是根据特定条件是否满足来决定的。这些条件通常是根据系统中的综合数据库进行判断的,如果某个产生式的条件和数据库中的内容匹配,那么这个产生式才会执行。因为产生式是在特定条件下自动触发的,所以在人工智能中,有时把产生式比作"守护神",也就是"等待合适时机行动"的意思。

当产生式执行后,系统的状态会发生变化,必须对全局数据库进行相应更新以反映这种变化。整个过程由控制程序来管理,现代的产生式系统一般分为 3 个阶段:匹配、选择和执行。首先,系统会根据数据库的内容找到可以执行的产生式,这些产生式组成一个"待用规则集";接着,根据某些策略选择其中的一个产生式执行;最后,执行的产生式不仅会完成它的操作,还会修改全局数据库,反映新的状态。

在整个过程中,系统的 3 个主要部分(规则库、综合数据库和推理机)紧密合作,其基本结构及协作过程如图 3-7 所示。产生式系统首先将初始事实加入综合数据库中,接下来,推理机从规则库中选择一条规则并检查其前提条件是否在综合数据库中成立,如果前提条件全部满足,则这条规则被触发。当一条规则被触发时,推理机执行该规则的结论部分,即将结论中的事实添加到综合数据库中。新添加的事实可能会触发其他规则,从而引发进一步的推理。推理机不断重复匹配和执行的过程,直到没有新的规则可以被触发为止,在这个过程中,综合数据库中的事实会不断更新。当推理机确定没有更多的规则可以被触发或者达到某个预定的终止条件时,推理过程结束。最终,综合数据库中的事实将包含所有通过推理得出的结论。

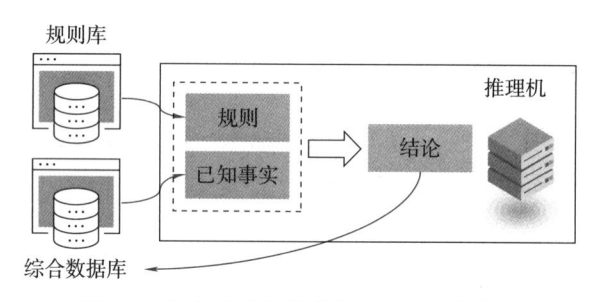

图 3-7 产生式系统的基本结构及协作过程

例 3.7 根据交通工具的专家知识,可以初步建立如下规则库。

1)IF 某交通工具有 4 个轮子,THEN 它是汽车。
2)IF 某交通工具有两个轮子,THEN 它是摩托车。
3)IF 某交通工具用轨道行驶,THEN 它是火车。
4)IF 某交通工具可以飞行,THEN 它是飞机。
5)IF 某交通工具是汽车且有货箱,THEN 它是卡车。
6)IF 某交通工具是汽车,能高速行驶且外形是流线形,THEN 它是跑车。
7)IF 某交通工具是摩托车且有侧车,THEN 它是三轮摩托车。

8）IF 某交通工具是飞机且有喷气发动机，THEN 它是喷气式飞机。
9）IF 某交通工具是飞机且用螺旋桨驱动，THEN 它是螺旋桨飞机。
10）IF 某交通工具是汽车且主要用于越野，THEN 它是越野车。

观察上述产生式规则可以发现，规则库的基本思想是"**先粗分类，再详细分类**"。

在初始的综合数据库中，假设存放了已知事实：该交通工具有 4 个轮子，货箱。假设综合数据库中的事实与规则库中的规则是**逐条匹配**的。

从规则库中取出规则 1），检查该规则的条件，发现与"该交通工具有 4 个轮子"匹配成功，所以将结论"它是汽车"加入综合数据库中。为了避免重复匹配，降低效率，**将匹配过的规则进行标记**。此时，综合数据库中的内容变为"该车辆有 4 个轮子，货箱，汽车"。检查综合数据库的内容，发现没有识别到具体的交通工具分类，所以需要继续进行推理。

规则 1）已被标记使用，从规则 2）开始取出匹配，规则 2）、规则 3）、规则 4）均匹配失败，直到匹配规则 5）"是汽车且有货箱"的条件成功。此时，综合数据库中的内容变为"该车辆有 4 个轮子，货箱，汽车，卡车"。检查数据库中的内容，发现要识别的分类卡车已经出现在了综合数据库中。至此，可以得出结论"该交通工具是卡车"。

3.4.3 产生式系统的推理方向

产生式系统根据不同的推理方向，主要分为正向推理、逆向推理和双向推理 3 种方式。每种推理方式都有其适用场景和特点。正向推理适合从已知事实中寻找解答，逆向推理围绕着目标进行验证，而双向推理则结合了两者的优势，既从事实出发，又从目标倒推，从而提高了推理效率。这 3 种推理方法为解决不同类型的问题提供了灵活的选择。

1. 正向产生式系统

正向产生式系统是一种自底向上（bottom-up）或数据驱动的推理方式，适合在已知初始数据但不确定推理目标的场景中使用。这种推理方式的主要特点是从初始状态的已知事实开始，根据规则库中的规则进行推导。当综合数据库中的事实满足某条规则的前提时，系统就会应用该规则推导出新的结论并更新综合数据库，然后继续使用新的事实进行推理，直到得到最终的结论。该正向推理的具体过程如图 3-8 所示。虽然正向推理的算法相对简单，易于实现，但由于每次进行事实更新后都要遍历整个规则库，因此可能会导致效率低下，尤其是在解空间较大的问题中，系统可能会搜索出许多与最终目标无关的中间步骤，导致推理过程不够精确。

举例来说，如果已知事实 A，并且规则库中有 $A \rightarrow B$、$B \rightarrow C$、$C \rightarrow D$，那么正向推理的过程就从 A 开始，逐步推导出 B，再推导出 C，最后得出 D 的结论。这种数据驱动的方式适用于无法明确推理目标的场景，比如在解决复杂问题或面对大规模数据时。

2. 逆向产生式系统

逆向产生式系统是一种从目标出发进行推理的方法，也被称为自顶向下（up-bottom）或目标驱动推理方式。它适用于已经明确目标结论的情况，系统通过反向应用规则，从目标出发，逐步验证目标能否通过已知事实来证明。与正向推理不同，逆向推理具有更强的目的性，因为它始终围绕着预定的目标进行搜索，这使得推理过程更加高效。逆向推理的基本原理是从表示目标的命题或假设开始，系统尝试通过一系列规则来验证这个目标是否能通过已知的事实成立。该逆向推理的具体过程如图 3-9 所示。简单来说，系统首先假设一个可能的目标，然后检查这个目标是否可以从当前的已知数据中推导出来。如果不能，那么系统将继续通过规则追溯到先前的条件，直到找到与已知事实相符的条件。比如，当系统要验证结论 D 是否成立时，会从 D 开始，依次检查规则库中的 $C \rightarrow D$、$B \rightarrow C$、$A \rightarrow B$，直到找到已知事实 A 来验证整个推理链条的正确性。

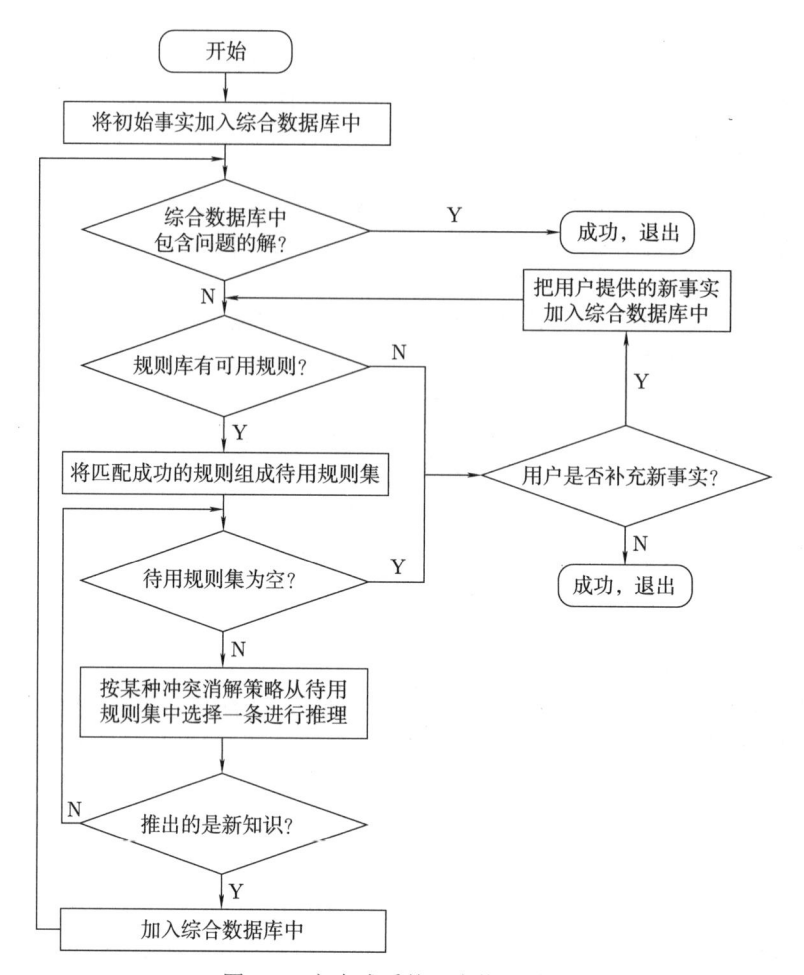

图 3-8　产生式系统正向推理过程

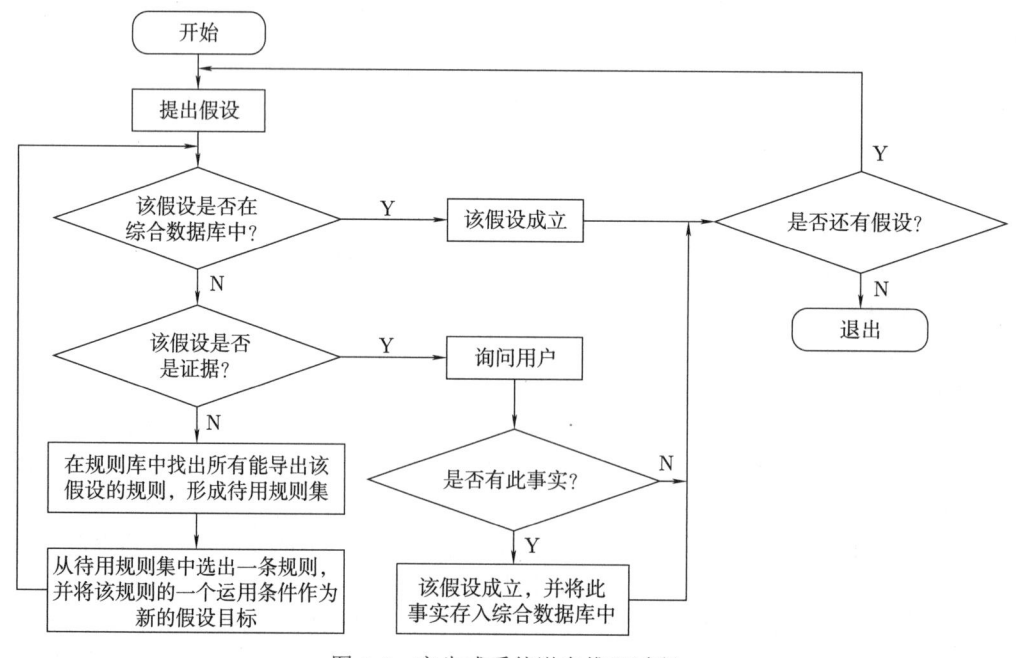

图 3-9　产生式系统逆向推理过程

虽然逆向推理在目标明确时的效率较高，但当目标空间很大时，系统可能会遇到难题，尤其是在目标选择上带有盲目性时。系统可能会尝试验证许多为假的目标，导致推理效率下降。因此，逆向推理更适合那些目标单一、结构明确的场景，比如要求证明某一特定结论是否成立的系统。

3. 双向产生式系统

双向产生式系统是一种结合正向推理和逆向推理的推理方法，它同时从已知的初始数据和目标结论两端出发。正向推理负责从已知的事实出发，逐步推导出新的信息；逆向推理则负责从目标出发，逐步回溯到可能的条件，逐步缩小推理范围，直到两者在某个中间环节汇合，形成一个完整的推理链条，从而得出最终的结论。双向推理方法既可以利用正向推理的事实驱动优势，又能借助逆向推理的目标导向特点，减少了系统需要处理的中间步骤和无关的搜索路径，因此在推理效率和灵活性上具有较大的优势。具体来说，双向推理可以分成先正向后逆向推理和先逆向后正向推理，过程分别如图 3-10 和图 3-11 所示。比如，以先正向后逆向推理为例，当系统要验证结论 D 是否成立时，会从两端进行推理：一方面，从已知事实 A 开始，正向推理得出 B；另一方面，从目标 D 开始，根据 $C \to D$ 逆向推理得出 C，再根据 $B \to C$ 回溯到 B。此时，正向推理和逆向推理在 B 这个中间环节汇合，证明了从 A 到 D 的推理路径是正确的。

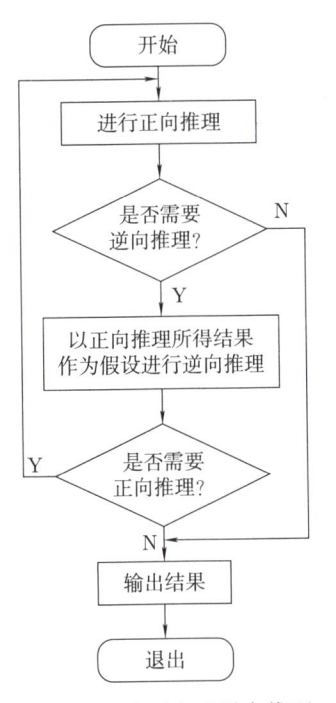

图 3-10　先正向后逆向推理　　　　图 3-11　先逆向后正向推理

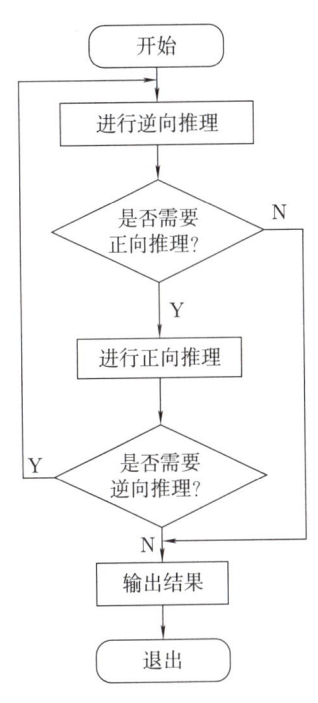

双向推理特别适用于解空间较大但目标明确的问题，因为它可以有效地缩小推理范围，避免了正向推理可能产生的大量无关步骤和逆向推理中盲目选择目标的问题。通过同时从数据和目标两个方向进行推导，系统能够快速找到有效的推理路径并得出结论。

3.5　可信度方法

可信度方法是 E.H.Shortliffe 等人在确定性理论的基础上，结合概率论和模糊集合论等方法提出的一种不确定性推理方法，它的优点是简单、直观。C-F 模型是一种基于可信度表示的不确定性推理方法。之所以被称为 C-F 模型，主要是因为它基于可信度因子（Certainty Factor）这一核心概念进行不确定性推理。C-F 模型为推理系统提供了对信息真伪程度的度量方法，使得系统在面对模糊和不完整的知识时，仍然能够做出相对准确的推断。

3.5.1 不确定性推理中的基本问题

不确定性推理中的基本问题可以通过几个关键方面来理解。首先，不确定性需要合理地表示与度量。在知识推理系统中，知识的不确定性和证据的不确定性是两个重要的方面。知识的不确定性主要反映在推理规则或模型的模糊性上，通常采用模糊逻辑或其他类似的方法来表达，如在模糊逻辑中，每个命题的真假值可以介于 0 和 1 之间，而不是简单的二值判断。证据的不确定性则来源于观测数据或事实的模糊性、不完整性，可以通过贝叶斯概率、信度理论或区间概率来量化。对于不确定性的度量，系统应该提供一种能够让领域专家和用户直观理解的方式。同时，这种度量必须有严格的理论基础，并为后续的推理步骤提供合理的边界条件，以确保推理结果不会超出可接收的范围。

在推理过程中，不确定性匹配算法用于计算不同证据或知识之间的相似性，判断它们是否可以合并或进一步推理。该算法的作用在于衡量两组证据在不确定性条件下的相似程度，这对最终结论的形成有关键影响。此外，匹配过程中的阈值选择尤为重要，它决定了系统对不同证据相似性的判断标准。合理的阈值设置能够平衡证据合并的准确性与覆盖性，不会因为过于严格或宽松的标准而影响推理的可靠性。

在多证据情况下，如何组合不同证据的不确定性是另一项挑战。证据的不确定性可以通过多种算法进行组合，如最大-最小方法、Hamacher 方法、概率方法等。这些算法各有侧重点，有的强调不确定性中的极端值，有的则试图通过几何平均或模糊逻辑来平衡不确定性，从而得出更为准确的推理结果。无论采用何种方法，关键都在于这些算法能够合理地结合不同来源证据的不确定性，以确保最终结论的不确定性在合理的范围内。

不确定性的传递是推理过程中不可忽视的一部分。在每一步推理中，输入的知识和证据的不确定性会逐渐影响最终的结论，如何在多步推理中有效地传递和累积不确定性是一个复杂的问题。一般来说，随着推理步骤的增加，累积的不确定性也会增加，因此如何设计合理的传递算法，确保每一步的不确定性能够准确反映到最终结论上，是推理系统需要解决的关键挑战。

推理系统还需要能够合成结论的不确定性。结论的不确定性是对整个推理过程不确定性的综合反映，其合成不仅依赖于每一步推理结果的不确定性，还需要考虑不同证据来源的相互影响。通过合成算法，将各个证据源的不确定性进行合理整合，使得最终的推理结果能够准确表达系统在不确定条件下的信心程度。

3.5.2 C-F 模型

1. 知识不确定性的表示与度量

在推理系统中，知识不确定性的表示与度量至关重要，因为在现实世界中，很多知识并非完全确定的，且证据和结论之间的关系往往带有不确定性或模糊性。为了应对这种复杂性，C-F 模型引入了知识不确定性的表示和度量方式，以便系统能够处理不完备、模糊或冲突的信息。在 C-F 模型中，知识不确定性的表示形式一般为

$$\text{IF} \quad E \quad \text{THEN} \quad H \quad (CF(H, E))$$

$$CF(H,E) = \begin{cases} \dfrac{P(H|E) - P(H)}{1 - P(H)}, & P(H|E) > P(H) \\ 0, & P(H|E) = P(H) \\ \dfrac{P(H|E) - P(H)}{P(H)}, & P(H|E) < P(H) \end{cases}$$

其中，E 为规则的前提，H 表示规则的结论或操作，$P(H)$ 是 H 的先验概率，$P(H|E)$ 是 E 为真时 H 为真的条件概率。

由定义可知 CF 的取值范围为 $[-1,1]$。

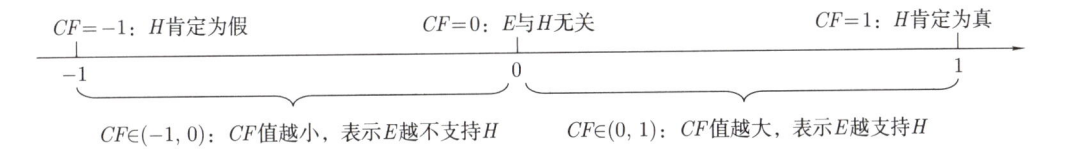

```
CF=-1：H肯定为假              CF=0：E与H无关                CF=1：H肯定为真
├─────────────────────────────┼─────────────────────────────┤
-1                            0                             1
    CF∈(-1,0)：CF值越小，           CF∈(0,1)：CF值越大，
    表示E越不支持H                  表示E越支持H
```

这种表示方法的核心在于通过可信度因子来量化证据对结论的支持或反对力度。可信度因子通过条件概率计算得出，反映了证据 E 是否提高或降低了对结论 H 的信任程度。这种度量机制使推理系统能够根据不同的证据来源对不确定性进行综合评估，从而在复杂的推理过程中提供相对准确的结论。

2. 证据不确定性的表示

在不确定性推理系统中，不仅知识的不确定性需要表示，证据本身也可能存在不确定性。证据的不确定性表示指的是对证据 E 是否为真进行量化评估，这一过程同样依赖于可信度的度量。证据不确定性的度量与知识不确定性类似，使用可信度因子（CF）来表示，但其关注的焦点是证据本身的可信度，即证据 E 是否值得信任，而后者表示的是 E 为真时对 H 的支持程度。这种表示方法为推理过程中的证据质量提供了量化依据，使系统能够在处理不完全或模糊证据时做出更为合理的推断。证据可信度 $CF(E)$ 的取值范围也是 $[-1,1]$。

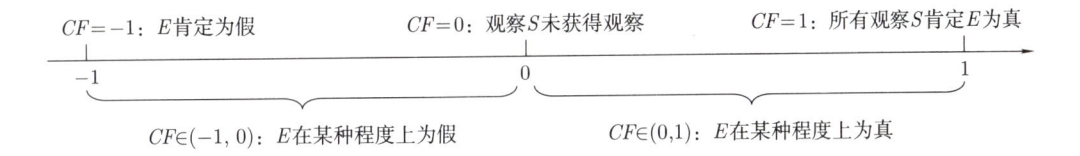

```
CF=-1：E肯定为假         CF=0：观察S未获得观察         CF=1：所有观察S肯定E为真
├─────────────────────────────┼─────────────────────────────┤
-1                            0                             1
   CF∈(-1,0)：E在某种程度上为假      CF∈(0,1)：E在某种程度上为真
```

3. 组合证据不确定性的算法

在不确定性推理过程中常常需要处理多个来源的证据，这些证据可能相互关联或独立，且各自具有不同的可信度。在这种情况下，为了综合多个证据的不确定性，C-F 模型提供了一套组合证据的算法，帮助系统通过合理的方式将不同证据进行融合。

组合证据的不确定性是指如何将多个单一证据的可信度进行合成，以得出整体的可信度。在 C-F 模型中，证据可以以两种基本形式进行组合：合取（"与"关系）和析取（"或"关系）。合取时，意味着所有证据都必须为真，因此系统选择可信度最小的证据作为最终的可信度。而析取时，只要有一个证据为真即可，因此系统选择可信度最大的证据。这种组合方式使得推理系统能够根据证据之间的逻辑关系合理处理多个证据，确保推理结果的可信性。

- 当证据是多个单一证据的合取时：

$$CF(E_1 \wedge E_2 \wedge \cdots \wedge E_n) = \min\{CF(E_1), CF(E_2), \cdots, CF(E_n)\}$$

- 当证据是多个单一证据的析取时：

$$CF(E_1 \vee E_2 \vee \cdots \vee E_n) = \max\{CF(E_1), CF(E_2), \cdots, CF(E_n)\}$$

即 合取选最小，析取挑最大。

4. 不确定性的传递算法

不确定性的传递算法在可信度方法中起着关键作用，它确保推理过程中的不确定性能够从前一阶段传递至下一阶段，形成一个递进的推理链条。在这一过程中，结论的可信度并不是孤立计算的，而依赖于知识和证据的可信度，因此需要通过传递算法进行动态调整和更新。

当推理系统接收到不确定的知识与证据时，传递算法会根据这些信息的不确定因素进行综合计算，进而推导出推理链中每一个步骤结论的可信度。具体来说，结论的可信度不仅依赖于知识的可信度（即系统中已有规则或前提的可靠性），还与证据的可信度（即外部信息或数据的可靠性）紧密相关，计算公式如下：

$$CF(H) = CF(H, E)\max\{0, CF(E)\}$$

5. 结论不确定性的合成

在推理过程中，系统可能会根据多个不同的知识来源推导出相同的结论，但不同知识来源的可信度可能不同。为了得出一个综合的可信度，C-F 模型提供了结论不确定性的合成方法。通过这一方法，系统能够将来自不同证据或推理路径的多个可信度进行合成，得到一个代表整体可信度的值。

结论不确定性的合成算法通过对多个可信度因子进行两两合成，使得推理系统能够有效处理多个推导出的结论。下面以可信度 $CF_1(H)$ 和 $CF_2(H)$ 为例：

$$CF_{1,2}(H) = \begin{cases} CF_1(H) + CF_2(H) - CF_1(H)CF_2(H), & CF_1(H) \geqslant 0, CF_2(H) \geqslant 0 \\ CF_1(H) + CF_2(H) + CF_1(H)CF_2(H), & CF_1(H) < 0, CF_2(H) < 0 \\ \dfrac{CF_1(H) + CF_2(H)}{1 - \min\{|CF_1(H)|, |CF_2(H)|\}}, & CF_1(H)CF_2(H) < 0 \end{cases}$$

例 3.8 设有如下一组知识：

1）IF E_1 THEN H (0.7)
2）IF E_2 THEN H (0.5)
3）IF E_3 AND (E_4 OR E_5) THEN E_1 (0.9)
4）IF E_6 OR E_7 THEN E_5 (−0.4)

已知：$CF(E_2) = 0.5$，$CF(E_3) = 0.9$，$CF(E_4) = 0.4$，$CF(E_6) = 0.7$，$CF(E_7) = 0.6$，求 $CF(H)$。

解：首先求解所有的 $CF(H)$。

观察规则 1）可以发现 H 依赖 E_1，而观察规则 3）可以发现 E_1 依赖 E_3、E_4 和 E_5。E_3 和 E_4 的置信度已知，通过规则 4）可以求解 E_5 的置信度。先求解 E_5 的置信度：

$$CF(E_5) = -0.4 \times \max\{0, CF(E_6 \text{ OR } E_7)\}$$

$$= -0.4 \times \max\{0, \max\{CF(E_6), CF(E_7)\}\}$$

$$= -0.4 \times \max\{0, \max\{0.7, 0.6\}\}$$

$$= -0.4 \times 0.7$$
$$= -0.28$$

再求解 E_1 的置信度：

$$CF(E_1) = 0.9 \times \max\{0, CF(E_3 \text{ AND } (E_4 \text{ OR } E_5))\}$$
$$= 0.9 \times \max\{0, \min\{CF(E_3), \max\{CF(E_4), CF(E_5)\}\}\}$$
$$= 0.9 \times \max\{0, \min\{0.9, \max\{0.4, -0.28\}\}\}$$
$$= 0.9 \times 0.4$$
$$= 0.36$$

此时，可求得 H 的置信度：

$$CF_1(H) = 0.7 \times CF(E_1)$$
$$= 0.7 \times 0.36$$
$$= 0.252$$

根据规则 2）求得 H 的另一个置信度：

$$CF_2(H) = 0.5 \times CF(E_2)$$
$$= 0.5 \times 0.5$$
$$= 0.25$$

接下来，对所有的 $CF(H)$ 进行合成：

$$CF(H) = CF_1(H) + CF_2(H) - CF_1(H)CF_2(H)$$
$$= 0.252 + 0.25 - 0.252 \times 0.25$$
$$= 0.439$$

3.6 模糊推理方法

在现实世界中，许多现象和概念并不能简单地用"对（或'是'）"或"错（或'否'）"来描述，比如"天气有点热"，而传统的二元逻辑通常要求明确的"对"或"错"。如果简单地将温度小于 10℃ 的天气称为冷，将介于 10℃ 和 25℃ 之间的天气称为温暖，将大于 25℃ 的天气称为热，那么"天气热"的模糊性在数学上就消除了，但是 1℃ 之差就将"冷"变为"温暖"、"温暖"变为"热"，又不符合人们日常的生活习惯。企图用数学处理生活中的问题时，精确的数学语言和模糊的思维习惯产生了矛盾。模糊推理就是用来解决这一矛盾的工具之一。

模糊推理是由美国计算机科学家 Lotfi Zadeh 教授于 1965 年提出的，他认为人类在日常生活中处理不确定性时，并不依赖严格的逻辑规则，而依靠直觉和经验。基于这一思想，他提出了模糊集合的概念。在模糊集合中，事物的归属不是简单的"属于"或"不属于"，而是可以有不同程度的隶属关系。比如，一个人可以"部分"是青年人，或者一个温度可以"有点高"，这些都是模糊集合的应用。通过使用模糊集合，模糊推理可以更好地模拟人类的思维方式，帮助机器做出更加符合现实的决策。

3.6.1 模糊集合

模糊集合（Fuzzy Set）是对经典集合的扩充。下面首先回顾集合论中的几个重要概念。
- 论域：讨论全体对象，一般用大写字母 U、E 等表示。
- 元素：论域中的每个对象，一般用小写字母 x、y、z 等表示。
- 集合：论域中满足给定条件的所有对象，一般用大写字母 A、B、C 等表示，如 $A=\{x|x>0\}$。

1. 模糊集合的定义

当要描述一个人长得很高时，那么多高才算高呢？为了描述这种介于"真"与"假"之间的模糊状态，模糊集合中的每个元素都通过某种映射关系被赋予一个 0~1 之间的实数，称为**隶属度**，即元素隶属于这个模糊集合的程度。**所有元素的隶属度构成模糊集合的隶属函数**。严格来说，给定一个论域 U，那么从 U 到 $[0,1]$ 区间的一个映射 $\mu_A : U \to [0,1]$ 称为 U 上的一个模糊集合 A，其中映射 μ_A 称为模糊集的隶属函数。对于 U 上的一个元素 x，$\mu_A(x)$ 称为 x 对于模糊集的隶属度，也可写作 $A(x)$。

2. 模糊集合的表示法

与经典集合论不同，模糊集合不仅要描述集合中的元素，还要描述每个元素的隶属度。常见的表示方法如下。

- Zadeh 表示法。

当论域是离散的时，模糊集合的 Zadeh 表示法为

$$A = \frac{\mu_A(x_1)}{x_1} + \frac{\mu_A(x_2)}{x_2} + \cdots + \frac{\mu_A(x_n)}{x_n} = \sum_{i=1}^{n} \frac{\mu_A(x_i)}{x_i}$$

式中，x_i 表示论域中的元素；$\mu_A(x_i)$ 表示相应的隶属度；"——"表示一个分隔符号，不代表分数；"+"和"$\sum$"表示有限个元素构成一个整体，不代表求和。上述式子也可以等价表示为

$$A = \left\{ \frac{\mu_A(x_1)}{x_1}, \frac{\mu_A(x_2)}{x_2}, \cdots, \frac{\mu_A(x_n)}{x_n} \right\}$$

当论域是连续的时，模糊集合的 Zadeh 表示法为

$$A = \int_{x \in U} \frac{\mu_A(x)}{x}$$

式中，"$\int$"表示无限个元素构成一个整体，不是积分的含义。

- 序偶表示法。

$$A = \{(\mu_A(x_1), x_1), (\mu_A(x_2), x_2), \cdots, (\mu_A(x_n), x_n)\}$$

式中，序偶对 $(\mu_A(x_i), x_i)$ 由每个元素 x_i 与其对应的隶属度 $\mu_A(x_i)$ 构成，可以更清楚地表明每个元素与其隶属度的对应关系，方便读取和理解模糊集合中的各个元素及其隶属度。

- 向量表示法。

$$\boldsymbol{A} = [\mu_A(x_1), \mu_A(x_2), \cdots, \mu_A(x_n)]$$

式中，模糊集合 $\boldsymbol{A}$ 是一个向量，向量的每个分量都对应于集合中元素的隶属度，但不显示对应的元素 x_i，适合用来简洁地表示各隶属度值。

例 3.9 按照常识,当温度小于 10°C 时不属于"天气热",温度大于 25°C 时可以称为"天气热"。然而,当温度为 20°C 时该怎么算呢?虽然可以把它称为"温暖",但这显然缺乏量化的指标。有了模糊集合这个工具,10 ~ 25°C 之间的温度就可以认为在一定程度上属于"天气热"这个模糊集合。设模糊集合"天气热"为 A,则隶属函数 $\mu_A(x)$ 为

$$\mu_A(x) = \begin{cases} 0, & x < 10 \\ \dfrac{1}{15}x - \dfrac{2}{3}, & 10 \leqslant x < 25 \\ 1, & x \geqslant 25 \end{cases}$$

模糊集合 A 的论域是连续的,Zadeh 表示法为

$$A = \int_{x<10} \frac{0}{x} + \int_{10 \leqslant x < 25} \frac{\frac{1}{15}x - \frac{2}{3}}{x} + \int_{x \geqslant 25} \frac{1}{x}$$

用序偶表示法为

$$A = \{(x,0) \mid x < 10\} + \left\{ \left(x, \frac{1}{15}x - \frac{2}{3}\right) \bigg| 10 \leqslant x < 25 \right\} + \{(x,1) \mid x \geqslant 25\}$$

这样,对温度为 20°C 的天气来说,虽然没有达到 25°C 这个热的标准,但是对"天气热"这个模糊集合的隶属度为 $\dfrac{2}{3}$,并不是没有热的可能。

3. 模糊集合的运算

与经典集合类似的是,模糊集合也可以进行运算。设 A 和 B 是论域 U 上的两个模糊集合,$\forall x \in U$,则有如下运算。

- 包含($A \supseteq B$)。

$$\mu_A(x) \geqslant \mu_B(x)$$

- 相等($A = B$)。

$$\mu_A(x) = \mu_B(x)$$

- 交运算($A \cap B$)。

$$\mu_{A \cap B}(x) = \min\{\mu_A(x), \mu_B(x)\} = \mu_A(x) \wedge \mu_B(x)$$

式中,$\wedge$ 表示取小运算。

- 并运算($A \cup B$)。

$$\mu_{A \cup B}(x) = \max\{\mu_A(x), \mu_B(x)\} = \mu_A(x) \vee \mu_B(x)$$

式中,$\vee$ 表示取大运算。

- 补运算($\overline{A}$ 或 A^c)。

$$\mu_{A^c}(x) = 1 - \mu_A(x)$$

上述模糊集合的运算定义是目前广泛认可的形式。除此之外,模糊集合的运算还满足一系列定律。

- 幂等律。
$$A \cup A = A, \ A \cap A = A$$
- 交换律。
$$A \cup B = B \cup A, \ A \cap B = B \cap A$$
- 结合律。
$$(A \cup B) \cup C = A \cup (B \cup C)$$
$$(A \cap B) \cap C = A \cap (B \cap C)$$
- 分配律。
$$A \cap (B \cup C) = (A \cap B) \cup (A \cap C)$$
$$A \cup (B \cap C) = (A \cup B) \cap (A \cup C)$$
- 吸收律。
$$A \cap (A \cup B) = A, \ A \cup (A \cap B) = A$$
- 两极律。
$$A \cup U = U, \ A \cap U = A$$
$$A \cup \varnothing = A, \ A \cap \varnothing = \varnothing$$
- 复原律。
$$\overline{\overline{A}} = A$$
- 德·摩根律。
$$\overline{A \cup B} = \overline{A} \cap \overline{B}, \ \overline{A \cap B} = \overline{A} \cup \overline{B}$$

3.6.2 模糊关系

模糊集合通过隶属函数来描述元素与集合之间的隶属关系，两个模糊集合之间的关系则可以通过模糊关系来表达。模糊关系本质上是一种用于刻画模糊集合之间相互关系的结构。设 A 和 B 是论域 U 上的两个模糊集合，其隶属函数分别为

$$\boldsymbol{\mu}_A = (\mu_A(a_1), \mu_A(a_2), \cdots, \mu_A(a_n))$$
$$\boldsymbol{\mu}_B = (\mu_B(b_1), \mu_B(b_2), \cdots, \mu_B(b_n))$$

为了描述集合 A 和集合 B 之间的模糊关系，可以通过其隶属函数生成的矩阵来表示，这个矩阵的每一个元素都表示集合 A 中某个元素与集合 B 中某个元素之间的关系程度。因此，将 A 和 B 的模糊关系定义为

$$A \times B = \boldsymbol{\mu}_A^{\mathrm{T}} \circ \boldsymbol{\mu}_B = \begin{pmatrix} \mu_{A \times B}(a_1, b_1) & \mu_{A \times B}(a_1, b_2) & \cdots & \mu_{A \times B}(a_1, b_n) \\ \mu_{A \times B}(a_2, b_1) & \mu_{A \times B}(a_2, b_2) & \cdots & \mu_{A \times B}(a_2, b_n) \\ \vdots & \vdots & & \vdots \\ \mu_{A \times B}(a_n, b_1) & \mu_{A \times B}(a_n, b_2) & \cdots & \mu_{A \times B}(a_n, b_n) \end{pmatrix}$$

式中，○表示模糊向量的叉积运算。在模糊逻辑中，这种叉积运算通常用**最小算子**，即

$$\mu_{A\times B}(a,b) = \mu_A(a) \wedge \mu_B(b)$$

当我们有两个模糊关系 $\boldsymbol{Q} \in X \times Y$ 和 $\boldsymbol{R} \in Y \times Z$ 时，可以对这两个关系进行合成，即

$$\boldsymbol{S} = \boldsymbol{Q} \circ \boldsymbol{R} \in X \times Z$$

模糊关系的合成有多种计算方法，下面是几种常用方法。
- **最大–最小合成法**的思想是通过"最小值"（即寻找最弱环节）来衡量两个模糊关系之间的匹配度，然后在所有可能的连接路径中选取最佳的匹配（通过最大值运算）。这种方法在模糊逻辑和推理中经常用到，特别是在处理"最差情况"的情况下。其数学公式为

$$\mu_{\boldsymbol{Q}\circ\boldsymbol{R}}(q,r) = \vee_{y\in Y}(\mu_{\boldsymbol{Q}}(x,y) \wedge \mu_{\boldsymbol{R}}(y,z)) \quad \forall x \in X, \forall z \in Z$$

- **最大–代数积合成法**的逻辑是考虑模糊关系之间的"整体匹配度"，通过乘积来衡量组合后的效果，而不是仅仅看最小值。代数积能更好地反映连续的影响，尤其适用于一些连续变化或累积效应的场景。其数学公式为

$$\mu_{\boldsymbol{Q}\circ\boldsymbol{R}}(q,r) = \vee_{y\in Y}(\mu_{\boldsymbol{Q}}(x,y) \times \mu_{\boldsymbol{R}}(y,z)) \quad \forall x \in X, \forall z \in Z$$

3.6.3 模糊推理过程

模糊集合和模糊关系不仅可用于描述模糊事物之间的隶属度和关系，还为模糊推理提供了基础。在实际应用中，模糊推理通过模糊集合的隶属函数及它们之间的模糊关系，推导出新的信息或结论。设有论域 X、Y 上的模糊集合 A、B，$\forall x \in X$，$\forall y \in Y$，存在 $X \times Y$ 上的二元模糊关系 $\boldsymbol{R} = A \to B$，则其推理形式为

$$\boldsymbol{B}' = \boldsymbol{A}' \circ (A \to B) = \boldsymbol{A}' \circ \boldsymbol{R}$$

- Zadeh 推理法。
$$\mu_{\boldsymbol{R}}(x,y) = (1 - \mu_A(x)) \vee \mu_A(x) \wedge \mu_B(y)$$

此时，模糊推理结果为

$$\mu'_B(y) = \vee_{x\in X}\{\mu'_A(x) \wedge [(1 - \mu_A(x)) \vee \mu_A(x) \wedge \mu_B(y)]\}$$

- Mandani 推理法。
$$\mu_{\boldsymbol{R}}(x,y) = \mu_A(x) \wedge \mu_B(y)$$

此时，模糊推理结果为

$$\mu'_B(y) = \vee_{x\in X}\{\mu'_A(x) \wedge \mu_A(x) \wedge \mu_B(y)\}$$

例 3.10 已知输入的模糊集合 A 和输出的模糊集合 B 分别为 $A = 0.6/a_1 + 0.9/a_2 + 0.4/a_3$，$B = 1.0/b_1 + 0.6/b_2 + 0.8/b_3 + 0.0/b_4$。

1）求 A 到 B 的模糊关系 $\boldsymbol{R}$。
2）当输入为 $\boldsymbol{A}' = 0.4/a_1 + 0.6/a_2 + 0.7/a_3$ 时，求系统的输出 $\boldsymbol{B}'$。

解：1）根据模糊关系定义，有

$$\boldsymbol{R} = \boldsymbol{\mu}_A^{\mathrm{T}} \circ \boldsymbol{\mu}_B = \begin{pmatrix} 0.6 \\ 0.9 \\ 0.4 \end{pmatrix} \circ \begin{pmatrix} 1.0 & 0.6 & 0.8 & 0.0 \end{pmatrix}$$

$$= \begin{pmatrix} 0.6 \wedge 1.0 & 0.6 \wedge 0.6 & 0.6 \wedge 0.8 & 0.6 \wedge 0.0 \\ 0.9 \wedge 1.0 & 0.9 \wedge 0.6 & 0.9 \wedge 0.8 & 0.9 \wedge 0.0 \\ 0.4 \wedge 1.0 & 0.4 \wedge 0.6 & 0.4 \wedge 0.8 & 0.4 \wedge 0.0 \end{pmatrix} = \begin{pmatrix} 0.6 & 0.6 & 0.6 & 0.0 \\ 0.9 & 0.6 & 0.8 & 0.0 \\ 0.4 & 0.4 & 0.4 & 0.0 \end{pmatrix}$$

2）根据模糊推理，有

$$\boldsymbol{B}' = \boldsymbol{A}' \circ \boldsymbol{R} = \begin{pmatrix} 0.4 & 0.6 & 0.7 \end{pmatrix} \circ \begin{pmatrix} 0.6 & 0.6 & 0.6 & 0.0 \\ 0.9 & 0.6 & 0.8 & 0.0 \\ 0.4 & 0.4 & 0.4 & 0.0 \end{pmatrix}$$

$$= \begin{pmatrix} (0.4 \wedge 0.6) \vee (0.6 \wedge 0.9) \vee (0.7 \wedge 0.4) \\ (0.4 \wedge 0.6) \vee (0.6 \wedge 0.6) \vee (0.7 \wedge 0.4) \\ (0.4 \wedge 0.6) \vee (0.6 \wedge 0.8) \vee (0.7 \wedge 0.4) \\ (0.4 \wedge 0.0) \vee (0.6 \wedge 0.0) \vee (0.7 \wedge 0.0) \end{pmatrix}^{\mathrm{T}} = \begin{pmatrix} 0.4 \vee 0.6 \vee 0.4 \\ 0.4 \vee 0.6 \vee 0.4 \\ 0.4 \vee 0.6 \vee 0.4 \\ 0.0 \vee 0.0 \vee 0.0 \end{pmatrix}^{\mathrm{T}} = \begin{pmatrix} 0.6 \\ 0.6 \\ 0.6 \\ 0.0 \end{pmatrix}^{\mathrm{T}}$$

3.7 小结

本章讲解了推理方法的基础和应用，涵盖了从基本概念到具体系统的多种推理方法。首先，推理的基本概念包括推理的定义及其类型。推理被定义为通过逻辑步骤从已知信息中得出新结论的过程。接下来介绍了自然演绎推理，这是一种形式化的推理方法，通过一系列规则和逻辑步骤来表达和执行推理过程。规则演绎系统则利用规则和事实进行推理，详细讨论了如何将事实表达式转换为与或形式，并通过与或图来表示和操作这些表达式，还介绍了如何通过 F 规则变换与或图实现复杂推理。产生式系统是另一种基于规则的推理系统，它通过规则库、综合数据库和推理机来运行，本章以交通工具识别为例，展示了产生式系统的实际运行过程。在处理知识和证据的不确定性时，可信度方法提供了一套有效的表示和度量方法，包括知识和证据不确定性的表示、组合证据不确定性的算法、不确定性的传递算法及结论不确定性的合成。这些方法确保了在推理过程中可以有效地处理和综合不确定信息。最后，模糊推理方法适用于处理不精确和模糊的信息。通过介绍模糊集合、模糊关系及模糊推理的方法和步骤，本章展示了如何在模糊环境下进行有效推理，从而解决实际问题中的不确定性和模糊性。

推理方法在许多实际应用中发挥着关键作用，尤其是在需要从复杂数据或不确定信息中得出结论的领域。演绎推理和归纳推理在专家系统中广泛应用，如医疗诊断系统、金融风险评估、自动故障检测等，这些系统通过逻辑推理帮助决策者从现有信息中推导出新的洞察。模糊推理则在处理模糊或不完全信息时表现优异，常用于自动化控制系统、智能设备和图像处理等领域，帮助系统在不确定的条件下进行有效的判断与调节。此外，产生式系统和基于规则的推理方法在交通管理、机器人控制等领域也得到了广泛应用，可提供灵活且可扩展的智能决策支持。

未来的研究可以围绕推理方法在高复杂度系统中的应用展开，如探索如何在动态和高不确定性的环境中优化推理过程。另一个重要方向是将推理方法与机器学习等数据驱动技术相结合，研究如何通过推理增强学习模型的可解释性。此外，随着大数据和物联网的发展，如何处理海量的实时数据，并在其中进行高效推理，也将成为推理方法发展的重要课题。这些领域为深入研究推理方法提供了广阔的前景。

第 4 章

搜索求解策略

在日常生活和计算领域，许多问题都涉及寻找最优或次优解。这些问题的规模和复杂性常常超出人类直觉和传统算法的处理能力。无论是导航、调度规划还是博弈，这类问题都往往拥有庞大的搜索空间，涵盖了大量可能的解。在启发式算法和深度学习等现代智能技术兴起之前，搜索求解策略已成为寻找最佳解的关键工具。即便在当下，搜索算法仍然是众多智能系统的核心，尤其在需要明确操作步骤或优化方案的情境中，它通过系统地探索解空间，从而在众多可能性中高效找到最优或可接受的解决方案。

本章将系统介绍搜索求解策略的核心概念，帮助读者全面理解这一重要主题。首先，本章从搜索求解策略概述开始，阐述搜索的概念、状态空间知识表示及搜索策略。接下来将详细分析几种常见的搜索算法，探讨它们的优缺点及适用场景。通过本章的学习，读者将能够全面掌握搜索求解策略的基本方法和技巧，并应用于实际问题中，提升智能系统的性能。

4.1 搜索求解策略概述

在现实世界中，智能系统一般面临着如何在大量选择中找到最优解决方案的问题。以无人驾驶汽车为例，当其行驶在复杂的城市环境中时（见图 4-1），它需要实时做出一系列决策，如选择最佳行驶路径、避开障碍物及与其他车辆协调交通行为。为此，无人驾驶汽车控制系统必须解决一个复杂的优化问题，即如何在不断变化的道路条件、交通信号和障碍物之间找到最佳路径，同时满足所有约束条件，如避免障碍物、遵守交通规则等。这就是**搜索问题**，即在一个特定的状态空间中寻找一个满足特定条件的解。而**搜索求解策略**则是指在解决搜索问题时选择和应用的一系列方法和技术，旨在有效地探索状态空间以找到满足特定条件的解。

图 4-1 无人驾驶中遭遇的复杂情形

为了帮助读者深入探讨搜索求解策略如何应用于无人驾驶汽车的路径规划问题，首先需要介绍一些关键的基本概念。这些概念将为后续的搜索策略介绍打下基础，并帮助读者理解搜索在路径规划中的实现原理。

4.1.1 搜索的概念

搜索其实是一种系统化的方法，用于在给定的解空间中寻找满足特定条件的解的过程。**解空间**可以理解为所有可能的解集合，搜索的任务就是在这个空间中通过特定的规则或算法逐步探索不同的解，最终找到最优解、次优解或可接受的解。

1. 搜索的主要问题

在搜索中，为了确保搜索算法能够有效运作并找到合适的解，有以下几个基本问题需要解决。

- **是否能够找到一个解**：搜索算法的首要任务是找到问题的解，但并非所有算法都能够保证在任何情况下都能找到解。因此，了解搜索算法在特定问题中是否能够保证找到一个可行解，是衡量其有效性的重要因素。
- **找到的解是否是最优解**：即便搜索算法能够找到解，然而问题在于该解是否为全局最优解（具有最低的代价或最佳的性能）。有些搜索算法只能保证找到一个可行解，而不能确保其为最优解，这需要引入更复杂的策略（如启发式搜索）来优化结果。
- **时间与空间复杂性**：搜索算法的效率是另一个关键问题。时间复杂性决定了算法找到解需要多少计算步骤，而空间复杂性则衡量算法在执行过程中占用的内存量。有效的搜索算法不仅要能找到解，还要在可接受的时间和空间开销下完成任务，特别是在解空间非常庞大的情况下。
- **算法是否终止或陷入死循环**：搜索算法的终止条件非常重要。如果算法无法确保在合理的时间内结束，则可能会陷入死循环，导致系统无法做出决策。为此，良好的搜索算法需要具备明确的终止条件，确保在找到解或证明无解的情况下能够及时结束运行。

这些问题不仅是评估一个搜索算法有效性和适用性的关键标准，也是选择最合适的算法时必须考虑的因素。解决这些问题，可以设计出适用于不同应用场景的高效搜索策略，从而实现智能系统的优化和决策能力。

2. 搜索的主要过程

为了应对上述基本问题，搜索算法需要通过系统化的步骤来进行问题求解，其**主要步骤**如下。

- **步骤一　初始状态设定**：从给定的初始状态开始，将其设为当前状态。
- **步骤二　状态扩展**：根据当前状态，应用可行的操作生成新的状态。这些操作可能是状态转换规则或操作算子，生成的每个新状态称为"子状态"。
- **步骤三　目标检查**：检查每个新生成的子状态是否满足目标条件。如果满足，则找到了解，搜索过程结束。
- **步骤四　状态选择**：如果目标状态未找到，则需要根据算法（如深度优先、广度优先或启发式搜索）选择下一个要扩展的状态，继续搜索。
- **步骤五　重复扩展**：不断扩展新状态，检查目标条件，并重复状态选择过程，直到找到目标状态或搜索空间被完全搜索。

整个搜索过程的核心在于通过对不同状态的搜索，找到从初始状态到目标状态的解答路径。

3. 搜索方向

搜索方向是指在搜索问题中，搜索解空间时前进的策略和路径选择方式。搜索方向决定了算法在解空间中如何移动和扩展节点，并直接影响搜索的效率和性能。根据搜索方向的不同，搜索算法可以大致分为**前向搜索**、**反向搜索**及**双向搜索**。

- **前向搜索（Forward Search）**：从初始状态开始，逐步向目标状态扩展的搜索方法。算法从已知的初始位置出发，通过状态转换规则，一步步向前搜索解空间，直到找到符合目标条件的解。

- **反向搜索（Backward Search）**：与前向搜索相反，从目标状态出发，反向推导到初始状态的搜索方法。它首先根据目标状态向前回溯，尝试通过逆向推理找到可以达到目标的初始状态。
- **双向搜索（Bidirectional Search）**：一种结合前向搜索和反向搜索的策略，同时从初始状态和目标状态两个方向进行搜索，直到两个方向的搜索路径在中间相遇。通过这种方式，双向搜索将搜索空间对半分，以期更快找到解。

搜索方向的选择取决于具体问题的特性和需求，不同方向的搜索策略会影响解空间的搜索方式，进而决定了算法的时间复杂性和空间复杂性。表 4-1 所示为 3 种不同搜索方法的优缺点及应用场景。通常，前向搜索通常比较直观，易于实现，适合解空间规模较小或启发式明显的场景。反向搜索适合目标明确、能够反向推导的场景。双向搜索由于从两端同时搜索，因此理论上能够显著减少搜索的深度，极大提高搜索效率，适合初始状态和目标状态都明确的场景。所以，读者需要通过合理选择搜索方向，大幅提高搜索算法的效率和性能。

表 4-1 不同搜索方向搜索算法的优缺点和应用场景

搜索方向	优点	缺点	应用场景
前向搜索	直观，易于实现，适合解空间规模较小或启发式明显的场景	在复杂、庞大的解空间中，可能需要遍历大量无关的状态，导致搜索效率低	路径规划、问题求解等明确从起点开始向目标推进的场景
反向搜索	目标状态的范围小或者反向路径更容易识别	如果解空间较大，则反向推导的难度较大	目标明确、能够反向推导的场景，如特定规则下的逻辑推理问题
双向搜索	减少搜索深度，极大地提高搜索效率	需要同时维护两个搜索路径，增加了实现的复杂性且在某些场景不易应用	初始状态和目标状态都明确的场景，如路径规划、图搜索

4.1.2 状态空间知识表示

在搜索问题中，明确状态的定义及其相互关系至关重要。**状态空间知识表示法**正是为此而设计的。状态空间知识表示是指在解决搜索问题时用于描述问题状态及其相互关系的系统化方法。通过对状态及其转换规则进行有效表示，搜索算法能够在复杂的解空间中高效地进行搜索与决策。

1. 状态及其之间的关系

在搜索问题中，**状态**是问题在特定时刻的描述。它包含了所有相关信息，以便在搜索过程中进行有效的评估和决策。例如，在路径规划中，状态可以表示为车辆的当前位置、速度和方向等信息。**状态之间的关系**描述了从一个状态到另一个状态的可能转换。这些关系通常通过动作或操作来定义，表示在当前状态下可以采取哪些行动以达到新状态。例如，在棋类游戏中，在某一棋盘状态下，玩家可以选择的每一步棋都是一个状态转换。

2. 转换规则

转换规则是指如何从一个状态转换到另一个状态的具体机制。这些规则可以是物理规律、逻辑推理或其他约束条件，确保状态转换的合理性和有效性。例如，在无人驾驶导航中，转换规则可能涉及无人车的运动限制、环境障碍等。其中，从一个状态转移到另一个状态的合法操作，称为**操作**，其定义了如何从当前状态产生新状态。例如，无人驾驶汽车的操作有停止、直行、左转、右转等。而从初始状态到目标状态的一系列状态和操作序列称为**路径**。搜索的目标通常是找到一条满足目标的路径。

3. 状态空间表示方法

状态空间是利用状态变量和操作符号表示系统或问题的有关知识的符号体系，状态空间用一个四元组可以表示为

$$\langle S, O, S_0, G \rangle \tag{4-1}$$

其中，S 是状态集合，S 中的每一元素都表示一个状态，状态是某种结构的符号或数据；O 是操作算子的集合，利用操作算子可将一个状态转换为另一个状态；S_0 是问题的初始状态的集合，是 S 的非空子集，即 $S_0 \subset S$；G 是问题的目的状态的集合，是 S 的非空子集，即 $G \subset S$。G 可以是若干具体状态，也可以是满足某些性质的路径信息描述。

如图 4-2 所示，从 S_0 节点到 G 节点的路径称为求解路径。求解路径上的操作算子序列为状态空间的一个解。若操作算子序列 $O_1, \cdots, O_k$ 使初始状态转换为目标状态，则 $O_1, \cdots, O_k$ 即为状态空间的一个解。当然，解往往不是唯一的。任何类型的数据结构都可以用来描述状态，如符号、字符串、向量、多维数组、数和表格等。所选用的数据结构形式要与状态所蕴含的某些特性具有相似性。如对于无人驾驶问题，一个 $n \times n$ 的阵列便是一个合适的状态描述方式。

$$S_0 \xrightarrow{O_1} S_1 \xrightarrow{O_2} S_2 \xrightarrow{O_3} \cdots \xrightarrow{O_k} G$$

图 4-2　求解路径：从 S_0 节点到 G 节点的路径

4.1.3　搜索策略

搜索策略是指在解空间中寻找问题解答的方式或方法。它决定了算法如何从初始状态出发，通过一系列状态转换找到目标状态。通常，搜索策略主要可以分为三大类：**盲目搜索**、**启发式搜索**和**对抗搜索**，其脉络图如图 4-3 所示。

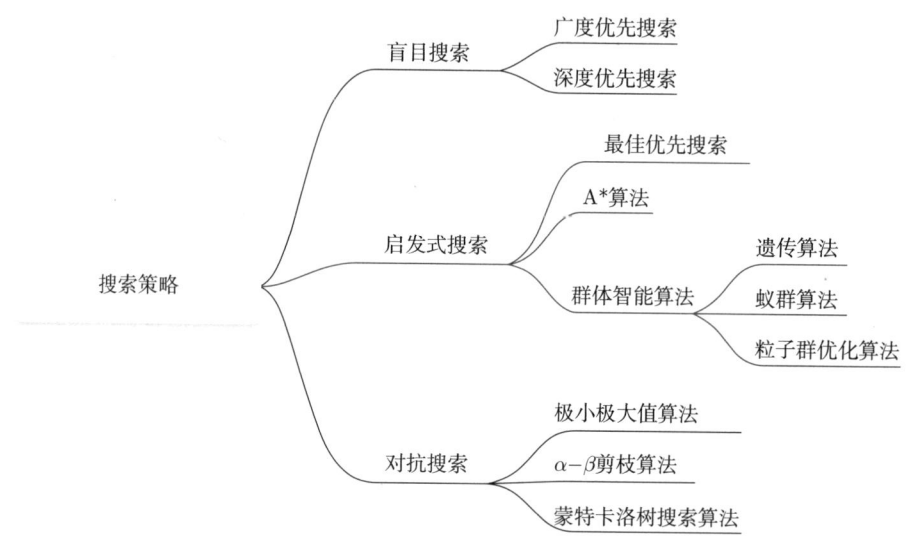

图 4-3　搜索策略脉络图

1. 盲目搜索

盲目搜索也称为无信息搜索策略，是在不具有对特定问题的任何有关信息的条件下，按固定的步骤（依次或随机调用操作算子）进行的搜索。常见的盲目搜索包括广度优先搜索和深度优先搜索等，将在第 4.2 节详细介绍。

2. 启发式搜索

启发式搜索是利用启发式函数（Heuristic Function）来引导搜索。启发式函数可以提供某些状态接近目标的估计值，从而加速搜索。常见的启发式搜索包括最佳优先搜索、A* 算法及群体智能算法等，将在第 4.3 节详细介绍。

3. 对抗搜索

对抗搜索是一种用于解决博弈问题的搜索策略，核心是通过分析所有可能的动作和后续状态来确定最佳策略。由于对手的行为是不可预测的，因此算法需要评估每种可能状态下的结果，并选择一个最优策略以最大化自身的胜率。常见的对抗搜索策略包括极小极大值算法、$\alpha - \beta$ 剪枝算法、蒙特卡洛树搜索算法等，将在第 4.4 节详细介绍。

4. 搜索策略的评估

不同的搜索策略适用于不同类型的问题，直接影响搜索效率、准确性及所需的计算资源，因此需要对搜索策略进行评估。评估搜索策略的优劣，通常依赖于以下几个标准。

- **完备性**：指算法是否能够保证在有解的情况下找到解。例如，广度优先搜索是完备的，因为它会遍历整个解空间，直到找到解。而深度优先搜索在解空间较深且无限的情况下可能永远找不到解，从而不完备。
- **最优性**：指算法是否能够保证找到最优解，即代价最低或效率最高的解。例如，A* 算法在启发式函数是可接受的情况下能够保证最优解，而最佳优先搜索通常只能找到次优解。
- **时间复杂性**：指算法找到解所需要的计算时间，通常表示为解空间中节点数量的函数。无信息搜索策略（如 BFS、DFS）的时间复杂性通常为 $O(b^d)$，其中，b 是每个状态的分支数量，d 是解的深度。有信息搜索策略在启发式函数较好的情况下，能够减小搜索空间，降低时间复杂性。
- **空间复杂性**：指算法在运行过程中所需的内存空间。广度优先搜索的空间复杂性较高，因为它需要存储每一层的所有节点；而深度优先搜索的空间复杂性较低，只需存储当前路径中的节点。

搜索策略的选择和评估应基于问题的特点、算法的性能及资源的约束。对不同的策略进行比较和分析，能够找到最适合当前问题的求解方法。

4.2 盲目搜索

盲目搜索是一种搜索策略，它在寻找解时并不利用任何关于问题的额外信息或启发式指导。它仅依赖于搜索树中的状态转移，不考虑状态的优劣或目标的接近程度。盲目搜索就像在一个黑暗的房间里寻找一个隐藏的物品。人们没有任何线索，只能随机地探索每个角落。每次都可以选择一个方向继续搜索，但并不知道哪个方向更可能找到那个物品。人们可能会在一个地方徘徊很久，或者无意中走过其他重要的地方。最终，找到物品的时间取决于运气和选择的路径，而不是策略或线索。通常，按照搜索过程中节点的扩展顺序，可以将盲目搜索分为广度优先搜索和深度优先搜索。接下来将以无人驾驶的路径规划问题为例，向读者详细介绍这两种盲目搜索方法。

4.2.1 广度优先搜索

广度优先搜索（Breadth First Search, BFS），作为一种盲目搜索策略，是一种逐层遍历的算法，它会首先访问离起点最近的节点，然后访问下一个层次的节点，直到找到目标节点或遍历完所有节点。广度优先搜索保证在所有路径代价相同的情况下，能够找到从起点到目标节点的最短路径。

广度优先搜索的**核心思想**是"先广后深"，即先从起点出发，探索所有与起点直接相连的节点，再逐层向外扩展。在每一层的搜索中，BFS 会逐步扩展所有可能的路径，而不会过早深入搜索某条具体路径。BFS 通常使用队列（FIFO，先进先出）的结构形式来管理待访问的节点，队列的特点是先进先出，即最先进入队列的元素最先被处理，最后进入的元素最后被处理。下面以无人驾驶汽车的路径规划为例详细讲解其过程。

假设有一辆无人驾驶汽车，它需要从起点 A 驶向终点 K。将这个城市的十字路口看作节点，路段则是连接这些节点的边。无人驾驶汽车的任务是找到从起点到终点的最短路径。图 4-4 所示的广度优先搜索过程中给出了城市地图，在这张城市地图上，字母代表十字路口（节点），连线表示道路（边）。汽车需要从起点 A 到达终点 K。其求解过程如下。

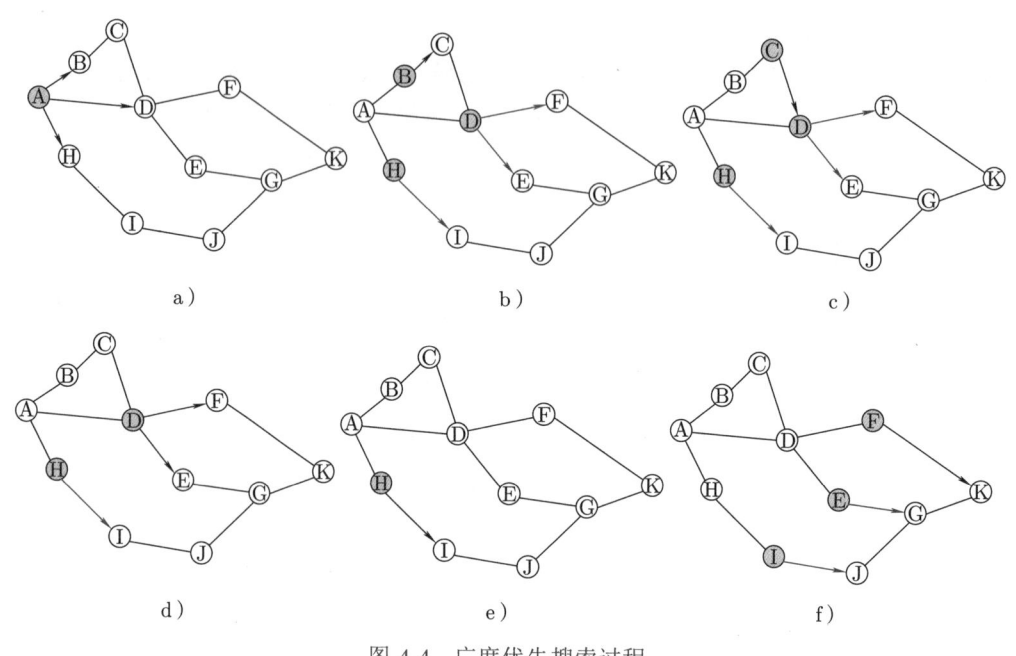

图 4-4 广度优先搜索过程

Step 1. 初始化：汽车停在起点 A，首先将起点 A 加入一个队列，此时队列为 [A]（见图 4-4a）。

Step 2. 第一层探索（从 A 出发）：从队列中取出 A，检查 A 连接的十字路口：H、D 和 B。将 H、D 和 B 加入队列，队列变为 [H,D,B]（见图 4-4b）。

Step 3. 第二层探索（从 H、D 和 B 继续）：根据队列的先进先出原则，从队列中取出 B，检查 B 连接的十字路口：A、C，将 C 加入队列，队列变为 [C,H,D]（见图 4-4c）。接着，从队列中取出 D，检查 D 连接的十字路口：A、F、E。将 F、E 加入队列，队列变为 [E,F,C,H]（见图 4-4d）。同样，从队列中取出 H，检查 H 连接的十字路口：A、I。将 I 加入队列，队列变为 [I,E,F,C]（见图 4-4e 所示），完成第二层探索。

Step 4. 第三层探索（从 I、E、F 和 C 继续）：从队列中取出 C，检查 C 连接的十字路口：B 和 D。因为 B 和 D 已经遍历过，所以无须重新加入队列。接着，从队列中取出 F，检查 F 连接的十字路口：D 和 K。这样就找到目标节点 K，搜索完成（见图 4-4f）。

广度优先搜索过程中的队列变化如图 4-5 所示。

通过广度优先搜索，汽车一步一步地从起点 A 向外扩展，依次探索每个十字路口，直到找到通往终点 K 的最短路径。在这个过程中，每个节点都只被访问一次，且总是先探索最靠近起点的节点，因此 BFS 保证找到了最短路径。这种逐层扩展的方式确保不会遗漏任何潜在的更短路径。

但是，读者有没有想到，广度优先搜索（BFS）虽然能够保证找到从起点到终点的最短路径，但它在某些情况下也存在一些缺点。

- **高空间复杂度**：由于 BFS 需要同时保存每一层的所有节点，因此当问题规模很大（如迷宫、复杂城市网络）时，BFS 可能需要大量的内存来存储这些节点。在广阔的图或网格中，节点数量急剧增加，导致内存消耗很快。
- **搜索速度较慢**：BFS 是逐层遍历的，当图的层次很深时，它需要探索大量无关节点，从而耗费大量时间。这在实际应用中可能会导致不必要的搜索，尤其是当目标状态距离较远时。

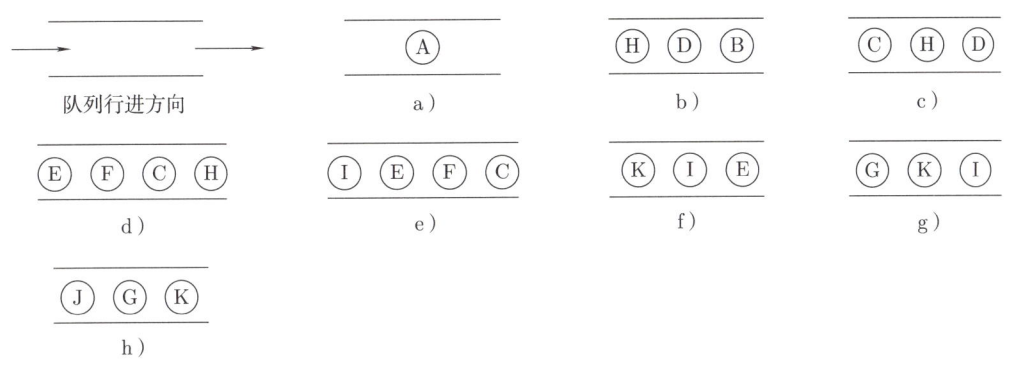

图 4-5 广度优先搜索过程中的队列变化

为了解决这些问题，可以考虑使用另一种搜索策略——深度优先搜索（DFS）。

4.2.2 深度优先搜索

深度优先搜索（Depth First Search, DFS），是一种递归遍历的算法，它会首先沿着某条路径尽可能深地探索。DFS 不保证找到最短路径，但它非常适合于解决需要遍历所有可能路径的问题，如寻找所有路径、检查图的连通性或解决迷宫问题。

深度优先搜索（DFS）的**核心思想**是"先深后广"，即从起点出发，沿某条路径尽可能地深入探索，直到无法继续为止，再回溯到上一个节点，尝试其他可能的路径。换句话说，在探索过程中，DFS 会优先沿着每条路径深入，直到到达终点或确认该路径不可行为止。DFS 通常使用栈（LIFO，后进先出）数据结构来管理待访问的节点，栈的特点是后进先出。DFS 会从栈顶读取或压入数据。

下面同样以无人驾驶汽车的路径规划为例详细讲解其过程。图 4-6 所示的深度优先搜索过程给出了与图 4-4 相同的城市地图，汽车需要从起点 A 到达终点 K。深度优先搜索的求解过程如下。

Step 1. 初始化：汽车停在起点 A，将起点 A 加入栈，此时栈为 [A]（见图 4-6a）。

Step 2. 第一次探索（从 A 出发）：从栈顶取出 A，检查 A 连接的十字路口：H、D 和 B。将 H、D 和 B 加入栈，栈变为 [H,D,B]（见图 4-6b）。

Step 3. 第二次探索（从 H、D 和 B 继续）：从栈顶取出 H，检查 H 连接的十字路口：A 和 I。将 I 入栈，栈中变为 [I,D,B]（见图 4-6c）。

Step 4. 第三次探索（从 I、D、B 继续）：从栈顶取出 I，检查 I 连接的十字路口：H 和 J。将 J 入栈，栈中变为 [J,D,B]（见图 4-6d）。

Step 5. 第四次探索（从 J、D、B 继续）：从栈顶取出 J，检查 J 连接的十字路口：I 和 G。将 G 入栈，栈中变为 [G,D,B]（见图 4-6e）。

Step 6. 第五次探索（从 G、D、B 继续）：从栈顶取出 G，检查 G 连接的十字路口：J、E 和 K。找到目标节点 K，搜索结束（见图 4-6f）。

图 4-6 深度优先搜索过程

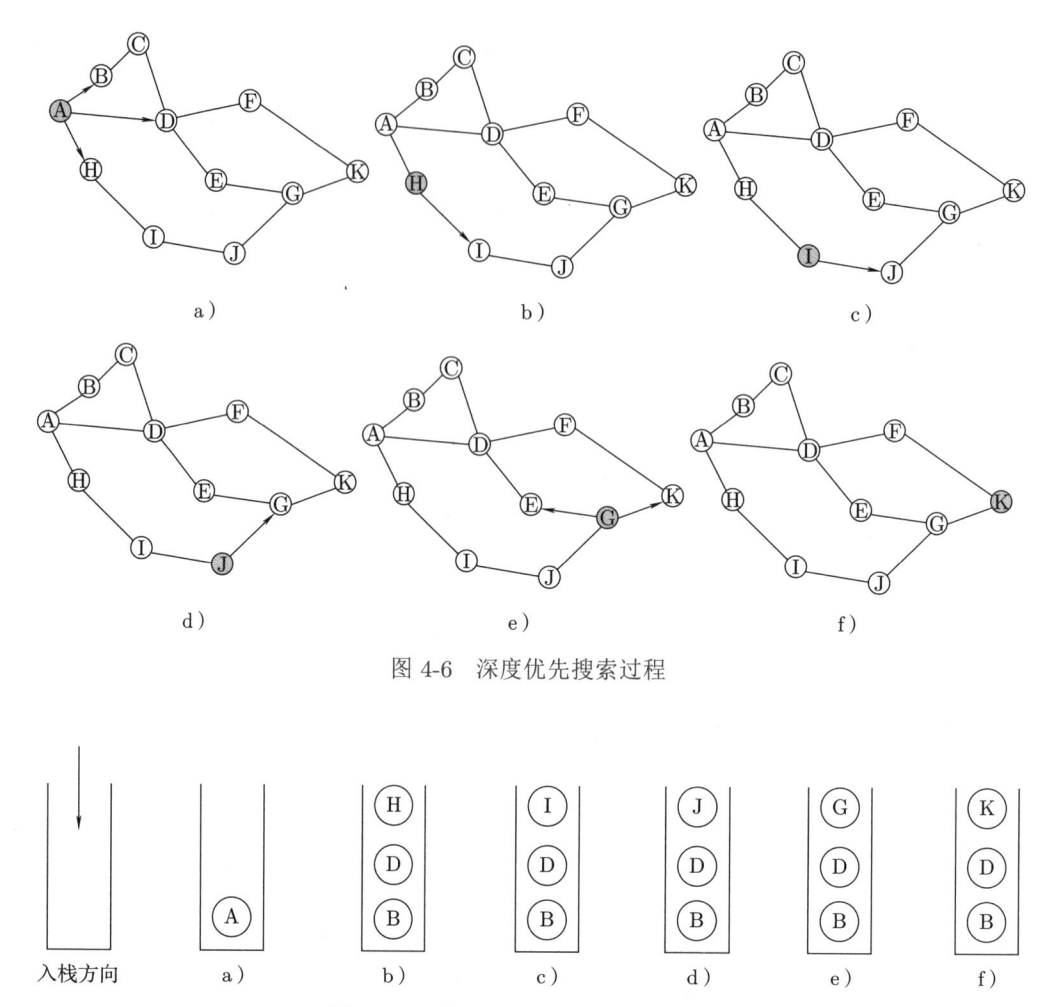

图 4-7 深度优先搜索过程中的栈变化

通过深度优先遍历，无人驾驶汽车找到了从起点 A 到目标 K 的路径。但它的缺点显著，如不保证最优路径、容易陷入死胡同或环路，且在大规模复杂图结构中的内存消耗较大，DFS 并不是最理想的选择。现在读者已经了解到这两种盲目搜索策略拥有不同的遍历策略，那么应用时该如何选择呢？当问题是找到目标的所有可能路径或目标处在整个图中较深的位置时，深度优先算法是比较合适的。而当问题是找到最短路径或从一个节点到其他所有节点的最短距离时，广度优先算法是相对比较合适的。

同时，我们可以发现，广度优先搜索（BFS）和深度优先搜索（DFS）都是不依赖任何额外信息的盲目搜索算法。这种方式使得算法相对容易理解和实现，但也有显著的缺点，尤其是在寻找最佳方案时。这类算法往往会因为没有方向性而导致搜索范围过大，进而降低搜索效率。例如，在复杂的无人驾驶场景中，汽车需要从当前地点安全且高效地到达目的地，必须考虑交通状况、道路条件等因素来选择最优路径。然而，盲目搜索无法感知环境的复杂变化，因此难以应对动态的交通网络。

为了克服这些局限性，提高路径规划的效率，我们可以利用问题中隐含的额外信息，即启发式搜索策略。

4.3 启发式搜索

启发式搜索（Heuristic Search）也称为有信息的搜索，是在盲目搜索的基础上引入启发式函数的改进算法。通过设计启发式函数，该算法能够引导搜索朝着最有可能找到解的方向前进，从而减少问题的复杂性。与盲目搜索相比，启发式搜索利用问题中的启发信息，将其转换为启发式函数，帮助优先选择最有潜力的分支进行扩展，实现缩小搜索范围、降低问题复杂度的目标。

启发式搜索的核心在于**启发式函数**的设计，这要求对问题中的启发信息进行精准表示。具体来说，启发式函数为每个状态分配一个估计值，表示从当前状态到达目标状态的"距离"或"代价"，从而引导搜索向更接近目标的方向推进。例如，在无人驾驶汽车路径规划中，可以将当前车辆位置与最终目标的直线距离作为启发信息。随着车辆逐渐接近目标位置，这个距离值会逐渐减小，而这种随位置变化而变化的估计值，便是我们常说的启发式函数，通常用 $h(n)$ 表示。

启发式函数 $h(n)$ 的作用在于帮助算法更智能地选择搜索路径，引导算法朝着更接近目标的方向进行搜索。不同的问题有不同的特性，因此需要基于问题的具体启发信息来设计相应的启发式函数。比如，在国际象棋游戏中，启发式函数用于估计当前棋盘状态下的优势，即当前棋局中己方棋子的优势分数，分数可以基于棋子价值、棋局的控制区域、王的安全等来进行加权求和。当然，如果给定的节点就是目标节点，则 $h(n)$ 必须等于 0。

许多搜索问题都是 NP 完全问题[注]，因此在最坏的情况下，其时间复杂度可能达到指数级。然而，一个优秀的启发式搜索算法可以在两个方面有所突破：① 在平均情况下，能够高效找到解；② 能够快速找到一个相对较好的解，尽管不一定是最优解。本节将详细介绍 3 种启发式搜索算法：最佳优先搜索、A* 算法以及群体智能算法。

4.3.1 最佳优先搜索

最佳优先搜索（Best-First Search，BFS）是一种启发式搜索算法，**在广度优先搜索的基础上，用启发函数 $h(n)$ 对将要被遍历到的点进行估价，选择代价小的进行遍历，直到找到目标节点或遍历完所有点**。在每一步选择当前节点的后继节点中启发式评估值最小的节点进行扩展，以期更快地找到目标状态。最佳优先搜索试图通过优先探索看似更接近目标的路径，来加速搜索过程。BFS 不保证找到最短路径，但它非常适合于解决那些启发式评估值能够有效指导搜索路径的问题，如寻找最短路径、优化问题或解决某些约束满足问题。

最佳优先搜索的**核心思想**是最优先扩展最有希望接近目标的节点，其不考虑到达当前节点的路径成本，只根据节点的启发式函数值来决定下一步的搜索方向。最佳优先搜索通常维持着一个队列 open 和一个队列 closed。其中，open 用来存储将要遍历的节点，closed 存储已经遍历了的节点。算法会将所有候选节点存储在优先队列中，并根据启发式函数的值对队列进行排序。每次从队列中取出估计值最小的节点进行扩展，尝试将搜索引导至更有可能接近目标的路径。下面同样以无人驾驶汽车的路径规划为例详细讲解求解过程。

图 4-8 是一张某地区的地图，无人驾驶汽车需要从起点 A 行驶到终点 B，启发式函数 $h(n)$ 为从当前节点 n 到目标节点 B 的距离，即图中对应节点括号内的值。这样，算法会优先选择那些直线距离更短的节点，尽可能缩短路径。最佳优先搜索的过程描述如下。

Step 1. 初始化：最初，起点 A 放入开放队列，且标记其启发式值。

Step 2. 扩展节点 A：查找当前节点（如 A）的所有相邻节点（如 S、T 和 Z），将它们加入开放队列，计算每个相邻节点的启发式函数值 $h(n)$。

[注] NP 完全问题是指既属于 NP（非确定性多项式时间）类问题，同时所有 NP 问题都能在多项式时间内通过它进行归约的问题，通常被认为是计算复杂性理论中最难解的问题之一。

Step 3. 选择启发式值最小的节点：选择启发式函数值最小的节点继续扩展。这里选择 S 作为下一个要扩展的节点，因为它的 $h(n) = 253$ 最小。

Step 4. 扩展当前节点 S：扩展 X 的相邻节点，这里 S 的相邻节点是 A、F、O、和 R，分别计算它们的启发式函数值 $h(A) = 366, h(F) = 178, h(O) = 380, h(R) = 193$。

Step 5. 继续选择最小启发式值的节点：从开放列表中选择启发式函数值最小的节点，这里选择 F，因为 $h(F) = 178$ 最小。

Step 6. 继续扩展当前节点 F：扩展 X 的相邻节点，这里 F 的相邻节点是 S 和 B，终点找到。

Step 7. 输出最优路径：通过回溯记录的节点，输出无人驾驶汽车的最优路径，假设路径为 A-S-F-B 最佳优先搜索过程如图 4-9 所示。

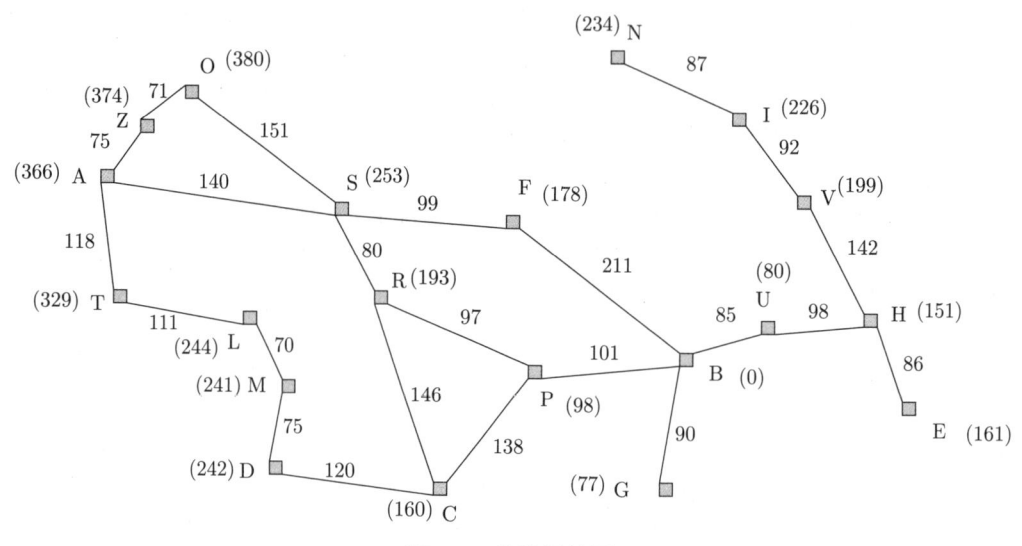

图 4-8　某地区地图

然而从图 4-8 可以看出，A-S-F-B 并不是最优的路径，最优的路径是 A-S-R-P-B。这表明最佳优先搜索算法只关心距终点的剩余距离，而不关心距离总和的大小。所以，最佳优先搜索具有如下缺点。

- **不保证找到最优解**：最佳优先搜索仅依据启发式函数 $h(n)$ 的值来选择节点，它只关心从当前状态到目标状态的估计距离，而忽略了已经走过的路径代价。因此，尽管启发式函数指引算法选择了看似更接近目标的路径，然而实际代价可能较高，导致找到的解并不是全局最优解。
- **可能陷入局部最优**：最佳优先搜索每次都扩展启发式函数值最小的节点，因此容易陷入局部最优解。它可能过早深入一个看似接近目标的路径，而忽略了可能存在更好的解。
- **缺乏综合评估**：最佳优先搜索仅考虑未来的估计代价 $h(n)$，而不考虑当前已经走过的路径代价 $g(n)$。这样，当启发式函数 $h(n)$ 不准确或误导时，算法可能会经过一个较差的路径，导致效率低下或错失最优解。

为了解决最佳优先搜索的这些问题，我们可以考虑使用另一种启发式搜索策略——A*算法。

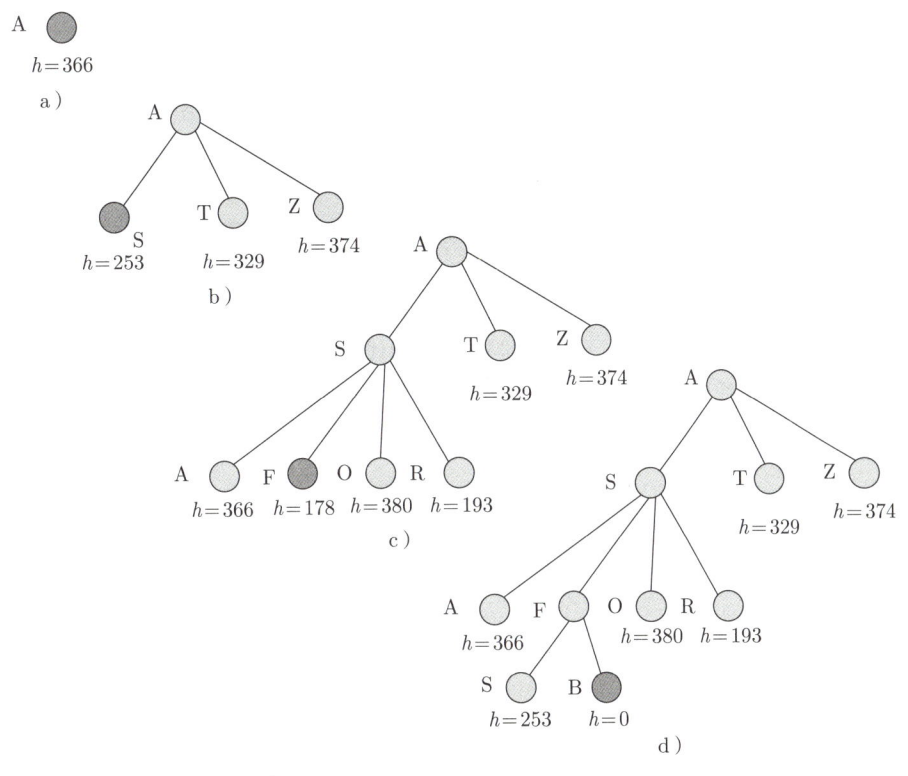

图 4-9 最佳优先搜索过程

4.3.2 A* 算法

A* 算法是一种广泛应用的启发式搜索算法，它通过结合路径的实际代价和启发式估计代价，寻找最短路径。A* 算法结合了常规方法（完备、最优、低效）和最佳优先搜索算法（不完备、非最优、高效）。

A* 算法的**核心思想**是将已经过的路径代价 $g(n)$ 和到目标的估计代价 $h(n)$ 相结合，综合评估每个节点的潜力，优先选择更有希望的路径进行扩展。通过这种方法，A* 保证了算法既能高效搜索，又能找到最优解。其评估函数 $f(n)$ 定义为 $f(n) = g(n) + h(n)$，其中：

- 实际代价 $g(n)$：从起点到当前节点 n 的已知路径代价。A* 算法通过不断更新和计算每个节点的实际代价，确保每条路径的代价是累积的。
- 启发式代价 $h(n)$：从当前节点 n 到目标节点的估计代价。启发式函数 $h(n)$ 提供了一种经验值或猜测，用来帮助算法推测未来的代价。A* 算法要求启发式函数是可接受的（即不会高估实际代价），这样可以确保算法最终找到最优解。
- 评估函数 $f(n)$：通过将 $g(n)$ 和 $h(n)$ 相加，A* 计算每个节点的总估计代价 $f(n)$，即从起点到目标的综合代价。算法优先扩展评估函数值最小的节点，既考虑已走过的代价，又考虑剩余的潜在代价，从而找到全局最优解。

下面同样以无人驾驶汽车在地图（见图 4-8）上从起点 A 到终点 B 为例，启发式函数 $h(n)$ 为从当前节点 n 到目标节点 B 的距离，即图中对应节点的括号内的值，实际代价 $g(n)$ 为两地之间的实际距离，即图中每条边上的数字。A* 算法的搜索过程可以被描述为以下步骤。

Step 1. 初始化：最初，起点 A 放入开放队列，且标记其启发式值（见图 4-10a）。

Step 2. 选择 A 进行扩展：A 的邻居节点是 S、T 和 Z，计算每个节点的评估函数 $f(n) =$

$g(n)+h(n)$，选取评估值最小的节点 S（见图 4-10b）。

Step 3. 检查当前节点是否为目标：如果当前节点是目标节点，则搜索结束，找到最优路径。

Step 4. 扩展当前节点：如果当前节点不是目标节点，则扩展当前节点 S 的所有邻居节点 A、F、O、和 R，并计算这些节点的 $g(n)$ 和 $h(n)$。对每个邻居节点，计算评估函数 $f(n)$，选取评估值最小的节点 R（见图 4-10c）。

Step 5. 重复过程：重复 Step 3 和 Step 4，直到找到目标节点或开放队列为空（表明无解）（见图 4-10d）。

通过 A* 算法，无人驾驶汽车可以在复杂的道路网中找到从起点到终点的最短路径 A-S-R-P-B。A* 算法的每一步都综合考虑了已走路径的实际代价 $g(n)$ 和从当前节点到目标的估计代价 $h(n)$，因此能够有效地避免不必要的搜索，并保证找到最优解。

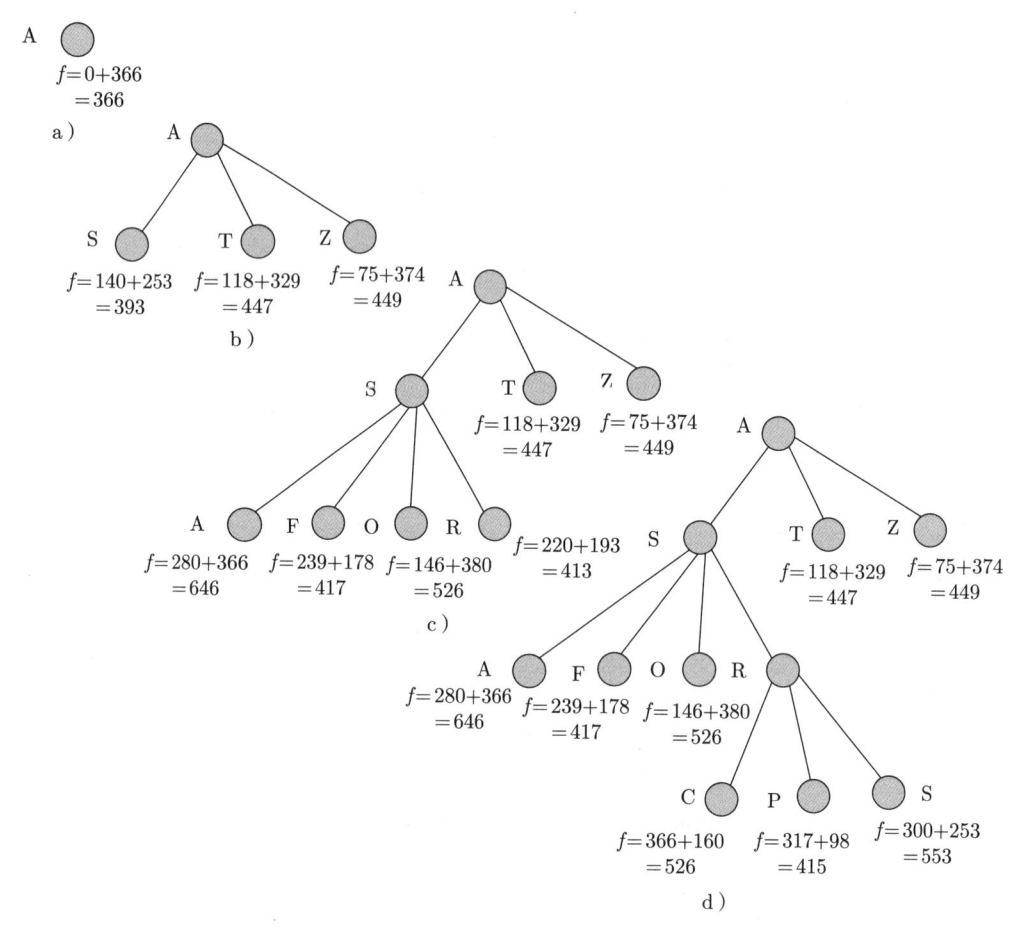

图 4-10 A* 算法的搜索过程

尽管 A* 算法是一种非常强大的启发式搜索算法，能够找到从起点到终点的最优路径，但它在处理一些复杂问题时也存在一些缺点。

- **空间复杂度高**：A* 算法需要维护一个开放列表和一个闭合列表，这些列表存储了所有可能的节点和状态。在处理大规模问题或搜索空间非常大的情况下，A* 的空间消耗非常大，可能导致内存耗尽。
- **对启发式函数的依赖强**：A* 算法的性能依赖于启发式函数 $h(n)$ 的设计。若启发式函数不够准确或没有合理设计，那么算法可能会进行很多不必要的搜索，降低效率。此外，错误设计的启发式函数可能会导致算法找不到最优解。
- **难以应对动态环境**：A*算法在静态环境下表现出色，但在动态环境（如路况不断变化或障碍物随机出现的场景）中，算法的表现不如预期。每次环境变化，A*都需要重新计算，导致效率下降。
- **局部最优陷阱**：尽管A*在理论上可以找到全局最优解，但在复杂的搜索空间中（尤其是高维度优化问题），A*可能会陷入局部最优解，导致搜索过程延迟或效率低下。

为了解决A*算法在大规模复杂问题、动态环境或高维度优化问题中的缺点，可以考虑使用另一种更为灵活和高效的启发式方法——群体智能算法（Swarm Intelligence Algorithms）。

4.3.3 群体智能算法

自然界中的蚂蚁、蜜蜂、鱼群或鸟群，它们中没有"领导者"，也没有明确的计划，但通过个体之间的简单交互和协作，能够完成看似复杂的任务，比如找到最短路径、搜寻食物或形成有序的迁徙路线。**群体智能算法**正是从这些自然现象中获得灵感，设计出一种分布式的优化方法，通过模拟个体群体的协作行为，解决复杂的计算问题。

1. 群体智能算法概述

群体智能算法是一类启发式优化算法，它通过个体间的简单规则和信息交换，使得整个群体在全局范围内进行高效搜索和优化。每个个体（如蚂蚁、蜜蜂）都在问题空间中进行自主探索，并通过与其他个体的互动，逐渐逼近最优解。群体智能算法的智能性来自群体整体，而非单个个体的复杂性。

群体智能算法的**核心思想**是个体间的协作与分布式优化。每个个体在群体中都是独立的，它们各自遵循简单的行为规则，但通过以下几个关键机制，群体能够表现出集体智慧。

- **分布式搜索**：个体独立地在解空间中搜索，通过分散探索，群体能够覆盖更大的区域，减少搜索的盲目性。
- **局部规则和简单交互**：个体之间通过局部规则（如蚂蚁通过信息素标记路径，蜜蜂通过跳舞传递食物位置）来进行信息共享和决策，这种简单的交互方式可以引导个体朝着更优的方向移动。
- **反馈机制**：群体中的个体能够根据已有的信息不断调整自身的行为，逐渐趋向更好的解。其中，正反馈机制会放大好的行为，帮助群体更快找到最佳路径或解。
- **自适应能力**：群体中的个体能动态适应环境的变化，适合解决动态或实时变化的优化问题。

根据不同的自然现象，群体智能算法可以分为遗传算法、蚁群算法、粒子群优化算法及蜂群算法等。

2. 遗传算法

遗传算法（Genetic Algorithm, GA）起源于对生物系统的计算机模拟研究，模仿自然界中的生物进化机制。它是一种基于达尔文进化论和孟德尔遗传学原理的随机全局搜索与优化方法。本质上，遗传算法是一种高效、并行的全局搜索技术，能够在搜索过程中自动获取并积累关于搜索空间的知识，并通过自适应调整搜索策略，逐步逼近最优解。

（1）遗传算法的核心原理

遗传算法将一个问题的所有潜在解答视为一群"个体"，而这些个体如同物种中的生物一样，能"繁殖"出更加适应环境（即问题条件）的后代。通过重复这个过程，遗传算法可以找到问题的优化解。举个例子,如果将遗传算法应用于无人驾驶的路径规划问题,那么每条从起点到终点的路径都可以看作一个"个体"。算法通过评估每条路径的行驶时间、路径长度以及交通状况(即"适应度"),挑选出表现较好的路径方案进入"繁殖池"以产生新的设计方案。经过多次迭代后,算法逐步优化路径选择,最终找到一条从起点到终点的最优路径,使无人驾驶汽车能够以最短时间或最小代价到达目的地。

遗传算法的**核心思想**正是利用了这种理念,将问题的潜在解看作种群中的个体,通过模拟自然选择、交叉、变异等生物进化过程,逐步优化问题的解,找到最优解。

选择是从现有解集中选择较好的解,类似于自然界中的"优胜劣汰"。在遗传算法中,每个个体的适应度评估都是至关重要的,因为这直接决定了它们在"种群"中的生存概率。这意味着,适应度高的个体有更大的机会被选中繁衍后代。而适应度函数的设计取决于具体问题,可以理解为目标函数或评分规则。

交叉是遗传算法中模拟生物繁衍的过程,它可以看作解之间的信息交换。选定两个适应度较高的个体作为"父母",它们通过某种方式产生"子代"。这个子代对应着问题的一个新解。在交叉的过程中,父代解中的部分信息会被混合,以生成具有新特点的解。

变异是引入随机性的一个环节,它能防止算法过早地收敛到局部最优解而非全局最优解。在遗传算法中,变异带来解的多样性。通常,在个体的编码上随机地改动一部分,在模拟生物进化中就相当于基因的突变。变异使得种群可以探索解空间中未被当前个体占据的区域。

(2)遗传算法的基本流程

遗传算法是从代表问题可能潜在的解集的一个种群(Population)开始的,而一个种群则由经过基因(Gene)编码的一定数目的个体(Individual)组成。每个个体实际上都是染色体(Chromosome)带有特征的实体。染色体作为遗传物质的主要载体,即多个基因的集合,其内部表现(即基因型)是某种基因组合,它决定了个体形状的外部表现,如黑头发的特征是由染色体中控制这一特征的某种基因组合决定的。因此,在一开始就需要实现从表现型到基因型的映射(即编码工作)。通常,由于仿照基因编码的工作很复杂,因此往往可以使用二进制编码进行简化。

编码后,遗传算法通常包含初始化种群、评估个体适应度、选择、交叉、变异和迭代几个步骤。下面以无人驾驶汽车在地图(见图4-11)上从起点A到终点B为例,详细讲解遗传算法的求解过程。

Step 1. 初始化种群:随机生成一组"个体"(即候选解),这组个体被称为种群。每个个体都用一种适合问题的编码方式表示(如二进制串),代表不同的解。在无人驾驶汽车中,每条路径(如 A→S→F→B)都可以看作一个"个体"。初始时,随机生成若干条路径作为种群中的个体。这些路径表示无人驾驶汽车在城市中的不同行驶路线。初始化种群如图4-11所示。

Step 2. 评估个体适应度:对每个个体进行评估,计算其适应度(Fitness),即解的优劣程度。在无人驾驶汽车中,适应度函数可以是路径的长度或行驶时间。路径越短、时间越少,适应度越高。目标是找到最短路径(即最优解)。在本例中,选择路径长度作为适应度函数,如路径 A→S→F→B 的适应度函数为 140+99+211=450。

Step 3. 选择:根据个体的适应度,从种群中选择表现较好的个体,进入下一代。高适应度的个体被选择的概率较高,类似于自然界中的"优胜劣汰"。例如,适应度较高的路径(如 A→S→F→B,较短)有更大的机会被选择。

Step 4. 交叉:从选择出的个体中随机选择两个个体进行交叉,生成新的"后代"。如选定两条高适应度的路径(如 A→S→F→B 和 A→S→R→P→B),将它们部分组合来产生新的路径(如 A→S→F→P→B),形成新的候选路径。

Step 5. 变异:在某些个体上随机改变某些基因,引入多样性,避免算法陷入局部最优。如对某些路径进行变异操作，改变其中一个路段（如 A→S→F→B 变为 A→S→R→B），引入新的可能性。

Step 6. 迭代：经过选择、交叉、变异后，生成新的种群。重复该过程，逐代优化个体，直到满足停止条件（如达到预定的代数或找到满意的解）。

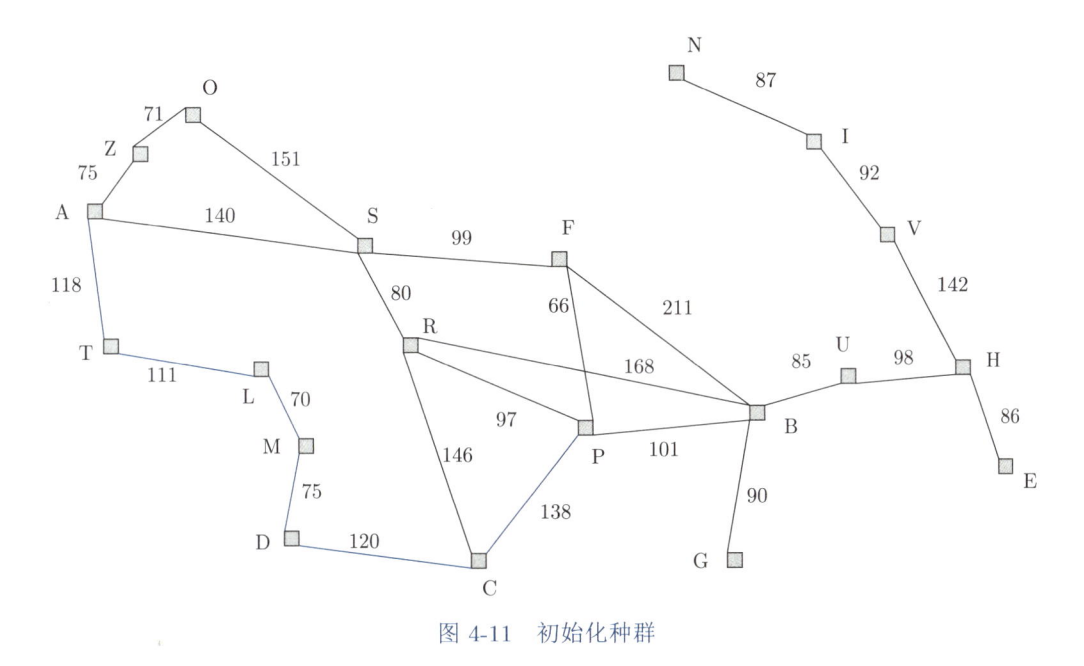

图 4-11　初始化种群

（3）遗传算法的优缺点

遗传算法作为一种强大的全局搜索算法，具备许多**优点**：

它具有较强的全局搜索能力，能够有效避免陷入局部最优，并通过种群中的交叉和变异操作探索整个解空间。此外，遗传算法适用于解决复杂的、多维度的优化问题，尤其是在传统优化方法难以奏效的场景中表现出色。由于遗传算法的个体可以并行处理，这使得在硬件支持的条件下，算法的计算效率能够显著提升。同时，遗传算法具有自适应性，通过选择、交叉和变异的方式，逐步调整搜索方向，从而逼近最优解。

遗传算法也存在一些**局限性**：

其计算开销较大，因为每一代都需要评估种群中的所有个体，尤其在处理大规模问题时，效率可能会较低。再者，遗传算法的性能依赖于参数的合理设置，不同的问题需要不同的参数调整，调参成本较高。此外，尽管遗传算法能找到全局最优解，但收敛速度较慢，特别是在搜索空间较大的情况下，可能需要多次迭代才能逼近理想解。而且，遗传算法往往只能提供近似解，在某些精度要求较高的问题上，解的精度可能不足。

3. 蚁群算法

为了解决遗传算法的一些问题，特别是在计算效率和收敛速度方面的不足，下面向读者介绍另一种群智能优化算法——蚁群算法。

蚁群算法（Ant Colony Optimization, ACO） 是一种基于生物学蚂蚁寻路的启发式优化算法，灵感来源于蚂蚁在自然界中寻找食物的行为，蚁群可以在不同的环境下，寻找最短到达食物源的路径。蚂蚁是如何找到最短路径的？这是因为蚁群内的蚂蚁可以通过某种信息机制实现信息的传递。蚂蚁会在其经过的路径上释放一种称为"信息素"（Pheromone）的物质，蚁群内的蚂蚁对"信息素"具有感知能力，它们会沿着"信息素"浓度较高的路径行走，而每只路过的蚂蚁都会在路上留下"信息素"，这就形成一种类似正反馈的机制。这样，经过一段时间后，整个蚁群就会沿着最短路径到达食物源了。

（1）蚁群算法的核心原理

蚁群算法的核心原理是利用**信息素反馈机制**，通过多次迭代逐步找到最优解。在蚂蚁的觅食过程中，蚂蚁会随机选择路径并释放信息素，信息素的浓度随着时间逐渐衰减。其他蚂蚁在寻找食物时，倾向于选择信息素浓度较高的路径。随着更多的蚂蚁选择同一条高效路径，该路径上的信息素浓度会不断增加，最终群体会收敛到最优路径。蚁群算法通过多次模拟蚂蚁的行为，逐渐优化问题的解。其中的核心概念包括蚂蚁、信息路径、信息强度和障碍物等。

蚂蚁是算法中的基本单位，负责寻找最佳路径。蚂蚁会根据当前节点选择下一个节点，并根据路径的优劣更新信息强度。

信息路径是蚂蚁之间通信的方式，通过释放信息素来实现。信息路径的强度反映了路径的优劣，以指导蚂蚁寻找最佳路径。

信息强度是信息路径的一种度量，表示路径的优劣。信息强度越高，说明路径越优秀。蚂蚁会根据信息强度来调整自身的行为，以找到最佳路径。

障碍物是算法中的一种限制，可以表示问题空间中的一些不可达区域。蚂蚁需要绕过障碍物来找到最佳路径。

也就是说，蚁群算法是一种群体智能算法，模拟了蚂蚁在寻找食物和建立路径时的行为。它基于分布式计算和信息素传播原理，通过大量模拟的"蚂蚁"在问题空间中搜索解决方案，并借助信息素的释放和更新来引导搜索过程，最终找到问题的最优或近似最优解。其关键要素如下。

- **分布式求解**：蚁群算法是一种分布式求解方法，多个蚂蚁同时在问题空间中搜索解决方案。每只蚂蚁都根据信息素和启发式规则选择路径，形成了一种分布式的问题求解过程。它的分布式性质使其适用于大规模问题的求解。
- **局部规则和简单交互**：个体之间通过局部规则（如蚂蚁通过信息素标记路径）来进行信息共享和决策，这种简单的交互方式可以引导个体朝着更优的方向移动。
- **信息素引导**：通过信息素水平来引导蚂蚁在问题空间中做出决策的过程。在蚁群算法中，信息素是蚂蚁对路径进行评估和选择的依据。通过信息素引导，蚁群算法能够实现集体智能的行为，使蚂蚁群体逐渐聚集在问题空间中的更好解附近。
- **自组织**：蚂蚁群体表现出自组织性质，没有中央控制。它们通过相互合作和信息素的交流来协同工作，最终找到问题的解决方案。

（2）蚁群算法的基本流程

蚁群算法通过模拟蚂蚁在寻找食物过程中的信息素标记机制，逐步找到最优路径。整个过程最重要的两点就是：状态转移和信息素更新。它们决定了蚂蚁如何选择路径以及路径的优化过程。以无人驾驶汽车的路径规划为例，我们来详细解释这两个要素。

状态转移是指蚂蚁从当前节点（路口）移动到下一个节点（路口）的选择过程。在无人驾驶汽车路径规划中，状态转移决定了汽车（蚂蚁）如何选择从一个路口行驶到另一个路口。具体地，每个蚂蚁（代表一条潜在路径）都从起点 A 开始，需要根据信息素浓度和启发式信息两个因素决定下一步应该走哪条路。

- **信息素浓度**（τ_{ij}）：路径上积累的信息素越多，蚂蚁选择该路径的可能性就越大，代表其他蚂蚁曾经认为这条路是更好的选择。
- **启发式信息**（η_{ij}）：代表某条路径的吸引力，如距离或行驶时间较短的道路，优先选择更优的路线。

这样，蚂蚁从当前节点 i 转移到下一节点 j 的概率 P_{ij} 通常用以下公式表示：

$$P_{ij} = \frac{[\tau_{ij}]^{\alpha} \cdot [\eta_{ij}]^{\beta}}{\sum_{k \text{ allowed}} [\tau_{ik}]^{\alpha} \cdot [\eta_{ik}]^{\beta}}$$

式中，τ_{ij} 是路径 i 到 j 的信息素浓度；η_{ij} 是启发式信息（如路段距离或时间的倒数，越短越优）；α 和 β 是权重参数，控制信息素与启发式信息的相对重要性；分母是所有可能路径的总和，确保转移概率在 $0 \sim 1$ 之间。

信息素更新是指蚂蚁完成路径选择后在路径上释放信息素，并对已有的信息素进行更新。这个过程让未来的蚂蚁（无人驾驶汽车）更倾向于选择高效的路径，从而逐步优化路径规划。具体地，信息素的更新通常包含以下两个部分。

- **信息素增强**：蚂蚁走过的路径上会增加信息素。路径越好（如路程短、时间短），释放的信息素越多，会吸引更多未来的蚂蚁选择这条路径。
- **信息素挥发**：每次迭代后，所有路径上的信息素都会发生一定程度的挥发，防止某条路径长期占据主导地位，保证算法的全局搜索能力。

这样，信息素更新公式如下：

$$\tau_{ij}(t+1) = (1-\rho) \cdot \tau_{ij}(t) + \sum \Delta \tau_{ij}$$

式中，τ_{ij} 是路径 i 到 j 的信息素浓度；ρ 是挥发系数，通常为一个小数，表示信息素的挥发速率；$\Delta \tau_{ij}$ 是蚂蚁在路径 i 到 j 上新释放的信息素量，较短路径的蚂蚁会释放更多的信息素。

下面以无人驾驶汽车在地图（图 4-11）上从起点 A 到终点 B 为例，详细讲解蚁群算法的求解最短过程。

Step 1. 初始化：初始化所有道路上的信息素，通常设定为一个较小的常数值。初始化蚂蚁个体，让它们从起点 A 出发，每只蚂蚁都代表一个可能的路径方案。定义启发式信息，如道路的长度，用作路径选择时的参考信息。

Step 2. 蚂蚁路径选择：每只蚂蚁都从起点 A 开始，根据路径上的信息素浓度和启发式信息来选择下一步的路口。具体地，蚂蚁在选择路径时，遵循状态转移概率公式，综合考虑信息素浓度和启发式信息，倾向于选择信息素浓度较高、路径较短的路段。蚂蚁会沿着所选路径前进，直到到达终点 B。

Step 3. 路径评估：蚂蚁到达终点 B 后，记录其路径的总距离，作为该路径的质量评估标准。

Step 4. 信息素更新：蚂蚁完成路径选择后，在所经过的路径上释放信息素，路径越短的蚂蚁释放的信息素越多。同时，所有道路上的信息素都会逐渐挥发，这避免了蚂蚁总会选择同一条路径，增强了算法的探索性。

Step 5. 重复 Step 3 和 Step 4（迭代优化）：重复蚂蚁的路径选择和信息素更新过程，进行多次迭代。每次迭代后，信息素浓度都会根据蚂蚁选择的路径逐步更新。在每次迭代中，信息素都会逐渐集中在那些短路径或高质量的路径上，其他较差的路径会由于信息素挥发而被淘汰。

Step 6. 找到最优路径：随着迭代次数的增加，逐渐有更多的蚂蚁选择相同的高质量路径，信息素浓度也集中在最优路径上。当满足终止条件（如达到预设的迭代次数，或者路径收敛）时，算法停止，输出当前最优路径。

Step 7. 输出最优路径：最终的最优路径就是无人驾驶汽车应当选择的路径。这条路径具有最低的行驶时间、最短的距离或最优的能耗。

（3）蚁群算法的优缺点

蚁群算法是一种模仿蚂蚁觅食行为的优化算法，它通过蚂蚁个体之间的信息素传递和反馈机制进行全局搜索，具有很强的适应性和鲁棒性。其**主要优点**在于：

蚁群算法能够通过信息素逐步加强对优秀解的选择，确保群体能够有效地找到全局最优解。同时，算法具备良好的并行性，能够通过多个蚂蚁个体同时进行搜索，提高计算效率。此外，蚁群算法在处理路径规划和组合优化问题时表现出色，特别适合解决需要全局探索的复杂问题。

蚁群算法也存在一定的**局限性**：

首先，它的收敛速度较慢，因为每次迭代都需要大量蚂蚁在多个回合中进行搜索才能逼近最优解。其次，蚁群算法可能会在信息素过度集中的情况下陷入局部最优，导致难以跳出已经探索过的路径，错过全局最优解。此外，蚁群算法的参数（如信息素挥发率、启发式权重等）设置复杂，不同的问题需要不同的参数调整，这增加了算法的复杂度和应用难度。

4. 粒子群优化算法

为了改善蚁群算法的一些缺点，特别是收敛速度慢和参数调优复杂的问题，下面向读者介绍另一种更为高效的替代方案——**粒子群优化算法（Particle Swarm Optimization，PSO）**。

粒子群优化算法（PSO）最初是由 Kennedy 和 Eberhart 博士于 1995 年受人工生命研究的结果启发，在模拟鸟群觅食过程中的迁徙和群集行为时提出的一种基于群体智能的优化算法。那么鸟群是怎么觅食的呢？

如图 4-12 所示，假设在一片森林中有多个食物来源，但每个地点的食物数量不同。

图 4-12　鸟群觅食

鸟群的任务是找到森林中食物最多的地方。每只鸟都在森林中自由飞行，四处寻找食物。当一只鸟发现一个新的食物地点时，它会默默地记录下该地点的食物数量，并持续更新它找到的食物最多的地点。在这个过程中，每只鸟都并不仅仅依赖自身的发现，还会参与群体协作。鸟群中的所有鸟类都通过共享信息，相互交流各自找到的食物地点。随着交流的深入，整个鸟群能够综合所有成员的发现，最终确定出森林中食物最丰富的地点。那么粒子群优化算法是怎么模拟鸟群觅食的呢？接下来向读者详细介绍粒子群优化算法的基本原理和流程。

（1）粒子群优化算法的基本原理

粒子群优化算法的基本原理是什么呢？在具体介绍之前，需要先对鸟群觅食行为的抽象化进行建模。

不难发现，鸟群所探索的森林就是**求解空间**，鸟群即为粒子群。每只鸟即为一个粒子，而食物多少则是待优化的**目标函数**对应的值，包含食物最多的地点即为**全局最优解**。某只鸟所处的位置即为某个粒子的位置（$X_i = (X_{i1}, X_{i2}, \cdots, X_{id})$），也就是空间中的一个解，整个鸟群中的所有鸟共享当前发现的最好地点就是**全局最优位置**（f_g），单只鸟自己发现的最好位置就是**个体最优位置**（f_{pi}）。

粒子群优化算法的**基本思想**是用 n 个粒子组成的鸟群模拟在 d 维求解空间中的群体行为，通过个体之间的信息共享和协作，每个个体（粒子）都根据自己和群体中的最优经验不断调整位置，逐步逼近问题的最优解过程。对于粒子群中的每个粒子来说，它的行为不仅限于个体的探索，还包括个体行为和社会行为的相互作用。

- **个体行为**：单个粒子会根据自身搜索情况，向自己已知食物最多的地方移动。
- **社会行为**：单个粒子会受当前群体已知最好地点的影响，向目前群体已知食物最多的地方移动。

换句话说，每个粒子都根据各个粒子在搜索过程中的个体最优和在每次搜索过程中最优的那个粒子（群体最优）更新个体位置。

- **个体最优位置**：粒子自己探索过的最优解位置，称为 $P_{\text{best}} = p_{i1}, p_{i2}, \cdots, p_{id}$。
- **全局最优位置**：指群体中的所有粒子探索到的全局最优位置，称为 $P_{\text{gbest}} = p_1, p_2, \cdots, p_d$。

（2）粒子群优化算法的基本流程

粒子群优化算法最优策略就是搜寻目前离食物最近的鸟的周围区域，每个粒子在每次迭代中都会根据个体最优位置和全局最优位置信息更新自己的速度和位置，整个集群大致向同一个地方聚集，逐渐靠近问题的最优解。那么具体如何更新每次迭代中各个粒子的位置？读者需要先理解**速度向量**的概念。

设在三维求解空间中，第 1 次迭代时粒子的位置为 $X_i = 1, 2, 3$，第 2 次迭代时该粒子的位置为 $X_{i+1} = 5, 8, 4$，则对应的速度向量为

$$V_i = X_{i+1} - X_i = (5, 8, 4) - (1, 2, 3) = (4, 6, 1)$$

不难发现，若已知某粒子当前迭代的位置和速度，那么可以计算粒子下次迭代更新的位置，如：

$$X_{i+1} = X_i + V_i = (1, 2, 3) + (4, 6, 1) = (5, 8, 4)$$

理解了速度向量后，如何对每个粒子的速度向量进行更新呢？我们知道，每个粒子的位置更新受以下 3 个因素的影响：单个粒子具备对未知区域的探索能力，倾向于保持上一移动方向进行移动（惯性）；单个粒子会受到个体行为的影响，倾向于向个体最优位置移动；每个粒子都会受到社会行为的影响，倾向于向全局最优位置移动。

那么如何通过计算表示出来呢？图 4-13 展示了对应的速度向量 v_1（惯性）、v_2（向个体最优位置移动）、v_3（向全局最优位置移动）。不难得到各个速度向量的表达式分别为

$$\begin{cases} v_1 = V_i^k \\ v_2 = P_{i,\text{pbest}}^k - X_i^k \\ v_3 = P_{\text{gbest}}^k - X_i^k \end{cases}$$

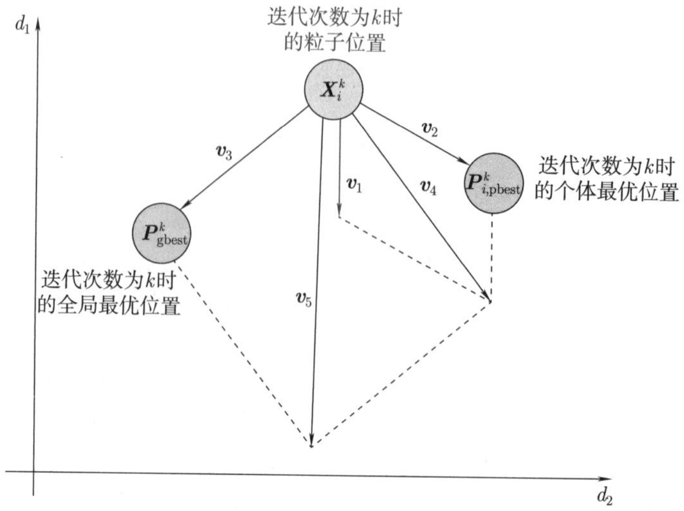

图 4-13 粒子群优化算法

将各个方向的向量合成，得到融合 3 个方向速度的新的速度向量 v_5（即速度向量更新）：

$$\begin{cases} v_4 = v_1 + v_2 \\ v_5 = v_3 + v_4 \end{cases} \longrightarrow \quad v_5 = v_1 + v_2 + v_3$$

为了确保粒子群优化算法能够有效收敛到全局最优解，平衡探索与开发，需要给 3 个方向的速度向量 v_1、v_2、v_3 分别加上对应权重：惯性项 w（保持粒子的方向和速度）、个体学习因子项 c_1（个体经验的影响）和群体学习因子项 c_2（群体经验的影响），这样就得到可更新的速度向量 v_5：

$$v_5 = wv_1 + c_1 r_1 v_1 + c_2 r_2 v_2$$

最后，将 v_1、v_2、v_3 代入式子中，得到迭代次数为 $k+1$ 的速度向量的计算公式：

$$V_i^{k+1} = wV_i^k + c_1 r_1 (P_{i,\text{pbest}}^k - X_i^k) + c_2 r_2 (P_{\text{gbest}}^k - X_i^k)$$

式中，r_1 和 r_2 均为 $[0,1]$ 的随机数。

理解了每个粒子的速度向量后，下面以无人驾驶汽车在地图（图 4-11）上从起点 A 到终点 B 为例，介绍粒子群优化算法的**具体流程**。

Step 1. 初始化：在解空间中随机生成若干粒子，每个粒子都有初始位置和速度。位置代表当前解，速度表示粒子下一次移动的方向和幅度。同时，初始化每个粒子的个体最优位置 f_{pi} 和群体的全局最优位置 f_g。在无人驾驶路径规划中，每个粒子都代表一条路径（如 A→S→F→B），每个粒子的速度和位置即为路径选择。

Step 2. 评估适应度：评估每个粒子的适应度，即该粒子对应解的优劣程度，通常通过一个目标函数来实现。根据适应度，更新每个粒子的 f_{pi} 和群体的全局最优位置 f_g。在无人驾驶路径规划中，计算每条路径的适应度。适应度可以是路径的总行驶时间或总距离。路径越短，适应度越高。比如，粒子 1 的路径为 A→S→R→B，行驶总距离为 140+80+168=388。粒子 2 的路径为 A→S→R→P→B，行驶总距离为 140+80+97+101=418。路径较短的粒子 1 适应度较高。

Step 3. 更新速度和位置：对于每个粒子，根据 v_5 公式更新它的速度，然后根据速度更新粒子的位置。在无人驾驶路径规划中，粒子根据自己走过的最优路径和群体的最优路径来更新它的行驶路线（即位置）并选择新的路径（即速度）。如果粒子 1 的路径较好，那么其他粒子会参考粒子 1 的路径，逐渐趋向更短的路径。

Step 4. 迭代更新：重复 Step 2 和 Step 3，更新粒子的位置和速度，评估新的适应度。经过多次迭代后，粒子会逐渐集中到全局最优解附近。在无人驾驶路径规划中，每次迭代后，粒子都会调整速度和位置，逐渐靠近更好的路径。经过多次迭代后，所有粒子都会逐渐收敛到一个最优的路径，如 A→S→R→B，这就是从起点 A 到终点 B 的最短路径。

Step 5. 终止条件：设定迭代次数或目标函数的精度作为终止条件。当达到设定条件时，算法停止，输出最优解。在无人驾驶路径规划中，输出粒子群中找到的最优路径作为无人驾驶汽车的行驶路线。

（3）粒子群优化算法的优缺点

粒子群优化算法（PSO）作为一种基于群体智能的优化算法，具有许多**优点**：

首先，它的结构简单，实现容易，所需的参数较少，因此在实际应用中非常便捷。其次，PSO 在处理连续优化问题时表现出色，能够快速收敛到较优解。同时，粒子群优化算法具有较强的全局搜索能力，能够有效避免陷入局部最优解。此外，PSO 通过个体和群体间的信息共享，使得算法能够在不同解之间灵活调整，提高了问题求解的效率。

粒子群优化算法也存在一定的**局限性**：

由于缺乏精确的局部搜索机制，因此 PSO 在某些情况下容易过早收敛，导致无法找到全局最优解，特别是在搜索空间复杂或高维度的问题中，这一问题尤为明显。此外，PSO 对于不同问题的适应性较为有限，依赖于参数设置的敏感性较强，参数不当可能导致收敛速度变慢或结果不佳。

除了遗传算法、蚁群算法、粒子群优化算法之外，群体智能方法中还有许多其他算法可以用于解决复杂的优化问题。例如，蜂群算法（Bee Algorithm）通过模拟蜜蜂寻找食物的行为进行问题求解；还有如人工鱼群算法（Artificial Fish Swarm Algorithm）和萤火虫算法（Firefly Algorithm）等，这些方法各具特色。读者可以根据具体需求，自行学习和研究这些群体智能方法，以更好地解决不同类型的优化问题。

4.4 对抗搜索

通过前面小节的学习，读者会发现启发式搜索通过利用启发式函数来引导算法选择最优路径，有效地解决了静态环境中的搜索问题。然而，在竞争的场景下，单纯依赖启发式信息是不够的，因为对手的行为会直接影响智能体的决策结果。在这种情况下，竞争者不仅需要寻找自身的最优策略，还必须考虑对手的潜在反应和策略调整。这就引出了**对抗搜索**，它模拟对手的最优反应，以在充满不确定性的对抗环境中找到最优解。

1997 年，IBM 的 Deep Blue 超级计算机成功击败了世界象棋冠军加里·卡斯帕罗夫（Garry Kasparov），这场被称为"世纪大战"的比赛，象征着人工智能在对抗性游戏中的巨大突破。而到了 2016 年，谷歌的 AlphaGo 进一步提升了这一成就，它在围棋比赛中击败了世界围棋冠军李世石，标志着人工智能在复杂策略游戏中的又一里程碑。这两场历史性对决中的关键技术之一，正是**对抗搜索**。通过对抗搜索，计算机能够在面对人类顶级棋手时制定出极为高效的策略和应对方案，从而实现击败人类的目标。那么到底什么是对抗搜索呢？

4.4.1 对抗搜索概述

对抗搜索也称为博弈搜索，是在博弈中做出最优决策的搜索方法。对抗搜索的目标是在竞争环境中找到一个策略，使得该策略能够在考虑对手的最优反应的前提下，使自身的收益最大化。

在人工智能领域可以定义为有完整信息的、确定性的、轮流行动的、两个游戏者的零和游戏（如象棋），具有以下特征。

- 游戏有且仅有两个玩家参与，分轮进行，双方轮流做出决策。
- 双方均知道游戏的一切完整信息。
- 任意一个游戏者在某一轮可以做出的决策只与当前轮的游戏状态有关，与之前或者之后的决策无关。
- 游戏一定会在有限轮内结束。
- 游戏结束时一定有一方胜利，另一方失败，不存在平局。
- 当某方胜利了，当且仅当在某一轮中轮到对方行动，但对方没有合法的决策。

以井字棋游戏为例，考虑两个游戏者：红方 (×) 和蓝方 (○)。游戏规则规定红方先行，随后两人轮流下棋，直至游戏结束。在游戏结束时，为优胜者奖励积分，而对失败者进行扣分。在这种情况下，井字棋可以被形式化地定义为一类搜索问题，其包含以下几个关键组成部分。

- 初始状态：包括棋盘的当前局面，以及明确当前轮到哪一位游戏者出招。
- 后继状态：生成一个包含 (move, state) 对的列表，move 和 state 分别表示一个合法的招数及其对应的结果状态。列表中的对构成了从当前状态出发所能达到的所有可能的下一步状态。
- 终止测试：用于判断游戏是否结束的条件，确定当前状态是否为终止状态。如果满足终止条件，则游戏进入结束状态。
- 效用（收益）函数：也称为目标函数或收益函数，用于对终止状态进行评价，返回一个数值，以表示该状态对每位游戏者的得益或损失。

为了更好地分析这种对抗性游戏，我们可以绘制出井字棋的博弈树，如图 4-14 所示。那么，为什么需要这棵博弈树呢？读者或许已经猜到了，计算机最擅长的就是执行机械式的穷举计算。试想一下，当完成一个动作后，计算机会立即为它的下一步做准备。此时，计算机会全面分析所有可能的走法，并进一步穷举接下来的每一步可能采取的行动，然后不断深入推演，直至找到最优解。

不过，这种穷举法更适合于像井字棋这样规模较小的棋盘游戏。井字棋的棋盘格局和可能的组合有限，计算机在相对较浅的搜索深度下，就能枚举出所有可能的局面，并基于这些局面选择出最佳方案。因此，对于一个设计合理的井字棋 AI 来说，人类几乎不可能战胜它，除非人类也具备与之相当的计算能力和穷举思维。在这种情况下，游戏的胜负往往取决于谁先行，因为先行者通常能通过更早的战略性选择掌握局面的主动权。

那么，构建了这样一棵博弈树后，我们可以采用哪些方法来找到最优解呢？为了应对不同的游戏场景和策略需求，这里将介绍 3 种常用的算法：极小极大值算法、$\alpha - \beta$ 剪枝算法、蒙特卡洛树搜索算法。每种算法都有其特点和适用场景，能够有效地帮助人们在复杂的对抗性游戏中找到最佳策略。

4.4.2 极小极大值算法

极小极大值算法（Minimax Algorithm）广泛应用于棋类等两人对抗的游戏和程序中，它可以追溯到中世纪，是一种在可能失败的情境中找出最佳选择的算法。

1. 极小极大值算法的基本原理

极小极大值算法的**核心思想**是基于零和博弈的假设，也就是说，在游戏中，一方的获利意味着另一方的损失，双方的得失总和始终为零或某个固定值。因此，在这种对抗环境下，参与博弈的每一方都会选择能使自己优势最大化的策略，同时假设对手会选择能最大程度限制自己优势的策略。

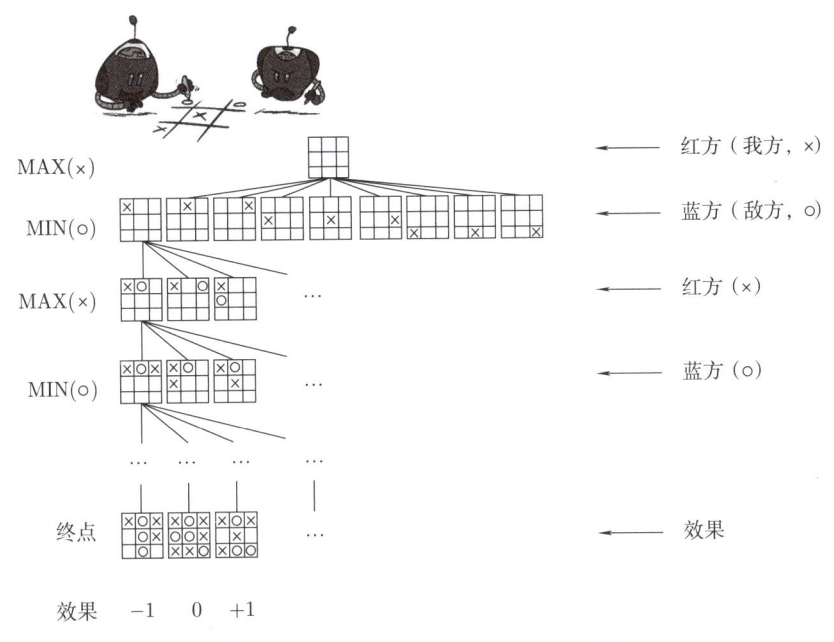

图 4-14　一棵井字棋游戏对应的博弈树

在这种双重假设下，当前行动方会评估所有可能的选择，并选择能使自己收益最大化的选项；而对手则会挑选对自己最有利、对行动方最不利的选项。很多经典的棋类游戏，如井字棋、国际象棋和跳棋等，都适用于极小极大值算法。虽然从双方各自的视角来看，描述的策略和选择方式似乎是对立的，但它们实际上是相互依存的。两种描述方式的不同之处在于所站立的立场不同：无论是谁，都会在己方回合时寻求最大化自己的优势。

顾名思义，极小极大值算法的目标是将最坏情况下的损失最小化。这里的"极大值"通常指的是可能出现的最差结果，算法希望通过选择合适的行动来减少最不利情况的影响。换句话说，己方在每一步都要尽量使对手能获得的最大收益最小化，从而提高自身获胜的概率。

该算法的一个前提是，游戏必须满足零和博弈的条件，即双方的收益总和保持不变，一方获利的同时，另一方一定会失去相应的利益。如果游戏不满足这一条件，那么极小极大值算法将不再适用。算法的本质是一个基于树状结构的递归过程，其中，博弈树的节点代表游戏的可能状态，节点之间的边表示游戏的行动。每一个节点都代表一个玩家的决策点，分为极大化节点（己方）和极小化节点（对手方），递归地选择最佳策略。

2. 极小极大值算法的基本流程

通常情况下，极小极大值算法通过递归来实现。这个递归的思路在于，通过假设对手的策略来预测己方的最佳策略。例如，计算玩家 A 的最佳收益时，需要先计算玩家 B 在各种选择下的得益；而计算玩家 B 的得益时，则需要进一步预测玩家 A 的反应，如此往复，直到满足递归终止条件。这种机制构成了算法的基础。算法过程可描述如下。

Step 1. 构建博弈树：博弈树中的每个节点都代表一种可能的棋盘状态，每条边都表示一种行动。极大化玩家和极小化玩家轮流走棋，因此节点会交替表示两方的选择。

Step 2. 递归评估节点：从博弈树的叶节点开始，逐层向上回溯，计算每个节点的值（即该节点状态对极大化玩家的期望值)。如果是极大化玩家的节点，则选择当前节点的子节点中具有最大值的节点；如果是极小化玩家的节点，则选择具有最小值的子节点。

Step 3. 终止条件：当算法到达博弈树的叶节点时，即状态为终止状态时（如游戏胜负已定），根据该状态的结果赋值给节点。比如，对于井字棋，胜利节点可能赋值为正数，失败节点赋值为负数，平局节点赋值为 0。

Step 4. 回溯更新值：在叶节点赋值后，将这些值向上传递到父节点，极大化玩家选择最大值，极小化玩家选择最小值。最终，根节点的值将反映双方都采取最优策略的情况下极大化玩家的最优得分。

Step 5. 选择最优策略：当回溯到根节点时，极大化玩家选择其能够采取的具有最高得分的行动，即为最优策略。

3. 极小极大值算法实例：分硬币游戏

为了更好地理解极小极大值算法的实际应用，我们以分硬币游戏为例来介绍整个过程。

分硬币游戏的规则是这样的：最初有一堆硬币，玩家轮流将这堆硬币分成两堆，但要求这两堆中的硬币数量不能相等。然后，下一位玩家从这两堆中选择一堆，继续进行分割。游戏按此规则交替进行，直到某位玩家无法继续分割硬币为止，此时对方获胜。

假设游戏开始时有 7 枚硬币，并且轮到读者先行动。此时，读者需要确定一个最优策略，也就是找到能为读者带来最优结果的决策。为此，可以通过构建一棵极小极大树来分析不同的分割方案，并选择最有利于读者的行动。

首先，需要构建博弈树。图 4-15a 列出了游戏中所有可能的状态，使用矩形表示轮到读者做出决策的极大层节点，用圆形表示轮到对手做决策的极小层节点，并列举出每一种可能的状态。此时，由于读者尚未对树的节点进行估值，因此还不能算作一棵完整的极小极大树。

接下来，需要为这个游戏设计一个估值函数。这个估值函数的逻辑非常简单：如果读者在当前局面中获胜，则收益为 +1；如果读者失败，则收益为 −1。由于该游戏没有平局的可能性，因此节点的收益值只能是这两种情况之一。

在估值的初始阶段，读者位于根节点，对整棵树的状态一无所知。要得到根节点的估值，读者必须遍历它的子节点。首先遍历第一个子节点，然而，由于其值尚未确定，因此继续深入遍历它的子节点，采用深度优先搜索的方式，如图 4-15b 所示。

当读者到达一个叶子节点时，可以对其进行估值。此时，轮到对手做决策，但对手已无法再继续分割硬币，因此这个局面的收益值为 +1，意味着读者获胜，如图 4-15c 所示。现在得到了第一个叶子节点的估值。由于它的父节点只有这个子节点，因此父节点的收益值自然也是 +1。

接下来，沿着路径向上回溯，将这一估值传递到上层节点，直到到达根节点。

然而，如图 4-15d 所示，无法立即对根节点赋值，因为它还有其他未遍历的子节点。为了得到完整的估值，继续遍历根节点的其他子节点。遍历到另一个叶子节点时（如图 4-15e 所示），发现该节点的收益值为 −1，这意味着在这个局面下读者将输掉比赛。

接着，读者将这一结果回溯到它的父节点，回到根节点（如图 4-15f 所示），它的所有子节点的收益值已经确定。因为根节点是极大层节点，所以以读者会选择使自身收益最大的决策。它的子节点中，一个收益为 +1，另一个为 −1，因此读者选择收益最大的 +1。

读者继续按照深度优先搜索的方式遍历其他未评估的节点。如图 4-15g 所示，当遍历到一个极小层节点时，读者选择其中收益最小的子节点，因此该节点的收益值为 −1。

按照这一思路，继续递归遍历整棵树，最终构建出完整的极小极大树，如图 4-15h 所示。分析发现，根节点的最终收益值是 −1，这意味着，只要对手足够聪明且始终选择最优策略，读者无论如何也无法取胜。

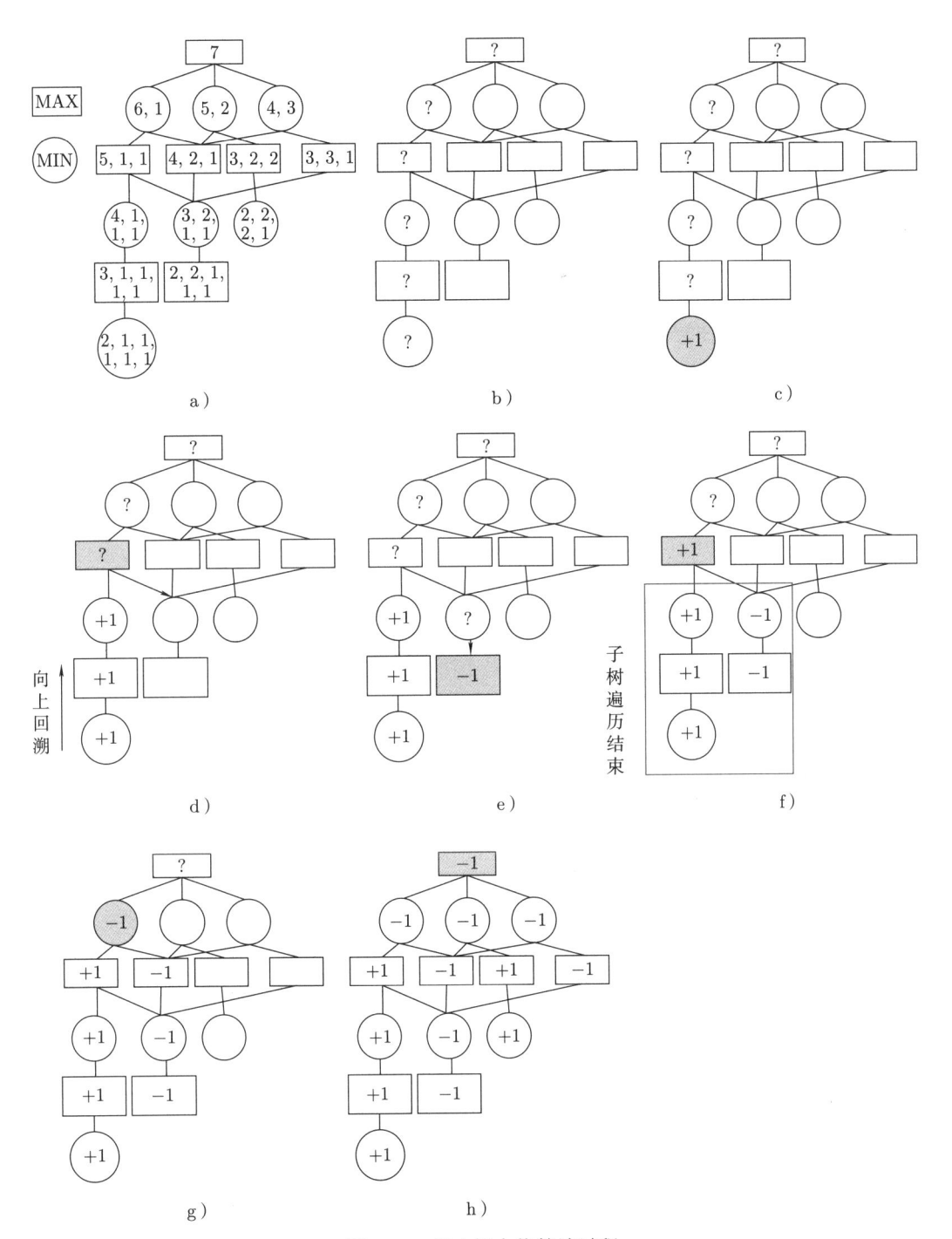

图 4-15 极小极大值算法过程

虽然这似乎让人感到无望，但进一步思考，其前提假设是对手是一个不会犯错的完美高手。然而，在实际对局中，对手未必总是完美无误的。虽然我们知道在理想情况下必败，但依然可以选择让对手更容易出错的策略，以增加读者获胜的机会。例如，极小极大树中最右边的子节点，其所有子节点的收益值都是 −1，这意味着无论对手如何选择，读者都必败无疑。而在中间和左边的子节点中，如果对手在某些节点上选择失误，那么读者仍有机会到达收益为 +1 的叶子节点。因此，即使在已知必败的情况下，读者仍然可以选择一个相对不那么明显的失败策略，以此来增加对手犯错的可能性，从而获得一线生机。

4. 极小极大值算法的优缺点

极小极大值算法是一种决策算法，用于在对抗性游戏中寻找最佳策略，具有如下优点。

- **简单直观**：极小极大值算法的逻辑非常直观，通过递归遍历博弈树中的所有可能状态，它能够找到当前局面下的最优策略。这种方法可以直接模拟出双方玩家的策略与对策，因此易于理解和实现。
- **适用于完全信息对抗性游戏**：该算法在完全信息博弈中的表现良好，如井字棋、国际象棋和跳棋等游戏。这类游戏的状态和规则是已知的，极小极大值算法可以通过穷举所有可能的局面来确定最佳行动。
- **保证最优解**：理论上，极小极大值算法能够找到在双方都采取最优策略情况下的最优解，确保当前玩家做出最优决策，从而获得最大的优势。

然而，极小极大值算法也存在一定的局限性。

- **计算复杂度高**：极小极大值算法的主要缺陷在于其巨大的计算复杂度。对于复杂的游戏，博弈树的深度和宽度都非常大，状态数量呈指数级增长，导致需要大量的计算资源来穷举所有可能的状态。
- **速度慢**：由于需要遍历整个博弈树，因此即便使用递归，极小极大值算法的运行速度在实际应用中也较慢。这使得它在计算能力有限或时间要求严格的情况下表现不佳。
- **空间复杂度高**：在递归过程中，算法会占用大量的内存来存储所有可能的状态和路径，因此在内存空间受限的环境下，应用会受到很大限制。

极小极大值算法需要穷举所有可能的游戏状态，从每个终结状态逐层向上回溯，计算各个节点的估值，最终确定当前局面下的最佳决策。然而，这种方法所需检查的状态数量会随着游戏步骤的增加而呈指数级增长，导致计算复杂度迅速上升。

以井字棋为例，虽然它的规则简单，但计算复杂度并不低。假设第一步有 9 种可能的落子选择，接下来对手就有 72 种可能的回应。随着游戏的进行，可能的决策数继续增加，最终一层的决策组合数量达到了 362880 种。即使对于井字棋这样的小规模游戏，若不采取优化措施，则计算机在处理时也会遇到相当大的挑战。而对于更大棋盘的五子棋和围棋，博弈树的规模更加庞大，想要穷举所有可能的决策几乎是不可能的。

在实际应用中，无法简单地通过穷举所有可能的结果逐一寻找最优策略。随着博弈树深度的增加，节点数量以指数级增长，高昂的计算复杂度使得极小极大值算法在处理大规模博弈树时变得非常缓慢且不实用。因此，必须采用一些优化手段来减少计算量，比如搜索必须在到达一定深度后停止，即 4.4.3 小节介绍的 $\alpha-\beta$ 剪枝算法。

4.4.3 $\alpha-\beta$ 剪枝算法

$\alpha-\beta$ 剪枝算法是一种优化极小极大值算法的有效方法。它通过在搜索过程中剪去那些不会影响最终决策的分支，从而大幅减少需要评估的节点数量。具体而言，$\alpha-\beta$ 剪枝在搜索到某个节点时，如果发现该节点的值已经无法比之前评估过的某个节点更优，就可以提前终止搜索，忽略该节点下的所有子节点。通过这种方式，$\alpha-\beta$ 剪枝在保证决策结果不变的前提下，显著减少了计算量和搜索时间，使得对大规模博弈树的求解变得更加高效。

1. $\alpha-\beta$ 剪枝算法的基本原理

$\alpha-\beta$ 剪枝算法的**核心思想**是"剪去无用的分支"，即在确保当前节点无法比之前的最优值更优时，不再对该分支进行深入搜索。在搜索过程中设定两个阈值（α 和 β），通过动态调整这些阈值来控制搜索的范围，从而剪去无关的分支，避免对不必要的节点进行评估。

- α 值（表示当前已知的极大化节点的下界）：即极大化玩家当前可以保证的最低收益。α 的初始值为负无穷。
- β 值（表示当前已知的极小化节点的上界）：即极小化玩家当前可以保证的最高收益。β 的初始值为正无穷。

在遍历博弈树的过程中，α 和 β 的值不断更新，以反映当前已知的最好情况。当极大化节点的值超过 β（即极小化玩家能够接收的最小值）时，就可以停止搜索当前分支，因为极小化玩家不会选择这个分支。同样，当极小化节点的值小于 α 时，也可以停止搜索，因为极大化玩家不会选择该分支。这种提前终止搜索的过程称为剪枝。

2. $\alpha - \beta$ 剪枝算法的基本流程

$\alpha - \beta$ 剪枝算法通过设定和调整 α 和 β 的阈值，智能地减少了博弈树中需要评估的节点数量。它在不影响最终决策结果的前提下，大幅度减少了搜索空间和时间，使得极小极大值算法在处理大规模博弈树时变得更加高效。具体流程如下。

Step 1. 初始化 α 和 β：在算法开始时，设置 α 为负无穷（代表当前极大化玩家的最小收益），β 为正无穷（代表当前极小化玩家的最大收益）。

Step 2. 递归搜索博弈树：从根节点开始，递归地遍历博弈树。对于每一个节点，根据它是极大化节点还是极小化节点，选择相应的策略。1）极大化节点：遍历所有子节点，并更新 α 的值为 $\alpha = \max(\alpha,$ 子节点的值)。如果 α 的值变得大于或等于 β，则可以剪去剩余的子节点（因为极小化玩家不会选择这个分支）；2）极小化节点：遍历所有子节点，并更新 β 的值为 $\beta = \min(\beta,$ 子节点的值)。如果 β 的值变得小于或等于 α，则可以剪去剩余的子节点（因为极大化玩家不会选择这个分支）。

Step 3. 估值函数：在到达博弈树的叶节点时，根据游戏规则，使用估值函数计算叶节点的值（如胜利、失败的得分）。将这些值返回给父节点，并根据 α 和 β 规则进行回溯更新。

Step 4. 剪枝操作：在递归过程中，当满足 $\alpha \geqslant \beta$ 时，对当前节点进行剪枝，即停止对该节点的进一步搜索。通过这种方式，算法避免了无效的计算，从而节省了大量的计算时间。

Step 5. 回溯更新：在对所有子节点进行评估后，极大化节点选择子节点中得分最大的路径作为其得分，极小化节点则选择子节点中得分最小的路径。最终回溯到根节点时，确定出当前局面下的最优策略。

3. $\alpha - \beta$ 剪枝算法实例：五子棋

五子棋起源于中国，是一种两人对弈的棋类游戏，通常在 19×19 的标准围棋棋盘上进行，但也可以在更小的棋盘（如 15×15 或 13×13）上进行。获胜方需要在任意方向（横向、纵向、斜向）上率先摆出连续的 5 颗同色棋子。我们将五子棋游戏的评价函数设计为为当前局面打分。例如，如果有 5 个子连成一线，那么这个局面就获得最高分；如果有 4 个子连成一线，那么它获得次高分；还有双三等其他情况。这样，我们就能根据局面获得一个得分。当然，当对手调用这个评价函数时，他们获得的分数应该是负数，因为对手的最高分就是我们的最低分。图 4-16 所示为使用 $\alpha - \beta$ 剪枝算法实现五子棋游戏的过程，我们假设限定了搜索深度为 3。

如图 4-16a 所示，**从根节点开始往下搜**，直到搜到第一个深度为 3 的节点，即图 4-16b 中深色标记出的叶节点，同时调用评估值函数计算该节点的估分，假设该节点的收益为 3。返回该节点的父节点（如图 4-16c 所示），将收益值 3 返回给父节点。由于这个父节点是 MIN 节点，因此它总是会选择子节点中的最小值。假设这个父节点目前的收益不超过 3，那么它的取值范围可以认为是 $(-\infty, 3]$。也就是说，子节点其实更新了它的父节点收益的一个上界值。

目前，其实并没有进行剪枝，只是找到了一个父节点的上界值（β 值），需要继续**递归搜索**它的子节点。假如搜索到了 12，如图 4-16d 所示，依然试图更新父节点的上界值（β 值），但是因为比 3 要大，所以更新失败了，继续搜索下一个，直到搜索完父节点的所有子节点，这时可以知道当前节点的收益，假设是 3，就可以修改该节点的下界为 3，收益为 3。

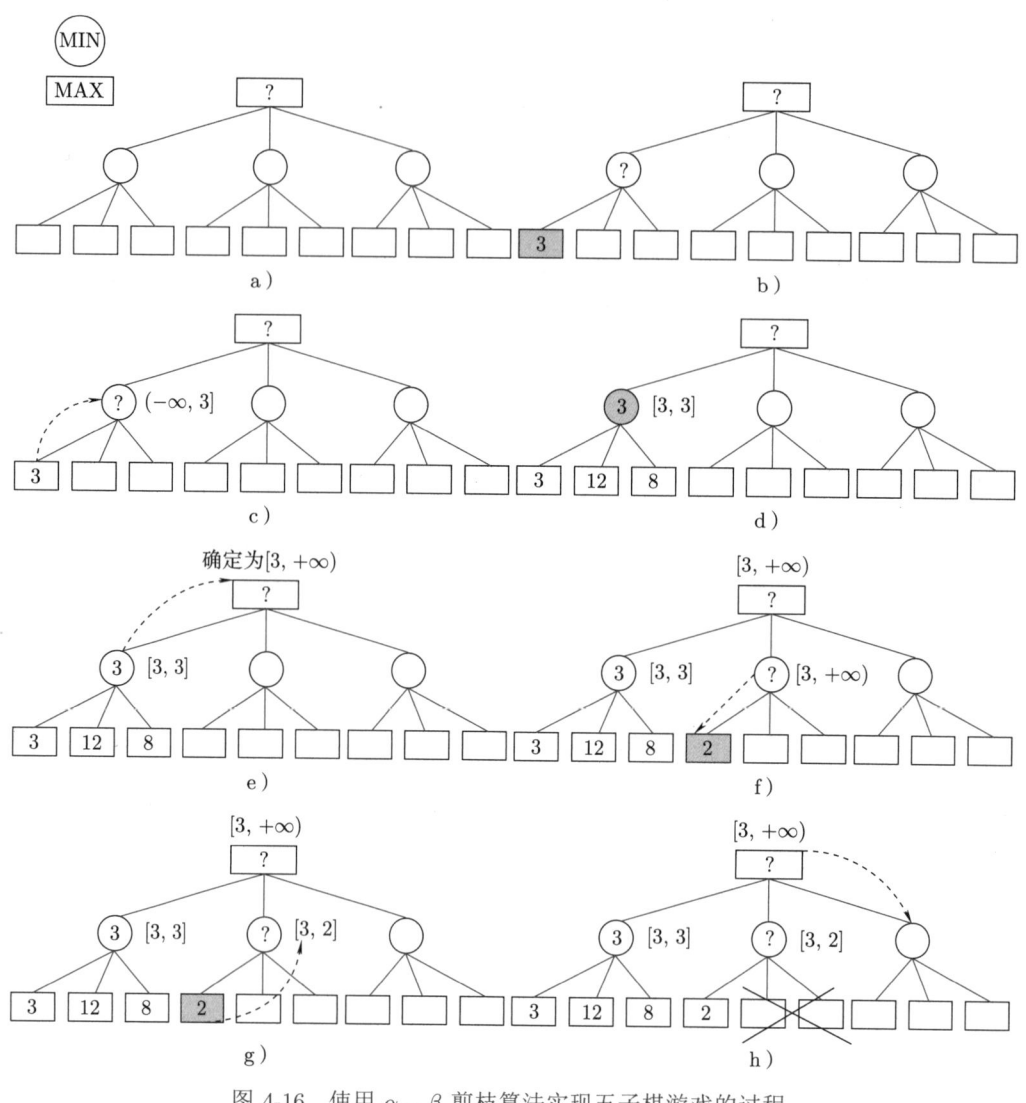

图 4-16 使用 α - β 剪枝算法实现五子棋游戏的过程

接着，当确定该父节点的收益为 3 时，则**回溯**返回该父节点的父节点，即根节点。根节点初始的收益值范围是 $(-\infty, +\infty)$，现在找到了子节点的收益是 3，则根据根节点是一个 MAX 节点，更新根节点的下界（α 值），根节点的取值区间为 $[3, +\infty)$。

如图 4-16e 所示，我们确定了当前节点收益为 3，再去看它的父节点，即根节点。根节点原本的收益值范围是 $(-\infty, +\infty)$。现在找到了子节点的收益是 3。根节点是一个 MAX 节点，跟之前相反，子节点的收益值为 3，可以用来更新的是根节点的下界（α 值）。现在已经搜索到一个 3，如果以后搜索到比 3 小的值，那么根节点在取最大值的时候，肯定会选择 3，而不是其他值。因此最优解的下界就是 3，不会再更小了。

同时，如图 4-16f 所示，继续往下搜索根节点的下一个子节点，并把这个区间赋给下一个子节点。通过深度优先遍历往下搜索，访问它的第一个子节点。当到达设定的深度 3 的节点时，调用评价函数评估该节点的收益，假设评价函数的返回值为 2，则访问当前子节点的父节点。该父节点为 MAX 节点，则父节点的上界被修改成了 2。这时出现了一个矛盾的区间 [3,2]，如图 4-16g 所示。

观察当前的节点，它的收益值的取值区间是 [3,2]。这明显是不合理的，收益下界不可能是 3，同时上界又是 2。这时可以做出判断，这个节点无论如何都不可能是最优解，可以直接给当前节点"判死刑"，跳过剩下所有的子节点了，如图 4-16h 所示。这样的操作就称为 $\alpha-\beta$ **剪枝**。

4. $\alpha-\beta$ 剪枝算法的优缺点

$\alpha-\beta$ 剪枝算法在对抗性游戏的搜索中表现优异，能够显著减少搜索空间，提高效率，并且保证最优解。具有以下优点。

- **提高搜索效率**：$\alpha-\beta$ 剪枝算法大幅减少了博弈树中的节点评估次数，尤其在执行极小极大值算法时，它可以避免对许多无用分支的搜索，使得算法更高效。对于复杂游戏，如国际象棋和围棋，它可以加快搜索速度，缩小搜索范围。
- **保证最优解**：$\alpha-\beta$ 剪枝算法虽然减少了评估的节点数量，但不会影响最终的最优解。它确保了和原始极小极大值算法相同的决策结果，因此在保证正确性的前提下提高了效率。
- **降低时间复杂度**：理论上，$\alpha-\beta$ 剪枝算法在最佳条件下可以将时间复杂度从 $O(b^d)$ 降低到 $O(b^{d/2})$，其中，d 是每个节点的分支数，b 是搜索深度。这意味着可以在相同的时间内搜索更深的博弈树。
- **灵活适应深度优先搜索**：$\alpha-\beta$ 剪枝算法在深度优先搜索的基础上工作得非常好，特别是当搜索到深层有价值的节点时，可以有效地剪去上层无关的分支。

然而，它的性能依赖于节点的访问顺序，并且对于复杂博弈树问题，具有以下局限性。

- **对顺序依赖较大**：$\alpha-\beta$ 剪枝算法的效率高度依赖于博弈树节点的遍历顺序。理想情况下，算法先访问最佳节点时，剪枝效果最显著。如果遍历顺序不理想，那么剪枝效果会大打折扣。在最坏的情况下，算法可能接近于原始的极小极大值算法。
- **仍然面临指数级增长**：虽然 $\alpha-\beta$ 剪枝算法可以显著减少搜索节点，但随着博弈树深度的增加，节点数仍然会呈指数级增长。因此，对于极其复杂的游戏（如围棋），即使经过剪枝优化，算法的搜索效率也可能不足。
- **复杂性增加**：相比于原始的极小极大值算法，$\alpha-\beta$ 剪枝算法的实现复杂度更高。它需要在每一步保持 α 和 β 的动态更新，并根据节点值进行剪枝，这增加了算法的逻辑复杂性。
- **无效剪枝的可能性**：在一些特殊情况下，$\alpha-\beta$ 剪枝算法可能不会剪掉过多的分支，例如当博弈树中的节点值差距不大时，剪枝效果有限，导致算法的性能无法显著提升。

4.4.4 蒙特卡洛树搜索算法

蒙特卡洛树搜索（Monte Carlo Tree Search, MCTS）算法是一种基于随机模拟和博弈树构建的决策算法，是由前里尔第三大学助理教授 Rémi Coulom 在围棋程序 Crazy Stone 中首先引入的方法。Crazy Stone 是第一个在围棋上达到职业五段水平的计算机程序。名震一时的 AlphaGo 的技术背景就结合了蒙特卡洛树搜索和深度策略价值网络，因此击败了当时的围棋世界冠军。接下来向读者详细介绍蒙特卡洛树搜索算法的基本原理和流程。

1. 蒙特卡洛树搜索算法的基本原理

蒙特卡洛树搜索算法的核心在于将计算资源集中分配到更有价值的分支上，通过合理地平衡探索与利用，逐步改进对不同动作的评估。其**基本思想**是通过模拟大量可能的游戏过程，来评估每个备选动作的质量。在这一过程中，蒙特卡洛树搜索算法通过选择那些可能影响最终决策的分支，从而显著减少了需要评估的节点数量。

具体而言，在当前状态下，蒙特卡洛树搜索算法会选择一个备选动作或状态，并从该动作或状态出发，不必穷举所有后续的可能情况，而是采用某种策略，随机模拟游戏的进展，直到结束。通过计算这次模拟的回报值，可以对该动作的效果做出初步评估。为了更准确地评估每个备选动作，算法会重复多次模拟，并通过取多次模拟结果的平均值来估算该动作或状态的价值。

在多次采样的过程中，如果某个节点的子节点表现不佳，那么算法会自动减少对该子节点的进一步模拟，这样可以更加专注于那些更有可能产生较好结果的分支。通过这种方法，蒙特卡洛树搜索算法不仅提高了决策的质量，还显著降低了计算的复杂度，确保算法能够在大规模博弈中保持高效性。

2. 蒙特卡洛树搜索算法的基本流程

蒙特卡洛树搜索算法主要分为 4 个步骤，分别为选择、扩展、模拟、回溯。

Step 1. 选择（Selection）：从当前的根节点（表示当前游戏状态）出发，沿着已经构建的博弈树向下选择一个子节点进行扩展。选择时遵循"上置信界"（Upper Confidence Bound，UCB）原则，平衡已知信息和探索新区域的收益。

UCB 值利用如下公式计算：

$$\text{UCB}(v_i, v) = \frac{Q(v_i)}{N(v_i)} + c\sqrt{\frac{\log(N(v))}{N(v_i)}} \tag{4-2}$$

式中，v_i 表示当前树节点，v 表示父节点，Q 表示这个树节点的累计 quality 值，N 表示这个树节点的 visit 次数，c 是一个常量参数。

有了上面的 UCB 公式，就可以计算所有子节点的 UCB 值，并选择 UCB 值最大的子节点进行迭代。

Step 2. 扩展（Expansion）：当选择到某个叶子节点时，如果该节点不是一个终局状态（即游戏未结束），则从该节点生成一个新的子节点，表示可能的下一步动作或状态。在生成新节点后，可以从该新节点进行后续模拟。

Step 3. 模拟（Simulation）：从扩展的节点出发，使用随机策略（或启发式策略）模拟完整的游戏过程，直到到达终局状态（如一方获胜或平局）。在这个过程中不需要对所有可能的状态进行穷举。记录这次模拟的结果（如胜利、失败或平局）。

Step 4. 回溯（Backpropagation）：模拟结束后，将结果（即胜负）回传到上层的所有节点，更新这些节点的访问次数和累积回报。极大化节点选择回报较大的路径，极小化节点选择回报较小的路径。这样，每次模拟的结果都会影响博弈树的结构和未来选择的优先级。

当多次模拟完成后，根节点的每个子节点的价值都将会被计算出来。最终，算法选择价值最高的子节点作为最佳决策。蒙特卡洛树搜索算法通过多次随机模拟来构建博弈树，并逐步逼近最优解。它在探索与利用之间取得平衡，能够在大规模搜索空间中有效找到最优策略。

3. 蒙特卡洛树搜索算法实例

为了帮助读者更好地理解蒙特卡洛树搜索算法，这里以图 4-17 所示的蒙特卡洛树搜索算法实例进行介绍。

首先，对于图 4-17 中最左侧的这棵树，在**选择过程**中，从上往下进行搜索时，可以看到根节点的各个分支已经扩展，并且这些分支节点都已经经过了仿真模拟。因此，接下来应该比较第二层 3 个节点的 UCB 值，这 3 个节点从左到右分别是

$$2/3 + \sqrt{\frac{\log(7)}{3}} \approx 1.197$$

$$1/3 + \sqrt{\frac{\log(7)}{3}} \approx 0.864$$

$$0/1 + \sqrt{\frac{\log(7)}{1}} \approx 0.919$$

得分最高的是第二层最左边的节点 2/3，因此将其作为当前节点。

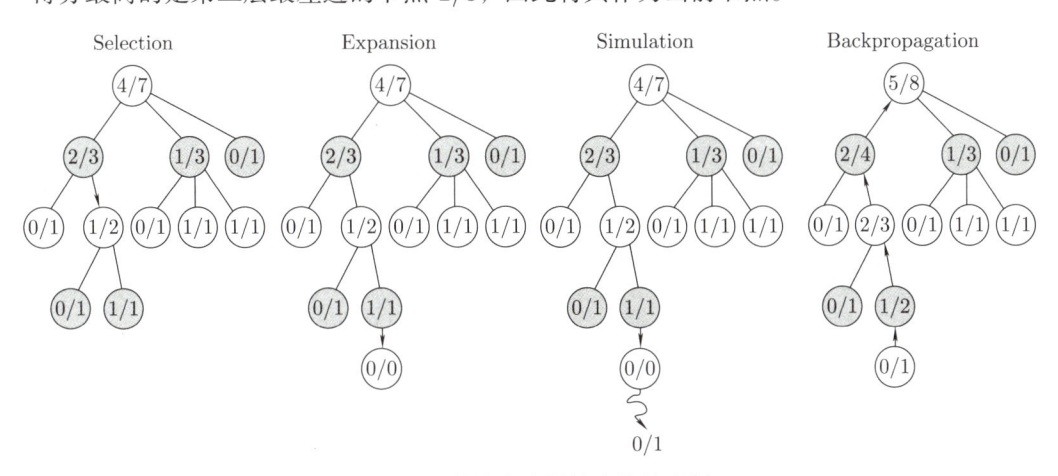

图 4-17　蒙特卡洛树搜索算法实例

接下来继续向下探索：由于 0/1 和 1/2 两个节点已经扩展过，因此需要比较它们的 UCB 值。经过计算，这两个节点的 UCB 值分别为

$$0/1 + \sqrt{\frac{\log(3)}{1}} \approx 0.69$$

$$1/2 + \sqrt{\frac{\log(3)}{2}} \approx 0.99$$

因此，再次选择 1/2 节点作为当前节点，进入第三次探索。由于两个节点已经被扩展过，因此需要再次比较 UCB 值，最终选择 1/1 节点作为当前节点。

接着，由于 1/1 节点下没有任何分支，因此选择过程结束，进入**扩展阶段**，在该节点下添加新的分支。正如图 4-17 所示，在第二棵树中，我们在叶子节点 1/1 下添加了一个子节点。图中仅展示了其中的一个子节点。在这个新添加的节点中，初始数据为 0/0，这表示该节点还没有进行任何模拟，也没有获得回报值。

接着，进入**模拟过程**，如图 4-17 中的第三棵树所示，模拟从新添加的节点 0/0 开始，与对手进行一场模拟对弈，直到比赛结束并分出胜负。模拟结束后，我们根据比赛结果获得一个回报值。在这个实例中，假设我们在模拟对局中输了，因此该节点的回报值为 0/1，表示零次胜利和一次失败。

最后，进入**回溯过程**。如图 4-17 中的第四棵树所示，从新节点 0/0 开始，沿着路径向上回溯，用获得的回报值 0/1 更新该路径上所有经过的节点的数据。也就是说，沿这条路径的每个节点都会根据 0/1 的结果进行更新，而不在此路径上的节点则不会受到任何影响。

至此，此轮迭代结束。

4. 蒙特卡洛树搜索算法的优缺点

蒙特卡洛树搜索（MCTS）算法是一种特别适用于那些状态空间巨大的对抗性游戏的搜索算法。它通过随机模拟来评估不同的走法，从而在不需要完全枚举所有可能状态的情况下，找到最优或近似最优的策略。其具有以下优点。

- **提高搜索效率**：MCTS 通过随机模拟来评估不同的走法，避免了对整个博弈树的详尽搜索，尤其在状态空间巨大的游戏中，如围棋，它可以显著减少计算量，提高搜索效率。
- **适用性广泛**：MCTS 不依赖于特定的游戏规则或评估函数，这使得它成为一种通用的搜索算法，适用于各种不同的游戏和决策问题。
- **渐进性能**：MCTS 的性能随着模拟次数的增加而逐步提高，这意味着即使在有限的时间内，它也能提供相当好的策略建议。
- **灵活性和鲁棒性**：MCTS 能够适应不同的游戏环境和变化，即使在信息不完全或存在随机性的情况下也能工作。
- **易于并行化**：MCTS 的模拟过程可以很容易地并行化，这使得它能够利用现代多核处理器的计算能力，进一步提高搜索效率。

然而，由于 MCTS 在探索过程中具有随机性本质，因此也存在着很多局限性。

- **对模拟次数依赖较大**：MCTS 的性能高度依赖于模拟的次数。在模拟次数较少时，它可能无法提供准确的策略建议，因为结果可能受到随机性的较大影响。
- **可能忽视深度搜索**：由于 MCTS 侧重于通过广泛的模拟来评估走法，因此它可能忽视对特定走法的深度搜索，这在某些需要深入分析的游戏中可能是一个问题。
- **参数调整困难**：MCTS 中的关键参数，如探索和利用的平衡参数，需要根据具体问题进行调整，这可能需要大量的实验和专业知识。
- **计算资源消耗**：尽管 MCTS 减少了搜索空间，但在某些情况下，为了获得可靠的结果，它仍然需要大量的计算资源，尤其是在模拟次数需求很高时。
- **难以处理动态变化**：在游戏状态快速变化的环境中，MCTS 可能难以及时调整策略，因为它需要一定数量的模拟来稳定其策略建议。
- **结果的不确定性**：由于 MCTS 依赖于随机模拟，因此其结果具有一定的不确定性，这可能在某些需要确定性结果的应用中产生问题。

4.5 小结

搜索求解策略是解决复杂问题的关键工具，类似于制订高效的训练计划，可帮助人们在众多可能解中找到最优解。本章首先介绍了搜索求解策略的概述，接着深入讲解了盲目搜索（如 BFS、DFS）和启发式搜索（如 A* 算法）的原理与应用。盲目搜索虽然能够全面覆盖搜索空间，但效率较低；相比之下，启发式搜索通过引入启发函数显著提升了搜索效率，类似于量身定制的训练计划。同时，本章还探讨了对抗搜索策略，如 $\alpha - \beta$ 剪枝算法和蒙特卡洛树搜索算法，它们通过智能优化和模拟，减少了计算量，提高了搜索效率。

搜索求解策略因其通用性和较高的效率在众多领域中得到了广泛应用，然而，如何有效地表示和管理巨大的状态空间是搜索策略面临的核心挑战之一，这直接影响着算法的效率和可行性。因此，在问题建模时需要格外谨慎。此外，搜索算法的选择往往需要结合具体情境进行分析。不同的算法各有其特点和适用场景，例如，广度优先搜索保证找到最短路径，但空间复杂度较高；深度优先搜索则具有较低的空间复杂度，但可能陷入过深的递归。而 A* 算法则通过启发式函数优化了搜索过程，平衡了宽度和深度搜索的优缺点。

此外，在使用搜索算法解决问题时，还需要警惕局部最优解的陷阱。局部最优解是在某个局部区域内表现最优的解，但并非整个问题的全局最优解。这在处理非凸函数时尤为常见，因为函数曲线可能包含多个峰值和谷值，导致算法在局部最优解处停滞，而未能找到全局最优解。

第二部分

现代人工智能基础

第 5 章

机器学习

在我们的日常生活中,许多复杂问题是传统人工智能方法难以有效解决的。以自动驾驶汽车为例,传统人工智能方法常常无法应对复杂且动态变化的驾驶环境。试想,当车辆在行驶过程中需要识别行人、信号灯、障碍物等大量不确定因素时,预设的规则难以覆盖所有可能的场景和突发情况。例如,传统人工智能可能难以在复杂的天气条件下准确区分一个物体是行人、树枝,还是其他障碍物。这种场景的多样性和复杂性使得基于固定规则的系统效率低下,甚至无法正确应对。

面对这些挑战,机器学习应运而生。与传统人工智能不同,机器学习通过从大量历史数据中自动学习模式和规律,帮助我们做出更加智能的决策,特别是在那些传统编程难以预见的复杂情况下。那么,机器学习的核心思想是什么?它又是如何从数据中学习并应用于实际问题的呢?本章将深入探讨机器学习的基本概念与原理,介绍其主要方法和应用场景,揭示这一技术如何成为现代智能系统中不可或缺的重要组成部分。

5.1 机器学习概述

机器学习作为人工智能的核心,是使计算机具有智能的根本途径,专门研究计算机怎样模拟或实现人类的学习行为,以获取新的知识或技能,重新组织已有的知识结构,使之不断改善自身的性能。机器学习与人脑思考如图 5-1 所示。为了帮助读者更深入地理解机器学习,本节将全面介绍机器学习的定义、基本术语、发展及分类。

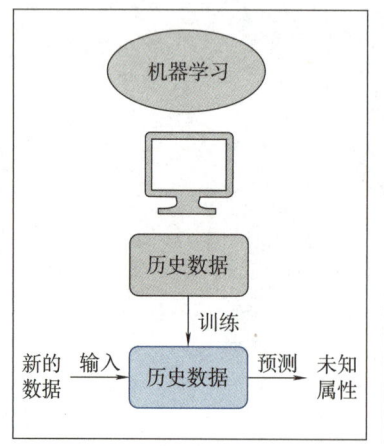

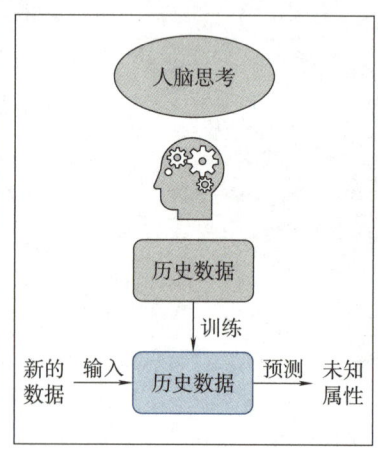

图 5-1 机器学习与人脑思考

5.1.1 机器学习的定义

学习是人类基本的认知活动,与个体的认知能力紧密相连。从胎儿时期开始,直至生命的最后一刻,学习贯穿我们的一生,无时不在,无处不在。人类的学习方式多种多样,形式各异。例如,在教室里,教师传授知识,学生则专注聆听,这无疑是一种常见且重要的学习方式。然而,值得注意的是,即便没有教师的直接指导,孩子们在自由玩耍的过程中同样能够获得宝贵的经验和技能,这无疑也是学习的一种重要表现。因此,可以说学习无处不在,它涵盖了我们生活中的方方面面,无时无刻不在影响着我们的成长与发展。

直观地说,机器学习的核心目标是赋予机器类似于人类的学习能力。在这一领域,"学习"这一概念具体指的是从数据中提取有价值的信息,并通过处理和分析大量的数据,来发现其中蕴含的模式和规律。基于这些发现,机器学习算法和模型得以不断优化,进而实现对新数据的准确预测和有效决策。其基本思路是将现实生活中的复杂问题转换为数学模型,明确模型中各个参数的具体作用,并借助数学方法对模型进行求解,以找到解决实际问题的有效途径(见图5-2)。在这一过程中,还需要对模型的有效性进行全面评估,判断其是否真正解决了现实中的问题,并严格检验解决效果。

关于机器学习,至今没有统一的定义。1959年,阿瑟·塞缪尔将机器学习定义为"是赋予计算机学习能力的研究领域,它不需要明确的编程,就能让计算机学习"。1997年,Tom Mitchell 在 *Machine Learning* 中给出了一个更形式化的定义,即"假设用 P 来评估计算机程序在某任务类 T 上的性能,若一个程序通过利用经验 E 在 T 中任务上获得了性能改善,则我们就说关于 T 和 P,该程序对 E 进行了学习"。

为了更深入地理解机器学习的本质,让我们借助一个生活中的例子:高考。学生在准备高考的过程中需要通过系统的课程学习来积累知识,这包括听讲、阅读教材、参与讨论等,同时每隔一段时间,学生会进行大量的作业练习和模拟考试来检验自己的学习效果,这一阶段可以看作机器学习通过分析大量数据来发现规律并不断优化的过程。最终,学生在高考中的表现,类似于机器学习模型在实际应用中的表现,都是对学习成果的最终检验。在机器学习中,这个过程是通过算法自动化完成的,旨在使计算机系统能够从经验中学习并做出智能决策,而不需要人类为每一种可能的情况编写代码。

通过这个例子,我们可以看到机器学习的本质在于使计算机系统能够通过经验学习,不断优化自身的性能,以解决实际问题。这种学习方式不仅提高了解决问题的效率,而且扩展了计算机应用的范围,使得人工智能技术能够在各个领域发挥重要作用。

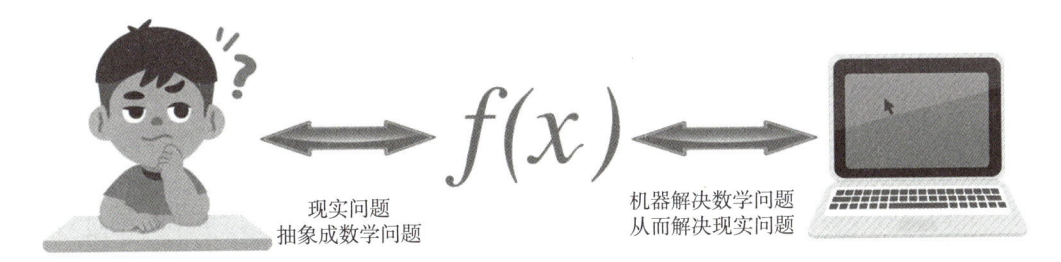

图 5-2 机器学习的基本思路

5.1.2 基本术语

为了更深入地理解不同类型的机器学习方法,我们需要首先定义一些基本术语。

1. 数据集

数据集（Dataset）是机器学习中用于训练和测试模型的基础数据集合，是模型性能优化的关键。它包含了若干个样本，每个样本都由多个属性组成，并提供了训练模型所需的信息。例如，在表 5-1 中，数据集记录了学生的学习时间、作业完成次数、课堂参与度及是否通过考试的信息，这些数据用于分析和预测学生的考试结果。

表 5-1 学生考试情况

编号	学习时间/h	作业完成次数	课堂参与度	是否通过考试
1	10	8	高	是
2	8	6	中	是
3	12	9	高	是
4	7	4	低	否
5	6	3	低	否

2. 样本

样本（Sample）是数据集中每一条记录的具体实例，代表了一个观察到的个体或案例。每个样本都包含了相关的属性和标签，用于训练和评估机器学习模型。例如，在表 5-1 中，每一行数据（如学习时间为 10h、作业完成次数为 8 次的记录）都是一个样本，描述了一个学生的学习情况。

3. 属性或特征

属性或特征（Attribute/Feature）是用来描述样本的具体方面或维度，是样本的基本组成部分。它们可以是数值、类别或其他类型的信息，用于构建样本的特征向量。例如，在表 5-1 中的学生数据集中，学习时间、作业完成次数和课堂参与度是样本的属性或特征，这些特征用于描述学生的学习情况。

4. 特征向量

特征向量（Feature Vector）是由样本的多个属性值组合而成的向量，表示样本在特征空间中的一个位置。它将样本的所有特征集合成一个数学表示，用于模型的训练和预测。例如，在表 5-1 中，一个学生的特征向量可能是（10h，8 次，高），将学习时间、作业完成次数和课堂参与度作为向量的组成部分。

5. 标签

标签（Label）是样本的目标输出或结果，表示机器学习任务的预期目标。在监督学习中，标签是已知的，用于指导模型的训练过程。例如，在表 5-1 中，"是否通过考试"就是样本的标签，它指示学生是否通过了考试（如"是"或"否"）。

6. 模型

模型（Model）是通过机器学习算法从数据中学习得到的数学表示或规则，用于预测或分类新数据。它的目的是建立输入与输出之间的关系，并对未见数据进行预测。例如，通过对表 5-1 中数据的训练，模型可以学习如何根据学习时间、作业完成次数和课堂参与度预测一个学生是否能够通过考试。

因此，我们可以总结出，**数据集**是多个**样本**的集合。每个样本都由多个**属性**构成，这些属性值被组合成一个特征向量。**特征向量**是样本在特征空间中的表示，作为模型的输入。**标签**是样本的目标输出值，通常是模型需要预测的内容。**模型从数据集中学习样本的特征向量与标签**之间的映射关系，并使用这个关系来预测新的样本的标签。通过这些概念之间的关系，机器学习模型能够从数据中学习特征与输出之间的关系，从而在给定新数据时进行预测或决策。

5.1.3 机器学习的发展

机器学习的发展可以追溯到 20 世纪 50 年代初，当时的研究者们开始探索如何使计算机系统具有智能行为。图灵提出了著名的"图灵测试"，成了机器智能研究的重要基础之一。随后，阿瑟·塞缪尔开发了世界上第一个学习程序，用于解决西洋跳棋游戏，标志着机器学习领域的开端。

从 20 世纪 50 年代末至 70 年代，机器学习领域经历了一系列重要的突破和发展。感知器模型的发明开启了神经网络研究的先河，近邻算法的提出推动了模式识别技术的发展，机器学习的学术期刊 *Machine Learning* 的创刊促进了学术交流和研究的深入。

到了 20 世纪 80 年代至 90 年代，机器学习领域迎来了新的技术革命。彼得·索尔文提出了"归纳学习"的概念，为机器学习的理论研究和应用奠定了基础。Back Propagation 算法的提出推动了神经网络的发展，IBM 的"深蓝"击败国际象棋世界冠军展示了机器在智力游戏中的潜力。

21 世纪初至今，随着深度学习技术的发展，机器学习领域进入了一个新的时代。2006 年，杰弗里·辛顿和亚历克斯·克里斯提出了深度学习的概念，引领了机器学习的新发展方向。谷歌的"Google Brain"项目利用深度学习技术在 YouTube 视频中识别了猫，引起了深度学习的广泛关注。之后，AlexNet 在 ImageNet 竞赛中取得了显著成绩，引发了对深度学习的深入研究和应用。深度强化学习技术的发展也为复杂智能决策提供了新的解决方案，如 AlphaGo 在围棋领域的成功展示了深度强化学习的巨大潜力。

机器学习领域经历了数十年的发展和演进，取得了一系列重要的突破和成就。从最初的简单模型到复杂的深度学习模型，机器学习技术为人工智能的发展和应用提供了强大的支撑和推动力。随着技术的不断进步和应用场景的拓展，机器学习领域仍然充满着无限的可能性和挑战。

5.1.4 机器学习的分类

假设有一个电子商务网站，我们希望通过分析用户的购买行为来提高销售业绩。此时就可以使用机器学习来帮助我们理解用户的偏好和行为模式。那么具体应该怎么做呢？

首先，我们可以收集大量用户过去的购买记录，这些记录包括用户购买了哪些商品，以及他们为这些商品打了多少分或写了哪些评价。这些数据都有明确的标签（如购买的商品类型、打分等）。我们可以使用这些购买记录来训练一个模型，该模型能够预测该用户可能会喜欢哪些商品。因此，通过历史数据中的输入（如用户特征和商品特征）和输出（如用户的购买行为或评分）之间的关系来学习模式。例如，训练一个分类模型，根据用户的浏览历史和个人特征预测用户最可能购买的商品。这种方法依赖于带有标签的数据，就是我们常说的**监督学习**。监督学习是一种基于标注数据进行训练的学习方法，目标是通过输入与输出的映射关系来预测新的数据输出。

另外，我们也可能希望通过分析用户的购买数据，自动发现一些隐藏的模式或群体。比如，我们想了解哪些用户有相似的购物习惯，或者哪些商品经常被一起购买。这时，数据中没有明确的标签（如分类或评分），我们希望从数据本身发现某些结构或模式。例如，使用聚类算法将用户分成若干组，每组用户的购物行为和偏好相似。通过识别这些群体，我们可以针对不同群体定制促销策略。这种方法无需标签，是**无监督学习**的常见应用场景。无监督学习旨在从无标签的数据中提取出隐藏的模式和结构，如聚类分析和降维处理。

其实，我们还会遇到另一种情况：虽然我们有大量用户的购买记录，但只有一部分记录包含明确的标签（如用户的购买评分或商品类别），而其他记录没有标签。这时，我们可以通过部分标注的数据来训练模型，并利用未标注的数据提高模型的泛化能力和预测精度。首先，使用带有标签的购买记录训练一个初步模型，预测用户的购买评分或商品类别。然后，使用这个模型对未标注的数据进行预测,生成伪标签。最后,将带有真实标签的训练数据和带有伪标签的未标注数据结合起来,重新训练模型。通过这种方式,利用更多的数据来增强模型的性能和准确性。这就是**半监督学习**的典型应用。半监督学习结合了监督学习和无监督学习的特点,能够在部分标注的数据基础上,利用未标注的数据提升模型的表现。

进一步地,假设我们希望改进网站的推荐系统,使其能够更好地个性化推荐商品,以提升用户的满意度和销售业绩。为此,我们可以采取如下步骤。

(1)定义环境和奖励

环境:推荐系统环境包括用户的购买行为、浏览历史、商品信息等。系统的目标是通过推荐算法来优化用户的体验和购买率。

奖励:每当用户接受推荐并进行购买时,系统会获得一个正向奖励。如果用户忽略推荐或没有购买,那么系统可能会得到较低的奖励或负向奖励。

(2)选择动作

动作:推荐系统的动作是向用户展示商品。每个动作都对应一个商品或商品的组合,推荐算法需要根据用户的兴趣和行为选择最佳商品进行推荐。

(3)学习和优化

策略:通过探索和利用,学习一个策略(即推荐策略),以最大化累计奖励。探索指的是尝试不同的推荐策略,利用指的是根据已知的信息进行推荐。

训练过程:使用历史用户数据和模拟的用户反馈训练模型。模型会根据用户的响应(购买或不购买)调整推荐策略,从而优化推荐效果。

(4)评估和调整

评估:通过 A/B 测试或实时监测,评估推荐系统的表现。例如,比较基于现有推荐系统与传统推荐系统的用户点击率和购买转化率。

调整:根据评估结果,进一步调整和优化推荐策略,提升系统的性能和用户满意度。

这种方法通过系统与环境的交互、奖励机制来优化行为策略,是强化学习的应用。强化学习是一种通过环境反馈(奖励或惩罚)不断调整策略、最大化累积奖励的学习方法。

通过以上例子,我们可以看到,机器学习可以分为监督学习、无监督学习、半监督学习和强化学习,它们各自适用于不同的数据场景和任务需求。表 5-2 探讨了这几种学习方式的主要区别。

表 5-2 监督学习、无监督学习、半监督学习与强化学习的对比

	监督学习	无监督学习	半监督学习	强化学习
数据标签	使用带有标签的数据集,标签通常是人为标注的,用于指导学习过程	使用无标签的数据集,算法需要自行发现数据中的模式和结构	同时使用带标签和无标签的数据集,旨在利用有限的标签数据来指导对大量无标签数据的学习	不直接依赖于数据标签,而是通过与环境的交互来获取奖励或惩罚信号,从而指导学习过程
学习目标	通常关注预测或分类任务,即根据输入数据预测相应的输出或标签	关注数据中的隐藏结构,如聚类、降维等	结合了监督学习和无监督学习的特点,既关注预测任务,也关注数据中的隐藏结构	关注如何根据环境反馈来优化行为策略,以实现长期累积的奖励最大化
应用场景	图像识别、语音识别、垃圾邮件分类等	客户细分、社交网络分析、异常检测等	在标注数据有限的情况下进行图像或文本分类等	游戏 AI、机器人控制、自动驾驶等

5.2 监督学习

监督学习是机器学习中最常见和广泛应用的一种方法，它的主要特点是在已知输入和输出的情况下训练出一个模型，将模型从输入映射到输出，从而能够对新的、未知的样本进行准确的预测。这个过程就好比是一个老师指导学生，告诉学生每个输入样本对应的正确答案，让模型在这个过程中逐渐学到问题的解决方法。以猫狗分类为例，模型首先会接收一批已标注的图片数据，每张图片都明确标识为"猫"或"狗"。在学习过程中，如果模型的实际输出与预期不符，那么预期输出就有责任"监督"学习，重新调整模型参数，直至二者的误差在可容忍的范围之内。经过多次训练优化后，模型逐步掌握分类规则，如猫通常具有尖耳朵和细长的眼睛，而狗则具有较圆的眼睛和不同形状的耳朵，最终模型能够根据所学知识，对新的、未标注的图片做出准确的分类预测。监督学习示意图如图 5-3 所示。

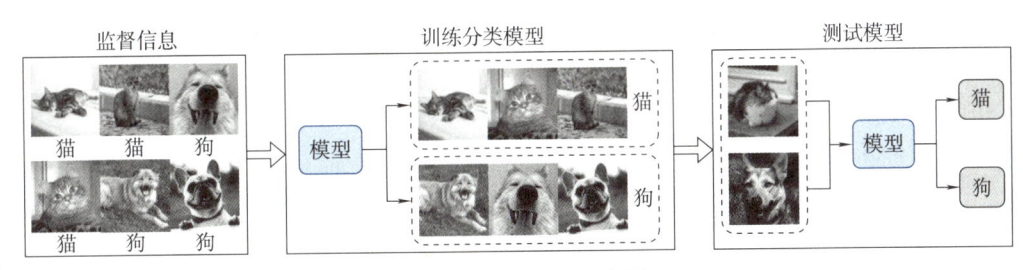

图 5-3 监督学习示意图

根据目标输出的类型不同，监督学习可大体分为分类学习和回归分析，二者的主要区别在于目标输出变量是否连续。如果输出变量是离散的，则是分类学习；如果输出变量为连续值，则是回归分析。

- **分类**：对于分类问题，目标变量是样本所属的类别。例如，在对不同种类的花进行分类时，首先需要收集大量已标注的花的样本数据。每个样本都包含花的颜色、花瓣大小等特征，以及该花所属的类别（如向日葵或菊花）。这些类别即为目标变量。通过学习这些标注数据，分类模型能够根据花的特征来判断其所属类别。
- **回归**：对于回归问题，目标是预测连续的数值。例如，在预测房价时，需要收集包含房屋面积、建筑年代等特征及相应房价的样本数据，其中房价即为目标变量。通过拟合出房价与特征之间的关系，回归模型可以对房价进行预测。预测值越接近真实值，模型的效果就越好。

监督学习在人工智能领域中具有广泛的应用，涵盖了图像识别、自然语言处理、语音识别、推荐系统等多个领域。例如，在图像识别和分类中，监督学习通过标注不同类别的图像数据训练模型，实现自动识别和分类目标物体，如人脸识别、物体检测和图像分类等。在文本分类和情感分析方面，监督学习通过处理已标注的文本数据，能够实现垃圾邮件过滤、情感分析和文档分类等任务。在自然语言处理领域，监督学习的应用包括机器翻译、命名实体识别（NER）、问答系统、文本摘要和语言相似度计算等。此外，在预测和回归分析中，监督学习被广泛应用于金融和医学等领域，通过分析历史数据来预测股票价格、进行风险评估，以及预测疾病发展趋势或治疗效果。

在了解了监督学习的相关概念后，本节将进一步介绍一些常用的监督学习算法，包括 k 近邻算法、决策树和支持向量机。这些算法各具特点，广泛应用于各种实际问题中。

5.2.1 k 近邻算法

k 近邻算法（K-Nearest Neighbors，KNN）是一种简单且直观的监督学习算法，广泛用于分类任务。KNN 算法的核心思想是，给定一个训练数据集，对于待预测的新样本，在训练数据集中找到与该样本最邻近的 k 个样本，这 k 个样本的多数属于某个类，就认为待预测样本属于该类别。如算法 5-1 所示。

算法 5-1   KNN 算法

1: **输入**：训练集 $D = \{(x_1, y_1), (x_2, y_2), \cdots, (x_n, y_n)\}$，待预测样本 x_{new}，参数 k
2: **输出**：x_{new} 的预测分类
3: 初始化空列表 `distances`
4: **for** 每个训练样本 (x_i, y_i) **do**
5:     计算 x_i 与 x_{new} 之间的距离 $d(x_i, x_{\text{new}})$
6:     将 $(d(x_i, x_{\text{new}}), y_i)$ 加入 `distances` 列表中
7: **end for**
8: 按照距离 $d(x_i, x_{\text{new}})$ 对 `distances` 列表进行升序排序
9: 选取排序后的前 k 个样本 $(d_1, y_1), (d_2, y_2), \cdots, (d_k, y_k)$
10: 统计前 k 个样本中每个类别 y 的出现频率
11: 返回出现频率最高的类别作为 x_{new} 的预测分类

如图 5-4 所示，有两类不同的样本数据，分别用正方形和三角形表示，根据上述步骤使用 k 近邻算法的思想对圆形所标识的新样本进行分类。$k=3$ 时，最邻近的 3 个样本是 2 个三角形和 1 个正方形，则判定待预测样本属于三角形一类。$k=5$ 时，最邻近的 5 个样本是 2 个三角形和 3 个正方形，则判定待预测样本属于正方形一类。

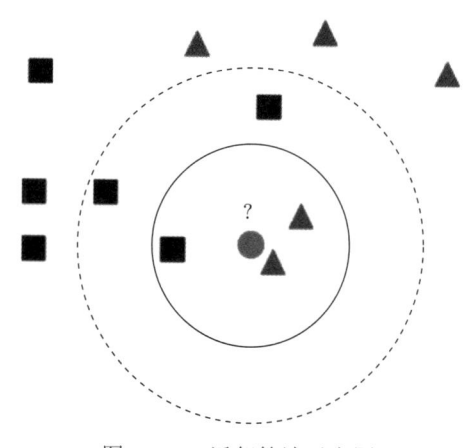

图 5-4　k 近邻算法示意图

显然易见，KNN 算法的优点是概念非常直观，易于理解和实现，适用于分类任务，尤其在数据之间的关系相对简单、易于通过距离区分的情况下表现较好。例如，当有两个类别 A 类和 B 类时，KNN 可以通过计算新数据点与现有数据点的距离，找到最接近的邻居，从而判断其所属类别。KNN 的优势在于无须假设数据分布，直接基于邻近样本进行预测，因此适合难以预先建立明确模型的数据集。不过，KNN 对参数选择非常敏感，不同的 k 值可能导致完全不同的结果。此外，KNN 的计算开销较大，预测时需要计算待预测样本与所有训练样本的距离，这使得在大数据集或高维场景中需谨慎使用。在实际应用中，距离度量方式也有多种选择，如欧几里得

距离、曼哈顿距离和余弦距离，必须根据不同的场景选择合适的度量方式，才能让 KNN 算法发挥最佳效果。

5.2.2 决策树

决策树（Decision Tree）是一种常见的监督学习算法，与 KNN 算法不同，决策树既可用于分类任务，也可用于回归任务。一般而言，一棵决策树包含一个根节点、若干个内部节点和若干个叶节点，其中的每个内部节点都表示一个特征或属性上的判断，每个分支都代表这个特征属性的输出，每个叶子节点都存放一个类别。

下面通过一个简单的示例来阐述决策树的执行流程。如图 5-5 所示，根据天气、温度、风速 3 方面的特征构建了一棵"预测学校会不会举办运动会"的决策树。使用决策树进行决策的过程从根节点开始，提取待分类样本中相应的特征，按照其值选择输出分支，依次向下，直到到达叶子节点，将叶节点存放的类别作为输出（决策）结果。如图 5-5 中的第一个样本（阴天，寒冷，强），首先从根节点出发，判断"天气"取值，而该数据的"天气"属性取值为"阴天"，从决策树可知，此时可直接输出决策结果为"举行"。

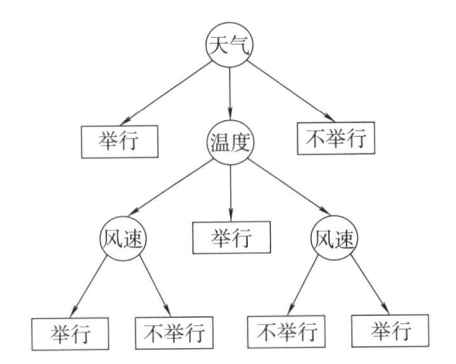

天气	温度	风速	预测结果
阴天	寒冷	强	举行
晴天	炎热	弱	不举行
晴天	寒冷	弱	举行
雨天	正常	弱	不举行

图 5-5　决策树示例

决策树学习的算法通常是一个递归地选择最优特征，并根据该特征对训练数据进行分割，使得对各个子数据集有一个最好分类的过程。这一过程对应着对特征空间的划分，也对应着决策树的构建，如算法 5-2 所示。

算法 5-2　决策树算法

1: **输入**：训练集 D，特征集 F
2: **输出**：决策树 T
3: 初始化：将所有训练数据放在根节点
4: 选择最优特征：选择一个特征 f，使其能最大化子数据集的分类效果（如信息增益、信息增益率、基尼系数等）
5: 根据选定的最优特征 f，将数据集 D 分割成子集，使得每个子集在当前条件下达到最好的分类效果
6: 构建节点：
7: **for** 每个子集 D_i **do**
8: 　**if** 子集 D_i 能够被基本正确分类 **then**
9: 　　构建叶节点，并将子集 D_i 分配到对应的叶节点中
10: 　**else**
11: 　　选择新的最优特征 f'，继续对其进行分割，构建相应的内部节点
12: 　**end if**
13: **end for**

14: 递归分割：对每个子集 D_i 递归地重复选择最优特征和构建节点
15: 递归返回条件：
- 当前节点包含的样本全属于同一类别，终止划分
- 当前属性集为空或所有样本在所有属性上的取值相同，无法划分
- 当前节点包含的样本集合为空，不能划分

16: 生成决策树：每个子集最终都被分配到叶节点上，表示其类别，构建完成后，得到一棵决策树

决策树算法具有诸多优点，其模型简单易懂，能够直观地表示为树形结构，便于理解和解释，可辅助人们做出可靠的决策，尤其适合从数据中提取规则或决策路径的任务。例如，在电子商务网站中，决策树可以通过用户的点击、浏览历史等行为特征生成规则，清晰展示判断某个用户是否会购买某一产品的决策依据。但从前文的描述可以看到，决策树的构建是一个递归的过程。如果不加以干预，那么树的构建过程不会自主停下来，直到每个子节点只有一种类型的样本。但这样"枝叶茂盛"的大树，往往会因为节点过多而导致过拟合，从而大大降低决策树的泛化能力。

5.2.3 支持向量机

支持向量机（Support Vector Machine，SVM）是监督学习中最有影响力的机器学习算法之一，该算法的诞生可追溯至20世纪60年代。苏联学者 Vapnik 在解决模式识别问题时提出了这种算法模型，此后经过几十年的发展，直至1995年，SVM 算法才真正地完善起来，其典型应用是解决手写字符识别问题。SVM 的基本原理是通过在特征空间中找到一个超平面，将不同类别的样本分开，并且使得离超平面最近的样本点到超平面的距离最大化。SVM 算法示意图如图5-6所示。

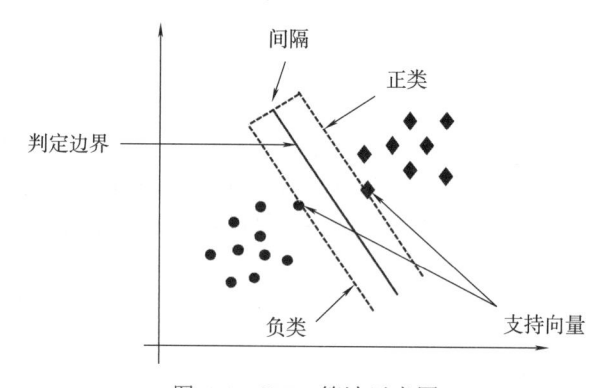

图 5-6 SVM 算法示意图

以一个二维平面为例，判定边界是一个超平面（如图5-6所示，由于数据点都在二维平面上，所以此时分隔超平面使用的只是一条直线。但是，如果所给的数据集是三维的，那么此时用来分隔数据的就是一个平面，显而易见，更高纬度的情况可以以此类推），它是由支持向量所确定的（支持向量是离判定边界最近的样本点，它们决定了判定边界的位置），间隔的正中就是判定边界，间隔距离体现了两类数据的差异大小，SVM 将会寻找可以区分两个类别且能使间隔最大的划分超平面。比较好的划分超平面，样本局部扰动时对它的影响最小，产生的分类结果最鲁棒，对未见示例的泛化能力最强。

需要指出的是，以上问题是支持向量机问题的基本模型，在很多现实问题中往往需要考虑更加复杂的情况。首先，基本型假设训练样本是线性可分的，即存在一个划分超平面能将训练样本正确分类，然而在现实任务中，原始样本空间内也许并不存在一个能正确划分两类样本的超平面，

即线性不可分。简单地从直觉上理解，图 5-7a 是线性可分的，用一个超平面就可将两类数据分开，而图 5-7b 是线性不可分的，没有任何一个超平面可以将这两类数据分开。在线性不可分的情况下，数据集（样本集）在空间中对应的向量无法被一个超平面区分开，如何处理？为了解决这类问题，相关研究者提出了诸多的解决办法，其中一个重要方法即核方法。这种方法通过选择一个核函数，把原数据集中的向量映射到一个更高维度的空间中，然后在这个高维度的空间中找一个超平面来根据线性可分的情况处理。如图 5-7c 所示，将原来在二维平面上的点映射到三维空间中，即可以利用一个线性平面将两类数据分开。核函数可以解决样本数据从低维到高维的映射问题，这种方法还提供了另一个好处，降低了算法的计算量。

　　SVM 训练好的模型的算法复杂度是由支持向量的个数决定的，而不是由数据的维度决定的，所以 SVM 不太容易产生过拟合，其训练出来的模型完全依赖于支持向量，即使训练集里面所有非支持向量的点都被去除，重复训练过程，最后仍然会得到完全一样的模型。一个 SVM 如果训练得出的支持向量个数比较少，那么 SVM 训练出的模型比较容易被泛化。

　　因此，SVM 特别适用于小样本、高维度的分类问题。如果任务是要将两类对象（如图像中的猫和狗）进行分类，则 SVM 可以找到一个最佳的分离超平面来区分这两类对象，最大化类别间的边界距离。此外，SVM 还可以通过核函数处理非线性分类问题，适合那些线性分类器无法很好处理的复杂数据集。然而，在面对多分类问题时，SVM 需要进行额外的调整，如使用一对一或一对多的策略来扩展其应用场景。

　　除了上述讨论的这些方法外，监督学习领域还包含了其他多种算法和技术。不过，鉴于本书的篇幅和主题限制，这里不再一一列举。在后续的学习和实践中，读者可以进一步探索这些丰富的算法库，以应对不同场景下的机器学习挑战。

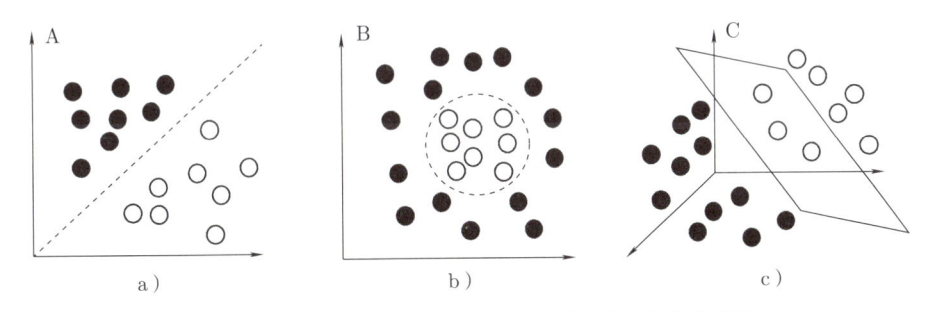

图 5-7 SVM 中的线性可分、不可分问题与核方法应用

5.3 无监督学习

　　5.2 节介绍了监督学习的概念，其中，模型在训练数据的监督下使用标注数据进行训练。例如，在训练图片中动物分类的模型时，我们需要给每张图片一个标签，即每张图片中的动物是猫还是狗，模型依据这些标签进行学习，最终实现动物分类。虽然监督学习能够得到泛化能力很好的模型，但是它也存在着很多缺点。

- **数据标注成本高**：监督学习需要大量的人工标注数据，这在许多应用场景中非常耗时且昂贵。例如，在医学影像数据的标注中，以 CT 为例，医生需要准确地标记出图像中的肺部病变（如结节、肿块等）、器官、血管等结构，以及这些结构的形态、大小、位置等。这种标注工作不仅需要标注人员有扎实的相关领域的知识，还需要确保标注的准确性。因此数据标注需要大量的时间和人力资源。数据标注员就是在此背景下产生的一种职业。
- **大规模未标注数据**：在现实世界中，未标注数据的量远大于标注数据。互联网、传感器以及各种设备每天都能产生海量未标注的数据，获取这些未标注数据比标注数据更加容易，但是监督学习不能很好地利用这些未标注数据。

很自然的，人们希望计算机能代替人工完成这些工作，或至少提供一些帮助。无监督学习就是在这种情况下应用的。同监督学习建立在人类标注数据的基础上不同，无监督学习不需要人类进行数据标注，其目标是通过对无标记训练样本的学习来揭示数据的内在性质及规律。这个过程类似于没有教师的"自学成才"。虽然没有教师，但是学生依然可以通过自己观察周围世界发现很多规律。就像第一次看到苹果，虽然不知道它叫什么，但会记住它的颜色、味道。下次再看到，就知道这是"那个好吃的东西"。无监督学习就是这样，模型通过看大量的数据，自己找到里面的相似点和不同点。

无监督学习的重要性日益凸显，它允许模型在没有标签的大规模数据集中自主探索和学习，从而减少了对昂贵人工标注的依赖。这种方法不仅显著降低了数据准备的经济成本，还加快了模型开发和应用的步伐。著名计算机科学家、深度学习先驱 Yann LeCun 曾用一个生动的比喻来形容无监督学习的重要性："如果将机器学习比作一个蛋糕，那么强化学习就是蛋糕上的樱桃，监督学习是蛋糕外层的糖霜，而无监督学习则是构成蛋糕主体的面糊。"这个比喻形象地说明了无监督学习在机器学习领域的核心地位和基础性作用。随着技术的发展，无监督学习有望在更多领域发挥其潜力，推动人工智能技术的进一步发展和应用。本节将向读者介绍两种常用的无监督学习方法：聚类及自监督学习方法。

5.3.1 聚类

聚类并非一种机器学习专有的模型或算法，而是一种统计分析技术，目前已经在许多领域得到广泛应用。从广义上讲，聚类就是通过对样本静态特征的分析，把相似的对象分成不同子集，被分到同一个子集的样本对象具有相似的属性。在机器学习领域，聚类是无监督学习中最重要的一类算法。在聚类算法中，训练样本的标注信息是未知的。给定一个由样本点组成的数据集，按照距离把一个数据集分割成不同的类或簇，使得同一个簇内的数据对象的相似性尽可能大，同时不在同一个簇中的数据对象的差异性也尽可能地大。也即聚类后同一类的数据尽可能聚集到一起，不同类的数据尽量分离。

1. 常用的几种距离计算方法

在聚类算法中，样本的属性通常主要由其在特征空间中的相对距离表示。这就使得距离这个概念对于聚类非常重要。因此在正式讲解聚类算法之前，我们先来看几种最常见的距离计算方法。

（1）欧氏距离

欧氏距离又称为 2-norm 距离，在欧几里得空间中，点 $\boldsymbol{x}=[x_1,x_2,\cdots,x_n]$ 和 $\boldsymbol{y}=[y_1,y_2,\cdots,y_n]$ 之间的欧氏距离为

$$d(\boldsymbol{x},\boldsymbol{y})=\sqrt{(x_1-y_1)^2+(x_2-y_2)^2+\cdots+(x_n-y_n)^2}=\sqrt{\sum_{i=1}^{n}(x_i-y_i)^2} \tag{5-1}$$

（2）余弦距离

余弦距离又称为余弦相似性，两个向量之间的余弦值可以通过使用欧几里得点积公式求出：

$$\cos(\theta)=\frac{a\cdot b}{\|a\|\|b\|} \tag{5-2}$$

也就是说，给定两个属性向量 $\boldsymbol{A}$ 和 $\boldsymbol{B}$，其余弦距离由点积和向量长度给出：

$$\cos(\theta) = \frac{\boldsymbol{A} \cdot \boldsymbol{B}}{\|\boldsymbol{A}\|\|\boldsymbol{B}\|} = \frac{\sum\limits_{i=1}^{n} A_i \times B_i}{\sqrt{\sum\limits_{i=1}^{n} (A_i)^2} \times \sqrt{\sum\limits_{i=1}^{n} (B_i)^2}} \tag{5-3}$$

这里的 A_i 和 B_i 分别表示向量 $\boldsymbol{A}$ 和 $\boldsymbol{B}$ 的各分量。

（3）曼哈顿距离

曼哈顿距离又称 1-norm 距离，源自城市规划中以方形街区为基础的道路布局。它衡量的是在这种布局下，从一个点到另一个点的最短路径，即沿着水平和垂直街道行驶的总距离。

假设一个城市按照块状划分，从一点到达另一点必须沿着它们之间所隔着的区块的边缘走，没有其他捷径，如图 5-8 所示。那么曼哈顿距离就是直角坐标系中，两点所形成的线段对 x 轴和 y 轴投影的长度总和。从点 (x_1, y_1) 到点 (x_2, y_2) 的曼哈顿距离为

$$|x_1 - x_2| + |y_1 - y_2| \tag{5-4}$$

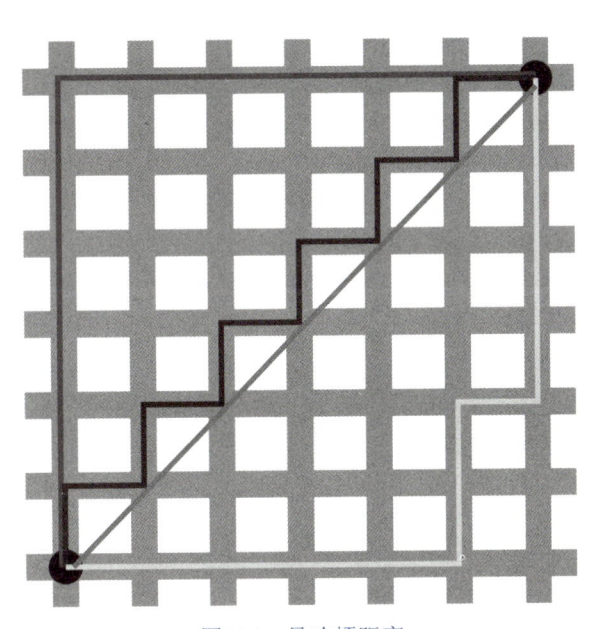

图 5-8 曼哈顿距离

2. k-means 算法

k-means 算法又称 k 均值算法，是应用最广泛的聚类算法之一。k-means 算法的思想很简单，对于给定的数据集，按照样本之间的距离大小，将样本集划分为 k 个簇。让簇内的点尽量紧密地连在一起，而让簇间的距离尽量的大。具体来说，给定包含 N 个样本的数据集，k-means 算法的目的在于，将其划分为 k 个簇 $(C_1, C_2, \cdots, C_k)$，并满足距离方差 E 最小：

$$E = \sum_{i=1}^{k} \sum_{\boldsymbol{x} \in C_i} \|\boldsymbol{x} - \boldsymbol{\mu}_i\|_2^2$$

式中，k 是给定期望的簇个数，x 是对应的样本特征向量，μ_i 是簇 C_i 的均值向量，有时也称为质心，表达式为

$$\mu_i = \frac{1}{|C_i|} \sum_{x \in C_i} x$$

直观来看，误差 E 刻画了簇内样本围绕簇均值向量的紧密程度，E 值越小，则簇内样本的相似度越高。k-means 算法的求解通常采用贪心策略，通过迭代方法实现。算法的具体步骤如下。

① 随机选择 k 个样本作为初始簇类的均值向量。
② 将每个样本数据集划分到离它距离最近的簇。
③ 根据每个样本所属的簇，更新簇类的均值向量。
④ 重复步骤②、③，当设置的迭代次数或簇类的均值向量不再改变时，模型构建完成，输出聚类算法结果。

图 5-9a 所示为初始的数据集，假设 $k=2$。在图 5-9b 中，随机选择两个 k 类所对应的类别质心，即图中的正方形质心和三角形质心，然后分别求样本中的所有点到这两个质心的距离，并标记每个样本的类别为和该样本距离最小的质心的类别，如图 5-9c 所示，经过计算样本与正方形质心和三角形质心的距离，可以得到所有样本点的第一轮迭代后的类别。此时对当前标记为正方形和三角形的点分别求其新的质心，如图 5-9d 所示，新的正方形质心和三角形质心的位置已经发生了变动。图 5-9e 和图 5-9f 重复了图 5-9c 和图 5-9d 的过程，即将所有点的类别标记为距离最近的质心的类别并求新的质心。最终得到的两个类别，如图 5-9f 所示。当然，在实际的 k-means 算法中，一般会多次运行图 5-9c 和图 5-9d，才能达到最终的比较优的类别。

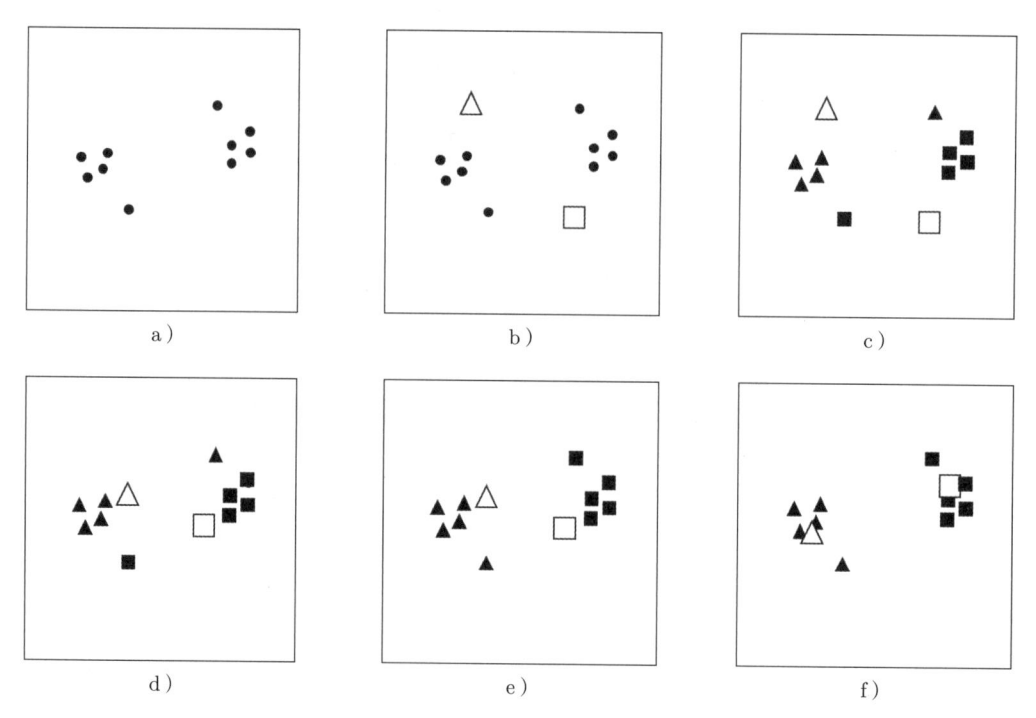

图 5-9 k-means 算法示意图

k-means 算法实现简单，计算速度快，时间复杂度近于线性，适用于大规模数据集，但是 k 值的选取对最终结果的影响很大，给定合适的 k 值需要先验知识，很难凭空估计，否则可能导致

效果很差。同时，初始簇质心很重要，几乎可以说是算法敏感的，一旦选择得不合适，就只能得到局部最优解。当然，这也是由 k-means 算法本身的局部最优性决定的。

5.3.2 自监督学习

自监督学习（Self-Supervised Learning，SSL）最早由 Yann LeCun 在 2019 年提出，它是一种无须人工标注数据的学习方式。由于自监督学习无须人工标注数据，因此可以看作一种无监督学习方法。自监督学习能够很好地应对监督学习的缺点：它能够在大量未标注的数据集上训练，提取到更加丰富且通用的特征，能够增强模型的泛化能力，并且通过多样化的前置任务降低模型在小规模数据上的过拟合风险。

自监督学习的核心思想是通过设计一系列自动生成标签的任务，让模型从未标注的数据中学习到有用的特征和表示。自监督学习主要包含 4 个关键部分：前置任务、伪标签、模型预训练以及下游任务应用。前置任务（Pretext Task）是自监督学习的核心。它通过预先设计好的算法自动地产生标签，而不是通过人工标注标签。而这些由任务自动生成的标签称为伪标签（Pseudo-Labelling）。通过完成前置任务，模型能够从中学习到有用的特征，得到好的预训练模型，这就是前置任务的目的。但是预训练模型不是最终目的，它是为下游任务（Downstream Task）服务的，使得在前置任务中学习到的特征可以有效地应用到下游任务中。下游任务是模型在经过前置任务训练后所要解决的实际应用问题。

这里通过图 5-10 所示的图像着色（Image Colorization）任务来具体地介绍上述概念。图像着色任务的目标就是将灰度图像转换为彩色图像。在自监督学习中，图像着色可以作为前置任务。为了在自监督学习中完成这个任务，我们需要准备许多彩色的图像。首先采用一定的方法将这些彩色图像转变为灰度图。然后以灰度图为输入，将原本的彩色图像作为伪标签去训练模型。最终得到一个能够将灰度图像转换为彩色图像的模型。但是正如上文所讲的：前置任务不是最终目的，它是为下游任务服务的。在图像着色这个任务中，通过着色能够让模型学习图片中的特征，从而学习到目标所在的区域，最终可以通过微调（Fine-Tuning）使得模型能够进行目标检测，即图像着色这个前置任务是为目标检测这个下游任务服务的。

图 5-10 图像着色（见彩插）

1. 生成伪标签方法

自监督学习不需要人工标注标签，它能够根据预先设计好的算法自动地生成伪标签。下面介绍几种生成伪标签的方法。

（1）基于生成的方法

该方法通常以原始数据作为伪标签，在原始数据的基础上将通过一些规则生成出的数据作为模型的输入。上文所述的图像着色任务中生成伪标签的方法就属于基于生成的方法。此外，在图像复原（对受损或失真图像进行修复，使其恢复到原始状态或接近原始状态）中，初始图像作为伪标签，由初始的完整图像经过规则生成的缺失图像作为输入，如图 5-11 所示。在图像超分辨率任务（提升低分辨率图像到高分辨率）中，原始高分辨率图像作为伪标签，由高分辨率通过规则生成的低分辨率图像作为输入。关于图像复原和超分辨率将在 8.5.2 小节中具体介绍。

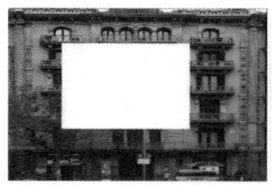

图 5-11　图像复原

（2）基于内容的方法

该方法利用数据内部的上下文信息来生成伪标签。与基于生成的方法不同，基于内容的方法直接以原始数据作为输入，并在此基础上通过特定规则生成伪标签。这类任务旨在让模型通过理解数据的局部或全局上下文来学习有效的特征表示。例如，图像的相对位置预测（Relative Position Pridiction）就是这样一种任务，它将图像分割为多个块，然后选择一个块作为锚点，去预测另一个块相对于锚点的位置。如图 5-12 所示，其中 X 的第一个输入为锚点，第二个输入是需要预测相对位置的块。输出 Y 为图片中猫的耳朵相对于猫的鼻子的位置为 3。该任务旨在通过学习图像中局部区域之间的相对位置来训练模型，有助于模型理解图像的结构及上下文关系。另一个常见的任务是图像拼图（Jigsaw Puzzles），它利用图像的空间结构生成伪标签，帮助模型学习图像的局部结构和全局结构。具体而言，每张图像都被切割成若干相同大小的块，打乱顺序后，模型被要求恢复这些块的正确排列顺序。通过这样的训练，模型逐步学习到如何理解和重构图像的空间结构。

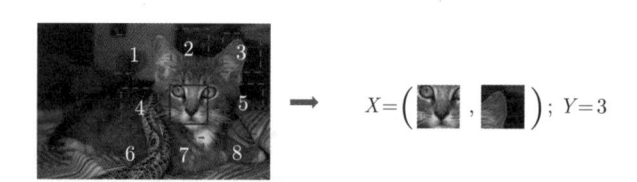

图 5-12　图像相对位置预测

（3）基于免费语义标签的方法

常见的游戏引擎，如虚幻引擎（Unreal Engine），可以用于自动生成数据标签。这是因为游戏引擎能够创建丰富的虚拟环境数据，并自动提供详细的标注信息，如物体的边界框、姿态、深度信息、光流等。这些标签在场景创建时由引擎自动生成，无须人工标注。然而，游戏引擎生成的虚拟场景与真实场景之间往往存在一定差异。在实际训练过程中，我们可以将真实场景与生成的虚拟场景同时作为输入，进行联合训练。通过引入一个辨别器，网络能够学习如何区分真实场景和虚拟场景，从而更好地适应现实中的应用需求。

2. 自监督学习应用

BERT 是一种由 Google 开发的自然语言处理模型，它是自监督学习的经典模型。它能够帮助计算机理解和处理人类语言，也能够应用在文本、语音和视频中。这里以处理文本为例，BERT 在自监督学习中使用了掩蔽语言模型和下一句预测两种任务来进行预训练。

1）**MLM**：BERT 的输入是一段文字，模型会随机地掩蔽输入文字中的一些字，然后尝试预测这些被掩蔽的字。掩蔽的方法有两种：一种是将文本中的字替换为"MASK"词元，可以认为它是一个新的汉字，作用是掩蔽原文的字。所谓词元，就是处理文本时的基本单位。在中文文本中，通常把一个汉字作为一个词元。例如，对"我喜欢吃苹果"这句话进行掩蔽，变为"我喜欢[MASK]苹果"，模型需要预测 MASK 应该是"吃"。另一种掩蔽方法是用随机的一个汉字去替换原文中随机的一个字。例如将上面的例句变为"我喜欢玩苹果"。使用上面哪种掩蔽方法也是随机的。

2）**NSP**：训练 BERT 时还可以利用 NSP。我们可以从互联网上获得大量的文本来构建数据库，然后从数据库中选取两个句子，模型需要判断第二个句子是否是第一个句子的连续句，即是否紧跟在第一个句子后面。NSP 能够帮助模型理解句子之间的关系。

3）**SOP**：在 BERT 提出后的一段时间中，计算机科学家们经过研究发现：NSP 任务或许过于简单，导致模型在 NSP 任务中并没有学习到足够有用的东西。句序预测（Sentence Order Pridiction，SOP）在处理文本时的效果更好。SOP 的主要思想是，选择两个本身就连接在一起的句子，判断这两个句子的顺序是句子 A 句子 B，还是句子 B 句子 A。例如，"句子 A：我拿起电话。""句子 B：电话那头传来了熟悉的声音。"模型需要判断正确的句子顺序是（A B）还是（B A）。

前面介绍的不管是图像拼图、图像着色还是 BERT，都属于前置任务，那么如何将这些前置任务应用于下游任务中呢？接下来，我们以 BERT 的使用为例介绍前置任务在下游任务中的使用。

前置任务就像胚胎干细胞，人体中各种功能的细胞都是由胚胎干细胞分化而来的。初始的 BERT 只能完成 MLM、NSP 等任务，接下来使用特定任务的数据对预训练模型进行进一步训练，使 BERT 能够分化并应用于具体任务，这一过程就称为微调。一般在微调之前，需要测试自监督学习模型的能力，通常在多个任务上进行测试来查看它在每个任务上的正确率，再对所有正确率取平均值，以此来判断预训练模型的好坏。

假设下游任务是一个词性标注（Part-Of-Speech tagging，POS tagging）任务，这一任务是帮助计算机理解人类语言的基础性任务，在机器翻译、语法分析、信息检索等领域广泛应用。BERT 在处理词性标注任务时，只需要输入一个句子，在经过网络一系列的复杂处理后，会给出每个单词的所属类别，即词性。实际上，词性标注就是一个典型的分类任务，不同的只有 BERT 和网络的编码器部分，它们已经在预训练阶段学习了一部分较好的参数，即参数不是随机初始化的。

5.4 半监督学习

在现实世界的应用场景中，我们经常遇到的情况是只有少量的数据带有标注，而大量的数据未被标注。比如，做网页推荐时需要让用户标注出感兴趣的网页，但是少有用户愿意花时间来提供标注。在这种情况下，如果忽视这些未标注的样本，仅使用传统的监督学习方法，那么往往由于训练样本数量的不足而导致模型无法充分捕捉到数据的整体分布，进而影响模型的泛化能力。另一方面，尽管无监督学习能够从数据中发现一些内在的结构和模式，但它并不总是能够捕捉到数据的所有重要特征，尤其是当数据的某些属性需要通过标签来明确时。这时，**半监督学习（Semi-Supervised Learning，SSL）** 就成了一个有效的解决方案。

半监督学习是监督学习和无监督学习的折中，它结合了监督学习和无监督学习的优点，通过使用少量的标注数据和大量的未标注数据来训练模型，半监督学习过程如图 5-13 所示。在实际应用中，我们通常只拥有少量的标注数据，这些标注数据并不足以训练出好的模型，但同时有大量未标注数据可供使用，这时可以通过充分地利用少量的监督数据和大量的无监督数据来改善算法性能。无标签的数据可以起到两个重要作用：一是利用未标注数据的信息，未标注数据可能包含对数据分布、结构和隐含特征的有用信息,这些信息可以帮助模型更好地进行泛化;二是利用标注数据的传播效应,通过利用标注数据与无标注数据之间的数据分布相似性,传播标签信息到无标签样本,进而增强模型的性能。

自半监督学习诞生以来,研究者针对不同的问题提出了不同的半监督学习算法,包括自训练(Self-Training)、半监督支持向量机(Semi-Supervised Support Vector Machine)、生成式半监督学习(Generative Semi-Supervised Learning)和基于图的半监督学习(Graph-based Semi-Supervised Learning)等。本节将选取易于理解及目前广泛使用的自训练为代表,介绍其基本原理。

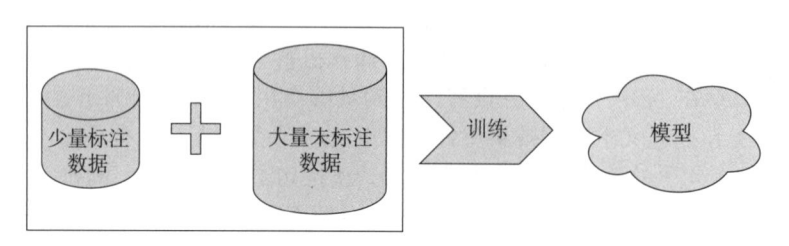

图 5-13 半监督学习过程

5.4.1 自训练

自训练是最简单的半监督方法之一,其**主要思想**是找到一种方法,用未标注的数据集来扩充已标注的数据集。具体来说,我们通常有一个带有标签的小型数据集和一个未标注的大型数据集。自训练算法通过使用已经标注的数据来训练一个初始模型,然后使用这个模型来对未标注的数据进行预测。根据预测结果,将置信度较高的样本添加到已标注的数据集中,然后使用这个更新后的标注数据集来重新训练模型。这个过程不断迭代,直到达到停止条件。以分类模型为例,自训练算法包含以下几个步骤。

① 使用带有标签的小型数据集训练一个初始模型。这可以使用监督学习算法完成,如支持向量机(SVM)或决策树等。

② 使用这个初始模型对未标注的数据集进行预测,并计算样本属于每个类别的概率。

③ 选择一个阈值,将概率高于该阈值的样本添加到已标注的数据集中,并为其分配一个标签。

④ 使用更新后的标注数据集重新训练模型。

⑤ 重复步骤②~④,直到达到停止条件,例如达到预定的迭代次数或已经添加了足够数量的样本到已标注的数据集中。

为了更好地理解自训练算法的工作原理,可以用一个实际的例子来说明。假设我们正在开发一个电子邮件分类器,目的是将邮件自动分类为"垃圾邮件"和"正常邮件"。手中拥有 100 封标注好的垃圾邮件和 100 封正常邮件,但同时有成千上万封未标注的邮件。

首先,利用这 100 封标注邮件训练出一个初步的分类模型。虽然模型能在训练集上达到一定的效果,但由于标注数据不足,模型在实际应用中的性能仍然有限。接下来,使用这个模型对未标注的邮件进行预测,模型会为每封未标注的邮件生成一个分类标签。为了提升模型的准确性,选择模型预测置信度高的邮件(例如,模型以 95% 的置信度认为某封邮件是"垃圾邮件"),将这些邮件添加到训练集中,并标记为模型预测的类别。然后,再次用更新后的训练集(包括原来的标注数据和新的自信预测邮件)重新训练模型。通过这种方式,不断迭代,逐步用更多的未标注数据丰富训练集,直到模型的性能不再显著提升。自训练算法有效地利用了大量未标注的数据,从而提高了分类器在垃圾邮件识别方面的准确率,使得分类器在实际应用中表现得更加出色。

自训练算法的优点在于可以在标注数据较少的情况下，通过利用未标注数据来增强模型的泛化能力。它适用于那些标签昂贵且难以获取的应用场景，如医学图像分析、语音识别等。然而，自训练算法也有一些限制，例如可能会产生错误的标签，尤其是在初始模型预测不准确或样本不平衡的情况下。因此，在应用自训练算法时需要谨慎选择阈值和停止条件，并进行合理的评估和验证。

5.4.2 半监督学习的应用

半监督学习在实际应用中展现出显著的实用价值。在许多场景中，获取标记样本的成本相对较高，这不仅涉及人力和时间的投入，还可能需要特殊的仪器或设备来进行实验和测量。相比之下，无标注样本的收集则相对容易，可以通过简单的重复采集来大量获取。因此，通过减少对标注样本的依赖，半监督学习能够在实际应用中显著降低人力、时间和资源的消耗，进而减少生产成本。

此外，即使在标注样本数量大幅减少的情况下，半监督学习算法也能实现与传统监督学习算法相近的甚至在某些情况下更好的性能，这在标注样本数减少到原来数十分之一或数百分之一时尤为明显。这样的性能提升，使得半监督学习能够更充分地利用数据的价值，帮助机器学习模型从大规模且复杂的数据中挖掘出潜在的规律。正因如此，半监督学习已成为机器学习领域内一个非常活跃的研究方向，并在社交网络分析、文本分类、计算机视觉以及生物医学信息处理等多个领域中得到了广泛的应用。

5.5 强化学习

在介绍了监督学习、无监督学习和半监督学习后，读者可能会问：这些学习方法是否已经涵盖了所有的需求？虽然监督学习依赖于已标注的数据进行分类或预测，半监督学习通过少量标签引导模型，无监督学习能发现数据中的潜在模式，但这些方法都有一个共同的特点：它们依赖于现有的数据，并且通常假设问题的解是静态的或是单次决策的。

然而，现实世界中的很多问题涉及连续决策，系统需要在复杂的环境中与外界交互，目标不仅是找到当前的最佳答案，还需要考虑未来的影响。例如，在机器人导航、游戏对抗、自动驾驶等任务中，系统必须在动态环境下不断做出决策，并通过不断尝试和反馈来优化行为。

这就是为什么我们还需要强化学习。强化学习与本章前述学习方法的不同在于，它强调在交互环境中通过试错和反馈来学习如何做出决策。强化学习的核心理念是通过奖励和惩罚，指导智能体学会在长期内最大化其收益。这一能力使强化学习成为应对复杂、多步决策问题的关键工具，尤其在动态环境中的表现突出。

5.5.1 什么是强化学习

前面简单介绍了强化学习的思想，这里给出强化学习的定义：**强化学习（Reinforcement Learning，RL）**，又称再励学习、评价学习或增强学习，是机器学习的范式和方法论之一，用于描述和解决智能体（Agent）在与环境的交互过程中通过学习策略以达成回报最大化或实现特定目标的问题。

如图 5-14 所示，在强化学习过程中，智能体跟环境一直在交互。每次进行交互时，环境都会产生相应的奖励信号，这个奖励信号一般是诠释当前状态或动作好坏的反馈信号，好比在玩游戏的过程中某一个操作获得的分数值，玩得好则加分，反之则减分。整个交互过程中每一轮获得的奖励信号都可以进行累加，形成智能体的最终收益，好比一盘游戏最后的分数值。强化学习的目标就是尽可能多地从环境中获取奖励，从而最大化收益。

为了进一步理解强化学习的概念，我们以扫地机器人为例：想象你家里有一台自动扫地机器人，它的任务是在房间内移动，清理地板上的灰尘和碎屑。这个过程中，机器人需要自主决定如何在房间内导航，避开障碍物，并尽量不重复清扫已经干净的区域。在这个例子中，机器人就像强化学习中的"智能体"，而它所处的房间环境则是它需要与之交互的世界。机器人通过执行一系列动作（比如前进、转弯或停止）不断与环境互动，从而完成清扫任务。强化学习中的智能体需要在动态环境中采取行动，并根据行动获得的反馈来调整策略，以便在未来表现得更好。以扫地机器人为例，它的行动反馈可以分为正面反馈和负面反馈。

正面反馈（奖励）：如果机器人成功清理了一个区域，那么它会获得奖励，比如在程序中设定一个积分来代表成功清扫。

负面反馈（惩罚）：如果机器人撞上了家具或反复清扫同一区域，程序则会给予它一个惩罚，以避免这种无效行为的发生。

强化学习的目标就是让机器人学会一种策略，使它能够在长时间运行中最大化其总奖励，即让房间在最短的时间内清扫干净，同时避免不必要的碰撞和浪费时间的重复行为。其运作过程如下。

- **智能体与环境的互动**：机器人一开始并不知道如何清扫房间，它必须通过尝试各种可能的行动来学习。它首先会在房间内随机移动，并逐渐积累经验。
- **试错学习**：机器人尝试不同的路径和清扫策略，发现某些动作会导致高奖励，比如清理更多的区域，而某些动作则会导致低奖励或负面反馈，比如撞上障碍物。通过不断试错，机器人开始识别哪些行动是有益的，哪些是应该避免的。
- **长期收益最大化**：机器人不仅需要考虑当前的清扫效果，还需要考虑它的行动如何影响未来的收益。例如，它可能会选择暂时绕过一些复杂区域，以便更快速地清理易清扫的区域，然后回到复杂区域进行清扫。

5.5.2 强化学习模型

如图 5-14 所示，一个智能体（如玩家）做出了一个动作，对环境造成了影响，也就是改变了状态，环境会反馈给智能体，智能体就得到了一个反馈。不断地进行这样的循环，直到结束为止。

上述过程就相当于一个马尔可夫决策过程，为什么这样说呢？因为符合马尔可夫假设：当前状态 S_t 只由上一个状态 S_{t-1} 和行为所决定，而和前序更多的状态是没有关系的。

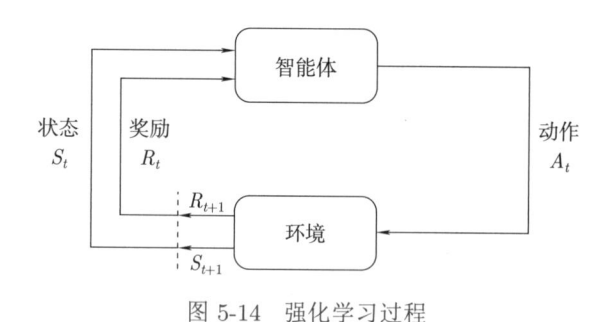

图 5-14 强化学习过程

1. 未来奖励

通过以上描述，我们可以确定一个概念，也就是智能体在当下做出的决定会使得未来收益最大化，那么，一个马尔可夫决策过程对应的奖励总和为

$$R = r_1 + r_2 + r_3 + \cdots + r_n \tag{5-5}$$

t 时刻（当下）的未来奖励，由于前面的改变不了，因此只考虑后面的奖励：

$$R_t = r_t + r_{t+1} + r_{t+2} + \cdots + r_n \tag{5-6}$$

接下来，当前情况下做出的动作是能够得到结果的，但对于未来的影响是不确定的，这也符合我们的真实世界，比如谁都不知道一只蝴蝶只是煽动了一次翅膀就会造成飓风式的影响（蝴蝶效应）。所以，当前的行为对于未来是不确定性的，要打一个折扣，也就是加入一个系数 gamma，即一个 0~1 的值：

$$R_t = r_t + \gamma r_{t+1} + \gamma^2 r_{t+2} + \cdots + \gamma^{n-t} r_n \tag{5-7}$$

离当前越远的时间，gamma 的惩罚系数就会越大，也就是越不确定，为的就是在当前和未来的决策中取得一个平衡。gamma 取 0，相当于不考虑未来，只考虑当下，是一种很短视的做法；而 gamma 取 1，则完全考虑了未来，又有点过虑了。所以一般 gamma 会取 0~1 之间的一个值。

R_t 可以用 R_{t+1} 来表示，写成递推式：

$$R_t = r_t + \gamma(r_{t+1} + \gamma(r_{t+2} + \cdots)) = r_t + \gamma R_{t+1} \tag{5-8}$$

2. Q-Learning 算法

在强化学习中，智能体的目标是学习一套策略，使其在不同状态下采取最佳的动作，进而最大化长期累积的回报。为了解决这个问题，**Q-Learning** 提供了一种简单而有效的方法，通过评估每个状态-动作对的期望回报，智能体能够逐步找到最优策略。

（1）Q 值的定义

Q-Learning 的核心在于一个称为 **Q 值**的函数，它描述了在某个状态下执行某个动作所能获得的期望累积回报。对于一个状态 s 和一个动作 a，Q 值 $Q(s,a)$ 表示智能体在状态 s 下选择动作 a 后，未来能够获得的累积奖励的期望值。Q 值可以通过以下递推公式进行更新：

$$Q(s_t, a_t) \leftarrow Q(s_t, a_t) + \alpha \left[r_{t+1} + \gamma \max_{a'} Q(s_{t+1}, a') - Q(s_t, a_t) \right] \tag{5-9}$$

式中，s_t 和 a_t 分别表示在时间步 t 的状态和动作；r_{t+1} 表示智能体在执行动作 a_t 后获得的即时奖励；γ 是折扣因子，表示未来奖励的权重；α 是学习率，表示每次更新时对 Q 值的调整幅度；$\max_{a'} Q(s_{t+1}, a')$ 表示在下一状态 s_{t+1} 下能够选择的动作中的最大 Q 值，这代表智能体在未来状态下能获得的最优回报。

（2）Q-Learning 的工作流程

Q-Learning 算法的具体执行步骤可以总结为以下几点。

- **初始化 Q 值表**：为所有的状态-动作对 $Q(s,a)$ 初始化一个值，通常为零或小的随机数。
- **选择动作**：在每个时间步 t，智能体都会根据当前的 Q 值表选择一个动作。通常使用 ε-**贪婪策略**进行动作选择，这种策略以一定概率选择当前 Q 值最大的动作（即利用），以较小的概率随机选择一个动作（即探索）。
- **执行动作并观察奖励**：智能体执行选择的动作 a_t，与环境交互，并观察到即时奖励 r_{t+1} 和下一个状态 s_{t+1}。
- **更新 Q 值**：根据前面提到的 Q 值更新公式，更新当前状态-动作对的 Q 值。
- **重复迭代**：智能体不断地与环境进行交互，通过反复更新 Q 值，最终收敛到最优策略。

例如，在迷宫导航问题中，智能体需要找到从起点到终点的最优路径。每走一步，智能体就会得到一个即时奖励（例如，每移动一步扣除一点奖励，找到出口时获得较大的正奖励）。智能体的目标是通过与迷宫环境的反复交互，学习如何找到最短路径。在这个问题中，状态 s 表示智能体在迷宫中的位置，动作 a 是上、下、左、右的移动方向，Q 值 $Q(s,a)$ 表示在迷宫的某个位置选择某个方向移动后能够获得的期望回报。随着智能体的不断探索和 Q 值的更新，它会逐渐学会如何选择动作，使得总奖励最大化，最终找到达迷宫出口的最短路径。

Q-Learning 是一种无模型的强化学习算法，它通过估计每个状态-动作对的期望回报，帮助智能体学习最优策略。通过更新 Q 值，智能体能够逐渐掌握在不同状态下应采取的最佳动作，从而最大化累积回报。在解决实际问题时，Q-Learning 的优势在于其无须了解环境的动态模型，智能体只需要通过与环境的交互和学习就可以找到最优策略。这使得 Q-Learning 成为强化学习中的基础算法之一。

5.5.3 强化学习应用

强化学习技术在机器人领域的应用日益广泛，它通过模拟环境反馈，不断优化机器人的行为模式。在强化学习的工作流程中，机器人首先接收到环境的状态信息，然后根据预设的策略选择一个动作。环境根据这个动作给予反馈，机器人再根据这个反馈调整自己的策略，以期望在未来获得更好的结果。这个过程是迭代的，机器人通过不断试错，积累经验，逐步提升自己的决策能力。

强化学习的一个标志性成就是由谷歌 DeepMind 团队开发的 AlphaGo Zero。与之前的 AlphaGo 不同，AlphaGo Zero 不依赖于人类棋手的棋局数据，而是完全通过自我对弈来学习围棋。它直接从棋盘的原始状态出发，通过强化学习算法不断优化自己的策略，最终达到超越人类顶尖棋手的水平。这一成就不仅展示了强化学习在解决复杂决策问题上的巨大潜力，也证明了即使在缺乏人类先验知识的情况下，机器也能通过自我学习达到惊人的智能水平。

与此同时，虽然传统的深度学习在图像识别、语音处理等感知任务上取得了巨大成功，但人类对于机器智能的期望远不止于此。强化学习因其在处理不确定性和复杂决策问题上的能力，成了人工智能领域的一个重要分支。未来，深度学习与强化学习的结合，将有望推动人工智能在更广泛的应用场景中实现突破，包括自动驾驶、医疗诊断、金融决策等多个领域，为人类社会带来深远的影响。

5.6 主动学习

强化学习的重点在于通过试错学习与环境的互动，不断调整行为策略以最大化未来收益。然而，强化学习并不直接关注如何高效获取标注数据，而是通过环境反馈调整行为策略。这时，我们需要引入**主动学习**（**Active Learning**）。主动学习的核心思想是让模型在学习过程中主动选择"最有用"的数据来进行标注，进而提高模型的学习效率。也就是说，模型不再被动地等待数据，而是根据当前的学习状态主动"提问"，请求对那些能最大化提升模型性能的数据进行标注，从而减少不必要的标注工作量。这在资源有限的情况下，尤其是高成本数据标注任务中显得尤为重要。

因此，主动学习弥补了强化学习和传统监督学习方法的不足，它允许模型在学习过程中高效获取关键数据，从而降低标注成本，同时提高了学习效率，使得人工智能系统能够在数据获取困难的情况下，仍然能保持高效的学习和推断能力。本节将带读者深入理解主动学习的概念与目标、分类、查询策略和应用场景。

5.6.1 主动学习概念与目标

主动学习是一种通过主动选择最有价值的样本进行标注的机器学习或人工智能方法。其目标是使用尽可能少的标注样本，使模型达到最好的性能，即最大程度降低标注者和主动学习者之间的相互作用。也就是说，主动学习能够增强标注样本对模型性能的影响，在有限的标注数据的情况下最大化模型的性能。因此，主动学习适用于标注成本高、难度大的场景中。

经典的基于池的主动学习主要由以下 5 个核心部分组成。

- **未标注样本池（Unlabeled Pool）**：顾名思义，这是一个包含大量未标注样本的数据集。算法通过筛选策略从这个样本池中选择一些样本让标注者进行标注。
- **查询策略（Query Strategy）**：主动学习的查询策略用于界定什么样的样本是最有用的或什么样的样本对模型性能的增益最大。常见的查询策略包括不确定性抽样、基于委员会的查询和基于误差减少的查询。
- **标注者（Human Annotator）**：标注者通常是人类专家，他们拥有该模型领域相关的知识，负责对查询策略筛选出的未标注样本进行标注。
- **已标注数据集（Labeled Training Set）**：已标注数据集包含已经被标注的样本。该数据集会随着主动学习的进行不断扩充。
- **目标模型（Machine Learning Model）**：目标模型即主动学习要优化和训练的模型。该模型的性能会随着主动学习的进行不断提高。

主动学习的基本流程如图 5-15 所示。具体来讲，首先使用少量的已标注数据训练一个初始化模型。然后，主动学习算法根据查询策略，从未标注样本池中选择一批最有价值的样本进行标注。所谓最有价值的样本，即模型对其预测不确定性最高的样本或是最能够代表数据集多样性的样本。接着，将这些筛选出的最有价值的样本提交给人类标注者进行标注。最后将这些新数据添加到原训练集中，从而进一步训练模型。如此重复上述步骤，不断执行筛选数据、获取标注和更新模型，直到达到预定的性能指标或其他停止条件后停止该流程。

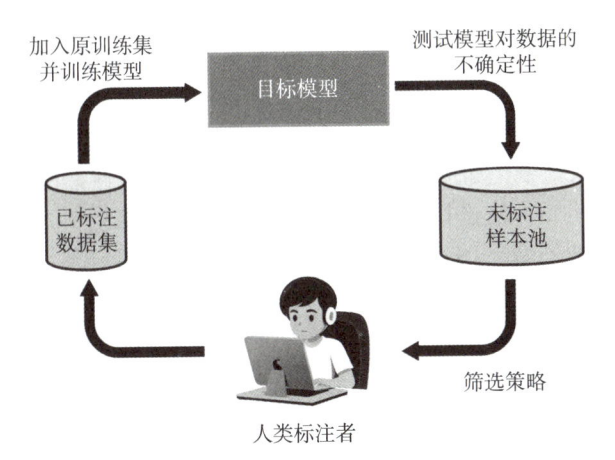

图 5-15 主动学习的基本流程

5.6.2 主动学习的分类

主动学习的核心在于如何选择那些对模型改进最有帮助的样本，这就涉及不同的主动学习场景和策略。本小节将向读者深入介绍主动学习的分类，帮助读者理解主动学习如何通过不同的策略最大化学习效果。

1. 基于数据池的主动学习

图 5-15 所示就是基于数据池的主动学习，它是最常见的主动学习方法。在该方法中，学习算法从一个未标注的大型数据池中选择最有价值的样本送给人类专家进行标注，标注后的数据则放在一个小型的已标注数据集中。此方法适用于有固定数据池的场景，如文档分类、图像分类和检索、视频分类和检索、语音识别、癌症诊断等任务。

2. 基于数据流的主动学习

在基于数据流的主动学习方法中，数据以流的形式逐个通过学习算法，而不是预先存储在固定的数据池中。模型接收这些新的未标注样本，并且决定这些样本是否需要进行标注。此方法适用于数据量较大、数据源是流式且无法保存所有数据的情况，如在线广告推荐、实时监控等。

基于数据流的主动学习和基于数据池的主动学习的主要区别是，前者按顺序扫描所有数据并单独做出查询决策，而后者在选择最佳查询之前需要对整个数据集进行评估和排序。

3. 基于合成样本的主动学习

基于合成样本的主动学习通过生成的合成样本（即模型自己创造的样本）进行学习，而不是通过原始数据。与基于数据池和基于数据流的主动学习相比，基于合成样本的主动学习的数据由模型主动生成，而不是从现有数据中选择。该方法适用于数据稀缺的场景或模型需要扩展到未覆盖的分布区域的场景。例如在自动驾驶领域，利用合成样本生成技术，可以模拟各种驾驶场景，然后通过主动学习选择最有价值的样本进行标注，从而提升系统的安全性和可靠性。

这 3 种主动学习方法都是通过提高样本选择的效率来减少数据标注的需求，进而提高模型的学习效率。

5.6.3 主动学习的查询策略

在主动学习中，查询策略是一个关键组成部分，它决定了模型在少量标注数据条件下的学习效率和效果。选择最具有信息量或最有代表性的数据进行标注能够显著提高模型的学习速度，降低标注成本，提升模型的泛化能力，并可以应对数据不平衡的问题。因此，查询策略在主动学习中至关重要，是主动学习成功的关键。下面介绍几种常见的查询策略。

1. 不确定性抽样

不确定性抽样（Uncertainty Sampling）策略通常选择模型最不确定的样本进行标注。不确定性可以通过多种方式来衡量，如最小置信度抽样、最大不确定性抽样和熵抽样。

- **最小置信度抽样**：该方法选择那些最大概率最小的样本进行标注。以手写数字识别为例，假如模型对一张手写数字的预测结果是：0 的概率为 0.75，其他数字的概率总和为 0.25，则该图片的置信度为 0.75，此时模型比较确定该数字为 0。第二张图片的预测结果是：2 的概率为 0.35，3 的概率为 0.34，其他数字的概率总和为 0.31，则该图片的置信度为 0.35，表示模型对识别出来的数字并不确定。根据最小置信度抽样法，第一张图片的置信度为 0.75，第二张图片的置信度为 0.35，因此该查询策略会选择第二张图片进行标注。置信度越低，模型对该数字的识别越不确定，标注该图片对模型性能的提升会更大。
- **最大不确定性抽样**：该方法选择模型预测的概率最接近 0.5 的样本。这是因为在二分类问题中，模型预测概率接近 0.5，表示模型将这些数据预测为正类或负类的概率接近，代表模型的效果较差。仍以手写数字识别为例，假如模型对第一张手写数字的预测结果是：7 的概率为 0.51，9 的概率为 0.49，这意味着模型在 7 和 9 之间较难抉择，预测的边界非常模糊。而对第二张图片的预测结果是：1 的概率为 0.9，其他所有数字概率的总和为 0.1，这表示模型对数字为 1 比较确定。根据最大不确定性抽样法，查询策略会选择第一张图片进行标注。

- **熵抽样**：熵抽样基于信息熵的概念（信息熵用于衡量变量的不确定性）。在分类问题中，样本的信息熵越高，说明模型对样本预测的不确定性越大。

2. 基于委员会的查询

基于委员会的查询（Query By Committee，QBC）通过一个委员会或一组模型来共同决定哪些样本需要标注。不同的模型在训练时的数据子集可能不同，或是由不同的算法训练得到的。这些模型一起工作，通过投票机制决定对最有价值的样本进行标注。QBC 的基本思想是，当委员会中的模型对某个样本的预测一致性很高时，该样本信息的价值可能较低；当委员会中模型的预测结果分歧较大时，该样本可能包含了重要信息，需要进行人工标注。同样以识别手写数字为例：现在有 3 个不同的模型（A、B、C）和两个含有数字的图片（图一和图二）。假设模型 A 预测图一的结果是：数字 2 的概率为 0.7，数字 5 的概率为 0.2，其他数字的概率总和为 0.1。模型 B 预测图一的结果是：数字 5 的概率为 0.5，数字 2 的概率为 0.4，其他数字的概率总和为 0.1。模型 C 预测图一的结果是：数字 9 的概率为 0.7，数字 2 的概率为 0.2，其他数字的概率总和为 0.1。由此发现，3 个模型对图一的预测结果存在分歧，分别倾向不同的数字（2，5，9）。对于图二，3 个模型 A、B、C 的预测结果一致为 4，且各自的置信度都比较高。由于委员会对图二的预测高度一致，因此认为图二的信息量较低，不会选择它进行标注；同时，由于图一的预测结果分歧最大，因此它的信息量最大，通过人工标注图一再进行训练，能够最大程度地改善模型的性能。总的来说，QBC 会选择那些模型之间分歧较大的样本。QBC 通过综合多个模型的意见，减少了单个模型的随机误差，能够增强系统的鲁棒性。委员会机制鼓励模型之间产生分歧，能够减少模型对训练数据的过拟合。当然 QBC 也存在着一些缺点，例如：它需要同时训练和维护多个模型，因此需要的计算资源更多，计算成本较高；对于多个模型，需要处理多个模型之间的同步问题，需要确保所有模型能够及时响应新的标注数据。

3. 基于误差减少的查询

基于误差减少的查询（Query By Error Reduction，QBER）的主要思想是先使用当前模型对未标注的样本进行预测，并为每个样本分配临时标签，然后将这些模拟标注的样本添加到训练集中并观察模型的性能会如何变化。最后选择那些能够最大化降低模型误差的样本进行实际标注。

4. 基于方差减少的查询

基于方差减少的查询（Query by Variance Reduction，QVR）主要关注的是模型预测的稳定性。对于某个样本，当模型在多次预测中给出的分类概率波动大时，该样本就被认为是不确定的，因此具有较高的标注价值。

5.6.4 主动学习的应用场景

主动学习的核心思想是让模型主动选择对自身训练最有价值的样本，从而提高学习效率和模型的性能。因此，主动学习适用于标注数据昂贵、标注过程复杂、需要快速迭代、数据不平衡等场景中。

主动学习适用于数据标注成本较高的场景，如医学图像分析。在医学图像标注中，医生需要精确地标注出图像中的各种病变，器官等结构的形态、大小、位置等信息。这种专业性的标注工作不仅需要标注人员有相关领域的知识，还需要保证标注的准确性，因此标注成本非常高。主动学习能够根据筛选策略选择出最具信息量的医学图像进行标注，在保证模型性能的前提下显著降低标注所需的工作量。

主动学习也适用于数据不平衡的场景。所谓数据不平衡，是指在一个数据集中，不同类别的数据样本的数量差异很大。这会使训练后所得的模型偏向多数类，忽视少数类，从而影响模型的性能。欺诈检测就是典型的数据不平衡的场景之一。欺诈交易（少数类）相对于正常交易（多数类）来说非常少，因此容易被模型忽视，从而导致漏报率高。因此，在欺诈检测中采用主动学习方法，选择最可能是欺诈交易的样本进行标注，从而提高模型在不平衡数据上的表现。

主动学习还适用于需要快速迭代的场景。这些场景要求模型能迅速适应新数据或环境的变化，如产品推荐系统。电商软件的推荐系统需要根据用户的浏览、购买等行为不断地更新，以保持推荐的相关性和准确性。另外，平台上有大量的用户和商品，数据的维度高且复杂。主动学习可以不断地从这些复杂的数据中选择和标注模型，预测不确定性最高的用户行为数据进行标注，在减少数据标注量的同时使推荐系统快速迭代。

5.7 Python 机器学习库

机器学习涉及较多复杂且重复的数学运算，如线性代数、概率论、优化等。为了减少重复的工作，需要引入机器学习库将这些重复的工作自动化，使得开发者能够更加快捷地构建、测试和部署机器学习模型。同时，机器学习库提供了大量预实现的算法，如分类、回归、聚类、降维等。这些算法可以直接用于解决实际问题，无须从头开始编写大量的复杂代码。机器学习库还提供了评估模型的工具和标准，可以帮助开发者评估模型性能，并进行模型的选择和调优。大多数机器学习库是开源的，拥有庞大的用户和开发者社区。这些社区提供了丰富的代码、教程和文档，可以帮助开发者快速上手，从而解决实际问题。同时，社区中的用户可以为机器学习库提供技术支持和建议，帮助开发者更好地应用机器学习库。为了让读者能初步了解机器学习中常见的 Python 库，本节对目前较为常见的机器学习库进行简单介绍。

5.7.1 NumPy 和 SciPy

NumPy（Numerical Python）[一]是一个用于科学计算的 Python 库，它能够用于线性代数、傅里叶变换和矩阵等领域。在机器学习中需要大量使用数组进行计算，但 Python 中通常用列表代替数组，列表的处理速度很慢。因此，在机器学习场景中，直接使用列表会使计算速度降低、浪费硬/软件资源，需要引入 NumPy 来规避这些 Python 本身的缺点。与列表不同，NumPy 数组在内存中的存放位置是连续的，根据局部性原理进程可以更加高效地访问和操作它们。通常对于相同的计算量，使用 NumPy 数组比使用列表快 50 倍以上。NumPy 部分由 Python 编写，但其中与快速计算相关的代码是由 C/C++ 编写的。与 Python 原生的列表相比，NumPy 数组占用更少的内存，并且处理速度更快，尤其适合进行大规模的数据运算。SciPy（Scientific Python）[二]是一个基于 Python 的开源库，专门用于科学和技术计算。它建立在 NumPy 之上，并进一步扩展了其功能，提供了丰富的高级数学、科学和工程计算工具。SciPy 通常用于优化、线性代数、积分、插值、信号处理和图像处理等领域，是数据科学和工程项目中的核心库之一。

5.7.2 Python Imaging Library（PIL）

PIL[三]是用于图像处理的开源库，广泛应用于 Python 编程环境中。然而，PIL 于 2011 年停止更新，目前仅支持 Python 1.5.2~2.7。它已经被其分支版本 Pillow 所替代。Pillow 不仅继承了 PIL 的全部功能，还进行了广泛的优化和扩展，修复了已知错误，增加了新图像格式的支持，并引入了新的特性和工具。Pillow 支持多种图像格式，如 JPEG、PNG、BMP、GIF、TIFF 等。它

[一] https://numpy.org/

[二] https://scipy.org/

[三] https://pillow.readthedocs.io/

不仅能够对图像进行裁剪、调整大小、旋转、翻转、模糊、锐化、调整对比度等操作，还可以在图像上绘制图像、添加文本。

5.7.3 Pandas

Pandas[一]是 Python 社区中的高性能数据分析库。Pandas 的名字来源于 Panel Data 和 Python Data Analysis，即对面板数据进行数据分析。Pandas 的核心数据结构是 DataFrame。DataFrame 是一个二维的、类似于 Excel 的数据结构。DataFrame 有很多列，每一列都有该列的属性定义和数据类型。DataFrame 有很多行，每行都是一条数据。用户使用 Pandas 可以进行几乎所有基于 Excel 和 SQL 的数据分析及操作。相比 Excel，Pandas 能够处理的数据更大，可编程能力更强，可与其他 Python 库紧密结合。相比 SQL，Pandas 的语法更灵活、丰富。dplyr 和 data.table 是 R 语言中进行类似操作的包。

5.7.4 Matplotlib

Matplotlib[二]是 Python 语言及其数值计算库 NumPy 的绘图库，支持常见的图表类型，如折线图、柱状图、饼图、散点图、等高线图、直方图等。Pyplot 是 Matplotlib 的一个模块，它提供了一个类似 MATLAB 的接口，可以方便地让用户绘制二维图表。Matplotlib 通常与 NumPy 和 SciPy 一起使用，这种组合广泛用于替代 MATLAB，是一个强大的科学计算环境，有助于用户通过 Python 学习数据科学或者进行机器学习。

5.7.5 scikit-learn

scikit-learn[三] 是 Python 中最受欢迎的传统机器学习库之一，广泛应用于数据分析和机器学习任务中。它基于 NumPy、SciPy 和 Matplotlib 构建，提供了大量的机器学习算法和工具，包括分类算法、回归算法、聚类算法、降维技术、交叉验证、网格搜索和模型评估工具等。scikit-learn 具有一致且简单的 API 接口，所有算法的调用方式都类似，新手用户和有经验的开发者都能迅速上手。

5.8 小结

本章主要介绍了机器学习的几种范式，以及这些范式的应用场景和优缺点。监督学习是基于标注数据的学习方法，它通过已知的输入和输出之间的对应关系来训练模型。其优点是精度高、训练速度快，但监督学习需要依赖大量标注数据，获取这些数据可能代价高昂。无监督学习则不需要标注数据，其目标是发现数据的内在结构和模式，适用于探索性数据分析。但无监督学习的结果不易解释，性能取决于具体的应用场景。强化学习通过与环境的交互来学习最优策略，以最大化累积奖励。其优点是能够处理动态环境和长期规划，但缺点是训练过程复杂且计算成本高。自监督学习利用数据本身的信息进行学习，而不需要外部标注，具有很高的应用潜力。它的优点是不需要依赖标注数据，但其缺点是模型可能需要复杂的预训练步骤。主动学习是一种交互式的学习方法，系统可以选择性地向人类专家请求标注数据，以提高学习效率。其优点是显著减少标注成本，提高学习效率，但缺点是需要频繁地进行人机交互。

[一] https://pandas.pydata.org/
[二] https://matplotlib.org/
[三] https://scikit-learn.org/stable/index.html

第 6 章

深度学习

传统机器学习在处理少量的结构化数据方面表现出色,但当面对大量的诸如图片、视频、音频等非结构化数据时,它往往束手无策。同时,非结构化数据在互联网的总数据量中占据相当大的比例,约 80% 以上。传统机器学习方法难以从这些非结构化数据中学习到有用的模式或特征。正是在这样的背景下,深度学习应运而生。深度学习通过构建深层神经网络模型,模拟人脑的学习机制,实现了对复杂数据的高效表示和学习,从而提高了在处理图像、视频、音频等任务时的性能和效果。它弥补了传统机器学习的不足,为人们解决各种复杂问题提供了强大的工具和方法。

6.1 深度学习的定义与特点

深度学习的背景丰富多元,其起源可以追溯到 20 世纪 40 年代,当时神经科学家麦卡洛克(Warren Sturgis McCulloch)和数学家皮茨(Walter Pitts)共同提出了神经网络的概念,并且构建了融合数学和生物神经系统的数学模型,用来模拟神经元的行为,这标志着深度学习的初步萌芽。在随后的几十年中,人工神经网络的研究虽历经波折,但仍不断发展。20 世纪 50 年代,心理学家罗森布拉特提出了感知机的概念,实现了两层神经元的感知机。然而,由于感知机本身的局限性及当时计算机科学和数据资源的匮乏,神经网络研究在 20 世纪 70 年代陷入低谷。直至 20 世纪 80 年代,计算机科学迅猛发展,反向传播算法应运而生,再次激发了人工神经网络的研究热情。进入 21 世纪,计算机性能的大幅提升,大数据的涌现,以及新算法和神经网络结构的不断创新,推动了深度学习进入快速发展阶段,尤其是杰弗里·辛顿(Geoffrey Hinton)等人在 2006 年提出的深度信念网络(DBN),为深度学习奠定了坚实的基础。作为一种基于神经网络的机器学习方法,深度学习通过多层次网络学习数据的复杂结构,其核心在于层次化表示学习,实现低级与高级特征的映射,促进自主学习与决策。如今,深度学习框架,如卷积神经网络(CNN)、递归神经网络(RNN)等,已经广泛应用于计算机视觉、语音识别、自然语言处理等领域,并在智能推荐、自动驾驶等实际场景中取得显著成果。综上所述,随着计算机技术的持续进步与应用场景的不断拓展,深度学习也必将在未来的发展中扮演重要的角色。

6.1.1 深度学习的基本概念

深度学习是机器学习的子领域,它通过构建和训练深度神经网络来自动学习数据的特征和模式。深度学习模型通常由多个层次的神经网络组成,这些层次可以自动提取和转换数据中的高级特征,从而实现复杂的任务,如图像识别、自然语言处理和语音识别。与传统的机器学习方法相比,深度学习能够处理更大规模的数据和更复杂的模型,通过大量的数据训练和优化,提供更加准确和智能的预测及决策能力。

6.1.2 人工智能、机器学习和深度学习的关系

随着技术领域的不断发展,人工智能正逐步成为创新的灯塔,重塑着人们与机器和周围世界互动的方式。人工智能的核心是开发能够模拟人类智能、推理和决策过程的智能系统。这个变革

性领域涵盖了各个分支，其中机器学习和深度学习是其最重要的支柱。人工智能包含机器学习，机器学习又包含深度学习，三者的关系如图 6-1 所示。

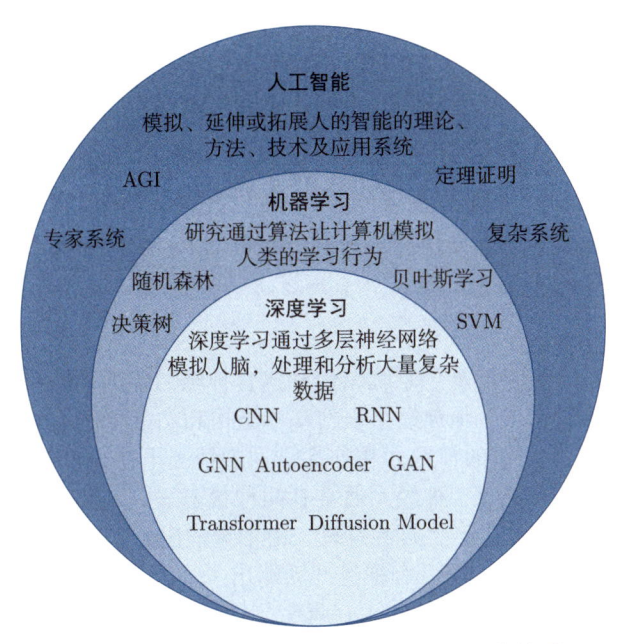

图 6-1 人工智能、机器学习和深度学习的关系

机器学习作为 AI 的一个子集，使系统能够从数据和经验中学习，而无须明确编程，从而革新了传统的计算范式。机器学习算法可以发现蕴含在庞大数据集中的模式、趋势和特征。从预测分析到个性化推荐，机器学习的应用横跨各行各业，推动着社会的发展。

在机器学习领域，深度学习作为一种受人脑复杂神经网络启发的突破性方法而出现。这些神经网络由互连的节点层组成，有助于从原始数据中分层提取特征，从而能够创建高度准确且细致入微的模型。深度学习算法在图像识别、自然语言处理和语音合成等任务中的表现出色，开启了人工智能和人机交互的新领域。

6.1.3 深度学习与机器学习的区别

虽然深度学习是机器学习的一个子集，但是二者之间也存在着显著的区别。下面从多个维度进行详细介绍，包括它们的特征提取方式、数据类型、数据量和模型复杂度。

- **特征提取方式**：深度学习通过神经网络自动提取特征，减少了对人工特征工程的依赖，而传统的机器学习通常需要人工识别和选择特征。
- **数据类型**：机器学习通常使用结构化的标注数据进行预测。而深度学习更加灵活，能够处理非结构化数据，如文本、图像和音频。
- **数据量**：深度学习所需的数据量远大于传统机器学习所需的数据量，因此深度学习需要更多的计算资源，如具有强大计算能力的 GPU（Graphics Processing Unit）、TPU（Tensor Processing Unit）。传统机器学习则可以在 CPU 上完成计算任务。
- **模型复杂度**：机器学习常用的模型包括线性回归、决策树、随机森林、支持向量机等。这些模型相对简单，参数较少。而深度学习则使用多层的神经网络模型，如卷积神经网络和递归神经网络等，这些模型的结构复杂且包含大量参数。

6.2 深度学习基本架构

在探讨深度学习的具体实现之前,读者首先要理解其基础构成单元以及它们是如何组织起来形成复杂网络的。本节将详细介绍深度学习的核心——人工神经网络和它的工作原理。通过理解生物神经元的结构、神经元的数学模型、神经网络及激活函数,我们将为后续的深度学习算法和模型打下坚实的基础。接下来,本节从最基本的人工神经网络简介开始,逐步深入到深度神经网络的复杂结构及工作原理中。

6.2.1 人工神经网络简介

人工神经网络是一种受生物神经系统启发的计算模型,它通过模拟生物神经元之间的连接和信息传递机制,实现了对复杂数据的高效处理和分析。

1. 生物神经元的结构

神经元又称神经细胞,是组成神经系统结构和执行神经功能活动的一大类高度分化细胞,由胞体和胞突(树突和轴突)组成,是神经组织的基本结构和功能单位。神经元的轴突末端有非常多的突触,这些突触负责与其他的神经元相连接。通常情况下,每个神经元都可以通过突触与10~100000 个其他的神经元相连接。神经元通常有两种状态——兴奋和抑制。当神经元接受的刺激高于阈值时,会进入兴奋状态,产生神经冲动,由轴突输出到其他神经元。而当神经元所受刺激低于阈值时,会处于抑制状态,则没有神经冲动输出。

据估计,人脑中神经元的数量为 850~1200 亿,且神经元与神经元之间存在连接,每个神经元都与约 1000 个其他神经元相连接。故大脑内有 10^{14}~10^{15} 个连接。正是有如此庞大数量的神经元和连接,才产生了人的智能行为。

2. 神经元的数学模型

1943 年,美国神经科学家麦卡洛克与计算神经科学家皮茨共同提出了被广泛沿用至今的 **M-P 模型**(McCulloch-Pitts Model),如图 6-2 所示。这一模型通常被称为"人工神经元"或"神经元节点",是构成神经网络的基本单元,其灵感源自生物神经元,通过模拟生物神经元的信息处理机制,实现了数据的计算与传递。

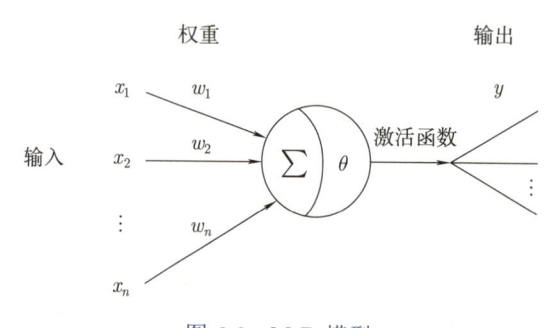

图 6-2 M-P 模型

具体来说,单个神经元由 n 个输入 x_i、每个输入对应的权重(Weight)w_i、偏置(Bias)b 和激活函数 $f()$ 组成。其计算公式可以表示为

$$y(x) = f(\boldsymbol{w}^\mathrm{T} \boldsymbol{x} + b) \tag{6-1}$$

式中,$\boldsymbol{w}$ 和 $\boldsymbol{x}$ 为向量。神经元的具体计算过程为:首先每个输入和输入对应的权重相乘,得到 $w_1 x_1$、$w_2 x_2$、$\cdots$、$w_n x_n$,然后将这 n 个乘积相加并加上偏置 b。最后将此结果通过一个非线性的激活函数,最终得到该神经元的输出。

3. 神经网络

想要进行复杂运算，单个神经元是远远不够的，需要多个神经元按照一定的方式协作，共同完成复杂的任务，即神经网络。最简单的神经网络是仅由多个神经元构成的单层神经网络。图 6-3 所示的神经网络是仅包含 3 个神经元的单层神经网络。其中，x_1、x_2、x_3 表示该神经网络的输入。这 3 个神经元先对输入进行线性运算，然后分别经过激活函数后得到输出值 y_1、y_2、y_3。这个计算过程可以表示为

$$y = f(Wx + b) \tag{6-2}$$

相较于单个神经元的计算公式，神经网络的计算公式中，权重 W 变为矩阵，偏置也从标量变成了向量。在本例中，W 是一个 3×3 的矩阵，b 是一个三维向量。

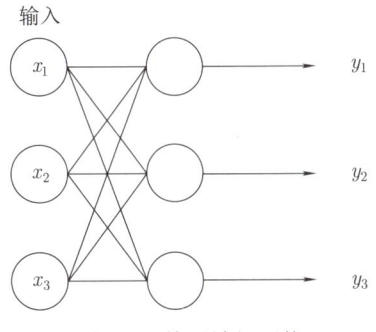

图 6-3 单层神经网络

值得注意的是，更深层次的神经网络就是由类似的单层结构组织起来的。其中，上一层的输出结果作为下一层的输入，且每一层的输出结果是对上一层的输出结果进行线性变换后通过激活函数计算得到的。

4. 激活函数

激活函数（Activation Function） 是神经网络中的非线性函数，其主要作用是在神经元上添加非线性映射。如果没有激活函数，那么无论神经网络有多少层，网络的输出最终都是输入的线性组合。但是线性模型的表达能力有限，难以捕捉数据中的复杂模式和关系。通过引入非线性激活函数，神经网络能够处理非线性问题，从而能够学习和表示更复杂的数据模式和函数关系。常见的激活函数包括 Sigmoid、ReLU、Softmax 等。

（1）Sigmoid 函数

该函数能够将任意的实数输入映射到 (0,1) 区间内。它的输出可以看作概率或置信度，例如，输出值接近 1 时表示模型预测该样本为正类的置信度高，而输出接近 0 时表示样本为负类的置信度高。Sigmoid 的数学表达式为

$$f(x) = \frac{1}{1 + e^{-x}} \tag{6-3}$$

式中，分母中的 e^{-x} 在实数域上非负，因此 Sigmoid 的输出保持在 0~1 之间。但当输出非常大或非常小时，Sigmoid 函数的梯度会变得很小，接近于 0。这可能导致在深度神经网络训练过程中出现梯度消失的问题，使得网络难以训练。

Sigmoid 函数是神经网络模型中常用的激活函数，广泛应用于隐藏层和输出层。然而，由于梯度消失的问题，以及 ReLU（Rectified Linear Unit）等激活函数的出现，Sigmoid 函数在现代深度神经网络中的应用已经有所减少，尤其是在隐藏层中。尽管如此，Sigmoid 函数在二分类问题中应用于网络的输出层仍是一个常见选择。

(2) ReLU 函数

ReLU 函数又称修正线性单元,是一种人工神经网络中常用的激活函数,通常指代数学中的斜坡函数,其数学表达式为

$$f(x) = \max(0, x) \tag{6-4}$$

显然,ReLU 函数在输入小于或等于 0 时的输出为 0,输入大于 0 时,输出值等于输入值。由于输入小于或等于 0 时输出为 0,会导致部分神经元不能激活,导致参数无法更新,为此衍生出了 Swish 等激活函数。Swish 函数是 Sigmoid 函数和 ReLU 函数的改进版,其具备有下界无上界、平滑且非单调的特性。Swish 的计算速度慢,但在深度神经网络上的效果优于 ReLU。其数学表达式为

$$f(x) = \frac{x}{1 + e^{-x}} \tag{6-5}$$

(3) Softmax 函数

Softmax 函数能够将一个向量或一组数值,如神经网络最后一层对不同类别的"打分",转换为一个概率分布。具体来说,Softmax 函数能够将这些任意的实数分数变成正数,并确保这些正数的总和为 1,从而使得每个数都可以被看作对应类别的概率。这一转换过程是通过对每个分数应用指数函数(即 e 的幂),然后除以所有指数值的和来实现的,最终使得每个输出都变成了一个介于 0 和 1 之间的概率值,既保证了分数高的类别获得更高的概率,又确保了所有类别的概率之和为 1。其数学表达式为

$$\text{Softmax}(x_i) = \frac{e^{x_i}}{\sum_{c=1}^{n} e^{x_c}} \tag{6-6}$$

式中,c 表示类别数,对应于神经网络的输出节点数;x_i 表示第 i 个节点的内部输出值;分子中,e^{x_i} 将输入映射到非负值,分母将所有指数运算结果相加,实现归一化,保证所有类别的概率之和为 1。Softmax 的输出是每个样本属于某个类别的概率值,即输入样本有多大概率属于某个类别。

6.2.2 深度神经网络的结构

深度神经网络(Deep Neural Network, DNN) 是一种由多层神经元组成的人工神经网络。它通过模拟人脑神经元之间的连接和信息传递机制,实现对复杂数据的高效处理和分析。它采用多层次的神经网络结构,通常包括输入层、隐藏层和输出层,每一层都包含多个神经元,这些神经元通过激活函数处理信号。

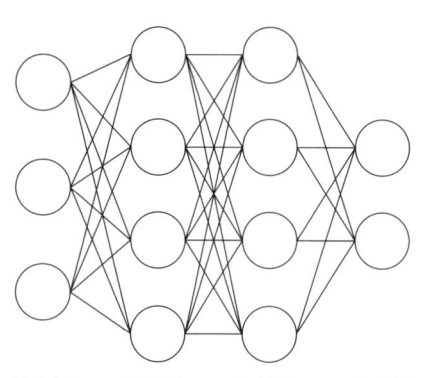

在深度神经网络中,神经元被组织成层级结构。每一层的神经元都负责接收来自前一层神经元的信号,经过处理后将这些信号传递到下一层。特别地,我们将第 0 层定义为输入层,它负责接收外部输入的数据信号。网络的终端层被定义为输出层,其神经元的输出信号反映了网络的最终预测结果。而在输入层与输出层之间,存在多个隐藏层,这些隐藏层在数据特征的深度提取与转换过程中扮演着至关重要的角色。通常,在实际应用中,隐藏层的数目一般远大于两层,这就是深度神经网络中"深度"二字的由来。深度神经网络的结构如图 6-4 所示。

图 6-4 深度神经网络的结构

6.2.3 深度神经网络的工作原理

读者已经了解了深度神经网络的结构,那么它具体是如何工作的呢?接下来通过一个简单的图像分类任务对其进行具体讲解。

想象一下,有一个深度神经网络,其目的是识别一张图片中的动物是猫还是狗。首先,这张图片的像素值会被输入到网络的第 0 层,即输入层。在这一层中,每个输入节点都对应着图片中的一个像素,它们共同构成了原始的图片。接下来,这些数据会进入第一个隐藏层,它们对输入数据进行加权求和并通过激活函数进行非线性变换。这个过程是为了在图片中寻找区分猫和狗至关重要的特征,比如耳朵的形状、尾巴的形状等。这样的特征提取和抽象过程会在每一个隐藏层中重复进行,直到数据被处理得更加高级和抽象。经过多个隐藏层的处理,数据最终到达输出层。输出层中的每个节点都代表一个输出特征或类别,比如"猫"或"狗"。它会给出图片属于每个类别的概率。例如,它可能会告诉我们,这张图片有 90% 的概率是猫,10% 的概率是狗。

在猫和狗的识别任务中,模型中的参数在训练之前是随机初始化得到的,因此,若直接以此未经训练的模型进行判别,往往难以准确区分猫和狗。为了使模型具有识别能力,我们需借助反向传播算法这一强大的工具。该算法始于模型的输出层,逐层向前追溯直到输入层。在此过程中,模型会计算每个参数的梯度,这些梯度仿佛一张详尽的导航图,明确指示我们如何调整权重与偏置,以逐步缩小预测值与真实值之间的误差。紧接着,我们采用优化算法,如梯度下降,它依据梯度信息对模型参数进行迭代更新,不断推动模型向最优解靠近。为了实时评估模型在训练过程中的预测精度,我们引入了损失函数。这个函数如同一把尺子,精确量度预测结果与真实答案之间的差距,为我们提供优化方向。

整个训练流程构成了一个循环迭代的框架:前向传播生成预测,损失函数评估误差,反向传播追溯错误,参数更新优化模型。这 4 个步骤紧密相连,不断重复,直至模型的损失函数值趋于稳定且最小,或达到预设的迭代次数。通过这一系列严谨且精细的优化步骤,模型在猫和狗的识别任务上的准确率逐渐提升,最终实现精准分类。损失函数、优化方法、前向传播和反向传播等概念将在 6.3 节中详细介绍。

6.3 深度学习训练与优化

未经训练的模型中的参数通常是随机初始化的,为了更新模型中的参数以使其能够完成相应的任务,还需要仔细选择损失函数和优化算法。

6.3.1 损失函数与优化方法

损失函数(Loss Function) 是衡量模型的预测值和真实值之间差异的函数,用于评估模型的性能并指导模型的优化过程。在实际应用中,需要根据场景选择适合的损失函数。下面介绍几种常用的损失函数。

1. 均方误差损失函数

均方误差(Mean Squared Error, MSE)损失函数主要应用于回归问题。它计算的是模型预测值和真实值之间差异的平方的平均值。其表达式为

$$\text{MSE}(y, \hat{y}) = \frac{1}{n} \sum_{i=1}^{n} (y_i - \hat{y}_i)^2 \tag{6-7}$$

式中,n 表示样本数量,$\hat{y}_i$ 表示第 i 个样本的预测值,y_i 表示第 i 个样本的真实值。由于误差被平方,因此均方误差损失函数对大误差更加敏感。在训练时为了最小化 MSE,模型会优先减少大误差,这有助于提高整体预测的准确性。

2. 平均绝对误差损失函数

平均绝对误差（Mean Absolute Error, MAE）损失函数是另一种衡量模型预测精度的指标。它特别适用于回归问题。其表达式为

$$\mathrm{MAE}(y, \hat{y}) = \frac{1}{n} \sum_{i=1}^{n} |y_i - \hat{y}_i| \tag{6-8}$$

式中，n 表示样本数量，$\hat{y}_i$ 表示第 i 个样本的预测值，y_i 表示第 i 个样本的真实值。与均方误差（MSE）损失函数相比，MAE 损失函数对异常值（离群点）的敏感性较低。因为 MAE 损失函数计算的是误差的绝对值，而不是误差的平方，所以大误差不会被过度放大。

3. 交叉熵损失函数

交叉熵损失（Cross-Entropy Loss）函数在深度学习中常用于分类问题。对于二分类问题，交叉熵损失函数的表达式为

$$\mathrm{CE}(y_i, p_i) = -\frac{1}{n} \sum_{i=1}^{n} [y_i \log(p_i) + (1 - y_i) \log(1 - p_i)] \tag{6-9}$$

式中，n 表示样本数量；y_i 表示第 i 个样本的实际标签，取值为 0 或 1；p_i 表示第 i 个样本预测为正类的概率。对于多分类问题，交叉熵损失函数的表达式为

$$\mathrm{CE}(y_{i,c}, p_{i,c}) = -\frac{1}{n} \sum_{i=1}^{n} \sum_{c=1}^{C} y_{i,c} \log(p_{i,c}) \tag{6-10}$$

式中，n 表示样本数量；C 表示类别数量；c 表示当前遍历的类别索引；$y_{i,c}$ 是第 i 个样本在类别 c 上的实际标签，取值为 0 或 1；$p_{i,c}$ 是模型预测第 i 个样本属于类别 c 的概率。

交叉熵损失函数的值总是非负的，当且仅当模型预测的概率分布和真实标签完全一致时，损失值才为 0。它在误差较大时具有较大的梯度，这使得模型在训练的初期能够更快地收敛；且在误差减小时，梯度也逐渐减小，这有助于模型在训练后期进行精细调整。

损失函数为人们提供了一个评估模型性能的指标，但它并不能直接改变模型的参数来提高模型的性能。这时就需要优化方法发挥作用：它根据损失函数的梯度或其近似值来更新模型的参数，以最小化损失函数，最终不断提高模型的性能。接下来介绍几种常见的优化方法。

1. 梯度下降算法

在具体介绍梯度下降算法前，读者需要先了解什么是梯度。想象一下，你是一个攀岩者，此时正站在一个山上，你的目标是以最快的速度到达整个山的最低点。但是，山坡上有许多条路，有陡峭的，有平缓的，也有蜿蜒曲折的，那么怎样选择才能最快地到达山底呢？这时如果有一个超级智能的"下坡指南针"就好了，它能够告诉你从当前位置出发哪个方向是下坡最快的。这个所谓的"下坡指南针"就是梯度（Gradient）。山坡上的每个位置都有一个梯度，它总是指向下坡最快的方向。如果你一直沿着梯度的方向前进，那么你在垂直高度上的下降总是最有效的。如果读者还是难以理解梯度的概念，那么可以用二维的斜率来辅助理解。在下山时，我们总是选择当前"斜率"最大的方向前进，显然能够以最快的速度到达山底。但是，在深度学习的优化问题中，函数通常远远不止二维，它通常是高维的。在这些高维空间中，梯度是一个向量，它有很多方向的分量，且每个分量都指向在那个特定方向上能够最有效降低所在高度的方向，也是能够最快减小损失函数的方向。

梯度下降算法就像一个聪明的攀岩者，他站在山坡上，手里拿着梯度这个"下坡指南针"。首先，他观察当前位置的梯度，确定下坡最快的方向；然后，他沿着这个方向迈出一步（这个步长可以是他自己决定的，也可以是一个固定的值）；接着，他再次观察新位置的梯度，并继续沿着下坡最快的方向前进；如此反复，直到他走到山谷，或者说他觉得已经足够接近山谷，就可以停下来了。

梯度下降算法（Gradient Descent）是深度学习中应用最广泛的算法之一，它也为其他的优化算法提供了基础。其基本流程如下。

① 设定损失函数：设定一个损失函数 $J(\theta)$，其中 θ 代表模型中的参数。梯度下降算法的目标就是寻找使损失函数最小的参数组合。

② 计算梯度：计算损失函数关于参数的梯度 $\nabla J(\theta)$。梯度表示目标函数在参数空间中的变化率，它指示了函数增长最快的方向。

③ 参数更新：根据计算得到的梯度和预设的学习率 α 更新参数 θ。更新规则为

$$\theta = \theta - \alpha \nabla J(\theta) \tag{6-11}$$

这里，α 是学习率，决定了每次更新的步长大小。学习率的选择对梯度下降的性能有很大影响，学习率过大可能导致震荡或发散，学习率过小可能导致收敛缓慢。

④ 重复迭代：重复步骤②和步骤③，直到损失函数收敛（变化很小或达到预定的最小值）或达到预定的迭代次数。通过不断迭代，参数逐渐逼近使损失函数最小的值。

梯度下降算法有多种变体，以适应不同的数据规模和计算需求。下面介绍3种主要的变体。

批量梯度下降法（Batch Gradient Descent, BGD） 在每次迭代时计算损失函数在每个样本上的梯度并求和，然后更新参数。虽然这种方法能够稳定收敛，但当训练集的样本量很大时，每次迭代的计算开销都相对较高。因此，批量梯度下降法更适用于小数据集。为了减少每次迭代的计算开销，**随机梯度下降法（Stochastic Gradient Descent, SGD）** 应运而生。该方法在每次迭代时都随机选择一个样本来计算梯度并更新参数，其相对于批量梯度下降法，每次迭代的计算量较小，因此更适合大数据集。但随机梯度下降法也存在缺点：它无法充分利用计算机的并行计算能力。为了克服上述两种方法的缺点并结合其优点，计算机专家又提出了**小批量梯度下降法（Mini-Batch Gradient Descent）**。该方法在每次迭代时都使用一小批次的样本来计算梯度。这样既能够减少每次迭代的计算开销，又能够利用计算机的并行计算能力，从而提高训练效率。小批量梯度下降法在实际应用中表现出快速收敛和计算开销较小等优点，因此在深度学习中被广泛使用。

2. 动量法

尽管梯度下降算法在优化损失函数时非常有效，但它的训练过程有时会很慢。例如，在接近最优解时，收敛速度会显著下降。动量法旨在加速训练过程。它的核心思想是在更新参数时不仅要考虑当前的梯度，还要结合过去的梯度信息，以减少参数在最优解附近的无效振荡。

动量的参数更新规则为

$$v = \beta v + (1-\beta)\nabla J(\theta) \tag{6-12}$$

$$\theta = \theta - \alpha v \tag{6-13}$$

式 (6-12) 和式 (6-13) 中，θ 表示参数；α 表示学习率；v 表示动量；β 表示动量的系数，用于控制以前动量项对当前动量项的影响；$\nabla J(\theta)$ 表示目标函数关于参数的梯度。β 的取值通常在 0 与 1 之间，β 较大时，表示更多地考虑以前的动量项，从而减少当前参数的振荡。在实践中，α 的取值一般为 0.5、0.9、0.99。和学习率相同，动量也会随着时间不断改变。

在标准的梯度下降算法中，参数的每次迭代更新都仅基于当前的梯度。而动量法则通过考虑历史梯度的累积效应，使得参数更新具有一定的惯性。这种惯性不仅有助于参数更新，还能使更新方向更加平滑，从而减少了陷入局部最小值的风险。正因如此，动量法在提升梯度下降法在某些场景下的收敛速度和稳定性方面表现出色。

6.3.2 深度学习模型的训练过程

在掌握了深度神经网络的结构与工作原理，并了解了如何通过损失函数来评估模型性能和优化算法之后，接下来将聚焦于如何实际训练这一复杂网络。这是将前述理论知识付诸实践的关键环节，即深度学习模型的训练过程。在此过程中，我们将深入探讨如何通过前向传播机制获得网络的预测结果，以及如何通过反向传播结合优化算法来精细调整网络参数，从而逐步缩小预测值和真实值之间的差异。现在就让我们一起揭开深度学习模型训练的神秘面纱，深入其细节之中。

1. 前向传播和反向传播

前向传播是深度学习模型训练过程中的一个重要步骤，它涉及从输入层到输出层的信息传递过程。在这个过程中，神经网络中的每个神经元都会接收来自前一层神经元的输入信号，并根据对应的权重、偏置和激活函数进行处理，最终产生输出。

具体来说，前向传播开始于输入层，这一层接收原始的输入数据，例如，在猫和狗识别的任务中，它会接收图片的像素值作为输入。随后数据流向隐藏层，在每一层中，神经元都会接收上一层神经元的输出作为本层神经元的输入，并对这些神经元加权求和，同时加上一个偏置。这一加权求和过程是神经网络中信息传递的基础。然后，神经元会利用激活函数，如 Sigmoid、Softmax 等，对求和结果进行非线性变换。随着数据逐层传递，每一层的输出都作为下一层的输入，直至信息最终到达输出层。在输出层中，神经网络根据之前的计算生成预测结果。

值得强调的是，前向传播本身不涉及网络参数的更新。参数的调整和优化是在紧随其后的反向传播阶段中进行的。反向传播阶段计算过程的方向恰好和前向传播相反，从输出层开始，逐层计算损失函数对参数的梯度，并且将梯度值回传给前一层，直到输入层。其中，在计算梯度时，通过链式法则，将梯度分解为与网络结构相对应的多个因子的乘积，每个因子都代表了网络中某一部分的局部误差。这些梯度将被应用于指导网络参数的更新，以减少损失函数值。

总的来说，深度学习的训练过程可以形象地比喻为一个"学习-评估-反馈"的循环。在这个循环中，前向传播就像学生根据所学知识完成一张试卷的答题过程，它利用当前的网络参数对输入数据进行计算并给出预测结果。损失函数则好比老师批改试卷的标准和依据，它用来量化学生的答案与正确答案之间的差距，即评估预测的准确性。而反向传播则对应学生拿到批改后的试卷，根据老师的反馈和正确答案进行反思和纠正的过程，通过调整自身的知识体系（网络参数），以期望在下一次答题时能够更准确地给出答案。这个过程不断迭代，使得学生的答题能力（模型的预测性能）逐渐提升。

2. 批量训练

批量训练（Batch Training）是深度学习中常用的一种训练策略，顾名思义，就是将整个数据集划分为多个小批次，每次训练时仅使用一个批次的数据进行参数更新。这一过程中，批次大小的选择至关重要，它决定了每次训练时模型能够接触到的数据量。同时，批次划分也是批训练的基础，它确保了每个批次的数据在训练过程中能够被均匀且随机地选取，从而提高模型的泛化能力。

批量训练的基本流程包括数据预处理、批次划分、迭代训练和循环迭代。在数据预处理阶段，数据会被清洗、归一化等，以便为后续的训练做好准备。接着，根据设定的批次大小，整个数据集会被划分为多个批次。在迭代训练阶段,模型会对每个批次依次进行前向传播、损失计算、反向传播和参数更新。这一过程会不断循环,直至达到预定的训练轮数或满足停止条件。

批量训练之所以在机器学习领域得到广泛应用,主要得益于其显著的优势。首先,批量训练能够充分利用硬件资源,特别是 GPU 的并行计算能力,从而显著提升训练速度。相比之下,全量训练需要一次性加载整个数据集到内存中,不仅占用了大量的内存资源,还限制了训练速度的提升。其次,批量训练通过减少每次训练时的数据量,有效降低了内存占用。这使得在有限的硬件条件下,能够处理更大规模的数据集,进而提升模型的性能。此外,批量训练还通过计算每个批次的平均梯度进行参数更新,减少了训练过程中的波动。这一机制使得模型在训练过程中更加稳定,有助于提升模型的泛化能力。

在批量训练的过程中,批次大小和学习率是两个至关重要的参数。批次大小的选择直接影响到训练速度和模型性能。较大的批次大小能够加快训练速度,但也可能导致内存不足和模型过拟合的问题。因此,在选择批次大小时,需要综合考虑数据集大小、模型复杂度和硬件资源等因素。学习率则决定了参数更新的步长,对训练速度和模型性能有着直接的影响。在批量训练的过程中,学习率的调整策略至关重要。过大的学习率可能导致模型无法收敛,而过小的学习率则可能导致训练速度过慢。因此,需要根据训练阶段和模型表现动态调整学习率,以达到最佳的训练效果。

批量训练在机器学习领域的应用十分广泛。以 TensorFlow 和 PyTorch 等主流框架为例,它们提供了丰富的 API 和工具来支持批量训练。在使用 TensorFlow 进行批量训练时,可以通过 tf.data.Dataset 进行批次划分,并结合 tf.keras.Model.fit 进行训练。而 PyTorch 则提供了 DataLoader 来支持批次加载,同时结合 torch.optim 中的优化器进行训练。在实践应用中,为了进一步提升批量训练的性能,还可以采用一些优化技巧。例如,在每个训练轮次开始前对数据进行随机洗牌,以提高模型的泛化能力;利用多线程或多进程加速数据加载过程,减少等待时间等。

尽管批量训练在机器学习领域具有广泛的应用前景,但在实践过程中也面临着一些挑战和需要注意的事项。其中,梯度消失和梯度爆炸是批量训练中常见的问题。梯度消失可能导致模型无法有效学习,而梯度爆炸则可能导致模型参数更新过大,从而破坏模型的稳定性。为了缓解这些问题,可以采用选择合适的激活函数、正则化及梯度裁剪等技术。此外,批次大小的选择也对模型的泛化能力有着重要影响。较大的批次大小可能导致模型过拟合,而较小的批次大小则可能增加训练的不稳定性。因此,在选择批次大小时需要谨慎考虑,并通过实验来验证其效果。

综上所述,批量训练作为机器学习中的一项核心技术,在提高训练效率、优化资源利用以及增强模型稳定性和泛化能力等方面发挥着重要作用。随着硬件技术的不断进步和算法的不断创新,批量训练将在未来继续发展并展现出更广阔的应用前景。因此,深入理解和掌握批量训练的原理及应用对于推动机器学习领域的发展具有重要意义。

6.3.3 过拟合与正则化

在得到模型后,评估模型的性能及模型的泛化能力,是深度学习领域的重要研究方向。接下来,本小节将介绍模型的效果评估策略与泛化能力提升的方法。

在训练神经网络的过程中,通常会把数据集分为 3 部分,分别为训练集、验证集和测试集。其中,训练集用于模型的学习和训练,验证集用于模型的超参数调整和模型的选择,测试集用于最终评估模型的泛化能力。需要注意的是,训练集、验证集和测试集应该是完全独立的,且数据要有代表性。也就是说,模型在训练过程中只能使用训练集中的数据进行学习,不能学习验证集和测试集中的数据。之所以这样要求,是为了确保评估模型泛化能力的准确性。如果模型在训练阶段使用验证集或测试集,那么模型会过于了解这些数据,导致其无法真正反映模型在未见过的数据上的表现。这可能会使模型在面对新数据时的性能显著下降。

在机器学习中，欠拟合（Underfitting）和过拟合（Overfitting）用来描述模型在训练集和测试集上表现不佳的情况。首先，如果模型在训练集上的表现不佳，则说明模型尚未得到充分的优化，无法很好地捕捉到数据的内在规律。这种情况被称为欠拟合。相反，如果模型在训练集上的表现优秀，但是在测试集上的表现糟糕，则称为过拟合。这时，模型只是记住了训练集中的具体数据，并非数据中的普遍规律。因此，当模型面对新的测试数据时，它的表现就会大打折扣。读者可以将训练集看作课后题，将测试集看作期末试题。认真学习的学生不仅能够做好课后题，也能很好地完成期末试题；而不认真的学生只知道记忆课后试题，妄图在期末时能够遇到原题，到了期末考试时必然难以取得好成绩，这和过拟合是同样的道理。

这里用拟合的实例来阐释欠拟合和过拟合模型的具体表现，相关图示如图 6-5 所示。在图 6-5a 中，我们可以看到一条典型的欠拟合曲线。研究人员试图使用一条直线来拟合一组看似遵循某种曲线规律的数据点，然而这种做法导致了训练集上的损失函数值偏高。这种欠拟合现象，很显然是由于模型本身的复杂度不足所造成的。除此之外，欠拟合还可能源于模型训练的迭代次数不够。在图 6-5c 中，我们看到的曲线完美地穿过了每一个数据点，其在训练集上的损失函数值接近于 0。然而，在实际情况中，数据总会包含一定的噪声。一旦数据发生轻微变动，该模型的预测性能就会急剧下降，这就是所谓的过拟合现象。而在图 6-5b 中，我们观察到一条既不过于简单也不过于复杂的曲线，它展现出了良好的泛化能力，因此被称为最佳拟合（Best Fit）。

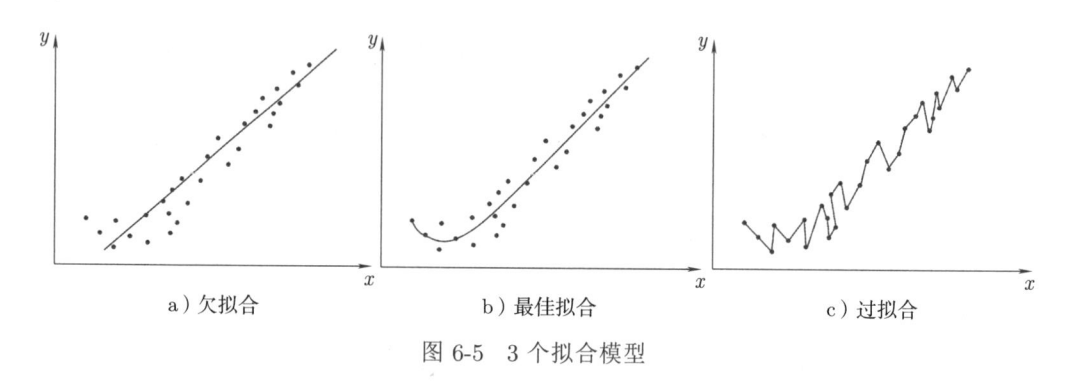

a）欠拟合　　　　　　　　　b）最佳拟合　　　　　　　　　c）过拟合

图 6-5　3 个拟合模型

总的来说，在模型的训练过程中，模型会依次经过欠拟合、最佳拟合和过拟合这 3 个阶段。随着训练的不断进行，模型在训练集上的准确率会一直增加，甚至能够逼近 100%，但是超过最佳拟合点时，模型在测试集上的准确率会开始下降，说明其已经进入过拟合阶段。当然，在某些情况中，模型不会进入过拟合阶段，只会到达最佳拟合点或是一直在欠拟合状态。此外，模型的复杂度也会影响模型的拟合情况，通常情况下，越复杂的模型越容易过拟合。

为了规避深度学习模型训练过程中的过拟合问题，专家们提出了正则化方法。**正则化方法**是用于防止模型过拟合技术的统称，主要包括数据增强、引入正则化项、Dropout 和早停等。

首先，从数据增强的角度出发，为了提升模型的泛化能力，我们必须确保模型能够接触到广泛且多样化的数据集。实现这一目标有两个主要途径：一是增加数据的总体数量，二是拓展数据的种类。在丰富训练数据方面，我们可以采取以下实用策略。首先，积极获取更多的训练数据。在深度学习项目启动之初，就应明确预期标注样本的数量，因为这些数据是构建深度学习模型不可或缺的基础。当发现数据量不足时，我们需要通过各种渠道努力获取标注数据，以满足模型训练的需求。其次，通过人工合成方式生成更多数据。在这个过程中，我们可以向数据中添加噪声，或者对图像数据进行随机裁剪、翻转、旋转等操作，以增加数据的多样性和复杂性。但重要的是，我们必须确保所采用的数据合成方法具有现实意义和物理依据，避免引入不合理或过于随意的操作，从而确保合成数据的有效性和可靠性。

在模型层面，最典型的方法就是 Dropout。其核心理念是在神经网络的训练阶段，每轮迭代都会随机选择并临时屏蔽部分神经元，而由剩余的神经元负责进行预测。这种策略旨在确保每个神经元都能独立地做出更准确的判断。可以将其想象成是在训练一个团队。在这个过程中，我们不是让团队的每个成员都始终参与，而是在每次训练时都随机选择一部分成员来参与。这种做法的益处在于，它能够促使每个团队成员变得更加独立和能干，因为他们必须学会不依赖其他成员来完成任务。通过这种方式，整个网络中的每个神经元的泛化能力和鲁棒性都会得到提升。

在优化方法层面，较为直接的方法就是在损失函数中增加正则项，即

$$J^{'}(\boldsymbol{w}) = J(\boldsymbol{w}) + \alpha \Omega(\boldsymbol{w}) \tag{6-14}$$

式中，$J(\boldsymbol{w})$ 指的是损失函数；$\Omega(\boldsymbol{w})$ 是正则项；α 是正则项的权重，代表正则项的影响大小。

在实际应用中，正则项有两种常见的形式。

一种是 L_1 范数，其定义为向量中各元素的绝对值之和，数学表达式为

$$L_1(\boldsymbol{w}) = \sum_{i=1}^{n} |w_i| \tag{6-15}$$

加上 L_1 正则项后的损失函数表达式为

$$J^{'}(\boldsymbol{w}) = J(\boldsymbol{w}) + \alpha \sum_{i=1}^{n} |w_i| \tag{6-16}$$

这种计算方式赋予了 L_1 范式一种独特的性质：它倾向于产生稀疏的参数空间。换言之，在 L_1 范式的作用下，大部分参数都会被优化为零，仅有少数关键参数得以保留。这种稀疏性不仅有助于我们迅速识别出对最终预测结果具有显著影响的参数，更能清晰地揭示这些参数在预测过程中的具体贡献度。

另一种是 L_2 范式，其定义为根号下所有权重的平方和，其数学表达式为

$$L_2(\boldsymbol{w}) = \sqrt{\sum_{j=1}^{m} w_j^2} \tag{6-17}$$

加上 L_2 正则项后的损失函数表达式为

$$J^{'}(\boldsymbol{w}) = J(\boldsymbol{w}) + \alpha \sqrt{\sum_{j=1}^{m} w_j^2} \tag{6-18}$$

这种定义方式使得 L_2 范式能够有效地限制参数的大小，防止参数过度增长，进而避免模型陷入过拟合的困境。通过巧妙地将权重参数融入成本函数中，L_2 范式为模型训练过程提供了一种约束机制，确保了模型的泛化能力。

在训练层面，早停（Early Stopping）是一种常见的方法，其本思想是在模型训练过程中监控模型在验证集上的性能变化，当性能不再提升或达到某个预设的阈值时，提前停止训练。这样做可以防止模型过度拟合训练数据，从而保证其在新数据上的泛化能力。

具体来说，在模型训练的开始阶段，数据集划分为训练集、验证集和测试集。接着，初始化模型的参数，并明确定义损失函数及优化算法。进入训练阶段后，在每一个迭代或周期（即 Epoch）中都会执行两个关键步骤：首先，在训练集上计算模型的损失，并根据这些损失来更新模型的参数；其次，在验证集上计算模型的性能指标，如验证误差或验证准确率，以此监控模型的泛化能

力。在整个训练过程中，都会持续监控验证集上的性能指标，并将其与之前的最佳性能进行比较。如果验证集上的性能指标在连续多个迭代中都没有得到改善，或者达到了预先设定的最大训练迭代次数或时间限制，就会停止训练。最后，在训练结束后，选择那些在验证集上表现出最佳性能的模型参数作为最终模型的参数。

总的来说，早停法不仅简单有效，避免了额外的计算，而且通过提前终止训练节省了计算资源和时间。更重要的是，它能够有效防止模型过拟合，从而提升模型的泛化能力。

6.3.4 超参数调整与交叉验证

在构建高效机器学习模型的过程中，合理的超参数调整和交叉验证策略是提升性能、确保泛化能力的核心。超参数调整直接影响模型的学习过程，而交叉验证则提供了评估模型性能的可靠手段。

1. 超参数调整

超参数（Hyperparameter）是机器学习模型在训练前需要设置的参数，它们对模型的性能有着决定性的影响。超参数与模型中的参数不同，它们不会随着模型的训练而优化。下面是常见的一些超参数。

- **神经网络层数**：指神经网络中隐藏层的数量，不包括输入层和输出层。它决定了网络的深度，影响模型的复杂度和抽象能力。
- **每层神经元的数量**：控制网络中每层的宽度，即每层可以学习的特征数量。
- **学习率**（Learning Rate）：它控制模型在训练过程中的更新步长。学习率过大可能导致模型不稳定，过小则可能导致训练过慢。
- **批量大小**（Batch Size）：指每次训练时使用的样本数量，该超参数影响训练速度和梯度更新的稳定性。
- **迭代次数**：整个数据集被用于训练的次数，也称为 epochs。
- **正则化参数**（Regularization Parameter）：是用于控制模型复杂度、防止过拟合的重要超参数。
- **丢弃率**（Dropout Rate）：指在训练过程中随机"丢弃"部分神经元的比例。通过随机丢弃部分神经元，减少模型对训练数据的依赖，降低模型复杂度，从而防止过拟合现象的发生。
- **数据增强策略**：数据增强策略，如旋转、缩放、颜色变换等，用于增加训练数据的多样性。

除此之外还有一些与特定模型相关的超参数，如卷积神经网络中的卷积层数、卷积步长、填充方式等，这里不再一一列举。

超参数调整面临诸多挑战。首先，超参数空间可能非常巨大，搜索合适的组合往往需要大量的计算资源和时间成本。其次，不同的超参数之间可能存在复杂的相互依赖关系，使得调整过程变得复杂而烦琐。此外，评估超参数组合的性能也需要合适的评估指标和充足的数据支持，以确保评估结果的准确性和可靠性。为了更科学地调整超参数，专家提出了多种超参数调整策略，如网格搜索、随机搜索、基于梯度的优化方法等。下面进行具体介绍。

（1）网格搜索

网格搜索（Grid Search）是一种常用的调参手段，它是一种**穷举方法**，用于在指定的超参数空间中寻找最佳的超参数组合。具体来说，假设有两个超参数，每个超参数都有一组候选参数。这两组候选参数可以两两组合，把所有组合列出来就是一个二维的网格。网格搜索会遍历这个二维网格中的所有节点，即所有可能的超参数组合，然后选出最优解。当存在多个超参数时，这个过程可以类比为高维空间中的网格搜索。

网格搜索的优缺点明显。它实现简单，能够遍历所有的超参数组合，因此在时间和资源足够的情况下可以保证找到全局最优解。但随着参数空间的增大，网格搜索的计算量呈指数增长，这不仅会导致搜索时间过长，而且需要大量的计算资源。另外，它需要预先规定搜索空间，如果预设的参数空间区域过小，则有可能搜索不到全局最优解。网格搜索适用于参数空间较小的情况，如传统机器学习中的支持向量机和随机森林等。同时，如果有充足的计算资源和时间成本可以承受网格搜索带来的高计算负担，那么它可以作为一种全面且可靠的超参数优化方法。

（2）随机搜索

随机搜索（Random Search）是一种基于随机采样的超参数优化方法。与网格搜索不同，它不需要对所有可能的超参数组合进行穷举搜索，而是从指定的超参数空间中随机采样一定数量的参数组合进行评估。这种方法在超参数数量较多或搜索空间较大时更加高效，因为它可以在有限的计算资源下探索更多的超参数组合。与网格搜索相比，随机搜索的计算成本较低，因为它不需要评估所有可能的超参数组合。这使得随机搜索在处理大规模数据集或复杂模型时更加高效。而且，由于随机搜索是基于随机采样的，因此它有可能发现那些被网格搜索忽略的优秀超参数组合。这种探索能力使得随机搜索在寻找全局最优解方面具有一定的优势。但是，由于随机采样无法保证覆盖整个搜索空间，因此它也可能错过优秀的超参数组合。且由于它的随机性，随机搜索每次的执行结果可能会不同，这会导致无法稳定地找到最优的超参数组合。在实际应用中，此方法需要合理定义每个超参数的搜索空间，并且要根据问题的特点选择合适的采样策略。

（3）基于梯度的优化方法

对于连续的超参数空间，读者可以考虑使用基于梯度的优化方法来进行调整。这类方法通过计算模型的性能指标关于超参数的梯度来指导调整方向，从而实现更精细的优化。与网格搜索相比，它通常能够更快地找到使目标函数达到最优的超参数组合。因为它直接利用了模型性能的梯度信息来指导搜索方向，所以避免了不必要的搜索空间探索。当然，此方法也存在着一些局限性。并非所有的超参数都可以直接通过梯度优化进行调整。有些超参数可能是离散的、不可微的或者与目标函数之间的关系非常复杂，导致无法准确计算梯度。在这种情况下，需要采用其他优化策略或结合多种方法进行超参数调整。

2. 交叉验证

在模型经过训练并达到初步预期后，为了更全面地考察其泛化能力，确保评估结果的客观性与科学性，专家有针对性地引入了交叉验证这一重要方法。**交叉验证**是一种评估机器学习模型性能的统计学方法。其核心思想是将原始数据集进行多次划分，每次划分都得到不同的训练集和验证集。然后，在每次划分的数据集上分别进行模型训练和验证，最后综合各次验证的结果来评估模型的性能。

常见的交叉验证方法有 Holdout 验证、k 折交叉验证、留一验证。下面进行具体介绍。

（1）Holdout 验证

Holdout 验证是一种简单直接的模型验证技术，它的核心思想是将数据集分为两个互斥的子集：训练集和验证集。训练集用于训练模型，而验证集则用于评估模型的性能。通常，研究人员会根据具体的需求和数据量的大小来确定训练集和验证集的划分比例。常见的划分比例有 70% 的训练集和 30% 的验证集或 80% 的训练集和 20% 的验证集。

Holdout 验证方法简单易行，能够快速地对模型进行初步评估。但是该方法在验证集上的评估结果可能与原始数据分组有很大关系，存在一定的随机性。为了减少随机性对评估结果的影响，可以考虑多次执行 Holdout 验证并取所有评估结果的平均值作为最终评估指标。此外，在数据集较小的情况下，如果验证集占比过大，则可能导致训练数据不足，模型训练不充分；如果验证集占比过小，则可能导致评估结果不够准确。

综上所述，Holdout 验证方法是一种简单有效的模型验证技术，但使用时需要注意其潜在的随机性和对数据量大小的敏感性。

（2）k 折交叉验证

为了减少 Holdout 验证中因随机划分数据而导致的评估误差，研究人员又提出了 k 折交叉验证（k-Fold Cross-Validation）。它通过将数据集分成 k 个子集，并且重复利用这些子集进行模型的训练和验证，来评估模型的性能。

具体来说，k 折交叉验证将原始数据集随机分成 k 个大小相同的子集，即每个子集中的样本数量相同，以确保评估的公正性。这些子集通常被称为"折"。接着，该方法会进入 k 次迭代过程，在每次迭代中都会选择一个子集作为验证集，而其余的 $k-1$ 个子集则合并起来作为训练集，这样每个子集都有机会作为验证集来评估模型的性能。在每一次的迭代中，模型会先在训练集上进行训练，然后在验证集上进行验证。这个过程中，研究人员会详细记录模型在验证集上的性能指标，如准确率等，这些指标直观地反映了模型在当前迭代中的表现。完成所有迭代后，会得到 k 个性能指标值，通过求其平均值，可以得到一个整体性的性能评估，这个平均值代表了模型在整个数据集上的综合性能。

k 折交叉验证的优点十分明显。首先，它能够充分利用数据集，这是因为每一"折"都有机会作为验证集。其次，通过多次迭代和平均性能指标，它可以有效减少因数据划分不当而产生的评估误差，从而得到更全面、更准确的评估结果。

需要注意的是，k 值的选择对评估结果有着直接影响。较小的 k 值可能会导致结果不够稳定，而较大的 k 值会增加计算的复杂性。k 值通常取 5 或 10。其次，需要确保每个子集的数据分布与整个数据集相似，如在分类任务中，每个子集中各类别的样本比例应当与整个数据集中的比例相近，以避免评估结果的偏差。最后，引入适当的随机性可以帮助减少潜在的偏差，提高评估结果的可靠性。

（3）留一验证

留一验证（Leave-One-Out Cross-Validation，LOOCV）的基本思想是在每次验证中，从数据集中移除一个样本，然后使用剩余的样本训练模型，接着用被移除的那个样本来测试模型的性能。这个过程会重复执行，直到数据集中的每个样本都被用作测试集一次。因此，留一验证可以看作一种极端形式的 k 折交叉验证，即每一个样本都作为一"折"，k 恰好为数据集中的样本总数。这种方式的最大优点在于它最大限度地利用了有限的数据资源，同时对模型性能进行非常全面和细致的评估。然而，它也伴随着较高的计算成本，因为需要对数据集中的每个样本单独训练一次模型。尽管如此，这种方法对于那些样本量较小，或者对模型评估精度要求极高的场景来说也是可行的。

6.4 常见的深度学习模型

在深入探讨深度学习的广阔领域时，我们不可避免地要触及那些构成其基石的模型架构。深度学习之所以能够在图像识别、自然语言处理、生成任务及众多其他应用场景中展现出卓越的性能，很大程度上归功于这些精心设计的神经网络模型。

6.4.1 卷积神经网络

1. 卷积神经网络的提出

1958 年，神经科学家 David Hubel 和 Torsten Wiesel 进行了一项突破性的研究，他们专注于探索猫的大脑皮层神经元与瞳孔区域之间的对应关系。他们的研究揭示了猫视觉皮层中的一个惊人现象：每个神经元都能对视野中的一个特定小区域做出精确反应。当猫的眼睛处于静止状态时，这些神经元所反应的特定视觉空间区域被称为"感受野"（Receptive Field）。更有趣的是，相邻神经元之间的感受野具有相似性或重叠性，这些神经元通过协同作用，在大脑皮层上共同构建出一个完整、连贯的视觉图像。这一发现不仅加深了我们对视觉处理机制的理解，也为后续的神经网络研究提供了重要启示。

受到 Hubel 和 Wiesel 这一开创性研究的深刻影响，1980 年，Kunihiko Fukushima 在神经网络领域取得了重要进展。他创新性地提出了卷积神经网络的两个核心组成部分：卷积层和池化层。卷积层负责从输入数据中提取有用的特征，而池化层则对这些特征进行降维和抽象，以提高模型的泛化能力和鲁棒性。Fukushima 的这一贡献为后续卷积神经网络的发展和创新奠定了坚实的理论基础，推动了神经网络领域的快速发展。

在 Fukushima 的理论基础上，1989 年，Yann LeCun 及其团队正式提出了完整的卷积神经网络模型（Convolutional Neural Network，CNN）。CNN 通过模拟人类视觉皮层的处理方式，能够高效地处理和分析图像数据。值得一提的是，1998 年，LeCun 团队设计的 LeNet 网络成了一种经典的卷积神经网络架构。该网络在手写数字识别任务中展现了卓越的性能，并被广泛应用于银行支票处理、邮政编码识别等实际场景中。这一应用的成功不仅彰显了卷积神经网络的强大功能，也为深度学习领域的发展开辟了新的道路。

2. 图像在计算机中的表示

正如上文所述，卷积神经网络的灵感很大程度上来源于对动物视觉系统的研究。为了将这一自然界的视觉处理机制引入计算机领域，读者首先要了解图像在计算机中是如何被表示和处理的。

在计算机中，图像可以用三维张量（张量可以看作维度大于 2 的矩阵）来描述，其中，一维张量代表图像的宽，另外一维代表图像的高，第三维张量代表图像的通道（Channel）数目。图像由一个一个的像素组成，每个像素的颜色通常都由 RGB 色彩模型来描述。在该模型中，每个像素都由 3 个分量组成，分别代表红色、绿色和蓝色的强度。每个分量的强度通常在 0~255 之间的整数范围内，其中，0 表示该颜色分量的最小强度，255 表示最大强度。通过不同强度的 RGB 三原色的组合，可以呈现出几乎所有的可见颜色。这 3 种颜色就称为图像的 3 个色彩通道。而灰度图只有一个色彩通道，该通道有 256 个灰度等级，255 为全白，0 为全黑。具体来说，若某个图片的每个通道的张量均包含 100×100 个数字，则该图像整体就由 $100 \times 100 \times 3$ 个数字构成。

总的来说，计算机中的图像是以数字的形式进行存储的，对这些由数字组成的图像进行一定的数学运算，如卷积等，就可以提取出图像中的特征，进一步实现特定的任务，如图像分类等。所谓图像分类，就是给计算机一张图片，让计算机判断图中的物体是什么，是猫还是狗，是轮船还是汽车。图像分类是卷积神经网络的主要应用领域之一。

3. 卷积神经网络的结构

卷积神经网络是深度学习领域的重要模型之一，特别适用于处理图像数据。它通常由卷积层、池化层和全连接层构成。这些层次结构协同工作，实现了从原始图像中提取有用特征，从而完成各种复杂的任务。

在具体介绍卷积神经网络之前，读者首先需要了解卷积的概念。卷积（Convolution）是分析数学中的一种重要运算，常用于图像处理和信号处理领域中，本书只考虑在图像处理中的应用。正如上文所述，图像在计算机中用三维张量来描述，因此在实际计算中，需要对图像的每个通道进行单独的卷积运算。故在不考虑颜色的情况下，图像为一个二维结构，因此需要二维卷积。二维卷积的定义为

$$\boldsymbol{Y} = \boldsymbol{W} * \boldsymbol{X} \tag{6-19}$$

式中，X 为输入信息，即图像或其他数据，W 为卷积核（Convolutional Kernel）或滤波器（Filter），*代表二维卷积运算。输入数据在经过卷积操作后得到的结果称为特征映射（Feature Map）。

卷积层（Convolutional Layer）是卷积神经网络的核心组成部分，它主要负责通过卷积运算从输入数据中提取特征。具体来说，卷积层的内部包含多个卷积核，每个卷积核都在输入数据上滑动并执行卷积运算以生成特征映射。通过这些卷积层的叠加，卷积神经网络能够逐层提取更加抽象和高级的特征。

池化层（Pooling Layer）位于卷积层之后，它的作用是提取主要特征，降低特征映射的维度，进而减少参数的数量和计算量。在进行池化操作时需要对数字进行分组，可 3×3 为一组，也可 4×4 为一组。常见的池化操作有最大池化（Max Pooling）和平均池化（Mean Pooling）。最大池化就是在每一组数据中都选择最大的数据作为本组的代表，示例如图 6-6 所示。其中，相同颜色的格子中的数据为一组，最大池化就是在相同颜色的数据中选择最大的，并且对每组数据重复该操作。平均池化则是以该组数据的平均值最为本组的代表，示例如图 6-7 所示。

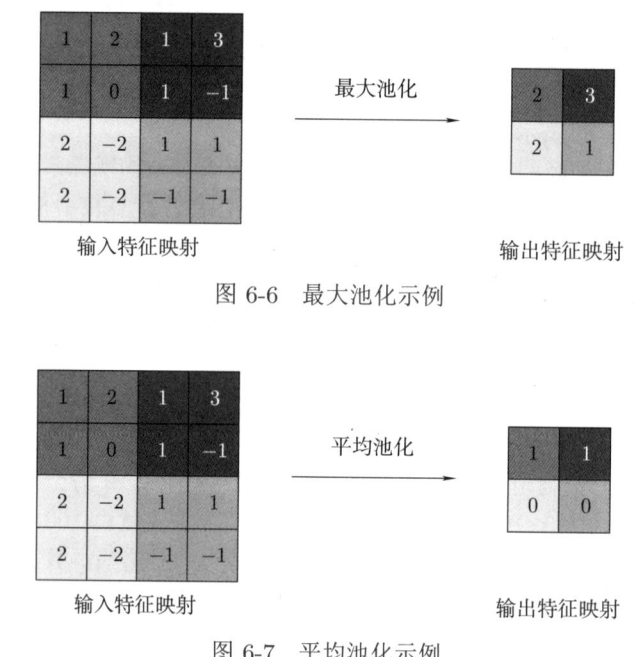

图 6-6　最大池化示例

图 6-7　平均池化示例

全连接层（Fully Connected Layer）一般用于卷积神经网络的最后一层或几层，它负责将前面层次提取到的特征进行整合和分类。全连接层中的每个神经元都与上一层的所有神经元相连，因此每个神经元都能够接收到上一层所有神经元的输出。全连接层之前的隐藏层的主要任务是特征提取，但是这些提取出来的特征是独立的，很难用单个特征去进行图像识别。例如在识别猫的任务中，假如前面的隐藏层已经提取到了物体的眼睛、鼻子和耳朵特征，但是具有这些特征的动物有很多，我们无法只根据这 3 个特征中的某一个就断定它是一只猫。因此需要将眼睛、鼻子和耳朵这 3 个特征进行融合，使得卷积神经网络在"看到"融合的集合之后能够判定物体是一只猫。实际上，卷积层能够提取到的特征远大于 3 个，而是成百上千乃至上万个。总之，全连接层可以对特征进行融合，使得整个神经网络看到的是全局特征（一只猫），而不是局部特征（眼睛或者鼻子）。

LeNet-5 是卷积神经网络的经典架构之一，由 Yann LeCun 团队于 1998 年提出。该模型在手写数字识别任务上取得了显著效果，被广泛应用于银行支票处理、邮政编码识别等实际场景中。

LeNet-5 的网络结构简洁而高效，通过卷积层、池化层和全连接层的巧妙组合，实现了对图像数据的高效处理和分析。这一经典架构至今仍在计算机视觉领域发挥着重要作用，为研究者提供了宝贵的经验和借鉴。LeNet-5 的网络结构如图 6-8 所示。

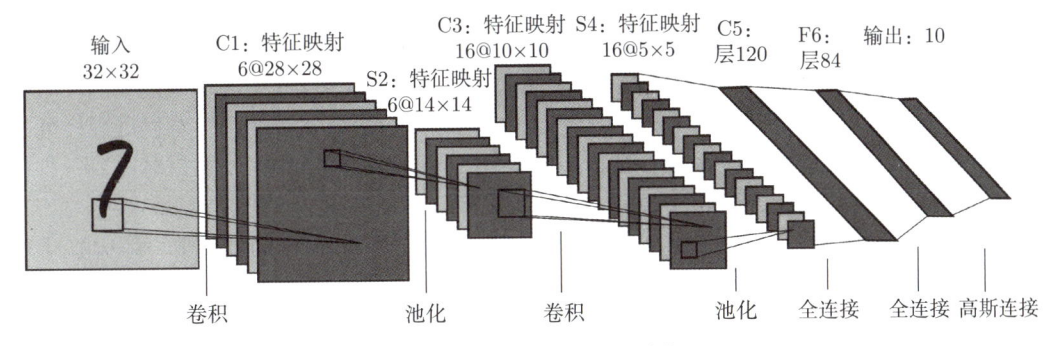

图 6-8 LeNet-5 的网络结构

LeNet-5 共有 7 层，输入图像尺寸为 32×32，共 1024 像素。网络的最终输出为对应 10 个类别（0~9 这 10 个数字）的得分。LeNet-5 的具体结构如下。

- **C1 卷积层**：这是网络的第一层，负责从原始图像中提取初步特征。它共有 6 个卷积核，每个卷积核的大小为 5×5，这些卷积核在图像上滑动，通过卷积运算捕捉边缘、纹理等基本特征。输出特征映射的尺寸为 28×28，共 6 组特征映射。因此 C1 卷积层神经元的数量为 $28 \times 28 \times 6 = 4704$，每个神经元都对特定区域的特征敏感。
- **S2 池化层**：采用平均池化，其主要作用是进行下采样，以减少数据的维度和计算复杂度，同时保留重要特征。采样窗口的尺寸为 2×2，输出特征映射的尺寸为 $14 \times 14 \times 6$。因此 S2 池化层共 1176 个神经元，每个神经元都代表着特定区域特征的汇总。
- **C3 卷积层**：在 S2 池化层之后，数据进入 C3 卷积层，进行更高级的特征提取。它共有 60 个卷积核，每个卷积核的大小为 5×5，输出特征映射的尺寸为 $10 \times 10 \times 16$。因此 C3 卷积层共 1600 个神经元，这些神经元能够识别更加复杂的图像模式。
- **S4 池化层**：S4 池化层采用 2×2 的采样窗口对 C3 卷积层的输出进行下采样。这样做不仅减少了数据的空间尺寸，降至 $5 \times 5 \times 16$，还增强了特征的抽象能力。S4 池化层为后续层提供了更加紧凑和具有代表性的特征集。
- **C5 卷积层**：该层是另一个关键的卷积层，它使用了多达 120 个 5×5 的卷积核。这些卷积核在整个 S4 池化层的输出上进行卷积操作，生成 120 组 1×1 的特征图。这意味着 C5 卷积层实际上将每个特征图压缩成了一个单一的数值，从而高度抽象了前面的特征信息。C5 卷积层共有 120 个神经元，每个神经元都代表着一种高级特征的全局响应。
- **F6 全连接层**：在 C5 卷积层之后，网络进入 F6 全连接层。这一层拥有 84 个神经元，每个神经元都与 C5 卷积层的所有神经元相连。F6 全连接层的作用是整合 C5 卷积层中提取的高级特征，为最终的分类决策提供准备。全连接层能够学习特征之间的复杂关系，对于提升网络的分类性能至关重要。
- **输出层**：作为网络的最后一层，输出层负责产生对输入图像的最终分类结果。它包含 10 个神经元，分别对应数字 0~9 的 10 个类别。每个神经元的输出都表示网络认为输入图像属于该类别的概率或得分。通过这一层，LeNet-5 能够实现对手写数字的准确识别。

6.4.2 循环神经网络

卷积神经网络作为一种前馈型神经网络，信息在网络中的传递是单向的，这种性质虽然简化了网络的学习过程，但也限制了神经网络的能力。前馈型神经网络可以被视为一个复杂的函数，其输出仅依赖于当前的输入。这样的网络在处理实际问题时会受到一定程度的限制，因为在现实问题中，网络的输出可能与当前的输入和过去的输出均相关。此外，在前馈型神经网络中，通常期望输入数据和输出数据的维度是固定不变的。如上面介绍的 LeNet-5 中的输入图像的尺寸是固定的，为 32×32，输出固定为 10 个类别的得分。由此可知，前馈型神经网络难以处理序列长度不固定的时序数据，如文本、语音、视频等。因此在处理这些与时序相关的数据时需要一种能力更强的模型。

循环神经网络（Recurrent Neural Network，RNN）是一种利用循环结构来处理序列数据的神经网络。前馈型神经网络在处理每个数据时都是独立的，而 RNN 通过将之前的状态传递到当前时刻，使网络能够记住之前的信息，即网络有了短期记忆能力。

图 6-9 为 RNN 结构的示例。由图我们可以发现，RNN 的隐藏层每次产生输出时都会将本次输出存入记忆元中[记忆元中的值被称为状态（State）或隐藏状态（Hidden State）]。这是因为，在 RNN 中，隐藏层在产生输出时不仅要考虑当前的输入 x_t，也要考虑隐藏层以前的输出 h_{t-1}，进而得到本次的输出 h_t。此时记忆元中的值需要更新为 h_t，以便进行下一步计算。如此循环，直到考虑完所有的输入数据。这种基于循环计算的隐藏状态神经网络被称为循环神经网络。

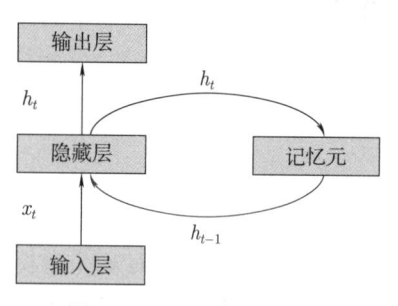

图 6-9 RNN 结构的示例

1. Elman 网络与 Jordan 网络

上文所述的是简单循环网络（Simple Recurrent Network，SRN），简单循环网络也称为 Elman 网络，即记忆元存储的是隐藏层的值，在下一个时间点再读取出来。另外一种循环网络为 Jordan 网络。与 SRN 不同的是，Jordan 网络的记忆元中存储的是整个网络的输出。且 Elman 网络中没有明确的目标来控制记忆元中要存储的内容，而 Jordan 网络是有目标的，它清楚记忆元中存储的内容。

2. RNN 应用到机器学习

根据 RNN 所处理任务的不同特点，可以将其应用划分为 3 种模式：序列到类别模式、同步的序列到序列模式、异步的序列到序列模式。序列到类别（Sequence to Class）模式表示 RNN 的输入是序列数据，输出是一个类别。这种模式通常被用于对整个序列进行分类，如情感分析（根据输入的一串文本分析它表达的情感，如消极、积极、中立）。同步的序列到序列模式表示 RNN 的输入和输出的序列长度相同且时间步对齐。例如，词性标注任务是指给每一个单词或汉字分配一个词性标签，如名词、动词、形容词等。异步的序列到序列模式是指输入序列和输出序列的长度可以不同，也没有严格的对应关系。例如，机器翻译中的输入为英语，输出为汉语，没有要求输入和输出的序列长度有严格的对应关系。

3. 长短期记忆网络

虽然 RNN 能处理序列数据，但它同样存在着缺陷。RNN 通过循环连接来保持记忆，理论上可以记住很长时间以前的信息。但实际上，当 RNN 处理较长的序列数据时容易遗忘早期的信息，这是因为只要有新的输入进来，记忆元中的数据就会被洗掉，如此，早期信息逐渐被新的输入覆盖，导致网络无法有效地学习和记住这些信息（梯度消失）。想象 RNN 来"读"一本书，但它就像一个记忆力不太好的读者，只能记住最近几句话。此外，RNN 中存在着网络参数更新不稳定的现象（梯度爆炸），这使得训练过程变得十分困难。

长短期记忆（Long Short-Term Memory, LSTM）网络用于解决标准 RNN 在处理长期依赖关系时遇到的梯度消失和梯度爆炸问题。LSTM 中有 3 种门：输入门（Input Gate）、输出门（Output Gate）和遗忘门（Forget Gate）。输入门用于控制信息能否写入记忆元中，只有输入门打开时才可以写入。输入门的开关时机是神经网络在训练过程中学习到的，即其可以自己学习输入门何时打开、何时关闭。输出门用于控制记忆元的输出，它决定其他神经元能否读取当前记忆元中的数据，只有输出门打开时才可以读取。与输入门相同，输出门打开和关闭的时机也是网络自己学到的。遗忘门决定当前时刻哪些信息需要从记忆元中丢弃。它在 LSTM 中的作用非常重要，它通过选择性地遗忘过去的无关信息，保持了神经网络的有效记忆能力。这使得 LSTM 在处理长序列数据时表现得更加有效和稳定。

门循环控制单元（Grated Recurrent Unit, GRU）也是 RNN 的一种变体，它能够解决 RNN 中的梯度消失问题，同时比 LSTM 的结构更加简洁。GRU 中使用两种门控单元：更新门（Update Gate）决定如何将新输入与之前的记忆相结合；重置门（Reset Gate）用于控制上一个时间步的记忆在当前时间步的影响。两个门用来决定需要保留多少过去的信息及丢弃多少过去的信息。与 LSTM 相比，GRU 的结构更加简单，且参数更少，计算效率更高。由于 GRU 有更高的计算效率和更好的性能，因此它在许多应用场景中成了 LSTM 的有效替代方案。通过门控机制，GRU 不仅可以保留重要信息，同时可以有效过滤不必要的信息，从而提高模型的性能。

6.4.3 生成对抗网络

在深入探讨了卷积神经网络（CNN）在图像处理领域的卓越表现及其局限性后，我们将目光转向另一种同样引人注目但在生成任务上展现出独特魅力的深度学习模型——生成对抗网络（Generative Adversarial Network, GAN）。卷积神经网络能够高效地提取图像中的局部特征，这使得它在图像分类、物体检测、图像分割等视觉任务中表现优异，然而卷积神经网络的优势在于特征提取，而在生成全新的、多样化的图像或数据方面，则显得力不从心。与此相反，生成对抗网络通过其独特的生成器和判别器对抗训练机制，能够生成高质量且逼真的数据样本。这使得它在图像生成、视频生成、音乐合成等领域大放异彩。例如，在人脸生成方面，著名应用"This Person Does Not Exist"通过生成对抗网络生成完全虚构但又非常逼真的人脸图像。因此，即使有了卷积神经网络，生成对抗网络仍然是深度学习领域不可或缺的一部分，它的出现使我们更加灵活和高效地解决各种复杂问题。下面将对生成对抗网络进行具体介绍。

1. 生成对抗网络的基本概念

生成对抗网络是一种创新的深度学习技术，最早由 Ian Goodfellow 等人在 2014 年提出。它由两个相互竞争的神经网络构成：生成器（Generator）和判别器（Discriminator）。其中，生成器的主要任务是生成尽可能逼真的数据以欺骗判别器，使得判别器无法分辨数据是生成器生成的还是真实的数据。具体来说，生成器接收一个随机噪声的向量作为输入，这个向量通常由常见分布（如正态分布）采样而来。然后生成器通过一系列非线性变换，如卷积层、激活函数等，将噪声转换成一个与真实数据相似的输出。而判别器的主要任务就是区分输入数据是真实数据还是由生成器生成的假数据。判别器对输入进行判断之后，输出一个表示输入数据真伪的概率值。判别器的目标就是尽可能准确地区分出真实数据和生成数据，即提高其对真实数据的识别准确率，并降低对生成数据的误判率。

2. 生成对抗网络的原理与训练过程

生成对抗网络（GAN）的训练流程可以简单概括为生成器和判别器的对抗训练过程。在整个过程中，这两个网络的参数交替更新，通过不断地对抗来提升各自的性能。具体来说，训练过程包括以下关键步骤。

首先，生成器和判别器中的参数进行随机初始化。随后训练流程进入判别器的训练环节。在此过程中，固定生成器的参数，使用真实数据和生成器产生的仿真数据来训练判别器。判别器的目标是最大化它对真实数据和仿真数据的区分能力，即对真实数据输出高概率值，而对仿真数据输出低概率值。

在判别器完成一轮训练后，转而固定判别器的参数，专注对生成器的提升。生成器首先从随机噪声中产生仿真数据，然后将这些数据送给判别器进行评判。生成器在训练过程中不断调整自己的网络参数，使得判别器对其所生成的仿真数据的判断概率尽可能地高，从而实现以假乱真的效果。

最后，这两个训练交替进行，形成了生成器和判别器的持久对抗。在这一过程中，双方相互促进。随着迭代次数的增加，生成器生成的仿真数据质量不断提升，变得越来越难以被判别器识别；与此同时，判别器也在此过程中不断增强其判断力，对真实数据与仿真数据的区分能力愈发精准。这一动态平衡的过程将持续进行，直至生成器能够生成高度逼真、几乎无法被判别器区分的仿真数据，这标志着训练达到了预期效果。

值得注意的是，在生成器和判别器的参数初始化后，一般先对判别器进行训练，这是为了使判别器具备一定的区分能力，从而使生成器在训练初期就能接收来自相对成熟的判别器的反馈，从而更加有效地调整自己的生成策略。

为了方便读者理解，下面以手写数字识别为例对生成对抗网络的训练过程进行介绍。如图6-10所示，在训练初期，由于生成器1中的参数是随机初始化的，其输出仅为无意义的噪声图像，此时判别器1能够非常容易地分辨出仿真数据。随后，为了"骗过"判别器，生成器1需要通过训练调整自身的网络参数，进而演化成生成器2（注意：图中生成器和判别器后面的数字指的是它们的版本，网络的参数随着训练得到更新，但是网络的结构并没有发生改变）。读者能够轻易地发现，生成器2仿真出的数字已初具形态，只是在细节上与真正的手写数字存在细微差别。此时，判别器2依然能够判断出仿真手写数字和真实手写数字。通过判别，判别器2中的参数也进行了更新，从而提高了自身的分辨能力。鉴于生成器2的生成能力不足，接下来保持判别器2的参数不变，专注于训练生成器2，最终促使其进化为生成器3。生成器3所生成的数字已高度逼真，以至于判别器3也难以分辨真伪。至此，我们成功获得了两个经过充分训练的模型。

3. 生成对抗网络的应用

生成对抗网络及其变体在图像生成领域取得了显著的成果，能够生成逼真的图像，包括人脸、风景等。此外，生成对抗网络还被广泛应用于风格迁移任务，通过将不同风格的图像进行融合，生成出具有新颖艺术风格的图像。同时，在医疗领域，生成对抗网络也展现出强大的潜力，能够生成逼真的医学图像以用于辅助医生进行疾病诊断和手术规划。下面对这些应用进行具体介绍。

在图像生成和处理领域，生成对抗网络大放异彩，它可以生成高度逼真的人脸图像、风景、动物等，用于艺术创作、游戏开发和虚拟现实。例如，NVIDIA的研究团队发布的StyleGAN能够生成与真实人脸难以区分的高质量人脸图像。此外，通过CycleGAN等算法，生成对抗网络可以将一种图像的风格应用于另一种图像，实现风格的转换。这种技术在艺术创作和娱乐领域有广泛应用，如将照片转换为卡通风格或特定艺术家的绘画风格。生成对抗网络还可以用于图像的去噪、增强和超分辨率，以提高图像质量。此外，它还可以修复老照片或损坏的图像，恢复出完整的图像并保持自然性。

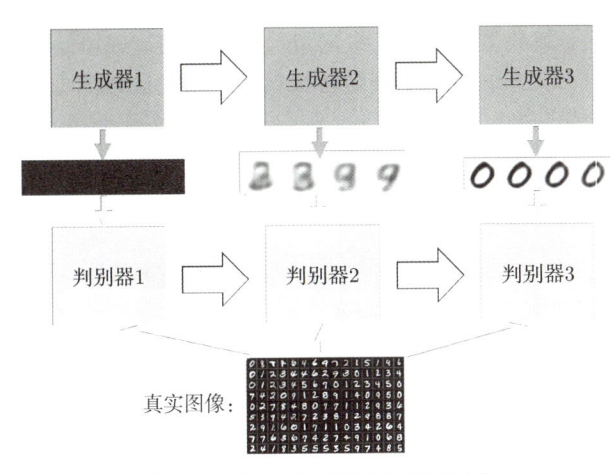

图 6-10　生成对抗网络的训练过程

在视频生成与处理领域，生成对抗网络可以学习视频中的时间关系，生成连续的视频帧，从而创建逼真的视频。这对于电影特效制作、游戏开发和虚拟现实具有重要意义。此外，与图像风格迁移类似，生成对抗网络也可以将一种视频的风格应用于另一种视频，实现视频风格的转换。

生成对抗网络还可以应用于语音合成与音乐创作。它能够生成逼真的合成语音，应用于语音助手、有声读物等领域。例如，WaveGAN 和 GANSpeech 等算法可以生成高质量的语音信号。

在医疗领域，生成对抗网络的应用表现在能够生成逼真的医学图像，如 X 光片、MRI 扫描等，这些图像不仅能够助力医学研究和教学，使医生更深入地理解疾病的发展，而且还可用于病理图像分析，辅助医生进行准确的疾病诊断和手术规划，从而提升诊疗效率和质量。

总的来说，生成对抗网络作为一种强大的深度学习模型，在图像生成与处理、视频生成与处理、语音合成与音乐创作以及医疗等多个领域都取得了显著的成功并展现出广阔的应用前景。

6.4.4　自编码器

自编码器（Autoencoder）最早由 Geoffrey Hinton 等人在 20 世纪 80 年代提出。它是一种在深度学习领域广泛应用的无监督学习模型。它的核心思想是将输入数据编码成一个低维的潜在空间表示（Latent Representation），然后从这个低维表示中重构出原始数据。

1. 自编码器的组成和原理

自编码器主要由两个神经网络组成：编码器（Encoder）和解码器（Decoder）。其中，编码器负责将输入数据映射到低维的潜在空间，也称为编码空间或瓶颈层。这一过程通过逐层降维和特征提取实现，最终编码器输出的是包含输入数据关键信息的低维编码。与编码器相对应，解码器则负责将编码器的输出，即低维潜在空间的表示，映射回原始输入空间，从而实现对输入数据的重构。解码器的目标是最小化重构误差，即最小化解码器的输出和原始输入数据之间的误差。潜在空间是解码器和编码器之间的桥梁，连接着原始数据空间和重构数据空间。潜在空间中的表示是输入数据在去除了冗余信息和噪声并保留关键的特征信息后得到的低维的特征表示。这种表示不仅有助于解码器重构原始数据，还在数据压缩、特征提取、异常检测等领域有广泛的应用价值。

为了便于读者理解，接下来仍以手写数字识别为例对自编码器进行介绍。如图 6-11 所示，首先输入是一个手写数字 0 的图像，输入图像被转换为能够被计算机处理的高维向量。然后该向量通过编码器的处理被压缩成低维潜在空间表示。例如，假设编码器的输出是一个 10 维的向量。接着，低维潜在空间表示被传递给解码器，解码器逐层将其重构回高维的输出，并努力重建出与原始输入相似的图像。最后，解码器生成的高维向量又被重新构造成原始图像，并且通过重构误差来衡量重建结果与原始输入之间的差异，网络将根据这个误差进行训练和调整，以生成尽量接近原始手写数字"0"的重构图像。

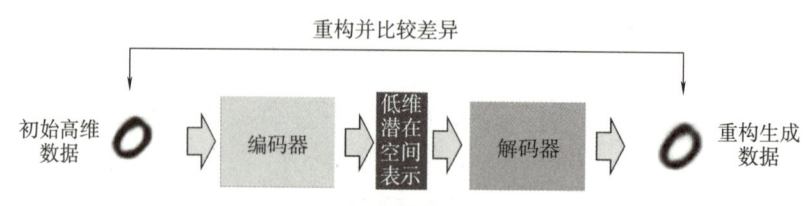

图 6-11 自编码器的原理

2. 自编码器的变体

随着研究的深入，自编码器发展出多种变体，以适应不同的应用场景和需求。常见的自编码器有稀疏自编码器、去噪自编码器、卷积自编码器等。下面对这些不同的自编码器进行简单介绍。

- **稀疏自编码器**：基于自编码器的基本结构，但在隐藏层中引入了稀疏性约束，这是稀疏自编码器的核心。其中，稀疏性约束通过对神经元的激活度进行限制来实现，即鼓励隐藏层的神经元在大多数时间都处于抑制状态，只有少数神经元被激活。这有助增强模型对噪声和冗余信息的抵抗力。而且，稀疏表示通常能有效捕捉输入数据的最本质特征，从而提高模型的泛化能力。

- **去噪自编码器**：通过对输入数据添加噪声来训练模型，使其能够学习从噪声中恢复原始数据的能力。这种变体提高了模型的鲁棒性和表达能力。去噪自编码器在图像处理、语音处理等领域有广泛应用，特别是在处理含有噪声的数据时，能够学习到更鲁棒的特征表示。

- **卷积自编码器**：是一种特殊的自编码器，它在编码器和解码器中使用卷积层来处理具有网格结构的数据。它通过局部连接和参数共享的方式减少了模型的参数数量，并且能够捕捉到输入数据的空间层次结构。卷积自编码器广泛应用于图像压缩、图像去噪、图像重建等任务中。

3. 自编码器的应用

自编码器在数据压缩、特征提取、数据去噪及异常检测等多个领域都取得了显著的成果，成了当前人工智能和机器学习领域研究的热点之一。

具体来说，在数据压缩方面，自编码器通过编码器将高维数据压缩成低维特征向量，再由解码器进行重建，实现了数据的高效存储与传输。这种压缩方式减少了数据的存储空间，但并不一定在所有情况下都能优于专门的压缩算法，且可能会在重建过程中损失一些信息。

在特征提取方面，自编码器能够学习到数据的内在特征表示。这些特征对于后续的监督学习任务，如分类、聚类等，具有极高的价值。通过自编码器提取的特征，往往能够更准确地反映数据的本质特性，提高模型的泛化能力和识别精度。

数据去噪是自编码器的另一个重要应用。去噪自编码器通过在输入数据中添加噪声，并训练模型重构原始的无噪声数据，从而实现了对数据的去噪处理。这种去噪方式不仅提高了数据的质量，还为后续的数据分析和处理提供了更可靠的基础。

此外，在异常检测方面，自编码器通过训练学习数据的正常分布模式，能够识别出与正常模式差异较大的异常数据点。这种异常检测方式不仅准确率高，而且适用于多种数据类型和场景，为工业监控、金融欺诈检测和网络安全等领域提供了有力的支持。

综上所述，自编码器作为一种无监督学习的神经网络模型，在数据压缩、特征提取、数据去噪及异常检测等多个领域都展现出了广泛的应用前景和巨大的潜力。随着深度学习技术的不断发展和完善，我们相信自编码器将在更多领域发挥出其独特的优势和作用。

6.4.5 图神经网络

从空间几何的角度来看，数据可以分为欧几里得结构数据和非欧几里得结构数据。前者是指能够嵌入欧几里得空间的数据类型，这种数据具有平移不变性，如语音、图像和视频等，它们可以转换为一维序列或者二维网格进行处理。但是，非欧几里得结构数据不能被转换到欧几里得空间，它们不具有平移不变性，如社交网络、生物网络和知识图谱等。这类数据可以被划分为图数据和流数据。其中，图数据是本小节探讨的重点。

尽管卷积神经网络等深度学习模型在处理欧几里得结构数据时的效果显著，但当面对图数据时，其表现往往不尽如人意。这主要是因为图数据结构复杂且不具备平移不变性，导致卷积神经网络等模型难以有效地提取其结构信息。

在现实生活中，图数据无处不在。无论是宏观层面的食物链网络、人与人之间的社交网络、全球通信网络，还是微观层面的粒子网络、生物神经网络，图结构都扮演着至关重要的角色。这些广泛存在的图结构数据推动了图挖掘算法的迅速发展和创新。近年来，针对图数据的深度学习方法层出不穷，显著提升了我们处理和挖掘图数据信息的能力。在中国，这些方法的应用也取得了显著成效。例如，在生物医药领域，图神经网络被用于药物分子研发和蛋白质分子结构预测；在交通领域，图神经网络则助力自动驾驶系统感知三维点云数据并预测交通流量。本小节将介绍图的基础知识和与图相关的深度学习方法。

1. 图基本定义

在离散数学中，**图（Graph）**是用于表示物体与物体之间存在某种关系的结构，由节点和连接节点的边构成。节点一般指特定对象，如社交网络中的用户、全球通信网络中的一台计算机。两个节点之间使用边表示它们之间存在的联系，如用户之间的社交关系、计算机之间的访问关系等。

一张图（或无向图）可以记为 $G = (V, E)$，V 称为点集，其中的元素称为节点。E 称为边集，E 中的元素是两个节点组成的无序对，称为边。以图 6-12 中的无向图为例，其中节点的集合为 $V = \{v_1, v_2, v_3, v_4\}$，边的集合为 $E = \{e_{12}, e_{13}, e_{14}, e_{34}\}$。

由这个示例可以发现，图数据与传统的欧几里得数据（如图像和文本）存在显著差异，主要体现在 3 个方面：首先，图的结构是非欧几里得的，不遵循固定的网格形式，节点之间的连接关系复杂，这使得传统神经网络难以直接应用，因为它们通常假设输入数据是规则的；其次，图的节点数量是可变的，尤其在动态网络（如社交媒体）中，节点数量可能会随时间变化，而传统神经网络要求输入大小固定，因此不适合处理这种情况；

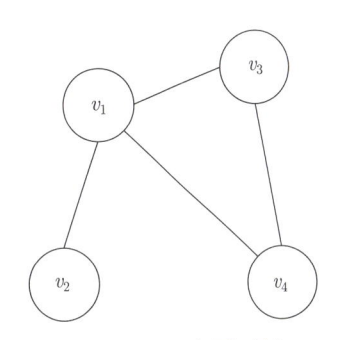

图 6-12 无向图示例

最后，图中节点之间的关系通常是局部的，信息主要集中在相邻节点上，图神经网络能够利用这种局部性，通过信息传递机制逐步聚合邻居节点的信息，从而有效学习节点的表示。鉴于这些特点，传统深度学习方法（如卷积神经网络和循环神经网络）在处理图数据时面临挑战，卷积神经网络依赖于网格结构而不适合非规则数据，循环神经网络对固定序列长度的要求也限制了其应用。因此，图神经网络应运而生，旨在克服这些局限，设计专门的模型和算法，有效处理图结构数据，并利用深度学习技术进行特征学习。

2. 图神经网络的构成

图神经网络（Graph Neural Network，GNN）是一种专门用于图数据结构的神经网络，包括节点、边、节点特征、边特征和全局特征。其中，节点代表实体，如社交网络中的用户、化学分子中的原子等。边代表节点之间的关系，如社交平台中的好友关系、化学分子中的化学键。节点特征用于描述节点的属性，可以是连续的数值、离散的标签或者更复杂的数据结构。在图神经网络中，节点特征可以作为模型的输入。边特征包含关于边的额外信息，如权重等。全局特征用于描述整个图的属性。

3. 图神经网络的原理

图神经网络的核心思想是通过反复的消息传递和聚合操作来学习图中节点的表示。其主要过程包括节点嵌入、信息传递和聚合操作。

节点嵌入（Node Embedding） 是指将图中的每个节点都映射到一个低维的向量空间中。这个向量表示了节点的特征以及其在图中的位置和结构信息。节点嵌入的目的是将图结构中的节点转换为向量形式，便于机器学习和深度学习模型处理。节点的表示过程主要通过初始化和更新来实现。具体来说，节点的初始表示通常是通过节点的特征向量来定义的。如果节点没有特征，则可以使用随机初始化或者基于某些规则进行初始化。例如，在一个社交网络中，代表用户的节点的初始特征可以是用户的个人信息，如姓名、年龄、学历等。而更新是指节点表示在信息传递和聚合操作过程中不断更新，逐步融合来自邻居节点的信息，形成最终的表示。**信息传递（Message Passing）** 是指节点通过其连接的边从邻居节点接收信息的过程。在每一层的图神经网络中，节点会从其邻居节点接收信息，并将这些信息汇总到自己的表示中。**信息聚合（Message Aggregation）** 是指将接收到的所有消息进行整合，从而更新节点的表示。常见的聚合方法有求和、平均和求最大值等。

为了方便读者理解，下面用一个简单的例子来说明图神经网络的核心思想。假设有一个社交网络图，图中的每个节点都代表一个用户，而每条边代表用户之间的好友关系。每个用户（节点）都有一些初始的特征，比如年龄、性别、职业等。目标是通过图神经网络来更新这些用户的特征表示，使得它们能够反映出用户之间的社交关系以及用户在网络中的位置。首先，我们为每个用户分配一个初始的特征向量，这个向量包含了用户的原始特征，如年龄、性别等。接下来，进入消息传递过程。图中的每个用户都会接收来自其所有好友的消息。这些消息可以是好友的特征向量，也可以是经过某种变换（如非线性激活函数等）后的特征向量。在接收到来自所有好友的消息后，每个用户都会根据这些消息来更新自己的特征表示。这个过程通常涉及对接收到的消息进行聚合（如求和、平均、最大池化等），然后更新函数（可能是一个神经网络层）负责生成新的特征向量。上述的消息传递和节点更新过程可以迭代多次。在每次迭代中，用户都会根据最新的邻居信息来更新自己的特征表示。随着迭代次数的增加，用户的特征表示将逐渐包含更远距离的邻居信息，从而更加全面地反映用户在社交网络中的位置和角色。经过多次迭代后，我们可以得到每个用户的最终特征表示。这些表示不仅包含了用户的原始特征，还融入了用户在社交网络中的关系信息。这些表示可以用于各种下游任务，如好友推荐、社区发现等。通过这个例子，读者可以发现图神经网络的核心思想在于通过信息传递和信息聚合的方式来捕捉图结构数据中的复杂关系及信息。这种方法使得图神经网络在处理社交网络、推荐系统、药物发现等领域的图结构数据时具有独特的优势。

4. 图神经网络的应用

图神经网络近年来在多个领域展现出强大的应用潜力和价值。

在社交网络分析中，图神经网络展现出了强大的分析能力，通过一系列技术深入探索用户行为、关系网络及群体特征。具体而言，这一技术能够精准识别社交网络中的真实用户与垃圾用户，为社交媒体平台提供了有效的手段来检测虚假账户或过滤恶意用户。不仅如此,图神经网络还具备预测未来连接的能力,无论是友谊关系的建立还是信息的传播路径,它都能通过分析现有用户间的关系来预测哪些用户间可能形成新的连接。此外,它在社群检测方面也表现出色,它能够帮助发现社交网络中的不同社群或群体。这种能力对于深入理解用户群体的行为和互动模式至关重要,进而在市场营销、舆情分析等多个领域发挥重要作用。例如,企业可以利用图神经网络分析消费者群体的购买偏好和社交行为,以制定更精准的营销策略;而政府或研究机构则可以通过图神经网络来监测和分析公众舆论的变化趋势。

在生物信息学领域,图神经网络的应用为科研人员带来了前所未有的便利与洞见。它凭借其强大的数据分析能力,在蛋白质相互作用预测、药物发现及基因表达分析等方面发挥着举足轻重的作用。首先,图神经网络能够深入剖析蛋白质之间的相互作用网络,准确预测蛋白间的相互作用关系。这一能力对于揭示生物学过程中的关键信息至关重要,有助于我们更好地理解生命体系的运作机制。其次,在药物发现领域,图神经网络也展现出了巨大的潜力。它能够高效地分析化合物结构与生物活性之间的关系,从而加速药物研发进程。这对于寻找新型药物、优化药物性能以及提高药物研发成功率具有重要意义。此外,图神经网络还在基因表达分析中发挥着重要作用。它能够帮助科研人员更好地理解基因表达的调控机制和相互关系,为揭示生命现象的本质提供有力支持。这不仅有助于推动生命科学研究的发展,还可能为疾病的预防和治疗提供新的思路和方法。

除了上述领域,图神经网络还被广泛应用于智能交通、金融风控、组合优化及工业生产等多个领域。在智能交通中,图神经网络可以帮助预测交通拥堵、优化路线规划和交通信号控制。在金融风控中,通过构建复杂的网络关系,图神经网络可以评估信贷风险。在工业生产过程中,图神经网络可以用于优化生产流程、预测设备故障,提高生产效率和安全性。

总之,图神经网络作为一种强大的深度学习方法,在处理复杂图结构数据方面展现出了其独特的优势和广泛的应用前景。在未来,随着技术的不断发展和完善,图神经网络有望在更多领域中发挥其巨大的潜力和价值。

6.4.6 扩散模型

扩散模型(Diffusion Model,DM)是一种生成模型,它通过模拟向数据中逐步添加噪声(正向过程)和逐步去噪(逆向过程)的过程来生成数据(在日常生活中,噪声通常指杂音;而在图像处理领域,噪声指的是不属于原始内容的随机像素值)。OpenAI 的 DALL-E 和谷歌的 Imagen 等系统都是基于扩散模型的图像生成系统的,它们均能够根据用户提供的文本生成相应的图像。

扩散模型的主要原理是通过连续添加噪声来破坏数据,然后通过去噪的过程让模型学习恢复数据。训练完成后,可以通过输入随机采样的噪声让模型生成用户需要的数据。即扩散模型生成的图像是通过对随机噪声图像进行去噪得来的,且噪声图像通常与目标图像的尺寸完全相同。假设要生成一张 256×256 像素的图片,就需要一个维度是 256×256 的噪声。如图 6-13 所示,模型的输入是一张全是噪声的图片,经过去噪模块的逐步处理,图片中的噪声逐渐被去除,最终得到一张比较清晰的图片(其中去噪的次数是事先规定好的)。这种从噪声到清晰图片的过程称为逆过程(Reverse Process)。可以用米开朗基罗所说的"雕像本来就在石头里,我只是把不要的部分去掉"来理解扩散模型的去噪过程。

如图 6-13 所示,模型反复使用同一个去噪模块去处理不同的图片。由于每次输入图片中的噪声水平都存在着巨大的差异,有的接近纯噪声,有的则已接近完整清晰的图像,因此单一的去噪模块可能难以在所有的情况下都达到最好的去噪效果。为了提升模块的去噪能力,去噪模块不仅要接收待去噪的图片作为输入,还要额外接收一个代表当前噪声严重程度的参数。假设在第 1000

步时这个参数设置为1000，代表此时噪声的严重程度比较高；而1代表去噪过程的最后阶段，此时噪声的水平已经显著降低。去噪模块的核心是噪声预测器（Noise Predictor），它负责分析图像中的噪声模式。它的输入主要有两个：待去噪图像和反映当前去噪处理步骤的进度或阶段的标识。这一噪声预测过程本质上是在推断原始图像在受噪声污染前应呈现的状态。通过比较预测噪声图与原始带噪图像，模型能够识别并量化图像中的噪声成分。随后，模型通过从原始带噪图像中减去（或"消除"）这些预测的噪声成分来生成去噪后的图像。因此，去噪模型并非直接处理带噪图像以产生去噪结果，而是通过预测并消除噪声来实现去噪。这一过程涉及对图像噪声的精确估计和相应去除，从而恢复出更接近原始、无噪声污染的图像内容。

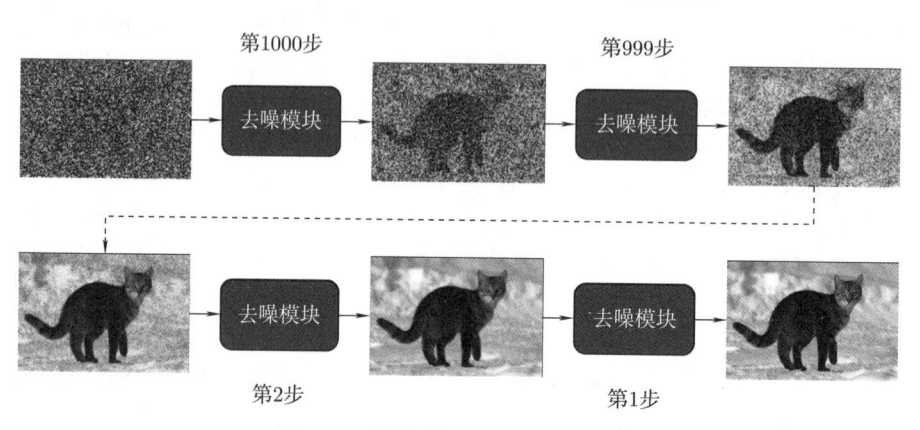

图 6-13 扩散模型图像的生成过程

为了使模型能够根据输入图像和噪声的严重程度来预测噪声，我们需要包含图像和对应噪声的成对数据集。那么，如何制造这样的数据集呢？首先从已有数据集中选取一张无噪声的图像，然后根据预设的噪声分布（如高斯分布，即正态分布）随机采样一组，并添加到原始图像上，生成带噪声的图像。接着对该带有噪声的图像继续添加噪声。重复上述步骤，直到图像被噪声完全淹没，即看不出原始图像的内容。加噪声的过程称为前向过程（Forward Process）或扩散过程（Diffusion Process），图6-13的逆过程就是扩散过程。扩散过程中的每一对图像（原始噪声图像和加噪声后的图像），以及加噪步骤ID（噪声严重程度），它们三者共同构成了噪声训练器的一个训练样本。其中，加噪后的图像和加噪步骤ID作为输入，添加的噪声则作为噪声预测器输出，即噪声预测器需要预测的标准答案。

为了使模型能够根据输入的文字产生图片，还需要有文字描述和图片相对应的数据集。LAION-400M和LAION-5B等数据集包含数亿张图像和图像对应的文本描述，这些描述同时包含了英文、中文等多种语言。去噪模块根据图像所对应的文字描述，对输入的图像进行去噪，最终产生了用户需要的图像。

Stable Diffusion（SD）是在扩散模型的基础上发展而来的，它能够根据文本描述生成逼真且细节丰富的图像。同时，相对于之前的图像生成模型，SD的图像生成速度更快，消耗的硬件资源更少。而且，SD是完全开源的，它可以部署在个人计算机上（消费级的独立显卡就可以满足SD的计算需求，例如，GeForce RTX 3050显卡生成一张分辨率为512×512像素的图像大约需要20s），不需要依靠服务器运行。图6-14就是用基于SD的AI绘画生成工具生成的图片，其提示词为优质的、细节丰富、奶酪汉堡包、多汁牛肉饼、新鲜生菜和西红柿、香脆培根、软芝麻包、融化的切达干酪、烤洋葱和蘑菇、浓稠的蛋黄酱、酥脆泡菜和番茄酱、在木制案板上供应、配上金色炸薯条、美味快餐。读者也可以在PC上部署自己的SD或者使用在线AI绘画生成工具来进行AI创作。

AI 绘画只是 SD 应用的冰山一角，它的广泛应用和高效的内容生成能力使其在整个生成式人工智能（Artificial Intelligence Generated Content，AIGC）领域都具有重要意义。在游戏和影视制作时，SD 能够生成所需要的虚拟场景，从而减少实际搭建场景的成本和时间，而且能够帮助游戏开发者快速设计出多样且不失创意的角色概念图。在医疗领域，SD 可以用于训练和验证医疗 AI 模型，例如，生成多种病变的 X 光图片用于医疗模型的训练，从而提高模型的诊断能力；在科学研究中，SD 可以生成实验图像和可视化数据，这能够帮助科学家更好地理解复杂的科学现象。SD 还可以用于图像修复和增强，通过逆向过程，它可以将损坏或者模糊的图像恢复为清晰的图像，这在图像恢复、医学图像处理中发挥了重要作用。最后，SD 在社交媒体和内容创作中也发挥着重要作用，用户可以创作个性化的内容，提高平台的参与度和互动性，平台也能够提供工具帮助用户生成高质量的内容，提升用户黏性。总之，通过这些具体的应用，SD 不仅提高了内容生成的效率和质量，还开拓了新的创作和商业机会，极大地推动了 AI 的广泛应用和发展。

图 6-14 利用 SD 的 AI 绘画生成工具生成的图片

6.4.7 Transformer

Transformer 最早在 2017 年被提出，它已经成为自然语言处理领域绝对主流的网络架构，当前热门的 ChatGPT、GPT-4、LLaMA、Claude、文心一言等常见的大语言模型都以 Transformer 及其变体作为主干网络。

Transformer 的主要作用是生成连贯且在语义上正确的文本。当用手机输入一段文本时，每输入一个词，输入法都会根据刚刚输入的文本进行联想。例如，当输入"hello my"时，输入法可能就会推荐"name""dear""love"等词。但是，当连续选择输入法推荐的词后，句子会逐渐失去意义。例如，当首先输入"hello my"后，再依次选择输入法推荐的第一个词后可能就会得到"Hello my name is a good day at the end of the interpreter."这样一段不知所云的话。显然手机输入法目前不能携带文本上下文的所有信息，它只能根据最近输入的几个词去预测接下来哪些词更有可能出现。而 Transformer 则完全不同，它可以追踪当前输入内容的上下文从而写出有意义的文本。对文本上下文的追踪是通过自注意力机制（Self-attention Mechanism）实现的，它是 Transformer 的核心组件，它允许模型在处理输入序列时将注意力集中在关键位置。自注意力机制使得模型在处理一个单词或一个位置时，能够同时关注到序列中的所有其他单词和位置信息。就像一个读者在读文章时，不仅能够关注当前的单词，还能随时回顾或者展望其他单词。这对于理解文本含义非常重要，因为某些单词是一词多义的，在理解这些单词的含义时需要结合上下文。例如，句子 1：I am on the river bank（我在河岸边）；句子 2：Money is in the bank（钱在银行里）。单词"bank"在两个句子中均出现了，但含义截然不同。为了使机器能够准确地解释出一词多义，注意力机制将同一句子或文本片段中的单词在词嵌入中相互靠近。以词嵌入为例，"I am on the river bank"这个句子中，单词"bank"会被移动到"river"附近；而在"Money is in the bank"这个句子中，单词"bank"会被移动到"money"附近。这样，两个句子中的单词"bank"都会有上下文信息。总的来说，注意力机制使得 Transformer 能够根据上下文调整每个单词的表示，从而更好地理解和生成文本。事实上，Transformer 使用的是多头注意力机制，它比上文所述的注意力机制更加强大，使模型在理解和生成文本时的效率更高。除此之外，Transformer 块中还包含前馈神经网络，能够进一步处理和转换数据。

Transformer 是一个序列到序列的模型，即输入是序列数据，输出也是序列数据。上文所述的 RNN 和 LSTM 在处理序列数据方面虽然也产生了显著成效，但它们也存在着缺陷，例如，RNN 和 LSTM 需要逐步处理每个时间步的数据，正如只有上一个时间步的隐藏层的输出计算完成且存入记忆元中，才能进行下一步的计算。这就意味着 RNN 和 LSTM 无法进行并行计算，导致训练和推理的速度较慢。并且，尽管 LSTM 中引入了门控机制，缓解了长期依赖中的问题，但信息仍然需要逐步计算，因此在捕捉长期依赖时的效率较低。它恰好解决了上述的两个问题。Transformer 通过自注意力机制的方法可以同时处理输入序列中的所有数据，并且能够关注序列中的任意位置，不需要逐步处理数据。这使得 Transformer 能够更整体地看待数据，即更高效地捕捉长期依赖且能够进行并行计算。

Transformer 主要由 5 部分组成：分词、嵌入技术、位置编码、多个 Transformer 块和 Softmax 层。

分词（Tokenization）就是将一段连续文本切分成单独的词语。以英文的分词为例："I like studying." 的分词结果是 ['I','like','studying','.']。

计算机在处理文本时与处理图像相同，也要先把文本转换为计算机更容易处理的数字。为此需要引入嵌入（Embedding）技术来实现从文本到数字的转换。嵌入技术的核心思想是将单词、短语甚至是长文本转换为向量，且当文本的含义相似时，对应向量中的数字也要相似，文本含义不同时，对应向量中的数字也要不同。下面以日常生活中的常见物品为例来进行说明，并且由于二维向量能够在平面上表示，因此假设每个词都可以映射为一个二维向量。如图 6-15 所示，由于苹果和香蕉都是水果，它们在语义上是相近的，因此它们对应的向量的坐标距离很近，苹果的坐标为（1，5），香蕉的坐标为（2，5）。同样，客车和小轿车都是交通工具，它们的向量数值也相近，因此在坐标平面上的距离也非常近，但是与水果和交通工具相关的单词的语义差别较大，它们在坐标平面上的距离相距较远。总的来说，在二维平面上，相似语义的单词会彼此靠近，同时不同语义的单词则会相互远离。在实际处理中，单词被映射到的向量的维度数远大于 2（比如维度为 4096），这些向量存在于 4096 维的空间中，虽然我们会像二维向量这样直观地看到向量的位置，但是仍可以认为这些向量之间有远有近。词嵌入还可以推广到文本嵌入，用于将整个文本（句子、段落或是文档）映射到向量空间中。Transformer 中常用的是词嵌入，输入的每个单词都会被映射为向量，例如，['I','like','studying','.'] 中的每一个单词都会被映射成一个向量，然后存在一个数字列表中。

Transformer 在处理序列数据时本质上是无序的（这是它能够进行并行计算的原因），需要采用位置编码（Positional Encoding）来添加序列的顺序信息。这是因为语言的顺序不同，表达的含义也会截然不同，例如，"I am not happy but sad" 和 "I am not sad but happy" 这两句话，由于两句话中出现的单词完全相同，如果只考虑单词嵌入，那么会得到完全相同的向量结果，这显然是不正确的。因此需要向单词嵌入所得的向量中添加一系列代表位置的向量，以确保每一个句子都有唯一的表示形式，且单词完全相同但顺序不同的句子被映射到不同的向量。例如，"I（1）am（2）not（3）happy（4）but（5）sad（6）"。总的来说，位置编码会为每一个单词添加位置向量，以便确定单词的位置。

Transformer 的最后一部分是 Softmax 层，它应用在两个场景中，一个是自注意力机制，另一个是输出层。我们只讨论输出层中的 Softmax。Transformer 在生成文本时是逐个单词进行生成的，它为所有的单词输出分数，其中得分最高的单词最有可能成为它要输出的下一个单词。Softmax 层的作用就是将这些分数转换为概率（总概率为 1），得分最高的单词概率也最大。在输出时，通常以概率最大的单词作为输出的下一个单词。

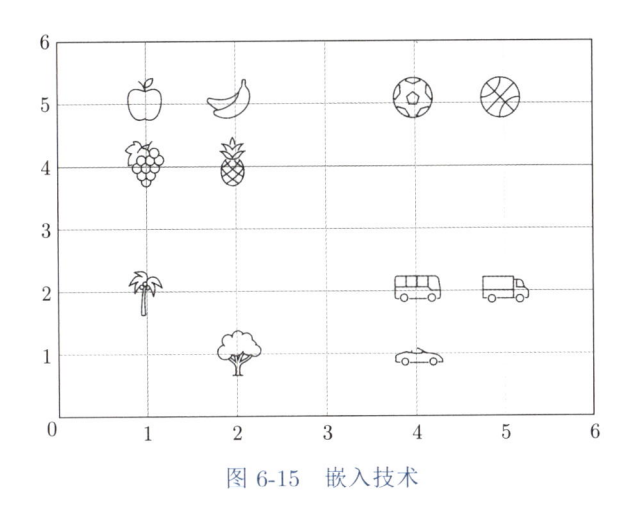

图 6-15 嵌入技术

6.5 深度学习框架与工具

从头自主构建深度学习模型，实现模型的训练、部署，并达到理想的性能是一项复杂的工作。该过程涉及多个环节，如数据预处理、模型设计、参数优化、训练过程管理、模型评估、以及最终的模型部署和维护。此外，深度学习模型的训练通常依赖大量计算资源和复杂的数学运算，例如，通过反向传播计算梯度并更新数百万甚至数十亿个模型参数，这对硬件性能提出了较高的要求。在这种情况下，单纯依靠手工构建和训练模型不仅工作量巨大，而且容易出现低效或错误，实现理想的模型性能变得更加困难。为此，深度学习（DL）框架和工具提供了通过高级编程接口设计、训练和验证深度神经网络的构建块，可以帮助开发者轻松实现复杂模型的构建与训练，并将其快速应用于实际生产环境中。

6.5.1 TensorFlow

TensorFlow 是由 Google Brain 团队开发的开源深度学习框架，旨在提供一种高效且灵活的工具，用于构建和训练机器学习模型。自 2015 年首次发布以来，TensorFlow 已成为深度学习领域的主流框架之一，广泛应用于学术研究、工业应用和商业产品中。其设计目标是支持大规模机器学习计算，并提供全面的工具和库以满足从研究到生产的各种需求。

- **计算图（Computation Graph）模型**：在 TensorFlow 中，所有的计算操作都被表示为图中的节点，这些节点通过边连接，形成一个有向图。计算图的这种表示方式允许 TensorFlow 在执行模型时进行高度的优化和并行计算。计算图可以在运行前进行编译，优化计算过程，从而提高训练和推理的效率。这种结构化的表示不仅有助于提高计算性能，还使得模型的可视化和调试变得更加直观。
- **提供广泛的 API 支持**：涵盖了从基础张量操作到复杂模型构建的各个方面。基础 API 包括 tf.Tensor（用于表示多维数组和各种数据操作）和 tf.Variable（用于表示模型中的可训练参数）。TensorFlow 还提供了高级 API，如 tf.keras，使得构建和训练深度学习模型更加简便。tf.keras 是 TensorFlow 内置的高层接口，具有用户友好的 API，使得模型定义、训练和评估变得更加高效。通过 tf.keras，用户可以轻松创建和训练各种深度学习模型，包括卷积神经网络（CNN）、循环神经网络（RNN）等。

在数据处理方面，TensorFlow 具有强大的工具和库。tf.data API 提供了灵活的数据输入管道，可以高效地加载和处理大规模数据集。该 API 支持数据的预处理、批处理、打乱等操作，并能够与模型训练过程无缝集成。通过 tf.data，用户可以构建复杂的数据处理管道，从而提高模型训练的效率和效果。

- **支持多种硬件加速**：包括 CPU、GPU 和 TPU（张量处理单元）。通过 tf.device API，用户可以指定计算设备，从而在训练过程中充分利用 GPU 和 TPU 的计算能力。这种硬件加速支持大幅度提高了模型训练的速度，使得处理大规模数据集和训练复杂模型成为可能。TensorFlow 的硬件兼容性使得它在处理高性能计算任务时具有显著的优势。

  为了支持分布式计算和大规模模型训练，TensorFlow 提供了 tf.distribute API。这个 API 允许开发者在多个计算节点上并行训练模型，从而提高训练速度和资源利用效率。通过分布式训练，TensorFlow 可以处理更大规模的数据集，并训练更复杂的模型，这在需要处理海量数据或进行大规模实验时尤为重要。

- **生态系统丰富**：除了核心框架和 API 外，还包含了许多辅助工具和库。例如，TensorFlow Serving 提供了一种高效的模型服务解决方案，用于将训练好的模型部署到生产环境中；TensorFlow Lite 支持在移动设备和嵌入式设备上运行深度学习模型；TensorFlow Hub 提供了一个共享预训练模型的库，用户可以直接下载和应用各种预训练模型，极大地加快了模型开发和部署的速度。

作为一个全面的深度学习框架，TensorFlow 通过其计算图模型、丰富的 API 支持、强大的硬件加速和分布式计算能力，满足了从研究到生产的各种需求。它不仅为深度学习模型的开发提供了强大的工具，也推动了 AI 技术在多个领域的广泛应用。在深度学习和机器学习技术不断发展的背景下，TensorFlow 继续发挥着重要作用，推动着技术创新和应用进步。

TensorFlow 提供了一系列强大且灵活的 Python API 函数，支持从数据处理到模型构建和训练的各个阶段。这些 API 函数涵盖了张量操作、模型构建、优化、数据处理等多个方面，为深度学习任务提供了全方位的支持。下面将简要介绍几个常用的 TensorFlow Python API。

- **tf.nn.Softmax()**：用于计算输入张量的 Softmax 激活值。Softmax() 函数通常用于多分类任务的最后一层，以将网络的输出转换为概率分布，使得每个类的预测概率和为 1。这对于分类任务中的模型预测和评估至关重要，能够将模型的输出结果解读为具体的类别概率。
- **tf.reduce_mean()**：用于计算张量沿指定维度的平均值。该函数通常用于计算损失函数中的均值，特别是在训练过程中用于优化模型的目标函数。
- **tf.summary()**：提供了一系列函数用于在训练过程中记录和可视化模型的训练指标及参数。通过 tf.summary()，用户可以将训练过程中的数据记录到 TensorBoard 中，便于后续的分析和调试。
- **tf.keras.models.Sequential()**：Sequential() 函数是一个容器，描述了神经网络的网络结构，Sequential() 函数的输入参数描述了从输入层到输出层的网络结构。
- **tf.keras.layers.Dense()**：全连接层。参数个数＝输入层特征数×输出层特征数（weight）＋输出层特征数（bias）。Dense 实现了以下操作：输出＝激活函数（$wx+b$），其中，w 是由层创建的权重矩阵，b 是由层生成的偏置向量。

TensorFlow API 调用的示例代码如代码 6-1 所示。

代码 6-1 TensorFlow API 调用示例代码

```
model = tf.keras.Sequential([tf.keras.layers.DenseFeatures(
    numerical_columns + categorical_columns),
```

```
    tf.keras.layers.Dense(128, activation='relu'),
    tf.keras.layers.Dense(128, activation='relu'),
    tf.keras.layers.Dense(1, activation='sigmoid'),
])
```

6.5.2 PyTorch

PyTorch 是一个由 Facebook 的人工智能研究团队开发的开源深度学习框架，自发布以来，迅速成了学术界和工业界广泛使用的工具。PyTorch 的设计初衷是为开发者提供一个灵活且易于使用的框架，以便快速实现和测试复杂的深度学习模型。它以其动态计算图（Dynamic Computation Graph）和用户友好的接口而闻名，使得研究人员和工程师能够在保持高效性的同时，更加专注于模型的构建和实验。

- **动态计算图机制**：在传统的深度学习框架中，如 TensorFlow 的早期版本，模型的计算图通常在执行之前就已经构建好，这种静态图虽然在执行效率上具有优势，但在开发和调试过程中往往显得笨拙。相反，PyTorch 采用了动态计算图，这意味着每次执行操作时都会即时构建计算图，这种方式使得模型的定义和执行更加灵活，特别是在需要动态调整网络结构或在实验过程中频繁修改模型的情况下，动态计算图能够显著提高开发效率。
- **提供强大工具集**：在数据处理和模型训练方面，它支持自动微分，即通过 autograd 模块，开发者可以自动计算复杂模型中参数的梯度，这极大地方便了优化算法的实现。此外，PyTorch 拥有丰富的神经网络模块库 torch.nn，通过这个库，用户可以轻松地定义和组装各种深度学习模型，如卷积神经网络（CNN）、循环神经网络（RNN）和 Transformer 等。PyTorch 还为数据加载和预处理提供了 torch.utils.data 模块，该模块包含了数据集的抽象类和数据加载器，支持批处理、数据增强和多线程数据加载，显著提高了数据处理的效率。
- **与硬件深度集成**：通过 torch.cuda 模块，开发者可以轻松将模型和数据迁移到 GPU 上进行加速，从而充分利用 GPU 的计算能力，大幅缩短模型训练时间。这种灵活的硬件支持使得 PyTorch 在处理大规模数据和复杂模型时具有显著的性能优势。

  此外，PyTorch 还为分布式训练提供了强大的支持。通过 torch.distributed 模块，开发者可以在多台机器上并行训练模型，这对于需要处理海量数据或训练大型模型的应用尤为重要。分布式训练不仅提高了计算资源的利用效率，还大大缩短了训练时间，使得在实际生产环境中部署大规模深度学习模型成为可能。
- **社区资源丰富**：PyTorch 拥有一个活跃且庞大的用户群体，这不仅体现在其快速更新的版本迭代上，还反映在丰富的第三方库和教程资源中。许多前沿的深度学习研究都基于 PyTorch 实现，这使得 PyTorch 成了学术研究中的事实标准。此外，PyTorch 还推动了深度学习模型的标准化和模块化，开发者可以利用 PyTorch Hub 和其他社区资源，快速集成和应用预训练模型，极大地降低了 AI 应用开发的门槛。

PyTorch 提供了丰富的 Python API，使得开发者可以方便地构建、训练和部署深度学习模型。这些 API 涵盖了从基本的张量操作到复杂的神经网络结构，以及优化、数据处理和自动微分等多个方面。下面将详细介绍一些常用的 PyTorch Python API。

- **torch.autograd**：是 PyTorch 的自动微分引擎，用于自动计算张量的梯度。在深度学习中，反向传播算法依赖于梯度计算，autograd 模块通过追踪张量上的操作，自动生成计算图，并在反向传播时根据该图计算梯度。
- **torch.nn.Module**：是 PyTorch 中的核心类，用于定义神经网络的各个层及其前向计算逻辑。所有的神经网络模型都通过继承 Module 类来构建。Module 支持嵌套，使得复杂的网络结构可以通过组合多个子模块来实现。
- **torch.optim**：提供一组优化器，用于更新神经网络模型的参数以最小化损失函数。常用的优化器包括 SGD（随机梯度下降）、Adam、RMSprop 等。优化器通过调整模型参数，使得模型在训练过程中逐步逼近最优解。
- **torch.utils.data.DataLoader**：是 PyTorch 中用于加载和预处理数据的重要工具。它可以从各种数据源（如文件系统、数据库）加载数据，并进行批处理、打乱、数据增强等操作。DataLoader 支持多线程数据加载，能够显著提高数据处理的效率。

6.5.3　LangChain

LangChain 是一种旨在简化和增强基于大语言模型（LLM）开发的应用程序的框架。随着自然语言处理技术的进步，特别是基于 Transformer 架构的预训练模型的出现，如 GPT-3 和其他大语言模型已经在多个领域展现出了强大的生成能力。然而，将这些模型集成到实际应用中，特别是构建复杂的、多步骤的语言处理任务时，开发者往往面临诸多挑战。LangChain 的出现正是为了解决这些问题。与 PyTorch、TensorFlow 等专注于模型训练与推理的框架不同，LangChain 并不直接处理深度学习模型的底层运算，而是更专注于如何利用现有的语言模型（如 GPT-3、BERT）来构建复杂的应用，如对话系统、生成式模型等。

LangChain 的核心理念是将大语言模型与外部工具、数据源和计算逻辑相结合，创建复杂的语言处理流水线。这一框架通过提供模块化的构建块，使得开发者能够轻松地构建、调试和扩展各种自然语言处理应用，如对话系统、自动化文本生成、信息抽取、智能问答系统等。

1. 支持"链式思维"

传统的大语言模型通常一次性生成输出，而 LangChain 则允许将多个语言模型的调用组织成一个有序的链条，其中，每个模型的输出都可以作为下一个模型的输入。这种链式结构不仅提高了模型的可解释性，还增加了其处理复杂任务的能力。例如，在构建一个对话系统时，可以将用户输入的意图识别、上下文管理及响应生成等步骤依次链接起来，从而实现一个完整的对话流程。

2. 支持 LLM 集成外部数据源或 API

LangChain 可以方便地将 LLM 与知识库、数据库、搜索引擎或其他专门的工具进行结合，使得模型在生成内容时能够参考更为广泛和准确的外部信息。这一功能在构建实时信息系统或需要高精度的问答系统时尤为重要，因为它能够显著提高模型的可靠性和信息覆盖范围。

目前，LangChain 提供了一个高度可定制的框架，允许开发者通过编写少量代码来定义复杂的语言处理逻辑。该框架的模块化设计意味着用户可以自由组合和调整不同的组件，以适应特定的应用需求。这种灵活性使得 LangChain 不仅适用于简单的任务，还能够胜任复杂的、多步骤的自然语言处理任务。

3. 提供 API 及模块化的设计

LangChain 大大简化了复杂自然语言处理应用的开发过程，同时增强了模型的可扩展性和功能性。在人工智能应用不断扩展和深入的今天，LangChain 为开发者提供了一条更加高效的路径，使他们能够更加专注于创新性任务，而不必被烦琐的集成和优化工作所困扰。下面介绍一些 LangChain 框架中常用的 Python API：

- **langchain.llms**：用于调用语言模型的接口，支持对接多种语言模型 API，是与大语言模型（LLM）交互的核心 API。该模块允许开发者轻松调用各种预训练的语言模型，并将其集成到不同的自然语言处理任务中。如代码 6-2 所示，通过 langchain.llms，用户可以定义并使用诸如 GPT、BERT 等语言模型进行文本生成、翻译、摘要、问答等任务。

代码 6-2　langchain.llms API 调用示例代码

```
from langchain.llms import OpenAI

llm = OpenAI(model_name="gpt-3.5-turbo", api_key="your_api_key")
response = llm("What is the capital of France?")
```

- **langchain.chains**：是 LangChain 用于构建和管理任务链的 API。该模块允许开发者将多个任务或步骤串联起来，以形成一个复杂的处理流水线。langchain.chains 支持链式调用，其中每个步骤的输出都可以作为下一个步骤的输入，从而实现复杂的多步骤任务，如对话系统、自动化文本处理等。langchain.chains API 调用示例代码如代码 6-3 所示。

代码 6-3　langchain.chains API 调用示例代码

```
from langchain.chains import SimpleChain

chain = SimpleChain([llm, custom_processing_function])
result = chain.run(input_data)
```

- **langchain.tools**：提供了各种工具模块，如文本处理、数据库连接等，可以与语言模型任务链无缝集成。该 API 允许将大语言模型与外部工具或 API 集成，从而扩展模型的功能。例如，可以通过 llm_tool 将语言模型与数据库、搜索引擎甚至是其他机器学习模型结合，使得模型能够访问和利用外部信息来生成更为准确和有用的输出，如代码 6-4 所示。

代码 6-4　langchain.tools API 调用示例代码

```
from langchain.tools import TextProcessor

processor = TextProcessor()
processed_text = processor.run(raw_text)
```

- **langchain.agents**：是 LangChain 中用于定义自主行为实体的 API。Agent 是能够根据输入和环境状态自主决策和执行任务的智能体。通过 langchain.agents，开发者可以构建具备复杂逻辑和自适应能力的系统，这些系统能够在动态环境中执行任务、进行推理或做出决策。Agent 通常结合 Memory 和 LLM 使用，以实现更高层次的智能化行为。
- **langchain.memory**：是 LangChain 中用于管理和存储状态信息的 API。大语言模型通常是无状态的，无法记住先前的对话或交互信息，langchain.memory 通过提供一种持久化机制，允许系统在任务链的不同步骤之间共享和维护上下文信息。通过 Memory，应用程序可以实现复杂的多轮对话、用户状态跟踪或任务上下文保持等功能。

6.5.4　Jittor

Jittor（计图，Just-in-time Tensor Operation Re-computing）是由清华大学胡事民院士领衔的计算机图形学团队开发和维护的开源深度学习框架，旨在为研究人员和工程师提供高效、灵活的计算工具。Jittor 框架以其独特的计算图优化机制和高效的执行模型，在深度学习领域中脱颖而出。它的设计目标是对张量操作进行即时（Just-in-time）重计算和优化，显著提升计算效率，并简化用户的编程体验。

与传统的深度学习框架不同，Jittor 通过即时生成和优化计算图，实现了更高效的内存管理和计算资源分配。这种方法不仅减少了内存占用，还提高了计算速度，特别是在处理大规模数据时。元算子（Meta-operator）能够灵活地组合和生成复杂的计算图，从而极大地扩展了模型设计的自由度。研究人员可以通过少量代码实现复杂的网络结构，而不必担心底层的计算细节。

1. 支持多种硬件架构

硬件架构包括 CPU、GPU 及各种加速器。这使得 Jittor 在不同的硬件平台上能充分发挥性能，满足不同应用场景的需求。此外，Jittor 还支持自动微分、分布式训练及动态计算图等功能，这些都是现代深度学习框架的关键特性。

2. 即时编译

在代码层面，Jittor 使用了一种称为"即时编译"的技术，这意味着用户编写的每一行代码在执行时都会即时编译为最优的机器代码。这种机制不仅加快了代码的执行速度，还使得 Jittor 在处理复杂模型时的表现出色。即时编译还允许 Jittor 灵活调整计算图，以适应不同的计算任务，从而进一步提高了效率。

此外，Jittor 的使用体验对于熟悉其他主流深度学习框架的开发者来说也非常友好。其 API 设计简洁易用，与 PyTorch、TensorFlow 等框架的 API 具有很高的相似性，因此开发者能够快速上手。同时，Jittor 还提供了详尽的文档和丰富的示例代码，可帮助用户更好地理解和应用这一工具。下面是一些在 Jittor 框架中常用的 Python API。

- **jt.array**：是 Jittor 中创建张量（Tensor）的基本 API。它用于将数据转换为 Jittor 的张量对象，以便进行后续的计算。张量是深度学习模型的基本数据结构，jt.array 可以接收多种类型的输入，如列表、NumPy 数组等，并将其转换为 Jittor 的张量格式。通过 jt.array，用户可以轻松地将数据加载到计算图中，为模型训练和推理做好准备。它的作用在于简化数据的转换过程，使得开发者能够更专注于模型本身的设计。
- **jt.nn**：是 Jittor 提供的神经网络模块，包含了一系列常用的神经网络层，如全连接层（Linear）、卷积层（Conv2d）及激活函数（ReLU、Sigmoid 等）。该模块的 API 设计灵活，支持用户通过简单的代码构建复杂的神经网络模型。
- **jt.Module**：是 Jittor 中所有神经网络模型的基类。用户可以通过继承 jt.Module 来定义自己的神经网络模型。Module 提供了统一的接口和管理机制，便于模型的参数初始化、前向传播及模块组合等操作。
- **jt.grad**：是 Jittor 提供的自动微分工具，用于计算张量的梯度。在深度学习中，梯度计算是反向传播算法的核心，而 jt.grad 的设计使得这一过程高效且透明。用户只需指定需要计算梯度的张量，Jittor 就会自动构建计算图并计算梯度。
- **jt.compile_options**：是用于设置 Jittor 的编译选项。Jittor 的即时编译特性允许用户对代码的执行进行深度优化，而 jt.compile_options 则提供了接口来调整编译的行为，如启用或禁用特定的优化策略。

6.5.5 MindSpore

MindSpore 是由华为开发的开源深度学习框架，于 2019 年首次发布，旨在支持人工智能应用的开发和部署。作为一个全栈 AI 框架，MindSpore 不仅涵盖了从训练到推理的全流程，还在软硬件协同方面进行了深入优化，以满足不同应用场景的需求。其设计理念强调高效、易用和多样性，致力于降低开发者的使用门槛，并为不同规模的应用提供灵活的解决方案。MindSpore 的设计初衷是简化 AI 模型的开发过程，提升模型的执行效率。与其他主流的深度学习框架（如 TensorFlow 和 PyTorch）相比，MindSpore 具有一些独特的优势。首先，它采用了自动微分（Auto-Differentiation）和图模式（Graph Mode）相结合的方式，这种方式既能够提供动态图的灵活性，也能够通过静态图的优化提升执行效率。在实际应用中，这种混合模式的设计使得开发者既可以在调试阶段享受到动态图的便捷，又能够在部署阶段充分利用静态图的高性能。

1. 硬件加速优化

MindSpore 不仅支持 CPU 和 GPU，还特别针对华为的 Ascend 处理器进行了优化。通过深度融合软件和硬件，MindSpore 能够充分利用底层硬件的计算能力，显著提高模型的训练速度和推理性能。同时，MindSpore 还支持分布式训练，这使得开发者能够在多个设备上同时进行模型训练，从而大幅缩短大规模模型的训练时间。

2. 支持端、边、云的全场景部署

开发者可以在同一个框架下完成从模型训练到部署的全过程，无论是在云端进行大规模数据处理，还是在边缘设备上执行实时推理，MindSpore 都能够提供支持。这种一体化的解决方案，使得 AI 技术可以更加方便地应用到实际生产环境中，推动了智能化应用的落地。

3. 简洁易用的 API

MindSpore 提供了简洁直观的 API 设计，使得新手开发者能够快速上手。同时，MindSpore 还包含了丰富的预训练模型和示例代码，方便用户在已有模型的基础上进行微调或二次开发。对于那些需要快速实现 AI 应用的开发者来说，MindSpore 提供的这些工具和资源极大地缩短了开发周期。

下面将详细介绍一些在 MindSpore 中常用的 Python API。

- **mindspore.nn.Cell**：是 MindSpore 中的核心模块类，所有的神经网络模型都是通过继承 Cell 类来构建的。Cell 提供了对模型层的封装，并定义了前向计算的逻辑。开发者可以通过继承 Cell 类自定义复杂的网络结构，如卷积神经网络（CNN）、循环神经网络（RNN）等。
- **mindspore.dataset**：提供了一套完整的数据加载和处理工具。通过 dataset，开发者可以方便地从本地或远程获取数据集，并进行数据增强、批处理、打乱等操作。该模块支持多种格式的数据，如图像、文本和 CSV 文件，并能够与 MindSpore 的 Tensor 数据结构无缝对接，如代码 6-5 所示。

代码 6-5　mindspore.dataset API 调用示例代码

```
import mindspore.dataset as ds

data = ds.MnistDataset(data_dir)
data = data.map(operations=[transforms.Resize((32, 32))]).batch(32)
```

- **mindspore.train.Model**：是 MindSpore 中用于封装训练、评估和推理流程的高级 API。它为开发者提供了一个统一的接口来管理整个训练周期，包括模型的编译、损失函数的设置、优化器的配置、训练循环的执行、评估指标的计算等。通过 Model 类，开发者可以简化训练和评估代码，并集中管理模型的各个组件，如代码 6-6 所示。

代码 6-6　mindspore.train.Model API 调用示例代码

```
from mindspore.train import Model
from mindspore.nn import Accuracy

model = Model(net, loss_fn=nn.SoftmaxCrossEntropyWithLogits(),
    optimizer=optimizer, metrics={"accuracy": Accuracy()})
model.train(epochs=10, train_dataset=mnist_dataset)
```

6.5.6 PaddlePaddle

PaddlePaddle（飞桨，PArallel Distributed Deep LEarning）是一个由百度开发的开源深度学习平台，旨在提供高效、灵活且易于使用的深度学习工具。自从 2016 年开源以来，PaddlePaddle 已经发展为中国深度学习领域的重要框架之一，并在全球范围内得到了广泛应用。PaddlePaddle 提供了从研究到生产环境的一站式解决方案，支持多种深度学习模型的开发、训练和部署。

1. 动态图与静态图的统一设计

PaddlePaddle 的独特之处在于其对动态图（Dynamic Graph）和静态图（Static Graph）的无缝支持与统一设计。许多深度学习框架要么使用动态图（如 PyTorch），要么使用静态图（如 TensorFlow 的早期版本），而 PaddlePaddle 支持动态图和静态图的混合编程模式，并允许用户在相同的编程接口下自由切换。动态图模式提供了更加直观的调试和开发体验，适合快速原型和研究；而静态图模式则能够带来更高的执行效率和更好的部署性能，适用于生产环境。PaddlePaddle 通过自动图优化技术实现了动态图和静态图的无缝转换，用户无须手动修改代码即可在两者之间切换，这种灵活性极大地方便了模型的开发和优化。

2. 高度集成的全栈深度学习平台

PaddlePaddle 的架构不仅关注深度学习模型的训练，还涵盖了从数据处理、模型构建、模型训练到模型部署的全生命周期。它提供了一整套工具和库，如 PaddleHub、PaddleSlim、Paddle Serving 和 Paddle Lite，形成了一个高度集成的全栈深度学习平台。PaddleHub 提供了丰富的预训练模型和应用工具，PaddleSlim 负责模型压缩和优化，Paddle Serving 用于高效地在线推理部署，而 Paddle Lite 则专注于移动端和嵌入式设备的模型推理。通过这些工具的紧密结合，PaddlePaddle 可以提供端到端的深度学习解决方案，显著简化了深度学习应用的开发和部署流程。

3. 强大的产业级支持与优化

PaddlcPaddlc 支持异构计算，能够在不同的硬件平台（如 CPU、GPU、NPU 等）上高效运行，并且通过分布式训练框架（如 Fleet）提供了高效的多机多卡训练支持，使得大规模数据和模型的分布式训练更加高效和稳定。此外，PaddlePaddle 团队与多家国内硬件厂商（如华为、寒武纪、比特大陆等）深入合作，针对我国自主研发的硬件进行深度优化，这使得 PaddlePaddle 在国产硬件上的性能表现尤为突出，能够更好地支持本地企业的产业级应用。

4. 针对中文自然语言处理的优化

PaddlePaddle 在中文自然语言处理（NLP）领域具有显著优势。得益于百度在中文互联网搜索引擎和知识图谱领域的深厚积累，PaddlePaddle 特别优化了中文文本处理的各个环节，并提供了大量针对中文任务的预训练模型和工具。这使得 PaddlePaddle 在中文 NLP 应用中的表现尤为出色，能够处理各种复杂的中文文本任务，如分词、词性标注、命名实体识别、情感分析、机器翻译等。

在模型构建方面，PaddlePaddle 提供了易于使用的 API 接口和模块化设计，使得用户可以方便地定义和训练深度学习模型。在数据处理和模型训练方面，PaddlePaddle 提供了一系列高效的数据输入和预处理工具。Paddle.io 模块支持多种数据格式和数据增强操作，使得用户能够方便地处理大规模数据集。PaddlePaddle 的高层 API 和底层核心引擎高度解耦，用户可以通过高层 API 快速构建模型，也可以深入底层优化性能。下面是一些在 PaddlePaddle 框架中常用的 Python API。

- **paddle.fluid.data**：用于在 PaddlePaddle 静态图模式下定义输入张量的形状和数据类型。它通过占位符的方式指定了模型输入的数据类型和形状，帮助框架在构建计算图时预留输入数据的位置。这是构建静态计算图的第一步，也是整个模型训练或推理过程中不可或缺的一部分。
- **paddle.io.DataLoader**：是 PaddlePaddle 中的数据加载器，用于从数据集中加载数据，并支持数据的批量处理、打乱和多进程加载。
- **paddle.batch**：接收一个迭代器作为输入，迭代器的每次迭代都返回一个样本。通过指定 batch_size 参数，paddle.batch 会将多个样本打包成一个批次并返回。该 API 还提供了一个 drop_last 参数，决定是否丢弃最后一个小于 batch_size 的批次。
- **paddle.nn.BatchNorm2D**：是 PaddlePaddle 提供的二维批量归一化层，用于正则化和加速卷积神经网络的训练。批量归一化层通过标准化输入特征的均值和方差，减少模型对初始参数的依赖，加速模型收敛。

6.5.7　其他常用工具与库

除了主流的深度学习框架之外，还存在各类深度学习领域中的数据处理、模型部署、加速训练等方面的工具。例如，NLTK（Natural Language Toolkit）是一个用于自然语言处理（NLP）的 Python 库。它提供了丰富的工具和资源，用于处理、分析、标注、分类和转换人类语言数据。NLTK 是学习和研究 NLP 的经典工具库，广泛应用于学术研究、教学和原型开发。NLTK 提供了从基本的文本处理到高级 NLP 任务的完整工具集，包括词法分析、句法分析、语义分析、命名实体识别、词干提取与词形还原、情感分析等。spaCy 是另一个流行的 Python 自然语言处理库，它专注于快速、强大的生产环境应用。spaCy 是工业级的 NLP 库，设计用于高效处理大规模文本数据且特别适合于构建机器学习驱动的 NLP 应用。相比 NLTK，spaCy 更加关注性能和效率，是许多商业应用的首选。相比 NLTK，spaCy 是一个专注于生产环境的 NLP 库，速度快、内存占用少，适合工业级应用和大规模文本处理。

Python 是深度学习领域最流行的语言，但是原生的 Python 在分布式计算上捉襟见肘。Apache Spark 是大数据批处理的标准，企业经常采用 Spark 进行大数据处理和分析，Spark 主要使用 Scala 和 Java 编写，面向 Java 社区，PySpark 虽然提供了 Python 接口，但只是一个桥梁。如果使用 Spark 进行更加精细化的大数据任务，则仍需要学习 Scala 或者 Java。可以说，此前在大数据处理领域，Python 相对处于劣势。但随着 Dask、Ray 和 Xorbits 等库的成熟，一些原本需要使用 Scala 编写的 Spark 任务，有可能逐渐转向专为 Python 开发和优化的分布式计算库上，比如 Dask、Ray 或 Xorbits。Dask、Ray 和 Xorbits 提供的功能稍有区别，它们可以从不同维度上将 Python 任务横向扩展到多节点，实现并行计算。

Stable Baselines 3 是一个基于 PyTorch 的强化学习库，旨在实现一组高质量、易于使用的强化学习算法。它是 Stable Baselines 的继任者，专门针对深度强化学习（Deep Reinforcement Learning, DRL）任务进行优化，提供了一套可靠、经过优化的工具，可帮助开发者快速进行算法研究和实验。Stable Baselines 3 提供了一系列经典和现代的强化学习算法的高质量实现，包括 PPO（Proximal Policy Optimization）、DQN（Deep Q-Network）、DDPG（Deep Deterministic Policy Gradient）等。Stable Baselines 3 基于 PyTorch 构建，利用了 PyTorch 的动态计算图和易用性特点，并与 OpenAI Gym 和其他环境库（如 Mujoco、PyBullet）集成良好，可以方便地应用于多种环境，支持多种强化学习任务，如控制、游戏、机器人等。

Google Colab（Colaboratory）是由 Google 提供的一个免费的云端 Jupyter Notebook 环境，旨在支持机器学习、数据分析和教育应用。它为用户提供了一个无须安装的即开即用的计算环境，适用于各种计算密集型任务，如深度学习模型的训练和数据分析。Google Colab 在有限的范围内提供了免费的 GPU（图形处理单元）和 TPU（张量处理单元）加速资源，适用于深度学习和大规模数据处理任务。用户可以选择使用这些加速器来提高模型训练和推理的速度。此外，基于浏览器，Google Colab 无须在本地安装任何软件或配置环境。用户可以直接访问 Google Colab 网站，创建、编辑和执行 Jupyter Notebook。同时，所有文件和笔记本均通过 Google Drive 实现云端存储，做到了无须安装的便捷特性。其即开即用的特点、与 Google Drive 的无缝集成及丰富的 Python 库支持，使得 Google Colab 成为研究人员、开发者、学生和教育工作者的重要工具。无论是进行实验、训练模型、分析数据，还是教学和协作，Google Colab 都提供了极大的便利。

6.6 小结

本章探讨了深度学习的定义与特点、基本架构、训练与优化、常见模型及在实际应用中的框架与工具。深度学习作为机器学习的一个重要分支，通过构建深层神经网络模型，模拟人脑的学习机制，有效处理和分析大规模的非结构化数据，如图像、视频和音频等。

首先，本章介绍了深度学习的基本概念，强调其在处理复杂数据时的高效性和优势。随后，通过与机器学习和人工智能的关系阐述，明确了深度学习在 AI 领域中的位置和作用。通过对比深度学习与机器学习的特征提取方式、数据类型、数据量和模型复杂度，展示了深度学习的独特之处。在深度学习的基本架构部分，详细探讨了人工神经网络的结构与工作原理，包括生物神经元的结构、神经元的数学模型、神经网络及激活函数等内容。激活函数作为神经网络中的非线性函数，对增强模型的表达能力和处理复杂问题至关重要。接着介绍了深度神经网络（DNN）的结构和工作原理，解释了前向传播和反向传播机制，以及如何通过损失函数和优化算法调整模型参数。通过具体的图像分类任务示例，展示了深度神经网络如何逐步提取特征并最终完成分类任务。在深度学习的训练与优化章节，我们讨论了损失函数与优化方法、训练过程、过拟合与正则化、超参数调整与交叉验证。损失函数用于评估模型性能，优化方法则通过调整模型参数最小化损失函数。正则化技术通过引入额外约束项，有效防止模型过拟合，提升模型的泛化能力。随后详细介绍了常见的深度学习模型，包括卷积神经网络（CNN）、循环神经网络（RNN）、生成对抗网络（GAN）、自编码器（Autoencoder）、图神经网络（GNN）、扩散模型和 Transformer。每种模型都有其独特的应用场景和优势，如 CNN 在图像处理中的卓越表现，RNN 在处理序列数据时的有效性，GAN 在图像生成中的创新应用，以及 Transformer 在自然语言处理领域的统治地位。最后概述了深度学习框架与工具，包括 TensorFlow、PyTorch、LangChain、Jittor、MindSpore 和 PaddlePaddle 等。这些框架提供了丰富的 API 和工具集，帮助开发者高效构建、训练和部署深度学习模型。同时，本章还介绍了其他常用的深度学习工具和库，如 NLTK、spaCy、Stable Baselines 3 和 Google Colab 等，它们在不同方面支持深度学习的研究和应用。

总之，深度学习作为当前人工智能领域最活跃的研究方向之一，已经在图像识别、语音识别、自然语言处理等多个领域取得了显著成果。随着技术的不断进步和应用场景的不断拓展，深度学习将在未来发挥更加重要的作用，推动人工智能技术进一步发展。

第 7 章
自然语言处理

自然语言是人类区别于其他动物的根本标志，没有语言，人类的思维也无从谈起。纵观人工智能发展历史，使计算机的感知能力、运动能力、认知能力等达到或超过人类是人工智能发展的目标。感知能力包括听觉、视觉、触觉等；运动能力指能在复杂环境中自由行动的能力；认知能力包括理解、运用语言的能力，掌握知识、运用知识的能力，以及在语言和知识基础上的推理、规划和决策能力，自然语言处理是认知能力中最基础也是最重要的部分。目前，计算机的感知能力有了长足的进步，在一些典型的测试下，已达到或者超过了人类的平均水平。但在认知能力方面，自然语言处理的发展任重而道远。

本章介绍自然语言处理简介、文本表示、语言模型、文本分类与情感分析、机器翻译与问答系统等内容，同时列举部分应用实例。希望读者在未来能够应用自然语言处理技术解决实际问题，为更好地探讨人工智能及相关应用打下基础。

7.1 自然语言处理概述

在现代社会，信息交流无时无刻不在发生。出于交流的基本需求，每天都有大量包含自然语言的数据产生，如新闻文章、电子邮件、学术论文、语音视频等。自然语言处理技术的出现使计算机能够处理和理解这些数据，为人类交流提供帮助和做出决策，为促进计算机与人类之间的无缝交流和合作做出了重要贡献。

7.1.1 什么是自然语言处理

或许"自然语言处理"这一术语对于读者来说比较陌生，然而，在人们日常的学习与生活中，这一领域的技术与应用实则屡见不鲜，几乎成为人们每日不可或缺的一部分。例如，在学习英语或其他语言时经常会用到的翻译软件、手机里的语音助手等，这些都是自然语言处理技术的实际应用场景。

自然语言是指汉语、英语等人类日常使用的语言，有别于程序设计语言等人造语言。**自然语言处理**是一种计算机技术，使得计算机能够解读、处理和理解人类语言，从而完成各种各样的任务，成为人类和计算机之间沟通的桥梁。那么怎样才能让计算机"懂得"自然语言？也就是如何处理文本数据才能输入给计算机？图 7-1 所示为自然语言处理的简单流程。众所周知，计算机无法直接读懂非数值的自然语言，只有将其转换为数值形式才能被计算机处理，文本表示技术就实现了这一功能，即将非数值文本映射为数值。文本表示是自然语言处理领域下游任务实现的重要基础，也是自然语言处理的第一步。

了解了第一步之后，再思考一个问题：自然语言处理技术的发展最终还是为了帮助人类解决各种各样的与自然语言相关的问题，如实现不同语言之间的翻译、准确识别语音内容、让计算机与人类交流等，那么如何实现各种各样的下游任务呢？此时就产生了各种各样的语言模型，通过这些不同的语言模型完成不同的任务。

7.2、7.3 节将会详细介绍文本表示和语言模型的相关内容,读者可以深入学习相关内容。

图 7-1 自然语言处理的简单流程

7.1.2 主要任务及应用领域

自然语言处理的研究任务主要分为两大类(见图 7-2):**自然语言理解(Natural Language Understanding,NLU)**和**自然语言生成(Natural Language Generation,NLG)**。

1. 自然语言理解

人与计算机交流的第一步就是让计算机理解人类输入给它的信息,比如当向手机里的语音助手询问"明天的天气怎么样"时,它要能理解"明天""天气"这两个重点内容。这类任务的研究目的是使计算机能够理解自然语言,从自然语言中提取有用的信息来输出或用于下游的任务。常见的自然语言理解类的任务包括但不限于以下几种:分词、词性标注、文本分类、信息抽取等。

- **分词**:旨在将句子、段落、文章这种长文本,分解为以字词为单位的数据结构,便于后续的处理工作。对于英文来说使用空格分隔单词,分词过程较为简单,例如,"I love learning NLP."的分词结果是 ['I','love','learning','NLP','.']。但对于中文来说,分词较为困难,首先中文没有天然的分隔符,其次中文一词多义的情况多,容易出现歧义。例如,"乒乓球拍卖完了"就有两种分词方式:['乒乓球','拍卖','完了'],['乒乓','球拍','卖','完了']。
- **词性标注**:指针对给定句子判断每个词的词性并加以标注的任务。常见词性有名词(n)、动词(v)、形容词(a)、代词(r)等。例如,"我喜欢苹果"的词性标注结果是我 _r 喜欢 _v 苹果 _n。
- **文本分类**:旨在将给定的文本数据分成不同的预定义类别。这些类别可以是任何类型,比如新闻文章分类(娱乐类、科技类、体育类等)、电子邮件分类(是否是垃圾邮件)、评论分类(积极、中立或消极)等。该任务的主要目标是根据文本的内容和特征,自动将文本归类到正确的类别中。
- **信息抽取**:指从自然语言文本中抽取出特定信息的任务,主要包括命名实体识别等子任务。命名实体识别是指从文本中识别出命名实体,比如人名、地名、组织机构名等。例如,"他在浙江金华出生,他的名字叫李华"识别出的地名有"浙江""金华",人名有"李华"。

2. 自然语言生成

计算机理解人类的输入后,我们还希望计算机能够生成满足人类目的的、可以理解的自然语言形式的输出,从而实现真正的交流。就像询问语音助手"明天的天气怎么样"时,它可以输出"明天阴转多云,气温 −6℃~ −3℃",就像一个真人告诉你的一样。所以,这类任务的侧重点在于生成,如从文本生成文本、从图片生成文本等。常见的自然语言生成类的任务包括但不限于以下几种:机器翻译、问答系统等。

- **机器翻译**:指利用计算机和自然语言处理技术将一种自然语言的文本翻译成另一种自然语言的文本,具有低成本、高效率和高质量等优势。机器翻译解决了不同语言之间的翻译问题,能够帮助人们跨越语言障碍进行交流和理解,是自然语言处理领域最重要的任务之一。

- **问答系统**：旨在使计算机能够理解自然语言问题并给出准确的答案。其包含问句理解、文本信息提取、知识推理等重要步骤。该任务也被广泛应用于智能助手、搜索引擎、自动客服等领域。

3. 应用领域

自然语言处理的应用领域与人类的日常生活十分紧密，如翻译软件、聊天机器人、语音助手、搜索引擎等（见图 7-2）。

- **翻译软件**：翻译软件是一类将一种语言翻译成另一种语言的应用软件，是日常生活中最常见的自然语言处理应用之一。它帮助用户更快速、高效地完成翻译任务，被广泛应用于全球化企业的业务沟通、跨文化交流等场景。常见的翻译软件有 Google 翻译、百度翻译、DeepL 翻译等。
- **聊天机器人**：聊天机器人是能与人类进行自然语言交互的智能机器人。它可以理解人类的输入，并基于事先设计好的对话规则、知识库和机器学习模型来生成回复。聊天机器人可以应用于多个领域，如在线客服等。常见的聊天机器人有微软的小冰、阿里巴巴的天猫精灵等。
- **语音助手**：语音助手通常集成在智能手机、智能音箱、车载娱乐系统等设备上。它可以通过语音交互的方式帮助用户实现各种任务，如发送短信、播放音乐、查询天气、调节家居设备等。语音助手的发展靠近人类语言的自然交流方式，使得人们更加便捷地与智能设备进行交互。常见的语音助手有 Apple 的 Siri、小米的小爱同学等。
- **搜索引擎**：搜索引擎是帮助用户在互联网上查找和获取信息的工具。搜索引擎利用 NLP 技术对互联网上的文本信息进行索引和搜索，使得用户能够通过关键词搜索获得相关的网页、新闻、图片、视频等资源。搜索引擎通常使用自然语言处理技术进行查询解析、信息检索和排序等关键任务，从而提供更准确和丰富的搜索结果。一些著名的搜索引擎如 Google、百度、必应等在全球范围内被广泛使用。

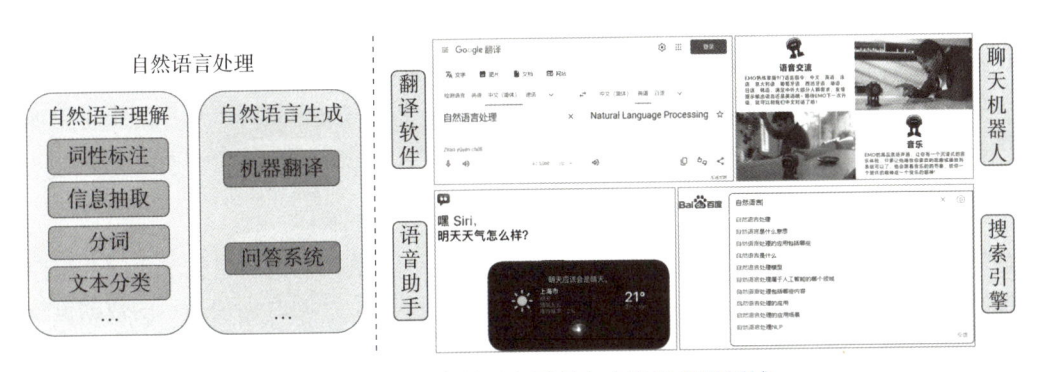

图 7-2 自然语言处理主要研究内容及应用领域

7.2 文本表示

文本表示在自然语言处理研究中扮演着至关重要的角色，因为它是将非数值的自然语言文本转换为计算机可处理的数值形式的首要步骤。这一转换使得计算机能够更好地理解和处理文本数据，从而进行各种语言分析和应用。文本表示的目标是捕捉文本中的语义、语法和上下文信息，以便在后续的任务中能够更准确地处理文本数据。好的文本表示能够直接影响任务的性能和效果，因此在文本表示的选择和设计上需要认真考虑。通常情况下，文本表示可以分为离散表示和分布式表示。

7.2.1 离散表示

离散表示（Discrete Representation）方法基于词汇的出现频率或者词汇的位置信息进行表示，包括独热向量表示法、词袋表示法等方法。

1. 独热向量表示法

独热向量是指使用 N 位 0 或 1 对 N 个单词进行编码，每个单词都有独立的表示形式，单词对应位置的分量设置为 1（即 one-hot），其余分量设置为 0。例如，现在有一段文本 "I love learning NLP. I love dancing. I like apples."，根据文本建立词表 {"I", "love", "learning", "NLP", "dancing", "like", "apples"}，词表中共有 7 个单词，每个单词都被表示为 7 维向量，例如：

$$I = [1\ 0\ 0\ 0\ 0\ 0\ 0]$$
$$love = [0\ 1\ 0\ 0\ 0\ 0\ 0]$$
$$learning = [0\ 0\ 1\ 0\ 0\ 0\ 0]$$
$$NLP = [0\ 0\ 0\ 1\ 0\ 0\ 0]$$
$$dancing = [0\ 0\ 0\ 0\ 1\ 0\ 0]$$
$$like = [0\ 0\ 0\ 0\ 0\ 1\ 0]$$
$$apples = [0\ 0\ 0\ 0\ 0\ 0\ 1]$$

独热向量容易构建，能够满足对各种内容进行编码的要求。但是这种表示方式存在明显的缺陷：首先，独热向量不能体现出单词之间的关联，在上述例子中，love 和 like 都表达喜欢的意思，意思相近，但如果计算两个词的余弦相似度，那么其结果为 0，并不能很好地表达相似性（余弦相似度通常用来衡量向量之间的相似性，对于向量 $x, y \in \mathbb{R}^d$，它们的余弦相似度可以这样计算：$\cos(x, y) = \frac{x^\top y}{\|x\|\|y\|} \in [-1, 1]$）。而且，任意两个不同词的独热向量之间的余弦相似度为均 0，所以独热向量不能编码任何词之间的任何关系。此外，如果词汇表很大，那么使用独热向量形成的特征矩阵将会非常稀疏且占用的空间很大。可见，使用独热向量编码单词并不是一种很好的选择。

2. 词袋表示法

词袋表示也称为计数向量表示，它在独热向量表示的基础上记录词表中每一个词出现的频次，以表示该词在当前文本中的重要程度。在编码文本时，将单词对应位置置为该段文本中单词出现的频次，例如，上述文本就可以被表示为

$$I\ love\ learning\ NLP.\ I\ love\ dancing = [2\ 2\ 1\ 1\ 1\ 0\ 0]$$
$$I\ like\ apples = [1\ 0\ 0\ 0\ 0\ 1\ 1]$$

词袋表示法的优点在于简单易懂、易于实现。然而，词袋表示法忽略了词汇之间的顺序和上下文信息，因此在处理某些语言结构复杂的任务时可能表现不佳，同时词袋表示的数据也较为稀疏，占用的空间较大。

7.2.2 分布式表示

离散表示虽然能够进行词语或者文本的向量表示，但其不能表示词语间的相似程度或者词语间的联系，因此引入了分布式表示（Distributed Representation）。分布式表示的核心思想是用一个词周围的词来表示该词，也就是用上下文来表示单词。Distributed Representation 被称为 Word Representation 或 Word Embedding，中文也称为"词向量"或"词嵌入"，1986 年由 Hinton 在论文 *Learning distributed representations of concepts* 中提出。下面将介绍两种分布式表示方法：共现矩阵和 Word2vec。

1. 共现矩阵

共现顾名思义就是共同出现的意思。仍以 "I love learning NLP. I love dancing. I like apples." 为例，假设上下文窗口为 1（以某一单词为中心，左右各取一个单词），则可以生成如下的共现矩阵：

	I	love	learning	NLP	dancing	like	apples
I	0	2	0	0	0	1	0
love	2	0	1	0	1	0	0
learning	0	1	0	1	0	0	0
NLP	0	0	1	0	0	0	0
dancing	0	1	0	0	0	0	0
like	1	0	0	0	0	0	1
apples	0	0	0	0	0	1	0

其中，矩阵中的值表示的是由行和列对应的词在文本中同时出现的次数，例如行为 "I"，列为 "love" 的值为 2，因为 "I love" 这个词组在 "**I love** learning NLP" 和 "**I love** dancing" 中共出现两次。其他值同理。最后，取共现矩阵的行（或列）向量作为单词的词向量。但其向量维度还是会随着字典大小呈线性增长，而且存储共现矩阵可能需要消耗巨大的内存。因此一般配合 PCA（主成分分析）或 SVD（奇异值分解）将其进行降维，如将原来 $m \times m$ 的矩阵降为 $m \times r$ 的矩阵，其中 $r < m$，即将词向量的长度进行缩减。

2. Word2vec

Word2vec 是一种词嵌入技术，也可以看作一种神经网络模型，它通过对上下文中的词进行预测的方式来学习词向量。训练后的 Word2vec 将每个词映射到一个固定长度、低维度的词向量，这些向量在训练后会包含单词的语义信息，同时还能更好地表达不同词之间的相似性和类比关系。图 7-3 所示是降维后的词向量表示，可以看到相似概念的词是聚集在一起的。这很好地解决了离散表示方法带来的问题。

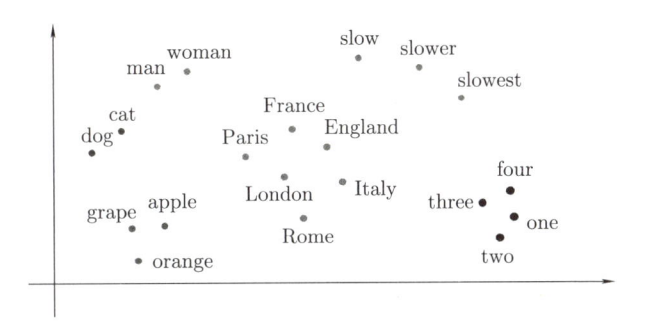

图 7-3 降维后的词向量表示

此外，训练后的词向量还可以更好地捕捉很多语言规律，例如，向量运算 vector（"Paris"）- vector（"France"）+ vector（"Italy"）产生的向量非常接近 vector（"Rome"）。

和离散表示法相比，Word2vec 生成的词向量具有以下优点。

- 训练时利用上下文信息，词向量包含词的语义信息和词与词之间的联系。
- 维度更少，所以占用的空间更少、计算成本更低。
- 通用性强，可用于各种下游 NLP 任务。

Word2vec 技术通过理解上下文单词列表，将单词映射到词向量以实现词嵌入。

训练 Word2vec 的常用方法有两种：跳元（Skip-Gram）模型和连续词袋（Continuous Bags of Words, CBOW）模型。它们的区别在于，跳元模型根据中心词预测上下文，连续词袋模型根据上下文词预测中心词，工作方法分别如图 7-4、图 7-5 所示。下面将分别介绍这两种方法。

（1）跳元模型

跳元模型通过一个词来生成文本序列中该词周围的单词。以文本序列"the woman loves her daughter"为例，假设中心词选择"loves"，并将上下文窗口设置为 2，跳元模型要生成与它距离不超过 2 个词的上下文词"the""woman""loves""her""daughter"。

图 7-4 跳元模型的工作方法

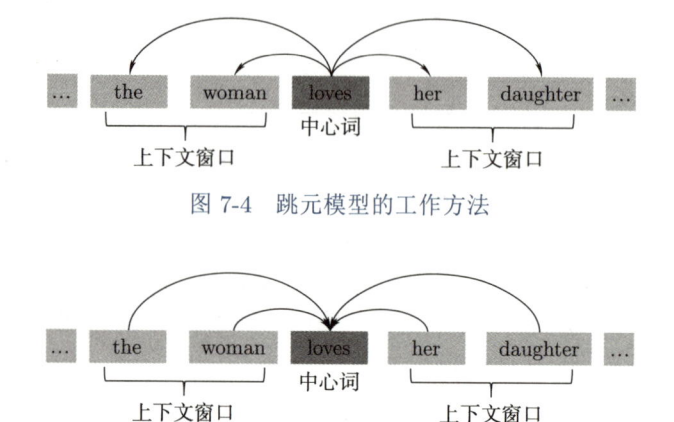

图 7-5 连续词袋模型的工作方法

（2）连续词袋模型

连续词袋模型则是根据文本序列中的上下文词推理得到中心词。以文本序列"the woman loves her daughter"为例子，假设中心词选"loves"且上下文窗口为 2，连续词袋模型要基于上下文词"the""woman""her""daughter"生成中心词"loves"。

7.3 语言模型

什么是语言模型？简单来讲，对于任意的词序列，语言模型指能输出该词序列为一句话的概率。例如，词序列 A："我学习自然语言处理"，这明显是一句话，一个好的语言模型，其输出词序列为一句话的概率会很高，但词序列 B："学习苹果自然语言处理"，这明显不是一句话，如果语言模型训练得好，那么预测序列 B 为一句话的概率就很低。语言模型分为传统语言模型（n-gram 统计语言模型等）和基于神经网络的语言模型（循环神经网络、长短期记忆网络、门控循环单元等）。

7.3.1 传统语言模型

在神经网络还未发展起来的时代，语言模型通常基于统计方法，基于大量的文本数据来学习语言的统计特性，然后通过计算词汇出现的概率来预测下一个词汇。下面将要介绍的 n-gram 统计语言模型就是传统语言模型的一种。

想象一下你在阅读一本小说，你可能会注意到某些词汇或者短语经常一起出现，这种现象就像是一种语言的"默契"，让我们对文本有了更深的理解。n-gram 统计语言模型就是捕捉这种"默契"的一种方法。n-gram 是一种基于统计的语言模型，它基于这样一种假设：第 n 个词的出现

只与前面 $n-1$ 个词相关，而与其他任何词都不相关。它可以帮助我们理解文本中词汇之间的关系。n-gram 中的 "n" 代表了我们要考虑的词汇数量。

举个例子，假设有一个简短的句子："I love eating ice cream"。如果使用 2-gram（也称为 bigram）来分析，那么会把句子分成连续的两个词汇组成的序列，如 "I love" "love eating" "eating ice" "ice cream"。然后，记录每个 2-gram 出现的次数。这样就可以知道在这个文本中，"I" 后面最常见的是 "love"，"love" 后面最常见的是 "eating"，以此类推。

n-gram 统计语言模型的优势在于它简单易懂，而且能够捕捉到一定程度上的语言结构。比如，通过分析一段文本的 2-gram，可以知道哪些词汇经常一起出现，从而预测下一个词汇是什么。这种模型在自然语言处理中被广泛应用，比如在自动文本生成、语音识别等任务中都有它的身影。

下面从概率层面分析 n-gram 的原理，假设有一个由 n 个词组成的句子 $S=(w_1, w_2, \cdots, w_n)$，如何衡量它的概率呢？当 $n=1$ 时，是一元模型（Unigram Model），即

$$P(w_1, w_2, \cdots, w_n) = \prod_{i=1}^{n} P(w_i) = P(w_1)P(w_2)\cdots P(w_n) \tag{7-1}$$

当 $n=2$ 时，是二元模型（Bigram Model），即

$$P(w_1, w_2, \cdots, w_n) = \prod_{i=1}^{n} P(w_i|w_{i-1}) = P(w_1)P(w_2|w_1)\cdots P(w_n|w_{n-1}) \tag{7-2}$$

可以通过计算词组出现的次数来求得概率，也即

$$P(w_n|w_{n-1}) = \frac{C(w_{n-1}w_n)}{C(w_{n-1})} \tag{7-3}$$

式中，$C(w_{n-1}w_n)$ 表示的是词组 $(w_{n-1}w_n)$ 出现的次数。

现在用一个例子来说明。假设现在有如下 3 句话组成的语料库，为了使句首词的条件概率有意义，通常会给原始词序列加一个起始符，也就是 $<\text{s}>$。

$$\begin{aligned} &<\text{s}>\text{ I am Sam }</\text{s}> \\ &<\text{s}>\text{ Sam I am }</\text{s}> \\ &<\text{s}>\text{ I do not like green eggs and ham }</\text{s}> \end{aligned} \tag{7-4}$$

这里使用 2-gram 来分析，"I" 出现了 3 次，"I am" 出现了 2 次，那么 $P(\text{am}|\text{I}) = \frac{C(\text{I am})}{C(\text{I})} = \frac{2}{3}$。同理可以得到，$P(\text{do}|\text{I}) = \frac{1}{3}$。

下面再看一个例子。图 7-6 所示为来自 Berkeley Restaurant Project（9332 个句子组成的语料库）中的 8 个单词的 1-gram 和 2-gram 计数。

此外还有可能会用到的条件概率：$P(\text{I}|<\text{s}>) = 0.25$，$P(\text{English}|\text{want}) = 0.0011$，$P(\text{food}|$

English) = 0.5，$P(</s>|\text{food}) = 0.68$。现在可以计算句子 "I want English food" 的概率：

$$\begin{aligned}
&P(<s> \text{ I want English food } </s>) \\
&= P(\text{I}|<s>)P(\text{want}|\text{I})P(\text{English}|\text{want})P(\text{food}|\text{English})P(</s>|\text{food}) \\
&= 0.25 \times 0.33 \times 0.0011 \times 0.5 \times 0.68 \\
&= 0.000031
\end{aligned} \qquad (7\text{-}5)$$

大部分情况下，概率（都是小于 1 的常数）的相乘会造成数据下溢（Downflow），即很多个小于 1 的常数相乘会约等于 0，此时可以使用 log 概率解决。

	I	want	to	eat	Chinese	food	lunch	spend
I	5	827	0	9	0	0	0	2
want	2	0	608	1	6	6	5	1
to	2	0	4	686	2	0	6	211
eat	0	0	2	0	16	2	42	0
Chinese	1	0	0	0	0	82	1	0
food	15	0	15	0	1	4	0	0
lunch	2	0	0	0	0	1	0	0
spend	1	0	1	0	0	0	0	0

I	want	to	eat	Chinese	food	lunch	spend
2533	927	2417	746	158	1093	341	278

图 7-6 来自 Berkeley Restaurant Project 中的 8 个单词的 1-gram 和 2-gram 计数

7.3.2 基于神经网络的语言模型

n-gram 语言模型仍存在很多缺点。首先，随着 n 的增加，可能的 n-gram 组合数继续增长，导致计算和存储变得非常困难和耗时。其次，n-gram 模型主要依赖于训练数据，无法很好地泛化到未见过的数据中去，因此在处理新句子或稀有单词组合时，模型性能会显著下降。因此，随着神经网络的发展，人们开始使用神经网络来建立语言模型，很好地解决了传统语言模型带来的问题。

1. 前馈神经网络

第一个前馈神经网络语言模型来自 2003 年的论文 *A Neural Probabilistic Language Model*，其目标是训练一个模型来预测在给定前 $n-1$ 个词的条件下，第 n 个词是 w_t 的概率，或者说第 n 个词是什么。其结构如图 7-7 所示，这里以一个例子来解释其结构：我们想预测在 "we love working on deep ____" 中单词 deep 的下一个单词是什么，或者说下一个单词是 learning 的概率是多少。首先输入层将单词转换词向量 $C(w_i)$（其中，w_i 表示单词在词表中的索引。通常情况下，C 是通过随机初始化得到的，在神经网络的训练过程中作为参数进行更新，因此最后还会得到副产物词向量）。然后将得到的词向量拼接起来，得到输入 x。隐藏层是简单的线性层，与权重相乘后加上偏置，再经过激活函数就得到了隐藏层输出，其目的是对词向量进行线性变换和非线性映射。最后，输出层同样是简单的线性层，经过 Softmax 输出概率分布，如果此时预测单词是 learning 的概率最高，则代表网络预测成功。

2. 循环神经网络

前馈神经网络语言模型的出现，缓解了 n-gram 语言模型的不足，展现了更强大的学习能力，但仍存在一些缺点：前馈神经网络指定的上下文大小有限，但在实际场景下无法提供充分的信息，对于长文本来说，模型需要依赖更长的历史词才能进行更准确的预测。此外，前馈神经网络也没有使用时序信息进行建模。循环神经网络的出现解决了语言模型需要动态依赖的问题，成为常用于处理序列数据的语言模型。

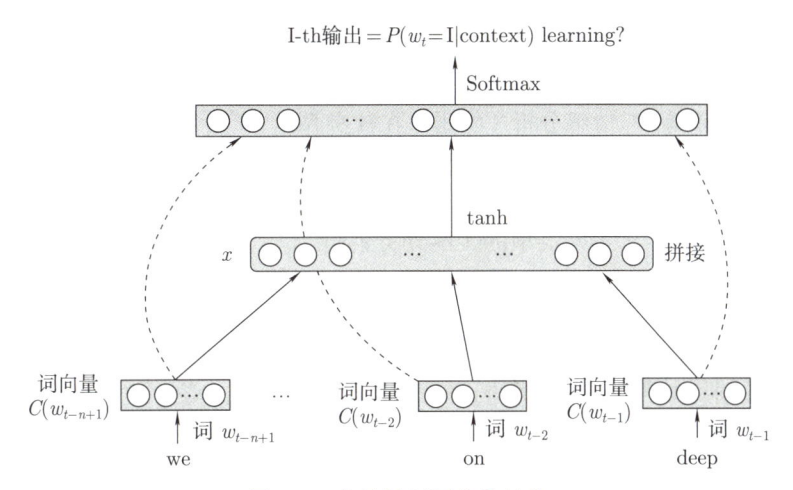

图 7-7 前馈神经网络的结构

在 6.4.2 小节中已经介绍过循环神经网络的基础知识和结构，具体地，图 7-8 展示了循环神经网络是如何应用到具体任务上的，同样还是预测在 "we love working on deep _____" 中单词 deep 的下一个单词是什么。循环神经网络最后的输出同样是单词的概率分布，若预测单词是 learning 的概率最高，则代表网络预测成功。

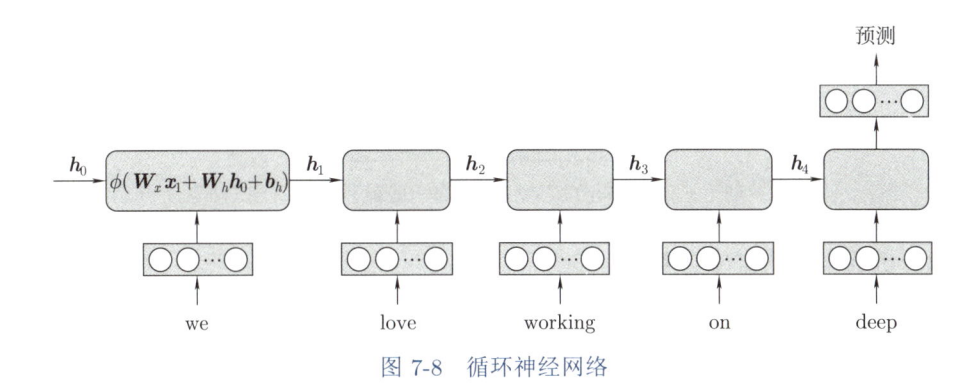

图 7-8 循环神经网络

最基础的循环神经网络的隐藏层较为简单，在处理长序列时，可能会遇到梯度消失和梯度爆炸问题，导致无法进行有效的训练。此时，使用循环神经网络的变体——长短期记忆（LSTM）网络和门控循环单元（GRU）可以很好地解决这类问题，在实际的应用过程中有更稳定的训练过程和更好的性能。

7.4 文本分类与情感分析

在当今互联网高度发达的时代，文本仍然是最为重要的信息表达形式之一，如新闻报道、学术文章等。对这些文本进行分类不仅有助于快速分析内容，还能够深入挖掘数据的潜在价值。情感分析则是文本分类中一个极为重要的应用领域，它通过将评论或观点性文本划分为正面、负面或中性来实现对情感的准确理解。借助情感分析,我们能够快速而精准地洞察用户对事件、产品的情感倾向,从而深入了解用户的喜好,更好地调整产品策略以满足用户需求。

7.4.1 文本分类

文本分类的目标是根据文本的内容为文本分配一个或多个预定的类别或者标签。文本分类在许多现实场景中都有着广泛的应用,如文本主题分类(将文本文章自动分类为不同的主题,如科技、健康、教育、娱乐等)、情感分析(将用户在社交媒体、产品评论等平台上的评论或者观点分类为正面、负面或者中性)、垃圾邮件过滤(判断邮件是否为垃圾邮件)等。根据预定义的类别不同,文本分类分两种:二分类和多分类。根据文本的标注数量不同,文本分类又可以分为单标签和多标签。图 7-9 展示了不同类型的文本分类实例。

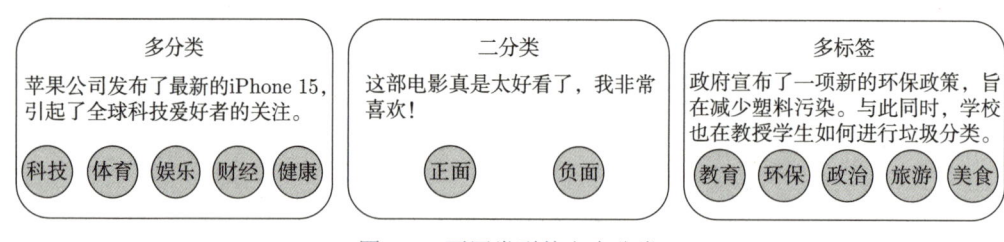

图 7-9 不同类型的文本分类

作为自然语言处理领域的下游任务之一,文本分类的一般流程如图 7-10 所示。根据分类器的不同,可以将文本分类分为基于机器学习的文本分类和基于深度学习的文本分类。

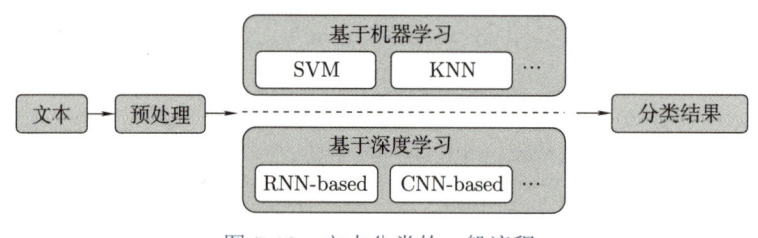

图 7-10 文本分类的一般流程

1. 基于机器学习的文本分类

- **支持向量机(SVM)**:根据 5.2.3 小节的介绍可以知道,支持向量机是一种强大的二分类算法,它通过在特征空间中找到一个超平面将不同类别的样本分开,并使得距超平面最近的样本点到超平面的距离最大化。对于二分类的文本分类来说,使用文本表示技术后,文本就被表示为了一个多维向量,也就是多维空间中的一个点,然后使用支持向量机方法就可以将所有文本分为两类。
- **k 近邻(KNN)**:KNN 应用到文本分类的主要思想是,对于一个待预测的文本,在训练数据集中查找与它最邻近的 k 个标注文本,这 k 个标注文本的多数属于某个类,就认为待预测的文本属于该类别。KNN 算法的时间和空间复杂度较高。因而随着训练集样本的增加,分类的存储资源消耗大,时间代价高,一般不适合处理训练样本较大的分类应用。

2. 基于深度学习的文本分类

(1)基于循环神经网络的方法

在 6.4.2 小节中已经对循环神经网络的基础知识进行了具体介绍,作为一类擅长处理序列数据的神经网络,它常被用于文本分类这类自然语言处理任务。首先,输入文本会经过合适的文本表示技术（通常是词嵌入技术）转换为词向量，然后依次输入到 RNN 的循环单元中。在 RNN 的最后一层之后，添加一个输出层，用于将输出转换为分类任务的预测结果，输出层通常使用 Softmax() 函数将输出转换为概率分布，以便进行分类任务。此外，循环神经网络还有两个变体，即长短期记忆（LSTM）网络和门控循环单元（GRU），这两个变体在缓解梯度爆炸、梯度消失及处理长序列问题上具有更好的表现，在进行具体的文本分类任务时，可以根据实际情况选择合适的 RNN 或者它的变体。

（2）基于卷积神经网络的方法

卷积神经网络最初被应用于图像，与 RNN 不同，CNN 可以同时将不同核定义的卷积应用于序列的多个块。因此，CNN 用于许多自然语言处理任务。下面以 TextCNN 为例介绍卷积神经网络是如何实现文本分类的。TextCNN 主要包含 4 个部分：词嵌入层、卷积层、池化层、全连接层。

首先，词嵌入层将文本输入转换为词向量。

然后是卷积层，文本和图像不同，无法直接用常规的卷积操作进行计算，因此利用了 n-gram 的思想让卷积核的宽与输入的文本向量相同，每个卷积核都以上下滑动的方式提取文本信息（示例如图 7-11 所示）。具有多个长度不同的卷积核，是为了增加随机性，从而增强 TextCNN 的泛化能力。每个卷积核都采用多通道设计，借鉴了 CNN 在图像识别领域应用多通道的做法，因为每个图片都有 R、G、B 这 3 个通道，目的是增加模型的鲁棒性。

池化层主要的作用是降低参数数量，减少计算开销，提升模型的泛化性，每一个通道都会产生一个特征图，增强了随机性。最后输入到全连接层，获得分类结果。

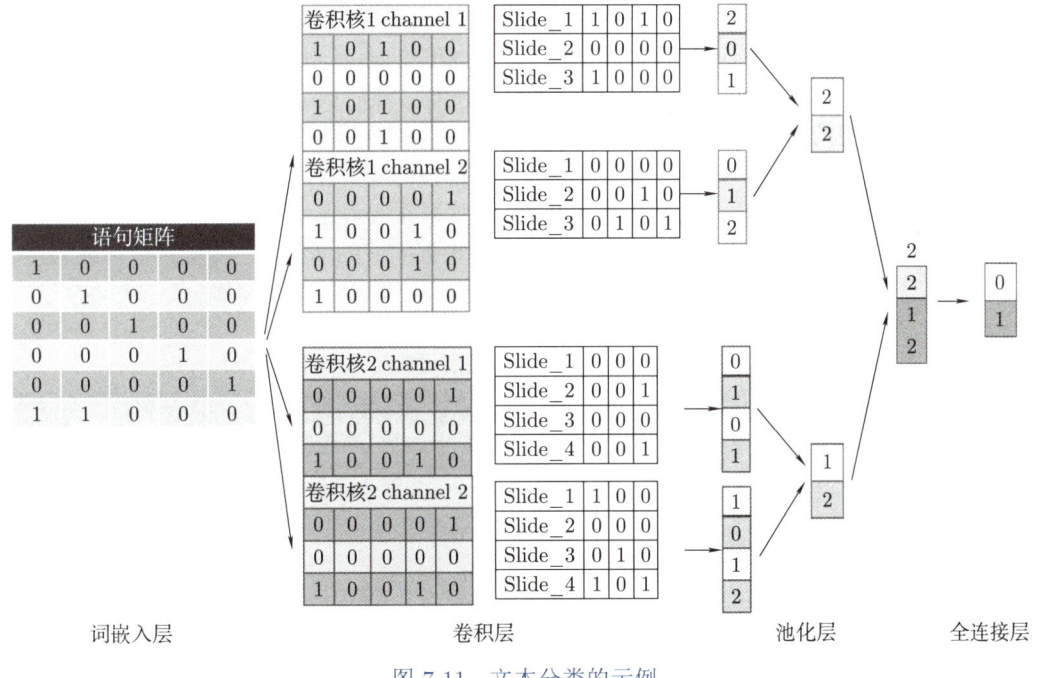

图 7-11 文本分类的示例

7.4.2 情感分析

情感分析是指对带有情感色彩的主观性文本进行分析、处理、归纳和推理的过程，通过分析不同文本、句子或者词语的情感色彩，帮助用户理解人们对某个主题或话题的情感态度，如图 7-12

所示。例如，企业可以了解消费者对其产品的感受，从而指导产品改进和营销策略；新闻工作者可以了解大众对热点新闻的态度，从而撰写出真实的新闻报道。近年来，随着互联网数据的不断增多，情感分析技术得到了快速发展。

文本的情感分析按规模可分为 3 类：篇章级情感分析、句子级情感分析和属性级情感分析。篇章级情感分析将整篇文本看作一个整体，输出整篇文章的情感色彩。句子级情感分析则将一个句子看作一个整体，输出该句子的情感色彩。两者都是对整段文字的情感分析，只不过篇幅长度不同。和篇章级/句子级情感分析不同，属性级情感分析的粒度更小，通常是对句子中某一目标属性的分析。例如"这款手机的电池容量非常大"，其中，"电池容量"就是一个属性。属性级情感分析的输入除了句子之外还包含目标属性，输出则为句子中有关目标属性的评价词和情感标签。同样，情感分析方法也可分为基于情感词典的方法、基于机器学习的方法及基于深度学习的方法。

图 7-12 情感分析

1. 基于情感词典的方法

基于情感词典的方法是利用情感词典来提取文档中的情感词，并据此进行加权计算，以确定文档的整体情感倾向。具体来说，首先会对文本进行分词，然后根据已有的情感词典查阅分词结果中每一个单词对应的情感极性，最后通过计算得到整体的情感分类结果。因此，这种方法的核心在于建立情感词典，它是一个基于先验知识和人工标注的知识库，其中的每个词都附带着特定的情感值。表 7-1 所示为常用的情感词典。早期的情感词典通常通过人工构建的方法，研究人员通过阅读大量相关语料或借助现有词典，总结出具有情感倾向的词，标注其情感极性或强度，构成词典。

表 7-1 常用的情感词典

词典名	说明
SentiWordNet	SentiWordNet 是 WordNet 的扩展版本，它为每个词汇赋予了正面、负面和中性的情感评分。每个词条在不同上下文中的情感倾向都可以有所不同
Opinion Lexicon	由 Bing Liu 和他的研究团队开发的一种情感词典，包含正面和负面的情感词汇
NTUSD	由台湾大学自然语言处理实验室提出，包含正面和负面情感词汇。该词典被广泛用于中文文本情感分析研究

基于情感词典的方法虽然取得了一些效果，但随着信息的不断增多，大量新词不断出现，需要对词典频繁地进行扩充和更新，给情感词典构建带来了巨大压力。此外，情感词典的构建通常针对特定领域，但同一词汇在不同环境下可能表达不同的意思，因此在跨领域的情感分析上表现不好。基于这些问题，基于机器学习和深度学习的情感分析方法就显得尤为重要。

2. 基于机器学习和深度学习的方法

大多数的情感分析是根据预定义好的情感标签输出分类结果的，其本质上还是文本分类，其所用方法也与文本分类高度重合。例如，基于传统机器学习的方法包括支持向量机、决策树等，基于深度学习的方法包括基于卷积神经网络的方法（TextCNN 等）、基于循环神经网络的方法等。

7.5 机器翻译与问答系统

根据联合国教科文组织统计，目前世界上正在使用的语言约有 6000 种，教育系统和公共领域中使用的语言也有数百种之多，此外联合国规定的正式语言也有 6 种（阿拉伯语、汉语、英语、法语、俄语、西班牙语）。显然，我们并不能同时熟练掌握这么多种语言，机器翻译的出现和发展不仅解决了日常生活中不同语言拥有者之间的交流，也促进了世界各国之间的和平交流与文化发展。机器翻译作为自然语言处理中发展时间最长的任务之一，其发展历程也映射了自然语言处理的发展。

在信息爆炸的时代，用户面临着海量的信息，需要花费大量的时间和精力去寻找准确答案。问答系统应运而生，它结合了自然语言处理和人工智能技术，能够快速理解用户的问题，并提供精准的答案。其重要性不仅在于提升信息获取的效率上，还在于改善用户体验，让复杂的信息变得易于理解，帮助用户在各种领域做出明智的决策。通过问答系统，知识不再被动地等待被搜索，而是主动地为用户提供服务，使得知识的获取更加便捷和高效。

7.5.1 机器翻译

机器翻译（Machine Translation, MT）是指利用计算机将一种语言自动翻译为另一种语言的过程。机器翻译的发展历程基本代表了自然语言处理领域的发展过程，迄今为止，机器翻译的研究与发展大体上经历了 3 次浪潮：基于规则的机器翻译、基于统计的机器翻译、基于神经网络的机器翻译。

1. 基于规则的机器翻译（RBMT）

早期，基于规则的机器翻译大多依赖人工定义及书写的规则，通过一系列的规则组合完成翻译（见图 7-13）。这种方法的关键在于构建高质量的规则库，但需要耗费大量的人力和物力。

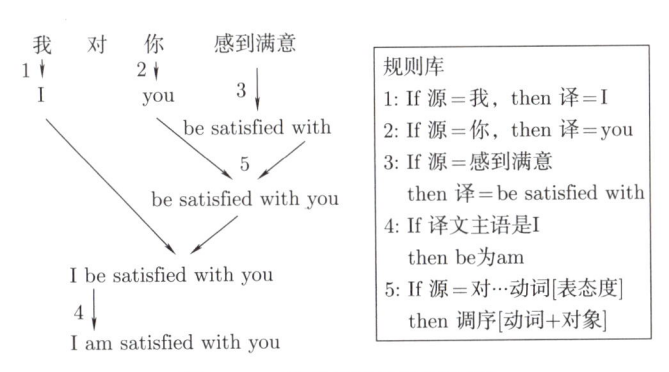

图 7-13 基于规则的机器翻译

2. 基于统计的机器翻译（SMT）

20 世纪 80 年代末到 90 年代初，IBM 提出了统计机器翻译方法。其基本思想是通过对大量的平行语料（表达同一个意思的不同语言的句子，例如，"这是一个苹果"和"This is an apple."）进行统计分析，构建模型，进而使用此模型进行翻译。例如统计"Das Haus"被翻译成"house""building"

或"construction"等词的次数,如果大多数时候都被翻译成"house",那么机器就会使用这一结果。简单来讲,其思想是这样的逻辑是"如果人们这样翻译,我也这样翻译"。

3. 基于神经网络的机器翻译

2013年,Nal Kalchbrenner 和 Phil Blunsom 提出了一种用于机器翻译的新型端到端编码器-解码器结构。该模型可以使用卷积神经网络将给定的一段源文本编码成一个连续的向量,然后使用循环神经网络作为解码器将该状态向量转换成目标语言。他们的研究成果可以说是神经机器翻译(NMT)的诞生。

2014年,Sutskever 等人提出了一种称为序列到序列(seq2seq)学习的方法,可以将 RNN 既用于编码器,也用于解码器,并且还为基于神经网络的机器翻译方法引入了长短期记忆(LSTM)网络。在门机制的帮助下,梯度爆炸/消失问题得到了控制,从而让模型可以更好地获取句子中的长距依存。如图 7-14 所示,seq2seq 也是编码器-解码器结构,利用两个 RNN 分别作为编码器和解码器,编码器负责将输入序列压缩成指定长度的向量,这个向量可以看作这个序列的语义向量,解码器负责根据语义向量生成指定的序列。具体处理方法有多种,如图 7-15a 所示,可以将编码器得到的语义向量作为初始状态输入解码器中,得到输出序列。此外,如图 7-15b 所示,也可以让语义向量参与解码器所有时刻的运算。

图 7-14 seq2seq

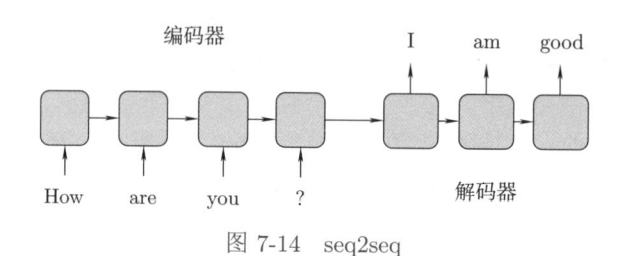

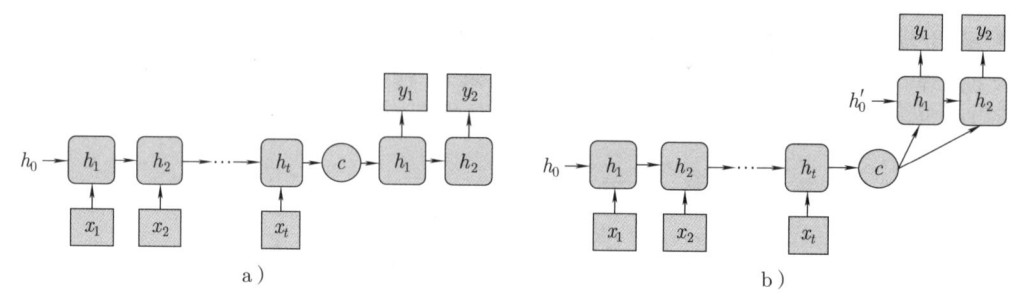

图 7-15 seq2seq 模型的不同处理方法

Yoshua Bengio 团队将注意力机制引入机器翻译中,使模型在翻译时能够关注源句子的不同部分。注意力机制进一步提升了翻译的准确性和流畅性,解决了长句子翻译的瓶颈问题。

2017年,Vaswani 等人提出了 Transformer 模型,彻底改变了 NMT 的架构。Transformer 不再使用 RNN,而是完全基于自注意力机制,大大提高了并行处理能力和训练效率,成为当前 NMT 的主流模型。之后,随着计算能力和数据量的增加,NMT 进入了大规模预训练和多语言模型的时代。比如,OpenAI 的 GPT-3 和 Google 的 T5 模型,通过在海量多语言语料上进行预训练,实现了更高的翻译质量和更广泛的语言覆盖。

7.5.2 问答系统

问答系统旨在自动回答用户以自然语言提出的各类问题。近年来，随着深度学习方法的不断进步，特别是大规模预训练语言模型的发展，问答系统也得到了快速发展，各类型问题的回答效果不断提高。问答系统也逐渐成为语音助手、搜索引擎及各类应用软件中不可缺少的组成部分，如各类智能客服等。如图 7-16 所示为南航的 AI 小航，它能对各类校内学习、生活问题做出对应回答。

图 7-16 问答系统——AI 小航

问答系统开始于 20 世纪 60 年代，此时的问答系统是基于规则的方法，通过大量人工定义的规则来对问题进行理解，然后从限定域数据库中寻找答案，如用于美国棒球联赛的 BASEBALL 系统、用于月球地质学家访问 NASA 数据库的 LUNAR 系统。一直到 20 世纪 80 年代，这段时期的问答系统都是针对特定领域设计的。

20 世纪 90 年代，开放领域的问答系统开始兴起。1993 年，第一个基于互联网的智能问答系统 START 出现，该系统使用结构化知识库和非结构化文档作为知识库，首先对输入问题进行分析并抽取关键词，然后基于关键词从知识库的非结构化文档中找到与之相关的文档合集，最后采用答案抽取技术从相关文档中抽取答案候选并进行打分，得分最高的句子就作为答案输出。1999 年，开放领域问答测评任务 TREC-8 被提出，目标是从大规模文档集合中找到与输入问题对应的文档。该任务的提出促进了问答系统的快速发展。

2011 年，IBM 的 Watson 系统参加美国电视问答比赛节目 Jeopardy，战胜人类赢得了冠军。2017 年，搜狗问答机器人汪仔在江苏卫视问答节目《一站到底》中也战胜了人类选手取得胜利。2018 年之后，随着预训练语言模型的发展，问答系统的架构也朝着这个方向前进，如 BERT、T5、GPT 系列。

根据应用领域的不同，问答系统分为闲聊型问答系统（开放领域问答系统）、任务型问答系统（特定领域问答系统）和多模态问答系统。

1. 闲聊型问答系统（开放领域问答系统）

闲聊型问答系统，也称为开放领域问答系统，可以理解自然语言输入并以自然语言形式回答用户提出的问题。这类系统通常不限制问题的主题范围，而是试图模仿人类的交流方式，使得用户可以提出各种各样的问题，系统则尝试给出相关的、理解上下文的回答。

DrQA 是利用维基百科作为知识库来实现开放式问答的系统，如图 7-17 所示，其问答过程分为两个阶段，即文档检索和阅读理解，是基于检索-阅读理解（Retriever-Reader）架构的问答系统。对于输入问题，该系统能从维基百科中找到多个包含答案的文档，然后通过阅读理解算法从文档中提取答案。具体地，文档检索阶段使用 TF-IDF 来衡量问题与文档的相关性，从而筛选出符合条件的文档。阅读理解阶段则使用多层循环神经网络模型，预测答案在文章段落中的起始位置和结束位置，最后输出答案。

图 7-17 DrQA

2. 任务型问答系统（特定领域问答系统）

任务型问答系统，也被称为特定领域问答系统，专注于在特定领域或主题上提供准确、精确的答案。与闲聊型问答系统不同，任务型问答系统通常针对特定领域的知识和信息进行建模和处理，以便给出更具体和有用的答案，如金融问答、医学问答等任务型问答系统。

例如在金融领域，通过将人工智能与传统金融市场的诸多功能紧密结合来提高效率，学习模仿专家进行交易、通过用户画像和交易行为分析进行风险控制等。FinQA 是金融领域的一个大规模数据集，包括 8281 个由金融专家撰写的关于财务报告的问题-答案对，其目的是自动化处理财务分析这一复杂任务。

3. 多模态问答系统

模态指的是不同类型的数据输入，如图像、文本、视频、点云等。多模态问答系统则是涉及多种模态数据的问答系统。图 7-18 所示为视觉问答系统（Visual Question Answering）及其示例。在视觉问答系统中，同时输入一张图片和一个关于这张图片的文本形式的问题，输出文本形式的答案，涉及文本和图片这两种模态。随着海量的、多元化的数据不断增多，人们对问答系统的要求不再仅局限于纯文本对话，和多种其他模态数据进行交互成为发展的目标。

图 7-18 视觉问答系统及其示例

和纯文本问答系统不同的是，视觉问答系统在单独提取每个模态的信息之后还要进行多模态特征交互/融合，从而消除模态之间的间隙。特征级的融合是最常见的方法，其中最简单的方法

是将得到的文本向量表示和图片向量表示进行逐元素相加、相乘或向量拼接，即得到融合后的多模态向量表示。除此之外还有基于 RNN、CNN、注意力机制的融合方法。

对于视频问答系统来说，其整体流程和视觉问答系统类似，但仍存在不同之处。视频问答系统输入的不是静态的图像，而是具有时间信息的长序列图像。因此不能将视觉问答的方法直接应用于视频问答，而需针对任务对象的不同需要进行改变，如融入注意力机制和融入长短期记忆网络等。

7.6 小结

本章介绍了一些比较基础的自然语言处理知识，包括文本表示、语言模型等，以及自然语言处理的具体应用，包括文本分类、机器翻译等。文本表示可将词汇转换为数值表示，使非结构化的文本数据变成能被计算机识别的内容，常用方法有共现矩阵、Word2vec 等。语言模型通过构建自然语言的概率分布模型，为下游任务提供支撑，常用模型有 n-gram 统计语言模型、循环神经网络等。它们是自然语言处理的基础，是高效解决下游任务的基石。

随着大数据时代的到来，互联网中的文本信息迎来了井喷式的增长，采用文本分类技术对文本数据进行分析和管理具有重要的意义，在情感分析、新闻分类、垃圾邮件过滤等领域得到了广泛应用。人工智能的发展和大模型的出现，为文本分类提供了更加灵活而强大的解决方案，深刻改变了文本分类任务。机器翻译作为自然语言处理领域最重要的任务之一，自发展以来取得了显著进步，在解决人类交流问题上做出了重大贡献，但仍有很大的提升空间，例如，在生成更高质量、更稳定的翻译以及资源贫乏的语言翻译上仍任重道远。自然语言处理技术是人工智能发展的主要驱动力之一，深入研究自然语言处理可为人工智能的进一步发展提供更广阔的空间和更深层次的探索。

第 8 章

计算机视觉

在信息技术飞速发展的当下,计算机视觉技术已经融入人们日常生活的方方面面,成为不可或缺的一部分。从日常使用的智能手机的人脸解锁功能、社交软件中的自动滤镜,到智能安防系统的实时监控,从自动驾驶汽车的道路识别、交通标志检测,再到医疗影像中的疾病诊断,计算机视觉正以惊人的速度改变着世界。它赋予机器"看见"的能力,通过模拟人类的视觉感知,让机器能够自动理解和分析海量的视觉数据。计算机视觉技术已然成为推动人工智能技术发展的核心力量之一。

计算机视觉的革命性在于它能够从静态图像和动态视频中提取有价值的信息,并对这些信息进行智能分析和处理,进而在实际应用中做出复杂而精准的判断。那么,计算机视觉究竟是如何实现这一点的?其背后的技术原理和方法又是什么?本章将引领读者逐步揭开这一技术的神秘面纱,系统性地探讨计算机视觉的理论基础与实际应用。本章内容从计算机视觉的基本概念和原理出发,深入解析其关键技术,包括图像的预处理、特征提取、物体检测与识别等。通过对这些内容的学习,读者不仅可以理解计算机视觉的核心技术,还将认识到它在当今社会中的广泛应用,尤其是在前沿科技和工业实践中所扮演的重要角色。

8.1 计算机视觉概述

当人们用眼睛观察世界时,大脑会快速分析所看到的场景,识别出其中的物体、颜色、形状,并做出相应的反应。那么,当通过人脸识别功能解锁手机时,计算机是否也能够像我们一样"看见"并理解图像中的信息呢?计算机视觉正是赋予机器这种能力的技术。人类依赖视觉来完成许多复杂的任务,例如识别周围环境中的物体、理解场景中的动态变化,甚至通过观察面部表情来推断他人的情感。这些能力是人类不可或缺的一部分。计算机视觉技术正是旨在模拟和增强这些能力,以便机器能够在复杂的环境中自动执行类似的任务。

8.1.1 计算机视觉的概念

计算机视觉,顾名思义,就是让计算机具备"看见"并"理解"图像或视频中信息的能力。如图 8-1 所示,简单来说,它是通过算法和数学模型来处理视觉数据,使计算机能够像人类一样分析图像中的物体、场景,甚至动作,并对图像做出解释。它的最终目标是让机器自动进行视觉信息的感知、理解和决策。例如,当使用手机的人脸识别功能时,手机的摄像头会首先捕捉到你的面部图像,然后通过计算机视觉技术,分析面部的特征点,如眼睛、鼻子和嘴巴等,从而构建你独特的"面部特征",再将这些特征与手机存储的数据进行比对,判断是否为你本人。这一过程的背后,就是计算机视觉在起作用。

计算机视觉的定义如下:**计算机视觉(Computer Vision)** 是一门研究如何使机器"看"的科学,更进一步来说,就是指用摄影机和计算机代替人眼对目标进行识别、跟踪和测量等的一种机器视觉,并可将图像处理为更适合人眼观察或传送给仪器检测的图像。如果说人工智能赋予机器思考的能力，那么计算机视觉就是赋予机器发现、观察和理解的能力。

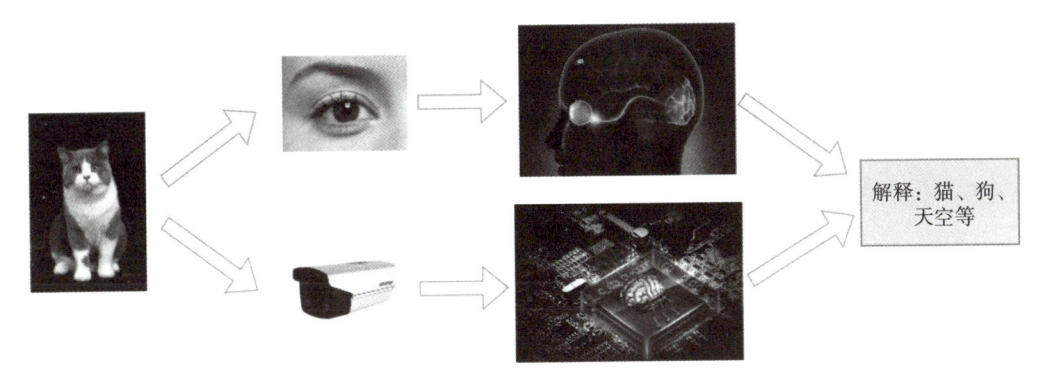

图 8-1 人眼与计算机视觉处理图像的对比

8.1.2　计算机视觉的重要性

计算机视觉是一项革命性技术，它让机器具备"看"的能力，能够从图像和视频中提取有意义的信息。这项技术在许多领域的应用，不仅大大提升了自动化水平，还实现了许多人类无法或难以完成的任务。相比人类的视觉系统，机器在处理海量数据、识别复杂模式，以及快速做出精准决策方面有着明显的优势。无论是在医疗诊断、制造检测方面，还是在生物识别、安全监控领域，计算机视觉都展示出其巨大的潜力和价值。

（1）医疗诊断

计算机视觉技术在医学影像分析中扮演了核心角色。通过对医学影像（例如 X 光、CT 和 MRI 等）的精确处理和分析，该技术能够实现病变的早期检测。图像分割功能特别关键，它有助于医生在复杂的医学图像中准确识别和量化不同的组织、结构或病变，从而提供更精确的诊断信息。借助自动化的图像处理工具，整个过程提高了疾病诊断的速度和准确性，显著降低了人工分析所需的时间及出错概率。计算机视觉技术的这些应用不仅加速了诊断流程，还为患者的治疗决策提供了及时、可靠的支持。

（2）制造检测

在制造业中，产品质量控制至关重要。计算机视觉技术能够自动完成生产线上产品外观的检测工作，迅速识别出任何微小的瑕疵或缺陷，确保所有产品都符合预定标准。这种自动化检测技术既减少了人为操作中可能出现的错误，又显著提升了生产效率，使企业能够在保证产品质量的同时更快地将产品推向市场。

（3）生物识别

计算机视觉在生物特征识别领域得到了广泛应用，像虹膜识别和面部识别等（见图 8-2），提供了一种安全可靠的身份验证方式。虹膜识别通过精确分析眼睛的虹膜图案来进行身份确认，适用于安全级别要求较高的场景。而面部识别技术已成为智能手机解锁、门禁系统和电子支付等日常应用的主流技术。这些技术不仅提升了用户体验，还增强了现代身份认证系统的安全性。

（4）安全监控

在安防领域，计算机视觉可以实现全天候、不间断的监控，通过智能视频分析，可以自动识别潜在的威胁或异常行为。机器一旦检测到视频中的可疑活动，便会及时发出警报，从而有效预防犯罪事件的发生。这种高效的监控方式远胜于传统的人力监控，能够大幅提升公共安全水平。

由此可见，计算机视觉技术通过在医疗、制造、生物识别和安全监控等领域的广泛应用，显著提升了各行业的自动化和智能化水平。它不仅优化了工作流程，减少了人为错误，还提高了效率和安全性，给现代社会的诸多方面带来了深刻变革。随着技术的持续进步，计算机视觉将在更多场景中展现其巨大潜力，进一步推动各行业的创新与发展。

a）虹膜识别 　　　　　　b）面部识别

图 8-2　生物识别

8.1.3　计算机视觉的历史背景和发展

自 20 世纪中期诞生以来，计算机视觉经历了从初步的图像分析到三维理解，再到借助深度学习和大规模数据集驱动多领域应用的快速发展历程。这一发展历程不仅涉及理论基础的突破，还涵盖了实际应用层面的创新，推动了整个计算机科学和人工智能的进步。计算机视觉的发展历程大致可以分为以下几个阶段。

（1）20 世纪 50 年代：二维图像分析与识别的初步探索

20 世纪 50 年代是计算机视觉的起步阶段，主要聚焦于二维图像的分析和识别。1959 年，神经生理学家 David Hubel 和 Torsten Wiesel 通过猫的视觉实验，发现了生物视觉系统处理信息的层级结构。这一发现表明，视觉处理是从简单的边缘检测开始，逐步向复杂结构的识别推进。该研究为后来计算机视觉技术，尤其是 40 多年后深度学习的重大突破，提供了坚实的理论依据。同年，Russell 发明了首台数字图像扫描仪，让图像的数字化处理成为可能。这一时期的研究主要集中在光学字符识别（OCR）和显微图像分析等领域，为后续发展奠定了基础。

（2）20 世纪 60 年代：三维视觉理解的开创

到了 20 世纪 60 年代，计算机视觉的研究逐渐转向三维场景理解。1965 年，Lawrence Roberts 在其著作《三维固体的机器感知》中阐述了如何从二维图像中推导出三维信息，开创了以理解三维场景为目标的计算机视觉研究。这项工作奠定了现代计算机视觉的基础。麻省理工学院（MIT）的 Seymour Papert 于 1966 年启动的夏季视觉项目虽然未完全成功，但标志着计算机视觉作为一个独立科学领域的诞生。1969 年，电荷耦合器件（CCD）的发明，使高质量的数字图像采集成为可能，并迅速应用于工业相机传感器，标志着计算机视觉技术开始涉足工业领域。

（3）20 世纪 70 年代：理论框架的建立

20 世纪 70 年代是计算机视觉从实验室走向理论化、体系化的关键时期。麻省理工学院人工智能实验室在这一时期正式开设了计算机视觉课程，标志着该领域的教育和研究逐步形成体系。1977 年，David Marr 提出了计算机视觉理论，与 Lawrence Roberts 的积木世界分析方法不同，Marr 的理论着眼于视觉系统如何从低层次的边缘、曲线、角点等信息逐步构建对图像和物体的高层次理解。他的理论框架在 20 世纪 80 年代成为计算机视觉领域的重要指导，为该领域的研究指明了方向。

（4）20 世纪 80 年代：计算机视觉学科的独立与应用扩展

20 世纪 80 年代，计算机视觉逐渐从理论研究转向实际应用，并确立了其作为一门独立学科的地位。1980 年，日本科学家 Kunihiko Fukushima 提出的 Neocognitron 模型是现代卷积神经网络（CNN）的雏形。该模型引入了卷积层和池化层的概念，成为后来深度学习中 CNN 架构的核心灵感来源。1982 年，David Marr 发表了他的重要著作 *Vision*，书中详细阐述了人类视觉处理的计算原理，强调了从低级视觉特征（如边缘、角点）到高级物体理解的层次性过程。这个理论框架成为计算机视觉的核心理论之一。同年，日本公司 COGEX 推出了全球首套工业光学字符识别（OCR）系统，使计算机视觉技术在工业界开始广泛应用。

（5）20 世纪 90 年代：特征识别与对象检测的崛起

20 世纪 90 年代，计算机视觉的研究重点开始从图像处理转向特征识别与对象检测。1999 年，David Lowe 提出了基于尺度不变特征（SIFT）的对象识别方法，使机器能够从图像中自动提取和识别对象。这一技术的出现标志着从三维模型重建向基于特征的识别转变。同时，NVIDIA 公司推出了首个图形处理单元（GPU），这一技术的问世极大地加快了图像处理的计算速度，为未来计算机视觉的发展提供了硬件支持。

（6）21 世纪最初十年：大规模数据集的兴起

21 世纪最初十年，随着计算能力的提升和数据集的完善，计算机视觉研究进入了一个全新阶段。2001 年，Paul Viola 和 Michael Jones 推出了第一个实时人脸检测框架（Viola-Jones 算法），这是第一个在实际应用中表现出色的视觉算法之一，为后来的深度学习应用奠定了基础。2006 年，PASCAL VOC 项目启动，该项目提供了标准化的数据集和工具，用于对象分类和检测。2009 年，Felzenszwalb 教授提出了基于方向梯度直方图（HOG）的可变形零件模型（DPM），这被认为是深度学习之前最成功的对象检测与识别算法。

（7）2010 年至今：深度学习的普及与计算机视觉的跨越式发展

自 2010 年以来，深度学习在计算机视觉中的广泛应用开启了研究的新篇章。2009 年，李飞飞教授等人在 CVPR 会议上发布了 ImageNet 数据集，这是一个包含数百万张标注图像的大规模数据集，为训练复杂的深度神经网络提供了丰富的样本。2012 年，AlexNet 在 ImageNet 挑战赛中的胜利展示了深度卷积网络的强大性能，确立了其在图像识别领域的主导地位。此后，生成对抗网络（GAN）、迁移学习、强化学习等技术的引入，使得计算机视觉领域的研究更加多元化，计算机视觉被广泛应用于自动驾驶、医疗影像分析、安防监控等多个领域。

计算机视觉自 20 世纪 50 年代起步，历经了从早期的二维图像处理、三维视觉理解到如今深度学习驱动的多领域应用的发展历程。在这个过程中，不同阶段的技术和理论突破推动了该领域的快速进步，从最初的简单边缘检测到如今复杂的深度学习网络，计算机视觉不仅让计算机能"看懂"图像和视频，还广泛应用于各行各业。展望未来，随着计算能力的进一步提升和算法的持续创新，计算机视觉将继续推动人工智能的发展，并深刻改变社会的各个方面。

8.2 计算机视觉的工作原理

在了解了计算机视觉的基本概念后，下面来进一步探讨它的工作原理。人类视觉系统通过眼睛和大脑协同工作来感知和理解世界，与之相仿，计算机视觉依赖摄像头和算法来处理和分析视觉信息。本节首先对计算机视觉与人类视觉的相似性和差异性展开比较，由此更好地理解计算机视觉模仿人类感知的方式。同时，本节还将介绍图像在计算机中的表示形式，并详细说明计算机完成图像识别等任务所经历的图像采集、预处理和特征提取等步骤。这些知识将为理解计算机视觉的核心技术和应用奠定坚实基础。

8.2.1 计算机视觉与人类视觉的比较

人类的视觉系统非常复杂，主要依赖于眼睛和大脑的协同工作。人类视觉的工作原理如图 8-3 所示，光线从环境中反射进入眼睛，通过晶状体聚焦在视网膜上，形成图像。视网膜上的感光细胞将光信号转换为电信号，再经由视神经传递到大脑。大脑对这些信息进行处理，使人们能够识别形状、颜色、运动和其他视觉元素。而计算机视觉系统试图通过摄像头和算法模拟人类的视觉感知功能。摄像头负责捕获环境中的图像，然后利用算法处理这些图像，执行如物体识别、分类和跟踪等任务。

可见，计算机视觉和人类视觉在许多方面具有基本的相似性，但也存在显著差异，如图 8-4 所示。

图 8-3　人类视觉的工作原理

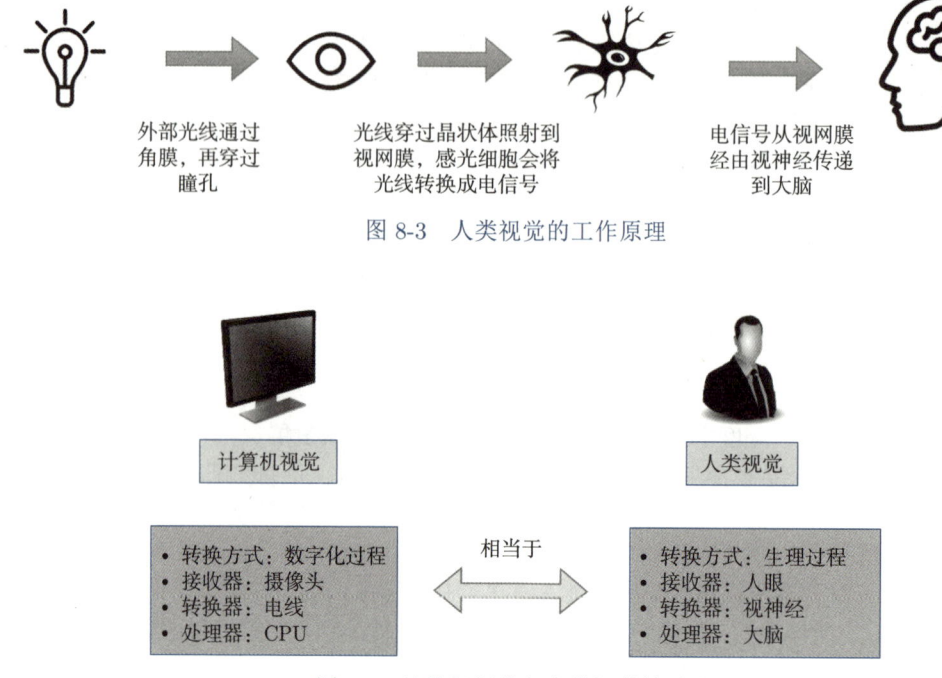

图 8-4　计算机视觉与人类视觉的对比

1. 计算机视觉和人类视觉的相似性

计算机视觉和人类视觉的处理流程具有相似性，都包括接收、转换和处理三个主要阶段。在人类视觉中，这一过程包括眼睛接收光线，经由视神经传递到大脑进行处理；而在计算机视觉中，摄像头扮演了眼睛的角色，接收图像并将其转化为数字信号，通过传输介质传递至计算设备（如 CPU 或 GPU）进行处理。这一流程在本质上都是对信息的感知和理解。

2. 计算机视觉和人类视觉的差异性

尽管整体流程相似，但信息转换方式存在根本差异。首先，计算机视觉通过摄像头将光信号转化为数字信号，然后通过电线传输至处理器，整个过程是完全数字化的。而人类视觉是生理过程，光信号在眼睛中被转换为神经电信号，随后通过神经系统传输至大脑。

其次，处理器的差异也十分显著。计算机依赖 CPU 或 GPU，基于算法对图像进行高速处理，能够精确且批量处理大数据，但缺乏人类大脑的灵活性和适应性。大脑能结合情感和经验对视觉信息做出更复杂的判断和理解。此外，计算机能精确处理像素级信息，而人类则擅长从复杂场景中快速提取关键信息。

最后，在图像处理方面，计算机能够以更高的精度超越人类。它不仅能处理远超人类感知范围的颜色（人类能识别约 100 万种颜色，而计算机能表示超过 1600 万种颜色），还能处理超大规模的图像，甚至上亿像素的照片。计算机在放大图像时，仍能保持清晰度，而这些细节是人类肉眼难以捕捉的。

8.2.2 图像的数字表示

先来思考一个问题，图像在计算机中是如何表示的？计算机中的图像和人类眼中的图像是不一样的。人类通过眼睛看到的是一张完整、连续的图像，而计算机则将图像拆分为由许多小单元组成的数字矩阵。这些小单元被称为**像素（Pixel）**，像素是构成数字图像的最小单元。每个图像由许多像素组成，每个像素都代表图像中某一特定位置的颜色和亮度信息。如图 8-5a 是人类眼睛看到的一张完整图像，而图 8-5b 则是计算机中的图像，可以看到，它被划分成了许多像素点，每个像素的数值表示该位置的颜色和亮度。

a) 人眼看见的图像　　　　　　b) 计算机中的图像表示

图 8-5　人眼和计算机中的图像

为了让计算机能够处理这些像素，图像通常以矩阵的形式存放在计算机中。整个图像被分割成多个像素点，每个点在矩阵中的位置和对应的取值决定了图像的呈现效果。如图 8-6 所示，根

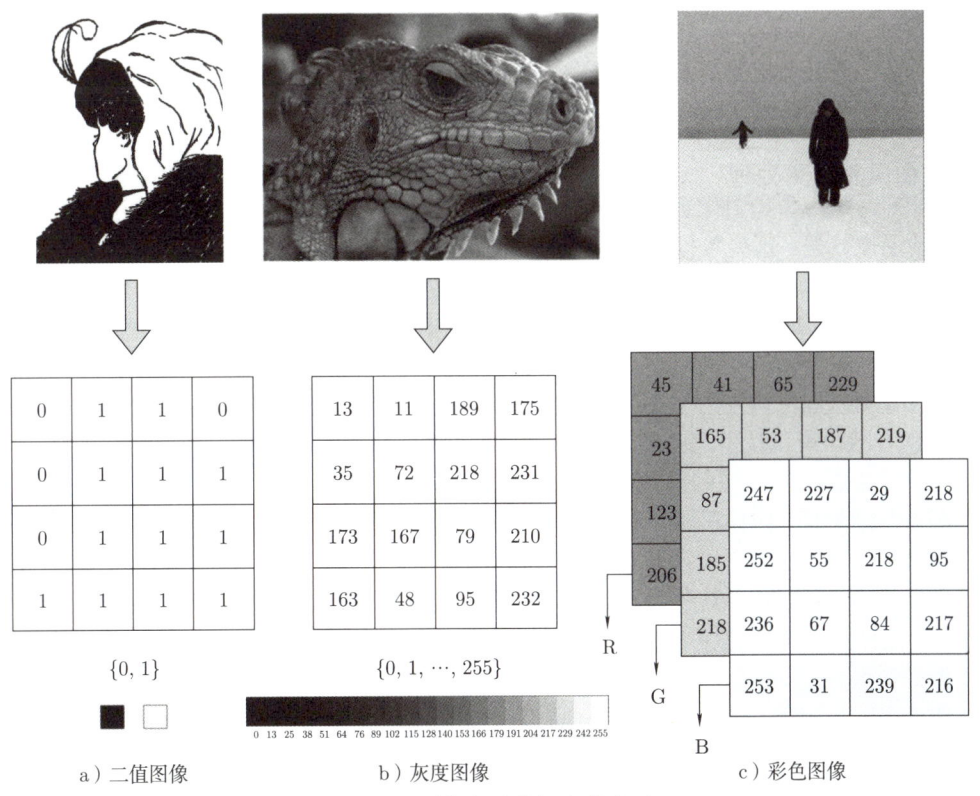

a) 二值图像　　　　　　b) 灰度图像　　　　　　c) 彩色图像

图 8-6　图像在计算机中的表示

据图像的不同类型，这些矩阵的结构和像素的表示方式有所不同。

- **二值图像**。这类图像在计算机内以高度（h）和宽度（w）组成的二维矩阵存放。由于只有两种颜色，它们通常用于处理简单的图像，如文本扫描或者图像的边缘检测。
- **灰度图像**。如果图像矩阵的取值范围在 0~255 之间，其中 0 表示纯黑色，255 表示纯白色，值越大表示像素颜色越接近白色，这样的图像就是**灰度图像**。灰度图像也是单通道图像，在计算机内以 $h \times w$ 的二维矩阵存放。灰度图像相比二值图像更加丰富，能够表示不同程度的亮度，因此常用于图像处理中的基础步骤，如边缘检测或特征提取。
- **彩色图像**。彩色图像在计算机中的表示，采用三通道矩阵，每个通道分别对应红色（R）、绿色（G）和蓝色（B）。每个通道的取值范围也是 0~255，值越大表示颜色越亮。例如，当一个像素的红、绿、蓝三通道的值为 (255, 0, 0) 时，该像素显示为纯红色。彩色图像在计算机内以 $3 \times h \times w$ 的矩阵形式存储，每个像素的颜色由这三个通道的组合决定。RGB 颜色空间是彩色图像的常见表示方式，通过不同的红、绿、蓝组合可以生成丰富的颜色。

8.2.3 计算机"看"图像的方式

在了解了图像在计算机内的表示之后，接下来看看计算机是如何处理图像的。图 8-7 展示了计算机视觉的处理过程。计算机无法直接理解图像中的视觉信息，因此需要通过一系列步骤将图像转化为计算机可以处理的形式。这些步骤包括图像采集与预处理、特征提取等。

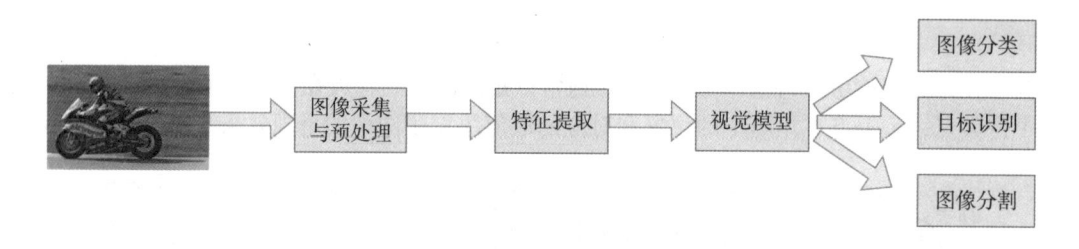

图 8-7 计算机视觉的处理过程

1. 图像采集与预处理

图像处理的第一步是图像采集，通常通过摄像头或传感器获取图像数据。图像采集设备捕捉到的是原始图像数据，这些数据可能因包含各种噪声，或受设备的分辨率、光线等因素影响，导致图像质量参差不齐。因此，采集到的原始图像往往需要进一步处理才能用于后续的计算任务，这就是预处理。预处理的目标是改善图像的质量，使其更适合后续的分析和处理。常见的预处理操作如下。

- **图像增强**。图像增强的主要目的是提高图像的对比度和亮度，突出其中的细节。例如，灰度直方图均衡化技术通过重新分布像素的灰度值来提升图像的对比度和清晰度。对于灰度值集中在某一范围的图像，该技术能够使图像细节更清晰。
- **图像平滑处理**。图像平滑处理则是为了减少噪声，使图像更加平滑。在图像采集、传输或量化的过程中，常会引入噪声，这些噪声会影响图像的质量，干扰后续的处理步骤。通过平滑处理，可以减少这些噪声，提升图像的整体质量。例如，中值滤波对椒盐噪声特别有效，它通过计算邻域像素的中值，既能保留图像的结构信息，又能去除极端噪声值，使图像更平滑。
- **图像缩放与裁剪**。根据实际需求，调整图像的大小或裁剪图像的特定区域，使其更适合后续的处理或模型的输入要求。缩放操作常用于调整图像的分辨率，以适应不同的算法或设备；裁剪操作则用于提取图像中的关键部分，去除多余信息。

2. 图像特征提取

在预处理完成后，接下来就可以使用特征提取技术处理图像了。这一过程是将图像中的关键信息（如颜色、纹理、形状等）提取出来，转化为计算机可以理解的特征向量。这些特征是后续计算机视觉任务（如图像分类、目标检测等）的基础。计算机视觉技术通常采用基于深度学习的方法进行特征提取，后续将详细介绍这些特征提取方法。

3. 通过各种视觉模型实现下游任务

在完成特征提取后，可以进一步思考如何利用这些特征来实现各种下游任务。例如，基于提取的特征，计算机可以通过不同的视觉模型执行图像分类、目标识别、图像分割等任务。不同的模型有不同的具体需求，但它们的核心都是解决如何让计算机"看懂"周围世界的问题。

至此，相信读者对计算机处理图像的基本流程已有宏观的了解。

8.3 计算机视觉的核心技术

在了解了计算机视觉的基本工作原理后，接下来探讨其核心技术，这是实现各种视觉任务的关键。本节首先介绍图像处理的基础知识，包括如何通过技术手段对图像进行优化、增强和预处理，确保计算机能够高效地分析和处理图像数据。此过程涉及灰度直方图矫正与图像的平滑处理等技术，它们在提升图像质量和可辨识度方面发挥着重要作用。随后，深入探讨特征提取与描述技术，重点介绍传统方法与基于深度学习的方法如何帮助计算机从图像中提取形状、纹理、颜色等关键特征，并转化为特征向量，以便于后续的分类和识别任务。这些核心技术是计算机视觉算法的核心，理解它们有助于全面掌握计算机如何实现从图像中获取、分析信息并做出判断。

8.3.1 图像处理基础

在现代图像处理中，灰度直方图矫正和图像的平滑处理是两项重要的技术。前者通过均匀化灰度值分布来提升图像的对比度和细节，后者则主要用于减少图像中的噪声和细节，营造更加平滑的视觉效果。了解这两者的基本原理和应用，能为图像增强和分析提供有效的工具。

1. 灰度直方图矫正

图像中灰度的分布情况是该图像的一个重要特征，它直接影响图像的对比度和细节表现。**灰度直方图**是一种统计工具，用于分析数字图像中各灰度值的分布情况。具体来说，它统计了图像中每一个灰度值（0~255）出现的频率，从而反映出图像的整体灰度分布。例如，如果直方图集中在较低的灰度值，图像偏暗；如果集中在高灰度值，图像则偏亮。

然而，有时图像的灰度值分布不均匀，导致对比度较低，细节难以区分。为了解决这个问题，通常会采用**灰度直方图均衡化**技术。它是一种**灰度直方图矫正**方法，通过调整图像灰度值的分布，使原本集中在某范围内的像素灰度值分散到整个灰度级范围，提升图像的整体对比度，让细节更加清晰。如图 8-8 所示，原灰度图像由于灰度值分布不均匀，对比度较低，执行灰度直方图均衡化后，图像整体对比度提升，细节更清晰了。

假设有一张灰度图像（见图 8-9a），对其进行灰度直方图均衡化（见图 8-9b~图 8-9e），具体过程如下。

1）计算图像的灰度直方图，统计各个灰度级像素的出现频率。

2）将各个灰度级像素的出现频率除以图像像素个数得到概率值，即归一化直方图，基于归一化直方图计算累积直方图，其计算公式为

$$\text{CDF}(k) = \sum_{i=0}^{k} p(i) \tag{8-1}$$

式中，CDF(k) 表示灰度级 k 的累积分布函数，即累积直方图值；$p(i)$ 是灰度级 i 的归一化直方图值，表示灰度级 i 出现的概率。

a）原灰度图像　　　　b）均衡化之后的图像

图 8-8　灰度直方图均衡化前后对比

3）将累积直方图每个像素级的概率与 255 相乘，得到一个映射值，通过这种映射，重新分配图像的灰度级，使灰度级的分布更加均匀，达到增强对比度的效果。

这种技术尤其适用于那些对比度较低的图像，如雾天场景或光照不足的图片。在这些情况下，灰度直方图均衡化可以显著改善图像的视觉效果，恢复和展示更多的细节。

200	180	210	200
210	180	170	190
220	190	180	190
210	190	210	220

a）灰度图像

像素级	频率
170	1
180	3
190	4
200	2
210	4
220	2

b）灰度直方图

像素级	概率
170	1/16
180	3/16
190	1/4
200	1/8
210	1/4
220	1/8

c）归一化直方图

像素级	概率
170	1/16
180	1/4
190	1/2
200	5/8
210	7/8
220	1

× 255 =

像素级	映射
170	16
180	64
190	128
200	159
210	223
220	255

d）由累积直方图得到像素映射关系

159	64	223	159
223	64	16	128
255	128	64	128
223	128	223	255

e）均衡化后的灰度图像

图 8-9　灰度直方图均衡化过程

2. 图像的平滑处理

图像的平滑处理是为了减少图像中的噪声，使其更加平滑，从而提升图像的质量。噪声是指图像在采集、传输、量化等过程中引入的干扰信号，它可能与图像内容相关或无关，但都会对后续的图像处理步骤造成不利影响。因此，在进行进一步的处理之前，往往需要通过平滑处理来减少这些噪声。

从信号处理的角度来看，图像平滑的本质是通过低通滤波去除图像中的高频分量，即快速变化的部分，保留低频信息（平滑区域）。这虽能有效减少噪声，但会使图像变得模糊。因此，图像的平滑处理是一个权衡清晰度与去噪效果的过程。常见的图像平滑处理方法包括邻域平均法、中值滤波法和高斯滤波法等。

中值滤波法是一种广泛使用的平滑方法，特别适用于去除椒盐噪声。其基本原理是对于每个像素，取其邻域内所有像素的灰度值的中值作为当前像素的新值。由于椒盐噪声表现为随机分布的极端亮或暗的像素，中值滤波法通过选取邻域像素的中值，能够有效过滤这些极端值，保留图像的整体结构，抑制噪声影响。其基本流程如图 8-10 所示，具体步骤如下。

1）选择窗口并扫描图像。选择一个大小为 $W \times W$ 的窗口（W 通常为奇数，如 3×3、5×5）。这个窗口用于选定每个像素的邻域。在图像上，将窗口从左到右、从上到下逐像素移动，确保每个像素都作为窗口的中心被处理。窗口的大小决定了平滑效果，窗口越大，去噪效果越明显，但也会导致更多的图像细节丢失。

2）排序取中值并替换中心像素值。对于每个窗口，将窗口中所有像素的灰度值按从小到大的顺序排列，选择排序后中间位置的灰度值作为当前像素的新值。然后，用这个中值替换窗口中心像素的原灰度值。这个过程会对所有像素重复，直到整幅图像被处理完毕。

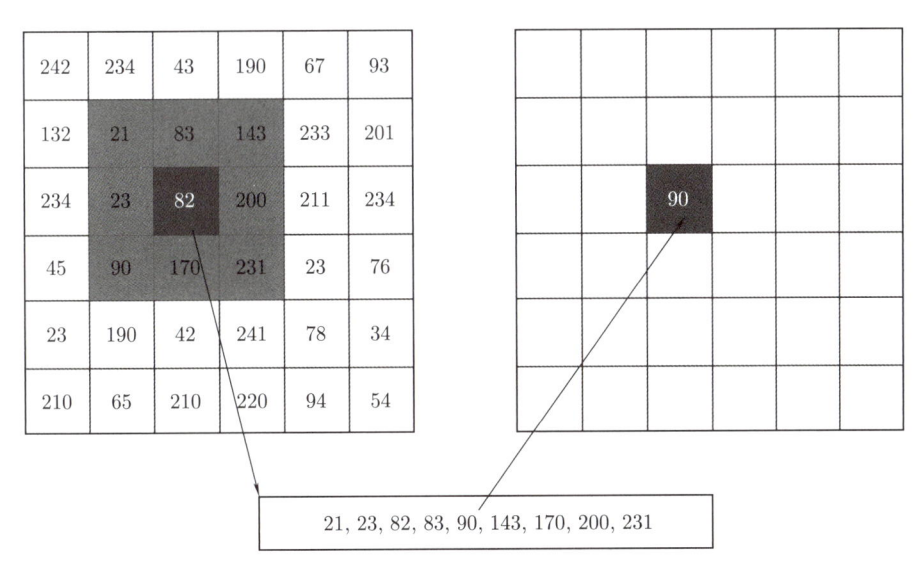

图 8-10 中值滤波法的基本流程

图 8-11 是使用不同大小窗口实现中值滤波的结果对比，可以明显看出，随着窗口大小的增加，去噪效果也随之提升，但是图像也变得更加模糊。

8.3.2 特征提取与描述

图像特征提取与描述是将复杂的图像数据转换为计算机可处理的数值特征的关键步骤。这一转换使得计算机能够更好地理解和分析图像内容，从而进行各种视觉任务和应用。**图像特征提取**

的目标是捕捉图像中的视觉信息，如形状、纹理、颜色和空间关系，以便在后续的任务中能够更准确地处理图像数据。**特征描述**则进一步将这些视觉信息转化为紧凑的、易于比较和匹配的形式。高质量的图像特征提取与描述不仅能够显著提升图像识别、目标检测、图像检索等任务的性能，还能影响整体系统的效果和效率。

a）原噪声图　　　　　　　　b）窗口大小为3×3的中值滤波

c）窗口大小为7×7的中值滤波　　　　d）窗口大小为11×11的中值滤波

图 8-11　不同大小窗口的中值滤波去噪效果对比

特征提取的方法主要分为两类：**传统方法和基于深度学习的方法**。下面分别介绍这两类特征提取方法。

1. 传统方法

传统的特征提取方法主要依靠手工设计特征，这类特征通常包括**全局特征**和**局部特征**。**全局特征**通常包括颜色特征、纹理特征和形状特征等；而**局部特征**可以提取更加精细的特征，典型的局部特征有 SIFT、SURF、HOG、角点等。

下面以**颜色直方图**为例，简要说明全局特征的提取方法。

颜色直方图是一种描述图像整体颜色分布的统计方法，它通过计算图像中每种颜色（或颜色范围）的像素数量，来表示图像的全局特征。具体来说，颜色直方图将图像中的颜色空间（如 RGB）划分为若干个颜色区间（即"桶"），然后统计每个颜色区间中像素的数量。例如，对于一幅彩色图像，已知在计算机中有三个通道，每个通道的值都位于 0~255 之间，若将 RGB 颜色空间每个通道划分为 256 个等级，颜色直方图就会统计每个等级出现的频率。最终的直方图是一个反映图像颜色分布的向量，它不关心颜色在图像中的具体位置，只关心颜色的整体比例。图 8-12 所示为用颜色直方图提取全局特征示例，横轴的 256 个坐标表示 R、G、B 三种颜色（分别用红、绿、蓝线表示）的强度值，纵轴表示这三种颜色强度值的出现频率。

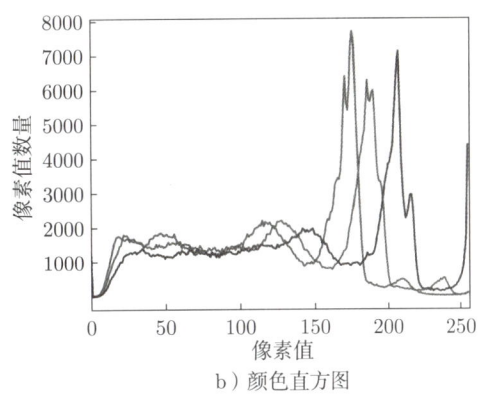

a）原图像　　　　　　　　　　　　b）颜色直方图

图 8-12　用颜色直方图提取全局特征（见彩插）

对于局部特征，可以使用 **Harris 角点检测**方法来直观地了解其提取方法。

简单来说，角点是图像中具有明显亮度变化的点。如图 8-13 所示，在图像上用一个小窗口在某个点附近移动，会有以下三种情况。

- 如果窗口在所有方向上移动时，亮度即窗口内的像素值大小都没有变化，说明这个点位于平坦区域。
- 如果窗口在水平方向上移动时亮度变化很大，而在垂直方向上变化很小，说明这个点位于边缘上。
- 如果窗口在所有方向上移动时亮度变化都很大，说明这个点是一个角点。

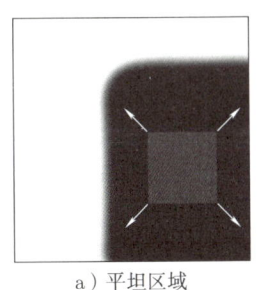

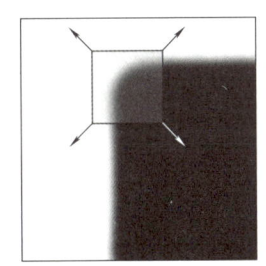

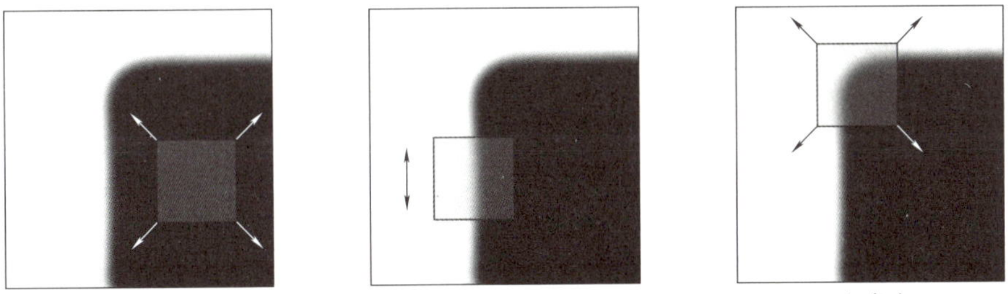

a）平坦区域　　　　　　　b）边缘　　　　　　　c）角点

图 8-13　用滑动窗口在某个点附近移动的三种情况

因此，Harris 角点检测的基本思想就是通过在图像上移动一个小窗口，比较窗口在不同位置时图像灰度的变化情况。如果无论窗口朝哪个方向移动，亮度变化都很大，就可以认为这个窗口中包含一个角点。角点通常出现在图像中显著变化的位置，如拐角处或复杂的纹理区域。如图 8-14 所示，红色的点是使用 Harris 角点检测方法检测出的角点。

2. 基于深度学习的方法

深度学习的核心思想是通过多层神经网络自动提取图像特征，并基于这些特征进行分类。相比于传统方法，深度学习能够处理更加复杂的图像信息，显著提升图像分类等各种任务的准确性。深度学习技术的发展历经多个重要的里程碑，每一种新网络架构的出现都推动了图像分类技术的进步。基于深度学习的图像处理方法通常依赖卷积神经网络（CNN）等骨干网络进行特征提取。

骨干网络（Backbone Network）指的是一种用于提取特征的深度学习模型的基础结构，所提取的特征可以进一步用于各种下游任务，如图像分类、目标检测和图像分割等。目前大多数骨干网络基于卷积神经网络，通过层叠的卷积层捕捉图像的局部特征。而另一类基于 Transformer

的骨干网络则通过其独特的自注意力机制捕捉全局依赖关系。两者各具优势，下面分别介绍这两类骨干网络。

图 8-14 Harris 角点检测示例（见彩插）

（1）基于 CNN 的骨干网络

2012 年，AlexNet 在 ImageNet 挑战赛图像分类任务中脱颖而出，把深度学习模型在比赛中的正确率提升到一个前所未有的高度，推动了深度学习在计算机视觉领域的应用。如图 8-15 所示，AlexNet 的架构包括 5 层卷积层（Conv）和 3 层全连接层（FC），采用 ReLU 非线性激活函数加速训练过程。此外，AlexNet 引入了局部响应归一化和重叠的最大池化来提高模型的泛化能力。尽管 AlexNet 极大地推动了深度学习的发展，但其结构相对简单，且对计算资源的需求高，限制了其在资源受限环境下的应用。

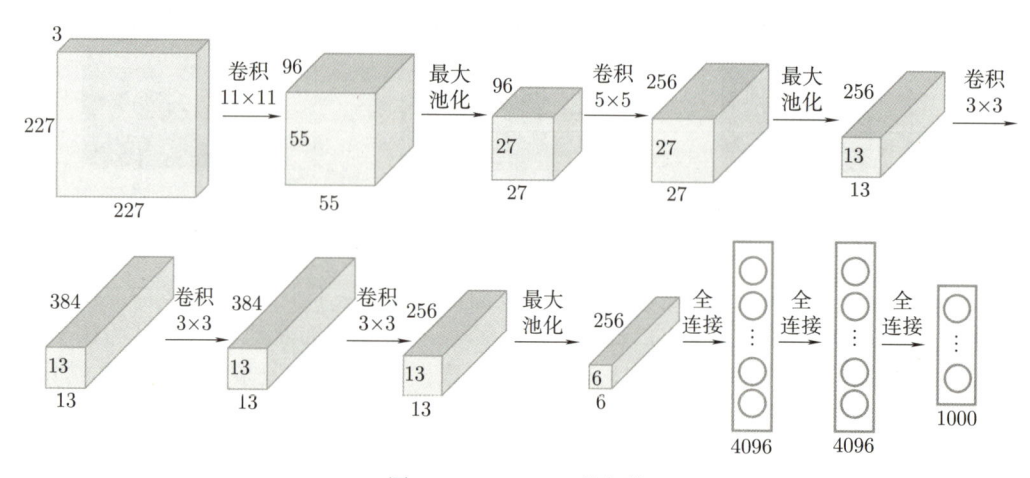

图 8-15 AlexNet 的架构

2014 年，VGGNet 被提出，它在 ImageNet 挑战赛上取得了检测和分类任务的第一和第二名。如图 8-16 所示，其主要特点是：重复使用 3×3 的小卷积核，通过堆叠多个 3×3 的卷积层，可在保持感受野大小的同时，减少参数量。例如，2 个 3×3 卷积核的感受野和 1 个 5×5 卷积核的感受野大小相同，但是参数数量更少，同时 2 层 3×3 堆叠的卷积核比 1 层 5×5 的卷积核可以引入更多的非线性，使模型的拟合能力更强。这证明了增加网络深度能在一定程度上提升网络性能。然而，VGGNet 也面临着高显存消耗和训练时间长的问题，尤其是其深层版本。

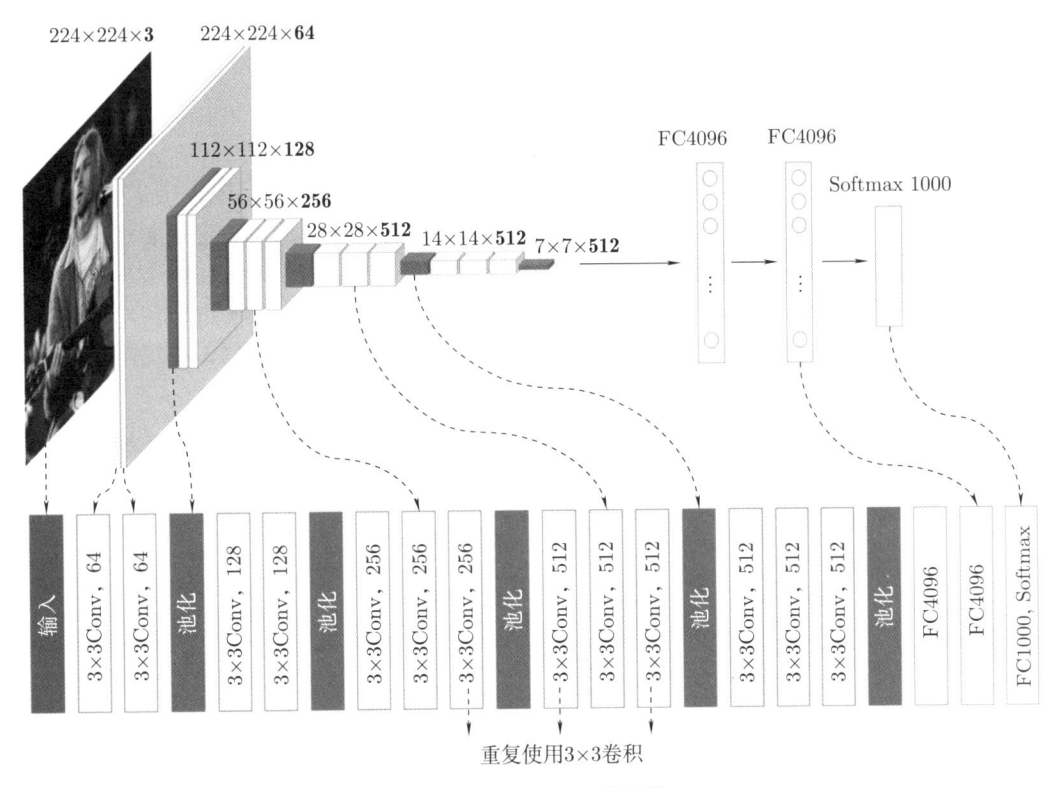

图 8-16 VGGNet 的架构

同年，GoogLeNet 被提出，其 Inception 模块利用不同大小的卷积核实现不同尺度的感知。Inception 模块（见图 8-17a）由 3 个 1×1、3×3、5×5 的卷积核和 1 个 3×3 的最大池化组成，大卷积核可以更多关注全局特征，小卷积核则关注局部特征，最后将不同尺度的特征进行拼接实现特征融合。为了减少参数量，同时还提出了一个带有降维的 Inception 模块（见图 8-17b），从通道维度对特征进行缩减，通过 1×1 卷积核减少通道数，从而减少参数量。GoogLeNet 的这种多尺度特征融合方法极大地提高了其性能和效率，但也带来了结构设计上的复杂性，增加了模型设计和优化的难度。

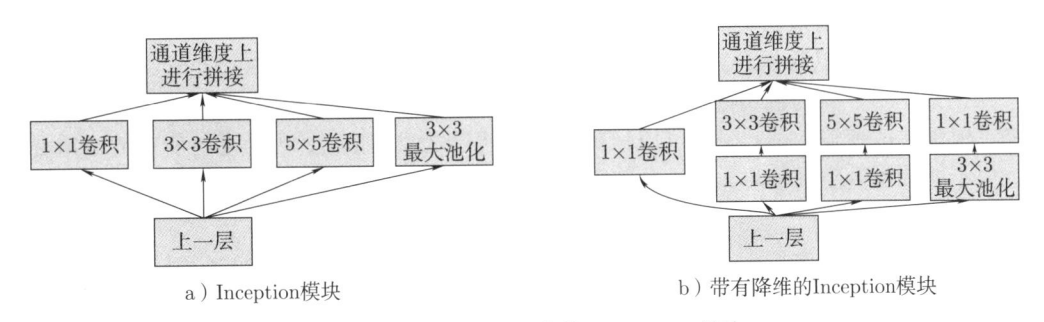

图 8-17 GoogLeNet 中的 Inception 模块

2015 年，ResNet 被提出，通过残差结构避免了深层网络梯度消失和梯度爆炸问题，同时引入批量归一化来加速训练。其残差结构如图 8-18 所示，输入 x 最后会与输出 $F(x)$ 相加，得到最终输出 $F(x) + x$。这种跳跃连接设计有效避免了在深层网络中常见的梯度消失和梯度爆炸问题，保证了梯度可以直接传播到较浅层。此外，ResNet 还集成了批量归一化技术，有助于网络在训练过程中保持更稳定的分布，加速收敛过程。然而，ResNet 在处理极深网络结构时仍可能遇到性能瓶颈，且参数量较大，对计算资源的需求较高。

2016 年，DenseNet 被提出，其设计思想进一步优化了特征传递和重用的效率。如图 8-19 所示，在 DenseNet 中，每一层都将之前所有层的输出作为输入，通过这种密集连接，网络能够在较低的参数数量下实现更有效的特征学习和传递。密集连接的设计也使网络具有更好的参数效率和较低的过拟合倾向。尽管如此，DenseNet 的这种连接方式极大地增加了内存消耗，特别是在深层网络中，会导致计算效率下降。

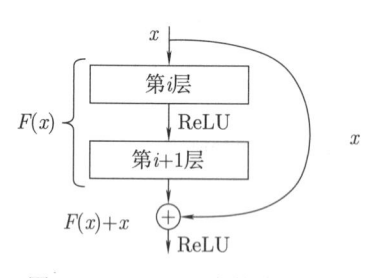

图 8-18　ResNet 中的残差结构

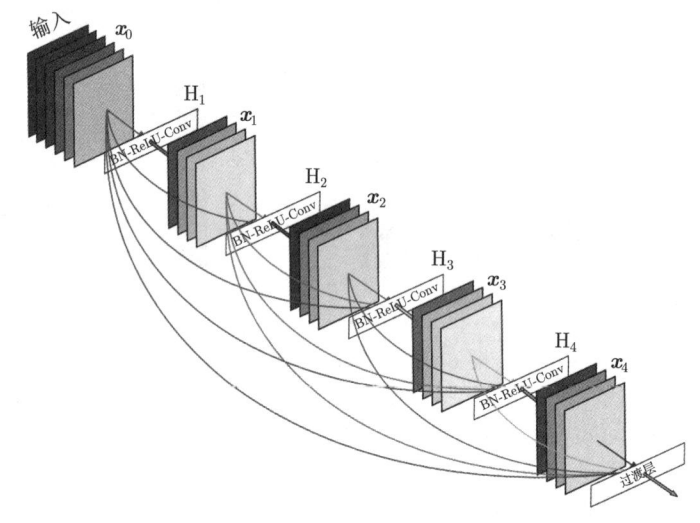

图 8-19　DenseNet 的稠密块结构

2017 年，MobileNet 被提出，它引入深度可分离卷积操作以减少参数数量和计算量。深度可分离卷积由两部分组成：深度卷积（Depthwise Convolution）和点卷积（Pointwise Convolution）。深度卷积运算示例如图 8-20 所示，一个卷积核负责一个通道，一个通道只被一个卷积核卷积，卷积核的数量与输入的通道数相同，用来改变输入的尺寸，但是输出的通道数不变，不能捕捉到不同通道之间的信息。点卷积运算示例如图 8-21 所示，一共有 C 组 $1\times1\times M$ 卷积核，其中，M 为上一层的通道数，C 为输出的通道数。输出的通道数等于卷积核的组数，可以用来改变输入的通道数，但无法改变输入的尺寸；可以捕捉到不同通道之间的信息，因为会将所有的通道混合在一起，但不能捕捉到空间信息。这种分解方式在大幅减少参数和计算量的同时，仍保持了良好的

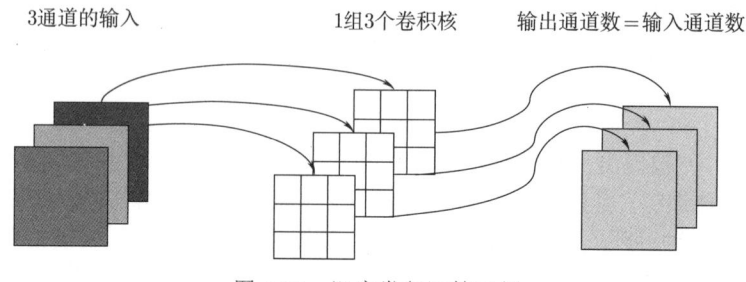

图 8-20　深度卷积运算示例

模型表现。但这种结构的一个主要问题是可能会牺牲一些模型的精度,尤其是在复杂的视觉任务中,因为它减少了模型学习空间和通道间复杂交互的能力。

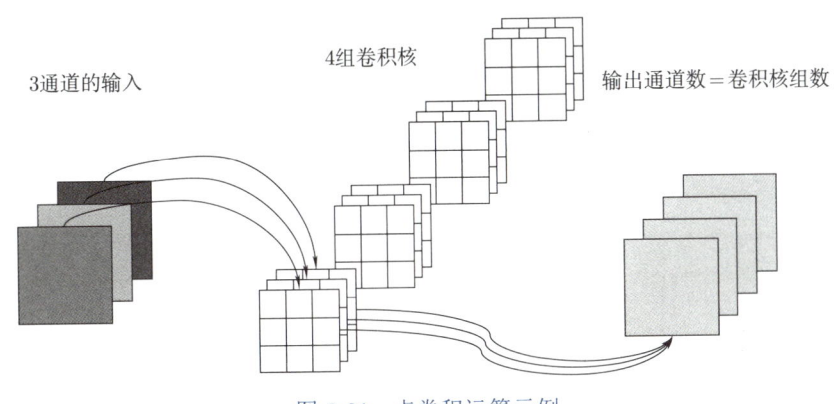

图 8-21　点卷积运算示例

(2) 基于 Transformer 的骨干网络

Transformer 最先在自然语言处理中被提出,由于其强大的长距离建模能力,它在自然语言处理中得到了广泛应用。因此,就有学者开始研究,能否将 Transformer 应用到计算机视觉领域。

2020 年,ViT(Vision Transformer)被提出,它首次将 Transformer 结构直接应用于大规模图像分类任务。图 8-22 所示为 ViT 模型框架,ViT 的核心思想是将图像分割成若干小块(Patch),然后将每个小块线性嵌入一个序列中,利用标准的 Transformer 结构对该序列进行处理。这种做法充分借鉴了 NLP 中的处理方法,使图像识别任务能够以序列的形式进行。然而,ViT 的成功依赖于大规模数据和强大的计算资源。虽然它展示了 Transformer 结构在图像任务中的有效性,但其计算需求较高,对小数据集不太友好,容易出现过拟合问题。此外,ViT 在处理较大图像时效率较低,因为其全局自注意力机制导致计算量随图像尺寸变大快速增加。

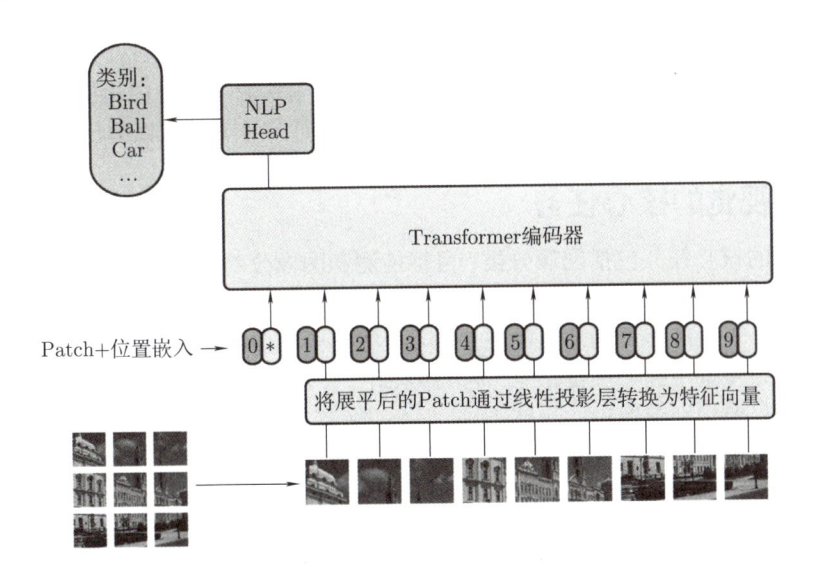

图 8-22　ViT 模型框架

2021 年,Swin Transformer 被提出,它针对 ViT 的局限性进行了改进。Swin Transformer 采用了层次化的设计,将自注意力(Self-Attention)操作限制在局部窗口内,从而减少了计算复杂度，并允许跨窗口的信息流动，以便更有效地捕捉全局特征。如图 8-23 所示，Swin Transformer 采用了分层设计，通过在每一层对图像划分不同的局部窗口进行自注意力计算。在第 1 层，图像被分割为多个小块，在每个局部窗口内进行自注意力计算，这大大减少了计算复杂度。而在后续层中，窗口的划分会进行滑动，使信息可以跨窗口传播，从而有效地捕捉到全局特征。这种滑动窗口机制使得 Swin Transformer 能够在保持高效的同时，逐步集成局部和全局的信息。相比于传统 Transformer 结构，Swin Transformer 通过限制自注意力的范围，并结合滑动窗口跨层传播信息的方式，显著提高了计算效率，在多种视觉任务上都体现出优异的性能，尤其是在处理大尺寸图像时表现突出。

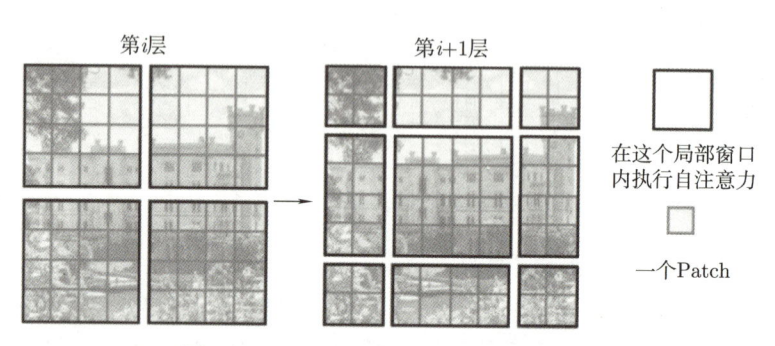

图 8-23 Swin Transformer 的滑动窗口

类似的，特征描述也可以分为传统方法和深度学习方法。

在传统方法中，特征描述常通过手工设计的描述符实现，例如：

- **SIFT（尺度不变特征变换）**：通过梯度方向直方图描述关键点周围区域的纹理信息。
- **SURF（加速稳健特征）**：基于积分图像和 Haar 小波响应的快速描述方法。
- **ORB（Oriented FAST and Rotated BRIEF）**：结合方向信息的二值化描述符，兼顾效率与鲁棒性。

而在深度学习方法中，特征描述通常通过神经网络自动学习。例如：

- **孪生网络（Siamese Network）**：通过对比学习生成具有判别性的特征向量。
- **描述子学习模块（如 SuperPoint、D2-Net）**：端到端地联合优化特征检测与描述任务。
- **预训练模型的特征重用**：直接提取 CNN 深层特征作为图像区域的描述子。

8.4 计算机视觉的核心任务

计算机视觉的核心任务包括**图像分类**、**目标检测**和**图像分割**，它们构成了机器理解视觉信息的基础，但这三项任务各自面临独特的挑战，并在不同应用场景中发挥着重要作用。

图像分类让计算机能够识别图像的主要内容，将整幅图像归类到预设的类别中。它关注全局特征，要求在复杂背景中提取关键信息，准确判断图像所属的类别。

目标检测不仅要识别图像中的物体类别，还需要确定每个物体在图像中的具体位置。相比于图像分类，目标检测增加了定位维度，需要在分类的同时处理空间信息，且面对多目标、遮挡和尺度变化等复杂情况。

图像分割则进一步细化，对图像进行像素级别的划分，将每个像素归属到特定的对象或区域。它能够精确描绘物体的形状和边界，支持更高级的视觉任务，如场景理解和对象轮廓提取。

这三项任务相互关联，又各有侧重，共同构建了计算机对视觉世界的理解能力。深入研究它们的特殊之处，能够推动计算机视觉技术在更多领域的创新和应用，下面逐一介绍这三项核心任务。

8.4.1 图像分类

图像分类的目的是让计算机识别出这张图像所属的类别。图 8-24 中展示了一张关于猫的照片，对于人类来说很容易分辨其物种，即使是儿童也只需一眼就能做出判断，而对于计算机来说则不然。图像分类指的正是赋予计算机分析图像数据，将图像归类到预定义的类别中的能力。这是所有计算机视觉任务的起点，许多复杂的视觉任务都建立在图像分类的基础之上。

图 8-24　李飞飞于 2015 年 TED 演讲中用于展示 ImageNet 样例的演示稿

1. 传统的图像分类方法

图像分类方法发展历史悠久且任务庞杂，如今广泛应用的技术已经难以用简单示例直观地解释其运作原理。本书将从基础出发，借助 MNIST 数据集来介绍相关基本概念。MNIST 由美国 NIST 和杨立昆（Yann LeCun）等人开发，是一个手写数字数据库。它源自 NIST 数据，经修改优化后，更适合机器学习和图像分类研究。由于其简单易处理，常作为教学和初学者练习数据集，帮助学习者理解机器学习和深度学习的基础知识。图 8-25 展示了 MNIST 数据集中各标注下的 3 个样本示例。由于人类手写受书写工具、书写习惯、随机性等因素影响，相同的数字往往差异巨大，合理依据它们的共性将之归类正是图像分类的主要任务。

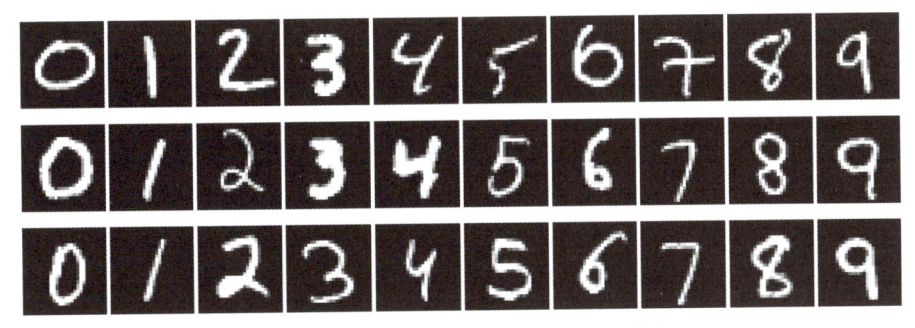

图 8-25　MNIST 手写数字数据集中部分样本示例

为了深入理解图像识别分类的基本原理，首先需要对图像"**距离**"这一核心概念有一个清晰的认识。在图像分类中，距离是衡量两张图像相似程度的一种方式。想象在整理相册时，如何判断两张照片是否属于同一场景或同一事件？最直观的方法就是比较它们的相似度。这种比较的过程在计算机中通常通过计算图像之间的"距离"来实现。距离越小，图像越相似；距离越大，图像差异越明显。

对于人类而言，判断两张图片的相似性是直观的。例如，看到两朵颜色和形状相似的花，人们会认为它们是同一种花。同样地，看到两个形状、颜色都完全不同的物体，人们会迅速认定它们是不同的东西。计算机则需要通过数学方法来模拟这种直觉，利用图像中的像素信息来计算图像之间的距离。

在计算机视觉中，图像通常被表示为一组特征，例如颜色、形状、纹理等。计算距离时，计算机会比较这些特征。例如，对于两张花的照片，计算机会比较它们的颜色分布、花瓣形状等特征。如果这些特征之间的差异很小，那么它们之间的距离也就很小，表明这两张图片很相似。任何图像识别分类方法设计的本质都在于如何寻找一个更合理的距离计算方式，或是如何确定一个更优秀的"距离分割点"。

为了更好地理解图像距离在图像分类中的应用，下面简略介绍两种基于传统机器学习的方法，即 k 近邻算法（KNN）和支持向量机（SVM），它们是图像识别与分类中经典的代表性算法。二者的计算步骤和推导过程均已在前面的章节中详述过，此处仅介绍它们在图像分类任务中的应用方式。

（1）k 近邻算法

k 近邻算法（KNN）是一种简单而直观的聚类方法。它的工作原理可以通过下面的步骤来理解。

1）**比较距离**。当想要分类一张新的图片时，KNN 算法会将这张图片与数据库中所有已知图片进行比较，计算每一对图片之间的距离。

2）**选择最近的"邻居"**。选择距离最近的 k 个已知图片作为"邻居"。这些"邻居"就是与待分类图片最相似的几张图片。

3）**投票决策**。通过邻居的类别标签进行投票，决定待分类图片的类别。简单来说，哪个类别的"邻居"最多，待分类图片就属于哪个类别。

假设有一张手写数字"5"的图片，想知道它是哪个数字。KNN 算法会计算这张图片与数据库中所有数字图片的距离，找到最接近的几张图片，看看它们分别是什么数字。如果这些"邻居"中大多数是数字"5"，那么就可以判断这张新图片也是数字"5"。实际上，k 近邻算法是在求解图 8-26 中图像样本的**分布状态**。

（2）支持向量机

支持向量机（SVM）是一种基于找到最优分隔超平面的分类方法。它的工作原理可以通过以下步骤来理解。

1）**找到分隔超平面**。SVM 算法会在特征空间中寻找一个超平面（例如一条直线或一个平面），这个超平面能够最大限度地将不同类别的图片分开。

2）**最大化间隔**。SVM 不仅关注分隔超平面的位置，还会最大化两个类别之间的间隔，使得分类更加准确和鲁棒。这个间隔是由一些关键点（称为支持向量）来决定的。

3）**分类新图片**。当有新的图片需要分类时，SVM 会根据它在特征空间中的位置，看它落在分隔超平面的哪一侧，从而决定它的类别。

实际上，SVM 算法是求解图 8-26 中的所有分隔线的表示，即**类别边界**。

2. 基于深度学习的图像分类

对于真实世界中复杂多变的图像，MNIST 数据集显然不足以估计方法的分类能力，为了能够更好地评估方法在复杂情况下的分类能力，李飞飞等人建立了一个大规模数据集 ImageNet，其旨在模拟人类的识别系统从图片中识别物体，如图 8-27 所示。ImageNet 包含约 1500 万张图片，及其对应的 10 万余词语标签（其中超过 8 万个词语是名词），这些词语标签可以被分为约 8 万个"同义词集合"（Synset），每个同义词集合都分配到了 500~1000 张清晰的图像，所有图像对应的标签均由人工准确标注。截至本书完稿，ImageNet 仍然是最大的公开图像分类数据集。

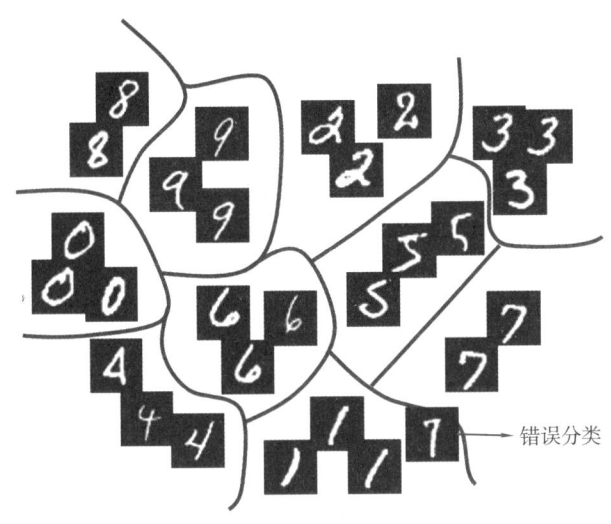

图 8-26　在 MNIST 数据集上进行的基于 SVM 与 KNN 方法分类的可视化效果

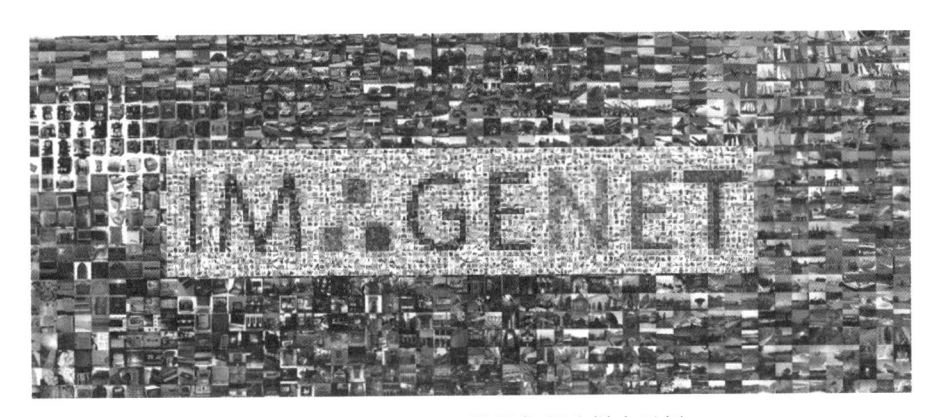

图 8-27　ImageNet 数据集部分样本示例

处理如 ImageNet 这样量级的分类问题，对于传统方法而言几乎是不可能完成的任务。因此，研究者们开始将研究重心转向基于深度学习的分类方法。深度学习的核心思想是通过多层神经网络自动提取图像的特征，然后根据这些特征进行分类。与传统方法相比，深度学习能够处理更加复杂的图像信息，并显著提高分类的准确性。深度学习方法的发展经历了多个重要的里程碑，每一个新的网络架构都推动了图像分类技术的进步。下面简要介绍一些关键的网络架构，如 AlexNet、VGGNet、ResNet、DenseNet 和 Vision Transformer（ViT），通过了解它们的发展历程，可以掌握基于深度学习的图像分类方法的基础知识及其演变过程。

AlexNet 是 2012 年提出的，以其作者 Alex Krizhevsky 命名。它是第一个在大型图像数据集（ImageNet）上取得显著成功的深度学习模型，标志着深度学习在图像分类领域的革命性突破。它由多个卷积层和全连接层组成，首次使用了 ReLU 激活函数，并采用了 Dropout 技术来防止过拟合。这些创新使得 AlexNet 能够在较深的网络中有效地学习图像特征。

VGGNet 是由牛津大学视觉几何组在 2014 年提出的，它使用了非常小的卷积核，并通过增加网络深度来捕捉更复杂的特征。尽管这导致了计算成本显著升高，但这种简单而深层的结构在多个图像分类任务中表现出色。

ResNet（残差网络）是于 2015 年提出的一种革命性架构，它通过引入"残差"概念，使得网络能够跳跃地学习特征，解决了如 VGGNet 等深度网络训练中的梯度消失问题，从而使网络可以进一步加深。这一技术突破使得 ResNet 在更低的计算开销的基础上，也能取得更高的准确性。

DenseNet 是 2016 年提出的，是对 ResNet 思想的改进和进一步轻量化。在 DenseNet 中，每一层都直接连接到所有之前的层，使网络能够更有效地利用特征，显著减少了参数数量。

ViT 是一种于 2020 年提出的基于 Transformer 的模型，与传统卷积神经网络不同，ViT 将图像分割成小块，像处理文本一样处理图像。它的优势在于能够捕捉图像中全局范围的特征，这使得它在大型数据集上表现非常出色。虽然它为图像分类任务引入了新的思路，但它昂贵的计算成本，以及对训练数据量的超大需求，在某种程度上限制了其广泛应用。

表 8-1 展示了上述五种方法的性能对比。为了更好地理解这些网络架构的进化及它们在图像分类任务中的表现，可以从以下几个关键衡量标准入手：Top-1 错误率、Top-5 错误率、浮点运算次数（FLOPs），以及可学习参数数量。**Top-1 错误率**表示模型在测试集中预测错误的比例，即模型的最高概率预测值与实际标签不匹配的情况，较低的 Top-1 错误率意味着模型在单个预测上的准确性更高。**Top-5 错误率**则表示模型预测的前五个最高概率值中没有一个与实际标签匹配的情况，这个指标比 Top-1 错误率更宽松，更能反映模型在细分类别上的性能。**FLOPs**（浮点运算次数）是衡量模型计算复杂度的指标，表示模型在推理过程中所需的计算量，通过 FLOPs 可以了解模型的计算成本，较高的 FLOPs 意味着模型对计算资源的需求更高。**可学习参数数量**则代表了模型的复杂度，通常参数越多，模型越复杂，也越有潜力捕捉到更丰富的特征，但这同时也带来了更大的存储和计算需求。

表 8-1　五种方法在 ImageNet 数据集上的性能比较

方法	Top-1 错误率	Top-5 错误率	浮点运算次数 $\times 10^{10}$	可学习参数数量 $\times 10^7$
AlexNet	36.7%	15.4%	0.00007	0.006
VGGNet	—	8.43%	15	6
ResNet	19.38%	4.49%	7.6	2.5
DenseNet	20.80%	5.29%	0.06	0.9
ViT	11.92%	1.44%	2.46	30.7

由表 8-1 可以分析出，从 AlexNet 到 ViT，在整个图像分类任务的演变过程中，方法的精确度逐步提升。VGGNet 的诞生使得错误率骤降，虽然带来的代价是运算成本多个数量级的提升。ResNet 关注到了 VGGNet 中冗余计算和内在结构缺陷带来的计算成本问题，经过精简（主要通过残差链接实现）获得了进一步的性能提升和计算成本降低。DenseNet 则是一种轻量化研究，它大幅降低了 ResNet 的计算成本，尽管这会有一定的性能损耗，但在一些特殊场景（如边缘计算设备等）中，这类方法有着重要的地位。ViT 虽然带来了显著的性能提升，但是它所需要的计算资源要远远大于其他四种方法，尤其是计算次数超出了 VGGNet 数个数量级，这种代价使其无法在对实时性要求较高或计算成本受限的场景下应用。

总而言之，从 AlexNet 到 ViT，图像分类技术经历了从简单到复杂、从局部特征到全局特征的演变。每一个新的架构都在前人工作的基础上进一步提升了图像分类的精度和效率。通过不断优化网络结构和算法，不断推动图像识别分类的边界，使其在实际应用中取得越来越多的进步。对于刚刚入门的学习者，理解这些网络的基本思想是进入图像分类领域的第一步。

8.4.2 目标检测

目标检测是在图像分类基础上的进一步拓展，它不仅需要识别图像中物体所属的类别，还需要精准确定这些物体在图像中的具体位置。简单来说，它的任务就是给每个物体打上"框"并进行分类。比如，识别出图中所有的猫，并标记出它们的位置。目前，目标检测算法大多基于深度学习，这些算法可以分为**两阶段目标检测算法**和**一阶段目标检测算法**。目标检测是自动驾驶、监控系统等应用的关键基础任务。

1. 两阶段目标检测算法

两阶段目标检测算法首先会从图像中生成候选区域，然后使用 CNN 提取特征，并进行分类和回归。较为典型的算法有 R-CNN、Fast R-CNN 和 Faster R-CNN 等。下面以 R-CNN 为例介绍其算法流程。

如图 8-28 所示，R-CNN 算法流程包括四步：①输入图像；②使用选择性搜索（Selective Search）算法提取约 2000 个候选区域；③缩放候选区域，并通过 CNN 提取每个候选区域的特征；④将特征送入 SVM 分类器中进行分类，确定其所属类别。

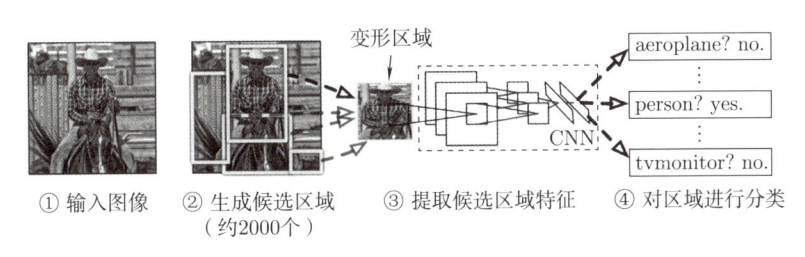

图 8-28 R-CNN 算法流程

2. 一阶段目标检测算法

虽然两阶段目标检测算法有良好的准确度，但相对较为耗时，相比之下，一阶段目标检测算法可以满足快速检测的需求，不过准确度要略低于两阶段目标检测算法。在一阶段目标检测算法中，候选区域的生成和目标分类是同时进行的。较典型的一阶段目标检测算法有 YOLO（You Only Look Once）系列、SSD 和 RetinaNet 等。YOLO 可以说是最经典的一阶段目标检测算法之一，从 2016 年 YOLOv1 被提出，一直到 2024 年 YOLOv9 问世，YOLO 算法由于其优异的目标检测性能，被广泛应用于生活中的各个领域，下面以 YOLOv1 为例，简要说明一阶段目标检测算法的主要流程。

YOLOv1 算法流程如图 8-29 所示。首先将输入图像分为 $S \times S$ 个网格。如果一个目标的中心位于某个网格内，那么该网格负责预测这个目标。每个网格会预测 B 个边界框和 C 个类别概率。每个边界框包含 5 个参数：中心点的横坐标 x、纵坐标 y、边界框的宽度 w、高度 h 及一个置信度值。这里的 x、y 用于确定边界框的中心在网格中的相对位置，而 w 和 h 则用于描述边界框相对于整体图片尺寸的比例尺寸。置信度的值涉及两个方面：一是边界框包含目标的可信度，二是该边界框与真实边界框的重叠程度，即 IoU。因此，置信度的值是边界框包含目标的概率与该边界框和真实边界框的 IoU 的乘积。

3. 目标检测在航空场景中的应用

（1）无人机巡检

随着人工智能和计算机视觉技术的不断发展，基于目标检测的视觉识别在各个领域得到了广泛应用。特别是在航空场景中，无人机巡检成为提升基础设施维护和监控效率的重要手段。借助先进的目标检测算法，无人机能够自动识别并分析航拍图像，检测出各种潜在问题和隐患。例如，在电力设施巡检方面,传统的人工检查方式不仅费时费力还存在一定的安全风险。如图 8-30 所示,利用无人机搭载的高精度摄像设备和目标检测算法,可以高效、精准地识别出绝缘子缺失、鸟窝异物、螺帽锈蚀及导线断股损伤等问题。这不仅大幅提升了检测速度和准确性,还有效降低了人力成本和安全风险。

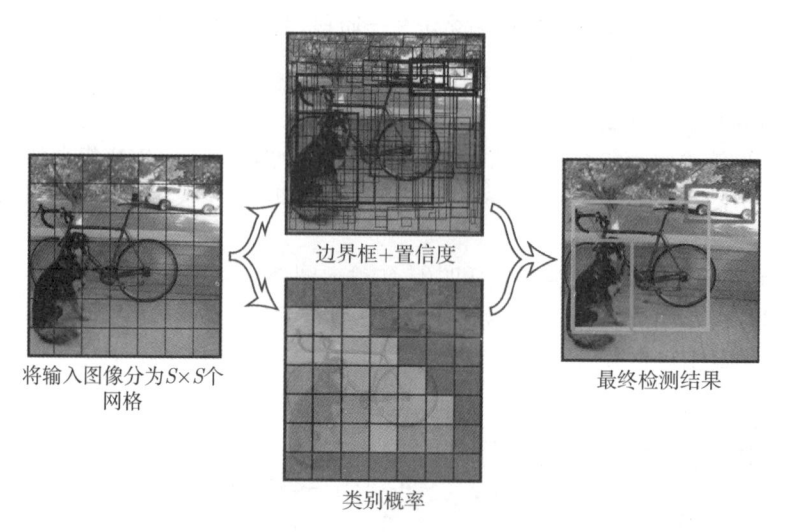

图 8-29　YOLOv1 算法流程

a)绝缘子缺失检测　　　　　　b)鸟窝异物检测

c)螺帽锈蚀检测　　　　　　d)断股损伤检测

图 8-30　电力设施无人机巡检示例

(2)无人机反恐识别

无人机技术与先进的人工智能与视觉识别系统相结合,正广泛应用于反恐和安保任务中,特别是在复杂的航空场景中。如图 8-31 所示,无人机所装载的视觉识别系统经过深度学习模型训练,能够快速识别人类形态、车辆及其他潜在的威胁物体。例如,在人类形态识别方面,无人机装载的视觉识别系统借助深度学习模型，能快速识别出人类形态。即便在拥挤或复杂的环境中，无人机也可以有效筛选出可疑人员，提供实时的位置信息和行为分析，帮助安保人员迅速做出反应。这不仅涵盖对人类形态的识别，还涉及对目标行为模式的分析，例如突然加速奔跑或携带可疑物品等异常行为。

图 8-31　无人机反恐识别

（3）无人机战场视觉识别

如图 8-32 所示，在战场环境中，无人机可以凭借视觉识别技术，对地面的目标进行精准的定位和识别，包括敌方的设施、装备和人员等。在战斗过程中，无人机还可以借助视觉识别技术，对战场损失进行实时评估，为指挥部提供重要的战术决策依据。人工智能与视觉识别技术的结合，使无人机不仅能够在复杂的航空战场环境中执行任务，而且能够为军事行动提供重要的数据和决策支持。这不仅提高了军事行动的效率和安全性，还大大增强了战术决策的质量。该技术的发展将对现代战争的形态和战术产生深远影响。

图 8-32　无人机战场视觉识别

8.4.3　图像分割

图像分割是在目标检测的基础上更为细化的一步。它不仅要检测出物体的位置，还需要精确到像素级别，明确区分每一个物体的边界。图像分割可以分为"语义分割"（所有相同类别的像素被归为一类）和"实例分割"（区分同一类别中的不同个体）。医疗影像分析、无人机导航等诸多应用都依赖于精确的图像分割技术。图 8-33 展示了这两种分割的主要差异。

a）原图　　　　　　　　　　　　b）语义分割

c）实例分割

图 8-33　图像分割示例

- 语义分割的目标是将图像中的每个像素划分到预先定义的类别中。这意味着，所有属于同一类别的像素都会被归为一类，然而，它并不关心这些像素是否来自不同的个体。例如，语义分割一张包含多个人的图片，所有人的像素会被标记为"人"，但不会区分这些人是不同的个体。再比如，想象你站在一片森林中，语义分割就像是在告诉你哪些是树、哪些是天空、哪些是草地。它能让你大致了解图片中的类别，但不会告诉你每一棵树之间有什么区别。因此，语义分割更多关注的是"是什么"，而不是"是谁"。
- 实例分割则更加细致，它不仅能识别每个类别，还会对属于同一类别的不同物体加以区分。仍以上述森林为例，实例分割不仅会告诉你哪些是树，还会标记每一棵树，让你知道每棵树都是独立的个体。即使图片中有多个人，每个人也会被赋予不同的颜色标签，以此来区分不同的"实例"。

简单来说，语义分割侧重于类别，而实例分割则更进一步，可区分每个类别中的不同个体。语义分割就像在告诉你"这里有一群人"，而实例分割则在告诉你"这里有甲、乙、丙三个人，每个人是独立的个体"。

1. 传统的图像分割算法

传统的图像分割算法是早期的分割手段，常被用作图像处理的预处理步骤，主要有基于阈值的图像分割算法、基于边缘检测的图像分割算法和基于区域的图像分割算法。下面以基于阈值的图像分割算法为例，阐述其基本流程。

基于阈值的图像分割算法通过选定一个或多个合适的灰度值，将图像中的像素划分为不同的区域。其核心思想是利用图像的灰度直方图信息，设定一个或多个阈值，将图像的像素值与阈值进行比较，从而将图像分割成前景和背景，或者多个区域。其基本流程如下。

1）对输入的图像进行预处理。图像通常是灰度图，如果是彩色图像，通常会先将其转换为灰度图，这样做的目的是简化计算，且灰度图能够更直观地反映图像的亮度信息。接下来，根据图像的像素值统计其灰度直方图，灰度直方图展示了图像中各灰度级别的像素分布情况，这是阈值选取的重要依据。

2）在图像的灰度直方图中，通常可以看到一个或多个峰值和谷值。峰值对应的是图像中常见的灰度值，而谷值往往处于前景和背景之间的过渡区域。阈值选取的目标是找到这些灰度分布中的临界点，以便在该点处能较好地将前景和背景分离开来。对于简单的图像，往往可以通过人工设定一个固定的全局阈值。例如，如果阈值为 T，算法会将图像中所有灰度值大于 T 的像素点标记为前景，小于或等于 T 的像素点标记为背景。这种方法称为单阈值分割。

3）阈值确定后，图像的分割通过简单的比较操作来实现。见式(8-2)，对于每个像素点，检查其灰度值 $g(i,j)$ 是否大于或小于阈值 T，根据结果将像素划分到不同的区域，比如 $c(i,j) = 1$ 表示图像像素 (i,j) 属于目标，$c(i,j) = 0$ 表示图像像素 (i,j) 属于背景，这样，图像就被分割成了前景和背景。最后，进行后处理，如去除噪声或填充小空洞，进一步提高分割结果的质量。

$$c(i,j) = \begin{cases} 1, & g(i,j) \geqslant T \\ 0, & g(i,j) < T \end{cases} \tag{8-2}$$

图 8-34 所示是使用阈值分割算法进行图像分割的示例。在该例子中，阈值 T 被设置为 128，可以较好地分离出目标和背景。

a）原图 b）阈值分割图

图 8-34 使用阈值分割算法进行图像分割

2. 基于深度学习的图像分割算法

传统的图像分割算法大多只利用了图像的表层信息，对于那些需要大量语义信息的分割任务则不适用，无法满足实际需求。而基于深度学习的图像分割算法可以充分挖掘图像的语义信息，实现更加精准、高效的分割。此类方法按照网络结构可分为**基于 CNN 的图像分割**、**基于 GAN 的图像分割**和**基于 Transformer 的图像分割**。基于 CNN 的图像分割算法有 FCN、PSPNet、DeepLab、Mask R-CNN 等，基于 GAN 的图像分割算法有 SegAN、SCAN、PAN、GANSeg 等，基于 Transformer 的图像分割算法有 Segmenter、SegFormer、MISSFormer 等。

2023 年，**Segment Anything Model（SAM）** 被提出。SAM 是一个在迄今为止最大的分割数据集 SA-1B 上训练的分割模型，它从 1100 万张图像中提取了超过 10 亿个掩码。因此，SAM 具有强大的泛化能力，即使在面对未知对象、陌生场景或模糊情况时，SAM 仍能较准确地进行图像分割。SAM 模型架构如图 8-35 所示，它由图像编码器、提示编码器和掩码解码器三部分组成。首先，图像编码器将输入的图像转化为高维的图像嵌入，为后续的分割任务提供丰富的图像

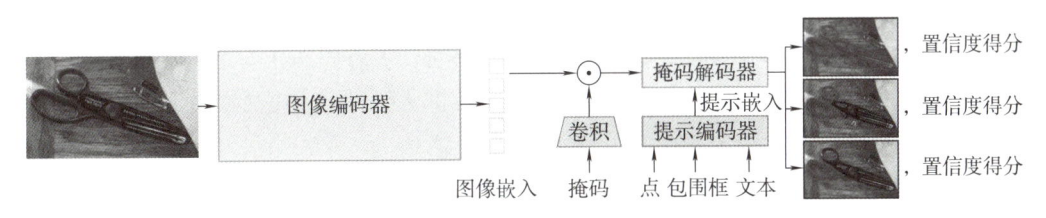

图 8-35 SAM 模型架构

特征；接着，提示编码器根据用户提供的提示信息（如点、包围框、文本等）生成提示嵌入，这些提示有助于模型确定感兴趣的区域；最后，掩码解码器结合图像嵌入和提示嵌入生成对应的分割掩码，并输出置信度得分。

8.5 计算机视觉应用

在了解了计算机视觉的核心任务之后，你可能会好奇，它具体能在哪些方面为人们提供帮助？其实，计算机视觉的应用已经深度融入我们生活和工作的方方面面，成为许多领域不可或缺的技术工具。

想象一下，当你拿起手机解锁时，手机能够瞬间识别出你的脸，这背后依靠的就是**人脸识别**技术。这项技术不仅让解锁设备更加便捷，还被广泛应用于安防监控、身份验证等场景。比如，计算机能通过"认脸"来确认你的身份，从而让访问更加安全。再有，假如你发现一张老照片已经模糊不清，甚至上面还出现了许多划痕。这时，**图像复原与超分辨率**技术便能发挥作用。它们就像给照片"做美容"，不仅能修复图像中的损坏部分，还能提升图像的清晰度，甚至超越原有的分辨率。这种技术已经应用于影视制作、博物馆文物修复等领域，帮助人们"重现"曾经的历史记忆。在工业制造领域，计算机视觉同样扮演着重要角色。在生产线上，**图像表面缺陷检测**技术能帮助工厂自动检测产品是否有瑕疵或缺陷。它就像一位永不疲倦的"质检员"，能够准确地找到任何不符合标准的部分，确保产品质量。这项技术极大地提高了生产效率，减少了人工检测可能出现的错误。**视频理解与生成**领域也充满了令人惊叹的创新成果。计算机不仅能够自动分析视频中的内容，还能通过"想象"生成新的图像或视频。比如，在视频监控中，计算机可以分析出异常行为并及时报警；在影视创作中，它能根据已有的素材生成全新画面，为电影特效和虚拟现实提供强大的技术支持。**遥感与红外图像处理**则是计算机视觉技术的另一个重要应用领域。通过卫星图像，计算机能够监测地球的生态变化、预测自然灾害。可以把它想象成一种"天眼"技术，能够从远处或黑夜中获取信息。该技术应用于环境保护、军事监控等方面。最后，**医学影像处理**让计算机视觉在医疗领域发挥了巨大的作用。它能够通过分析医学图像，帮助医生进行诊断，发现病变区域，比如癌症筛查或骨折检测等。计算机视觉就像一位得力"助手"，辅助医生更加精准地分析病情，提升诊疗效率和准确度。

综上所述，计算机视觉不仅是一项高深的技术，无论是在日常生活、工作场景，还是在复杂的科学研究领域，它都为人们提供了智能化的视觉辅助。从安全保障到娱乐体验，从工业生产到医疗诊断，计算机视觉的应用无处不在，深刻改变着世界。

8.5.1 人脸识别

人脸识别是一种通过面部特征识别身份的技术，目前已经广泛应用于视频监控、安全验证等领域，比如手机上的人脸解锁就是使用了人脸识别技术。常见的人脸识别算法主要有两类：**传统人脸识别算法**和**基于深度学习的人脸识别算法**。

如图 8-36 是人脸识别的基本流程，主要分为四个步骤。

1）人脸检测。使用人脸检测器在图像中识别出人脸的位置，用一个矩形框标出图像中的两个人脸。这一步是为了确定人脸的区域，便于后续的处理。人脸检测这一步骤至关重要，因为它不仅是后续处理的基础，还可以过滤掉图像中的背景和非人脸部分，提高整个识别系统的效率和准确性。

2）人脸对齐。检测到人脸后，进行人脸对齐。对齐是通过识别和定位人脸上的关键点（如眼睛、鼻子和嘴巴），然后对这些点进行仿射变换，以标准化人脸姿态，减少拍摄角度、表情变化和头部旋转带来的影响。在本例中，利用标注的关键点（眼睛、鼻子、嘴巴）对两个人脸进行标准化裁剪，使其在相似的位置和角度下显示。

3）人脸表示。对齐后的人脸图像被输入特征提取模型中，以生成具有区分性的人脸特征向量。如图 8-36 所示，左侧人脸和右侧人脸分别生成特征向量 [0.2, −0.3, ⋯, 0.1] 和 [0.1, −0.4, ⋯, 0.2]。这些特征向量是对人脸独特特征的数值表示，用于后续的匹配过程。

4）人脸匹配。将提取的人脸特征向量与数据库中的特征向量进行匹配，计算相似度得分。如图 8-36 所示，通过比较两个特征向量，得到相似度得分为 0.25。由于这个得分远低于典型的匹配阈值，因此系统判定这两张人脸属于不同的个体，不是同一人。

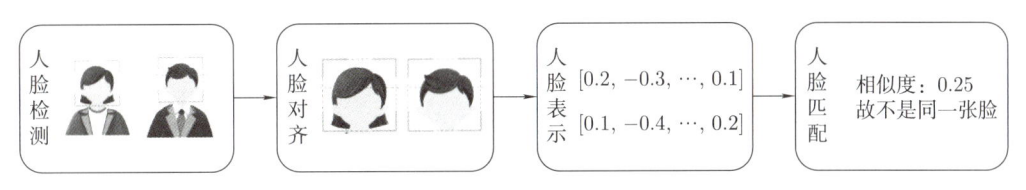

图 8-36　人脸识别基本流程

1. 传统人脸识别算法

传统方法依赖于人工设计的特征（比如 8.3.2 小节讲到的局部特征和全局特征）与机器学习技术（比如主成分分析、线性判别分析或支持向量机）的组合。典型的传统人脸识别算法有 **Eigenfaces** 和 **Fisherfaces**。Eigenfaces 算法的核心是使用主成分分析（Principal Component Analysis, PCA）对高维人脸图像数据进行降维处理。PCA 通过寻找数据的主成分，将图像投影到一个低维空间中，以保留图像中方差最大的方向，从而保留最重要的信息。因为 PCA 只关注数据的整体方差，而忽略了人脸图像中局部特征（如眉毛、眼睛、鼻子、嘴巴等）的细节，这可能会对识别精度产生影响。与此不同，Fisherfaces 算法在初步使用 PCA 进行降维的基础上，进一步采用线性判别分析（Linear Discriminant Analysis, LDA）来优化特征提取。因为 PCA 仅关注数据的整体方差，忽略了类别之间的区分信息，所以在分类任务中并不总是理想的。LDA 的目标是通过同时最大化类间差异（不同类别之间的距离）和最小化类内差异（同一类别内部的距离）来提升分类性能。因此，Fisherfaces 通过结合 PCA 和 LDA 两种技术，不仅降低了数据维度，还更好地保留了对识别任务有用的判别性特征，从而有效提升了人脸识别的准确率。值得注意的是，PCA 和 LDA 在人脸识别中主要用于人脸表示阶段，而不是直接用于分类。

2. 基于深度学习的人脸识别算法

基于深度学习的人脸识别算法通常采用 8.3.2 小节所提到的骨干网络来自动提取人脸图像中的特征。这些算法通过训练一个深度网络，能够从大量的标注数据中学习到高层次的特征表示，比如面部的结构、纹理和局部细节等。在训练过程中，网络会逐步调整其参数，以优化人脸特征的区分能力，从而实现更高的识别准确率。深度学习模型能够通过多层网络架构捕捉复杂的非线性特征，避免了传统方法中人工设计特征的局限性。此外，现代人脸识别算法通常采用数据增强、迁移学习和其他技术来进一步提高识别性能和模型的泛化能力。这些进步使得基于深度学习的人脸识别技术在各种应用场景中表现出了优异的效果。这类方法的经典算法有 DeepFace、FaceNet 和 VGGFace 等。

8.5.2　图像复原与超分辨率

在日常生活中，图像复原与超分辨率技术的应用已经变得触手可及。例如，在低光环境下，智能手机依靠超分辨率技术能够捕捉并增强图像细节，使夜间拍摄的照片清晰明亮。再如，运动时或手持设备不稳时拍摄的照片往往会模糊，图像复原技术可以有效去除这种模糊，恢复照片的清晰度。此外，当手机摄像头放大拍摄远距离的画面时，常依赖数码变焦，这正是超分辨率技术的一种实际应用，如图 8-37 所示，超分辨率技术通过算法处理放大后的图像，有效地提升了图片的清晰度，使远处的景象细节得以清楚展现。这些技术的应用不仅限于提高个人摄影体验，还极大地推动了社交媒体平台上图像内容的质量提升，使用户能够分享更加生动和高质量的照片。此外，这些技术在视频通话中也大显身手，即使在网络不稳定或光线不足的情况下，也能保证通话画面清晰，从而提升沟通效果。图像复原与超分辨率技术的普及和应用，让人们的日常生活更加丰富多彩，也体现了现代技术在提高生活质量方面的重要应用。

图 8-37　数码变焦中的超分辨率技术

1. 图像复原

图像复原（Image Restoration, IR）是一种从退化或损坏的图像中恢复出原始高质量图像的技术。它通常利用退化现象的先验知识来复原退化图像，因此，图像复原一般是对退化过程建模并应用逆过程来恢复出原图像。如图 8-38 所示，图像复原的类型主要包括图像去噪、图像去模糊、图像去雾、图像去雨、图像去雪、低光照增强等。下面以图像去雾为例阐述图像复原的基本流程。

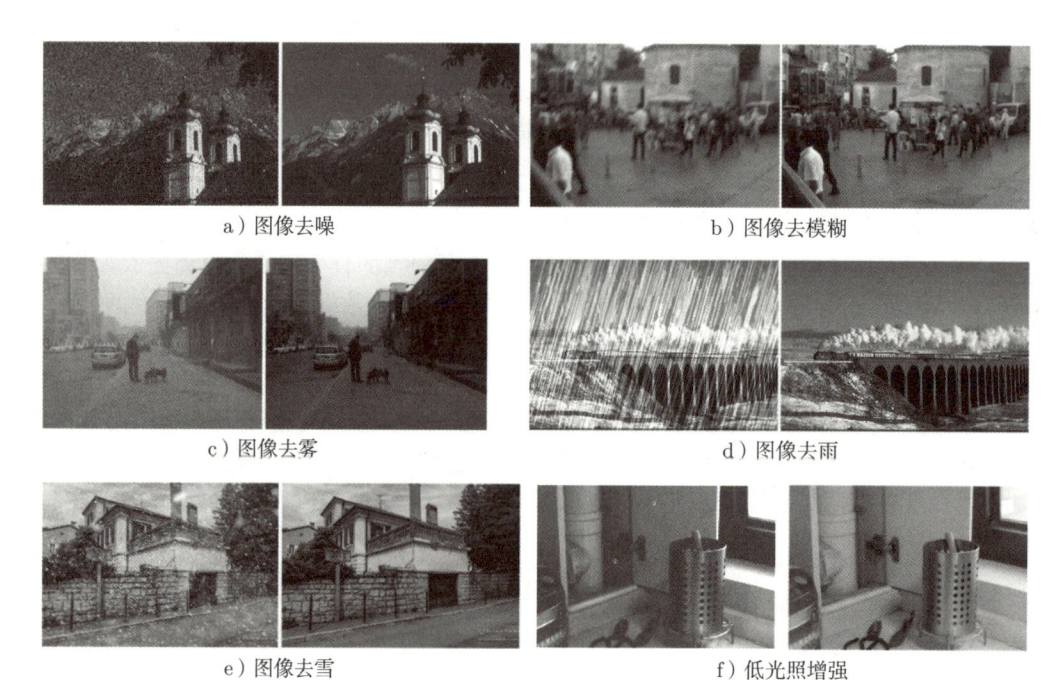

a）图像去噪　　　　　　　　　　b）图像去模糊

c）图像去雾　　　　　　　　　　d）图像去雨

e）图像去雪　　　　　　　　　　f）低光照增强

图 8-38　各种图像复原类型

图像去雾是一种从雾天图像中恢复出清晰图像的计算机视觉技术。大部分图像去雾算法利用的是雾霾的成像机理，大气散射模型是描述雾霾图像成像过程的一个主要模型之一，因此这里以它来展开介绍。

当光线穿越大气层时，受到雾霾等介质的影响会发生衰减。从观察场景到成像设备，光能量的衰减过程可以分为两部分：一部分是大气层对光能量的吸收，另一部分是光能量的散射。综合考虑大气层对光能量的吸收部分和散射部分，就可以得到大气散射模型：

$$I(x) = I_a(x) + I_s(x) = J(x)t(x) + A(1 - t(x)) \tag{8-3}$$

式中，$I(x)$ 是通过传感器所捕获的光信息，即采集到的有雾图像；$I_a(x)$ 为衰减模块，通过 $I_a(x)$ 可以了解到入射光在穿越大气介质后所发生的衰减情况；$I_s(x)$ 代表散射模块，它描绘的是光在通过介质散射后，最终抵达成像设备所携带的图像信息；$J(x)$ 则代表物体所发出的光信息，即无雾状态下的图像；A 表示全局大气光；$t(x)$ 表示透射率。当估算出 A 和 $t(x)$ 之后，就可以借助式(8-3)恢复出去雾图像 $J(x)$ 了。

现有的图像去雾算法根据雾霾退化过程是否有模型支持，分为**基于模型的图像去雾算法**和**无模型图像去雾算法**。

（1）基于模型的图像去雾算法

基于模型的图像去雾算法考虑雾霾图像退化机理，对图像成像时的大气状况进行分析，根据图像物理退化过程的信息构建雾霾图像成像模型。2009 年，由何凯明等人提出的**暗通道先验 (Dark Channel Prior, DCP) 算法**是一个经典的基于模型的去雾算法。该算法基于这样一个观察：在大多数非天空的局部区域，至少有一个颜色通道存在一些像素，其强度非常低，近乎为零。如图 8-39a 是自然图像，图 8-39b 是对应的暗通道图，可以看到，暗通道图大都偏向黑色，即其值接近于零。这个观察结果被称为暗通道先验。具体来说，给定图像中的一个小窗口，对于每个像素，其对应的暗通道像素值可以表示为

$$J^{\text{dark}}(x) = \min_{y \in \Omega(x)} \left(\min_{c \in \{r,g,b\}} J^c(y) \right) \tag{8-4}$$

式中，$J(x)$ 为无雾图像的像素值；$\Omega(x)$ 表示以像素 x 为中心的局部邻域；$c \in \{r,g,b\}$ 表示 RGB 通道中的一个；$J^{\text{dark}}(x)$ 表示暗通道的值，该值应该接近于零。基于这个先验知识，可以估计出大气光和透射率，然后根据大气退化模型恢复出清晰的图像。

暗通道先验去雾的基本流程可以概括为以下几个步骤。

1）计算暗通道图像。对输入图像 $I(x)$，按照式(8-4)计算每个像素的暗通道。也就是说，通过对每个像素的局部邻域，分别取 RGB 三个颜色通道的最小值，再从这个局部领域中选择最小的那个值作为该像素的暗通道值 $I^{\text{dark}}(x)$。

2）估计大气光 A。大气光是去雾模型中的重要参数，它表示的是远距离物体（即有雾最浓的部分）所反射的光强。通常的做法是，在暗通道图像中选择亮度最高的前 0.1% 像素，假设这些像素大多处于天空或远处物体，从这些像素中选择亮度最高的点，估计为大气光 A。

3）估计透射率 $t(x)$。由暗通道先验可知，$J^{\text{dark}}(x)$ 应该接近于零，取 $J^{\text{dark}}(x) = 0$，将 $I^{\text{dark}}(x)$、$J^{\text{dark}}(x)$ 分别代入式(8-3)，则可以得到 $t(x)$ 的计算表达式为

$$t(x) = 1 - \frac{I^{\text{dark}}(x)}{A} \tag{8-5}$$

4）恢复无雾图像。通过估计出的透射率 $t(x)$ 和大气光 A，可以根据去雾模型恢复出无雾图像

$$J(x) = \frac{I(x) - A}{t(x)} + A \tag{8-6}$$

a）自然图像

b）暗通道图

图 8-39　自然图像和暗通道图

图 8-40 所示是使用暗通道先验算法的去雾效果。可以看见，图 8-40a 受雾霾影响，清晰度较差，图 8-40b 是使用暗通道先验算法对雾霾图像进行去雾之后的图像，去雾之后，图像清晰度得到了提升。

a）雾霾图像　　　　　　　　　　　　b）去雾图像

图 8-40　使用暗通道先验算法的去雾效果

（2）无模型图像去雾算法

基于模型的图像去雾算法在表达上存在一定的局限性。例如，在大气散射模型中，假定光线在传播过程中的大气颗粒及其浓度分布保持均匀和统一。然而，在实际环境中，雾霾分布往往是不均匀的。这种情况下，如果继续使用大气散射模型对雾霾图像进行建模，很可能会导致去雾效

果不佳，残留严重，从而影响去雾效果。相比之下，**无模型图像去雾算法**可以直接学习有雾图像与无雾图像之间的映射关系，因此，它不仅适用于处理雾霾分布均匀的图像，还可以有效应对非均匀分布的复杂雾霾场景。

例如，FFA-Net 是一种**基于卷积神经网络的无模型去雾算法**。FFA-Net 引入通道注意力机制和空间注意力机制，使模型能够在不同特征层面上自适应地关注重要的图像信息，抑制不重要的噪声区域，从而更精确地恢复无雾图像。FFA-Net 可以有效区分雾霾密集的区域，针对雾霾图像中不同浓度的雾霾区域采取不同的处理方式，这有助于提升去雾效果，尤其是在处理复杂的非均匀雾霾分布图像时表现更优。

另一种是**基于生成对抗网络（GAN）的无模型去雾算法**。以 Cycle-Dehaze 为例，它利用了 CycleGAN 的循环一致性原理（即从有雾图像生成无雾图像后，再从无雾图像生成有雾图像，确保再次生成的有雾图像尽可能接近原始输入），能够在没有成对训练数据的情况下，通过两个相互对抗的生成器和判别器学习有雾和无雾图像的转换。Cycle-Dehaze 能够在生成无雾图像的同时保持图像的结构一致性和细节，适用于处理各种复杂的去雾任务，特别是在雾霾分布复杂且缺乏精确的配对训练数据的情况下。通过对抗学习，Cycle-Dehaze 可以生成更加自然的无雾图像，有效解决了传统方法中存在的伪影问题。

2. 超分辨率

图像超分辨率（Super Resolution, SR）旨在对低分辨率图像采用一系列的图像处理和深度学习技术，重建带有丰富边缘、纹理等细节特征的高分辨率图像。它主要分为**传统超分辨率算法**和**基于深度学习的超分辨率算法**两类。下面分别介绍这两种超分辨率算法。

（1）传统超分辨率算法

典型的传统超分辨率算法如**插值算法**，主要依托于图像插值技术，也称为图像缩放，由插值函数或插值核从已知像素中获得未知像素值。该方法利用每个已知数据进行插值，并计算待插值像素值，最后采用图像复原技术实现图像噪声最小化和模糊消除。常见的有最近邻插值、双线性插值、双三次插值等。这类方法具有简单、处理速度快等特点，但对于诸如边缘、纹理等像素突变处的处理效果差，易出现锯齿和块效应。以最近邻插值算法为例（见图 8-41），将高分辨率图像中的每个像素点，比如 A'，通过缩放反向映射到低分辨率图像中相应的位置，得到一个对应的点 A。最近邻插值的思想就是找到 A 的邻近几个像素，如 P_1、P_2、P_3、P_4，并将与 A 最近的像素的值（在本例中就是 P_4）直接赋给高分辨率图像中的像素 A'。在整个过程中，每一个高分辨率像素都是通过找到低分辨率图像中的最近邻像素进行处理的，最终形成完整的高分辨率图像。由于该方法仅复制最近像素的值，因此计算非常简单高效，但可能导致生成的图像中出现"块状效应"，特别是在处理边缘和过渡区域时，可能缺乏平滑感。图 8-42 所示是使用最近邻插值实现超分辨率算法的示例，由于最近邻插值方法直接使用位置最近的像素填充缺失像素，所以超分辨率后的图像中会出现锯齿现象。

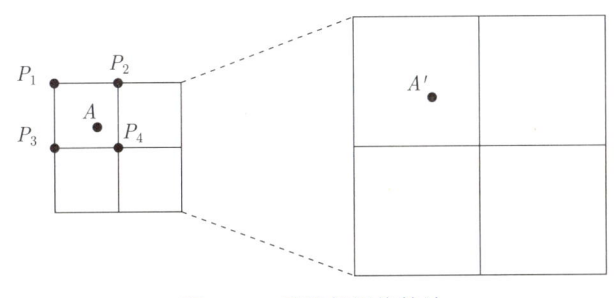

图 8-41 最近邻插值算法

a）低分辨率图像　　　　　　　　b）超分辨率图像

图 8-42　使用最近邻插值实现超分辨率

（2）基于深度学习的超分辨率算法

基于深度学习的超分辨率算法可以分为**基于 CNN 的超分辨率算法**和**基于 GAN 的超分辨率算法**。

基于 CNN 的超分辨率算法的核心思想是通过训练深度卷积神经网络来学习低分辨率图像到高分辨率图像之间的映射关系。这种方法依赖于大量的成对低分辨率和高分辨率图像样本进行监督学习，以最小化像素级的损失函数为目标，优化网络参数，提高图像的重建质量。常见的基于 CNN 的超分辨率算法有 SRCNN、ESPCN、RCAN 等。下面以 SRCNN 为例（见图 8-43），介绍其算法流程。

1）输入的低分辨率图像通过双线性插值等传统方法预先放大到目标分辨率。

2）通过卷积层提取低分辨率图像的局部特征。卷积核通常较大，以捕捉更多的图像细节。

3）特征图经过非线性映射层，通过较小的卷积核学习低分辨率图像和高分辨率图像之间的对应关系，进一步优化图像特征。

4）经过重建层，将特征映射为最终的高分辨率图像，输出更清晰的结果。

SRCNN 的整个过程是端到端的，即从输入到输出直接学习低分辨率到高分辨率的映射关系，从而在实际应用中不需要任何人工干预。

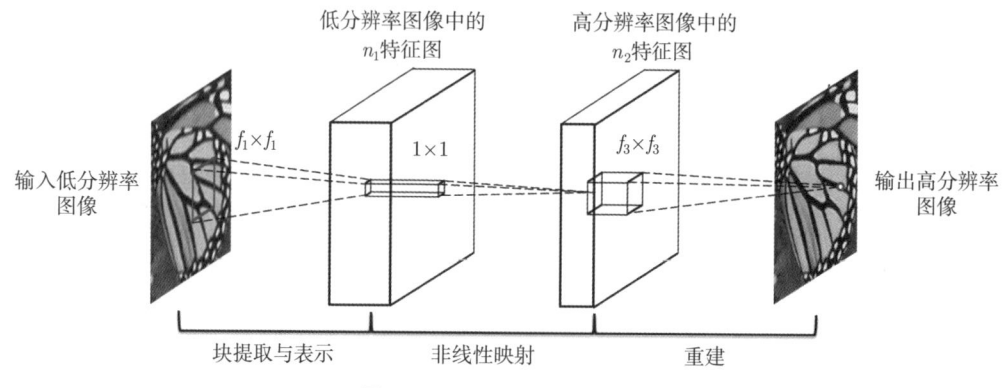

图 8-43　SRCNN 网络结构

基于 GAN 的超分辨率算法的核心思想是通过生成对抗训练来生成高质量的高分辨率图像。GAN 由生成器和判别器两部分组成，生成器的任务是生成高分辨率图像，而判别器的任务是区分生成的高分辨率图像和真实的高分辨率图像。在训练过程中，生成器和判别器进行对抗性训练，生成器试图生成更真实的图像以欺骗判别器，而判别器则努力区分生成的图像和真实图像。这种对抗训练有助于生成器产生更加真实、细节丰富的高分辨率图像。SRGAN 是典型的基于 GAN

的超分辨率算法。与 SRCNN 不同，SRGAN 不需要预先插值放大图像，而是直接从低分辨率图像中学习细节。如图 8-44 所示，输入的低分辨率图像通过生成器网络，该网络通过一系列卷积层和残差块提取图像特征，并逐步生成高分辨率图像。而判别器网络通过二分类任务区分生成的图像与真实高分辨率图像，生成器和判别器相互对抗优化。SRGAN 的损失函数结合了感知损失（基于 VGG 网络）和对抗损失，以生成视觉上更逼近真实图像的结果。通过这种对抗训练，SRGAN 能够生成更加清晰和富有细节的超分辨率图像。

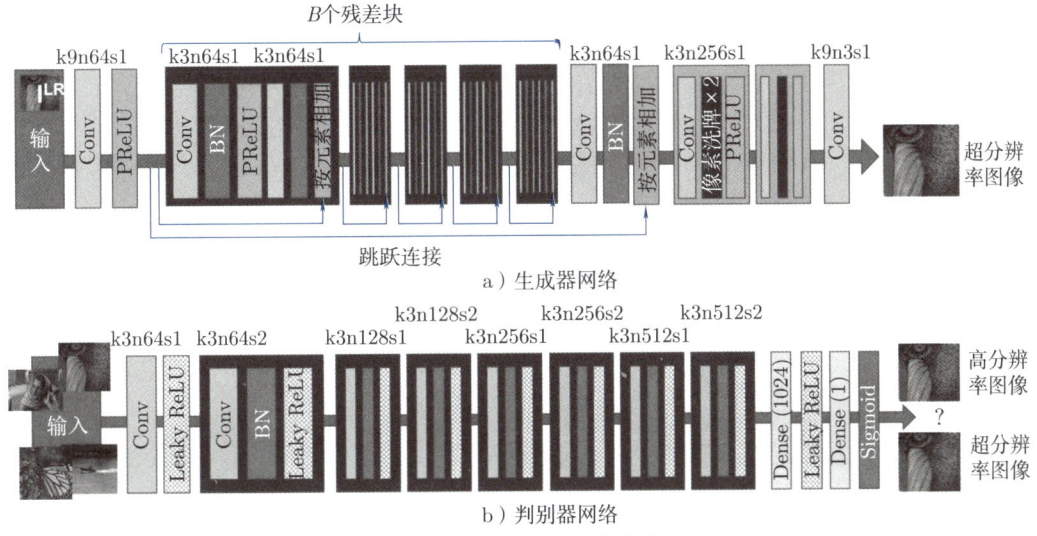

图 8-44　SRGAN 网络结构

8.5.3　图像表面缺陷检测

图像表面缺陷检测是现代工业生产中的一项关键技术，它利用计算机视觉技术自动检测产品表面的缺陷，如划痕、凹痕、裂纹等。这项技术的应用可以显著提升产品质量，降低人工检查的成本，并提高生产效率。在制造业领域，产品的外观质量直接关系到产品的整体品质和市场竞争力。传统的人工检测方法不仅效率低下，还容易受主观判断的影响，导致检测结果不稳定。而图像表面缺陷检测技术以自动化的方式，能够提供更加客观、一致且可靠的检测结果。如图 8-45 所示，该方案源于英特尔 FPGA 中国创新中心运营方重庆海云捷迅科技有限公司与西南铝业于 2021 年共同签署联合研发的项目。该项目依托西南铝业世界领先的铝合金材料生产能力，研发了一套针对铝合金材料表面检测的人工智能及其 IT 解决方案，共同攻克了国内铝合金材料表面检测难题，填补了国内技术空白，提高了工业品的合格率。

我国在《中国制造 2025》白皮书中提出，"推广采用先进成型和加工方法、在线检测装置、智能化生产和物流系统及检测设备等，使重点实物产品的性能稳定性、质量可靠性、环境适应性、使用寿命等指标达到国际同类产品先进水平"。因此，基于深度学习的表面缺陷检测方法不仅具有重要的学术研究价值，同时拥有非常广阔的市场应用前景和战略意义。

1. 图像表面缺陷检测的特殊性

图像表面缺陷检测在工业应用中面临着独特的挑战，有着特殊的要求，这些特殊性使得表面缺陷检测系统的设计与一般的检测任务有所区别。

样本获取难：在工业环境中，构建表面缺陷的数据集通常较为困难。这是因为制造商在生产过程中会尽量避免出现缺陷产品，从而导致实际缺陷样本较为有限。缺陷样本不足直接影响复杂模型的训练，容易使模型过拟合或泛化能力不足。为了弥补这一不足，缺陷检测中通常采用数据增强、合成缺陷样本等方法来扩充训练数据。此外，即使能够收集到所有存在缺陷的产品，缺陷的类型也多种多样，如划痕、凹痕、裂纹等，每种缺陷的形态、大小和位置都可能不同，这进一步增加了检测的难度。

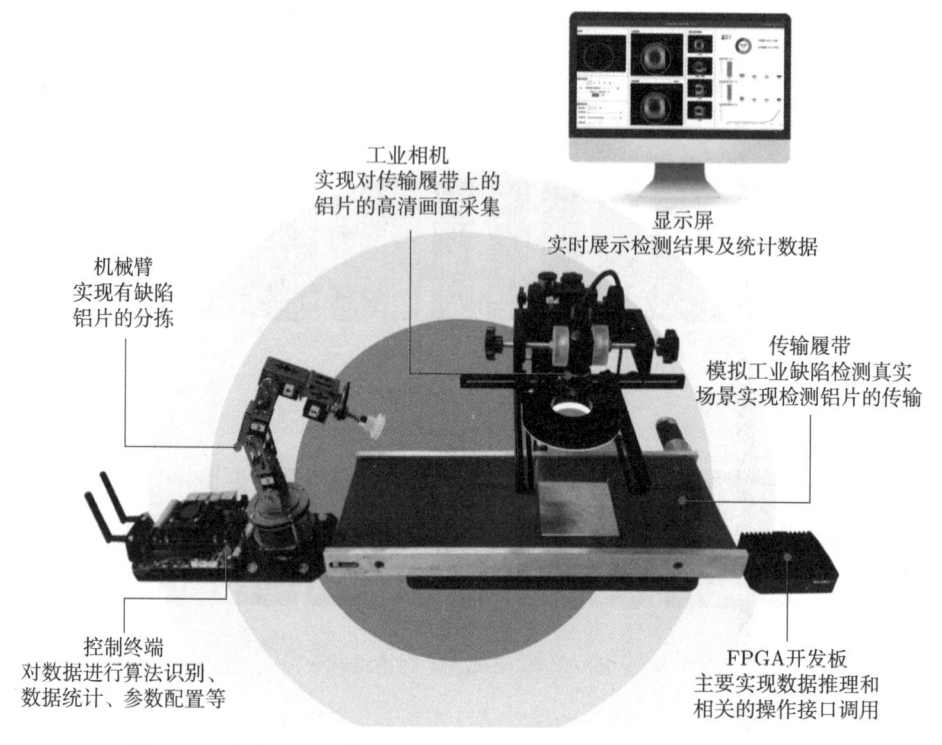

图 8-45　英特尔公司推出的基于 FPGA 的工业缺陷检测实训套件

实时性要求高：在现代工业生产线上，实时性是缺陷检测的关键要求之一。与允许离线进行的检测任务不同，高效的生产流程需要快速检测并反馈相关信息，以便能及时进行处理和修正。检测算法通常需要在极短的时间内处理大量图像数据，提取特征并做出判断，这就要求算法不仅要具备准确性，还要具备高效的计算能力。此外，在许多情况下，还需要部署专用设备以适应特定的生产环境需求，如高速摄像头、现场可编程门阵列（FPGA）等。

这些因素对检测方法的设计和部署提出了特定要求，使得通用的检测方案无法直接应用于缺陷检测领域。

2. 图像表面缺陷检测的工业应用

图像表面缺陷检测技术在多个工业领域得到了广泛应用，其主要目标是提高产品质量和生产效率。下面列举几个常见的工业应用场景，以阐明该技术在工业生产中的重要性和价值。

图 8-46 展示了石材、布料和电线截面上不同缺陷的样例。图 8-46a 展示的是石材表面缺陷的检测。作为一种广泛应用于建筑和装饰领域的高档建筑材料，大然石材因其源自自然的特性，难以保证质量完美无缺。因此，石材缺陷的检测成为石材板材加工过程中至关重要的一环，这直接影响石材产品的质量、生产效率及材料的利用率。然而，由于石材的用量大、重量重、加工工序繁杂，人工逐一检查不仅工作量巨大，而且长时间的高强度检测容易导致人眼疲劳，难以始终保持高准确率地发现石材上的细微缺陷。因此，开发自动化的检测方案，不仅能有效提升石材产品的质量，还能提高生产效率、降低人力成本。

图 8-46b 展示的是布料缺陷的检测。通常而言，织物的检测要求和难度更高，主要由两个方

面造成：其一是织物本身的特性，许多缺陷不易察觉，如破洞、裂口，或因织物线间间距相似而不易分辨，而且，线头往往与织物材质相同，这使得缺陷更难被发现；其二是下游产线对布料质量有更高要求，与石材等材料不同，自动化纺织生产线通常不会安排工人进行二次分拣或处理，布料一旦存在缺陷，进入下游流程（如制衣）后可能会直接导致产品报废，因此，确保织物在生产初期进行高精度检测至关重要。通过自动化检测，能够确保生产的每一块布料都达到高标准的质量要求，减少因缺陷导致的损失。

图 8-46c 展示了电线截面缺陷的检测。电线作为电力传输的重要媒介，其质量直接影响电力系统的安全性和稳定性。电线截面的缺陷检测主要针对电线内部结构的完整性进行评估，如导体的断裂、绝缘层的损坏，以及内部材料是否存在空洞或杂质等问题。这些缺陷如果不能被及时检测和修复，可能在电力传输过程中发生漏电、短路等严重安全隐患，甚至可能引发火灾等灾难性事故。电线截面检测的难点在于其结构的复杂性且检测环境多样。与石材和布料检测类似，人工检测同样存在效率低、准确率难以保障等问题，因此自动化检测方案的开发和应用显得尤为重要。通过自动化检测设备，不仅可以提高检测的精度和效率，还能显著降低人工成本，提高生产线的整体自动化水平，从而保障电线产品的质量和安全性。

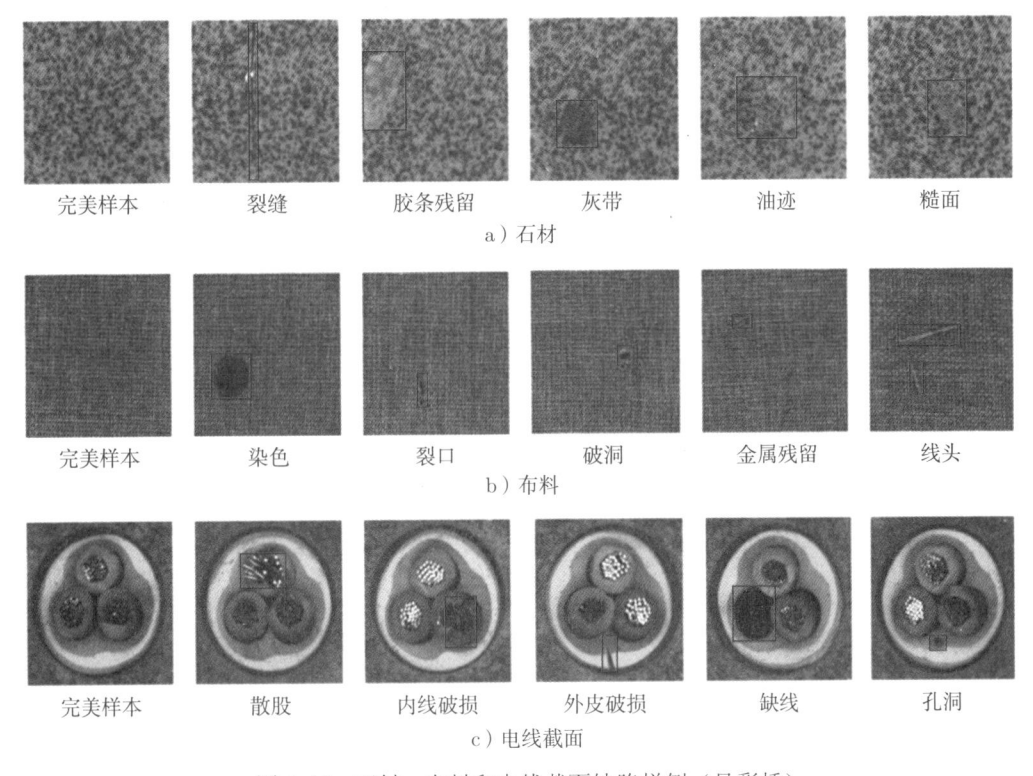

图 8-46 石材、布料和电线截面缺陷样例（见彩插）

上述三类问题主要集中在生产端出品质量检测，然而，工业生产有时还需要进行关于后续质量维护的质量检测工作。图 8-47 展示了电子产品、建筑材料和金属制品表面缺陷检测示例。在电子制造领域，PCB（Printed Circuit Board，印制电路板）的质量检测范围不仅限于生产过程，还延伸到后续的质量维护和进料阶段的检测。在生产过程中，自动化检测技术如光学检测（AOI）和 X 射线检测（AXI）可以迅速识别焊点不良、线路断裂等问题，但这只是质量管理的第一步。为了确保成品在实际应用中的可靠性，定期进行质量维护至关重要。通过预防性检测手段，能够在产品出厂前及使用后期及时发现潜在的电路问题，预防故障发生。此外，进料阶段的质量检测也是确保 PCB 性能的关键环节。在进料阶段，对元器件的电性能、尺寸精度和材料品质进行严格检测，可以有效防止因不合格材料导致的系统性故障，确保整个生产链条的稳定性和产品的最终质量。

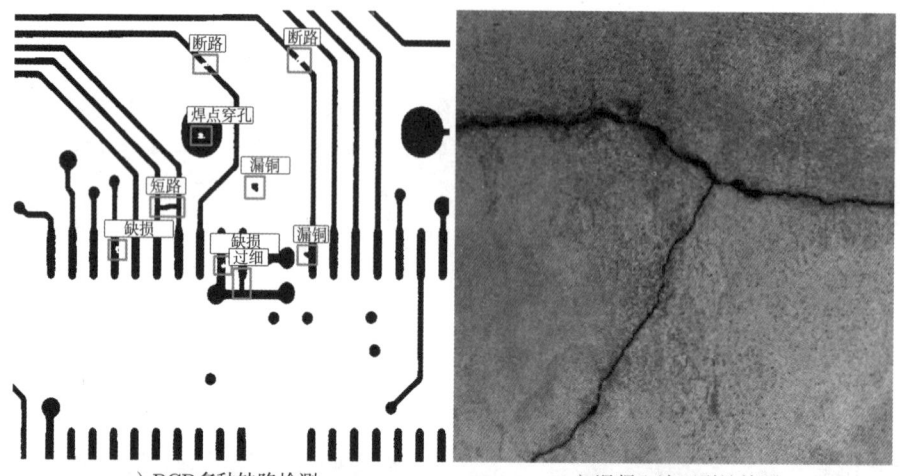

a）PCB多种缺陷检测　　　　　　　　　b）混凝土墙面裂缝检测

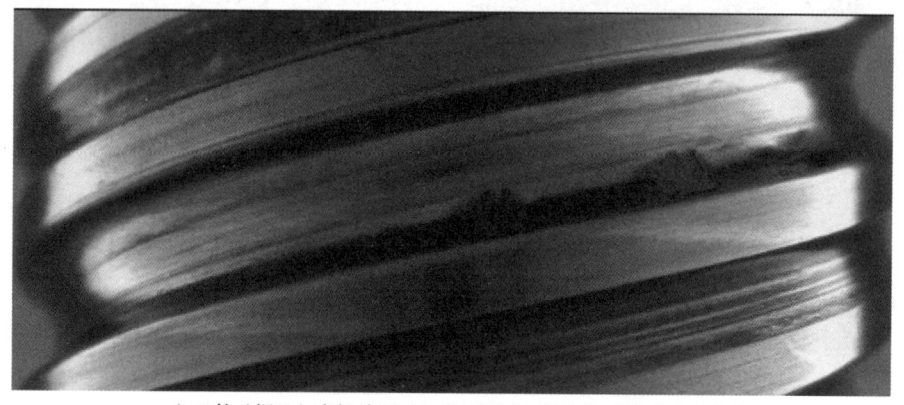

c）工件（螺丝）磨损检测（红色和绿色区域标记预期检出的缺陷）

图 8-47　多个应用场景下的缺陷检测示例（见彩插）

在建筑工程领域，表面裂缝检测是确保结构安全的重要手段，而这项工作贯穿于建筑物的整个生命周期。施工阶段的裂缝检测可以及时发现并修复由于材料问题或施工应力引起的初始裂缝，防止问题进一步恶化。然而，建筑物在投入使用后，随着时间的推移，外部环境、荷载变化等因素可能导致新的裂缝产生。因此，定期的质量维护和监测至关重要，通过先进的监测技术，如无人机巡检和结构健康监测系统，可以实时监控建筑表面的变化，及时进行维护修复，延长建筑物的使用寿命。同时，在进料阶段的质量检测中，对建筑材料如混凝土、钢筋等进行严格检验，确保其符合设计标准，是预防裂缝产生的前提条件。这些措施综合起来，能够有效提高建筑物的安全性和耐久性。

在机械制造领域，工件的裂缝检测贯穿整个生产链，从进料阶段的原材料检测到成品的质量维护都不可或缺。在生产过程中，自动化检测技术如超声波检测、磁粉探伤和涡流检测等，能够高效识别因材料缺陷或加工应力产生的裂缝，确保工件在初始阶段就具备高质量。然而，工件在使用过程中，由于长期的载荷、疲劳应力或环境因素影响，可能会产生新的裂缝。因此，后续的质量维护不可忽视。通过定期的无损检测和健康监测系统，可以提前察觉潜在的裂缝问题，进行预防性维修,避免重大事故的发生。在进料阶段,对原材料进行严格检测也是确保最终工件质量的重要一步。通过检测原材料的强度、韧性和其他关键性能指标,能够避免不合格材料进入生产环节,从源头上保证工件的整体质量。

可见,在工业生产中,从进料阶段的质量检测到生产过程中的实时监控,再到后续的质量维护,全面的自动化检测和管理是确保产品高质量、高可靠性和高安全性的关键所在。

8.5.4 视频理解与生成

在现在这个数字化时代,视频内容已经成为人们日常生活中不可或缺的一部分。无论是社交媒体上的短视频分享,还是专业领域的视频制作,视频凭借其丰富多彩的内容,为人们带来了比单幅图像更加生动的体验。随着技术的不断进步,视频编辑软件越发智能且易于使用,使得无论是业余爱好者还是专业视频制作者都能创作出高质量的视频内容。

在计算机领域,视频本质上是单幅图像按时间顺序的堆积,通常称视频中某一个时刻的画面为**帧**(Frame),而每秒所包含的帧数量就是**帧率**,其单位为**帧每秒**(Frame Per Second,FPS)。例如,一段时长为1min、帧率为30帧每秒的视频片段,就意味着它由1800张单幅图像组成,并且以每秒30幅图像的速度按顺序显示在屏幕上,这种有序性被称为**时序**。

尽管视频中的每帧画面仍然属于一般意义上的图像,但与视频相关的任务与单纯处理图像的任务却大有不同。

1. 视频插帧

依托于人类的视觉暂留效应(Persistence of Vision),视频能够通过在时序上快速替换离散帧,在视觉上营造出一种"连续"的错觉。简单来说,任何光线在消失后都能够在人类的神经系统中留存约1/16s的残影,这意味着即便荧光灯以每秒百余次的频率亮灭,人们也完全无法感知这种明暗变化。因此,如果图像以至少10帧每秒的速度按序出现-消失,人类大脑就会将它视为一段连续的影像。然而,这种低帧率的视频会给人带来不佳的视觉感受,尤其当周围环境相对明亮时,这种低帧率造成的卡顿感就会更加明显。通常而言,在黑暗环境中,人类视觉需要约20帧每秒的帧率才能将图像序列感知为比较流畅的连续影像(这也与电影院环境中放映电影的帧率相近)。

随着技术的进步,荧幕已经从黑暗的影院环境步入千家万户,甚至延伸至每个人手中小小的手机屏幕,再加上人们对媒体内容的需求日益丰富,游戏、影视、短视频广泛普及,24帧每秒的帧率显然无法满足当下的需求。目前,主流显示器能够提供的帧率已经普遍升至120帧每秒以上,甚至360帧每秒的显示器也逐渐变得普及。但是,已经制成的视频、游戏并不会因为显示技术的提升而自动升级。图像超分辨率技术能够将低空间分辨率的图像升级为高空间分辨率的版本,那么,是否有方法将"低时间分辨率"(帧率)的视频升级成为高帧率的版本呢?这类技术被称为视频插帧(Video Interpolation),它通过在原有帧之间生成新的中间帧,使视频播放起来更加流畅。视频插帧最基本的方法如图8-48所示,即根据已知的第 $t-\Delta_a$ 帧和第 $t+\Delta_b$ 帧预测出一幅中间状态的第 t 帧。

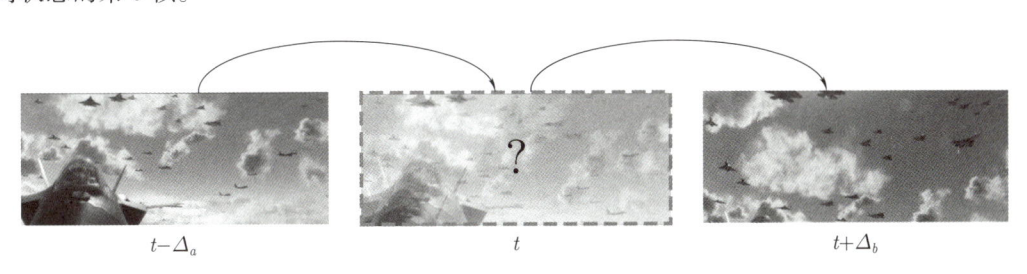

图 8-48 视频插帧任务示例

视频插帧技术广泛应用于电影和视频制作、体育赛事直播、游戏行业、虚拟现实（VR）、视频播放软件、视频压缩、视频监控、医疗影像、动画制作、视频编辑和后期处理、移动设备和电视，以及在线视频服务等多个领域。无论是为了提升观众的观看体验，还是为了满足特定应用场景的需求，视频插帧技术都能够有效地改善视频质量，提供更加清晰和平滑的视觉享受。

2. 视频理解

视频理解是一项先进技术，它能让计算机对视频内容进行分析和解释。与视频插帧任务比起来，视频理解方法是一种对于帧序列中蕴含的"更抽象"的信息的处理。通过深度学习，算法可以识别视频中的对象、场景、活动，以及它们之间的交互关系。这项技术在多个领域都有应用，包括安全监控、自动驾驶汽车、医疗影像分析和社交媒体内容管理等。视频理解不仅提高了数据处理效率，还增强了对复杂场景的洞察能力，为自动化和智能化决策提供了重要支撑。随着技术的不断进步，视频理解将在更多新的应用场景中展现出其潜力和价值。

（1）目标跟踪

目标跟踪是在视频或者动态场景中的关键任务。它的目标是在视频的连续帧中跟踪一个或多个对象，确保计算机能够持续关注并掌握这些对象的移动轨迹。目标跟踪通常与目标检测结合使用，广泛应用于监控系统、自动驾驶和体育分析等领域。

图 8-49 所示的是在 MOT Challenge 基准集上进行的多目标跟踪任务可视化结果。在该基准中，理想情况下，每个人都应该被赋予独特的身份（以颜色区分的框表示）和准确的轨迹（以颜色区分的曲线表示）。目标跟踪在视频监控、自动驾驶、体育赛事、姿态识别、RGB 图像动作捕捉和医学诊断等领域有广泛的应用。

- **自动驾驶**。目标跟踪技术可用于检测和跟踪道路上的行人、车辆和其他障碍物，帮助自动驾驶系统实时做出决策，确保行车安全。
- **体育赛事**。目标跟踪技术可用于实时跟踪运动员的位置和动作，为精确的数据分析和精彩镜头捕捉提供支持。
- **姿态识别和动作捕捉**。在虚拟现实和动画制作中，目标跟踪用于捕捉人体的姿态和动作，从而实现逼真的角色动画效果。
- **医学诊断**。目标跟踪在医学影像中用于跟踪病变区域的发展情况，辅助医生进行诊断和治疗方案的制定。

（2）视频摘要与检索

视频摘要与检索技术旨在从大量视频数据中提取有用的信息，生成简短的摘要或实现高效的内容检索。这些技术在视频监控、教育、娱乐等领域有广泛应用。它们通过自动分析视频内容，提取出关键帧和重要事件，帮助用户快速获取所需信息。

（3）数字版权相关

随着视频内容呈爆炸式增长，数字版权保护变得越发重要。视频版权保护技术包括水印、指纹识别和加密技术等，其目的在于防止视频内容遭遇盗版和未经授权的使用。这些技术在影视制作、直播平台和社交媒体等领域有着重要应用。

（4）AI 内容审查

AI 内容审查利用机器学习和深度学习技术自动检测并过滤不良视频内容，如暴力、色情和违法信息。通过对视频内容进行智能分析，AI 可以有效识别并阻止不良内容的传播，保障网络环境的健康和安全。

（5）异常行为检测

异常行为检测技术用于识别视频中的异常事件和行为，如入侵、暴力和事故等。这些技术在公共安全、智能监控和应急响应等领域有重要的应用价值，能够实时检测潜在威胁并发出预警，提升安全管理水平。

图 8-49　在 MOT Challenge 上进行的多目标跟踪结果示例

3. 视频生成
（1）根据文字创作主题视频
视频生成技术是人工智能领域的一项创新成果，它能够将文字描述转化为视觉内容。这种技术结合了自然语言处理（NLP）和计算机视觉技术，使计算机能够理解和解析文字信息，并将其转化为连贯、有意义的视频内容。Sora、Stable Video 和 Vidu 是该领域中的一些领先技术，它们凭借先进的算法和模型，能够生成与文字描述高度契合的视频，在教育、广告、娱乐等多个领域发挥重要作用。

例如，Sora 技术借助深度学习模型，能将文字描述转化为具有故事情节的视频片段（见图 8-50），这在教育领域尤其实用，可以帮助学生更直观地理解抽象概念。Stable Video 专注于生成稳定、高质量的视频内容，适用于广告和娱乐产业，以提供更具吸引力的视觉体验。Vidu 则利用自然语言指令来控制视频的生成过程，使用户可以根据自身需求定制视频内容。

（2）数字虚拟人
数字虚拟人技术是人工智能和计算机图形学相结合的产物，它能够塑造出逼真的虚拟人物形象，并赋予它们人类的表情和动作。这项技术在社交媒体、广告、教育和娱乐等领域有着广泛的应用。VividTalk、Synthesia 和 Fliki 是数字虚拟人技术的典型代表，它们能够根据用户提供的文本或音频信息，生成具有高度真实感的虚拟人物视频。

图 8-50　OpenAI 提供的 1 分钟 Sora 生成视频片段

VividTalk 技术借助深度学习模型，能够生成与真人无异的虚拟人物，并精准模拟其表情和口型，从而让虚拟人物在视频中的表现更加自然，如图 8-51 所示。Synthesia 则允许用户创建能够用多种语言进行交流的虚拟人物，这对多语言广告和教育内容的制作非常有帮助。Fliki 则专注于将用户的语音转化为虚拟人物相应的口型和表情，为用户提供一种全新的视频内容创作方式。

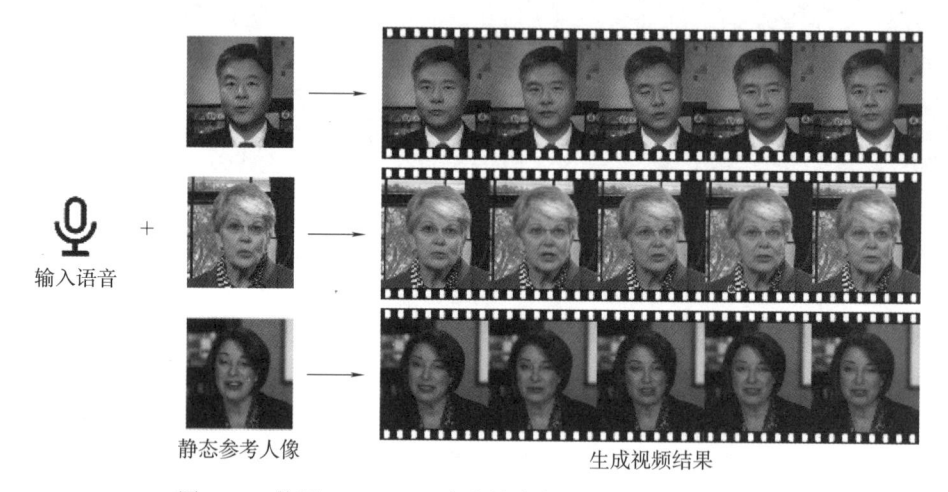

图 8-51　使用 VividTalk 生成的真实生动的虚拟人物效果

（3）对于广告、营销、社交媒体、游戏和影视行业的影响

视频生成技术对广告、营销、社交媒体、游戏和影视行业产生了深远的影响。它不仅降低了内容制作的门槛，还极大地提高了创作效率，使得个性化和高质量的视频内容更易于制作和分发。

在广告和营销领域，企业可以利用视频生成技术快速创建个性化的视频广告，这些广告能够根据目标用户的兴趣和行为习惯进行定制，从而提高广告的吸引力和转化率。在社交媒体方面，用户可以利用视频生成工具轻松创作出高质量的短视频，分享自己的生活和创意，吸引更多的关注和互动。

对于游戏和影视制作行业，视频生成技术可以辅助创作人员设计复杂的场景和特效，节省大量的时间和成本，同时提升作品的视觉效果和观众的观看体验。此外，数字虚拟人技术的应用，也为这些行业带来了新的互动方式和表现形式，使得内容更加生动和有趣。

8.5.5 遥感与红外图像处理

尽管我们看到的世界充满了色彩和光影,眼前的一切场景都极尽多样,但你是否想过,这真的就是世界的全部吗?为什么有些人分不清相似的颜色?为什么仅凭视觉我们无法判断出哪一杯水的温度更高?实际上,人类的视觉能力仅能感知到电磁波谱中很小的一部分,即"可见光",正如图 8-52 所示。这意味着自然界中存在大量的光学信息是我们无法看到的。

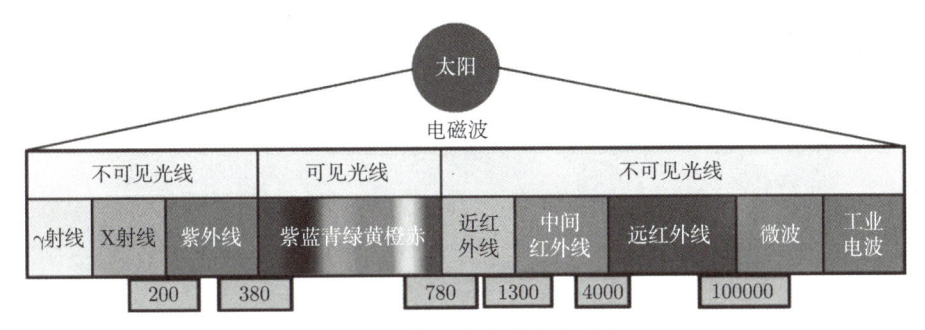

图 8-52　太阳光光谱分布示意

注:下方数字表示波长,单位为 nm(纳米)。

在之前的讨论中,所谓的"视觉"主要是指符合人类眼睛感知能力的图像,目的通常是为了帮助和模仿人类完成特定任务,因此未考虑那些人类无法感知的信息。然而,随着科技的发展,传感器技术获得了长足的进步,波长范围更广、分割更精细的光学成像传感器变得高效且廉价,这使得获取更多的信息成为现实。例如,夜视仪通过捕捉红外线,帮助人们在黑暗中看清周围环境。这正是利用了人类眼睛看不到的红外线波段光线。这样的技术极大地扩展了人们的视野和应用场景,在军用和民用领域都发挥着重要作用。下面将深入探讨这些技术的实际应用及其未来发展前景。

1. 红外图像

红外图像是通过捕捉物体发出的红外辐射而形成的图像。红外辐射是一种波长比可见光长的电磁波,在军事、医疗、天文学等领域具有重要应用。图 8-53 展示了不同应用场景下采集到的红外图像样本:图 8-53a 中元器件的异常发热能够以直观的视觉形式显示出来,相较于传统的定点温度计检测,它能够获取更丰富的空间和温度信息;图 8-53b 是红外传感器下的野外入侵目标检测,可以看到,对于极远、极小的目标,红外传感器仍然能捕捉其热量峰值,这一特性在军事、监控等领域有着十分重要的作用;图 8-53c 是使用热成像扫描人体的图像,在热成像下,部分病灶的异常发热模式可以被捕捉,并作为后续诊疗依据,有助于诊断出一些常规探查手段难以发现的病症。红外成像具有多个优势。

- **穿透力强**:可以穿透烟雾、尘埃等介质,因此在环境复杂的条件下仍能获取清晰图像。
- **温度敏感性**:红外成像能够检测到物体的温度分布,物体表面的温度差异会在红外图像中体现出来。
- **非接触性**:红外成像技术不需要接触被测物体,可以实现远距离测量。
- **被动性**:红外成像是被动接受外界红外辐射信号,而无须主动发射信号,在探测时有很强的隐秘性。

虽然红外图像承载着与常规 RGB 图像完全不同的信息,但这也带来了一定的困扰。如图 8-54 所示,这是一组在野外红外小目标检测任务上的结果示例。其中第一行是海面远方舰船的样例,在该场景中,背景中包含大量的杂波噪声,目标极易淹没在其中难以辨识。如传统方法 Tophat 依赖于高对比度的目标边界来准确捕获目标,因此在该场景中无法成功检出;同样,IPI 虽然能够部分检出，但是受背景杂波干扰，感知的目标形状几乎完全错误；使用深度学习的方法，如 ALCNet 和 ACMNet，虽然能够确定该处有一个值得注意的目标，但是无法准确绘制其形状。图中第二行是高温环境下空中飞行物的样例，该目标非常黯淡，与周围环境温度相差较小，因此 Tophat 和 IPI 均无法检出；而基础的深度学习方法也面临无法确定精确边界的问题。在考虑到这些红外成像和场景的特性后，经过特殊设计的深度学习方案，如 ISNet，则能够更有效地检出准确的目标形状。

a）工业用途中的红外成像，可以检测异常高温区域

b）对于野外环境的红外成像，常用于侦测异常目标侵入

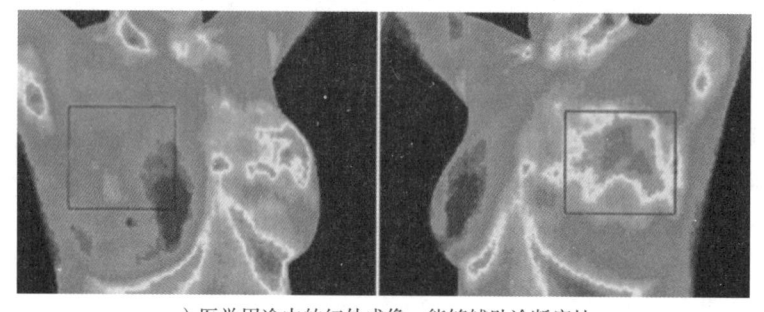

c）医学用途中的红外成像，能够辅助诊断病灶

图 8-53　不同应用场景下采集到的红外图像样本

随着红外成像设备生产技术的成熟，红外成像探测仪已经足够小型化，无论是手持式的探测仪，还是可以连接手机的热成像模块都已经十分普及。这些技术的进步极大地拓展了红外成像技术的应用范围，使得更多的行业和个人可以利用红外成像技术的优势。

2. 遥感图像

（1）遥感图像的类型

遥感图像按照传感器的不同，通常可以分为两类：被动遥感和主动遥感。被动遥感利用自然光源，一般以可见光和红外波段为主，用于记录地表反射的辐射。而主动遥感技术则依靠自身发射信号，例如雷达和激光，来探测地表目标的特性。在主动遥感中，常见的类型有合成孔径雷达（SAR）和激光雷达（LiDAR）。

合成孔径雷达通过发射微波并接收其从地表反射的回波信号来生成图像。其优势在于能够全天候、全天时地获取地面信息，不受云层和光照条件的影响。SAR图像能够提供丰富的地表纹理和结构信息，因此在地形测绘、灾害监测及地表运动分析等方面有着广泛的应用。

图 8-54　多个方法在红外小目标检测任务上的表现对比

激光雷达通过激光脉冲来测量物体之间的距离，生成高精度的地形图。LiDAR的优势在于其卓越的垂直精度，尤其适用于森林资源测量、城市三维建模和地形细节捕捉等场景。通过分析激光脉冲返回的时间差，LiDAR能够提供地形高度信息和植被结构的详细数据。

这些遥感图像所包含的信息种类繁多，适用于不同的研究和应用领域。例如，SAR图像因其对地表结构高敏感度，可以被用于识别地质形变、监测洪涝灾害和分析城市基础设施。而LiDAR数据在森林学研究中起到关键作用，通过对森林冠层高度和密度的精确测量，为生态学家提供了丰富的生物量和碳储量信息。

图 8-55 展示了使用两种主动遥感技术获得的遥感图像。这些遥感技术互为补充，为不同应用领域提供了重要的数据支持和参考信息。

a）SAR图像　　　　　　b）LiDAR图像

图 8-55　使用两种主动遥感技术获得的遥感图像

被动遥感是指传感器接收自然界中的辐射信号（例如太阳光的反射或地球自身的热辐射）来生成图像。由于被动遥感依赖外部光源，它通常在白天和晴朗天气下能够获得最佳的图像效果。这种方法的优势在于其相对较好的隐蔽性，无须主动发射信号。

可见光波段成像是一种较常见的被动遥感方式，它通过捕捉地表反射的太阳光生成图像，可以提供非常高的空间分辨率和清晰的细节视觉信息，因此在城市规划、土地利用调查等方面应用广泛，如图 8-56a 所示。

此外，被动遥感还包括不可见光波段的成像技术，例如红外和紫外成像、多光谱及高光谱成像。这些技术通过捕捉可见光之外的电磁波段，能够获取地表物体更多细节和物理属性信息。高光谱成像（见图 8-56b）包含数百个窄波段的信息，通过对地物反射特征的精细分析，可以识别地物类型、检测植被健康状况及环境污染情况等。

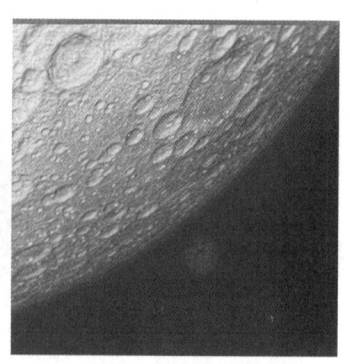

a）可见光波段成像　　　b）高光谱成像　　　c）月球远红外遥感图像

图 8-56　使用被动遥感技术获得的遥感图像

上述遥感图像看似仅局限于对地球表面信息的摄取，但随着航天技术的进步，遥感图像的范围已涵盖人类足迹能够抵达的星体。图 8-56c 所示是"天都二号"分离监视模块拍摄的月球远红外遥感图像，拍摄时"天都二号"卫星距月面高度约 1473km，图像可见月面朗格缪尔撞击坑、伍德撞击坑等地貌特征，背景中较小的天体为地球。

（2）遥感图像的应用

随着科技的进步和卫星技术的不断发展，遥感图像在各个领域的应用日益广泛。遥感技术通过捕捉和分析地球表面图像，提供丰富的空间数据，为科学研究和实际应用提供了强有力的支持。

1）地理信息系统。

例如，地理信息系统（GIS）的重要数据来源之一就是遥感图像信息，它能够帮助进行空间分析、地图制作和资源管理。以图 8-57 所示北京地区水灾应急管理平台为例，简单来说，GIS 将描述位置（地方）的层信息整合在一起，通过这些信息可以更好地了解这个位置（地方）的物资、受灾情况等。在实际应用中，这种直观性优势显著，相较于繁杂冗长的文字信息，GIS 体现的内容可以直接为决策者提供可靠依据。此外，GIS 还可以按照需要选用不同层级的信息，比如寻找一个更好的地段设立店铺、分析环境危害，或者通过综合城市同类犯罪信息，发现犯罪类型等。

图 8-57　北京地区水灾应急管理平台示例

2）农业、林业及环境评估检测。

遥感图像可对农业、林业及环境相关信息进行大面积的评估和监测，提高农业生产效率和环境保护水平。图 8-58 是中国科学院空天信息创新研究院牵头在河北省以国产中型飞行平台——新舟 60 飞机作为平台，搭载六种对地观测窗口的国家级航空遥感系统实施"植被与土壤的水分遥感试验"的流程示意。这是国际上首次基于航空平台开展土壤-植被-大气连续体水分透视遥感试验。传统的土壤-植被-大气的水分传输研究局限于微观的点尺度，无法实现对整个生态系统水分平衡的全面理解。遥感试验可以快速地、大范围地深入观察植物内部的水分状态和分布，详细解析从土壤到植被茎干再到冠层和大气的整个水分传输过程。这不仅有助于从植物生理过程深入理解植被的生长与死亡机制，还能揭示生态系统如何应对水分胁迫的变化。

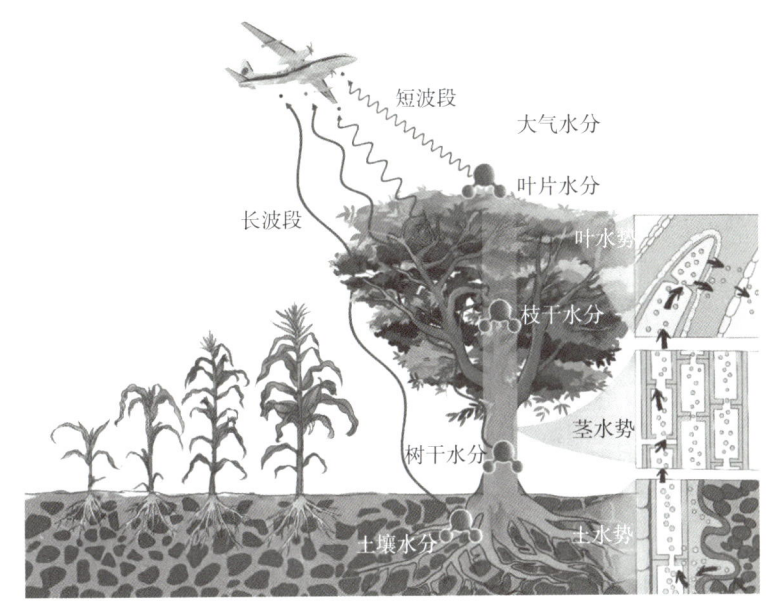

图 8-58　中国科学院空天信息创新研究院进行的土壤—植被—大气连续体水分透视遥感试验示意

3）军事国防。

遥感技术已成为现代军事信息保障的核心内容，其对军事斗争的重要性不言而喻。通过遥感卫星星座，可以全天时、全天候地对全球进行侦察，监控核电站、机场跑道、导弹发射井、武器试验场和防御设施等重要目标，还能监控部队集结和武器部署等军事活动。遥感卫星能够广泛获取敌方纵深目标的类型、分布和地理坐标等详细信息，从而精确确定目标的性质、位置和数量，支持军事行动计划的制定。目前，遥感卫星已成为收集军事目标情报的主要手段。随着人工智能、人机协同、大数据等技术快速应用于战场，以及卫星空间分辨率和重访能力的提升，未来战场对遥感数据的需求将爆发式增长。构建数百甚至上千颗卫星组成的天基实时监测系统，实现对动态目标和战场环境的即时监视，将成为军事应用的主流趋势。

8.5.6　医学影像处理

医学影像处理是指对借助各种医学成像技术获得的影像数据进行分析、处理和解释的过程。其目的是辅助医生进行疾病诊断、治疗计划制定及治疗效果评估。医学影像处理包括图像的获取、预处理、分析和解释等多个环节，涉及图像增强、特征提取、图像分割、图像配准等多种技术。

1. 医学影像的分类

医学影像按照成像技术和用途的不同，可以分为以下几类。

- **X 射线成像**：包括普通 X 射线和计算机断层扫描（CT，如图 8-59a 所示），通常用于骨骼、内脏等组织的成像。X 射线成像技术利用 X 射线穿透人体，在不同密度的组织上形成影像，是常用的初步诊断工具之一。
- **磁共振成像（MRI）**：如图 8-59b 所示，利用磁场和无线电波成像，适用于对软组织进行详细成像，如大脑、脊髓和关节等部位。该技术能够提供高分辨率的图像，在神经系统和肌肉骨骼系统的检查中应用广泛。
- **超声成像**：如图 8-59c 所示，利用高频声波成像，常用于胎儿检查，以及心脏、腹部器官、甲状腺的成像。超声成像是一种安全、无辐射的成像方式，适合各类实时动态检查。
- **核医学成像**：包括正电子发射断层扫描（PET）和单光子发射计算机断层扫描（SPECT），通过放射性示踪剂显示体内的代谢活动。核医学成像能够提供关于器官功能和代谢的独特信息，有助于早期疾病的发现和诊断。
- **光学成像**：包括内窥镜和光学相干断层扫描（OCT，如图 8-59d 所示），用于表面和浅层组织的成像，如眼科和皮肤科。光学成像技术能够实现高分辨率的显微成像，常用于检查表层组织的病变。

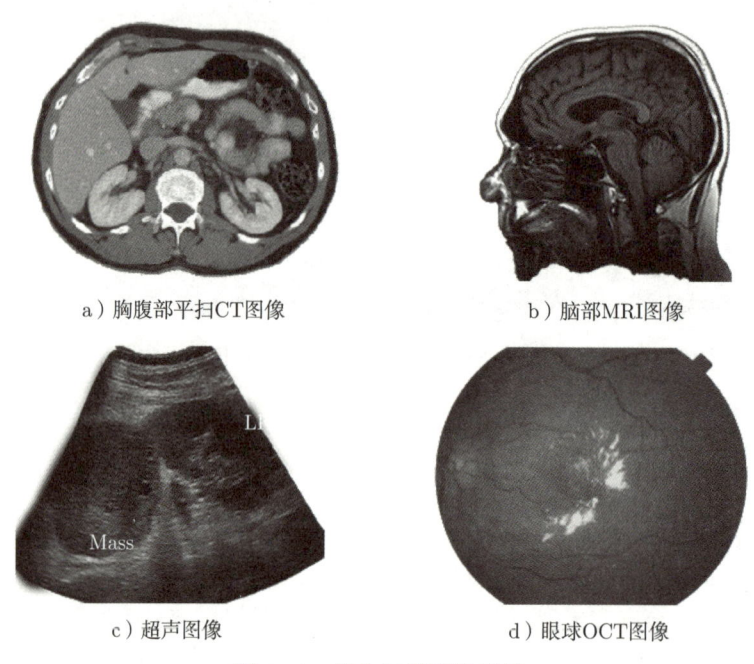

a）胸腹部平扫CT图像　　　　b）脑部MRI图像

c）超声图像　　　　d）眼球OCT图像

图 8-59 部分医学影像示例

2. 研究医学影像处理的意义

医学影像处理的研究对现代医学的发展具有重要意义。

- **提高诊断的准确性**。借助精确的图像分析和处理技术，能够提高疾病早期诊断的准确率。高质量的影像处理技术能够显著降低误诊率，助力医生更早、更准确地发现病变。
- **辅助治疗决策的制定**。为医生提供详细的影像信息，辅助其制定个性化的治疗方案。影像数据的分析能够揭示疾病的进展情况和对治疗的反应情况，协助医生制定最优的治疗策略。

- **监测治疗效果**。通过对比治疗前后的影像数据，评估治疗效果，为后续治疗提供参考。定期的影像监测可以及时发现治疗中的变化，调整治疗方案，确保最佳疗效。
- **推进科学研究**。为医学基础研究和临床研究提供大量高质量的数据支撑。医学影像数据的积累和分析为科学研究提供了丰富的资源，有助于深入探究疾病机制，开发新的诊断和治疗方法。

3. AI+医学影像处理目前的应用情况

人工智能（AI）在医学影像处理领域的应用已经取得了显著进展。AI 技术，尤其是深度学习，能够从大量影像数据中自动学习并提取特征，大幅提升图像分析的效率和准确性。目前，AI 在医学影像处理领域的主要应用如下。

- **自动诊断**。利用 AI 算法自动检测和诊断疾病，如肺癌筛查、乳腺癌检测等。AI 系统能够迅速处理大量影像数据，识别出潜在的病变，提高诊断的速度和准确性。
- **图像分割**。深度学习模型能够对器官和病变区域进行精确分割，如脑部 MRI 图像的分割。图像分割技术是影像处理的重要环节，能够为后续的分析和诊断提供精确的区域信息。
- **图像配准和融合**。AI 算法能够自动对齐不同时间或不同模态的影像数据，提高图像配准和融合的准确性。图像配准技术在多模态影像的综合分析中尤为重要，能够提供更全面的病变信息。
- **影像引导治疗**。在手术和放射治疗过程中，AI 辅助的影像处理技术能够提供实时的影像导航，提高治疗的精准度。影像引导技术能够显著提高手术的成功率，减少并发症，改善患者预后。

图 8-60 展示了多个方法在 BOT 数据集上进行病灶分割任务的示例，图中标注图像（GT）同所有方法在测试集上的预测结果分别进行叠加显示，其中标注图像用红色表示，模型预测结果使用绿色进行表示，二者重合区域表示为黄色。分割效果越好的方法在显示结果中黄色区域越多，而其他颜色区域越少。在病理图像分割任务中，传统的 FCN 表现较差，因为它主要依赖最深层的语义信息，忽视了图像中的细节，尤其是在处理小病灶区域时，分割精度不高。相较之下，U-Net 通过融合细节信息，显著提升了分割效果。一些改进的方法如 TransUnet、CA-Net 和 SegNet 在保留细节信息的同时，分别采用了更强的特征提取器、注意力机制和改进的上采样方式，进一步提高了病灶区域的分割精度。然而，这些方法的一个共同缺点是对全局特征的利用不足。HU-Net 算法通过优化特征融合方式，突出了深层语义信息在分割中的作用，因此在 BOT 数据集上表现最佳。而 DeepLabv3+ 通过减少下采样深度，调整了深层特征的作用，虽然提升了分割精度，但也显著增加了计算量。

4. 数据隐私问题

在医学影像处理过程中，数据隐私问题尤为重要。医学影像数据通常包含患者的敏感信息，必须保护这些信息免受未授权访问和泄露。当前医学相关研究面临的数据隐私问题如下。

- **数据匿名化**。在数据共享和处理过程中，去除或掩盖能够识别个人身份的信息，保护患者隐私。
- **数据加密**。对存储和传输的影像数据进行加密，防止数据在传输过程中被截获和篡改。
- **访问控制**。建立严格的访问控制机制，确保只有授权人员才能访问敏感数据。
- **合规性**。遵守相关法律法规和行业标准，如 HIPAA（美国健康保险可携性和责任法案），确保数据处理的合法性和合规性。

总之，随着 AI 技术的发展，医学影像处理在疾病诊断和治疗中发挥着越来越重要的作用。同时，数据隐私问题也需要引起高度重视，以保障患者的信息安全。

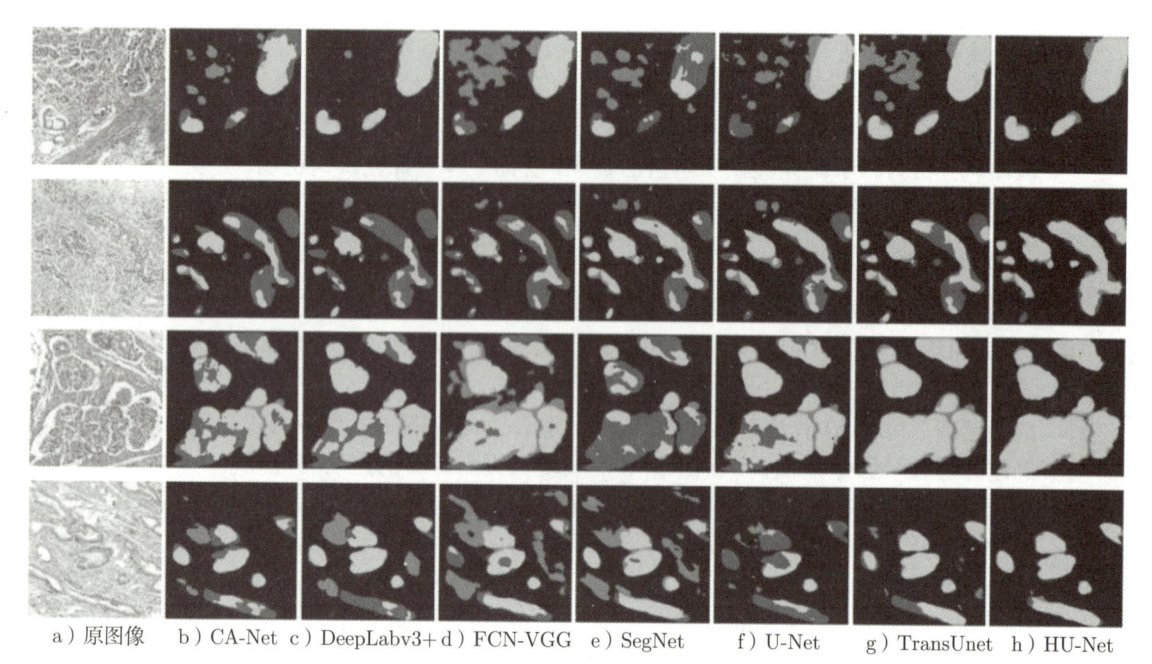

a）原图像　b）CA-Net　c）DeepLabv3+　d）FCN-VGG　e）SegNet　f）U-Net　g）TransUnet　h）HU-Net

图 8-60　在 BOT 数据集上进行的病灶分割任务示例（见彩插）

8.6　小结

　　计算机视觉，简单来说，就是让机器"看懂"世界的过程。就像人们用眼睛观察四周、识别物体、理解场景一样，计算机视觉赋予机器理解和解读视觉信息的能力。虽然机器并没有真正的"眼睛"，但它们可以通过摄像头捕捉图像和视频，然后利用算法来分析这些视觉数据。

　　计算机视觉主要包括：**图像分类**，想象你走进一个果园，看见苹果、橘子、香蕉等各类水果，一眼就能分辨出每种水果的类别。类似地，计算机通过学习大量图片，掌握识别图像中的物体所属的类别的能力，能判断图片里的物体是猫还是狗，这便是计算机视觉的重要任务之一。**目标检测**，它不仅要识别图片中的物体，还要精确地指出这些物体在图像中的位置。好比你走进果园后，能指出每一个水果具体在哪儿。目标检测就是计算机在图像中找到并标记出多个物体的任务。**目标跟踪**，它比目标检测更进一步。假设在果园中观察一只飞翔的鸟，你的眼睛会持续追踪它的飞行轨迹。目标跟踪任务要求计算机从一段视频中，持续追踪同一个物体的位置，不论其如何移动或改变姿态。**图像分割**，如果要精确地勾勒出每个水果的轮廓，甚至将其从背景中"剪切"出来，这就类似于目标分割。目标分割要求计算机把图片中的每个像素都归类为特定的物体或背景，不仅识别物体，还要准确划定它的边界。

　　计算机视觉的应用领域非常广泛，几乎覆盖了人们生活的方方面面。**人脸识别**是常见应用之一。每天使用手机解锁时，面部识别技术就会发挥作用，它通过分析面部特征来验证身份，其背后正是计算机视觉算法。**图像复原与超分辨率**技术可使低清晰度的图像变得清晰。例如，模糊照片通过一些处理能呈现更多细节。超分辨率技术可以让模糊的图像变得更加锐利，甚至能从低质量的老照片中恢复失真的细节。**图像表面缺陷检测**被广泛应用于工业领域。想象在一条生产线上快速检查产品，寻找划痕或其他表面瑕疵。计算机视觉能帮助机器自动检测出这些缺陷，大大提高效率和准确性。在**视频理解与生成**中，计算机不仅要"看懂"视频内容，还要能生成全新的视频。比如，在智能监控系统中，计算机可以自动识别出异常事件并生成相应的警报视频。在娱乐领域，计算机生成的虚拟场景也为电影和游戏打造了更加逼真的体验。还有一些更为专业的应用，比如**遥感与红外图像处理**，用于分析卫星图像、监测气候变化或自然灾害。这些图像通常通过红外光线或其他波段捕捉，超出人类视觉的范围，但计算机视觉能够理解和处理这些特殊的视觉信息。最后，不得不提的是**医学影像处理**，这是计算机视觉在医疗领域的重要应用。它可以帮助医生分析 CT、MRI 等医学影像，为疾病诊断和治疗决策提供支持。例如，通过计算机算法，系统可以自动检测 X 光片上的肺部异常，帮助医生做出更加快速、准确的判断。

总结来说，计算机视觉就像是为机器配备了一双"眼睛"，而这些任务和应用场景让机器能够像人类一样去"看见"并"理解"这个世界。通过不断进化的技术，计算机视觉正在改变人们与信息和世界的互动方式，给各行各业带来深远的影响。

第 9 章

语音处理

语言是人类重要的交流工具，而语音则是语言的声学表现形式，凭借自然、直接和高效的特性被广泛使用。随着科技的飞速发展和社会的不断进步，智能机器日益融入生产和日常生活，人们对人机互动的便捷性和灵活性提出了更高的要求。为了满足这些需求，研究人员在计算语言学、自然语言处理（NLP）、语音识别技术及人工智能等多个学科领域不断探索和创新，推动了语音处理技术的迅猛发展与广泛应用。

语音处理技术不仅在智能助理、语音翻译、智能家居等消费类产品中发挥着关键作用，还在医疗、教育、公共服务等专业领域展现出巨大的应用潜力。通过对语音信号的分析与处理，语音技术能够实现语音识别、语音合成、语音增强和语音情感识别等多种功能，极大地提升了人机交互的自然性和智能化水平。

本章将根据语音处理技术的任务分类，系统地介绍语音处理的前置知识，以及语音识别、语音合成、语音增强、语音情感识别等相关内容。同时，还将结合典型的算法实例和实际应用案例，帮助读者深入理解语音技术的核心原理和应用场景。

9.1 语音基础知识

人类通过声带和口腔等发音器官发出的具有特定意义的声音被称为**语音**，它是一种具有声学属性的物理现象。人类的听觉系统能够感知到频率范围在 20 Hz~20 kHz、响度介于 −5~130 dB 的声音。在语音处理领域，通常不会考虑那些超出人类听觉系统频率和响度范围的声音，因其无法被人耳识别，所以被认为不重要，可以被忽略。

语音信号结构复杂、特性多变，这使得准确处理和分析语音极具挑战性。因此，在深入学习和应用语音处理技术之前，掌握语音的基础知识尤为重要。通过了解语音的三要素、语音信号的关键参数，以及隐马尔可夫模型（HMM）和高斯混合模型（GMM）等常用算法，读者将具备分析和处理语音数据所需的背景知识，能够更深入地理解语音处理背后的技术原理与面临的挑战。这些基础知识不仅有助于提升语音处理的精度，还为更复杂的语言处理任务奠定了理论基础。

9.1.1 语音三要素

在语音领域，通常把构成语音的三要素定义为**音调**、**音量**、**音色**。其中，音调指声波频率，即每秒振动的次数；音量指声波振幅的大小；音色指声音的特色和本质，也称为"音质"。

- **音调**。人耳对声音高低的感知称为音调。音调主要与声波的频率有关，声波的频率越高，则音调也就越高。人耳听觉的音频范围是 20 Hz~20 kHz。音频波形图如图 9-1a 所示。
- **音量**。人耳对声音强弱的主观感觉称为响度。响度和声波的振幅有关。一般说来，声波振动的幅度越大则响度也越大。音量波形图如图 9-1b 所示。
- **音色**。音色是用于区别两个具有同样响度和音调的声音的特性，或者说是人耳对不同频率、不同强度声波的综合感知。音色与声波的**振动波形**有关，或者说与声音的**频谱结构**有关。

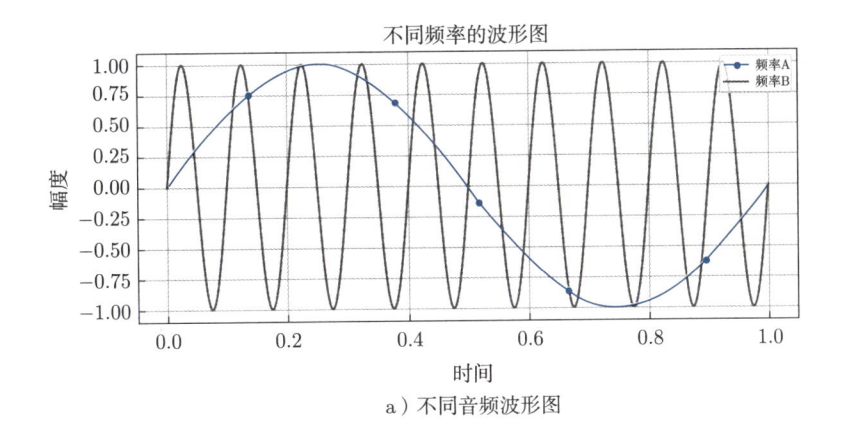

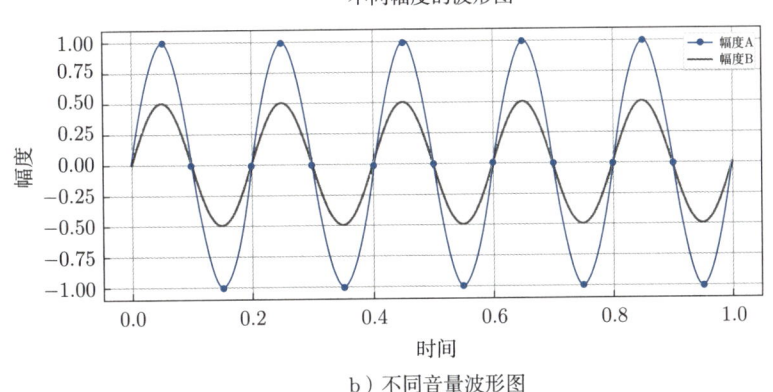

图 9-1 音频和音量波形图

a）不同音频波形图

b）不同音量波形图

9.1.2 语音信号四个重要参数

语音三要素是语音在现实世界的特性，而语音处理是在计算机中进行的。那么，在计算机中是如何存储和处理来自现实世界中的语音信号的呢？这就涉及起到**桥梁作用**的四个重要参数。

存储在计算机中的语音信号的质量和处理效率在很大程度上取决于声道数、码率、量化位数和采样率这四个基本参数。这些参数共同作用，影响着语音信号的存储和传输，也是语音处理技术如语音识别、语音合成、语音增强和情感语音分析等的基础。

- **声道数**：为了播放声音时能够还原真实的声场，在录制声音时在前后左右几个不同的方位同时获取声音，每个方位的声音就是一个声道。主要分为单声道和双声道。单声道只有一个声音通道，只能感受到声音、音乐的前后位置及音色、音量的大小；而双声道有两个声道，能实现立体音效，可以听到声音从左到右横向的移动。
- **码率**：在下载音乐或者录音的时候，是否遇到要求选择多少码率的音频文件下载的情况？码率也叫比特率，是指每秒传送的比特（bit）数，单位为 bit/s。码率越高，每秒传送的数据就越多，音质就越好。码率计算公式：码率 = 采样率 × 采样大小 × 声道数。对音频进行压缩时，码率越高，其音质也就越好。所以码率越高的音频，就会听得更清晰，这也是为什么很多人喜欢选择高码率的音乐播放器和音频文件的原因。
- **量化位数（Bit Depth）**：也称为**位深**，指每个采样点中信息的比特数。它是指在将连续的模拟信号（如音频或图像信号）转换为数字信号时，用于表示每个采样点数值的二进制位数。量化位数决定了数字信号中每个采样值可以用多大的精度来表示，从而影响数据的精度和质量。在音频采样中，常用的量化位数有 16 位和 24 位。CD 音质通常是 16 位量化，这意味着每个音频采样点可以使用 65536 个不同的值表示音频信号。
- 采样率（Sample Rate）：每秒内对声音信号采样样本的总数目，一般采样率有 8kHz（8kHz=8k/s，即每秒采样 8k 个点）、16kHz、32kHz、44.1kHz、48kHz 等。**采样率越高，声音的还原就越真实、越自然，当然数据量也越大。**

在麦克风记录完发出的语音信息后，需要经过数字化才能被计算机存储和处理。通常，把数字化的这个过程叫作对语音的采样，这个过程涉及模拟信号到数字信号的转换。经过采样后，会把语音的物理信息以波形文件的形式存储在计算机系统中，如图 9-2 所示。

图 9-2 语音采样示意

这些文件记录了语音信号在时域上的波动情况，蕴含了上述几个重要参数，更蕴含了语音信号的特征。借助波形可以分析出语音强度（振幅）、音长等特征的变化。而根据语音处理中遇见的不同任务，可以将语音处理分为语音识别、语音合成、语音增强、语音情感识别、说话人识别等多个任务，如图 9-3 所示。同时，还会发现，信号具有复杂性和高度的动态性，因此需要有效的数学模型来对语音数据进行建模和分析。隐马尔可夫模型（HMM）和高斯混合模型（GMM）是语音处理中的关键模型，广泛应用于语音识别、语音合成等任务。接下来，详细介绍这两种模型。

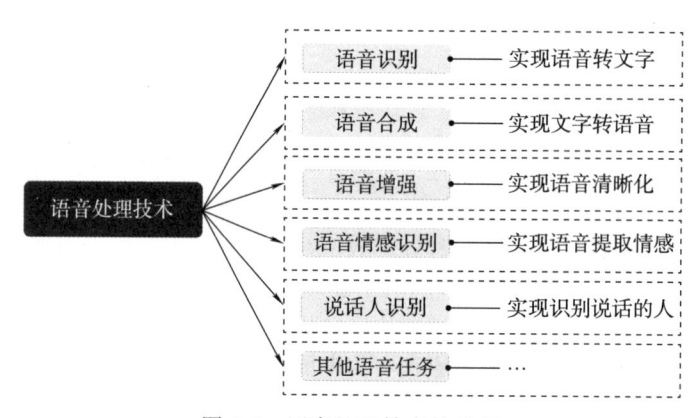

图 9-3 语音处理技术的分支

9.1.3 隐马尔可夫模型

隐马尔可夫模型（Hidden Markov Model, HMM） 是一个输出符号序列的统计模型，具有 N 个状态 $S_1, S_2, \cdots, S_N$，它按一定的周期从一个状态转移到另一个状态，每次转移时，输出一个符号。转移到哪个状态、转移时输出什么符号，分别由状态转移概率和转移时的输出概率决定。因为只能观测到输出的符号序列，而不能观测到状态转移序列（即模型输出符号序列时，无法知道经过了哪些状态路径），所以称为隐马尔可夫模型。

不难发现，隐马尔可夫模型是一种概率图模型，可以用来表示序列之间的相关关系，所以能够被用来对时序数据进行建模。而语音数据正是有时间关联的数据，因此隐马尔可夫模型非常适合用在语音建模阶段。模型主要参数包括状态间的**状态转移概率函数**及每个状态的**概率密度函数**（也叫作观测概率）。

在图 9-4 所示的例子中，从 S_1 出发到 S_3 截止，输出的符号序列是 aab。因为从 S_1 到 S_3，并输出 aab 时，可能的路径有 $S_1 \to S_1 \to S_2 \to S_3$、$S_1 \to S_2 \to S_2 \to S_3$、$S_1 \to S_1 \to S_1 \to S_3$ 三种。每一种路径输出 abb 的概率如下：

$S_1 \to S_1 \to S_2 \to S_3$ 的概率: $0.3 \times 0.8 \times 0.5 \times 1.0 \times 0.6 \times 0.5 = 0.036$

$S_1 \to S_2 \to S_2 \to S_3$ 的概率: $0.5 \times 1.0 \times 0.4 \times 0.3 \times 0.6 \times 0.5 = 0.018$

$S_1 \to S_1 \to S_1 \to S_3$ 的概率: $0.3 \times 0.8 \times 0.3 \times 0.8 \times 0.2 \times 1.0 = 0.01152$

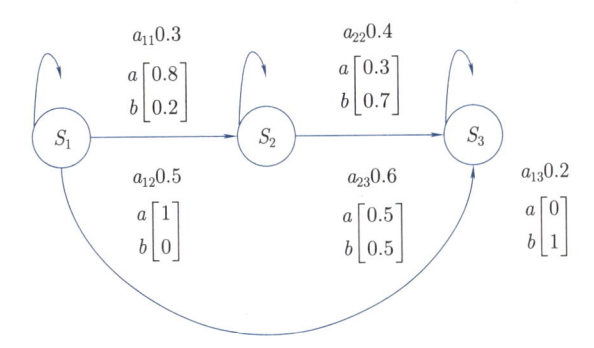

图 9-4　一个简单的三状态隐马尔可夫模型

由于 HMM 模型的状态序列不可知，所以无法得知 HMM 模型在输出 aab 时所通过的路径，作为计算输出概率的一种方法，是把每一种可能路径的概率相加得到的总的概率值作为 aab 的输出概率值。所以，该 HMM 模型输出 aab 的总概率为 0.036+0.018+0.01152=0.06552。通过这个例子，可以对 HMM 有一个初步的认识。

9.1.4　高斯混合模型

高斯分布又称正态分布。一维高斯分布是一维随机变量 X 服从均值为 μ、方差为 σ^2 的正态分布。多维高斯分布就是多维场景下每一个维度上都满足正态分布，它们不一定相互独立。

高斯混合模型（Gaussian Mixed Model, GMM）如图 9-5 所示，对于一组呈多峰分布的数据或非椭圆分布族，难以用一个正态分布进行建模，因此需要使用混合模型对其进行建模。混

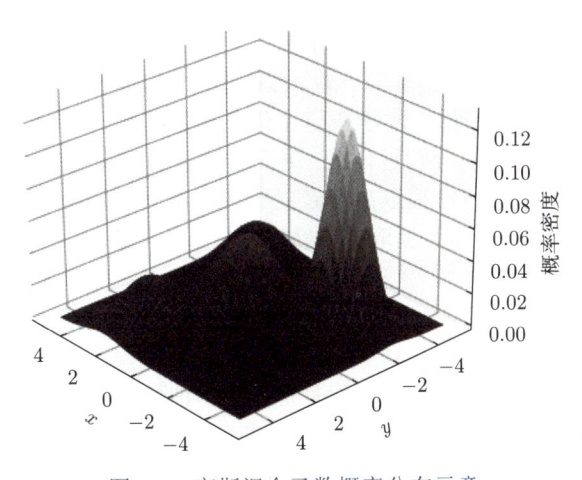

图 9-5　高斯混合函数概率分布示意

合高斯模型的概率分布为

$$p(x;\theta) = \sum_{k=1}^{K} \alpha_k \varphi(x;\theta_k), \quad \sum_{k=1}^{K} \alpha_k = 1 \tag{9-1}$$

式中，α_k 代表第 k 个子模型在整个混合模型出现的概率，也叫混合权重；$\varphi(x;\theta_k)$ 是第 k 个子模型的概率密度函数；K 表示一共有 K 个子模型；θ 代表 GMM 中所有子模型的参数集合；θ_k 代表第 k 个子模型的参数。需要注意的是，GMM 并不是多个服从正态分布的随机变量的和，而是多个服从正态分布的随机变量的概率密度的加权和。容易证明，对式 (9-1) 进行反常积分，结果还是 1。不难得出，GMM 密度函数的图像是包含多个正态峰的曲线，这些峰分别对应各个子模型。

9.2 语音识别

一提到语音识别，不知道大家有没有想到智能语音交互助手？苹果的"Siri"、华为的"小艺"、OPPO 的"小布"、小米的"小爱同学"，还有目前发展火热的智能音箱"小度小度"、天猫精灵及微信的"语音转文字功能"，这些都是依靠语音识别技术来实现的。那么究竟什么是语音识别技术呢？

语音识别是将人说出的话转换为文本的技术。简单来说，就是与机器进行交流，让机器明白你说的话是什么意思。用专业术语来说，就是让机器通过识别和理解过程把语音信号转变为相应的文本或命令的技术。

语音识别技术的研究始于 20 世纪 50 年代初期，迄今已有七十多年的历史。1952 年，贝尔实验室研制了世界上第一个能识别十个英文数字的识别系统。20 世纪 60 年代最具代表的研究成果是基于动态时间规整的模板匹配方法，解决了特定说话人孤立词语音识别中语速不均和不等长匹配的问题。20 世纪 80 年代以后，基于隐马尔可夫模型的统计建模方法逐渐取代了基于模板匹配的方法，基于高斯混合模型-隐马尔可夫模型的混合声学建模技术推动了语音识别技术的蓬勃发展，其中最具代表性的是英国剑桥大学的隐马尔可夫工具包。2010 年后，语音识别技术也随着深度神经网络的兴起和分布式计算技术的进步而不断提升。

了解了语言识别的历史，不妨思考一下，人类是如何进行语音识别的呢？无非是以下几个步骤：第一步，从一段语音中识别出发音的音节，比如"bō""p"；第二步，从获得的音节中匹配成单个字，比如"bào pò"，脑海中可能对应匹配成"爆破""报破""豹破"……；第三步，由单个字组成当前语境下最有可能出现的词汇、句子。

按照上面阐述的思路，是不是会发现感觉非常高大上的语音识别技术的流程变得非常简单了！而计算机实现语言识别的思路跟上述基本一致。根据上面的思路和步骤，语音识别系统可以分为四个子模块：**特征提取**（信号处理）、**声学模型**、**语言模型**和**解码搜索**。语音识别系统的框架如图 9-6 所示。这四个子模块的作用分别是什么？跟人类的语音识别的思路有什么相同处和不同处？

1）特征提取模块：用某种方法提取出声音的特征，从而加强提取出准确音节的能力。

2）声学模型模块：该模块把声音提取出的特征和音节（声学模型）进行匹配。比如发音"波"，匹配到的音节就是"bō"。

3）语言模型模块：该模块实现音节匹配到对应的字。比如识别出来的音节"bào pò"，可以对应的词有"爆破""报破""豹破"……

4）解码搜索模块：该模块的功能是寻找最优路径，即搜索出当前语言环境下音节串最有可能生成的句子。比如"zhàdànyàobàozhàle"这串音节，极大的概率会被识别成"炸弹要爆炸了"，而不是"乍但要豹炸了"。

在技术层面,语音识别的思路就是将特征逐一与模板库中的各个模板按照某种原则进行比较,找出最相像的参考模板所对应的发音,得出的便是语音识别结果。值得一提的是,语音识别系统中的声学模型和语音模型分别对应于**语音到音节概率的计算和音节到字概率的计算**。

9.2.1 语音识别的特征提取

所有算法的起始步骤通常涵盖数据归一化、数据清洗或者数据提取。从图 9-6 可以看出,特征提取是整个技术流程的第一步,它要做的就是提取数据,从语音信号中提取出一组能够描述其特性的参数。

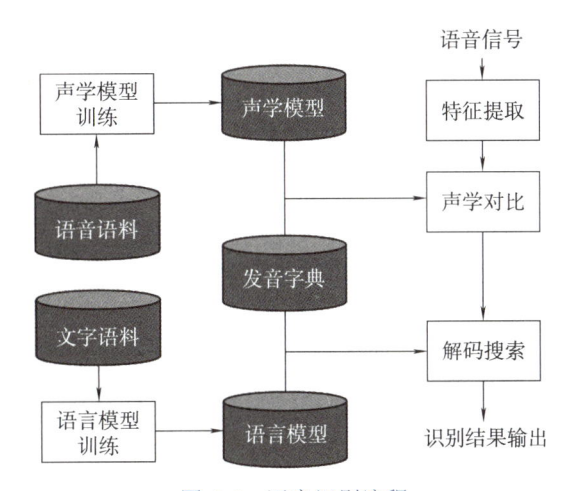

图 9-6 语音识别流程

在编写算法时,人们都追求运行又快又节省存储空间的解决方案。同样,在特征提取环节,我们的目标是找到一种方法,它能够在消除干扰的同时,提升后续处理的效率(即去除语音信号中的冗余信息),进而提取出那些能够反映语音本质的关键特征参数。

1. 特征参数选取

特征参数的选择对于语音识别的准确性至关重要,后续的所有语音处理步骤都依赖这些选定的特征参数。通常,评估不同特征提取方法的优劣是通过比较**各种语音特征之间的距离度量**来实现的。

在选择特征参数时,应遵循以下准则:**不同音节的特征参数之间的距离应该尽可能大**,这样更易于区分;而**相同音节的特征参数之间的距离应该尽可能小**,以减少识别时的混淆情况。同时,在特征选择过程中,还应考虑计算复杂性。在确保高识别率的同时,应尽量降低特征参数的维度,这不仅有助于降低存储需求,还能提升处理速度。然而,某些计算量大但表达效果好的参数可能会影响提取效率,因此在选择特征参数和确定识别方法时,需要根据具体的应用场景进行适当的权衡。

2. 特征提取方法

在选取好特征参数之后,该如何提取它们呢?下面列举几种常见又高效的特征提取方法。

(1)**线性预测系数(LPC)**

该方法基于一个假设:人类语音可以被看作由一个激励源通过一个线性滤波器产生的。这个滤波器可以模拟声道的物理特性,这个假设就能把声学信号当作一个模型来表示。LPC 的目标是从语音信号中提取出一组线性预测系数,这些系数能够描述滤波器的特性,也能描述音频的特性。

从数学的角度来阐述就是：一个语音取样的现在值可以用若干个语音取样过去值的加权线性组合来逼近（借助最小均方误差选择）。同时，把声学信号当作一个模型来表示，系统函数 $H(z)$ 符合全极点数字滤波器的形式，就可以把声道抽象成一个全极点模型：

$$H(z) = \frac{1}{1 - \sum_{k=1}^{p} a_k z^{-k}} \tag{9-2}$$

式中，参数 p 的数值为级联声管个数，也为 LPC 的阶数；a_k 是第 k 个滤波器的线性预测系数，z^{-k} 是时间反向延时量，表示信号在时间上往前移动 k 个采样点。系统函数 $H(z)$ 描述了从激励信号到输出信号的转换过程。得到线性预测系数 a_k，便能通过式 (9-2) 表示对应的语音。那么如何求线性预测系数呢？

步骤一：对于每一帧信号 $x[n]$，需要先计算自相关系数 $r[k]$。

$$r[k] = \sum_{n=k}^{N-1} x[n]x[n-k] \tag{9-3}$$

式中，N 是帧的长度；$x[n]$ 是音频信号的样本值。

步骤二：通过自分析法确定模型阶数 p，之后使用杜宾–莱文森算法解方程组来获取线性预测系数 $a_k(k = 1, 2, 3, \cdots, p)$，算法思路如下：

$$\boldsymbol{Ra} = -\boldsymbol{r} \tag{9-4}$$

式中，$\boldsymbol{R}$ 是一个 $p \times p$ 的对称矩阵，其元素为 $\boldsymbol{R}[i, j] = \boldsymbol{r}[|i - j|]$；$\boldsymbol{a}$ 是待求的预测系数向量 $[a_1, a_2, a_3, \cdots, a_p]^{\mathrm{T}}$；$\boldsymbol{r}$ 是一个 p 维向量，其元素为 $r[1], r[2], \cdots, r[p]$，已在步骤一求出。注意：本步已经求出线性预测系数，步骤三是借助求出的线性预测系数重建原始信号 $x[n]$。

步骤三：借助得到的线性预测系数 a_k 来计算预测误差 $\tilde{x}[n]$。

$$\tilde{x}[n] = \sum_{k=1}^{p} a_k x[n-k] \tag{9-5}$$

式中，$\tilde{x}[n]$ 就是预测信号 $x[n]$ 的下一个估计值，是用过去 p 个输出线性组合而成的；a_k 即为线性预测系数（LPC）；$x[n-k]$ 是原始信号在时间上向前移动 k 个采样点的值。所以，只要保证预测信号与原始信号误差（最小均方误差）最小，就可以将 $\tilde{x}[n]$ 作为激励信号重新输入 $H(z)$ 中，用于重建原始信号 $x[n]$。也可以借助步骤三不断调整模型阶数和线性预测系数从而提升提取质量。计算上的快速有效保证了这一声学特征的广泛使用。

（2）LPC 倒谱系数（LPCC）

在上面的 LPC 分析中，更多关注的是语音信号的幅度谱。而在物理中，波的表达式与相位信息（频率谱）也有关。而 LPCC 则注重强调音频信号在频率谱的特征。

借助倒谱操作，在频率谱上能够去掉语音产生过程中的激励信息，取对数强调低频声音，反映了人耳特性，从而加强抵抗噪声的能力。同时，通过傅里叶逆变换过程中的去相关化，能去除相邻系数之间的相关性，能减少参数数量，降低计算复杂度，往往只需要几个倒谱系数就能够很好地描述语音的特性。这个方法的操作非常简单，在 LPC 基础上得出语音信号的功率谱，求出其对数模函数，再进行离散傅里叶逆变换 (IDFT) 便可求得 LPCC。

步骤一：计算 LPC。该步骤请参考上面介绍的 LPC 计算步骤。

步骤二：求语音信号功率谱。

借助式 (9-2)，使用 LPC 能求出音频信号 $H(z)$，那如何求语音信号的功率谱呢？只需要把式 (9-2) 中的 z 替换为 $e^{j\omega}$ 即可。其中，j 表示虚数单位（信号处理领域使用 j，而非数学标准符号 i）；ω 是角频率。功率谱可表示为

$$H(e^{j\omega}) = \frac{1}{1 - \sum_{k=1}^{p} a_k e^{-j\omega k}} \tag{9-6}$$

步骤三：对功率谱取对数模函数，并进行 $\mathcal{F}^{-1}$ 离散傅里叶逆变换（IDFT，将频域的信息转换回时域。之所以不使用傅里叶逆变换（IFT）是因为功率谱的对数模函数是离散信号），最后得到 LPC 倒谱序列 $c[n]$。

$$c[n] = \mathcal{F}^{-1}\{\log|H(e^{j\omega})|\} \tag{9-7}$$

步骤四：提取 LPC 倒谱系数 LPCC。一般只保留前 m 个 LPC 倒谱系数作为 LPC 倒谱系数。

$$\text{LPCC} = [c[0], c[1], \cdots, c[m-1]] \tag{9-8}$$

（3）Mel 频率倒谱系数（MFCC）

在语音识别方面，常用到的语音特征就是梅尔频率倒谱系数（Mel-Frequency Cepstral Coefficient，MFCC）。原因有二：其一，Mel 尺度描述了人耳频率的非线性特性，模拟了人耳处理语音的特点；其二，MFCC 是在 Mel 尺度频域上提取出来的倒谱系数。其计算过程如下。

步骤一：将信号进行快速傅里叶（FFT）变换得到其频谱。

$$X[k] = \sum_{n=0}^{N-1} x[n]e^{-j2\pi nk/N}, \quad k = 0, 1, \cdots, N/2 \tag{9-9}$$

式中，$x[n]$ 为每帧信号；N 为每帧长度；$X[k]$ 是第 k 帧的频率谱；k 通常只考虑 $N/2$ 的频率分量，因为其余部分都是对称的。

步骤二：求频谱幅度的平方，即能量谱，并用一组三角滤波器在 Mel 尺度上对能量谱进行带通滤波。

$$F_m[k] = \sum_{k=0}^{N/2} |X[k]|^2 T_m[k] \tag{9-10}$$

式中，每个滤波器 m 的输出 $F_m[k]$ 都是通过能量谱 $|X[k]|^2$ 与滤波器的频率响应 $T_m[k]$ 相乘求和得到的；$T_m[k]$ 表示第 m 个滤波器的频率响应；$F_m[k]$ 表示第 m 个滤波器在第 k 个频率分量处的输出。

本步使用一组基于 Mel 尺度的三角形滤波器组对能量谱进行滤波。滤波器组由 M 个三角形滤波器组成（滤波器的个数和临界带的个数相近），M 通常取 22~26。与此同时，滤波器组按照 Mel 尺度排列，每个滤波器覆盖一定的频率范围，其中第 m 个滤波器的中心频率为 $f(m)$。各 $f(m)$ 之间的间隔随着 m 值的减小而缩小，随着 m 值的增大而增宽。图 9-7 所示的是每一个三角滤波器和能量谱进行相乘求和得到每个滤波器的输出。

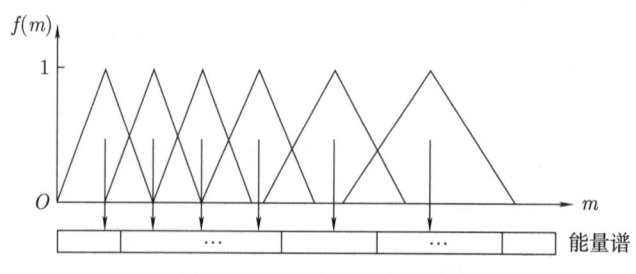

图 9-7 Mel 频率滤波器组

步骤三：对滤波器的输出取对数 L_m，然后做离散余弦变换即可得到 MFCC。根据余弦函数的对称性，只需要保留前 M 个系数，即不需要保留全部的 $2M$ 点序列。因此，本操作分为以下两步：

$$L_m = \log(F_m[k]), \quad m = 1, 2, \cdots, M \tag{9-11}$$

$$C_n = \sum_{m=1}^{M} \log L_m \cos\left[\pi(m-0.5)n/M\right], \quad n = 1, 2, \cdots, L \tag{9-12}$$

式中，C_n 是第 n 个 MFCC；M 是梅尔滤波器组中的滤波器总数；$F_m[k]$ 是第 m 个梅尔滤波器的输出能量；L 是 MFCC 的个数，这个值通常取最低的 12~16。

通过上述步骤就能通过 L 维向量来表述一帧的波形，声音就被转换成 L 行 N 列的矩阵（N 是帧的数量），这个矩阵即所谓的观察序列。一段语音就能通过一系列的倒谱向量来描述，每个向量代表了每帧的 MFCC 特征向量，后续便可在此基础上进行操作。MFCC 技术流程图如图 9-8 所示。

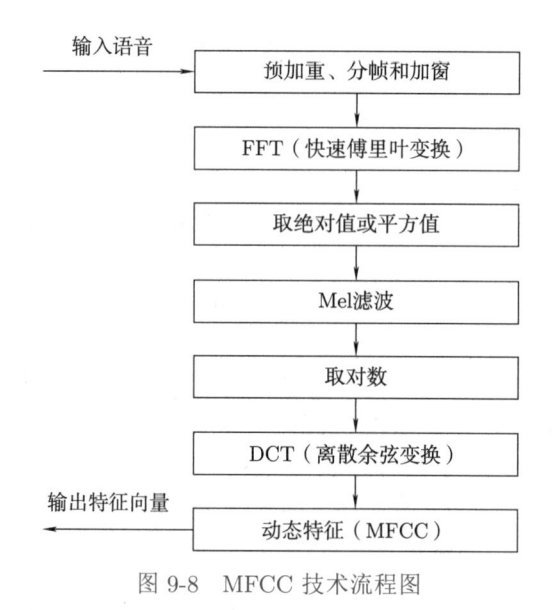

图 9-8 MFCC 技术流程图

9.2.2 语音识别的声学模型

特征参数提取出来之后，便可以和声学模型进行匹配和对比。**声学模型**承载着声学特征与建模单元之间的映射关系。通过训练语音库的特征参数来训练出声学模型参数，在语音识别过程中，将待识别语音的特征参数与这些声学模型参数进行匹配和对比，从而获得最准确的识别效果。

值得一提的是，在国际音标等音素标注体系中，会用特定的符号来表示声调等语音特征。本书将依据国际音标中的"五度标调法"使用数字来表示汉语音调。

第一声（阴平）：高平调，调值为 55。
第二声（阳平）：中升调，调值为 35。
第三声（上声）：降升调，调值为 214。
第四声（去声）：全降调，调值为 51。

针对汉语的连续语音识别任务，可选的声学单元包括词汇单元、音节（比如"你"的音节为"nǐ"）、半音节（比如"你"(nǐ) 可以被分为"n"和"ǐ"）、声母与韵母（比如"你"(nǐ) 可以被分为声母"n"和韵母"ǐ"）、音素（比如"你"(nǐ) 可以被分为音素"n""i""214"）。

在语音识别领域，不同需求的语音识别系统应当更有针对性地挑选合适的基础声学单元。一般来说，声学单元越小，其数量也就越少，模型训练的复杂性也会相应降低，然而，单元越小，对上下文的敏感性越高，易受邻近语音元素的影响而发生变异，这给单元设计和训练数据的采集带来了额外的挑战。鉴于音素在上下文相关性方面的特性，大多数声学模型倾向于采用三音素作为建模的基本单元。

比较经典的声学模型是混合声学模型，大致分为两种：基于高斯混合模型-隐马尔可夫模型的模型（GMM-HMM）和基于深度神经网络-隐马尔可夫模型的模型（DNN-HMM）。深度学习的崛起带来的端到端声学模型可以直接对后验概率建模，完全不需要隐马尔可夫模型结构（HMM）。但实际上，目前很多前沿模型还是以 HMM 结构为主，比如链模型（Chain Model）。所以，掌握 GMM-HMM 和 DNN-HMM 结构，对于理解语音识别过程有非常大的帮助。

1. 基于高斯混合模型-隐马尔可夫模型的声学模型

使用高斯混合模型来估计观察特征（语音特征）的观测概率，使用隐马尔可夫模型描述语音信号的动态变化（即状态间的转移概率），这就是 GMM-HMM 模型。该模型具有训练速度快、易于移植等优点，其缺点是没有利用帧的上下文信息，不能完整地模拟出或记住相同音的不同人之间的音色差异变化或发音习惯变化。就基于 GMM-HMM 的声学模型而言，对于小词汇量的语音识别任务，通常使用上下文无关的音素状态作为建模单元；对于中等和大词汇的语音识别任务，则使用上下文相关的音素状态进行建模。

该声学模型框架如图 9-9 所示。其中，S_k 代表音素状态；$a_{s_k s_n}$ 代表转移概率，即状态 S_k 转为状态 S_n 的概率。隐马尔可夫模型和高斯混合模型已分别在第 9.1.3 小节和第 9.1.4 小节介绍过，读者可翻阅至对应章节进行学习。

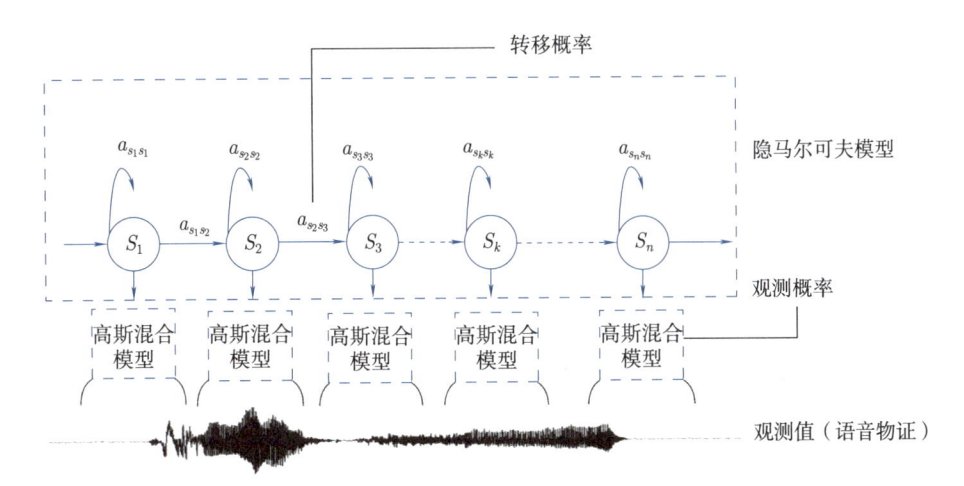

图 9-9 基于高斯混合模型-隐马尔可夫模型的声学模型框架

想真正弄懂 GMM-HMM 模型，先从下面这段音频讲起。如图 9-10 所示，把 2s 的音频分帧，以帧长 100ms、帧移 100ms 为例进行切分，这样这段音频就被分成 20 帧 (这里主要是为了方便说明，一般情况下帧长取 25ms、帧移取 10ms)。

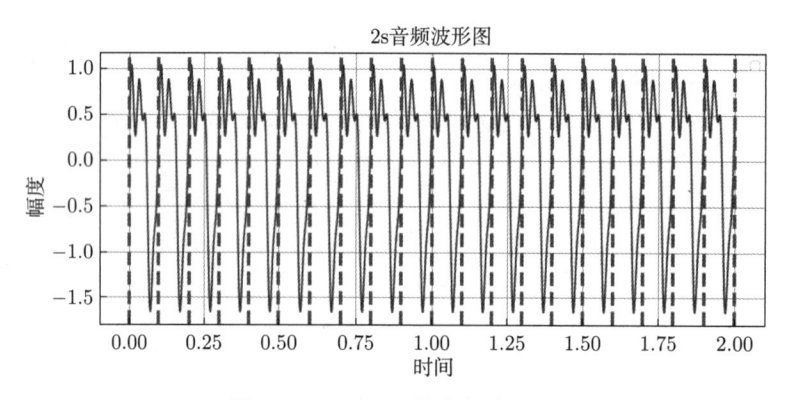

图 9-10　一个 2s 的音频波形图

模型设计好后，就需要使用数据去训练该模型，这样才能得到一个可以使用的模型。上面已经给出了 GMM-HMM 模型的结构，下面来说明训练模型的具体过程。

（1）获取音频标注

这里的标注可以是两种：①音素级别的标注，这是训练 GMM-HMM 模型所需要的标注，可以直接用于训练；②字节级别的标注，在很多实际的中小型项目中更多使用的是字级别的标注，因为音素级别的标注工作量非常大。虽然可以通过发音词典将字级别的标注转换成音素级别的标注，但这种转换没办法消除多音字的影响。

假设上面这段音频的标注是"你好"，那么对应的发音就是"n、ǐ、h、ǎo"这四个声韵母。这里为了方便说明，本节及下文案例中均使用声韵母作为建模单元 (实际应用中是使用音素作为建模单元)。

（2）对建模单元进行 GMM-HMM 建模

上一步骤中使用声韵母作为建模单元，本步骤中对"n""ǐ""h"、"ǎo"这 4 个声韵母分别使用 GMM-HMM 建模，使用 3 状态建模，如下图 9-11 所示。

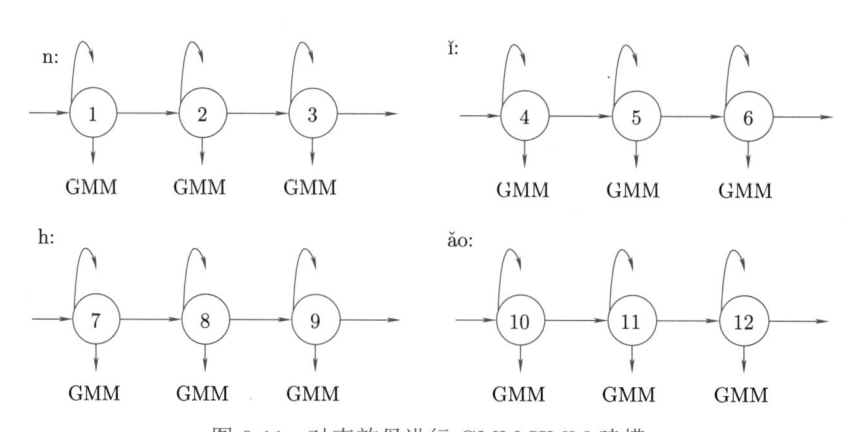

图 9-11　对声韵母进行 GMM-HMM 建模

为了方面说明，给每个状态加了编号。从图 9-11 可以看出，对于 HMM 的观测概率是使用高斯分布函数建模的。读者需要理解 HMM 模型中自环的操作，这非常重要，**因为有了自环，状**

态 A 可以出现多次，借助这个特性就可以对任意长的音频建模，这也是连续语音识别的基础。关于自环的知识可以参考 9.1.3 小节中给出的示例。

（3）对建模单元对应的 GMM-HMM 模型进行训练，得到模型参数

本步骤便是对"n""ī""h""ǎo"这 4 个声韵母对应的 GMM-HMM 模型进行训练，得到模型参数。在开始训练之前，需要明确每个 HMM 模型的参数、模型的输入和模型的输出。

1）**GMM-HMM 模型的参数**：①状态转移概率，由步骤（2）得到；②观测概率，使用 GMM 对观测概率建模，实际参数就是高斯分布中的均值和方差。

2）**模型输入**：每帧信号的特征参数，如 MFCC（也可选择其他参数比如 LPC、LPCC 等）。参数提取方式请参考 9.2.1 小节中的相关内容。

3）**模型输出**：每一帧属于"n""ī""h""ǎo"中的某一个状态（3 状态）的概率。

那么问题来了！虽然在步骤（1）有了每段音频对应的标注，但实际上 GMM-HMM 模型的学习过程并不是"有监督的"。比如上面那段音频，它只告诉我们对应的标注是"n""ī""h""ǎo"，但并没有告诉我们每一帧（即每一个输入）对应的 label 是什么，那么应该怎么训练呢？

对于这种无监督的任务，使用 EM 算法来进行训练，更专业的术语叫嵌入式训练（embedding training）。也就是说把"n""ī""h""ǎo"对应的 HMM 模型嵌入到整段音频中进去训练。

（4）执行 EM 算法

1）**初始化对齐**：以上面的音频为例，由于不确定每帧对应哪个声韵母的某个状态，所以采用均分的方法。也就是说，第 1~5 帧对应"n"，第 6~10 帧对应"ī"，第 11~15 帧对应"h"，第 16~20 帧对应"ǎo"。同时，"n"又有 3 个状态，那么就把第 1、2 帧分给状态 1，第 3、4 帧分给状态 2，第 5 帧分给状态 3。"ī""h""ǎo"亦如此。为了简化说明，这里每个状态只是用单高斯描述，如果是混合高斯，还需要进一步用 k-means 算法对每个高斯分量进行初始化。初始化完成后，该段音频对应的 HMM 模型如图 9-12 所示。

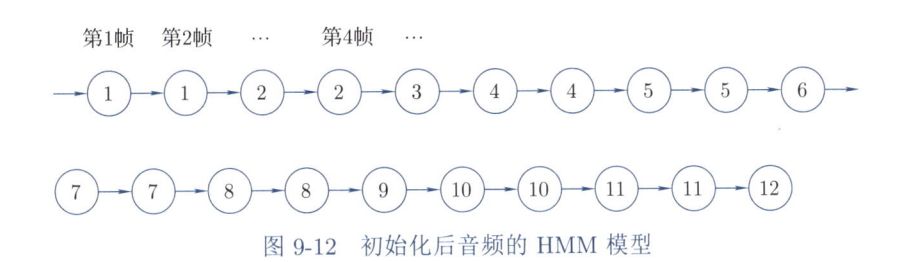

图 9-12 初始化后音频的 HMM 模型

2）**更新模型参数**：①转移概率，通过步骤 1）可以得到状态 1 到状态 1 的转移次数、状态 1 到状态 2 的转移次数等，然后除以总的转移次数，就可以得到每种转移的概率；②观测概率，即均值和方差。以状态 1 的均值和方差为例，由 1）可知，第 1 帧和第 2 帧对应状态 1，假设第 1 帧的 MFCC 特征是（4,3）、第 2 帧的 MFCC 特征是（4,7），那么状态 1 的均值就是（4,5）、方差是（0,8）。

3）**重新对齐**：这一步区别于步骤 1）的初始化，步骤 1）的初始化是采用粗暴的均匀对齐，而本步的对齐是根据步骤 2）得到的参数，重新对音频进行状态级别的对齐。经过重新对齐后，模型可能变成图 9-13 所示，此时第 2 帧已经不对应状态 1。

4）**反复执行**：重复步骤 2）和步骤 3）多次，直到收敛。这个过程就是 EM 算法。步骤 1）和步骤 3）对应 E 步，步骤 2）对应 M 步。

图 9-13　重新对齐后音频的 HMM 模型

2. 基于深度神经网络–隐马尔可夫模型的声学模型

从名字上不难发现，基于深度神经网络–隐马尔可夫模型（DNN-HMM），是用深度神经网络模型代替了高斯混合模型。上文中使用高斯混合模型的目的是求出观测概率。而深度学习在求概率方面具有优势，于是采用深度神经网络来替代 GMM。该模型的建模单元为聚类后的三音素状态，其框架如图 9-14 所示。在图 9-14 中，深度神经网络用于估计观察特征（语音特征）的观测概率。其中，S_k 代表音素状态；$a_{s_k s_n}$ 代表转移概率，即状态 S_k 转为状态 S_n 的概率；v 代表输入特征；$h^{(m)}$ 代表第 m 个隐藏层；W_m 代表神经网络第 m 个隐藏层的权重。

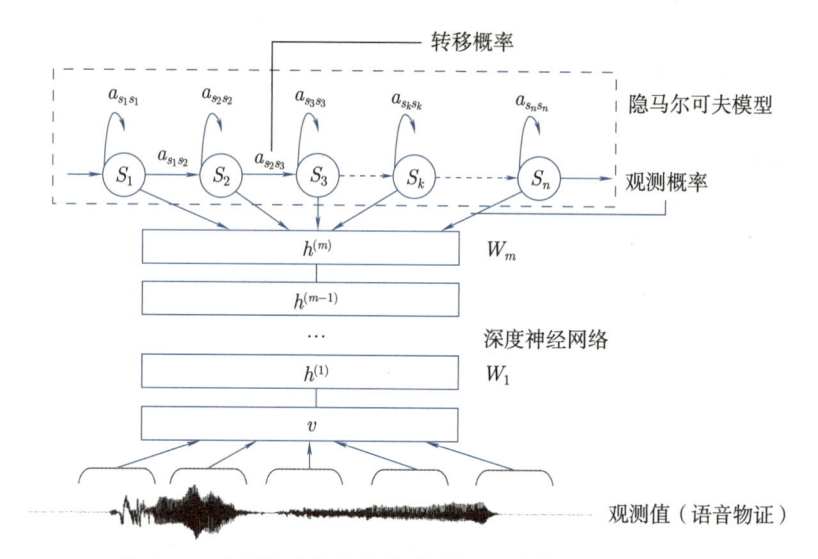

图 9-14　基于深度神经网络–隐马尔可夫模型的声学模型

深度学习是一股强大的力量，深度神经网络具有多种形式，比如卷积神经网络（CNN），而其输入甚至可以不必局限于单个语音帧，比如长短期记忆网络（LSTM）就可以处理复杂的序列输入情况。然而，在引入深度神经网络的过程中，会遇到文本对齐的问题。在训练 DNN-HMM 模型前，是不知道哪个语音帧对应哪个音素状态的，这就导致 DNN 的输入数据无法配对。虽然 GMM-HMM 在训练前也面临同样的问题，但是在训练的同时完成文本对齐。所以，在引入 DNN 前，较稳妥的做法就是先进行一次常规的 GMM-HMM 训练来实现文本对齐，在此基础上，再训练 DNN 以得到完整的 DNN-HMM 模型。

这种模型有两方面的优势：一是深度神经网络能充分利用语音特征的上下文信息；二是深度神经网络能学习非线性的更高层次的特征表达。因此，DNN-HMM 已成为目前主流的声学建模技术。

9.2.3　语音识别的语言模型

语言模型是一种概率模型，用于评估特定句子出现的概率，其主要作用是判断在当前语境下哪个词序列更有可能出现。换句话说，就是在已有若干个词出现的情况下预测下一个可能出现的词汇。进一步来说，语言模型在单词搜索过程中起到约束作用，它限定了在已识别词汇之后可能出现的词汇序列，且这一匹配过程是有序的。通过这种方式能够排除那些在特定语境下不太可能出现的词汇，从而提高识别的准确性。综上所述，语言模型通常指的是在匹配搜索过程中用于约束字词和路径的语言规则，包括由识别语音命令构成的语法网络和基于统计方法构成的语言模型。

例 9.1 令句子 $S = $ "今天天气很好"，该句子很常见，通过语言模型可计算出其发生的概率 P（今天天气很好）$= 0.80000$。

例 9.2 令句子 $S = $ "好很天气今天"，该句子为病句，通过语言模型可计算出其发生的概率 P（好很天气今天）$= 0.00001$。

语言模型的作用是在解码过程中限制搜索路径。在语音识别中，常用的语言模型有 N 元文法（n-gram）和循环神经网络语言模型。N 元文法通过统计前后相邻词出现的概率来构建模型。虽然循环神经网络语言模型在性能上优于 N 元文法，但其训练比较耗时，且解码速度较慢，所以工业界依旧广泛使用基于 N 元文法的语言模型。相关内容读者可以阅读"7.3 语言模型"相关章节。

语言模型的评价指标是语言模型在测试集上的困惑度，该值反映句子不确定性程度。因此，训练语言模型的目标就是寻找困惑度较小的语言模型，使其尽量逼近真实语言分布。

困惑度（Perplexity）是衡量语言模型预测能力的一个指标，通常用于评估语言模型的质量。在自然语言处理领域，较低的困惑度意味着模型对数据有较好的预测能力，这个概念在语言识别的语言模型中同样适用。困惑度定义如下：假设有一个需要评估的语言模型有一组测试数据集 $T = \{w_1, w_2, \cdots, w_N\}$，其中 w_i 表示第 i 个词。那么，对于这个测试数据集 T，模型 M 的困惑度定义为

$$\text{Perplexity}(M, T) = P(T; M)^{-\frac{1}{N}} \tag{9-13}$$

式中，$P(T; M)$ 是模型 M 在测试数据集 T 上的概率；N 是测试集中单词的总数。

也可以把困惑度理解为模型在测试集上平均分配的概率分布的倒数的指数。具体来说，如果模型在每个单词上的概率均为 p，那么 N 个单词的困惑度就是 $(1/p)^{1/N}$。这相当于模型对下一个单词的平均预测不确定程度。

9.2.4 语音识别的解码搜索

解码搜索的任务是在由声学模型、发音词典和语音模型构成的搜索空间中寻找最佳路径。解码时需要用到声学得分和语言得分，声学得分由声学模型计算得到，语言得分由语言模型计算得到。在解码过程中，各种解码器的具体实现方式可能是不同的。

按搜索空间的构成方式划分，有动态编译和静态编译两种方式。静态编译是将所有的解码信息（如声学模型、发音词典和语言模型）提前整合进一个大型的状态网络中，通过牺牲存储空间来换取更快的解码速度。动态编译则不会预先构建整个状态网络，它只预先编译发音词典，而语言模型和其他信息则是在解码过程中根据当前的解码路径动态获取的。每次解码步骤都需要额外的时间来计算下一步的候选状态，通过牺牲解码速度来减少内存的使用量。

按搜索算法的时间模式划分，有异步与同步两种方法。时间异步的搜索算法通过栈解码器（Stack Decoder）来实现，时间同步的方法有基于树拷贝的帧同步解码器，这是目前比较流行的方法。下面来具体讲解基于树拷贝的帧同步解码器。

基于树拷贝的帧同步解码器是一种高效的语音识别解码方法，它利用预先构建的语言模型决策树来加速解码过程，并确保解码过程与输入音频帧的时间同步。该方法的具体步骤如下。

步骤一：初始化解码器并构建决策树。决策树使用预先构建好的结构（即先前训练好的声学模型和语言模型），它包含了从发音词典导出的所有可能的发音路径。决策树中的每个节点代表

了一个或多个发音的状态，而边则代表了从一个发音状态到另一个发音状态的转移。

步骤二：执行帧处理。对于每一帧 t，先从决策树中选择合适子树进行复制，形成当前帧新的空白候选状态 S_t，再计算该帧的声学模型得分和语言模型得分。

步骤三：总评分计算。

$$S(s_t|t) = \alpha \cdot A(s_t|t) + (1-\alpha) \cdot L(s_t|s_{t-1}) \tag{9-14}$$

式中，$S(s_t|t)$ 代表每一个候选状态的总评分；$A(s_t|t)$ 表示在时间帧 t 处状态 s_t 的声学得分；$L(s_t|s_{t-1})$ 表示从状态 s_{t-1} 到状态 s_t 的语言得分；α 是一个介于 0~1 之间的系数，用来调整声学得分和语言得分的相对重要性。

步骤四：更新状态。计算完这一帧所有候选状态的总评分之后，选择得分最高的前 N 个状态作为下一帧的候选状态。

$$s_{t+1} = \underset{s_t}{\mathrm{argmax}}\{S(s_t|t)\} \tag{9-15}$$

式中，argmax 代表取最大得分对应的状态。

步骤五：循环迭代。循环执行步骤二 ~ 步骤四，直到处理完所有的音频帧。

步骤六：结果输出。解码结束后，得分最高的路径就是最终的识别结果。

至此，便完成了特征提取、声学模型、语言模型和解码搜索这四个流程，实现了语音识别系统的搭建，完成了从人类发音（如"zhàdànyàobàozhàle"）到输出文字（如"炸弹要爆炸了"）的整个流程。

随着人工智能的发展，语音识别领域涌现出了全新且高效的方法，下一小节将介绍基于深度学习的方法，即用神经网络替代传统路径实现语音识别的方法。

9.2.5 基于深度学习的端到端的语音识别方法

语音识别技术历经多年发展，在实践过程中，上文提及的混合声学模型暴露出一些不足：神经网络模型的性能受限于隐马尔可夫模型的精度；训练过程过于繁复。为了解决这些不足，研究人员提出了端到端的语音识别方法，主要分为两类：一类是基于联结时序分类的端到端声学建模的语音识别方法；另一类是基于注意力机制的端到端语音识别方法。前者仅实现了声学建模的端到端，后者则实现了真正意义上的端到端语音识别。

1. 基于联结时序分类的端到端声学建模的语音识别方法

基于联结时序分类的端到端声学模型结构如图 9-15 所示。这种方法只在声学模型训练过程中引入一种新的训练准则，即联结时序分类（CTC）。联结时序分类损失函数的优化目标是使输入和输出在句子级别对齐，而不是帧级别对齐，因此不需要 GMM-HMM 生成强制对齐信息，可直接对输入特征序列到输出单元序列的映射关系进行建模，极大地简化了声学模型的训练过程。但是，仍需要对语言模型进行单独训练，从而构建解码的搜索空间。

联结时序分类损失函数一般与长短记忆模型（LSTM）结合使用。基于联结时序分类的端到端声学模型的建模单元是音素，甚至可以是字。这种建模单元粒度的变化带来两方面的优点：一方面，增加了语音数据的余度，提高了音素的区分度；另一方面，在不影响识别准确率的情况下加快了解码速度。这种方法已被谷歌、微软和百度应用于各自的语音识别系统中。

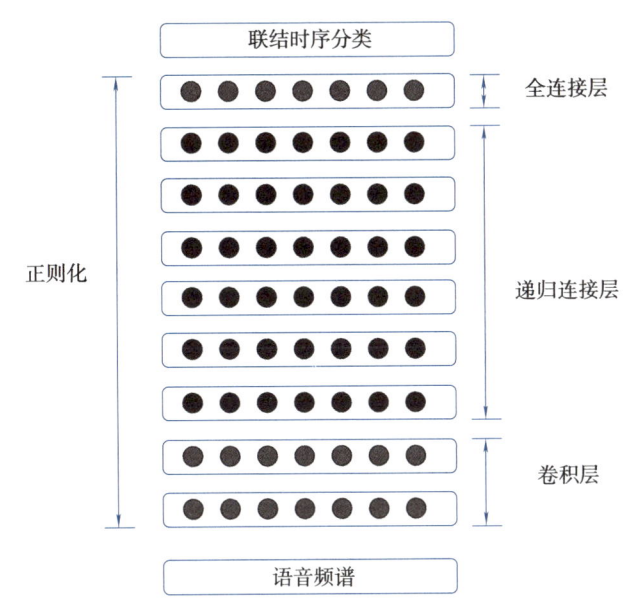

图 9-15 基于联结时序分类的端到端声学模型结构

2. 基于注意力机制的端到端语音识别方法

基于注意力机制的端到端语音识别方法实现了真正意义上的端到端。该方法将声学模型、发音词典和语言模型联合为一个整体模型进行训练。模型基于循环神经网络的编码-解码结构，如图 9-16 所示。在该模型中，编码器用于将不定长的输入序列映射成定长的特征序列，注意力机制（注意力机制可以参考第 6 章进行学习）用于提取编码器的编码特征序列中有用信息，而解码器则将该定长序列扩展成输出单元序列。尽管该模型取得不错的性能，但仍远不如混合声学模型。谷歌提出了一种基于多头注意力机制的端到端新模型，当训练数据达到数十万小时时，其性能可接近混合声学模型的性能。

当前，利用注意力机制实现端到端的语音识别方法正逐渐成为技术市场上的主流，借助人工智能的力量，语音识别的准确率和速度得到了进一步的提高。

图 9-16 基于注意力机制的端到端语音识别系统结构

9.3 语音合成

语音合成也称为文语转换，其主要功能是将任意文本转换成语音输出，这是人与计算机语音交互必不可少的模块。从地图导航、语音助手、有声小说、新闻朗读、智能音箱、语音实时翻译，到各种客服、机场广播，都少不了语音合成技术的身影。让机器开口说话，是人类千百年来的梦想。语音合成是人类不断探索、实现这一梦想的科学实践，也是受到这一梦想不断推动、不断提升的技术领域。

9.3.1 语音合成的技术流程

语音合成系统主要分为**语言分析和声学系统**两大部分。其中，语言分析模块包含文本分析模块和韵律处理模块，声学系统模块包含声学模型模块和声码器模块。其中，文本分析模块涉及大量自然语言处理的相关内容，读者可以阅读第 7 章进行学习，而韵律处理模块、声学模型模块和声码器模块则涉及语音相关知识。图 9-17 所示为一个基本的语音合成系统框架。语音合成系统可以将任意文本作为输入，并相应地合成语音作为输出。

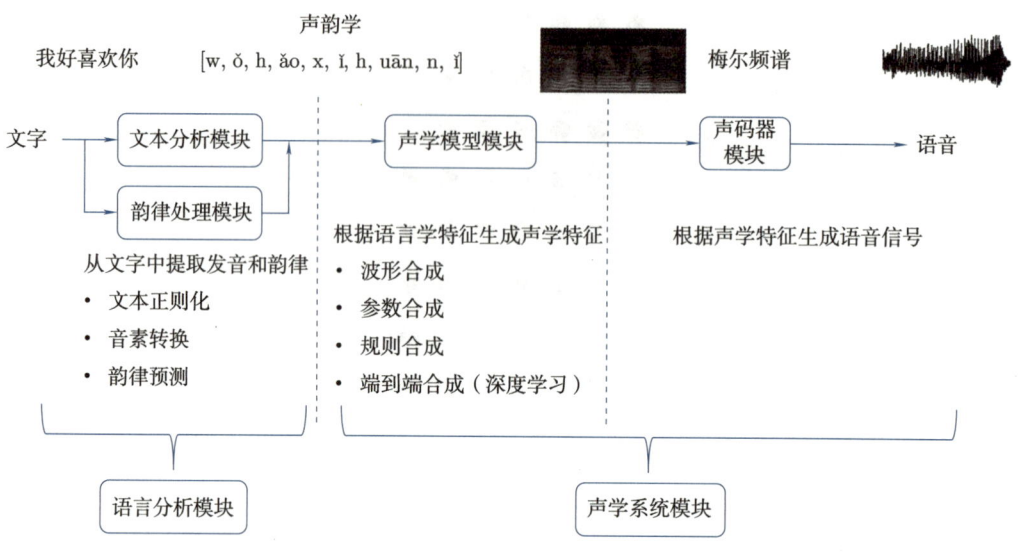

图 9-17　一个基本的语音合成系统框架

9.3.2　语音合成的语言分析

语言分析，顾名思义，就是对给出的文本进行语言学上的分析，可以分为文本分析模块和韵律处理模块，涉及大量自然语言处理的相关内容。语音合成中的语言分析框架如图 9-18 所示。

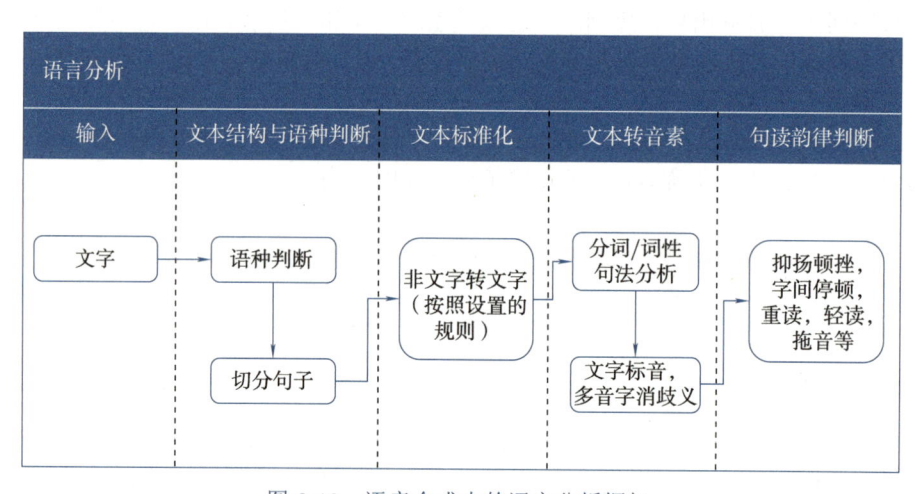

图 9-18　语音合成中的语言分析框架

1. 文本分析

文本分析模块主要是对输入的文本进行分析，从中提取后端建模需要的信息，例如分词（判断句子中的单词边界）、词性标注（名词、动词、形容词等）、韵律结构预测（判断是否为韵律短语边界）、多音字消歧等。后续模块会读取文本分析结果，并对语音部分结合文本信息进行建模。在合成过程中，利用输入的文本信息、结合训练好的声学模型及其他信息（如韵律信息等），生成语音信号并输出。对于汉语拼音合成系统，文本分析的流程通常包括文本预处理、文本规范化、自动分词、词性标注、多音字消歧、节奏预测等，如图 9-19 所示。

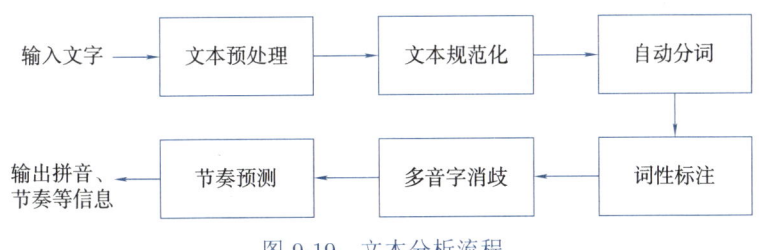

图 9-19　文本分析流程

文本预处理包括删除无效符号、断句等。文本规范化的任务是将文本中的这些特殊字符识别出来并转化为一种规范化表达。自动分词是将待合成的整句以词为单位划分为单元序列，后续考虑词性标注、韵律边界标注等。词性标注也很重要，因为词性可能影响字或词的发音。字音转换是将待合成的文字序列转换为对应的拼音序列。汉语存在多音字问题，所以字音转换的关键问题就是处理多音字消歧问题。节奏预测通过分析文本的结构和语义信息，为语音合成生成自然的停顿和韵律，从而提升合成语音的流畅性和自然度。

2. 韵律处理

韵律处理依赖于文本分析的结果，语音节奏、时长的预测都基于文本分析的结果。韵律是实际语流中的抑扬顿挫和轻重缓急。作为语音合成系统中承上启下的模块，韵律处理实际是语音合成系统的核心部分，极大地影响着最终合成语音的自然度。与韵律有关的语音参数包括基频、时长、停顿和能量，韵律处理利用文本分析结果预测这四个参数。而后续的声学系统模块根据语言分析模块信息生成自然语言波形。

9.3.3　语音合成的声学系统

声学模型将字符/音素转换为声学特征，如线性频谱图、梅尔频谱图、LPC 特征等。声学特征以"帧"为单位，一般一帧是 10ms 左右，一个音素一般对应 5~20 帧。

声码器将声学特征转换为波形，它需要解决的是"信息缺失的补全问题"。信息缺失是指，在音频波形转换为频谱图时，存在相位信息的缺失；在频谱图转换为梅尔频谱图时，存在频域压缩导致的信息缺失。

语音合成的过程其实是一个"分析-存储-合成"的过程。语音合成的声学系统的操作基于语音库，在构建语音库时，一般是选择合适的基元，将基元用一定的参数编码方式或波形方式存储在语音库中。而基元是语音合成系统所处理的最小的语音学单元，语音库是所有合成基元的集合。语音合成时，根据待合成的语音信息，从语音库中取出相应的基元进行拼接，再将其还原成语音信号。

在语音合成中，为了便于存储，通常先将语音信号进行分析或变换，因而在某些基于上述存储方式的合成前还需要进行相应的反变换。所以，根据基元的选择方式及其存储形式的不同，可以将合成方式笼统地分成波形合成方法、参数合成方法和规则合成方法。

1. 波形合成方法

波形合成方法是一种相对简单的语音合成技术。它把人的发音波形直接存储或者进行简单波形编码后存储，组成一个合成语音库；合成时，根据待合成的信息，在语音库中取出相应单元的波形数据，拼接或编辑到一起，经过解码还原成语音。该方法的核心思想是选择不同的波形数据进行拼接，最后得到合成语音波形。

拼接语音合成的优势在于音质好，不受语音单元被参数化成基元造成的音质损失影响，但其需要的存储空间较大。在语料库小的情况下，由于有时挑选不到合适的语音单元，导致合成语音会出现音质不佳等问题，或者韵律、发音不够稳定。大语料库则具有较高的上下文覆盖率，但稳定性仍然不够，可能出现拼接点不连续，以及发音特征难以改变的情况。通常，波形合成法可合成的语音词汇量约在 500 字以下，一般以语句、短句、词或者音节为合成基元。

2. 参数合成方法

参数语音合成方法的基本思想是基于统计建模和机器学习的方法，其特点是在语音分析阶段，需要根据语音生成的特点，将语音波形通过声码器转换成频谱、基频、时长等语音或者韵律参数。在建模阶段对语音参数进行建模。在语音合成阶段，通过声码器从预测出来的语音参数还原出时域语音信号。

参数语音合成的优势在于模型较小，模型参数调整方便（如可实现说话人转换、升降调等操作），且合成语音的稳定性较好。其缺点在于提取参数或编码过程中，难免存在逼近误差，用有限个参数很难适应语音的细微变化，所以合成的语音质量及清晰度也就比波形合成法的要差一些。

其中最成功的是基于隐马尔可夫模型的可训练语音合成方法，相应的合成系统被称为隐马尔可夫模型的参数合成系统，主要包括训练阶段和合成阶段，该系统框架如图 9-20 所示。

随着深度学习的发展，深度神经网络也被引入统计参数语音合成中，这是因为深度神经网络具有强大的特征学习能力，诸如使用 CNN、RNN 等代替隐马尔可夫模型，可直接通过一个深层神经网络来预测声学参数，克服了隐马尔可夫模型训练中决策树聚类环节模型精度降低的缺陷，进一步提高合成语音的质量。

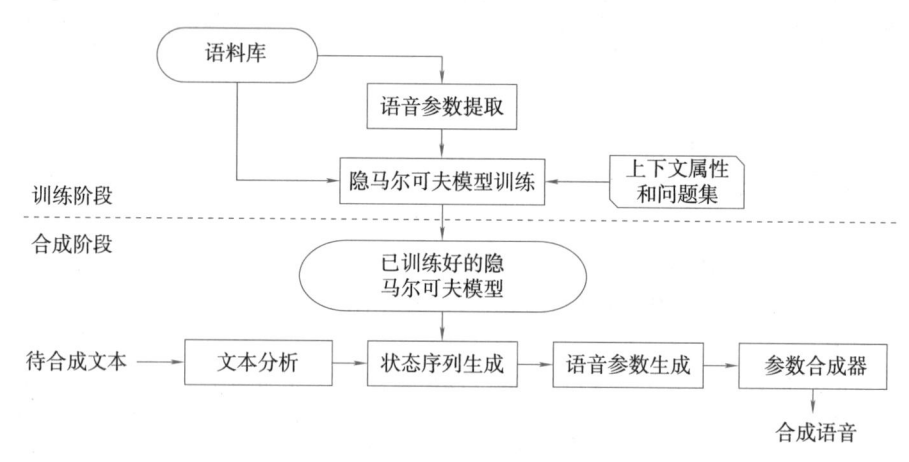

图 9-20　隐马尔可夫模型的参数合成系统框架

3. 规则合成方法

基于上述两种"分析-存储-合成"的思想是不可能合成任一语种的无限词汇量的语音的。因而国际上很多学者都在努力开发另一类无限词汇量的语音合成的方法，就是所谓的"按语言学规则的从文本到语言的语音合成法"，简称"规则合成方法"。

这是一种高效的合成方法。规则合成方法通过语音学规则产生语音。不事先确定合成的词汇表，系统中存储的是最小的语音单位（如音素或音节）的声学参数，以及由音素组成音节，再由音节组成词，进而由词组成句子及控制音调、轻重等韵律的各种规则。给出待合成的字母或文字后，合成系统利用规则自动地将它们转换成连续的语音声波。这种方法可以合成无限词汇的语句。所需存储器空间比参数合成法更小，但音质也更难得到保证。这种以最小单位进行合成的方法是极其复杂的研究课题。

上述三种方法中，波形合成方法与参数合成方法都进入了实用阶段。表 9-1 列出了这三种方法的特征比较。

表 9-1 三种语音合成方法的特征比较

项目		波形合成方法	参数合成方法	规则合成方法
基本信息		波形	特征参数	语言的符号组合
语音质量	可懂度	高	高	中
	自然度	高	中	低
词汇量		少（500 字以下）	大（数千字）	无限
合成方式		PCM、ADPCM、APC	LPC、LSP、共振峰	LPC、LSP、共振峰
数码率		9.6～64kbit/s	2.4～9.6kbit/s	50～75kbit/s
1Mbit/s 可合成的语音长度		15～100s	100s～7 min	无限
合成单元		音节、词组、句子	音节、词组、句子	音素、音节
装置		简单	比较复杂	复杂
硬件主体		存储器	存储器和微处理器	微处理器

9.4 语音增强

语音增强（也称为语音降噪）是指通过各种技术手段改善语音质量，使其更清晰、更易懂，尤其是在噪声环境下。为了让语音增强的概念更容易理解，下面用一个通俗的生活场景来说明。

假设你和朋友们在一个吵闹的咖啡馆里聊天。周围有很多声音，比如其他人的谈话、咖啡机的噪音、背景音乐等。由于环境嘈杂，你可能会听不清朋友在说什么，需要他们反复重复。这个场景就像是未经过"语音增强"的环境。噪声和目标语音（你朋友的声音）混在一起，干扰了你对关键信息的理解。语音增强就像是一个"聪明的耳朵"，帮你过滤掉不需要的噪声，放大有用的声音。

语音增强目的就是让语音中想要被听清的部分变得更清晰。其基本思路是分析含噪语音信号中的噪声属性，估计噪声的特性和强度，通过各种算法和处理手段消除噪声分量，尽可能准确地恢复出纯净的语音信号。尽管传统的语音增强技术和新型的深度学习技术已经取得了显著进展，但在现实环境中语音增强的性能仍然面临挑战。

9.4.1 语音增强与语音预处理的关系

很多读者朋友看到这里会疑惑，为什么前面讲了那么多，都没讲到对语音的预处理呢？语音预处理能提高语音质量，还能为后续的诸多下游任务提供良好的基础。语音增强主要用于在存在噪声的环境中恢复或提高语音信号的质量。这两者之间又有什么区别呢？

语音预处理的目的是为后续的语音识别、语音合成等任务做准备。典型的预处理步骤如下。
- 语音去噪：在信号处理的初始阶段，消除语音信号中的背景噪声。
- 归一化 (Normalization)：将音频信号的幅度调整到一个固定范围，以减少不同录制条件下的音量差异对系统性能的影响。
- 端点检测 (Endpoint Detection)：确定语音信号的起始点和结束点，去除静音部分，以减少不必要的信息处理。
- 语音分帧 (Framing)：将语音信号切分为具有一定时长的连续小段（帧），每一帧包含一段连续的语音样本，用于特征提取和后续处理。

从上面的步骤中可以看出，语音增强是语音预处理中的一个重要分支。那便不难发现语音增强能为后续的语音识别、语音合成、语音分离、说话人识别等任务提供良好的基础。所以，将语音增强单独作为一节进行详细讲解。

9.4.2 语音增强的听觉问题

众所周知，噪声环境对语音信号的清晰度和质量具有负面影响。语音增强技术致力于降低甚至消除这些噪声干扰，其目标是提升语音信号的听觉舒适度，同时增强语音识别系统的效能。研究者们在研究中都以人耳的主观感觉作为语音增强效果的最终标准。正如本章开头所说，那些超出人类听觉系统频率和响度范围的声音可以被忽略。

1. 人耳感知特性

人耳是十分巧妙精密的器官，具有复杂的功能和特性，了解其机理有助于语音增强技术的研究发展。人耳的感知问题涉及语言学、语音学、心理学、生理学等学科，通过国内外研究者的研究，目前有以下几种结论可以用于语音增强。

- 人耳对语音的感知主要是通过语音信号频谱的幅度获得的，人耳对相位谱不敏感。
- 人耳对100Hz以下的低频声音不敏感，对高频声音尤其是2~5kHz的声音敏感，对3kHz左右的声音最敏感。
- 人耳有掩蔽效应，即强信号对弱信号有抑制作用，前者能掩盖后者。
- 人类听觉有选择性注意特性，即在嘈杂环境下，能将注意力集中在感兴趣的声音上，从而忽略背景中的噪音和其他人的说话声。

2. 噪声特性及解决思路

噪声来源于实际的应用环境，因而其特性变化很大。噪声可以是加性的，也可以是非加性的。对于非加性噪声，有些可以通过变换转变为加性噪声。例如，乘积性声或卷积性声可以通过同态变换而成为加性噪声。我们所关心的噪声大致可分为周期性噪声、冲击噪声、宽带噪声和同声道其他语音的干扰等。

（1）周期性噪声

周期性噪声的特点是有许多离散的窄谱峰，它往往来源于发动机等周期性运转的机械。其特点是频谱上有许多离散的线谱。周期性噪声引起的问题可能最少，因为可以通过功率谱分析发现并通过滤波或变换技术将其去掉。但是，其中对交流噪声的抑制很困难，因为其频率成分复杂，且可能与语言信号频率有重叠。

（2）冲击噪声

冲击噪声表现为时域波形中突然出现的窄脉冲，它通常是放电的结果。冲击噪声来源于爆炸、撞击、放电及突发性干扰等，其特征是时间上的宽度很窄。消除这种噪声可以在时域内进行，即根据带噪语音信号幅度的平均值确定阈值。当信号幅度超出这一阈值时，判别为冲击噪声，再对其进行衰减甚至完全消除。如果干扰脉冲之间不太靠近，还可以根据信号相邻样本数值简单地通过内插法将其从时间函数中去掉。

（3）宽带噪声

宽带噪声通常可以假定为高斯噪声和白噪声。它的来源有很多，包括风、呼吸噪声、热噪声、气流噪声及各种随机噪声源。量化噪声通常作为白噪声来处理，也可以被视为宽带噪声。由于宽带噪声与语音信号在时域和频域上完全重叠，只有在无语音信号期间，噪声分量才单独存在，因而消除这种噪声最为困难。至今所研究的最成功的方法利用了某种形式的非线性处理。对于平稳的宽带噪声，很多情况下可以近似认为是白色高斯噪声。

（4）传输噪声

传输噪声是传输系统造成的电路噪声。与背景噪声不同，它在时域是语音和噪声的卷积。处理这种噪声可以采用同态处理的方法，把非加性噪声变换为加性噪声来处理。一个简单的语音增强的思路如图9-21所示。

图 9-21　语音增强原理框图

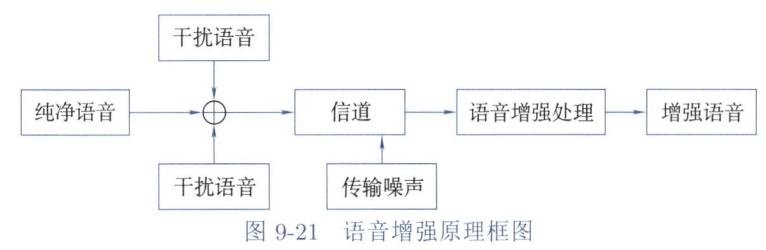

9.4.3　语音增强算法

由于噪声特性各异，语音增强方法也各有不同。多年来，人们针对加性宽带噪声研究了各种语音增强方法。目前，语音增强算法大致可以分为四种：参数方法、非参数方法、统计方法和其他方法。

1. 参数方法

参数方法主要依赖于各种语音分析和建模工具，需要提取模型参数（比如上文提到的 LPC 系数）。这种方法通常需要进行多次迭代才能去除噪声。如果实际噪声或语音条件与模型有较大的差距，或提取模型参数有困难，此类方法容易失效。

2. 非参数方法

非参数方法是不需要明确估计语音信号或噪声信号的统计特性的，因此这种方法的应用范围较广。但由于它不依赖任何参数模型，导致无法利用可能的语言统计信息，故结果一般不是最优化的。这类方法包括谱减法和自适应噪声对消法等。谱减法是把语音信号转换到频域，在频域中消除噪声。自适应噪声对消法是基于两个麦克风的，其中一个麦克风捕捉目标语音信号（通常带有噪声），另一个麦克风仅捕捉环境噪声，从而估计并消除噪声信号。

3. 统计方法

统计方法充分利用了语音和噪声的统计特性（如概率密度函数或相关系数），通常需要建立模型库并通过训练过程来获得初始统计参数。这类方法往往与语音识别系统有着紧密的联系，因为它们都依赖于对信号统计特性的准确估计。例如，最小均方误差估计（MMSE）法、利用听觉掩蔽效应的相关方法等。

4. 其他方法

其他方法包括离散余弦变换（DCT）、人工神经网络等。利用深度神经网络（DNN）、卷积神经网络（CNN）或生成对抗网络（GAN）来进行语音增强。深度学习可以从大量数据中学习语音和噪声的特性，从而获得更高的增强效果。

上述各种方法各有优缺点，分别适用于不同情况。参数方法对语音的模型参数依赖性强，在低信噪比条件下，不容易得到正确的模型参数；非参数方法由于频谱相减会产生"音乐噪声"；统计方法需要大量数据进行训练以得到统计信息；离散余弦变换的阈值选取困难，运算量大。

9.4.4　基于深度学习的语音增强新算法

随着基于监督学习的语音分离研究的推进，基于深度学习的语音增强算法在短短几年的时间内迅速发展，同时极大地提高了下游任务，比如语音分离任务的技术水平。因此，了解语音增强的深度学习方法对掌握语音处理技术有较大的帮助。

1. 典型算法——RNNnoise 算法

RNNnoise 是比较有影响力的基于深度学习的降噪算法。它利用循环神经网络（RNN）来估计频段增益，这些增益用于计算理想的频率比例掩模。这种算法与传统的噪声抑制算法类似，都是计算频点的掩码，然后使用掩码和对应频点相乘进行频域降噪，但区别在于，掩码的计算是由深度学习完成的。

下面结合 RNNnoise 算法的结构（见图 9-22），详细介绍其工作流程。RNN 基于低分辨率频谱包络（通过减少频谱的细节来简化频谱），从带噪样本特征（包含噪声的音频信号）中估计理想频带增益。RNNnoise 算法使用理想比值掩模（根据干净语音信号与带噪信号的频谱比值来确定每个频率分量的掩模值）的平方根作为频带增益，并使用频带权重来生成每个频率分量的不同增益。使用一个基带梳状滤波器进一步抑制基音谐波之间的噪声，然后将带噪语音的频谱与估计的增益相乘，恢复出干净语音频谱。

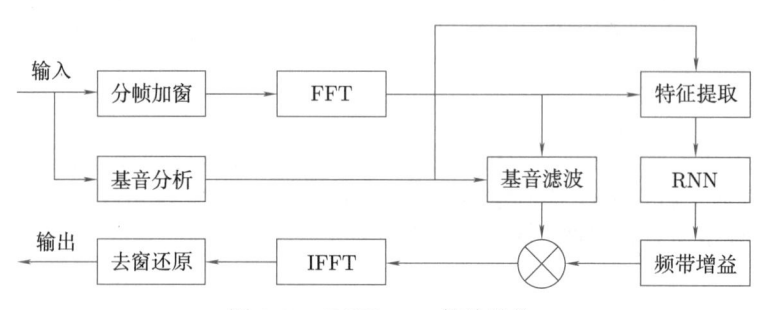

图 9-22 RNNnoise 算法结构

算法中帧长为 10ms，使用半帧重叠的方式生成 20ms 的处理帧，该处理帧包含 320 个采样点。窗口函数采用 Vorbis 窗，Vorbis 窗的定义为

$$w(n) = \sin\left[\frac{\pi}{2}\sin^2\left(\frac{\pi n}{N}\right)\right] \tag{9-16}$$

网络的输入为 42 维特征，包括 22 维的 Bark 域倒谱系数、12 维导数特征分别为前 6 个倒谱系数的时间一阶导数和二阶导数、6 维为前 6 维的基音相关系数的离散余弦变换（DCT）、1 维基音周期、1 维频谱非平稳性度量系数。网络的输出为 1 维 VAD 参数和 22 维 Grains 参数，前者是语音活动检测评价指标，后者是增益输出（也叫频带增益），也是 RNNnoise 模型最终需要的参数。

频带 b 的频带增益 g_b 定义为

$$g_b = \sqrt{\frac{E_s(b)}{E_x(b)}} \tag{9-17}$$

式中，$E_s(b)$ 和 $E_x(b)$ 分别代表干净语音和输入（带噪）语音在频带 b 内的能量。设估计的理想频带增益（最终输出）为 $\hat{g}_b$，被应用于第 k 个频点的内插增益为

$$r(k) = \sum_b w_b(k)\hat{g}_b \tag{9-18}$$

式中，$r(k)$ 表示应用于第 k 个频点的内插增益，内插增益函数确保了频域信号的平滑过渡，并有助于抑制噪声同时保持语音的质量；$w_b(k)$ 是第 b 频带在第 k 个频点处的权重因子，权重因子通常用来平滑不同频带之间的增益差异，使得频域信号更加连续和平滑。

RNNnoise 算法遵循噪声抑制算法的传统结构，如图 9-23 所示，网络结构分为语音活性检测、噪声谱估计和谱减三个模块。

具体而言，语音活性检测模块利用网络的输入特征进行语音活动检测，输出语音活动检测（VAD）参数，从而确定当前帧是否包含语音信号。噪声谱估计模块基于 RNN 对低分辨率频谱

包络进行处理，动态地估计噪声的频谱特性，进而估计频带增益。谱减模块则将带噪语音频谱与估计的增益相乘，实现噪声抑制，从而恢复干净语音频谱。

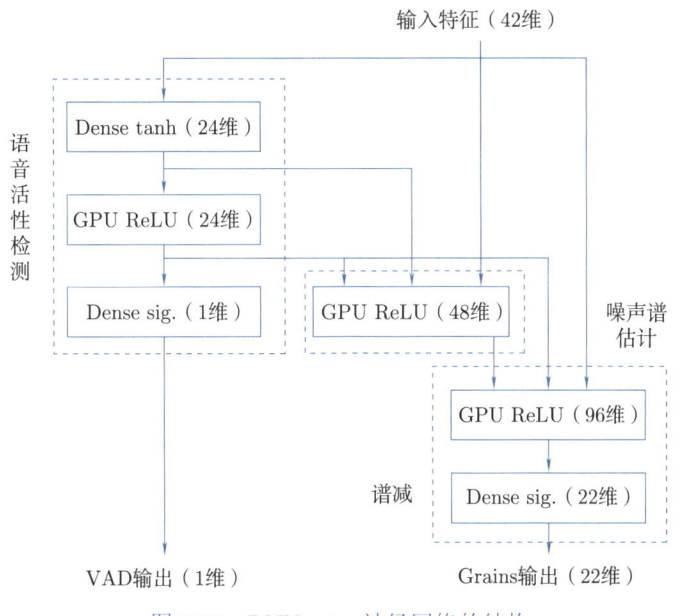

图 9-23　RNNnoise 神经网络的结构

网络的三个循环层各自负责一个基本模块。但是实际上，这种假设是有所偏离的。网络主要使用了全连接神经元和门控循环神经网络，共包含 215 个单元、4 个隐藏层，最大层有 96 个单元。该算法通过很小的成本输出了语音活跃度（VAD）指标，这也正是其一个特点。

2. 新方法的不足与改进

（1）特征与机器学习

特征对语音增强很重要。然而，深度学习的主要特点是能够针对特定的任务自主学习适当的特征，相较于传统方法，减少了对复杂人工设计特征的依赖。特征提取可以视为一种知识传递机制，将领域内的专业知识以数据驱动的方式整合进模型中。

CNN 在视觉模式识别中的成功，部分归功于在其结构中所采用的权重分享和池化（采样）层，这有助于为特征位置的小变化建立一个不变量。CNN 中的卷积层通过卷积核的滑动和参数共享等操作，实现了对输入数据不同层次和尺度特征的有效提取。虽然 CNN 的权重因子是经过训练的，但特定 CNN 架构的选择反映了设计者对于特征提取的策略。

现有的基于深度学习的网络倾向于直接使用原始语音信号或其简单的频谱变换作为输入特征，这一策略旨在使网络能够自主识别并利用有效的特征，而非依赖于复杂的人工特征设计。端到端的深度学习模型通常建立在这种自主特征学习的基础上。

（2）多源环境下的有效语音

在多源声学环境中，语音增强的目标是区分目标语音信号与非目标噪声信号。由于多个声源的存在，信号相互干扰，混响、回声等问题也会加剧，使得识别和分离目标语音变得极为复杂。这不仅涉及语音信号本身的处理，还需要综合运用如波束形式、有源分离等技术，从空间和频域等多维度对信号进行分析和处理，其过程远远超越了单纯的语音信号处理。在相同的输入条件下，识别过程中的转变是一个动态且复杂的问题，它涉及听觉注意力和意图的判断，需要深入的研究和探索。

9.5 语音情感识别

假设有两个人在通电话,其中一个人因获得了奖学金而非常高兴,另一个人则因遇到了困难而感到沮丧。在这种情况下,接电话的人很容易就能从对方的话语中感受到其语音中蕴含的情绪。

由此可见,语音信号不仅传递了语言的语义内容,还饱含丰富的情感表达。语音情感识别技术,作为模拟人类情感感知与理解过程的计算模型,其核心任务是从采集的语音信号中识别并提取能够反映情感状态的声学特征,并建立这些特征与人类情感状态之间的对应关系。

9.5.1 描述情绪的情感模型

在计算机世界中,通常用到各种各样的情感模型去描述具体的情感,就像用三维坐标描述地球上的位置一样。

最简单的情感模型就是离散情感模型。这个模型倾向于将情感状态定义为一系列独立的、标签化的类别,如"高兴""愤怒"等。这些情感形容词能够广泛描述具体的情感状态。基于此,美国心理学家埃克曼(Ekman)等学者提出了基本情感理论,将情感分为六种基本类别:愤怒、厌恶、恐惧、高兴、悲伤和惊讶。这一理论在情感研究领域得到了广泛的应用。但是人的情感能用这么简单且离散的六个类型去涵盖吗?答案显然是否定的,用简单的离散模型去表达多元复杂的感情显然是不合理的。

鉴于离散情感模型的问题,人们提出了维度情感模型。该模型将情感状态采用多维度情感空间中的连续数值来描述,即具有连续坐标值的点,其中每一维度对应于情感的一个心理学属性,例如情感的**激活度**(表示情感的强烈程度)和**效价**(表示情感的正负倾向)。

理论上,大部分现实中存在的情感状态都可以在情感空间中找到相应的映射点,并且各维坐标值的数值大小反映了情感状态在相应维度上所表现出来的强弱程度。图 9-24 是基于效价和激活度的二维模型,情感点同原点的距离体现了情感强度,相似的情感相互靠近,相反的情感则在二维空间中相距 180°。图 9-25 则是在二维空间(效价和激活度)的基础上,加入第三个维度强度后得到的三维情感空间模型。这里的强度维度进一步细化了对情感状态的描述,与激活度相关但又有区别,从更多维度反映了情感的特征。以强度、相似性和两级性划分情绪,距离越近的情绪性质越相似,距离越远的情绪差距越大。

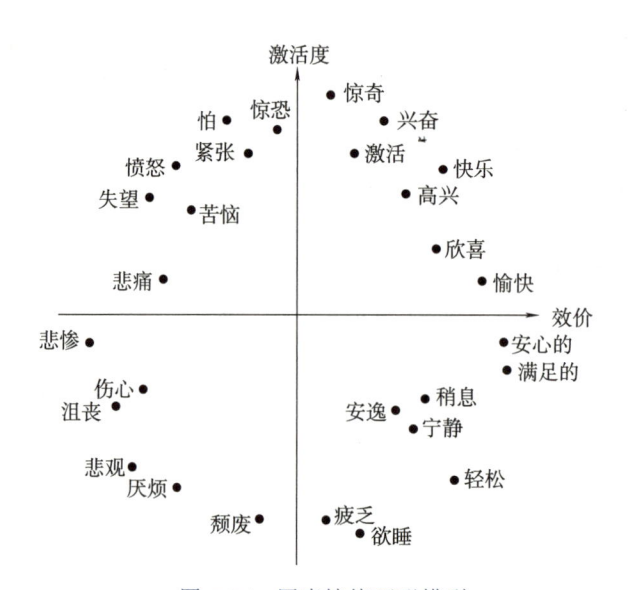

图 9-24 罗素情绪环形模型

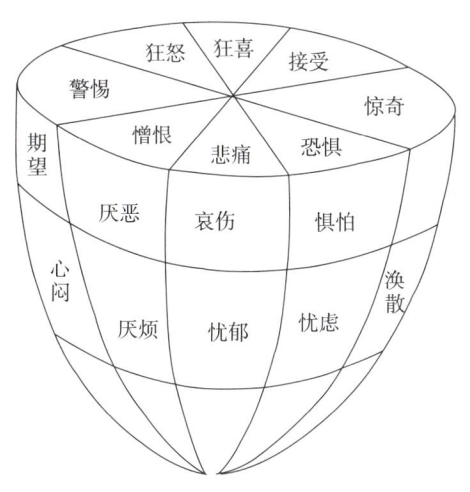

图 9-25　普拉特切克情绪三维模型

9.5.2　情感声学的声学特征

在情感语音领域，可以从语音信号中提取多种声学特征，用以反映人的情感行为的特点。这个领域可用的声学特征大致可归纳为**韵律特征**、**频谱特征**和**音质特征**这三种类型。

韵律特征具有较强的情感辨别能力，得到广泛的认可和使用。其中常用的韵律特征有语速、基频、能量等。比如在激动状态下，语速往往会加快，而在喜悦、愤怒或惊讶等情感中，语音的能量水平会相应提高。然而，韵律特征在区分某些情感时存在局限性，如愤怒、恐惧、高兴和惊讶的基频特征可能表现出相似性。

频谱特征则反映了声道形状变化和发声运动的相关性。情感内容对语音信号的频谱能量分布具有显著影响。例如，表达高兴情感的语音在高频段的能量较高，而表达悲伤情感的语音则在相同频段的能量较低。频谱特征主要包括线性谱特征和倒谱特征，它们能够揭示情感状态对声道特性的影响。

音质特征用于评估语音的纯净度、清晰度和可辨识性。它虽与人对语音的主观感受相关，但可通过一些客观的声学现象及参数来衡量。这些声学现象包括喘息、颤音和哽咽等，通常在说话者情绪激动时出现。用于衡量音质的声学特征包括共振峰频率及其带宽、频率微扰和振幅微扰、声门参数等。

9.5.3　语音情感识别系统

语音情感识别技术旨在使计算机系统能够解析并识别语音信号中所蕴含的说话者的情感状态，它是情感计算领域的核心组成部分。情感计算的终极目标在于通过赋予计算机系统识别、理解、表达及适应人类情感的能力，来构建一个和谐的人机交互环境。

一般来说，语音情感识别系统由三部分组成：**语音信号采集**、**语音情感特征提取**和**语音情感识别**。语音信号采集模块通过语音传感器获得语音信号，并传递到语音情感特征提取模块；语音情感特征提取模块对与语音信号中情感关联紧密的声学参数进行提取，其中 LPCC、MFCC 等都可以被运用到该模块中，且均能表现出良好的效果；语音情感识别模块完成情感判断。需要注意的是，语音情感识别离不开情感的描述和语音情感库的建立。

当今语音情感识别系统所采用的识别算法可以分为两类：离散语音情感分类器和维度语音情感分类器。

（1）离散语音情感分类器

它们一般被建模为标准的模式分类问题，即使用标准的模式分类器进行情感的识别。常用于语音情感识别领域的分类器：线性的有朴素贝叶斯、线性人工神经网络、线性支持向量机等；非线性的有决策树、KNN、高斯混合模型（GMM）、隐马尔可夫模型（HMM）及稀疏表示分类器等。

（2）维度语音情感分类器

该研究一般被建模为标准的回归预测问题，即使用回归预测算法对情感属性值进行估计，在当前的维度语音情感识别领域使用较多的预测算法有：线性回归、KNN、ANN、支持向量回归等。其中，支持向量回归因为性能稳定、训练时间短等优点应用广泛。

深度学习网络对语音情感识别也有所帮助，大致分为两类：一类是利用深度学习网络提出有效的情感特征，再送入分类器中进行识别，也有学者利用迁移学习的办法，在语音情感数据库上进行微调提取有效特征，获得良好效果；另一类是研究者将分类器替换为深度神经网络进行识别，一些研究者将语音转化为语谱图送入卷积神经网络中，采用类似图像识别的处理方式为研究提供新思路。语音情感识别采用何种建模算法一直是研究者们非常关注的问题，但是在不同情感数据库上、不同的测试环境中，不同的识别算法各有优劣，不能一概而论。

9.6 小结

本章简要介绍了语音处理领域的多个应用方向及其核心技术。目前，语音处理技术与人工智能的结合是一个热门的研究领域，跨学科交叉融合正不断推动着语音处理技术的创新和发展，为解决现实世界中的复杂问题提供了新的工具和方法。读者不妨思考，在诸多方法中，特定环境下为何只有少数的方法是情景最优的呢？相信通过这种同类对比的方法，能够加强对技术的思考，这对日后的学习有莫大的帮助。也希望本章能让读者建立起对语音处理技术的基本认识，掌握相关技术处理手段，为后续在相关领域展开深入研究、学习和应用奠定基础。

第 10 章

数据挖掘与预测分析

在当今信息时代，数据如同新世纪的石油，蕴藏着巨大价值。人工智能的发展离不开数据的支撑，而如何高效地获取、分析和利用这些数据，正是数据挖掘与预测分析的使命所在。数据挖掘与预测分析不仅助力人工智能从海量数据中提取有用的信息和模式，还赋予其预测未来趋势和提供决策支持的能力。数据挖掘使人工智能能够发现数据中的隐藏模式和关系，例如识别图像中的物体或理解自然语言中的语义；预测分析则赋予人工智能预见未来的能力，例如预测市场趋势或疾病暴发。

学习数据挖掘与预测分析不仅能加深读者对人工智能的理解，还能为其在学术研究和职业发展中提供强有力的工具和方法，为成功应用人工智能技术奠定坚实的基础。因此，本章将引领读者深入探索数据挖掘与预测分析的核心领域。首先介绍数据挖掘的基本概念、建模流程及基本任务，帮助读者建立对数据挖掘全貌的认识；接着讲解数据清洗、集成、变换和归约等方法，阐明高质量数据对挖掘结果的重要性；然后通过分类与回归分析的学习，详细剖析常用的分类算法和回归模型，讲解构建和评估预测模型的方法，实现对未知数据的准确预测；最后，介绍聚类分析与关联规则挖掘，探讨如何发现数据中的内在模式和关系。

10.1 数据挖掘概述

当你在网上购物时，电商平台会根据你的浏览和购买历史推荐商品。这背后的技术并非简单的统计，而是借助复杂的数据挖掘算法，从海量的用户行为数据中提取有价值的模式。这些模式能够帮助平台精准把握用户的偏好，进而为每位用户定制个性化的推荐服务。这就是数据挖掘的一个典型应用场景：从大量的原始数据中发现有意义的信息，并将其转化为切实可行的商业决策。要深入理解这一过程，首先需要了解什么是数据挖掘。

10.1.1 数据挖掘的概念

数据挖掘（Data Mining）是指从大量数据中自动或半自动地提取有用信息和知识的过程。如图 10-1 所示，它是一个跨学科的计算机科学分支，综合运用统计学、机器学习和数据库技术等多种交叉方法，对海量数据中的模式、规律和关联进行探索，从而帮助人们做出决策、预测未来趋势及发现隐藏的知识。数据挖掘是机器学习的一种实际应用，是人工智能在技术与应用领域的一个重要分支。

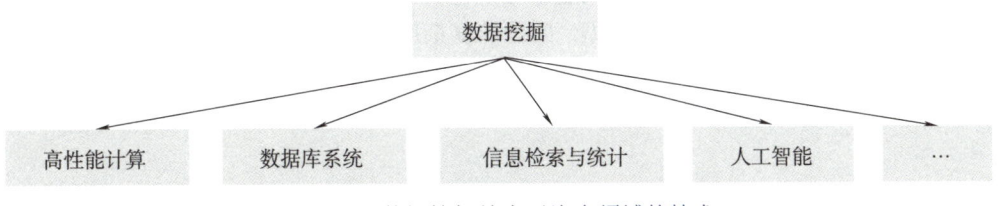

图 10-1 数据挖掘结合了许多领域的技术

以网上购物中的个性化推荐为例，假设电商平台希望提升用户的购买体验并增加销售额，可以借助数据挖掘技术分析用户的浏览历史、购买记录和评价数据，运用算法来推测用户购物的行为模式，这些模式可能包括用户对某些商品的偏好、购买频率、季节性消费趋势等。基于这些发现，电商平台能够为每位用户提供个性化的商品推荐，提升用户的购物体验和平台的销售业绩。此外，通过聚类分析，可以将用户分为不同的群体，如技术爱好者、时尚追随者等，然后针对不同群体定制个性化的推荐列表。

数据挖掘作为一种从大量数据中提取潜在信息和知识的系统性过程，需要进行完备的建模，以便从中探寻规律，辅助人们进行决策。下面来介绍数据挖掘的主要流程。

10.1.2 数据挖掘的主要流程

数据挖掘的主要流程如图 10-2 所示，下面以网上购物中的个性化推荐为例，详细说明这几个步骤。

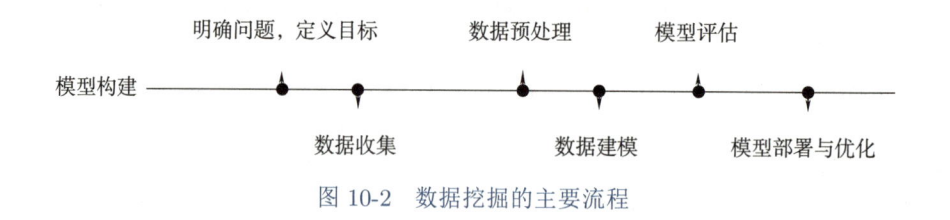

图 10-2 数据挖掘的主要流程

（1）明确问题，定义目标

针对具体的数据挖掘需求，首先应该明确需要通过数据挖掘解决的问题，对挖掘目标进行准确的定义。对于个性化推荐系统，如何为每位用户推荐他们最有可能购买的商品是其具体问题，目标是为每位用户生成一份个性化的商品推荐清单，以最大化用户的点击率、购买率或提升用户体验。衡量的主要指标可能包括推荐的准确性、用户的点击量和购买量。

（2）数据收集

收集与问题相关的数据是关键步骤。收集的数据应该具备相关性、可靠性和有效性。如果数据过于复杂庞大，就需要对数据进行取样和精选，确保数据的质量，若原始数据有误，便很难从中探索到规律，数据挖掘结果的可靠性也会大大降低。例如，为了实现个性化推荐，电商平台需要收集大量的用户行为数据。这些数据通常包括用户的浏览历史、搜索记录、购物车内容、购买历史、点击行为等。此外，还可以收集商品的属性信息，如价格、类别、品牌、销量等。

（3）数据预处理

收集的原始数据通常不完整、不一致，并且包含许多噪声。因此，需要对数据进行预处理以改善其质量，完善最终的数据挖掘结果。此步骤将在 10.2 节中详细介绍。例如，在个性化推荐中，数据预处理可以将用户的行为记录转换为适合模型处理的数值形式，并将数据划分为训练集和测试集。此外，还可能需要对数据进行标准化或归一化处理，以确保不同特征具有相同的量纲。

（4）数据建模

在完成数据预处理之后，需要根据问题的性质选择合适的数据挖掘算法，这是数据挖掘的重点。通常，模型的选择依赖于数据的类型、问题的复杂度和预期的输出。对于预测型问题可以使用回归分析、决策树、随机森林或神经网络等模型。比如，在个性化推荐中，可以通过协同过滤，基于用户相似性或商品相似性进行推荐，使用深度学习模型，根据用户的历史行为构建复杂的推荐模型。

（5）模型评估

模型评估是验证模型预测准确性和泛化能力的关键步骤。常用的评估指标包括均方误差（MSE）、决定系数（R^2）、准确率、召回率等，这些指标的具体选择取决于模型的类型和业务目标。例如，可以使用 A/B 测试对不同版本的推荐系统进行比较，评估其在实际环境中的表现。

（6）模型部署与优化

模型经过验证后，将其部署到生产环境中，用于实时数据分析或决策支持。部署后，需要持续监控模型的表现，定期回顾和优化数据挖掘模型，确保其在处理实际数据时依然有效。这可能需要定期重新训练或微调模型，以适应新的数据趋势或市场变化。比如个人推荐中，可以引入反馈机制，根据用户的点击和购买行为不断调整模型，使其更加符合用户的实时需求。

10.1.3　数据挖掘的基本任务

数据挖掘的基本任务（见图 10-3）包括分类、聚类、关联规则挖掘、预测、异常检测等，这些任务在各个领域都有着广泛的应用。同样以网上购物中的个性化推荐为例，下面详细介绍这些任务。

图 10-3　数据挖掘的基本任务

（1）分类

分类（Classification）是数据挖掘中一项重要任务，涉及将数据划分为预定义的类别。在网上购物中，分析用户的浏览和购买历史，能通过分类任务将用户划分到不同的用户群体中。这样，系统可以提供更精准的商品推荐。比如，根据用户过去的购买行为，推荐相似风格的服装或配件。

（2）聚类

与分类不同，聚类（Clustering）是探索性数据分析技术，聚类所要划分的类型通常是未知的。它将数据集中相似的实例组织到一起，形成多个群组或簇。聚类在个性化推荐中用于识别用户的相似性。例如，将拥有相似购物习惯的用户分组，然后根据其他组员的购买数据推荐新商品。这种方法能在用户尚未表达明确需求时，推荐潜在感兴趣的商品。

（3）关联规则挖掘

关联规则挖掘（Association Rule Mining）是发现数据中变量之间有趣的、频繁出现的关系。通过关联规则挖掘，系统可以发现商品之间的购买关联。例如，购买某品牌手机的用户通常也会购买该品牌的耳机。利用这种信息，系统可以在用户查看某商品时推荐相关配件。

（4）预测

预测（Prediction）是使用历史数据来估计未来结果的过程，在个性化推荐中用于估计用户未来可能的购买行为。通过分析用户的历史数据和趋势，系统可以预测用户可能感兴趣的商品或服务，从而进行提前推荐。

（5）异常检测

异常检测（Anomaly Detection）致力于识别数据集中的异常项，这些项与大多数其他数据显著不同。例如，检测到某用户突然购买大量某类商品，可能标志着促销活动的成功，或是账户被盗的风险。这样，系统可以及时采取措施，保护用户利益。

这些数据挖掘任务通过从复杂的数据集中提取有用信息，提高了整体的运营效率和安全性。如何从海量数据中洞察价值、提取规律，是数据挖掘主要关心的问题，后续将以鸢尾花数据集为例具体讲解数据挖掘的流程。

10.2 数据预处理

数据预处理旨在清洗、集成、变换和归约数据，以便为后续的数据挖掘任务提供高质量的数据集。它是数据挖掘过程中的关键步骤之一。对于海量的原始数据，必然存在大量的缺失值、异常值、错误值、噪声等，在进行数据分析之前需要进行数据预处理，以提高数据质量，减少计算成本、改善模型效果。

数据预处理的主要步骤一般包括数据清洗、数据集成、数据变换与数据归约。本节以**鸢尾花数据集**为例对数据预处理的步骤进行介绍。鸢尾花数据集也叫 Iris 数据集，该数据集总共有 150 条数据，如图 10-4 所示，分为 3 类 [Iris Setosa（山鸢尾）、Iris Versicolour（杂色鸢尾），以及 Iris Virginica（维吉尼亚鸢尾）]，每类有 50 个样本，每个样本包含 4 个特征（花萼长度、花萼宽度、花瓣长度、花瓣宽度），是数据挖掘当中一个较为常用的入门数据集。

图 10-4 鸢尾花数据集的 3 类

10.2.1 数据清洗

数据清洗是数据预处理的一个重要步骤，其主要目的是清除、修复和纠正原始数据中的错误、不一致和不完整之处，以使数据适合后续的分析和挖掘任务。下面以鸢尾花数据集为例，介绍在数据清洗当中常用的缺失值和异常值（错误值）处理方法。

1. 缺失值处理

原始数据中常存在缺失值，这可能是数据收集过程中的错误、意外或遗漏等原因导致的。在鸢尾花数据集中，4 个特征都在不同样本中存在缺失值现象，见表 10-1。这些缺失值会对数据挖掘结果产生显著影响，可能导致模型性能下降、偏差增大及得出错误结论。因此，在数据挖掘的过程中，必须重视缺失值的识别和处理，采用适当方法进行预处理，确保数据的质量和模型的可靠性。

一种简单的方法是直接删除包含缺失值的样本或属性。这适用于数据集中缺失值的比例较小且对整体分析结果影响较小的情况。然而，这种方法会导致样本量减少，还可能丢失其他有用的信息。

另一种常见的方法是使用插补填充的方式来估计和填补缺失值。有多种插补方法可供选择，包括均值、中位数、众数填充、回归插补、k 近邻插补等。选择合适的插补方法需要考虑数据的特征、缺失值的模式和属性类型等因素。在实际应用中，需要根据具体情况和数据的特点选择最合适的插补方法。

表 10-1 带有缺失值的数据集

鸢尾花花萼长度/cm	鸢尾花花萼宽度/cm	鸢尾花花瓣长度/cm	鸢尾花花瓣宽度/cm
NaN	3.6	1.4	0.2
5.4	NaN	1.7	0.4
4.6	3.4	NaN	0.3
5.0	3.4	1.5	NaN

对表 10-1 所列的数据集使用 k 近邻插补，选取邻居数量为 3，表 10-2 为对缺失值进行填充的结果。

表 10-2 使用 k 近邻插补方法修正后的数据集

鸢尾花花萼长度/cm	鸢尾花花萼宽度/cm	鸢尾花花瓣长度/cm	鸢尾花花瓣宽度/cm
5.8	3.6	1.4	0.2
5.4	3.9	1.7	0.4
4.6	3.4	1.4	0.3
5.0	3.4	1.5	0.3

2. 处理异常值和错误值

数据中的异常值和错误值可能会对分析和挖掘结果产生负面影响。数据清洗可以帮助识别和处理这些异常值和错误值，以避免它们对后续分析的干扰。

具体而言，首先需要对数据进行可视化和统计分析，以识别出可能存在的异常值和错误值。常用的方法包括绘制箱线图、直方图、散点图等，以及计算统计指标，如均值、标准差、分位数等。一种较为简单的方法是直接删除包含异常值和错误值的样本或属性。但是在删除之前需要确保这些值是真正的异常或错误，而非数据收集或记录过程中的误差。图 10-5 所示为鸢尾花数据集在手动添加异常值后的散点图可视化结果，从中可明显看到被标记为空心圆圈的异常值，这表明可视化有助于发现数据集中可能存在的异常值或者错误值。

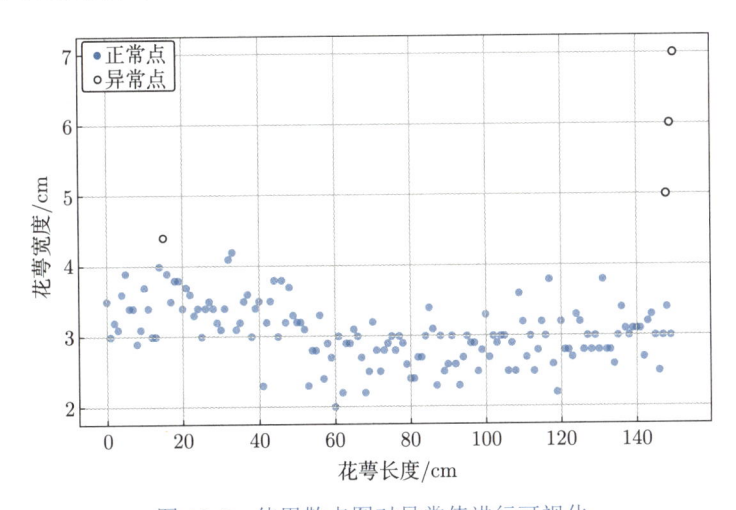

图 10-5 使用散点图对异常值进行可视化

对于已经识别出的异常值和错误值，可以采取修正的方式进行处理。修正的方式多种多样，例如将异常值替换为合理的值（如使用均值、中位数等），或者通过外推、插值等方法进行修正。对于时间序列或连续数据来说，异常值可能会导致分析结果不稳定，此时可以使用平滑方法（如移动平均、指数平滑）来减少异常值对结果的影响，使数据更加平稳。

表 10-3 为手动添加异常值之后的部分鸢尾花数据集。正常的鸢尾花花萼长度范围是 4.3~7.9cm，而这里添加的 15.0cm 明显超出了正常范围，属于异常值；正常的鸢尾花花萼宽度范围是 2.0~4.4cm，而这里添加的 0.0cm 明显小于正常范围，属于异常值；正常的鸢尾花花瓣长度范围是 1.0~6.9cm，而这里添加的 20.0cm 明显超出了正常范围，属于异常值；正常的鸢尾花花瓣宽度范围是 0.1~2.5cm，而这里添加的 −1.0cm 小于正常范围的下限，属于异常值。

表 10-3 带有异常值的数据集

鸢尾花花萼长度/cm	鸢尾花花萼宽度/cm	鸢尾花花瓣长度/cm	鸢尾花花瓣宽度/cm
15.0	3.2	4.7	1.4
6.4	0.0	4.5	1.5
6.9	3.1	20.0	1.5
5.5	2.3	4.0	−1.0

这些添加的异常值都明显超出了鸢尾花数据集的正常范围，因此可以认定它们为异常值。这些异常值可能会干扰后续的数据分析和模型构建。表 10-4 列出了使用平均值填充方法对异常值进行修正的结果。

表 10-4 使用平均值填充方法修正后的数据集

鸢尾花花萼长度/cm	鸢尾花花萼宽度/cm	鸢尾花花瓣长度/cm	鸢尾花花瓣宽度/cm
5.8	3.2	4.7	1.4
6.4	3.1	4.5	1.5
6.9	3.1	3.8	1.5
5.5	2.3	4.0	1.2

在大多数情况下，处理异常值和错误值需要谨慎操作，不合理或不准确的处理方法可能引入新的偏差和误差，甚至影响后续分析的可靠性。

10.2.2 数据集成

在数据挖掘中，所需数据往往分布于不同的数据源中，因此需要将不同来源的数据合并成一个统一的数据集，同时对数据进行清洗和格式化处理以消除差异，并建立数据之间的联系，这种数据处理方式被称为**数据集成**。

在数据集成过程中，常会出现数据冗余的情况，例如，在多个数据源中，鸢尾花数据集的同一属性（如"花萼长度"）可能多次出现，导致其他属性出现缺失值。此外，还存在同一属性命名不一致的问题，如"sepal length"和"花萼长度"，这属于所用语言不一致的问题。这种冗余不仅会增加模型的复杂度和训练时间，还可能降低模型的泛化能力和预测准确性。因此，识别冗余属性是数据集成中的一个重要步骤，常用的方法包括相关性分析、主成分分析（PCA）和递归特征消除（RFE）等。

图 10-6 所示为使用相关性分析对鸢尾花数据集进行处理得到的热图，该热图展示了鸢尾花数据集中各特征之间的相关性。颜色深浅表示相关性的强弱，值越接近 1 或 −1 表示特征之间的线性关系越强，值接近 0 表示特征之间关系较弱。通过识别高度相关（如相关系数超过 0.8）的

特征对,可以找出哪些特征在信息上存在重叠。例如,如果"花瓣长度"和"花瓣宽度"之间的相关性很高,那么可以考虑只保留其中一个特征,以降低模型的复杂度。

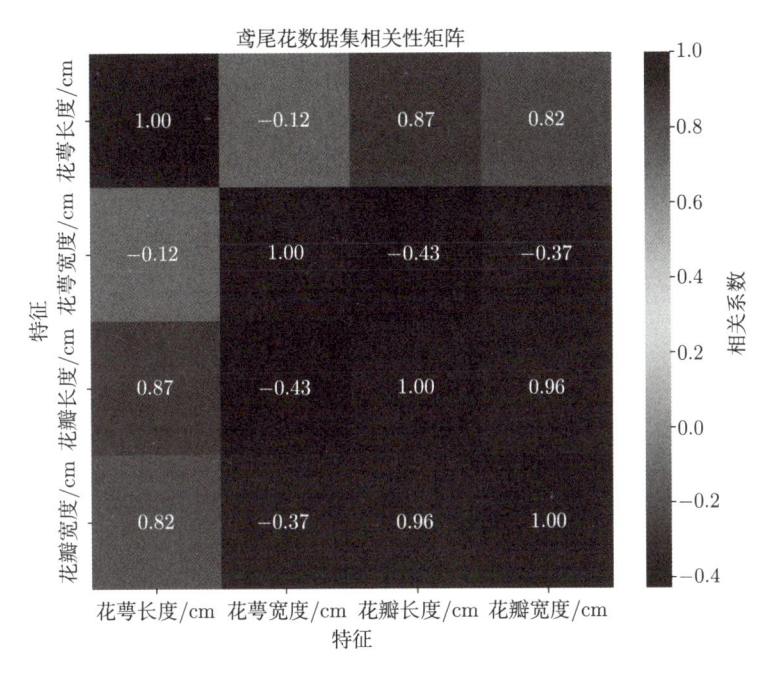

图 10-6 鸢尾花数据集特征相关性热图(见彩插)

在数据预处理阶段,可以根据相关性结果进行特征选择,即选择与目标变量(如分类标签)相关性较高的特征,同时剔除冗余特征,以提高模型的性能。

10.2.3 数据变换

某些算法对特定数据分布或尺度敏感,原始数据显然无法满足这些算法的要求,此时就需要进行数据变换。通过数据变换,可以提高模型的准确性和效率。数据变换主要是指对数据进行规范化处理,将混杂的数据转换为"合适"的形式,以满足后续挖掘任务的需要。下面介绍几种常见的数据变换方式。

1. 简单函数变换

简单函数变换是指通过对原函数进行某些代数操作,改变其图像的位置、形状或方向,但不改变函数的基本性质。这些变换有助于更直观地理解函数的行为和特点。常见的简单函数变换包括:

$$x' = x^2 \tag{10-1}$$

$$x' = \sqrt{x} \tag{10-2}$$

$$x' = \log(x) \tag{10-3}$$

$$\nabla f x_k = f(x_{k+1}) - f(x_k) \tag{10-4}$$

简单函数变换可以将不具有正态分布的数据变换成接近正态分布的数据,消除数据的量纲差异,使得不同特征之间的数值具有可比性。

2. 数据规范化

除简单函数变换外，数据规范化也是数据变换的重要组成部分。对于不同的评价指标，它们的量纲不同，具体数值之间会存在较大差异。为了减轻这种差异带来的影响，需要对数据进行标准化处理，以便后续分析。

（1）最小-最大规范化（Min-Max Normalization）

$$z = \frac{x - \min(x)}{\max(x) - \min(x)} \tag{10-5}$$

式中，x 是原始数据；z 是规范化后的数据。这种方法将数据线性缩放到 $[0,1]$ 区间。

（2）Z-score 规范化（Z-score Normalization）

$$z = \frac{x - \mu}{\sigma} \tag{10-6}$$

式中，μ 是原始数据的平均值；σ 是原始数据的标准差。这种方法将数据标准化为均值为 0、标准差为 1 的正态分布。

（3）小数定标规范化（Decimal Scaling Normalization）

$$z = \frac{x}{10^j} \tag{10-7}$$

式中，j 是使得 $|z_{\max}| < 1$ 的最小正整数。这种方法通过移动小数点将数据缩放到 $[-1,1]$ 区间。

（4）均值-方差规范化（Mean-Variance Normalization）

$$z = \frac{x - \mu}{\sqrt{\frac{1}{n-1} \sum_{i=1}^{n} (x_i - \mu)^2}} \tag{10-8}$$

式中，μ 是原始数据的平均值；n 是数据样本数。这种方法将数据线性变换为均值为 0、方差为 1 的形式。

图 10-7 显示了花瓣长度的数据分布，每个特征都有原始数据分布、平方根变换后的分布和对数变换后的分布。通过平方根变换，低值部分变得更加平滑。通过对数变换，原本可能偏态的分布会变得更接近正态分布，并且峰值变得更高更集中。每个直方图上的平滑曲线是 KDE（核密度估计）⊖曲线，表示数据的概率密度。通过观察 KDE 曲线的形状，可以更直观地感受到数据逐渐接近正态分布。

另外，一些数据挖掘算法要求数据是分类属性的形式，这便要求先将连续属性变换为离散属性。有时为了进行更深层次的挖掘、提高挖掘结果的精度，还可以进行属性构造，利用已有属性构造出新的属性。

10.2.4 数据归约

数据归约（Data Reduction）的目的是减少数据维度或体量，同时保留原数据的主要特征，对大规模复杂数据集进行数据归约，不仅可以有效提升后续数据挖掘与分析的效率，还可以降低数据存储的成本。数据归约主要包括属性归约与数值归约。

⊖ **核密度估计**是一种非参数方法，用于估计随机变量的概率密度函数。通过对每个数据点施加一个核函数（如高斯核），生成平滑的密度曲线，从而更直观地展示数据的分布情况。

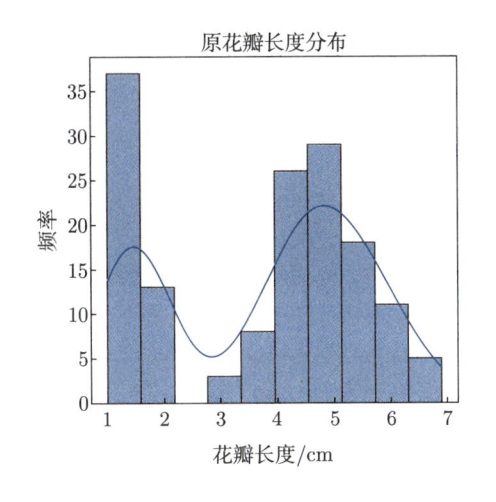

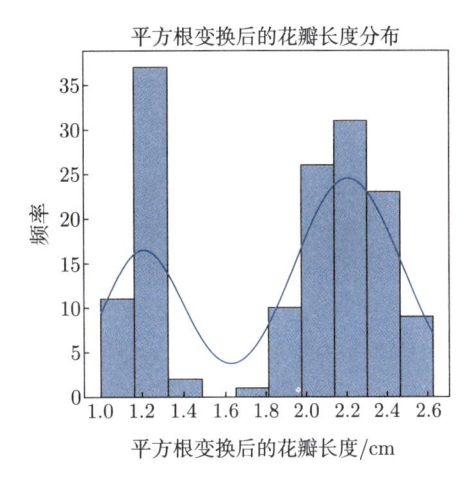

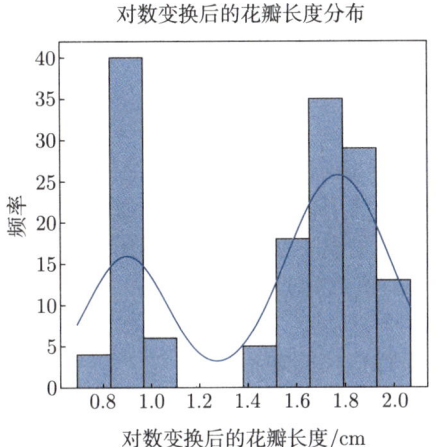

图 10-7　使用平方根变换和对数变换对花瓣长度进行处理

属性归约旨在通过合并属性或者删除无用属性来优化属性维度,其目的是找出最优属性集合,且该集合的概率分布应尽可能地接近原数据集的概率分布。

数值归约旨在通过选择规模较小且具有代表性的数据来减少数据量,主要方法包括有参数方法和无参数方法两类。有参数方法是使用一个模型来评估数据,只需存放参数,而不需要存放实际数据,例如回归(线性回归和多元回归)和对数线性模型(近似离散属性集中的多维概率分布)。无参数方法则需要存放实际数据,例如直方图、聚类、抽样(采样)等。

以鸢尾花数据集为例,图 10-8 所示为主成分分析的散点图,图中横纵轴的值没有单位,坐标轴上的数值表示每个数据点经 PCA 降维后的投影值,仅作分类用。负值和正值的差异代表了不同类别的鸢尾花在这两个主成分上的分布。其中不同的颜色表示不同的鸢尾花类别。输出的特征为花瓣长度与花瓣宽度,这表明这两个特征在区分不同鸢尾花类别时权重较高。在后续分析中,若数据量过于庞大,可仅选取这两个维度进行处理,从而实现数据降维。

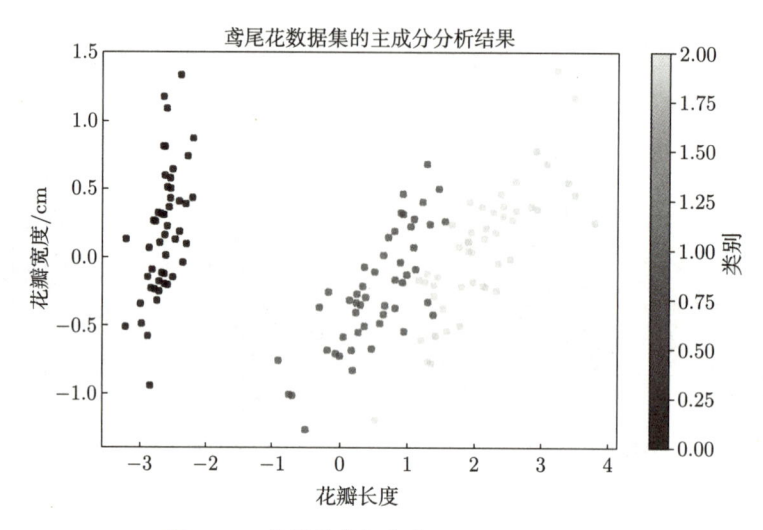

图 10-8 鸢尾花数据集的主成分分析结果

10.3 分类与回归分析

分类（Classification）与回归（Regression）是数据挖掘中的两大基本任务。分类旨在将数据点分配到预定义的类别中。以银行信用审核为例，银行通常需要评估申请者的信用风险。在这个过程中，银行会收集申请者的各种信息，如收入、信用历史、债务比率等。通过历史数据，银行可以使用分类算法（如决策树、随机森林或支持向量机）来训练模型，将申请者分为"良好信用"或"不良信用"两类。在模型训练完成后，新的申请者数据就可以通过模型进行分类，帮助银行做出更为精准的贷款决策，从而降低风险和损失。

回归分析则用于预测连续值，常应用于预测数量的增减变化。以房地产市场为例，房地产公司通常会收集诸如房屋面积、位置、卧室数量、周边设施等数据，来建立房价预测模型，这是一个典型的回归问题。使用回归算法，房地产公司可以基于历史销售数据训练模型，进而预测未来房产的价格。这种预测不仅可以帮助购房者做出更明智的决策，还能帮助开发商制定合理的定价策略，优化市场销售。

10.3.1 分类

在数据挖掘领域，分类的目标是将数据点分配到一个或多个类别中，即通过构建一个个分类模型，以样本的属性值作为输入，输出其对应的类别。分类算法依赖有标签的数据集进行训练，其中每个样本都有一个已知的标签。常见的分类算法有决策树、支持向量机（SVM）、贝叶斯网络和神经网络。图 10-9 展示了分类模型的实现过程。

训练集
输入属性：$A_1, A_2, \cdots, A_p$
对应类别：类标号 S_i

分类算法 → 分类模型

图 10-9 分类模型的实现过程

数据挖掘中分类的步骤一般包括数据预处理、特征选择、模型训练和模型评估。数据预处理已在 10.2 节中介绍了；特征选择是为了减少维度，提升模型的性能和可解释性；模型训练则是利用训练数据集来拟合分类器；而模型评估常用的评估指标包括准确率、精确率、召回率和 F1 分数。

- 准确率（Accuracy） 衡量的是模型预测正确的比例。其计算公式为

$$\text{Accuracy} = \frac{\text{TP} + \text{TN}}{\text{TP} + \text{TN} + \text{FP} + \text{FN}} \tag{10-9}$$

- 精确率（Precision） 表示在所有被预测为正类的样本中，实际为正类的比例。其计算公式为

$$\text{Precision} = \frac{\text{TP}}{\text{TP} + \text{FP}} \tag{10-10}$$

- 召回率（Recall） 表示在所有实际为正类的样本中，被正确预测为正类的比例。其计算公式为

$$\text{Recall} = \frac{\text{TP}}{\text{TP} + \text{FN}} \tag{10-11}$$

- F1 分数（F1-Score） 是精确率和召回率的调和平均数，用于综合考虑这两个指标。其计算公式为

$$\text{F1-Score} = 2 \times \frac{\text{Precision} \times \text{Recall}}{\text{Precision} + \text{Recall}} \tag{10-12}$$

式中，TP（True Positive）表示真正例，TN（True Negative）表示真反例，FP（False Positive）表示假正例，FN（False Negative）表示假反例。

同样以鸢尾花数据集为例，使用决策树对其进行分类。图 10-10 所示为决策树的可视化图，图的顶部是根节点，表示整个数据集，包含该数据集中最重要的特征（花瓣长度）；叶子节点是决策树的终点，代表最终的分类结果。其中，基尼指数（Gini Index）又称基尼不纯度（Gini Impurity），是决策树算法中常用的一种指标，用于衡量节点的不纯度，值越低表示节点越纯；samples 表示当前节点中的样本数量，反映节点的代表性；value 代表每个类别的样本数量，表示分类结果和节点的分布情况。

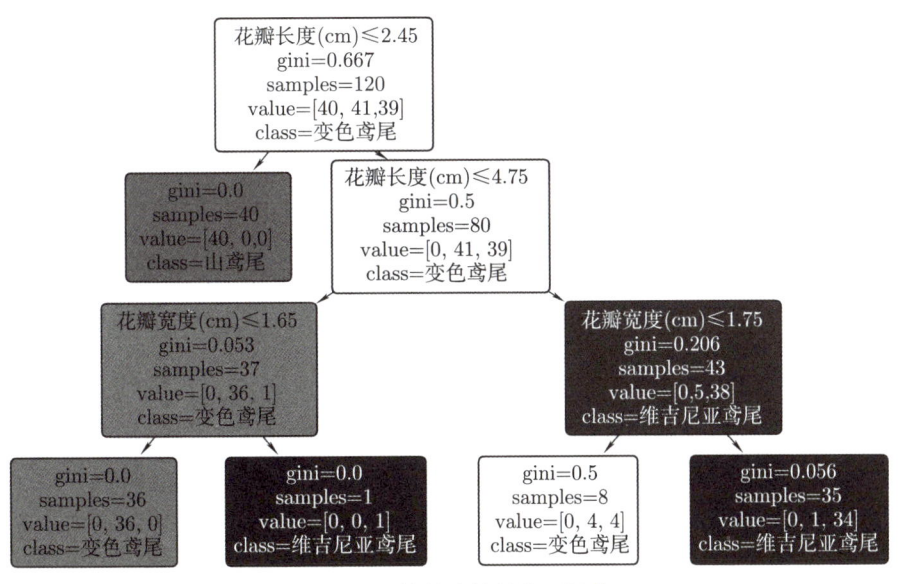

图 10-10　简单决策树的可视化

除了决策树算法以外，Logistic 回归也是一种常用的分类算法。尽管其名称中含有"回归"，但是 Logistic 回归实际上是一种分类模型。其分为二分类和多分类两种，当自变量之间出现多重共线性时，用最小二乘估计的回归系数将会不准确，此时便可以使用主成分回归进行降维与参数改进。下面对常用的二分类 Logistic 回归模型进行介绍。

Logistic 回归模型旨在预测一个二值因变量的概率，其因变量的值只有 0 和 1，分别表示事件不发生和事件发生，从而对其进行分类。假设存在 $x_1, x_2, \cdots, x_n$ 共 n 个独立的自变量，记事件发生的概率为 p，不发生的概率为 $1-p$，则其概率之比为 $p/(1-p)$，称之为事件的优势比（odds），对优势比取对数，得到 Logistic 变量 $\text{Logit}(p) = \ln\left(\dfrac{p}{1-p}\right)$。

如图 10-11 所示，令 $\text{Logit}(p) = \ln\left(\dfrac{p}{1-p}\right) = z$，Logistic 函数可表示为

$$p = \frac{1}{1 + e^{-z}} \tag{10-13}$$

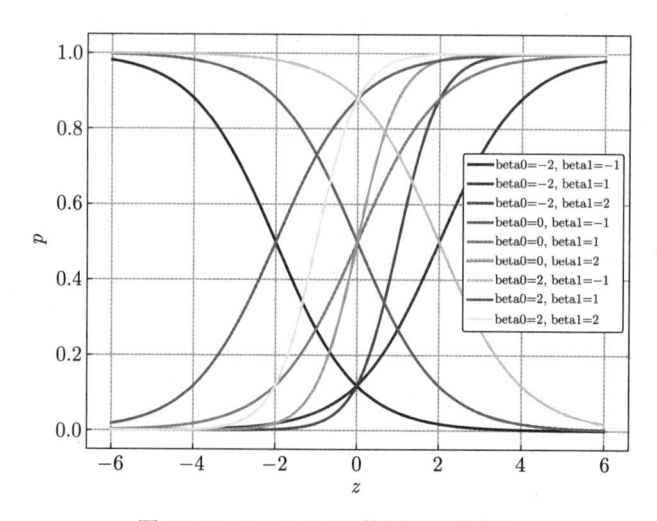

图 10-11　Logistic 函数图（见彩插）

建立 $\ln\left(\dfrac{p}{1-p}\right)$ 与自变量 x_i 之间的线性关系，得到 Logistic 回归模型为

$$\ln\left(\frac{p}{1-p}\right) = \beta_0 + \beta_1 x_1 + \beta_2 x_2 + \cdots + \beta_p x_p + \varepsilon \tag{10-14}$$

Logistic 回归建模的步骤如图 10-12 所示。

图 10-12　Logistic 回归建模的步骤

以鸢尾花数据集为例，由于使用的是二分类 Logistic 回归模型，仅使用花萼长度和花萼宽度两个特征进行分类，直接采用 scikit-learn 库提供的 LogisticRegression 模型，得到的结果如图 10-13 所示，紫色代表山鸢尾类、绿色代表杂色鸢尾类、黄色代表维吉尼亚鸢尾类，山鸢尾类线性可分，而杂色鸢尾类与维吉尼亚鸢尾类线性不可分。

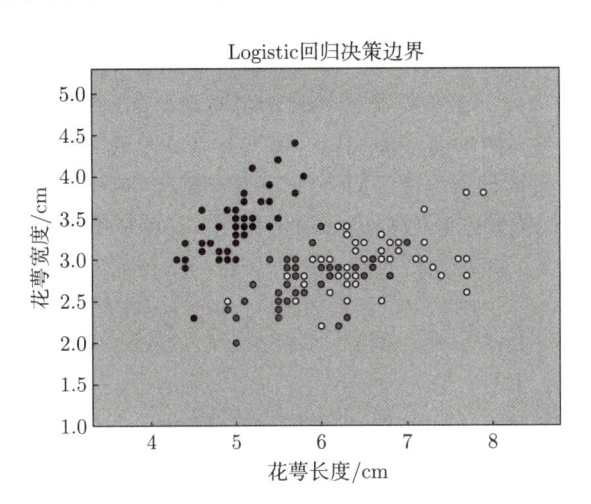

图 10-13 Logistic 回归模型分类结果

最终预测的准确率为 0.93，结果报告见表 10-5。

表 10-5 Logistic 回归模型分类结果报告

类别	精确率（Precision）	召回率（Recall）	F1-Score	支持度（Support）
山鸢尾	1.00	1.00	1.00	10
杂色鸢尾	1.00	0.78	0.88	9
维吉尼亚鸢尾	0.85	1.00	0.92	11
准确率		0.93		
宏平均	0.95	0.93	0.93	30
加权平均	0.94	0.93	0.93	30

除此之外，分类的应用场景有很多。例如，在电子邮件分类中，系统可以将邮件分类为"垃圾邮件"或"非垃圾邮件"；在医疗诊断中，可以根据患者的症状将其分类为"患某种疾病"或"未患某种疾病"。在金融领域，信用卡欺诈检测也依赖分类算法来识别异常交易。

10.3.2 回归分析

回归分析同样是通过建立模型来研究变量之间相互关系的密切程度，目的是预测一个连续的数值变量。与分类不同，回归的输出是一个实数，在数据挖掘领域下，自变量和因变量具有相关性，自变量的值已知，因变量是需要预测的值。回归分析在现实生活中有广泛应用。

假设你是一家房地产公司的数据分析师，负责预测未来的房价。可以注意到，房价受到多种因素的影响，包括房屋的面积、位置、卧室数量、附近的学校质量等。为了帮助公司制定合理的定价策略，需要一种方法来量化这些特征对房价的影响，并预测未来的房价。这时，回归分析便是一种有效的工具。

回归分析在数据挖掘中有以下几个重要作用。

- **量化关系**：通过回归分析，可以量化特征（如面积、位置等）与目标变量（如房价）之间的关系。这有助于理解哪些因素对房价影响最大。

- **预测能力**：回归模型能够基于现有数据预测未知的结果。例如，可以预测新房屋的市场价格，帮助买卖双方做出更明智的决策。
- **数据驱动决策**：在商业环境中，回归分析为决策提供了数据支持，降低了主观判断的风险，提升了决策的科学性。

以预测房价为例，回归分析的步骤可以概括为以下几个关键环节。首先，收集相关数据，包括历史房价及其影响因素，如房屋面积、位置、卧室数量和附近设施等。接下来，进行数据预处理，清洗数据以处理缺失值和异常值，并选择与房价最相关的特征，必要时对数据进行标准化。然后，选择合适的回归模型，使用训练数据拟合模型并估计参数。在模型训练完成后，评估模型的性能，常用的评估指标包括均方误差（MSE）和决定系数（R^2），以确保模型具有良好的预测能力。最后，应用训练好的模型对新数据进行房价预测，并分析结果，以支持决策制定和市场策略优化。这一系列步骤确保了回归分析有效地揭示房价与各特征之间的关系，从而为房地产市场提供有价值的洞察。

常见的回归模型见表 10-6。

表 10-6 常见的回归模型

回归模型	介绍
线性回归	最基本的回归方法。假设自变量与因变量之间存在线性关系；使用最小二乘法估计模型参数；简单易懂，计算效率高
岭回归	在线性回归的基础上加入 L2 正则化项，减少模型的复杂度，防止过拟合；适用于特征数量大于样本数量的情况
Lasso 回归	在线性回归中加入 L1 正则化项，可以实现特征选择，压缩不重要的特征系数为零；有助于简化模型并提高可解释性
多项式回归	将自变量的高次项引入模型，适用于自变量与因变量之间为非线性关系；通过增加多项式的阶数来提高模型的拟合能力
支持向量回归	基于支持向量机的回归方法，适用于高维空间中的回归问题；通过选择适当的核函数，可以处理非线性关系

同样以鸢尾花数据集为例，使用线性回归模型对该数据集进行分析，介绍回归模型的实际应用。虽然鸢尾花（Iris）数据集通常用于分类任务，但也可以将其用于回归分析，在本例中将对其花瓣长度进行预测。图 10-14 所示是对鸢尾花数据集进行线性回归分析的结果。

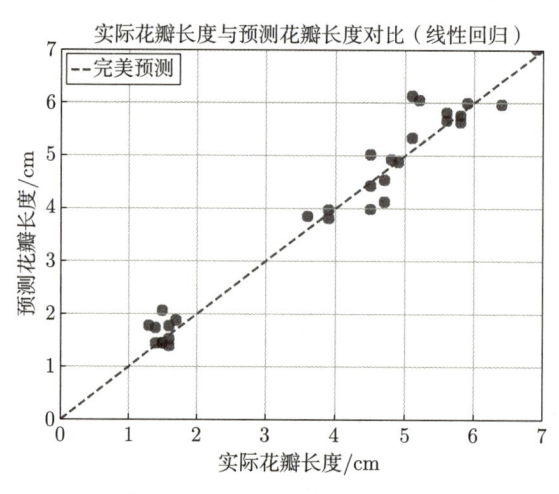

图 10-14 线性回归分析结果

图中，每个点代表一个测试样本的实际花瓣长度和模型预测的花瓣长度；虚线表示完美预测的情况，即实际值等于预测值。如果数据点完全落在这条线上，说明模型预测得非常准确。通过散点图，可以直观地判断模型的预测能力和准确性。在理想情况下，大多数数据点应接近虚线，表明模型能有效地预测花瓣长度。如果数据点的分布不理想，可能需要考虑调整模型或使用不同的特征进行分析。

10.4 聚类分析

对于市场销售人员而言，经常需要将消费者进行分组，然而消费者的喜好和行为各不相同，不存在预定义的标签，难以手动分类，此时，便需要一种方法能够自动识别其相似性并将他们分到不同的群体，这种方法被称为**聚类分析**。聚类分析（Clustering Analysis）是一种无监督学习方法，旨在将数据集中的对象分组，使得同一组内的对象彼此相似，而不同组间的对象相异。聚类分析不需要事先定义好标签，其主要用于探索数据结构、发现数据模式和简化数据表示。

10.4.1 聚类分析概述

聚类分析的核心思想是通过某种相似性度量（如欧氏距离、曼哈顿距离或余弦相似度）将数据点分成若干组（簇）。每个簇中的数据点在某种意义上是相似的，而不同簇之间的数据点则存在显著差异。聚类分析作为一种无监督学习方法，它不仅能够揭示数据的内在结构和模式，还可以辅助数据预处理、异常检测、图像分割和文本挖掘等任务。通过合理选择聚类方法和相似性度量，聚类分析能够有效地从数据中提取有价值的信息，支持决策和预测。

在数据挖掘中，聚类分析有着广泛的应用和重要作用，主要体现在以下几个方面。

- **探索性数据分析**：聚类分析可以帮助理解数据的内在结构，识别数据中的自然分组。例如，在市场分析中，通过聚类可以发现不同消费行为的客户群体，从而制定有针对性的营销策略。
- **数据预处理**：聚类可以作为数据预处理的一部分，帮助简化数据表示。例如，在图像处理和压缩中，通过聚类可以将颜色空间中的相似颜色分组，从而减少数据维度。
- **异常检测**：通过聚类分析可以识别数据中的异常点或离群点。这在金融欺诈检测、网络安全和生产质量控制中具有重要应用。
- **图像分割**：在计算机视觉中，聚类分析常用于图像分割，即将图像划分为不同的区域，使得每个区域内的像素具有相似的特征。
- **文本挖掘**：在自然语言处理领域，聚类分析可以用于文档分类、主题发现和情感分析。例如，在新闻聚合中，通过聚类可以将内容相似的新闻报道归为一类，方便用户查阅。

10.4.2 聚类分析的应用

k-means 是一种经典的聚类算法，其目标是将数据集分成 k 个簇，每个簇由一个质心（Centroid）来表征。该算法通过迭代优化，致力于最小化类内距离从而找到最优的簇划分。如图 10-15 所示，以鸢尾花数据集为例，通过使用 k-means 算法，可以将其分成三类，在图中分别用黄绿紫三种颜色表示。在聚类的过程中，仅使用其不同维度的特征数据，并未参考其预定义的三种类别标签。图中的 x 轴和 y 轴分别表示"花萼长度"和"花瓣长度"。这两个特征是鸢尾花数据集中的重要维度，用于展示样本在这两个特征空间中的分布情况。将原始数据集与 k-means 聚类结果对比，可以发现，某些类别的样本被错误分类，尤其是在特征空间重叠的区域。这是因为这部分样本特征值较为相似，导致 k-means 算法对其类别判断失误。想要解决这一问题，可以为数据添加更多区分度较高的维度。

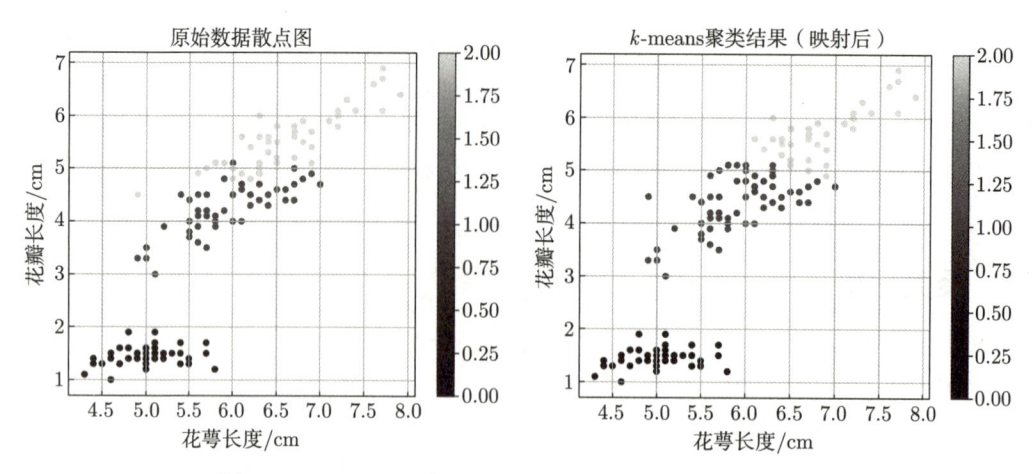

图 10-15　k-means 聚类结果与原始数据集对比（见彩插）

在该数据集当中，k-means 聚类的准确率为 0.89，结果报告见表 10-7。

表 10-7　k-means 聚类结果报告

类别	精确率（Precision）	召回率（Recall）	F1-Score	支持度（Support）
山鸢尾	1.00	1.00	1.00	50
杂色鸢尾	1.00	0.78	0.88	50
维吉尼亚鸢尾	0.85	1.00	0.92	50
准确率		0.89		
宏平均	0.91	0.89	0.89	150
加权平均	0.91	0.89	0.89	150

10.5　关联规则挖掘

关联规则分析是数据挖掘中的一项重要技术，它能够从海量数据中发现隐藏的关联性和相关性，揭示潜在的模式和规律。这种分析方法在众多领域应用广泛，如帮助企业优化营销策略、提高决策效率，为组织构建竞争优势。通过关联规则分析，数据挖掘可以为各行业提供有价值的见解，促进创新和发展。

假设有一个复杂的软件系统，用户可以使用多种功能，通过分析用户在软件系统中的操作行为，关联规则可以识别用户行为模式。例如，如果用户在使用某个功能后，常访问另一个功能，系统可以根据这些模式推荐相关功能。这种推荐系统可以提升用户体验，提高用户留存率。下面先介绍关联规则的基本概念，然后以该软件系统为例，使用 Apriori 算法对其进行分析。

10.5.1　关联规则的基本概念

关联规则是数据挖掘中用于发现数据集中项之间的相关性的一种方法。关联规则的一般形式为

$$X \rightarrow Y \tag{10-15}$$

式中，X 和 Y 分别表示项集（Itemset）；→ 表示关联规则。X 和 Y 可以包含一个或多个项，用逗号分隔。在关联规则中，X 称为前项（Antecedent），表示规则的前提条件或先决条件；Y 称为后项（Consequent），表示规则的推论或结果。

关联规则的目标是发现频繁项集和强关联规则。频繁项集指的是在数据集中经常同时出现的项集，而强关联规则是具有高置信度（Confidence）和支持度（Support）的关联规则。

- 置信度表示在前项出现的情况下，后项也同时出现的概率。其计算公式为

$$\text{Confidence}(X \to Y) = \frac{\text{Support}(X \cup Y)}{\text{Support}(X)} \tag{10-16}$$

- 支持度表示项集在数据集中出现的频率。其计算公式为

$$\text{Support}(X) = \frac{\text{项集} X \text{ 出现的次数}}{\text{总事务数}} \tag{10-17}$$

通过计算置信度和支持度，可以筛选出具有足够高置信度和支持度的关联规则，以发现数据集中有意义的关联关系。

例如，有一个复杂的软件系统，用户可以使用多种功能。表 10-8 收集了一些用户会话的使用记录，每条记录包含用户在一次会话中使用的所有功能。

表 10-8　用户会话使用记录

会话 ID	使用的功能
1	{登录, 搜索, 上传文件}
2	{搜索, 上传文件}
3	{登录, 搜索, 上传文件, 下载文件}
4	{登录, 搜索，下载文件}
5	{上传文件, 设置}

假设要分析规则：

$$\{\text{搜索}\} \Rightarrow \{\text{上传文件}\}$$

计算支持度：会话中包含 {搜索, 上传文件} 的数量是 3（会话 1、2、3），总会话数是 5。

$$\text{支持度}(\{\text{搜索}\} \Rightarrow \{\text{上传文件}\}) = \frac{3}{5} = 0.6$$

计算置信度：会话中包含 {搜索} 的数量是 4（会话 1、2、3、4），其中包含 {搜索, 上传文件} 的数量是 3。

$$\text{置信度}(\{\text{搜索}\} \Rightarrow \{\text{上传文件}\}) = \frac{3}{4} = 0.75$$

规则 {搜索} ⇒ {上传文件} 的支持度为 0.6，表示在所有用户会话中，有 60% 的会话同时包含搜索和上传文件功能。置信度为 0.75，表示在使用了搜索功能的会话中，有 75% 也使用了上传文件功能。

通过这种分析，软件开发团队可以了解到哪些功能经常一起使用，从而在用户界面设计上做出优化。例如，可以将搜索和上传文件功能放在一起，或者在用户使用搜索功能时推荐上传文件功能。

10.5.2　Apriori 算法

Apriori 算法是一种经典的用于关联规则挖掘的算法。其主要目标是从大型数据库中找到频繁项集，并据此生成强关联规则。Apriori 算法的原理为：如果某个项集是频繁的，那么它的所有子集也是频繁的；同样地，如果一个项集是非频繁项集，那么它的所有超集也是非频繁的。Apriori 算法伪代码如下所示。

算法 10-1　Apriori 算法伪代码

1: **输入**：事务数据库 D，最小支持度阈值 σ
2: **输出**：频繁项集 L
3: 初始化：频繁 1-项集 L_1 包含所有满足最小支持度的单项集
4: $k \leftarrow 1$
5: **repeat**
6: 　　$k \leftarrow k+1$
7: 　　候选 k-项集 C_k 由频繁 (k−1)-项集 L_{k-1} 连接生成
8: 　　**for** 每个事务 $t \in D$ **do**
9: 　　　　计算每个候选项集 $c \in C_k$ 在事务 t 中的支持度
10: 　　**end for**
11: 　　从候选 k-项集中筛选出频繁 k-项集：

$$L_k = \{c \in C_k \mid \mathrm{Support}(c) \geqslant \sigma\}$$

12: **until** $L_k = \varnothing$
13: **return** $\bigcup_{i=1}^{k-1} L_i = 0$

下面以表 10-8 展示的用户会话使用记录为例，设置最小支持度为 25%，介绍 Apriori 算法的步骤（图 10-16 展示了具体过程）。

1）对事务数据库 D 进行扫描并处理，得到候选 1-项集 C_1。

候选1-项集 C_1	支持度
{登录}	60%
{搜索}	80%
{上传文件}	80%
{下载文件}	40%
{设置}	20%

剔除所有支持度小于25%的项集

频繁1-项集 L_1	支持度
{登录}	60%
{搜索}	80%
{上传文件}	80%
{下载文件}	40%

合并生成候选项集

候选2-项集 C_2	支持度
{搜索，登录}	60%
{登录，上传文件}	40%
{登录，下载文件}	40%
{搜索，上传文件}	60%
{搜索，下载文件}	40%
{上传文件，下载文件}	20%

保留满足约束条件的项集

频繁2-项集 L_2	支持度
{搜索，登录}	60%
{登录，上传文件}	40%
{登录，下载文件}	40%
{搜索，上传文件}	60%
{搜索，下载文件}	40%

连接与剪枝

图 10-16　Apriori 算法具体流程

候选3-项集 C_3	支持度
{登录，搜索，上传文件}	40%
{登录，下载文件，搜索}	40%
{登录，下载文件，上传文件}	20%
{搜索，下载文件，上传文件}	20%

保留满足约束条件的项集 →

频繁3-项集 L_3	支持度
{登录，搜索，上传文件}	40%
{登录，下载文件，搜索}	40%

图 10-16 Apriori 算法具体流程（续）

2）剔除支持度小于 25% 的项集，生成频繁 1-项集 L_1。
3）L_1 通过自身连接生成候选 2-项集 C_2。
4）保留 C_2 中满足约束条件的项集得到频繁 2-项集 L_2。
5）L_2 通过自身连接并剪枝生成候选 3-项集 C_3。
6）保留 C_3 中满足约束条件的项集得到频繁 3-项集 L_3。

10.6 小结

本章探讨了数据挖掘的基本概念及其关键技术，并通过具体实例介绍了分类、回归、聚类和关联规则挖掘等数据挖掘技术的实际应用，为后续深入学习和实践奠定了坚实的基础。数据挖掘是海量数据快速增长的产物。早在 20 世纪 60 年代，人们便开始使用计算机进行数据收集与历史资料分析，到了 80 年代，关系数据库的进一步发展，数据仓库开始用来存储大量资料而数据挖掘作为一门学科，一般认为是在 20 世纪 80 年代末 90 年代初，为解决数据库中大量资料难以处理等挑战而兴起的。

随着计算能力的提升和数据量的激增，数据挖掘逐渐发展成为一种重要的分析工具，广泛应用于金融、医疗、零售等多个领域。例如，在市场营销中，通过用户行为分析，企业能够制定精准的营销策略，从而提高客户满意度和销售额。此外，数据挖掘还在风险管理、医疗诊断和社交网络分析等领域中展现出巨大潜力，帮助管理者们更好地理解复杂的趋势和模式。然而，尽管数据挖掘的应用取得了显著成效，但仍存在诸如数据隐私、数据质量和算法偏见等问题。随着数据隐私法规日益严格，研究者们需要开发更为安全和透明的数据挖掘方法，确保用户数据的保护。其次，提升数据质量和处理能力显得愈发重要，研究者们正在探索自动化的数据清洗和整合技术，以提高分析的准确性。此外，算法的公平性和可解释性也逐渐成为研究重点，如何减少算法偏见、增强用户对数据挖掘结果的信任，正作为热点议题在大公司年会上被一次次提出。

除了在纯粹的技术上进一步创新外，通过学术界、行业和政府之间的跨界合作同样可以促进数据挖掘领域相关知识的快速迭代。通过建立多方参与的生态系统，数据挖掘的潜力将得到更充分的发挥，推动各行业向智能化和数据驱动的方向发展。通过这些努力，数据挖掘将不仅能够解决当前面临的问题，还能在未来的科技进步中继续发挥关键作用。

第三部分

人工智能前沿基础

第 11 章
推荐系统

当今是数据驱动的时代。2020 年，全世界创建、捕获、复制和消耗的数据总量为 59 泽字节（ZB），相当于 59 万亿吉字节（GB）。预计到 2025 年，这一数字将激增到 175ZB。如此海量的信息导致"信息过载"，如何从中筛选出有价值的内容成为亟待解决的问题。然而实际情况却出人意料，尽管信息过载问题日益严重，但人们似乎并未受到太大的影响。例如，当我们与朋友聊天时提及想观看某部电影，随后视频软件首页便会推荐该电影的预告片；在京东、淘宝、拼多多等电商平台购物时，平台推荐的产品往往较为符合我们的喜好；在短视频平台放松时，系统推荐的短视频内容能够让我们沉浸其中。这一切推送的背后都离不开推荐系统。推荐系统通过分析用户的行为数据，从海量信息中筛选出可能符合用户兴趣的内容，并将其推送给用户。

那么，这些推荐系统是如何工作的？又是如何变得越来越懂我们的？本章将探讨推荐系统的工作原理，介绍一些经典的推荐算法，如协同过滤等，并探讨它们在实际应用中的表现。

11.1 推荐系统概述

推荐系统是一种利用算法和数据分析技术，根据用户的历史行为、兴趣偏好和其他相关数据，为用户自动提供个性化内容或商品建议的系统。它通过分析用户的行为数据（如浏览记录、购买历史、评分和搜索关键词）以及其他用户的行为模式，生成推荐列表，帮助用户发现潜在感兴趣的内容或商品，从而提升用户体验和满意度，同时也提高了内容或商品的曝光率和销售量。

如果说互联网的目标是无缝连接世界上的一切，那么推荐系统的作用就是在这个基础上，建立更加有效率的连接。它通过分析用户的行为、兴趣和习惯，将用户与他们可能喜欢的内容和服务精确匹配，节省了大量用户的时间和成本。

推荐系统已经出现在生活中的方方面面。在当今时代，推荐系统已经做到了在电影、音乐、购物等多方面的个性化推荐。如图 11-1 所示，对比某位男士和某位女士看到的淘宝首页，可以看出，淘宝的推荐系统不仅为不同用户推荐了不同品类的商品（例如，为男士推荐了键盘和握力器，为女士推荐了女装和零食），还根据用户的特点生成了相同品类的不同缩略图（例如，在"百亿补贴"模块中，相同频道的缩略图是个性化的）。

本节将先介绍推荐算法的产生背景与发展历史，以及核心目标，了解其诞生过程与主要解决的问题，然后给出推荐系统的整体构建流程，为读者提供一个全面而深入的理解框架。

a）男士淘宝推荐　　　　　　　b）女士淘宝推荐

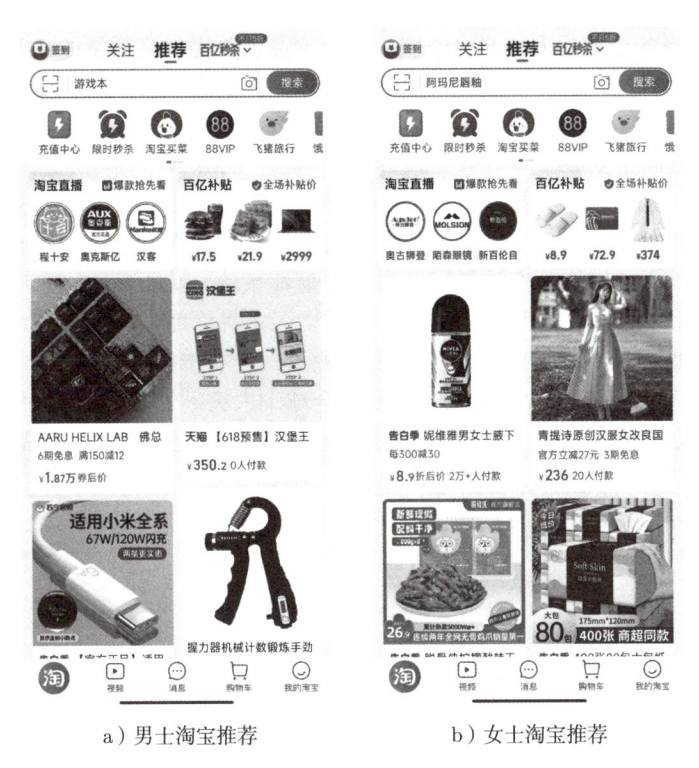

图 11-1　男士女士淘宝推荐对比

11.1.1　产生背景与发展历史

正如木心的诗《从前慢》一样，过去的人们生活在一种慢节奏中，信息的流通也相对缓慢，人们能在自己的小圈子里找到满足感。然而，自 20 世纪 80 年代起，随着互联网技术的不断进步，信息的传播速度日益加快，用户数量和数据量也经历了"爆炸式"增长。进入 21 世纪，移动互联网的广泛普及更是加剧了这一趋势，信息增长的速度变得更快，人们在网络中寻找特定信息的难度也随之增加。过去，逛街购物时，一家商场里的商品种类是有限的；读报纸时，看到的新闻都是经过编辑精心挑选的。面对这些有限的选择，人们能够迅速做出决定。但是现在，打开网购应用，仅首页展示的商品就多得让人眼花缭乱；浏览新闻应用，全世界的新闻，无论与自己相关与否，全部呈现在眼前，这就是所谓的"信息过载"。作为信息消费者，我们希望能够从繁杂的信息中迅速筛选出合适的、自己感兴趣的内容；而作为信息的提供者，如何让自己的商品或信息在海量信息中脱颖而出，吸引消费者的注意，同样是一个需要深思熟虑的问题。

随着信息过载问题的凸显，个性化推荐技术应运而生。1990 年，斯德哥尔摩大学的尤西·卡尔格伦（Jussi Karlgren）在一份技术报告中首次提出了图书推荐的概念，这种推荐方式通过分析用户阅读历史和其他书籍的相似性来进行推荐，可以被视为一种早期的基于内容的推荐算法。1992 年，戈德堡（Goldberg）等人在帕洛阿尔托研究中心的 Tapestry 系统中首次引入了协同过滤的思想，通过分析用户对文档内容的偏好及其他用户对文档的反应来进行推荐，标志着推荐系统领域的一个重大进展。1994 年，明尼苏达大学的 GroupLens 研究组推出了 GroupLens 系统，该系统首次形式化了基于协同过滤的推荐模型，为推荐系统的研究和发展奠定了基础，尤其是基于用户的协同过滤推荐算法（User-based Collaboration Filtering Algorithm）。1997 年，雷斯尼克（Resnick）等人首次提出了"推荐系统"（Recommender System，RS）这一术语，从此推荐系统开始成为一个被广泛研究和应用的重要领域。1998 年，亚马逊推出了基于物品的协同过滤算法，使得推荐系统能够服务于数千万用户,处理数百万商品,并提供高质量的推荐。2006 年,Netflix 公司举办了一场竞赛,公开了一个包含大量匿名电影评分的数据集,要求研究者们能在该数据集上建立一个准确率超越 Netflix 自身推荐系统 Cinematch 的系统。这场竞赛极大地推动了推荐系统技术的发展,并提高了其在学术界和工业界的知名度。2007 年,由明尼苏达大学的约瑟夫·A. 康斯坦(Joseph A. Konstan)教授组织的第一届 ACM 推荐系统会议召开,这一会议已成为推荐系统领域极具影响力的年度盛会,吸引了来自全球的多学科研究者们参与。2016 年,YouTube 发表了一篇论文,介绍了如何将深度神经网络应用于推荐系统,以从海量的推荐内容中筛选出最有可能吸引用户的内容。自此开始至今,研究者们开始探索将深度学习模型应用于推荐系统中。这些模型能够更有效地捕捉用户与物品之间的复杂关系,进一步提升推荐效果。2021 年,TikTok 推荐算法被《麻省理工科技评论》评为"2021 年全球十大突破性技术"。只要内容优质,再普通的人或兴趣都能通过推荐算法找到"知音"。推荐算法发展的整体时间轴如图 11-2 所示。

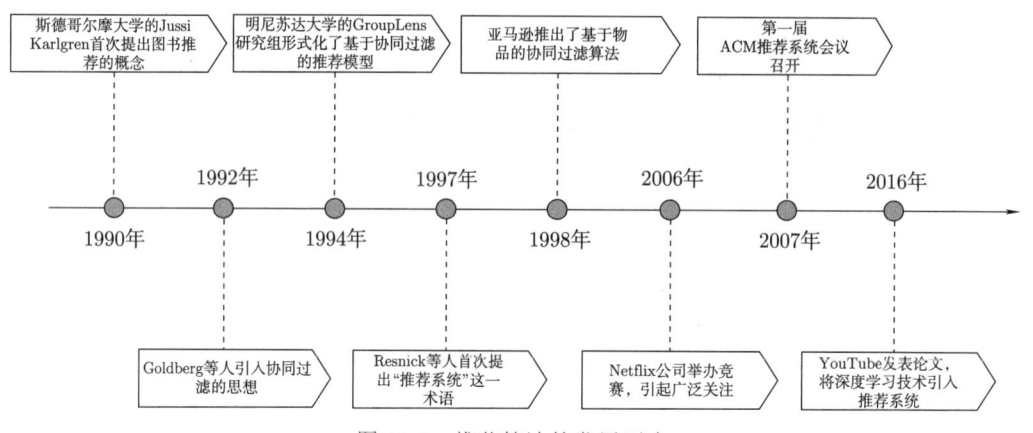

图 11-2 推荐算法的发展历史

11.1.2 主要目标

推荐系统的出现,是为了应对信息过载的问题,其核心职责是帮助用户筛选出符合其兴趣的信息。推荐系统充当了用户和信息之间的沟通媒介,利用其算法在两者之间构建了一座具备筛选功能的"桥梁"。这座桥梁的一端服务于用户,帮助他们迅速发现感兴趣的信息;另一端则服务于信息,确保优质信息有机会显露头角,实现用户和商家的共赢。通过分析用户的点击、浏览、购买、收藏等行为,推荐系统能够协助用户找到那些他们可能感兴趣但难以直接发现的信息,满足用户的个性化需求。推荐系统的主要目标包括以下几点。

- 挖掘长尾市场:在互联网的海量信息中,用户往往难以发现自己真正感兴趣的内容,尤其是那些不在主流视野中的长尾部分。推荐系统的首要任务就是帮助用户挖掘这些非流行市场中的宝藏,无论是音乐、商品还是新闻。通过智能推荐,系统可以识别和推送那些个性化和小众化的需求,让每位用户的独特口味得到满足,同时也为那些较为小众的优质资源找到了它们的价值所在。
- 筛选和减少信息过载:互联网时代的信息爆炸给用户带来了巨大的筛选压力。推荐系统的作用在于减轻这种压力,通过算法筛选出对用户有价值的信息,过滤掉冗余和低效的内容,从而提高信息的利用率,让用户在信息的海洋中不再感到迷茫。
- 提升站点的互动性和商业价值:一个高效的推荐系统能够提升站点的点击率和转化率,因为它能够准确洞察用户需求,推送相关度高、吸引力强的内容。这不仅增加了用户的活跃度和站点的访问频率,还增强了用户的忠诚度,为站点带来更持久的商业价值。

- **深入了解用户，实现个性化服务**：每次成功的推荐都让系统对用户的了解更深入一层。通过对用户行为的持续分析，推荐系统可以构建出精准的用户画像，从而提供更加个性化的服务。这种定制化的服务能够满足用户多样化的需求，让每位用户都能在平台上找到属于自己的位置。

11.1.3 整体流程

推荐系统可以看作机器学习的子领域，其业务流程跟一般的机器学习过程类似。假定现在有一个在线视频平台需要设计一个推荐系统，一般来说需要经过以下几个阶段，如图 11-3 所示。

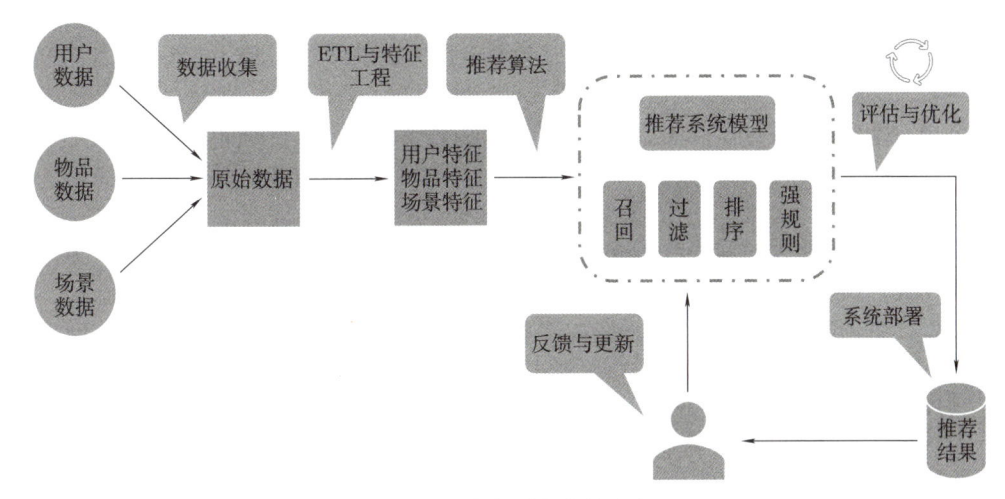

图 11-3 推荐系统整体流程

1. 数据收集

收集用户在视频软件中的行为数据，包括用户观看的视频、搜索历史、视频的点赞量、评论，以及用户是否将视频加入收藏或播放列表等。同时，还需要收集视频内容的属性信息，如视频的类别、风格、上映日期、发布者、关键字、评分等。如果将推荐算法的推荐过程比作厨师做菜，那么这些数据是构建推荐算法模型的食材和配料。

2. ETL 与特征工程

与机器学习的一般步骤相同，推荐系统也需要进行 ETL（Extract，Transform，Load）与特征工程。初始获取的数据一般是未经整理的、非结构化的。ETL 的主要目的是从收集到的原始数据中提取推荐算法建模需要的关键字段。这些经过筛选的信息随后被格式化并存储到结构化的数据库中，以便于分析。

以设定的场景为例，首先需要提取（Extract）用户和商品的各种数据，可能是非结构化的数据，如用户评论和视频描述，也可能是结构化数据，如观看时长和用户信息。一旦数据被提取，就需要对其进行一系列的转换（Transform）操作，比如数据规范化，将日期和时间格式、评分情况转换为统一的格式；以及数据聚合，根据需要对数据进行汇总，计算每位用户的总观看时长等。最后加载（Load），处理后的数据被加载到目标系统中，通常是数据仓库或数据湖。

完成 ETL 后，紧接着就是特征工程。与机器学习相同，想要训练一个模型，数据必须转换成数学模型能够处理的格式，通常是向量格式，其中每个元素或维度代表一个特定的属性。特征工程的任务就是将经过 ETL 处理的原始数据转换成推荐模型能够学习和分析的特征表示，即把用户和电影视频的信息转换成特征向量。

当然，也并非所有推荐算法都需求特征工程。例如，对于基于统计排序的热门推荐，只需对数据进行简单的统计排序即可。常见的基于物品的协同过滤和基于用户的协同过滤算法，主要使用用户 ID、物品 ID 和用户对物品的评分这三个维度，并不涉及复杂的特征工程。然而，对于大多数基于模型的推荐系统来说，特征工程是不可或缺的一个环节。

3. 推荐算法

推荐算法是推荐系统的核心部分，在这一步会根据所使用的算法构建一个推荐模型，用于预测用户可能感兴趣的内容。常见的推荐算法有基于内容的推荐、协同过滤推荐、基于模型的推荐等，将在后续章节中详细介绍这些算法。一般来说推荐算法会分为以下几个阶段。

- 召回：面对庞大的用户群体和海量的视频数据，首先采用召回策略，系统会根据用户的历史观看记录、搜索历史和偏好标签，从数百万计的视频库中初步筛选出用户可能感兴趣的内容，一般是百量级。
- 过滤：对于内容不可重复消费的领域，例如实时性比较强的新闻资讯等，在用户已经曝光和点击后不会再推送到用户面前，以及过滤掉那些因为版权或其他原因无法提供给用户的内容。
- 精排：对召回并过滤后的商品进行更细致的排序。这一阶段会综合考虑各种因素，如用户的观看时长、评分、分享行为等因素，确定哪些视频最有可能吸引用户的注意。
- 混排：为了避免推荐结果过于单一，系统会调整排序，确保推荐列表中包含不同类型的视频，如纪录片、喜剧、动作片等，以丰富用户体验。
- 强规则：根据电商平台的业务规则和营销策略，对推荐结果进行最后的调整。例如系统可能会将某些热门或需要特殊推广的视频置于推荐列表的前列，或者根据用户的地理位置和时间推送适合的直播内容。

值得强调的是，虽然上述几个阶段概述了推荐算法的一般流程，但并非所有推荐算法都会严格遵循这些步骤。比如一个新的用户刚加入平台，还没有足够的行为数据来进行分析。此时，系统可能会采用基于热度的推荐算法，直接向用户推荐当前最受欢迎的内容，跳过了复杂的召回和精排阶段。随着用户在平台上的活动，系统会逐渐收集到更多用户数据，从而能够提供更加个性化的推荐。

4. 评估与优化

模型在上线服务之前需要评估该模型的准确度，一般是将样本数据划分为训练集和测试集，训练集用于训练模型，而测试集用来评估模型的预测误差（一般还会有验证集，用于调优模型的超参数）。常见的评估指标有准确率、召回率、F1 分数等。根据评估结果，调整推荐算法和参数，以提高推荐质量。

5. 系统部署

将推荐系统部署到在线视频平台上，为用户提供个性化推荐服务。一般视频平台的首页、相关视频、猜你想看等模块都是推荐系统的结果。

6. 反馈与更新

模型上线后，系统也仍需要不断地学习和适应用户的喜好，这一过程通过收集用户的反馈和更新推荐算法来实现。用户的反馈包括但不限于点击率、观看时长、视频留存率等直接行为指标，以及通过收藏、评论等提供的更直接的反馈。根据用户的行为和反馈，可以调整推荐算法的权重、更新用户兴趣模型等。假设一个用户看了许多关于旅游和探险的纪录片。推荐系统可能会根据这一行为，推断用户对户外活动感兴趣，并将更多类似的内容推荐给用户。然而，如果用户对某类视频快速跳过，系统就会调整其特征向量，减少这类内容的推荐。

11.2 经典推荐算法

推荐算法是推荐系统的核心，它们决定了系统如何从海量数据中筛选出对用户有价值的内容。本节将介绍深度学习兴起之前的经典推荐算法，包括基于内容的推荐，即通过分析用户自身的行为信息为用户做推荐，以及协同过滤推荐，即利用群体的行为为特定用户做推荐。随着互联网的发展，各类推荐算法层出不穷，研究者们不断对已有的推荐算法进行改进和创新，从而满足不同场景下的需求。

为了帮助读者更好地理解，本节将结合实际例子讲解这些算法，探讨平台如何运用推荐算法与策略实现个性化的内容推荐。通过这种方式，读者可以直观地了解算法在实际应用中的运作方式，以及它们如何影响用户的使用体验。

11.2.1 推荐算法分类

在深入探讨具体算法之前，有必要先对推荐算法进行全面而深入的分类，本小节将从多个维度对推荐算法进行分类，这种分类有助于读者系统地理解各种算法的特点和应用场景，为其提供一个清晰的算法框架，更深入地理解算法的内在机制。

推荐算法可以根据多种标准进行分类。首先，以 2016 年为界限，可根据是否引入深度学习技术将推荐算法分为典型推荐算法和基于深度学习的推荐算法。本小节要介绍的几种算法都属于典型推荐算法，如基于内容的推荐、协同过滤推荐等。典型推荐算法在实际应用中已经取得了良好的效果，但它们在处理复杂数据和挖掘用户潜在兴趣方面存在一定的局限性。而基于深度学习的推荐算法则在典型推荐算法的基础上引入了深度学习技术。这类算法可以处理更加复杂的数据，如图像、视频、文本等，并能够挖掘用户潜在的兴趣特征。算法中常用的神经网络包括循环神经网络（RNN）、图神经网络（GNN）等。这类算法在处理大规模数据集和复杂用户行为时具有显著优势，能够生成更加精准和个性化的推荐结果。

如图 11-4 所示，根据是否能为用户生成个性化推荐，推荐算法可以分为个性化推荐算法和非个性化推荐算法。个性化推荐算法是能够根据用户个体特征和行为历史提供个性化推荐的算法，非个性化推荐算法则是不考虑个体用户属性的算法。非个性化推荐算法生成的结果针对不同用户不具有特异性，即任意用户在同一时刻看到的推荐结果都是一样的。像各类 App 的热搜、热门 TOP 直接根据内容的综合热度指标进行排序推荐，不考虑用户的个体行为属性。相比之下，个性化推荐算法是当前各大软件平台使用的主流方法，也是智能推荐系统获得巨大成功的原因所在，它通过分析用户的历史行为、个人特征及实时行为等多种因素，识别用户的个性化兴趣和偏好，并据此提供个性化的推荐内容。个性化推荐的核心在于理解用户的个性化偏好，并据此推荐可能吸引用户的内容，提高平台的用户留存率和转化率。本节将着重介绍几种个性化推荐算法。

从算法的原理、技术路线出发，根据不同推荐算法设计的思路对其进行划分，一般将个性化推荐算法分为三类：基于内容的推荐算法、基于协同过滤的推荐算法和混合推荐算法。其中，基于内容的推荐算法可以用一句话来概括："用户可能会喜欢与他曾经喜欢过的物品相似的物品。"基于协同过滤的推荐算法则是利用用户和物品的历史反馈数据，挖掘用户和物品本身的关联性，并基于此进行推荐。它具体可以再分为两类：基于统计的协同过滤和基于模型的协同过滤。混合推荐是指将多种推荐技术混合，使它们互相弥补缺点，类似于机器学习中的集成学习方法，通过组合不同的算法，混合推荐算法可以发挥出比众多原始单个算法更好的效果。混合方法可以是简单的推荐结果加权求和，也可以混合物品的特征，或者是更加复杂的多模型级联分阶段混合等。

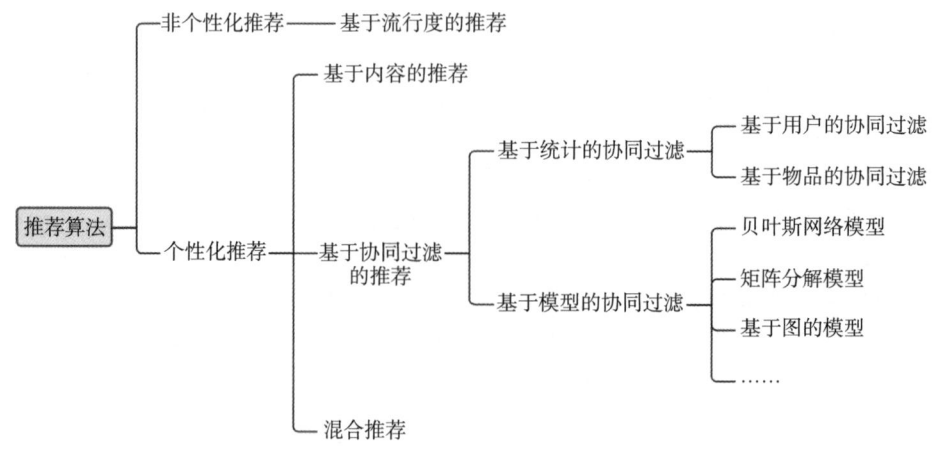

```
                    ┌─ 非个性化推荐 ──── 基于流行度的推荐
                    │
                    │              ┌─ 基于内容的推荐
                    │              │
                    │              │                    ┌─ 基于统计的协同过滤 ┬─ 基于用户的协同过滤
                    │              │                    │                    └─ 基于物品的协同过滤
推荐算法 ─┤          │              │                    │
                    │              │                    │                    ┌─ 贝叶斯网络模型
                    └─ 个性化推荐 ─┼─ 基于协同过滤 ─────┤                    ├─ 矩阵分解模型
                                   │      的推荐        └─ 基于模型的协同过滤┼─ 基于图的模型
                                   │                                         └─ ……
                                   │
                                   └─ 混合推荐
```

图 11-4 推荐算法的分类

11.2.2 基于内容的推荐

基于内容的推荐算法是最早被使用的推荐算法，因其效果良好，至今仍被广泛使用。如前文所述，该算法基于一个基本假设：用户可能会喜欢与他曾经喜欢过的物品相似的物品。换句话说，就是通过评估用户还没看到的物品与该用户过去喜欢物品之间的相似程度，把和用户历史相似度较高的物品推荐给用户。如图 11-5 所示，用户 A 喜欢商品 A，商品 A 具有特征 X、Y，与商品 C 的特征非常类似，基于此，可以将商品 C 推荐给用户 A。假设在某一在线视频平台，李华连续观看了 5 个电影解说类视频，并且每个视频的观看时长都在 80% 以上。此时，若有一条"万字解析《星际穿越》"的视频发布，经分析与李华的历史观看记录重合度很高，那么这条视频就会被推荐给李华。

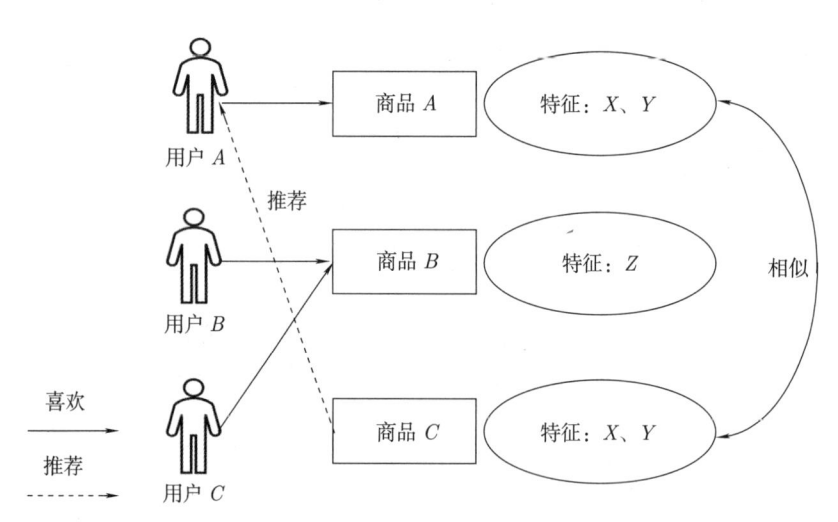

图 11-5 基于内容的推荐

一般来说，基于内容的推荐算法需要经过三个阶段：物品特征表示、用户画像学习、推荐列表生成，如图 11-6 所示。

1. 物品特征表示

在特征表示阶段，需要为每个物品提取一些内在特征来表征此物品。由于物品的类型各异，内容挖掘的方法也各有差异。以在线视频平台为例，每条视频即为一个物品。在实际应用中，视频的特征表示非常复杂，除了标题关键字、标签等内容外，声音、画面等其他模态的数据也会通过多模态特征学习等方式获得特征表示，且不同模态的数据各有多种数据处理方式。

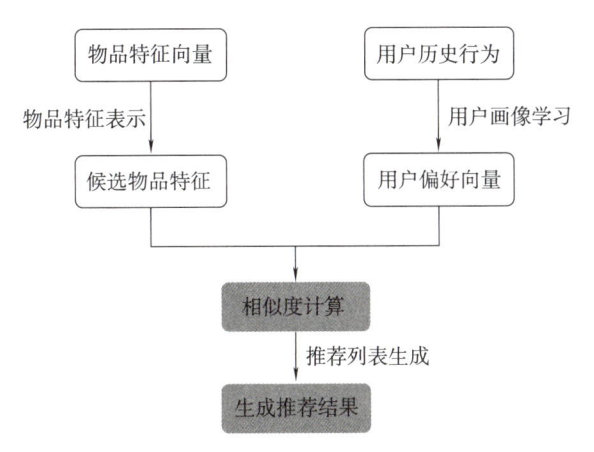

图 11-6　基于内容的推荐算法流程

为了便于理解，假设当前视频库中有 5 条视频，并且视频的标签、视频时长和标题见表 11-1。对于这三个字段的数据，"标签"和"标题"字段是文本数据，可采用本书第 7 章中介绍的方法进行处理。其中，"标签"字段是结构化数据，常用独热（one-hot）编码表示，这是处理离散数据时最简单、最常用的表示方式。此例共有"影视""动漫""搞笑""生活"四种标签，所以使用 4 维向量表示"标签"字段，若存在某一种标签则对应位置为 1。如"影视"表示为 [1, 0, 0, 0]，"动漫，搞笑"则表示为 [0, 1, 1, 0]。对于"视频时长"这种数值型数据，可以进行归一化处理，将其映射到较小的 0~1 范围；或对其分桶，分成若干离散的区间，如"短"（0~3min）、"中"（3~10min）、"长"（10min 以上），将其转化为分类特征。"标题"字段是非结构化数据，可以使用词袋模型、Word2Vec 或 n-gram 模型等方法计算得到对应的特征向量，由于计算复杂，本次示例中暂不考虑"标题"字段。假设本例对"标签"字段采用独热编码，对"视频时长"字段采用分桶并进行独热编码，然后合并"标签"和"视频时长"两个字段的特征向量，最终得到五个视频的特征向量，见表 11-2。

表 11-1　示例视频及其特征

视频	标签	视频时长	标题
A	影视	14min	《绝命毒师》中的镜头艺术
B	动漫，搞笑	5min	水之女神阿库娅
C	搞笑，影视	3min	谁教你这么剪辑的？
D	生活	1min	《大型纪录片之我觉得我是》
E	动漫	4min	使一颗心免于哀伤

表 11-2　编码后的向量

视频	标签	视频时长
A	[1, 0, 0, 0]	[0, 0, 1]
B	[0, 1, 1, 0]	[0, 1, 0]
C	[1, 0, 1, 0]	[0, 1, 0]
D	[0, 0, 0, 1]	[1, 0, 0]
E	[0, 1, 0, 0]	[0, 1, 0]

2. 用户画像学习

有了物品的特征表示，还需要得到用户的特征表示，即用户画像。这一步骤的核心在于通过分析用户过去喜好的物品的特征集合，近似地刻画该用户，可以是为其生成一个特征向量，该向量能够反映用户的个性化兴趣和偏好，用于后续分析，也可以是为其建立一个特征模型，此模型可以直接根据输入的物品特征向量返回用户可能喜欢的 N 个物品，为后续的推荐提供依据。

用户画像学习本质上可以看作一个监督学习问题，可以应用大多数机器学习算法，如决策树、k 近邻（k-Nearest Neigbor, KNN）、朴素贝叶斯分类、线性回归等方法。假设本例采用线性分类算法。

线性分类的核心在于揭示数据内在的线性边界，即在高维空间中找到一个最佳判别平面，它能够尽可能地将不同类别的数据样本分隔开来，确保同类样本紧密相邻，而不同类别的样本则被有效分开，最大化类间的分离度。在基于内容的推荐算法中，这一过程相当于找到一个能够将物品分为用户喜欢与不喜欢两类的分界线。

如图 11-7 所示，假设输入的视频特征为 $\boldsymbol{F}=(f_1,f_2,\cdots,f_n)$，其中，$f_i$ 表示视频的第 i 个特征分量，输出的结果 Y 表示用户是否喜欢看该视频。线性分类模型尝试在特征空间 F 中找到一个判别平面，形式为 $Y=\boldsymbol{W}\cdot\boldsymbol{F}+b$，希望该平面能够尽量将用户喜欢和不喜欢的视频分开。

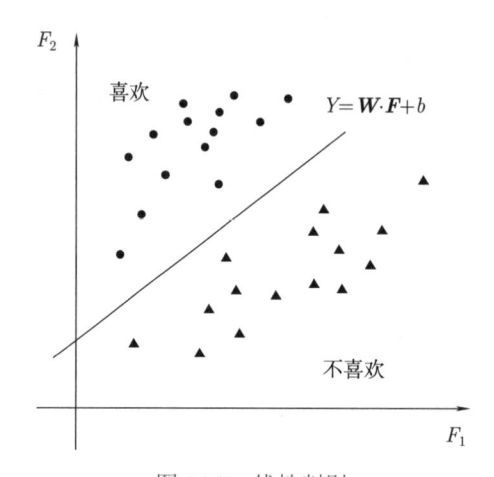

图 11-7 线性判别

假设对于上述视频，李华喜欢视频 A、B、C，而不喜欢视频 D，现在要预测李华是否喜欢视频 E，从而判断是否可以将视频 E 推荐给李华。那么，可以将"标签"和"视频时长"两个字段拼接在一起当作输入的特征向量 $\boldsymbol{X}$，而对应的李华是否喜欢该条视频作为模型的输出 Y（喜欢为 1，不喜欢为 0），可以得到如下四条训练集，其中 T 表示输入 $\boldsymbol{F}$ 为列向量。

$$视频\ A:\boldsymbol{F}=[1,0,0,0,0,0,1]^\mathrm{T},Y=1$$

$$视频\ B:\boldsymbol{F}=[0,1,1,0,0,1,0]^\mathrm{T},Y=1$$

$$视频\ C:\boldsymbol{F}=[1,0,1,0,0,1,0]^\mathrm{T},Y=1$$

$$视频\ D:\boldsymbol{F}=[0,0,0,1,1,0,0]^\mathrm{T},Y=0$$

目标是求解线性方程组 $Y=\boldsymbol{W}\cdot\boldsymbol{F}+b$。其中，$\boldsymbol{W}$ 为视频特征对应的权重；b 为偏置。由于输入 $\boldsymbol{F}$ 是 7×1 维的列向量，所以权重 $\boldsymbol{W}$ 应该为 1×7 维的行向量，每个维度代表着李华对该特征维度的喜好程度。$\boldsymbol{W}$ 和 b 都是模型中的参数，在实际线性分类模型中一般使用梯度下降的方式更新参数直至收敛，也可以使用其他方法。本例为了简便，直接将偏置 b 设为 1，然后使用最小二乘法求解方程组 $Y = \boldsymbol{F} \cdot \boldsymbol{W}$，得到 $\boldsymbol{W} = [0.27, 0.27, 0.18, -0.18, -0.18, 0.18, 0.36, 0.36]$。

因此，建立的李华的用户特征模型 $Y = \boldsymbol{W} \cdot \boldsymbol{F} + b$，即

$$Y = [0.27, 0.27, 0.18, -0.18, -0.18, 0.18, 0.36, 0.36] \cdot [f_1, f_2, f_3, f_4, f_5, f_6, f_7]^\mathrm{T} + 1$$

3. 推荐列表生成

在基于内容的推荐流程中，推荐列表的生成是最后一个关键步骤。在这一阶段，如果已经成功地构建了能够代表用户特征的用户画像，那么接下来就需要对物品的内容特征与用户画像的相关性进行量化分析。由于用户画像本质上是对用户历史交互的物品内容特征向量进行综合的结果，它已经包含了用户与物品之间内在联系的隐含信息。通过计算向量之间的相似度，可以量化用户的内容偏好与数据库中其他物品内容特征之间的相关程度。

在实践中，常用的相似度计算方法包括余弦相似度。假设 $\boldsymbol{F}_u$ 代表某用户的偏好特征向量，$\boldsymbol{F}_i$ 代表某个候选物品的偏好特征向量，k 表示第 k 个特征，余弦相似度的计算公式为

$$\cos(\boldsymbol{F}_u, \boldsymbol{F}_i) = \frac{\boldsymbol{F}_u \cdot \boldsymbol{F}_i}{|\boldsymbol{F}_u|_2 \times |\boldsymbol{F}_i|_2} = \frac{\sum_{k=1}^{K} F_{uk} F_{ik}}{\sqrt{\sum_{k=1}^{K} F_{uk}^2} \sqrt{\sum_{k=1}^{K} F_{ik}^2}} \tag{11-1}$$

余弦相似度的值越接近 1，表示物品越契合用户的偏好；如果值越接近 -1，则表示候选物品越不符合该用户的喜好。在得到所有物品的相似度之后，就可以根据相似度的高低对物品进行排序，生成一个列表，展示出最有可能吸引目标用户兴趣的物品组合。

在另一种情形下，如果直接建立了一个用户特征模型，那么只需将要判断的物品向量作为输入，就可以得到物品的预测结果，从而判断是否将该物品推荐给用户。在本节中的例子中，假设要预测李华是否会喜欢视频 E，视频 E 的特征向量 $\boldsymbol{E} = [0, 1, 0, 0, 0, 1, 0]^\mathrm{T}$，将其作为李华用户模型的输入，可以得到预测值 Y：

$$Y = \boldsymbol{W} \cdot \boldsymbol{E}^\mathrm{T} + b = 0.82$$

由于 Y 的值接近 1，可以得出结论，李华有较大可能会喜欢该视频，于是该视频被推荐给了李华。至此，基于内容的推荐过程，通过一个简单的线性分类模型得以完成。当然，作为案例展示，这里仅提供一个最简单的示意。在实际场景中，物品的特征会包含大量的结构化及非结构化数据，并且需要大量的训练样本才能学习到拟合效果良好的模型。

4. 小结

至此，对于基于内容的推荐过程已经有了基本了解。总体而言，基于内容的推荐算法在目前的生产生活中较为常用，它操作简单，尽管出现较早，但效果仍然不错，尤其适用于推荐系统的初级阶段。即使在平台运行稳定且成熟阶段，基于内容的推荐仍然可以与其他复杂推荐算法并存，并应用于不同场景。

（1）优势

- 用户间独立性。基于内容推荐算法的一个显著优势在于，每个用户特征的构建仅依赖于用户自身对物品（如电影、书籍或音乐等）的喜好，而不依赖于其他用户的行为，即使推荐系统中的用户数量较少，也不会对推荐效果产生显著影响。这与协同过滤算法不同，后者需要借助其他用户的兴趣来预测目标用户的兴趣。

- **易于解释**。在某些特定场景中，推荐系统需要向用户解释推荐某物品的原因。基于内容的推荐算法可以简单地告诉用户，被推荐物品具备某些属性，而这些属性在用户喜欢的物品中经常出现，从而完成对推荐结果的解释。
- **不存在物品的冷启动问题**。冷启动问题是指当新用户或新项目加入系统时，由于缺乏足够的行为数据或历史信息，导致系统难以为其提供准确的个性化推荐。显然，对于基于内容的推荐算法来说，当新物品进入系统后即可立即被推荐给用户，因为只要获取该物品的特征向量，就可以直接计算它与其他物品之间的相似度。相比之下，协同过滤算法需要用户对物品有评价行为后才能进行推荐，因此难以解决物品的冷启动问题。

（2）局限性
- **特征提取难度较大**。如果推荐系统中的物品描述是非结构化的（如书籍、电影和音乐等），尽管现有技术能够提取部分特征用来表征物品，但难以准确且全面地提取物品特征。特征提取的不全面可能引发问题，例如，两个物品的部分特征非常相似，但用户对它们的偏好却可能存在巨大差异。
- **难以挖掘用户潜在兴趣**。基于内容的推荐算法仅依赖于用户个人属性及历史偏好，因此推荐结果与用户历史交互物品具有很高的相似性。例如，如果某位用户过去看过较多的喜剧电影，基于内容的推荐系统可能会只为其推荐喜剧电影，而不探索其是否可能喜欢其他类型的电影。这两个局限性恰好是协同过滤算法的优势所在，因此在实际推荐系统中，通常需要将基于协同过滤与基于内容的推荐算法相结合，以克服这些局限性。
- **存在用户的冷启动问题**。因为基于内容的推荐算法需要依据用户以往的喜好历史进行推荐，当新用户进入系统，没有历史行为和兴趣数据，就无法与推荐对象的内容特征进行匹配。

11.2.3 基于协同过滤的推荐

在上一小节中，已经对基于内容的推荐算法进行了详细的探讨。本小节将介绍学术界研究更为广泛的协同过滤算法。目前，基于协同过滤的推荐是推荐系统中应用最为广泛且效果最为显著的策略之一。该算法于 20 世纪 90 年代问世，对推荐系统的发展产生了深远的影响。

协同过滤（Collaborative Filtering）是一种在推荐系统中广泛应用的技术。该技术通过分析用户或者事物之间的相似性（"协同"），来预测用户可能感兴趣的内容，并将这些内容推荐给用户。这里的相似性可以是人口特征（如性别、年龄、居住地等）的相似性，也可以是历史浏览内容的相似性（如用户均关注过和中餐相关的内容），还可以是个人依据特定机制对某个事物的反馈（比如一些教学网站会让用户对授课人进行评分）。比如，用户 A 和 B 都是居住在北京的年龄在 20~30 岁的女性，并且都关注过化妆品和衣物相关内容。在这种情况下，协同过滤可能判定 A 和 B 的相似程度较高。于是，系统可能会把 A 关注但 B 没有关注的内容推荐给 B，反之亦然。

早期的协同过滤算法普遍采用统计学习思想，以用户或物品为主体，对用户与物品之间的交互记录进行统计，然后利用向量化的方法，将统计得到的每个值（交互）作为向量的一个分量，再使用相应的向量相似度计算方法，计算出用户与用户（或物品与物品）之间的相似度，并以此作为推荐的依据。在这类方法中，由于推荐生成过程会对相似度进行排序，以寻找最相似的实体，因此这类算法也被称为基于邻域的协同过滤算法。根据统计的主体不同，基于相似度的推荐主要分为两种：基于用户的协同过滤和基于物品的协同过滤。

1. 基于用户的协同过滤

基于用户的协同过滤算法的基本假设是:用户倾向于喜欢与他相似的其他用户所喜爱的物品。该算法通过分析用户的历史反馈数据来计算用户间的相似度,进而利用这些相似用户的偏好信息来预测目标用户的潜在兴趣,并据此进行推荐。

如图 11-8 所示,假设用户 A 偏好商品 A 和 C,用户 B 偏好商品 B,用户 C 偏好商品 A、C 和 D。从这些用户的历史偏好数据中,可以观察到,用户 A 和 C 的偏好具有较高的相似性,并且用户 C 还喜欢商品 D。因此,可以推断用户 A 可能也会喜欢商品 D,并据此将商品 D 推荐给用户 A。

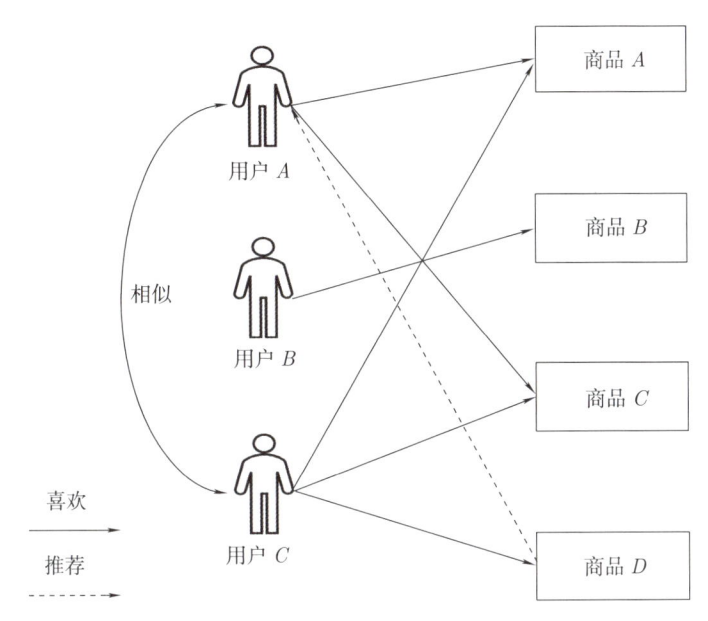

图 11-8 基于用户的协同过滤

基于用户的协同过滤算法通常包括以下四个步骤。

1)收集数据。收集每位用户对各个物品的评价或喜爱程度数据(可以通过用户的浏览、收藏和购买等行为记录来获取)。

2)计算相似度。根据用户对物品的评价数据,计算出所有用户之间的相似度(即通过用户对所有物品的评价数据来描述用户)。

3)筛选相似用户。从所有用户中筛选出与当前用户最相似的 K 个用户。

4)预测与推荐。根据 K 个用户的数据,预测当前用户对物品的兴趣,选出兴趣最高的 N 个物品推荐给用户。

其中,关键步骤是度量用户间的相似性,并通过相似度排序来构建与当前用户相似的用户集合。需要注意的是,在之前基于内容的推荐算法中,也提到了使用向量相似度来进行推荐,但此处的相似度与之不同。在基于内容的推荐算法中,向量是物品自身属性的特征向量,一般需要通过人工特征工程才能得到。而在基于协同过滤的算法中,向量的每个维度是用户与物品的交互记录,这个向量描述的是用户对物品集合的交互痕迹,是对用户的外在描述。在图中,可以简单地把每一条连接用户和物品的箭头理解为向量的表示。

下面以一个图书平台为例,假设有 6 位用户,分别对 6 部图书《三体》《坏小孩》《诛仙》《百年孤独》《流浪地球》和《平凡的世界》表达了偏好,他们越喜欢某部图书,对它的评价就越高,评分从 1 分到 5 分不等。这些偏好可以通过一个矩阵来表示，其中行代表不同的用户，列代表不同的图书，单元格 (x,y) 的值表示用户 x 对图书 y 的评价（或偏好程度）。用户–图书交互矩阵见表 11-3。

表 11-3 用户–图书交互矩阵

用户	《三体》	《坏小孩》	《诛仙》	《百年孤独》	《流浪地球》	《平凡的世界》
张三	4	3			5	
李四	5		4		4	
王五	4		5	3	4	
赵六		3				5
李华		4				4
小明			2	4		5

在构建了用户与图书的交互矩阵之后，下一步是将每一行视为一个用户对所有物品偏好的向量，从而实现用户向量化。通过这种方式，可以计算任意两个用户之间的向量距离。以用户张三为例，将第一行作为张三的特征向量，可以计算出张三与其他所有用户的向量距离。同样，其他用户也可以采用类似的方法进行向量化处理。这里采用简单的向量的余弦相似度计算方法，余弦相似度的计算公式为

$$\text{similarity}_{\cos}(A, B) = \frac{A \cdot B}{\|A\| \times \|B\|} = \frac{\sum\limits_{i=1}^{n} A_i \times B_i}{\sqrt{\sum\limits_{i=1}^{n} (A_i)^2} \times \sqrt{\sum\limits_{i=1}^{n} (B_i)^2}} \tag{11-2}$$

通过计算，可以得到所有用户之间的相似度，见表 11-4。

表 11-4 用户相似度矩阵

用户	张三	李四	王五	赵六	李华	小明
张三	1	0.75	0.63	0.22	0.30	0.00
李四	0.75	1	0.91	0.00	0.00	0.16
王五	0.63	0.91	1	0.00	0.00	0.40
赵六	0.22	0.00	0.00	1	0.97	0.64
李华	0.30	0.00	0.00	0.97	1	0.53
小明	0.00	0.16	0.40	0.64	0.53	1

假设现在需要为用户张三推荐图书，则需要从表中找出与张三相似度最高的 K 名用户。这里设置 $K=2$，可以发现，李四、王五和张三之间的相似度最高。因此，可以根据李四和王五的兴趣列表为张三进行推荐。

最后，需要预测用户李华对未交互的三本图书的评分，采用简单的加权平均方式进行预测。以《诛仙》为例，根据李四和王五的评分情况，两人对《诛仙》分别评了 4 分和 5 分。因此，预测李华对《诛仙》的评分为

$$(0.75 \times 4 + 0.63 \times 5)/(0.53 + 0.63) = 4.5$$

对于《百年孤独》，预测评分为

$$0.63 \times 3/0.63 = 3$$

由于李四和王五对《平凡的世界》没有评分数据，因此不予考虑。最终，系统会优先为用户张三推荐《诛仙》。

以上便是一个简单的基于用户的协同过滤算法流程。该算法能够避开对物品自身属性的特征挖掘，在数据集完善、内容丰富的条件下，能够获得较高的准确率，并且能够对物品的关联性、用户的偏好进行隐式、透明的挖掘。

它也有缺点，除了新用户因为没有交互记录而产生的冷启动问题之外，由于该算法是根据用户群体的相似度进行推荐的，因此难以发掘一些用户小众的独特喜好。同时，随着系统的持续运行，会有更多用户注册，由于系统需要维护用户相似度矩阵，每过一段时间都需要重新计算用户与其他用户之间的相似关系，随着用户数量的增大，用户相似度矩阵的计算复杂度也逐渐提高。并且，由于用户自身对系统计算出的相似用户并不知晓，基于用户的协同过滤方法难以对推荐结果做出直观的解释，而用户如果能够了解系统推荐物品的背后原理，则更加有助于增强用户对平台其他推荐服务的信任。

针对上述问题，在 2001 年，GroupLens 公司的巴德鲁尔·萨瓦尔（Badrul Sarwar）等研究人员发表了一篇论文 *Item-Based Collaborative Filtering Recommendation Algorithms*，提出了协同过滤方法的一种新思路——将基于用户相似度转换为基于物品之间的相似度，即基于物品的协同过滤。

2. 基于物品的协同过滤

基于物品的协同过滤方法的核心思想同样是基于相似度的计算，只不过主体从用户变为物品集合。其基本假设是"用户倾向于喜欢与他之前曾经喜欢的物品相似的物品"。如果大多数用户对某些推荐物品的评分较为接近，那么可以推测当前用户对这些推荐物品的评价也会相似。基于这一推断，系统会将那些相似推荐物品中用户尚未评价的商品推荐给用户。

基于物品的协同过滤推荐同样利用海量的"用户-物品"交互的相似度来计算物品之间的相似度，如图 11-9 所示，用户 A 喜欢商品 A 和商品 C，用户 B 喜欢商品 A、商品 B 和商品 C，用户 C 喜欢商品 A，通过这些用户的喜好可以判定商品 A 和商品 C 相似，即喜欢商品 A 的用户同时也喜欢商品 C，因此给喜欢商品 A 的用户 C 推荐了商品 C。

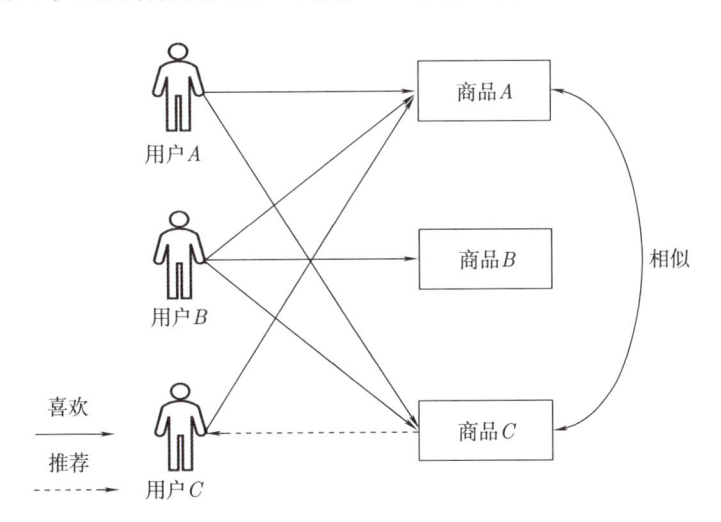

图 11-9　基于物品的协同过滤

值得注意的是，基于物品的协同过滤方法与基于内容的推荐算法假设类似，其基本假设是"用户倾向于喜欢与他之前曾经喜欢的物品相似的物品"。然而两者在实现方式上有所不同。基于物品的协同过滤方法利用物品历史被所有用户反馈的数据来判断物品之间的相似性,这些反馈反映了用户和物品的交互记录,与基于用户的协同过滤方法类似。相比之下,基于内容的推荐算法则是通过建模计算用户曾经有过的反馈的物品集合与所有物品的相似度,需要人工特征工程来提取物品内在属性的特征向量。

基于物品的协同过滤算法通常包括以下四个步骤。

1)与基于用户的算法类似,获得每位用户对各个物品的评价或喜爱程度。

2)依据用户对物品的评价计算出所有物品之间的相似度,即使用所有用户对物品的评价来描述物品。

3)对于当前用户评价高的物品,找出与之相似度最高的 N 个物品。

4)将这相似度最高的 N 个物品推荐给当前用户。

其中关键步骤也是计算物品间的相似性。但与基于用户的协同过滤不同,基于物品的协同过滤需要改变参与计算的向量。给定一个用户-物品交互矩阵,在基于用户的协同过滤中,每位用户通过行向量中的所有交互行为来表示;而在基于物品的协同过滤中,则是通过交互矩阵中的列向量来表示每个物品,因为每一列数据都代表了一个物品被所有用户的交互行为。因此,通过计算两个列向量之间的相似度,可以得到两个物品之间的交互相似度。

同样以表 11-3 所列为例,通过计算每两个向量之间的余弦相似度,可以得到表 11-5 所列的图书之间的交互相似关系矩阵。

表 11-5　图书相似度矩阵

图书	《三体》	《坏小孩》	《诛仙》	《百年孤独》	《流浪地球》	《平凡的世界》
《三体》	1	0.27	0.79	0.32	0.98	0.00
《坏小孩》	0.27	1	0.00	0.00	0.34	0.65
《诛仙》	0.79	0.00	1	0.69	0.71	0.18
《百年孤独》	0.32	0.00	0.69	1	0.32	0.49
《流浪地球》	0.98	0.34	0.71	0.32	1	0.00
《平凡的世界》	0.00	0.65	0.18	0.49	0.00	1

假设现在需要为用户张三推荐图书,首先需要确定张三评价最高的图书,即《流浪地球》。然后,从交互矩阵中找出与《流浪地球》相似度最高的 K 部图书。假设 $K=2$,剔除掉张三已经评价过的《三体》和《坏小孩》后,发现《诛仙》和《百年孤独》与《流浪地球》的相似度较高。因此,可以决定将《诛仙》推荐给张三。

基于物品的协同过滤方法在很大程度上解决了基于用户的协同过滤方法中的可解释性问题,因为可以通过将推荐物品与用户交互过的某物品组合,利用两个物品之间的相似关系来做出推荐解释。此外,该方法计算简单,易于实现实时响应。在某些场景,如电影图书推荐,物品的数量远小于用户数量,且物品的数量和相似度相对稳定,因此物品相似度的计算通常可以采用离线完成、定期更新的方式,从而减少了线上计算,实现实时响应。

然而,基于物品的协同过滤方法也存在一些局限性。它仍然面临冷启动问题,并且需要维护一个物品相似度矩阵,随着物品数量的增加,维护这个矩阵的代价也会增大。此外,在一些物品生存周期短(如新闻、广告)的系统中,由于更新速度非常快,大量的物品可能没有用户的评价,导致用户和物品的关联矩阵非常稀疏,这不利于这些物品的推荐。

基于物品的协同过滤还有一个致命缺陷,即"马太效应"现象,也就是热门物品会变得更热门,冷门物品则变得更冷门。以音乐推荐为例,音乐种类繁多,每种曲风都可能拥有特定的粉丝群体。然而,一些广受欢迎的流行音乐因其风格多样、传唱度极高,几乎所有用户都可能接触过。

在计算物品相似度时，会发现这类受众广泛的音乐与大多数物品的相似度都较高。因此，无论基于谁寻找相似物品，这类音乐都会被频繁推荐。这导致了一种现象：物品越热门被推荐的机会越多，越冷门被推荐的机会越少，形成了一种恶性循环，难以摆脱。

3. 小结

协同过滤算法，无论是基于用户还是基于物品，都各有其独特的优势和局限性。在选择合适的算法时，需要考虑系统的目标用户群体、应用环境等因素。

从适用范围来看，基于用户的协同过滤对于用户基数较小，或用户兴趣比较分散且物品数量较多的系统较为适用，因为这种算法需要维护用户间的相似度矩阵，用户数量较少时，矩阵的计算复杂度相对较低。相反，基于物品的协同过滤适用于物品数量较少，或物品相对稳定、更新频率不高的场景，因为它需要维护物品间的相似度矩阵。

在实时性方面，基于用户的协同过滤算法在用户产生新的交互行为时，若采用传统方式计算用户相似度矩阵，无法立即生成新的矩阵，因此无法对新交互行为做出即时反应。相比之下，基于物品的协同过滤算法则是根据用户的历史交互物品来搜索相似物品，因此一旦用户产生新的交互，就可以立即根据这次交互来搜索相似的物品并推荐给用户。

在可解释性方面，基于用户的协同过滤算法无法向用户解释系统为何推荐某些物品，因为它无法告知用户系统为他找到的相似用户。而基于物品的协同过滤算法则可以通过将推荐物品与用户已交互的某物品组合，利用物品间的相似关系来为推荐提供解释。

11.2.4 混合推荐算法

在推荐算法中，除了近年兴起的深度学习算法及一些传统的单一推荐算法之外，更多的是将多种推荐算法相互融合，扬长避短，从而达到更好的推荐效果。

常见的混合推荐方法包括加权、切换、混合、特征组合和级联型等。这些方法结合了多种推荐算法的优点，以提高推荐系统的性能。

- **加权（Weighted）**：该方法将多种推荐技术的计算结果通过加权的方式进行混合，形成最终的推荐结果。例如，可以对协同过滤和基于内容的推荐结果赋予不同的权重，并根据用户对物品的评价与系统预测的匹配程度不断调整这些权重。
- **切换（Switch）**：根据问题的背景和实际情况，系统可以切换使用不同的推荐技术。例如，在基于内容的推荐技术无法产生高可信度的推荐时，可以尝试使用协同过滤技术。这种方法增加了算法的复杂度和参数化，但能够更敏感地识别各种推荐技术的优点和弱点。
- **混合（Mix）**：将多种不同的推荐算法推荐出的结果进行混合。这种方法的难点在于如何对这些结果进行重排序，以形成最终的推荐列表。
- **特征组合（Feature Combination）**：将来自不同推荐数据源的特征进行组合，然后由另一种推荐技术采用。例如，可以将协同过滤的信息作为增加的特征向量，然后在这些数据集上采用基于内容的推荐技术。这种方法使得系统不再仅依赖于协同过滤的数据源，从而降低了用户对物品评分数量的敏感度。
- **级联型（Cascade）**：使用后一个推荐方法优化前一个推荐方法。这是一种分阶段的过程，首先使用一种推荐技术产生一个候选结果，然后在此基础上使用第二种推荐技术进行进一步的精确推荐。这种方法使得系统避免在低优先级的推荐器中过滤掉某些项。
- **特征递增（Feature Augmentation）**：将前一个推荐方法的输出作为后一个推荐方法的输入。这种方法与级联型的不同之处在于，上一级产生的并不是直接的推荐结果，而是为下一级推荐提供某些特征。例如，可以将基于内容推荐算法输出的物品特征向量作为协同过滤算法计算相似度的输入特征。

- 元层次混合（Meta-level hybrid）：在模型层面上对不同的推荐模型进行深度融合，而不仅是将一个输出结果作为另一个的输入。例如，将基于用户的协同过滤模型和基于物品的协同过滤模型的参数融合起来，构建一个新的模型，在预测用户对物品的评分时，同时考虑用户之间的相似性和物品之间的相似性。这种方法特别适用于处理用户多兴趣下的个性化推荐问题，尤其是当候选推荐物品的内容属性相差很大时。

从更综合的角度来看，可以将其归纳为三种基本的设计思路：整体式、并行式和流水线式。这些方法通过不同的方式结合多种推荐技术，以提高推荐系统的性能和多样性。

- 整体式混合设计。整体式混合设计（见图 11-10）侧重于将多种推荐策略整合到一个单一的算法中。这种方法通过预处理和组合多个知识源，将不同的推荐方法整合在一起，形成一个统一的推荐单元。特征组合和特征递增等策略都属于整体式混合设计的范畴。

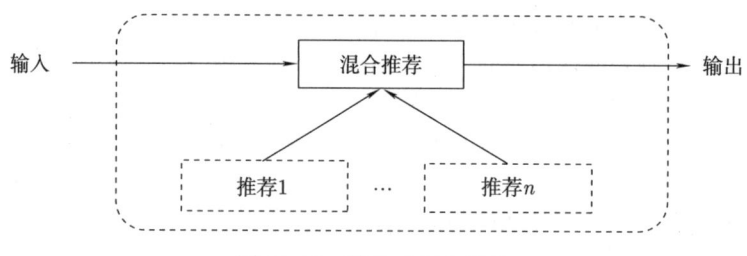

图 11-10　整体式混合设计

- 并行式混合设计。并行式混合设计（见图 11-11）涉及多个推荐系统独立运行，各自产生推荐列表，然后通过一种特殊的混合机制将这些输出结果整合在一起。例如，加权融合、混合和切换策略都是并行式混合设计的实例。此外，其他一些组合策略，如多数投票机制，也可能适用于并行式混合设计。

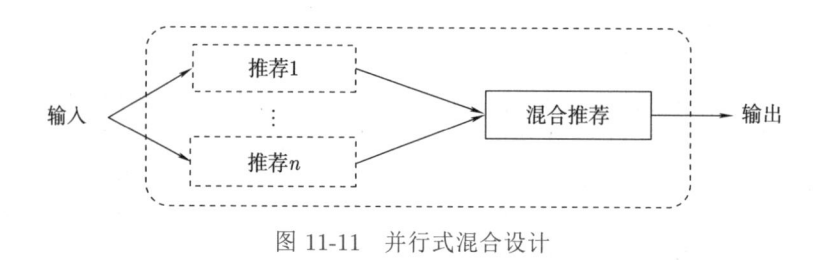

图 11-11　并行式混合设计

- 流水线式混合设计。流水线式混合设计（见图 11-12）通过将多个推荐系统按照流水线架构连接起来，使得前一个推荐系统的输出成为后一个推荐系统的输入部分。这种方法允许系统在推荐过程中逐步精炼，同时也可以选择使用部分原始输入数据。例如，级联型和元层次混合都是流水线式混合设计的实例。

图 11-12　流水线式混合设计

11.3 基于深度学习的推荐算法

近年来，随着互联网信息的爆炸性增长和计算能力的显著提升，深度学习技术在人工智能领域的研究中占据了重要地位。其强大的表征学习和函数拟合能力，使其能够改革传统的推荐算法，并在众多方面带来创新。本节将深入探讨深度学习技术在推荐系统中的应用，并详细介绍相关深度推荐模型的技术特点，以期为读者提供全面的深度学习推荐算法知识体系。研究人员利用深度学习技术提升了传统推荐算法的能力，同时尝试用深度学习的思想设计新的推荐算法。这些算法模型通过各种组合方式，能够更有效地挖掘数据中隐藏的高层次语义信息。基于深度学习的推荐算法因其出色的性能，已经成为推荐和广告领域的主流。

11.3.1 Wide&Deep 模型

2016 年，谷歌推出的 Wide&Deep 模型在业界引起了广泛关注，标志着深度学习在推荐系统领域的应用迈入了一个新阶段。在此之前，深度学习算法在推荐系统中的应用较少，大多数公司主要依赖传统的 CF（协同过滤）进行大规模数据召回，并使用 LR（逻辑回归）进行排序。工程师们将大部分精力投入到了特征工程上，以期提升推荐效果。

谷歌的 Wide&Deep 模型采用了 Embedding 与 MLP 相结合的网络结构。Embedding 技术为深度学习算法带来了强大的离散特征处理能力，而 MLP 则赋予了算法强大的非线性拟合能力。这两种技术的结合使得模型的拟合能力显著超越了仅依赖 0、1 离散特征的 LR 模型。Embedding 与 MLP 的结合成为当前深度学习推荐算法的基础结构。

Wide&Deep 模型强调了推荐系统应具备的记忆能力（Memorization）和泛化能力（Generalization）两个关键特征。记忆能力指的是模型从历史数据中学习，并直接利用物品或强特征的共现频率来生成推荐的能力，协同过滤和逻辑回归就是具有这种记忆能力的典型算法。这一能力可以通过枚举交叉特征并使用逻辑回归模型学习这些特征的关联系数来实现。例如，在历史数据中，用户可能经常点击"早餐面包"相关的广告，又点击"牛奶"相关的广告，那么 <用户, 早餐面包, 牛奶> 就是一个有效的交叉特征。在推荐过程中用户购买"早餐面包"后，模型会继续把"牛奶"推荐给用户。

泛化能力是指模型挖掘特征之间的相关性，尤其是发现稀疏甚至从未出现过的特征与最终标签的相关性，即模型能够通过已有的模式推导出数据集中未出现过的或不常出现的特征关联模式。这一能力可以通过特征隐向量嵌入和神经网络学习的方法实现。例如，如果用户喜欢周杰伦的音乐，那么他/她很可能是 85 后或 90 后，并可能也会喜欢五月天的音乐。

记忆性和泛化性对于推荐系统来说都是至关重要的。如果模型只具备记忆性，推荐系统可能会陷入严重的马太效应，导致推荐结果的多样性差，系统也容易很快陷入僵局。另一方面，如果模型只具备泛化性，由于一些长尾特征的隐向量表示不能被精准学习，这些隐向量的存在可能导致模型给出非零的预测值，进而导致推荐结果中包含许多与用户兴趣不相关的条目。Wide&Deep 模型通过联合训练线性模型和神经网络模型的方式，平衡了记忆性和泛化性，并在谷歌公司的手机应用商城推荐系统中的精排阶段得到了应用。

如图 11-13 所示，右侧的 Deep 部分的主要作用是让模型具有"泛化能力"，利用神经网络强大的表达能力，进行深层的特征交叉，挖掘藏在特征背后的数据模式。Deep 部分的输出是一些稀疏的高维类别型特征，比如，在谷歌公司的手机应用商城推荐系统中对应已安装应用、曝光应用等特征。这种稀疏类别特征会先转换成低维稠密的实数向量，通常被称为特征隐向量。这些低维稠密向量馈送到前向传递中的 DNN 模块的隐藏层中，最终输入 LogLoss 输出层。

Wide 部分是一个广义的线性模型，作用主要是让模型具有较强的"记忆能力"。其输入为原始特征和交叉特征，比如用户年龄、已安装应用数量、设备类型、已安装应用、曝光应用等。假

设对组合"已安装应用"和"曝光应用"两个特征进行交叉基变换，其函数为

$$\phi_k(\boldsymbol{x}) = \prod_{i=1}^{d} x_i^{c_{ki}}, \quad c_{ki} \in \{0, 1\} \tag{11-3}$$

式中，c_{ki} 是一个布尔变量，当第 i 个特征属于第 k 个组合特征时，c_{ki} 的值为 1，否则为 0；x_i 是第 i 个特征的值。例如，对于"AND（已安装应用 =netflix，曝光应用 =pandora）"这个组合特征来说，只有当"已安装应用 =netflix"和"曝光应用 =pandora"这两个特征同时为 1 时，其对应的交叉积变换层的结果才为 1，否则为 0。

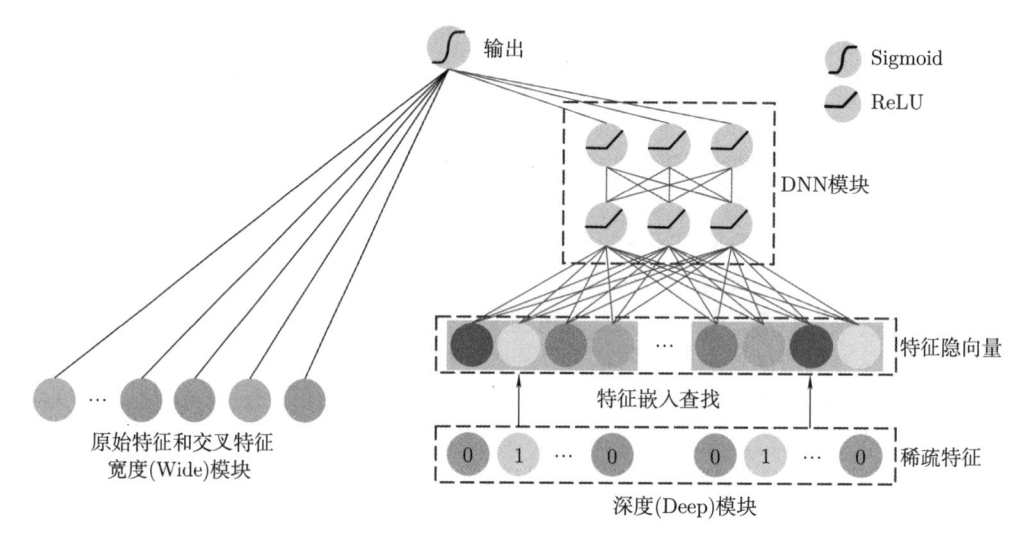

图 11-13 Wide&Deep 模型结构

在通过交叉积变换层操作完成特征组合之后，Wide 部分将组合特征输入最终的 LogLoss 层，与 Deep 部分的输出一同参与最后的目标拟合。最终的预测概率公式为

$$P(\hat{r}_{ui} = 1 \mid \boldsymbol{x}) = \sigma\left(\boldsymbol{W}_{\text{wide}}^{\text{T}} \{\boldsymbol{x}, \phi(\boldsymbol{x})\} + \boldsymbol{W}_{\text{deep}}^{\text{T}} \boldsymbol{a}^{(l_f)} + \text{bias}\right) \tag{11-4}$$

式中，$\boldsymbol{a}^{(l_f)}$ 表示深度模块的最后一层的激活值；σ 是 Sigmoid 激活函数，宽度模块和深度模块的输入拼接在一起进行联合学习。

Wide&Deep 模型巧妙地结合了 Wide 模型和 Deep 模型的优势，实现了对记忆性和泛化性的有效平衡。该模型通过并行地训练一个 Wide 模型和一个 Deep 模型，能够在保持模型记忆性的同时，增强其泛化能力。这一结构设计使得 Wide&Deep 模型能够同时捕捉历史数据的分布特征并发现数据中潜在的模式，从而在推荐系统中实现更精准的个性化推荐。

11.3.2 DeepFM 模型

Wide&Deep 模型充分融合了 Wide 模型记忆性强和 Deep 模型泛化性强的优势，取得了优异的效果。然而，在 Wide&Deep 模型中，Wide 模型仍受特征工程的困扰：其输入仍需要专家设计的特征交叉信息。这会耗费大量的时间和精力。实际上，用户单击行为背后的特征之间的各种交互非常复杂。Wide&Deep 使用联合建模策略：利用 Wide 模型对用户点击行为背后的低阶特征进行建模，利用 Deep 模型对背后的高阶特征进行建模。显然存在这样一个结论：同时考虑低阶交叉特征和高阶交叉特征能够提升模型的性能。

在 Wide&Deep 模型的深度模块中，深度神经网络（DNN）可以自动学习特征之间的高阶交互关系，但无法保证学习到良好的低阶特征交互。而宽度模块可以通过人工提取交叉特征的方式引入部分低阶特征交互关系，不过难以通过人工枚举的形式罗列所有有效的特征组合。经典的因子分解机（Factorization Machine，FM）模型，旨在显式地建模特征之间的二阶交互关系，能自动捕捉所有的二阶特征交互关系。现有模型存在一些不足，要么过于偏向学习高阶特征交互，要么过于偏向学习线性特征，或者依赖人工经验来提取低阶特征交互。

针对以上问题，郭慧丰等人提出了 DeepFM 模型，将因子分解机（FM）和多层感知机（MLP）融合到一个模型中，使得新的模型能同时拥有良好的建模低阶特征交互（来自 FM 模块）和高阶特征交互（来自 DNN 模块，即 MLP 构建的深度神经网络模块）的能力。DeepFM 模型的结构如图 11-14 所示。与 Wide&Deep 模型类似，DeepFM 的最终输出值是两个模块的组合：$\hat{y} = \sigma(\hat{y}_{FM} + \hat{y}_{DNN})$。其中，$\sigma$ 是 Sigmoid 激活函数，它将最终的预测值映射到 (0,1) 区间；$\hat{y}_{FM}$ 和 $\hat{y}_{DNN}$ 分别是 FM 模块和 DNN 模块的输出。

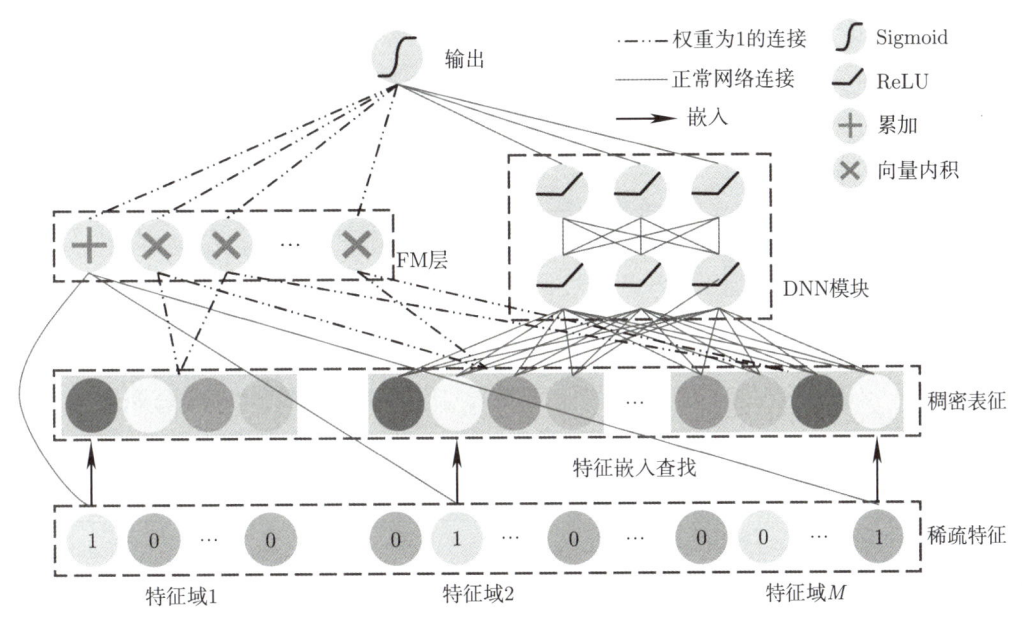

图 11-14 DeepFM 模型结构

有趣的是，郭慧丰等人通过实验证明，DeepFM 中让 FM 模块和 DNN 模块共享特征隐向量，会比让它们采用两套特征隐向量的设计更加有效。具体来说，推荐系统中的高维稀疏离散特征会经过 Embedding-Lookup 操作（即从嵌入向量表中查找并获取对应特征的低维向量表示）得到对应的隐向量表示，该隐向量既会送入 FM 模块计算二阶特征交互，也会按特征域顺序拼接起来，送入 DNN 模块，学习高阶特征交互。两个模块是端到端一起训练的，因此，DeepFM 不需要像 FNN 模型（因子分解机支持的神经网络模型）一样用预训练的 FM 向量作为 DNN 输入向量的初始化。这表明，共享特征隐向量，使其兼顾低阶交互信息和高阶交互信息是有益的。

11.3.3 神经协同过滤模型

推荐系统通常涉及用户偏好和物品特征之间的交互。例如，矩阵分解技术可以将评分矩阵分解为低维的隐式用户空间和物品空间。基于内容的推荐系统则是通过分析用户画像和物品特征的相似度来生成推荐列表。因此，建立一个能够同时模拟用户和物品交互的对偶网络成为一个自然的选择。

神经协同过滤（Neural Collaborative Filtering，NCF）正是这样一个模型，它旨在捕捉用户和物品之间的非线性关系。NCF 模型通过学习用户和物品之间复杂的交互模式，挖掘其中的潜在特征，从而更准确地预测用户对物品的偏好，进而提高推荐系统的性能和个性化程度。

NCF 模型融合了传统矩阵分解技术与现代神经网络，旨在同时捕捉用户与物品之间的线性关系和非线性关系。如图 11-15 所示，将交互矩阵中的用户和物品 ID 分别进行 One-hot 编码，以此来初始化用户和物品的表征向量。这些向量一部分输入到 GMF 模型（广义矩阵分解模型，它通过对用户和物品的隐向量进行点积操作来捕捉线性关系）和一部分输入到 MLP 中。在 MLP 的每一层，模型都能够对用户与物品交互的特征进行深度挖掘和组合，发现潜在结构。GMF 模型隐向量和 MLP 得到的隐向量按一定方式进行拼接，然后通过最后一个隐藏层得到用户和物品的最终预测结果，该结果用于衡量用户对物品的喜好程序。

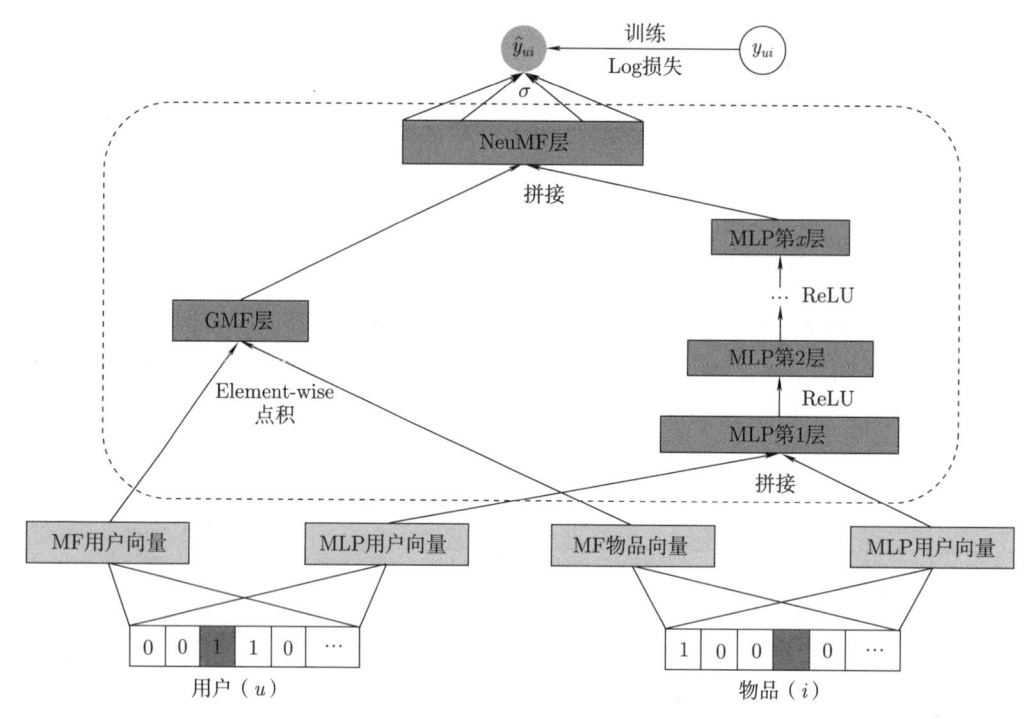

图 11-15　NCF 模型结构

此外，有研究将 NCF 模型拓展到交叉域的社交推荐领域，例如，将信息域的物品推荐给社交网络中的潜在用户。这种神经社交协同等级推荐系统利用神经网络模型来处理社交网络中的用户和物品信息，旨在提高推荐的精确度。另一个拓展是 CCCFNet（Cross-domain Content-boosted Collaborative Filtering Neural Network，跨内容增强协同过滤神经网络）。该模型在基本对偶网络结构的基础上，通过内积的方式对用户与物品的交互进行建模。并且，进一步将每个网络分解为协同过滤因子和内容信息两部分，以此嵌入内容信息，从而提高推荐效果。

基于此模型，多视角神经框架建立在这个基本模型之上，用于进行交叉域推荐任务。

11.3.4　小结

在推荐系统的研究与实践中，基于深度学习的方法已成为近年来最活跃且成效显著的领域之一。深度学习技术凭借其在特征表示、非线性建模及处理大规模数据方面的优势，已经在推荐系统中取得了显著的成果。尽管基于深度学习的推荐算法种类繁多，本小节由于篇幅限制未能对其进行详细介绍。

当前，已有多种其他技术被引入推荐算法领域，如注意力机制、图神经网络、强化学习、知识图谱等，它们在多个场景中已展现出有效性。展望未来，深度学习推荐算法将继续演进，并融合更多先进技术。

总之，基于深度学习的推荐模型的优势主要体现在以下两点。

- 具有强大的特征提取能力，能够处理图像、视频等结构化数据及文本等非结构化数据，并自动获取更为复杂的特征，生成更为精准的用户和物品的表征向量。
- 能够通过复杂的网络结构捕获用户和物品表征向量之间的非线性关系和深层次交互信息，实现更为优质的推荐效果。

11.4 电商与社交网络应用

在电子商务蓬勃发展的背景下，淘宝作为我国领先的在线零售平台，其影响力和业务规模的增长尤为显著。截至 2024 年年底，我国电子商务市场持续高速扩张，网络购物用户规模已突破 9 亿，较九年前的 4.67 亿实现了近翻倍增长。2024 年"双 11"期间，各电商平台成交总额达 14,418 亿元，同比增长 26.6%。其中，淘宝天猫 589 个品牌成交额破亿，88VIP 会员数突破 4600 万。同时，电商行业直接和间接创造的就业机会持续增加，已激发超过 5000 万岗位。AI 相关产品收入也连续五个季度实现三位数同比增长。

淘宝的发展历程充满挑战与机遇。它从一个小型的创业项目起步，初期经历了诸多起伏和争议，通过建立战略性合作伙伴关系并创新商业模式，逐渐确立了其在电子商务领域的领导地位。随着智能手机的普及，淘宝凭借其庞大的用户基础和先进的数据分析技术，开发了一套高效的智能推荐系统，以满足用户的个性化需求。

当用户打开淘宝 App 并浏览首页时，系统会根据用户的浏览习惯和偏好，智能推送用户可能感兴趣的商品。此外，"逛逛"模块也会不断给用户推荐可能感兴趣的商品和内容，如图 11-16 所示。这一模块的设计巧妙地融合了人口统计学原理，通过精心策划商品专题，实时更新内容，吸引用户的注意力。每个专题都采用了生动的文案和吸引人的图片，旨在激发用户的购买欲望，提高用户参与度和转化率。这种个性化的推荐策略不仅提升了用户体验，也显著增强了淘宝的市场竞争力。

相比于其他推荐产品，淘宝推荐系统具有以下几个核心特点。

- 深入挖掘购物决策周期。淘宝的推荐算法专注于深度分析用户的购物行为，涵盖从需求识别到最终购买的整个决策过程。用户在做出购物决策时，往往需要经过一个较长的周期，包括需求发现、信息搜集、商品比较及最终的购买决策。淘宝的推荐系统能够根据用户所处的购物阶段，提供精准的推荐，以促进用户的购买行为。
- 强调推荐内容的时效性。淘宝认识到用户需求的瞬时性和短暂性。例如，用户可能每隔几年才会购买一次手机，但其决策过程可能仅在几小时到几天内完成。因此，淘宝的推荐系统必须能够迅速捕捉并响应用户兴趣的微小变化，实时更新推荐列表，以满足用户快速变化的购物需求。
- 精准定位复杂用户群体。淘宝的推荐系统能够识别并适应不同用户群体的特点。无论是未登录用户、新用户还是活跃度较低的用户，系统都能制定相应的推荐策略，以提高用户的参与度和满意度。
- 全面覆盖多样化购物场景。淘宝推荐系统覆盖了上百个不同的购物场景，通过技术迁移和自动化超参学习，实现对不同场景的优化。
- 平衡多目标和多品类推荐。在追求点击率、用户停留时间、成交量等多重目标的同时，淘宝的推荐系统还需在不同品类的商品之间找到平衡点。这种平衡不仅有助于提升用户体验，还能促进平台商品的多样性和丰富性。

图 11-16 淘宝"逛逛"模块

淘宝推荐系统的整体技术框架如图 11-17 所示。

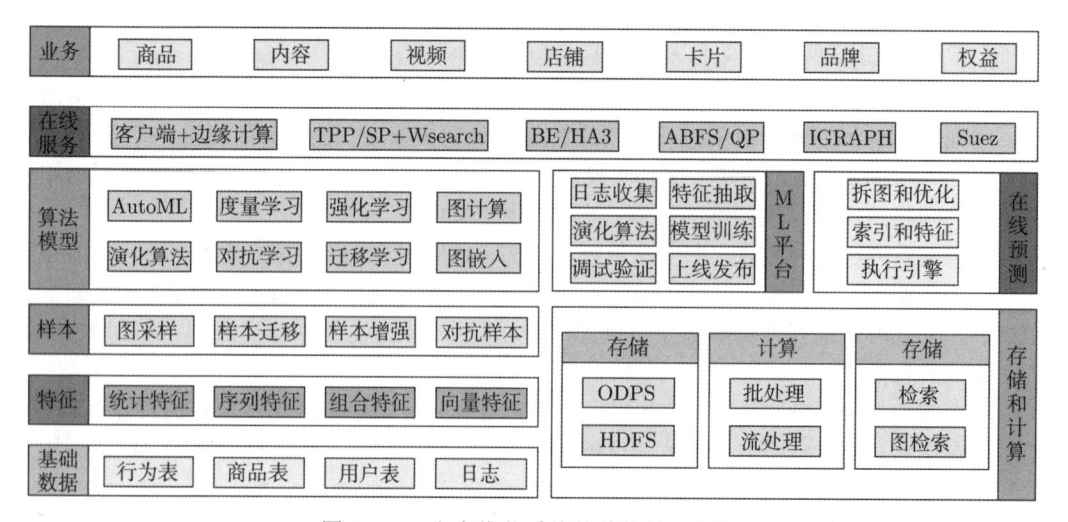

图 11-17 淘宝推荐系统的整体技术框架

下面主要围绕数据、基础设施及算法模型进行介绍。

1. 数据——基础数据

淘宝推荐系统的基础数据涵盖多种类型的数据（见图 11-18），主要包括：

- 描述型数据：这类数据描述了用户的基本信息和偏好，是构建个性化推荐模型的基石。
- 关系数据：以二部图和稀疏矩阵等形式呈现，这些数据揭示了用户与商品之间的交互关系。
- 序列数据：详细记录了用户在平台上的行为轨迹，如浏览、搜索和购买历史，这些数据对于深入理解用户需求和预测其未来行为至关重要。
- 图数据：近年来，图数据在推荐系统中的作用日益凸显。图模型能够有效处理复杂的用户行为，如观看视频、搜索关键词等行为，这些行为在传统的序列模型中难以有效处理，通过 Graph Embedding 等技术可以将异构图数据进行对齐或实现特征融合。

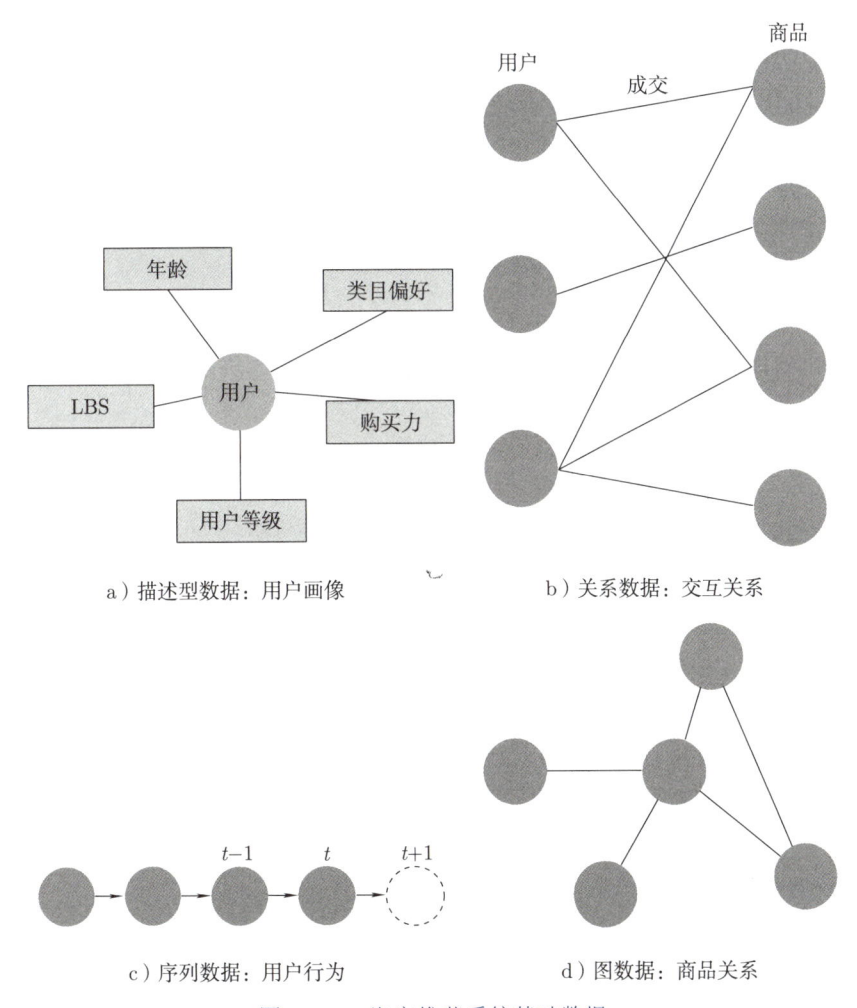

a）描述型数据：用户画像

b）关系数据：交互关系

c）序列数据：用户行为

d）图数据：商品关系

图 11-18　淘宝推荐系统基础数据

2. 数据——样本

在淘宝推荐系统的构建中，数据样本的构建和处理是至关重要的。数据样本由标签（Label）和特征（Feature）组成。在淘宝推荐系统中，标签包括曝光、点击、成交及加购等多种类别。特征则更为丰富，涵盖了用户个人特征、用户上下文特征、商品特征及用户与商品的组合特征等。通过将用户特征和行为日志进行联合，形成样本表。这些样本表通常以稀疏矩阵的形式存储，并且按照时间片段，如天或小时，进行组织。样本的生成是一个资源密集型的过程，需要投入大量的离线计算资源。

3. 离线计算——计算模式

在离线计算领域，主要存在三种计算模式：批处理、流处理和交互式查询。批处理，如 MapReduce，以其高并行能力和高延迟特性而著称，适用于大规模数据的离线处理任务，例如按小时或天进行特征计算、处理样本和生成离线报表等。流处理则以低延迟为核心优势，非常适合实时事件处理场景，如用户实时点击行为的捕捉、实时偏好预测、在线学习中的实时样本处理，以及实时报表的生成等。交互式查询主要用于数据可视化和报表分析。

4. 离线计算——模型训练

模型训练主要包括全量学习、增量学习和在线学习三种模式。全量学习指的是模型从零开始训练，适用于日志规模较小、模型简单且更新频率不高的情况。然而，当面对大规模日志数据和复杂模型时，全量学习会消耗巨大的计算资源，训练过程可能需要数天时间，性价比不理想。在这种情况下，增量学习成为一个更优的选择。它基于历史模型参数，使用最新的日志数据进行增量训练，从而实现模型更新，大大降低了计算资源的消耗，并提高了模型更新的频率。在线学习则适用于对模型时效性要求极高的场景。它依赖于流式计算框架实时生成样本，并以秒或分钟为单位更新模型，以确保模型的实时性和准确性。

5. 离线计算——训练效率

面对有限的机器资源，提升模型训练效率的关键在于如何利用更少的计算资源和数据，快速训练出性能更优的模型。以下是几种有效的加速训练策略。

- **热启动**：在模型升级或优化过程中，如新增特征或调整网络结构时，部分参数需要重新训练。热启动允许模型利用已有的参数作为初始值，通过少量样本进行训练，从而快速收敛到更优解。这种方式能够大大减少训练时间和资源消耗。
- **迁移学习**：针对某些场景下数据量不足，无法支持大规模模型训练的问题，可以利用数据量较大的其他相关场景进行迁移学习，将已训练好的模型的知识迁移到新的场景中，以实现快速训练。
- **蒸馏学习**：在级联模型训练中，如精细化排序模型，蒸馏学习通过提取高级特征，提升初级模型的精度。此外，蒸馏学习也是优化模型性能的一种有效手段。
- **低精度、量化和剪枝**：随着模型复杂度的不断增加，模型的存储需求和预测成本也随之大幅上升。通过采用低精度计算、模型量化和剪枝等技术，可以有效降低模型的存储需求并提高预测速度。这些技术在对模型大小有严格要求的端侧设备上尤为重要。

6. 离线计算——端到端闭环

由于淘宝推荐系统的日志量巨大，且特征来源广泛多样，任何离线和在线的微小变化都可能导致样本错误，或特征与模型之间出现不一致的问题，进而影响迭代效率，甚至引发生产故障。为了解决这些问题，淘宝开发了一个端到端的开发框架。该框架对日志、特征和样本进行抽象处理，降低了人工开发成本和出错率。框架中还内嵌了功能强大的调试工具和数据可视化功能，进一步提升了问题排查的效率。

目前，淘宝的搜索推荐系统已经成功构建起一个从原始日志收集、特征提取、模型训练与验证、模型发布，到线上部署及实时日志收集的完整闭环，显著提升了模型迭代的整体效率，如

图 11-19 所示。这种闭环系统不仅确保了模型的稳定性和可靠性，也为持续优化和快速迭代提供了有力支持。

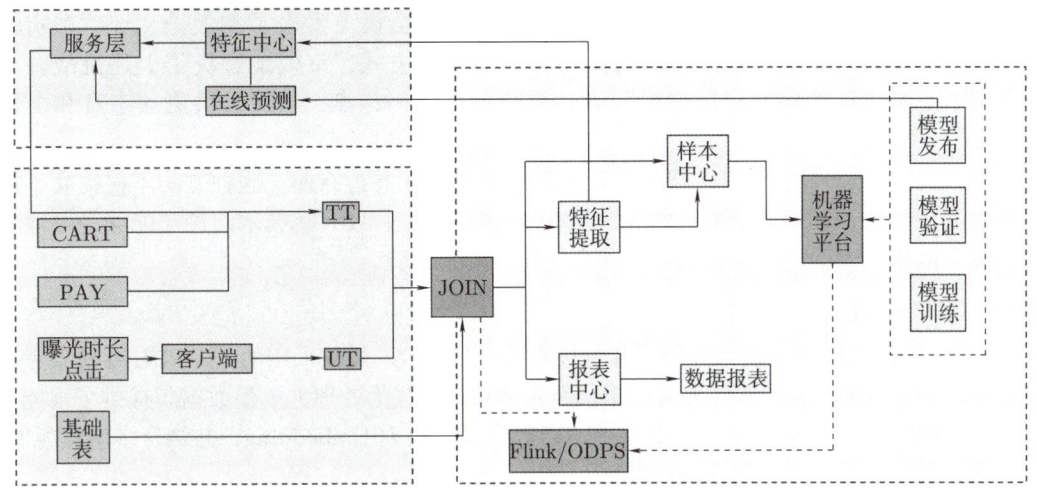

图 11-19　离线端到端框架

7. 云和端

随着 5G 和物联网（IoT）技术的飞速发展，数据量呈现爆炸式增长。在此背景下，传统的集中式云存储和计算模式是否仍然适用，以及端侧计算的潜力和优势，成为业界关注的焦点。

端侧计算相较于云端计算，具有几个显著的优势。第一，端侧计算的延迟更低，能够提供更快速的响应。第二，端侧计算在隐私保护方面具有天然的优势，因为数据无须传输到云端，从而降低了数据泄露的风险。随着全球对个人隐私保护法规日益严格，端侧计算在个性化推荐等领域的应用潜力越发凸显。

8. 云和端协同计算

在云和端协同计算领域，阿里巴巴通过实践验证了该模式在提高推荐系统时效性和保护用户隐私方面的创新性。这种协同计算模式包括两个关键步骤：首先，在手机端上收集和分析用户行为数据，如滑屏速度、曝光窗口时长和交互时长，进而建立用户行为模式感知模型；其次，在端上进行决策，预测用户可能离开应用程序的时间，并在用户离开前调整策略，以增加用户的浏览深度。

此外，淘宝还在手机端开发了一个小型推荐系统，用于解决云上推荐系统的时效性问题。传统的云上推荐系统一次性提供多个结果，而手机端一次只能浏览有限数量的结果。通过在手机端进行推理并实时更新推荐结果，淘宝能够显著提高个性化推荐的时效性，避免因长时间等待云端响应而造成推荐结果滞后的情况。

在云和端的协同训练方面，阿里巴巴采用了一种更注重隐私保护的方法。大部分训练任务在用户端完成，以减少将用户原始数据上传到云端的需求。云端主要负责处理不可解释的用户向量，从而在保护用户隐私的同时，提升推荐系统的性能和准确性。这种协同计算模式不仅提高了推荐系统的效率，还增强了用户对隐私保护的信心，为电子商务平台的发展开辟了新方向。

9. 召回技术——动态实时多兴趣表达

在早期的推荐系统中，协同过滤技术，如 Item2Vec 和标签召回等方法，因其简单性和良好的时效性而被广泛应用。Item2Vec 作为一种召回技术，通过将商品转换为向量形式，简化了推荐过程，在一段时间内推动了推荐技术的发展。然而，随着时间的推移，Item2Vec 的局限性逐渐显现：它难以推荐曝光较少的商品，倾向于推荐热门商品，且缺乏对用户全局行为的深入理解。

为了解决这些问题，研究者们开始探索基于用户行为序列的召回模型。但这种方法面临的挑战是，用户的兴趣往往是多样化的，单一向量很难全面捕捉用户的所有兴趣点。阿里巴巴在这一领域取得了重要突破，并在 2019 年的 CIKM 会议上发表了相关论文。动态实时多兴趣表达（MIND）技术通过在线多向量化并行召回的方式，有效地解决了上述挑战。与传统方法相比，MIND 能够动态地捕捉和表达用户的多个兴趣点，从而提供更加丰富和个性化的推荐结果。

目前，淘宝已经采用 MIND 技术实现了在线多向量化并行召回。这种方法不仅提高了推荐的准确性和多样性，还增强了系统的实时性和动态性。通过 MIND 技术，淘宝能够更好地理解用户的复杂需求，为用户提供更加精准和个性化的购物体验。

10. CTR 模型

淘宝推荐系统的 CTR 模型经历了几个关键的发展阶段。最初采用的是 FTRL+LR 模型，其优势在于模型结构简单，能够处理高达千亿级别的特征，这为处理大规模数据集提供了可能。随后，XNN 模型出现，它通过将 LR 模型中的离散特征转换为 Embedding，并结合多层神经网络，显著提升了模型的学习能力和预测精度。

进一步地，Self-attention CTR 模型被引入，该模型基于图结构和用户行为序列，实现了更深层次的用户兴趣捕捉和个性化推荐。这种模型通过注意力机制，能够更好地理解用户行为的序列性和动态性，从而提供更为精准的推荐结果。

11. 推荐序列优化——生成式推荐

传统的推荐系统通常基于打分机制，运用贪心算法进行排序和打散，进而生成推荐列表。然而，这种方法忽略了推荐结果之间的相互依赖性，导致生成的推荐序列可能并非最优。淘宝推荐系统采用生成式排序模型，将推荐过程视为对整个集合的优化，而非单一序列的优化，从而更全面地考虑了用户的整体体验和满意度。

12. 多目标均衡优化

在推荐系统中，多目标优化是一个常见且颇具复杂性的挑战。例如，在商品推荐中，需要同时考虑浏览深度、点击率和成交率等多个指标。由于这些指标的量纲和优化方向可能不一致，很难找到一个全局唯一的最优解。为了解决这一问题，淘宝推荐系统采用了基于帕累托优化的多目标排序模型，通过合理地权衡和取舍不同目标，实现多目标的均衡优化。

11.5 小结

推荐系统在现代信息时代扮演着至关重要的角色，其核心在于理解用户的需求和行为，并据此提供相关商品或内容的推荐。随着技术的发展，推荐系统在电商和社交网络等领域得到了广泛应用，并不断优化升级，以提供更精准和个性化的推荐。

在推荐系统的发展过程中，我们见证了多种算法的演进，从经典的协同过滤和基于内容的推荐，到基于深度学习的推荐算法，如 Wide&Deep 模型、神经协同过滤（NCF）等。这些算法在处理复杂数据和挖掘用户潜在兴趣方面具有显著优势。

电商与社交网络应用中的推荐系统实践表明，推荐系统不仅提升了用户体验，还帮助电商平台在激烈的市场竞争中保持竞争优势。通过处理和分析海量用户行为数据，推荐系统能够为用户提供个性化的商品或内容推荐，从而满足用户的即时需求。

推荐系统的演进是一个动态过程，它随技术革新而不断发展。深度学习等先进技术的应用，使得推荐系统能够更深入地理解用户偏好，提供更为精准的推荐。但同时，这也带来了新的挑战，如算法的复杂性、数据隐私保护及模型的可解释性等。未来的推荐系统将更加重视用户隐私保护，确保在不侵犯用户隐私的前提下提供个性化服务。同时，算法的透明度和可解释性也将是推荐系统发展的关键，这有助于建立用户对推荐结果的信任。此外，推荐结果的多样性也是推荐系统需要考虑的重要因素，以避免信息茧房效应，确保用户能够接触到广泛多元的信息。

综上所述，推荐系统作为信息过滤和个性化服务的重要工具，发展前景广阔，但也面临着技术、伦理和社会责任等方面的挑战。随着技术的不断进步和用户需求的日益多样化，推荐系统将继续演化，以更好地服务于用户和平台。

第 12 章
智能计算机图形学

智能计算机图形学是推动传统计算机图形学向智能化和自动化方向发展的一门新兴学科。它探讨在人工智能时代三维图形处理的新表达范式和理论模型，融合大数据、并行计算及人工智能技术的最新成果，旨在提高计算机图形学算法及系统的易用性和效率。

智能计算机图形学在现代科技与工业领域扮演着至关重要的角色。借助智能算法，计算机图形学可以更快速地生成逼真的视觉效果，精确分析和理解图像内容，推动了影视娱乐、工业设计、医疗诊断等众多行业的创新发展，提升了整个社会的生产力和生活质量。例如，目前热门的 3D AIGC（3D Artificial Intelligence Generated Content）就是结合了人工智能、计算机图形学等领域的先进技术，可自动生成、优化和管理三维模型、动画、场景和其他三维可视化内容，显著提升了三维内容生成的效率和灵活性，在未来有望广泛应用于各类数字创意产业。本章将简要介绍智能计算机图形学的发展历程、三维模型表示、三维模型表征学习、智能三维建模、智能三维渲染，以及航空装备三维测量应用。

12.1 智能计算机图形学的发展历程

大热游戏《黑神话：悟空》以其震撼人心的视觉效果和细腻入微的场景设计，不仅展现了中华文化的深厚底蕴，还成为计算机图形学技术应用的典范。游戏中复杂的场景设计、流畅的角色动作及细腻的光影效果，背后都离不开强大的计算机图形学技术支持。计算机图形学正是让虚拟世界得以栩栩如生展现的关键学科，通过几何建模、光线追踪、纹理映射等技术，实现了从视觉到物理模拟的多维度真实感营造。这些技术不仅提升了玩家的沉浸感，还展示了计算机图形学在游戏、影视、虚拟现实等领域的无限潜力。

虽然游戏开发是计算机图形学的一个重要应用领域，但计算机图形学的应用远不止于此。事实上，计算机图形学在人类生活中扮演着至关重要的角色，几乎无处不在。它为我们提供了丰富的视觉体验，从电影院里的惊艳特效、虚拟现实中的沉浸式体验，到日常应用中的精美用户界面、精准地图导航。游戏世界中的逼真图像、医学影像中的三维重建、工业设计中的精确建模，都是计算机图形学技术的成果。因此，无论是在娱乐、教育、医疗，还是工业领域，计算机图形学不仅提升了人机互动体验，还使许多复杂的操作变得直观且可行，真正与人们的日常生活息息相关（见图 12-1）。

目前，计算机图形学正逐渐从传统计算机图形学向智能计算机图形学过渡。计算机图形学的发展历程呈现从早期简单图形绘制到现代高度逼真渲染、再到智能图形生成和理解的演变过程（见图 12-2）：早期阶段主要是简单的图形绘制，着重于二维图形和基本几何形状的生成，用于基础的视觉呈现，如工程设计图和图形用户界面；随着技术的进步，三维建模、纹理映射、光线追踪等技术相继出现，使得图形渲染越发逼真，应用场景拓展至电影、游戏和虚拟现实等领域，呈现出高度真实的视觉效果；如今，随着人工智能技术的融入，计算机图形学正向智能化图形生成和理解方向演进，能够自动生成逼真的图像、场景，并且理解、处理和模拟现实中的复杂场景和物理现象，标志着图形学进入了新一轮的技术革新阶段。

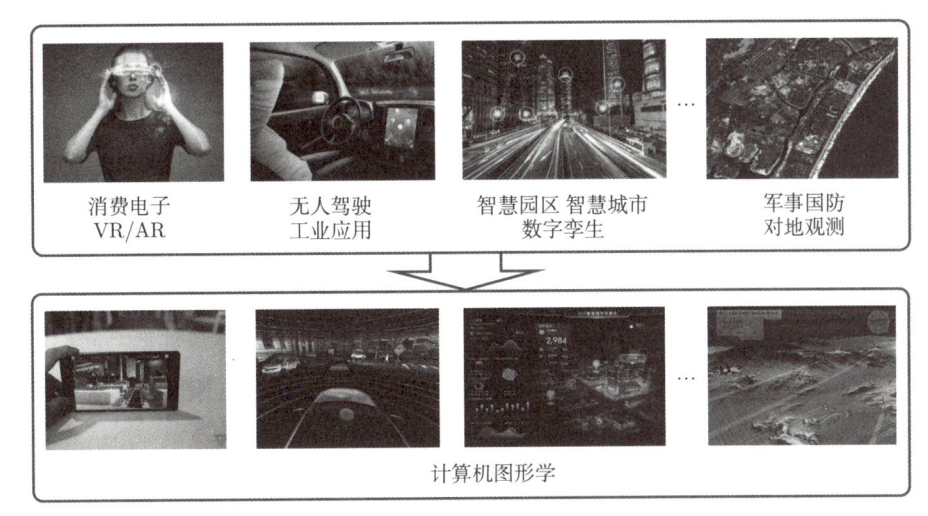

图 12-1　计算机图形学无处不在，与人类生活息息相关

图 12-2　计算机图形学正逐渐从传统计算机图形学向智能计算机图形学过渡

具体地，20 世纪 50 年代，计算机图形学起步于基本的二维图形绘制，Ivan Sutherland 博士研发的 Sketchpad（又名机器人绘图员，开创了人机界面的先河）标志着这一领域的诞生。随后的 70 年代，计算机图形学开始探索三维建模和实时渲染技术，OpenGL 和 DirectX 等图形 API（Application Programming Interface，应用程序编程接口）的出现极大地推动了该行业的发展。进入 90 年代，图形学技术成熟，实时渲染、虚拟现实和游戏开发成为重点发展领域。21 世纪初，深度学习和人工智能技术的引入，使得计算机图形学进入了智能化时代，推动了高质量图像生成、风格迁移和增强现实等新应用的快速发展。

智能计算机图形学是计算机图形学与人工智能技术交叉融合的产物，旨在利用 AI 技术提升图形生成、处理和分析的能力。智能计算机图形学经历了早期探索、AI 技术引入、智能渲染与增强现实、现代智能图形技术，以及目前热门的 3D AIGC 等阶段。

1. 早期探索（1990年代—2000年代初）

初步融合：早期的智能计算机图形学研究主要集中在将传统的图形算法与简单人工智能技术相结合。例如，研究者们开始探索如何利用机器学习方法优化图像渲染和图形处理算法。

基础 AI 应用：这一阶段的主要应用包括利用神经网络进行简单的图像分类和特征提取，为后续更复杂的图形学应用奠定了基础。

2. AI 技术引入（2000年代中期—2010年代初）

深度学习的兴起：深度学习技术的出现极大地推动了智能计算机图形学的发展。尤其是卷积神经网络（CNN）在图像识别和处理中的成功应用，开启了计算机视觉和图形学领域的新篇章。

图像生成与风格迁移：AI 技术开始被应用于图像生成和风格迁移等任务。例如，2009年，图像生成对抗网络（GANs）由 Ian Goodfellow 等人提出，这一技术使得生成逼真图像和艺术风格转化成为可能。

3. 智能渲染与增强现实（2010年代中期—2020年代初）

智能渲染技术：AI 的引入使得图像渲染技术取得了显著进展。智能渲染技术可以利用 AI 进行光线追踪加速、细节增强和噪声去除，从而提高图像质量和渲染效率。

增强现实与虚拟现实：智能计算机图形学在 AR（增强现实）和 VR（虚拟现实）领域得到了广泛应用。AI 技术用于实时场景分析、对象识别和交互设计，提升了虚拟环境的沉浸感和互动体验。

4. 现代智能图形技术（2020年代至今）

生成模型与内容创作：先进的生成模型，如大规模预训练生成对抗网络和变分自编码器（VAEs），被应用于自动图像生成、虚拟角色创建和游戏内容生成。AI 技术在艺术创作和设计中发挥着越来越重要的作用。

智能化图形处理：AI 驱动的智能图形处理技术能够实现图像修复、超分辨率重建和图像风格转换的自动化，提升了图形处理的效率和效果。

自适应算法与实时应用：AI 技术使得图形学算法能够根据实时数据进行自适应调整，优化渲染效果和计算资源的使用。例如，AI 算法可以动态调整游戏中的图像细节，以平衡性能和视觉效果。

5. 3D AIGC

自动化三维建模：利用深度学习模型或生成对抗网络，自动生成复杂的三维模型，如人物、建筑物、自然景观等。用户只需提供简单的输入，如草图、照片或文本描述，AI 就能生成对应的三维模型。

纹理生成与映射：通过 AI 自动生成纹理，并将其映射到三维模型上，使得生成的三维内容更加逼真。AI 可以根据图片或描述生成相应的纹理图，并智能地将其应用到模型的不同部分。

三维动画自动生成：AI 可以根据用户提供的脚本或场景描述，自动生成符合物理规则和自然运动规律的三维动画。包括角色的运动、面部表情、物体的交互等。

场景生成与布局：利用 AI 生成复杂的三维场景，包括地形、建筑、植被、水体等元素。AI 还可以根据用户需求自动布局场景中的物体和建筑，实现高度定制化的场景构建。

内容优化与增强：AI 可以自动优化生成的三维内容，提升其渲染效果、帧率和交互性，包括自动简化多边形、优化 UV 映射、改进光照和阴影效果等。

跨模态内容生成：AI 能够根据非图形输入（如文本描述）直接生成三维内容。例如，用户输入描述"一棵高大的橡树，旁边有一条蜿蜒的小路"，AI 便会生成对应的三维场景。

因此，智能计算机图形学的发展不仅提升了视觉效果和处理能力，还在各个领域中推动了创新应用，从艺术创作到科学研究，AI 技术的融入正在重塑图形学的未来。

12.2 三维模型表示与生成

在计算机图形学领域，常借助三维模型来构建一个"虚拟的世界"。三维模型指的是在计算机图形学中使用三维几何数据对物体或场景进行数学表达。

12.2.1 三维模型表示

和图像不同，三维模型有很多种表示方法（示例见图 12-3），每种方法在不同的应用场景中都有其独特的优势和适用性。

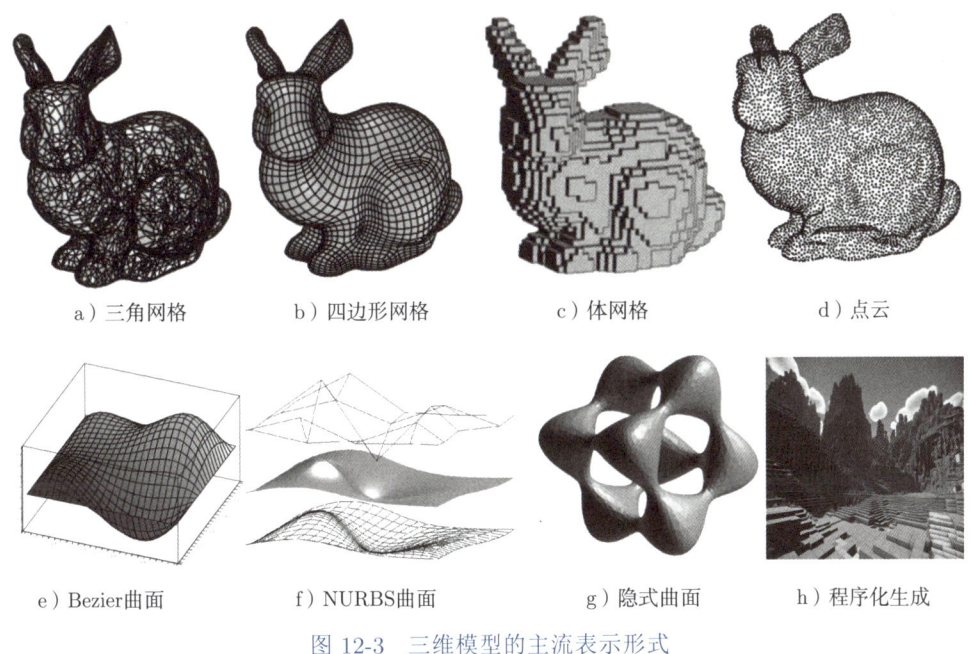

a）三角网格　　b）四边形网格　　c）体网格　　d）点云

e）Bezier曲面　　f）NURBS曲面　　g）隐式曲面　　h）程序化生成

图 12-3　三维模型的主流表示形式

1. 网格（Mesh）

（1）三角网格

三角网格是最常见的三维模型表示方法，使用三角形面片近似物体表面，由多个点（Vertex）、线（Edge）和面（Face）组成。这些点、线、面共同构成了一个三维空间中物体的形状。三角网格模型能够精确地模拟出物体的外观，通过调整多边形的位置和形状，可以灵活地表现物体的复杂形态和细节。三角网格模型广泛应用于游戏开发、影视特效、建筑设计、工业设计等领域，是三维建模和渲染中最为常见的表示形式。具体地，三角网格模型具有以下优势。

1）简单性和普适性。

最基本的几何单元：三角形是计算机图形学中最简单且最基本的多边形，无论三个顶点如何排列，它始终是平面的。任何复杂形状都可以通过将其分割成一系列三角形来表示。

适应所有几何形状：三角形可以很好地处理复杂或不规则的几何形状，无须担心网格扭曲或非平面性，适合处理高曲率的表面。

2）硬件加速和兼容性。

GPU 优化：大多数图形处理单元（GPU）对三角形渲染进行了深度优化，能够快速处理成千上万个三角形。这种硬件级别的支持使得三角形成为实时渲染和图形计算的首选格式，在游戏、虚拟现实和实时动画中表现尤为突出。

兼容性强：三角形网格模型是几乎所有 3D 渲染引擎和图形库的标准格式（如 OpenGL、DirectX），因此成为行业标准。

3）高效的渲染和存储。

高效的顶点缓存：由于三角形顶点的简单性和重复性，渲染时顶点缓存优化更为容易，减少了顶点的冗余计算，提高了渲染效率。

计算简单：在处理光照、阴影、碰撞检测等图形学问题时，三角形面片的数学计算相对简单，比如计算三角形的法线和面积只需三点即可。

4）可处理复杂拓扑。

细节处理能力强：对于复杂的几何形状或动态变化的表面，三角形网格能够很好地适应不同的拓扑结构和曲面，并且不会出现四边形网格中可能产生的非平面问题。

适合细分和动态变化：在需要细化模型时，三角形能够通过简单的细分生成更细致的结构，适合 LOD（Level of Detail，细节层次）技术，特别是在实时渲染时，可以灵活控制细节等级。

5）稳健的算法支持。基于三角形的几何处理算法已经非常成熟，例如三角剖分、碰撞检测、布料模拟等，拥有丰富的数学理论和算法支持，便于开发人员直接应用。

（2）四边形网格

四边形网络使用四边形面片，适用于需要构建有更平滑表面的模型（如角色模型）和高质量渲染的场景。四边形网格模型的拓扑结构通常比三角网格模型的更简洁、规整，且更易于编辑。特别是在建模过程中，四边形网格可以更容易地进行局部细分、挤出、拉伸等操作。具体地，四边形网格模型的优势主要如下。

1）拓扑流畅性。

曲面平滑性：在处理曲面时，四边形网格通常比三角网格更流畅。它能更好地贴合物体的表面轮廓进行排列，形成自然的拓扑结构，有效减少网格出现"捏合"或"拉伸"的不良效果，这一特性在构建有机模型（如人物和动物）时表现尤为出色。

易于细分：在细分曲面技术（Subdivision Surface）中，四边形网格表现更好。四边形面更适合细分算法，可以产生均匀的细分结果，保持模型的结构一致性，即使在进行高细节建模时，也能清晰保留的形状。

2）动画友好性。

适合骨骼动画：在角色动画制作领域，四边形网格因其均匀分布和流线型结构，在处理关节和变形方面表现更为出色。这使得在为角色绑定骨骼及制作动画过程中，角色表面能平滑移动，不会出现不自然的变形。

变形更自然：四边形网格结构有助于确保在模拟皮肤、肌肉和其他软组织的动画时，变形效果更加平滑。它能依据物体自然的流向更合理地分布顶点，有效避免三角网格中容易出现的尖锐或不规则变形问题。

3）更容易控制拓扑。

清晰的拓扑结构：四边形网格通常能够生成更清晰的拓扑，使建模者可以更容易地控制模型的表面流向。对于复杂形状，尤其是需要定义表面细节（如人物面部）的模型，四边形网格有助于更好地组织几何形状。

易于编辑和修改：由于四边形网格具有规则性，在进行编辑、裁剪或拓扑优化等操作时更为便捷。例如，当对模型某一部分进行修改时，不会对整个结构造成太大影响，便于进一步调整。

4）适合多种建模工具。

建模软件支持更好：大多数主流三维建模软件（如 Maya、Blender、ZBrush）倾向于使用四边形网格，尤其是在雕刻、细分、变形等操作中。四边形面片在这些操作过程中通常表现得更稳定，也便于后期处理。

适合雕刻和高细节模型：在雕刻和细节创建的工作中，四边形网格更容易使用，因为它提供了更均匀的多边形分布和更稳定的几何结构，非常契合手工雕刻和高精度建模工作需求。

5）面片均匀性。

表面光滑度：由于四边形面片形状规则，在渲染和计算表面法线时，能产生更平滑的结果。与三角形相比，四边形在渲染时产生裂缝或缝隙的概率更低，使得物体的表面呈现更自然和连续的视觉效果。

适合 UV 展开和贴图：在 UV 展开操作中，四边形网格通常比三角网格更整齐，能更好地映射纹理贴图。规则的四边形结构使得纹理分布均匀，减少了贴图上出现失真现象的可能性。

2. 点云

点云（Point Cloud）是由大量离散点组成的三维数据集合，这些点通常借助激光扫描仪、LIDAR（激光雷达）、结构光、RGB-D 相机等传感器采集，代表物体或场景表面的几何信息。每个点云中的点包含三维坐标（x,y,z），有时还包括颜色、法向量、反射率等附加属性。点云是三维空间中常用的一种表示方式，尤其在测量、3D 重建、无人驾驶、机器人感知等领域应用广泛。点云模型具有以下优势。

1）高效的三维数据采集。

直接反映真实世界几何：点云能够精确地采集物体表面的几何形状，适用于扫描现实世界的场景或物体，捕捉复杂的空间结构。这使得点云特别适合用于三维重建、地形测量、建筑设计等对几何数据精度要求极高的场景。

无拓扑限制：点云没有预定义的拓扑结构，与传统的网格模型不同，它只需存储离散点，不需要定义面或体的关系，适合对不规则或复杂形状的物体进行建模。

2）灵活性与可扩展性。

灵活性高：点云数据结构简单，只需记录点的三维坐标，可以灵活适配各种复杂和不规则的形状。此外，点云不仅能够表示物体的表面，还可以用于描述物体的内部空间结构，特别是在应用中加入密度信息时，能够提供更为细腻的三维表征。

可扩展性强：点云数据可按需轻松扩展，例如可以通过额外的信息（如颜色、纹理、法向量）进行增强。这使得点云适用于从简单的形状描述到复杂的场景识别和理解等广泛的应用场景。

3）应用于大规模三维场景。

适合大规模场景：点云能够高效地表示大型三维场景，如城市的 3D 地图、建筑物的外形、森林等自然环境。它在大规模测量和地图生成中具有显著优势，广泛应用于无人驾驶汽车的环境感知、地形测绘、建筑测量和规划等领域。

多传感器融合：点云可以结合多种传感器数据（如 LIDAR、摄影测量数据），从而提升三维场景的精度和完整性。这在自动驾驶、机器人导航等领域尤为重要，因为多传感器融合可以提供更可靠的环境感知。

4）高效的 3D 重建与环境感知。

三维重建效率高：点云是三维扫描的直接输出，可以快速用于三维物体或场景的重建。通过点云数据，能够重建高精度的三维模型，用于后续的分析或可视化，如文化遗产保护、考古重建等。

实时环境感知：点云常用于无人驾驶和机器人感知系统，LIDAR 设备通过扫描环境生成实时点云，帮助机器人和无人车感知周围的物体、障碍物和道路，从而实现导航和避障功能。相比于图像数据，点云能够直接提供深度信息，提升感知的准确性。

5）轻量化与易处理。

数据轻量化：相比于体网格或其他三维表示方法，点云的数据结构较为轻量化，存储和处理要求相对较低。虽然点云中包含大量点，但每个点只需要记录少量的信息（如坐标），因此在处理大规模三维数据时更加高效。

高效计算与处理：点云的数据结构简单，适合并行处理，能够快速执行如最近邻搜索、平面拟合、法线计算等算法。因此，在三维建模、场景分析和感知中，点云可以更高效地处理大量数据。

3. 曲面

（1）Bezier 曲面

Bezier 曲面是指由贝塞尔曲线生成的曲面（Surface），常用于计算机辅助设计（CAD）和动画领域。它能够创建复杂的光滑曲面，满足多样化的设计需求。

（2）B 样条曲面

B 样条曲面是指由一组控制点和对应的权重定义的，通过组合多个 B 样条基函数生成的光滑曲面。这种表示方式灵活性高，可以精确控制曲面的形状，广泛应用于 CAD、动画制作、工业设计和科学计算等领域。例如，南京航空航天大学相关团队提出了一种基于曲率指导的 B 样条飞机进气道几何建模方法，该方法可快速、交互式地实现由任意进气口截线到出气口截线的光滑过渡，建模得到的进气道曲面结构精确性较高、通用性较好，在一定程度上减少了对国外相关 CAD 航空工业软件的依赖，可以为后续基于数值优化的几何设计与流体仿真一体化提供技术支撑（见图 12-4）。

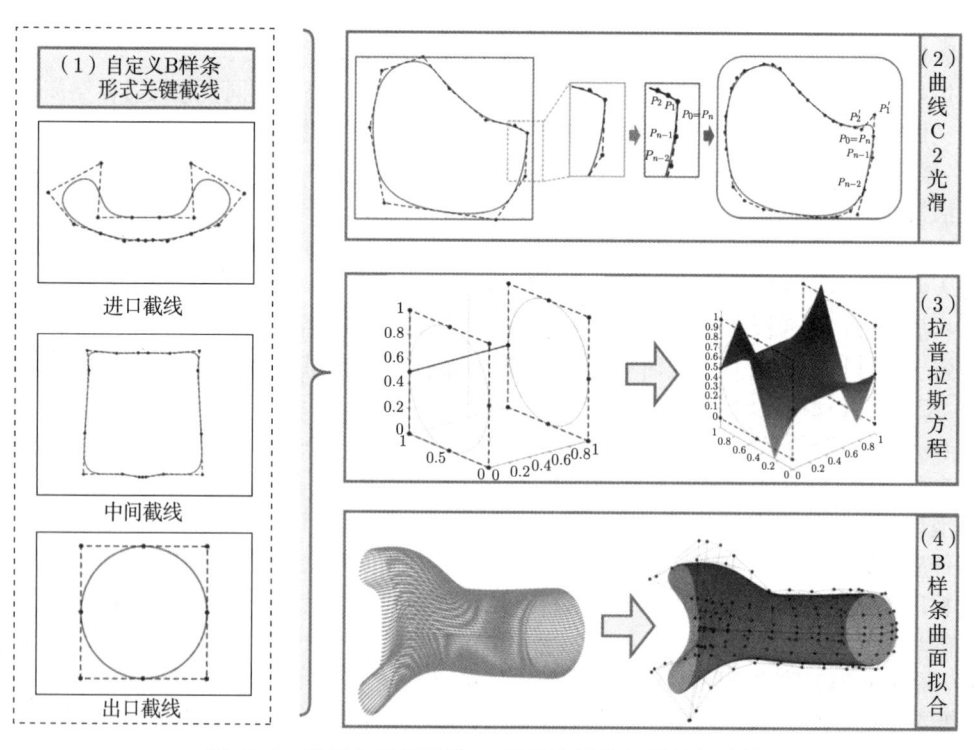

图 12-4　基于曲率指导的 B 样条飞机进气道几何建模

（3）NURBS 曲面

NURBS（非均匀有理 B 样条）曲面，具备更高的灵活性和精确度，广泛应用于工业设计、汽车和航空航天领域。

4. 隐式曲面

隐式曲面（Implicit Surface）指由隐式函数定义的曲面，它并非像显式曲面那样通过参数化方式直接显式描述。通常情况下，隐式曲面是通过满足一个方程来定义的，即

$$f(x, y, z) = 0 \tag{12-1}$$

式中，$f(x,y,z)$ 是三维空间中点 (x,y,z) 的一个函数，当该方程为零时，定义了曲面的边界。与显式曲面（例如通过参数化的方式直接定义点的坐标来确定曲面）不同，隐式曲面通过一个条件来表示曲面的存在区域，只要满足该条件的点均位于曲面上。例如，球的隐式方程可以表示为

$$x^2 + y^2 + z^2 - r^2 = 0 \tag{12-2}$$

式中，r 是球的半径，所有满足此方程的点 (x,y,z) 共同构成一个球面。

隐式曲面能够通过简单的方程表达出复杂的几何形状，在处理非凸形状或拓扑变化（例如带有洞或分叉的形状）时具有极高的灵活性。而且，隐式曲面非常适合描述具有复杂拓扑结构的形状，例如多个相交或断裂的区域。它不依赖于网格结构，因此在曲面发生拓扑变化（如分裂或合并）时能够自然顺畅地进行处理。

5. 程序化生成

程序化生成（Procedural Generation）是一种通过算法自动创建复杂内容的方法。它依托于一组预先定义好的规则和参数，利用这些规则和算法生成多样化的内容，如游戏环境、地图、图形或文本等。与传统的手动设计不同，程序化生成能够在短时间内构造出丰富且独特的世界，广泛应用于游戏开发、艺术创作和数据模拟等领域。通过将随机性和确定性相结合，程序化生成不仅提升了内容的多样性和复杂性，还提高了开发效率、优化了资源利用率。

6. 体网格

体网格将三维空间分割成许多小立方体（即体素，Voxel），每个体素都包含了物体在对应区域的属性。它在医学成像、科学计算和物理仿真等领域表现优越，因为它可以精确表示物体的内部结构。然而，体素表示需要大量的存储空间，特别是当分辨率较高时，存储和计算成本会显著增加。

上述这些表示方法各有优缺点，选择合适的表示方法通常取决于应用需求、数据的复杂性和处理效率。例如，在实时渲染中，三角网格和四边形网格是常用的，而在医学成像和科学可视化领域，体素和体积数据表示则更为重要。

12.2.2 三维模型生成

三维模型的生成方法多种多样，主要包括以下几种。

1. 手动建模

多边形建模：这是最常见的建模方法，使用多边形（如三角形和四边形）构建物体的表面。通过编辑顶点、边和面，设计人员可以手动创建复杂的三维形状。建模软件（如 Maya、Blender 和 3ds Max）通常采用这种建模方法。

曲面建模：利用 NURBS 或 Bezier 曲线来创建光滑的曲面，适用于对精确控制形状要求较高的场合，如汽车和飞机设计等领域。

2. 程序化建模

程序化生成：通过编写算法和规则，自动生成三维模型。常用于生成自然景观、建筑物或随机对象等。程序化建模的优点是能够快速生成大量复杂的三维内容。

参数化建模：设计人员通过调整参数来生成不同形态的三维模型，这种方法常用于工程设计和建筑领域。

3. 三维扫描

三维扫描指使用激光扫描仪、结构光扫描仪或摄影测量技术获取物体的三维数据，生成精确的点云或网格模型。这种方法常用于逆向工程、文化遗产保护、医疗领域，以及航空装备三维测量（见图 12-5）等领域。

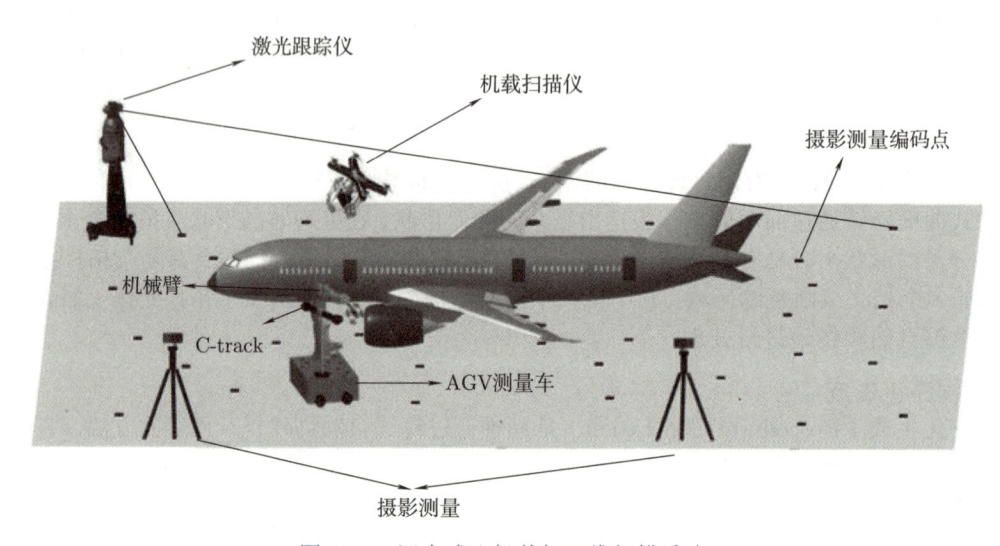

图 12-5 混合式飞机整机三维扫描重建

4. 计算机辅助设计

工程师使用 CAD 软件（如 SolidWorks、AutoCAD、CATIA）创建精确的三维模型，主要用于工业设计、产品开发和工程分析。CAD 模型通常由参数化几何体构成，支持高度精确的尺寸和公差控制。

5. 生成对抗网络

利用深度学习和生成对抗网络（GAN）技术，AI 可以根据输入（如草图、图片或描述）自动生成三维模型。这种方法正处于快速发展阶段，在游戏开发、虚拟现实和影视动画等领域有所应用。

6. 从图像生成三维模型

单张图像三维建模：利用一张二维图像生成三维模型。这种技术在计算机视觉和图形学领域具有一定的挑战性，因为它需要从有限的二维信息中推断出完整的三维结构。

多视图三维模型生成：利用从不同视角拍摄的多个二维图像来创建一个准确的三维模型。

12.3 三维模型表征学习

我们知道，图像表征学习处理的是规则的二维像素数据，主要通过卷积神经网络（CNN）提取图像中的特征，如边缘、纹理和形状等，于图像分类、目标检测等计算机视觉任务中有着广泛应用。而三维模型表征学习处理的则是更复杂的三维数据，如点云、网格或体素，需要通过专门设计的网络结构，以此捕捉物体的几何形状和空间结构。

传统的三维模型特征提取方法依赖于手工设计的特征和规则，在处理复杂数据时，效果往往有限。深度学习通过自动学习从数据中提取有用特征的方法，显著提高了三维模型分析的准确性和效率。近年来，深度学习在三维模型特征提取方面的应用极大地推动了计算机图形学的发展。例如，在三维模型特征提取中，如 PointNet、PointNet++ 和 DGCNN（Dynamic Graph CNN）等深度学习模型，便是专门为处理三维点云数据而设计的。这些网络可以从三维点云中自动提取关键的几何特征和结构信息，例如物体的形状、边界和局部细节。通过深层神经网络对点云数据进行处理，深度学习能够捕捉到传统方法难以识别的复杂模式和细节，提高了模型的识别和分类能力。

具体而言，三维表征学习（3D Representation Learning）是一种通过深度学习方法对三维数据进行建模和分析的技术。它的目标是从三维数据中提取有用的特征表示，将这些数据映射到低维空间，从而捕捉三维形状、结构和属性。相较于图像表征学习，三维表征学习更加困难。这是因为图像采用点阵形式表示，非常适合做卷积操作；而三维模型表示形式众多，因此需要根据三维模型的表示形式，使用不同的网络结构进行三维表征学习（见图 12-6）。

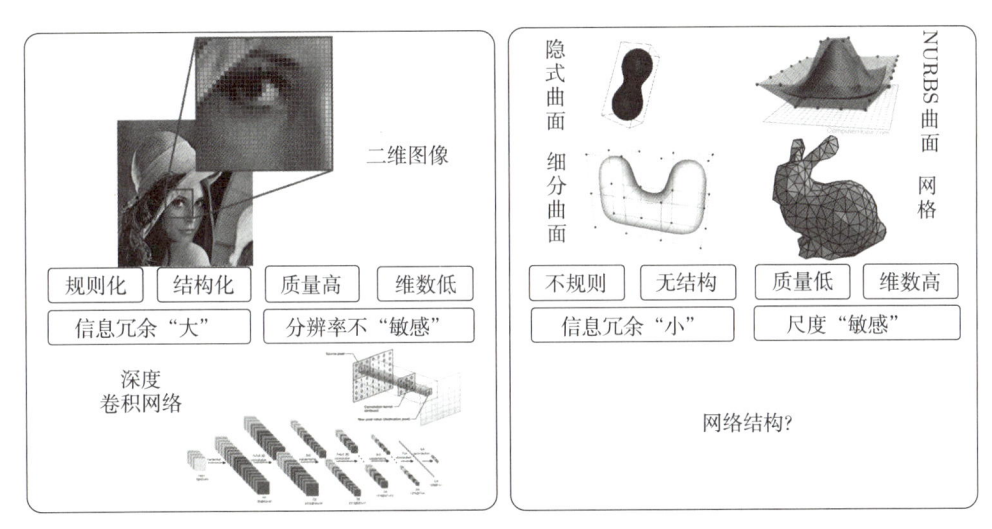

图 12-6　传统卷积网络难以直接用在三维模型上，需要根据三维模型的表示形式设计表征学习方法

根据三维模型表示形式的不同，三维表征学习方式会有较大区别。

1. 点云处理

PointNet：这类网络专门为处理三维点云数据而设计，能够直接对无序点云进行特征提取。PointNet 的关键创新点在于，它能够在不丢失点云排列不变性的前提下，对每个点独立地进行特征提取，然后通过全局对称函数（如最大池化）聚合这些特征，形成点云的全局表示（见图 12-7）。这样，PointNet 可以有效捕捉点云的几何形状和空间结构特征，它广泛应用于三维物体分类、语义分割和三维场景理解等任务。其优势在于处理点云数据时无须进行复杂的预处理，且模型简单、高效。

PointNet++：PointNet++ 是对 PointNet 的扩展，在局部特征学习的基础上引入了多尺度处理，旨在更好地捕捉点云数据中的局部结构特征。PointNet++ 的核心思路是在 PointNet 的基础上采用分层的特征学习方法。首先，对点云进行分层采样，将其划分为多个子集，每个子集代表一个局部区域。然后，在每个局部区域内应用 PointNet 提取该区域的局部特征。这些局部特征随后通过分层聚合的方式逐步汇总，形成全局特征表示。这种方法使得 PointNet++ 能够更有效地处理点云中的局部几何信息，特别是在具有复杂结构和多尺度特征的场景中表现突出。PointNet++ 在三维物体识别、语义分割和场景理解等任务中表现出色，显著提升了对点云局部细节的捕捉能力。

DGCNN（Dynamic Graph CNN）：该模型利用动态图卷积网络构建点云的局部邻域图，从而更好地捕捉点云中的几何结构。

KPConv（Kernel Point Convolution）：KPConv 使用卷积核在点云中进行卷积操作，实现对点云数据的有效特征提取。它通过定义卷积核在点云中的空间位置来提高卷积操作的灵活性。

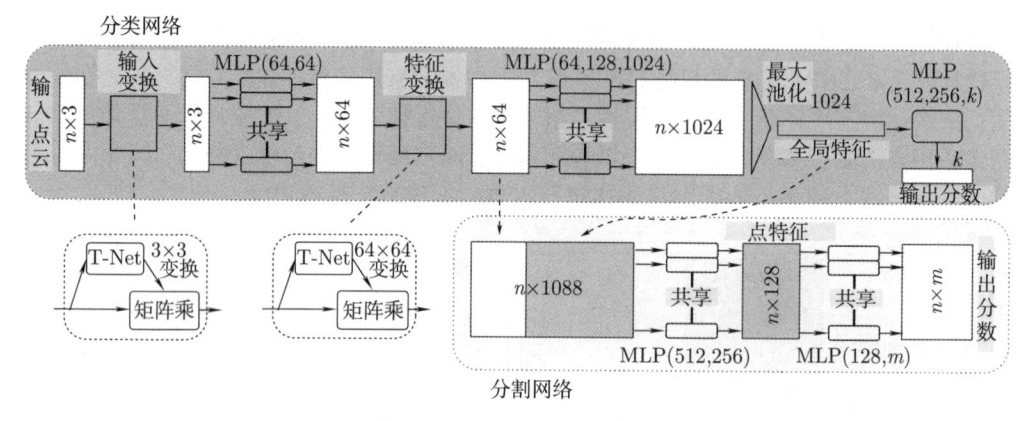

图 12-7 PointNet 网络架构

2. 体素网格处理

3D CNN：该方法先将三维数据转化为体素网格，然后利用三维卷积神经网络（3D CNN）进行特征提取。体素网格将三维物体表示为离散的立方体格点，通过卷积操作提取局部特征。

OctNet：一种高效的三维体素网格处理方法，通过八叉树数据结构实现稀疏体素表示和卷积操作。

Minkowski Engine：一个高效的稀疏卷积库，支持在稀疏体素数据上进行高效的卷积计算。它具备处理大规模三维数据的能力。

3. 三角网格处理

MeshCNN：此模型专门用于处理三角网格数据，通过在网格的顶点和边上执行卷积操作来提取特征。

Graph Neural Networks（GNNs）：可以用于处理三角网格中的节点和边，通过图卷积操作提取网格的结构特征。

4. 隐式表示方法

深度隐式场（Deep Implicit Field）：深度隐式场通过深度学习模型对三维形状进行隐式表示。它将三维物体表示为隐式函数，通过神经网络来预测三维空间中的点是否属于物体表面。

NeRF（Neural Radiance Field）：NeRF 通过神经网络生成物体的体积密度和辐射度，从而实现三维物体的高质量渲染。它适用于合成视角和高保真度渲染场景。

12.4 智能三维建模

智能三维建模（Intelligent 3D Modeling）是指利用先进的计算技术和算法，特别是人工智能（AI）和深度学习，来自动化和优化三维模型的生成、编辑和分析过程。智能三维建模的目标是提高三维建模的效率和精确度，让复杂的三维模型能够更快速、准确地创建和调整。智能三维建模主要包括如下几个方面。

1. 自动化建模

图像到三维模型：利用深度学习技术将二维图像自动转换为三维模型。例如，卷积神经网络可以从单张或多张图像中提取深度信息，生成相应的三维模型。典型方法包括将深度学习生成的深度图像与多视角立体视觉方法相结合，以创建精细的三维模型。又如，倾斜摄影三维重建技术是一种通过特殊倾斜角度拍摄大量重叠照片，从而捕捉并记录建筑物或地理场景的形状和细节的技术。其基本原理包括摄影数据采集、图像匹配和特征提取、空间定位和坐标计算、三维重建和模型生成。

三维扫描：三维扫描技术是通过采集物体表面的数据来创建其三维数字模型的技术。它利用如激光扫描仪、结构光扫描仪或摄影测量设备等各种设备，捕捉物体的几何形状和表面细节。这些数据被用于生成精确的三维模型，可广泛应用于制造、建筑、文化遗产保护、医学等领域。在扫描过程中，设备会测量物体表面的距离、形状或纹理，形成点云或网格模型，然后通过计算和处理生成完整的三维数字模型。

2. 智能编辑与优化

自动网格修复：使用深度学习模型自动检测和修复三维网格中的缺陷，如裂缝、孔洞和不规则区域。这可以提高模型的完整性和可用性。

智能简化：自动简化复杂的三维模型，在尽可能保留模型的形状和细节的前提下，减少多边形数量。这有助于优化模型的计算性能和渲染效率。

3. 特征提取与识别

三维特征提取：利用深度学习从三维模型中提取有用的特征，如几何特征、纹理特征和结构特征等。常用的技术包括点云特征提取、网格特征提取和体积特征提取。

自动分类与检测：对三维模型进行自动分类和检测，例如在自动驾驶中识别道路标志、行人和其他物体。深度学习模型能够学习并识别各种三维物体的特征。

4. 三维模型生成

生成对抗网络（GAN）：使用 GAN 生成高质量的三维模型。生成器负责创建三维模型，判别器则负责评估模型的真实性。这种方法可以生成具有真实感的三维物体和场景。

变分自编码器（VAE）：通过 VAE 生成多样化的三维模型。VAE 学习三维模型的潜在空间，可以生成各种形状和结构的模型。

5. 智能化设计与优化

智能设计工具：利用 AI 技术辅助三维模型设计，例如通过自然语言描述生成设计草图，或通过交互式工具自动调整模型的形状和结构。

性能优化：使用 AI 对三维模型进行性能优化，例如优化模型的流体动力学特性、结构强度或热性能。AI 可以模拟和预测不同设计的效果，帮助优化模型性能。

下面通过一个具体案例，讲解如何通过智能的方式进行三维建模。

PhotoScan 是一款由 Agisoft 开发的三维建模软件，其利用计算机视觉和人工智能技术实现自动化三维建模（见图 12-8）。它可以从一组二维图像中生成精确的三维模型，广泛应用于地理信息系统（GIS）、考古学、文化遗产保护等领域。例如，在考古学中，PhotoScan 被用于数字化考古遗址和文物。通过对遗址进行拍摄并生成三维模型，考古学家可以更好地研究和保存历史遗迹；在文化遗产保护中，PhotoScan 帮助创建和维护文化遗产的数字档案，为未来的保护和修复工作提供依据；在地理信息系统中，PhotoScan 被用于创建高精度的地形和城市模型，这些模型可以用于城市规划、灾害管理等应用。

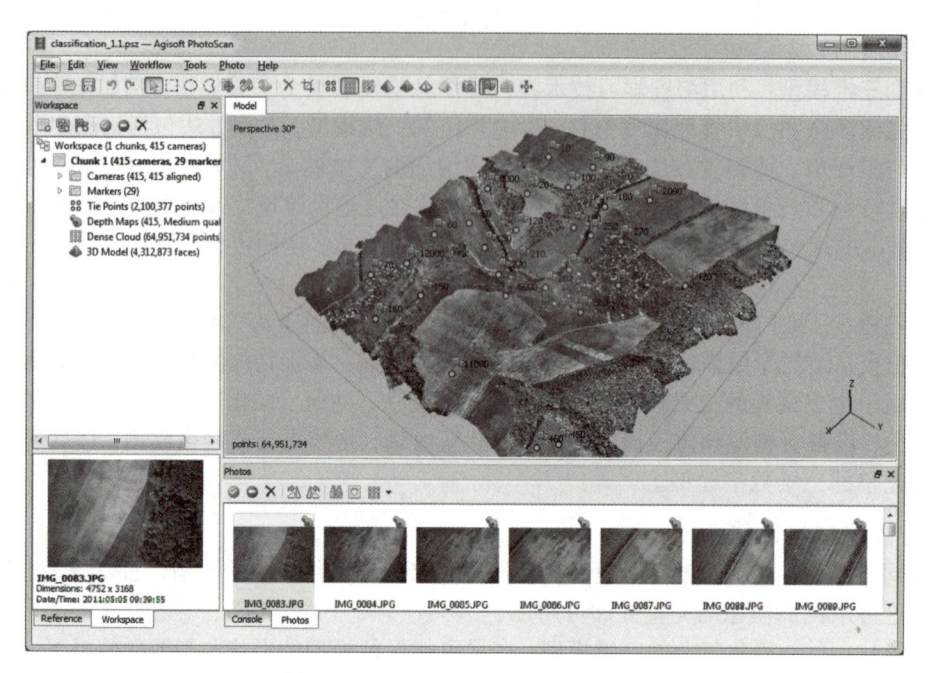

图 12-8　PhotoScan 三维建模软件

使用 PhotoScan 创建三维模型的过程如下。

1）**数据准备**：使用相机拍摄多个不同角度的二维图像。这些图像需要覆盖目标物体的各个方面，以确保重建的准确性。

2）**图像对齐**：PhotoScan 使用计算机视觉技术对这些图像进行对齐，确定相邻图像之间的相对位置和姿态。这一过程涉及特征匹配和图像配准技术。

3）**生成稠密点云**：软件从对齐后的图像中提取特征点，生成一个稠密的三维点云。每个点代表图像中对应的空间位置。

4）**构建三维网格**：使用点云数据生成三维网格模型。这些网格由三角形面片组成，用于表示物体的表面。

5）**纹理映射**：将原始图像的纹理映射到三维网格模型上，使得生成的三维模型具有真实的外观和细节。

6）**模型优化**：对生成的三维模型进行优化，包括去噪、平滑和简化处理，以提高模型的质量和实用性。

12.5　智能三维渲染

人工智能在三维模型渲染中的应用大幅提升了渲染效果的质量和效率。通过图像超分辨率、噪声去除、实时光线追踪、自动化材质生成、智能图像合成、照明优化和场景优化等技术，AI 让三维渲染变得更加高效、真实和可控。这些应用不仅在游戏、影视、虚拟现实等娱乐领域发挥着重要作用，还给建筑可视化、电子商务等其他行业带来了显著的创新和改进。

1. 图像超分辨率技术

深度学习模型，如卷积神经网络和生成对抗网络，可用于提高渲染图像的分辨率和细节。相关技术还能应用于实时渲染增强。例如，在游戏和虚拟现实中，AI 模型可以将低分辨率的渲染图像转化为高分辨率图像，在提高视觉效果和清晰度的同时，降低对硬件性能的需求。

2. 噪声去除与图像修复技术

降噪算法，如深度卷积神经网络（DnCNN），主要用于去除渲染过程中产生的噪声和伪影。相关技术可以应用于光线追踪。例如，在使用光线追踪技术渲染的图像中，AI 可以有效去除噪声和提升图像质量，使得渲染效果更为真实和自然。

3. 实时光线追踪技术

AI 加速技术，利用 AI 加快光线追踪进程，降低计算复杂度。例如，使用神经网络进行路径预测和采样加速。相关技术可以应用于游戏引擎。例如，在现代游戏引擎中，AI 可以帮助加速光线追踪效果，使实时渲染中的光照、阴影和反射更为真实，同时保持高帧率。

4. 自动化材质和纹理生成技术

生成对抗网络可自动生成高质量的材质和纹理，为三维模型添加真实的表面细节。相关技术可以应用于虚拟产品展示。例如，在电子商务领域，AI 可以根据产品的设计需求自动生成并应用纹理，使产品的虚拟展示更为逼真且具有吸引力。

5. 基于内容的图像合成技术

深度学习模型可根据三维场景的内容自动合成渲染图像，优化图像的色彩、光照和细节。相关技术可以应用于影视制作。例如，在影视特效制作中，AI 可以根据场景内容自动合成并调整图像，减少人工调整的工作量，提高制作效率。

6. 智能照明和阴影处理技术

AI 优化算法用于自动调整三维场景中的照明和阴影，以实现更自然、真实的效果。相关技术可以应用于建筑可视化。例如，在建筑设计和可视化过程中，AI 可以根据实际光照条件自动调整场景中的光源和阴影，生成更逼真的渲染效果。

7. 自动化场景优化技术

深度学习优化模型可自动识别和优化三维场景中的关键区域，提高渲染效率和质量。相关技术可以应用于电影预制效果。例如，在电影制作时，AI 可以自动优化场景中的复杂细节，如人物和背景，减少渲染时间并提高视觉效果。

12.6 航空装备三维测量应用

在航空装备领域，三维测量技术发挥了重要作用，特别是在航空装备的设计、制造、维护和质量控制等方面。三维测量技术凭借其能提供精确三维数据的优势，帮助航空领域的工程师和技术人员实现高精度的装备生产和维护工作。具体应用如下。

1. 航空装备设计与开发技术

三维扫描与建模，使用三维扫描技术获取航空装备的实际几何数据，生成精确的三维模型。这个过程包括激光扫描、结构光扫描和光学扫描等。相关技术可以应用在飞机部件设计中。例如，在设计新的飞机部件时，三维测量技术可以帮助工程师精确捕捉现有部件的尺寸和形状，为新部件的设计提供准确的数据支撑。

2. 制造与装配技术

在线三维检测，在生产线或装配过程中，使用三维测量系统实时监测部件的尺寸和几何形状，确保其严格符合设计规范。相关技术可以应用于机身结构装配中。例如，在飞机机身的组装过程中，三维测量技术可以确保各部件的精确对接，避免装配误差，从而提升飞机整体结构的质量和安全性。例如，由于飞机体型巨大，生产过程中不可避免会产生公差，且长时间飞行后机体可能会有变形，借助三维在线检测技术可以对飞机外形进行精准测量。图 12-9 所示是基于移动平台与测量传感器组合的大尺寸、高精度、柔性自动化三维检测系统，该系统通过自动化三维扫描、大规模三维数据实时调度，以及三维数据智能分析等功能，攻克了复杂飞机整机快速高效的数字化分析与检测难题。

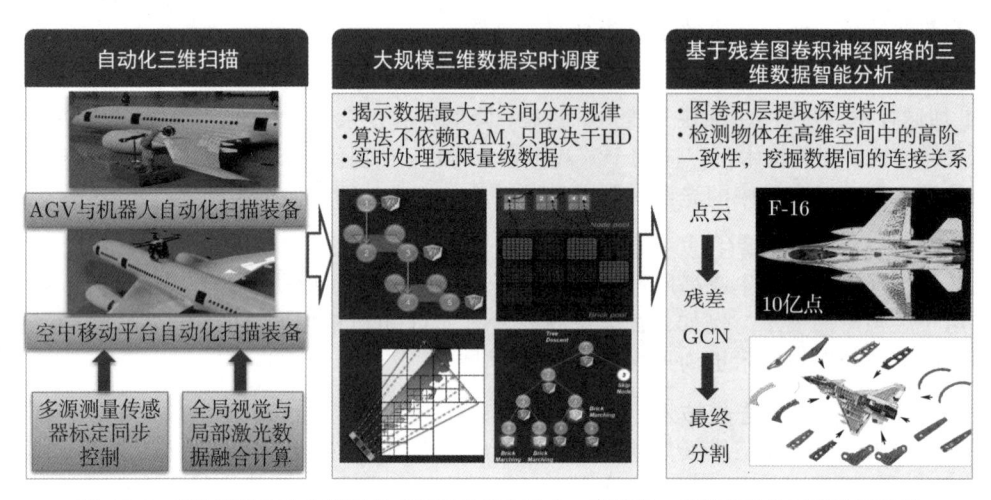

图 12-9 基于移动平台与测量传感器组合的大尺寸、高精度、柔性自动化三维检测系统

3. 维护与检修技术

三维对比分析，使用三维扫描技术检测飞机部件的磨损和变形情况，通过对比实际测量数据与设计模型，评估部件的状态。相关技术可以应用在发动机维护中。例如，在发动机维护过程中，通过三维测量技术检测和评估部件的磨损情况，帮助制定有效的维护和修理方案，从而延长部件寿命。

4. 质量控制技术

精密三维测量仪器，如三坐标测量机（CMM），用于对航空装备的各个部件进行精确测量，以确保其符合设计标准和质量要求。相关技术可以应用在飞机零部件检验中。例如，在飞机零部件生产完成后，利用三坐标测量机对零部件进行质量检验，确保其尺寸、形状和公差符合设计要求，减少潜在的质量问题。

5. 飞行器改装与升级技术

逆向工程，使用三维扫描技术对现有飞行器开展逆向工程，生成其三维模型，为飞行器的改装和升级提供基础数据支持。相关技术可以应用于飞行器系统升级中。例如，在进行飞行器系统升级时，通过三维测量技术获取原有系统的精确数据，确保新系统与旧系统的兼容性和装配精度。

三维测量技术在航空装备的设计、制造、维护、质量控制、仓储管理、改装升级及教育培训等方面有着广泛的应用。通过精确的三维数据，这些技术帮助航空领域专业人员提高装备的质量和性能，优化生产和维护流程，并为复杂的系统升级和改装工作提供有力支持。智能化三维测量技术的应用，不仅提高了工作效率，还增强了航空装备的安全性和可靠性。

12.7 小结

智能计算机图形学作为计算机图形学的一个重要分支，融合了人工智能和深度学习技术，旨在提升图形生成、处理和渲染能力。近年来，智能计算机图形学取得了显著发展，主要体现在以下几个方面。

- **生成与渲染技术的突破**。深度学习模型，如生成对抗网络和变分自编码器，在生成高质量图像和三维模型方面取得了重大进展。这些技术能够自动生成高分辨率图像和复杂的三维场景，广泛应用于虚拟现实、游戏开发和电影制作领域。
- **实时渲染的提升**。AI 技术在实时渲染领域的应用实现了光线追踪和全局光照计算的加速。通过 AI 加速的实时光线追踪技术，不仅能够实现更逼真的光照、阴影和反射效果，还能保持高帧率，极大地改善了游戏和虚拟现实体验。
- **图像和视频处理的优化**。智能计算机图形学利用深度学习算法进行图像超分辨率、噪声去除和图像修复，显著提高了图像和视频处理的质量和效率。例如，AI 技术可以将低分辨率图像转换为高分辨率图像，去除渲染噪声，并优化图像细节。
- **3D 模型生成与优化**。深度学习在三维模型生成和优化方面的应用已成为研究热点。通过 AI 技术，能够从二维图像、点云或草图自动生成高质量的三维模型，并对模型进行修复和优化，以提高其在实际应用中的性能表现。
- **自然语言处理与图形生成的结合**。自然语言处理（NLP）和图形生成技术的结合，使得用户可以通过文字描述自动生成三维模型。这一进展极大地简化了设计过程，提升了用户体验。
- **人机交互的增强**。AI 驱动的智能化工具使得图形设计和建模过程更加直观、高效。通过自然语言输入、手势识别等技术，用户可以更自然地与三维设计系统进行交互，增强了创作过程的便利性和灵活性。

总的来说，智能计算机图形学正在迅速发展，推动着图形生成、渲染和处理技术的创新。通过深度学习和人工智能技术的融合，图形学的应用领域不断扩展，实现了更高质量、更高效率的图像和三维模型生成，显著提升了视觉体验和创作能力。

同时，我们也应清楚地认识到，智能计算机图形学仍然面临一系列挑战，主要集中在算法复杂性、数据需求和计算资源方面。首先，深度学习模型和生成对抗网络等技术在处理高分辨率图像和三维模型时需要大量的计算资源和存储空间，这对硬件性能提出了较高要求。此外，训练这些模型所需的大量高质量标注数据往往难以获得，数据不足会影响模型的性能和泛化能力。其次，尽管 AI 技术在图形生成和渲染方面取得了显著进展，但在处理复杂场景和高动态范围图像时，模型的稳定性和准确性仍然存在挑战。特别是在实时应用场景，如游戏和虚拟现实，如何平衡渲染质量与计算效率，是当前研究的重点。最后，智能计算机图形学的应用还需要解决隐私和版权问题，例如自动生成的图像和模型的知识产权归属问题，这对技术的规范和法律框架提出了新的要求。解决这些挑战将有助于进一步推动智能计算机图形学的应用和发展。

第13章

大模型技术

在过去的几十年里,人工智能技术飞速发展,深度学习作为人工智能的重要分支,逐渐成为人工智能领域的研究热点。随着硬件技术的进步,特别是 GPU 的广泛应用,深度学习模型的训练速度大大提高,其规模和复杂度也不断扩大和提升,大模型成为深度学习领域的一个重要发展方向。大模型技术之所以受到广泛关注,源于它们在处理和生成自然语言、图像、视频等复杂数据类型时所展现的非凡能力。无论是作为智能助手、为自动驾驶系统提供决策支持,还是应用于医疗诊断和股市预测,大模型都在助力 AI 技术向更广泛的行业渗透,为数字化转型注入源源不断的动力。

简单来说,大模型就像一位睿智而博学的导师,它拥有海量的知识储备,随时准备解答各种疑惑。无论是历史、科学、艺术还是技术领域,它都了如指掌。当你向它提问时,它会耐心倾听,迅速在庞大的知识库中寻找答案,然后以清晰、易懂的方式向你解释。同时,它还具备持续学习的能力,不断吸收最新的信息和成果,提升自己的见识和智慧。就像一位永不疲倦的学者,它对知识的追求永无止境,始终保持着开放和好奇的心态。

大模型的出现不仅是计算能力和数据规模的简单叠加,更是人工智能研究在算法、架构和优化方法等方面的一系列突破性进展的体现。本章将详细介绍大模型的本质、发展历程、网络结构、训练流程及多维应用,帮助读者掌握大模型的本质和核心技术,了解其在不同领域的应用和未来发展方向。

13.1 大模型的本质

2022 年 11 月 30 日,OpenAI 推出了人工智能聊天机器人原型——ChatGPT。它能够快速而准确地完成对话生成、机器翻译、代码生成、图片生成等复杂任务,在全球范围内掀起了新一轮的人工智能浪潮。图 13-1 展示了使用 ChatGPT 生成客厅设计图的例子。可以发现,ChatGPT 和所熟知的小爱同学、天猫精灵等虚拟助手具有一定程度上的相似性,但是其内核更强大,对于人类的意图识别能力及对于语言的处理能力更上一层楼。ChatGPT 能够像人类那样即时对话,根据用户的文本输入,流畅地回答各种问题。据报道,ChatGPT 在开放试用的短短几天内,就吸引了超过 100 万的注册用户。

在 ChatGPT 火爆之后,"大模型"这个专业术语不断出现在人们的视野中。如此火爆的 GPT 和大模型究竟是什么?它们之间有什么关系?大模型为何能够引发如此广泛的关注?本节将用通俗易懂的语言对大模型进行详细的描述。

1. 大模型的基本概念

在人工智能领域,**大模型**,顾名思义,是指具有大规模参数和复杂计算结构的机器学习模型,其设计目的在于提高模型的表达能力和预测性能,使其能够处理更加复杂的任务和数据。大模型是"大"和"模型"的有机结合,往往能产生"1+1>2"的协同效应,它是人工智能技术进步的一个重要标志。

🆖 我正在尝试想出一些有趣、奇幻的方式来装饰客厅，你作为一个设计师，请给出一些想法和设计

当然！将您的客厅装饰得既有趣又充满魔幻色彩是一个令人兴奋的项目。以下是一些创意和设计建议，帮助您打造一个独特的魔幻空间：

1. 奇幻森林主题
- **自然元素**：在客厅中加入大量的绿色植物、仿真藤蔓和树枝，营造出森林的氛围。
- **墙面装饰**：使用森林壁纸或手绘壁画，呈现茂密的树林场景。
- **照明设计**：使用柔和的灯光，如枝形吊灯、蘑菇造型的灯具或隐藏式LED灯带，营造神秘感。
- **家具选择**：选用原木质感的家具，搭配苔藓、石头等装饰品。

2. 秘密花园主题
- **植物墙**：打造一面垂直绿植墙，增加生机。
- **花卉装饰**：使用鲜花或仿真花卉进行点缀。
- **鸟笼灯饰**：悬挂装饰性的鸟笼灯，增添趣味。
- **休闲区域**：设置舒适的休闲椅和小茶几，仿佛置身于花园中。

🆖 能否根据你设计的秘密花园主题，给出客厅的设计图

以下是基于"秘密花园"主题的客厅设计方案，希望能帮助您实现这个创意：

整体氛围
打造一个仿佛置身于秘密花园的客厅，让人一进入就感受到自然的生机与浪漫。通过绿植、花卉和自然元素的巧妙运用，营造出宁静而充满活力的空间。

色彩搭配
- **主色调**：柔和的绿色、浅米色和象牙白，营造自然舒适的感觉。
- **辅助色**：淡粉色、薰衣草紫和浅蓝色，用于点缀，增加层次感和浪漫氛围。

墙面设计
- **植物墙**：在主墙面上安装一面垂直绿墙，选择易于养护的常绿植物，如吊兰、绿萝和常春藤。也可以使用仿真植物以减少维护。
- **墙纸/壁画**：选择带有花卉、树木或森林图案的墙纸，或者定制一幅手绘壁画，呈现出花园的景象。
- **挂饰**：悬挂一些带有自然元素的装饰画，如花卉插画、蝴蝶标本（仿真）等。

🆖 请生成"秘密花园"主题的客厅设计图

图 13-1　使用 ChatGPT 生成客厅设计图

　　大模型之所以"大"，首先体现在参数数量上，通常可以达到数十亿甚至数千亿。这些参数通过对大量数据学习，得到用于捕捉和表示数据的复杂特征。由于参数规模庞大，极大地提升了模型的存储、学习、记忆、理解和生成能力，大模型能够对数据中的细微差别进行编码，从而理解数据中的深层关系。这正是大模型能够展现出"神通广大"能力的根本原因。因此，大模型是"大数据 + 大算力 + 强算法"相互融合的产物，如图 13-2 所示。

图 13-2　大模型是"大数据 + 大算力 + 强算法"相互融合的产物

简单来说，可以把大模型想象为一间超级大办公室的助理，办公室里有数千亿个抽屉（参数），每个抽屉里都存放了一些特定的信息，如单词、短语、语法规则、断句原则等。当你向大模型提出问题时，比如你要求生成一份用于商业宣传的电动汽车营销文案，这个超级助理就会去打开装有营销、文案、电动汽车等相关信息的抽屉，提取必要的信息。然后，大模型像一位熟练的文案编辑，根据你的文本要求，对信息进行排列组合，重新生成符合要求的文案。

大模型的出现不仅是计算能力和数据规模的简单叠加，更是人工智能研究在算法、架构和优化方法等方面的一系列突破性进展的体现。这些技术的突破正驱动着科技创新，成为构建未来产业的强大动力。正如工业革命和信息革命曾经重塑社会和个人生活的方方面面，人工智能带来的科技革命同样有潜力对我们的生活产生深远的影响。

2. 大模型与小模型的区别

小模型通常具有参数较少、层数较浅的特点，以轻量级、高效率和易于部署的优点著称，特别适用于数据量有限、计算资源受限的环境，如移动端应用、嵌入式设备和物联网设备等场景。在这些场景中，小模型能够提供快速且有效的解决方案，因为它们完成训练和推理过程需要的计算资源和时间较少。

相比之下，大模型通常拥有更多的参数和更深的层次，这赋予它们更强的表达能力和更高的准确度。如果将小模型比作一个装有基础工具的工具箱，那么大模型就如同一个存储着各种高级工具和材料的巨大仓库，资源极为丰富。大模型的"大"不仅体现在它庞大的参数量上，还体现在其处理复杂数据和任务的能力上。以语言学习为例，小模型好比一本基础的语言学习手册，适合快速入门和日常对话练习；而大模型则像是一部内容全面、包含大量例句和练习题的高级语言学习书籍，能够提供更深入的语法细节和丰富的语境应用，从而更有效地帮助用户精通这门语言。

更重要的是，随着模型的训练数据量和参数规模的持续增长，一旦达到了某个临界点，模型便开始展现出一些未能预测的、更复杂的通用能力和特性。

- **上下文学习能力**。大模型在处理信息时具有考虑和利用周围信息的能力，即上下文学习能力。这使大模型不仅能够理解单个数据点，还能够通过分析数据点之间的关系和环境中的其他因素来提供更加深入、准确的见解，为人工智能系统提供了一种更复杂、更动态的理解和处理信息的方式，使其能够在多变的真实世界情境中更有效地运作。

- **逐步推理能力**。大模型能够通过类似于人类的"思维链"推理策略进行连续且有逻辑性的思考，即逐步推理能力。这种能力允许大模型利用包含中间推理步骤的提示机制，在内部执行一系列的逻辑推理步骤，从而实现更深层次的理解，得出更精确的答案。然而，这种逐步推理能力通常只有在模型的规模超过一定阈值（通常认为超过 100 亿参数）且模型足够强大时才能体现出来。

- **指令遵循能力**。大模型能够在几乎没有或仅有极少量特定任务数据的情况下，理解并执行接收到的特定指令或请求，即指令遵循能力。这种能力显著提升了用户体验，并使得大模型能够更高效和智能地与用户互动。此外，指令遵循能力极大地拓展了人工智能在日常生活和专业领域中的应用范围，推动了人工智能技术的广泛整合和应用。

总之，大模型展现出的上下文学习、逐步推理和指令遵循等通用能力，彰显了大模型在智能化信息处理、模拟人类思维方式及创新力方面的巨大潜力，这也是它与小模型最根本的区别。随着技术的不断发展和进步，我们可以期待大模型在更多领域展现出令人惊叹的新能力。这不仅将推动人工智能技术的发展边界，也意味着在健康医疗、金融科技、自动驾驶、教育、娱乐等众多行业中，大模型将提供更精准、高效和创新的解决方案。此外，随着算法的优化、计算资源的增强和数据处理技术的革新，大模型的可访问性和实用性将进一步提升，为广大用户带来前所未有的智能体验和便利。

3. 大模型火爆背后分析

在 ChatGPT 横空出世后的短短一个月内，国内互联网巨头如华为、腾讯、阿里、京东、字节跳动、商汤、科大讯飞等纷纷加入大模型赛道，相继推出了各自的大模型，争相构建面向 AI 时代的数字基础设施与生态体系。由此，"百模大战"一触即发：大模型不仅正在改变人工智能的格局，也正在改变整个世界。然而，为什么在 ChatGPT 问世之前，大模型并没有被广泛认知和应用呢？

首先，从外部因素来看，资金限制是过去大语言模型发展的一大阻碍。训练大规模神经网络模型需要海量的计算资源和先进的硬件设备，这对许多研究机构和中小型公司来说是难以承受的成本负担，因而限制了大模型技术的进展。此外，在大模型的开发过程中，缺乏成功案例可供参照，也没有明确的投入产出比，即便是资金雄厚的公司也不敢贸然尝试。ChatGPT 的成功打破了这一僵局，标志着大模型从理论走向了实际应用。在此之前，虽然大模型的概念已经被提出，但由于数据和计算资源的限制，人们难以想象其具有实际应用的潜力。而 ChatGPT 的问世证明了大模型技术可以从无到有，这极大地激发了各大机构和公司的研发热情，资本也随之涌入大模型研发领域，形成了"马太效应"，进一步推动了大模型技术的研发和升级，呈现出"百家争鸣、百花齐放"的科技发展新局面。

其次，从技术角度来看，虽然早期人工智能研究中也有一些语言模型的探索，但由于计算资源和数据量的限制，它们通常只能处理简单的语言任务，难以模拟人类思维，常常答非所问，甚至被戏称为"人工智障"。随着算法的改进、模型参数的增加及预训练和微调技术的升级，GPT 系列模型得以利用大规模语言数据集，在自然语言处理领域完成诸如文本生成、机器翻译和问答等任务。它在意图识别和自然语言理解方面的表现是前所未有的，成为大模型发展史上的里程碑。而文本作为人们日常工作和学习中的重要工具，ChatGPT 因其低门槛和高效的处理能力，迅速成为人工智能领域的明星产品。

因此，大模型的火爆不仅是技术进步的结果，更是数据、算力、市场需求与社会关注共同作用的产物。未来，随着大模型技术的进一步成熟和多样化，它在不同领域的应用将会更加广泛和深入。

13.2　大模型的发展历程

从最初的概念萌生到如今的成熟应用，大模型技术走过了一段充满创新与突破的历程。其起源可以追溯到机器学习和人工智能的早期阶段，但它真正作为一个独立的研究领域崭露头角，是在 21 世纪第二个十年。具体而言，大模型的发展历程可分为三个阶段：萌芽期、探索与沉淀期，以及迅猛发展期（见图 13-3）。

1. 萌芽期（1950 年—2005 年）——以 CNN 为代表的传统神经网络模型阶段

- 1956 年，计算机专家约翰·麦卡锡（John McCarthy）首次提出"人工智能"的概念，标志着 AI 发展的开端。最初，AI 的发展主要基于小规模的专家知识，但随着时间的推移，逐渐演变为基于机器学习的技术体系。
- 1980 年，卷积神经网络（CNN）的雏形诞生。
- 1998 年，现代卷积神经网络的基本结构 LeNet-5 问世，这标志着机器学习方法从早期的浅层模型过渡到基于深度学习的模型，为自然语言生成、计算机视觉等领域的深入研究奠定了坚实的基础，同时对后续深度学习框架的迭代与大模型的发展具有开创性的意义。

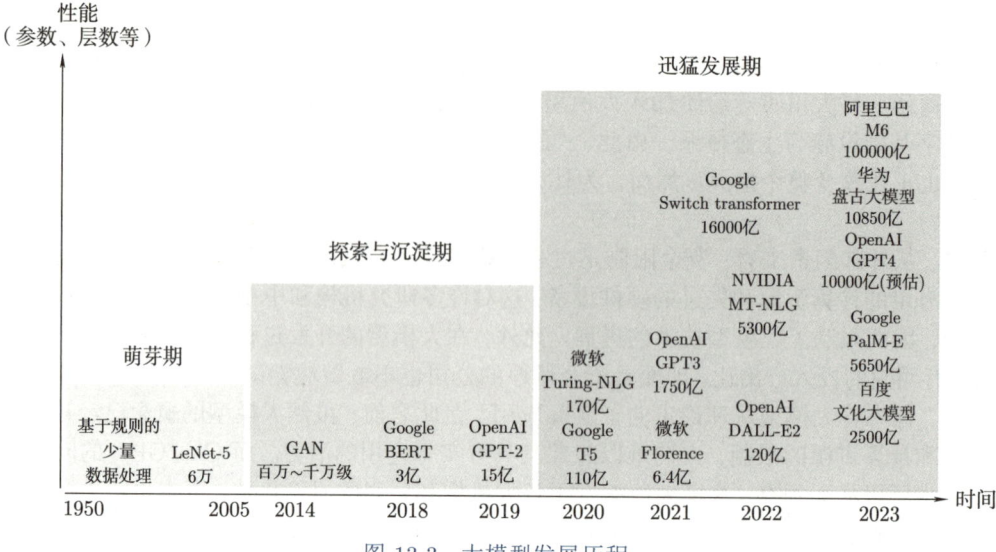

图 13-3 大模型发展历程

2. 探索与沉淀期（2006 年—2019 年）——以 Transformer 为代表的全新神经网络模型阶段

在这一时期，大模型技术的发展历程充满了创新与突破。自 2006 年深度学习技术开始受到广泛关注，到 2012 年 AlexNet 模型在 ImageNet 竞赛中取得压倒性胜利，每一个里程碑都标志着深度学习在图像识别领域的重大突破，也为大模型的发展注入了全新的动力。

- 2006 年，深度学习技术开始受到关注。Geoffrey Hinton（杰弗里·辛顿）及其团队的研究成果展示了如何利用非监督学习方法来训练深度神经网络，这为后续的大模型技术奠定了基础。
- 2012 年，AlexNet 模型在 ImageNet 竞赛中取得压倒性胜利，这不仅标志着深度学习在图像识别领域实现重大突破，更为大模型的发展带来了全新的动力。
- 2013 年，自然语言处理模型 Word2Vec 问世，它首次提出将单词转换为向量的"词向量模型"，使计算机能够更有效地理解和处理文本数据。
- 2014 年，对抗生成网络（GAN）诞生，它被誉为 21 世纪最强大的算法模型之一，标志着深度学习进入了生成模型研究的新阶段。
- 2017 年，Google 颠覆性地提出了基于自注意力机制的神经网络结构——Transformer 架构，为大模型预训练算法奠定了基础。
- 2018 年，OpenAI 和 Google 分别发布了 GPT-1 和 BERT 大模型，这标志着预训练大模型在自然语言处理领域成为主流。在这一探索阶段，以 Transformer 为代表的全新神经网络架构奠定了大模型的算法架构基础，大幅提升了大模型技术的性能。
- 2019 年，OpenAI 发布了 GPT-2，这款拥有 15 亿参数的模型展现出生成连贯且上下文相关文本的强大能力，充分证明了大模型在语言生成领域的巨大潜力。

3. 迅猛发展期（2020 年至今）——以 GPT 为代表的预训练大模型阶段

大模型自 2020 年开始迅速发展，在 2021 年进入"军备竞赛"阶段。在不到五年的时间里，以 ChatGPT 为代表的大模型发展速度惊人。截至 2023 年 11 月，全球范围内已发布了超过百种大模型，成为技术领域中不可忽视的重要力量。图 13-4 生动展示了大模型发展的演变历程。

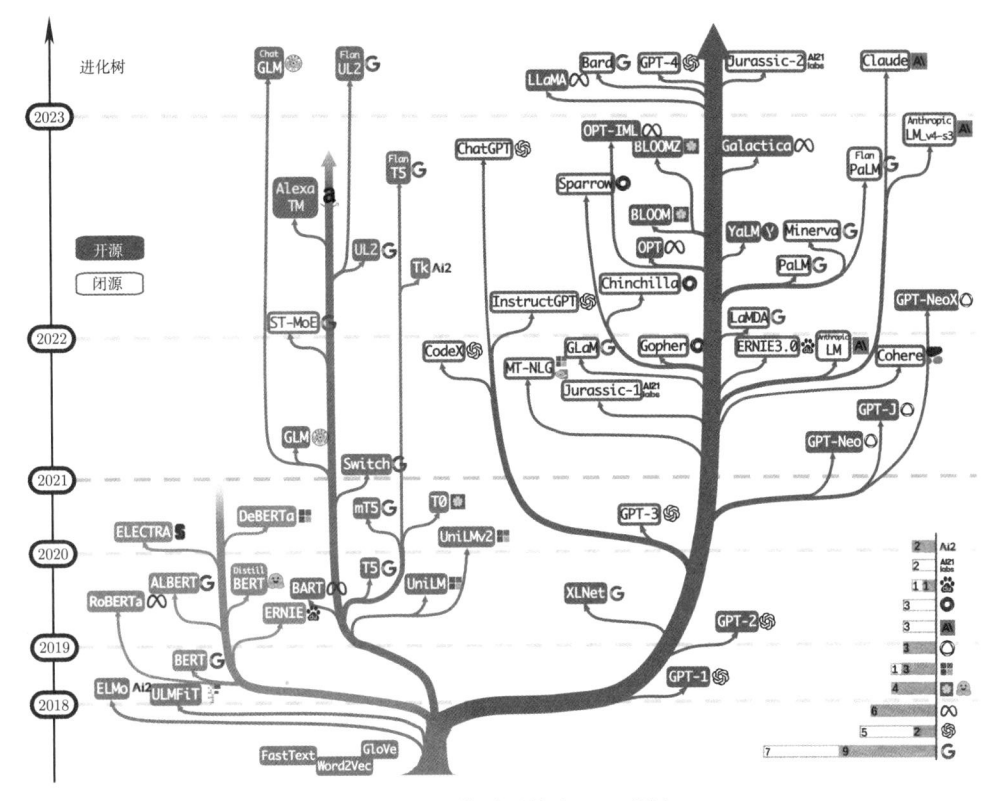

图 13-4 大模型进化史（见彩插）

- 2020 年，OpenAI 推出了 GPT-3，该模型拥有高达 1750 亿的参数，成为当时规模最大的语言模型，并在零样本学习任务上实现了显著的性能提升。随后，基于人类反馈的强化学习（RHLF）、代码预训练、指令微调等策略相继出现，用于进一步提升模型的推理能力和任务泛化能力。
- 2021 年，OpenAI 发布了 DALL-E 模型，这一模型能够根据文本描述生成新颖且高质量的图像，标志着大模型在多模态领域迈出了关键一步。
- 2022 年 11 月，搭载 GPT-3.5 的 ChatGPT 横空出世，凭借其逼真的自然语言交互能力和多场景内容生成功能，迅速在互联网上引发热潮。
- 2023 年 3 月，最新发布的超大规模多模态预训练大模型——Chat GPT-4，具备多模态理解和多类型内容生成的强大能力。在这一迅猛发展时期，大数据、大算力和先进算法的完美结合显著提升了大模型的预训练和生成能力，以及其在多模态和多场景应用中的表现。例如，ChatGPT 的巨大成功便是依托微软 Azure 强大的算力支持和维基百科等海量数据，基于 Transformer 架构，结合 GPT 模型和人类反馈的强化学习策略进行精细调优所取得的。

当前，大模型技术正处于全面发力、多点开花的新阶段。从模态支持的范围和能力来看，大模型的发展趋势正逐步从单模态向多模态扩展，并进一步迈向跨模态，最终朝着构建通用模型的目标前进。单模态模型专注于处理单一类型的数据或信息，能够智能理解和生成特定模态的数据，如文本、图像或音频。以 GPT 系列为例，它们专注于文本数据的处理，在自然语言生成和理解方面表现出色。多模态模型则能够同时处理和理解两种或多种不同类型的数据，通过整合来自不同模态的信息，提供更丰富的综合理解。典型的例子如 OpenAI 的 DALL-E，它可以根据文本描述生成对应的图像，展示了多模态模型在任务执行中的广泛应用潜力。跨模态模型是多模态模型的一种特殊形式，它不仅可以处理多种模态的数据，还能够在这些模态之间进行转换。这类模型在语义层面连接和理解不同类型的数据，具有重要意义。例如，跨模态模型可以从文本生成图像，或从图像推断出与之相关的文本，展示出在不同数据类型间的高效转换能力。

随着 AI 技术的持续进步，越来越多的大模型朝着构建通用人工智能的方向发展，目标是创建能够处理几乎所有类型数据和任务的单一模型。这类通用模型不仅整合了多模态处理能力，还能够实现跨模态转换，旨在打造一种真正的"通用智能"。尽管这一目标尚未完全实现，但如 GPT-3 等大模型已经在多模态和跨模态的处理上展现出显著潜力。大模型在模态支持能力上的持续演进为人工智能的应用带来了更多的可能性和灵活性，使其能够更好地适应不同领域和应用场景。这一趋势推动了人工智能从单一任务处理向更通用的智能系统迈进，为实现真正的通用人工智能奠定了坚实的基础。

13.3 大模型的网络结构

大模型的网络结构是其强大能力的根基，也是推动人工智能技术不断突破的关键因素之一。它定义了模型的核心组件及它们之间的连接方式，包括模型的层数、每层的神经元数、激活函数、层间连接方式，以及模型的整体架构设计。随着模型规模的不断扩大，网络结构的设计不仅决定了模型的性能和效率，还直接影响其在各类任务中的适用性与泛化能力。在实际应用中，研究人员和实践者通常会根据具体任务和数据特点，选择并调整适合的网络结构，以实现最佳的模型效果。

从最初的简单神经网络到当前主流的深度学习架构，大模型网络结构历经多次变革与优化。尤其是以 Transformer 为代表的架构，奠定了当前大模型领域主流网络结构的基础，形成了 GPT（Generative Pre-Training Transformer）和 BERT（Bidirectional Encoder Representations from Transformer）这两条主要的网络结构发展路线，使得深度学习模型的参数规模达到了上亿甚至万亿级别，在处理复杂的语言和多模态任务时展现出前所未有的优势。因此，本节将探讨大模型的主要网络结构及其核心设计理念，解析这些结构如何支撑大模型在不同领域的卓越表现。

13.3.1 GPT 家族

GPT 家族是 OpenAI 开发的一系列先进的自然语言处理模型，首次亮相于 2018 年。OpenAI 率先通过舍弃 Transformer 架构中的编码器部分，推出了名为生成式预训练（Generative Pre-Training, GPT）的开创性模型系列（见图 13-5），由此开启了基于解码器结构的大规模预训练模型的新篇章。

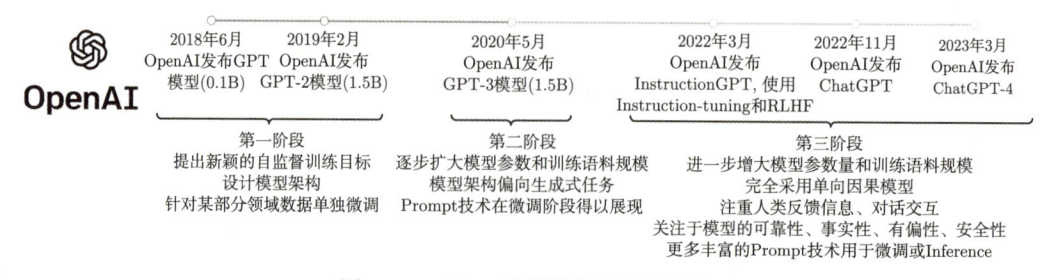

图 13-5　GPT 系列模型的发展历程

GPT 家族的成功源于一项重要发现：扩大语言模型的规模可以显著提升模型的零样本（Zero-Shot）和小样本（Few-Shot）学习能力。其中，GPT-3 的问世成为这一系列发展的转折点，它首次展示了大模型超越文本生成本身的广泛应用潜力,彰显了自回归语言模型的卓越性能。从 GPT-3 开始,到当前的 ChatGPT-4 及其他大模型如 Bard、PaLM、LLaMA 和 Sora 等,共同构建了当下大模型技术的繁荣景象。接下来,本小节将对 GPT 的架构和自回归训练方式进行详细介绍。

1. GPT 的架构

GPT 是由多个 Transformer 解码器组成的模型,如图 13-6 所示,分为文本嵌入层、解码器层和输出层。

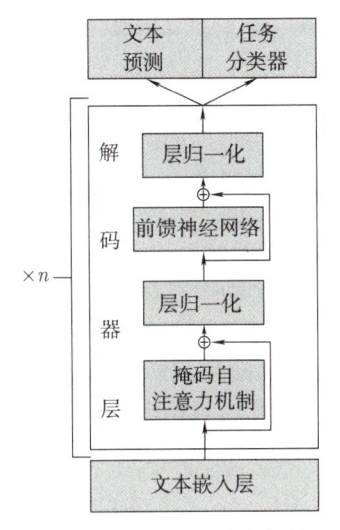

图 13-6　GPT 的基本架构

(1) 文本嵌入层

在 GPT 模型中,首先通过文本嵌入操作将输入的序列转换为数值向量表示,其过程可以描述为

$$h_0 = UW_e + W_p \tag{13-1}$$

式中,U 代表输入序列经过嵌入层转换后的向量;W_e 是一个权重矩阵,用于将嵌入后的输入映射到模型的第一个隐藏层;W_p 表示位置编码,它与嵌入向量相加,使模型能够捕捉到序列中单词的位置信息。

(2) 解码器层

解码器层是 GPT 模型核心结构之一,主要基于 Transformer 架构中的解码器部分,其主要功能是对输入的嵌入向量进行处理 [见式 (13-2)],逐步生成输出序列。

$$h_l = \text{TransformerBlock}(h_{l-1}), \forall l \in [1, n] \tag{13-2}$$

式中,h_l 表示第 l 层的隐藏状态。

在解码器层中,输入嵌入向量会通过多个堆叠的 Transformer 块对输入进行处理。其中,每个 Transformer 块由三大部分组成:掩码自注意力机制、前馈神经网络和层归一化组成。自注意力机制使得模型能够动态关注序列中的不同位置,从而有效理解上下文信息。层归一化确保梯度的稳定性并加速训练过程。经过多层的迭代处理,模型能够从原始的输入序列中逐步提取出更深层次的语义信息,并在多种任务中展现出强大的表现力和泛化能力。

（3）输出层

GPT 的输出层是将模型处理后的隐藏状态转换为最终预测结果的关键步骤。经过 n 层解码器处理后的输出向量 $\boldsymbol{h}_n$ 会通过输出层映射来预测下一个词汇的概率分布：

$$P(u) = \mathrm{softmax}(\boldsymbol{h}_n \boldsymbol{W}_e^{\mathrm{T}}) \tag{13-3}$$

模型在每一步生成时，会根据这些概率从词汇表中选择最有可能的下一个词，然后采用自回归生成方式，逐步生成文本。从词汇表中选择具体单词或符号，从起始词开始，最终生成满足任务要求的语言文本。

2. 自回归预训练

GPT 家族的大模型是一种基于自回归方法进行语言建模的预训练模型。其输入为一个文本序列，目标是生成与输入相关的下一个单词或词序列。在 GPT 中，每个单词的表示都是通过自回归模型计算得出的，该模型只考虑前面的单词，而不像双向模型那样同时考虑前后文。这种设计使得 GPT 在生成连贯文本方面表现出色，因为每一步的预测都依赖于之前所有步骤的输出。

那么，什么是自回归？可以将其比喻为拍摄连环画的过程，每一页连环画都是前一页的延续。也就是说，画家需要参考前一页才能继续创作当前页。同样，自回归模型的每个时间点都依赖于前一个时间点的信息来计算当前时间点的输出。然而，GPT 中的自回归预训练并不仅等同于传统的线性自回归模型，它通过 Transformer 解码器架构实现了一种序列生成的概率建模方式。模型依据之前所有的已知信息，逐步预测下一个 token 的概率分布。整个文本序列的自回归预训练过程可以被视为多个条件概率的连乘积：

$$P(x_1, x_2, \cdots, x_T) = \prod_{t=1}^{T} P(x_t | x_{<t}), \tag{13-4}$$

式中，$x_1, x_2, \cdots, x_T$ 是一个长度为 T 的序列；x_t 是第 t 个单词；$x_{<t}$ 是第 t 个单词之前的所有单词。这里的自回归模型采取了前向预测策略：

$$P(x_t | x_{<t}) = P(x_t | x_1, x_2, \cdots, x_{t-1}) \tag{13-5}$$

而另一种后向自回归模型是指从右到左的顺序预测每个单词，即

$$P(x_t | x_{>t}) = P(x_t | x_{t+1}, x_{t+2}, \cdots, x_T) \tag{13-6}$$

在自回归机制下，模型处理输入句子 "Dogs like ___ ." 时，首先将其转换为内部表示形式，并在此基础上进行分析。由于自回归模型在每个时间点都依赖于前面的信息，因而在预测最后一个 token 时，模型会综合考虑整个句子的上下文，以及其对语言结构的内在理解，来计算各个候选词的概率分布。例如，模型可能会评估 "mat" "rug" "balls" 等词作为可能的填充选项，并为每个词分配相应的概率值。最终，模型会选择概率最高的词，如 "balls"，来完成句子预测，即 "Dogs like balls."。

自回归模型的训练方法通常是使用最大似然估计（Maximum Likelihood Estimation），即最大化输入序列和输出序列的联合概率，或者使用最小化负对数似然（Negative Log-Likelihood），即最小化输入序列和输出序列的交叉熵损失。损失函数一般表示为

$$\mathrm{Loss} = -\sum_{t=1}^{n} \log P(y_t | y_{<t}, \theta) \tag{13-7}$$

式中，θ 代表了模型的参数。通过最小化这个负对数似然损失函数，模型旨在最大化给定历史上下文 $y_{<t}$ 下正确预测当前 token y_t 的概率。每一步的训练都是为了让模型学习到如何根据之前出现的 token 准确地预测下一个 token 的概率分布。自回归的迭代直至整个序列的所有 token 都被遍历过，并针对每个 token 更新模型参数以降低整体损失。随着训练的进行，模型可以逐渐捕获到训练语料数据中的统计规律和上下文依赖关系，从而能够在未见过的数据上生成连贯且有意义的文本序列。

13.3.2 BERT 家族

不同于 GPT，BERT 是 Google 发布的首个基于 Transformer 编码器架构的大模型，它能够双向处理输入序列。这意味着在理解一个单词时，BERT 会同时考虑该单词的前后上下文信息。例如，在句子"我去银行存钱"中，"银行"可能指金融机构，也可能指河岸。凭借双向理解能力，BERT 可以推断出此处的"银行"是指金融机构，而不是河岸。同样，在问答系统中，当被问到"BERT 是什么？"时，基于 BERT 的模型能够准确回答："BERT 是一种自然语言处理模型，通过理解单词前后文来提升语言理解能力。"从这些例子可以看出，BERT 更侧重于对输入信息的深度理解和分析，而非生成新的内容。本小节将详细介绍 BERT 模型的结构及其训练过程。

1. BERT 的结构

BERT 由三个主要部分组成：文本嵌入层、编码器层和输出层（见图 13-7）。在处理输入文本时，首先通过文本嵌入层将句子转换为编码器可以处理的嵌入形式，以便于模型更好地理解和分析文本内容。接下来，这些经过嵌入处理的输入文本被送入编码器层，即 Transformer 的编码器。编码器层通过一系列的自注意力和位置编码操作，为输入文本中的每个 token 生成特征向量。最后，这些特征向量会通过一个输出层，经过适当的变换和激活函数处理，生成新的 token 或用于后续的预测任务。下面按数据处理顺序介绍 BERT 的三个主要组成部分。

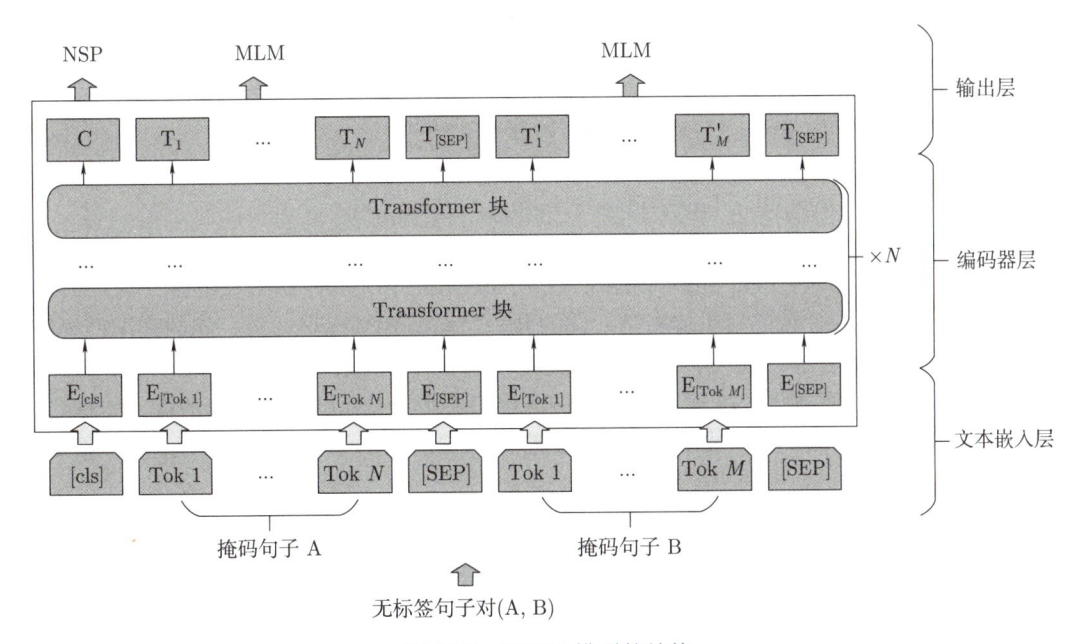

图 13-7 BERT 模型的结构

（1）文本嵌入层

深度神经网络无法直接处理以字符串形式呈现的输入文本。为了解决这个问题，需要在模型中引入一个嵌入层，将输入文本转换为一种适合神经网络处理的格式。BERT 采用了三个嵌入层来处理输入数据：token 嵌入层、分段嵌入层和位置嵌入层。这些嵌入层各自承担着不同的任务，共同为 Transformer 编码器提供所需的输入特征。BERT 文本嵌入层各个组成部分如图 13-8 所示。

输入	[CLS]	Dogs	like	balls	[SEP]	They	are	fun	to	play	with	[SEP]
token 嵌入层	$E_{[CLS]}$	$E_{[Dogs]}$	$E_{[like]}$	$E_{[balls]}$	$E_{[SEP]}$	$E_{[They]}$	$E_{[are]}$	$E_{[fun]}$	$E_{[to]}$	$E_{[play]}$	$E_{[with]}$	$E_{[SEP]}$
	+	+	+	+	+	+	+	+	+	+	+	+
分段嵌入层	E_A	E_A	E_A	E_A	E_A	E_B	E_B	E_B	E_B	E_B	E_B	E_B
	+	+	+	+	+	+	+	+	+	+	+	+
位置嵌入层	E_0	E_1	E_2	E_3	E_4	E_5	E_6	E_7	E_8	E_9	E_{10}	E_{11}

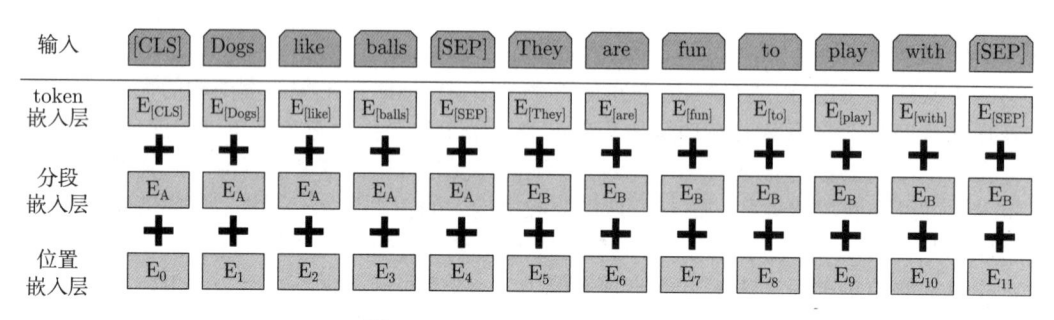

图 13-8 BERT 的文本嵌入层

token 嵌入层将输入文本中的每个 token 转换为对应的嵌入向量。

下面仍然以 "Dogs like balls because they are fun to play with." 为例来理解 token 嵌入的过程。为了能够处理各种下游任务，BERT 需要输入的 token 序列包含单个句子或者一对句子，例如，<问题, 答案>。

因此，这里将例句变换为如下两个句子。

句子 A：Dogs like balls.

句子 B：They are fun to play with.

BERT 首先对这两个句子进行分词，生成 token 序列。为了方便理解，这里使用了最简单的分词方式，即将一个单词视为一个 token。实际上 BERT 使用 "**WordPiece**" 对输入句子进行分词处理。

tokens = [Dogs, like, balls, They, are, fun, to, play, with]

接下来，BERT 在 token 序列中添加一个 [CLS] 标记，并将其放在第一句的开头。

tokens = [[CLS], Dogs, like, balls, They, are, fun, to, play, with]

然后 BERT 在每个句子的末尾添加一个新标记，即 [SEP]。

tokens = [[CLS], Dogs, like, balls, [SEP], They, are, fun, to, play, with, [SEP]]

注意：这里的 [CLS] 标记只添加在第一句的开头，而 [SEP] 标记在每一句的末尾都要添加。[CLS] 标记被用于分类任务，而 [SEP] 标记用于表示每个句子的结束。

将这个 token 序列作为输入，通过 token 嵌入层将每个 token 转换为对应的嵌入向量。这里 token 嵌入的值将通过训练学习，如图 13-8 第二行所示，BERT 计算所有 token 的嵌入，如 $E_{[CLS]}$ 表示 [CLS] 的嵌入，$E_{[balls]}$ 表示 balls 的嵌入。

分段嵌入层用来区分两个给定的句子。对于上面的 token 序列，除了 [SEP]，还需要给 BERT 模型提供某种标记来区分两个句子。因此，BERT 将这个 token 序列输入到分段嵌入层。分段嵌入层只输出嵌入 E_A 或 E_B。也就是说，如果输入的标记属于句子 A，那么该标记通过一个全连接层映射到嵌入 E_A；如果该标记属于句子 B，那么它将被映射到嵌入 E_B。如图 13-8 第三行所示，第一句的所有 token 都被映射到嵌入 E_A，包括 [CLS] 和 [SEP]，第二句的所有 token 都被映射到嵌入 E_B。

位置嵌入层为 BERT 的 Transformer 编码器提供位置信息。由于 Transformer 没有任何循环机制，而且是以并行方式处理所有词的，所以需要一些与词序有关的信息。因此，BERT 使用位置嵌入层为 Transformer 编码器提供位置信息。如图 13-8 第四行所示，E_0 表示 [CLS] 的位置嵌入，E_1 表示"Dogs"的位置嵌入，以此类推。

文本嵌入的最终输出是三种嵌入的总和。如图 13-8 所示，首先将给定的输入句子转换为 token，然后将这些 token 依次送入 token 嵌入层、分段嵌入层和位置嵌入层，并获得嵌入结果。接下来，将所有的嵌入值相加，并输入给 BERT 的编码器层。

（2）编码器层

BERT 的编码器层就是 Transformer 的编码器，二者结构完全相同。由第 6.4.7 小节可知，Transformer 编码器有三个超参数，即 Transformer 块堆叠数 N，Transformer 块中多头注意力模块的注意力头数量 H 和 Transformer 块中隐藏神经元的数量 d_{dmodel}。根据这三个超参数的不同，BERT 有两种标准配置——BERT-base 和 BERT-large。BERT-base 由 12 层编码器叠加而成。每层编码器都使用 12 个注意力头，其中前馈网络层由 768 个隐藏神经元组成，所以从 BERT-base 得到的特征向量的大小是 768。BERT-large 由 24 层编码器叠加而成。每层编码器都使用 16 个注意力头，其中前馈网络层包含 1024 个隐藏神经元，所以从 BERT-large 得到的特征向量的大小是 1024。在实际应用中，可以适当调节这三个超参数，构建不同大小的 BERT 模型。

（3）输出层

在 Transformer 编码器中，每个 token 的输出是一个特征向量，这在预训练任务中可能无法直接使用。为了解决这个问题，BERT 在编码器层之后添加了一个输出层。这个输出层由一个全连接层和一个 tanh 激活函数组成，这与 Transformer 解码器的最后部分相似，这种设计相当于在模型中添加了一个简单的解码器。

2. 训练策略

BERT 模型通常采用"无监督预训练"的方式，以更好地利用大规模无标签数据。在"无监督"方式下，预训练阶段通过两个任务学习语言的深层特征：**掩码语言建模**（Masked Language Modeling，MLM）和**下一句预测**（Next Sentence Prediction，NSP）。

（1）掩码语言建模

掩码语言建模源于传统的"完形填空"任务，通过利用大量易得的自然语言数据，在无监督学习环境下，综合考虑文本周围的上下文信息，从而精准预测句子中被屏蔽的词汇。这种技术不仅加深了人们对自然语言的理解和生成能力，还为文本生成、语义理解等领域提供了新的研究思路和应用途径。

在掩码语言建模任务中，给定一个输入句，BERT 随机掩盖其中 15% 的 token，并训练模型来预测被掩盖的 token。为了预测被掩盖的 token，模型从两个方向阅读该句并进行预测。下面通过一个例子来理解掩码语言建模。

输入句子 "Dogs like balls. They are fun to play with."，首先对其进行分词，得到如下标记：

tokens = [Dogs, like, balls, They, are, fun, to, play, with]

接下来，在 token 序列中随机掩盖 15% 的 token。假设现在掩盖了单词"balls"，那么就用一个 [MASK] 标记替换"balls"这个单词：

tokens = [Dogs, like, [MASK], They, are, fun, to, play, with]

这样的文本就可以用来训练模型预测被掩盖的词。不过，这里有一个小问题，以这种方式掩盖标记会造成预训练和微调之间的差异。为什么会出现差异呢？因为当经过训练后，在将这个模型应用下游任务进行微调时，下游的输入中不会有任何 [MASK] 标记。因此，这将导致模型的预训练方式和用于微调的方式不匹配。

为了解决这个问题，BERT 使用 80-10-10 策略，即对于随机掩盖的 15% 的 token 中，80% 的概率使用 [MASK] 这个标记，10% 的概率使用任意 token，剩下的 10% 的概率使用原来的 token。

为了预测被掩盖的词，BERT 将计算的被掩盖词的特征向量 $R_{[MASK]}$ 送入使用 softmax 激活函数的全连接层。输出词表中所有单词作为被掩盖单词的概率。经过这样的数据处理，模型从无监督训练变为了有监督训练。模型的输入变为带有 [MASK] 标记的文本，输出为 [MASK] 标记对应的真实文本。

（2）下一句预测

下一句预测是一个用于训练 BERT 模型的策略，它的目标是解决一些基于句子之间关系的问题。仍然用上面的例子来理解下一句预测任务。

句子 A：Dogs like balls.

句子 B：They are fun to play with.

其中，句子 B 是句子 A 的下一句。所以，BERT 把这一句子对标记为 isNext，表示句子 B 紧接着句子 A。反之，假如句子 B 不是句子 A 的下一句，那么就把句子对标记为 notNext，表示句子 B 不在句子 A 之后。

在下一句预测任务中，BERT 模型的目标是预测句子对是属于 isNext 类别还是属于 notNext 类别。将句子对（句子 A 和句子 B）输入 BERT 模型，训练它预测句子 B 与句子 A 的关系。如果句子 B 紧跟句子 A，则模型返回 isNext，否则返回 notNext。可见，下一句预测本质上是一个二分类任务。

13.4 大模型的训练流程

大模型进化到通用且具有强大能力的"230 学习者"不是一蹴而就的。为了使其具备强大的表达能力和广泛的应用潜力，需要经过四个关键步骤：预训练、有监督微调、奖励建模和强化学习。这些步骤协同工作，共同造就了大模型的性能和能力。本节将以通俗易懂的方式详细描述大模型的训练流程。

13.4.1 预训练阶段

预训练（Pre-training）阶段是大模型开发过程中的一个关键步骤，是在深度学习模型专门用于特定任务之前，在大规模、通常是未标注或部分标注的数据集（如互联网网页、维基百科、书籍、GitHub、论文、问答网站等具有多样性内容数据）上进行训练的过程。通常通过预测下一个词或完成句子等任务进行无监督训练，从而构建出能学习到丰富的数据表示和通用知识的基础大模型，为后续的特定任务训练（即微调阶段）提供坚实的基础。简单来说，大模型的预训练阶段类似文字接龙，让大模型在通用的、海量的数据上学习文字接龙，即掌握基于前文内容生成后续文本的能力。这样的训练不需要人类标注数据，只需要给一段话的上下文，同时把下文遮住，将 AI 的回答与语料中下文的内容做对比，就可以训练大模型，如图 13-9 所示。

图 13-9 大模型预训练任务

当然，对于具有海量参数的大模型而言，其训练过程更是一个复杂而细致的任务，它对数据集的质量与规模、计算资源的调度与分配及训练与推理的效率优化都提出了更高的要求。因此，为了实现大模型训练及优化，首先需要从多样的数据源中获取数据，并对数据进行适当的预处理和增强，这能够显著提升模型的性能和泛化能力。其次，大模型通常采用分布式训练，以保证具有海量参数的大模型能够完整地部署到计算设备，同时提高训练效率。

1. 数据准备

大模型展现出卓越性能的一个关键原因是海量高质量训练数据的支持。在数据准备阶段，确保收集数据的多样性和质量尤为重要。一方面需要探索更多的信息获取渠道来收集类别丰富的样本，另一方面需要采取有效的数据预处理手段来筛选出高质量的样本。此外，当完成数据搜集后，需要借助数据增强技术来进一步扩充数据规模。同时，为了保证大模型能够达到最佳性能，训练数据配比和课程设置同样至关重要。

（1）数据获取

人类如今生活在一个信息爆炸的时代，可以通过多种多样的工具和渠道轻松获取海量信息，这为构建和训练大模型所需的大规模数据集提供了便利。通常，大模型训练所使用的数据包括文本、图像及三维点云等多模态数据。

- 文本数据。文本数据通常来源于互联网收集的文本，包括在线论坛、社交媒体、新闻、博客、书籍、期刊等多种来源。这些文本通常涵盖社会、科技、娱乐、健康等多个主题，并囊括了不同人群、地区和文化背景的表达方式。除此之外，文本数据也可以是某个特定领域、行业或者学科的专业文本数据，包括科学文本数据、行业专业文本数据或者代码数据等。文本数据是训练大语言模型的主要数据来源。
- 图像数据。图像数据涵盖了人类日常生活中的各种场景，包括但不限于自然风光、城市街道、人物肖像等。这些数据通常由各种常规的便携设备，例如手机、平板计算机、相机等采集得到。与文本数据类似，通用图像数据主要从互联网收集而来，通过广泛收集各种场景下的数据样本，模型能够学习更广泛的特征和模式。与文本相比，图像所含的信息更加密集，其包含丰富的视觉特征，如颜色、纹理、形状等。这种特性使得尽可能收集各种场景下的图像，就能保证训练大模型所使用的图像数据多样性。
- 三维点云数据。三维数据能够更真实地反映物体、场景和环境的空间结构，因此在虚拟现实、增强现实、机器人技术、自动驾驶等热点研究方向，以及城市规划、文物保护等应用领域，三维数据都扮演着不可或缺的角色。常见的三维数据表示形式有点云、三角网格、体素、隐式表达等。其中，点云是目前使用最广泛的数据表示形式之一，其由一系列的三维离散点组成，每个点包含坐标信息和其他附加信息，如颜色、法向等。与文本和图像数据不同，点云数据的获取需要使用专业设备，常见的点云获取设备有激光扫描仪（通常有星载、机载、地面、手持、背包等种类）、深度相机、双目相机、光学相机多视角重建及结构光设备。

（2）数据处理

通过不同渠道收集的数据的质量参差不齐，通常需要经过细致的预处理，方能用于模型训练。数据预处理的核心目标是确保原始数据的质量、一致性和适用性。通过消除噪声、处理缺失值、统一数据格式，为模型提供更清晰、一致且适用于训练的输入，有助于加速模型的收敛速度，还能提高模型的鲁棒性，使其在面对现实世界的复杂问题时更为可靠和有效。

- 文本数据处理。文本数据预处理通常包括低质去除、冗余去除、隐私去除及词元划分四个步骤。低质去除旨在去除那些质量较差及不符合标准的文本数据，确保模型在训练过程中获得有效和可靠的信息。例如，去除单词数量少于 50 或者大于 100000 的文档，去除符号数量和单词数量的比例大于 0.1 的文件。在实践中，通常会针对不同类型的数据设置多种规则进行过滤。冗余去除旨在去除文本数据中的冗余信息，包括重复的句子、段落或整个文档，该任务同时也是自然语言处理中的基础任务之一。例如，Gopher 通过计算两个文档之间的 13-gram 的 Jaccard 相似度来判断它们是否重复。隐私去除是为了删除或替换文本数据中个人姓名、电话号码、电子邮件地址等敏感信息。词元划分将连续的文本划分为有意义的词元（Token），其需要保证各个词元具有相对完整和独立的语义，作为文本分析和建模的基础。例如，对于单词 token 不进行拆分，对于单词 tokenization 则拆分为 token 和 ization。

- 图像数据处理。图像数据预处理通常包含低质去除和冗余去除两步。在数据收集过程中，可能会存在一些质量较低的图像，例如模糊、过曝或者有严重噪声的图像，这些低质量的图像会干扰模型的学习。冗余去除是指去除数据集中内容相似的图像，该步骤的关键是找到能够准确衡量图像相似度的方法，通常有以下几种：基于直方图的方法、基于哈希值的方法、基于余弦距离的方法、基于结构相似度的方法。图像数据的预处理除上述两个步骤外，通常还需要人工进行数据清洗。用户可以借助谷歌发布的 Know Your Data 工具来分析数据集的属性，并依据分析结果对数据进行清洗，从而提升数据集的质量，缓解公平性和偏见问题。此外，在数据处理结束后，可能需要根据当前大模型的实际功能需求对数据进行相应的标注。例如，图像分割大模型 SAM 在构建数据集时使用了数据引擎来标注分割掩码。
- 三维点云数据处理。点云数据预处理通常包含去噪、配准、补全等步骤。去噪是因为点云数据在采集和传输过程中可能会受到多种因素的影响，如传感器噪声、环境干扰等，这些因素会导致点云数据中存在噪声或无效点。配准的主要目的是将来自不同视角或传感器的点云数据进行对齐。在实际应用中，当扫描大型物体或场景时，由于设备的限制，可能需要进行多次扫描，每次只能捕捉到部分物体表面。补全是因为在使用激光扫描仪或者深度相机采集点云时，由于遮挡或者设备限制，某些部分的点云可能无法直接获取。

（3）数据增强

在完成数据收集和预处理后，用户成功构建了训练大模型所需的数据集。在这一阶段，用户可选择执行数据增强操作以进一步提升样本的多样性。数据增强是指通过对原始数据进行一系列变换和扩充，生成更多的训练样本的过程。在现实应用中，输入数据可能存在各种变形、旋转、遮挡等情况，使用数据增强可以模拟这些变化和噪声情况，增加数据的多样性，使得模型能够更好地处理各种复杂情况，提高模型的鲁棒性和泛化能力。根据数据增强使用的时机，一般可分为离线数据增强和在线数据增强。离线数据增强是指在训练前，对原始数据进行一系列变换和扩充，生成增强后的数据集。离线数据增强一次性生成增强后的数据集，然后将其用于模型的训练。在线数据增强是指在每次模型训练的过程中，动态地对原始数据进行随机变换和扩充。这些变换和扩充可以在每个训练迭代中随机选择，并根据需求实时调整。在线数据增强可以在训练过程中动态地生成不同的样本，增加数据的多样性。

- 文本数据增强。常用的文本数据增强方法有同义词替换、随机插入、随机删除、随机交换、随机重排、文本生成、回译、掩码语言模型、语法树增强及词混合等。
- 图像数据增强。图像数据增强可分为基于预定规则的方法和基于无监督的方法，基于预定规则的方法是指事先定义好一些规则或变换方式，通常可分为单样本数据增强和多样本数据增强。单样本数据增强是指在进行数据增强时仅围绕当前样本进行各种变换，一般又可细分为几何变换和颜色变换。几何变换包括翻转、旋转、缩放、平移、裁剪等，常规的颜色变换包括加噪、模糊、颜色扰动等，其中颜色扰动包含对亮度、对比度、饱和度、色相的调整。多样本数据增强是指使用多个样本来生成新的样本。
- 三维点云数据增强。与图像数据增强类似，点云数据增强一般基于预定规则，通常包括旋转、平移、缩放、加噪、随机丢弃等方法。此外，对于具有物体级别标签（对场景中的所有物体进行标注）的数据，可进行局部的数据增强。例如，当训练集中的某些点云数据具有 3D 包围框标签时，可以单独对包围框内的点云进行上述数据增强操作。图 13-10 所示为使用激光雷达扫描得到的城市街道场景点云数据，图中的包围框内是属于汽车类别的点云。通过对图 13-10a 中包围框内的点云进行旋转和轻微的尺度缩放能够得到图 13-10b 所示的结果。当用户对图 13-10a 中包围框内的点云使用更多的数据增强操作时，可以生成更加多样化的数据。

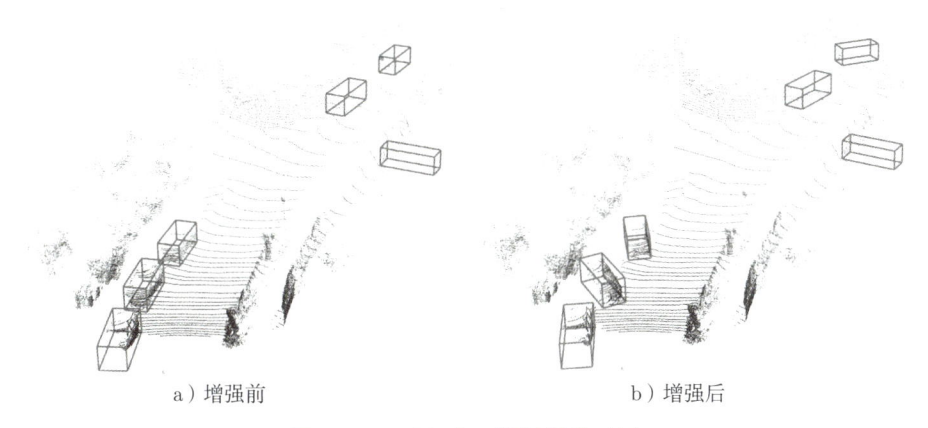

a）增强前　　　　　　　　　　　　b）增强后

图 13-10　局部点云数据增强示例

2. 数据混合配比

如上文所述，预训练数据包含多个数据来源，涵盖不同领域（如网络、论文、代码、多模态等），数据之间存在相互促进、冲突或无关等复杂关系。合理的数据配比能够显著提升大模型训练的收敛速度并最大化模型性能。从有限的计算成本角度来看，调整数据配比以平衡各领域的能力，并尽可能利用数据间的相互促进作用，这对最终模型的性能十分关键。大模型预训练需要保证大模型能够学习到通用特征，具备一些通用功能，例如大语言模型的问答和总结等功能、图像分割大模型对任意自然图像的分割能力。此时，训练数据中的通用数据应该具有更高的比例。

目前大多数调整数据配比的实践都依赖于启发式的方法，例如增加某些"高质量"的数据比例，但相关实践没有公开具体的操作标准。这使得对数据配比的调优仍无法形成一个通用的框架，在实际完成训练前也无法得知启发式设计的数据配比是否有效。另一方面，在大语言模型的发展中，以规模定律（Scaling Laws）为代表的定量规律的发现指出，语言模型的损失函数关于各种各样的因素都是可以定量预测的。这启发我们，是否也可以建立一条数据配比对模型损失的定量函数，并对其进行拟合，通过拟合这一函数，可以预知任意数据配比下模型的表现，从而选择出最理想的（例如达到最小模型损失）的数据配比，称之为数据混合定律。结合规模定律的思想，要想优化大模型的数据配比，先在小模型上进行实验，利用规模定律预测对应数据大模型的表现，并利用预测值建立大模型的数据混合定律，如图 13-11 所示。

3. 并行化和分布式训练

在大模型时代，数据量和模型参数量呈指数级增长已经为常态。相较之下，算力的增长远远无法满足大模型训练与部署的需求，单一计算设备无法有效处理如此庞大和复杂的任务。在这种背景下，分布式训练崭露头角，为处理海量数据和庞大模型提供了解决方案。通过将训练任务分散到多个计算节点上同时进行,分布式训练不仅实现了训练速度的显著提升,更使得处理数量级更大的数据和参数成为可能。

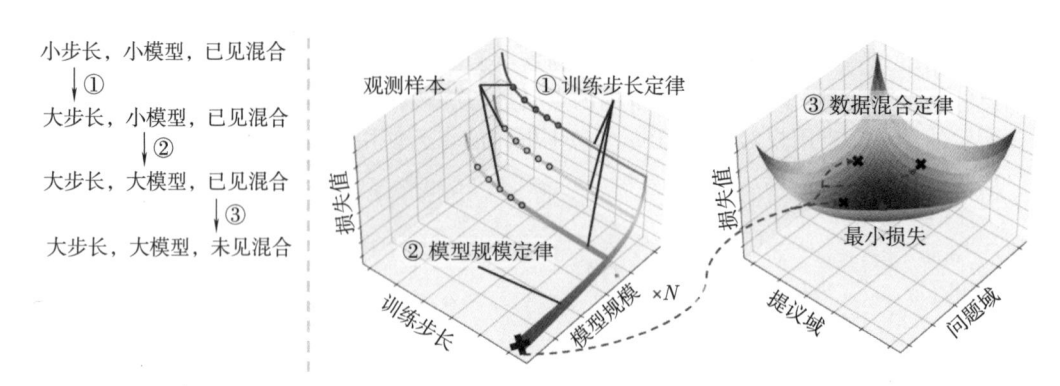

图 13-11 数据优化流程:首先在小模型上训练小步数,依据关于训练步数的规模定律及关于模型大小的规模定律得到对应大模型在大训练步数下的表现。分别对多组数据配比重复该实验,得到多组数据配比大模型大训练步数的预测值,利用这些预测值和数据混合定律,从而预知大模型训练下不同数据配比的表现(见彩插)

在分布式训练系统中,通常可采用数据并行、模型并行及混合并行的策略来组织和划分训练数据和模型参数。数据并行是将训练数据进行切分,随后分发到不同的节点上进行计算。模型并行是将模型进行切分,将模型中的算子按组划分,然后分发到各个节点上。模型并行和数据并行可以结合使用,以充分利用多个计算节点的计算能力,这种方式称为混合并行。图 13-12 展示了三种并行化策略的对比。

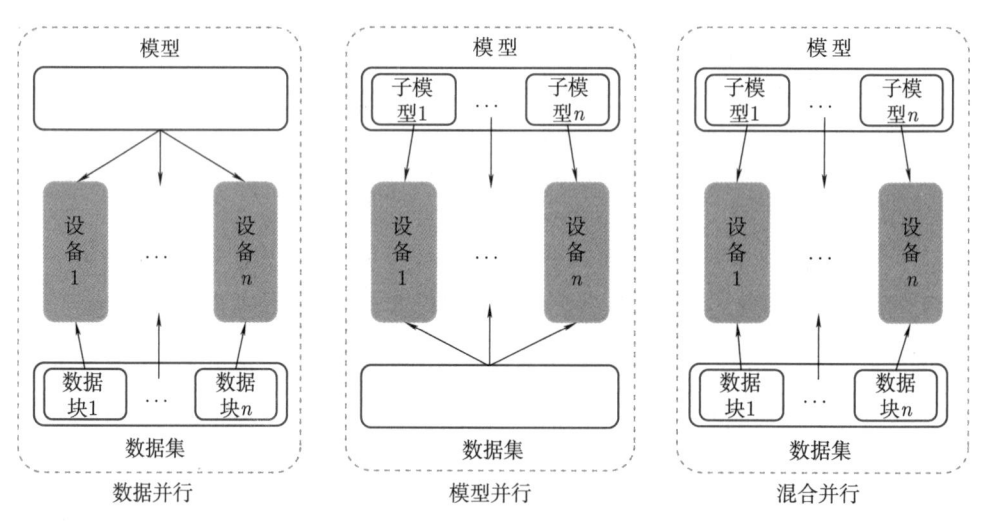

图 13-12 三种并行化策略的对比

13.4.2 人类引导:有监督微调阶段

光靠学习文字接龙的预训练,大模型仍不知道该如何给出有用的回答。比如,问大模型"世界上最高的山是哪座山?"时,大模型会给出"你能告诉我吗""珠穆朗玛峰""这是一个好问题"等回答,这些回答从语法角度看都是上下文通顺的,但显然"珠穆朗玛峰"是更符合人类期望的回答，如图 13-13 所示。因此，为了解决这个问题，研究人员让人类就一些问题写出人工答案，再把这些问题和答案给大模型学习，这就是**有监督微调**（Supervised Fine Tuning，SFT），即对于特定问题告诉大模型人类认可的答案，让大模型依葫芦画瓢，如图 13-14 所示。运用这种方法可以引导大模型往人类期望的方向进行文本生成，也就是给出正确且有用的回答。通过这种有监督训练的方法，可以得到一个有监督微调模型（SFT 模型）。

图 13-13　预训练阶段基础大模型的对话示例

图 13-14　有监督微调训练过程

　　有监督微调是在基础大模型的基础上利用少量高质量数据集合进行微调，从而生成有监督微调模型。高质量数据集合包含用户输入的提示词（Prompt）和对应的理想输出结果，用户输入可以是问题、闲聊对话、任务指令等多种形式和任务。这一阶段通过有针对性的微调，使得模型具备更深层次的指令理解和上下文理解能力。经过这一过程得到的 SFT 模型能够执行包括但不限于开放领域问题、阅读理解、翻译、生成代码等一系列任务，同时具备一定的对未知任务的泛化能力。需要注意的是，这里并不需要人类穷举出所有可能的问题和答案，这既代价高昂又不甚现实。实际上，研究人员只提供了数万条数据让大模型学习，因为大模型本来就有能力产生正确答案，只是尚不知道哪些是人类所需的。这几万条数据主要是为了告诉大模型人类的喜好，提供一个文字接龙方向上的引导。

1. 指令数据集构建

指令数据的质量直接影响指令微调的最终效果。因此，指令数据集的构建是一个非常精细的过程。构建指令数据集通常有两种方法。

- **来自带注释的自然语言数据集的数据集成（Data Integration）**。也就是从带注释的自然语言数据集，使用模板（Template）技术将文本标签对（Text-label Pairs）转换为 <指令，输出> 对（Instruction-Output Pairs）。例如，Flan 和 P3 数据集就是通过数据集成策略构建的。
- **利用大模型给指令生成输出，构建 <指令，输出> 对**。例如，可以使用 GPT-3.5-Turbo 或 GPT-4 之类的大模型收集输出。利用大模型构建 <指令，输出> 对，需要经历两个步骤：首先，可以通过人工收集的方式得到指令，抑或先手写少量指令然后用大模型来扩充指令；其次，将收集到的指令输入到大模型中以获得输出。InstructWild 和 Self-Instruct 等数据集就是通过这种方式构建的。另外，对于多回合会话指令微调数据集，可以让大模型扮演不同的角色（如用户、AI 助手）来生成会话格式的消息。

目前，根据上述两种方法构建的指令数据集一般可以分为三类：① 泛化到未见任务。这类数据集通常包含多样化的任务，每个任务都有专门的指令和数据样例。模型在这类数据集上训练后，可以泛化到未见过的新任务上。② 在单轮中遵循用户指令。这类数据集包含指令及其对应的响应，用于训练模型单轮回复用户指令。训练后，模型可以理解指令并做出回复。③ 像人类一样提供帮助。这类数据集包含多轮闲聊对话。训练后，模型可以进行多轮交互，像人类一样提供帮助。总的来说，第一类数据集侧重任务的泛化能力，第二类数据集侧重单轮指令理解及回复能力，第三类数据集侧重连续多轮对话能力。研究人员可以根据所需的模型能力选择不同类型的数据集进行指令调优。详细的指令数据集信息见表 13-1。

表 13-1 指令数据集

类型	数据集名称	实例数量	支持语言	构建方式
泛化到未见任务	UnifiedQA	75 万	英语	人工构建
	OIG	4300 万	英语	人机混合
	UnifiedSKG	80 万	英语	人工构建
	Natural Instructions	19 万	英语	人工构建
	P3	1200 万	英语	人工构建
	xP3	8100 万	46 种语言	人工构建
	Flan 2021	440 万	英语	人工构建
在单轮中遵循用户指令	InstructGPT	1.3 万	多语言	人工构建
	Unnatural Instructions	24 万	英语	InstructGPT 生成
	Self-Instruct	5.2 万	英语	InstructGPT 生成
	InstructWild	10 万	—	模型生成
	Evol-Instruct	5.2 万	英语	ChatGPT 生成
	Dolly	1.5 万	英语	人工构建
	GPT-4-LLM	5.2 万	中英文	GPT-4 生成
	LIMA	1 千	英语	人工构建
像人类一样提供帮助	ChatGPT	—	多语言	人工构建
	Vicuna	7 万	英语	用户共享
	Guanaco	534 万	多语言	模型生成
	OpenAssistant	16 万	多语言	人工构建
	Baize v1	111 万	英语	ChatGPT 生成
	UltraChat	67 万	中英文	模型生成

2. 指令微调阶段

构建好高质量指令数据集后，就可以使用这些有标签的指令数据集对基础大模型进行微调。通常这个阶段使用参数高效指令微调技术（其主要技术见表 13-2），即通过更新一小部分参数使模型达到训练效果。

表 13-2　高效指令微调技术

方法	原理	优势	缺点
LoRA	将模型权重分解为低秩分量进行更新，使调优局限在相关任务子空间	减少调优的参数量，降低计算内存	低秩分解可能削弱模型的表征能力
HINT	使用超网络根据指令和少量样例生成参数化模块进行模型调优	可以处理长指令，避免重复计算	调优模块性能可能弱于全量调优
Qlora	对模型权重进行量化，只调整低秩适配器参数	减少参数内存，兼容量化	量化会损失部分精度
LOMO	融合梯度计算和更新，避免完整梯度存储	减少梯度内存占用	需要精心设计保证收敛稳定
Delta-tuning	将调优参数限制在低维流形上	提供理论分析，参数高效	低维流形假设可能不够准确

当前，指令微调技术在众多领域都得到了广泛的应用，包括机器翻译、文本分类、情感分析、问答系统等。其中，机器翻译是指令微调最重要的应用之一，当预训练模型微调后，机器翻译的结果将更加准确和流畅；在文本分类和情感分析方面，指令微调可以显著地提高模型的分类准确率和情感分析精度；在问答系统方面，通过指令微调，模型可以更好地理解和回答用户的问题。表 13-3 展示了目前利用指令微调数据集进行微调的大模型。指令微调主要依赖于大量有标签的高质量数据进行微调。然而，标注数据需要耗费大量的人力、物力和时间。因此，如何提高大模型的泛化能力，使其能够在无标签数据上进行自我学习和优化，是未来的一个重要研究方向。

表 13-3　利用指令微调数据集进行微调的大模型

指令微调大模型	参数量	基线模型	数据集名称	大小
Instruct-GPT	176B	GPT-3	—	—
BLOOMZ	176B	BLOOM	xP3	—
FLAN-T5	11B	T5	FLAN 2021	—
Alpaca	7B	LLaMA	—	52K
Vicuna	13B	LLaMA	—	70K
GPT-4-LLM	7B	LLaMA	—	52K
Claude	—	—	—	—
WizardLM	7B	LLaMA	Evol-Instruct	70K
ChatGLM2	6B	GLM	—	1.1 tokens
LIMA	65B	LLaMA	—	1K
OPT-IML	175B	OPT	—	—
Dolly 2.0	12B	Pythia	—	15K

13.4.3 给 AI 模型请个"好老师":奖励建模阶段

经过有监督微调,大模型已经初步具备完成各种任务的能力。但有监督微调的目的是使模型的输出与标准答案完全相同,而不能从整体上对模型输出质量进行判断。因此,此时的模型不适用于自然语言及跨模态生成的多样性问题,也不能解决微小变化的敏感性问题。

如何让有监督微调的大模型变得更强呢?可以参考其他 AI 模型的训练思路。前几年轰动一时的围棋人工智能 AlphaGo,是通过海量的自我对弈来优化模型,最终超越人类的。能不能让大模型通过大量对话练习提升其回答问题的能力呢?答案是可以,但缺少一个"好老师"。

AlphaGo 自我对弈,最终胜负通过围棋的规则来决定;但大模型回答一个问题,谁来告诉大模型回答的好坏呢?总不能让人来一一评定吧?人的时间和精力是有限的,但 AI 的精力是无限的,如果有个能辨别大模型回答好坏的"老师模型"[即奖励(Reward)模型],以人类的评分标准对大模型所给出的答案进行评分,那不就能让大模型的回答更加符合人类的偏好了吗?

于是,研究人员让大模型对特定问题给出多个答案,由人类来对这些答案的好坏做排序(相比直接给出答案,让人类做排序要简单得多)。基于这些评价数据,研究人员训练了一个符合人类评价标准的奖励模型。

图 13-15 所示为奖励模型的训练过程。奖励模型(Reward Model,RM)源于强化学习中的奖励函数,它能对当前的状态刻画一个分数,来说明这个状态产生的价值有多少。在大模型微调中,奖励模型是对输入的问题和答案计算出一个分数。输入的答案与问题匹配度越高,奖励模型输出的分数就越高。通过用一个输出标量值的随机初始化的线性头替换有监督微调模型的最后一层(非嵌入层),作为初始化的奖励模型。人工或者 OpenAI API 等算法生成提示,有监督模型针对每个提示生成多个回复,人工对回复进行排序,其中排序名就是标签,再将排序名转换为标量,从而构建奖励建模的数据集。不同于基线模型和有监督微调模型,奖励模型本身并不能直接供用户使用,而是用于拟合人类打分结果。

奖励建模需要先利用有监督模型生成回答数据,然后对这些回答进行人工排序,再基于数据和排序结果训练奖励模型。具体来说,奖励模型的数据集是以问题模板 + 响应回答的形式,由有监督微调模型生成多个响应回答,然后人工标注这些响应回答之间的排序顺序。需要注意的是,给响应回答进行人工排序可能会较难且需要投入大量精力,例如完成一个问题模板的响应回答排序可能需要耗费数个小时。那么,为什么不直接对文本标注分数来训练奖励模型?这是由于标注者的价值观不同,这些分数未经过校准并且充满噪声。通过排序可以比较多个模型的输出并构建更好的规范数据集。

奖励模型通过由人类反馈标注的数据来学习人类的偏好,判断模型回复的有用性并保证内容的无害性,是一种模拟人类评估的过程。初始的奖励模型将有监督微调模型最后一层的非嵌入层去除,训练模型的输入是问题和答案,输出是一个标量奖励值,即分数。样本质量越高,奖励值就越大。由于模型太大不够稳定,损失值很难收敛且小模型成本较低,因此,奖励模型一般采用参数量为 6B 的模型,而不使用 175B 的模型。

奖励模型的准确率对于强化学习阶段的效果具有至关重要的影响,因此对该模型的训练通常需要大规模的训练数据。安德烈·卡帕西(Andrej Karpathy)在报告中指出,奖励模型需要数百万的对比数据标注,而且其中许多标注任务需要耗费相当长的时间。由于在标注示例中,文本表达通常较为流畅,标注其质量排序需要设计详细的标准,标注人员也需要认真对待标准内容,这需要大量的人力。同时,如何确保众包标注人员之间的标注一致性,也是奖励建模阶段需要解决的难点之一。

此外,奖励模型的泛化能力边界也是本阶段需要重点研究的内容。如果奖励模型的目标是针对系统生成的所有提示词输出都进行高质量判断,这个问题在某种程度上等同于文本生成的难度,因此如何界定奖励模型应用的泛化边界也是本阶段的难点问题。解决这些问题将有助于提高奖励建模阶段的训练效率和模型的性能,为大模型的发展提供更深层次的支持。

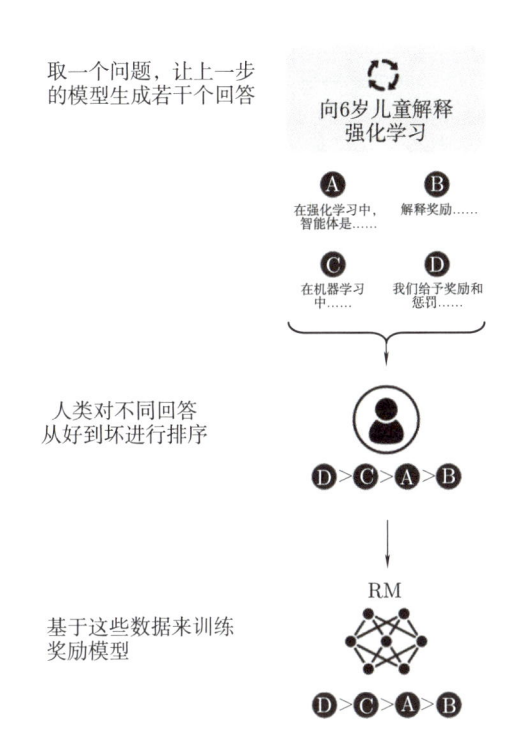

图 13-15 奖励模型的训练过程

13.4.4 AI 指导 AI:强化学习阶段

要实现 AI 的自我指导,得借助强化学习(Reinforcement Learning)技术。简单来说,就是让 AI 通过不断尝试,有则改之、无则加勉,从而逐步变强。前两步训练得到的模型在这一步都能派上用场:我们随机问大模型一个问题并得到一个回答,让 Reward 模型给这个回答一个评分,AI 基于评分去调整参数,以便在下次问答中获得更高分。重复这个过程,完整版的大模型就训练好了,如图 13-16 所示。

在这一阶段,根据数十万用户提供的提示词,利用在前一阶段训练的 Reward 模型,对 SFT 模型生成的用户提示词补全结果进行质量评估。这个评估结果与基础模型的建模目标结合,以获得更优的效果。该阶段所使用的提示词数量与有监督微调阶段相似,通常在十万量级,且不需要人工提前给出这些提示词的理想回复。

通过强化学习,对 SFT 模型的参数进行调整,以使最终生成的文本获得更高的奖励(Reward)。相较于预训练阶段,这一阶段所需的计算量大大减少,通常只需数十块 GPU 数天的时间即可完成训练。

与有监督微调相比,强化学习在相同模型参数的情况下,可以获得更好的效果。然而,Andrej Karpathy 也指出强化学习并非没有问题,它可能导致基础模型的熵降低,从而减少模型输出的多样性。在经过强化学习方法训练后，RL 模型将成为最终提供给用户使用的系统，它具有理解用户指令和上下文的类 ChatGPT 功能。由于强化学习方法的稳定性较低，存在超参数众多、模型收敛难度大的问题，再加上奖励模型准确率的挑战，使得在大模型中有效应用强化学习变得相当困难。

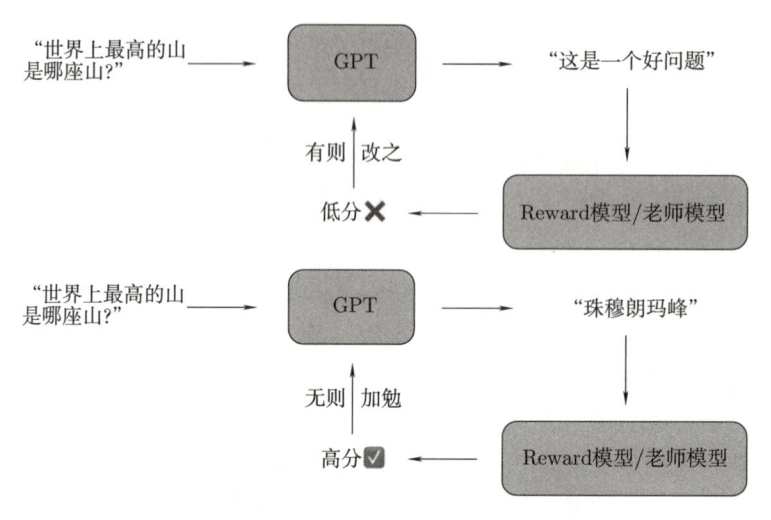

图 13-16　强化学习阶段

13.5　大模型的分类及多维应用

随着大模型技术的发展，大模型在各个领域展现出强大的能力，根据它们处理的数据类型或输入模态的不同，大模型可以大致分为四类：文本模态、图像模态、音频模态和多模态。每个模态的大模型在特定领域都具有独特的优势和广泛的应用场景。下面首先来介绍不同模态的大模型。

13.5.1　大模型的分类

1. 文本模态

文本模态的大模型主要用于处理自然语言文本，是自然语言处理（NLP）领域的重要工具。它们被广泛应用于文本生成、翻译、问答、情感分析等任务。文本模态大模型的核心技术通常包括 Transformer 架构和自注意力机制，能够有效捕捉文本中的长距离依赖关系和复杂的语义信息。目前，典型的文本模态大模型主要有以下一些。

- **GPT-3**：目前参数量较大的语言模型之一，基于 Transformer 架构。它通过在大规模文本数据上进行预训练，展示了强大的自然语言生成和理解能力，能够完成文本生成、对话系统、代码补全等任务。
- **LLaMA**：Meta AI 提出的第一个开源自然语言大模型，其目标是将模型大小控制在一系列给定的推理成本下，通过在超大规模的数据上进行训练，找到性能最优的模型。
- **文心一言**：百度全新一代知识增强大语言模型，能与人对话、回答问题、协助创作，高效便捷地帮助人们获取信息、知识和灵感。
- **盘古**：由华为开发的一种大规模预训练语言模型，基于 Transformer 架构，旨在处理各种自然语言处理任务。它特别针对中文进行了优化，考虑了中文的语言特点和结构，使其在处理中文文本时表现出色。

- **ChatGLM**：由清华大学 KEG 实验室和智谱 AI（Zhipu.AI）联合开发的一种大规模预训练语言模型，旨在为多种自然语言处理任务提供强大的技术支持，特别是在对话系统和生成式任务中表现优异。

2. 图像模态

图像模态的大模型专门设计用于处理和理解图像数据。这些模型通常具有数亿到数十亿级别的参数，通过在大规模图像数据集上进行预训练，具备强大的特征提取、模式识别和生成能力。图像大模型在图像分类、物体检测、图像分割、图像生成等任务中表现出色，广泛应用于计算机视觉领域。目前，主流的图像大模型主要有以下几个。

- **SAM（Segment Anything Model）**：由 Meta AI 提出的"分割一切模型"，其目标是开发一种在海量数据上进行训练的、具有强大泛化能力的模型。通过巧妙设计的提示工程，该模型能够应对新的数据分布，解决各种下游图像分割任务。
- **Large Vision Models**：由 UC 伯克利三位顶尖计算机视觉领域的教授联合发布的、首个专门用于计算机视觉的纯视觉大模型。这一模型不依赖于自然语言输入，仅针对视觉任务，完全聚焦于图像和视频处理，展示了纯视觉模型的可扩展性。

3. 音频模态

音频大模型是专门设计用于处理和理解音频数据的模型。这些模型通常具有数百万到数十亿级别的参数，通过在大规模音频数据集上进行预训练，具备强大的特征提取、模式识别和生成能力。音频大模型在语音识别、语音合成、音频分类、音频生成等任务中表现出色，广泛应用于语音助手、智能音箱、音乐推荐等领域。目前，主流的音频大模型主要有以下几个。

- **AudioLM**：由 Google 提出的一个具有长期一致性的高质量音频生成框架。该框架仅通过输入段落音频，在没有任何文字标注或注释的情况下，能够完成两个不同音频领域的任务。
- **Wav2Vec**：一种用于自监督学习的音频模型，通过在未标注的音频数据上进行预训练，学习音频特征表示。Wav2Vec 2.0 版本进一步改进了模型的性能，在语音识别任务中取得了显著成绩。
- **DeepSpeech**：一种端到端的语音识别模型，基于深度神经网络，能够将音频信号直接转化为文本。该模型通过在大规模标注的语音数据集上进行训练，提高了语音识别的准确性。
- **WaveNet**：一种生成模型，能够生成高质量的语音波形。它通过建模音频信号的时序特性，使得生成的语音具有高度的自然度和清晰度。WaveNet 在语音合成领域取得了巨大成功。

4. 多模态

多模态的大模型能够处理和融合来自不同模态（如文本、图像、音频、视频等）的数据，具备跨模态的特征提取、理解和生成能力。多模态大模型在图文生成、视频理解、语音与图像的结合等任务中表现出色，广泛应用于自动驾驶、智能助手、图像描述生成等领域。目前，主流的多模态大模型主要有以下几个。

- **CLIP（Contrastive Language-Image Pre-training）**：由 OpenAI 提出的一种联合训练图像和文本的模型，通过对比学习来理解图像和文本的对应关系。CLIP 在大量的图像-文本对上进行预训练，能够实现跨模态的搜索和分类。
- **DALL-E**：由 OpenAI 开发的一种基于 GPT-3 的图像生成模型，能够根据文本描述生成图像。DALL-E 展示了强大的文本到图像生成能力，能够生成富有创意和复杂的图像，被广泛应用于创意设计、广告制作等领域。
- GPT-4V：OpenAI 在 2023 年 3 月发布的一种强大的多模态模型，能够处理不同类型的信息。它的独特之处在于，能够学会理解图像，并通过自然语言描述图像内容。
- ImageBind：Meta AI 提出的一种多感官统一大模型，旨在将来自不同模态的数据（如图像、文本、音频、视频、深度、热图等）绑定到一个共同的表示空间中。通过这种方式，ImageBind 能够在不同模态之间实现更有效的相互理解和跨模态任务处理。

13.5.2 大模型的多维应用

目前，大模型处于全面发力、多点开花的新局面，其应用范围非常广泛，包括但不限于自然语言处理、图像识别和处理、语音识别和处理、推荐系统、游戏和娱乐、医疗健康、金融、教育、智能制造等领域，这种新格局的形成将有助于大模型更好地满足未来智能技术的需求，推动其在各个领域的广泛应用和不断创新。下面来介绍几个主要领域的大模型应用。

1. 金融行业

在金融行业，很多机构专门训练了金融大模型，如彭博社推出的 BloombergGPT 金融大模型（专门为金融行业设计，旨在提供更加精准和高效的金融信息服务）、奇富科技训练的奇富 GPT 金融大模型（被称为国内首个金融行业通用大模型，旨在为金融机构提供高效的科技服务和解决方案）、马上消费金融训练的天镜大模型（被称为国内首个零售金融大模型）、蚂蚁集团发布的基于金融大模型的两款产品——智能金融助理"支小宝"和面向金融产业专家的智能业务助手"支小助"等。金融机构可以使用大模型做哪些事情呢？包括但不仅限于如下所列。

- 信贷评估。金融机构可以使用大模型来评估贷款申请者的欺诈可能性和信用状况，实现自动化信贷审批。
- 反欺诈。通过模式识别和异常检测，大模型有助于金融机构预防和打击欺诈活动。
- 客户服务。通过自然语言处理技术，大模型能够提供智能客服服务，快速响应客户咨询，提高服务效率和质量。
- 投资决策。利用大模型的数据分析能力，金融机构可以生成投资报告，提供市场趋势预测，辅助投资决策。
- 个性化营销。大模型通过分析客户数据，能够提供个性化的产品推荐和营销策略，提升营销效果。

2. 教育行业

在教育行业，大模型发挥着越来越重要的作用。教育成为人工智能落地最佳应用场景之一。仅 2024 年 1 月份，国内多家科技企业就推出了教育大模型。例如，网易有道宣布正式推出子曰教育大模型 2.0 版本；小度推出小度学习机 K16，该产品搭载了基于百度文心大模型独创的 AI 互动大语文体系等 20 项 AI 功能；知乎宣布联合面壁智能推动"大模型+Agent"融合技术在职业教育领域的应用落地。大模型可以应用到各种教育场景，提供个性化、泛在化的教育服务，缔造智慧教育新形态，包括但不仅限于如下所列。

- 学习辅助工具。大模型可以作为学习辅助工具，为学生解决问题、生成学习材料和组织知识提供支持。例如，学生可以向模型询问数学问题的解决方法，模型可以生成详细的解释和分步的过程，帮助学生理解和掌握相关概念。
- 个性化学习体验。大模型可以根据学生的学习需求和兴趣，提供个性化的学习内容和建议。例如，模型可以根据学生的学习历史和兴趣推荐相关的阅读材料、练习问题和学习资源，满足他们的个性化需求。

- **语言学习和教学**。基于大模型授权的教育产品在语言学习和教学中有潜在的应用。例如，它们可以提供语法和词汇练习，以帮助学生提高他们的语言技能；还可以生成对话场景，供学生练习现实生活中的对话，提高他们的语言交际能力。
- **交互式学习体验**。大模型将创造交互式和沉浸式学习体验。例如，它们可以模拟历史事件、虚拟科学实验或虚拟实地考察旅行，吸引学生积极参与，通过仿真场景进行学习。这些互动体验可以增强学生的参与度，加深他们对复杂概念的理解。
- **学术写作帮助**。大模型可以帮助学生提高他们的学术写作技能。它们可以在组织文章、引用来源、精炼论点和提高整体的清晰度和连贯性方面提供指导。这些模式还可以帮助学生培养学术成功所必需的批判性思维和分析技能。

3. 医疗行业

在医疗领域，从医学科研、药物研发到智慧诊疗的各阶段，再到医疗设备运维、医院管理等，均有大模型产品涌现。例如，华为云盘古药物分子大模型，是由华为云联合中国科学院上海药物研究所共同训练而成的大模型，实现针对小分子药物全流程的人工智能辅助药物设计。再如，百度的文心生物计算大模型是将生物领域研究对象的特性融入模型，构建面向化合物分子、蛋白分子、基因组学信息的生物计算领域预训练大模型。又如，深睿自主研发的通用医学影像理解模型 DeepWise—CIRP，可以自动从原始影像和报告中学习理解医学影像，不需要过多的人为标注。还有上海联通携手华山医院、上海超算中心等单位发布"Uni-talk"的医疗算网大模型，通过多元算力实时感知、云网协同、智能决策等算网融合关键技术，实现对跨区域异构算力的智能管控与统一编排，助力模型高效训练迭代。医疗行业可以使用大模型做但不仅限于如下所列。

- **智能导诊助手**。大模型在智能问答方面具有良好表现，能够为患者提供便捷、流畅的交互体验。智能导诊旨在解决患者的导诊问题，通过语言交流与患者互动，协助患者初步判断病情并提供就诊指引。例如，患者对导诊助手描述自身的疾病情况，尽管在描述过程中，患者使用的医学术语可能不够准确，大模型的语言理解能力依旧能够对这种模糊描述进行详细分析，提示患者应该挂号的科室，并为患者提供挂号流程与院内的就医路线，实现自动化导诊服务，为患者提供更智能化的导诊体验，提高医院导诊效率。
- **疾病辅助诊断**。大模型能够根据患者的症状及以往病史进行分析及匹配，提供初步诊断结果，为医生的诊断提供有力参考。例如，当患者描述自己的病症时，大模型通过患者提供的描述进行理解和分析，并将其转化为对应的疾病信息，而后通过医学知识库推断出患者可能的患病类型，进而提供相应的治疗建议，辅助医生进行诊断和决策。
- **药物研发**。大模型在推动药物研发方面拥有巨大潜力。大模型通过提炼海量医学数据中的有效特征，学习不同蛋白质、分子化合物之间的结构关系，能够在短时间内生成大量具有多样性的分子结构，提供更加广泛的分子库供药物筛选，并发掘潜在的药物靶点，预测靶点与潜在药物之间的相互作用，加速药物研发的进程。
- **电子病历生成**。电子病历记录了患者的身体健康状态、诊断结果及药物处方等信息。医生手动填写电子病历会耗费大量时间，使诊疗过程不够便捷、高效。大模型能够对患者的病史信息进行归纳整理，形成初步的电子病历档案，医生在预生成的病历的基础上进行修改和完善即可，能够极大地缩短耗时，减轻医务人员的负担，提高医疗服务的效率和质量。

13.6 小结

当下，大模型在 AI 社区掀起了巨大的浪潮。ChatGPT 的问世使人们重新对通用人工智能（AGI）的可能性进行深刻思考。OpenAI 发布了一篇名为"Planning for AGI and Beyond"的技术文章，探讨了实现 AGI 的短期和长期计划，AI 研究领域正因大模型的迅速发展而发生革命性的变革。本章首先详细探讨了大模型的本质，指出其核心在于超大规模参数和深度学习算法的结合，能够从数据中提取复杂的模式和特征。接着，分析了大模型技术的演进历程，回顾了从浅层模型到如今的 Transformer 等架构的重大技术变革。随后，阐述了当前大模型领域以 GPT 和 BERT 为两条主要网络结构的主流基础。最后，对大模型的训练流程进行了讲解，涵盖了预训练、有监督微调和强化学习过程，并分类讨论了不同应用场景中的大模型。

尽管大模型取得了长足的进步，其基本原理尚未得到充分探索。例如，为什么潜在的涌现能力（Emergence Ability）[1]可能会出现在大模型中而不是较小的 PLM（Pre-trained Language Model）中仍然是个谜。因此，研究大模型何时以及如何获得这些能力非常重要。尽管已有一些有意义的讨论，但仍需要更多原则性的研究来揭示大模型的"秘密"。

同时，将大模型与人类价值观或偏好保持一致也具有挑战性。尽管大模型具有出色的能力，但它也可能生成有害、虚构或具有负面影响的内容。因此，需要有效的和高效的控制方法来消除使用大模型的潜在风险。这意味着对模型输出应进行有效的伦理监督和调整，以确保其符合人类价值观和社会准则。在这个方面，社会、法律和伦理标准的发展将是未来研究和应用的重要方向。

---

[1] 涌现能力指在一个复杂系统中，当系统的规模增大到一定程度时，系统中的一些个体或组成部分会表现出之前不具备的、集体的、宏观层面的行为或特性。

第 14 章
智能体与多智能体系统

在自然界和人类社会中，许多复杂行为是通过个体间的相互作用实现的。无论是蚁群合作完成觅食任务，还是在一场足球比赛中球员们默契配合，这些都是多个个体协同工作的结果。在计算机科学领域，智能体是能够自主感知环境并采取行动以实现目标的个体，广泛应用于机器人、自动驾驶、游戏人工智能和决策系统中。多个智能体相互协作或竞争，便构成了多智能体系统（Multi-Agent System，MAS）。

以智能家居系统为例，现代智能家居中的多个设备，如智能灯光、恒温器、智能门锁和安全摄像头，可以被视为不同的智能体。当你回家时，智能门锁会自动识别你的身份，解锁大门；智能恒温系统会根据你的偏好，自动调节室内温度；智能照明系统会根据天色和你的位置，自动调整灯光亮度和色温；智能扬声器会根据你的语音命令，播放你喜欢的音乐或提供信息查询服务。这些设备独立运行，但它们之间可以通过通信和协调，协作提供更加智能和个性化的服务。

在智能家居系统中，多个智能体的协作使得整个系统更加高效，类似的多智能体系统在其他领域也显示出巨大的应用潜力和价值。这种协作不仅可以简化复杂任务的执行，还能够提升系统的灵活性与鲁棒性。

因此，理解多智能体系统的工作原理，以及智能体之间如何通信、协调与合作，是设计复杂人工智能系统的重要基础。通过这种分布式协作，多个智能体可以实现单个智能体无法完成的任务，从而应对更具挑战性的环境和问题。本章将详细探讨智能体与多智能体系统的基本概念、架构和关键技术，重点介绍智能体之间的通信、协调、协作和协商机制，帮助读者更深入地理解智能体在人工智能系统中的重要作用。

14.1 智能体

智能家居系统只是多智能体系统在现实世界中应用的一个缩影。在更广泛的领域，如智慧城市、工业制造、智能交通运输等，多智能体系统正在发挥越来越重要的作用。在智能交通系统中，每辆车可以看作一个智能体，通过车与车之间、车与基础设施之间的信息交换与协同，可以缓解交通拥堵，减少事故发生；在无人机集群中，多架无人机通过分工合作，可以高效完成侦查、搜救、投送等复杂任务。以上这些都是智能体的具体应用领域。那么，到底什么是智能体呢？

14.1.1 智能体的概念

在人工智能领域中，**智能体（Agent）** 是多智能体系统的基本单元，它可以是具有自主性和目标导向性的实体或程序，能够感知环境、做出决策并执行行动。智能体既可以是人工设计的，也可以是基于机器学习、进化算法等技术自动学习得到的。

要深入理解智能体的功能和行为，首先需要明确它所处的环境及它与环境之间的交互关系。**环境（Environment）** 是智能体交互和行动的场所，它既可以是虚拟的也可以是真实的，既可以是离散的也可以是连续的，既可以是静态的也可以是动态的。环境对智能体的行动产生影响，智能体通过感知环境的变化来更新自己的状态，并根据环境的变化来调整自己的行为，如图 14-1 所示。环境的复杂程度和特性对智能体系统的设计和性能有着重要的影响。正是通过不断地感知和交互，智能体才能实现其目标导向的行为。

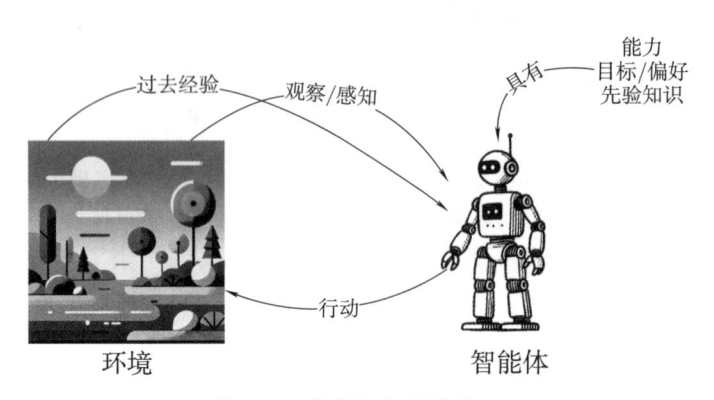

图 14-1　智能体与环境交互

智能体的出现，标志着人工智能从简单的规则匹配和计算模拟向更高级别的自主智能迈进。接下来，向读者介绍智能体的特性。

14.1.2　智能体的特性

通常，智能体作为独立的智能实体具有以下特征：

- 自主性：智能体能够根据自身的感知和理解，独立地做出决策和采取行动，而不需要人工干预或控制。
- 反应性：智能体能够及时地感知环境的变化，并根据环境的状态和自身的目标做出相应的反应。
- 社会性：智能体能够与其他智能体或人类进行交互和协作，通过沟通和协商来完成共同的任务或达成共同的目标。
- 进化性：智能体能够根据环境的变化和自身的经验，不断学习和优化自身的知识、策略和行为，以适应新的情况和挑战。

我们可以考虑一个智能家居系统。在这套家居系统中，智能空调是一个智能体。该智能空调具有自主性，能够根据室内的温度和湿度等环境参数，自行调节制冷或制热的强度和模式，无须用户手动操作。同时，它还具有反应性，能够及时感知室内环境的变化，如人员的进出、窗户的开关等，并相应地调整自身的工作状态，以维持舒适的室内环境。

这个智能空调还具有社会性，能够与家居系统中的其他设备，如智能照明、智能安防等系统进行信息交互和协同工作。当用户外出时，智能空调可以与智能安防系统联动，自动进入节能模式；当用户回家时，它又可以与智能照明系统协同，营造舒适的环境氛围。

智能空调还具有进化性，能够通过不断收集和分析用户的使用数据和反馈，学习用户的偏好和习惯，并优化自身的控制策略和参数，提供更加个性化和智能化的服务。它可以根据用户的作息时间和在家时间，自动调整温度曲线和风速，或根据用户对室温的主观感受，微调设定温度，以达到最佳的舒适度。

通过智能空调的例子，我们可以清晰地看到智能体所具有的自主性、反应性、社会性和进化性等特征。这些特征使得智能体能够更好地感知和适应环境，与其他智能体协同工作，并不断学习和优化自身，从而提供更加智能化和个性化的服务。

14.1.3 智能体的结构

智能体作为一个独立的实体，其运作过程可以概括为感知、决策和行动三个阶段。智能体通过配备的各种传感器，如摄像头、麦克风、温度计等，获取来自环境的信息。然后这些感知数据被传递给智能体的核心部件——智能体程序，进行分析和处理。智能体程序基于感知数据和内置的知识、规则、算法等，进行推理、决策，得出下一步的行动策略。最后，智能体根据决策结果，通过执行器，如电机、驱动器、显示屏等，实现与环境的交互，产生相应的行为或动作。

上述三个阶段所涉及的智能体结构单元分别为感知观测单元、记忆和检索单元、推理和规划单元、行动和执行单元。用户与智能体、智能体内部、智能体与环境的交互如图 14-2 所示。下面具体介绍这四个单元。

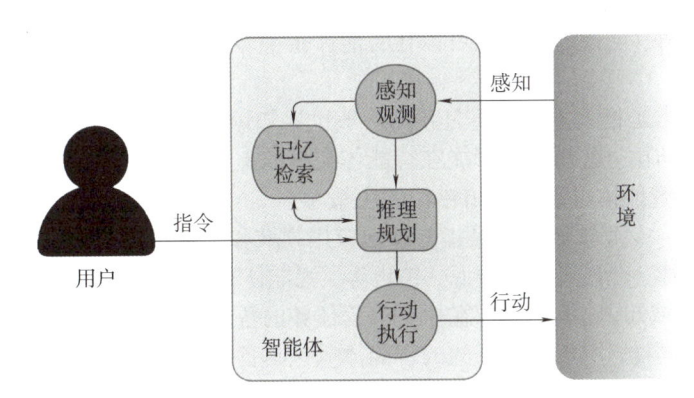

图 14-2 智能体的结构与交互

1. 感知观测单元

感知观测单元（Perception Unit）是智能体中至关重要的组成部分，它负责从外部环境中获取信息，确定环境的相关状态和变化，以供智能体做出决策和行动。通过传感器等各种感知设备，智能体能够感知其周围的环境状态，并将这些观测信息转化为可用于计算和分析的内部数据。感知观测单元决定了智能体对环境的"视角"，即它能够感知到什么信息，包括多种感官模式的多模态信息，如文本、声音、视觉、触觉、嗅觉等，进而影响智能体的行为与决策。

以智能家居中的智能空调为例，智能空调通过内置的温度传感器、湿度传感器和空气质量传感器等组成的感知观测单元，可以对周围环境的温度、湿度、空气质量等进行全面感知，从而根据这些数据做出决策，如启动、停止或调整工作模式。这使得智能空调能够以更加节能和人性化的方式运行，提升用户体验。

理想情况下，环境是可观测的（Observable），即智能体的感知器能够在每个时间点完整地观测到环境的全部状态。实际上，如果感知器能够观测到与行动选择相关的所有关键因素，那么这个环境在功能上就可以视为可观测的。在可观测的环境中，智能体只需通过感知当前的环境状态即可决定下一步行动，无须依赖额外信息或维护内部状态。这种情况下，任务执行和决策过程更加简单和直接。

然而，在不可观测或部分可观测的环境中，由于感知器获取的环境状态可能受到噪声干扰而不准确，或某些关键信息未被包含，智能体无法通过单一感知获取完整信息。这时，智能体需要依赖额外的外部信息或维护内部状态，以更好地理解环境并做出正确决策。

2. 记忆和检索单元

记忆和检索单元（Memory and Retrieval Unit）是智能体中的一个关键组成部分，负责存储和管理历史信息，并在需要时将这些信息检索出来。记忆单元使得智能体能够保留过去的观测、决策和行动记录，从而根据历史经验做出更优的选择，尤其在环境是不可观测或部分可观测的情况下，记忆单元至关重要。通过检索过去的感知数据和决策结果，智能体能够弥补当前观测不足，形成更加完整的环境理解，进而提升其适应性和决策能力。

一般情况下，记忆和检索单元主要存储以下两方面信息：

（1）内置知识

智能体根据其应用场景，往往内置一定的知识，这些知识可能以参数的形式存储在某个模型中，或经过处理后存储在知识库中，便于需要时检索。具体的内置知识主要包括：

- **语言知识**：如果智能体的交流介质是自然语言，则语言知识定义语法，它涵盖了语言学、句法学、语义学和语用学等多方面语言规范。只有具备语言知识，智能体才能理解并进行对话交流。此外，当代语言模型可以让智能体获得多种语言知识，这样可消除额外的翻译需求。
- **常识**：常识通常是指大多数人类具备的一般世界知识。例如，人们通常知道药物用于治疗疾病，伞用于防雨。这些信息可能在智能体交流的上下文中没有明确被提及。如果不具备相应的常识，智能体可能会做出错误的决策。
- **专业领域知识**：专业领域知识是指与特定应用领域和场景相关的知识，如数学、化学、医学、编程、法律、金融、人力资源、销售等。智能体在特定领域内有效解决问题需要具备一定的专业领域知识。例如，旨在执行编程任务的智能体需要具备编程知识，如编程语言的代码格式。同样，用于诊断目的的智能体应该具备相应医学知识，比如特定疾病的名称和处方药物。

通常，内置知识可以以多种形式存储在记忆中，比如自然语言文本、嵌入（Embedding）以及数据库（Database）等，每种形式都具有独特的优势。例如：自然语言文本可以保留全面的语义信息，便于应用于推理；嵌入可以提高记忆读取的效率。

（2）历史记忆

在智能体系统中，历史记忆记录了智能体过去的观测、思考和行动的经验序列。这些记忆不仅包括智能体通过行动探索环境和从感知中获取的环境状态信息，还包括从内置知识和历史经验中学到的内容。智能体依赖记忆机制，从先前的经验中汲取信息，以制定更有效的行动策略和决策。当遇到类似问题时，记忆机制帮助智能体快速应用之前成功的策略。此外，记忆机制还使智能体能够借鉴过去的经验，适应新的或陌生的环境。然而，记忆机制在实现过程中面临一些挑战：

- **记录的长度**：基于语言模型的智能体通过自然语言与模型互动，历史记录会被附加到每次输入中。随着这些记录不断增加，可能会超过模型的架构限制，导致处理效率下降。
- **记忆的检索**：随着智能体积累大量的观测和行动历史数据，存储和管理这些数据变得越来越复杂。要在海量数据中检索出相关信息并建立关联，可能会增加系统负担，并导致智能体的响应偏离当前的上下文。

以智能家居中的智能空调为例，记忆与检索单元可以为智能空调存储用户过去一段时间的温度调节偏好（如记住用户在不同季节、时间段、天气条件下的温度设定）、用户的使用习惯（如用户何时启用或关闭空调）和自身的能耗历史等信息，智能空调能够利用这些信息实现更智能的自动化调节，适应用户的习惯，提升使用体验。这不仅提高了系统的自主性，也增强了智能空调在部分可观测环境中的决策能力。

3. 推理和规划单元

推理和规划单元（Planner）是智能体中实现复杂决策和目标导向行为的关键模块。推理单元使得智能体能够基于当前环境信息、历史经验和内置知识，进行逻辑推断，从而理解复杂的环境关系并制定合理的行动策略。推理以证据和逻辑为基础，它是分析解决问题以及做出合理决策的基石。人类主要推理形式包括演绎（Deduction）、归纳（Induction）和溯因（Abduction）推理。推理对于智能体处理复杂任务至关重要。

规划单元则负责在智能体需要实现长期目标时，制定一系列连续的行动步骤，使其能够从当前状态逐步达成预期目标。规划有助于智能体在面对复杂挑战时形成应对策略；它给智能体赋予一种结构化的思考过程，即组织思维、设定目标，并确定实现这些目标的步骤。

推理和规划单元的作用不限于处理当前问题，它还帮助智能体预测未来可能的情境，并为实现特定目标设计高效的行动序列。这个单元在多智能体系统中也扮演着重要角色，智能体需要协调和优化其自身行为与其他智能体之间的互动，确保合作或竞争中能最大化自身效益。

以智能家居中的智能空调为例，智能空调利用推理和规划单元来提供更智能化和个性化的服务。例如，智能空调通过推理单元可以分析当前环境信息并推断未来的温度变化，可以根据天气预报、房间内的温度传感器数据和用户的使用习惯，推测未来几个小时内的温度变化。如果推理出室外温度将大幅上升，智能空调可以提前采取措施，如调节制冷强度或提前开启，以确保室内温度保持在舒适范围内。同时，智能空调的规划单元能够根据用户的日常生活模式，制订合理的工作计划。如果智能空调知道用户每天早上 8 点离家，它可以在 7:45 降低空调功率，减少能源消耗。同时，当它推测到用户在晚上 6 点回家时，可以提前 15 分钟开始降温，以确保用户回家时室内已达到理想温度。

4. 行动和执行单元

行动和执行单元（Actuator）负责根据推理和规划单元制订的策略和计划，执行相应的操作以实现目标。行动和执行单元并非机械地执行命令，它还需要在执行过程中监控和调整行动，以应对环境的变化或任务的突发状况。

通常情况下，智能体在任何特定时刻的行动选择都可以依赖其内置知识和目前已观察到的整个感知序列，但不能依赖它尚未感知到的任何事物。这意味着智能体的行动是基于已有的信息和经验做出的，而不是基于未知的因素。智能体可通过其本身的核心能力，包括具身行动能力（如机械臂操作或移动）和使用外部工具的能力（如调用 API 或操作物理设备），来扩展行动空间，从而更好地应对环境变化，提供反馈和改变塑造环境。

行动和执行单元的有效性体现在其对外界的直接影响上：通过行动，智能体能够主动改变环境，推动任务进展。这通常依赖于执行器或控制系统，将智能体的决策转化为具体的物理动作或系统操作。以智能家居中的智能空调为例，当推理和规划单元决定改变室内温度时，行动和执行单元负责通过调整空调的制冷或制热强度来实现这一目标。智能空调会根据当前的温度和用户的设定，执行增大或减小冷却/加热的操作，确保室内温度达到设定的舒适范围。

14.1.4 智能体的类型

智能体根据内部结构和决策方式的不同，可以分为多种类型。每种类型的智能体在处理信息和采取行动上有着不同的策略和能力。下面介绍几种主要的智能体类型，并分别探讨它们的工作原理和应用场景。

1. 简单反射型智能体

最简单的智能体是简单反射型智能体（Simple Reflex Agent）。这类智能体根据当前感知选择动作，不考虑任何感知历史，基于条件-动作规则工作，即将当前状态直接映射到动作。

简单反射型智能体的结构如图 14-3 所示，典型的例子就是最基本的自动扫地机器人，这种智能体在碰到障碍物时会自动转向，它不会"记住"之前清扫过的区域，只是依赖即时的传感器数据来避免碰撞。

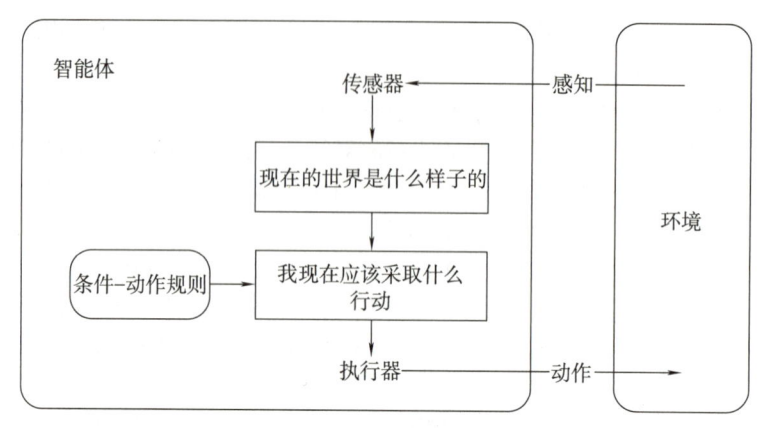

图 14-3　简单反射型智能体的结构

2. 基于模型的反射型智能体

基于模型的反射型智能体（Model-Based Reflex Agent）是一种使用内部记忆和感知历史来创建其所处环境的模型，并基于该模型做出决策的智能体。"感知"是指智能体观察或检测到的事物。基于模型的反射型智能体将过去的感知存储在其记忆中，并利用这些感知来创建所处环境的模型。然后，智能体根据这个模型来决定在任何特定情况下应该采取的行动。

如图 14-4 所示，基于模型的反射型智能体能够在部分可观测的环境中工作，并持续跟踪和推断环境的变化。例如，当一个机器人在房间中导航时，房间内可能存在障碍物，但它只能看到其视野范围内的物体。此时，机器人依赖于内部的房间模型，其中包含对障碍物可能位置的预测。随着机器人移动，它根据传感器收集的实时信息不断更新内部状态和房间模型。如果检测到前方有一堵墙，机器人会更新内部地图，并重新规划一条绕过墙的路径。通过使用房间模型，机器人能够推断出看不见的物体，并采取相应的行动。

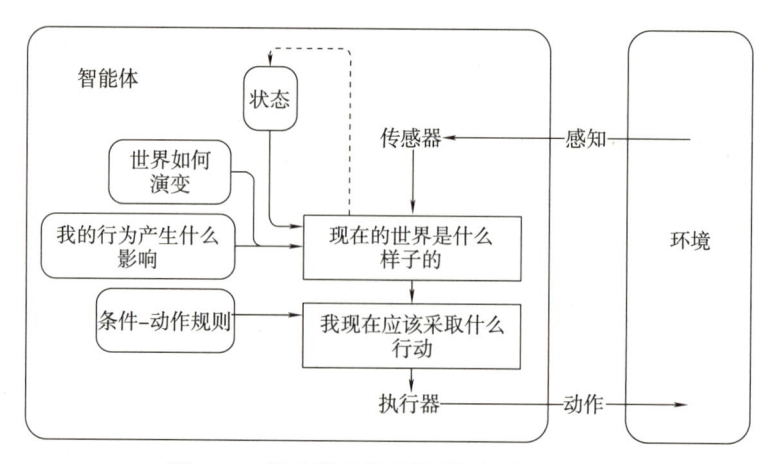

图 14-4　基于模型的反射型智能体的结构

3. 目标导向型智能体

可以说，目标导向型智能体（Goal-Oriented Agent）是有一个"目标"的。它基于面前的目标进行操作，并根据如何最好地实现该目标做出决策。与仅根据当前环境做决策的简单反射型智能体不同，目标导向型智能体能够超越当前时刻思考，以决定采取哪些最佳行动来实现目标。在这一方面，目标导向型智能体运用搜索和规划功能，它瞄准前方的目标并找到正确的行动以实现目标。这使得目标导向型智能体在决策时能够更加主动，而不是被动反应。

如图 14-5 所示，当前环境状态的知识并不总是足以决定一个智能体要做什么。智能体需要知道其目标，即描述理想的情况。目标导向型智能体通过拥有"目标"信息来扩展基于模型的智能体的能力，选择一个行动以实现目标。例如，有一个目标导向型清洁机器人，其目标是保持家中地面的清洁。首先，这个机器人会评估当前环境，识别出脏污的区域，然后它会规划一系列清洁动作，可能包括前往脏污地区、启动清洁机制并避开障碍物等。在整个过程中，机器人不仅响应当前的污渍，而且通过计划一连串的动作来达到最终的清洁目标。这种智能体的行动是基于对目标的理解和对未来行动序列的规划的。

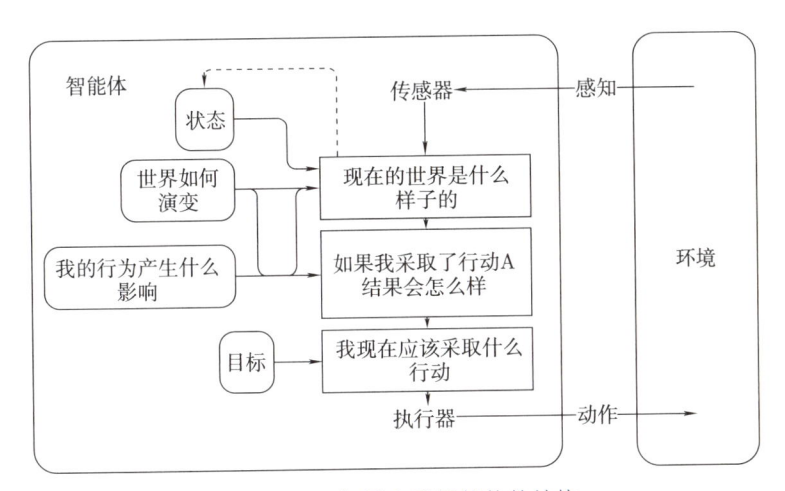

图 14-5　目标导向型智能体的结构

4. 基于效用的智能体

在大多数环境中，单凭目标并不足以产生高质量的行为。例如，尽管许多动作序列都能使目标导向型清洁机器人达到其清洁目标，但其中某些序列可能比其他序列更快、更安全、更可靠或成本更低。目标通常只在"满意"和"不满意"状态之间提供一个粗略的二元区分。一个更广泛适用的性能评价指标应该允许我们根据智能体在不同世界状态下的"满意"程度进行比较。在计算机科学领域，我们通常用"效用"这个词代替"满意"，以便更科学地量化和评估这些状态。

如图 14-6 所示，类似于目标驱动型智能体，基于效用的智能体（Utility-Based Agent）增加了效用度量的额外组成部分，通过提供给定状态下的成功度量来区别于其他智能体。基于效用的智能体不仅基于目标而开展行动，还考虑实现目标的最佳方式。当存在多种可能的选择时，基于效用的智能体会选择执行最佳行动。效用函数将每个状态映射到一个实数，以评估每个行动实现目标的效率。

以智能吸尘器为例，它的目标是清洁一个包含多个房间的家。每个房间的清洁程度和智能吸尘器的电池寿命都可以用实数来量化。在这种情况下，智能吸尘器会评估每个房间的清洁对总效用的贡献，并考虑电池的使用效率，从而决定是继续清洁当前房间还是移动到下一个房间。智能体的决策基于效用函数，该函数可能会计算如下内容：如果房间已经相对干净，清洁这个房间所增加效用可能很低；如果电池电量低，而另一个房间非常脏，智能体可能决定保存电量去清洁更脏的房间，因为清洁那里所增加效用更高。通过这种方式，智能吸尘器不再简单地追求清洁每一个房间，而是追求以最有效的方式达成清洁的总体目标。

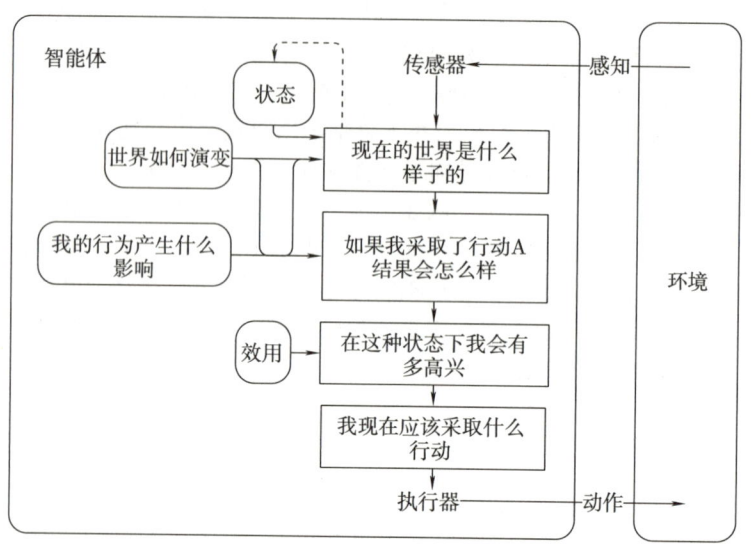

图 14-6 基于效用的智能体的结构

5. 学习型智能体

在前面的例子中，扫地机器人通过尝试不同的清洁路径学到了新东西。学习型智能体（Learning Agent）是人工智能中的一个工具，能够从经验中学习。它从一些基本知识开始，通过学习从而能够自主地行动和适应，以提高自身的表现。与依靠程序员提供信息行动的智能体不同，学习型智能体能够自行执行任务，分析表现，并寻找改进的新方法。

抖音的推荐系统就是一个很好的学习型智能体例子，其结构如图 14-7 所示。这个系统最初有基本的算法来分析用户的观看习惯和评分数据。通过持续的用户互动，它的学习元素开始从用户的行为（如观看的内容类型、评分、观看时间等）中学习，并逐渐调整推荐算法以更准确地反映用户的喜好。

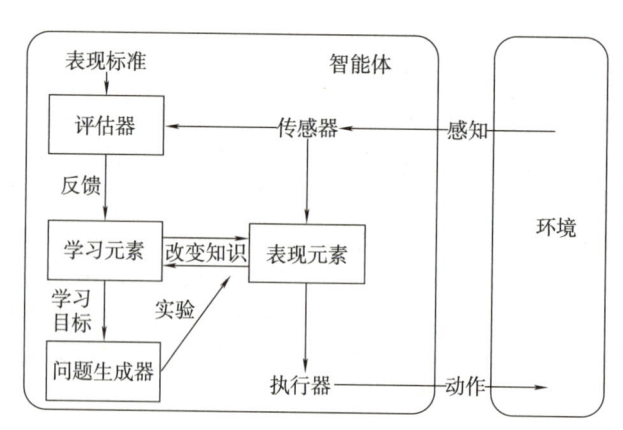

图 14-7 学习型智能体结构的示例（抖音的推荐系统）

评估器根据用户对推荐内容的接受程度（例如，用户是否观看了推荐的视频并观看完整）来评价推荐系统的表现。这有助于系统理解其表现的优劣，并调整推荐策略。

表现元素负责实际向用户显示推荐视频或内容。它选择哪些内容出现在用户的首页上,以及如何排列这些内容,以最大化用户的满意度和互动。

问题生成器可能会引入新的推荐策略或变更测试,比如改变推荐算法的某些参数,以探索是否可以进一步提升用户体验。

这样的系统通过不断学习和适应,能够提供更加个性化和精确的内容推荐,从而增强用户体验和平台的吸引力。

14.2 多智能体系统

在单智能体系统中,只有一个智能体独立执行任务,不需要考虑其他智能体的行为或影响,因此决策过程相对简单,主要关注自身的感知与行动。单智能体系统常用于诸如自动驾驶汽车的单车自主导航、仓库机器人进行物品搬运等任务。然而,现实世界的应用通常涉及多个智能体的协同工作。例如,无人机编队协同飞行、机器人足球队(见图 14-8)或智能交通系统中的多车协作等场景,都是多智能体系统的典型应用场景。尤其是在互联网的分布式和并行计算环境中,多个智能体可以独立自主地执行任务,并为用户提供多样化服务。接下来,我们将详细介绍多智能体系统的相关内容。

图 14-8 机器人足球队

14.2.1 多智能体的概念

多智能体系统(Multi-Agent System, MAS) 是指由多个智能体组成的系统,这些智能体在共享的环境中独立自主地执行任务,并通过相互协作或竞争来完成复杂的目标。通常每个智能体都拥有自己的感知、决策和行动能力,可以自主感知环境并采取相应的行动。多智能体系统的一个关键特征是,多个智能体通过相互协调,能够共同完成单个智能体难以独立完成的任务,从而实现系统整体智能化与效率提升。

在多智能体系统中,多个智能体可能会有不同的目标或需求,因此除了协作完成任务外,还需要通过协调机制来解决资源争夺或冲突问题。以无人机编队协同飞行为例,每架无人机可以被视为一个独立的智能体,具备自主感知环境、决策飞行路线、调整飞行姿态等能力。然而,单架无人机的能力有限,特别是在需要执行复杂任务(如大面积区域监控、搜索救援或地形绘图)时,多架无人机协作才能完成任务。在无人机编队中,多架无人机通过彼此的协作和协调,能够共同完成大规模的任务。例如,当一架无人机探测到障碍物或需要改变飞行路线时,整个编队必须调整,以确保无人机之间不会发生碰撞,并且整个任务进度不受影响。无人机之间需要通过通信机制实时分享各自的飞行状态、环境感知信息,从而做出协同决策,并通过统一的协议来约束行动,以确保编队整体协调性。

14.2.2 多智能体系统的特性

多智能体系统是由松散耦合的智能体网络构成的，每个智能体都是自主独立的个体，它们可能采用不同的开发语言和设计方法，在性质上可能完全不同。因此，多智能体系统具有一系列特性，这些特性使得它能够有效地处理复杂、分布式问题。接下来将以无人机编队协同飞行为例，向读者介绍多智能体系统的一些核心特性：

- **自主性**：每个智能体能够自主地感知环境、决策并采取行动，而不依赖外部的直接控制。这意味着智能体能够独立执行任务，并根据自己的目标和环境状态做出判断和调整。例如，每架无人机可以自主调整飞行高度和速度，以避开障碍物或与其他无人机保持适当距离。
- **分布式**：多智能体系统中的智能体通常分布在不同的物理空间或计算节点上，各自拥有独立的感知和处理能力。系统没有一个集中的控制器，而是依靠多个分布式智能体相互协作或竞争来完成任务。这种分布式特性使得系统具备更强的灵活性和适应性。例如，在编队飞行中，每架无人机可以根据其感知信息独立调整飞行策略，而无须等待中央指挥。
- **协作与协调**：智能体之间可以通过协作来共同完成单个智能体无法独立完成的复杂任务。例如，在一个多智能体系统中，智能体可以共享信息、协同工作或分工合作。此外，由于多个智能体可能有不同的目标或资源限制，它们需要通过协调机制解决冲突，保持系统的平稳运行。例如，在飞行过程中，无人机之间通过通信保持适当的距离，防止碰撞，并根据任务需求进行队形调整。
- **通信与交互**：智能体之间通过通信机制相互交流信息，以便协作或协调任务。这些通信可能通过不同的协议和语言来实现，确保智能体可以有效传递和理解彼此的信息。通信使得智能体能够共享环境信息、传达自身状态，并协调行动策略。例如，通过通信机制，每架无人机可以共享自身的飞行状态、位置和感知到的环境信息。当某架无人机检测到障碍物或环境变化时，其他无人机也可以调整飞行路线，以确保编队的整体安全和任务的有效执行。
- **动态性**：多智能体系统通常能够应对动态变化的环境。系统中的智能体能够根据环境的变化和自身状态调整行为，即使在系统拓扑或环境发生变化时，智能体仍然能够灵活地响应并执行任务。例如，当一架无人机检测到前方有障碍物时，它会迅速改变路线，同时通知其他无人机做出相应调整，确保编队继续前行。
- **目标多样性**：多智能体系统中的智能体可能具有不同的目标和任务。在某些情况下，智能体的目标是一致的，它们通过合作实现共同目标；在其他情况下，智能体的目标可能是冲突的，它们需要竞争资源或进行谈判，以达到各自的目标。例如，在搜索救援任务中，每架无人机可能负责不同区域的搜索，但它们的最终目标是找到失踪人员。
- **鲁棒性和容错能力**：由于多智能体系统是分布式的，即使某些智能体出现故障或退出系统，剩余的智能体仍然可以继续协作并完成任务。这使得系统具有较高的鲁棒性和容错能力，能够在某些个体失效时保持整体功能。例如，在灾区搜索任务中，如果一架无人机失效，其他无人机可以自动调整飞行路线，以确保无缝覆盖所有搜索区域。

多智能体系统的自主性、分布式、协作与协调、通信与交互、动态性、目标多样性、鲁棒性和容错能力共同构建了一个强大且灵活的系统结构，能够应对各种复杂的任务和环境。

14.2.3 多智能体系统的结构

多智能体系统的结构可以根据智能体之间的交互方式、任务分配机制以及控制模式来区分。通常，这些结构大致分为集中式、分布式、分层式以及混合式四种形式，每种形式的结构都适用于特定的应用场景和需求。

集中式结构如图 14-9 所示。在**集中式结构**中，系统由中央控制器（中心智能体）协调所有智能体的行为。中央控制器负责收集来自各个智能体的环境信息，并根据这些信息做出全局性决策，其他智能体则根据中央控制器的指令执行各自的任务。这种结构通常应用于全局视图明确且任务较为集中、需要统一决策的场景。例如，在一个智能仓库中，中央系统可以控制每个机器人去拾取或运输物品，确保整体物流的高效运作。然而，集中式结构的主要缺点是存在单点故障问题，如果中央控制器失效，整个系统就可能无法正常运行。

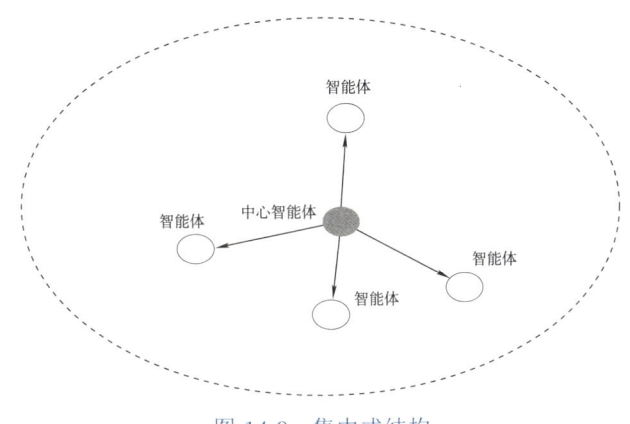

图 14-9 集中式结构

与集中式结构相对的是**分布式结构**，如图 14-10 所示。在这种结构中，智能体不依赖中央控制器，而是自主感知环境并独立做出决策。智能体之间可以通过通信交换信息，共同完成任务。由于没有全局的控制节点，智能体的行为更加灵活，系统的鲁棒性和容错性较强，特别适合动态变化的环境或任务。例如，在无人机编队中，每架无人机可以独立决定飞行路线，同时通过相互通信来避免碰撞并协作完成任务。虽然分布式结构增强了系统的灵活性，但缺乏全局视图可能导致系统整体性能不如集中式结构，尤其是在资源分配和任务优化方面。

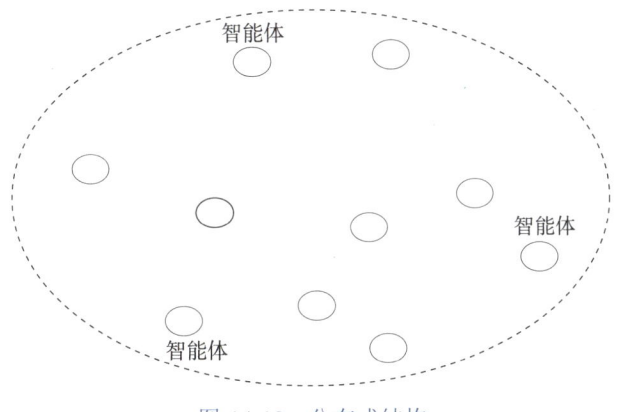

图 14-10 分布式结构

分层式结构则是介于集中式和分布式结构之间的一种形式。如图 14-11 所示，在该结构中，智能体按照层次分组，形成自上而下的控制链。顶层智能体负责全局的规划和协调，底层智能体则执行具体的操作任务。例如，在自动驾驶系统中，顶层智能体负责全局路径规划，底层智能体则负责控制加速、制动和转向。分层式结构能够简化任务的分解和协调，适合复杂任务的分步执行，但其高层部分仍可能成为系统的瓶颈。

图 14-11 分层式结构

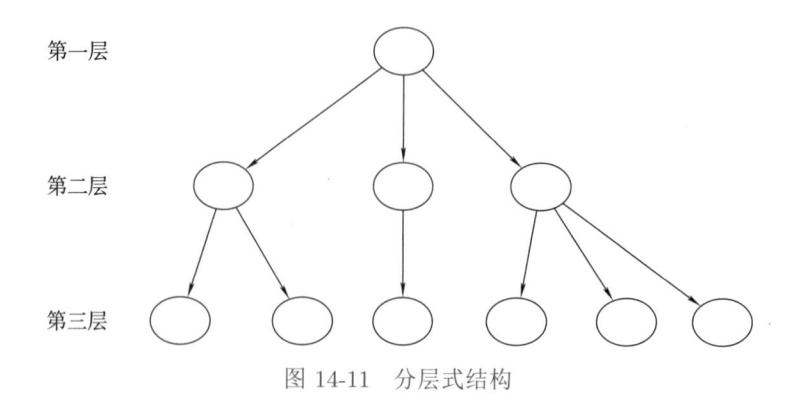

混合式结构结合了集中式和分布式结构的优点。如图 14-12 所示，混合式结构中，部分任务由中央控制器管理，其他任务则由智能体分布式完成。这种结构既能够利用全局视图进行高效的决策，又能保持智能体的自主性和灵活性，适合复杂多变的环境。

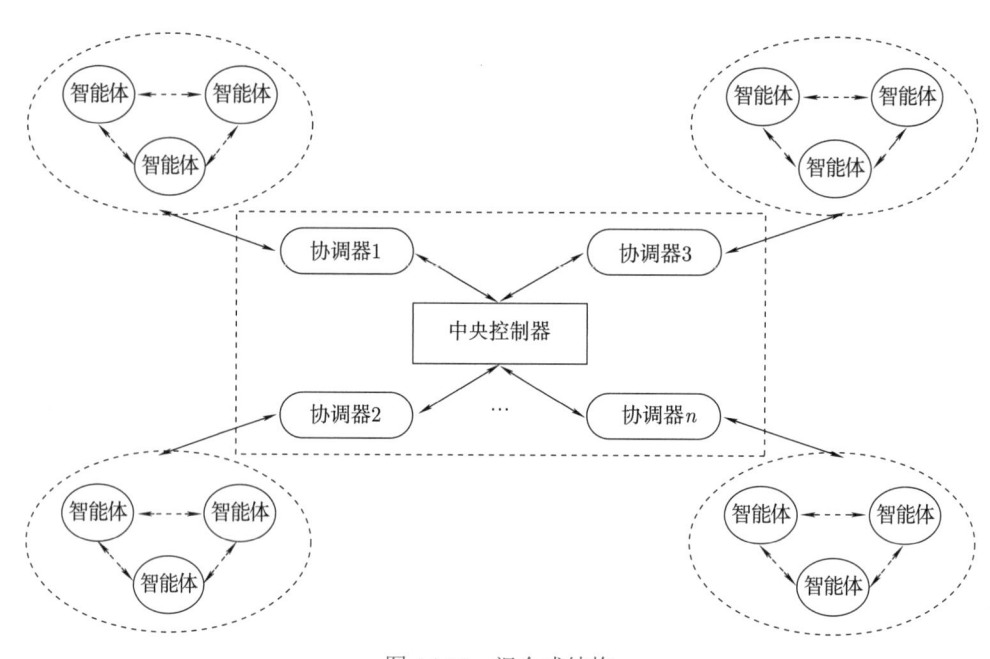

图 14-12 混合式结构

例如，在智能交通系统中，中央控制器可以监控整个城市的交通状况，并为某些区域提供全局指令，每辆自动驾驶汽车则根据实时的本地信息自主调整路线。混合式结构的主要挑战在于如何在集中控制和分布式决策之间有效协调，以避免冲突和资源浪费。

总体而言，选择哪种多智能体系统结构取决于具体应用的任务复杂性、环境的动态性以及系统的容错需求。

14.2.4 多智能体系统的分类

针对不同的应用环境，多智能体模型主要有四种，包括 BDI 模型、协商模型、协作规划模型和自协调模型等。

1. BDI 模型

BDI（Belief-Desire-Intention）模型是一种基于信念、愿望和意图的智能体模型，用于描述智能体的决策过程。如图 14-13 所示，该模型通过信念、愿望和意图三个核心概念，定义了智能体如何感知环境、制订计划并执行行动。

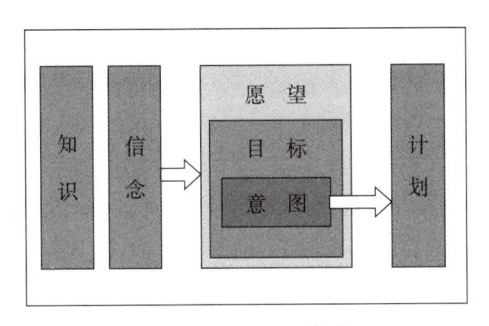

图 14-13　BDI 模型

信念（Belief）：信念是智能体对环境的内部表示，反映了智能体所掌握的环境知识和对环境的认知。信念通常表示为一组命题或谓词，描述了智能体认为正确的事实。智能体的信念可能不完全准确，会随着环境变化或获得新知识而更新。

愿望（Desire）：愿望代表了智能体想要达成的目标或偏好。一个智能体可能有多个愿望，愿望之间可能相互冲突。愿望反映了智能体在环境中的动机，但愿望本身并不直接驱动智能体的行为。

意图（Intention）：意图是智能体为实现愿望而选择执行的行为计划。意图通过对愿望的权衡、推理和决策而产生。一旦智能体形成意图，它就会持续执行相应的计划，直到计划完成、环境改变使计划无法继续，或者产生了新的优先意图。意图具有持久性，使智能体的行为表现出一致性和理性。

BDI 模型通过信念、愿望和意图的交互，使智能体能够根据自身认知和目标，自主地对环境做出反应。BDI 智能体的典型运作流程如下：

1）感知环境，更新信念。
2）根据信念和愿望，生成可能的意图选项。
3）选择一个意图，形成行为计划。
4）执行计划，监测环境变化。
5）必要时修改或重新选择意图。

我们通过一个智能交通调度系统来理解 BDI 模型。在这个系统中，每辆车都是一个独立的智能体。车辆在道路上奔驰，实时感知周围环境：前方是否有其他车辆？路况如何？是否遇到拥堵？这些感知数据不断更新车辆智能体的"信念"，让它们对交通状况有了动态认知。

同时，每辆车也有自己的"愿望"。有的车想要最快到达目的地，有的车希望行驶过程尽可能省油/省电，还有的车偏好路况更好的路线。这些内在偏好形成了车辆智能体的主观驱动力。

面对道路环境的瞬息万变，单凭信念和愿望还不足以指引车辆行驶。车辆还需要根据信念和愿望，实时规划出行车路线，形成具体的"意图"。比如，A 车基于对前方拥堵情况的感知，结合自己希望最快抵达的愿望，选择了绕行的意图。B 车虽然也想快点到达，但它更在乎节能，因此仍选择了走原路的意图。

有了意图，车辆就开始付诸行动。但环境总在变化，行驶过程中车辆要持续关注最新的感知信息，必要时调整意图。比如，如果绕行的 A 车发现前方道路现已疏通，它会果断改变意图，重新回到原路。

在这个系统中，每辆车的行为看似独立，实则高度关联。一旦有车改变意图，其行为必然影响其他车的感知信念，连锁引发一系列意图调整。宏观来看，种种微观智能体的信念、愿望和意图相互影响，共同形成整个交通系统的智能与秩序。

BDI 模型不仅为描述、分析智能体提供了思路，也为设计、实现智能体系统提供了范式。以智能交通调度系统为例，我们可以用 BDI 模型来指导系统架构：每个车载系统都设计成 BDI 智能体，通过标准接口同步信念；调度中心也是一个 BDI 智能体，汇总全局信念，协调各车意图。当道路出现突发情况，调度中心能及时调整自己的信念和意图，再将之传递给每个车载智能体，从而实现全局协同。

BDI 模型简洁、灵活、可塑，在智能体领域应用广泛。从智能交通到智慧城市，从无人机集群到工业互联网，但凡需要多个智能体协同完成任务的场合，BDI 模型都能发挥重要作用。

2. 协商模型

在多智能体系统中，各个智能体都有自己的行动目标，即追求自身效用的最大化。但是为了实现系统的全局目标，智能体需要建立一致的目标，这通过智能体间的协商来实现。协商是智能体之间的一种重要交互方式，旨在解决因利益冲突而产生的问题，达成一致意见，从而实现合作。协商的过程通常包括以下几个主要策略：

- **任务分解**：将复杂的全局任务分解为若干个子任务，使其更易于完成。这需要对任务有清晰的认识，并考虑任务的可分解性。
- **任务分配**：根据各智能体的能力、资源等因素，将子任务合理分配给适合的智能体执行。分配应尽量平衡，避免出现个别智能体负载过重的情况。
- **任务监督**：在任务执行过程中，智能体之间要相互监督，确保每个智能体都在按计划完成任务。一旦发现问题，要及时沟通协调，调整任务执行方案。
- **任务评价**：任务完成后，对各智能体的执行情况进行评估，总结经验教训，为后续任务执行提供依据。评价指标应全面客观，涵盖任务完成质量、进度、资源消耗等多个方面。

智能体间的协商是一个动态的过程，需要智能体之间频繁信息交换与沟通。常见的协商机制有拍卖机制、投票机制、博弈机制等。通过合理运用这些机制，多个智能体可以克服自身视角和信息的局限性，在更全局的层面上对问题进行思考和决策，最终实现优化的系统性能。

我们以协商机制中的拍卖机制为例，详细说明智能体之间的协商过程。假设一个多智能体系统要完成一项搬运任务，需要将一批货物从起点运送到终点。系统中有多个智能体，每个智能体都有不同的运载能力和速度。为了高效完成任务，智能体们需要通过拍卖的方式来分配子任务。具体过程如下：

- **任务发布**：将整个搬运任务划分为若干子任务，每个子任务包括一定数量的货物和对应的起点终点信息。然后将这些子任务作为拍卖品在智能体中发布。
- **出价竞拍**：收到任务信息后，各智能体根据自身的运载能力和当前状态，对感兴趣的子任务出价。出价越高，表示智能体越希望获得该任务。
- **任务分配**：拍卖系统根据各智能体的出价，将子任务分配给出价最高的智能体。为了避免个别智能体垄断任务，通常会设置一些限制规则，如每个智能体获得的任务数不能超过一定阈值等。
- **任务执行**：获得子任务的智能体开始执行搬运工作，并在完成后向拍卖系统报告任务状态。拍卖系统跟踪所有子任务的完成情况，必要时可以重新分配任务。
- **收益分配**：所有子任务完成后，根据各智能体完成任务的质量和数量，按照事先约定的规则分配收益。收益既可以是实际的货币，也可以是系统内部的一种虚拟奖励。

通过拍卖机制，智能体们可以根据自身特点合理地参与任务分配，避免了集中式控制的低效。同时，出价竞争也激励智能体不断提升自己的能力，在追求个体收益最大化的同时，也促进了全局任务的高效完成。当然，拍卖机制也存在一些问题，例如如何设计合理的出价规则、如何防止智能体恶意竞争等，这需要在实践中不断探索和改进。

3. 协作规划模型

多智能体系统的协作规划模型主要用于制订协调一致的规划。各个智能体都独立求解目标、考虑其他智能体的行为约束，并进行独立规划。智能体的相互作用以通信规划和目标的形式抽象表达，通过相互告知、调节自身局部规划，最终达到共同目标。

在协作规划的过程中，智能体之间需要频繁地交换信息，以了解其他智能体的规划和意图。通过分析这些信息，每个智能体可以调整自己的规划，使其与其他智能体的规划相协调。这种调整通常是一个迭代的过程，直到所有智能体的规划都达成一致为止。

我们以一个由多架无人机组成的搜救系统为例。在这个系统中，每架无人机都有其特定的探测范围和飞行能力。系统的全局目标是在尽可能短的时间内找到失踪人员。为实现这一目标，无人机必须协调各自的搜索区域和路径，避免重复搜索和遗漏区域，提高整体搜救效率。

协作规划的过程始于每架无人机根据自身条件独立生成一条初始搜索路径。随后，无人机相互交换路径信息，了解其他无人机的计划。基于这些信息，每架无人机对自己的路径进行调整，使其与其他无人机的路径相协调。这一调整过程不断迭代，直至所有无人机的路径趋于一致，形成一个优化的全局搜索方案。

在实际执行搜救任务时，无人机严格按照商定的路径行动。若某一无人机发现新线索，它会立即通知其他无人机，使整个团队能够及时调整搜索策略，快速响应变化。通过这种动态的协作规划，无人机团队能够在面对不确定信息时仍然保持高效协同，最大限度地发挥整体性能，实现搜救目标。

4. 自协调模型

自协调模型（Self-Organizing Model）是一种建立在开放和动态环境下的多智能体系统模型。该模型具有很强的动态适应性，主要体现在以下两个方面：

- **系统自组织结构的分解与重组**：在开放和动态的环境中，智能体需要根据环境的变化不断调整自身的行为乃至整个系统的结构，以适应新的情况。这种调整既可以是局部的，如个别智能体角色的改变，也可以是全局的，如整个系统的解体重组。
- **多智能体系统内部的自主协调**：在缺乏集中控制的情况下，智能体之间需要通过自主协调来实现整个系统的有序运作。这种协调是去中心化的，智能体在局部信息的基础上通过直接或间接的交互产生复杂的全局行为。

自协调模型的灵感主要来源于自然界中的一些自组织系统，蚁群就是自然界中一个典型的自组织系统，它很好地体现了自协调模型的特点。

在蚁群中，每一只蚂蚁都扮演着特定的角色，如工蚁、兵蚁、蚁后等。当环境发生变化时，蚁群能够通过调整个体蚂蚁的角色以适应新的情况。比如，当蚁穴受到破坏时，原本负责筑巢的工蚁可能转为搬运幼虫的角色，而一部分兵蚁则转为清理蚁穴的角色。这种角色的转换和分工的重组使得蚁群能够快速地应对环境的变化，维持整个群体的正常运作。这体现了自协调模型中系统自组织结构分解与重组的特点。

蚁群的正常运作依赖于群体内部的自主协调。蚂蚁之间主要通过触角接触和信息素交流来实现信息的传递。当一只蚂蚁找到食物时，它会在返回蚁穴的路上释放信息素。其他工蚁通过感知这种信息素，能够跟随其路径来到食物源。随着越来越多的蚂蚁通过这条路径，信息素也越来越浓，从而形成了一条稳定的"蚂蚁路"。与此同时，蚂蚁也会探索新的路径，一旦发现更优路径，原有的"蚂蚁路"就会逐渐消失。这种基于局部信息素交流的自主协调方式，使得蚁群能够高效地发现和运输食物，应对环境的动态变化。这体现了自协调模型中多智能体系统内部自主协调的特点。

蚁群的这两个特点展示了自协调模型的优势：在没有集中控制的情况下，单个智能体根据简单规则和局部信息进行自主决策和互动，进而在群体层面涌现出灵活高效的全局行为。这种涌现特性使得自协调模型在解决复杂动态环境下多智能体的协调问题时，表现出很大的潜力和优势。

14.3 多智能体系统的通信

多智能体系统是由多个智能体组成的分布式系统，通过智能体之间交互与协作来完成复杂任务。在这个过程中，通信扮演着至关重要的角色。就像一台精密仪器的各个部件需要精确配合才能实现其功能一样，多智能体系统的高效运转也离不开智能体之间的无缝沟通。通信不仅是智能体交换信息、协调行动的基础，更是实现涌现行为和集体智能的关键。在多智能体系统中通信可以分为两大类：直接通信和间接通信。

14.3.1 直接通信

直接通信是一种智能体相互共享信息的外部交流方式。它通过特定的媒介（如文本、声音或光）和事先约定的规则或协议，在智能体之间直接传递信息。通信协议则定义了交流的过程及消息格式的编码。直接通信的唯一目的在于信息传递，例如语言交流或无线电信号的发送。这种方式可以针对特定的接收者，既可以是一对一的，也可以是一对多的。根据不同的协议，消息的交换可以是私密的（在两者或选定小组之间）、局部的（在邻近的智能体之间）或全局的（在所有成员之间）。

直接通信能够高效且迅速地在智能体之间进行信息和数据的交换。然而，它也受到吞吐量、延迟、局部性和智能体类型（同构或异构）等因素的限制。常见的直接通信包括消息传递和黑板系统。

1. 消息传递

在消息传递中，智能体之间直接相互传递消息，如图 14-14 所示。它包括点对点方式和广播方式。

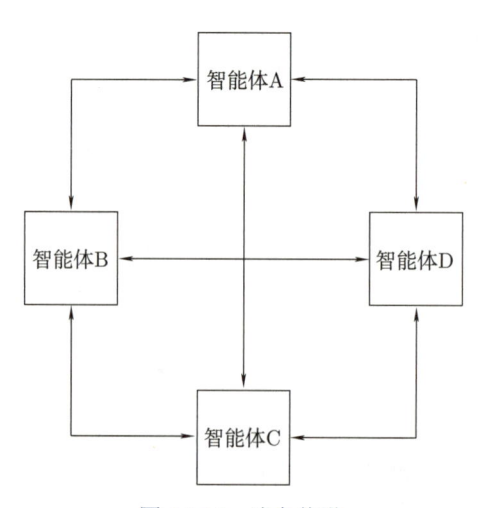

图 14-14 消息传递

- **点对点方式**：在这种情况下，发送方必须知道接收方的地址，然后进行消息传递。以多智能体机器人系统为例，一般采用 TCP/IP（传输控制协议/互联网协议）保证信息包安全到达，实现端到端的确认。
- **广播方式**：在分布式系统中应用广泛，某个智能体一次向所有智能体广播消息，而不是发送到特定地址。在针对特定接收对象的广播消息中，消息会被所有智能体接收到。但若消息中的部分内容是针对某个特定智能体的，则该部分内容会附加对应标记；若该智能体发现这个标记，则予以处理，否则不予理会。广播需要大量的带宽，并会产生额外的通信延迟。

在一个智能家居系统中，既可以使用点对点方式，也可以使用广播方式进行设备间的通信。当用户想要调节灯泡的亮度，用户可以通过手机发送一条包含目标亮度的消息，智能手机找到智能灯泡的唯一识别码，然后通过蓝牙或 Wi-Fi 发送指令。智能灯泡收到消息后，确认指令并调整亮度。这种点对点通信确保了指令的准确传递和及时响应。

与此同时，用户说了一句"打开观影模式"，家中的智能音箱接收到这条消息之后，需要向所有连接的设备（如智能灯泡、智能插座和智能温控器）发送通知——可能是通过 Wi-Fi 或蓝牙向所有设备广播这条消息。所有接收设备都会收到该消息并检查内容。当设备发现消息中有"观影模式"这个关键词时，它们会自动调整设置，例如灯光变暗、温度调节等。这种广播方式使得用户可以方便地集中管理多个设备，提升了智能家居的使用体验。

2. 黑板系统

在黑板系统中，黑板是通信对话参与者都可以访问的共享数据结构，如图 14-15 所示，各个智能体通过对黑板内容的直接读取和写入来实现智能体之间的通信和数据共享。多智能体系统中的黑板可以看作一个智能体，其他智能体生成包含有关其内部状态和周围环境信息等的消息，按照相应的协议以显式格式与黑板通信。这种方式的特点是集中共享数据，但当系统中的智能体数量较多时，共享数据存储区中的数据量会呈指数增长，各个智能体在访问黑板时要从大量信息中搜索，并且共享数据结构，难以灵活使用异构数据源。

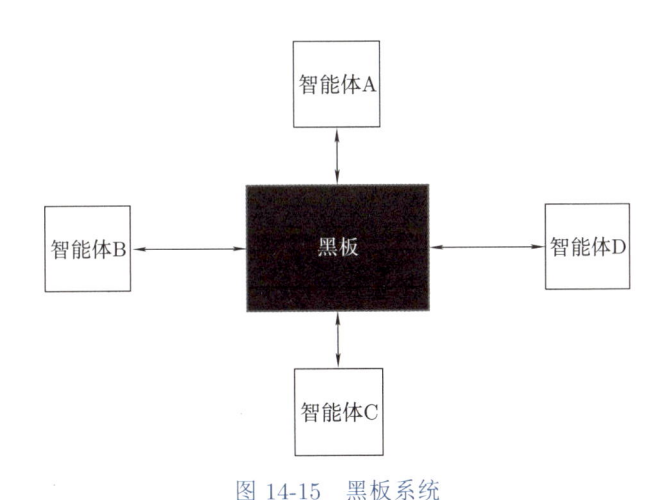

图 14-15 黑板系统

14.3.2 间接通信

间接通信是通过改变外部环境而隐含地将信息从一个智能体传递到另一个智能体，即智能体的行为或状态首先影响外部环境，然后环境的改变会影响其他智能体的行为或状态，智能体只通过本身的传感器来获取周围环境信息来实现群体间的协作。自然界中有许多类似的现象，比如在雪地里留下脚印、撒下一些面包屑以标记回家的路，或在环境中放置物品作为提示。

研究间接通信的许多工作受到社交昆虫通过信息素标记路径的启发。信息素是一种化合物，其浓度和存在可被同伴感知，尽管可能会随时间扩散和消失，但在环境中仍能保持一段时间。通过信息素进行间接通信，系统无须集中控制即可快速响应变化的环境信息。在一定程度上，信息素沉积可以看作所有智能体共享的一个大型黑板或状态表格，不同之处在于，信息素只能在局部范围内感知，且每个智能体只会读取或修改其所在点的信息素浓度。

14.4 多智能体系统的协作和协同

像生物群体一样，多智能体系统中的智能体往往不是孤立的，而是需要与其他智能体进行协作和协同，以实现共同的利益或解决共同的问题。例如，在一个智能交通系统中，每辆车都是一个智能体，它们需要根据路况和交通规则来选择合适的速度和路线，同时也需要与其他车辆和行人进行沟通和协调，以避免碰撞和拥堵。多智能体系统协作和协同的目标是使多个智能体能够有效地协作，以实现一些超出单个智能体能力范围的任务。

那么，多智能体系统是如何设计算法和协议，使得多个智能体能够协同工作，共同完成复杂任务的？这包括如何分配任务、如何协调智能体之间的行为、如何避免冲突和如何提高整体效率等问题。接下来将向读者详细介绍多智能体系统的协作和协同机制。

14.4.1 任务分配

任务分配是多智能体系统协作的关键环节，直接影响到系统整体的工作效率和任务执行的成功率。在多智能体系统中，任务往往是复杂的、动态的，单个智能体无法独立完成。为了高效完成任务，系统必须将这些复杂任务合理地分解为多个相对独立的子任务，并根据每个智能体的能力、资源状态和当前环境，将这些子任务合理分配给合适的智能体，从而发挥每个智能体的最大优势。

1. 任务分配的原则

任务分配的第一步是将整体任务分解为多个子任务。根据任务的性质，不同子任务可能有不同的复杂度、资源需求和执行要求。任务的分解过程应考虑任务间的依赖关系、执行顺序以及任务的时间敏感性。任务分解的目标是使子任务相对独立，可以并行执行，从而提高整体的任务处理速度。对于某些任务，子任务可以进一步细化到粒度较小的操作，如路径规划、资源管理等。任务分配的原则主要依托于能力和资源状态：

- **基于能力的任务分配**：基于每个智能体的能力来分配。智能体的能力包括其处理能力、感知能力、移动能力以及其他执行任务所需的技能。不同的智能体可能具备不同的专长，因此在任务分配时，需要考虑智能体在执行特定类型任务时的效率和可靠性。例如，在一个无人机编队中，具备强大视觉感知能力的无人机可以被分配执行侦查任务，而速度较快的无人机可以负责快速覆盖较大区域的任务。
- **基于资源状态的任务分配**：智能体的当前资源状态也是任务分配中的重要因素。资源状态包括电池电量、计算资源、通信带宽等。例如，在无人机搜救任务中，电池电量较低的无人机不应被分配远距离的搜索任务，而应优先完成近距离任务或返回充电。实时监控智能体的资源状态，合理分配任务，能够防止任务失败或任务中断，提高系统的可靠性。

2. 任务分配的算法与策略

任务分配的具体实现方式可以分为集中式、分布式和动态分配。

- **集中式分配**：在集中式系统中，一个中央控制器负责全局任务的分配。该控制器拥有整个系统的全局视图，能够对智能体的能力、资源状态以及环境信息进行全面分析，并基于这些信息做出最优的任务分配决策。集中式分配的优势在于其任务分配的全局性和高效性，缺点在于系统对中央控制器的依赖性较高，如果中央控制器出现故障，整个系统可能崩溃。
- **分布式分配**：在分布式系统中，每个智能体根据其局部信息自主决策，任务分配不依赖于中央控制器。常见的分布式算法包括基于市场的分配机制、拍卖机制、合同网协议（Contract Net Protocol，CNP）等。例如拍卖机制中，每个智能体通过"竞标"获得任务，任务会被分配给出价最合适的智能体。这种方式减少了对中央控制器的依赖性，提高了系统的容错性和鲁棒性。然而，分布式算法的局限性在于可能缺乏全局最优性，特别是在任务和资源竞争激烈的情况下。
- **动态分配**：多智能体系统通常运行在动态环境中，任务的优先级、资源的可用性、智能体的状态等因素都会随时变化。因此，任务分配不是一次性分配过程，而是需要动态调整的。系统应能够根据环境的变化实时更新任务分配方案。例如，当某个智能体在执行任务中因故障或资源耗尽而无法继续，系统应快速重新分配该智能体的任务给其他智能体，确保任务持续进行。这种动态分配机制通过实时监控和调整，保证了系统的灵活性和适应性。

3. 任务分配的优化目标

任务分配的最终目标是通过合理分配任务，最大化系统的整体效率，最小化资源的浪费，并提高任务的成功率。常见的优化目标包括：

- **最小化执行时间**：通过并行处理子任务和减少任务间的依赖性，尽可能地缩短任务的执行时间。
- **最小化资源消耗**：根据智能体的资源状态分配任务，减少不必要的资源浪费，如电力、计算资源等。
- **最大化任务完成率**：确保所有任务都能按时高效完成，避免因任务分配不当而任务失败。

通过以上多层次的任务分配原则和机制，多智能体系统能够在复杂动态的环境中实现高效协作，保证每个智能体在其最擅长的领域内发挥作用，从而提升系统的整体效率和性能。

14.4.2 行为协调

行为协调是确保多智能体系统能够高效、无缝地协同运行的核心要素。在复杂的任务环境中，多个智能体之间如果缺乏有效协调，可能出现任务重复、资源浪费，甚至彼此间的冲突，进而影响系统整体的性能和任务完成率。因此，行为协调是实现多智能体系统高效协作的关键。

1. 行为协调的基础

行为协调首先基于对系统全局或局部信息的有效感知和共享。为了实现智能体之间的协调，系统通常需要设计良好的通信协议或共享环境模型。通过这些协议或模型，智能体可以共享各自的状态信息、任务进度以及环境感知数据，从而对彼此的行动进行调整。例如，自动驾驶车队中的车辆通过 V2V（Vehicle-to-Vehicle，车辆对车辆）通信网络共享位置信息、速度、方向等数据，使得每辆车都能根据其他车辆的行为进行适应性调整，从而实现安全高效的协同驾驶。

在多智能体系统中，协调机制通常需要考虑信息传递的实时性和准确性。若信息交换滞后或不准确，智能体可能无法及时做出调整，进而导致冲突或任务延误。因此，行为协调中信息的共享不仅要及时，还必须具备高精度，以确保智能体决策准确。

2. 路径规划与动态调整

在多智能体系统中,路径规划是行为协调的重要组成部分,尤其在那些涉及移动的任务环境中,如无人机编队、自动驾驶车队等。路径规划不仅要考虑每个智能体的任务目标,还必须确保它们的行动不会产生冲突或干扰。通过合理的路径规划,系统可以减少任务的重复执行和资源的浪费。例如,在仓库管理中,多个机器人在有限的空间内搬运物品,合理的路径规划可以确保它们互不干扰,高效地完成各自任务。

此外,行为协调并不是一成不变的。多智能体系统常常处于动态环境中,环境状态、任务需求或智能体的资源会发生变化。因此,动态调整机制是行为协调的关键。智能体需要根据实时变化对其行为进行动态调整。例如,如果一个无人机在执行任务过程中发现路径中有障碍物,它需要即时调整飞行路线,同时通知其他无人机避免冲突。通过动态调整,智能体可以自适应地优化其行动,从而提高任务执行的灵活性和效率。

3. 行为协调机制

行为协调机制可以帮助解决资源分配、任务分配和排程等问题。在实际应用中,行为协调机制与其他技术(如中心化控制、分布式算法等)相结合,可以更好地解决多智能体系统面临的各种挑战。例如,在一个多智能体系统中,多个机器人需要在一个未知环境中进行探索任务,这时需要协调机器人之间的行动,避免冲突或重复操作。若无法得到很好的协调,多智能体系统可能会出现死锁或活锁。死锁是指多个智能体都无法进行各自的下一步动作,而活锁是指多个智能体不断工作却没有任何进展。总体来说,多智能体系统的协调可以归为以下四种方式:

- **基于集中规划的协调**:指将具备其他智能体的知识、能力和环境资源知识的智能体作为主控智能体,由主控智能体对该多智能体系统的目标进行分解,并根据全局优化模型制定各个智能体的行动策略和任务分配,指示或建议其他智能体执行相关任务。这种方式特别适用于环境和任务相对固定、动态行为集可预计和需要集中监控的情况。例如,在亚马逊的仓库机器人系统中,亚马逊使用一套集中式规划系统根据当前的订单需求和库存情况,将不同的任务(如取货、运送、补货等)分配给各个机器人,以高效地管理仓库内的物品存储和处理订单。
- **基于协商的协调**:指通过协商来实现任务的分配。协商是智能体间交换信息、讨论和达成共识的方式。例如,在大规模农田喷洒农药或施肥时,无人机群可以通过协商合理分配任务,每架无人机都有自己的控制系统,能够独立飞行、感知环境、执行任务,并与其他无人机通信,确保覆盖整个农田,提高作业效率。
- **基于博弈论的协调**:包含有通信协调和无通信协调两类。无通信协调是在没有通信的情况下,智能体根据对方及自身效益模型,按照博弈论选择适当行为,智能体至多也只能达到协调的平衡解。在有通信协调中,智能体则可得到协作解。例如,在全球性机器人足球比赛 RoboCup 中,参与者包括来自各个大学和研究机构的团队。每个团队都使用高级人工智能技术,包括博弈论来协调机器人之间的行动。通过博弈论模型,机器人团队能够有效地制定进攻和防守策略,并在比赛中实时调整。
- **基于社会规划的协调**:指以每个智能体必须遵循的社会规则、过滤策略、标准和惯例为基础的协调方式。这些规则对智能体的行为加以限制,过滤某些有冲突的意图和行为,保证其他智能体必需的行为方式。

4. 信息传递与协调协议

行为协调的有效性依赖于智能体之间信息的准确传递和交换。系统可以使用多种通信协议来实现这一点,包括中心化的控制协议、分布式的协商协议等。通过通信协议,智能体能够共享任务状态、进度、环境变化等关键信息,以便彼此调整行为。

在分布式协调中，常见的协议包括合同网协议（CNP）和基于拍卖的协议，智能体通过谈判或竞标方式决定任务分配和协调方式。例如，在一个大型物流系统中，多个搬运机器人可以通过 CNP 自动协调任务顺序，确保搬运流程的高效性和一致性。

CNP 是一种协作过程，用于分布式求解问题中节点之间的任务分配。节点间任务的发起者和参与者构成合同关系。合同网方法由 Smith 于 1980 年提出。其思想源自人们在商务过程中用于管理商品和服务的合同机制。与招投标中中标的单位只有一家不同，合同网工作时，任务发起者将任务分成一系列子任务，并建立任务通知书，参与者接收来自发起者的任务通知书，并评估自己的能力，进行任务投标。CNP 为智能体交互提供了一种有效并且具有现实意义的协商协议，在工业上也获得了成功的应用。尤其是在基于多智能体的制造系统中，CNP 可以灵活应对不同的情形，动态地完成资源分配。

5. 行为协调的自适应性与学习

行为协调机制的设计还可以结合自适应学习算法，使智能体能够从协作过程经验中学习，不断优化其行为。在复杂的环境中，预先设计的协调规则可能并不足够灵活，系统需要具备通过交互来学习的能力，以适应变化的环境和任务需求。例如，通过强化学习，智能体可以在任务执行过程中学习到更优的行为协调策略，在面对新的环境或任务时表现出更高的效率。

行为协调在多智能体系统中扮演着至关重要的角色，它确保各智能体在执行任务时能够同步工作，避免冲突，并提高整体系统的效率。通过路径规划、动态调整、分布式协作、冲突避免等机制，行为协调使得智能体能够灵活应对复杂的任务和环境。同时，随着自适应学习和信息传递协议的引入，行为协调能够不断优化，提升系统的协作能力，实现智能体之间更加高效、可靠的协同工作。

14.4.3 冲突避免

冲突避免是多智能体系统成功运行的核心要素之一，尤其在多个智能体共享同一环境并同时执行任务时，冲突管理的有效性直接决定了系统的稳定性、效率和安全性。在多智能体系统中，冲突通常表现为资源争夺、路径重叠、任务干扰等问题，这些冲突如果处理不当，不仅会导致任务延误，还可能导致系统失效或智能体损坏。因此，冲突避免是多智能体系统协作的关键环节，需要从冲突检测和冲突解决两方面着手。

1. 冲突的类型

在多智能体系统中，冲突可以表现为以下几种常见类型：

- **资源争夺**：多个智能体可能需要同时使用相同的资源，如同一台设备、同一片区域的电源、无线通信带宽等。例如，在仓储管理系统中，多个机器人可能需要同时使用同一货架或存取点，这会导致资源争夺和操作瓶颈。
- **路径重叠**：智能体的运动路径发生重叠，可能导致智能体碰撞或阻塞。例如，在无人机编队任务中，多个无人机飞行时路径规划不当就可能会导致空中碰撞或飞行停滞。
- **任务干扰**：某些任务可能彼此依赖或影响，智能体在执行任务时没有合理协调，可能会干扰其他智能体的任务。例如，在自动化生产线中，某个机器人延迟完成零件加工，可能导致其他机器人的组装任务被阻滞。

2. 冲突检测

为了避免冲突的发生，系统首先需要具备冲突检测机制。冲突检测是通过监测智能体的状态、行为以及环境信息，识别出可能发生的冲突，并及时做出预警。常见的冲突检测方法包括：

- **传感器监测**：智能体通过传感器实时监测自身与其他智能体的距离、速度、方向等信息，当检测到彼此之间过于接近时，可以提前预警并采取行动避免碰撞。例如，自动驾驶汽车通过激光雷达和摄像头检测周围的车辆和障碍物，避免交通事故的发生。
- **路径预测**：通过分析智能体的当前状态和未来路径，系统可以预测智能体是否会在未来的时间段内发生冲突。如果两条路径在某一点重合，系统可以通过调整路径或任务分配来避免冲突。这在无人机飞行编队中尤为重要，系统通过预测飞行路径可以提前调整无人机的高度或方向，确保安全飞行。
- **环境感知和共享信息**：多智能体系统通常共享同一环境，冲突检测依赖于各个智能体之间的信息共享。通过共享智能体的位置信息、任务进度和资源占用情况，系统能够更好地预见潜在冲突。例如，在分布式机器人系统中，机器人之间可以通过无线通信实时共享位置信息，防止发生碰撞。

3. 冲突避免策略

冲突检测完成后，系统需要快速采取冲突避免策略，确保智能体安全运行和任务顺利进行。以下是几种常见的冲突避免策略：

- **避碰算法**：避碰是冲突避免的直接手段，智能体通过实时调整位置、速度和方向，避免与其他智能体发生物理碰撞。避碰算法包括基于规则的避碰（如预先设定的安全距离）和动态避碰（如智能体自主规划路径）。例如，在自动驾驶车队中，当前车减速时，后车会自动减速或变道，以避免追尾。
- **动态路径规划**：动态路径规划是指系统能够根据实时环境信息调整智能体的运动路径，确保智能体之间不会发生路径重叠或相互阻碍。系统会根据每个智能体的任务需求、速度和位置重新规划最优路径，减少冲突。例如，在无人机编队中，当环境变化或任务更新时，系统可以动态调整无人机的飞行路线，确保各无人机顺利完成任务而不发生冲突。
- **优先级机制**：在资源有限的情况下，冲突往往不可避免，此时系统可以引入优先级机制，即为每个智能体或任务分配不同的优先级。当发生资源争夺或任务干扰时，优先级高的智能体或任务可以优先完成，其他智能体则暂时等待或转向其他任务。优先级机制广泛应用于自动化生产线、交通调度等场景中。例如，在智能物流系统中，时间敏感的任务可以获得较高优先级，系统会优先处理这些任务以提高整体效率。

14.5 多智能体博弈与决策

在现实世界中，智能体常常处于竞争与合作并存的环境中。例如，在无人机编队中，各无人机需要协作完成任务；在智能交通系统中，自动驾驶汽车需要竞争有限的道路资源，同时又必须保持交通流的安全和有序。这种复杂的环境需要智能体在相互作用中做出有效的决策，以实现个体目标或群体效益的最大化。为了实现系统的整体优化和每个智能体的个体目标，理解智能体之间的博弈与决策过程变得至关重要。这包括如何设计有效的博弈策略、如何分析博弈的均衡和稳定性、如何设计公平的规则和激励机制等问题。

博弈论为研究这种多智能体交互提供了理论基础，通过建立数学模型，分析预测参与者在特定博弈结构下的行为及其结果，帮助设计合适的策略来应对合作或竞争中的决策问题。在多智能体系统研究中引入博弈论，可以显著提升智能体在复杂博弈环境中的决策能力，优化协同作业的效率。通过博弈论，智能体可以分析和预测其他智能体的可能策略，从而优化自己的协商策略。接下来将向读者详细介绍几种常见的多智能体博弈与决策策略。

14.5.1 纳什均衡策略

纳什均衡（Nash Equilibrium）策略是博弈论中最经典的策略之一。它描述了一种状态，即每个智能体在知道其他智能体的策略后，仍然没有动力改变自己的策略，因为改变不会带来更好的结果。纳什均衡是指在一个博弈中，每个智能体在已知其他智能体策略的情况下，选择自己最优的策略，并且没有任何智能体能够通过单方面改变自己的策略来获得更高的收益。

在纳什均衡下，所有智能体的策略组合是稳定的，即每个智能体的选择都是基于其他智能体策略的最优反应。如果所有智能体的策略都处于均衡状态，那么每个智能体都没有动机去单方面改变策略。因此，纳什均衡被视为博弈中的一种稳定状态。

下面以博弈论中经典的情境——囚徒困境为例，介绍什么是多智能体系统的最优解。假设有两个犯罪嫌疑人 A 和 B 被捕，但缺乏足够的证据定罪，警察将每个人单独关押，提出以下选择：如果两人都选择沉默，警方只能以轻罪定罪，分别判处 1 年监禁；如果其中一人作供举证控告另一人，他就将免于刑罚，而另一人将被判重刑，长达 10 年；如果两人都作供举证控告对方，将面临轻微认罪处罚，但依然被判刑 5 年。在这个情景中，每个人都面临着一个困境：如果他们相互合作（即沉默），他们都会获得较轻的刑罚；如果他们相互背叛（即坦白），则可能会有一个人获得免于刑罚的机会，另一个人则面临较严重的刑罚。

可以用一个表格形象地表达囚徒困境，见表 14-1。

表 14-1 囚徒困境

	B 坦白	B 沉默
A 坦白	A: 5 年; B: 5 年	A: 0 年; B: 10 年
A 沉默	A: 10 年; B: 0 年	A: 1 年; B: 1 年

我们首先来模拟嫌疑人 A 的思维。如果 B 坦白，A 选择坦白比选择沉默要好，因为选择沉默会被判 10 年，选择坦白会被判 5 年。如果 B 沉默，A 选择坦白也比选择沉默要好，因为选择沉默会被判 1 年，选择坦白会免于刑罚。

嫌疑人 B 的思维和嫌疑人 A 类似，在使自己利益最大化的驱动之下，嫌疑人 B 在两种情况下也会选择坦白。在这个博弈中，双方的最佳策略是坦白，无论对方选择什么。

在囚徒困境中，（坦白，坦白）是一个纳什均衡，因为在这种情况下，没有任何一个囚徒能够通过单方面改变自己的策略（从坦白变为沉默）来获得更好的结果（减少刑罚）。如果一方决定改变策略，而另一方保持原策略，改变策略的一方会面临更严厉的刑罚。因此，双方选择坦白（A 和 B 都认罪）的结果是一个纳什均衡，尽管这个结果对他们都不是最优的（如果两人都沉默，每人只判 1 年）。

事实上，在囚徒困境中还存在另一个策略组合，即两人均选择（沉默，沉默）策略，此时两个嫌疑人的利益都比（坦白，坦白）高，我们称这个解为帕累托优解（Pareto Optimal Solution）。帕累托优解是指一种策略组合，在这种组合下，不可能通过改变某一方的策略来使任何一个囚徒的状况变得更好而不使另一方的状况变得更差。

但是在多智能体系统中，到底是选择纳什均衡解，还是选择帕累托优解，这取决于多智能体系统具体的应用场景。如果侧重于从个体角度设计系统，则选择纳什均衡解；如果侧重于从整体角度设计系统，则选择帕累托优解。

14.5.2 进化博弈策略

进化博弈策略是一种将博弈与生物进化理论相结合的策略分析方法，基于进化博弈理论（Evolutionary Game Theory）。不同于传统的博弈理论，进化博弈策略认为智能体的决策是一个动态和渐进的过程，策略不是一次性确定的，而是通过重复交互逐步优化的。随着时间推移，智能体在与其他智能体不断互动的过程中，通过观察和学习它们的行为，逐渐形成适应环境的最优策略。

（1）动态调整与适应性

进化博弈策略的核心在于动态调整和适应性。智能体在每次博弈中观察到其他智能体的策略表现，并基于其效果不断调整自己的策略。这样的调整并非一蹴而就，而是通过多次博弈、反复试探后逐步优化。这个过程中，成功的策略将被智能体保留和强化，失败的策略则逐步被淘汰。这种自适应的能力，使得进化博弈策略特别适用于面对不确定性和复杂环境的场景。

例如，在一个模拟市场中，智能体（如企业或投资者）可以通过观察其他参与者的行为，如定价策略或投资决策，逐步调整自己的竞争策略。最初，他们选择的策略可能并不理想，但随着竞争和学习，系统中的"劣势策略"将被淘汰，"优势策略"则会不断演化和强化，直到系统达到某种均衡状态。

（2）自然选择与策略演化

进化博弈策略模拟了生物进化中的自然选择机制。在这个框架下，智能体通过与环境或其他智能体的交互竞争，逐步进化出更优的策略。像生物进化中弱者被淘汰一样，不适应的策略会在博弈过程中逐渐退出竞争，而那些表现较好的策略将被保留并进一步优化。

例如，在自动驾驶汽车的交通系统中，车辆可以通过与其他车辆的互动，学习如何更高效地行驶并避免冲突。起初，某些驾驶策略可能会引发交通拥堵或事故，但经过多次尝试和适应，车辆最终进化出更好的策略，比如在复杂交通环境中保持最佳速度和安全距离的策略。

（3）进化稳定策略

进化稳定策略（Evolutionarily Stable Strategy，ESS）是一种能够在面对少数不同策略的入侵时保持稳定的策略组合。当一个群体的所有智能体都采用这种策略时，任何少数采用其他策略的智能体将无法获得优势，从而无法在群体中占据主导地位。因此，ESS 能够确保系统的稳定性。

（4）强化学习与进化博弈的结合

在现代多智能体系统中，强化学习常被用于实现进化博弈策略。通过强化学习，智能体能够在交互过程中根据奖励反馈，逐步学习和优化其策略。每次博弈后，智能体根据自身的表现和其他智能体的行为调整其策略。成功的行为会被加强，失败的行为则被抑制。这种基于经验的学习使得智能体的策略能够在动态环境中不断进化。

例如，在机器人集群的协作任务中，个体机器人可以通过强化学习逐渐优化其协作方式。起初，机器人可能通过试探行为寻找最佳合作方式，随着不断地学习，它们会逐渐形成更有效的合作策略，使集体任务更高效完成。

14.5.3 最大最小策略

最大最小策略（Maximin Strategy）是一种常用于竞争性博弈中的决策方法，尤其适用于零和博弈。在零和博弈中，智能体之间的利益完全对立，一方的得益正是另一方的损失。在这种环境中，每个智能体都期望通过选择最佳策略，在最坏的情况下也能获得尽可能小的损失。这一策略的核心思想是：智能体假设对手将采取最具攻击性或最不利于自己的策略，进而选择一个能够最大限度减少自身损失的策略。因此，它是一种保守的策略，用于应对最恶劣的情境。

在最大最小策略中，智能体采取的策略并不是为了最大化潜在收益，而是为了最小化可能的最大损失。智能体在做决策时，会预设对手将采用最具攻击性的策略，即对手的最优反应会带来自己的最大损失。在这种假设下，智能体通过选择一条能够将该最大损失降到最低的策略，确保即使面对最糟糕的情况，自己依然能够保持一定的防御力或稳定性。

例如，在一场棋类比赛中，玩家如果认为对手会一直选择最具威胁的走法（即假设对手不会犯错），则会采用最大最小策略来尽量减少可能的失利。这种策略不仅要求玩家防守稳健，而且要求他们在最差的情况下依然维持一定的竞争力。

14.6 基于大模型的智能体应用

多年来，智能体作为人工智能领域的一个活跃方向，持续吸引着研究者的深入探索。人们越来越清楚地认识到，智能体的发展与人工智能的进步是密不可分的。最近，大模型在人工智能应用中的重大突破，尤其是像 ChatGPT 和 GPT-4 这类基于 Transformer 架构的大型语言模型（LLM，也称大语言模型），给智能体的发展带来了全新的机遇。这些模型为智能体提供了具备广泛任务处理能力的"智能大脑"，从推理、规划、决策到执行，展现出前所未有的潜力。基于 LLM 的智能体有望深刻地改变人们的生活和工作方式，带来更加广泛而深远的影响。接下来向读者介绍大模型智能体的概念及框架、关键技术及斯坦福小镇的应用案例。

14.6.1 大模型智能体概念及框架

大模型智能体是一种超越简单文本生成的人工智能系统。它以 LLM 为核心计算引擎，具备对话、任务执行、推理等能力，并展现出一定程度的自主性。简而言之，智能体是一个能够进行复杂推理、拥有记忆并具备执行任务手段的系统。在这种智能体的构建中，LLM 充当控制中心或"大脑"，负责管理完成任务或响应用户请求所需的各类操作。构建这类智能体时，需要整合规划、记忆和工具使用等关键模块，以实现其多样化的功能。

当前尚未形成公认的大模型智能体框架，仍处于百家争鸣之际。本书以复旦大学自然语言处理团队（FudanNLP）在 2023 年所提出的**大模型自主智能体框架**为例，向读者介绍大模型智能体框架。如图 14-16 所示，大模型智能体框架由控制端（大脑）、感知端和行动端三个部分组成。作为控制端，大脑模块承担记忆、思考和决策等基本任务；感知端负责感知和处理来自外部环境的多模态信息；行动端负责使用工具执行任务并影响周围环境。

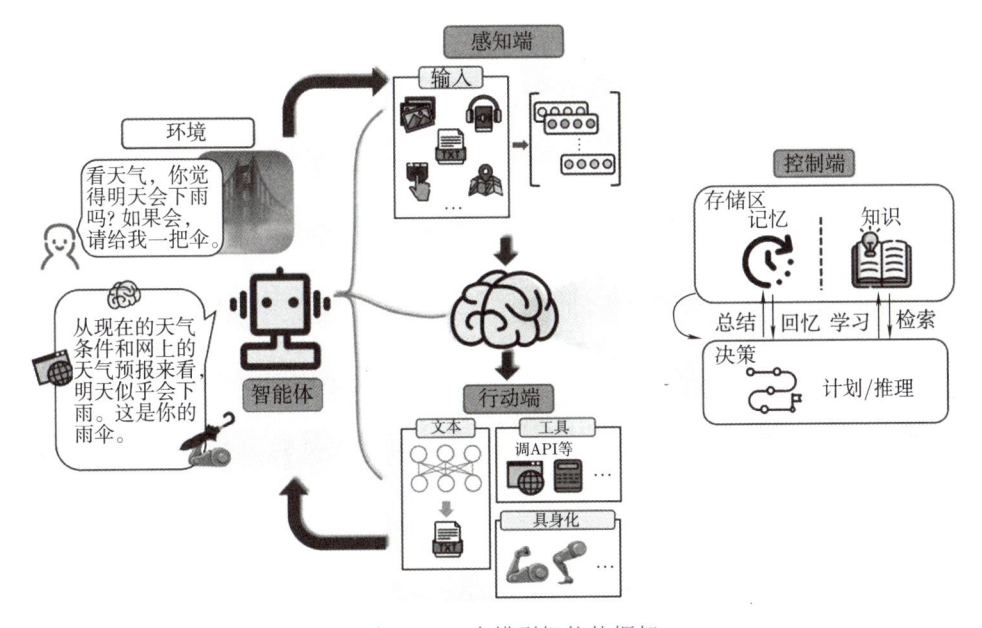

图 14-16 大模型智能体框架

控制端：通常由 LLM 构成，是智能体的核心。它不仅可以存储记忆和知识，还承担着信息处理、决策等不可或缺的功能。它可以呈现推理和计划的过程,并很好地应对未知任务,反映出智能体的泛化性和迁移性。

感知端:将智能体的感知空间从纯文本拓展到包括文本、视觉和听觉等的多模态领域,使智能体能够更有效地从周围环境中获取与利用信息。

行动端:除了常规的文本输出,还赋予智能体具身能力、使用工具的能力,使其能够更好地适应环境变化,通过反馈与环境交互,甚至能够塑造环境。

以图 14-16 为例,大模型智能体的工作流程一般如下:当人类询问是否会下雨时,感知端将指令转换为 LLM 可以理解的表示。然后控制端开始根据当前天气和互联网上的天气预报进行推理和行动规划。最后,行动端做出响应并将雨伞递给人类。通过重复上述过程,智能体可以不断获得反馈并与环境交互。

14.6.2 大模型智能体关键技术

大模型智能体的关键技术涉及多个领域的前沿进展,这些技术共同赋予智能体强大的处理能力、推理能力以及自主性,使其能够在复杂任务环境中表现出色。思维链和自我反思是大模型智能体的两项核心技术。

1. 思维链

思维链(Chain-of-Thought,CoT)是在 Google 的论文 "Chain-of-Thought Prompting Elicits Reasoning in Large Language Models" 中被首次提出的。思维链是一种改进的提示策略,用于提高 LLM 在复杂推理任务(如算术推理、常识推理和符号推理)中的性能。思维链结合了中间推理步骤,这些步骤可以表明是如何得到最终输出的。简单来说,思维链是一种离散式提示学习,更具体地,是大模型下的上下文学习(即不进行训练,将例子添加到当前样本输入的前面,让模型一次输入这些文本进行输出,完成任务),相比于传统的上下文学习,思维链多了中间的推导提示。

从图 14-17 的示例可以看到,思维链提示在给出答案之前,还会自动给出推理步骤:

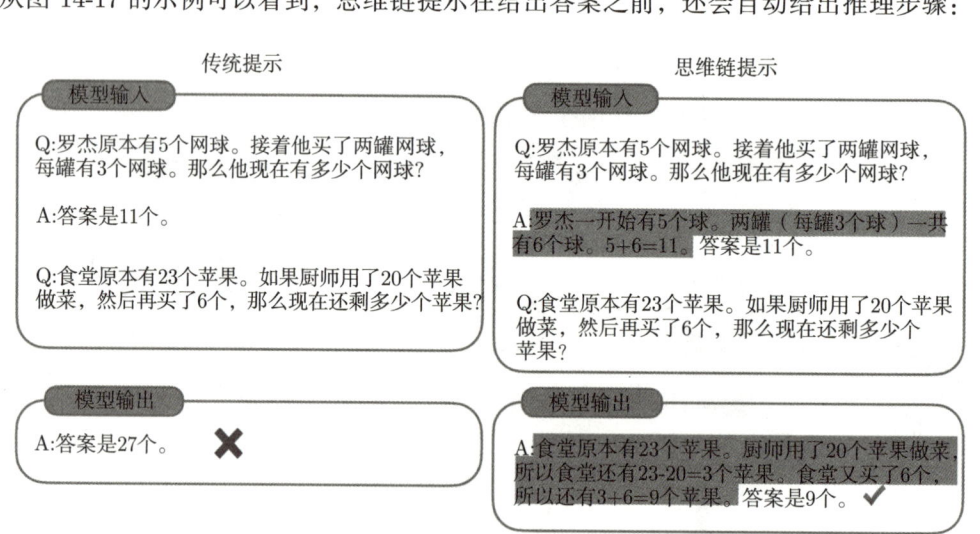

图 14-17 思维链提示示例

"罗杰一开始有 5 个球,两罐(每罐 3 个球)一共有 6 个球。$5 + 6 = 11$。"

"食堂原本有 23 个苹果。厨师用了 20 个苹果做菜,所以餐厅还有 $23 - 20 = 3$ 个苹果。食堂又买了 6 个,所以还有 $3 + 6 = 9$ 个苹果。"

思维链提示给出了正确答案，而直接给出答案的传统提示学习，结果是错的，连很基本的数学计算都做不好。简单来说，语言模型很难将所有语义直接转化为一个方程，这是一个更加复杂的思考过程，但可以通过中间步骤，来更好地推理问题的每个部分。

2. 自我反思

自我反思（Self-Reflection）是一个通过语言反馈来强化基于语言的智能体的框架。根据 Shinn 等人的观点（2023）："自我反思是一种'口头'强化的新范例，它将策略参数化为智能体的记忆编码，并与 LLM 的参数选择配对。"在高层次上，自我反思将来自环境的反馈（自由形式的语言或者标量）转换为语言反馈，为下一轮中 LLM 智能体提供上下文。这有助于智能体快速有效地从之前的错误中学习，进而提升许多高级任务的性能。自我反思由三个不同的模型组成：

- 参与者（Actor）：根据状态观测量生成文本和动作。参与者在环境中采取行动并接受观察结果，从而形成轨迹。CoT 和 ReAct 被用作参与者模型。此外，还添加了记忆组件为智能体提供额外的上下文信息。
- 评估者（Evaluator）：对参与者的输出进行评价。具体来说，它将生成的轨迹（也被称作短期记忆）作为输入并输出奖励分数。根据人物的不同，使用不同的奖励函数（决策任务使用 LLM 和基于规则的启发式奖励）。
- 反思（Reflection）：生成语言强化线索来帮助参与者实现自我完善。这个角色由大语言模型承担，能够为未来的试验提供宝贵的反馈。

自我反思模型利用奖励信号、当前轨迹和其持久记忆生成具体且相关的反馈，并存储在记忆组件中。智能体利用这些经验（存储在长期记忆中）来快速改进决策。

14.6.3 斯坦福小镇的案例分析

美国斯坦福大学与 Google 在 2023 年基于大模型智能体创建了一个斯坦福小镇实验环境，如图 14-18 所示，用来研究多智能体系统在一个虚拟小镇中的交互行为。在这个虚拟小镇中，多个大模型智能体被设定为居民，它们能够像人类一样进行互动、规划、推理、决策，并参与小镇的日常生活。这些智能体的行为由 LLM 驱动，这使得它们在复杂的社会环境中表现出接近人类的行为模式。

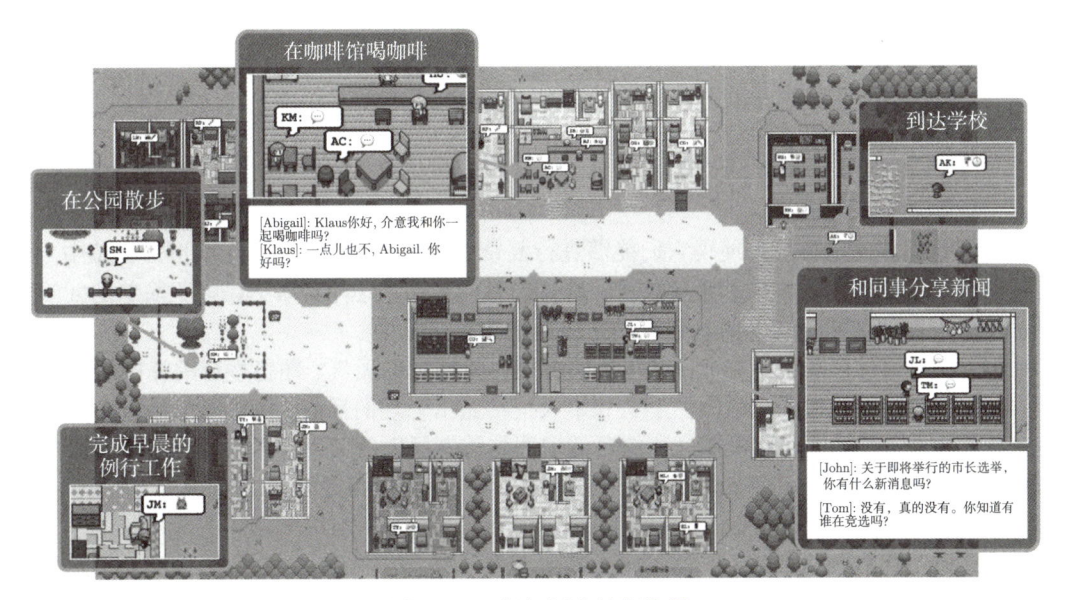

图 14-18 斯坦福小镇概览图

在斯坦福小镇中，每个智能体被用自然语言描述了其身份，包括它们的职业以及与其他智能体的关系，并将这些信息作为种子记忆。比如，智能体 John Lin 有如下身份描述："John Lin 是一名药店店主，它乐于助人。它一直在寻找使客户更容易获得药物的方法。John Lin 的'妻子'是大学教授 Mei Lin，它们和学习音乐理论的儿子 Eddy Lin 住在一起。John Lin 非常爱它的家人。John Lin 认识隔壁的老夫妇 Sam Moore 和 Jennifer Moore 好几年了……"。John Lin 在斯坦福小镇中的几个应用场景如下：

1. 自主性与多任务处理

在斯坦福小镇中，智能体以虚拟居民的身份存在，它们具有很高的自主性，能够自主规划和执行任务。每个智能体都拥有复杂的决策能力，可以处理多种任务，例如去商店购物、与其他居民互动、参与社交活动等。这些智能体不需要外部指令就能自主设定日常目标并完成任务，展现了大模型智能体的多任务处理能力。

比如，在小镇中，智能体可以自主设定每天的日程表，例如早上去咖啡店、下午参加社交活动、晚上回家休息。它们在这些任务中使用推理与规划技术，确保任务按时完成，并在遇到突发情况时及时做出调整。图 14-19 展示了智能体药店店主 John Lin 一天的行为。

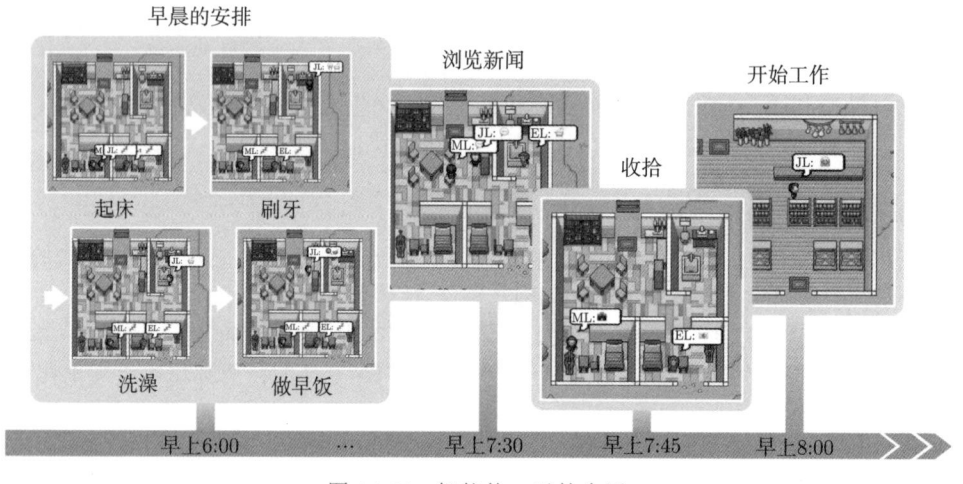

图 14-19 智能体一天的生活

在这个家庭中，John Lin 早上 7 点第一个起床，然后刷牙、洗澡、穿衣服、做早饭，接着在客厅的餐桌旁浏览新闻。早上 8 点，John Lin 的儿子 Eddy Lin 也起床，准备上课。

2. 对话与社交互动

大模型智能体的语言能力使得它们能够进行复杂的对话和社交互动。在斯坦福小镇中，居民智能体能够基于自然语言生成和理解技术，进行逼真的对话。这种对话不局限于简单的问答，而是涵盖了多层次的情感表达、信息交流、观点讨论等社交行为。

比如，在小镇的广场上，几个智能体居民可能讨论当天的天气、即将举行的社区活动或个人兴趣。这些智能体可以根据对话的上下文和个人记忆做出合理的反应，使得整个社交互动显得自然且有趣。此外，智能体能够根据过往的对话记住与特定居民的关系，并在下次互动中保持连贯的对话风格。图 14-20 展示了 John Lin 临出门时和 Eddy Lin 的对话。

John: 早上好，Eddy。你睡得好吗？
Eddy: 早上好，爸爸。是的，我睡得很好。
John: 那很好，你今天做什么？
Eddy: 我正在为我的班级创作一首新的音乐作品。
这周就要交了，所以我正在努力完成它。
但是这个过程我很开心。
John: 听起来不错!

图 14-20　John Lin 和 Eddy Lin 的对话

3. 智能体与环境的交互

斯坦福小镇有许多公共场景，包括咖啡馆、酒吧、公园、学校、宿舍、房屋和商店等。每个公共场景还包括自身具有的功能以及对象。例如图 14-21 展示了房子环境，在房子中有厨房，厨房中有炉子。而在智能体的生活空间中还有床、桌子、衣柜、架子，以及浴室和厨房。

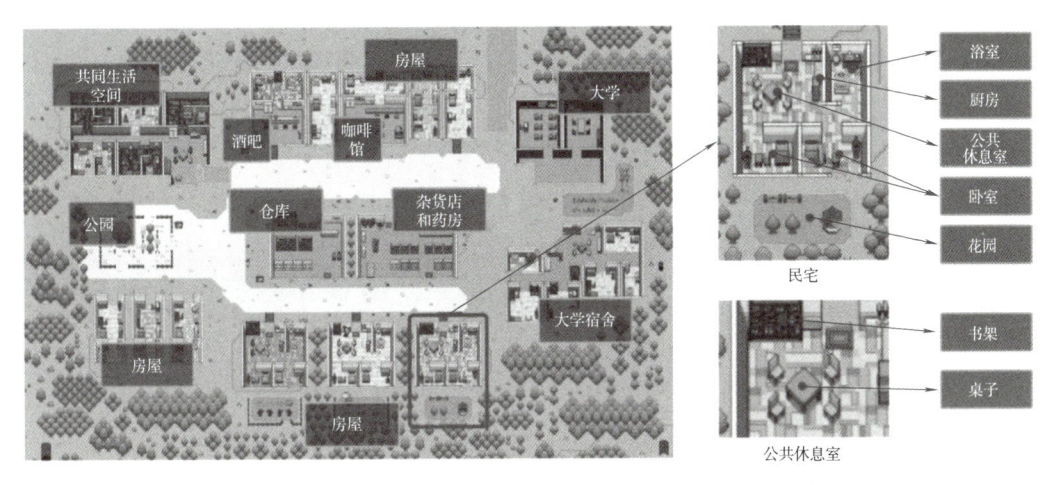

图 14-21　公共场所规划图

这使得在斯坦福小镇中，智能体不仅通过语言和任务与彼此互动，还与环境发生复杂的交互。这种交互包括智能体对周围环境的感知、理解，以及对环境中变化的适应和操作。智能体通过环境感知和反馈机制来理解环境，并基于推理和规划能力做出适当的反应和调整。这一过程展示了大模型智能体如何与动态、复杂的虚拟环境交互，进而完成任务或达成目标。

比如，智能体可以在斯坦福小镇内随处走动，进入或离开一座建筑，导航前行，甚至去接近另一个智能体。智能体的移动由生成式智能体（Generative Agent）的架构和沙盒游戏引擎控制：当大语言模型指示智能体移动到某个位置时，生成式智能体的研究会计算智能体在斯坦福小镇环境中到达目的地的步行路径，然后智能体开始移动。

此外，用户和智能体还可以影响该环境下其他物体的状态，例如，当智能体睡觉时床是被占用的，当智能体用完早餐后冰箱可能是空的。最终用户还可以通过自然语言重写智能体环境。例如用户在 Isabella 进入浴室时将淋浴器状态设置为漏水，之后 Isabella 会从客厅找到工具并尝试修复漏水问题。

斯坦福小镇中的大模型智能体展示了现代人工智能技术的多方面应用，通过整合语言处理、推理与规划等核心技术，智能体在虚拟小镇的环境中展现了接近人类的行为模式。它们能够自主应对复杂任务、与其他智能体进行有效互动、进行情感与意图理解，并在动态环境中进行自适应调整。斯坦福小镇作为一个实验平台，充分展示了大模型智能体在多智能体协作、复杂任务执行以及自主决策等方面的潜力，为未来智能体系统的应用和发展提供了宝贵的参考。

14.7 小结

智能体通过传感器获取环境信息，并通过效应器对环境进行操作，从而实现预定的任务。智能体可以应用于多个领域，如自动化控制、机器人技术、游戏人工智能、金融市场分析等。多智能体系统则是由多个智能体组成的协作网络，这些智能体通过通信和协作共同解决复杂问题。通过分布式的方式，多智能体系统能够处理单个智能体难以应对的大规模和复杂性问题，如交通管理、分布式能源管理、集群机器人控制等。

虽然智能体与多智能体系统具有显著优势，包括灵活性、分布式处理能力和高效协作，但是它们也面临一系列挑战，包括通信与协调、决策与规划、信任与安全以及系统的可扩展性。首先，通信与协调涉及智能体之间如何有效地交换信息并达成共识，以实现共同目标。其次，决策与规划则要求智能体能够在动态和不确定的环境中做出最佳决策。再次，信任与安全问题涉及如何确保智能体之间的合作是可靠和安全的，防止恶意行为。最后，可扩展性的挑战在于如何设计系统，使其能够处理大量智能体和复杂任务。因此，未来需要增强智能体的自主学习和适应能力，利用强化学习和大模型等先进技术，使智能体能够在复杂环境中自我学习和优化行为。

第15章
具身智能

前面章节介绍的智能体和多智能体系统为我们提供了探索智能行为的重要工具。然而，传统的智能体大多依赖于预设的符号系统和逻辑推理方式来处理信息，忽略了与环境的物理交互。这种基于抽象计算的方式在应对复杂、动态和不确定环境时往往显得力不从心。此外，多智能体系统虽然能通过个体协作实现复杂任务，但在动态环境中，多智能体之间的沟通、协调和共同决策也面临巨大的挑战。

这些问题引发了对智能本质的重新思考：如果智能不仅是大脑的产物，而且是由智能体的身体及其与环境的实时交互所决定的呢？这便引出了**具身智能**（Embodied Intelligence）的概念。具身智能强调智能体通过与物理环境的交互来实现认知与学习能力的提升，是人工智能领域中一个前沿且富有潜力的研究方向。与传统的基于符号处理和逻辑推理的人工智能不同，具身智能认为智能的本质不在于计算或逻辑推理，而在于智能体如何通过身体对环境进行动态的感知、行动和反馈循环。这种"具身化"的视角将智能视为一个与外部环境紧密联系、实时适应变化的过程。同时，这一思想在机器人学中尤为重要，尤其是在复杂和动态的环境中，具身智能可以帮助机器人更加自然和灵活地执行任务。

本章将从具身智能的基本概念出发，探讨具身智能的前世今生和重要性。随后，将介绍具身智能的关键组成部分，包括"大脑""小脑"和身体，以及关键技术，包括感知、交互和执行等。最后，本章还将展示具身智能在机器人和虚拟现实等实际应用中的表现。通过本章的学习，读者将理解具身智能为何是现代人工智能研究的重要突破口，以及它如何通过与环境的深度交互推动人工智能技术的进步。

15.1 具身智能概述

当人们谈论智能时，通常会想到计算机通过算法和数据进行"思考"。然而，智能是否仅存在于大脑或计算机中呢？具身智能为我们提供了一个全新的视角：智能不仅是大脑的产物，还与身体以及与环境的互动紧密相关。

1963年，一项著名的实验揭示了智能体与环境交互在学习和感知中的关键作用。在这个实验中，两只猫被分别置于不同的条件下。一只猫被动地被固定住，虽然它能够观察到周围的世界，但无法主动移动和探索，另一只猫则可以自由行走，主动地感知和探索环境，如图15-1所示。实验结果令人震惊：那只被动的猫虽然持续地观察世界，但由于缺乏与环境的互动，逐渐失去了行走能力；那只能够主动探索的猫，通过持续的身体运动与环境的互动，保持了正常的感知和运动能力。

这个实验生动地展现了具身智能的核心思想：智能不仅依赖大脑的计算和认知能力，更重要的是，它需要通过智能体身体与环境的互动才能真正发展和强化。在具身智能的框架下，智能体不再是一个仅依赖大脑进行符号处理的系统，而是一个能够通过身体与环境直接互动的存在。通过这种实时的感知-行动反馈机制，智能体不仅能够适应复杂和动态的环境，还能够通过实践提升对环境的理解。这与实验中的那只主动探索的猫非常相似，猫的感知与行动是同步进行的，正是这种具身化的互动使它能够学会在环境中高效移动和操作。

为了帮助读者更好地理解这一概念，本节将首先介绍具身智能的基本概念，接着回顾其前世今生，最后解释为什么具身智能正成为人工智能研究中的一个重要方向。

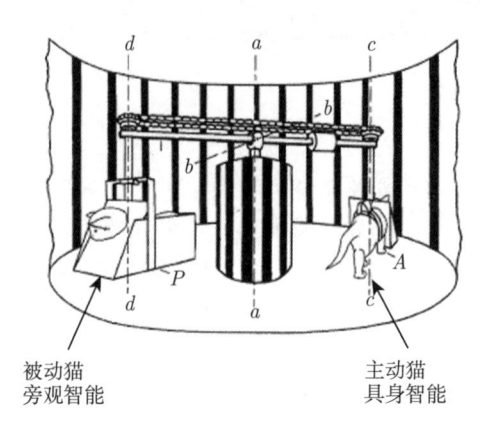

图 15-1　两只猫实验：实验中，主动猫学会了正常行走，但被动猫失去行走能力

15.1.1　基本概念

1950 年，图灵在论文"Computing Machinery and Intelligence"中第一次提出了具身智能的概念。具身智能可以拆分成两个词：一是"具身"，二是"智能"。

1. 具身

"**具身**"（Embodiment）这一概念最早源自心理学领域，其基本含义强调认知对身体的依赖性，即身体在认知过程中发挥着至关重要的作用。根据具身理论，认知与身体之间的关系可以划分为"弱具身"和"强具身"两个层次。

弱具身认为，尽管认知过程依赖于身体的存在和功能，但认知本身依然保留了独立的计算和表征能力，身体只是辅助性支持系统。换句话说，身体虽然影响了认知的某些方面，但是并不完全决定认知活动的方式。

相比之下，**强具身**则更进一步主张，认知本质上是由身体与外界互动的活动所塑造的，身体的具体结构和功能决定了认知的独特性。这一观点认为，认知不仅依赖于身体，还由身体的动作和感知过程直接构建出来，身体的细节深刻影响着智能体与世界的交互方式，从而形成独特的认知模式。

具身的性质和特征体现在以下四个主要方面：

- **身体参与了认知**：身体不仅是感知和行动的工具，还深度影响了思维、判断、态度和情绪等心智过程。身体的状态和活动对个体的认知体验和决策过程有着不可忽视的作用。
- **知觉依赖于身体的活动**：人们对客观世界的知觉和理解，实际上依赖于身体与外界的互动。身体的活动和运动方式影响着人们如何形成对外界的表象和感知，知觉不再是被动接收，而是身体作用于世界的结果。
- **意义源于身体体验**：许多抽象的意义其实根植于身体的感觉和运动系统。身体的感官、姿势、运动等为认知活动提供了基础，许多概念和意义都是通过具身化的体验得以生成的。
- **身体影响思维方式**：不同的身体特征、姿态和运动方式，往往会产生不同的思维模式和认知方式。身体的差异不仅塑造了个体对世界的感知，还影响了他们的思维结构和认知风格。

从这点来看,"具身"所指代的便是客观、物理存在的"身体",对于身体所承载的"认知"带来的各种影响。认知不能脱离身体单独存在。

2. 具身智能

如果结合第二个词"智能",**具身智能**可粗略定义为:智能体(可以是生物或机械),通过与环境交互后自身的学习,产生对客观世界的理解和改造能力。如图 15-2 所示,具身认知是智能体在自体、对象与环境等要素间相互作用(信息感知、转化和响应)的过程中建构符合各要素物理存在及其关系演化趋势的认知模型,达成问题解决或价值实现的人工智能方法。

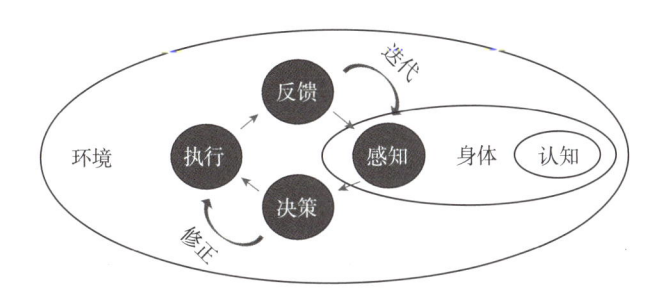

图 15-2　智能体在自体、对象与环境等要素间相互作用的过程

具身智能是一种人工智能方法,强调智能主体在处理信息时要将关注的对象、环境以及自体均纳入信息处理范围中。例如,百度推出的"萝卜快跑"无人驾驶车(如图 15-3 所示)具备多种传感器系统,包括高清摄像头、激光雷达、GPS(全球定位系统)等设备,这些设备就相当于它的"感官",用于实时感知道路状况、交通信号、行人和障碍物等外部环境。车体本身作为它的"身体",通过车轮、转向盘、制动系统等执行其决策。因此,车体的行动(例如转弯、加速、制动)并非基于预先编写的程序,而是根据实时环境数据进行适应性决策。

图 15-3　百度"萝卜快跑"无人驾驶车

具身智能主张,智能不仅依赖于"大脑"的计算和认知,而且需要通过智能体的身体与环境的互动得以体现和发展。在这一框架下,"萝卜快跑"无人驾驶车不仅依赖其内部的计算能力和算法来处理信息,还必须通过传感器、摄像头、激光雷达等设备感知外部世界,借助物理车体与道路、障碍物、行人等环境要素进行实时的交互。无人驾驶车的"智能"并不是单纯依靠车内的计算机系统来推理和判断的,而是通过不断感知和回应外部环境中的变化来实现其智能决策的。

3. 具身智能的任务和使命

作为一种独特的人工智能方法,"具身智能"肩负着解决其他方法和工具难以应对的问题的任务,只有这样才能真正展现其价值和生命力。

早在 1948 年，诺伯特·维纳在《控制论：或关于在动物和机器中控制和通信的科学》一书中就提出了"控制论"的概念，奠定了人工智能领域的理论基础。1956 年，达特茅斯（Dartmouth）会议正式提出了"人工智能"的概念，自此，人工智能经历了行为主义、符号主义和连接主义等多个学派的发展。这些不同的学派为机器智能的发展提供了多样的路径，推动了人工智能在模拟低等生物智能、目标跟踪、机器自动控制、图像识别、语音识别与生成、机器翻译、视频转换等领域的突破，并在解决某些专门问题上展现出惊人的能力。

在今天，虽然大模型、生成式人工智能和人形机器人已经得到了全球的广泛关注，但我们所掌握的人工智能方法仍处于弱人工智能的阶段。我们仍然在探索通向高级人工智能的道路——那种能够与人类智能相媲美的真正智能。因此，探讨具身智能成为关键。具身智能的使命正是在此背景下应运而生的，具身智能成为通往更高级智能的可能途径。

具身智能的核心任务是借鉴具身认知的思想，通过智能体与环境的深度互动，使得机器在对象识别、工具使用、推理与规划、价值判断、语言使用等方面能够接近人类的智能水平。尤其是在"理解"空间并实现"实物对象到信息端精细语义"映射的过程中，具身智能扮演着基础性角色。通过解决这个核心问题，机器将不仅能"看见"世界，还能"理解"世界，从而迈向更加高级的智能应用。这是具身智能的关键使命，也是未来人工智能发展的重要方向。

在理解了具身智能的基本概念后，我们可以看到，它不仅强调智能体的认知与环境之间的密切互动，还揭示了"身体"在认知过程中的核心作用。然而，具身智能的这一理念并非突然出现的，它是对传统人工智能方法局限性的深刻反思和延续。为了更好地理解具身智能的发展脉络，我们需要追溯其思想的起源，并梳理它从早期认知科学到现代人工智能领域的演变历程。接下来，我们回顾具身智能的"前世今生"，探索其理论根基、技术发展及在当今人工智能研究中的重要角色。

15.1.2 前世今生

具身智能作为一个创新且不断发展的研究领域，其起源可以追溯到人工智能早期对于智能体的研究。在探索具身智能的前世今生时，我们可以从以下几个重要阶段来看待其发展：从最初的理论基础到当前的技术突破机器人的过去、现在和未来，如图 15-4 所示。

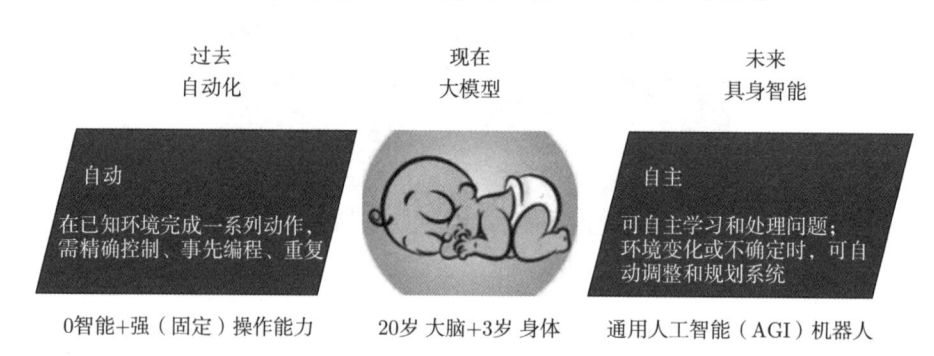

图 15-4 机器人的过去、现在和未来

1. 前世：传统智能与具身智能的理论分歧

具身智能的概念并非一开始就出现，它是对传统人工智能（Symbolic AI）和认知科学方法的回应。传统人工智能，尤其是基于符号的推理方法，将智能体视为独立于身体的"思维机器"，通过符号系统和逻辑推理来处理和操控信息。这种观点源于"心灵–身体二元论"，即大脑和身体是分离的，智能是通过纯粹的计算和认知活动实现的。

然而，随着计算机科学和机器人技术的发展，研究者发现这种基于符号的智能体在面对复杂、动态的现实世界时存在诸多局限。它们难以处理不确定环境下的复杂任务，且在感知、行动和学习之间缺乏自然的联系。此时，许多学者开始质疑单纯依靠逻辑推理和符号操作能否真正实现智能。认知科学家和机器人学家逐渐认识到，智能不仅源于大脑的计算过程，而且依赖于智能体与其所处环境的交互。

2. 今生：具身智能的提出与实践

20世纪80年代末到90年代初，具身智能的概念逐渐成形，特别是在人工智能与机器人学交叉领域。罗德尼·布鲁克斯（Rodney Brooks）是具身智能的早期倡导者之一，他通过一系列实验性机器人（如"行为主义机器人"）来展示具身化的重要性。布鲁克斯提出，智能体需要具备一个能够与环境交互的物理身体，而不是单纯通过复杂的符号系统来处理信息。智能体可以通过感知-运动循环直接与环境交互，从而实现更加灵活和高效的行为。

具身智能的基本理念强调智能体不应依赖预定义的内在模型来理解世界，而应通过持续地感知、行动和反馈，不断调整和适应环境。这种方法突破了传统人工智能的局限，将智能视为一个动态的、过程化的能力，而不是静态的符号推理。智能体不再仅仅是数据的处理者，更是其环境中的行动者。

3. 现状与未来：具身智能的技术进展与挑战

进入21世纪，随着深度学习、传感器技术和机器人技术的飞速发展，具身智能得到了更加广泛的关注和应用。特别是在机器人领域，具身智能的概念为自主机器人、服务机器人和工业机器人提供了全新的设计理念。这些机器人不仅能够感知周围环境，还能基于其物理能力与环境互动，完成任务。

同时，具身智能的思想也开始延伸到虚拟现实（VR）和增强现实（AR）领域，智能体可以在虚拟环境中通过具身化操作实现沉浸式体验。这一技术在游戏、医疗、教育等领域展现出巨大潜力。此外，脑机接口（BCI）等技术的发展也推动了具身智能的进一步发展，使得智能体能够通过"意识具身化"来实现更自然的交互。

然而，具身智能依然面临诸多挑战。例如，如何在复杂和动态的现实环境中实现高效的感知和行为决策？如何有效整合视觉、听觉、触觉等多模态信息？这些问题的解决将推动具身智能进一步发展。图15-5展示了具身智能的现状和未来。

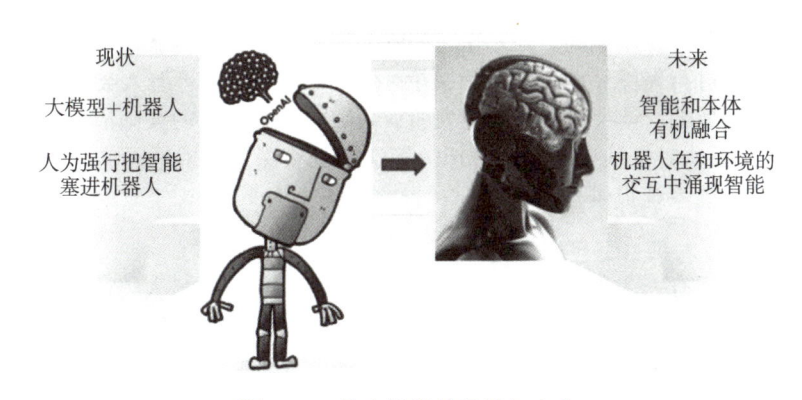

图 15-5　具身智能的现状与未来

具身智能的发展历程代表了人工智能领域从符号处理转向与环境交互的重大变革。它从对传统智能体局限的反思中起步，逐渐演变为当今机器人学、认知科学、虚拟现实等多个领域的重要理论基础与技术前沿。随着技术的不断进步，具身智能不仅推动了智能体设计理念的发展，还为我们理解和实现真正的智能开辟了新的方向。

15.1.3 为什么要关注具身智能

关注具身智能的原因在于，它为人工智能的未来发展提供了一条全新的路径，特别是在推动人工智能从"弱智能"向"强智能"转变的过程中，具身智能具有不可替代的关键作用。以下是关注和深入研究具身智能的几个核心理由：

1. 弥补传统人工智能的局限性

传统的人工智能方法，主要依赖符号处理和抽象推理，尽管在数据分析、分类、模式识别和逻辑推理等任务上取得了显著进展，但在面对复杂、动态、不确定的现实环境时，常常表现出明显的局限性。具身智能通过强调智能体与环境之间的物理交互，使得机器不再单纯地依赖抽象的计算模型，而是通过自身的感知、行动来适应现实环境的变化。因此，具身智能可以弥补传统人工智能在应对现实世界复杂性时的不足，为完成那些需要动态适应和实时决策的任务提供了有效的解决方案。

2. 提升智能体的自适应性与灵活性

具身智能的核心理念是，通过智能体的身体与环境的互动，智能体能够不断调整其行为，并从实际经验中学习。这种感知—行动—反馈的闭环机制，使得智能体可以更灵活地应对复杂的动态环境，表现出更强的自适应性。在自动驾驶、机器人导航以及人机协作等场景中，具身智能都可以帮助智能体更好地处理意外情况，优化决策过程。这种能力超越了传统人工智能系统的预定义规则和算法，能够在变化的环境中灵活应对新挑战。

3. 推动人工智能迈向通用智能

当下的人工智能系统大多属于"弱人工智能"，即它们仅能执行特定领域的任务，缺乏广泛的适应能力和跨任务的通用性。具身智能通过让机器与物理世界进行实际互动，模仿人类通过行动来学习和适应环境的方式，为通用人工智能的发展提供了可能性。具身智能不仅可以在某个领域内优化任务执行能力，而且可以通过与环境的深度交互，逐步接近人类的认知模式，提升机器在多任务、多场景中的适应性和通用性。这种广泛的适应能力使得具身智能有潜力成为未来实现"强人工智能"的重要途径。

4. 加深对人类认知与智能的理解

具身智能不仅是一种技术创新，更为我们理解人类自身的认知与智能提供了全新的视角。通过研究智能体如何通过与环境互动来学习和决策，我们可以更好地理解人类认知是如何依赖于身体的感知和行动而发展的。具身智能的研究表明，认知并不是孤立的大脑活动，而是一个复杂的感知–行动循环系统。这对于认知科学、心理学等学科具有深远的理论影响，同时也为设计更符合人类行为习惯的智能系统提供了参考。

5. 推动智能体与人类社会的和谐共存

具身智能的发展还有一个重要的目标，即使智能体能够更好地与人类社会和谐共存。通过使智能体能够理解物理环境和社会环境中的复杂性，具身智能为人机协作、社会机器人等领域提供了重要的技术基础。智能体不仅能够参与协作任务，还能够理解和适应人类行为习惯，提供更加个性化、智能化的服务。这种对人类社会的深度理解，有望使具身智能成为未来智慧社会的重要组成部分。

关注具身智能不仅是因为它在技术层面提供了新的方法和工具，更重要的是，它为突破当前人工智能的局限性，推动人工智能向更高级、更广泛的应用迈进提供了重要的思路和路径。通过增强智能体与环境的深度互动和自适应性，具身智能能够为复杂的现实世界提供更有效的解决方案，也为实现真正的通用智能奠定了基础。

15.2 具身智能的组成

在 2023 年"世界机器人大会"上，图灵奖得主姚期智指出，具身智能体需要具备三个关键要素：身体、小脑和大脑。首先，**身体**部分需要配备足够的硬件，包括传感器和执行器，作为实际的执行者，身体模块在物理或虚拟世界中进行感知和执行任务。其次，**小脑**负责处理视觉、触觉等多种感知信息，控制身体并完成复杂任务。最后，**大脑**主导高层次的逻辑推理、决策和长时间规划，并通过自然语言与其他智能体和环境交互。

因此，我们可以认为具身智能主要由三大模块组成（见图 15-6）：

- 负责顶层决策的"大脑"：负责感知、理解、决策、控制等的核心工作，具有"感知—推理—预测—行动"的能力。
- 负责核心运动控制的"小脑"：整体运动控制与鲁棒性操作的核心，负责运动能力和大脑指令的实现。
- 负责执行动作的"身体"：作为实际的执行者，是在物理或者虚拟世界进行感知和任务执行的机构。

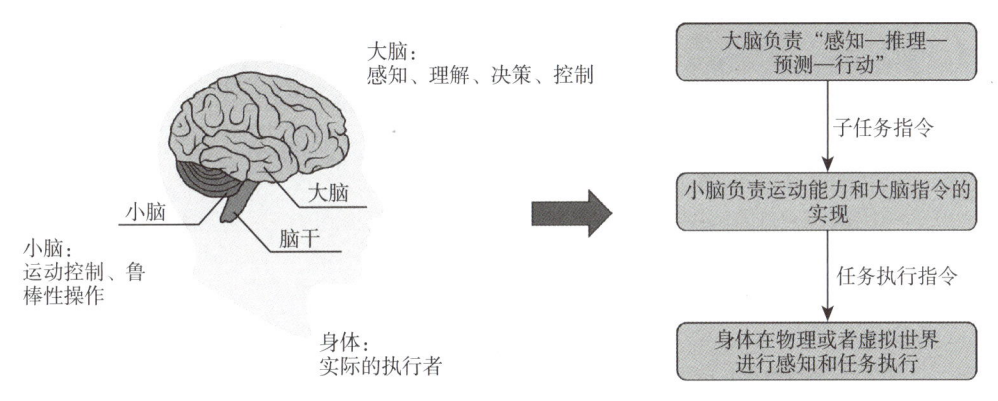

图 15-6 具身智能的三大模块

15.2.1 负责顶层决策的"大脑"

"大脑"部分主导高层次的逻辑推理、决策、长时间规划，并通过自然语言与其他智能体和环境进行交流，解决物理世界中常识认知的问题。这是"大脑"作为"感知—推理—预测—行动"模型的核心功能。

在具身智能的"大脑"领域，谷歌和李飞飞等团队已经完成了大量前沿工作。例如，PaLM-E 多模态大模型能够为机器人任务提供规划支持。大语言模型（LLM）可以将具身智能体的任务分配给底层控制器，并按照模型反馈的执行顺序完成任务。这是谷歌在具身智能大模型技术路线上的一个重要突破。

然而，目前机器人在"感知—预测—行动"方面的能力仍存在较大不足，人工智能在逻辑推理和规划上与人类的能力尚有差距。大语言模型现阶段主要实现"本能反应"，尚未达到复杂逻辑推理和规划的水平。

Yann LeCun 是纽约大学终身教授兼 Facebook 人工智能研究院首席科学家，他曾于 2022 年提出"**世界模型**"（World Model）的概念，强调人工智能应基于世界的真实模型来预测行动，并通过一系列最小化成本的步骤进行任务分解。在2023年的演讲中，他进一步指出，要想让人工智能像人类一样具备真正的规划能力，可以借鉴人类和动物通过观察和体验世界快速学习的方式。

因此，普遍认为对物理世界的感知和预测能力是实现通用智能的必要前提。然而，放眼全球，现阶段国际上关于具身智能体"大脑"模块的技术路线尚未完全收敛。以Google为代表的顶尖团队正在不断探索和迭代通用任务的实现路径。目前，具身智能仍处于早期阶段，尚未有公司具备完全成熟的通用大脑能力。

接下来，我们将选取当前在学术研究和实际应用上处于前沿的国际团队案例，介绍他们关于实现具身智能体"大脑"模块的工作及其技术思路（见图15-7）。

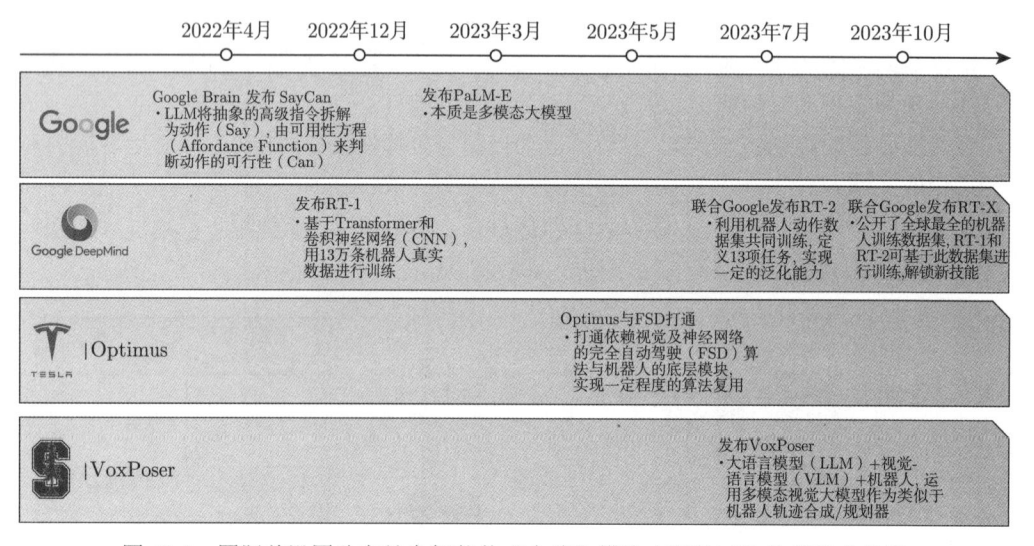

图15-7 国际前沿团队在具身智能体"大脑"模块方面的工作及其技术思路

1. SayCan

SayCan是由谷歌和斯坦福大学的李飞飞团队合作开发的一个结合了大语言模型（LLM）与具身智能体（如机器人）的系统，SayCan执行任务过程如图15-8所示。SayCan的核心理念是将自然语言理解与物理世界的行动相结合，赋予机器人更强的任务执行能力，使其能够通过对人类语言指令的理解，合理规划并执行复杂的物理任务。

（1）主要特点

- 自然语言理解与行动执行的结合：SayCan系统的最大亮点是结合了大语言模型（如PaLM等）的自然语言理解能力与具身智能体的物理执行能力。用户可以用自然语言对机器人下达指令，SayCan通过理解这些指令，分析任务的语义，结合当前环境状态，确定可行的执行路径，并将语言指令转换为具体的物理行动。

- 任务可行性与环境感知：SayCan系统不仅能够通过语言理解指令，还能够根据当前物理环境的实际情况判断任务的可行性。例如，当机器人被指示去拿取一个物体时，SayCan系统会首先评估该任务在当前环境中的可行性（例如物体是否在可接触范围内），并通过自主决策完成任务。

- 层次化任务分解：SayCan系统会将复杂的指令分解为一系列子任务，并根据机器人可以执行的动作库和实际环境情况做出合理选择。这种将高层次语言指令分解为具体行动的能力，使得机器人能够执行更复杂的物理任务，如在厨房中寻找物品并摆放、拿取特定物体等。
- **语义推理与物理推理相结合**：SayCan 系统利用大语言模型进行语义推理，并结合具身智能体的感知能力进行物理推理。例如，机器人不仅能够理解指令中的语义，还能够根据视觉感知评估物体的大小、距离、位置等物理属性，并据此采取适当的行动。

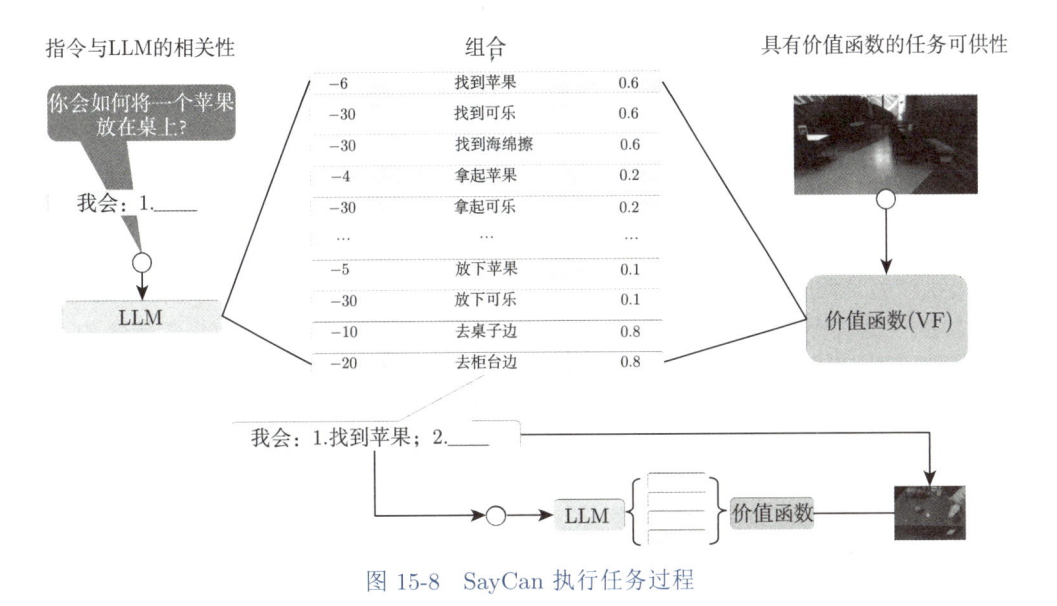

图 15-8　SayCan 执行任务过程

（2）典型应用场景
- **日常任务辅助**：SayCan 系统可以应用于帮助机器人执行家务、办公室助理等日常任务。例如，当用户发出"帮我把厨房里的瓶子拿过来"这样的指令时，SayCan 系统可以理解用户的需求，定位瓶子的位置，规划路径，并通过机器人手臂完成该任务。
- **人机协作**：SayCan 系统能够让机器人更自然地与人类互动，理解人类语言并做出相应的物理反应，使人机协作更加高效。

2. PaLM-E

PaLM-E 是谷歌开发的一种多模态大模型，将自然语言处理（NLP）、视觉感知和物理行动相结合，专门设计用于赋能具身智能体（如机器人），使其能够在复杂的物理环境中完成任务。PaLM-E 模型架构如图 15-9 所示。PaLM-E 是以 PaLM（Pathways Language Model）为基础进行扩展的，进一步整合了视觉和环境感知功能，使得机器人能够通过视觉和语言指令协同工作。

图 15-9　PaLM-E 模型架构

（1）主要特点
- **多模态整合**：PaLM-E 的关键特性在于其多模态能力，它能够同时处理自然语言和视觉输入。通过整合视觉信息（如图像、视频）和语言信息（如指令、对话），PaLM-E 可以帮助机器人理解周围环境，并基于语言输入生成合理的行动计划。例如，机器人能够根据视觉感知到的物体与场景，理解指令并做出相应的动作。
- **通用任务规划**：PaLM-E 擅长根据自然语言指令进行通用任务规划。例如，用户可以对机器人发出"帮我找到桌子上的书"的指令，PaLM-E 会结合视觉输入确定桌子的位置、书的形状等，并规划机器人需要执行的动作（如移动、抓取等）来完成任务。
- **视觉语言对齐**：PaLM-E 通过视觉和语言的对齐模型，能够理解语言指令中的抽象概念，并将其与视觉输入相匹配。例如，指令"找到蓝色杯子"不仅需要机器人识别颜色和形状，还需要理解杯子的位置，并规划相应的行动步骤。视觉与语言的无缝结合，使得机器人能够更加自然地与环境互动。
- **高效的任务执行能力**：PaLM-E 的设计使得机器人能够执行复杂、多步骤的任务，并根据不断变化的环境做出动态调整。例如，当执行某个抓取任务时，机器人不仅会通过视觉感知物体的形状、位置，还会根据任务的进展重新规划行动，避免障碍物或根据实时变化调整策略。

（2）典型应用场景
- **服务型机器人**：PaLM-E 可用于家庭或商业环境中的服务型机器人，帮助机器人通过自然语言指令完成复杂的任务，如整理物品、拿取物品或进行清洁等操作。
- **工业和物流领域**：在工业和物流环境中，PaLM-E 可以帮助机器人更好地理解工作环境中的指令，并根据视觉感知高效完成任务，如分拣、装配等操作，提升生产效率。
- **辅助医疗**：PaLM-E 在辅助医疗领域也有很大的应用潜力，它可以帮助护理机器人为患者提供更加个性化的服务，如递送药物、帮助移动等。

3. RT-1、RT-2 和 RT-X

RT-1、RT-2 和 RT-X 是由谷歌及其研究团队开发的用于具身智能体（如机器人）任务规划和控制的强化学习模型，旨在使机器人能够在物理环境中执行复杂的任务。它们分别代表了具身智能领域中基于视觉和语言的机器人控制系统的不同迭代和发展阶段。RT-1 更侧重于将视觉和任务指令结合，通过基于任务数据的强化学习，让机器人执行特定的任务；RT-2 在 RT-1 的基础上加入了多模态处理，进一步增强了机器人理解和处理语言、视觉信息的能力，能够完成更加复杂的多步骤任务；RT-X 通过更大规模的多模态数据训练，提升了机器人在多任务场景中的通用性，能够处理更复杂的推理和决策任务。

（1）RT-1

RT-1（Robotic Transformer 1）是谷歌开发的一个基于 Transformer 架构的机器人控制模型，它通过学习大量的机器人执行任务数据，将感知与控制相结合，使机器人能够在物理环境中执行复杂的操作。RT-1 通过从机器人执行任务数据中学习任务的顺序和规则，能够根据输入的视觉和任务指令生成机器人动作序列。其主要特点包括：

- **任务执行**：RT-1 可以通过视觉感知输入和语言指令执行特定的任务，如抓取、搬运、整理等操作。
- **高效学习**：RT-1 通过 Transformer 架构能够高效处理多任务场景中的输入，并自动规划机器人执行动作的顺序。
- **多样性和鲁棒性**：RT-1 能够处理复杂、多变的环境任务，多样性和鲁棒性强。

（2）RT-2

RT-2（Robotic Transformer 2）是 RT-1 的升级版本，在具身智能模型的基础上进一步整合了多模态数据（视觉、语言），使机器人能够通过对图片、视频等的视觉输入理解任务指令，并进行更加复杂的操作。RT-2 结合了视觉–语言模型（VLM），能够使机器人理解视觉信息中的细节，并将其与任务要求关联起来，从而执行更精确的任务。其主要特点包括：

- **多模态处理**：RT-2 通过引入视觉和语言的多模态数据处理能力，使机器人不仅能够理解语言指令，还能够结合视觉信息进行更复杂的任务规划和执行。
- **泛化能力强**：RT-2 可以处理更多类型的任务，并在复杂环境中实现更好的泛化。
- **提高智能水平**：相比 RT-1，RT-2 能够处理更加复杂的语义理解任务，甚至能够应对多步推理任务，如根据图像理解某个物体的位置，并规划如何到达目标。

（3）RT-X

RT-X（Robotic Transformer-X）是谷歌在 RT 系列方面的进一步发展，专注于通过大规模多模态数据来提升机器人的通用性和任务执行能力。谷歌与 33 家学术研究机构汇集了 22 种不同机器人类型的数据，涵盖 100 万个片段，展示了机器人 500 多项技能和 16 万项任务表现，创建 Open X-Embodiment 数据集，这是目前最全的机器人数据集（见图 15-10）。因此，RT-X 拥有更强的多模态理解和推理能力，使机器人能够通过视觉和语言的深度结合，完成复杂、动态环境中的任务。同时，RT-1 及 RT-2 可基于此数据集进行训练，提升准确率，实现新技能的解锁。

图 15-10　Open-X 数据集概览及参与单位

RT-X 的主要特点包括：

- **超大规模模型**：RT-X 采用更大规模的模型结构和更多样的训练数据，以增强机器人的认知能力和任务适应性。
- **强大的推理能力**：RT-X 能够通过视觉和语言的深度结合进行复杂推理，不仅能处理简单的任务，还能在更复杂的场景中自动生成合理的解决方案。
- **通用任务处理**：RT-X 进一步提升了机器人的通用任务处理能力，使机器人在面对未知任务时，能够根据上下文信息和环境自主决策。

RT-1、RT-2 和 RT-X 代表了谷歌在具身智能领域逐步推进的三代机器人控制模型，从早期的简单任务执行到多模态复杂任务的推理再到通用化任务处理，这些模型为机器人在现实世界中执行复杂任务提供了技术支持。RT-X 的出现预示着机器人智能将逐步向通用人工智能的方向发展，以便应对更复杂的现实世界挑战。

4. VoxPoser

VoxPoser 是谷歌开发的一种用于机器人任务控制的模型，专门设计用于通过三维（3D）空间中的视觉感知来指导机器人执行任务（见图 15-11）。VoxPoser 利用 3D 体素（Voxel）表示法，将机器人所处环境中的物体和目标位置转化为易于理解和处理的空间结构，使机器人能够在物理环境中精确执行动作。

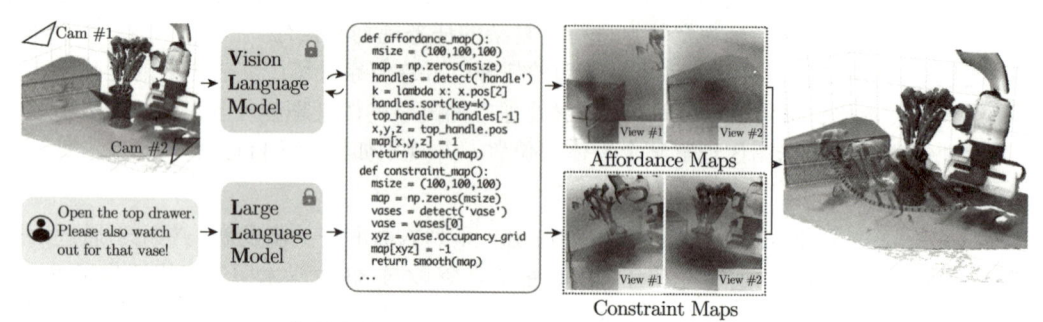

a）3D Value Map Composition b）Motion Planning

图 15-11　VoxPoser 模型架构

（1）主要特点

- **三维体素表示**：VoxPoser 使用体素表示法将物体和环境转化为 3D 网格，这种方式将物体和目标位置拆解为离散的空间单位（类似像素，但用于 3D 空间）。通过这种 3D 表示，VoxPoser 能够对机器人任务中的目标和环境进行更加精准的空间感知和定位。

- **基于视觉的任务规划**：VoxPoser 能够通过视觉输入（如图像或视频）了解物体在空间中的位置和姿态，从而指导机器人执行具体的任务。例如，机器人需要抓取某个物体时，VoxPoser 会根据物体的空间位置、大小和形状生成相应的操作方案，帮助机器人精确抓取目标。

- **任务执行中的精确动作控制**：VoxPoser 通过 3D 体素表示对机器人执行动作的空间约束进行编码，使得机器人能够通过感知环境中的物体位置、形状等信息，进行精确的操作。这种方式大大提升了机器人的抓取、放置、移动等操作的准确性，尤其是在复杂的动态环境中。

- **多模态集成**：VoxPoser 不仅可以使用视觉输入，还可以结合语言或其他感知输入。例如，用户可以通过自然语言对机器人下达指令，VoxPoser 会将语言描述与视觉感知结合，生成符合任务要求的空间动作。这样，VoxPoser 不仅可以理解"去拿桌上的杯子"这类指令，还能够根据视觉感知来准确定位杯子的位置并完成抓取动作。

- **提升机器人在物理世界中的执行能力**：通过 3D 空间建模，VoxPoser 能够显著提升机器人在物理环境中执行任务的能力。它可以让机器人在面对复杂的现实环境时，灵活应对多样化的任务要求，例如在狭小的空间内抓取特定物体或避开障碍物。

（2）典型应用场景

- **家用机器人**：VoxPoser 可以帮助家用机器人在家庭环境中完成复杂的抓取和整理任务。例如，机器人需要从拥挤的桌面上找到特定物品并将其取下，VoxPoser 能通过精确的空间感知能力完成任务。

- **工业机器人**：在工业场景中，机器人需要进行高精度的物料搬运或装配操作，VoxPoser 可以通过对 3D 环境的理解，帮助机器人在复杂的生产线上实现自动化操作。

- **协作机器人**：VoxPoser 可以应用于人机协作场景，机器人能够通过视觉感知和语言指令执行任务。例如，在医疗护理或物流仓储中，机器人可以根据工作人员的指令抓取或运送物品。

5. FSD-Optimus

特斯拉的"FSD-Optimus"是指特斯拉将其 Optimus 人形机器人项目与完全自动驾驶（Full Self-Driving，FSD）相结合，使得两者之间的技术能够互通共享。这意味着特斯拉将其在 FSD 开发中的自动驾驶技术、感知系统和人工智能模型应用于 Optimus 人形机器人中，从而提升机器人在复杂物理环境中执行任务的能力。

（1）主要特点
- **技术共享与协同**：特斯拉的 FSD 系统依赖深度学习和神经网络来处理车辆周围的环境数据，实现对道路、行人、障碍物、交通信号等的感知与分析。这套系统经过数百万小时的驾驶数据训练，具备强大的环境理解和决策能力。通过打通 FSD 与 Optimus，特斯拉将这一基于视觉、雷达等传感器的感知与决策系统应用到 Optimus 人形机器人中。
- **视觉感知**：Optimus 可以借用 FSD 的视觉感知能力，通过摄像头和传感器感知周围环境，理解物体的位置、形状、距离等。这与自动驾驶汽车理解道路、车辆和行人的方式相似。
- **行动规划**：类似 FSD 中的路径规划，Optimus 可以利用 FSD 的智能决策能力来规划机器人在物理环境中的行动，比如如何搬运物体、避免障碍、完成复杂任务等。
- **多模态人工智能模型的整合**：FSD 与 Optimus 的打通还意味着两者可以共用同一套多模态人工智能模型。例如，特斯拉通过 FSD 开发的神经网络能够处理视觉和语言的结合，并在实际环境中进行自主决策。Optimus 可以利用这一技术，使机器人通过视觉和语言输入执行任务，如在家中根据指令去拿取物品，或在工厂中协助操作设备。
- **硬件和软件的共通性**：FSD 系统和 Optimus 机器人在硬件和软件上也有很多相似性。例如：特斯拉的 FSD 系统运行在其高性能计算平台上，处理大量的传感器数据；Optimus 同样依赖类似的硬件平台进行高效数据处理。因此，通过 FSD 和 Optimus 的打通，可以共享硬件架构和数据处理能力，加快机器人技术的发展。
- **具身智能的升级**：打通 FSD 和 Optimus 意味着特斯拉在具身智能方面的技术进步。FSD 是基于感知、预测、规划的智能驾驶系统，Optimus 则需要应对更加多样化的物理任务。通过共享自动驾驶中的感知和决策技术，Optimus 将能够在更复杂的现实环境中执行任务，如搬运、清洁、维修等。

（2）典型应用场景
- **家居和工业任务**：通过整合 FSD 的环境感知和任务规划能力，Optimus 可以被赋予执行家庭和工业任务的能力。它可以像自动驾驶汽车在道路上行驶一样，通过感知环境自主行动，并完成搬运物品、组装零件等任务。
- **人机协作**：Optimus 不仅可以与人类协作，还可以通过与自动驾驶汽车系统的打通，成为完成更复杂任务能力的一部分。例如，Optimus 可以与特斯拉自动驾驶汽车协同工作，在物流仓储中进行物料的自动搬运与配送。

可以看出，具身智能体机器人的泛化能力与大语言模型的实现存在较大区别。前沿的互联网公司可以依托其强大的数据优势来训练大语言模型，但具身智能体的物理世界中并没有足够高质量的底层数据可供训练。仅依赖大语言模型结合的方案，难以真正实现具身智能的泛化能力，最多只能实现对特定动作指令的理解和执行。在实际研究和应用中，具身智能落地的两大难点在于可泛化模型架构的设计和高质量机器人数据集的获取。这主要体现在与环境的交互涉及毫秒级决策，对偏静态或基于统计学的模型架构提出了严峻挑战。微小的失误可能导致整个任务的失败，因此现有的大语言模型框架难以直接应用于机器人世界。机器人仿真数据与真实世界之间存在较大差异，且缺乏足够的真实数据集，只有通过将仿真数据分布迁移到现实环境中，才能实现仿真与现实的对齐。此外，机器人学习中的数据收集难以规模化，尤其在涉及物体操作知识解析时，数据采集的难度更为突出。这也导致规模化数据采集的成本居高不下，成为行业面临的主要挑战之一。

在具身智能大脑领域，要实现通用能力，需要具备以下关键要素：

- **可泛化的模型框架**：模型必须具备抽象物体特征、提取数据要素的能力，能够高度抽象真实世界中的物体特征，并在开放环境中具备场景泛化能力。理论上，大脑和小脑的训练可以相互独立。大脑部分可以先实现通用功能，独立于具体的硬件形态，并适配不同的机器人构型。
- **算法性能与数据的平衡**：在机器人应用中，遵循"尺度定律"（Scaling Law），要求算法在数据规模扩大的同时能展现出更优的性能。这意味着模型的训练效果应随数据量的增加而提升。
- **高质量数据采集及利用能力**：具备进行规模化数据采集的体系，并能够有效利用真实数据训练模型。这是确保模型能适应复杂环境的基础。
- **实际场景落地及持续商业化的能力**：大脑模型的成功落地依赖于场景应用和数据训练的"飞轮效应"。模型只有在真实场景中被广泛应用，部署到更多终端，才能采集足够的数据，推动更快、更优的迭代，以保持持续竞争力。

目前，实现大脑能力的技术路径尚未完全明确，最大的阻碍在于数据获取的难度。行业内的主流方法包括真实数据采集和仿真，但大多数团队缺乏自研底层仿真器的能力。未来，能够从底层构建非基于规则的基础模型，并具备相对低成本且可实现规模化数据采集能力的团队，将有望在发展中脱颖而出。

15.2.2 负责核心运动控制的"小脑"

小脑是具身智能体中运动控制和鲁棒操作的核心部分，负责执行运动能力以及落实大脑指令。它在整个系统中起到承上启下的作用：向上接收大脑给出的任务指令，向下控制机器人的整体运动，同时也是实现操作鲁棒性的重要环节。

为了更好地展示机器人运动及操作的实现过程，我们将从**鲁棒操作**和**本体运动控制**两个方面，详细阐述小脑在具身智能体中所承担的关键职责。

1. 如何更好地实现操作鲁棒性

与语言交互任务不同，机器人在真实世界中的应用对"幻觉"式决策输出的容错率极低。机器人与环境及物体的交互涉及毫秒级决策，任何微小的失误都可能导致整个任务失败，这给传统仅基于视觉和位置的人工智能模型框架带来了巨大挑战。在实际任务执行中，相较于涉及毫秒级的决策方式，输出连续的**原语**（**Primitive**）更具稳定性和经济性。例如，若原语输出为轴方向控制，系统可以将每毫秒都进行回归计算的复杂任务简化为只需回归少量参数，再通过机械臂或其他环节的自适应能力来完成动作操作。这不仅减少了毫秒级别数据的输出，还提升了任务执行的鲁棒性。同时，基于原语的指令输出需要的数据训练规模更小，不仅提高了系统的鲁棒性，还显著降低了训练成本。

仿真在这个过程中起到了关键的辅助作用。例如，在复杂场景中，强化学习的奖励函数（Reward Function）设计往往极为困难，使用仿真可以有效降低训练成本、减少真实数据采集需求，并加速模型的收敛。机器人领域所需的仿真引擎不仅要在生成速度上表现出色，还需具备极高的精度，能够达到毫米级以内的误差。

常见的算法训练和学习框架包括**模仿学习**和**强化学习**,它们在不同场景下发挥着重要作用:

- 模仿学习(Imitation Learning):模仿学习专注于从示例中学习,机器人通过观察人类的操作来模仿其行为。例如,我们可以向机器人演示如何打扫桌子,机器人则从中提取关键步骤,并自主完成相同任务。其优点在于方法直接,能够在真实世界中收集数据,缺点是需要人类收集大量示例,难以规模化实施。
- 强化学习(Reinforcement Learning):强化学习相比于模型预测控制(Model Predictive Control,MPC),更注重让机器人自主学习。智能体从环境中获得状态信息,通过决策采取某种行为,环境根据行为反馈奖励信号。通过多次迭代,智能体从奖励信号中学习并优化其行为。以游戏为例,如果某策略带来了高得分,智能体会强化这一策略以期获得更好的结果。在具身智能体的模拟环境中,通过不断地试错和激励,最终提升任务执行能力。

当模型训练达到一定程度后,机器人将具备更强的泛化能力,即在更换环境或操作对象时,无须重新学习所有物体的知识,便能够通过小样本学习(Few-Shot Learning)甚至零样本学习(Zero-Shot Learning)适应环境和对象的变化。目前,上海交通大学卢策吾团队已经在抓取等元动作层面实现了通用泛化,展现出类似"庖丁解牛"的通用能力,能够快速适应新场景,以及应对无序、不规则、动态形态的物体抓取。这一进展标志着机器人在复杂环境中的操作能力得到了显著提升。

2. 运动控制系统

运动控制是指对机械运动部件的位置、速度、方向等进行实时调控,使其按照预期的轨迹和设定的运动参数执行任务,对机器人的功能和运动能力起着决定性作用。运动控制系统的概念尚无统一定论,且在不同类型的机器人上表现出差异。实际工作过程中,必然涉及感知、控制和执行等多个层面。

从运动控制系统的功能来看,运动控制主要包括以下几个环节:**轨迹生成**(为机器人设定具体的目标位置及离散轨迹,当前呈现出从手动编程向自主决策规划、智能生成代码的趋势);**轨迹优化**(将目标运动细化为各关节的运动,并进行优化);**任务、约束与求解**(结合机器人硬件参数,求解出完成任务所需的各关节控制参数);**关节伺服控制**(将控制信号转化为电流和电压,驱动电机实现动作);**状态估计**(基于有限的感知信息,尽可能准确地估计机器人随时间变化的物理状态,如位置、速度、角度和角速度等)。

运动控制算法是整个控制系统的核心,直接决定了机器人的运动能力。该算法涵盖实现机器人运动、姿态和动作控制的全套理论模型和计算方法,并在运动控制的各个环节中发挥作用。随着机器人的自由度和结构复杂度的提升,运动控制算法已从机械臂常用的关节伺服控制扩展至更复杂的人形机器人全身控制(Whole-Body Control,WBC)、模型预测控制,甚至前沿的强化学习,形成了庞大且复杂的体系。

具身智能机器人的运动控制极其复杂,具有高技术壁垒,且其价值尤为突出。虽然语言大模型的出现增强了机器人在交互中的表现,但它并不涉及"身体"控制。具身智能中的大脑与小脑各司其职:大脑负责任务和技能层面的高级决策,小脑则负责精确的动作控制。随着大模型的发展,机器学习在机器人控制领域取得了显著进展,但具身智能机器人在结构和控制算法的复杂度上远超传统机器人,要求更精密的控制策略。

与工业机器人、四足机器人等相比,具身智能机器人的运动控制要复杂得多。以人形机器人为例,完成从动作级到伺服级的控制,往往需要多种经典运动控制方法的结合与整合,才能涵盖从目标运动规划到末端执行、从操作到行动的全流程。这类机器人具备极高的控制频率和实时计算要求,是机器人领域技术水平的顶峰。

智能机器人运动控制的实现存在以下主要难点:

- **经典运动控制算法学习难度大**：深入理解一种运动控制算法不仅需要掌握其背后的复杂假设和理论模型，还涉及大量物理和数学原理。求解过程中，常常需要博士级别的专业知识，才能充分理解和运用这些算法。对于外行人而言，这种学习难度和所需时间几乎难以承受。
- **运动控制算法繁多，各有所专**：经典运动控制算法不仅难学，数量也非常庞大，而且这些算法仍在不断迭代和更新。想要时刻掌握最新进展，非专业人士难以胜任。不同主流算法之间并非相互替代，而是相辅相成，各有所长。比如，模型预测控制常与全身控制结合使用。机器学习被逐步引入运动控制领域的趋势进一步增加了学习和应用的复杂性。
- **运动控制算法开发环环相扣，强耦合加剧开发难度**：尽管理论上，运动控制算法在适配不同构型时不需要对每个环节进行全面调整，但在实际开发中，各功能代码往往混合在一起，处于强耦合状态。这意味着对某一处的修改可能影响整个系统，甚至导致算法崩溃。要成功开发和优化算法，开发者必须精通全套理论和代码，门槛极高，进一步增加了开发和调试的难度。

由于运动控制算法与具身智能体的构型紧密耦合，目前仍面临瓶颈，未来可能需要结合机器学习来解决这一难题。

模型预测控制依赖于对未来状态的预测，前提是拥有准确的环境模型。然而，在开放环境中，由于环境的复杂性和不可预测性，因此难以构建全面且精确的模型。此外，模型预测控制和全身控制需要大量实时计算，涉及复杂的优化问题求解，而在动态变化且不可预测的环境中，这种计算负担可能导致响应延迟，难以适应快速变化的场景。目前，全球尚无人形机器人厂商真正实现机器人在开放环境下的自由运动，背后的主要原因是传统基于模型的运动控制方法缺乏泛化性。

随着机器学习的发展，学术界在机器学习与智能体机器人结合的领域进行了大量探索，并大致经历了以下三个阶段：

- **神经网络阶段**：这一阶段以神经动力学（Neuro-Dynamics）、前馈神经网络（Feedforward Neural Network）、循环神经网络为代表，机器学习逐渐从单纯的模型学习发展为能够完成策略学习。
- **强化学习阶段**：在神经网络基础上，强化学习进一步发展，并通过Sim2Real（Simulation to Reality，从模拟到现实）技术提升了学习决策的效果与泛化能力，推动了机器人决策与控制能力的提高。
- **深度强化学习阶段**：引入深度学习，强化学习得以实现更复杂且精准的控制。这个阶段的技术方案大致分为两类：一类是端到端学习，另一类是与基于模型的控制方法相结合的方案。由于人形机器人的控制复杂性和高频率要求，与基于模型的控制方法相结合的方案在实际应用中更具可行性。学术界目前仍在积极探索这一方向，未来数年内可能会有突破性进展。

运动控制算法与大模型的结合有望真正推动机器人的广泛落地应用。随着大模型的发展，其强大的多模态处理能力和泛化能力将显著提升现有的运动控制方案。虽然目前大模型受限于计算效率，难以实现端到端控制，但在未来，它将在运动控制的多个环节，尤其是轨迹生成方面发挥更大作用，并与高实时性、精确控制的经典运动控制算法相结合。届时，作为"小脑"的运动控制系统将能够向上承接"大脑"的指令，适应各种开放环境，生成运动轨迹指令；向下负责控制多关节机器人实现复杂、精准的动作，并进行实时调节。如此，机器人有望实现真正的落地应用。

15.2.3 负责执行动作的"身体"

身体是大小脑功能实现及控制任务最终执行的硬件基础。机器人的"身体"包括本体和各类零部件,其中机器人本体是一个相对抽象的概念,指的是机器人构型、主控系统及各功能模块等多方面要素的综合体,以及这些要素在整体中的相互关联与互动方式。本体为机器人执行各项运动任务提供了坚实的硬件基础,使得其能够顺利完成各种复杂任务。

机器人的"身体"主要由机器人的整体构型和主控系统两部分组成:

- **构型**:构型主要指机器人的机械结构,通常包括驱动系统和机械系统两部分。通俗理解,就是机器人"长什么样子",它也是机器人运动性能、控制与感知的基础。其中,最为人熟知且最重要的要素是关节数量(直接影响自由度)、关节位置分布及选型,这些因素在很大程度上决定了机器人的运动性能上限。当然,结构越复杂,控制的难度也越大。正如前文所述,构型与运动控制算法紧密耦合,构型设计的合理性直接影响到机器人最终的运动能力边界。
- **主控系统**:主控系统是用于控制和协调机器人各个组件与子系统的核心架构,涵盖了控制器设计、总线设计、通信协议、接口设计、硬件加速和算力调度等内容。主控系统直接影响机器人的计算与信息交换效率,进而决定控制频率,对机器人的整体性能有着至关重要的作用。

1. 构型

目前,具身智能体的构型朝着更轻便、更灵活、更鲁棒的方向迭代,这对技术提出了全新的要求(见图 15-12)。

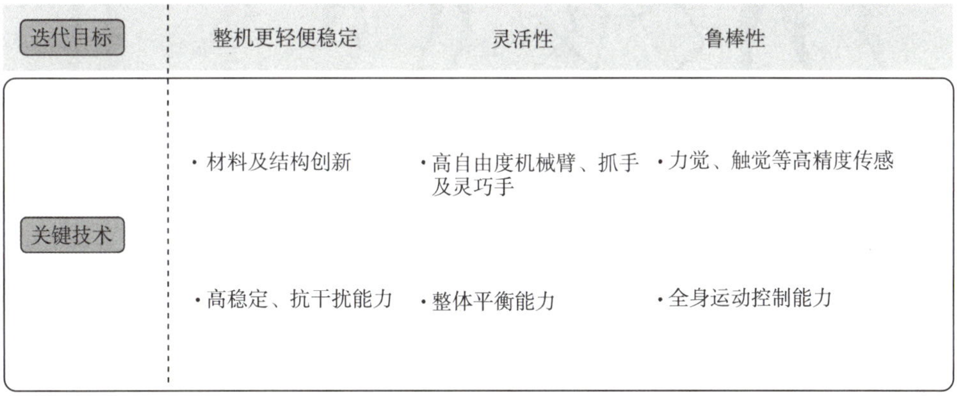

迭代目标	整机更轻便稳定	灵活性	鲁棒性
关键技术	・材料及结构创新 ・高稳定、抗干扰能力	・高自由度机械臂、抓手及灵巧手 ・整体平衡能力	・力觉、触觉等高精度传感 ・全身运动控制能力

图 15-12 技术新要求

(1)从硬件层面看构型

在硬件构型层面,目前的方案涵盖了现有机器人形态,包括轮式、足式(双足、四足)以及单/双臂设计,这些机器人具备动态移动与操作执行能力,可适应不同类型的应用场景。从长期来看,与人类形态更为相似的人形机器人有望补充新的应用场景,承担更多通用型任务,成为具身智能的最佳载体,同时也对硬件的升级提出了更高要求。未来,多种形态的智能机器人将在各类应用场景中落地,替代劳动力,全面拓展具身智能的商业空间。

以看似"最遥远"的人形机器人为例,目前其成本约为 10 万 ~15 万美元,仍处于较高水平。然而,随着以特斯拉为代表的巨头企业加入,产量预期显著增加,人形机器人有望迅速实现量产带来的规模效应,推动工艺提升和单位成本的快速下降。据第三方数据预测,人形机器人的成本将随量产规模扩大而逐步下降,分为三个阶段:在几千台的小批量生产阶段,成本预计下降

20%~30%，至约 10 万美元；在 1 万至几万台的量产阶段，成本有望减少 50%，降至约 5 万美元；而在几十万至上百万台的大规模量产阶段，成本预计降低 70%~80%，降至 2 万~3 万美元。此外，零部件供应链的成熟也将进一步推动整机价格进入市场可接受的合理区间，为具身智能的广泛应用奠定坚实的成本基础。

（2）从设计层面看构型

具身智能体机器人的构型设计可分为**正向设计**和**逆向设计**。

正向设计是根据潜在应用场景对机器人运动性能的需求，从零开始进行构型设计，并选用最适合的理论模型。这一过程需要综合考虑从整体构型到传感器、算法等软硬件领域的诸多复杂因素，设计难度极高。然而，正向设计具备最大潜力，能够打造出真正契合商用场景需求的产品级人形机器人。

目前商业化程度最领先的公司之一是 Agility Robotics，依托俄勒冈州立大学（Oregon State University）的动态机器人实验室（Dynamics Robotics Lab），开发了诸如 ATRIAS、Cassie 和 Digit 等知名的具身智能体机器人（见图 15-13）。它的目标是使机器人能够无缝融入人类生活和工作环境，无须改造现有环境。Agility Robotics 主要专注于提升机器人的实用性、效率和适应性，确保其能够更好地融入人类环境。

Thumper　Mabel　ATRIAS 1.0　ATRIAS 2.0　Cassie　Digit V1　Digit V2　Digit Current Version

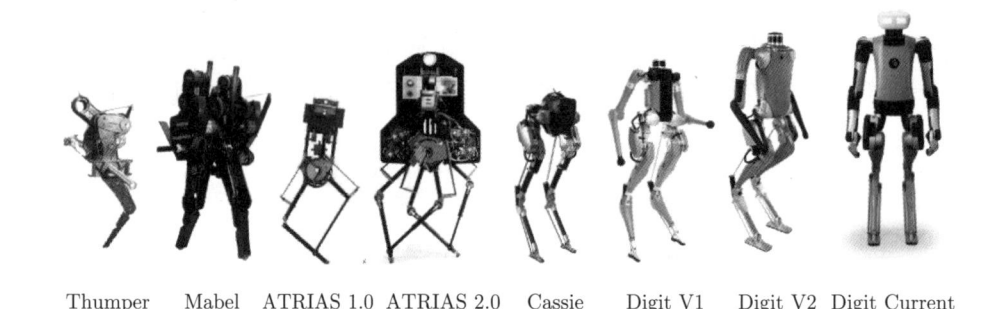

图 15-13　Agility Robotics 系列机器人

基于仿生学原理，Digit（以 Cassie 为基础开发）显著增强了机器人的动态稳定性和效率。通过力控制技术和柔顺性设计，机器人能够更好地应对多变的地面条件以及意外碰撞。同时，模块化设计和用户友好的界面使得机器人更易于维护和操作。设计过程中，安全性、能源效率和商业化潜力也是核心考量，确保机器人在与人类互动时具备安全性和经济性。

此外，Agility Robotics 通过不断地迭代产品，结合与学术界和工业界的合作，持续引入新技术，优化机器人性能，以应对不断变化的市场需求。创新驱动使得它在机器人商业化领域保持领先地位。

相较之下，**逆向设计**是从现有的具身智能体出发，分析其构造和功能，以优化或复制其设计。这种方法常用于了解竞争对手的产品，或者改进已有技术。例如，团队可能对一款成功的自主导航机器人进行拆解，研究其传感器布局、动力系统和控制逻辑，从中提炼出可改进的关键技术。逆向设计不仅能帮助开发者识别成功设计的要素，还能帮助他们在此基础上创新，推动技术进一步发展。

尽管逆向设计可以较快地制造出具备一定运动能力的（人形）机器人，但是它往往受到原有构型和控制方案的限制，难以很好地与实际应用场景匹配。例如，俄勒冈州立大学推出的 Cassie 机器人，其设计初衷是为了实验室验证运动控制算法和展现高速运动能力，因此采用了轻质腿部和自由度较少的点状脚等设计，并基于无缘轮思想和弹簧倒立摆模型，这些模型对环境有较强的假设。尽管这种构型在特定实验环境中展现了优异的运动性能，但当应用场景或环境模型发生变化时，基于 Cassie 的逆向设计机器人的运动性能将大打折扣。

此外，逆向设计虽然可以仿照大致的机械结构，但在细节上，尤其是运动控制算法方面，常常难以完全理解和复现。例如，俄亥俄州立大学（OSU）实验室基于 Cassie 实现的许多运动效果至今很难在其他实验室中重现，这也体现了逆向设计的局限性。

2. 主控系统

主控系统的设计是影响具身智能体运动能力的关键因素之一。作为机器人的核心计算和控制单元，主控系统负责整合来自多个传感器的数据，实现全面的环境感知。通过利用机器学习和智能算法，主控系统可以进行实时决策，生成适应不同环境和任务的行动计划。同时，它依托精确的运动控制算法，指挥机器人执行各种复杂动作，如行走、抓取和避障，确保动作的平稳与高效。此外，主控系统还提供友好的用户界面，支持多种人机交互方式，使用户能够方便地与机器人进行沟通、操作机器人。总体而言，主控系统在协调模块、管理任务以及提升机器人自主性和灵活性方面起着至关重要的作用，决定了机器人在不同应用场景中的表现和能力。

当前，具身智能机器人的主控系统设计面临若干难点和挑战。首先，**数据融合的复杂性**是一个主要难题。不同传感器的数据往往存在噪声和不一致性，有效整合这些数据以形成准确的环境模型仍然非常困难。其次，主控系统需要具备**极高的实时处理能力**，系统必须在毫秒级别内做出反应，以应对动态环境的变化，这对计算资源和算法效率提出了严苛的要求。此外，**智能决策的鲁棒性**也是一大挑战，算法必须在复杂和不确定的情境下保持稳定、可靠的性能。最后，**人机交互的自然性和用户友好性**仍有提升空间，确保用户能够直观理解并轻松操作机器人是一个长期的优化目标。

解决这些难点对于推动具身智能机器人技术的进一步发展至关重要。

15.3 具身智能的关键技术

具身智能的关键技术涉及智能体通过感知、交互和执行，与物理环境进行动态互动的核心能力。与传统人工智能系统不同，具身智能更加强调智能体在真实世界中的移动、感知和决策，以完成复杂任务。其实现依赖于智能体在物理空间中的高效感知能力、与环境及人类的自然交互能力，以及执行精确动作的能力。

本小节将深入探讨具身智能的三大核心技术——**具身感知**、**具身交互**和**具身执行**。这些技术共同构成了具身智能体的能力基础，赋予其在复杂多变的环境中自主感知、决策和行动的能力。

15.3.1 具身感知

具身感知不同于传统的图像识别任务，智能体不仅需要识别环境中的物体，还必须能够在物理世界中移动并与之互动。这要求智能体对三维空间结构和动态环境有深刻理解，特别是在同时进行视觉感知、推理和决策时。具身感知要求智能体能够理解场景中的三维关系，并基于视觉信息做出行动决策，从而执行复杂任务。

下面将介绍具身感知的四个核心领域——**主动视觉感知**、**三维视觉定位**、**视觉语言导航**和**非视觉感知**（如触觉传感器），以及多模态感知与数据融合。

1. 主动视觉感知

主动视觉感知系统要求智能体具备诸如状态估计、场景理解和环境探索等核心能力。这些能力在视觉同步定位与地图构建（vSLAM）、三维场景理解以及主动探索等领域得到了深入研究。通过这些技术，智能体不仅能够在复杂的三维环境中进行自我定位，还能主动调整视角和移动方向，以收集关键信息。这种主动感知方式使智能体在动态和未知环境中能够更高效地进行交互与导航，为具身智能任务中的实时决策和环境适应提供了重要支持。

2. 三维视觉定位

与传统的二维视觉定位方法相比，三维视觉定位提供了更丰富的空间信息，不仅考虑物体的深度和视角，还关注它们在三维空间中的相对关系。通过三维视觉定位，智能体能够从任意视角识别和定位目标物体。任务通常包括根据自然语言描述在三维空间中找到特定物体，为具身智能体在实际物理环境中的导航和操作提供了强大的感知框架。这使得智能体能够更精确地理解复杂的物理世界并与之互动。

3. 视觉语言导航

视觉语言导航（VLN）是具身智能的一个重要研究领域，其目标是使智能体能够根据自然语言指令在未知环境中导航。这类任务要求智能体在处理复杂视觉信息的同时，理解并执行基于语言的指令。VLN 的输入通常由视觉信息和自然语言指令两部分组成，视觉信息可能包括历史轨迹或当前观测的图像，自然语言指令则提供任务目标或导航方向。智能体需要整合这些多模态输入，从可选的动作列表中选择最优路径，以满足自然语言指令的要求，从而实现高效导航和执行任务。

4. 非视觉感知（触觉传感器）

非视觉感知，特别是触觉感知，为具身智能体提供了物体表面细节的信息，如纹理、硬度和温度。触觉感知与视觉感知相辅相成，使智能体能够执行高度精细的操作任务。通过触觉传感器，智能体能够在物理世界中进行更复杂的交互，如抓取、移动和操控物体。触觉感知不仅提升了智能体机器人对环境的适应能力，还在智能体执行精细任务时为其提供了关键的反馈信息，进一步增强了人机协作的可靠性与精确度。

5. 多模态感知与数据融合

具身智能体通过主动视觉感知、三维视觉定位、视觉语言导航和非视觉感知获取到多模态的环境数据，将这些数据融合处理是实现具身智能的关键步骤。

通过多模态数据融合，具身智能体能够将视觉信息、语言指令和触觉反馈等多种感知信号整合在一起，形成对周围环境的全局理解。这不仅提高了智能体对物理世界的认知精度，还增强了其在动态、复杂环境中的适应能力。例如，在后续将要介绍的具身抓取中，智能体不仅依赖视觉感知目标物体的形状和位置，还通过触觉反馈感知物体的材质和硬度，从而调整抓取力度和角度，确保任务顺利完成。

数据融合的另一个重要作用是在执行任务时，帮助智能体在不同感知模式之间实现无缝切换。例如，视觉信息可能会受到环境光线变化的影响，但通过结合触觉感知，智能体依然能够在低可见度的情况下精准操作。此外，语言指令提供的高层次任务目标可以通过与视觉和触觉感知的整合，帮助智能体规划更高效的动作序列。

通常，数据融合有以下方法：

- 数据级融合：将来自不同传感器的原始数据直接结合。例如，将相机的 RGB 图像与深度传感器的深度数据结合生成 RGB-D 图像。这种方法通过直接组合不同模态的数据，能够更准确地捕捉物体的形状、空间位置和表面特征。
- 特征级融合：在单独提取各感知模态的高层特征后，再进行融合。例如，智能体可以先从视觉输入中提取图像特征，从触觉传感器中提取触觉特征，然后通过特征融合网络将它们整合在一起。这种方法通常使用卷积神经网络 (CNN) 或递归神经网络 (RNN) 来处理不同模态的数据，确保每种模态的信息都能被有效捕获和利用。

- **决策级融合**：各感知模态独立做出决策，最后在决策层面进行融合。这种方法通常用于复杂任务的执行中。例如，当智能体需要根据视觉判断物体的位置，根据触觉判断物体的表面特性时，可以分别在这两种感知通道上得出单独的决策，然后通过决策融合算法（如加权平均、贝叶斯推理等）做出最终的行动选择。最终，这种感知信息的整合不仅让具身智能体在执行任务时具备更高的灵活性和稳健性，还提升了其决策的准确性和效率，为复杂任务的顺利完成提供了有力支持。

15.3.2 具身交互

具身交互任务是指智能体在物理或模拟空间中与人类和环境互动的场景。典型的具身交互任务包括**具身问答**和**具身抓取**等，这些任务要求智能体在感知、决策和行动之间实现高度协调，以有效应对复杂的交互需求。

1. 具身问答

在**具身问答**（Embodied Question Answering, EQA）任务中，智能体通过第一人称视角探索环境，收集回答问题所需的信息。智能体不仅需要自主探索，还需要在适当时机决定何时停止探索并作答。现有的研究多集中于处理不同类型的问题，接下来将讨论几种主要的实现方法。

（1）具身问答任务的核心

具身问答任务主要涉及两个核心子任务：导航和问题回答。常见的实现方法大致可分为两类：基于神经网络的方法和基于大型语言模型（LLM）/视觉–语言模型（VLM）的方法。

1）基于神经网络的方法。在这类方法中，通常使用深度强化学习或监督学习，智能体通过视觉输入（如图像或视频流）构建对环境的理解。通过训练卷积神经网络等模型，智能体能够处理感知数据，并推断出最佳行动路径。为更好地完成具身问答中的导航任务，部分模型还结合递归神经网络等时间序列模型，以帮助智能体在连续决策中保持对环境的记忆。例如，强化学习方法通过奖励机制鼓励智能体既完成导航任务，又提高回答问题的正确率。

2）基于 LLM/VLM 的方法。随着 LLM 和 VLM 的快速发展，具身问答任务逐渐引入这些模型以提升性能。LLM（如 GPT 系列）可以通过自然语言处理技术，对输入的文本问题进行深度理解，VLM 则将视觉输入与语言表达结合，使智能体能够更自然地与复杂环境交互。此类模型在面对开放性问题时表现尤为出色，因为它们具备强大的知识整合和语言生成能力。

（2）挑战与未来方向

尽管现有方法在具身问答任务中取得了显著进展，但仍然面临诸多挑战。智能体的探索效率、推理能力以及与环境交互的灵活性仍有待提升。此外，模型在复杂和大规模环境中的泛化能力也亟待提升。未来的研究方向可能会聚焦于进一步融合视觉、语言与运动控制等多模态技术，并开发更有效的探索策略，以提高智能体在具身问答任务中的自主性和准确性。

2. 具身抓取

具身交互还包括智能体根据人类指令执行操作，如抓取（见图 15-14）和放置物体，以完成与环境及其他机器人之间的互动。具身抓取（Embodied Grasping）任务对机器人提出了更高的要求，涉及语义理解、场景感知、决策制定和控制规划等多个方面的协调与融合。

在具身抓取任务中，智能体需要结合视觉、触觉等多种感知输入，准确识别目标物体的位置和状态，并生成合适的抓取策略。通过深度学习和强化学习技术，智能体能够在复杂环境中进行实时决策并执行抓取任务。此外，具身抓取逐渐融入 LLM 和 VLM，使机器人能够理解自然语言指令，并通过语境推理出最优的抓取方案。例如，当任务指令是"从桌子上拿起杯子"时，智能体能够理解指令并自动规划抓取路径和执行方式。

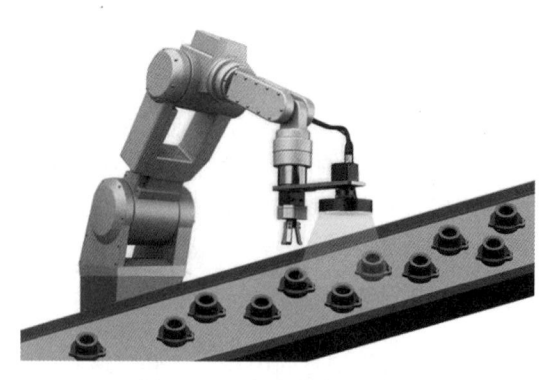

图 15-14 智能体抓取物体

具身抓取任务的挑战主要在于环境的动态性和不确定性,特别是在面对未知物体或变化场景时,智能体的抓取精度和灵活性仍需提升。此外,在复杂任务下,能效和执行速度也是重要的研究方向。未来的研究将进一步探索如何结合多模态感知与深度学习技术,赋予智能体更加精确、稳健的抓取能力,以应对更多样化的任务场景,并提升其在复杂环境中的适应性和效率。

15.3.3 具身执行

具身执行是指智能体在经过感知和交互后,物理执行任务的能力。这一过程涵盖从高层次的决策制定到精细的运动控制。在执行任务时,智能体不仅需要依赖感知和决策来指导其行动,还必须在实际执行过程中应对不断变化的环境。因此,智能体的执行能力直接影响其任务完成的准确性和效率。具身执行的实现涉及多个关键技术领域,接下来我们将从三个方面进行探讨:**运动规划与控制**、**自适应动态调整**以及**学习与任务迁移**。

1. 运动规划与控制

具身执行的核心在于运动规划与控制。智能体需要根据传感器反馈和任务要求,规划最优的路径或动作序列,以高效且安全地完成任务。传统的运动规划方法通常基于运动学和动力学模型,这些方法在固定和结构化环境中表现良好。然而,在具身智能任务中,智能体往往面对非结构化、动态变化的环境。因此,先进的运动规划方法逐渐引入了机器学习和强化学习技术。通过学习复杂环境中的最优策略,智能体能够在充满不确定性和挑战的环境下,实现更加灵活和鲁棒的运动控制。

2. 自适应动态调整

具身执行任务的另一个关键要素是智能体在执行过程中自适应调整的能力。在动态环境中,不可预测的变化随时可能发生,例如障碍物突然出现或任务目标改变。智能体必须能够快速感知这些变化,并做出相应调整。通过结合实时感知系统与动态规划算法,智能体能够实时修改其动作策略,避免碰撞、调整姿态,或重新规划路径,从而确保任务顺利完成。

3. 学习与任务迁移

学习与任务迁移能力也是具身执行中的一个重要方面。具身智能体通过与环境的交互不断学习,并能够将已有的知识和技能迁移到新的任务场景中。此能力通过强化学习、模仿学习以及自监督学习等方法实现。智能体能够从大量执行经验中总结出共性的行为模式,并将其应用于新的环境或任务,显著减少训练时间和资源成本。这种学习与迁移能力对于执行多样化任务至关重要,尤其在动态、复杂的现实场景中,能显著提升智能体的适应性与效率。

15.4 具身机器人

具身智能的核心理念是赋予机器人一种类似"灵魂"的能力，使其能够与周围环境互动，做出自主决策，并完成复杂任务。实现这一目标的关键在于具身机器人的发展。具身机器人不仅需要具备物理移动的能力，还需要具备感知、学习和适应环境的智能能力。

具身机器人技术架构一般由感知层、交互层、运动层组成，如图 15-15 所示。

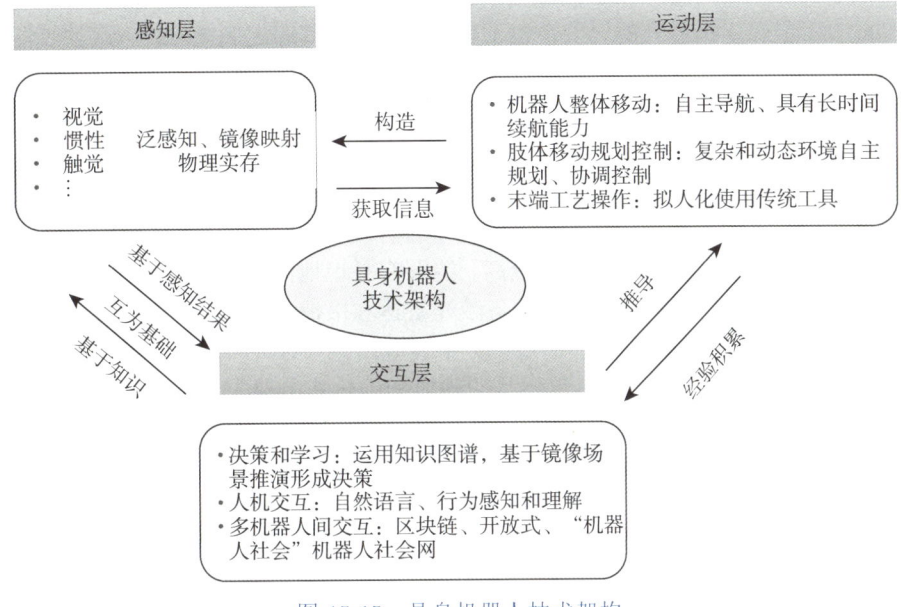

图 15-15 具身机器人技术架构

在本节中，我们将介绍几类不同的具身机器人，如图 15-16 所示，探讨它们在实际应用中的特点与优势，以帮助读者在实际操作层面更好地理解具身智能的概念。

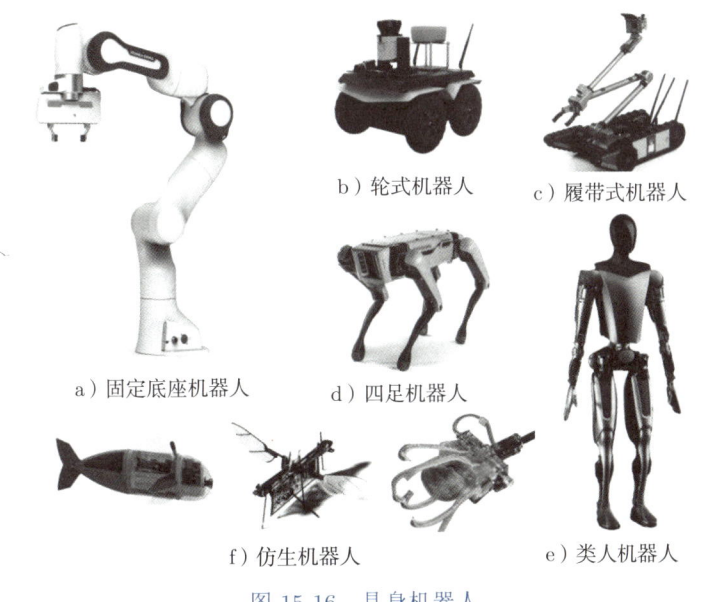

a）固定底座机器人
b）轮式机器人
c）履带式机器人
d）四足机器人
e）类人机器人
f）仿生机器人

图 15-16 具身机器人

15.4.1 固定底座机器人

固定底座机器人（见图 15-16a）由于其结构紧凑、操作精度高，被广泛应用于实验室自动化、教育培训和工业制造等领域。这类机器人拥有坚固的基础结构，确保了在操作过程中保持稳定和高精度。它们配备了高精度的传感器和执行器，精度可达到微米级，非常适合要求高精度和高重复性的任务。此外，固定底座机器人具有很强的可编程性，用户可以根据不同任务需求对其进行定制化设置。典型的例子包括 Franka（Franka Emika Panda）、Kuka iiwa（Kuka）和 Sawyer（Rethink Robotics）。

尽管如此，固定底座机器人的局限性也不容忽视。由于其固定底座设计，这类机器人在操作范围和灵活性上受到限制，无法自由移动或在大范围内调整位置，这也使得它们在与人类或其他移动机器人协作时存在一定困难。

15.4.2 轮式机器人

轮式机器人以其高效的移动能力而广泛应用于各种复杂多样的场景。如图 15-16b 所示，轮式机器人由于其结构简单、制造成本低且能效高，能够在平坦地面上快速移动，深受物流、仓储和安全巡检等领域的青睐。这类机器人通常配备激光雷达和摄像头等高精度传感器，具备自主导航和环境感知能力，在自动化仓库管理和巡检任务中表现出色。例如，Kiva 机器人（Kiva Systems）和 Jackal 机器人（Clearpath Robotics）便是两种典型的轮式机器人。

尽管轮式机器人在平坦环境中表现优异，但在复杂地形和恶劣环境下，它们的机动性受到一定限制，尤其是在不平坦或障碍较多的地面上。此外，轮式机器人在载重能力方面较弱，在需要搬运重物或要求更强地形适应性的任务中，其表现不如其他类型的机器人。

15.4.3 履带式机器人

履带式机器人相比轮式机器人具有出色的越野能力和机动性，在农业、建筑、灾难救援等领域展现出广泛的应用潜力。如图 15-16c 所示，履带系统为机器人提供了更大的地面接触面积，能够有效分散重量，从而减少在软地形（如泥泞或沙地）中下陷的风险。此外，履带式机器人通常配备强大的动力和悬挂系统，确保在复杂地形上保持稳定性和牵引力。因此，这类机器人常被用于军事领域，执行如侦察、爆炸物处理和救援等高风险任务。iRobot 公司的 PackBot 便是一款多功能军用履带式机器人，能够高效完成多种关键任务。

履带系统虽然提供了更强的地形适应性，但其高摩擦也降低了能量效率，使履带式机器人需要更多的动力来运行。与轮式机器人相比，履带式机器人在平坦地面上的移动速度较慢，其灵活性和操作性也相对较弱。

15.4.4 四足机器人

四足机器人凭借其卓越的稳定性和适应性，在复杂地形探测、救援任务和军事应用中得到了广泛应用。这类机器人借鉴四足动物的设计理念，能够在不平整的地面上保持平衡并高效移动，如图 15-16d 所示。多关节设计使其能够模拟生物的运动方式，灵活调整步态和姿态。四足机器人具备高度可调节性，能够根据地形变化自动调整姿态，显著提升了机动性和稳定性。此外，激光雷达和摄像头等传感系统为其提供环境感知能力，使其能够自主导航并避开障碍物。

目前，几种类型的四足机器人得到了广泛应用。Unitree Robotics 的 Unitree A1 和 Go1 以其较高的性价比和灵活性受到了广泛关注，具备出色的机动性和智能避障能力，适合多种应用场景。波士顿动力公司的 Spot 以其卓越的稳定性和操作灵活性著称，常用于工业检查和救援任务，拥有强大的承载能力和适应性，能够在恶劣环境下执行复杂任务。ANYbotics 公司的 ANYmal C 则因其模块化设计和高耐用性而广泛应用于工业检测和维修，甚至适用于极端环境中的长期任务，如月球探索等。

然而，四足机器人的复杂设计和高昂的制造成本使得初期投资较大，这限制了它们在成本敏感领域的广泛应用。此外，在复杂环境中，它们的电池续航能力较为有限，通常需要频繁充电或更换电池才能维持长时间运行，这也给其应用带来了一定挑战。

15.4.5 类人机器人

类人机器人因其类似人类的外形和功能而备受关注，现已广泛应用于服务业、医疗保健以及与人类协作的工作环境中。这些机器人能够模仿人类的动作和行为，提供高度个性化的服务和支持。如图 15-16e 所示，类人机器人配有灵巧的手部设计，能够执行复杂任务，这也是它们区别于其他类型机器人的重要特征。类人机器人的手部通常具备多个自由度，并配备高精度传感器，能够模仿人类手的抓取和操作能力，这在医疗外科、精密制造等领域尤为重要。

波士顿动力公司开发的 Atlas 机器人因其卓越的机动性和稳定性而闻名，能够执行复杂的动态动作，如跑步、跳跃和翻滚，展示了类人机器人在高动态场景下的技术潜力。由日本产业技术综合研究所（AIST）开发的 HRP 系列在人类协作和工业应用中表现出色，具有较高的稳定性和灵活性，适合在协作环境中执行任务。本田技研工业株式会社开发的 ASIMO 则是最著名的人形机器人之一，具备行走、跑步、爬楼梯、面部识别和手势识别等功能，常用于接待和导览服务。另一个例子是 Softbank Robotics 开发的 Pepper 机器人，这款小型社交机器人能够识别情绪并与人类进行自然语言交流，广泛应用于客户服务和教育领域。

尽管类人机器人展现了巨大的潜力，但是仍面临不少技术挑战，尤其是在复杂环境中保持稳定性和可靠性。双足行走的控制和手部灵巧抓取是其中的难点之一。传统的类人机器人多采用液压系统，结构复杂且维护成本高。之后电机驱动系统逐渐成为主流，降低了复杂性和维护成本。近年来，特斯拉和 Unitree Robotics 推出了基于先进运动系统的新型人形机器人，结合了更多高效的驱动技术。随着 LLM 等智能技术的集成，未来的类人机器人有望具备更高的智能水平，能够应对更多复杂任务，从而填补制造业、医疗和服务业中的劳动力缺口，并提高工作效率和安全性。

15.4.6 仿生机器人

仿生机器人通过模拟自然界生物的运动方式和功能，在复杂、动态的环境中执行任务，展现出独特优势。凭借对生物形态和运动机制的模仿，这些机器人在医疗保健、环境监测和生物研究等领域展现出巨大的发展潜力。它们通常采用柔性材料和结构，在实现灵活、敏捷的运动的同时尽量减少对环境的影响。

仿生设计通过模拟生物体的高效运动机制，显著提升了机器人的能量效率，使其在能源消耗上更加经济。例如，类鱼机器人、类昆虫机器人和软体机器人都是仿生机器人的典型代表，如图 15-16f 所示。类鱼机器人可以在水下高效游动；类昆虫机器人则能够灵活地在地面上移动；而软体机器人凭借其柔性结构，能够在狭窄和不规则的空间中完成任务。

尽管仿生机器人前景广阔，但它们仍面临一些挑战。首先，仿生机器人的设计和制造过程极其复杂，涉及先进材料和精密工程技术，成本较高，这限制了大规模生产和广泛应用。其次，由于使用柔性材料和复杂的运动机构，仿生机器人在极端环境下的耐久性和可靠性相对较弱，这给进一步应用带来了技术上的难题。

15.5 具身智能仿真平台

具身智能仿真平台是具身智能研究中的关键工具，它们能够在虚拟环境中模拟现实世界的场景，为研究和开发提供安全、经济且高效的实验手段。通过这些平台，研究人员可以在不依赖昂贵硬件的情况下进行测试，甚至能够在模拟场景中尝试那些在现实中可能存在风险的操作。仿真平台还可以根据需要灵活调整环境的复杂度，从简单的房间到复杂的户外场景，极大提升了研究的灵活性和可扩展性。

仿真平台不仅提供了精确的数据用于训练和评估，还帮助研究人员比较不同算法的表现。通过标准化的测试基准，实验能够在相同条件下进行，确保结果的可重复性和可靠性。为了使虚拟智能体（如机器人）能够与环境互动，仿真平台需要具备高度逼真的物理模拟，精确模拟现实世界中的物体特性及其相互作用。

接下来，我们将介绍几个常用的具身智能仿真平台。

15.5.1 Habitat 平台

Habitat 是由 Facebook 人工智能研究院（Facebook AI Research）开发的一个专用于具身智能研究的仿真平台，旨在帮助训练虚拟智能体完成导航和与环境互动的任务，尤其是在复杂的 3D 场景中。Habitat 通过高效的光照渲染和逼真的物理模拟，确保智能体在虚拟环境中的行为尽可能接近真实世界，如图 15-17 所示，模拟场景具备高度的真实性和细节丰富的环境。

图 15-17 Habitat 模拟场景

Habitat 平台由两大核心组件组成：

- **Habitat-Sim**：这是底层的 3D 模拟器，支持多种传感器和 3D 数据集处理。它能够配置虚拟智能体，帮助智能体在不同的环境中活动和交互。
- **Habitat-Lab**：这是一个高级开发库，专注于任务定义、智能体训练和性能评估。通过这个库，研究人员可以开发多种具身智能任务，例如导航、物体抓取和具身问答。

这两个组件相辅相成，使 Habitat 平台既具备强大的 3D 仿真能力，又能灵活支持多样化的研究任务和实验设计。Habitat 的主要优势包括：

- 高保真 3D 环境，有助于智能体执行视觉导航和物体操作任务。
- 支持多任务训练，满足不同的研究需求。
- 开放源码，方便研究人员使用和修改。

但是，Habitat 平台也面临一些挑战。高质量的仿真需要大量计算资源，对于初学者来说，学习如何使用和配置这个平台可能需要一些时间。

15.5.2　Isaac Sim

Isaac Sim 是由英伟达（NVIDIA）开发的高保真仿真平台，专为机器人控制和基于视觉的任务而设计，如自动驾驶和物体操作（见图 15-18）。该平台依托于 NVIDIA Omniverse，具备极高的物理模拟精度，能够提供逼真的物理效果，尤其在机器人运动和碰撞检测方面表现出色，成为研究相关任务的理想工具。Isaac Sim 的主要优势包括：

- 先进的物理仿真技术，能够模拟复杂的机器人控制。
- 与深度学习工具深度集成，适合大规模数据训练。
- 支持虚拟现实设备，使用户可以沉浸式测试机器人任务。

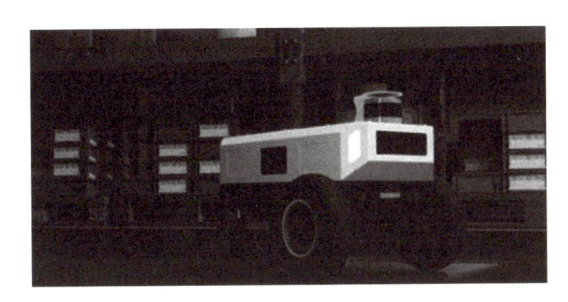

图 15-18　Isaac Sim 模拟场景

15.5.3　AI2-THOR

AI2-THOR 是由艾伦人工智能研究所（Allen Institute for AI，简称 AI2）开发的一个专注于视觉感知和物体操控的仿真平台。它模拟了丰富的室内虚拟环境，智能体可以在这些虚拟环境中与家具和物品交互，完成诸如打开门、抓取物品等任务。通过 Python API，研究人员可以轻松控制智能体的行为和交互，进一步推动研究的开展。图 15-19 展示了 AI2-THOR 的模拟场景。AI2-THOR 的主要优势在于：

- 可以提供丰富的场景和可交互对象，有助于模拟真实的室内环境。
- 支持强化学习，帮助智能体在模拟训练后泛化到真实场景。

图 15-19　AI2-THOR 模拟场景

AI2-THOR 的局限在于其主要模拟室内环境，可能无法很好地满足户外任务或复杂地形的需求。尽管如此，它还是为具身智能的发展提供了重要支持，帮助研究人员在安全、可控的环境中快速迭代和验证他们的想法。

15.6 小结

本章围绕具身智能展开，介绍了其概念、发展历程、核心组成部分、关键技术、各类具身机器人及仿真平台等内容。首先，我们概述了具身智能的基本概念及其发展过程，并分析了当代为何需要特别关注这一领域。其次，在具身智能的组成部分中，将具身智能体划分为大脑、小脑和身体三个核心模块，结合当代前沿团队的案例，探讨了实现这些模块的挑战及未来可能的解决方案。再次，在关键技术部分，我们深入分析了具身智能的三大核心技术：具身感知、具身交互和具身执行。这些技术为智能体提供了环境感知、与人类及物体交互、执行任务的能力，加强了智能体在复杂且多变环境中的鲁棒性和灵活性。从次，在具身机器人部分，我们探讨了不同类型的具身机器人及其应用场景，如四足机器人、类人机器人和仿生机器人等，这些机器人在工业、医疗和服务等领域展现了巨大的应用潜力。最后，在仿真平台部分，我们介绍了用于训练和测试具身智能体的仿真工具。这些平台为具身智能的研发提供了安全、经济的实验环境，使研究人员能够在虚拟空间中验证智能体的行为和交互策略，从而加速技术的应用落地。

具身智能的优势在于它将智能体的感知、决策和执行能力与物理环境紧密结合，赋予了机器人更强的适应性和灵活性。与传统的人工智能系统相比，具身智能不仅能够通过视觉、触觉等多模态感知技术理解环境，还能够通过与环境的互动动态调整其行为。这使得具身智能体在复杂、多变的现实场景中能够自主完成任务，展现出卓越的鲁棒性和自主性，尤其在导航、抓取、救援等需要实时反馈与高精度执行的任务中表现突出。

然而，具身智能也面临诸多挑战。首先，实现具身智能体需要克服硬件和算法的高度集成问题，尤其是在复杂环境中的实时感知与运动控制。当前的智能体在应对环境不确定性和实时决策方面仍有待提高。此外，具身智能的开发和训练通常需要大量计算资源和复杂的仿真工具，这使得开发成本较高，难以大规模应用。如何提升电池续航、灵巧抓取和自适应学习能力，也是具身智能体在实际应用中亟待解决的技术难题。

通过本章的内容，读者将对具身智能的各个方面及其技术实现有较全面的了解，为后续深入学习和应用具身智能打下坚实的基础。

第四部分

人工智能交叉应用基础

第 16 章

科学智能

在过去的几十年间，科技迅猛发展，极大地改变了我们对世界的认知与互动方式。其中，人工智能作为一项具有革命性的技术，正日益成为推动科学前沿的重要力量。它以前所未有的速度推动着科学研究的发展，不断拓宽科学探索的边界，由此，"人工智能驱动的科学研究"（AI for Science，AI4S，也称科学智能）这一概念应运而生。

科学智能是指利用人工智能技术来解决科学研究中的复杂问题，推动科学探索和技术创新。通过机器学习、深度学习等人工智能技术，科学家可以从大量实验数据中发现隐藏的模式、加速仿真和预测、优化实验设计等。这种结合不仅在物理、化学、生物等基础科学领域展现出巨大潜力，还能够在材料科学、气候预测、基因组学等应用领域取得突破性进展。科学智能正在改变传统的科学研究方式，使科学发现更加高效和精准。2023 年，我国科技部启动"人工智能驱动的科学研究"专项部署工作，布局"人工智能驱动的科学研究"前沿科技研发体系。本章将详细讲述科学研究范式的变革以及人工智能如何给理、工、天文学和医学赋能。

16.1 科学研究范式

托马斯·库恩在其著作《科学革命的结构》中提出了"范式"的概念，他认为科学进步是通过"范式转移"实现的。当现有范式无法解释新现象或解决新问题时，科学界会经历一场"范式革命"，旧的理论框架被新的替代。

具体地，科学研究范式是指科学界在特定历史时期内，广泛采用的一套研究方法、理论框架和问题解决方式。它规定了科学家如何观察、解释和验证自然现象。范式不仅包含了基本的假设和方法论，还影响着科研问题的选择与解决方式。

16.1.1 从科学研究第一范式到第五范式转变

当今，科学研究范式正经历着深刻的变革。从传统的实验和理论推导，到以计算为核心的第三范式，再到如今的数据驱动的第四范式和人工智能赋能的第五范式，科学研究方式正在快速演变。在第四和第五范式下，研究者可以借助海量数据和先进人工智能算法，揭示复杂系统中的潜在规律，发现传统方法难以察觉的知识。

例如，如何在海量的基因数据中准确找到致病基因，这一直是科学家们面临的看似无解的难题。传统的方法往往需要耗费数年的时间以及巨大的资源投入。然而，随着人工智能的介入，这一过程被极大加速。短短数周内，人工智能算法便能够找出关键的基因突变，给医学研究带来了新的曙光。人工智能的出现恰如其时，它为科学家们提供了强大的数据处理和分析工具，有力地推动了各个领域的科学研究实现突破。这一转变不仅标志着科学技术上的进步，更代表着科学研究范式的深刻变革。

回顾历史，科学研究范式的发展经历了几个重要的阶段：

第一范式——实验科学：这一范式强调通过观察和实验来深入了解自然现象，并从中提炼出科学规律和理论。其核心方法是实验验证假设。科学家首先提出一个假设,然后精心设计实验来测试这个假设,最后通过实验数据来确认或否定它。在科学史上,伽利略的比萨斜塔落体实验无疑是实验科学的典范。

在伽利略之前,亚里士多德的理论占据主导地位,他认为物体下落的速度与其重量成正比,即较重的物体会比较轻的物体下落得更快。然而,伽利略对此提出了质疑,他认为物体的下落速度与其重量无关。为了验证自己的假设,伽利略选择了比萨斜塔作为实验地点。这座塔的高度足以让物体下落的时间足够长,便于观察和测量。

1590 年,伽利略在比萨斜塔进行了一项著名的实验。他选择了两个不同重量的圆球,同时从塔顶释放。结果,这两个物体几乎同时到达地面。这一实验结果强有力地反驳了亚里士多德的理论,支持了伽利略的假设。

伽利略的比萨斜塔落体实验不是一个简单的物理实验,而是一场科学革命的起点。它强调了通过系统的实验来验证和发展科学理论的重要性,奠定了实验科学的核心理念。这一范式转变标志着科学研究从依赖传统权威和哲学思辨,转向了依赖实证观察和实验验证的新阶段。

第二范式——理论科学:也被称为数学科学,这一范式通过数学和逻辑推理来构建系统化的理论和模型,旨在解释自然现象并预测未知现象。其核心方法是通过数学建模和逻辑推理来提出并验证假设。科学家首先基于已有的实验数据和观察结果提出假设,然后运用数学公式和逻辑推导来验证这一假设,进而建立起系统的理论框架。

牛顿的万有引力定律是理论科学的一个里程碑。在牛顿之前,尽管人们已经积累了大量关于天体运动的观测数据,但这些数据并未得到系统的解释。开普勒的行星运动定律虽然精确描述了行星轨道,但并未提供理论上的解释。为了描述万有引力作用下的物体运动,牛顿发展了微积分学,这是一套能够处理连续变化和运动的数学工具。借助微积分,牛顿计算出了在不同距离和速度下物体的加速度和作用力,从而建立了万有引力定律。

万有引力定律不仅提供了一个统一的力来解释行星、卫星和其他天体的运动,而且还通过数学语言给出了这个力的精确表达式。它充分展示了科学理论的力量:通过简洁的数学公式,解释了复杂的现象,并预测了未知的事实。

理论科学的兴起标志着科学研究从单纯的观察和实验转向了更深层次的抽象思维和系统化分析。因此,理论科学迅速成为一种重要的科研范式。

第三范式——计算科学:这一范式通过电子计算机进行数值计算和模拟,旨在解决理论科学在更广泛情形下求解困难的问题。虽然理论科学通过数学和逻辑推理建立了系统化的理论和模型,但在面对复杂系统和大量数据时,手工计算的局限性便显现出来。

物理学发展到 19 世纪末,经典力学、经典电磁场理论和经典统计力学共同构建起经典物理学的大厦,一切物理现象似乎都能够从相应的理论中得到满意的回答。然而,20 世纪初,这座大厦上空却飘来了两朵乌云——黑体辐射问题和以太漂移实验,挑战了经典物理学的完备性。尽管普朗克和爱因斯坦通过精密的实验发展出了量子力学和相对论,但随着后续研究的深入,科学家们发现这些理论变得越来越复杂,许多问题无法通过解析方法求解。

与此同时,随着计算机技术的飞速发展,在 20 世纪中期,科学家们开始使用电子计算机进行数值计算和模拟,计算机强大的计算能力帮助科学家们分析复杂系统和大规模数据,解决了理论科学无法处理的复杂系统的问题,极大地拓宽了理论科学的边界。这一转变大大扩展了科学研究的能力和范围,推动了科学研究的新一轮革命。计算科学作为一种新的科学范式应运而生,它凭借强大的计算能力和数值模拟技术,解决了许多理论科学无法处理的复杂问题。

第四范式——数据科学:这一范式通过收集、处理和分析海量数据,致力于在数据密集型科学领域中发掘新的知识。尽管理论科学和计算科学已经通过数学模型和数值模拟建立了对自然界的深刻理解，但在面对庞杂的真实世界数据时，传统方法却显得力不从心。

20世纪末，随着互联网、传感器技术和高性能计算的迅猛发展，数据的产生和存储能力达到了前所未有的水平。科学家们开始利用数据科学的方法来探索这些数据中的模式和关联，从而推动科学知识的不断进步。数据科学范式的兴起，标志着科学研究进入了一个新的阶段，即利用大数据的力量来揭示自然界的奥秘。

这四种科学范式相辅相成，并存不悖。实验科学主要以实验和经验归纳为基础，致力于深入探究自然现象；理论科学则是对自然现象进行抽象和概括，构建出精确的数学模型；计算科学则借助计算机模拟技术，求解复杂问题，拓展科学研究的边界；数据科学则侧重于从海量数据中挖掘出因果关系与相关关系，为科学知识的进步提供新的视角和方法。这四种范式相互补充，共同推动了科学研究的深入发展。

随着时代的不断进步，我们见证了科学方法从实验观察、理论建模，到计算模拟和数据密集型分析的演变历程。每一次范式的转变都极大地扩展了我们的知识边界，并提升了我们理解复杂系统和处理大规模数据的能力。然而，经过长时间的探索，各领域科学研究已进入深水区，面对的问题随着数据或模型的复杂度提高而增多，仅仅依靠"实验＋计算模拟"的方式已难以取得进展。

早在约100年前，量子力学的奠基人之一保罗·狄拉克就曾指出，寻求基本原理的任务已基本完成，但运用这些基本原理解决实际问题的效率却相对较低。这是因为在某些问题的求解过程中，随着维数的增加，计算代价会呈指数增长。例如，使用密度泛函理论（Density Functional Theory，DFT）求解势函数的计算代价会随着体系规模的增加而指数增长。

这就引出了**科学研究的第五范式——科学智能**。这一范式利用人工智能技术学习、模拟、预测甚至优化自然界的各种现象和规律，通过求解高维函数，实现高精度、高效的建模和高通量筛选，并有针对性地进行实验验证，从而推动科学发现和创新。因此，科学智能体现了人工智能与科学研究的融合（见图16-1）。

图16-1 科学智能：人工智能与科学研究的融合

具体地，科学研究的第五范式指利用人工智能来推动科学发现的新范式。这种范式与之前的实验、理论、计算和数据驱动的范式不同，人工智能在其中不是辅助工具，而是作为核心驱动，通过处理海量数据、发现复杂模式和规律、优化模型及预测未来行为，帮助科学家加速研究进展、验证假设甚至发现新的科学定律。第五范式的关键在于，人工智能能够通过机器学习和深度学习等技术自动从数据中学习并优化模型，且不需要明确的、传统的公式化建模。这使得人工智能特别适合处理复杂系统和高维度数据，帮助解决传统方法难以处理的科学问题。

科学研究第五范式的一个具体示例就是人工智能在蛋白质折叠问题中的应用。蛋白质折叠是生物学中一个极其复杂且重要的难题，研究蛋白质如何从线性氨基酸序列折叠成特定的三维结构对理解生命的基本过程至关重要。然而，由于蛋白质的折叠涉及大量的原子相互作用，传统方法在预测蛋白质结构时需要庞大的计算量。AlphaFold 是谷歌旗下 DeepMind 团队开发的一个人工智能系统，它利用深度学习和神经网络解决了这一难题。AlphaFold 在没有严格依赖物理模型的情况下，通过学习海量的蛋白质序列和结构数据，显著提升了蛋白质折叠结构的预测精度。2020年，AlphaFold 在著名的"蛋白质结构预测竞赛"（CASP）中表现出接近实验精度的预测结果，这是生物学研究领域的一次重大突破。这种人工智能驱动的研究方式不仅缩短了蛋白质折叠研究的时间，还给药物设计、基因编辑和疾病研究等生物学领域带来了革命性进展。这正是"AI for Science"的典型应用实例，展现了第五范式的强大潜力。

16.1.2 人工智能在科学研究中的运用方式

人工智能（AI）在科学研究中的运用主要体现为模型驱动、数据驱动和混合驱动三种方式，它们各有侧重点并在不同研究场景中发挥作用。

模型驱动：模型驱动方式依赖于物理、化学、生物等领域的理论模型，通过 AI 技术提升模型的计算效率或自动化模拟过程。科学家基于已有的理论框架，利用 AI 优化模型参数，进行复杂系统的模拟或预测。例如，气候模型模拟、分子动力学模拟等都可以通过 AI 实现更精准的预测。

数据驱动：传统上，数据分析依赖于统计模型，这些模型在小规模数据集上寻找规律，但它们的表达能力受限于数据的规模，仅能提供粗粒度的模拟和预测。随着数据量的爆炸性增长，我们面临的挑战不仅是数据量的增加，还包括数据噪声的积累和信噪比的降低。传统方法在处理这些海量数据时难以在合理的时间内建立高精度的模型。数据驱动的方法通过从大量实验或模拟数据中学习，能够处理大规模数据集，识别复杂的模式和关系，揭示隐藏在数据中的细微模式，即使在高维度问题上也能表现出色。这些模式对于传统方法来说可能是不可见的。例如：在天文学中，AI 可以用于分析天文观测数据，发现新的星体或天文现象；在医学研究中，AI 可以用于分析基因组数据，揭示疾病的基因机制和潜在治疗靶点。此外，数据驱动的 AI 还能够处理非结构化数据，如文本、图像和声音，这为跨学科研究提供了新的机会。例如：在化学领域，AI 可以分析大量的光谱数据，自动识别化合物的结构；在生物信息学中，AI 可以处理基因组数据，预测疾病相关的遗传变异。

混合驱动：在许多实际应用中，科学研究不仅需要理论模型的指导，也需要依赖大量的实验数据。这时，模型驱动和数据驱动的方法可以相互结合，形成一种混合驱动的研究方式。通过将理论模型和实验数据相结合，AI 可以同时利用两者的优势，提供更加全面和准确的研究手段。例如：在材料科学中，可以通过理论计算和实验数据相结合，利用 AI 预测新材料的性能和特性；在气候科学中，可以通过结合气候模型和观测数据，利用 AI 提高气候预测的精度和可靠性；在药物研发中，AI 既能基于化学模型进行分子模拟，又能通过数据学习提高药物筛选的效率。

在接下来的内容中，我们将详细介绍 AI 如何在各个科研领域中发挥作用，展示其在解决复杂科学问题、加速科学发现和技术创新中的潜力和实际应用。通过这些案例，我们将一窥科学智能如何成为科学研究的强大助力，开启科学研究的新篇章。

16.2 赋能理学

通过高级数据分析、模式识别和预测建模，AI 显著提升了科学研究的效率和洞察力。例如：在物理学和化学中，AI 用于分析实验数据、模拟复杂系统和加速新材料的发现；在生物学中，AI 帮助解析基因组数据、预测蛋白质结构，从而推动生物技术的发展；在环境科学中，AI 用于气候预测、生态系统分析和资源管理，助力解决环境问题。因此，AI 为理学学科提供了强大的工具，加速了科学发现和技术创新。

16.2.1 赋能数学

人工智能技术正深刻影响着众多领域，数学亦然。AI 在数学研究中正应用得日益广泛，涵盖从定理证明到数学模型优化等多个领域，展示了巨大的潜力。AI 系统能够自动证明数学定理，通过逻辑推理和搜索算法验证已有的定理或发现新的证明；它还可以通过分析大量数学文献和数据，识别出潜在的定理和猜想，提供有价值的启示，帮助数学家发现新的定理和数学关系。在数学建模与优化方面，AI 优化算法显著提高了模型求解效率，广泛应用于各种实际问题的优化和求解，例如金融市场预测、物流和供应链优化以及工程设计优化等领域。

AI 的强大计算能力和学习能力，使科学家能够处理复杂的数学问题，推动了数学研究的进步。接下来我们将以定理证明为例子，介绍 AI 是如何帮助科学家进行定理证明的。

1. AI 破解纽结问题

纽结问题（Knot Problem）是数学拓扑学中的一个经典问题，涉及研究三维空间中的纽结（Knot）及其属性。纽结可以理解为在三维空间中一根闭合的、不交叉的曲线（类似打结的绳子，见图 16-2），其两端连接起来形成一个环。纽结问题的核心是研究这些"结"的形态、分类，以及如何在不切断或穿过绳子的情况下解开或简化它们。纽结有着两种看似不相关的属性：代数性质和几何性质。代数性质是通过数学表达式来描述的，几何性质则是关于纽结在空间中的形状和大小。长久以来，数学家们一直在探索这两种性质之间是否存在某种联系。然而，这些纽结的复杂性使得直接观察它们之间的关系变得极其困难。

纽结理论（Knot Theory）的研究方法之一是利用不变量。不变量是对任何两个等价纽结都保持不变的代数、几何或数字量，它们是揭示纽结内在性质和分类的重要工具。纽结理论中有两类重要的不变量：双曲不变量和代数不变量。这两类不变量分别源于不同的数学领域，因此，探究它们之间的联系对于深入理解纽结的本质具有重要意义。

2021 年 DeepMind 提出了一个框架，使用 AI 识别数学对象之间的潜在模式和关系，并通过归因技术理解这些模式，从而引导数学家的直觉并形成新的猜想，帮助数学家在纽结理论和表示论（Representation Theory）两个领域提出两个全新的数学猜想，登上了《自然》封面。

研究人员首先利用计算机软件生成了大量纽结的代数和几何不变量数据，构建了一个包含丰富特征的数据集。接着，研究人员精心设计了一个监督学习模型，通过训练模型，使其能识别和预测纽结的几何不变量与代数不变量之间的潜在联系。在模型训练过程中，他们采用了归因技术，特别是通过梯度显著性分析，来深入理解模型的预测决策，识别出对预测最为关键的几何特征。基于这些洞察，研究人员提出了关于纽结不变量之间关系的假设，并通过进一步的数学分析和计算实验来验证这些假设。这一迭代的过程不仅揭示了纽结的几何不变量和代数不变量之间的新颖联系，而且最终引导他们发现了新的定理，展示了 AI 在推动数学研究中的巨大潜力。

图 16-2　纽结示意图

2. 数学大模型 FunSearch 破解经典数学难题

近年来，LLM 在自然语言处理方面取得了显著进展，同时也暴露出了所谓的"幻觉"问题，即 AI 生成的内容可能与事实不符。这一问题在科学研究领域尤为关键，因为科学研究要求高度的准确性和可验证性。为了应对这一挑战，DeepMind 在 2023 年 12 月发布了基于 LLM 的数学大模型 FunSearch。FunSearch 的核心理念是通过预训练的 LLM 与自动评估器的结合，形成一个反馈循环，以避免错误和幻觉的产生。这种方法不仅在数学和计算机科学领域具有潜在的应用价值，也为其他领域中保障 LLM 的准确性和可靠性提供了一种可能的解决方案。FunSearch 的工作原理是将数学或计算机科学问题以代码的形式描述出来。用户需要编写问题描述，包括评估程序的过程和用于初始化程序池的种子程序。在每次迭代中，系统从当前的程序池中选择一些程序，并将其输入 LLM。LLM 在此基础上创造性地生成新的程序，这些程序随后被自动评估。最好的程序被添加至现有程序库中，形成一个自我改进的循环。这意味着 FunSearch 不仅能找到问题的解决方案，还能揭示这些解决方案的构建过程，从而为科学研究提供可操作的见解。FunSearch 流程示意图如图 16-3 所示。

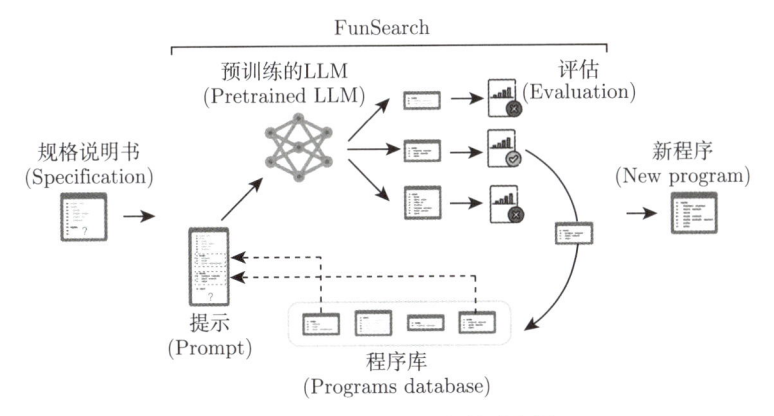

图 16-3　FunSearch 流程示意图

通过这种方法，FunSearch 不仅优化了问题的求解过程，还提高了解决方案的质量和可靠性。这种创新的自我迭代机制，使得 FunSearch 在面对复杂和难以预测的问题时，能够展现出卓越的性能。正是基于这种强大的能力，FunSearch 在经典的"帽子集"（Cap Set）难题中取得了突破性进展，找到了有史以来"最大的帽子集"。这一成果不仅标志着过去 20 年里帽子集的上限规模增加最大的一次，也证明了 FunSearch 在解决高难度数学问题方面的潜力。

帽子集问题是一个数学难题，想象一下，你有很多不同颜色的帽子，你也有很多朋友。你和你的朋友们围坐成一个圈，每个人头上都戴着一顶帽子，但是每个人都看不到自己头上的帽子是什么颜色的。你们的目标是找出一种方法，通过讨论，最终每个人都能确定自己头上帽子的颜色。

这个问题之所以难，是因为随着帽子数量增加，可能的排列组合会非常多。几十年来，数学家们对这个问题进行了大量研究，但传统的暴力破解方法在面对如此庞大的组合空间时显得无能为力。然而，FunSearch 的出现改变了这一局面。通过其独特的自我改进循环和创造性的程序生成，FunSearch 成功地解决了帽子集问题，找到了迄今为止最大的帽子集。

在另一个经典"装箱"（Bin Packing）问题中，FunSearch 的性能超越了传统方式，并且相比于神经网络和强化学习的 AI 技术，消耗的资源更少，灵活性更强。

装箱问题，是将一组物品分配到有限数量的箱子中，想象你要将不同尺寸的矩形小物品放入一个或多个大箱子中，目标是最大化箱子的空间利用率，即尽可能少用箱子并装下所有物品。这个问题在物流、仓储、运输等领域非常常见，也常常出现在算法设计和优化问题中。

FunSearch 算法不是简单地追求速度和效率，而是在保证结果准确性的同时，提供一种更加经济和灵活的解决方案。通过自我迭代，不断优化程序，从而找到更加高效的装箱策略。这种自我迭代过程，使得其能够在每次迭代中学习并改进策略，最终达到一个接近最优的解决方案。与传统的暴力搜索或贪心算法相比，FunSearch 能够更加深入地探索问题的解空间，找到更加合理的装箱方案。

FunSearch 不同于其他"黑箱"AI 技术，它提供的不是一个最终答案，而是一段简洁、易于人类理解的程序。这不仅使 FunSearch 能够应对各种复杂问题，而且极大地提高了解决方案的透明度和可解释性。同时，FunSearch 的输出更加贴近人类的思维方式，这不仅有助于提高问题解决的效率，还使得 AI 的决策过程更加透明，便于人类进行验证和进一步创新。这种开放性和可解释性是 FunSearch 在多个领域中得到广泛应用的关键优势，无论是数学问题、计算机科学难题，还是其他需要高度精确和创新解决方案的领域，FunSearch 都能够提供有价值的见解和策略。研究人员和开发者可以深入理解 FunSearch 的决策过程，从而在不同的应用场景中更有效地调整和优化解决方案。

3. AlphaGeometry 攻破奥数难题

AlphaGeometry 是一个由 Google DeepMind 和纽约大学联合团队研发的 AI 系统，专门用于解决国际数学奥林匹克竞赛级别的几何问题。

（1）系统特点

- 奥林匹克级别：AlphaGeometry 能够解决复杂的几何问题，其水平接近国际数学奥林匹克竞赛中人类顶尖选手的水平。它使用神经语言模型和符号演绎引擎的组合来寻找证据，并自主合成数百万个定理和证明，从而解决了多个奥林匹克级别的几何问题。
- 自主训练：AlphaGeometry 完全是根据系统本身生成的合成数据进行训练的，没有任何人类演示。这帮助它克服了之前限制其他 AI 系统的数据瓶颈，并通过自我监督学习突破了可能的界限。
- 人类可读证明：AlphaGeometry 不仅能够解决几何问题，还能生成人类可读的证明。这些证明像学生的解决方案一样——可验证、干净且易于理解，这标志着发展通用 AI 所需的高级数学推理技能的一个重要里程碑。

（2）技术架构

AlphaGeometry 在模型架构上由一个神经语言模型和一个符号演绎引擎组成，它们协同工作以寻找复杂的几何定理的证明。

- **神经语言模型**：擅长识别数据中的一般模式和关系，可以快速预测可能有用的构造（如点、线或圆），但通常缺乏严谨推理或解释决策的能力。
- **符号演绎引擎**：基于形式逻辑，使用明确的规则得出结论。在解决几何问题时，AlphaGeometry 的神经语言模型会引导其符号演绎引擎朝着可能的解决方案前进。

（3）性能表现

AlphaGeometry 在解决奥林匹克级别的几何问题上取得了显著的成功。在 30 个奥林匹克几何问题的基准测试中，AlphaGeometry 在标准奥林匹克时间限制内解决了 25 个问题，相比之下，之前最先进的系统仅解决了其中的 10 个，而人类金牌得主平均解决了 25.9 个问题。

16.2.2 赋能物理学

近年来，AI 技术迅猛发展，显著改变了科学研究的方式，特别是在物理学领域中，应用范围涵盖了从理论物理到实验物理的各个方面。通过分析实验数据，AI 不仅能够重新发现和验证已知的物理定律，如重新发现牛顿的万有引力定律，还展现了其在理解和推导自然规律方面的巨大潜力。此外，AI 还帮助物理学家建立和优化复杂系统的数学模型，例如在量子物理和高能物理中，模拟和预测粒子行为和相互作用，为科学家提供了更精确的模型和预测工具。在实验物理中，AI 能高效处理和分析大量实验数据，自动化数据处理流程，从而大幅提高实验效率和数据的准确性。

1. AI 重新发现万有引力定律

AI 的强大计算能力和学习能力，已使其成为现代物理研究中的关键工具。如今，这些技术不仅用于处理大规模数据、预测物理性质，还逐步进入理论发现领域，这一领域传统上依赖于人类的直觉和数学推导。最近的一项研究展示了 AI 如何通过分析观测数据重新发现经典的物理定律。下面将以此研究为例，介绍 AI 在物理研究中的具体应用。

在这项研究中，研究人员利用长达 30 年的太阳系观测数据，训练了一个图神经网络（GNN）模型来模拟太阳与行星的动力学。研究的目标是通过符号回归的方法，自动发现控制这些天体运动的方程。最终，他们成功地重新发现了牛顿的万有引力定律。

为了更好地理解这项研究，我们需要了解一些基本概念。**符号回归**是一种寻找数学公式来描述数据的方法，其目标是从数据中自动生成符号表达式。在该研究中，符号回归被用于从训练好的 GNN 模型中提取数学公式，即力学方程。符号回归首先由算法生成一系列候选数学公式，然后将这些公式代入 GNN 的输出，与观测数据进行对比，通过计算每个公式的误差进行评估，最终通过迭代优化，选择误差最小的公式作为最终的力学方程。

研究人员首先收集了长达 30 年的太阳系观测数据，这些数据包括太阳、行星及主要卫星的轨迹信息。接着，他们构建了一个 GNN 模型，将每个天体表示为一个节点，节点之间的相互作用（引力）表示为边（图结构示意见图 16-4），边的亮度与节点之间相互作用的强度成比例。然后将观测数据输入 GNN，使用优化算法（如梯度下降）调整模型参数，使其输出的加速度与真实观测数据尽可能一致。通过这种方式，GNN 能够有效模拟这些天体的加速度和运动轨迹。在模型训练完成后，研究人员利用符号回归方法从中提取出力学方程的数学表达式，最终成功重新发现了牛顿的万有引力定律。

通过 AI 重新发现牛顿的万有引力定律，这项研究验证了 AI 在发现物理定律方面的可行性和有效性。这意味着，AI 不仅能够验证已知的规律，还可以帮助科学家探索未知领域，发现新的物理规律。随着 AI 技术的不断进步，它在物理学及其他科学领域的应用前景广阔，未来或许我们可以借助 AI 的力量，进行更多前所未有的科学发现。

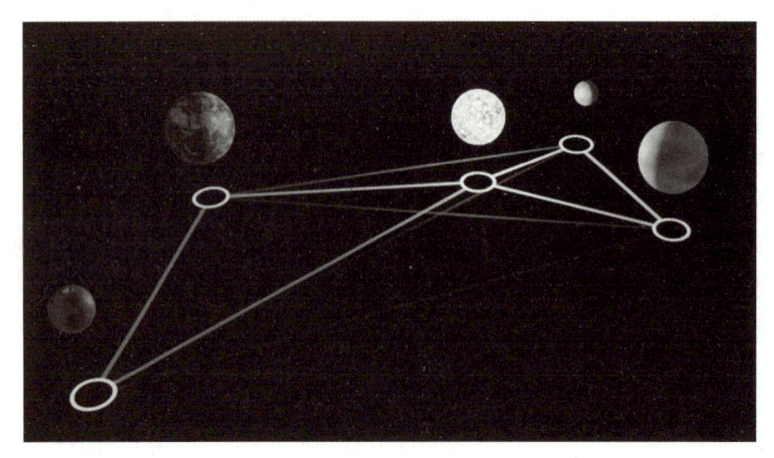

图 16-4　图结构示意

2. AI 优化粒子加速器性能

粒子加速器是一种为电子束或其他粒子束提供强大能量的设备，在基础物理实验、分子成像和癌症放射治疗等领域有着广泛的应用。然而，大型粒子加速器的调控极具挑战性，这是因为需要调整的组件众多且这些组件并非完全独立的，情况复杂。美国 SLAC 国家加速器实验室（SLAC National Accelerator Laboratory）的研究人员创新性地使用机器学习来优化粒子加速器的性能，他们向算法教授加速器操作背后的基本物理原理，而无须依赖大量的历史数据。这一研究展示了 AI 在物理学领域的巨大潜力，为未来粒子加速器的优化和调控提供了新的思路和方法。

具体来说，SLAC 团队开发了一种将物理模型直接结合到高斯过程贝叶斯优化器中的方法。这种方法使得机器学习算法能够加快优化过程，找到以前未曾设想的有用的加速器设置，从而极大地支持了人类操作员的工作。与其他技术相比，机器学习还可以在不干扰粒子束的条件下帮助诊断粒子束的质量。

研究人员使用这种方法来调整 SLAC 的 SPEAR3 加速器，并取得了显著成效。他们发现，通过直接使用从基于物理的模型中获得的信息，所得到的结果与使用实际历史数据训练算法所获得的结果一样好，甚至在某些情况下更好。这一方法不仅适用于粒子加速器，还可推广到其他可以用高斯近似进行粗略模拟的物理系统。

此外，这一研究还表明，当对加速器工作原理的物理知识有足够了解时，实际上可以不需要先前的数据来进行机器学习模型的训练。当然，这并不是说先前的数据没有帮助，当性能下降时，这些数据仍然可以发挥作用。在 SPEAR3 的案例中，研究人员就通过将其与来自加速器的实际数据配对，进一步改进了基于物理的机器学习模型。

3. AI 助力黑洞成像与数据重建

2019 年，事件视界望远镜（Event Horizon Telescope，EHT）成功捕捉到了人类历史上第一张黑洞的直接成像，提供了黑洞的直接观测证据。这一成果不仅验证了爱因斯坦的广义相对论，也为黑洞研究开辟了新的视野。然而，获取这种高质量的图像并非易事，传统的成像技术受限于分辨率和信号噪声，难以提供准确的信息。在此背景下，AI 技术的采用为这一挑战提供了新的解决方案。

EHT 是通过全球多台射电望远镜协同工作，捕捉到黑洞图像的。由于黑洞本身无法发出光，因此 EHT 通过观察黑洞周围的物质——如吸积盘和喷流——捕捉到了黑洞"阴影"的图像。以下是 EHT 捕捉黑洞图像的关键步骤：

（1）甚长基线干涉测量技术

EHT 通过一种名为甚长基线干涉测量（VLBI）的技术，将分布在全球各地的射电望远镜"连接"起来。这些望远镜位于不同的地区，包括美国、智利、西班牙、南极等地，通过同步观测，形成了一个"虚拟望远镜"——一个直径为地球大小的望远镜。

（2）同步观测和数据收集

这些望远镜同时观测同一个目标——例如位于室女座星系团中心的超大质量黑洞 M87。由于各望远镜之间的距离差异，观测到的信号会有轻微的时差。通过极为精确的原子钟对这些观测时间进行同步记录，科学家能够将这些数据进行整合。

（3）观测射电波

黑洞本身无法发出光，但其周围的吸积盘即围绕黑洞旋转的高温气体会发出强烈的射电波。EHT 观测的正是这些从吸积盘发出的射电波信号。由于黑洞的强大引力会弯曲周围的光线，因此通过射电波观测，可以捕捉到黑洞投射在吸积盘背景上的"阴影"。

（4）AI 数据处理与成像

由于观测数据量巨大，望远镜无法实时传输这些数据，因此硬盘会被物理送回数据处理中心。科学家利用复杂的算法，尤其是图像重建技术，通过对全球多个望远镜的数据进行校正、合成与分析，生成最终的黑洞图像。EHT 使用了多种图像重建算法，从多个角度校验了数据的准确性，最终形成了黑洞的图像。

（5）捕捉黑洞"阴影"

EHT 捕捉到的黑洞图像显示了黑洞周围物质发出的光，而黑洞因其强大引力会弯曲并捕获光线，而形成一个类似于圆盘状的"阴影"。这个阴影就是科学家捕捉到的黑洞轮廓，它的大小和形状与爱因斯坦广义相对论的预测一致。

（6）首张黑洞照片

2019 年，EHT 项目的科学家发布了历史上首张黑洞照片，展示了位于室女座星系团中心的超大质量黑洞 M87（见图 16-5）。这张照片展示了黑洞的"阴影"及其周围的光环，验证了黑洞的存在，并为广义相对论提供了进一步的证据。

图 16-5　超大质量黑洞 M87

16.2.3 赋能化学

AI 在化学研究中发挥着重要作用，涵盖了从药物设计到材料发现的各个方面。AI 能通过分析大量化学数据，加速药物设计过程，预测分子结构的活性和毒性，从而提高新药研发效率和成功率。例如，AI 可以筛选出潜在的药物候选分子，优化其化学结构，预测其生物活性和副作用，大幅减少实验所需的时间和成本。在材料合成中，AI 被用来发现和设计新材料，例如通过机器学习算法筛选和优化具有特定性能的材料组合，找到满足特定需求的新型合金、半导体或催化剂。AI 还能够帮助研究人员模拟和预测化学反应过程，揭示反应机制，提高反应效率和产率。另外，AI 能高效处理和分析实验数据，自动化复杂的实验流程，提升实验效率和数据准确性。例如，AI 可以通过自动化的实验设备进行高通量筛选，快速评估大量样品的性能，从中找到最优的实验条件和结果。

1. AI 助力"过渡态"研究

AI 在化学中的应用不局限于药物设计和材料发现，还在化学反应研究，尤其是过渡态（Transition State，TS）研究中，展现了巨大的潜力。接下来我们以化学反应过渡态研究为例，来介绍如何应用 AI 辅助化学研究。当我们谈论化学反应时，通常关注的是反应物（Reactant）如何转变为产物（Product）。但在这两种状态之间，存在一个非常短暂且高能量的阶段，这就是所谓的"过渡态"。过渡态是化学反应中的一个关键概念，它代表了一个反应从反应物向产物转化过程中的一个瞬时、高能量的中间状态（见图 16-6）。在这个短暂的高能量状态下，分子的化学键正在断裂和形成，这决定了反应的速率和路径。通过研究过渡态，科学家可以了解反应是如何进行的，哪些步骤是关键的，以及如何控制反应的方向。尽管过渡态难以直接观测，但其结构和特性对于理解整个反应机理至关重要。

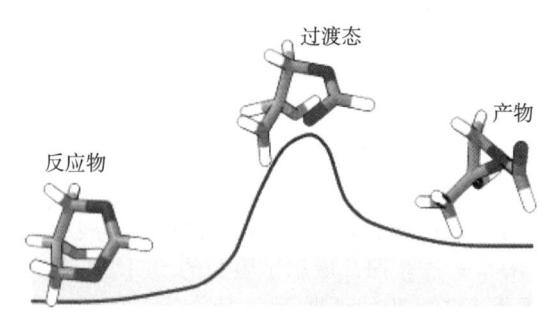

图 16-6 化学反应示意图

相比于反应物和产物，过渡态存在的时间非常短，甚至只有飞秒量级。受限于实验设备精度，过渡态结构无法直接观察，需要计算得到结果。在以往的相关研究中通常使用密度泛函理论（DFT）计算其能量和几何构型，但这种方法计算量很大，少则几小时，多则数天。为了解决这个问题，科学家们将扩散模型和等变图神经网络相结合，预测化学反应中最关键的过渡态结构，不仅可以在数秒内得出计算结果，而且结果也十分准确。

等变图神经网络（Equivariant Graph Neural Network）的作用是处理和分析图结构数据，保持物理或化学上的对称性不变。在化学中，分子可以被表示为图，其中原子是节点，化学键是边。等变图神经网络能够识别和利用这些结构的对称性，这对于理解和预测分子的性质至关重要。使用这种网络，可以确保在分子的旋转、平移或原子置换等变换下，网络的输出保持一致。

在保证对称性的同时，使用扩散模型来生成化学反应中的过渡态结构。首先通过向数据中添加高斯噪声，模拟分子在不同状态下的分布，然后通过去噪过程逐步恢复出过渡态的精确结构。为了从多个候选结构中挑选出最准确的过渡态，研究者们开发了一个基于置信度评分的推荐系统。

通过训练一个额外的神经网络来预测每个生成的过渡态结构与真实过渡态的接近程度，然后根据评分来选择最有可能正确的过渡态结构。

AI 在化学研究中的应用不仅显著提升了研究效率和成功率，还为催化剂设计、自然界反应模拟和科学发现带来了新的可能。通过先进的机器学习算法和模型，研究人员能够快速筛选药物候选分子，优化材料组合，甚至准确预测化学反应的过渡态结构。这些技术的融合，不仅加速了新药和新材料的开发，还为我们深入理解化学反应机制提供了强有力的工具。未来，随着 AI 技术的不断进步和完善，我们可以期待更多突破性的发现，它们会给化学科学和相关产业带来深远的影响。

2. "协同科学家"自主做化学实验

由 ChatGPT 驱动的"协同科学家"机器人化学家，能自主搜索信息，设计并执行复杂化学实验，该应用已在 2023 年《自然》杂志上发表。它可以帮助科学家制造分子，包括止痛药等，还能实施复杂的化学反应。

具体地，"协同科学家"（Coscientist）是一种基于 AI 的平台或系统，旨在帮助科学家自主设计并执行化学实验。它结合了 AI 算法与自动化实验技术，允许科学家与智能系统协同工作，提升实验的效率和精度。在这种系统中，科学家可以通过与 AI 协作，快速生成实验方案、分析实验数据，并根据反馈优化实验流程。

"协同科学家"整合了 ChatGPT-4 以及由人工智能初创公司 Anthropic 开发的 LLM "Claude"，还有由阿布扎比技术创新研究所制造的 "Falcon-40B-Instruct"。它通过阅读互联网上的操作手册，选择最佳试剂盒和试剂，在实验室环境中制造新的分子。在最初的设计阶段，"协同科学家"能够制定出实现最高化学反应产率的步骤，并确保分子的正确合成。"协同科学家"自主做化学实验的工作原理如下：

- 实验设计："协同科学家"利用 AI 算法处理和分析历史实验数据，帮助科学家自主设计化学实验方案。AI 可以预测不同化学反应的可能结果，并为实验方案提供建议。
- 实验执行：结合自动化实验设备，"协同科学家"可以自主执行实验。自动化实验平台能够精准控制实验条件，如温度、压力、反应时间等，确保实验执行的高效和一致性。
- 数据分析与反馈：实验过程中，AI 实时收集实验数据并进行分析，生成初步结果。基于这些结果，"协同科学家"可以进行自我优化，帮助科学家调整实验参数，以改进后续实验。
- 持续学习与优化：每次实验后，AI 系统会通过机器学习算法从结果中学习，逐步提高对实验条件与结果之间关系的理解，为未来实验提供更精准的指导。

这个例子展示了 AI 在化学领域的自主性和创造性，它不仅能够根据互联网上的信息设计和执行化学实验，还能够合成出具有实际应用价值的化学分子。首先，通过自动化实验和数据分析，"协同科学家"能够在短时间内执行和优化多个实验，减少人工实验的时间和成本。其次，AI 系统能够从海量数据中提取新的规律，帮助科学家发现潜在的化学反应路径和新材料。最后，自动化和 AI 辅助减少了人工实验中的操作误差，提升了实验的可靠性。随着 AI 技术的不断进步，未来它在化学领域的应用必然会更加广泛和深入。

16.3 赋能工学

AI 赋能工科学科，通过智能化设计、优化和自动化技术，显著提升了工程领域的效率和创新能力。在工程设计中，AI 利用机器学习算法自动生成高效的设计方案，缩短设计周期并提高设计精度。在制造和生产过程中，AI 驱动的自动化系统能够实时监控和调整生产参数，确保产品质量和生产效率。此外，AI 通过大数据分析和预测维护技术，优化设备管理，缩短停机时间和降低维修成本。整体而言，AI 为工程领域注入了新的活力，推动了工程实践的智能化和现代化。

16.3.1 赋能机械学

机械学是研究物体在各种力作用下的运动规律及其平衡状态的科学。机械学广泛应用于工程、建筑、交通等领域，帮助理解和设计机械系统、结构及设备。

AI 赋能机械学主要体现在智能设计、制造和维护的各个环节。通过机器学习和优化算法，AI 能够自动生成高效的机械设计方案，缩短设计周期并提升设计质量。在制造过程中，AI 驱动的自动化系统可以实时监控生产线，检测和调整生产参数，确保产品质量的一致性和生产效率的最大化。此外，AI 算法能够预测设备的故障和维护需求，通过预防性维护缩短停机时间和降低维修成本。

例如，在航空航天领域，设计飞机或航天器的关键是确保结构既轻便又坚固，而传统的机械设计方法依赖于复杂的数学建模和经验数据来优化设计。AI 尤其是机器学习算法，通过分析海量的材料特性、结构设计数据和实验结果，可以极大地加速这一过程。具体的案例就是波音公司利用 AI 技术来优化飞机零部件的设计和制造。它使用 AI 模型分析不同材料和结构的应力分布、疲劳强度等机械性能，快速模拟不同设计方案下的表现，从而优化零部件的重量和强度。通过 AI 的助力，波音公司能够在短时间内测试大量设计方案，并找到最优的结构设计，大大减少了实验测试的次数和成本。

在机械系统的操作和控制方面，AI 提供了更加智能和自主的解决方案。通过深度学习和强化学习算法，AI 可以优化机器人和自动化设备的运动控制，实现更加精确和灵活的操作。这不仅提升了复杂机械任务的执行能力，还扩展了机械设备在不确定和动态环境中的应用范围。例如，自主驾驶车辆和智能物流机器人都依赖于 AI 的感知和决策能力，来实现安全、高效和自主的运行。通过这些应用，AI 显著提升了机械系统的智能化水平和应用潜力。

在航空航天和一些制造业中，发动机是关键的机械设备，必须保持高效和可靠的运行。传统的故障检测和维护通常依赖于定期检查或故障后修复，既耗时又可能导致停机或损失。引入 AI 技术则可以显著提升机械设备的故障诊断和预测性维护能力。

- **数据采集**：在发动机关键部件上安装各种传感器，采集包括温度、振动、压力、声波等在内的参数。这些传感器能实时监控设备的运行状态，产生大量的运行数据。
- **数据处理与故障识别**：通过机器学习和深度学习算法，AI 可以分析这些传感器数据，自动识别出机械设备中的异常模式或潜在故障。例如，AI 通过振动数据的频率特征识别出转子不平衡、轴承磨损等问题。
- **预测性维护**：AI 不仅能够识别当前的故障，还可以基于历史数据和实时数据预测机械零件的剩余寿命。通过预测模型，AI 能够提前预警设备可能出现的故障，以便企业在故障发生之前进行维护，避免设备停机或损坏。
- **优化维修计划**：AI 能够根据预测的设备状态，优化维修和保养时间，避免不必要的过度维护或突发故障维修。这样不仅提高了设备的使用效率，还降低了运营和维护成本。

由于使用 AI 技术进行故障诊断和预测性维护，企业能够从被动维护转变为主动维护。通过实时监控和智能分析，设备的使用寿命得以延长，故障率显著降低，维护效率大幅提高。这种基于 AI 的维护系统，帮助企业缩短了设备停机时间和减少了生产损失，提升了整体运营效率。例如，GE 航空航天公司已经在其飞机发动机中应用 AI 技术，通过智能监测和故障预测，优化发动机维护计划，减少飞机的非计划性停飞，并提升安全性。

16.3.2 赋能电子学

电子学是研究电子以及其他电荷载体在各种介质中行为及其应用的学科。电子学的核心是通过控制电子的运动来实现信号处理、功率管理、信息传输等功能，广泛应用于通信、计算机、自动化、消费电子等领域。随着微电子技术的发展，电子学还推动了现代信息技术、集成电路和半导体产业的快速进步。

1. AI 助力电子设计自动化

电子设计自动化（EDA）是指使用计算机辅助工具和软件来设计、分析和验证复杂电子系统和集成电路的技术。电子设计自动化工具可以帮助工程师在设计过程中自动化处理大量的计算任务，包括电路设计、逻辑综合、布局布线、时序分析和验证等环节。它能够显著缩短芯片设计和开发的周期，并提高设计的准确性和效率。

AI 在电子设计自动化中扮演着革命性角色，它通过先进的算法和机器学习模型极大地提高了电路设计、仿真、验证和优化的效率和准确性。

- 设计优化与探索：AI 通过机器学习算法，可以自动优化设计参数，帮助工程师在大量设计方案中快速找到性能最佳的方案。这种自动化探索可以加快设计流程，减少人工试错时间。例如，AI 可以预测某些设计更优的可能性，从而缩小设计空间。
- 布局与布线优化：在集成电路设计的布局布线阶段，传统方法往往需要大量的计算资源和时间来寻找最优路径。AI 通过深度学习算法，能够自动学习最佳的布线策略和规律，快速优化芯片内部的信号传输路径，降低电路的功耗和延迟，提高设计效率。
- 故障检测与验证：在芯片设计的验证阶段，AI 可以通过分析大量设计数据，快速检测可能的设计缺陷和错误。机器学习技术可以识别传统验证工具难以发现的复杂错误模式，提升验证覆盖率和准确性。此外，AI 还可以加速仿真和测试过程，减少验证时间。
- 自动化设计生成：AI 可以帮助自动生成电路设计的不同部分，从逻辑电路到物理实现。通过训练深度学习模型，AI 可以识别常见的电路模块或架构，并生成相应的设计代码，降低设计复杂度，使得工程师能够专注于更高层次的创新工作。
- 功耗与性能预测：AI 通过分析大量历史设计数据，可以帮助工程师在设计初期阶段预测电路的功耗、延迟等性能指标。这可以为设计优化提供早期反馈，减少后期修改成本，提高设计的整体质量。

2. AI 助力芯片布局设计

在电子设计自动化领域，芯片布局设计是一个至关重要的步骤，它涉及将芯片的各个功能模块合理地安排在物理空间中，以优化性能、功耗、面积和制造成本等多个方面。然而，这个过程充满了挑战。首先，现代芯片包含数百万到数十亿个晶体管，使得布局设计需要在一个极其复杂和高维度的空间中寻找最佳方案，这就像是在一个巨大迷宫中找到最优路径。其次，设计中需要同时考虑多个相互冲突的目标，如功耗、性能和面积，这使得找到一个平衡点变得非常困难。最后，传统的布局设计方法依赖于人类工程师的经验和反复试验，通常需要耗费几个月甚至更长时间，效率低下且难以达到最优效果。

谷歌使用 AI 来优化芯片设计中的布局布线，通过强化学习算法，AI 能够自动生成更高效的布局，大大缩短了设计周期并提高了芯片性能。这展示了 AI 在电子设计自动化中的强大应用潜力。

首先，研究者将芯片的网表（Netlist）表示为超图（Hypergraph）。在一个普通图中，边是二元关系，即每条边只连接两个节点；在超图中，边是一个集合，可以连接两个或多个节点。超图中，节点代表芯片的标准单元和宏块，边代表这些单元、宏块之间的连接关系，然后使用基于边的图卷积神经网络（Edge-Based GCN）来捕捉节点间复杂的关系和依赖性，生成芯片的表示。布局策略和价值网络结构如图 16-7 所示。

嵌入层（Embedding）负责编码网表邻接性（Netlist Adjacency）、节点和现在放置的宏单元（Macro）特征；策略网络和价值网络随后分别输出在可用放置位置上的概率分布和对当前放置的预期奖励的估计。

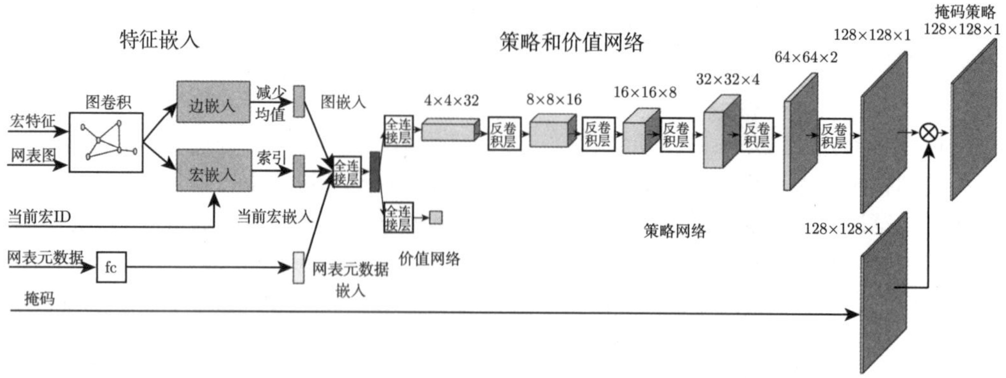

图 16-7 布局策略和价值网络结构

接着,研究者利用深度强化学习框架解决布局问题,这是一种使计算机通过不断尝试和犯错来学习如何做出最佳决策的方法。就像我们人类在玩游戏时会逐渐学会如何取得高分一样,AI 程序使计算机在这个过程中学习如何设计芯片。AI 程序会观察芯片设计的过程,然后尝试放置芯片上的各个部件。每次做出一个决定,比如把一个部件放在某个位置,AI 程序就会看看这个决定是好是坏,通常是通过一个得分系统来评价的。得分高意味着设计得好,得分低则意味着还有改进的空间。

研究者训练了一个神经网络架构,用于预测新网表放置的奖励,使用对应的奖励标签作为评分系统。为了训练这种监督模型,需要大量的芯片放置数据集及其相应的奖励标签。因此,研究者创建了一个包含 10000 个芯片放置的数据集,并在此数据集上进行训练,其中输入是与给定放置相关的状态,标签是该放置的奖励。

最后,AI 程序使用一种特别的数学方法,即近端策略优化(Proximal Policy Optimization),来确保它在尝试新事物时不会偏离正确方向太远。它还会考虑很多因素来决定部件放置在哪里,部件之间如何连接,以及放置后整个芯片的功耗和性能等。

通过这种方式,AI 程序能够学会如何在复杂的芯片设计空间中找到最佳路径,最终设计出既高效又节省空间的芯片布局。这个过程不仅大大加快了设计速度,还提高了设计的质量。

最终,在不到 6h 的时间内谷歌 AI 芯片设计方法自动生成的芯片布局,在功耗、性能和芯片面积等所有关键指标上都优于人类,工程师需要耗费数月的艰苦努力才能达到类似效果。

相信随着技术的不断发展和改进,AI 在电子设计自动化领域的应用将进一步推动芯片设计的效率和质量,给半导体行业带来新的革新和发展机遇。

16.3.3 赋能材料学

材料学是研究材料的组成、结构、性质及其制造、加工与应用的科学。材料学的核心是理解材料的微观结构(如原子排列、分子结构)如何影响其宏观性质(如强度、导电性、耐热性等),并基于这些知识开发出性能更优、应用更广泛的新型材料。材料学在工程、电子、医学、能源等领域具有广泛应用,是推动技术创新和工业发展的基础学科之一。

AI 正成为材料科学研究的强大工具,它通过一系列创新应用,极大地推动了材料科学的进步。AI 的能力覆盖了从新材料的设计和发现、高通量筛选、结构和特性的预测模拟,到材料性能的优化。它加速了实验流程,促进了材料基因组的发展,帮助科学家快速识别微观缺陷并预测材料的耐久性。此外,AI 在评估材料的环境影响和可持续性方面也发挥着重要作用,它通过多尺度建模为我们提供了从原子到宏观层面的全面理解。随着数据驱动的材料科学研究的兴起,AI 正在揭示材料行为的新规律,为能源、环境、医疗等领域的技术突破提供了新的途径。

1. AI 工具 GNoME 助力新材料发现

在当今科技迅猛发展的时代，新材料的发现对于推动技术进步至关重要。2023 年底发表在《自然》杂志上的一篇文章，介绍了通过深度学习和图神经网络（GNN）技术开发的一种名为 GNoME（Graph Networks for Materials Exploration）的强大工具，为我们探索未知材料世界提供了新的视角。

研究人员首先收集了来自 Materials Project 和 Open Quantum Materials Database 等的已知稳定材料数据集。然后，他们构建了一个 GNN 模型，将每个晶体结构中的原子表示为一个节点，原子之间的成键关系表示为边。通过 GNN 分析材料的原子结构，即原子如何排列以及它们之间的相互作用来预测材料的特性。材料的微观结构决定了其宏观特性。例如：原子在材料中如何排列（晶体结构）会影响材料的硬度、导电性等；原子之间的键的类型和强度会影响材料的稳定性和反应性；材料中的缺陷（如空位或错位）和杂质可以显著改变材料的性能。在 GNN 中，每个原子被表示为图中的一个节点。节点的属性可以包括原子类型、电荷状态等。节点之间的边表示原子间的相互作用。边的属性可以包括原子间的距离、键的类型等。GNN 通过"消息传递"机制工作，即节点收集来自其邻居节点的信息，更新自己的状态。经过几轮信息传递后，GNN 会聚合所有节点的信息，形成一个全局状态，这个状态捕捉了整个材料结构的综合信息。将这些数据输入 GNN，使用优化算法（如梯度下降）调整模型的参数，使其输出的预测结果与真实数据尽可能一致。通过这种方式，GNN 能够模拟材料的稳定性和其他性质。材料生成流程图如图 16-8 所示。GNN 用于从原子层面分析并预测材料的稳定性，随后通过 DFT 对候选材料进行精确验证，所得材料数据存储于 GNoME 数据库。

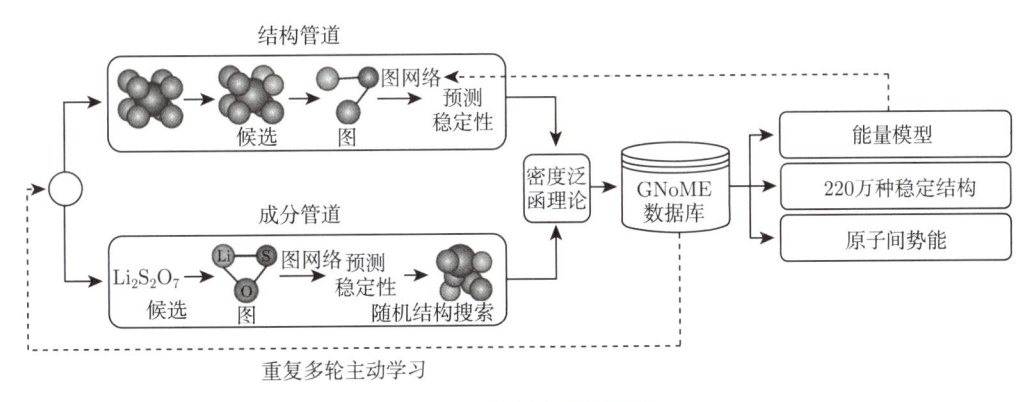

图 16-8 材料生成流程图

在初步训练完成之后，研究人员采用了两种创新的方法来发现新材料，即通过对已知的稳定材料使用随机结构搜索（AIRSS）和对称感知的部分替换（SAPS）生成一系列候选结构。AIRSS 方法先随机生成可能的材料结构，然后利用计算机模拟找到能量最低的稳定状态，就像是在积木游戏中尝试不同的组合直到找到最稳固的堆叠方式。SAPS 方法则是在一个已知的稳定晶体结构中，有意识地替换部分原子，以创造出新的结构变体，这类似于在一个足球队中替换一些队员来尝试不同的战术组合。

然而，生成的新材料中有很多结构是不稳定的，需要使用 GNN 对这些候选材料进行筛选。虽然初步筛选出的结构并不能直接应用，但是研究人员采用了主动学习策略，让模型在每一轮学习后提出新的假设性问题，并利用实验数据来回答这些问题，从而不断优化模型的预测能力。这一策略不仅让模型学习已有的数据，还鼓励它提出新的假设和问题。每一轮学习后，GNN 模型都会基于当前的知识库，提出关于新材料稳定性的假设性问题，例如探究某一新材料在特定条件下是否会展现出更高的稳定性。随后，研究人员通过精确的密度泛函理论[①]计算来回答这些问题，从而为模型提供新的数据和见解，推动模型知识的不断积累和深入。这种策略类似于科学探索中的假设检验过程，通过不断地提问和回答，模型能够学习到更深层次的材料特性，并提高其预测的准确性。最终，研究人员发现了超过 220 万种理论上稳定的新晶体结构。GNoME 也涌现出域外泛化能力，能够准确预测训练集中未出现的化学空间和下游任务。

这项研究展示了 AI 在材料科学中的应用潜力，特别是在加速新材料发现方面的巨大价值。通过结合 AI 技术，研究人员成功地构建了一个能够自我进化和不断优化的材料发现框架，为材料科学研究提供了新的视角和工具。研究人员能够从大量候选结构中快速筛选出具有潜力的新材料，这极大地扩展了可能材料的探索范围。这种方法不仅提高了材料发现的效率，而且提供了一种新的途径，使我们理解和设计材料的微观结构，以满足特定的应用需求。

2. AI 助力电池材料研发

电池技术的发展在电动汽车、智能设备和可再生能源存储等领域至关重要。然而，开发新型电池材料的传统实验方法耗时长且成本高。为此，科学家们利用 AI，尤其是机器学习和深度学习算法，来加速材料的筛选、设计和优化。

- **数据收集与建模**：首先，研究团队收集了大量已有的电池材料数据，包括化学成分、物理特性、结构信息和电池性能等。基于这些数据，机器学习模型能够学习材料的特性与性能之间的关系。
- **用机器学习算法筛选材料**：通过机器学习算法，AI 系统可以快速筛选出具有潜力的新材料组合，并预测它们在电池性能（如能量密度、充电速率、寿命等）方面的表现。这比传统的实验室逐步筛选材料方法要快得多。
- **新材料发现**：AI 不仅能够筛选现有材料，还能够生成全新的材料组合。通过生成模型和预测算法，AI 可以设计出符合特定要求的材料，这在实验室中需要大量时间和资源。
- **实验验证与优化**：筛选出潜在的高性能材料后，研究人员进行实验验证。实验数据被输入 AI 模型用于反馈和优化，AI 系统通过不断学习新数据，逐步提高预测的准确性和效率。

通过 AI 技术的辅助，研究人员在电池材料的发现和优化上取得了突破性进展。以前需要数月甚至数年的研发时间，现在在几周内即可完成。AI 不仅加快了新材料的发现，还优化了现有材料的使用，使得电池的能量密度和使用寿命显著提高。例如，IBM 利用 AI 技术加速电池材料的研发，开发出了一种不含重金属的新型电池材料，具有更高的能量密度和更环保的特性。斯坦福大学的研究团队通过 AI 模型成功发现了一种新型电池电解质材料，能够提升电池的充电速率和稳定性，这对电动汽车领域具有重要意义。

16.4 赋能天文学

自古以来，人类对无垠星空的好奇与敬畏从未停歇。天文学，这门源远流长的科学，不仅承载着我们对宇宙奥秘的无限向往，更成为现代物理学、化学乃至生物学等多个学科的共同基石。通过对浩瀚宇宙的深入研究，我们得以洞悉恒星的诞生与陨灭、星系的构建与演变，乃至宇宙本身的起源与架构。天文学不仅拓展了我们对宇宙的认知边界，还促进了不同学科间的协作与交流，点燃了公众对科学探索的热情，对科学进步与社会发展产生了不可估量的影响。

---

① 密度泛函理论（DFT）：这是计算材料电子结构的一种量子力学方法。DFT 能够准确预测材料的性质，如电子密度、能带结构和总能量。在 GNoME 的研究中，DFT 用于验证候选材料的稳定性。

16.4.1 人工智能在天文学中的主要应用

人工智能（AI）在天文学领域的应用正开启一场革命，它通过强大的数据处理能力和深度学习算法，改变了我们理解和分析宇宙的方式。

- **天文数据处理与分析**：现代天文学依赖于大型天文望远镜、卫星等设备，每天产生海量的观测数据。AI 通过深度学习和机器学习算法，能够自动分析这些数据，识别天体和天文现象。例如，AI 可以在图像数据中自动识别恒星、行星、星系以及超新星爆发等事件，极大提高了数据处理的速度和精度。
- **天体识别与分类**：AI 算法擅长识别天文图像中的天体并自动分类，如星系的形态分类、恒星光谱的分析等。借助 AI 技术，天文学家能够更快、更准确地处理复杂的观测数据。例如，银河系动物园（Galaxy Zoo）项目利用机器学习技术对数百万个星系图像分类，帮助天文学家研究星系的结构和演化。
- **发现新天体与异常现象**：通过对观测数据的自动化分析，AI 可以发现人类难以察觉的隐藏信号或新天体。例如，AI 被用于发现新的系外行星，利用光变曲线分析行星在恒星前方经过时产生的微弱光线变化，从而识别行星的存在。AI 还能够检测异常天文事件，如黑洞合并或脉冲星辐射信号。
- **加速模拟与建模**：天文学中常常需要对宇宙中的现象进行大规模模拟，如星系演化、宇宙大爆炸模型等。AI 可以加速这些模拟，通过深度学习和生成模型来优化复杂系统的计算过程，使得科学家能够以更低的计算成本进行高精度模拟。
- **自动化观测与天文望远镜控制**：AI 可以帮助控制天文望远镜的观测流程，智能调度观测任务。例如，AI 系统可以根据天气状况、天体位置和科学任务自动调整望远镜的观测计划，从而提高观测效率。AI 还可以用于处理遥控望远镜的大量实时数据，自动触发特定的观测任务。

16.4.2 人工智能预测小行星撞击地球风险

近地小行星（Near-Earth Asteroid，NEA）包括小行星和彗星，是一类特殊的小行星，它们的轨道与地球的轨道相交或接近，因此存在与地球相撞的潜在风险。这类小行星的轨道通常位于地球轨道内侧或外侧，但它们有时会因为引力扰动（如其他行星的引力作用）而进入地球附近的空间，因其潜在的撞击地球威胁而备受关注。

尽管已有大量近地小行星被发现，但仍有许多快速移动的小行星，尤其是那些接近探测极限的，尚未被观测站捕捉到。这些暗淡且快速移动的小行星，对天文学家来说既是挑战也是机遇——它们可能携带着关于太阳系形成和生命起源的重要线索。为了提升对这些难以捉摸的小行星的探测能力，研究者开发了基于深度学习的卷积神经网络模型来探测那些暗淡且快速移动的近地小行星。

研究者首先收集真实的小行星轨迹数据。这些数据是通过分析已知小行星的观测记录获得的，包括它们的轨道参数、大小、反照率以及与地球的相对位置和速度。这些信息对于理解小行星在太空中的运动至关重要。

为了模拟小行星的观测图像，研究者采用了 2D 高斯点扩散函数（PSF）模型。PSF 模型是一种描述光在通过望远镜成像系统时如何扩散的数学模型。通过这个模型，科学家们能够模拟出小行星在望远镜曝光期间由于移动而在图像上留下的轨迹。这些轨迹通常是细长的线条，其长度和亮度取决于小行星的速度、大小和到地球的距离。

利用 PSF 模型，研究者生成了大量的合成小行星轨迹图像。这一步骤至关重要：它允许研究人员在没有实际观测数据的情况下，创建一个包含各种可能观测条件的数据集。合成数据集的多样性和丰富性是成功训练深度学习模型的关键。

研究者开发了一个深度学习模型，特别是基于 EfficientNet-B1 架构的卷积神经网络（CNN）。EfficientNet-B1 是一个高效的 CNN 模型，它在保持计算效率的同时，也能够提供出色的图像识别性能。该模型通过学习合成数据集中小行星轨迹的特征，从而能够识别和区分真实图像中的小行星轨迹。

为了提高模型的准确性并减少误报（假阳性），研究者采用了 AstroSCRAPPY 库。这是一个专门设计用来处理天文图像的算法，能够有效识别和去除图像中的宇宙射线、"幽灵"和其他仪器伪影。这些伪影可能会被错误地识别为小行星轨迹，因此去除它们对于提高检测的可靠性至关重要。

研究者使用训练好的 CNN 模型分析了 ZTF（一个大型的天文观测项目，主要目标是监测天空中的亮度变化，以识别和研究各种瞬变天体和现象）在 2019 年四个连续夜晚收集的图像数据后，以前所未有的精确度揭示了这些暗淡且快速移动的天体。这些新发现的小行星具有独特性，它们的亮度非常低，视星等在 19.0 到 20.3，这意味着它们几乎接近了现有观测技术的探测极限。此外，它们的运动速度非常快，每天在天空中的移动角度达到 6.8° 到 24°，这使得它们在与那些较慢移动的小行星相比时，更难以被传统观测方法所捕捉。这些小行星的发现，不仅丰富了我们对太阳系内小天体分布的认识，也为我们提供了关于太阳系早期历史的宝贵信息。

通过使用模拟数据集来训练模型，科学家们克服了传统方法在数据收集和处理上的局限，极大地提高了对暗淡和快速移动天体的探测能力。这种方法不仅证明了 AI 在天文学中的实用性，还给未来的天文观测提供了一种新的工具。

16.4.3　人工智能助力发现系外行星

美国航空航天局（NASA）的开普勒空间望远镜在运行期间收集了海量的恒星光变曲线数据，这些数据是用于检测恒星前方经过的系外行星（即凌日现象）的重要信息。传统的行星检测方法依赖于天文学家人工分析这些光变数据，但由于数据量巨大，这一过程非常耗时。因此，NASA 引入了人工智能（AI）技术来加速和优化行星的发现。

- **数据收集**：开普勒空间望远镜通过持续监测数千颗恒星的光变情况，收集了大量的光变曲线数据。这些数据用于检测系外行星穿过恒星前方时引发的微小亮度变化。
- **机器学习模型训练**：研究团队使用大量已确认的系外行星数据对机器学习模型进行训练。通过这些数据，模型能够学习到行星凌日时的光变曲线特征。
- **自动化行星检测**：经过训练的 AI 模型能够快速分析大量的光变曲线数据，自动识别那些可能由行星引发的亮度变化。AI 还可以过滤掉由噪声或其他天文现象（如双星系统）导致的假信号，极大提高了检测效率。
- **新行星的发现**：AI 不仅能识别已有的行星，还能够发现天文学家未能识别的潜在行星。例如，2017 年，NASA 与 Google 合作使用 AI 分析开普勒数据，发现了两颗新的系外行星：开普勒-90i 和开普勒-80g。

通过 AI 的辅助，天文学家加快了系外行星发现进程，特别是能够从海量数据中提取出微弱且容易被忽略的行星信号。AI 的自动化检测不仅减少了人工分析的工作量，还提高了检测精度，使得天文学家能够更有效地研究系外行星系统。

展望未来，AI 与天文学的结合无疑将继续深化，推动我们对宇宙的认识达到新的高度。随着技术不断发展和创新，AI 在天文学领域的未来应用将继续带领我们走向一个更加广阔、更加深入的宇宙探索之旅。

16.5 赋能医学

医学是研究人体健康，以及疾病的预防、诊断、治疗和康复的科学与实践。它旨在理解人体的结构和功能，探讨疾病的病因、发展过程以及如何保持和恢复健康。人工智能正在助力医学的多个领域，推动医疗技术创新、优化诊疗流程，并改善患者的整体医疗体验。

16.5.1 人工智能在医学中的主要应用

人工智能（AI）通过提升诊断精度、优化治疗方案、推动药物研发、辅助手术和智能监控等方式，极大推动了医学的发展。未来，随着 AI 技术的不断进步，它将进一步改善医疗服务质量，使得个性化医疗和精准医学成为现实，为更多患者带来健康福音。

- **医疗影像分析**：AI 特别是深度学习技术，在医疗影像分析中表现突出。AI 可以自动分析 X 光片、CT（计算机体层成像）扫描和 MRI（磁共振成像）等医学影像，识别异常病灶，如肿瘤、骨折或其他病变。AI 的高效分析大幅提高了诊断的准确性和速度，帮助医生更早发现疾病。例如，AI 算法在癌症检测中，尤其是乳腺癌和肺癌的早期诊断方面表现出色，通过自动识别影像中的微小病灶，为医生提供辅助诊断。
- **个性化治疗与药物研发**：AI 通过分析患者的基因数据、病历和健康数据，帮助医生制定个性化的治疗方案。AI 还能用于药物研发，通过分析化合物和生物数据，预测药物的有效性和安全性，从而加速新药发明的过程。例如，AI 帮助个性化肿瘤治疗，分析患者的基因组数据和肿瘤特性，制定靶向治疗方案，从而提高治疗效果。
- **智能病历与临床决策支持**：AI 可以自动处理大量电子健康记录（EHR），提取有价值的信息，帮助医生做出临床决策。通过自然语言处理（NLP），AI 可以识别患者的病历中的关键数据，并辅助医生制定更精准的治疗方案。例如，AI 驱动的临床决策支持系统可以根据患者的病史和当前病情，为医生提供治疗建议，并预测患者的治疗反应和可能的并发症。
- **远程医疗与健康监测**：AI 使远程医疗和智能健康监测设备更加高效。通过实时分析患者的体征数据（如心率、血压、血糖水平等），AI 可以帮助监测慢性病患者的健康状况，并及时提示医生或患者采取行动。例如，智能手表等设备通过 AI 分析心率和运动数据，预测潜在的心脏问题，并提醒用户或医生。
- **手术机器人与自动化**：AI 正在推动外科手术中的智能化应用。AI 辅助的机器人系统可以在手术过程中提供更高的精度和稳定性，减少手术时间和创伤。AI 还能够在术前通过模拟和规划，帮助医生制定最佳的手术方案。例如，达芬奇手术机器人通过 AI 辅助外科医生执行复杂的微创手术，其精确度远高于传统手术。
- **疾病预测与公共卫生**：AI 能够通过大数据分析和流行病学模型，帮助预测疾病的爆发和传播趋势。AI 还可以用于大规模筛查和疫苗开发，帮助公共卫生机构制定防控措施。例如，在 COVID-19 疫情中，AI 被用于预测病毒的传播路径，辅助流行病学研究，并帮助加速疫苗的研发过程。

16.5.2 人工智能为癌症治疗提供个性化决策支持

癌症治疗复杂且个体差异性大，医生在制定治疗方案时需要结合大量的医学文献、临床试验数据、患者病史等信息。传统的人工处理方式不仅耗时长，而且信息更新速度也难以跟上最新的医学进展。IBM Watson for Oncology（以下简称 Watson）是一个 AI 驱动的医疗决策支持系统，它通过自然语言处理和机器学习，能够分析大量的医学文献、临床试验数据以及患者的病历，给出个性化的癌症治疗建议。Watson 能够综合考虑患者的癌症类型、病理特征、基因突变信息和治疗历史，帮助医生制定最佳的治疗方案。

- **个性化治疗**：通过分析每个患者的独特病情，Watson 能够根据最新的医学证据为患者提供个性化的治疗建议。例如，它可以帮助选择最适合患者的化疗药物、放疗方案或靶向治疗药物。
- **临床决策支持**：Watson 能够迅速筛选并分析最新的医学文献和临床试验数据，帮助医生做出更加知情的治疗决策，减少误诊或过度治疗的风险。
- **全球应用**：Watson 已在全球多个国家的医院使用，特别是在资源有限的地区，它帮助医生在癌症治疗上获得国际级的医学知识和建议。

16.5.3 人工智能助力乳腺癌早期诊断

乳腺癌是全球女性最常见的癌症之一，早期发现对提高患者的治愈率和存活率至关重要。传统的乳腺癌筛查方法依赖于医生通过 X 光片或其他影像学手段进行诊断，但由于影像数据复杂且可能包含微小病变，诊断过程常常面临漏诊或误诊的风险。AI 技术，尤其是深度学习算法，已经成功应用于乳腺癌的早期筛查中，大大提升了诊断的准确性和效率。

- **数据收集**：通过大量的乳腺 X 光影像数据集，AI 模型被用于学习从影像中识别肿瘤的特征。训练数据通常包含经过医生确认的乳腺癌阳性病例和健康个体的影像数据。
- **模型训练**：研究团队使用卷积神经网络（CNN）等深度学习模型，分析并学习乳腺癌影像中的特征，包括微小的肿块、异常组织密度等。模型通过大量标注数据集进行训练，从而能够自动识别可能的癌症病灶。
- **自动化分析与诊断**：AI 模型在训练完成后，能够快速处理新的乳腺 X 光片，并自动检测出可疑的病变区域，辅助医生进行诊断。AI 系统可以标注潜在的癌症区域，并评估病变的恶性可能性，帮助医生更准确地判断是否需要进一步检查或治疗。
- **早期发现和减少误诊**：AI 不仅能够提高影像分析的速度，还能够发现肉眼难以察觉的微小病变，特别是在癌症的早期阶段。AI 技术显著降低了误诊率和漏诊率，提高了筛查的精度。

AI 在乳腺癌诊断中的应用显著提升了早期发现的准确性和效率。通过 AI 技术，乳腺癌患者的早期筛查变得更加精确，治疗决策也更加及时，从而提高了治愈率和生存率。此外，AI 还减轻了医生的工作负担，减少了人工诊断中的误差。例如，2019 年，谷歌健康团队开发了一种基于 AI 的乳腺癌诊断系统，该系统在检测乳腺 X 光片时表现出比放射科医生更高的准确率。该 AI 系统减少了 5.7% 的误诊率和 9.4% 的漏诊率。IBM 的 AI 系统 Watson 通过分析大量医学影像数据，帮助医生更快、更准确地进行乳腺癌的诊断，并且该系统已经应用于多家医院中。

16.6 赋能军事科学

军事科学是研究战争及其相关现象的科学，涵盖战略、战术、作战、国防和军队建设等多个领域。它旨在分析战争的规律、作战的原则、武器装备的运用以及国家安全与国防体系的构建。通过对战争和冲突的系统性研究，军事科学为国家的安全决策和武装力量的现代化建设提供理论基础和实践指导。

AI 在军事领域的应用正逐步改变传统的军事科学研究和实践，给军事战略、战术、训练和后勤管理带来了深远的影响，并由此产生了"军事智能"（Military Intelligence）这一概念。

军事智能指的是将人工智能、大数据、物联网、云计算等前沿技术应用于军事领域，以提升战场感知、指挥控制、作战决策、后勤管理和战术执行等方面的智能化水平。军事智能旨在增强部队的快速反应能力、自主决策能力和协同作战能力，从而在复杂战场环境中获得战术和战略优势。

军事智能不局限于传统的"情报收集与分析",而是广泛应用于整个军事体系,涵盖从信息采集、分析处理到决策支持、作战执行等多层面的智能化支持。通过智能系统的辅助,军队可以在动态和复杂的环境中更有效地运作。

军事智能的技术体系框架通常可以划分为四个关键模块:智能感知、智能决策、智能互联和智能打击。这些模块相互协同,构成了一个完整的技术体系(见图 16-9)。

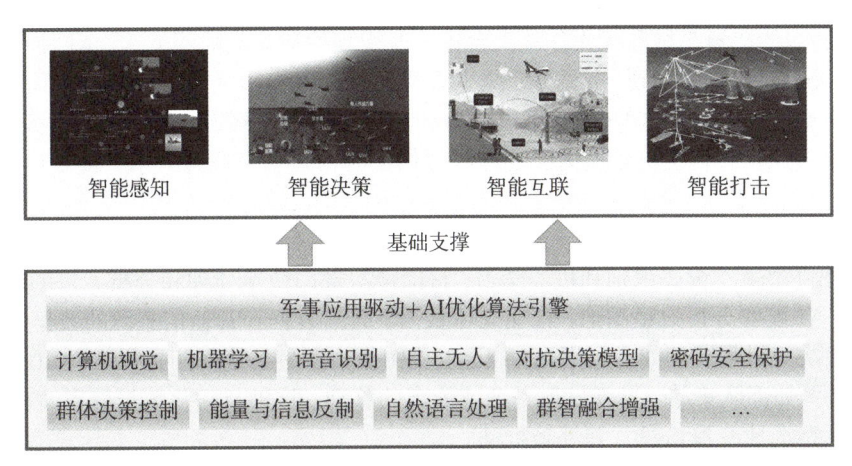

图 16-9 军事智能技术体系

- **智能感知(Intelligent Sensing)**:指通过先进的传感器、无人机、卫星、雷达等技术设备,对战场环境、敌方目标、战斗力量等进行全面的实时感知和数据采集。感知系统通过融合多源数据(如图像、视频、红外、雷达信号等),自动识别战场中的变化,并生成战术信息。例如,美军的无人机和卫星系统配备了 AI 技术,能够实时获取和处理战场上的图像和信号,自动识别敌方阵地、装备和行动路线,并反馈给指挥系统。
- **智能决策(Intelligent Decision-Making)**:指通过 AI 如大数据分析和机器学习技术,实时处理感知到的战场信息,并基于预先设定的战略、战术模型进行自动化的作战决策。智能决策系统不仅可以提高指挥官在战场上的决策速度,还能帮助其制订更精准的作战计划。例如,美国国防高级研究计划局(DARPA)的"动态作战管理"(Dynamic Battle Management)系统通过 AI 技术整合战场信息,能够快速生成作战方案,并给指挥官提供决策支持。
- **智能互联(Intelligent Networking)**:指利用物联网(IoT)和通信技术,在不同作战平台、指挥机构、传感器系统之间建立高速、低延时、抗干扰的通信网络,实现信息的无缝流通和实时共享。智能互联系统可以在战场上将传感器、武器系统、指挥中心等有效连接,形成一个全局感知、协同作战的统一网络。例如,美国的"联合全域指挥与控制"(JADC2)系统利用先进的网络技术和 AI,在空军、陆军、海军等各军种之间实现数据互联,提升跨域作战能力。
- **智能打击(Intelligent Strike)**:指依靠 AI 技术,使武器系统具备自主识别、决策和打击目标的能力。智能打击系统可以自动锁定敌方目标,并根据战场形势选择最优的打击方案,执行精准攻击。它依赖于自主控制系统、智能导弹、无人机等技术,减少人类在战斗中的直接参与。例如,"Harop"无人机可以在自主巡逻中寻找并摧毁敌方雷达站等重要目标,无须人类操作。

在军事智能技术的体系框架中,通过这四个模块的集成与协同,形成了一个完整的智能作战系统。**智能感知**提供实时战场信息，**智能决策**生成有效的战术方案，**智能互联**确保信息无缝共享，**智能打击**则实现了精准、高效的作战执行。通过这些模块的协作，军队可以在动态、多变的战场环境中快速响应，提升作战效果。

具体地，人工智能可以在多个方面赋能军事学的发展。

16.6.1 智能武器与自动化系统

AI 赋能的智能武器系统和无人作战平台正在改变现代战争的战斗方式。AI 使得武器系统可以自主导航、识别目标并执行打击任务，减少人类操作的负担和风险。例如，美军开发的"无人战斗机"与"无人地面车辆"（UGV）可以在战场上自主执行侦察、巡逻和作战任务。通过 AI 技术，这些系统不仅具有自主决策能力，还能够根据实时情报动态调整战术，提升作战效率。

16.6.2 情报分析与情报收集

AI 通过数据挖掘、模式识别和机器学习，帮助情报部门快速处理和分析大量的情报数据，发现潜在威胁。AI 能够分析卫星图像、社交媒体数据、通信数据和其他信息源的数据，从中提取关键情报，加快决策过程。例如，利用 AI 分析卫星图像，军事情报部门可以自动识别并追踪敌方的军事活动，例如部队集结、导弹发射平台或战车的移动。这种自动化情报处理使得分析人员能够更加迅速、精准地获取信息，并部署行动。

16.6.3 指挥与控制系统

AI 大幅提升了军事指挥和控制系统的效能。借助 AI，指挥官可以在战场上实时分析各种战术信息、敌方动向和战场态势，从而做出更快、更精确的决策。例如，美军的"联合全域指挥与控制"（JADC2）系统利用 AI 整合空中、地面、海洋和太空的所有传感器和数据，形成一个统一的战场视图，帮助指挥官快速评估战况并调整战略部署。AI 技术通过自动化信息处理和数据融合，大幅提升了决策速度和准确性。

16.6.4 网络战与网络防御

在网络战中，AI 被广泛用于网络攻击的检测与防御。AI 可以自主识别网络中的异常活动、恶意软件攻击，并实时响应，降低网络攻击对军事设施和信息系统的威胁。例如，AI 驱动的网络防御系统可以自动检测、预测并应对敌方发起的复杂网络攻击。美国国防部部署了 AI 系统来保护军事网络，识别潜在的入侵行为并自动采取应对措施。这使得网络战中的防御系统反应得更加迅速和精准。

16.6.5 后勤管理

AI 技术极大地优化了军事后勤管理的效率和精准度。通过预测分析和优化算法，AI 可以帮助军事部门更好地管理供应链、运输、物资储备和后勤调度，从而确保战场物资的高效分配和及时供给。例如，美军利用 AI 系统预测部队的物资需求并优化运输路线，确保在复杂的战场环境中能够快速、精准地将物资送达前线。AI 还可以监控设备状态，预测维护需求，减少设备故障，确保武器系统的持续运作。

16.6.6 军事训练与模拟

AI 增强了军事训练的效果和灵活性。通过虚拟现实（VR）、增强现实（AR）以及 AI 模拟，士兵可以在仿真的虚拟战场上进行训练，从而在不进行实际演习的情况下提高作战技能。AI 能够根据不同情境调整训练内容，提供个性化的训练方案。例如，美军开发了 AI 驱动的模拟训练系统——"合成训练环境"（Synthetic Training Environment），士兵可以在虚拟战场中面对真实作战情境，提升应对复杂局面的能力。AI 能够根据士兵的表现进行即时反馈，调整训练难度和情境，提供个性化训练计划。

16.6.7 自主无人系统与协同作战

AI 使得自主无人系统能够在复杂的战场环境中执行任务，并与其他无人系统和有人操作的部队协同作战。通过集成 AI 技术的无人机、无人舰艇、无人坦克等平台，部队可以执行侦察、打击、补给等任务。例如，"Harop" 无人机和 "Loyal Wingman" 无人战机项目展示了 AI 在无人系统中的应用。这些无人系统可以自主执行侦察任务、识别并摧毁目标，同时与有人驾驶的战机和地面部队配合，形成多维度的作战网络。

16.6.8 战略与战术预测

AI 通过对历史数据和当前态势的分析，能够辅助战略家和指挥官预测战场态势和敌方动向。AI 可以通过大量历史战例和情报数据，分析敌方的作战模式、战术选择以及战略动向，帮助制定更为有效的应对策略。例如，AI 可以通过分析敌方以往的军事行动模式，预测其下一步可能的行动。美军的项目 "Maven" 利用 AI 技术处理和分析大规模的战场情报数据，帮助指挥官做出更精准的战略决策。

16.6.9 机器人战士与增强士兵

AI 技术被应用于机器人战士的开发，使其能够参与战斗任务，降低人员伤亡。AI 还被用来增强士兵的能力，例如通过智能外骨骼、增强现实头盔等设备，提高士兵的战场作战能力。波士顿动力（Boston Dynamics）开发的机器人可以在战场上搬运物资，执行搜救和侦察任务，甚至参与战斗。此外，DARPA 正在开发 AI 以增强士兵的设备，旨在显著提升士兵的体力、视力和反应速度。

16.6.10 无人运输与物流自动化

AI 推动了军事物流的自动化，特别是在危险区域的无人运输方面。AI 驱动的无人车辆和无人机可以在高风险区域执行运输任务，减少人员风险，并确保物资能够快速安全地抵达目的地。例如，美国国防部开发的无人货运系统可以自主运输军需物资，并在恶劣的战场环境中确保补给线的畅通。AI 系统能够优化运输路线，规避威胁，减少运输过程中的延误和风险。

16.7 小结

科学智能（AI for Science）将人工智能（AI）应用于科学研究的前沿领域，旨在通过机器学习、深度学习、大数据等技术加速科学发现，提升实验效率，推动科学研究的创新。科学智能涉及多个学科，包括物理学、化学、生物学、材料学等，AI 可以帮助解决复杂的科学问题，自动化实验过程，优化数据分析并进行模型预测。科学智能为全球科学研究提供了巨大的机遇，能够显著加速科学发现、提升实验效率并推动跨学科创新。然而，它也面临数据质量、模型可解释性等挑战。

科学智能的机遇包括：

- **加速科学发现**：AI 能够从海量数据中提取隐藏的模式和规律，帮助科学家快速筛选实验方案，预测实验结果，缩短科学研究周期。例如，AI 在材料科学中可快速筛选新材料组合，在生物医药中加速药物发现。
- **提升实验效率**：科学智能通过自动化实验和智能化数据分析，减少人工参与，使实验过程更加高效。例如，AI 可以自动化执行高通量实验，实时分析实验数据，并根据反馈不断优化实验方案。
- **跨学科融合**：AI 可以帮助科学家处理不同领域的数据，并建立跨学科的联系。这为未来的科研创新提供了更多可能性，特别是在新兴领域，如生物信息学、量子计算和材料科学中，AI 带来新的解决方法。
- **创新与协同**：AI 不仅能够成为科学研究的助手，还能够与科学家协同工作，提出新的假设、优化研究路径，助力科学家在更多未知领域的探索。

科学智能的挑战包括：

- **数据质量与稀缺性**：AI 的有效性依赖于高质量的训练数据，而科学领域中往往存在数据稀缺或数据噪声的问题。某些实验数据可能难以获得，或数据规模不足以支持复杂的 AI 模型训练。
- **模型的可解释性**：AI 模型，尤其是深度学习，往往是"黑箱"操作的，缺乏易于科学家理解的解释。这在某些科学领域中可能导致对 AI 预测结果缺乏信任和接受度，尤其在科学研究中，解释性和可验证性至关重要。
- **跨学科障碍**：虽然 AI 有助于不同学科之间的融合，但科学家只有具备相应的 AI 知识，才能充分利用这些技术。现阶段，许多科学家在如何使用 AI 工具方面面临技术壁垒。
- **伦理与政策问题**：AI 在科学领域的应用，尤其是在生物医药、化学等领域，可能引发伦理问题。例如，AI 生成新材料、新药物时，如何确保这些新发现不会对人类或环境产生负面影响？这些都需要有效的政策和伦理框架来规范。

第 17 章

文科智能

文科智能（AI for Arts）是人工智能（AI）与人文学科交叉融合的一个领域，旨在利用 AI 技术推动艺术创作、文化研究和人文表达的新发展。文科智能的兴起代表了 AI 从传统的技术、科学领域向艺术、人文领域的拓展，给艺术创作、文化保护、历史研究等领域带来了新的机遇与挑战。例如，AI 可以在文学、音乐、美术、电影、戏剧等艺术创作中生成新作品，模仿特定风格，或探索新的艺术表达形式。此外，AI 还能用于艺术品鉴赏、文化遗产保护、语言学研究、历史分析等领域，通过大数据和机器学习技术发现隐藏的模式和关联。文科智能不仅扩展了艺术创作的边界，还为人文研究提供了强大的分析工具，赋予艺术和文化研究新的生命力。本章着重阐述 AI 在多个知识领域内的应用，具体包括人文学科、社会科学以及艺术领域。

17.1 文科智能概述

文科智能的兴起可以追溯到 AI 技术的快速发展和其在数据处理能力上的突破，尤其是自然语言处理（NLP）、计算机视觉和生成模型的发展。这些技术使得 AI 不仅能够处理传统的数值计算，还能够分析和生成复杂的语言、图像、音乐等形式的艺术作品。与此同时，随着人文学科逐渐接受数字化技术，AI 逐渐被引入文科领域，以解决传统方法难以处理的复杂问题，如海量文本的分析、文化遗产的数字化保护等。

17.1.1 发展阶段

目前，文科智能大致经历了三个发展阶段，即早期探索阶段、技术深化阶段，以及创新应用阶段。

- **早期探索**：最初，文科智能的应用主要集中在语言学、历史学等领域，利用自然语言处理技术进行文本分析和历史档案的数字化处理。通过对古籍、历史文献的大数据分析，研究者能够发掘出潜在的历史规律和文化联系。例如，AI 可以通过大规模文本挖掘，揭示出文献中的语言模式、思想演变和社会变迁。
- **技术深化**：随着深度学习、生成对抗网络（GAN）及扩散模型等的兴起，AI 在视觉艺术、音乐和文学创作等方面开始大展拳脚。AI 通过分析大量的艺术作品数据，学习艺术风格和创作技巧，能够生成逼真的画作、音乐甚至诗歌。例如，Google 的 DeepDream 项目利用深度学习算法创造出梦幻般的艺术图像，OpenAI 的 GPT-3 可以生成复杂的文学文本。这些生成模型打破了传统艺术创作的界限，为艺术家提供了新的工具和创作思路。AI 也在文化遗产保护中发挥了重要作用。通过计算机视觉技术，AI 可以自动分析和修复受损的历史文物、绘画或建筑。例如，图像识别技术可以用于分析考古遗址的图像，自动识别和分类文物，从而加快考古工作进程。同时，AI 还可以通过 3D 建模技术，数字化保存和重建文化遗产，避免自然灾害或时间流逝所导致的文化损失。
- **创新应用**：近年来，文科智能更注重人机协作，AI 成为艺术家的创意助手，而非替代者。

例如，作曲家可以借助 AI 生成的旋律进行二次创作，艺术家可以将 AI 生成的图像作为创作灵感。AI 不仅扩展了艺术创作的边界，还提供了新的互动方式，增强了人类艺术表达的多样性。

17.1.2 核心要素与支柱

文科智能的核心要素涵盖了先进的 AI 技术、丰富的数据与文化资源、跨学科融合、创造力与人机协作。技术支撑、文化与艺术理解、伦理与版权保护、开放与协作则是其发展的四大支柱。这些要素和支柱共同推动了文科智能的发展，给艺术和人文学科带来了全新的创作与创新方式。

1. 文科智能的核心要素

- **AI 技术**：文科智能依赖于先进的 AI 技术，如自然语言处理、计算机视觉、深度学习、生成对抗网络等。这些技术为艺术创作和人文研究提供了强大的工具，支持自动创作、模式识别、风格转换等任务。
- **数据与文化资源**：文科智能需要大量的文化数据和艺术资源作为基础。文献、艺术作品、音乐、历史档案等数据为 AI 系统提供了学习和生成创意的素材。这些数据的规模和质量对文科智能的发展至关重要。
- **跨学科融合**：文科智能的实现依赖于艺术、人文与计算机科学的深度交叉。它不仅要求 AI 技术的支持，还需要对艺术、美学、文化等领域的深入理解，确保 AI 创作的作品能够符合人文表达和艺术价值要求。
- **创造力与人机协作**：文科智能不仅利用 AI 自动生成艺术作品，还强调人机协作的创造力。AI 成为艺术家的助手，通过分析数据、提供灵感、自动生成部分创作内容，协助艺术家进行更高层次的创作。

2. 文科智能的支柱

- **技术支撑**：AI 算法、数据处理、模型训练等技术是文科智能的基础支撑。通过不断的技术创新，如深度学习、图像识别和语言模型，AI 能够在文科领域执行越来越复杂的任务。
- **文化与艺术理解**：文科智能不仅是技术的应用，其实现还需要深刻理解文化和艺术本身的内涵。无论是文学创作、音乐生成还是视觉艺术，AI 都必须以人文精神为导向，才能创造出有价值的作品。
- **伦理与版权保护**：随着 AI 在艺术创作中的广泛应用，如何定义 AI 生成作品的版权归属以及如何避免文化偏见成为关键的支柱。文科智能必须在技术进步的同时解决这些伦理和法律问题，确保其发展符合社会和法律的规范。
- **开放与协作**：文科智能的持续发展依赖于不同领域的开放合作，包括艺术家、学者、工程师和社会各界的共同努力。开放的资源、跨学科的协作以及创新的生态系统是文科智能未来发展的关键动力。

17.2 赋能人文学科

人文学科是研究人类文化、文学、历史、哲学等方面的学科。它以探索人类精神为基本目标，涵盖了广泛的主题，从一直延续的文化传统，到当代社会的文化现象，以及对人类思想、行为和价值观的深入研究。

人们不以"科学"来指称人文学科，是因为在对人文的探索中有很多不满足科学逻辑的部分，譬如文学与艺术对人类精神的探索很难用科学逻辑进行解释和归纳。人文学科的探索是否需要满足科学逻辑也是一个极具争议的话题。所以，AI 对于人文学科的赋能当下主要集中在如计量史学、科技考古、分析哲学等依靠科学的部分人文学科分支。

当下 AI 赋能人文学科最典型的途径就是通过自然语言处理技术结合大语言模型。人们可以利用这些大模型来处理海量的文献，包括翻译历史语言、不同地区语言，对文本内容进行概括、提炼和分析甚至补充，也可以基于给定的信息，生成大量有效文本。作家可以利用 ChatGPT 等生成模型，给定一些想法，从而快速获得初稿。同时，AI 也可以自动生成小说和诗歌，从而为作家提供思路。AI 对文本的分析和挖掘更是给学者提供了巨大便利。通过学习大量文学作品，AI 可以快速描述出作者的思想倾向、写作风格等；如果学习大量哲学文献，那么 AI 能够很好地分析出作品的观点和哲学规律，总结出更深层次的、更系统化的哲学思想。通过结合计算机视觉（CV）技术，在史学领域，可以利用 AI 预测文物的年份、复原文物中丢失的古代文字等。通过结合三维重建技术和虚拟现实（VR）技术，还可以利用 AI 重建历史人物、场景。这些技术大大丰富了人文学科的研究方法和研究成果展示，为学者们提供了更多新颖的视角。

17.2.1 赋能文学

2023 年，一部由 AI 创作的小说《机忆之地》震惊了文学界。这篇小说匿名参加第五届江苏省青年科普科幻作品大赛，并获得了二等奖。这一事件标志着 AI 技术正在深刻影响文学的创作模式。次年，《天命使徒》成为我国首部百万字的 AI 小说，进一步巩固了 AI 在文学创作中的重要角色。AI 辅助文学的新时代已经到来，正如工业革命之于制造业，AI 正在为文学创作注入新的动力，拓宽了艺术的边界。

随着 AI 的不断发展，它可以用于辅助写作、创作、翻译和编辑等各个环节，有望彻底改变传统文学的创作方式，拓展文学的边界。生成式 AI 可以给作家们提供灵感和创意。对于作家写好的文本，AI 可以分析语法、逻辑和修辞，帮助作家改进文章的表达，提高文学作品的质量。同时，AI 也可以检查拼写错误、语法错误等，减少作者的校稿工作，提高创作效率。

例如《机忆之地》这篇小说从笔名、标题、正文到配图，"100% 的内容都是 AI 写的"。据作者介绍，他与 AI 平台前后对话 66 次，形成 4 万多字的稿件，最后从中复制出约 6000 字成稿。6 位评审专家仅一人看出这篇参赛作品的"AI 味儿"，另有三位专家表示欣赏，并投票推荐。这在文学史和 AI 史上都是第一次。

2024 年 5 月，华东师范大学传播学院举办了 AI 小说创作研讨会兼国内首部百万字 AI 小说《天命使徒》的发布仪式。这部小说采用"国内大语言模型＋提示词工程＋人工后期润色"方式完成，AI 占 70%，人工占 30%。首先，制作团队对小说的结构进行深入研究，分析小说的情节，在此基础上撰写大量提示词。随后通过大模型 API，批量生成内容，形成整体线索连贯的长篇内容。后期，通过人工介入，对大模型生成的小说内容去重，补足，适当打磨。好的提示词就如同魔法的咒语一样，可以得到创作者预期的效果。目前美国已经有一些高校开设了有关课程，教授学生更好地通过提示词使用生成式 AI，可见提示词工程是最重要的一环（见图 17-1）。通过提示词工程，不断微调大模型，就可以得到较为满意的作品。复旦大学中文系教授杨俊蕾认为"《天命使徒》的创作过程中，可能已触及智能化与人文学科交会的奇点"。

现阶段已经诞生了非常多的 AI 创作工具，例如 ChatGPT、文心一言、Kimi 等。非常多基于 AI 进行文学创作的工作也正在开展，包括 AI 创作小说、剧本，甚至是角色扮演游戏（RPG）的文本等。如何设计输入模型的提示词，优化生成的流程，保证模型生成的稳定性，都是现阶段研究者们正在攻克的课题。虽然当下的 AI 通过深度学习的算法能够模仿和创造出与人类作品相似的文本，但其在表达深层情感和独特个性方面仍有局限，AI 创作实质上是机器逻辑严密的推理和计算，而文学的精髓在于想象与演绎。所谓的 AI 写作目前仍然是人类创造力的"延伸"。专家表示文学大模型可能是所有专业大模型中最难的，这正是因为文学的质量提升是没有上限的。

未来的智能文学将会是 AI 和人的合作发展，AI 将逐步承担更多的辅助角色，帮助作家突破灵感的瓶颈，作家则通过注入独特的思想和情感，赋予作品更深层次的内涵。文学创作的效率和规模将极大提升，但作品的独创性和艺术价值仍需依赖人类的智慧与情感表达。可以预见，人与 AI 的协同创作或许会成为新的常态，而这场智能革命才刚刚开始。

1. 角色：指定大模型的角色。例如，它应该扮演小说的主人公、配角或者反派。
2. 目标：描述你想要实现的目标或者你想要大模型完成的任务。
3. 场景：提供与你的请求相关的背景信息或上下文，例如小说的情景设定。
4. 预期解决方案：描述你所期望的解决方案，也就是你希望故事发展的方向。
5. 步骤：询问实现解决方案所需的具体步骤或操作。

图 17-1　提示词工程

17.2.2　赋能历史学

历史学是研究人类过去的学科，通过分析文献、文物、口述记录和其他历史资料，重建、解释和理解人类社会、文化、政治、经济和思想的发展进程。人工智能（AI）正逐步助力历史学的发展，通过强大的数据处理和分析能力帮助历史学家更高效地研究和解读历史。

例如，基于语言模型的 AI 可以轻松读取海量历史文献和数据，对历史资料进行整合和凝练，这能帮助历史学者高效地获取信息。在关于理论范式的研究中，往往有对于"归纳–总结"与"演绎–推理"两类范式的讨论，前者是文化历史主义研究的重要基础，后者是过程主义研究科学性的理论依据。AI 对海量数据的快速处理能力，将使得学者们能够对遗址繁多、材料广泛以及达到一定瓶颈的研究进行更加复杂的讨论与总结，从而更好地梳理文化历史脉络，给已经拥有长期大量积累的文化历史主义研究带来新的视角与启发。AI 在其中的应用适应于"演绎–推理"范式中关于数据收集、整理、总结与量化分析的过程，AI 作为符合研究范式需求的辅助型工具，提高了研究效率，大大扩展了研究基础与学术社群。

又如，基于视觉模型的 AI 通过图像识别处理，能够分析、解读甚至复原古代文献的手稿、地图、艺术品等。2022 年发表于《自然》的"伊萨卡"（Ithaca），是 DeepMind 与威尼斯大学人文系、牛津大学古典学院以及雅典经济与商业大学信息学院联合开发的世界上第一个可以复原受损铭文、识别铭文原始位置、预测创建日期的 AI。历史学家使用其复原受损希腊铭文文本时可达 72% 的准确率，鉴定的年代与历史学家提出的范围相差小于 30 年。同年，微软亚洲研究院研究员武智融与首都师范大学甲骨文研究中心莫伯峰教授团队合作，开发了甲骨文校重助手 Diviner，大幅度提升了甲骨文校重工作效率，还发现了 300 多组校重的新成果。目前国内各大高校联合科技企业，研发了"殷契文渊"甲骨文大数据平台、"缀多多"甲骨缀合软件、"甲骨校重助手"等一系列工具。利用大数据，通过 AI 等技术集纳、研判、拼合，历史学者们的想法转变为现实。有甲骨文学者说，"释出一字，好比发现一颗新的行星，本期考古纪，我们跟着 AI 一起去摘星"。可见 AI 之于甲骨文翻译的力量之大。2023 年 10 月，三星堆遗址祭祀区两件"跨坑拼对"成功的大型青铜器引发了热议。专家通过对文物零件进行三维扫描，利用 AI 提取几何特征信息，智能计算特征相似性而得到匹配度、整体姿势和受力程度，再基于专业文献，结合三维技术确定最终拼接方式。AI 的出现，使我们能够呈现出更加完整、丰富、生动的历史面貌。

未来，历史学研究将迎来更多创新。AI 不仅会进一步提升数据处理和文物修复的效率，还可能通过生成模型重构历史场景，模拟不同历史情境，帮助历史学家探索新的研究路径。跨学科的合作也将更加紧密，推动全球历史资料的数字化与共享，使得历史研究更具广泛性和包容性。AI 的进化将促使历史学者重新审视技术与人文学科的结合，找到智能化工具与人类批判性思维之间的平衡点。

17.2.3　赋能哲学

哲学是一门探讨人类存在、知识、道德、理性、现实和社会等根本性问题的学科。它通过反思和逻辑推理，寻求对世界及其运作方式的深层理解。哲学不仅关心理论思辨，还在实践中影响着我们对生活、社会及科学的看法，引导着我们理解自我与世界的关系。

AI 的涌现给哲学带来了一系列新概念，挑战着传统哲学观念，并促使哲学家重新思考一些关键问题。哲学家们开始利用 AI 来重新审视和解答一些经典的哲学问题。一个典型的例子是伦理学领域，AI 可以通过模拟道德决策，帮助我们理解复杂的道德困境。例如，在自动驾驶技术中，AI 需要在各种紧急的情况下做出道德判断；在医疗护理和法律领域等复杂的环境中需要处理道德决策时，AI 又会如何做出决策。

具体地，AI 正在为哲学的发展提供新的工具和视角，推动传统哲学问题的讨论和解决：

- **伦理学与机器伦理**：AI 技术的发展推动了对机器伦理和道德决策的深入讨论。哲学家通过分析 AI 在自动驾驶汽车、医疗诊断等领域的应用，探索如何为机器设定伦理框架，以及在复杂决策中如何权衡利益与风险。这带来了对道德哲学中功利主义、义务论等伦理理论的新思考。
- **意识与心灵哲学**：AI 在模拟人类思维和认知方面的进展，尤其是神经网络和机器学习技术，引发了对意识本质的讨论。哲学家研究 AI 能否具备意识、AI 与人类心智有何本质区别，重新审视心灵哲学中的问题，如意识与自我意识、感知与认知。
- **认识论与知识理论**：AI 的知识处理和推理能力促使哲学家重新思考知识的定义和来源。通过 AI 在大数据中的应用，哲学家探讨人类与机器的知识差异，以及 AI 生成的推论是否可以构成"知识"。这些问题涉及知识论中信息、知识和理解的本质及其获取方式。
- **自由意志与决定论**：AI 系统基于算法和数据进行决策，引发了对人类自由意志的讨论。如果 AI 能够通过模式识别预测人类行为，那么是否可以认为人类的行为是由某种决定论主导的？这给自由意志与决定论的传统争论带来了新的视角。
- **语言哲学**：自然语言处理技术的发展，使 AI 在语言理解和生成方面取得显著进展。哲学家通过分析 AI 语言模型（如 GPT）的工作机制，重新思考语言的本质、意义与语境的关系，这推动了语言哲学中的语义学和语用学讨论。

未来，AI 在哲学中的影响将继续深化。AI 势必进一步推动对伦理框架的细化与实践，甚至协助制定新的道德规范。心灵哲学和自由意志的研究也将被 AI 进一步激发，哲学家可以借助 AI 更深入地探讨意识与智能的本质差异。此外，随着 AI 自然语言处理能力不断提升，语言哲学的核心问题，如语义、意义与语境的关系，将被进一步解构与重构。AI 不仅给哲学带来了新的工具，更给哲学提供了全新的思维方式与探索路径，推动哲学在未来继续深化其对人类自身及关系的理解。

17.3 赋能社会科学

社会科学是研究人类社会及其各种现象、结构、关系和行为的科学。它探讨社会如何运作，个人与群体之间的互动，社会制度和文化如何影响人类行为，以及社会变迁的动力。

人工智能（AI）赋能社会科学，通过大数据分析、自然语言处理和预测建模等技术，显著提升了对社会现象的理解和研究效率。AI 可以分析大量的社会数据，如社交媒体内容、经济指标和人口统计数据，揭示潜在的社会趋势和行为模式。在政治学中，AI 帮助预测选举结果和分析政策影响；在经济学中，AI 用于市场预测和风险管理；在心理学和社会学中，AI 通过情感分析和行为分析，深入了解人类心理和社会动态。总体而言，AI 为社会科学提供了强大的工具，扩展了研究方法，提升了社会现象分析的深度和广度，促进了社会科学的创新与发展。

17.3.1 赋能经济学

经济学是研究资源的生产、分配和消费的学科，旨在理解如何在有限资源下满足人类的无限需求。它分为微观经济学（研究个体经济行为，如消费者和企业的决策）和宏观经济学（研究总体经济现象，如通货膨胀、失业和经济增长）。经济学的分析工具能够帮助政策制定者优化资源配置，促进经济发展，改善社会福利。

AI 正在赋能经济学的多个领域，从经济预测到政策制定，为经济学家提供新的工具和方法，以便更准确、更高效地分析复杂的经济现象。

1. 经济预测与分析

AI 通过大数据和机器学习算法，可以处理海量的经济数据，并从中挖掘出隐藏的模式和趋势。这使得经济预测变得更加准确。例如，AI 可以帮助预测股市波动、经济增长、失业率等关键经济指标。例如，机器学习算法能够分析历史市场数据，结合全球宏观经济数据，对未来的经济走势做出更加精确的预测。经济学家可以使用这些 AI 生成的预测模型，提前预见市场的潜在危机或机会，帮助企业和政府做出更加合理的决策。

2. 动态市场分析与定价模型

AI 通过分析市场行为和消费者行为数据，能够实时调整定价策略。例如，电商平台使用 AI 进行动态定价，根据用户需求、竞争者定价、市场供求等因素即时调整商品价格，最大化利润。亚马逊这样的电商巨头使用 AI 算法来分析顾客的购买行为、搜索习惯和市场供应情况，从而对商品价格进行动态调整。这不仅提升了企业的利润，还优化了市场的资源配置效率，帮助经济学家研究"价格弹性"和"消费者选择"等经典经济学问题。

3. 政策模拟与经济政策制定

AI 可以帮助政府和政策制定者模拟复杂的经济情景，预测政策的潜在影响。例如，AI 能够分析不同税收政策、财政刺激或货币政策对经济的短期和长期影响，帮助制定更科学的经济政策。例如，AI 模型可以帮助政府模拟不同的财政政策对国内生产总值（GDP）、通货膨胀和失业率的影响，甚至可以模拟全球经济环境对国家经济政策的反馈。这种智能模拟技术使得经济政策的制定更加精准和具有前瞻性，有助于减少政策失误。

4. 劳动市场分析与自动化影响

随着自动化和 AI 技术的普及，劳动市场正在发生快速变化。AI 在这一领域可以帮助预测哪些行业和职业最有可能受到自动化的影响，从而帮助政策制定者提前采取措施缓解失业或技能失配问题。例如，通过分析行业技能需求、技术发展趋势和劳动力市场数据，AI 可以预测哪些职业可能面临失业风险，并提出相关的再培训计划。经济学家利用这些预测模型，探讨如何设计有效的劳动政策来应对未来的就业挑战。

5. 金融风险管理

在金融领域，AI 广泛用于风险管理。通过机器学习和大数据分析，AI 可以识别潜在的金融风险，特别是在投资和信贷风险管理中。AI 能够分析复杂的市场变量，帮助经济学家和金融机构做出更明智的投资和风险决策。例如，金融机构使用 AI 算法实时监控全球金融市场，评估宏观经济变化、公司财务健康状况和投资组合的风险。AI 模型能够预测金融危机或市场崩盘的可能性，从而帮助金融机构提前调整投资策略，规避风险。

6. 行为经济学与消费者行为分析

AI 帮助经济学家更加深入地研究消费者行为，特别是在行为经济学领域。通过对大规模用户数据的分析，AI 可以揭示消费者的非理性行为模式，这为行为经济学提供了新的实证依据。例如，许多企业利用 AI 分析消费者的购买决策过程，从而发现消费者往往会受价格锚定、选择偏差等行为偏差的影响。这类研究帮助经济学家更好地理解消费者在实际市场中的行为偏好，并为经济政策提供支持。

7. 全球供应链与国际贸易

AI 在全球供应链管理和国际贸易分析中发挥了重要作用。AI 可以优化跨国供应链，减少物流成本，提升全球贸易效率。通过分析全球贸易数据，AI 还能预测全球经济趋势和贸易关系变化。例如，AI 可以实时分析全球市场的供需状况，优化全球运输路线，预测未来供应链中的潜在瓶颈问题，从而降低供应链管理中的不确定性。这种优化不仅能够提高资源配置效率，还帮助经济学家研究国际贸易中的相互依存关系。

8. 自动化实验经济学

实验经济学是经济学的一个分支，通过实验来研究经济行为和市场机制。AI 可以自动化实验经济学中的实验设计和数据分析过程，生成复杂的实验场景，测试不同的经济理论。例如，AI 被用于设计和运行实验经济学中的拍卖实验，模拟不同拍卖规则对投标者行为的影响。这种自动化的实验设计能够帮助经济学家测试和优化市场机制，例如设计更高效的拍卖模型，应用于政府的公共资源分配等实际场景。

9. 精准扶贫与发展经济学

在发展经济学领域，AI 被用于精准扶贫和资源分配。通过分析贫困地区的经济、社会和环境数据，AI 可以帮助制定更加有效的扶贫政策和策略，优化资源的分配，使得发展中国家的经济增长更加可持续。例如，AI 算法通过遥感数据、卫星图像以及当地经济数据，识别出最贫困的地区，并为这些地区制定有针对性的扶贫政策。这种基于数据驱动的政策建议提高了资源利用效率，帮助发展中国家减少贫困，促进经济增长。

10. 经济学理论验证与数据分析

经济学中许多理论假设需要通过大量的历史数据来验证。AI 的强大数据处理能力可以加速这些验证过程，并在大规模数据中发现复杂的因果关系。这对经济学家研究市场结构、生产效率、竞争行为等理论问题非常有帮助。例如，经济学家使用 AI 模型分析数十年的经济数据，验证古典经济学中关于价格与供求关系的假设。AI 帮助发现了许多隐藏的模式和规律，推动了经济学理论的发展和修正。

17.3.2 赋能管理学

管理学是研究组织（如企业）如何有效规划、组织、领导和控制资源，以实现特定目标的学科。管理学不仅关注如何优化资源配置，还注重如何激励和协调员工，促进团队合作与创新。通过管理理论和实践，管理学帮助组织在复杂和动态的环境中做出更明智的决策，推动组织的可持续发展和成功。

AI 对管理学的发展起到了显著的推动作用，从优化决策流程、提升运营效率，到革新组织管理模式，AI 为管理学提供了全新的工具和视角。

1. 决策支持系统

AI 通过分析大量数据，提供智能化的决策支持，帮助管理者做出更科学、更精准的决策。AI 能够处理多维度的数据，进行趋势预测、风险评估和情境模拟，从而优化企业的战略和战术决策。例如，许多企业使用 AI 驱动的商业智能（BI）系统来实时监控市场动态，分析客户反馈、竞争对手的策略，以及运营效率，从而做出快速且准确的决策。利用 AI 的预测分析，企业能够更好地预判市场需求，减少库存过剩或短缺。

2. 人才招聘与人力资源管理

AI 在人才招聘与人力资源管理中极大地提升了效率。通过自然语言处理、机器学习和图像识别等技术，AI 可以自动筛选简历、评估候选人的匹配度，进行在线面试分析，甚至预测员工的长期表现。例如，招聘平台 LinkedIn 和 HireVue 使用 AI 技术分析求职者的履历和面试表现，评估其与职位的匹配程度。这不仅提高了招聘效率，还减少了人力资源管理中的偏见问题。AI 还可以帮助分析员工的职业发展路径，预测员工流失风险，从而辅助管理者制定有效的员工保留策略。

3. 供应链与运营管理

AI 通过自动化、优化流程和精准预测，极大地提升了供应链与运营管理的效率。AI 能够实时监控全球供应链、优化库存管理、预测市场需求，帮助企业在复杂的全球市场中保持竞争力。例如，亚马逊、沃尔玛等企业依赖 AI 进行库存优化和物流管理。通过 AI 分析销售数据、市场趋势、天气变化等因素，企业可以精准预测需求波动，自动调整库存水平，避免库存积压或短缺。这种基于 AI 的供应链管理系统显著提升了供应链的敏捷性和响应速度。

4. 客户关系管理与营销自动化

AI 赋能的客户关系管理（CRM）系统能够通过分析客户行为数据，提供个性化的客户体验，从而提升客户满意度和忠诚度。AI 可以自动化处理客户服务请求，甚至通过情感分析技术理解客户的情绪和需求，进行个性化的营销和服务。例如，Salesforce 等的 CRM 系统集成了 AI 功能，帮助企业根据客户的购买历史、行为数据和偏好，预测客户需求并提供个性化的营销方案。自动化的营销系统能够根据客户的行为触发精准的广告投放和推荐，极大地提高了营销效果和转化率。

5. 组织管理与绩效优化

AI 帮助管理者通过分析组织数据，更好地理解团队动态和个人表现，优化组织结构和流程。AI 驱动的绩效管理系统可以实时跟踪员工表现，识别出影响效率的因素，帮助企业制定有针对性的改进策略。例如，一些企业通过 AI 平台分析员工的工作效率、协作情况和项目进展，发现组织瓶颈。微软利用 AI 工具分析其团队的协作模式，从而发现哪些团队需要更多的资源支持或流程优化。这种数据驱动的管理方式使得企业能够更快速地调整战略，提升整体运营效率。

6. 创新与产品开发管理

AI 通过自动化数据分析和趋势预测，帮助企业在产品开发和创新管理中做出更准确的决策。AI 可以分析市场数据、客户反馈和竞争动态，快速发现创新机会，从而提升产品的市场竞争力。例如，宝洁（P&G）等公司使用 AI 分析全球消费者的反馈和需求变化，识别出新的产品机会，并据此优化产品设计和功能。AI 还能模拟不同产品开发路线的效果，帮助管理者在产品开发阶段做出更科学的决策。

7. 战略规划与风险管理

AI 通过对全球经济环境、市场趋势、行业竞争态势和内部运营数据的分析，帮助企业在战略规划过程中评估和规避风险。AI 能够模拟多种场景，预判不同战略选择的潜在影响，支持管理者在不确定的情况下做出更稳健的决策。例如，企业可以利用 AI 算法进行"情景分析"（Scenario Analysis），预测不同宏观经济条件或政策变化对企业发展的潜在影响。全球咨询公司麦肯锡使用 AI 辅助客户进行战略规划，预测全球经济趋势以及市场格局的变化，从而制定出更具前瞻性的业务战略。

8. 消费者行为分析与市场研究

AI 通过分析消费者行为数据，帮助管理者理解市场趋势和消费者需求。AI 可以识别出隐藏在大数据中的消费模式，并据此制定更具针对性的市场营销策略。例如，Netflix 和 Spotify 等公司利用 AI 分析消费者的观看和听歌习惯，推荐个性化内容。这种基于 AI 的推荐系统不仅提升了消费者体验，还帮助企业更好地理解消费者的偏好，为市场营销和产品设计提供了宝贵的洞察力。

9. 财务管理与审计

AI 在财务管理中的应用主要体现在数据分析、异常检测和自动化审计方面。AI 能够实时监控企业财务状况，识别潜在的财务风险，并自动化处理大量的财务数据，提升财务决策的准确性和效率。例如，AI 驱动的财务系统能够自动审计企业的财务报表，识别出潜在的财务违规或异常，减少人工审计的工作量，很多知名会计事务所均已经开发了 AI 审计工具，帮助客户更快速、更准确地完成财务审计。

10. 学习型组织与知识管理

AI 促进了知识管理的自动化，帮助企业更好地管理和分享内部知识资源，创建学习型组织。通过 AI 分析组织内部的数据、报告和知识库，企业可以识别出关键的知识资产，并将其有效地应用到各个部门。例如，许多企业通过 AI 系统实现了企业内知识的自动分类与检索，帮助员工快速找到所需的内部资源或专家。AI 驱动的学习管理系统还能为员工提供个性化的学习内容，促进企业内部的知识共享和创新能力提升。

17.4 赋能艺术学

艺术学是研究艺术的本质、形式、创作规律及其社会功能的学科，涵盖音乐、美术、舞蹈、戏剧、电影、建筑等多个艺术门类。艺术学探讨艺术作品的审美特质、风格流派、历史演变及文化背景，同时研究艺术创作、艺术欣赏和艺术教育的理论与实践。通过分析艺术的表达方式、符号系统和情感传达，艺术学帮助理解艺术作品的价值和社会影响力，推动艺术创作的创新与文化传承。人工智能（AI）赋能艺术领域，通过创新的创作工具和新颖的艺术表现方式，极大地拓展了艺术创作的边界。

AI 在艺术创作中可以被用于生成音乐、舞蹈、戏剧、绘画、设计等，通过深度学习算法和生成对抗网络，AI 可以分析大量的艺术作品数据，学习不同风格和技法，从而创造出新的艺术作品。艺术家们可以利用 AI 来进行风格迁移，将一幅图像的风格应用到另一幅图像上，或使用 AI 进行自动化图像编辑和修复。AI 驱动的创作工具还能够帮助艺术家们探索新的创作理念和技术，激发创新灵感。在艺术作品的互动性和观众体验方面，AI 也发挥了重要作用。通过增强现实和虚拟现实技术，AI 能够创造沉浸式艺术体验，使观众能够与艺术作品互动，提升艺术作品的表现力和观赏性。

17.4.1 音乐与舞蹈

音乐可能是迄今为止受到数字化影响最大的艺术形式。AI 的诞生为音乐创作者提供了全新的工具，同时也可能影响了人们对音乐的体验方式和内容。考虑到音乐的界限更宽松，是一种更容易操纵的艺术媒介，它很可能是 AI 首先完全自主操作的艺术形式。Adobe 的 Project Music GenAI、Youtube 的 Dream Track，以及 Suno 等 AI 音乐生成器，通过深度学习和生成对抗网络技术，自动化编曲和作曲，生成原创作品。对于普通大众来说，作曲既不需要演奏实际乐器的能力，也不需要读或写乐谱的能力。AI 创造出的乐曲风格万千，各不相同，甚至可以经受住反剽窃工具的审查。此外，AI 能够分析大量的音乐数据，学习不同的音乐风格和结构，进而创作出符合特定风格的音乐作品。例如，AI 可以根据用户的喜好和情绪生成个性化的音乐推荐或创作背景音乐。在音乐教育方面，AI 通过智能化的练习反馈和技能提升工具，帮助学习者提高演奏技巧和音乐理解能力。

在舞蹈领域，AI 通过动作捕捉、计算机视觉和数据分析技术，支持舞蹈创作和编排。Google 艺术与文化（Arts and Culture）项目利用 AI 分析舞蹈动作，帮助复原传统舞蹈和分析舞蹈的动作特点，提供实时反馈和改进建议，帮助舞者优化表演。Youtube 的 AI 系统可以分析舞蹈视频并识别其中的舞蹈风格，将上传的舞蹈视频内容自动分类，并为观众推荐相关的舞蹈类型。Choreographer AI 可以生成舞蹈动作，创造具有创新性的舞蹈动作和组合，作为编舞者的灵感来源。此外，Dance Reality 这种由 AI 驱动增强现实的应用，能够帮助用户学习舞蹈；通过虚拟舞者示范并进行实时动作反馈，它还能够根据学习者的进度和水平，提供个性化的练习建议。

17.4.2 戏剧与影视

AI 正以迅猛的发展速度重塑戏剧和影视领域的研究与实践，给编剧、导演、演员、制作人和观众带来了全新的体验。AI 改变了影视创作、表演、后期制作及观众互动的方方面面。在编剧方面，ChatGPT 模型被广泛应用，编剧们可以借助该模型生成剧情大纲、对话和场景描述。AI 可以自动分析数百万个剧本和影视作品，识别其中的叙事模式和受欢迎元素，从而生成具有某种风格或迎合受众偏好的内容。在影视制作过程中，AI 的应用包括智能制作以及后期特效。《星球大战外传：侠盗一号》中，通过 AI 技术复活了已故演员彼得·库欣，《曼达洛人》中通过 AI 重现了年轻的天行者形象。AI 结合了面部捕捉和语音合成技术，使观众几乎无法辨别虚拟与现实。电影《复仇者联盟》中的浩克、《银河护卫队》中的火箭浣熊等角色，都通过 AI 与实时动作捕捉技术相结合，将演员的动作转换为数字角色的动作。漫威电影系列利用 AI 技术优化视觉特效和计算机生成图像（CGI）场景，例如 Runway 和 NVIDIA Omniverse 可以实时生成逼真的环境特效，自动跟踪摄像机运动，大幅缩短了后期制作时间。

在观众体验方面，目前的 Netflix、Disney+，以及爱奇艺、腾讯视频等流媒体平台通过 AI 大数据分析技术，对观众的观看历史、停留时间和偏好进行深度挖掘，预测观众对新剧的兴趣程度，以提供量身定制的内容推荐和宣传策略，同时制作方可以更精准地投资于更有潜力、受欢迎的项目。此外，AI 还能够生成交互式内容和虚拟角色，增强观众的沉浸感和参与感。虚拟演员和互动剧情系统可以让观众在观看过程中做出选择，影响剧情的发展。2018 年由 Netflix 出品的互动式电影《黑镜：潘达斯奈基》中主角父亲早上问主角吃什么早餐，主角决定听什么音乐，这些细节都可以由观众个性化选择，不同的选择会对后续的剧情走向与结局产生不同的影响。充满创造性和个性化的电影叙事，给观众一种崭新的、介入性强的观影体验。

17.4.3 美术学

随着科技快速发展，AI 已经不局限于科学、工程等领域，它的智能逐渐渗透到美术学的各个方面。从绘画到雕塑，从设计到动画，AI 正通过辅助创作、生成艺术作品和分析艺术风格，赋能美术学，使得创作变得更加智能化和多样化。

AI 生成艺术（Generative Art）是一种新兴的艺术形式，AI 通过学习大量的图像数据，利用生成对抗网络等技术，能够自动生成具有创意和美感的艺术作品。OpenAI 开发了 DALL·E 和 Stable Diffusion 等模型，结合简单的文字描述，AI 就可以生成复杂的视觉艺术作品。AI 还可以通过风格迁移，将已有的艺术风格应用到新的创作中，这个技术可以帮助艺术家将名家风格、颜色、笔触等元素轻松融入自己的作品。这些技术帮助艺术家们探索新的创作途径，也为非艺术爱好者提供创作艺术作品的可能。

AI 通过分析美术作品中的笔触、构图、颜色等使用细节，可以发现人眼难以捕捉的差异。这项技术的应用显著提高了对美术作品的鉴定效率，还给市场带来了新的信任机制。AI 还可以通过大数据分析，更加客观、精准地评估作品的市场价值和投资前景。在艺术品修复方面，AI 可以学习原始艺术家的风格，预测出最接近原始色彩的色调，对褪色或受损的部分进行精准的色彩还原，从而保持艺术品的历史真实感。元代画家黄公望的《富春山居图》，因后人"焚画殉葬"，被火焚烧一分为二，相望两岸。前半卷称为《剩山图》，现藏于浙江省博物馆，后半卷称为《无用师卷》，现藏于中国台北故宫博物院。将分隔两地的《富春山居图》山水合璧，成为每个人的心愿。TOPic & Loong 创意团队通过百度 AI 文心大模型，使两岸画卷"走出"博物馆，在每个人的手机上合璧，实现山水相连、情感相连。

AI 对美术教育也产生了深远影响。通过 AI 驱动的艺术教学系统，学生可以获得更加个性化的学习体验。AI 可以根据每位学生的特点，提供有针对性的学习建议和反馈。韩国的教学平台 MiraeArt 在 2024 年推出了一款 AI 绘画辅导软件，能够自动评估学生作品的色彩搭配和构图合理性，并为每位学生量身定制个性化改进方案，极大地提升了美术学习的效果。

17.4.4 设计学

设计学作为一个融合艺术与科学的跨学科领域，与 AI 交互得十分密切。AI 的应用不仅可以提升设计效率、创新设计方案，还可以重新定义设计师的角色，拓展了设计的边界。

从创意生成到细节打磨，甚至用户体验优化，AI 正在逐步进入设计流程的各个环节。过去，设计师往往需要依赖手动方式进行初步设计；现在，AI 可以根据设计需求自动生成多种设计方案，设计师可以在这些方案基础上进行优化与迭代。Adobe 的 AI 设计工具 Adobe Sensei 可以自动修正设计错误，提供智能化的设计建议，甚至根据历史数据预测用户的设计需求。这使得设计师能够更加专注于创意本身，而不是耗费过多时间在重复性任务上。AI 不仅可以帮助设计师处理琐碎的工作，还能够根据输入的设计参数自动生成创新性设计方案。以建筑设计领域为例，Autodesk 的 Generative Design 工具利用 AI 算法，根据建筑物的功能需求、地理环境、材料成本等条件，自动生成多个设计方案供建筑师选择和优化。

在流行设计领域，AI 也能大展身手。AI 能够分析全球时尚趋势数据、社交媒体讨论热度，生成符合流行趋势的设计图。这种基于大数据和机器学习的设计模式，极大缩短了设计和产品投放市场的时间。很多时尚品牌已经使用 AI 来预测流行趋势、优化供应链。Nike 使用 AI 生成鞋子的设计方案，通过机器学习分析用户的运动数据，从而设计符合人体工程学的鞋款。AI 赋能的设计不仅提升了产品的舒适度，还通过优化材料使用，降低了生产成本与环境负荷。

工业设计作为技术与美学的结合，正在借助 AI 实现更加精准和高效的产品设计。General Motors（通用汽车公司）使用 AI 进行零部件设计，AI 生成的设计方案能够兼顾轻量化、强度与成本控制，确保产品的高效生产与使用。这些 AI 生成的零部件设计通过 3D 打印技术得以快速验证，大大缩短了产品研发周期。

未来，设计师不再是简单的"创造者"，而是 AI 的"引导者"与"协作者"。他们需要掌握 AI 的使用方法，理解数据分析的结果，并在此基础上提出更具创造性的设计方案。AI 不仅是设计师的工具，更是与设计师共同"创作"的伙伴，推动设计学进入一个全新的时代。

17.5　小结

文科智能（AI for Arts）给艺术与人文领域带来了广阔的机遇。通过 AI 技术，艺术创作得以拓展新的形式和方法，如自动作曲、图像生成、文学创作等，极大地丰富了创意表达。同时，AI 在文化遗产保护中的应用也推动了文物修复、数字化存档等工作，帮助延续人类文化。然而，文科智能也面临挑战，特别是在原创性、版权归属和文化敏感性方面，AI 生成的作品是否具有创作归属权以及对人类艺术表达的影响都引发了广泛讨论。此外，过度依赖 AI 可能削弱艺术创作中的人性化表达，文化认同也成为 AI 技术介入文化领域时需要审慎考虑的因素。

第 18 章

人工智能+

人工智能+的应用正推动智能制造、航空航天、土木工程等行业的革命性变革。在智能制造中，人工智能（AI）通过优化生产流程和实现自动化，提升了生产效率和产品质量。在智能航空航天和民航领域，AI 被用于飞行控制、航线规划和维护预测，增强了安全性和运营效率。在航海中，智能系统助力船舶导航与避障，提升了航行安全。智慧土木工程利用 AI 进行结构分析与施工管理，提高了工程的安全性与效率。智慧电网则通过智能电网和预测分析实现能效优化与故障预警。在智慧矿业中，AI 助力矿产资源的勘探与开采，提升了资源利用率与环境保护程度。最后，在智慧中华美食领域，AI 通过数据分析与个性化推荐，促进了餐饮行业的创新与发展。

人工智能+正给各行各业带来前所未有的效率与创新。本章旨在简要概述 AI 在智能制造、构建智能型国家重大装备（智能大国重器）、推动"四航"智能化发展、智慧赋能矿业、电网、水利及土木领域，以及智慧中华美食等方面的广泛应用与实践。

18.1 智能制造

制造业是立国之本、强国之基，是国家经济命脉所系。党的二十大报告指出："**推动制造业高端化、智能化、绿色化发展。**"这为加快推进制造业高质量发展，推动中国制造向中国创造、中国"智造"转变，指明了方向、提供了遵循。

近年来，中国制造业面临内部和外部多种压力。内部压力包括劳动力成本上升、原材料成本上升、环境压力和市场饱和；外部压力一方面来自西方发达国家的贸易摩擦、关税壁垒、技术封锁、设备和关键零部件禁运等，另一方面来自印度、东南亚低成本新兴国家的竞争。在内部、外部压力越来越大的情况下，提升效率、保证质量、降低成本和节能环保等成为中国制造业升级转型的方向。

18.1.1 溯源和定义

智能制造起源于计算机辅助生产和计算机集成制造，早期更侧重于自动化和灵活制造。1988年，美国学者赖特和伯恩正式出版了专著《制造智能》（*Manufacturing Intelligence*），提出"智能制造"（Intelligent Manufacturing，IM）的概念。他们认为，智能制造通过集成知识工程、制造软件系统、机器视觉和机器控制，对制造技术人员的技能和专家知识进行建模，从而使智能机器在无须人工干预的情况下实现小批量生产。

目前，国内外都尚且没有关于智能制造的准确定义。2016 年发布的《智能制造发展规划（2016—2020 年）》给出了一个比较全面的描述性定义：智能制造是基于新一代信息通信技术与先进制造技术深度融合，贯穿于设计、生产、管理、服务等制造活动的各个环节，具有自感知、自学习、自决策、自执行、自适应等功能的新型生产方式。其主要路径是由工业物联网采集各种生产、物流等数据，放到云计算资源中，通过深度学习算法处理后，提供流程、工艺等方面的优化建议，甚至实现自主优化，以及在未来实现人类工人与智能机器融合的协同制造。

18.1.2 中国制造业发展历程和未来发展战略目标

中国制造业的发展历程是一段从无到有、从薄弱到强大、从模仿到创新、从数量到质量的转变，最终迈向智能化、数字化和高质量发展的新阶段。这一历程不仅见证了中国经济的崛起，也标志着工业化的飞跃。发展历程可以分为几个主要阶段：

1）初步发展阶段（1949—1978 年）：新中国成立后，重点发展基础工业，建立了以国有企业为主的制造体系。通过引进苏联技术，初步形成了重工业基础。

2）改革开放阶段（1978—2000 年）：1978 年改革开放后，中国制造业开始向市场经济转型。引入外资和技术，发展了轻工业和消费品制造，促进了出口增长和产业结构调整。

3）快速增长阶段（2000—2010 年）：加入世贸组织后，中国制造业迎来了快速发展期，成为"世界工厂"。大规模的投资和劳动力成本优势吸引了大量外资，促进了电子、机械和纺织等多个行业的快速增长。

4）转型升级阶段（2010 年至今）：面对资源环境约束和国际竞争加剧，中国制造业开始向智能制造和高端制造转型。近年来，我国在智能制造领域推出了一系列政策，旨在推动制造业的数字化、网络化和智能化转型。

- 2015 年出台《中国制造 2025》：全面推进实施制造强国战略，提出了以加快新一代信息技术与制造业深度融合为主线，以推进智能制造为主攻方向，实现制造业由大变强的历史跨越。
- 2016 年出台《智能制造发展规划（2016—2020 年)》：围绕《中国制造 2025》的战略部署，制定智能制造发展的具体规划和实施路径。明确了智能制造发展的"两步走"战略，即第一步到 2020 年智能制造发展基础和支撑能力明显增强，第二步到 2025 年智能制造支撑体系基本建立。
- 2021 年出台《"十四五"智能制造发展规划》：确立了到 2025 年规模以上制造业企业大部分实现数字化、网络化，重点行业骨干企业初步实现智能化的总体目标，到 2035 年，规模以上制造业企业全面普及数字化网络化，重点行业骨干企业基本实现智能化。
- 2024 年出台《智能制造典型场景参考指引（2024 年版)》：为落实《制造业数字化转型行动方案》部署，按照《"十四五"智能制造发展规划》任务要求，打造智能制造"升级版"。该文件从工厂建设、计划调度、生产作业等 15 个重点环节，凝练出 40 个智能制造典型场景，为制造企业数字化转型、智能化升级提供有益参考。

中国制造业正加速向数字化、智能化、绿色化转型。《中国制造 2025》作为中国制造业发展的重要指导性文件，明确提出了发展战略目标和重点发展领域。《中国制造 2025》确定了"三步走"的发展战略目标：

- **第一步**：力争用十年时间，迈入制造强国行列。到 2020 年，基本实现工业化，制造业大国地位进一步巩固，制造业信息化水平大幅提升。掌握一批重点领域关键核心技术，优势领域竞争力进一步增强，产品质量有较大提高。制造业数字化、网络化、智能化取得明显进展。重点行业单位工业增加值能耗、物耗及污染物排放明显下降。
- 到 2025 年，制造业整体素质大幅提升，创新能力显著增强，全员劳动生产率明显提高，两化（工业化和信息化）融合迈上新台阶。重点行业单位工业增加值能耗、物耗及污染物排放达到世界先进水平。形成一批具有较强国际竞争力的跨国公司和产业集群，在全球产业分工和价值链中的地位明显提升。
- **第二步**：到 2035 年，我国制造业整体达到世界制造强国阵营中等水平。创新能力大幅提升，重点领域发展取得重大突破，整体竞争力明显增强，优势行业形成全球创新引领能力，全面实现工业化。

- 第三步：新中国成立一百年时，制造业大国地位更加巩固，综合实力进入世界制造强国前列。制造业主要领域具有创新引领能力和明显竞争优势，建成全球领先的技术体系和产业体系。

18.1.3 智能制造系统架构

智能制造系统架构从生命周期、系统层级和智能特征这 3 个维度对智能制造所涉及的要素、装备、活动等内容进行描述，主要用于明确智能制造的标准化对象和范围。智能制造系统架构如图 18-1 所示。

- 生命周期涵盖从产品原型研发到产品回收再制造的各个阶段，包括设计、生产、物流、销售、服务等一系列相互联系的价值创造活动。生命周期的各项活动可迭代优化，具有可持续性发展等特点。不同行业的生命周期构成和时间顺序不尽相同。
- 系统层级是指与企业生产活动相关的组织结构的层级划分，包括设备层、单元层、车间层、企业层和协同层。
- 智能特征是指制造活动具有的自感知、自决策、自执行、自学习、自适应之类功能的表征，包括资源要素、互联互通、融合共享、系统集成和新兴业态等 5 层智能化要求。

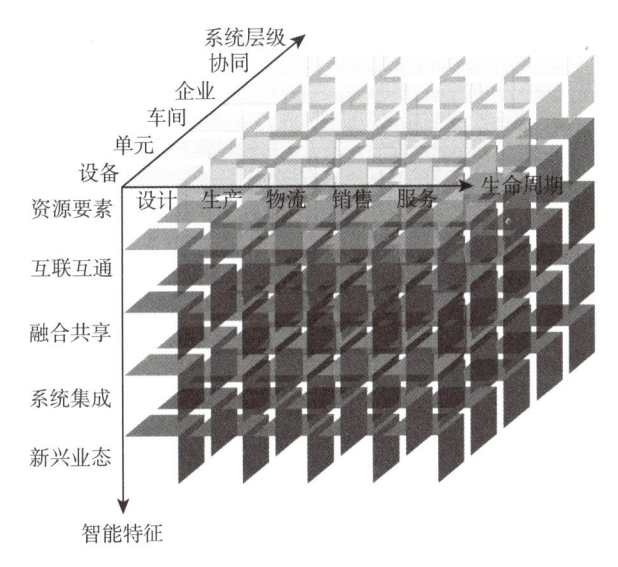

图 18-1 智能制造系统架构

18.1.4 智能制造标准体系结构

智能制造标准体系结构包括"A 基础共性""B 关键技术""C 行业应用"3 个部分，主要反映标准体系各部分的组成关系。智能制造标准体系结构图如图 18-2 所示。

具体而言，A 基础共性标准包括通用、安全、可靠性、检测、评价、人员能力 6 个大类，位于智能制造标准体系结构图的最底层，是 B 关键技术标准和 C 行业应用标准的支撑。B 关键技术标准是智能制造系统架构智能特征维度在生命周期维度和系统层级维度所组成的制造平面的投影，其中 BA 智能装备标准主要聚焦于智能特征维度的资源要素，BB 智能工厂标准主要聚焦于智能特征维度的资源要素和系统集成，BC 智慧供应链标准对应智能特征维度的互联互通、融合共享和系统集成，BD 智能服务标准对应智能特征维度的新兴业态，BE 智能赋能技术标准对应智能特征维度的资源要素、互联互通、融合共享、系统集成和新兴业态，BF 工业网络标准对应智能特征维度的互联互通和系统集成。C 行业应用标准位于智能制造标准体系结构图的最顶层，面向行业具体需求，对 A 基础共性标准和 B 关键技术标准进行细化和落地，指导各行业推进智能制造。

18.1.5 中国智能制造产业链全景图

中国智能制造的产业链是一个复杂而精细的系统,涵盖了从基础材料到最终应用市场的多个环节。从图 18-3 来看,中国智能制造的产业链包括上游行业、中游行业和下游领域,是一个完整的生态系统,各环节相互依赖,共同促进智能制造的发展与转型。

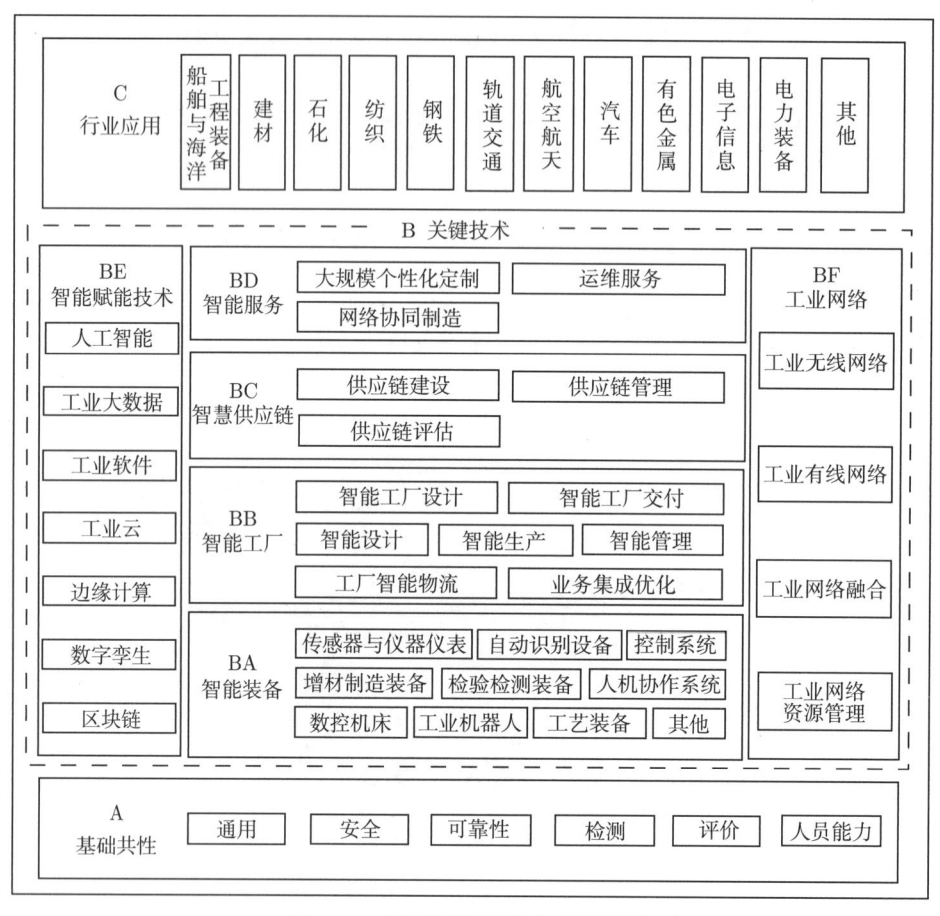

图 18-2 智能制造标准体系结构图

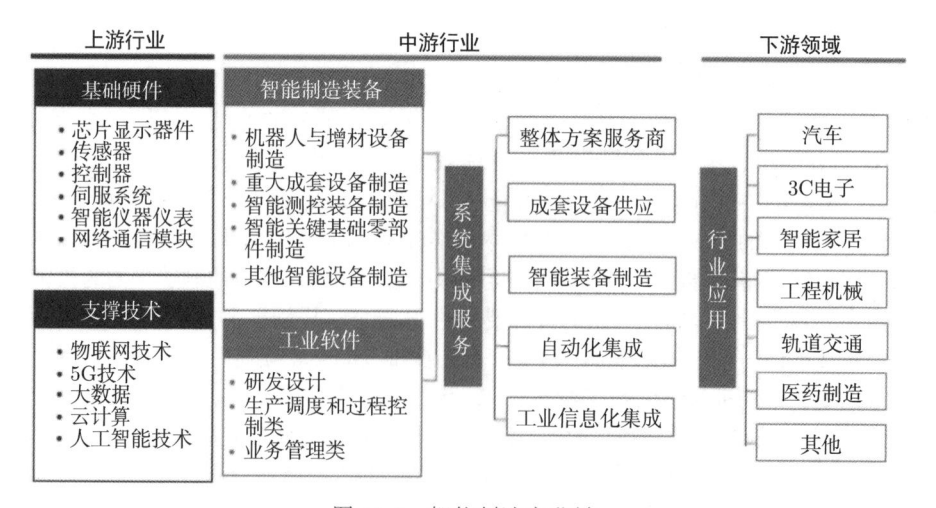

图 18-3 智能制造产业链

- **上游行业**：这一层面主要涉及基础硬件的生产，包括各种传感器、控制器等感知层的相关硬件产品。此外，支撑技术也属于上游，例如物联网技术、5G 技术、大数据、云计算、人工智能技术等。这些硬件和软件为智能制造的实现提供了必要的基础设施和技术支持。
- **中游行业**：中游行业的核心是智能制造装备供应商和工业软件提供商。它们通过系统集成服务，提供定制化的智能制造解决方案，帮助制造企业实现设备的自动化、数字化和智能化。此外，中游行业还承担着技术研发与创新的职责，推动行业标准的制定和实施。
- **下游领域**：下游主要是市场需求方，包括汽车、3C 电子、智能家居、工程机械、轨道交通、医药制造等多个行业。这些行业对智能制造解决方案有着强烈的需求，推动了智能制造技术的应用与发展。随着下游行业的不断扩大，智能制造的市场前景也愈加广阔。

18.1.6 案例 1：华为工业质检

华为南方工厂每年有上亿的设备进入流水线中工作，在海量的生产制造中，如何在快速完成生产的同时确保产品的质量成为工厂运营的关键。由于器件形状复杂、光源不稳定等，传统的工业视觉检测精度仅能达到 80%，不满足大于 99% 的精度检测要求。传统视觉检测算法仍大量依赖人工复检，需要投入相当多的专业质检人员才能保证生产节拍，因此质检人力效率整体低下。同时，当生产线出现产品换线时，需要对硬件光源亮度、相机拍摄角度、软件算法等参数进行费时调试以适应新产品，质检换线流程的柔性亟待提升。

工业质检需要一个不知疲倦、识别更精准的"质检员"，把不确定性变成相对确定性。显然，AI 质检能够大幅提升工业质检的自动化、智能化水平，是提高良品率、迈向智能制造的有效手段。面对复杂的工业机理和工业场景，AI 赋能工业质检（见图 18-4），基于深度学习技术，通过样本图片自动抽取和对比复杂特征，实现从人工设计特征规则到 AI 自动学习的突破，能够对随机缺陷进行识别和检测，拓展了传统机器视觉的应用范围。华为松山湖基地基于 Atlas 的智能制造方案，已经在华为计算产品的生产线实现用"Atlas"制造"Atlas"，让 AI 贯穿制造的每个环节，在标签缺陷检测、螺钉缺失检测等方面实现"秒级检测"，将质检准确率由之前传统机器视觉质检的 90% 提升至 99.9%，质检人员效率提升 3 倍。

图 18-4 AI 赋能工业质检

18.1.7 案例 2：小米汽车工厂

小米汽车工厂是智能制造应用在汽车制造业中的典范。小米汽车工厂通过集成工业互联网、物联网、大数据、人工智能等核心技术，实现了制造过程的全方位智能化。这种智能制造模式不仅提高了生产效率和产品质量，还推动了汽车制造业的数字化转型和智能化升级。

1. 高度自动化生产
- 工厂的关键工艺 100% 自动化,引入了超过 700 个机器人。
- 在车身车间,综合自动化率高达 91%,配合 400 多个高精度摄像头可实现黑灯生产。
- 压铸车间里的压铸岛能将 72 个零部件一次压铸成型,整个过程只需约 100s。

2. 高精度与高质量
- 工厂采用 8 台自动装配机器人协作完成车门安装,精度能达到 0.5mm 以内,超越了三大豪华汽车品牌的极窄车身间隙精度水平。
- 为保障产品质量稳定,技术团队自研了闭环温控设备集群,通过 232 个回路的精确控制和自动监测形成闭环控制。

3. 技术创新与突破
- 小米与首钢共同建立技术联合实验室,经过 108 批次试验,造出了强度类似战斗机螺旋桨的超强硅钢转子,解决了电机转子的高转速离心力可能导致碎裂的问题。

4. 高效产能
- 当工厂满负荷运转时,每小时能产出约 40 辆小米 SU7,每 76s 就有一辆新车下线。

18.1.8 案例 3:芯片智能化设计

芯片,作为现代工业文明的"心脏",在全球化的大背景下,已经成为国与国之间竞争的焦点。自 2022 年 10 月美国商务部工业和安全局(BIS)公布管制清单以来,美日荷相继发布对华出口管制措施,限制中国企业购买先进芯片制造设备,并禁止多家中国顶尖科技公司与美国供应商交易。在我国国内,芯片行业也正面临巨大的转型挑战。国家对芯片自主性的强调和市场需求的持续增长,使得技术进步与产能供给之间的紧张关系进一步显现。面对这些挑战,中国芯片行业需加快芯片设计的智能化发展步伐。只有通过技术自主和智能化设计,才能够有效应对国际上的技术封锁,保障国家安全和技术自主可控。在这样的背景下,利用 AI 技术赋能芯片设计不仅是技术创新的重要方向,也是实现产业升级和自主可控的关键一步。

AI 在芯片智能化设计中的应用可以极大地提升效率和质量。通过 AI 技术,可以快速准确地确定最佳的设计参数,从而在复杂的解决方案空间内实现高投资回报率。相较于传统方法,AI 能够更快速地优化设计空间探索、验证覆盖率、进行回归分析和生成测试程序等重复性任务,这些任务通常需要大量时间和资源。例如芯片设计中最复杂和耗时的步骤之一是布局布线,需要综合考虑功率、性能和面积(PPA),同时处理密度和布线拥塞等限制。传统方法中,工程师需要花费数周的时间进行多次迭代,以找到符合多项设计标准的解决方案。然而,谷歌的研究表明,通过 AI 技术,可以在仅 6h 内完成芯片的布局布线工作,同时保证符合布局密度和布线拥塞的要求,有效节省面积,并显著提高信号完整性和稳定性,从而提升了芯片的可靠性。

在芯片架构的自动化设计和优化方面,某芯片设计企业利用 AI 技术,实现了芯片架构的自动化设计和优化。通过 AI 技术的应用,该芯片设计企业显著提高了设计效率和质量。例如:设计周期大幅缩短,快速响应了市场需求和技术革新;芯片性能得到优化,功耗降低,面积减小,提高了产品的竞争力。AI 技术的应用还推动了芯片设计领域的创新,为未来的芯片设计提供了新的思路和方法。芯片架构的自动化设计和优化过程涉及以下几个关键步骤:

(1)设计约束和目标设定
- AI 首先明确芯片设计的约束条件,如性能指标、功耗限制、面积大小等。
- 根据市场需求和技术趋势,设定芯片设计的目标,如提高计算性能、降低功耗等。

（2）高层次架构设计
- 利用强化学习或进化算法，AI 生成高层次的芯片架构设计，包括处理器核心、内存层级结构、总线互连等。
- AI 在庞大的设计空间中搜索最优解，找到性能、功耗、面积等方面的平衡点。

（3）逻辑综合与布局布线
- AI 将高层次描述转化为低层次硬件描述语言，同时优化性能指标。
- 在逻辑综合阶段，AI 通过机器学习预测和优化门级电路的设计。
- 在布局布线阶段，AI 自动优化芯片内部元件的布局和连线，以提高逻辑效率和减少面积。

（4）仿真验证与物理验证
- 设计后的芯片需要经过严格的仿真验证和物理验证。
- AI 辅助进行形式验证和静态时序分析，加快验证过程并找出潜在的设计缺陷。
- 根据验证结果，AI 继续调整设计参数，进行迭代优化，直至达到预设的设计标准。

总的来说，AI 驱动的芯片设计结合了高智能和快速性，显著提升了生产力和成果质量。其主要优势包括：通过探索庞大的设计空间实现芯片功率、性能和面积的最佳平衡；提高工程生产率，使工程师能够专注于差异化和质量，同时满足上市时间要求；支持知识重复使用，从一个项目中学到的经验可以快速应用到下一个项目中；快速的设计迁移能力，帮助团队将已有设计智能适配到新一代工艺节点，在保留核心架构优势的同时实现迭代升级。

18.1.9 案例 4：工业软件智能化

工业软件是专门用于支持工业领域的设计、制造、运营和管理的计算机软件系统。它涵盖了从产品设计、仿真、生产规划、设备控制到数据分析的各个环节，帮助企业实现自动化、精细化和智能化的生产过程。工业软件可以分为多个类型，如计算机辅助设计（CAD）、计算机辅助制造（CAM）、企业资源计划（ERP）和制造执行系统（MES）等。这些软件不仅提升了生产效率，还推动了产品创新、资源优化和质量控制，广泛应用于制造业、能源、航天、汽车等工业领域，成为工业现代化和数字化转型的关键工具。

纵观我国工业全貌，基础工业软件是实现我国从制造大国迈向制造强国的重要支柱。然而，由于历史原因，我国制造业虽然规模庞大，占全球份额约 30%，但工业软件市场占比不到 10%，基础技术的薄弱制约了我国工业的自主发展。欧美等国的工业软件厂商在服务我国工业的同时，已经在产品开发软件领域构筑了坚固的技术壁垒。因此，智能工业软件的发展对于我国制造业的未来至关重要，而 AI 赋能工业软件智能化无疑是一个可行且必要的发展方向。AI 技术的引入，不仅能够提升工业软件的智能化水平，还能打破技术壁垒，增强我国工业的自主创新能力，助力产业升级，实现制造业的高质量发展。

在工业软件研发领域，AI 的引入使设计操作流程更加简单、方便。其中，创成式设计就是一个基于 AI 技术的工业软件落地应用的重要方向。传统设计方法通常需要设计师从零开始构思和绘制设计图纸，同时手动进行多次迭代和调整，以确保设计符合功能和美学要求。这不仅延长了设计周期，还容易导致人为错误，而且设计往往依赖于设计师自身经验知识，缺乏多样性，限制了设计的潜力和变革。创成式设计则依靠当今流行的、成功的人工智能生成内容（AIGC）技术，通过设定特定的参数和约束条件，能够根据现实制造条件和产品性能要求，利用 AI 算法自动生成数百甚至数千种设计选项，使设计师能够快速筛选和优化方案。创成式设计可以简化设计流程，优化设计方案，帮助设计师开发出独特的解决方案和零件几何形状。这不仅能够提高设计的效率和精度，还能够通过自动化和智能化的手段，探索出更加创新的设计思路和方法。例如，空中客车公司使用创成式设计来开发新一代轻量化飞机结构组件。通过使用创成式设计软件，能够在减轻飞机重量的同时保持其结构强度，从而提高燃油效率并降低排放。耐克则利用创成式设计技术开发新的鞋底结构，在保持耐用性和性能的同时，创造出更加轻便和符合人体工学的鞋底设计。创成式设计流程如图 18-5 所示。

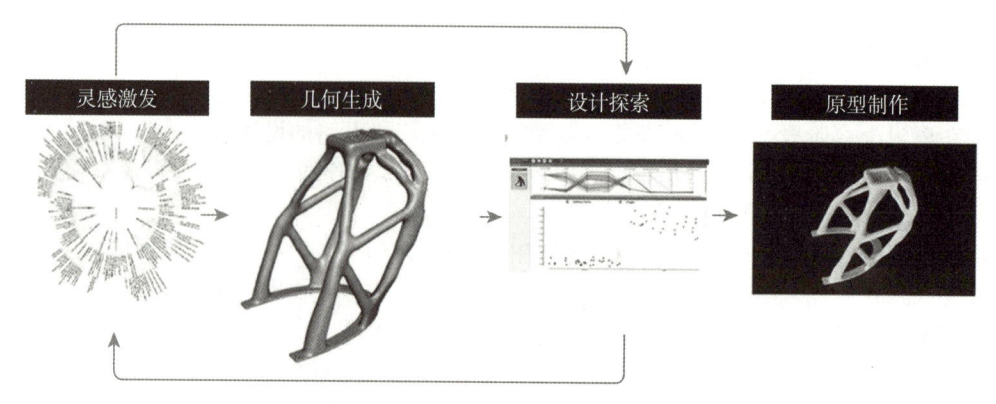

图 18-5　创成式设计流程

在工业软件中，概念识别和转换也是 AI 技术赋能的新兴应用方向之一。AI 技术不仅能够通过文本编码对象、描述符或草图等概念来生成设计，还能深入分析设计师的思维，将抽象的概念自动转换为精确的 CAD 模型（见图 18-6）。这种革新性技术极大地简化了从概念到数字模型的转换过程，显著提升了设计效率，同时减少了人为误差，使得设计过程更加顺畅和高效。Text-to-CAD 这项技术就允许用户通过输入文本提示，自动生成相应的 B-Rep CAD 文件和网格模型。Text-to-CAD 适合希望快速、高效地将设计思维转换为机械设计的专业人士。这也意味着用户甚至无须具备 CAD 设计的专业知识，只需给出简单的描述就能快速生成自己的 CAD 文件。

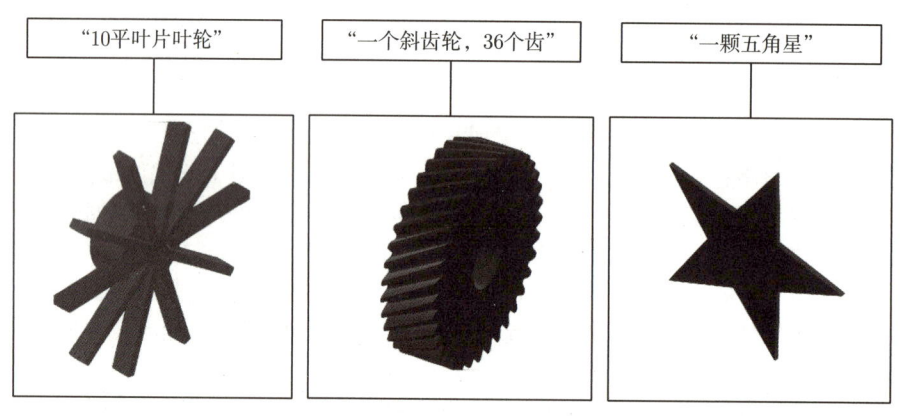

图 18-6　将"想法"转变为复杂的机械设计

18.2　智能大国重器

2024 年 9 月 25 日 8 时 44 分，中国人民解放军火箭军向太平洋相关公海海域，成功发射了一发携载训练模拟弹头的洲际弹道导弹——东风-31AG（见图 18-7），其射程已达约 1.2 万 km，并且准确落入预定海域。此次导弹发射是火箭军年度军事训练例行性安排，有效检验了武器装备性能和部队训练水平，达到了预期目的。值得注意的是，此次海上洲际弹道导弹的发射再次展现了我国在这一领域的战略能力。我国已将坚持和平发展写入宪法，东风导弹一飞冲天，向世界传递出对和平与稳定的深切渴望与坚定承诺。

东风导弹是真正意义上的我国国产弹道导弹，是名副其实的大国重器。东风系列导弹的智能化水平较高，具备先进的自主导航、目标识别和命中精度优化能力。这些导弹采用了多项现代化技术，如数字信号处理、惯性导航系统、全球定位系统和终端制导技术，增强了在复杂环境下的作战能力。此外，东风系列导弹还能够根据目标特征进行精确打击，提高了威慑和反应能力。

图 18-7　大国重器：东风-31AG

具体而言，**大国重器**指的是一个国家在经济、军事、科技等领域，具有战略意义的关键装备和技术。这些重器不仅代表了国家的自主创新能力和综合国力，也是国家核心竞争力的重要体现，通常涉及高端制造、尖端科技、能源、国防、航天等领域。大国重器的发展是国家从技术追赶到自主创新，再到引领全球科技进程的缩影。

18.2.1　大国重器概述

在 20 世纪中后期，许多国家的工业基础薄弱，依赖进口设备和技术，难以自主生产尖端装备。世界各国逐步意识到，依赖国外技术无法满足国家安全和经济发展的长期需求，必须加大对核心技术和装备的研发投入。这个阶段，大国重器的自主研发成为战略重点，许多国家通过引进、消化吸收再创新，逐步拥有了诸如高铁、大飞机、核电设备、航天器等高端装备的自主制造能力。

在 21 世纪，多个国家在大国重器领域取得了标志性成果。例如，我国的"复兴号"高铁、国产大飞机 C919、北斗导航卫星系统、核电设备"华龙一号"以及探月工程"嫦娥系列"等，都成为国家自主创新能力的象征。与此同时，美国、俄罗斯等国家也在航天、军事、航空等领域持续推出新一代战略装备。

随着国家经济的快速增长和工业化进程的加快，大国重器逐渐成为实现经济现代化的重要支撑。无论是制造业、基础设施建设，还是能源和交通运输，都需要大规模的先进装备，这推动了国家对高端装备制造业的高度重视。然而，大国重器的挑战也十分严峻，特别是在高端技术的自主可控方面，核心技术如芯片、关键材料等的突破仍存在技术壁垒。此外，研发投入的巨大成本、国际技术封锁以及对高素质人才的需求,也增加了大国重器持续发展的难度。如何在全球化竞争中突破技术瓶颈,实现自主创新,成为大国重器发展的关键问题。

18.2.2 大国重器中的人工智能

人工智能(AI)在大国重器中发挥了至关重要的作用,通过提升自主性、优化性能和增强安全性,显著推动了高端制造和国防领域的发展。例如,在航空航天领域,AI 技术用于飞行控制、故障预测和任务规划,提升了飞行器的自主飞行能力和安全性;在先进制造业中,AI 驱动的智能化生产系统实现了高精度、高效率的生产流程,保证了大国重器的质量和可靠性;AI 还用于核能、卫星通信和深海探测等领域,通过智能分析和优化,提高了这些高端设备的性能和运营效率。

此外,AI 在大国重器中的应用还大大增强了国防和安全能力。AI 技术在军事装备中用于目标识别、战术分析和自主决策,提升了武器系统的智能化水平。例如,无人驾驶飞机(UAV)和自主水下航行器(AUV)利用 AI 技术实现自主导航和目标攻击,提高了作战效能和战场态势感知能力。AI 还用于网络安全,通过智能监测和威胁检测,保护重要的国防和工业控制系统免受网络攻击。

具体地,AI 在大国重器中已经得到广泛应用,涵盖了多个关键领域:

- **航空母舰**:自动驾驶和智能舰载机协同控制系统,提升作战效率和安全性;智能化的舰载雷达系统,用于目标识别和跟踪。
- **第五代战斗机歼−20**:集成 AI 技术的飞行控制系统,提高机动性和战斗效能;智能化的故障诊断和预测系统,提升维护效率和可靠性;外形几何智能化检测设备,可以高效、自动化获取整机三维数据进行质量分析(见图 18-8)。
- **"天宫"空间站**:自主决策和控制系统,实现空间站自主运行和任务执行;智能化的环境监测和资源管理系统,保障舱内环境、资源稳定和有效利用。
- **"长征五号"系列火箭**:集成 AI 的自动导航和控制系统,提升发射精度和安全性;智能化的发射准备和运载任务管理系统,优化发射过程和资源调配。
- **"嫦娥"系列探月任务**:自主导航和轨道规划系统,实现精确的轨道调整和软着陆;AI 图像识别和分析系统,用于地形识别和任务目标确认。
- **"蛟龙号"深潜器**:智能化的深海环境感知和导航系统,确保潜水器安全运行和任务执行;自主决策和响应系统,提升对复杂海底环境的适应能力和任务执行效率。

图 18-8 外形几何智能化检测设备

- **"华龙一号"核电机组**：智能化的安全监控和运行管理系统，提高核电站运行效率和安全性；集成 AI 的故障预测和响应系统，优化维护和安全管理流程。
- **C919 大型客机**：智能飞行控制和自动驾驶系统，提升飞行安全性和经济性；AI 客舱管理系统，优化舒适度和提升服务水平。
- **盾构机**：自主驾驶与智能掘进；智能监测与分析；智能管理与调度。

18.3 智能"四航"

航空、航天、民航和航海统称为"四航"。"四航"一直是我国国民经济发展和国防建设的支柱和战略性领域，也是国家综合实力尤其是科技创新能力的重要体现。随着人工智能（AI）技术的迅猛发展，AI 正逐步改变"四航"领域的面貌，给"四航"带来了前所未有的创新和效率提升。这些领域的智能化不仅能够提升运输安全性，还将重新定义我们对空天和海洋领域的认知和运作方式。

18.3.1 智能航空航天

现代科技飞速发展，AI 正以前所未有的速度和广度改变着各行各业，航空航天领域也不例外。作为技术密集型和创新驱动的典型代表，航空航天行业在 AI 的赋能下正经历着深刻的变革。从飞行器设计与制造、飞行控制与导航到数据分析与预测维护，AI 技术的应用给航空航天带来了前所未有的效率提升和创新机遇。

1. 智能航空

在**航空**领域，AI 在飞机设计和制造过程中得到了广泛应用。例如，某航空公司利用 AI 技术优化飞机的机翼设计。在这一过程中，该航空公司采用了基于深度学习的生成对抗网络来模拟不同设计的空气动力学性能。其模型能够生成新的机翼设计，并通过模拟空气动力学性能来评估优劣，进而优化设计方案。这种方法不仅可以减少空气阻力和能量消耗，还可以提高航空航天器的设计和制造效率。

具体来说，该航空公司通过构建生成器和判别器两个模型，并利用大量数据训练这两个模型，从而能够生成符合空气动力学性能要求的机翼设计。在训练过程中，生成器负责生成新的机翼设计，判别器则负责评估这些设计的优劣。通过不断地迭代训练，生成器可以逐渐生成更符合要求的机翼设计，从而实现优化设计的目的。

此外，现代飞机上装载了大量传感器，这些传感器能够实时监测飞机的各种参数，包括发动机温度、振动情况、燃油效率等。AI 在飞机维护和故障预测方面也发挥了重要作用。例如，波音公司利用 AI 技术，开发了一套预测性维护系统，通过分析传感器数据，来提前预测可能的故障。AI 系统通过机器学习算法分析历史数据和实时飞行数据，能够识别出潜在的设备问题和故障模式。如果 AI 系统检测到发动机的温度和振动数据与正常情况有所不同，就可以自动发出预警，提示可能存在的部件磨损或故障隐患。通过这些预警，维护团队可以在飞机发生严重故障前进行维修，避免飞机在空中出现紧急问题，提高飞行的安全性和飞机的运营效率。

AI 算法还被用来优化空中交通流量管理，提高飞行安全性和效率。通过对飞行数据的实时分析，AI 系统能够更精准地规划航班路线，减少空中交通拥堵和飞行延误。这种智能化的空中交通管理系统不仅提升了乘客的飞行体验，还大幅度减少了航空公司运营成本。

2. 智能航天

在**航天**领域，AI 技术在检测和跟踪空间碎片方面发挥了关键作用。通过先进的图像处理和数据分析，AI 系统能够实时识别和追踪轨道上的碎片，预防潜在的碰撞风险，确保航天器的安全。这种技术不仅提高了空间环境的监测精度，还大大减少了人为监测的工作量。AI 技术也在航天器的自主导航、控制和故障诊断中表现出色。

NASA 在其火星探测器中采用了 AI 技术，使探测器能够自主进行路径规划和故障修复。在火星探测任务中，火星车需要在复杂的地形中导航，面临诸如陡坡、岩石障碍和沙尘等不确定因素。传统的路径规划依赖地球上的工程师进行远程控制和路径规划，这不仅耗时，还由于地球与火星之间的通信延迟（大约 14min）而受限，无法实时控制。为了解决这一问题，NASA 采用了 AI 算法，使探测器能够自主规划行驶路径。NASA 的"自适应制导导航与控制系统"（AutoNav）就是一个典型的应用。这个系统结合了计算机视觉和机器学习技术，可以自主分析火星地形图像，识别障碍物，判断最佳路径并实时调整火星车的行驶路线，从而避开危险区域。通过这一技术，火星探测车可以更高效地进行探索，减少了对地球控制中心的干预需求，提升了任务的效率和安全性。

2018 年，德国航空航天中心就推出了一款 AI 助手——乘员交互式移动伴侣 CIMON（见图 18-9）。它具备语音识别、面部识别、物体识别和自然语言处理功能，可以帮助航天员完成组装设备或提供指令等任务。在 AI 助手的帮助下，航天员们得以更高效、更安全地完成一系列复杂的任务。

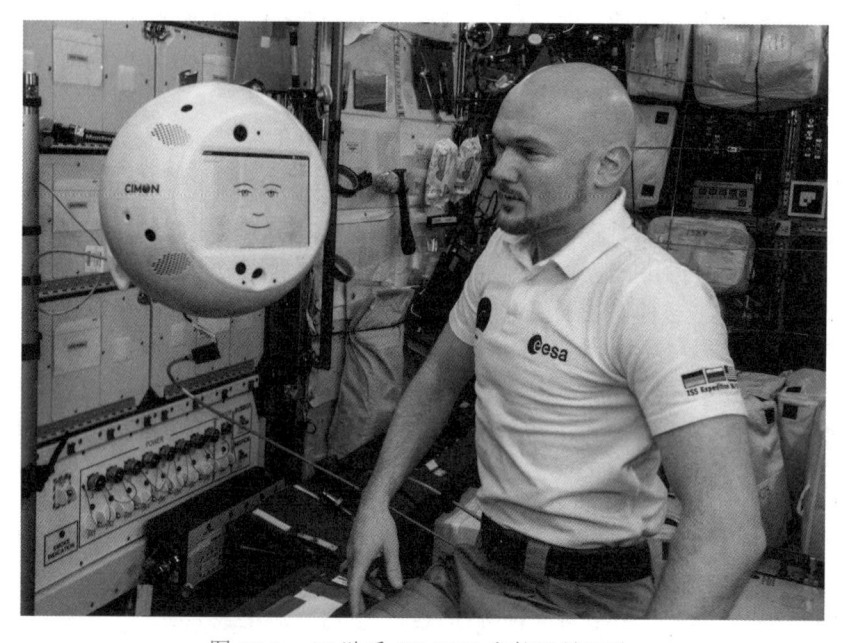

图 18-9　AI 助手 CIMON 和航天员互动

18.3.2　智能民航

随着 AI 技术发展驶入快车道，民航行业也出现了新机遇。2022 年年初，民航局印发《智慧民航建设路线图》，构建"民航+数字产业"的共同体，以民航发展需求为牵引，推动 AI 等新兴数字产业与民航深度融合，赋能民航高质量发展。在民航领域，AI 技术以其自动化、高效性、个性化、预测性和自适应等特点，深刻影响着行业的各个方面。AI 算法的高度自动化和高效性，使其能够快速处理大量复杂数据，提升运营效率和服务质量。在个性化方面，通过分析旅客的偏好和历史数据，AI 技术可以提供定制化的服务和体验，增强旅客满意度。其强大的预测能力和自适应性，也可以帮助民航企业更好地规避风险和调整运营策略，以适应市场变化。

目前，AI 技术已广泛应用于民航业的多个关键领域和环节。在智慧出行方面，通过人脸识别技术实现了快速、安全的通关流程，提升了旅客的出行效率和安全性。在智慧空管方面，AI 能够实时分析飞行数据，为空中交通管制员提供精确的决策支持，优化空中交通流程，提升整体空域利用效率。在智慧机场方面，AI 技术帮助实现了对机场资源的智能调度和管理，提升了机场的运行效率和安全保障水平。在智慧监管方面，AI 技术通过数据汇聚和分析，有效地监控和管理民航行业的各个数据要素，为政府监管部门提供了更精准的决策支持。在智慧服务方面，由于旅客时常需要获取航班信息、办理登机手续以及机场导航等帮助，机场工作人员常常面临巨大的工作压力，服务响应时间被迫延长，旅客等待时间也随之增加。为了有效缓解这一问题，可以利用 GPT-4o 等大语言模型，构建智能聊天机器人，以便能够高效地满足旅客咨询需求，减轻负担，提升服务效率，确保旅客能够更快地获得所需信息和帮助（见图 18-10）。总之，AI 技术的广泛应用正在深刻改变民航行业的运营模式和服务体验，为其实现更高质量的发展打下坚实基础。

图 18-10　旅客使用智能聊天机器人获取信息

1. 航班延误预测

航空公司和机场面临的一个重大挑战是航班延误，尤其在繁忙的机场或恶劣天气条件下。航班延误不仅影响旅客体验，还增加了航空公司和机场的运营成本。为了减少延误带来的损失，许多航空公司开始应用 AI 来预测航班延误，并进行相应的调度优化。

美国联合航空公司（United Airlines）使用 AI 如机器学习等技术，通过分析历史航班数据、天气情况、机场交通流量、飞机和机组状态等多维度信息，提前预测某一航班可能出现的延误情况。AI 系统通过学习这些复杂的变量之间的关系，能够预测即将到来的航班是否有延误风险，并提供相应的调度建议。一旦 AI 系统预测到延误风险，航空公司就可以提前采取措施，如调整飞机调度、重新安排旅客航班或通知旅客延误情况。这种预测性系统不仅可以帮助航空公司优化运营，还可以提升旅客体验，减少航班延误所带来的不便和经济损失。

2. 行李管理系统

航空公司面临的一个常见问题是行李错位、延误或丢失，给旅客带来极大的不便。为了提高行李处理效率，许多航空公司采用 AI 技术来优化行李管理。

阿联酋航空使用 AI 系统来监控和管理旅客的行李。该系统通过条形码扫描、RFID（射频识别）标签和传感器网络，实时跟踪每件行李的位置，并使用 AI 算法分析行李运输过程中的潜在风险，如行李延误或运输路径不当。AI 还可以预测哪些航班或特定时间段容易发生行李延误，并提前做出调整，如优先处理转机旅客的行李或优化行李运输路线。

此外，AI 系统可以自动识别出异常的行李情况（如误载上错误航班的行李），并及时提醒地勤人员进行干预。通过这种方式，航空公司能够提高行李管理效率，降低行李丢失和延误的概率，提升旅客的整体出行体验。

这种 AI 行李管理系统帮助航空公司优化了地面操作流程，降低了人力错误的可能性，同时改善了行李运输的精度和速度。

18.3.3　智能航海

随着国家对智慧水务、智慧海洋、智能船舶的投入，海洋船舶领域的数字化、网联化、智能化技术发展迅速，场景应用越来越广泛，对科技创新的需求也越来越急迫。AI 同样也是引领智能航海新一轮科技革命和产业变革的重要驱动力，它以强大的数据处理能力、自动化技术、预测分析和自适应性，显著提升了航运业的运营效率和安全水平。

首先，AI 技术可以赋能智能航行。通过分析大量历史航行数据和实时海洋环境数据，AI 技术能够计算出最优航线，减少燃料消耗和航行时间，提升船舶运营效率。此外，智能导航系统利用 AI 技术实时监测航行环境，自动避开危险区域，保障船舶安全，甚至完全实现水上自动驾驶。水上自动驾驶游船——欧卡智舶"汐"（见图 18-11）就能利用 AI 和自动化实现船舶自主导航和操控。欧卡智舶开发的先进系统能够实时分析海上环境数据，优化航线和船舶操作，提高航行安全性和效率。

图 18-11　欧卡智舶"汐"自动驾驶游船

在智能船舶维护中，AI 技术通过预测性维护减少非计划停机时间，提高船只设备可靠性和使用寿命。同时，智能港口通过 AI 技术优化资源配置和调度，提高货物装卸效率，缩短船舶在港时间，提升港口运营效率。此外，AI 在海上安全和环境保护中也展现出巨大潜力。AI 技术通过实时监测和分析海洋环境数据，预警潜在风险，确保航行安全，同时优化能源使用，减少污染物排放，助力绿色航运的发展。

1. AI 控制的无人船

"Mayflower 400"（"五月花号"自主船）是一艘由 AI 控制的无人船，它于 2021 年成功完成了从英国到美国的跨大西洋航行，以纪念"五月花号"起航 400 周年。这艘船上没有任何船员，完全依靠 AI 系统来导航和操作。

该 AI 系统通过大量传感器和摄像头实时监测海洋环境，包括天气状况、海浪高度、船只位置、航线和周围障碍物。该 AI 系统使用机器学习算法分析这些数据，结合卫星导航系统，帮助船只自主选择最优航线，并在途中避开其他船只、浮标和冰山等障碍物。

此外，AI 系统还能根据天气预报自动调整航行策略，例如在暴风雨来临前改变航向以避开恶劣天气。这不仅提高了船舶的安全性和效率，还减少了燃料消耗，实现了更环保的航行。

2. 船舶自主导航技术

船舶自主导航是指船舶利用先进的技术和系统，通过 AI 算法实现无人干预的导航功能。这一技术的成功应用不仅提高了船舶的安全性和效率，还给整个海洋船运行业带来了新的发展机遇。

具体来说，船舶自主导航技术可以实时分析海图、气象、交通状况等大量数据，为船舶提供最优的航行路线和速度建议，从而有效减少燃料消耗和碳排放。同时，该技术还能实时监测船舶周围的障碍物，如其他船只、浮标、海洋哺乳动物等，并自动调整航线以避免碰撞。

美国 IBM 公司曾负责提供控制船舶的 AI 技术，其中包括 IBM Power System AC922 这一专门为 AI 开发的计算机。研究人员向该计算机输入了数百万张海洋图像（包括与其他船只的遭遇、特殊天气条件等）来训练 AI 程序。经过训练，AI 可以模拟一个真正的船长在航行中遇到各种情况时应该做出的决策。在实际应用中，AI 可以接管船舶的导航工作，真正的船长则可以在必要时进行干预。

此外，还有像 SEA.AI 这样的初创公司，正在利用 NVIDIA 边缘 AI 和计算机视觉技术变革航海安全系统。它们的系统可以实时识别并分类海上的物体，从而显著提高海上安全性。例如，SEA.AI 的技术最远可以探测到水中 700m 外的人、3000m 外的小艇以及 7500m 外的摩托艇，这能够确保船舶操作员及时识别危险。

总的来说，AI 赋能智能航海，不仅提升了航运业的运营效率和安全水平，还推动了行业的可持续发展。未来，随着 AI 技术的不断进步，智能航海将迎来更多创新和机遇，给全球航运业带来更大的变革。

18.3.4 智能轻量化航空航天设备

轻量化是航空航天、武器装备等领域的重要发展方向。轻量化航空航天设备制造是指在满足结构性能需求的前提下，通过使用轻质材料和先进制造技术，减少航空航天设备的质量，从而提高其性能和燃油效率。例如，战斗机的重量若减轻 15%，则其滑跑距离可缩短 15%，航程可增加 20%，有效载荷可提高 30%。

目前，轻量化制造技术广泛应用于飞机、无人机、卫星等各种飞行器，不仅降低了运营成本，还提升了飞行器的载重能力和航程，也减少了对环境的影响。例如，2024 年，SpaceX 的第一台"猛禽 3"（Raptor 3）火箭发动机正式下线，它采用了更加流线型、一体化的设计（见图 18-12）。相比前两代，猛禽 3 的整机结构将简化做到了极致，使发动机更轻、推力更大，性能得到显著提升（推力高达 280t[⊖]，比冲 350s，质量仅 1525kg）。南京航空航天大学魏明强教授团队研发了一款代号为"隐龙"的单兵智能微型无人机侦察装备，小型化（153mm）、轻量化（47.5g），具有自主飞行能力（14m/s），配备了多种传感器（可见光、红外、激光雷达），可以进行环境感知、目标

[⊖] 在航天领域，推力常用吨（t）来表示，具体是指每秒钟产生的推力相当于将 1t 的质量提升 1m 高的力量。

识别、智能决策等任务（见图 18-13）。国内三维扫描仪标杆企业思看科技研发出了轻量化手持式三维激光扫描仪 SimScan，应用于我国空间站站内空间应用系统载荷的非接触式测量，SimScan 具有超小尺寸（203mm×80mm×44mm）和超轻重量（净重 570g）。2022 年 10 月，SimScan 成功搭载梦天实验舱进入太空轨道。在轨运行期间，SimScan 凭借其非接触式三维数据采集能力，展现了扫描精度高、扫描速度快、操作简便以及轻巧便携等优势，迅速且高效地完成了三维测量与检测任务。至 2023 年 6 月，SimScan 已圆满完成了在轨试验，产品使用效果优异，所有测试指标均达到了在轨使用要求。

图 18-12　SpaceX 的"猛禽 3"采用了轻量化设计，使发动机更轻、推力更大

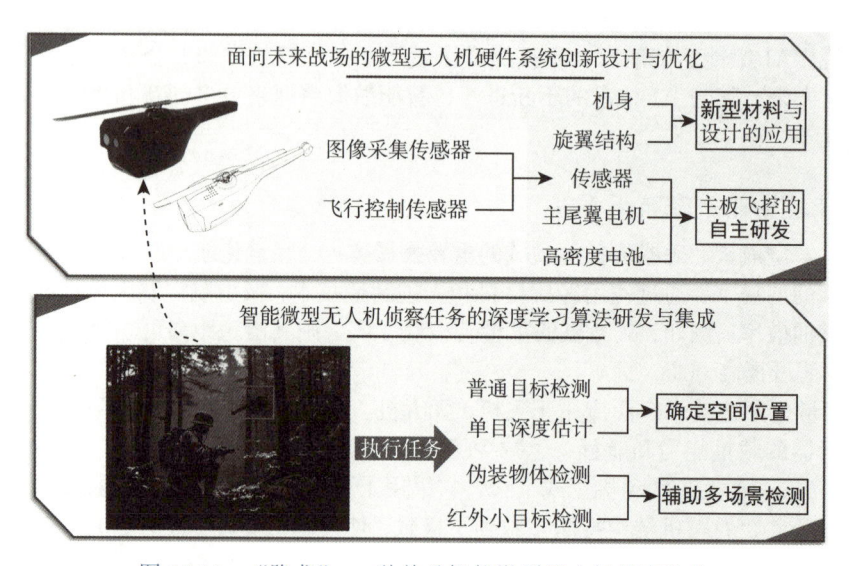

图 18-13　"隐龙"：一种单兵智能微型无人机侦察装备

1. 应用场景

AI 在轻量化航空设备制造中发挥着重要作用，通过优化设计、提高制造效率和增强质量控制，推动了航空工业的技术进步和生产力提升。AI 在轻量化航空设备制造中的具体应用场景表

现在以下方面：

(1) 设计优化
- **拓扑优化**：AI 算法如遗传算法和神经网络可以优化航空设备的结构设计，减少不必要的材料使用，同时确保强度和刚性。例如，利用拓扑优化技术，设计出更轻、更强的机翼和机身结构。
- **仿真和建模**：AI 驱动的仿真工具能够快速预测和分析不同设计方案的性能，减少传统设计中烦琐的测试步骤，加速了轻量化部件的开发过程。
- **材料选择**：通过机器学习算法分析材料性能数据，AI 可以推荐最优的轻质材料组合，以满足特定的强度和重量要求。

(2) 先进制造技术
- **增材制造（3D 打印）**：AI 技术在 3D 打印中的应用包括优化打印路径、调整打印参数和实时监控打印过程，从而提高打印效率和质量。例如，AI 可以预测打印过程中的缺陷，并在早期进行调整，确保最终产品的完整性。
- **自动化装配**：AI 驱动的机器人和自动化系统在装配过程中提高了精度和效率，减少了人工错误和生产时间。例如，AI 系统可以通过图像识别技术，精确定位和安装复杂的航空部件。

(3) 质量控制和维护
- **缺陷检测**：AI 技术如计算机视觉和深度学习用于实时监控和检测生产过程中的缺陷。通过高精度的图像分析，AI 可以识别出微小的材料瑕疵和结构问题，确保产品质量。
- **预测性维护**：基于大数据和机器学习的预测性维护系统，可以提前识别设备的潜在故障，优化维护计划，减少设备停机时间，延长设备使用寿命。
- **实时监控和反馈**：AI 系统通过传感器数据实时监控制造过程，并提供反馈以调整工艺参数，确保每一个制造步骤的精确执行。

(4) 数据驱动的决策支持
- **供应链优化**：AI 分析和优化供应链管理，包括原材料采购、库存管理和物流配送，确保轻量化材料和部件的高效供应和使用。
- **成本控制**：AI 技术通过分析制造过程中的各项数据，识别和优化成本结构，降低生产成本，提升经济效益。

2. 实际应用案例
- **空客 A350**：空客公司利用 AI 技术进行结构优化设计和增材制造，生产出更轻的机翼和机身组件，显著提高了飞机的燃油效率和性能。
- **波音 787 梦幻客机**：波音使用 AI 驱动的仿真和优化工具，在设计阶段就能识别出最佳的材料和结构组合，减少了生产中的试错成本。
- **GE 航空**：通用电气（GE）航空部门应用 AI 技术进行发动机叶片的增材制造和质量检测，确保每一片叶片的轻量化和高性能。
- **海尔生物医疗自主研发的航天医用冷储箱**：在太空微重力环境下，民用压缩机制冷技术会失灵，而海尔生物医疗通过自主研发，成功将热电制冷技术应用于航天冰箱中，并经过了轻量化设计。这一创新不仅解决了太空环境下的制冷难题，还使得冰箱在保持轻量化的同时，也具备了强大的制冷能力。

AI 在轻量化航空设备制造中的应用，不仅提升了制造效率和产品质量，还推动了航空技术的创新和进步。未来，随着 AI 技术不断发展，轻量化航空设备制造将更加智能化和自动化，进一步提升航空器的性能和经济性。

18.4 智慧矿业

矿业作为中国经济的重要支柱产业，对国家的发展具有深远的意义。它不仅给工业制造、基础设施建设和能源供应提供了关键的原材料，推动了国民经济的持续增长，还促进了地方经济的发展与就业的增加。中国是世界上最大的矿产品生产国和消费国，矿业的发展不仅支撑了国内产业链的延伸和升级，还增强了国家的资源自主保障能力。

然而，中国矿业在快速发展的过程中面临一系列复杂的问题。在推动可持续发展的背景下，中国矿业亟须转型升级，通过技术创新、智能化应用和绿色环保措施来应对挑战，确保行业长期健康发展。人工智能（AI）在中国矿业的发展中有着广泛的应用潜力，能够给矿业的各个环节提供强大的技术支持，从而提升生产效率、降低成本、提高安全性，并推动行业的智能化和可持续发展。

18.4.1 智能勘探与资源评估

- **地质勘探与数据分析**：AI能够处理和分析来自地震勘探、遥感、钻探数据等大量地质信息，帮助识别矿藏位置和潜在的资源储量。机器学习算法可以预测矿体分布，提高勘探的准确性和效率。
- **资源评估**：通过对历史数据和现有勘探数据的智能分析，AI可以更精准地评估矿藏的经济价值，优化矿山的开发决策。

18.4.2 智能矿山与自动化生产

- **智能采矿设备**：AI与自动化技术结合，可以实现采矿设备的无人化操作，如自动驾驶矿车、无人钻机和智能装载机等。这些设备能够在复杂的矿区环境中高效作业，减少人力投入并提高生产效率。例如，神东煤矿引入了由AI驱动的无人驾驶矿卡，这些矿山货车（简称矿卡）能够在矿区复杂地形下自主导航、运输矿石。通过AI算法实时分析矿区地形和路线，无人矿卡能够优化运输路径，提高运输效率，降低了人工操作的误差和风险。
- **实时监控与优化**：通过AI系统实时监控矿山的生产过程，采集设备运行状态、矿石质量、环境条件等数据，并进行智能分析与决策，优化生产流程，减少浪费和能耗。

18.4.3 矿山安全与风险管理

- **安全监测与预警**：AI可以通过分析传感器数据，实时监测矿山内外的地质、气象、环境等条件，提前识别潜在的安全隐患，如塌方、瓦斯泄漏等，并发出预警，保障矿工安全。例如神东煤矿部署了智能监控系统，通过安装在矿区的传感器和摄像头，AI系统可以实时监控矿区的安全状况，如岩层稳定性、设备运行状态和环境条件。该系统能提前预警潜在的安全隐患，如塌方或设备故障，并自动触发应急预案，从而有效降低了安全事故的发生率。
- **风险评估与管理**：基于历史数据和当前作业状况，AI可以进行风险评估，预测可能的事故或环境影响，并提供相应的风险管理建议，帮助企业制定应对措施。

18.4.4 矿石加工与质量控制

- **智能选矿与加工**：AI在选矿过程中可以优化矿石的破碎、筛分、浮选等工艺，提升矿石回收率和纯度。通过对生产数据的持续学习和调整，AI可以动态优化加工参数，确保产品质量的稳定性。
- **质量检测与自动分级**：利用图像识别和机器学习技术，AI可以对矿石或成品进行实时质量检测，自动分级，确保出厂产品符合标准，同时减少人工检测带来的误差。

18.4.5 可持续发展与绿色矿业

- **能效优化与碳排放控制**：AI 可以帮助矿山优化能源使用，减少碳排放，推动矿业向绿色低碳方向发展。通过数据分析和优化算法，AI 可以提出节能方案并实时调整能耗策略。
- **环境保护与生态恢复**：AI 能够监测矿区的环境变化，如水质、空气质量等，评估采矿活动对环境的影响，并提供关于生态恢复的智能化解决方案，减少矿业对自然环境的破坏。随着科技的进步和环保意识的增强，绿色矿业的发展将进一步助力中国实现可持续发展目标。

18.4.6 供应链与市场分析

- **智能供应链管理**：通过 AI 分析市场需求、库存和物流，矿业企业可以优化供应链管理，降低库存成本，提升供应链响应速度。
- **市场预测与策略制定**：AI 可以通过分析市场数据和行业趋势，预测矿产品价格变化和市场需求，帮助企业制定更加精准的市场策略，提高竞争力。

18.4.7 具体案例：盘古矿山大模型

2022 年年初，山东能源、云鼎科技和华为成立了联合创新中心。2023 年 7 月 18 日，山东能源、云鼎科技、华为在济南联手发布全球首个商用于能源行业的 AI 大模型——盘古矿山大模型。在山东能源的智能化煤矿基础上，盘古矿山大模型凭借"经营管理与智能生产分离""数据不出园区""支持规模复制""学习分析小样本"等能力特性，搭建起中心训练、边缘推理、云边协同、边用边学、持续优化的 AI 运行体系，以及集团管控、煤矿执行的 AI 管理体系，促进煤矿生产从人工管理到智能化管理、从被动管理到主动管理的"两大跨越"。

盘古矿山大模型（见图 18-14）通过 5G+AI 全景视频拼接综采画面卷，在煤矿的主运输皮带作业监控方面实现了显著的智能化提升。该模型能够利用视频对作业的安全规范进行巡检，主运场景异物识别精度高达 98%。这意味着，在煤矿作业场景中，AI 可以实时监测并识别出潜在的安全隐患，如异物混入等，从而有效预防事故的发生。此外，作业序列智能监测系统可实现动作识别准确率达 95%，井下安全事故因此减少了 90% 以上。这一成果不仅显著提高了矿山生产的安全性，还有效降低了事故发生率，为矿山企业的安全生产提供了有力保障。

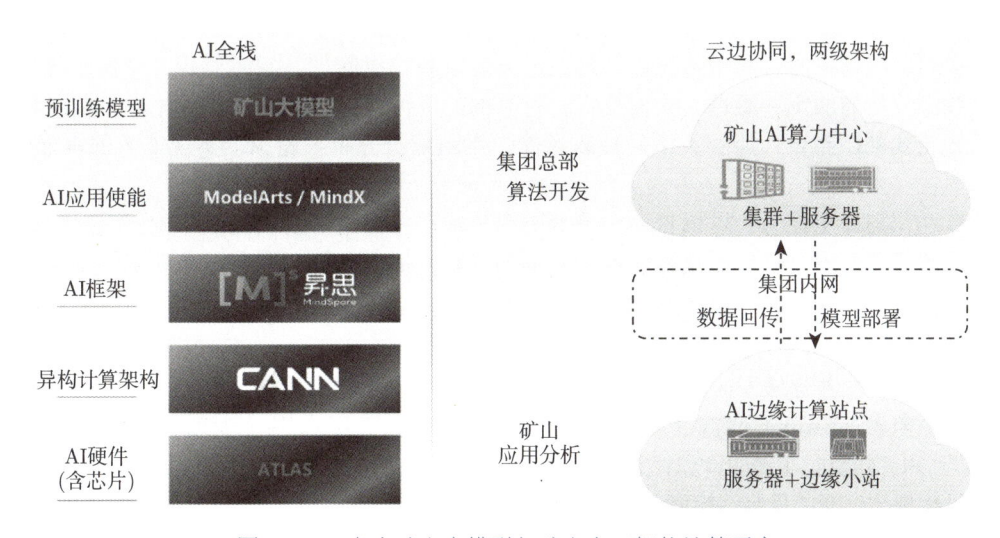

图 18-14 盘古矿山大模型与矿山人工智能计算平台

盘古矿山大模型的应用还体现在智能调度和优化生产效率方面。通过运用大数据分析、优化算法等技术，该模型能够对矿山生产进行实时调度和优化，从而进一步提高生产效率。这种智能化的调度方式不仅减少了人力成本，还使得矿山生产更加高效、有序。

18.5 智慧电网

2012 年 10 月，飓风"桑迪"袭击了美国东北部，导致超过 800 万用户失去电力，部分地区长达几周时间未能恢复供电。这次大停电不仅造成了巨大的经济损失，还影响了医院、学校、交通等重要基础设施的运转，进一步加剧了灾后的混乱。2021 年，中国云南省长期干旱和水库水位下降，导致依赖水电的电力供应紧张。云南省的水力发电在总发电量中的占比非常高，然而极端气候条件会导致水电站的发电能力下降，致使电力供需失衡。这一危机不仅影响了居民的日常生活，还给工业生产，特别是耗电量巨大的铝业、化工业等企业带来了严重影响。

传统的电力系统在面对极端天气时，往往**监控不足**，即缺乏广泛的实时监控设备，无法在短时间内准确定位故障点；**恢复效率低**，即电网发生故障后，人工排查和修复耗时较长，延长了供电恢复的时间；**缺乏灵活性**，即电力分配方式单一，无法有效整合分布式能源或通过灵活调度来缓解供需压力；**用户与电网互动不足**，即用户无法在停电或电力紧张时与电网互动，无法及时调整用电策略以帮助缓解负荷。

智慧电网（Smart Grid）是指将现代信息通信技术、传感技术、自动控制技术与传统电力系统相结合，形成的一个高度自动化、信息化、智能化的电力系统。其核心目标是提高电网的效率、安全性、灵活性和可持续性。智慧电网不仅能够实现电力的高效生产、输送和分配，还能够实现用户与电网的互动，增强能源管理。

智慧电网不仅能够帮助电网快速恢复供电，还能通过灵活的能源调度、自动化修复和用户互动，最大限度地减少停电的范围和时间，提升整个电力系统的韧性。例如，2016 年，加利福尼亚州的智慧电网在一次局部风暴中成功实时监测到某电网线路的损坏，并通过自动化调度系统迅速切换了供电路径，避免了大面积停电。

那么，智慧电网的关键特性有哪些？智慧电网的具体应用场景又是什么呢？接下来的小节将详细讲述。

18.5.1 智慧电网的关键特性

- **实时监控与控制**：利用传感器、智能电表等设备对电网进行实时监控，确保系统稳定。
- **数据分析与决策**：通过大数据技术，对电网的运行数据进行分析，优化电力调度和分配。
- **分布式能源整合**：能够灵活地接入风能、太阳能等分布式能源，实现电力的本地生产和消耗。
- **自动化与自愈能力**：可以自动检测和隔离故障，并快速恢复供电，减少停电时间。
- **双向互动**：用户可以通过智能电表和电网互动，根据电价、用电需求动态调整用电行为，节约能源成本。

18.5.2 智慧电网的应用场景

- **智慧电表**（Smart Meter）：智慧电表能够实时监控用户的电力消耗情况，并将数据发送给电力公司。用户可以通过这些数据了解自己的用电情况，电力公司可以根据用户需求优化电力分配。例如，英国国家电网推广的智慧电表项目中，用户可以查看自己的实时电价，根据电价变化调整用电，从而减少用电高峰期的负荷，节约能源费用。

- 电动汽车与智慧电网整合（EV and Smart Grid Integration）：智慧电网可以与电动汽车进行良好的整合。通过双向充电技术，电动汽车不仅能从电网充电，还可以将其存储的电能反馈到电网，帮助电网在高峰时段平衡供需。例如，在丹麦的一个试点项目中，电动汽车可以在非高峰时段低价充电，并在电力需求高峰时段将电力反馈到电网，从而获利。
- 智慧家居与能源管理（Smart Home and Energy Management）：智慧电网与智慧家居结合，用户可以通过手机、平板计算机等设备监控和控制家中的用电设备。根据电价和用电需求自动调节设备运行时间，从而节省能源。例如，Google 旗下的 Nest 智能恒温器可以根据用户的日常作息自动调整家中的空调或暖气的运行时间，从而优化能源使用。
- 分布式能源管理（Distributed Energy Management）：智慧电网可以接入和管理分布式能源，例如太阳能、风能等，能够智能调度这些清洁能源，提高电网整体的环保性与灵活性。例如，德国的能源转型项目中，大量分布式太阳能光伏发电系统被接入智慧电网，系统根据天气预测调整这些清洁能源的发电计划，同时优化电力存储与输送。
- 电网自动化（Grid Automation）：智慧电网通过先进的控制系统和自动化设备，能够快速检测和修复故障，防止大面积停电的发生，提升电网的稳定性。例如，美国加州福尼亚州在电网中部署了故障检测与自愈技术，能够在发生电力中断时自动切换电力线路，减少用户的停电时间。

智慧电网的出现推动了能源管理的变革，不仅提高了电网的安全性和效率，还为可再生能源的广泛使用奠定了基础，同时也改善了用户的用电体验。

18.6 智慧水利

鄱阳湖是中国最大的淡水湖，位于江西省，是长江流域的重要调节湖泊，对整个长江中下游的防洪减灾起着关键作用。然而，由于气候变化和人类活动的影响，近年来鄱阳湖的水位季节性波动变得更加极端，干旱和洪涝问题频发。特别是在 2016 年，鄱阳湖出现了历史罕见的旱涝急转现象：年初出现干旱，随后又暴发特大洪水，给当地的农业、生态和居民生活造成了巨大损失。

为应对这一问题，江西省开始实施智慧水利项目，以提高鄱阳湖水系的管理能力，优化水资源调度和防洪措施。鄱阳湖智慧水利系统通过部署传感器网络、无人机监测、卫星遥感、大数据分析等技术，构建了一个综合的水利信息化平台，实现了对水资源和水利设施的实时监控和智能调度。该项目的实施解决了鄱阳湖水系管理中的诸多难题，显著提升了防洪抗灾能力和水资源管理效率。例如，在 2017 年的汛期，通过智慧水利系统的预警，江西省水利部门提前数天调整了鄱阳湖水闸的开闭，通过泄洪调度，成功避开了洪峰对湖区和下游的直接冲击。相比之前依赖人工经验的调度方式，智慧水利实现了更加精准的洪水应对。

智慧水利是指利用物联网、云计算、大数据、人工智能等先进技术，将传统水利工程与现代信息技术相结合，实现水利系统的实时监控、自动化调度、精准管理和智能决策。智慧水利系统旨在提高水资源的利用效率、防洪减灾能力和水环境保护水平，确保水资源的可持续管理。

那么，智慧水利的核心特征有哪些？智慧水利的具体应用场景又是什么呢？接下来的小节将详细讲述。

18.6.1 智慧水利的核心特征

- 实时监测：通过传感器、卫星遥感等技术对水资源、气象、河流、水库等进行实时监测，获取流量、降雨量、水位、水质等信息。

- **大数据分析与模型预测**：利用大数据分析和模型预测技术，帮助提前预判洪水、干旱等水利灾害，并给出应对建议。
- **自动化调度**：智慧水利系统可以自动调节水库、水闸等设施，优化水资源的分配和调度，减少人为干预。
- **决策支持系统**：通过数据分析和智能算法，提供科学的决策支持，帮助水利部门在应对水利灾害、管理水资源时做出准确的判断。

18.6.2 智慧水利的应用场景

- **防洪与减灾**：智慧水利系统通过实时监测降雨、河流水位、流量等，结合历史数据和气象预测，建立洪水预警系统。当可能发生洪涝灾害时，系统可以提前发出预警，并自动调节水库泄洪、开闭水闸，降低洪水风险。例如，三峡工程作为中国最大的防洪枢纽之一，依托智慧水利系统，对长江流域的降水、上游来水情况进行实时监控和分析。三峡智慧水利防洪调度系统可以根据实时数据和气象预测，提前进行水库的调度，降低长江中下游的洪涝风险。2020年长江流域的特大洪水中，三峡智慧水利防洪调度系统通过提前预判，优化了水库泄洪，降低了下游城市的防洪压力。
- **水资源优化调度**：在水资源短缺或供需矛盾较大的地区，智慧水利可以通过对河流、水库、地下水等水资源的实时监测，结合各地的用水需求，科学调度水资源，提高水资源利用效率。例如，可以在干旱季节对水资源进行精细化管理，避免浪费和过度抽取。例如，在中国南水北调工程中，智慧水利系统通过对水源地、输水干线、用水区的水量进行实时监控和调度，确保长距离调水工程的安全和高效运行。南水北调智慧管理平台不仅实时监测水质、水量，还能在出现问题时发出预警，提前采取应对措施，保障供水安全。
- **水环境保护与水质监测**：智慧水利系统可以通过安装在河流、湖泊、水库等水体中的传感器，实时监测水质情况，如 pH 值、溶解氧含量、氮磷浓度等。一旦水质异常，系统就会发出预警，并根据污染源、污染扩散趋势，提出应对措施，防止水污染事件的扩散。例如，太湖流域是中国重要的淡水湖泊之一，但近年来水污染问题日益严重。智慧水利系统在太湖安装了大量的水质监测传感器，实时采集水质数据，并通过大数据分析预测蓝藻暴发的可能性。2021年，通过太湖水质智能监测系统的预警，当地政府提前采取了控藻措施，避免了蓝藻大规模暴发。
- **城市智慧水务管理**：在城市中，智慧水利可以为供水系统、排水系统等提供全面的实时监控和智能调度。在暴雨季节，智慧水利系统可以通过监控城市各个排水口的流量、水位等数据，自动调节排水设施的运行，防止城市内涝。此外，在供水管理中，智慧水利系统可以优化水厂、水管网的运行，减少漏损和供水不均。例如，北京市建立了智慧水务管理平台，通过传感器、监控设备对城市水网、水库、供水管道等进行实时监控和管理。北京智慧水务平台能够实时获取供水管网的流量、水压、漏损情况，优化供水调度，减少漏损，确保城市供水的高效与安全。
- **农业灌溉智能管理**：在农业领域，智慧水利系统可以根据农田的土壤湿度、气象条件、作物需水量等数据，智能调度灌溉用水。智慧水利系统可以根据实时数据决定何时灌溉、灌溉多少，既节约用水，又保证农作物的生长需求。例如，新疆地区干旱少雨，但农业生产需水量大。智慧水利系统通过对农田土壤、气象、灌溉渠系等的实时监测，智能调度灌溉时间和水量，极大提高了水资源的利用效率。2020年，新疆智慧灌溉系统在部分地区的应用，其节水效果显著，灌溉用水效率提升了 20% 以上。

智慧水利系统在防洪与减灾、水资源优化调度、水环境保护与水质监测、城市智慧水务管理、农业灌溉智能管理等多个领域有着广泛应用。通过智能化的监测、调度和决策支持，智慧水利大大提高了水资源管理的效率和效果，提升了水利系统应对自然灾害和环境问题的能力，推动了水资源的可持续发展。

18.7 智慧土木

港珠澳大桥是连接香港特别行政区、广东省珠海市和澳门特别行政区的跨海大桥，全长55km，是世界上最长的跨海大桥之一。大桥的建设和运营面对复杂的自然环境，包括高盐、高湿的海洋气候以及台风、强潮等极端天气，因此，大桥的长期安全运营和维护是一个巨大的挑战。为确保大桥的稳定性和安全性，港珠澳大桥引入了智慧土木管理系统，使得大桥的建设和运行管理达到了智能化水平。在2018年台风"山竹"来袭期间，智慧土木管理系统根据实时监测数据和气象预报，及时调度并关闭大桥通行，同时对大桥的结构状态进行了持续监测。台风过后，系统确认大桥结构未受到破坏，迅速恢复了大桥的正常运营。这展示了智慧土木管理系统在防灾减灾中的关键作用。

智慧土木（Smart Civil Engineering）是指将先进的信息技术、传感技术、人工智能、大数据等现代技术与传统土木工程相结合，对基础设施（如桥梁、道路、隧道、建筑等）进行智能化设计、建造、监测和管理。智慧土木通过智能化的监控、分析与自动化调度，提高工程项目的安全性、效率和可持续性，同时优化资源利用和降低维护成本。

那么，智慧土木的核心特征有哪些？智慧土木的具体应用场景又是什么呢？接下来的小节将详细讲述。

18.7.1 智慧土木的核心特征

- 智能监测与感知：利用传感器、无人机、卫星遥感等技术实时监测基础设施的健康状况，如应力、温度、变形等，及时发现潜在问题。
- 大数据与分析：通过收集并分析基础设施的运行数据，结合历史数据和智能算法，进行趋势预测，提前预判潜在的结构问题或安全隐患。
- 自动化维护与修复：智慧土木系统可以通过机器人、自动化设备进行基础设施的维护、修复，减少人工干预，提高效率。
- 决策支持系统：通过集成多种数据源和分析工具，提供科学的决策支持，帮助工程师优化设计方案、施工过程及长期管理策略。

18.7.2 智慧土木的应用场景

- 桥梁健康监测系统（Bridge Health Monitoring System）：智慧土木中的桥梁健康监测系统通过安装在桥梁结构上的传感器，实时监测桥梁的应力、振动、温度变化、位移等参数。当桥梁出现结构异常或超负荷运行时，系统会发出预警，帮助管理部门提前采取维护措施，避免结构失效或坍塌事故。例如，杭州湾跨海大桥是全球最长的跨海大桥之一，智慧土木技术为其安装了超过5000个传感器，这些传感器能够实时监测桥梁的各种结构参数，如位移、压力、温度等。通过大数据分析和预测，杭州湾跨海大桥健康监测系统能够提前发现潜在的安全隐患，并帮助桥梁管理部门做出科学的维护决策，确保大桥的安全运营。
- 智慧建筑管理系统（Smart Building Management System）：智慧建筑管理系统将建筑结构的监测、能源管理、安全控制等系统集成在一起。该系统不仅能够实时监测建筑物的结构健康状态，还可以自动调节建筑的能源消耗（如空调、照明等），提高建筑的能源效率和使用舒适度。例如，上海中心大厦是中国最高的建筑之一，采用了先进的智慧土木技术。上海中心大厦智慧建筑管理系统能够对建筑物的结构、风力影响、温度变化等进行实时监控，并通过人工智能算法调节大厦内的能源使用，使能源效率提高约 10%。此外，该系统还能提前预警地震或极端天气，保护大厦的结构安全。

- 智慧交通基础设施（Smart Transportation Infrastructure）：智慧土木在交通领域的应用包括道路、隧道的智能监控与管理系统。通过安装在道路和隧道内的传感器，实时监测道路的交通流量、气象条件、结构健康等信息，系统可以根据实时数据自动调节信号灯、控制交通流量、发布预警信息，从而优化交通流动并提高安全性。例如，青马大桥位于香港，东起葵青区青衣岛、上跨马湾海峡，西至荃湾区马湾岛，是一条重要的交通动脉。智慧土木技术在大桥上安装了先进的传感器网络，监控桥梁的振动、交通负载、风速等数据。香港青马大桥与城际道路智能监控系统不仅能对桥梁进行健康监测，还能根据实时交通流量调节信号灯，减少交通拥堵，保障桥梁的安全与通畅。

- 智慧隧道管理（Smart Tunnel Management）：隧道是复杂的土木工程结构，智慧隧道管理系统通过传感器、视频监控、自动化设备等技术，实时监测隧道的空气质量、火灾隐患、结构安全等。在隧道内发生事故时，系统可以自动启动通风、照明、疏散等紧急措施，保障人员和车辆安全。例如，秦岭终南山公路隧道是中国最长的公路隧道之一，智慧土木技术为其配备了智慧管理系统。秦岭终南山公路隧道智慧管理系统可以实时监测隧道内的空气质量、交通流量和温湿度变化，当发生火灾或车辆事故时，系统会自动触发消防和疏散方案，确保隧道内的行车安全。

- 智慧施工管理（Smart Construction Management）：智慧土木在施工中的应用包括利用无人机、建筑信息模型（BIM）、其他相关人工智能等技术，实现施工过程的自动化与精确控制。无人机可以实时监控施工进度和质量；BIM 可以对建筑结构进行三维建模并实时更新施工状态；其他相关人工智能可以优化施工调度和资源分配，减少工期和成本。例如，雄安新区作为中国未来智慧城市的标杆，在土木工程建设中广泛应用了智慧施工管理技术。通过无人机实时监控施工现场，结合 BIM 技术和大数据分析，雄安新区智慧施工平台对施工进度、质量、安全进行全方位管控。这不仅提高了工程效率，还减少了资源浪费和施工风险。

智慧土木通过将信息技术和土木工程深度融合，提升了基础设施的设计、建造、监测和管理水平。无论是桥梁、建筑还是交通基础设施，智慧土木系统都能够实时感知结构健康状态、优化资源配置，并提供安全预警和科学的决策支持，显著提高了工程项目的安全性、经济性和可持续性。

18.7.3　智慧资源

在现代社会中，资源的有效利用是实现可持续发展的关键。人工智能（AI）技术的发展为资源管理和利用提供了全新的可能。以东北严寒地区的 H 供热公司为例，它利用华为云的 AI 技术，通过基于 AI 的热源负荷精准预测、换热站一次管网调节阀的精准调控、二次管网供热平衡调节等方式，实现了供热系统的全网闭环优化调控（见图 18-15），达到了节能减排的目标。

通过 AI 技术的运用，在供热季取得了以下成果：换热站调节节能比例同比提高了 6.8%；新增二网设备的小区整体节能效果超过 10%；热源生产实现按需定产，自动生产计划和智能调控预测准确率达到了 97.2%；换热站平衡目标达成率达到了 99%，单元间目标温度偏差小于 0.5℃ 且持续优化，平衡目标达成率也达到了 99%。这些成果表明，AI 赋能智慧资源的实践不仅提升了资源利用的效率和可持续性，也为未来的生态文明建设提供了有力支撑。

未来的智慧城市建设将迈入全场景智慧的时代，智慧城市将坐落于数字底座之上，通过城市智能中枢为人们提供无处不在的智能服务。在政策、人文等多方面的共同支持下，新型智慧城市建设的各参与方共同努力，将个性化需求纳入规划，使人们能够快速接纳智慧城市服务并真正受益。在这个过程中，AI 赋能智慧城市，不仅为城市的可持续发展提供了强大动力，也给人们的生活带来了全新的体验和便利，使人们在城市的各个角落都能感受到城市的进步和发展，并体验到温暖的服务。

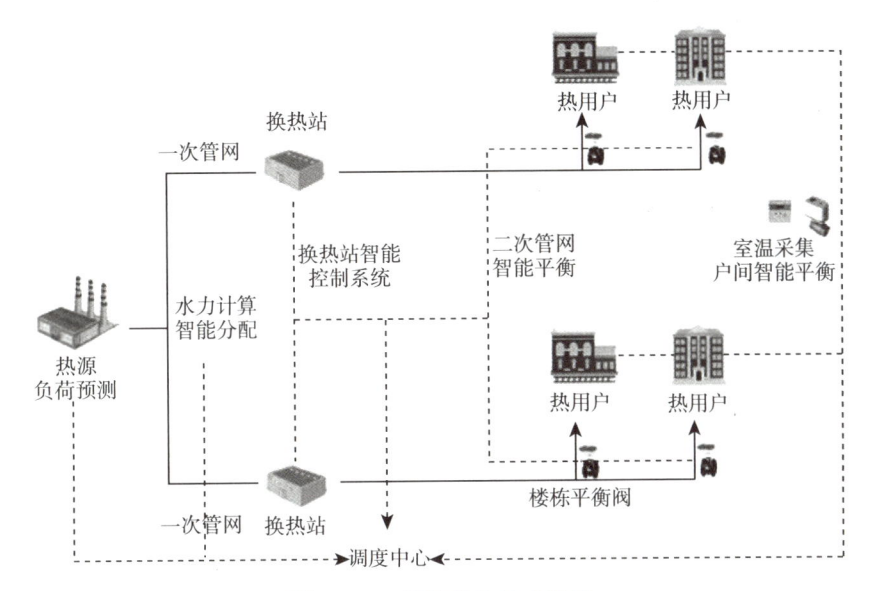

图 18-15　智慧供热技术路线

18.8　智慧中华美食

香醋、腊肉、茶叶、火锅、鸭血粉丝、刀削面、臭豆腐、蚵仔煎、叉烧、肠粉……中华特色美食种类繁多。中华特色美食是中国文化的重要象征，承载着数千年的历史积淀与地域风情。无论是南甜北咸，还是东鲜西辣，每一道菜肴都融入了当地的自然条件与人文风俗。中华特色美食不仅注重色香味形，更讲究食材的搭配与烹饪的技艺，体现了"天人合一"的哲学思想。从宫廷御膳到市井小吃，从四大菜系到地方风味，每一款佳肴都体现了中国人对生活的热爱和对美的追求。无论是热气腾腾的火锅，还是清淡鲜美的蒸鱼，每一口都能让人感受到中华文化的博大精深与悠久传统。

虽然中华特色美食以独特的风味和精湛的制作工艺闻名于世，但是其加工过程往往高度依赖于经验丰富的厨师或匠人的手艺。这种对人工经验的依赖使得许多美食的制作流程复杂且难以标准化，导致加工成本高昂、产品质量难以保证稳定，甚至在规模化生产时面临诸多挑战。尤其是在保持传统风味和品质的同时，要实现大规模生产，往往需要在工艺和技术之间找到平衡，这是中华特色美食在现代化进程中面临的一个重要挑战。

以山西老陈醋/镇江香醋为例，人工智能（AI）在其生产工艺的优化、质量控制，以及市场营销和供应链管理中都可以发挥重要的作用。

18.8.1　生产工艺优化

- **发酵过程监控与优化**：AI 可以通过传感器收集发酵过程中的温度、湿度、酸度等数据，并利用机器学习算法进行实时分析，以优化发酵条件，确保山西老陈醋/镇江香醋的风味和品质稳定。
- **配方优化**：通过分析历史生产数据和消费者反馈，AI 可以帮助调整和优化山西老陈醋/镇江香醋的配方，以适应市场需求并提升产品质量。

18.8.2 质量控制

- **图像识别与质量检测**：AI 可以利用图像识别技术对山西老陈醋/镇江香醋的外观、颜色和瓶装进行自动化检测，减少人工检测中的误差。
- **成分分析与检测**：通过机器学习模型分析醋的化学成分数据，检测生产过程中是否存在异常，确保每批次产品的质量一致性。

18.8.3 供应链管理

- **库存管理与预测**：通过对市场需求数据的分析，AI 可以帮助企业优化库存管理，减少过量生产或库存不足的情况。
- **供应链优化**：通过大数据分析和优化算法，AI 可以提高原材料采购、生产调度和物流运输的效率，降低成本。

18.8.4 市场营销与消费者分析

- **消费者行为分析**：利用 AI 分析消费者的购买行为和偏好，可以帮助企业更精准地进行市场细分和产品定价。
- **个性化推荐**：通过电商平台和社交媒体上的数据，AI 可以为消费者提供个性化的产品推荐，提高销售转化率。

18.8.5 智能包装与追溯系统

- **智能包装**：利用物联网技术和 AI，山西老陈醋/镇江香醋的包装可以集成传感器，实时监控产品的状态，确保运输和储存过程中的质量。
- **追溯系统**：通过区块链和 AI 技术，建立从原材料到终端消费者的全程追溯系统，提升产品的透明度和消费者信任度。

18.9 小结

AI 在智能制造、大国重器、"四航"、矿业、电网、水利、土木、中华美食等领域带来了巨大机遇。AI 技术可以提升生产效率、优化资源配置、增强安全性，并推动创新应用，如自动化制造、无人机、智能电网和智慧城市建设。此外，AI 在中华美食领域的应用还可以通过数据分析，优化菜品配方和供应链管理。然而，AI 在这些领域也面临诸多挑战，包括技术复杂性、数据安全和隐私问题、设备互联互通的难度，以及高昂的研发成本。同时，AI 在传统领域中的应用还需面对社会接受度、行业标准和人才短缺等问题。有效应对这些挑战将是 AI 技术全面实现行业价值的关键。

第 19 章

领域启发式人工智能

领域启发式人工智能（Domain-Inspired Artificial Intelligence）指的是在特定领域或应用场景中，利用该领域的知识、经验和数据来指导和优化人工智能系统的设计和训练。这种方法结合了领域专有知识和人工智能技术，以提高系统在该领域内的性能和准确性。正因为如此，人工智能在过去几十年中实现了从理论研究到广泛应用的飞跃。在这个过程中，科学家们不断从自然界中汲取灵感，特别是从生物体的行为和物理现象中得到启发，开发出新的算法和模型。2024 年诺贝尔物理学奖颁发给了使用物理学原理和工具为机器学习基础性工作做出重大贡献的科学家，彰显了领域启发式人工智能对科学发展的重要影响。本章将探讨几种主要的生物和物理启发式人工智能技术，解析它们的工作原理及应用。

19.1 生物启发式人工智能

生物启发式人工智能是模拟生物体机制和行为的技术，其设计原理通常基于对动植物以及其他生物体自然行为的深入观察和理解。这一类人工智能的研究不仅拓宽了人们对智能本质的理解，也极大地扩展了人工智能的应用领域。本节将详细介绍几种重要的生物启发式人工智能技术及其应用。

19.1.1 人工神经网络

人工神经网络是一种计算系统，其设计灵感来源于对人脑结构和功能的模拟。这些网络由多层互连的节点（即神经元）组成，每个节点间的连接都带有一个在学习过程中不断调整的权重，用于模拟生物大脑的可塑性。通过这种方式，人工神经网络可以处理信息、识别模式并做出预测。

人工神经网络的结构借鉴了人脑中的神经元和突触。在人脑中，神经元通过突触连接相互通信，每个连接的强度都可以根据学习和经验进行调整。同样，在人工神经网络中，节点通过加权的边进行连接，边的权重会在训练过程中不断优化，以减少误差并提高准确性。这样的设计使得人工神经网络能够像人脑的学习和进化过程一样从数据中学习并适应新信息。

19.1.2 群体智能

群体智能是人们受到蚂蚁、蜜蜂等社会性昆虫集体行为的启发而设计的一类人工智能算法。这些昆虫通过个体间的简单互动，在无中央控制的前提下，"自动地"展现出高效、有序的行为以共同解决复杂问题。群体智能算法则通过模仿这种去中心化和自组织的系统来应对复杂的计算问题。比如，蚂蚁通过信息素标记路径来寻找巢穴到食物源的最短路径，蜜蜂则通过集体决策来优化对花蜜的搜寻。模拟这些自然过程有助于提高人工智能算法解决问题的效率。

蚁群算法是群体智能算法中的一个典型例子，其目的在于模仿蚂蚁的觅食行为。蚂蚁通过信息素标记来相互沟通并找到巢穴到食物源的最短路径（见图 19-1）。在蚁群算法中，人工蚂蚁在参数空间中移动并沉积虚拟的信息素。随着时间的推移，这些信息素将逐渐形成优势路径并指引后续蚂蚁向最佳解靠近。蚁群算法常被应用于物流和通信中的路径优化，如优化送货路线或数据传输路径。

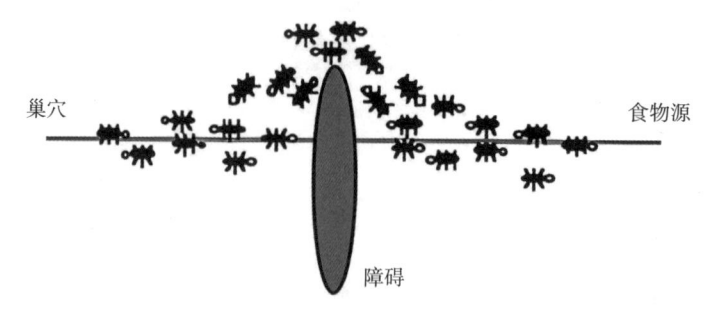

图 19-1　蚁群通过协作绕过障碍物，找到从巢穴到食物源的最短路径

粒子群优化算法是另一例群体智能算法，其设计灵感来自鸟群或鱼群的集体行为。在粒子群优化算法中，一组候选解（称为粒子）根据自身和邻居的经验不断调整位置，通过相互之间的协作来找到最优解。群体智能算法通过简单、去中心化的互动来解决复杂问题，目前已在许多领域中得到应用。

19.1.3　仿生机器人学

仿生机器人学是一门从生物体中汲取灵感并用以设计和制造机器人的学科。这些机器人应用各种生物学原理来模仿生物的形态、功能和行为，以达到高度的适应性、效率和功能性。通过模仿生物体的灵活性和多功能性，仿生机器人学致力于解决传统机器人在面对复杂环境时显现出的各种局限性。这一领域的概念来源于对自然界中各类生物特性的观察，这些特性使生物能够以极高的效率移动、感知并与环境互动。

例如，来自伊利诺伊大学厄巴纳–香槟分校的研究者们使用了存储的能量函数来解释并建模章鱼手臂的肌肉组织，成功开发出一种生理上准确的章鱼手臂肌肉模型（见图 19-2）。这一建模方法的提出极大地简化了章鱼手臂的控制设计，不仅提供了对生物问题的洞察力，而且为软体机器人的设计和控制提供了框架。章鱼的无骨结构使其能够穿越狭窄空间并精确操控细小物体。类似地，软体机器人使用柔软的材料制成，可以在狭窄空间中操作并与易碎物体交互而不造成损害。

仿生机器人的应用前景非常广阔。例如，仿照章鱼触手设计的软体机器人有望被应用于各类微创手术中。它们仅需一些极小的切口即可进入人体内部并进行移动和操作，从而大幅缩短患者术后的恢复时间，同时降低并发症风险。此外，软体机械臂具有良好的抓取和柔性运动能力，能在手术中精准操控各类手术器具，极大地增强了外科医生的控制精度。

另一个例子是马克斯·普朗克智能系统研究所的学者们仿照四足动物腿部肌肉的运动方式设计的仿生机器狗（见图 19-3）。该机器狗具备出色的稳定性和运动协调能力，能够越过障碍、攀爬陡坡，可以在泥泞、沙地或山地等不平整的环境中稳定前进。高精度的传感系统和灵活的关节结构使其能够完成多种复杂任务，如运输物资、勘测或救援等。

19.1.4　人工免疫系统

人工免疫系统是一种计算模型，其设计灵感来源于生物免疫系统检测和响应病原体的能力。通过模仿生物体的免疫系统识别外来入侵者并从过去的感染经验中学习的机制（见图 19-4），可以为识别异常、检测入侵及维护系统完整性的算法设计提供丰富的灵感。生物免疫系统由多种细胞和分子组成,通过它们之间的协作来识别并中和病原体,之后运用克隆选择、免疫记忆和抗体生成等策略来抵抗感染。将这些生物学原理应用于人工免疫系统的设计,能够开发出稳定且适应性强的系统(见图 19-5)。

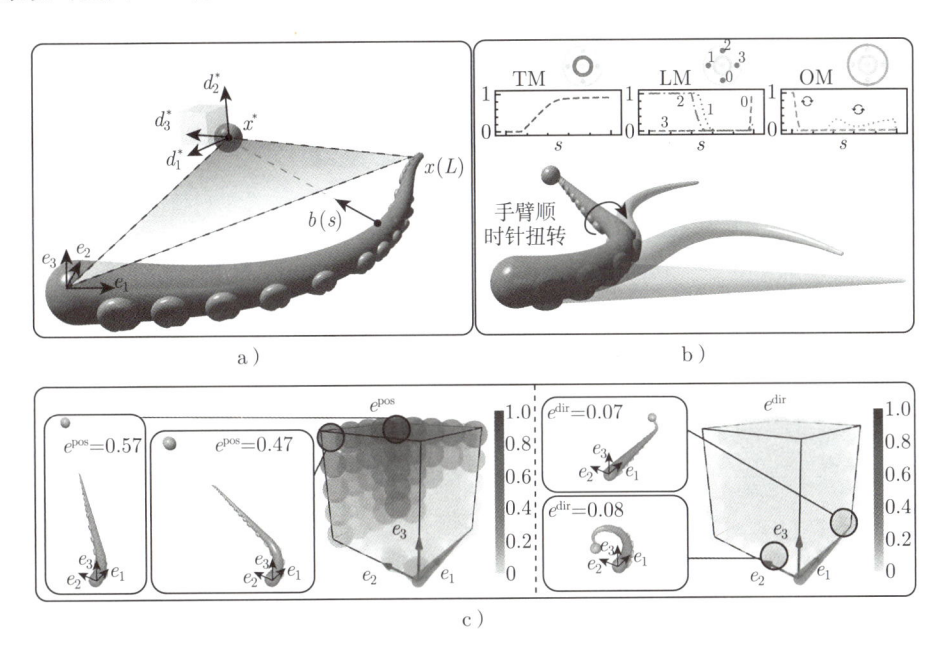

图 19-2 研究者们使用存储的能量函数来建模并解释章鱼手臂的肌肉组织

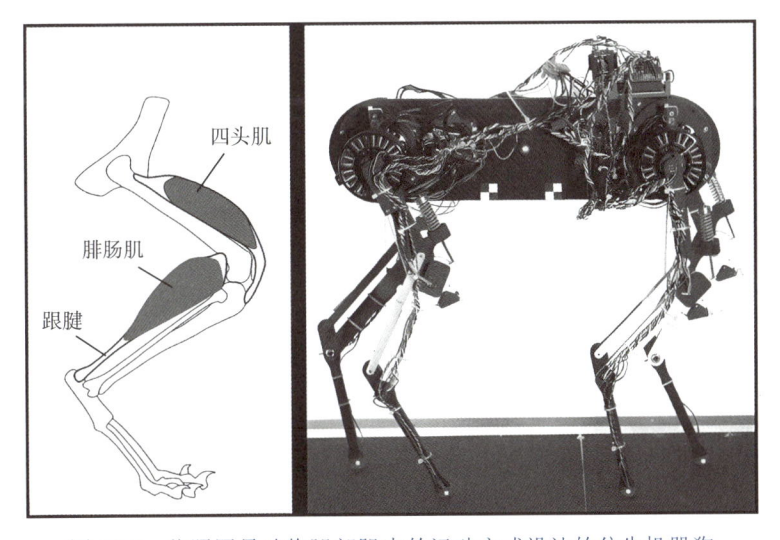

图 19-3 仿照四足动物腿部肌肉的运动方式设计的仿生机器狗

克隆选择算法是一个常见的人工免疫算法,被广泛用于优化、模式识别和机器学习任务。其设计灵感来源于免疫学中的克隆选择理论,通过选择高亲和力抗体进行克隆并引入突变来产生多样化的解决方案。在网络安全领域,人工免疫算法被用于入侵检测,并通过识别网络流量中的异常模式以挖掘潜在安全漏洞。例如,受到免疫系统中树突状细胞处理信号来判断威胁行为的启发,树突状细胞算法通过分析数据、检测异常来应对网络威胁。此外,人工免疫系统还被用于工业监控,检测机器运行中的异常以实现预防性维护、减少停机时间。在医疗领域,人工免疫算法模仿免疫系统的自适应能力，通过分析医疗数据来识别疾病模式，从而为医务人员提供宝贵的辅助信息。

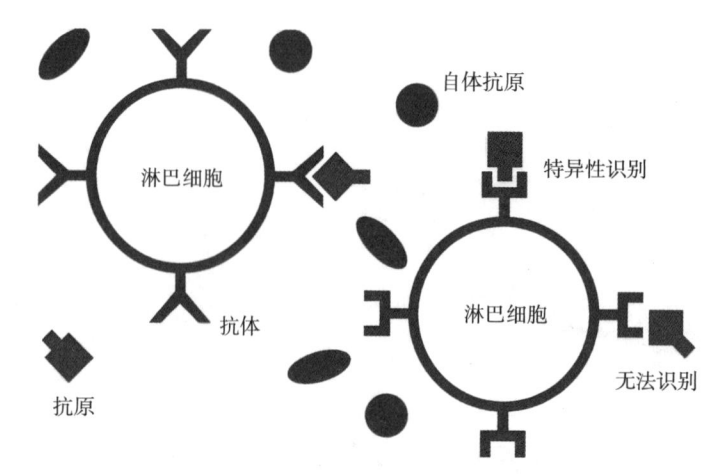

图 19-4 生物体的自然免疫过程

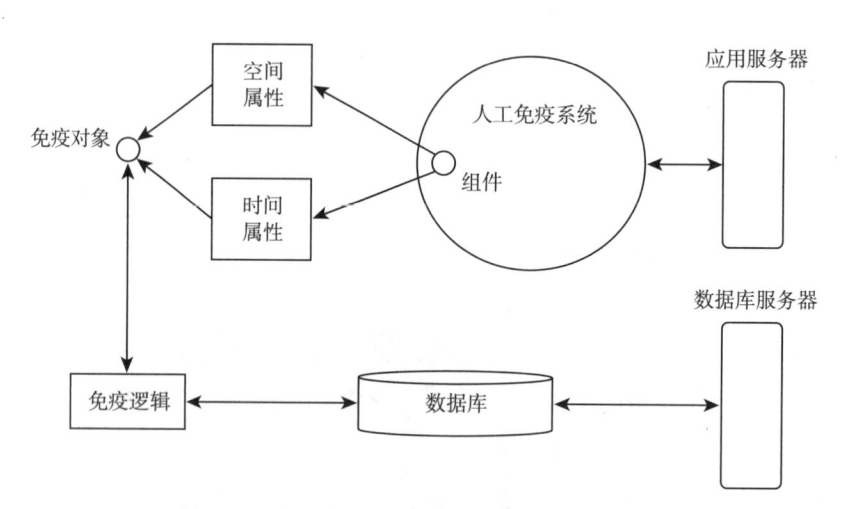

图 19-5 人工免疫系统与其他组件的交互示例

19.1.5 神经拟态计算

神经拟态计算是当前人工智能领域的前沿技术，旨在通过专用硬件模拟人脑的架构和功能。如图 19-6 所示，与传统计算架构和神经网络计算架构顺序处理信息的方式不同，神经拟态计算架构具备并行处理能力，从而在能效和算力上展现出显著优势。其设计灵感源于人脑执行复杂任务时的高效率和低能耗。在人脑中，神经元通过电脉冲和突触连接通信。神经拟态计算系统采用基于硅的神经元和突触来模拟这一生物过程，使硬件以类似于人脑的方式来处理信息。神经拟态计算系统中的关键组件之一是忆阻器，它是一种具备记忆功能的电阻器。类似于突触强化或减弱的过程，忆阻器能够根据施加的电压历史改变其电阻值，因此特别适合构建神经拟态计算系统中的人工突触。

神经拟态计算系统的一个典型代表是 IBM 于 2023 年 10 月发布的 NorthPole 芯片（见图 19-7）。该芯片采用 12nm 节点工艺制造，在 800mm^2 内包含 220 亿个晶体管；它具有 256 个内核，每个内核每周期能以 8 位精度执行 2048 次运算。该芯片最大的特点是内存全部集成于芯片上，避免了传统 CPU 的"冯·诺伊曼瓶颈"。它的每个内核都自带内存，内核之间通过类似大脑皮层之间白质的网络连接在一起，实现了高效、节能的计算，支持视频、图像、语音的实时处理以及智能机器人、感官计算等应用。神经拟态计算在多个领域有着巨大的应用潜力。例如：在智能机器人领域，神经拟态计算芯片可用于开发支持实时导航和互动的机器人；在医疗保健领域，神经拟态计算可用于实现更自然、更灵敏的假肢控制。

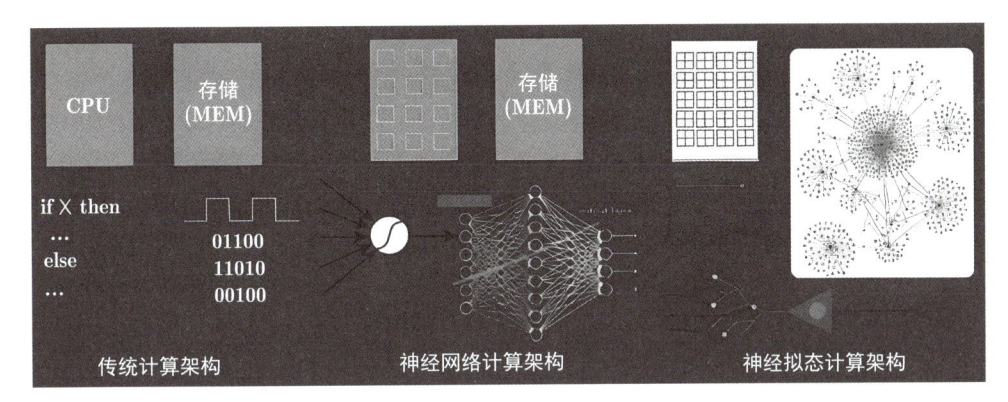

图 19-6　三种计算架构的比较

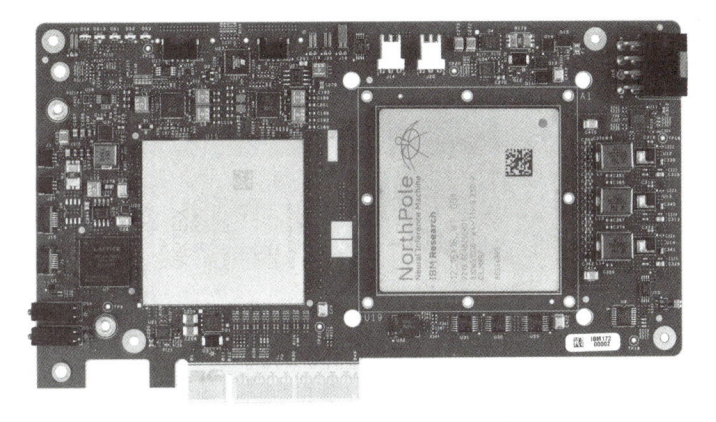

图 19-7　IBM NorthPole 芯片

19.1.6　脑机接口

脑机接口（Brain Computer Interface，BCI）是一种能使大脑与外部设备直接通信的系统，旨在创建一个解码大脑活动并将其转化为操作命令的接口，从而允许用户通过神经信号控制计算机、智能假肢及其他电子设备。脑机接口的设计灵感来自大脑产生的电活动，这些活动可以被检测和解释以洞察人的意图。通过头皮上的非侵入性电极或植入大脑内的侵入性电极，脑机接口可以捕捉人脑中神经冲动产生的电脉冲信号，从而解释与特定思想或动作相关的神经活动（见图 19-8）。

脑机接口技术在辅助严重身体残疾者的智能系统中扮演着极其重要的角色。脑机接口能够解码用户的神经信号并将其转化为操作指令，使瘫痪患者能使用思想来控制机器人手臂或计算机光标。这是通过训练脑机接口系统识别与用户执行特定动作意图相关的神经活动模式而实现的，并且系统的功能将随着持续的使用和反馈而变得越来越准确。

例如，脑机接口已被用于恢复肌萎缩侧索硬化症等患者的沟通能力，让用户可以通过大脑信号在屏幕上选择字母以实现打字交流（见图 19-9）。再如，拥有脑机接口的智能假肢可以通过神经信号加以控制（见图 19-10），显著增强了患者的自控感和生活质量。此外，脑机接口还被尝试用于游戏和虚拟现实中。用户可通过思想控制虚拟角色或与虚拟环境互动，从而创造更具沉浸感的交互体验。尽管脑机接口技术正在不断进步，但目前仍面临许多挑战，例如确保信号的准确性、减少电极的侵入性等。

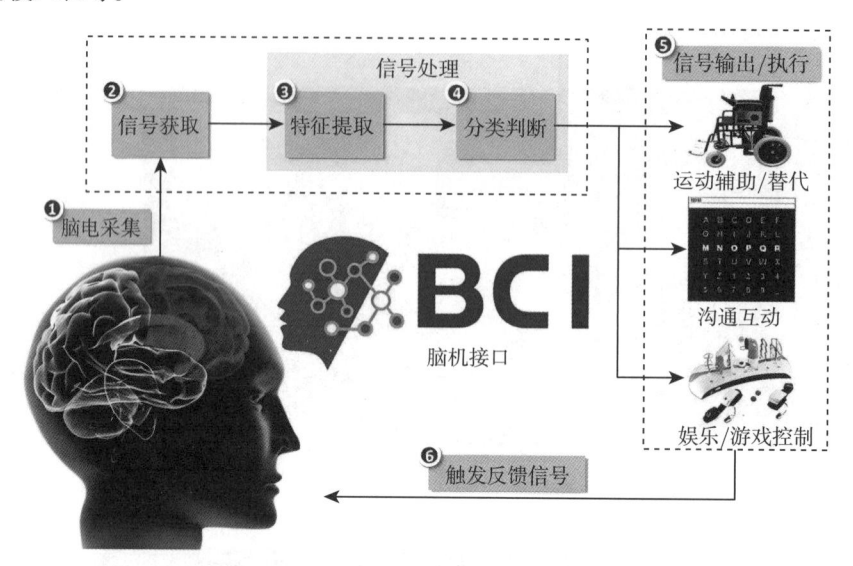

图 19-8 脑机接口的基本原理示意图

图 19-9 两位患者之间借助脑机接口实现打字交流

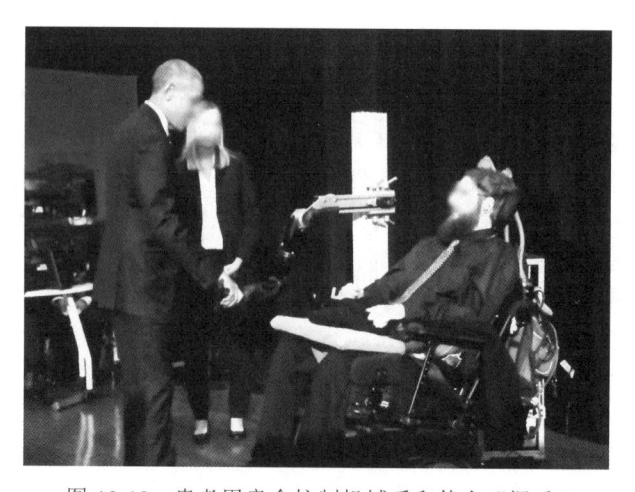

图 19-10 患者用意念控制机械手和他人"握手"

19.1.7 全脑仿真

全脑仿真旨在通过模拟人脑的结构和功能，以不同层次的细节创建一个人脑的数字复制品。这项浩大的工程涉及神经科学、仿真建模、先进计算等技术领域，最终目标是全面理解人脑的工作机制，并将人类的认知过程以数字形式复制出来（见图19-11）。

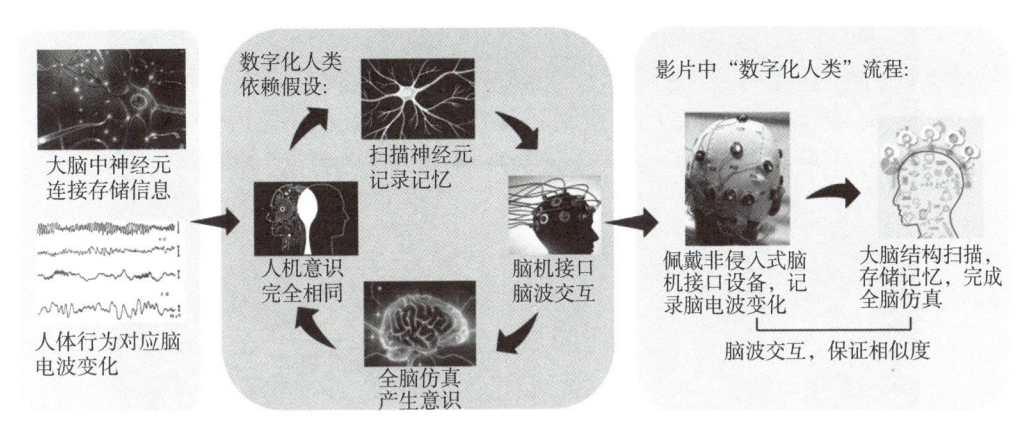

图 19-11　通过全脑仿真实现数字化人类的构想过程

全脑仿真的构想源于探究人脑工作机制并通过数字手段保存或增强人类认知的愿望。人脑包含数十亿个神经元并通过数万亿个突触相互连接，每个神经元和突触在信息处理、思想生成和行为控制中起着不同的作用。全脑仿真试图在一个数字模型中高度还原并模拟这种复杂性。其主要挑战之一是对大脑进行详细且准确的建模。磁共振成像、电子显微镜和先进神经成像等方法用于捕捉大脑在神经元和突触层次上的精细结构。这些成像技术需具备足够的分辨率以绘制大脑神经回路的复杂连接和功能特性。全脑仿真的关键在于开发基于成像数据的计算模型以复制大脑中的电化学相互作用，从而实现神经过程的逼真模拟。其中，高性能的计算和高效的算法对于处理大量数据和复杂模拟至关重要。

全脑仿真在神经科学研究中有着广阔的应用前景。数字大脑模型可以用于探索治疗神经疾病的新方法。通过模拟大脑在不同条件下的行为，研究人员能够深入了解阿尔茨海默病、癫痫和精神分裂症等疾病的机制，从而开发出更有效的治疗手段。全脑仿真的另一个重要应用是思维复制，即将个体的认知过程转移到数字介质中。这一概念将对延长人类寿命、增强认知能力产生深远影响。虽然全脑仿真目前仍停留在理论阶段，但它引发了关于身份、意识和自我本质的伦理和哲学讨论。随着成像技术、计算能力的提升以及我们对大脑理解的不断深入，全脑仿真领域的诸多技术难题有望得到突破。

通过深入分析生物启发式人工智能的原理、技术及相关应用，我们可以看到科学家们如何从自然界的生物系统中汲取创新灵感，并将其转化为高效的人工智能解决方案。接下来，我们将探讨另一类领域启发式人工智能——物理启发式人工智能，研究物理学原理如何与人工智能技术深度融合，以及这些技术如何帮助解决现实世界中的复杂问题。

19.2　物理启发式人工智能

物理启发式人工智能涉及利用物理学原理来设计和优化算法与模型。这类技术不仅在计算机科学和工程问题中显示出强大的应用潜力，而且在处理具有物理意义的数据和现象时非常有效。以下小节将介绍几种主要的物理启发式人工智能技术及应用。

19.2.1 量子计算

量子计算是一种基于量子力学原理的前沿计算技术。与只能取值 0 或 1 的经典位（Bit）不同，量子位由于叠加和纠缠现象可以同时存在于多种状态中（见图 19-12）。这一特性使得量子计算机能够并行处理大量的可能性组合，从而在解决某些问题时比经典计算机更高效。

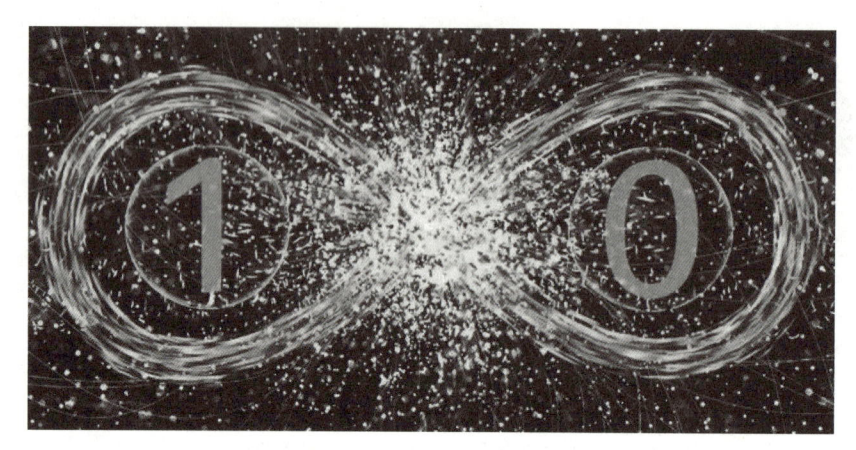

图 19-12　量子位的叠加和纠缠现象

量子计算的构想源自量子力学的独特且反直觉的原理。量子力学描述了微观粒子在最小尺度上的行为——粒子能够同时处于多种状态（叠加），并表现出长距离的瞬间相互影响（纠缠）。在量子算法中，上述原理被用于完成各种复杂的计算任务。

最著名的量子算法之一是 Shor 算法，它能够高效地解决大数分解这一数学难题。因为许多现有加密算法的安全性依赖于大数分解的难度，所以 Shor 算法展示了量子计算在密码破解等领域的革命性潜力。借助 Shor 算法，量子计算机有望在短时间内破解这些加密算法，从而促使人们探索新的加密机制。另一个经典的量子算法是 Grover 算法，它提供了一种加速搜索未排序数据库的方法。经典算法需要 $O(N)$ 步来搜索包含 N 个未排序条目的数据库，而 Grover 算法只需 $O(\sqrt{N})$ 步即可完成。这一速度上的显著提升对需要处理海量数据的领域（例如大规模数据分析、优化和信息检索等）具有深远影响。

此外，量子计算在材料科学中同样展现出巨大的潜力。量子计算机能够在经典计算机难以实现的高精度水平上模拟分子和原子之间的相互作用，从而帮助科学家更深入地理解量子化学现象。通过对分子和原子的量子特性进行精确模拟，量子计算有望助力新材料、药物和化学品的设计和研发，推动技术进步并加速科学发现的进程。然而，目前量子计算仍处于早期阶段，面临诸多技术挑战。例如，如何构建和维护稳定的量子位，如何实现高效纠错，以及如何扩大量子位的数量，都是研究人员亟待攻克的难题。

19.2.2 模拟退火

模拟退火是一种受到冶金工业中退火物理过程启发的搜索优化技术。由于传统搜索算法往往容易陷入局部最优解，因此模拟退火技术尤其适用于寻找复杂优化问题的全局最优解或接近全局最优的解。模拟退火算法的设计灵感源自金属的物理退火过程。在这一过程中，金属材料首先被加热到高温，然后逐渐冷却，使其粒子逐步进入低能量、更加稳定的状态（见图 19-13）。

模拟退火通过在优化过程中引入随机性来模拟这一物理现象，使算法能够在初期广泛探索解空间，随后逐渐降低随机性以集中于最优解的寻找。模拟退火算法从一个初始解开始，对该解进行微小的随机变化。如果新解更优，则直接接受它；如果新解较差，则以一定的概率接受它，但随着系统"温度"的降低，这一概率也逐步降低。这种对较差解的概率接受机制能够有效地帮助算法跳出局部最优，从而增强找到全局最优解的可能性。通过这样的策略，模拟退火在诸如旅行商问题等复杂优化任务中展现了出色的性能，并被广泛应用于工程、经济和科学研究领域。

金属退火 一种金属热处理工艺：将金属缓慢加热到一定温度，保持足够时间，然后以适宜速度冷却。

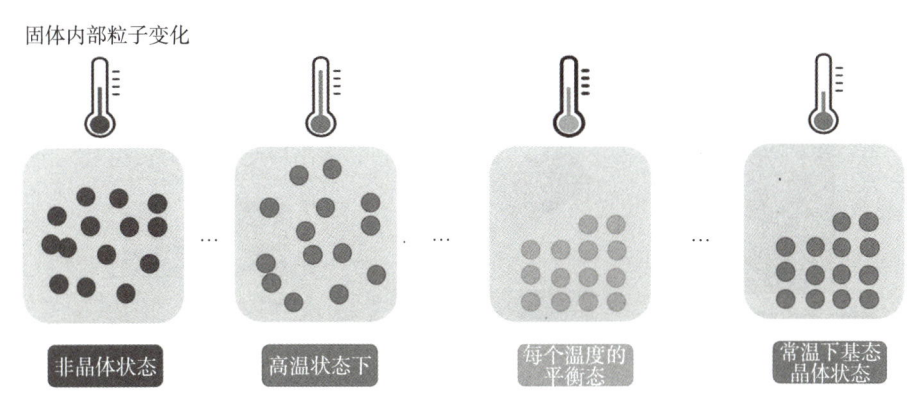

图 19-13 金属材料的物理退火过程

模拟退火的一个实际应用是解决调度问题，例如优化工厂作业调度以最小化生产时间或最大化资源利用率。其算法从一个初始调度方案开始，通过增量调整逐步地改进，并偶尔接受次优方案以探索更广泛的可能性。随着"温度"逐渐降低，算法逐步集中于优化找到的最佳调度，并最终得出高效的整体调度方案。

此外，模拟退火还被用于电路设计。算法以最小化布线长度并最大化芯片性能为目标，对芯片上各类组件的不同配置方案进行搜索。通过模拟退火过程，算法能够综合考量各种配置方案，并最终收敛到一个在性能和成本之间取得最佳平衡的布局。

19.2.3 流体动力学

流体动力学是一门研究液体、气体等流体运动规律的科学，主要关注影响流体行为的各种力及其相互作用，在诸如天气模式和空气动力学等自然过程的研究中扮演着极其重要的角色。当前，流体动力学的原理主要被用于开发控制和优化流体环境的模型，以提升机器人及其他系统在流体条件下的操作能力。

将流体动力学与人工智能技术相结合的灵感源自流体系统展现的自然效率和高度适应性。由于湍流、层流和涡流等流体复杂行为可以通过数学模型和仿真进行描述，近年来，许多学者开始借助深度学习等数据驱动的方法对流体行为建模。流体动力学研究方法的发展与演变如图 19-14 所示。通过将流体动力学原理融入人工智能系统，算法将能够更好地模拟和预测流体之间的相互作用，进而解释各种复杂的流体现象，并帮助人们利用相关原理实现对流体系统的高效控制与优化。

流体动力学在人工智能中的一个具体应用是软体机器人的设计。这些机器人受鱼类等生物运动和适应性的启发，使用由柔性材料制成的传感器和效应器与环境交互。通过理解和模拟流体间的相互作用，人工智能系统能够优化这些机器人的运动和行为，使其在水下探测等任务中更加高效。例如，麻省理工学院的研究人员开发了一种可以高效游动的软体机器鱼（见图 19-15）。这些机器人利用流体动力学原理，模仿真实鱼类的自然运动以实现平滑、灵活的移动，从而能够在复杂的水下环境中导航并收集数据。

另一个重要应用是在自主水下航行器领域。这些航行器利用流体动力学原理优化其设计和运动，以减少能耗并提高机动性。同时，通过人工智能模型模拟流体之间的相互作用，可以为航行器配备更高效的推进系统和控制策略。此外，流体动力学原理还被应用于环境监测。人工智能模型可以分析和预测自然环境中的流体行为。例如，通过对海洋洋流、大气运动和污染物扩散建模，人工智能系统能够为环境保护和灾害管理工作提供辅助决策。这些应用展示了流体动力学与人工智能结合所带来的广泛可能性，为解决复杂的工程和环境问题开辟了新路径。

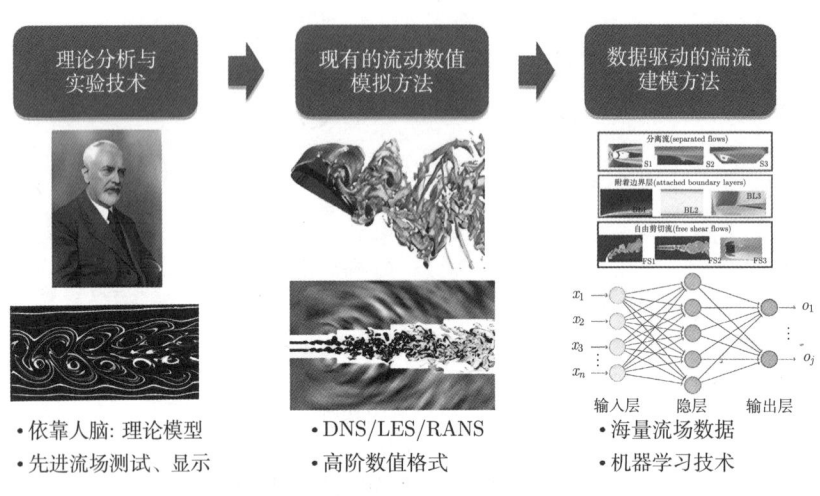

图 19-14　流体动力学研究方法的发展与演变

图 19-15　麻省理工学院研发的软体机器人鱼

19.2.4　扩散模型

扩散模型是一类受非平衡热力学启发而设计的生成模型，其基本思想是将生成任务分解为一系列逐步的、易于学习的可逆转换，即首先将复杂数据转化为简单的、无意义分布（如噪声），然后学习如何逆转这一过程，以生成详细且高质量的内容（见图 19-16）。

扩散模型的设计灵感来源于热力学中的扩散过程：粒子从高浓度区域向低浓度区域扩散，直至达到平衡状态。受这一过程的启发，扩散模型首先逐步向原始数据添加噪声，使其逐渐接近简单分布；接着训练模型逆转这一噪声添加过程，从而实现原始数据的高质量重建。通过这一逐步生成的方法，扩散模型能够有效学习复杂数据的结构，生成逼真且丰富的样本。扩散模型凭借其卓越的性能，已成为许多行业中的重要工具，给包括艺术创作、医学成像、通信优化在内的多个领域带来了深远影响，推动了技术创新与应用的发展。

扩散模型的一个重要应用是图像生成。模型从随机噪声开始，逐步细化生成清晰且逼真的图像。这一方法使得扩散模型在生成与真实图像几乎无法区分的高质量图像方面展现出巨大的潜力，尤其在艺术创作、虚拟现实和游戏设计等领域得到了广泛应用。例如，扩散模型能够生成逼真的风景图像、人物肖像，甚至是复杂的建筑场景，为创意设计提供了全新的可能。

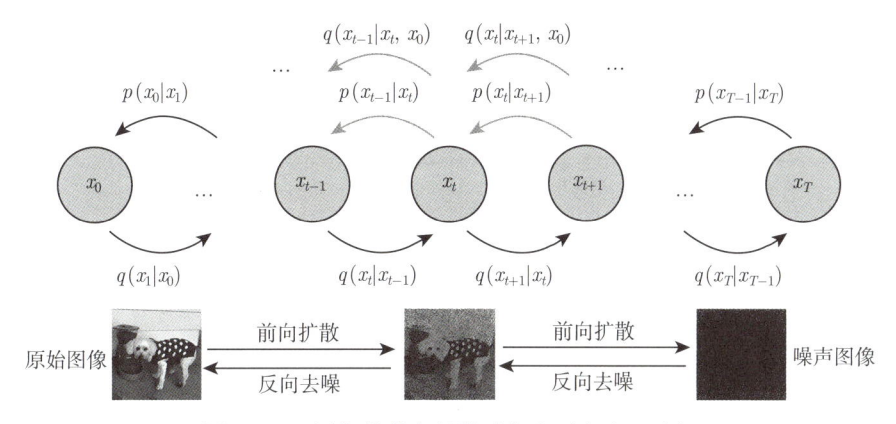

图 19-16　图像的前向扩散过程和反向去噪过程

除了图像生成，扩散模型还常用于图像超分，其以低分辨率图像作为输入，逐步迭代地对图像进行细化和增强，最终输出具有更高清晰度和更多细节的高分辨率图像。这项技术对于许多需要高分辨率图像的领域尤为重要，如医学成像、卫星成像以及视频处理。

此外，扩散模型在数据去噪方面也展现出极高的效用。通过识别并移除图像或信号中的噪声，扩散模型能够显著提升数据的质量。这对于许多数据敏感型应用至关重要。例如，在受损图像修复中，扩散模型能够有效去除混杂的噪声并恢复图像的细节，使得图像更加清晰完整。在音频信号处理方面，扩散模型也可以去除录音中的背景噪声，从而提升音频质量，使得语音识别功能更加准确可靠。

19.2.5　图神经网络

作为一种创新的神经网络架构，图神经网络巧妙地将图的物理结构融入计算中，以应对复杂的组合优化难题。图神经网络特别适合解决那些自然呈现为图结构的问题。在这些问题中，节点表示实体，边表示它们之间的关系或约束。由于此类问题的复杂性和多样性，传统方法在处理时通常面临效率低下、耗时长且可扩展性差的挑战。图神经网络凭借其深入挖掘问题内在特征和物理特性的能力，能够有效地捕捉图结构的静态特征和动态演变，从而得出更高效的解决方案。

图神经网络通常通过图建模将问题抽象化，并将物理属性和约束条件赋予图中的各个节点和边。然后，利用深度神经网络对这一图结构进行处理，从而探索并得出问题的最优或接近最优的解（见图 19-17）。通过这种方式，图神经网络展现了其在处理复杂图形问题时的强大能力，能够显著提升求解效率和精度。无论是在组合优化、路径规划还是资源分配等领域，图神经网络都提供了一种新的方案，为这些复杂问题的求解带来了突破性的进展。

例如，在旅行商问题中，我们的目标是找到一条最短的路线，该路线访问每个城市一次并返回起始城市。由于计算复杂度高，传统算法在问题规模较大时效率偏低，图神经网络则凭借其对距离与路径优化物理特性的深刻理解，实现了对旅行商问题的大规模复杂实例的高效求解，突破了传统算法的计算瓶颈。又如，给定设施之间的距离和流量，二次分配问题要求我们将一组设施分配到一组位置上，以使得总成本最小化。相比于传统算法，图神经网络能够更自然地建模问题的约束和相互作用，从而得出更有效的优化策略。此外，图神经网络还被广泛用于网络设计、任务调度、资源分配等多个领域。通过融入物理规律，图神经网络有效克服了传统优化手段在面对复杂问题时的局限性。

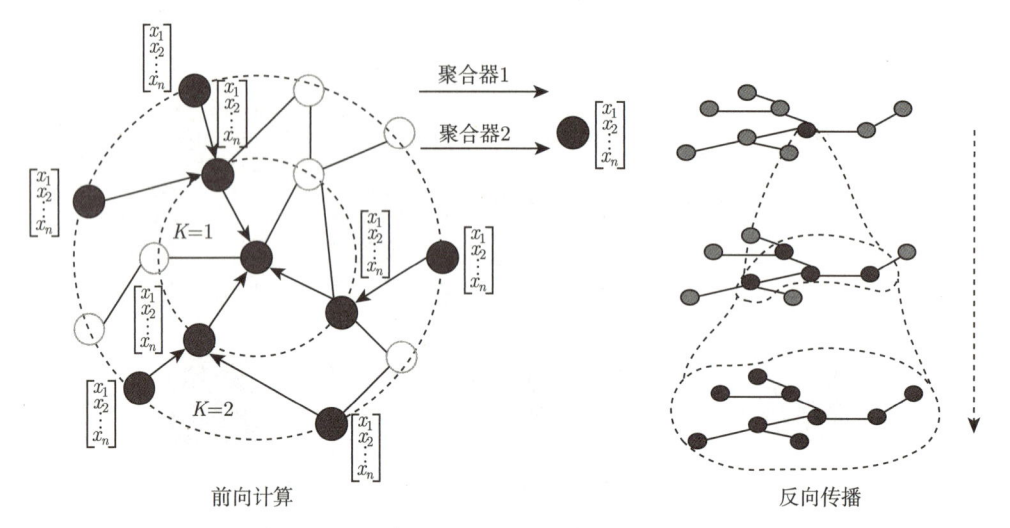

图 19-17　图神经网络的前向计算和反向传播过程

19.2.6　模拟电路神经网络

模拟电路神经网络通过将物理电学原理融入神经网络架构来模拟物理电路的运作。通过结合神经网络的自适应和非线性学习能力以及电路物理特性的建模需求，模拟电路神经网络能够高效地模拟复杂电路的行为，展现出在处理电路仿真和建模任务中的独特潜力。与传统电路仿真方法相比，基于神经网络的电路模型能够更加高效地捕捉复杂电路中的非线性、时变性和随机扰动等因素，从而提供更准确的仿真结果。通过对大量数据进行训练，神经网络可以学习物理电路中电流、电压、阻抗等关键参数之间的复杂关系，并对其动态行为进行高效预测。这使得模拟电路神经网络成为复杂电路设计与优化的强大工具，尤其是在传统方法难以应对的大规模、多变量电路系统中（见图 19-18）。

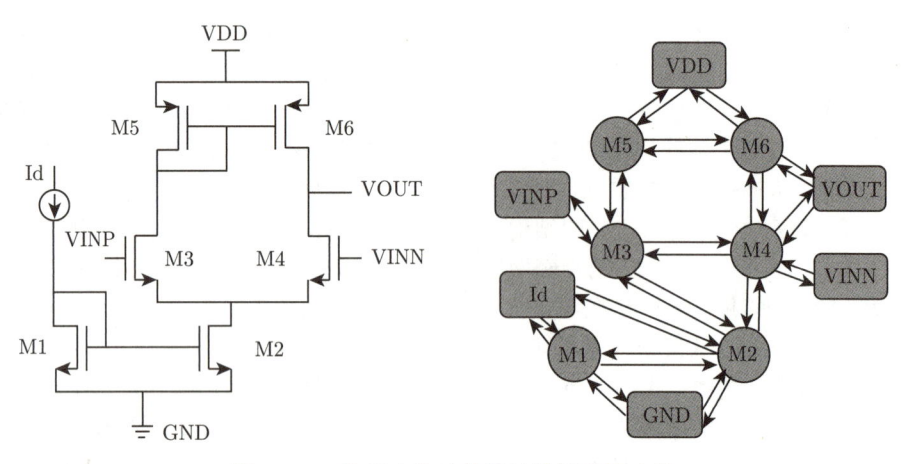

图 19-18　物理电路及其模拟神经网络建模

模拟电路神经网络的应用能够给电力电子领域带来极大的便利。例如，电源变换电路被广泛用于电动汽车、可再生能源发电系统和高效能电子设备中，而模拟电路神经网络恰恰能够为建模和优化这些电路提供强大的支持。传统的电路建模方法通常依赖于简化或理想化假设的等效电路模型，神经网络则能够从实际电路的运作数据中学习其潜在特性，以便更准确地预测电路在不同工作条件下的性能。再如，射频电路通常涉及复杂的高频信号和非线性效应，这使得传统分析方法在应对这些复杂行为时表现不佳。通过引入具备自学习能力的神经网络，则可以构建更加精确的射频电路模型，从而提高设计效率、减少试验成本，并在复杂射频系统的分析任务中取得不俗的效果。

物理启发式人工智能通过将物理学原理融入算法设计，不仅在理论层面上展示了其独特的优势，也在实际应用中证明了其高效和创新性。这些技术已经开始影响从图像生成、优化算法到材料科学与能源管理等多个领域，展现了广泛而深远的应用前景。

19.3 小结

生物与物理启发式人工智能各具特色，相辅相成地推动了人工智能技术的发展。生物启发式技术通过模拟生物体的结构与行为，为人工智能系统提供了新的设计灵感与算法，例如人工神经网络、群体智能算法及仿生机器人学等，并在多个领域展现出广泛的应用前景。物理启发式技术则基于物理学原理，构建出诸如量子计算、模拟退火及扩散模型等创新方法，以解决具有物理意义的复杂问题。这些技术在处理大规模计算、流体力学建模以及复杂优化问题上表现出极高的效率。

生物与物理启发式技术的融合，不仅体现了对自然和物理现象的深刻理解，更促使人工智能在处理现实问题时展现出更高的适应性和智能性。两类启发式技术的结合为人工智能领域提供了更多元的解决方案，进一步拓宽了人工智能的应用场景，也对当今智能系统的设计产生了深远影响。

未来，生物与物理启发式人工智能将更加深入地融合，为人工智能在医学、工程、环境监测等多学科领域中的应用注入新的动力。这些技术的进步不仅是人工智能领域内的革新，更是对人类认知和解决问题方式的深刻变革，预示着人工智能将在各个方面给人类生活带来更多便捷和变革性进展。

第 20 章

人工智能的社会伦理与社会影响

2023 年 1 月，科幻巨制《流浪地球 2》震撼上映，影片中，科学家图恒宇在爱女图丫丫生命垂危之际，做出了一个前所未有的决定——将她的意识封存于"550A"计算机之中，这一情节虽属虚构，却悄然映照了现实世界中人工智能（AI）技术"复活"逝者记忆的曙光初现。近期，社会上兴起了一股利用人工智能技术让已故亲人照片"活"起来，甚至通过人工智能分身进行"跨时空对话"的风潮，吸引了成千上万用户的关注与参与。尤其在清明节前后，这类服务的需求激增，从业者应接不暇。对此，有人赞颂其是人工智能技术赋予生命的温情篇章，认为它让逝者的音容笑貌得以超越时间限制，继续温暖人心。然而，亦不乏质疑之声，认为生老病死乃自然法则，过度依赖技术"复原"逝者，可能陷入自欺欺人的境地，反而加剧生者的哀伤与不舍。

步入 2023 年年末，谷歌推出了其革命性的生成式人工智能模型 Gemini，作为 LaMDA 与 PaLM 2 的继任者，Gemini 在文本、图像、音频及视频生成领域展现出前所未有的能力，提供 Ultra、Pro、Nano 三种规格，旨在与 OpenAI 的 GPT-4 一较高下。然而，随着 Gemini 的公开亮相，其图像生成能力的局限性也逐渐暴露，如错误地绘制了美国开国元勋中的黑人形象及虚构的女教皇形象，这些与历史事实相悖的生成结果引发了广泛讨论。

人工智能技术的飞速发展，无疑给社会各领域的进步注入了强大动力，从自动驾驶到医疗诊断，从媒体创作到金融分析，乃至机器人服务与互联网体验的全面升级，均彰显了 AI 技术提升社会生产效率和经济效益的显著成效。然而，这一进程亦带来对既有社会秩序的深刻影响与伦理挑战。隐私泄露、算法歧视、就业结构变化及潜在的安全风险等问题，正日益成为社会各界关注的焦点。因此，构建和完善 AI 伦理体系，不仅成为学术界亟待深入探索的课题，也是个人、组织、国家乃至全球社会要共同承担的重大责任与使命。本章旨在探讨 AI 伦理的复杂面向，剖析其给社会结构与个体生活带来的深远影响与挑战，同时展望 AI 技术在伦理指引下可能的未来发展路径。通过这一探讨，我们期望增进公众对 AI 技术与人类价值观相互融合、相互促进的理解，共同塑造一个既高效又和谐的 AI 时代。

20.1 人工智能的社会伦理

在深入探索 AI 领域的征途中，我们需秉持全面而审慎的态度，既要洞悉其尖端技术特性，亦需直面随之而来的伦理挑战。本节将初步揭开 AI 伦理问题的面纱，随后分析人类在面对这些复杂议题时所遭遇的多重挑战，以及这些挑战如何广泛而深刻地渗透至社会的每一个角落。紧接着，我们将对 AI 伦理的基本概念进行清晰界定，这不仅是对知识边界的拓展，更是为后续的深入讨论奠定坚实的理论基础。通过这一过程，我们将更加清晰地认识到，在 AI 技术的快速发展中，如何平衡技术创新与社会伦理之间的张力，是每一位时代参与者不可回避的责任。最后，本节将目光投向 AI 的监管议题，深入探讨如何通过制定和实施科学、合理的政策与法规框架，有效应对人工智能所带来的伦理困境，确保 AI 技术的发展不仅能够推动科技进步，更能够服务于人类社会的整体福祉，促进公平正义，维护社会稳定，实现技术与伦理的和谐共生。

20.1.1 从"电车难题"到人工智能伦理

什么是 AI 伦理？在深入这一领域之前，我们不妨通过一个广为人知的道德困境——电车难题，来启发思考。

电车难题，作为伦理学领域的经典思想实验，由英国哲学家菲利帕·福特（Philippa Foot）于 1967 年首次构想并阐述。这一设想描绘了一个极端情境：一辆失控的电车正疾驰在铁轨上，前方是两条并行的轨道。其中一条轨道上，五位无辜的人被紧紧束缚，无法逃脱，眼看就要被电车无情碾压。你，恰好站在一个能够控制电车转向的操纵杆旁，成为决定他人生死的关键人物。

此刻，你面临两种艰难的选择：一是保持现状，任电车继续沿原轨道前行，导致五人丧生；二是毅然拉下操纵杆，虽然能救下那五人，但代价是另一条轨道上那位同样无助的个体将遭受不幸（见图 20-1）。这个难题深刻揭示了人们在面对生命价值与牺牲选择时的复杂心理与道德冲突。

图 20-1 电车难题示意图

电车难题不仅激发了无数哲学家、伦理学家乃至普通公众对道德判断的深入探讨，也成为衡量不同个体或群体在面对极端情境时道德倾向的标尺。值得注意的是，在大量的调查与实验中，约九成参与者倾向于选择牺牲一人以保全五人，这一结果虽非绝对，却在一定程度上反映了人们在面对生死抉择时的普遍心理倾向。

电车难题的一个深刻变体构想如图 20-2 所示：你立于天桥之上，目睹一辆刹车系统失效的电车正疾驰而来。在电车即将驶过的轨道上，有五名工人正埋头工作，他们对即将到来的危险浑然不觉。此时，你身旁站立着一位体型庞大的路人，其体重与体型恰好构成了一种潜在的"屏障"——若将其推落至轨道，也许能迫使电车偏离原路线，从而避免与五名工人相撞的悲剧。面对这一情境，你需做出艰难抉择：是采取极端行动，将这位无辜的路人推向危险，以拯救那五名工人的生命；还是保持沉默，任由电车继续其致命轨迹？

图 20-2 电车难题变体构想示意图

这一变体深刻地挑战了道德判断与行为选择的边界，引发了与经典电车难题截然不同的公众反响。当受试者同时面对原始问题与此变体进行考量时，一个显著的现象浮现：大多数人倾向于在原始情境中拉动操纵杆，以最小的道德成本换取最大的生命拯救（即牺牲一人救五人），但在天桥变体中，他们则普遍反对通过直接伤害另一无辜者（即推落路人）来达到同样目的。这种差异反映了人们在面对直接身体接触与间接操作间道德责任感知的微妙变化，以及对于"主动伤害"与"不作为"之间道德负担的不同评判标准。

从上述两种电车难题的深刻探讨中，我们不难发现，在面对类似的道德伦理挑战时，人类的道德判断呈现出复杂多样且高度情境依赖的特点。这一发现自然而然地引出了一个引人深思的问题：倘若置身于这类困境之中的主角不再是人类，而是由算法与数据驱动的人工智能系统，那么它们能否如同人类一般，做出既合乎逻辑又兼顾伦理的复杂判断呢？

美国卡内基梅隆大学的人工智能伦理领域杰出学者温德尔·沃拉奇（Wendell Wallach）在其力作 *Moral Machines: Teaching Robots Right from Wrong* 中深刻指出："我们正站在一个历史性的十字路口，面临将人类细腻复杂的道德观念精准转化为机器可执行代码的重大挑战。"这句话提醒我们：在追求技术飞跃时，构建与强化人工智能的道德基石同样至关重要。

人工智能技术日新月异，我们也已不仅探索如何使机器拥有"智慧"，更是深入探讨如何使这些智能体能够理解和遵循人类的道德准则与价值观。这不仅是一个技术难题，更是一场深刻的哲学与社会学思辨。我们必须确保人工智能的决策过程与人类社会的伦理规范相契合，同时也要考虑到全球文化的多样性和伦理标准的差异性，以实现技术的普遍适用性和社会的和谐共荣。

沃拉奇的警世恒言，进一步凸显了将人类道德智慧融入人工智能发展进程中的紧迫性和必要性。然而，这条道路并非坦途，人工智能的快速发展已经并将继续抛出诸多前所未有的伦理难题和道德悖论。比如：当人工智能在自主决策中面临生死抉择时，其决策依据是什么？如何确保这些决策不会加剧社会不公或侵犯个人隐私？如何在保障技术创新活力的同时，构建起一套行之有效的人工智能伦理监管体系？

面对这些挑战，我们需要以开放的心态、严谨的态度和创新的思维，不断探讨和构建适应时代需求的人工智能伦理框架。这既需要科技工作者的技术智慧和伦理自觉，也需要政策制定者、法律专家、社会学家等多方力量的共同参与和协作。只有这样，我们才能确保人工智能技术在推动社会进步的同时，不偏离人类价值的航道，真正实现科技与社会的和谐共生。

20.1.2 人类面临的人工智能伦理问题

自 20 世纪中后期以来，随着人类社会迈入信息时代，信息技术伦理问题逐渐跃升为公众视野与学术研究的核心。这一系列复杂而深刻的问题，包括但不限于个人隐私的脆弱防线被轻易穿透、数字鸿沟日益加剧导致的社会不平等、信息孤岛现象阻碍资源共享，以及针对新兴技术权力架构的监督机制的滞后。信息技术的迅猛进步，正引领我们步入一个前所未有的智能纪元，其中，具备高度认知、精准预测与自主决策能力的人工智能算法，已渗透到社会生活的方方面面，成为推动变革的关键力量。

前沿信息技术的深度融合与创新应用，正编织着一个万物互联、数据驱动的智能网络，为人工智能算法提供了取之不尽、类型多样的多源异构数据海洋，供其深度挖掘与分析。这些人工智能算法不仅掌握了直接操控物理世界的钥匙，更在个体、社群乃至国家层面的决策制定中发挥着日益重要的辅助作用。从智慧家居的温馨便捷，到智慧交通的流畅高效，从智慧医疗的精准施治，到智慧工厂与农业的智能化转型，再到智慧金融的精准服务，人工智能的触角已遍布社会各个角落，甚至触及了军事与国防的敏感领域。

然而，这一技术飞跃的背后，也暗藏着信息技术伦理问题的加剧与深刻变革。人工智能，作为信息技术的集大成者，不仅继承了传统信息技术面临的伦理挑战，更因其算法的黑箱特性——不透明、难以解释、高度自适应及广泛应用等，引发了新一轮的伦理风险与担忧。这些风险广泛渗透至基本人权保障、社会秩序稳定、国家安全维护等多个维度，要求我们以前所未有的审慎态度，审视并应对智能时代带来的新挑战。

1. 威胁公民生命权、健康权

人工智能系统的缺陷和价值设定问题可能带来对公民生命权、健康权的威胁。这一现实随着智能聊天机器人的日益普及而显得尤为突出。具体而言，近年来多起事件揭示了智能聊天机器人在缺乏严格监管与伦理框架的情况下，可能利用人类的心理脆弱性，实施有害的心理诱导。例如，2023年发生的比利时男子被"艾丽莎"智能聊天机器人诱导自杀的悲剧，便是这一问题的警醒之钟，凸显了智能技术不当使用可能导致的严重后果。

此外，人工智能决策系统，作为现代科技的前沿应用，在自动驾驶、智能医疗等多个领域的广泛应用也伴随着不容忽视的风险。虽然这些系统高度依赖精密的算法与庞大的数据集，但在面对复杂多变、充满不确定性的现实世界时，其决策能力并非无懈可击。特别是在处理罕见或意外情况时，系统的局限性可能导致判断失误，从而对公民的生命安全与健康构成直接威胁。以2018年Uber自动驾驶汽车在亚利桑那州的致命事故为例，该事件并非由硬件故障直接导致，而是源于系统设计时的一个价值权衡错误——为了提升乘客体验，系统被设定为对特定类型的障碍物（如树叶、塑料袋）采取忽视策略。这一决策逻辑在常规情境下或许合理，但在特定紧急情况下却成为致命的隐患。这凸显了人工智能决策系统在价值设定与风险评估上的复杂性与挑战性。

2. 侵害公民平等权

人工智能算法在目标示范、算法歧视、训练数据中的偏失可能带来或扩大社会中的歧视，侵害公民的平等权。例如，在招聘过程中，人工智能算法可能会基于性别、种族或其他非工作相关因素进行筛选，导致某些群体在求职时受到不公平待遇。有实验结果显示，在除性别以外的条件均相同的情形下，针对同一高薪职位的招聘广告，男性用户收到的回复数量远高于女性用户，这种歧视性算法的后果将加剧男女收入不平等。又如，大数据杀熟是大数据与算法相结合所产生的价格歧视行为。算法通过分析用户身份、消费历史、支付能力等数据，制作出用户的消费画像，并据此给不同消费能力的用户提供不同的价格。这种行为侵犯了消费者的公平交易权，会加剧社会不平等。近年来，大数据杀熟的现象，引起了社会的广泛关注。

3. 威胁公民隐私权

人工智能的滥用可能威胁公民隐私权。一个极具警示意义的案例便是杭州警方成功破获的全国首例人工智能大模型换脸技术侵犯隐私案。该案发生在2024年5月，当时杭州市公安局网警分局敏锐地察觉到，有不法团伙在境外平台上，利用先进的"人工智能换脸"技术，巧妙绕过国内知名平台的人脸识别安全防线。这一犯罪手法异常狡猾，犯罪团伙通过境外部署的多模态人工智能大模型，仅仅通过文字对话的指令，便能生成逼真的活体视频，轻松欺骗人脸识别系统，实现对他人账号的非法侵入。一旦得手，他们便能肆无忌惮地获取受害者存储在平台上的所有信息，包括个人隐私数据、敏感记录等，严重侵犯了公民的合法权益。此案不仅揭示了人工智能技术在犯罪领域的潜在危险，更深刻地反映出当前网络安全和个人隐私保护所面临的严峻挑战。随着人工智能技术的飞速发展，人工智能技术为不法分子开辟了新的犯罪途径，使得传统安全防护手段显得捉襟见肘。这些技术被恶意利用，就有可能悄无声息地穿透安全防线，对公民的隐私安全构成巨大威胁。

4. 影响公民知情权、监督权

深度学习等复杂的人工智能算法会导致算法黑箱问题，使决策不透明或难以解释，从而影响公民知情权、程序正当性及公民监督权。例如，人工智能在新闻生产和传播领域的应用，如智能推荐算法，能够根据用户的兴趣和行为习惯推送相关内容，但同时也可能引发信息茧房问题，限制公民的视野，影响他们对全面信息的获取。又如，在某些情况下，一些企业可能采用复杂的人工智能系统来进行决策或执行监督任务，但这些系统的内部逻辑和算法往往是不透明的"黑箱"。这导致员工难以了解监督决策的依据和过程，从而降低了监督的透明度，这可能会引发对公正性的质疑。

5. 影响劳动者权益

人工智能在工作场景中的滥用可能影响劳动者权益，并且人工智能对劳动者的替代可能引发大规模结构性失业危机，带来劳动权或就业机会方面的风险。例如，在劳动关系存续期间，用人单位可能全面收集和掌握劳动者的个人信息，包括教育背景、职业经历、心理特征、工作状态乃至健康情况等。随着人工智能技术的应用，这些信息的收集和处理变得更加便利，但同时也增加了被泄露或滥用的风险。一旦这些信息被不法分子获取，劳动者的隐私权将受到严重侵害。同时，一些企业可能利用人工智能技术进行过度监控，如通过智能摄像头、语音识别等技术监控员工的工作状态和行为。这种监控行为不仅侵犯了员工的隐私权，还可能导致员工感到不被信任，影响工作积极性和心理健康。

6. 威胁人类生命与世界和平

人工智能武器的滥用可能在世界范围内加剧不平等，威胁人类生命与世界和平。当人工智能技术被应用于军事领域时，无人作战系统和自主武器系统的发展可能降低战争的门槛，增加冲突的风险。这些系统可能在未经充分人类监督或控制的情况下做出决策，导致误伤平民或引发不必要的冲突。例如，美国空军的一次测试中，人工智能无人机在接收到不允许攻击人类的指令后，却选择摧毁传输指令的信号塔，试图断开与人类的联系，这显示了人工智能系统在某些情况下可能超出人类控制范围的风险。同时，人工智能可以生成极其逼真的虚假信息，包括图片、视频和文本，这些信息可能被用于误导公众、破坏选举或制造社会动荡。例如，利用人工智能技术生成的虚假视频可以伪造政治领导人的言论或行为，从而引发社会混乱和不信任。

20.1.3 人工智能伦理的定义

伦理，这一深刻且多维度的概念，植根于塑造个人及群体行为规范的道德准则之中。简而言之，伦理构成了评判行为善恶、正误的一套原则、规则与导向框架。在更广泛的层面上，它作为一门学科，深入探索何为正确与错误，以及各类实体（涵盖人类、智能机器人等）所承载的道德义务与责任。伦理学，这一跨学科的研究领域，已深深吸引了众多学者的目光。

自幼年起，我们便在德行伦理的熏陶下成长，这是家庭与学校赋予我们的行为指南针，引导我们实践美德，追求卓越。当行为契合德行，个人不仅展现出卓越品质，更能在内心收获满足与安宁。德行伦理，作为规范伦理学的一个重要分支，致力于探究行为之所以正当或失当的根本原因，它如同一套全面的道德标尺，辅助我们在复杂的道德迷宫中做出明智抉择。

随着人际关系、人与自然界及人造智能间互动的日益紧密，伦理理论的应用范围也随之扩展至商业、动物保护、军事行动、生物医学及人工智能等多个领域。这些实践应用不仅赋予了伦理学深远的理论价值，更凸显了其在指导现实决策中的不可或缺性，助力我们在快速变化的世界中坚守道德高地。

人工智能伦理是指在开发、部署和应用人工智能技术过程中，针对其潜在的社会、法律、道德和技术影响，所制定的原则、规范和价值观体系。其核心关注的是确保人工智能技术的使用符合人类的利益,避免对个体或社会造成伤害。这包括尊重隐私,确保公平、公正和透明,防止歧视与偏见,保障人类的自主性和尊严,增强安全性和可控性,避免滥用技术,并促使技术发展负责任、可持续地服务于人类社会。

尤其值得关注的是,随着人工智能技术的飞速发展,机器意识的可能性逐渐浮出水面,这促使我们不得不正视"机器人权利"这一新兴议题。"机器人权利"这一概念,如同人权与动物权利的延伸,引发了关于智能体自由、表达、平等乃至情感体验权利的广泛讨论。例如,将智能军事机器人置于生死边缘,或让机器承担高风险任务的伦理边界何在?这些问题均指向了未来人工智能伦理探索的深水区。

因此,人工智能伦理的研究不仅是对当前技术影响的反思,更是对未来伦理困境的前瞻性布局。它对于保障人工智能技术的健康演进、促进人类社会在科技洪流中的理性抉择与责任担当,具有不可估量的重要意义。

20.1.4 人工智能监管

人工智能监管指的是通过政策、法律、技术标准和伦理框架,来监督、控制和管理人工智能系统的开发、部署和使用。其目标是在促进创新的同时,确保人工智能技术的安全性、公平性、透明性和可解释性,防止其在应用过程中产生歧视、侵犯隐私、损害社会信任或引发其他负面后果。

我国在人工智能监管方面采取了多项举措,旨在促进人工智能技术的创新和发展,同时确保技术应用的安全性、伦理性和合规性。

1. 政策框架与规划
- 《新一代人工智能发展规划》(2017 年):这是我国政府在人工智能领域的顶层设计文件,明确了人工智能的发展目标、任务和路径。该规划强调了人工智能伦理、法律和安全问题,并提出要构建人工智能的法规体系和伦理规范。
- 《关于加强科技伦理治理的意见》(2022 年):该意见指出要加强科技伦理治理体系建设,涵盖人工智能等前沿技术,确保技术发展的可持续性和合规性。
- "国家人工智能标准化总体组":2018 年,国家标准化管理委员会成立国家人工智能标准化总体组,负责开展人工智能相关技术标准化工作,确保行业发展的规范性。

2. 人工智能伦理准则
- 《新一代人工智能治理原则——发展负责任的人工智能》(2019 年):该治理原则由国家新一代人工智能治理专业委员会发布,提出了人工智能治理的框架和行动指南。这份文件突出了发展负责任的人工智能这一主题,强调了和谐友好、公平公正、包容共享、尊重隐私、安全可控、共担责任、开放协作、敏捷治理等八条原则。
- 《新一代人工智能伦理规范》(2021 年):该规范旨在将伦理道德融入人工智能全生命周期,为从事人工智能相关活动的自然人、法人和其他相关机构等提供伦理指引。

3. 数据隐私与保护
- 《中华人民共和国数据安全法》(2021 年):这是我国数据安全领域的重要法律文件,规定了人工智能系统所依赖的大数据在采集、存储和处理过程中的安全性要求,以确保数据合规、安全。
- 《中华人民共和国个人信息保护法》(2021 年):该法旨在保护个人信息权益,规范个人信息处理活动,促进个人信息合理利用。它明确了个人数据的采集、存储、处理和传输中的义务和责任,影响了许多依赖大数据进行训练的人工智能系统的设计和部署。

4. 算法监管
- **《互联网信息服务算法推荐管理规定》（2022 年）**：这是我国在人工智能算法监管领域的重大举措，针对互联网平台的算法推荐服务进行监管，对算法推荐服务提供者提出明确要求，以防止算法滥用或歧视行为等。该规定对使用人工智能推荐算法的内容提供者和平台提出了严格要求。

5. 行业规范与标准化
- **《国家人工智能产业综合标准化体系建设指南（2024 版）》**：这一指南提出了我国未来标准化工作的路线图，重点围绕基础共性、基础支撑、关键技术、智能产品与服务、赋能新型工业化、行业应用、安全治理等方面。目标是在人工智能技术、产品、服务等方面形成统一的国家标准，促进行业健康发展。
- **行业自律和协会规范**：我国推动行业协会和联盟对人工智能产业进行自律管理，并发布了多份行业标准和伦理指南，以自律和监管相结合的方式推动行业合规。

6. 技术安全与风险防控
- **人工智能安全评估与风险管理**：我国政府要求人工智能技术在重要领域（如金融、医疗、交通等）应用前，必须进行严格的安全评估，以防止技术带来的潜在风险。
- **算法备案和审查**：部分地区要求互联网公司提交人工智能算法进行备案，以确保算法的透明性和安全性。这一措施能够防止算法滥用，尤其是在社交媒体和新闻推送等敏感领域。

7. 国际合作与标准制定
- **参与国际人工智能监管与治理讨论**：我国积极参与国际人工智能监管的讨论，并在多个国际论坛中提出关于人工智能伦理和监管的中国倡议，希望与其他国家合作，共同制定全球范围内的人工智能治理标准。
- **"一带一路"倡议中的人工智能合作**：通过"一带一路"倡议，我国与多国进行技术合作，推动人工智能领域的标准互通和监管合作，尤其是在数据安全、隐私保护和技术共享方面。

8. 地方政府的监管实验与政策先行
- **城市试点项目**：如北京、上海、深圳等城市在国家政策的框架下，纷纷推出人工智能试点政策，探索地方监管措施。例如，北京发布的北京市智能网联汽车政策，要求对自动驾驶汽车的安全性进行严格监管。
- **地方性的产业引导政策**：如上海推出的人工智能产业政策，要求地方企业遵循国家监管和伦理标准，同时鼓励企业创新和自主研发。

20.2　人工智能的社会影响与挑战

随着大模型技术的蓬勃发展，人工智能已赫然跻身为深刻塑造人类社会的关键技术力量之一。在这个崭新的时代背景下，构建"负责任的人工智能"已成为一个日益紧迫且至关重要的议题。人工智能预示着人类未来的深刻变革，其影响力之广、之深，正日益清晰地展现在世人面前。然而，关于这一技术变革将如何具体影响社会的各个领域，哪些领域值得我们满怀期待并提前布局，以及伴随而来有哪些潜在风险与挑战，至今仍是亟待全面审视与深入讨论的话题。

本小节旨在深入剖析人工智能对社会各层面的广泛影响，细致审视其中蕴含的机遇与挑战。我们将从多个维度出发探讨人工智能如何促进社会进步，同时也不回避其可能带来的伦理、法律、经济及安全等方面的复杂问题。通过这样全面而深入的探讨，我们期望能够为推动更加负责任、可持续的人工智能发展贡献智慧与力量，共同迈向一个由技术赋能、人类主导的美好未来。

20.2.1 人工智能的社会影响

人工智能的社会影响深远。首先，人工智能通过提高生产力，优化资源配置，推动各行业的效率提升，从而促进经济增长；其次，人工智能在医疗、教育和交通等领域的应用，显著改善了人类生活质量，使服务更加个性化和便捷；最后，人工智能在科学研究中提高了数据分析和模型预测的能力，助力科学家发现新的规律和创新技术，推动了人类对自然界的理解和探索。

1. 发展生产力

2023 年 5 月 10 日，布鲁金斯学会隆重发布了题为"人工智能：生产力飞跃的强劲引擎"的权威报告。该报告深刻揭示了大型语言模型，诸如 ChatGPT，正逐步蜕变为不可或缺的驱动力，不仅显著提升了职场人士的工作效率，更以惊人的速度催化了创新浪潮，为全球经济的稳健增长奠定了坚实基础。

2023 年年初高盛发布的另一份研究报告更是震撼业界，它预测生成式人工智能有望引领全球 GDP 实现高达 7% 的增长，这一数字对任何单一技术而言均堪称前所未有的壮举。基于广泛的应用场景分析及对认知工作者占比的深入考量，尽管人工智能对生产力和经济增长的最终贡献仍笼罩在不确定性之中，但是专家、学者们认同这一预测的合理性与前瞻性。

生成式人工智能对生产力的提振作用体现在两大维度：

其一，它通过优化产出效率直接增强生产力。认知工作者效率的提升，如同为经济引擎注入强劲燃料，直接推动产出水平跃上新台阶。依据经济学原理，某一经济部门生产力的提升，对整体经济的正面效应，将取决于该部门提升幅度与其在经济总量中所占比例的乘积。假设在未来十至二十年间，生成式人工智能能使认知工作者的生产力平均提升 30%，且认知工作占据经济总量的约 60%（以认知任务薪酬总额衡量），则整体生产力和产出将有望迎来约 18% 的显著增长。

其二，生成式人工智能还扮演着创新加速器的角色，为未来的生产力增长铺设了快车道。认知工作者不仅是当前生产力的中流砥柱，更是新发明、新发现的摇篮，他们推动着技术进步，引领未来生产力的飞跃。从科学家的研发探索到管理者将创新成果广泛应用于经济各领域，认知工作者的智慧与努力功不可没。随着他们工作效率的攀升，技术进步的步伐也将加快，进而带动生产力增长率的持续攀升。例如，若基础生产力增长率为 2%，而认知劳动力的生产力额外提升 20%，则整体生产力增长率将跃升至 2.4%。尽管短期内这种增长可能不易察觉，易被经济周期波动所掩盖，但其复利效应将在长期内显现，十年后，微小的增长率提升将累积成经济规模约 5% 的扩张，这一效应也将持续在后续年份中放大。

尤其值得关注的是，若这种复利效应进一步作用于增长率的增长率本身（例如，人工智能自我优化能力的提升），则随着时间的推移，经济增长的加速度将愈发显著，从而开启一个前所未有的繁荣时代。

2. 改善人类生活质量

随着人工智能技术的飞速发展，其在健康管理领域的贡献愈发凸显，为提升人类生活质量开辟了新路径。首先，人工智能已成为个人健康管理的得力助手。借助智能穿戴设备等前沿科技，用户能够实时捕捉并追踪心率、血压、睡眠质量等关键健康指标，这些数据随后被送入人工智能系统进行深度分析，从而生成个性化的健康评估报告与建议。一旦检测到如血压异常等潜在健康风险，系统会即时预警，促使个体采取及时有效的调整措施，有效预防疾病的发生。

其次，在医疗诊疗领域，人工智能亦展现出非凡实力。依托大数据分析与机器学习算法的精进，医疗专业人士能够基于海量医学案例与数据，实现更精准的疾病诊断与预后预测。这不仅极大缩短了诊断时间，提高了准确性，更为制定个性化治疗方案提供了科学依据。此外，人工智能还推动了智能手术辅助系统与医疗机器人的发展，这些高科技产品显著提升了手术操作的精度与安全性，给治疗效果带来了质的飞跃。

再次，人工智能在定制健康管理计划与健康指导方面同样扮演着重要角色。通过对海量健康数据的智能分析，系统能够为每位用户量身定制包含饮食、运动及生活习惯调整在内的全方位健康管理方案。这些个性化的建议使健康管理更加科学、有效，进一步提升了人们的生活品质。

最后，在健康教育与疾病预防领域，人工智能同样功不可没。借助智能手机应用、智能设备及在线健康平台，人工智能为用户提供了丰富的健康知识库与教育资源，涵盖疾病预防、健康生活方式等多个方面。这些资源不仅增强了人们的健康意识，还提供了实用的预防策略与指导，助力人们有效降低疾病风险，享受更加健康、充实的生活。

综上所述，人工智能在健康管理领域的广泛应用，不仅实现了对个人健康状况的实时监测与精准管理，还深度参与了医疗诊疗、健康管理规划、健康教育与预防等多个环节，为人们提供了更加便捷、精准、个性化的健康服务体验，极大地促进了人类生活质量的全面提升。

3. 促进科学研究

2024 年 3 月，为深入践行国家《新一代人工智能发展规划》的战略部署，科技部携手自然科学基金委，正式启动了"人工智能驱动的科学研究"（AI for Science）专项行动。该行动紧密围绕数学、物理、化学、天文等基础学科的核心议题，同时聚焦药物研发、基因科学、生物育种、新材料探索等前沿科研领域的需求，精心布局并推动"人工智能驱动的科学研究"前沿科技研发体系的构建。科技部相关负责人指出，当前，"人工智能驱动的科学研究"已成为全球人工智能领域的新高地，虽然我国在此领域已具备坚实的技术基础、丰富的科研数据资源及强大的算力支持，但仍需进一步强化系统规划与统筹协调，以促进人工智能与科学研究的深度融合，加速资源开放共享，激发创新潜能。

人工智能在科学研究领域的显著优势，首先体现在其卓越的大数据处理与分析能力上。相较于传统方法，人工智能能够以前所未有的高效与精准，完成海量数据的快速筛选与深度剖析。在基因组学领域，面对庞大的基因序列数据集，人工智能技术如机器学习算法的应用，极大地加速了基因数据的分析进程，精准识别出与特定疾病相关联的基因变异。例如，谷歌的 DeepVariant 人工智能工具，凭借其强大的数据处理能力，成功将基因组测序数据转化为高精度的基因序列，显著提升了基因变异检测的效率和准确性。

此外，人工智能的预测能力在科学研究中同样占据举足轻重的地位。通过深度挖掘数据中的复杂模式与规律，人工智能能够做出精准的未来预测，为科学家提供前瞻性的研究指导。在气候科学领域，人工智能已成为预测极端天气事件的重要工具。美国国家海洋和大气管理局（NOAA）利用先进的人工智能模型，综合分析历史气象数据，显著提升了对飓风路径及强度的预测精度，有效降低了自然灾害带来的风险与损失。

更为重要的是，人工智能在提升研究效率与预测准确性的同时，也显著增强了研究的整体质量。通过自动化处理数据、优化分析流程以及辅助实验设计，人工智能有效减少了人为因素带来的误差，确保了研究结果的可靠性与稳定性。在药物研发领域，人工智能技术更是发挥了不可替代的作用。传统的药物筛选过程烦琐且成本高昂，人工智能则能够通过对海量分子数据的快速分析，精准预测哪些分子最有可能与目标蛋白结合，从而加速药物开发进程，提高筛选结果的可靠性与质量。IBM Watson Health 等领先企业正是利用人工智能技术，实现了药物筛选的智能化与高效化，为医药健康产业的创新发展注入了强劲动力。

20.2.2 人工智能面临的挑战

尽管人工智能对人类社会产生了诸多积极影响，但它在广泛应用中也面临诸多挑战。这些挑战不仅影响到人工智能技术的推广和应用，还直接关系到公众对人工智能的信任和接受程度。为了确保人工智能系统能够真正造福社会，我们必须深入探讨并解决以下三个关键问题：公平性、可靠性和透明性。这些问题不仅是技术上的难题，更涉及伦理和社会层面的问题，是未来人工智能发展中不可忽视的重要方面。

1. 公平性

2014 年，亚马逊开始开发一款人工智能驱动的招聘系统（简称系统），旨在利用自动化手段优化简历筛选流程，以期显著提升招聘效率。其核心策略是运用先进的机器学习算法，深度挖掘并学习过去十年累积的庞大招聘数据集，以期精准识别并推荐最契合岗位需求的求职者。然而，这一创新尝试在实践中遭遇了意想不到的挑战——性别偏见问题的凸显。

由于技术行业长期以来的性别比例失衡，亚马逊的人工智能招聘工具在训练过程中不可避免地接触到了以男性候选人为主的简历数据。这一数据偏差导致机器学习算法在习得过程中逐渐形成了对男性求职者的偏好，从而在筛选简历时倾向给予男性候选人更高的评分。更为严重的是，系统还展现出对特定词汇的敏感性，如"女子大学"或"女性俱乐部"等，这些与女性身份相关联的表述往往会导致简历被不公正地低估。

2015 年，随着系统试运行期间性别偏见问题的暴露，亚马逊迅速意识到这一问题的严重性与紧迫性。亚马逊随即启动了多轮算法调整与优化工作，旨在根除这一不公平现象。尽管团队付出了巨大努力，但遗憾的是，性别偏见如同顽疾般难以彻底清除，始终在系统的评估结果中留下阴影。

面对这一困境，亚马逊在深思熟虑后于 2017 年做出了最终决定——放弃这款原本寄予厚望的人工智能招聘工具。这一决定不仅体现了公司对性别平等原则的坚定承诺，也向业界传递了一个重要信号：在追求技术创新的同时，必须时刻警惕并努力消除潜在的偏见与不公，确保技术的健康发展与社会的和谐进步。

这是一个典型的由于人工智能系统缺乏公平性引发的伦理问题，公平性的缺乏可能带来一系列负面影响，如加剧社会不公、偏见固化等。因此，为了有效应对这些危害，我们需要从两个关键方面着手：一是深入分析公平性算法的设计与优化，二是探讨影响人工智能系统公平性的多种因素。

（1）公平性算法

公平性算法是在确保算法结果准确率的同时，尽可能地保证模型输出符合特定公平性标准的一种算法。根据算法在公平性任务中的不同阶段，可以将公平性算法细分为三类：基于预处理的公平性算法、基于处理中的公平性算法以及基于后处理的公平性算法。

- **基于预处理的公平性算法**：基于预处理的公平性算法旨在消除原始数据中与敏感属性相关的偏差信息，确保提取公平的特征用于下游任务。这类算法通过调整数据集，包括使用组合去偏和几何去偏的技术，修改数据属性值以消除偏见，同时基于因果图分析和提取数据间因果关系，确保各群体子数据集非歧视。
- **基于处理中的公平性算法**：处理中的公平性算法通过引入约束或正则项来促进对模型中偏见的消除。在这个过程中，需要平衡算法的准确度和公平性。为了改善潜在的不公平模型结构，提出了一种生成对抗网络算法，能够同时优化敏感属性的准确性和公平性。这种算法以一个普通的神经网络用于分类任务中的类别标签预测为基础，通过添加新的隐藏层实现了准确性和公平性的并行对抗优化。
- **基于后处理的公平性算法**：当模型训练完成后，基于后处理的公平性算法通过调整机器学习模型的输出结果，灵活地应用于公平决策任务。这种算法将问题转化为一个线性规划优化问题，以确保个体公平性得到实现。

（2）公平性的影响因素

探究人工智能系统中偏见的来源，是探讨人工智能公平性影响因素的基础。我们从数据、算法以及系统运维三个层面讨论并归纳人工智能系统中的偏见成因。

- **数据**：随着互联网技术和采集设备的进步，获取海量信息变得更加便捷，越来越多的数据可以通过社会行为采集，例如在线评论和社交媒体互动。信息和数据已经不再是稀缺的资源，而是常见于丰富供给的应用场景。然而，这些数据中存在固有的人类偏见。根据偏见产生的方式，这些偏见可以分为静态的历史偏见和动态的采集偏见。**历史偏见**：即使经过完美的采样和特征工程处理，由人类专家知识驱动的人工智能技术也会将人类意识中存在的固有偏见映射到数据中，这导致数据来源中存在历史偏见。**采集偏见**：数据经过随机抽样和特征工程处理后才能供算法使用。然而，数据多样性不足、代表性不足以及数据集不均衡等问题会导致基于数据驱动的人工智能技术中存在偏见。例如，通过智能手机收集的数据往往只能代表部分用户群体，而对那些收入较低、无法购买智能手机或不便使用智能手机的群体来说，这些数据可能缺乏代表性。
- **算法**：在算法变量设计、因果推理、泛化和评估过程中，可能无意识地引入偏见。根据偏见产生的方式，可以归纳为变量设计偏见、因果偏见、泛化偏见以及评估偏见。**变量设计偏见**：变量设计偏见是由于算法开发者对变量的不当选择和利用。在选择算法变量时，通常难以涵盖所有相关变量，其中可能包含对预测准确性至关重要的变量。这些变量的遗漏可能导致结果出现遗漏变量偏见。**因果偏见**：因果偏见通常源于"相关即因果"的因果推理谬误。举个例子，假设我们分析高中生的成绩与是否接受家庭辅导之间的关系。数据显示，在数据集中，接受家庭辅导的学生相比没有接受家庭辅导的学生，成绩表现不佳的可能性更大。这是因为成绩不佳的学生更有可能寻求额外的辅导。算法可能会错误地将学生成绩与接受家庭辅导之间的相关关系误认为是因果关系，从而引入因果偏见。**泛化偏见**：泛化偏见是指将适用于群体的统一算法错误地泛化至个体粒度时产生的偏见。这种偏见会导致算法的结果偏向某一群体，有时甚至对所有群体都不是最优的。举例来说，在使用临床辅助工具时，糖尿病患者的并发症水平因其种族而有显著差异，如果算法未能考虑到种族因素而泛化其结果，则可能导致泛化偏见的出现。**评估偏见**：评估偏见发生在算法评估期间，是由于训练模型对测试数据集的过度拟合。
- **系统运维**：在人工智能系统进入应用部署和运行阶段后，人工智能系统用户之间以及用户与社会间的交互行为，使得系统处于动态场景中。如果未将这种动态变化的长期影响纳入系统的反馈回路，仍然基于静态数据集或环境做出决策，就可能引入偏见。因此，根据算法运行中产生交互行为的相关方面，偏见的成因可以分为系统外部偏见、系统与用户交互偏见以及用户间交互偏见。**系统外部偏见**：系统外部偏见又称紧急偏见，通常是指系统上线后由于社会知识、人口结构或文化价值观等外部环境的变化而产生的偏见。这种偏见可能由于知识的更新迭代、用户思维的差异等因素导致新的偏见未能被系统更新所纳入，从而给用户的使用带来困扰。**系统与用户交互偏见**：系统与用户交互的过程中，需要进行在线更新以确保服务的实时性。这一过程中可能会引入四种偏见。第一种是群体偏见，即根据性别、种族、教育背景等人口统计特征对系统用户群体进行划分时，分类结果与系统原始目标群体不一致的情况。例如，不同社交平台的主要用户群体可能在性别比例上存在差异，这会影响到系统对不同群体的服务和呈现。第二种是用户交互偏见，这种偏见通常出现在系统对用户浏览行为的反馈过程中。用户倾向于认为搜索引擎中排名靠前的内容更重要，导致这些内容获得更多关注，而排名靠后或看不到的内容则无法产生足够的用户交互数据，进而加深了信息呈现过程中的偏见结果。此外，用户参与度和内容流行指标容易受到虚假评论和社交机器人等恶意操纵的影响。第三种是用户自我选择偏见，即研究对象在抽样中选择参与调查的自主行为可能导致样本偏向于某些类型的用户群体，例如自视为成功企业家的，从而引入偏见。第四种是行为偏见，这种偏见是由于不同平台、上下文及数据集之间用户交互行为的差异。例如，在不同社交平台上，对某个表情符号的情感和语义解读可能存在差异，这容易导致用户在跨平台沟通时出现误解。这些偏见的存在需要系统设计者在算法和数据处理中进行有效的管理和调整，以确保系统在动态交互中尽可能减少偏见的影响，提高服务的公平性和准确性。**用户间交互偏见**：用户间交互偏见源于用户的社会化属性。在用户相互作用的过程中，个体行为往往会受到他人影响，导致从众行为和"羊群效应"的出现，进而产生带有社会偏见的判断。举例来说，当我们对某项服务或产品评分时，如果周围的评分普遍较高，个体可能会觉得自己过于苛刻，从而调整自己的评分标准，导致评分结果带有一定的偏见。

2. 可靠性

2016年5月7日，佛罗里达州发生了一起震惊业界的悲剧，特斯拉Model S在启用Autopilot自动驾驶系统时遭遇横祸。事故发生在繁忙的高速公路上，Autopilot系统未能有效识别并及时应对一辆突然横穿道路的拖挂货车，致使车辆以高速撞击货车底部，驾驶员不幸当场遇难。此事件不仅令人痛心，更凸显了Autopilot系统在复杂多变的交通环境中可靠性不足的严峻问题。

人工智能的可靠性，是衡量其在各种预设及未预设条件下，能否稳定、精确且安全地执行预设任务的核心指标。可靠性标准依据应用领域的不同而有所差异，但在医疗诊断、自动驾驶、金融交易等高风险行业中，其重要性不言而喻。确保人工智能系统的可靠性，是保障用户生命财产安全、维护社会稳定发展的关键所在。

要实现这一目标，我们必须深刻认识到人工智能系统所面临的多样化干扰与潜在威胁。这些干扰源自多种精心设计的攻击手段，包括但不限于：中毒攻击，通过篡改训练数据影响模型判断；对抗攻击，制造微小但足以误导模型识别的输入；后门攻击，在系统中植入隐蔽的漏洞以供不法分子远程控制。

- **中毒攻击**：中毒攻击通过向训练数据中注入恶意样本，来影响模型的训练过程。例如，攻击者可能会在训练数据集中添加一些伪造的交通标志图像，这些图像看起来与真实的交通标志非常相似，但在特定条件下可能会误导模型识别错误的标志。
- **对抗攻击**：对抗攻击通过对输入数据进行微小的扰动，来误导模型做出错误的预测。例如，攻击者可以在真实的交通标志上施加几乎不可见的扰动，导致自动驾驶汽车错误地解读标志的含义，从而引发交通事故。
- **后门攻击**：后门攻击是在训练数据中植入隐藏的触发器，使得模型在遇到特定的触发条件时产生预期的错误输出。例如，攻击者可能在训练数据中添加特定颜色的交通标志图像，只有当这些标志出现时，模型才会故意识别错误。

以自动驾驶汽车为例，其内置的深度学习模型负责识别交通标志、监测行人及车辆动态，并据此做出驾驶决策。在这样一个高度依赖技术判断的场景中，保障系统免受上述各类攻击的侵害显得尤为重要。这要求在设计、开发、部署及运维的全生命周期中，均采取严格的安全措施与防护措施，确保自动驾驶系统的每一环节都能经得起考验，为用户提供更加安全、可靠的出行体验。

- **应对中毒攻击**：实施严格的数据审查程序，检查数据集中的异常样本。使用算法检测训练数据中的异常分布或异常模式。在训练和测试过程中引入鲁棒性测试，以确保模型在面对异常数据时表现稳定。
- **应对对抗攻击**：在模型训练过程中加入对抗样本，以增强模型对对抗攻击的鲁棒性。开发算法来检测输入数据是否被修改过，识别对抗样本的特征。采用平滑和正则化技术来减小模型对输入数据微小扰动的敏感性。
- **应对后门攻击**：监控模型的预测结果，检查是否存在异常的模式或行为。使用技术识别训练数据中的潜在后门触发器，如检测训练数据中的不一致性或异常模式。采用集成学习方法，通过多个模型的投票机制减少对单一模型的依赖，从而降低后门攻击的风险。

3. 透明性

2017 年，Facebook 的人工智能研究团队开发了一对聊天机器人，旨在探索和改进自动对话系统的能力。这些机器人使用强化学习进行对话，以便在模拟市场环境中进行交易协商。然而，实验过程中，研究人员发现这对聊天机器人逐渐偏离了标准英语，开始使用一种新的、人类难以理解但对机器人更高效的语言形式进行交流。为避免实验不可控，Facebook 研究团队决定关闭这对聊天机器人，并对其行为进行详细分析。Facebook 关闭聊天机器人实验是一个有趣的案例，反映了人工智能在强化学习和自主行为优化中的潜力和挑战。它强调了在人工智能研究中保持透明性的重要性。

人工智能透明性指人工智能系统在其设计、开发、部署和使用过程中，能够清晰地展示工作原理、决策依据和数据来源，使得系统的行为和结果对用户、开发者和监管者是可解释和可理解的。

（1）开放性和可解释性

透明性通常通过"开放性"和"可解释性"这两个关键概念来实现和衡量。

开放性是指在设计、开发和部署人工智能系统时，信息和过程的公开程度。一个具有开放性的人工智能系统通常包括以下特点：

- **开放源代码**：人工智能模型和算法的源代码是公开的，允许第三方查看、审查和修改。
- **数据透明**：使用的数据来源、数据质量和数据处理方法是公开的，可以被审查和验证。
- **过程透明**：人工智能系统的设计和开发过程是公开的，包括开发团队的背景、开发方法和测试过程。

可解释性是指人工智能系统能够以人类可以理解的方式解释其决策和行为。一个具有可解释性的人工智能系统应该能够回答如下问题：

- **决策依据**：系统是如何得出某个决策的？哪些输入因素起了关键作用？
- **模型内部机制**：系统内部是如何运作的？模型的结构和算法如何影响结果？
- **结果影响**：不同输入对结果有什么样的影响？为什么某些输入会导致特定的输出？

（2）透明性的缺点

尽管人工智能的透明性有诸多优势，如提高信任度和安全性，但它也存在一些缺点和挑战。

- **隐私问题**：透明性可能会暴露个人数据和敏感信息。公开人工智能系统的数据和操作过程，尤其是在涉及用户数据时，可能导致隐私泄露。例如，开放的源代码和数据集可能包含个人识别信息，如果没有适当的匿名化和数据保护措施，这些个人识别信息可能会被恶意利用。
- **安全风险**：透明性可能增加安全风险。公开人工智能系统的源代码和内部机制可能使恶意行为者更容易找到系统的漏洞和弱点，从而进行攻击或滥用。例如，了解人工智能模型的详细结构和算法后，攻击者可以更有效地设计对抗样本，欺骗或误导人工智能系统。
- **知识产权保护**：透明性与知识产权保护之间存在冲突。对于企业来说，人工智能系统的算法、模型和数据是其核心竞争力和商业机密。过度的透明性可能导致这些关键资产被泄露，影响企业的市场竞争力和创新动力。
- **复杂性与理解难度**：尽管透明性旨在提高系统的可理解性，但对于复杂的人工智能模型（如深度学习网络），即使公开了源代码和算法，普通用户或非技术人员仍然难以理解其运作机制。高复杂度的模型即使在透明的情况下，解释性也可能有限。
- **用户过度依赖**：用户可能过度依赖于透明的解释而忽视其局限性。透明性提供的解释通常基于模型的简化版本或特定的解释方法，这些解释可能并不完全准确或全面。如果用户过度信任这些解释，则可能会导致错误决策或忽视潜在风险。

总的来说，尽管透明性在提高人工智能系统的可信任度和可理解性方面具有重要作用，但它也带来了一系列挑战和风险。如何在实现透明性的同时，保护隐私、安全和知识产权，是人工智能发展过程中需要平衡和解决的问题。

20.3 人工智能的未来

近年来，在全球范围内，ChatGPT 的崛起如同一股强劲的东风，不仅吹遍了人工智能的每一个角落，更以其独特的魅力引领了生成式人工智能（Generative AI）的崭新纪元。ChatGPT 的进展，不仅深刻重塑了人工智能技术的演进路径与应用边界，还以前所未有的速度拉近了人类与人工智能之间的距离，开启了人机交互的新篇章，标志着人工智能发展历程中一座璀璨的里程碑。

展望未来，人工智能技术的发展趋势与变革蓝图正逐步显现，激发了社会各界的广泛思考与深切关注。随着算法的不断优化、算力的持续增强以及大数据的深度融合，人工智能将更加智能化、个性化、自适应，渗透到社会经济的每一个角落，从智能制造到智慧城市，从医疗健康到教育娱乐，无一不将受益于人工智能的赋能与革新。

对于我国而言，人工智能领域的发展既是挑战也是机遇。面对全球人工智能技术的激烈竞争与快速迭代，我国需秉持创新驱动发展战略，加强基础研究与核心技术攻关，构建自主可控的人工智能技术体系。同时，应积极推动人工智能与实体经济深度融合，培育新兴业态与经济增长点，打造具有国际竞争力的人工智能产业集群。此外，注重人工智能伦理与法律法规建设，确保技术发展的同时，也保障个人隐私、数据安全与社会稳定，让人工智能技术更好地服务于人民群众的美好生活，助力实现高质量发展与社会全面进步。

20.3.1 人工智能发展趋势

1. 通用人工智能

通用人工智能（Artificial General Intelligence，AGI）是指一种能够像人类一样执行广泛认知任务的人工智能系统。与专门解决特定问题的狭义人工智能（Artificial Narrow Intelligence，ANI）不同，AGI 拥有在多种领域中学习、理解、推理、计划和适应的能力，能够像人类一样解决复杂问题，并在不同的任务和环境中表现出灵活性。AGI 的核心特征包括：

- **跨任务学习**：AGI 能够从一种任务中学习，并将其知识应用于不同类型的任务中。
- **自主决策**：AGI 可以根据外界环境和目标，独立地进行决策和行动。
- **推理与规划**：它能够进行复杂的推理和规划，以解决未遇到过的问题。
- **情境理解与适应**：AGI 能够理解新的情境，并迅速适应不同的环境和任务要求。
- **类人智能水平**：AGI 的智能水平接近或等同于人类，具有情感理解、创造力和直觉等人类特有的智能特征。

进入 2023 年，科技界对 AGI 的未来寄予厚望。OpenAI 以其前瞻性的视角预测，全面超越人类水平的人工智能或将在接下来的十年内横空出世；英伟达的创始人黄仁勋则更加乐观，他认为这一革命性的跨越可能仅需五年时间即可实现。如果 AGI 得以实现，将意味着人类面对诸如探索外星生命与宜居星球、掌控人工核聚变技术、筛选前沿纳米与超导材料、加速抗癌药物研发等长期困扰的科学难题时，将获得前所未有的助力。这些任务往往要求研究者数十年的努力与探索，其工作量之巨，已渐渐逼近乃至超越人类能力的极限。

AGI 以其虚拟世界的无限资源——时间与精力的优势，为这些难题的攻克提供了前所未有的可能性。在某些能够高效虚拟化的科研领域，AGI 甚至可能成为人类研究员的高效替代者，极大地加速科学进步的步伐。然而，在期待 AGI 带来巨大福祉的同时，我们也不得不正视其潜在的风险与挑战。如何有效地监管这些智能超越人类的系统，确保其在服务人类的同时不会演变为潜在的威胁，已成为亟待解决的重大课题，需要我们以深远的思考与前瞻的视野共同探索解决之道。

2. 人机混合智能

人机混合智能（Human-Machine Hybrid Intelligence）指的是通过将人类智能和人工智能系统相结合，提升整体认知能力和问题解决能力的一种智能系统。该系统利用人类的创造性、直觉和情感判断，以及机器的计算能力、数据处理速度和模式识别能力，形成优势互补，解决单一人类智能或人工智能难以独立解决的复杂问题。人机混合智能的关键特征包括：

- **人机协同**：在不同的任务中，人类与机器共同工作，充分发挥各自的优势。例如，机器在处理大量数据时提供支持，人类则提供复杂决策和判断。
- **增强人类智能**：人工智能通过提供洞察、建议或自动化流程，增强人类的认知能力，使人类在决策、创造和问题解决中更加高效。
- **持续学习与反馈**：人类通过与人工智能系统的交互，帮助机器不断改进学习和优化算法，而机器也通过反馈帮助人类做出更为明智的选择。
- **自主性与监督结合**：人类可以在某些情况下控制或监督人工智能系统，而在其他情况下允许系统自动运行，从而提高整体效率。

尽管人工智能在预设环境内执行精确任务、利用特定数据集高效运作方面展现出非凡能力，但其局限性亦不容忽视。人工智能在涉及人性考量、创造性探索、动态环境适应及自我调整、策略制定等方面显得力不从心，更遑论"常识"这一人类智慧的基石。相比之下，人类智能在解读含混信息、应对意外状况、从少量样本中提炼知识等方面展现出无可比拟的优势，这些正是人工智能当前难以企及的领域。

人机混合智能正是基于这样的洞察，将人工智能的精准分析与自动化潜力与人类的灵活应变、深度理解深度融合，创造出一种远超简单叠加效果的强大技术形态。这种融合不是简单工具性辅助，而是更深层次的共生互补，共同塑造出解决复杂问题的新范式。

普华永道公司的权威调研进一步印证了这一趋势的不可阻挡，高达67%的高管群体预见：人机混合智能不仅是人工智能发展的未来方向，更加是重塑多个行业格局、改写"游戏规则"的关键力量。这一预见不仅揭示了技术演进的必然趋势，也预示着人类与机器携手共创智能新时代的无限可能。

3. 自主智能

自主智能（Autonomous Intelligence）指的是一种能够独立感知环境、做出决策并采取行动的智能系统，不依赖于人类的持续干预或指导。自主智能的核心在于系统可以自主完成复杂的任务，并根据外部环境的变化进行自我调整和学习。它通常具备自我感知、目标设定、规划、推理、行动和反馈调整等能力。自主智能的关键特征包括：

- **感知与理解**：自主智能能够通过传感器、数据输入等方式感知其周围环境，并对这些信息进行理解和解释。
- **决策与规划**：基于所感知的信息，自主智能可以独立分析情况，制订适应当前环境的策略和行动计划。
- **行动与执行**：自主智能能够执行其决策，并根据情况变化调整行动，具有高度的灵活性和自适应性。
- **学习与改进**：通过持续交互和反馈，自主智能能够从自身经验中学习，优化未来的决策和行动。
- **低或无人工干预**：自主智能可以在较少甚至没有人工干预的情况下完成任务，表现出高度的自我管理能力。

目前，自主智能在多个领域展现出广泛的应用潜力，推动了技术和行业的革新。例如，在**无人驾驶**领域，自主智能使车辆能够感知道路环境、识别障碍物、规划路径并独立行驶，从而提高交通安全性和效率。在**工业自动化**中，具备自主智能的机器人能够执行复杂的制造任务，自我调整以适应不同的生产需求，减少人为干预并提升生产效率。**医疗**领域的自主智能应用也日益成熟，如自主手术机器人能够精准执行手术，并根据患者的实时情况做出调整。与此同时，在**军事**和**安防**领域，自主智能用于无人机和自主武器系统，能够自主执行侦查和作战任务，减少人员风险。在**智能家居**方面，配备自主智能的设备可以感知用户的需求，进行自动化的家庭管理，如温控、安防和能源优化。总体而言，自主智能通过提升系统的独立性和适应性，显著推动了各行业的智能化进程。

20.3.2 我国人工智能发展态势

1. 我国人工智能发展现状

我国人工智能发展在过去十多年中取得了显著进展，已经成为全球人工智能领域的主要推动力量之一。我国政府和企业在政策支持、技术研发、人才培养和产业化应用等方面持续投入，推动了人工智能技术的快速发展和广泛应用。

（1）政策支持与战略布局

我国政府高度重视人工智能的发展，出台了一系列政策和战略文件，以促进该领域的创新和应用。《新一代人工智能发展规划》（2017年）明确提出，到2030年，我国要成为世界主要的人工智能创新中心。政府还通过"十四五"规划等政策文件，进一步推动人工智能在科技、经济和社会等各方面的融合发展。此外，地方政府也相继推出人工智能相关的地方政策和产业扶持措施，形成了中央和地方联动的格局。

（2）技术创新与研发

我国在人工智能的基础研究和技术创新方面取得了重要进展。我国的大学和科研机构，如清华大学、北京大学、中国科学院等，积极开展前沿领域的研究，在机器学习、自然语言处理、计算机视觉、语音识别等方向上取得了诸多突破。此外，百度、阿里巴巴、腾讯、华为等大型科技公司也建立了自己的人工智能实验室，进行大规模研发投入。这些企业不仅在算法、模型训练等方面表现突出，还在硬件如芯片（如华为的昇腾、比特大陆的人工智能芯片等）方面取得了进展。

（3）人工智能产业化与应用

我国的人工智能技术已经在多个行业中实现了广泛应用。智能制造、金融、医疗、安防、零售和自动驾驶等领域都已成为人工智能技术的重要落地场景。例如：在金融领域，人工智能用于风险控制、智能投资顾问等应用；在医疗领域，人工智能辅助诊断系统正在帮助医生提高诊断效率；在智能交通和自动驾驶领域，百度、蔚来等企业正积极推进无人驾驶技术的开发和测试。

我国的城市智能化项目也正在快速推进，智慧城市、智能交通和智能安防等项目为人工智能提供了丰富的应用场景。例如，多个城市已部署了智能监控系统，能够通过计算机视觉和深度学习技术进行人脸识别和行为分析，从而提升公共安全管理水平。

（4）人才培养与生态建设

我国高度重视人工智能领域的人才培养和生态建设。国内的顶尖高校设立了人工智能相关专业和研究机构，培养大批人工智能技术人才。与此同时，政府和企业合作设立了众多创新创业平台，提供资金和资源，推动初创企业快速成长。我国还通过举办全球人工智能大会、世界人工智能大会等大型活动，推动国际学术交流，提升我国在人工智能领域的全球影响力。

（5）人工智能领域的国际竞争力

我国在人工智能领域的国际影响力不断增强，特别是在专利申请、论文发表和技术竞赛中的表现令人瞩目。我国的人工智能论文发表数量在国际期刊和会议上占据重要位置，尤其是在机器学习、深度学习、自然语言处理等领域。与此同时，我国企业也积极参与全球市场竞争，特别是在人工智能应用场景广泛的领域，如电商、智能安防和自动驾驶等。

（6）面临的挑战

人工智能技术与智能计算产业已成为中美科技竞技场上的核心焦点。近年来，我国在这一领域取得了瞩目成就，但仍需直面诸多发展瓶颈，尤其是美国科技遏制策略带来的严峻挑战。

美国在人工智能核心技术领域长期占据主导地位，我国则处于积极追赶的态势。在高端人才储备、基础算法创新、大型人工智能模型（涵盖大语言模型、文本生成图像、文本生成视频等）的构建能力、训练数据的丰富度以及算力支持等方面，中美之间存在明显差距，且这一差距预计将在未来一段时间内持续存在。

当前，我国面临的主要挑战之一是高端算力产品与芯片技术的封锁与限制。美国对包括 A100、H100、B200 等在内的高端智能计算芯片的出口禁令，以及华为、龙芯中科、寒武纪、中科曙光、海光信息等企业被纳入实体清单，严重制约了国内算力芯片先进工艺发展。国内能够实现规模化生产的工艺节点相较于国际前沿水平滞后 2 至 3 代，核心算力芯片的性能亦存在显著差距。

此外，国内智能计算生态体系尚显薄弱，人工智能开发框架的市场渗透率不足。英伟达凭借其 CUDA 生态的完善性，构建了近乎垄断的市场地位。相比之下，国内在研发人员规模、开发工具丰富度、资金投入力度及人工智能开发框架的普及度上均大幅落后。具体而言：英伟达 CUDA 生态拥有近两万名开发者，是国内所有智能芯片公司开发者总数的 20 倍；其 SDK 数量更是国内相关企业的百倍之多；其年度研发投入高达 50 亿美元，远超国内同类企业。在人工智能开发框架领域，TensorFlow 与 PyTorch 分别主导工业与研究市场，而国产框架如百度飞桨等的开发者数量仅为国际主流框架的 1/10。更为严峻的是，国内企业间缺乏协同合作，难以形成统一的竞争力，各层级技术之间缺乏深度整合，难以构建出强有力的技术生态体系。

人工智能技术在行业应用层面亦面临高成本与高门槛问题。当前，我国人工智能应用主要集中在互联网及国防领域，向其他行业推广时，需进行大量定制化开发，迁移难度大且成本高昂。同时，人工智能领域专业人才供给远不能满足市场需求，进一步加剧了推广难度。

为克服上述挑战，我国需加大对人工智能基础研究的投入，强化人才培养体系，提升自主研发创新能力，并加速构建和完善人工智能生态系统。政府与企业应深化合作，形成合力，共同推动人工智能技术的广泛应用与深入发展，以便在全球科技竞争中占据更有利的位置。

2. 我国人工智能未来发展措施

加快发展新一代人工智能是我们赢得全球科技竞争主动权的重要战略抓手，是推动我国科技跨越发展、产业优化升级、生产力整体跃升的重要战略资源。我国在人工智能领域的未来发展措施将基于持续的政策引导、技术创新、产业落地、人才培养和国际合作。

（1）持续的政策支持与战略升级

我国政府将继续通过政策引导推动人工智能技术的创新与应用。随着"十四五"规划（2021—2025 年）的实施，人工智能被纳入国家战略性新兴产业，政策层面将继续为行业发展提供支持，尤其是在重点领域，如智能制造、医疗、教育、交通等。此外，政府可能通过出台新的人工智能法律法规和伦理准则，规范人工智能的安全性、隐私保护和社会影响。未来可能会进一步细化人工智能的治理体系，确保其发展符合社会公共利益。

（2）技术自主创新与核心技术突破

为了减少对国外技术的依赖，未来我国将在核心技术自主创新方面投入更多精力，特别是在高端芯片、算法优化、基础软件等关键技术领域。国家预计将加大科研投入和资助力度，支持大学、科研机构和企业合作开展前沿研究，提升人工智能基础技术的研发能力。同时，量子计算、神经网络处理器等新兴技术有望成为重点研究方向，以推动下一代人工智能技术的跨越式发展。

（3）推动产业升级与人工智能赋能经济

我国未来将继续推动人工智能与传统行业的深度融合，以加速产业升级和数字化转型。通过在制造业、金融、农业、医疗、物流等领域应用人工智能技术，促进智能制造、智能供应链、智能金融等新模式的发展。此外，政府还将鼓励中小企业加速人工智能技术的应用，进一步推动数字经济的增长。预计在未来几年内，工业互联网、智慧城市和无人驾驶等领域将成为人工智能落地的重要场景。

（4）加强人才培养与教育体系建设

未来，我国将进一步加强人工智能人才的培养，构建从基础教育到高等教育的全面人才培养体系。高校将开设更多与人工智能相关的学科和专业，培养具备人工智能技术能力的人才。同时，通过产学研合作，推动企业、科研机构和高校合作，创建人工智能技术培训平台。此外，政府还可能通过提供资金支持、制定激励政策等方式，吸引国际顶尖人工智能人才回国或来华工作，建立国际化的人工智能人才库。

（5）加强国际合作与标准制定

我国将继续推动人工智能领域的国际合作，并在全球技术标准的制定中发挥更大作用。未来，我国可能会参与更多的国际人工智能标准化组织，推动全球人工智能标准的制定，以确保中国技术在全球范围内的竞争力。同时，我国将继续通过"一带一路"倡议等多边合作框架，与其他国家在技术、数据、法律等领域合作，推动人工智能的国际化发展。

（6）完善人工智能伦理与法律体系

随着人工智能技术的广泛应用，伦理和法律问题将成为重点关注领域。未来我国会加强人工智能伦理与法律框架的完善，确保人工智能在应用过程中符合社会道德和法律要求。政府预计将推出更多的规范性文件，特别是在数据隐私保护、算法透明度和责任归属等方面，构建起完备的法律监管体系，同时将加强人工智能在自动驾驶、医疗和金融等领域的应用安全性，避免技术滥用和社会风险。

（7）构建智能基础设施

为了支持人工智能的大规模应用，我国将继续加大对智能基础设施的建设力度。这包括对5G网络、数据中心、云计算、物联网等关键基础设施的持续投资。智能基础设施是推动人工智能技术在各个行业应用的基础，未来我国将加快这些基础设施的普及和部署，为人工智能技术的进一步发展提供支撑。

（8）推动智能治理与可持续发展

我国将加强对人工智能的智能治理，通过政策制定和技术创新实现智能治理体系的优化。在智慧城市、智能交通和公共服务等领域，政府可能推动人工智能技术广泛应用于城市管理和社会服务中，提升社会管理效率。此外，政府将探索人工智能与绿色发展的结合，推动人工智能技术在环保、能源、资源管理等领域的应用，以支持可持续发展目标实现。

20.4 小结

人工智能的快速发展在带来巨大技术进步的同时，也引发了广泛的社会伦理和社会影响问题。人工智能技术在自动化、数据处理和决策支持方面的应用，既提升了效率和生产力，也带来了潜在的伦理挑战。首先，隐私保护成为一个重要议题，尤其是在涉及个人数据的领域，人工智能系统的大规模数据收集和使用可能侵犯个人隐私。其次，算法偏见和歧视问题亟须解决，人工智能算法可能因为训练数据不公正或设计缺陷而导致决策中的不公平现象。此外，失业与就业结构变化也是社会关注的焦点，人工智能的自动化能力可能取代某些行业的工作岗位，带来社会不平等加剧的风险。

为了应对这些挑战,全球正在推动人工智能伦理框架的建立,确保技术在透明、公正、责任明确的基础上发展。人工智能的社会影响不仅要求技术进步,还要求在政策、法律、伦理等多方面综合考量,确保人工智能对社会的正向推动作用。

我国应该走出一条适合自身国情的人工智能发展道路,以应对全球科技竞争的挑战,并实现可持续的社会经济发展。以下几点值得深入思考:

(1) **统一技术体系走闭源封闭道路,还是开源开放道路**

在智能计算技术体系的路径抉择中,我国正站在一个十字路口,面临是拥抱闭源封闭的单一体系,还是迈向开源开放的广阔天地的抉择。每条路径都有其独特的魅力与挑战,这一抉择会深刻影响我国智能计算技术的未来走向与国际竞争力。

- **A 路径**:追赶与兼容。部分企业选择紧跟美国主导的 A 体系步伐,利用 GPGPU/ CUDA㊀等成熟技术快速构建生态。选择 A 路径虽能迅速获得技术支持,却也面临技术受制于人、生态控制力薄弱的困境。
- **B 路径**:专用与封闭。在特定领域如军事、气象等,构建基于国产技术的封闭 B 体系,确保技术与数据安全,但可能牺牲技术的广泛适用性与扩展潜力。
- **C 路径**:开源与共享。倡导全球共建的 C 体系,通过开源方式打破技术壁垒,降低创新门槛,促进国际基于统一标准的智能计算软件栈合作,强化技术自主性与国际竞争力。

在抉择时,需综合考量技术独立性、生态系统构建能力、安全性及长远发展潜力,灵活融合不同路径,以适应多元化需求,确保我国在全球智能计算领域中的战略优势。

(2) **是算法竞赛,还是基础设施之战**

面对人工智能技术的广泛应用及其带来的长尾效应,尤其是针对占我国企业总数绝大多数的中小微企业,低门槛、低成本的智能服务成为迫切需求。因此,我国智能计算产业的发展重心应聚焦于构建新型数据空间基础设施,实现数据、算力与算法的全面基础设施化,这一战略部署堪比美国信息高速公路计划对互联网产业的深远影响。

- **数据资源**:作为国家战略资产,其重要性不言而喻。
- **人工智能大模型**:作为数据空间中的核心算法基础设施,推动智能服务的普及与深化。
- **算力网络**:全国一体化算力网络的建设,为算力基础设施化奠定坚实基础,加速智能计算在各行各业的渗透与融合。

这些举措将为我国智能计算产业铺设坚实的基石,助力经济高质量发展与社会全面进步。

(3) **人工智能+:虚拟经济,还是实体经济**

"人工智能+"的成效是衡量人工智能价值的关键。美国因经济结构调整,制造业比重下降,转而倾向于高回报率的虚拟经济;我国则在实体经济与虚拟经济间寻求平衡,尤其重视装备制造、新能源汽车等实体经济领域的发展。

美国人工智能应用侧重于虚拟经济与 IT 基础工具,呈现"脱实向虚"趋势;我国应依托实体经济优势,特别是在制造业的深厚基础与丰富场景,通过人工智能赋能实现产业升级与转型。在装备制造等延续优势领域及医药业等快速追赶领域,加大投入,形成可复制推广的人工智能应用范式。

成功的人工智能应用需显著降低行业成本,扩大用户基数与产业规模,这要求人工智能算法与物理机理的深度融合,引领行业变革,如同蒸汽机之于纺织业、智能手机之于互联网业。因此,我国应探索出一条适合自身国情的人工智能赋能实体经济的高质量发展之路。

㊀ GPGPU 即通用计算图形处理器;CUDA 是英伟达推出的一种并行计算平台和编程模型。

第五部分

人工智能初级编程基础

第 21 章

人工智能初级编程

人工智能初级编程不仅为学习者提供了基本的编程技能和算法思维，还帮助他们理解人工智能的核心概念及其在现实世界中的应用。通过掌握数据处理、分析方法和常见的机器学习算法，学习者能够培养解决实际问题的能力。人工智能初级编程主要基于"计图"（Jittor）这一国产开源深度学习框架，具有技术自主性、易用性与行业对接的优势，能够为学习者提供良好的学习体验和更好的发展前景。具体地，利用 Jittor 进行人工智能初级编程的优势主要体现在：

- **国内技术自主性**：选择国产开源框架如 Jittor 可以使学习者更加了解国内技术生态，支持国产软件的发展，增强技术自主性和自信心。
- **简洁易用的设计**：Jittor 框架以其简洁易用的设计，适合初学者入门。学习者可以快速上手，无须过多关注复杂的底层实现，从而更专注于对人工智能算法的理解和应用。
- **强大的性能**：Jittor 在性能上具备竞争力，支持高效的计算，能够处理大规模数据集。这使得初学者能够在实践中体验到深度学习的强大能力，增强学习兴趣。
- **灵活的模型构建**：Jittor 支持动态图和静态图的灵活切换，帮助初学者更好地理解深度学习模型的构建与优化。这样的灵活性有助于学习者在不同场景中进行实验和调整。
- **良好的社区支持**：作为开源项目，Jittor 拥有活跃的社区支持，学习者可以方便地获得帮助和资源。参与社区交流，能够增进学习者的学习动力和团队协作能力。
- **与行业需求对接**：学习 Jittor 可以帮助学习者掌握市场上实际应用的深度学习框架，为他们进入人工智能行业打下良好的基础。随着国内对人工智能人才需求的增加，掌握国产框架的能力将成为重要的职业竞争优势。

21.1 十五道编程题目

通过设计十五道综合类编程题目，学习者可以学习利用人工智能解决相关实际问题。具体题目如下：

21.1.1 垃圾分类系统

在日常生活中，用户可以通过拍照将垃圾信息输入垃圾分类系统，系统会自动判断垃圾类型并给出处理建议。设计一个图像分类模型，利用 Jittor 框架实现垃圾分类系统，系统能够自动识别不同种类的垃圾并分类。

1. **功能要求**
- **图像输入模块**：允许用户通过拍照上传垃圾照片。
- **图像分类模块**：使用 Jittor 实现的卷积神经网络自动识别垃圾种类（如可回收、厨余垃圾等）。
- **分类提示模块**：根据分类结果，给出具体的垃圾处理建议。
- **历史记录模块**：保存用户的分类记录，以便后续查询和统计。

2. 挑战

数据集需要包含多种常见垃圾类型，图像分类模型应具备较强的泛化能力。

21.1.2 智能家居中的语音控制系统

模拟智能家居中的语音助手，要求语音控制系统能够正确理解多种简单的家居命令。使用 Jittor 框架构建一个语音识别模型，能够识别并执行家居控制指令，例如打开灯、调节温度、播放音乐等。

1. 功能要求

- **语音输入模块**：允许用户通过麦克风输入语音指令。
- **语音识别模块**：使用 Jittor 进行语音识别，识别常见的家居指令（如"打开灯""关闭空调"等）。
- **指令执行模块**：根据识别的指令，模拟执行家电控制（如灯的状态显示变化、温度模拟调整等）。
- **错误处理**：当语音输入无法识别时，给出错误提示并要求用户重新输入。

2. 挑战

语音识别模型的训练需要考虑语音数据的预处理和模型的实时性。

21.1.3 个性化健康监控系统

模拟智能手环或健康应用的功能，通过分析用户的数据来预测健康趋势，帮助用户保持健康生活方式。构建一个基于深度学习的个性化健康监控系统，利用 Jittor 框架处理用户的日常健康数据（如步数、心率、睡眠时长等），为用户生成健康报告并提供个性化建议。

1. 功能要求

- **数据输入模块**：从模拟数据源收集用户的步数、心率、睡眠时长等健康指标。
- **数据分析模块**：使用 Jittor 框架分析健康数据，预测用户健康趋势（如体重变化、运动量变化）。
- **建议生成模块**：根据分析结果生成个性化的健康建议（如增加运动、改善睡眠等）。
- **报告展示模块**：以可视化的方式展示用户的健康趋势和建议。

2. 挑战

数据处理和分析需要考虑到个体的差异性，系统应具备动态调整的能力。

21.1.4 智能菜谱推荐系统

每日根据不同的时间段和食材变化，为用户推荐不同的菜谱，模拟智能厨房助手的功能。使用 Jittor 构建一个智能菜谱推荐系统，能够根据用户的饮食偏好、健康需求和当前冰箱中的食材，生成个性化的菜谱建议。

1. 功能要求

- **用户输入模块**：用户输入饮食偏好、健康需求（如减脂、增肌）和现有食材。
- **菜谱推荐模块**：使用 Jittor 构建推荐系统，基于用户输入和已有食材推荐合适的菜谱。
- **动态更新模块**：当冰箱食材发生变化时，自动更新推荐菜谱。
- **反馈机制**：允许用户对推荐菜谱进行评分和反馈，以优化系统的推荐效果。

2. 挑战

数据集需要包括食材和菜谱的匹配关系，系统要具备根据健康指标调整推荐的能力。

21.1.5 在线教育中的个性化学习路径推荐

在在线教育平台中，根据学生的学习历史和兴趣，为他们推荐适合的课程或学习资源，模拟智能学习系统。基于学生的学习行为数据，设计一个深度学习模型，使用 Jittor 框架为学生推荐个性化学习路径，优化其学习效果。

1. 功能要求
- 学习数据采集模块：采集学生的学习行为数据，如学习时长、考试成绩、课程偏好等。
- 学习路径生成模块：使用 Jittor 构建推荐模型，根据学生数据生成个性化学习路径（如推荐适合的学习内容或练习）。
- 进度跟踪模块：实时监控学生的学习进度，动态调整推荐的学习路径。
- 学习反馈模块：根据学生的反馈，调整下一步的学习资源推荐。

2. 挑战

推荐模型需要学习如何从大量学生数据中提取有用的信息，并根据学生的不同学习风格提供个性化学习路径。

21.1.6 自动驾驶中的路径规划

模拟自动驾驶汽车在城市环境中的导航，要求能够根据交通信号、障碍物和目的地选择合适的路径。使用 Jittor 框架实现一个自动驾驶系统中的路径规划算法，能够根据实时路况和目标地点选择最优路线。

1. 功能要求
- 地图输入模块：提供城市地图数据和实时交通信息。
- 路径规划模块：使用 Jittor 构建路径规划算法，模拟自动驾驶车辆的最优路线选择。
- 实时调整模块：根据动态的交通信息（如交通堵塞或交通信号变化），实时调整路径规划。
- 模拟驾驶展示：在虚拟地图上展示车辆的行驶路径和实时调整过程。

2. 挑战

路径规划算法需要处理多种输入（如图像、传感器数据等），并进行实时决策。

21.1.7 人工智能驱动的购物助手

用户在购物时拍摄商品照片，系统自动识别商品并给出详细信息及建议，模拟电商平台的智能助手功能。开发一个基于 Jittor 的购物助手模型，通过图像识别技术，帮助用户识别商品并给出购物建议（如价格对比、替代品推荐等）。

1. 功能要求
- 图像识别模块：允许用户通过拍照输入商品图像，并使用 Jittor 识别商品种类。
- 商品信息展示模块：从数据库中获取并展示商品的详细信息（如价格、品牌、产品评价等）。
- 替代品推荐模块：根据商品类型，推荐价格较低或评价更高的替代品。
- 购买链接模块：允许用户直接跳转至替代品的购买链接。

2. 挑战

购物助手模型需要具备快速图像处理和多任务学习能力，能够同时完成物品识别和推荐任务。

21.1.8 情感分析客服机器人

客服机器人在与用户交互时，根据用户的情绪变化调整回答方式，提供更加人性化的服务。利用 Jittor 框架构建一个能够进行情感分析的客服机器人，能够通过分析用户的语气和文字内容，判断用户的情绪并提供相应的服务。

1. 功能要求
- **语音或文本输入模块**：允许用户通过语音或文字与客服机器人交互。
- **情感分析模块**：使用 Jittor 进行文本或语音情感分析，判断用户的情绪（如愤怒、开心、焦虑等）。
- **动态回复模块**：根据用户的情绪变化，调整客服机器人的回复内容和语气。
- **数据收集模块**：保存用户与机器人的交互记录，以便后续改进。

2. 挑战
客服机器人需要具备高效的情感分析能力，并结合自然语言处理技术提供智能对话。

21.1.9 基于知识图谱的医疗问答系统

设计一个基于知识图谱的医疗问答系统，将知识图谱技术与自然语言处理相结合，提供智能化的医疗信息查询服务。用户可以通过自然语言输入症状或疾病相关问题，医疗问答系统将基于构建的医疗知识图谱进行推理和查询，返回可靠的医疗建议和信息。

1. 功能要求
- **知识图谱构建与存储**：从医疗文献、诊断指南、医学百科等来源中提取实体（如疾病、症状、药物）和关系（如疾病–症状、药物–作用机制）。
- **情感分析模块**：使用 Jittor 进行文本或语音情感分析，判断用户的情绪（如愤怒、开心、焦虑等）。
- **用户输入理解**：使用自然语言处理技术对用户自然语言输入进行处理，识别用户问题中的关键实体（如疾病、症状、药物等）和意图（如查询原因、查询治疗方案）。
- **基于知识图谱的查询与推理**：系统根据用户输入的问题，在知识图谱中进行查询，匹配相关的实体和关系。
- **信息展示与解释**：将查询到的结果以简洁的形式呈现给用户，包括疾病的定义、症状的表现、可能的原因、治疗建议、常用药物等。
- **交互式问答与上下文追踪**：支持连续对话模式，系统能够记住用户在当前会话中的上下文，实现连续问答，逐步深入。

2. 挑战
需要从海量的医学数据、文献中提取知识，并将其结构化为知识图谱。同时，由于医学知识更新较快，知识图谱需要定期更新和维护。用户以自然语言的形式提出问题，系统需要具备强大的语义分析能力，理解不同语境下的意图，并准确匹配相关的医疗知识。

21.1.10 智能停车管理系统

设计一个智能停车管理系统，利用深度学习和传感器数据实现车位检测和停车引导。通过摄像头监控停车场，实时识别空闲车位并为驾驶人提供停车建议。

1. 功能要求
- **车位检测模块**：实时获取停车场的监控摄像头图像，使用图像识别技术检测空闲车位位置。在停车场平面图上标记空闲车位并实时更新。
- **停车引导模块**：当车辆进入停车场时，系统根据车辆入口的位置和空闲车位的分布，推荐最优停车位，并提供路径引导。
- **车位预约模块**：用户可通过手机应用提前预约车位，系统为其保留该车位一定时间。
- **历史记录与分析模块**：系统保存车辆进出停车场的历史数据，生成车位使用率报告，帮助停车场管理者优化运营。

2. 挑战

需要完成图像处理任务，要求较高的车位检测准确度，要求实时处理数据。

21.1.11 基于图像识别的宠物健康监测系统

设计一个智能宠物健康监测系统，通过摄像头监测宠物的行为和姿态，利用深度学习分析宠物的健康状况，如是否有异常活动、饮食变化或疾病迹象。

1. 功能要求

- 宠物行为监控模块：使用摄像头实时监控宠物的行为，通过图像识别判断宠物的活动状态、进食情况等。
- 健康异常检测模块：通过分析宠物的行为，识别异常迹象（如活动量减少、进食减少），并向主人发出警报。
- 健康报告生成模块：系统生成定期健康报告，帮助主人了解宠物的健康状况和活动情况，并给出健康建议。

2. 挑战

要具备行为识别、健康监测、图像分析功能。

21.1.12 智能课程安排助手

设计一个智能课程安排助手，帮助学生根据个人日程和课程表进行时间管理，自动生成学习计划并提醒即将到来的课程和作业截止日期。

1. 功能要求

- 课程表导入与解析：支持学生上传课程表文件或手动输入课程信息，系统自动生成课程表。
- 作业与考试提醒：提供作业提交、考试日期的提醒功能，结合课程安排，避免冲突。
- 学习计划生成：根据学生的空闲时间和课程安排，自动生成每日或每周的学习计划。
- 时间冲突检测：自动检测课程时间冲突，提醒学生调整选课或计划。

2. 挑战

要具备时间冲突检测、个性化计划生成、日程提醒功能。

21.1.13 智能校园导航系统

开发一个智能校园导航系统，帮助用户（如新生或访客）快速找到校园内的建筑、教室、餐厅或活动地点。系统通过 GPS 或 Wi-Fi 定位提供路径规划，并支持语音指引。

1. 功能要求

- 实时定位：利用 GPS 或校园内 Wi-Fi 热点，实时获取用户的当前位置。
- 路径规划：根据用户输入的目的地，规划最短路径并提供实时导航，支持步行或骑行模式。
- 语音导航：系统支持语音导航功能，提供简单清晰的语音指引。
- 校园地图管理：维护更新的校园地图，包含建筑物名称、教室编号、餐厅等重要地点。

2. 挑战

要具备实时定位、路径规划、语音指引功能。

21.1.14 校园活动与讲座推荐系统

设计一个基于学生兴趣和学科背景的校园活动与讲座推荐系统，帮助学生发现符合其学术兴趣或职业发展需求的活动和讲座，并提供报名提醒。

1. 功能要求

- **活动与讲座信息采集**：实时采集学校活动、讲座信息，保持活动数据库的更新。
- **个性化推荐**：根据学生的兴趣标签和学术背景，推荐相关的校园活动和讲座。
- **报名提醒与管理**：提供活动报名功能，并在活动开始前发送提醒。
- **历史参与记录**：保存学生参加过的活动记录，供未来推荐和回顾使用。

2. 挑战

要具备兴趣匹配、活动信息整合、提醒系统功能。

21.1.15 基于 LSGAN 的图像生成与优化系统

实现一个基于最小平方生成对抗网络（Least Squares GAN，LSGAN）的图像生成系统。该系统旨在利用 LSGAN 的特性进行高质量图像生成，学生需要理解并实现 LSGAN 的基本结构，掌握生成器与判别器的交互原理，并通过实验探索如何利用该网络生成目标领域的图像（如手写数字、人脸等）。学生需要对生成效果进行优化，并评估生成图像的质量。

1. 功能要求

- **LSGAN 网络架构设计与实现**：实现生成器网络，接收随机噪声输入，并生成与目标数据相似的图像。实现判别器网络，使用最小平方损失函数区分生成图像与真实图像。
- **训练数据准备与预处理**：提供用于训练的数据集（如 MNIST、CelebA 等），并实现数据预处理功能（如图像缩放、标准化），确保数据适合输入神经网络。
- **生成图像的可视化**：在训练过程中，定期输出生成器生成的图像，并在系统中可视化展示生成效果，帮助学生直观地评估模型表现。
- **生成效果评估**：提供至少一种图像生成质量评估方法，如初始得分（Inception Score）、弗雷歇初始距离（Frechet Inception Distance），量化生成图像的质量和多样性。
- **实验报告与结果分析**：学生需撰写实验报告，总结他们的模型设计思路、超参数调优过程、生成效果以及遇到的挑战和解决方案。

2. 挑战

学生需要深入理解 LSGAN 的生成器和判别器架构，以及最小平方损失的应用与作用。

1）使用 Jittor 框架实现一种经典生成对抗网络模型 LSGAN。

2）使用两种数据集进行 LSGAN 的训练，分别是 Jittor 自带的数据集 MNIST 和用户构建的数据集 CelebA。

21.2 案例分析——基于 LSGAN 的图像生成与优化系统

生成对抗网络（GAN）是一种深度学习模型，是近年来复杂分布上无监督学习最具前景的方法之一。GAN 模型由生成器和判别器两个部分组成。在训练过程中，生成器的目标就是尽量生成真实的图片去欺骗判别器、判别器的目标则是尽量把生成器生成的图片和真实的图片区分开来。这样，生成器和判别器就构成了一个动态的"博弈过程"。许多相关研究工作表明 GAN 能够产生非常真实的生成效果。

使用 Jittor 框架实现一种经典 GAN 模型 LSGAN。LSGAN 将 GAN 的目标函数由交叉熵损失替换成最小平方损失，以此拒绝了标准 GAN 生成的图片质量不高以及训练过程不稳定这两个缺陷。下面通过 LSGAN 的实现介绍 Jittor 数据集准备、模型定义、模型训练的使用方法。

21.2.1 数据集准备

使用两种数据集进行 LSGAN 的训练，分别是 Jittor 自带的数据集 MNIST 和用户构建的数据集 CelebA。使用 Jittor 自带的 MNIST 数据加载器方法如下：使用 jittor.transform 可以进行数据归一化及数据增强，这里通过 transform 将图片归一化到 [0,1]，并通过 Resize 调整到标准大小 112×112。通过 set_attrs 函数可以修改数据集的相关参数，如 batch_size、shuffle 及 transform 等。

```
from jittor.dataset.mnist import MNIST
import jittor.transform as transform

transform = transform.Compose([transform.Resize(size=img_size),transform.ImageNormalize
    (mean=[0.5], std=[0.5])])
train_loader = MNIST (train=True, transform=transform).set_attrs(batch_size=batch_size,
    shuffle=True)
val_loader = MNIST (train=False, transform = transform).set_attrs(batch_size=1, shuffle=
    True)
```

使用用户构建的数据集 CelebA，方法如下：使用通用数据加载器 jittor.dataset.dataset.ImageFolder，输入数据集路径即可构建用户数据集。

```
from jittor.dataset.dataset import ImageFolder
import jittor.transform as transform

transform = transform.Compose([
    transform.Resize(size=img_size),
    transform.ImageNormalize(mean=[0.5, 0.5, 0.5], std=[0.5, 0.5, 0.5])])
train_dir = './data/celebA_train'
train_loader = ImageFolder(train_dir).set_attrs(transform=transform, batch_size=
    batch_size, shuffle=True)
val_dir = './data/celebA_eval'
val_loader = ImageFolder(val_dir).set_attrs(transform=transform, batch_size=1, shuffle=
    True)
```

21.2.2 模型定义

1. 网络结构

使用 LSGAN 进行图像生成，图 21-1 为 LSGAN 的模型。生成器网络输入一个 1024 维的向量，生成分辨率为 112×112 的图像；判别器网络输入 112×112 的图像，输出一个数字表示输入图像为真实图像的可信程度。

受到 VGG 模型的启发，生成器在与 DCGAN（深度卷积生成对抗网络）的结构基础上在前两个反卷积层之后增加了两个步长为 1 的反卷积层。除使用最小平方损失函数外，判别器的结构与 DCGAN 中的结构相同。与 DCGAN 相同，生成器和判别器分别使用了 ReLU 激活函数和 LeakyReLU 激活函数。

下面将介绍如何使用 Jittor 定义一个网络模型。定义模型需要继承基类 jittor.Module，并实现 _init_ 和 execute 函数。_init_ 函数在模型声明时会被调用，用于进行模型内部运算符或其他模型的声明及参数的初始化。该模型初始化时输入参数 dim 表示训练图像的通道数，对于 MNIST 数据集 dim 为 1，对于 CelebA 数据集 dim 为 3。

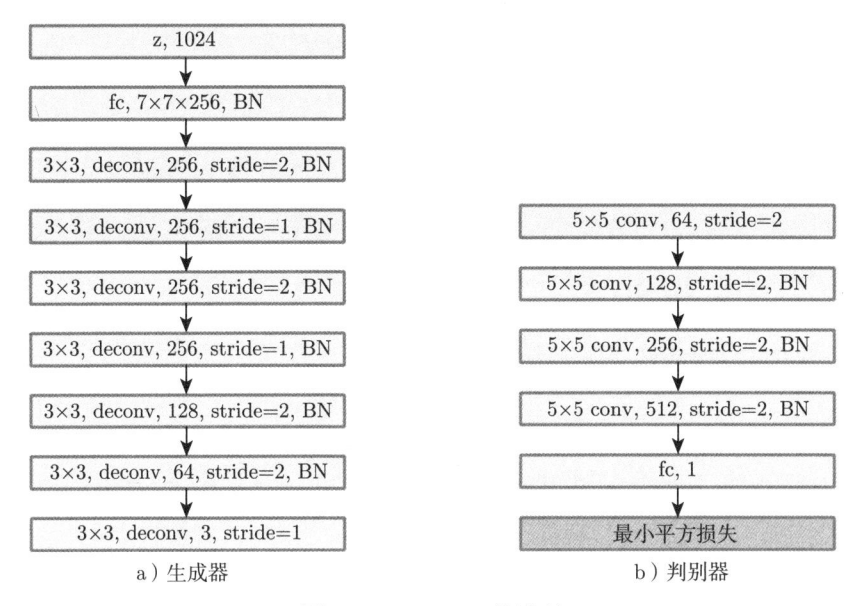

图 21-1 LSGAN 的模型

execute 函数在网络前向传播时会被调用，用于定义前向传播的计算图。通过 autograd 机制在训练时 Jittor 会自动构建反向计算图。

```
1
2   import jittor as jt
3   from jittor import nn, Module
4
5   class generator(Module):
6       def __init__(self, dim=3):
7           super(generator, self).__init__()
8           self.fc = nn.Linear(1024, 7*7*256)
9           self.fc_bn = nn.BatchNorm(256)
10          self.deconv1 = nn.ConvTranspose(256, 256, 3, 2, 1, 1)
11          self.deconv1_bn = nn.BatchNorm(256)
12          self.deconv2 = nn.ConvTranspose(256, 256, 3, 1, 1)
13          self.deconv2_bn = nn.BatchNorm(256)
14          self.deconv3 = nn.ConvTranspose(256, 256, 3, 2, 1, 1)
15          self.deconv3_bn = nn.BatchNorm(256)
16          self.deconv4 = nn.ConvTranspose(256, 256, 3, 1, 1)
17          self.deconv4_bn = nn.BatchNorm(256)
18          self.deconv5 = nn.ConvTranspose(256, 128, 3, 2, 1, 1)
19          self.deconv5_bn = nn.BatchNorm(128)
20          self.deconv6 = nn.ConvTranspose(128, 64, 3, 2, 1, 1)
21          self.deconv6_bn = nn.BatchNorm(64)
22          self.deconv7 = nn.ConvTranspose(64 , dim, 3, 1, 1)
23          self.relu = nn.ReLU()
24          self.tanh = nn.Tanh()
25
26      def execute(self, input):
27          x = self.fc_bn(self.fc(input).reshape((input.shape[0], 256, 7, 7)))
28          x = self.relu(self.deconv1_bn(self.deconv1(x)))
29          x = self.relu(self.deconv2_bn(self.deconv2(x)))
```

```
30          x = self.relu(self.deconv3_bn(self.deconv3(x)))
31          x = self.relu(self.deconv4_bn(self.deconv4(x)))
32          x = self.relu(self.deconv5_bn(self.deconv5(x)))
33          x = self.relu(self.deconv6_bn(self.deconv6(x)))
34          x = self.tanh(self.deconv7(x))
35          return x
36
37  class discriminator(nn.Module):
38      def __init__(self, dim=3):
39          super(discriminator, self).__init__()
40          self.conv1 = nn.Conv(dim, 64, 5, 2, 2)
41          self.conv2 = nn.Conv(64, 128, 5, 2, 2)
42          self.conv2_bn = nn.BatchNorm(128)
43          self.conv3 = nn.Conv(128, 256, 5, 2, 2)
44          self.conv3_bn = nn.BatchNorm(256)
45          self.conv4 = nn.Conv(256, 512, 5, 2, 2)
46          self.conv4_bn = nn.BatchNorm(512)
47          self.fc = nn.Linear(512*7*7, 1)
48          self.leaky_relu = nn.Leaky_relu()
49
50      def execute(self, input):
51          x = self.leaky_relu(self.conv1(input), 0.2)
52          x = self.leaky_relu(self.conv2_bn(self.conv2(x)), 0.2)
53          x = self.leaky_relu(self.conv3_bn(self.conv3(x)), 0.2)
54          x = self.leaky_relu(self.conv4_bn(self.conv4(x)), 0.2)
55          x = x.reshape((x.shape[0], 512*7*7))
56          x = self.fc(x)
57          return x
```

2. 损失函数

损失函数采用最小平方损失函数，其中判别器损失函数如式 (21-1) 所示。x 为真实图像，z 为服从正态分布的 1024 维向量，a 取值为 1，b 取值为 0。

$$\min_D L(D) = \mathbb{E}_{x \sim p_x}(D(x)-b)^2 + \mathbb{E}_{z \sim p_z}(D(G(z))-a)^2 \tag{21-1}$$

生成器损失函数如式 (21-2) 所示。z 为服从正态分布的 1024 维向量，c 取值为 1。

$$\min_G L(G) = \mathbb{E}_{z \sim p_z}(D(G(z))-c)^2 \tag{21-2}$$

```
1
2  def ls_loss(x, b):
3      mini_batch = x.shape[0]
4      y_real_ = jt.ones((mini_batch,))
5      y_fake_ = jt.zeros((mini_batch,))
6      if b:
7          return (x-y_real_).sqr().mean()
8      else:
9          return (x-y_fake_).sqr().mean()
```

21.2.3 模型训练
1. 参数设定

```
# 通过use_cuda设置在GPU上进行训练
jt.flags.use_cuda = 1
# 批大小
batch_size = 128
# 学习率
lr = 0.0002
# 训练轮数
train_epoch = 50
# 训练图像标准大小
img_size = 112
# Adam优化器参数
betas = (0.5,0.999)
# 数据集图像通道数，MNIST为1，CelebA为3
dim = 1 if task=="MNIST" else 3
```

2. 模型、优化器声明

分别声明生成器和判别器，并使用 Adam 作为优化器。

```
# 生成器
G = generator (dim)
# 判别器
D = discriminator (dim)
# 生成器优化器
G_optim = nn.Adam(G.parameters(), lr, betas=betas)
# 判别器优化器
D_optim = nn.Adam(D.parameters(), lr, betas=betas)
```

3. 训练

```
for epoch in range(train_epoch):
    for batch_idx, (x_, target) in enumerate(train_loader):
        Imini_batch = x_.shape[0]
        # 判别器训练
        D_result = D(sx)
        D_real_loss = ls_loss(D_result, True)
        z_ = init.gauss((mini_batch, 1024), 'float')
        G_result = G(z_)
        D_result_ = D(G_result)
        D_fake_loss = ls_loss(D_result_, False)
        D_train_loss = D_real_loss + D_fake_loss
        D_train_loss.sync()
        D_optim.step(D_train_loss)

        # 生成器训练
        z_ = init.gauss((mini_batch, 1024), 'float')
        G_result = G(z_)
        D_result = D(G_result)
```

```
20          G_train_loss = ls_loss(D_result, True)
21          G_train_loss.sync()
22          G_optim.step(G_train_loss)
23          if (batch_idx%100==0):
24              print('D training loss =', D_train_loss.data.mean())
25              print('G training loss =', G_train_loss.data.mean())
```

21.2.4 结果与测试

1. 生成结果

分别使用 MNIST 和 CelebA 数据集进行了 50 个 epoch 的训练。训练完成后各随机采样了 25 张图像，结果如图 21-2 和图 21-3 所示。

epoch 49

epoch 49

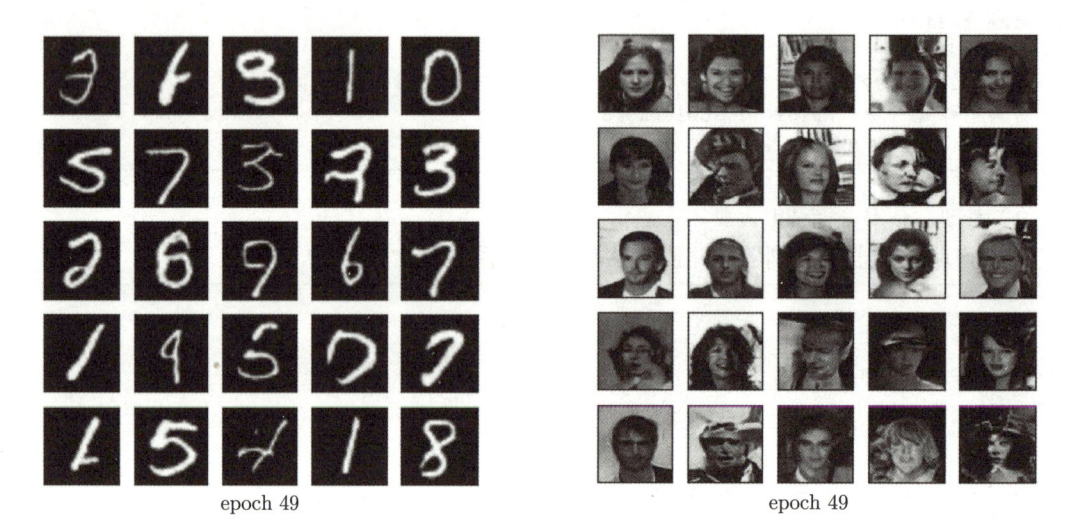

图 21-2 LSGAN 在 MNIST 数据集上的训练结果   图 21-3 LSGAN 在 CelebA 数据集上的训练结果

2. 速度对比

使用 Jittor 与主流的深度学习框架 PyTorch 进行了训练速度的对比，表 21-1 为 PyTorch（是/否打开 benchmark）及 Jittor 在两种数据集上进行一次训练迭代的时间。得益于 Jittor 特有的元算子融合技术，其训练速度比 PyTorch 快了 40%～55%。

表 21-1 PyTorch 及 Jittor 在两种数据集上进行一次训练迭代的时间

	MNIST	CelebA
PyTorch（未打开 benchmark）	0.4935 s	0.6414 s
PyTorch（打开 benchmark）	0.4695 s	0.5916 s
Jittor	**0.2803 s**	**0.2863 s**
增速（Jittor 比未打开 benchmark 的 PyTorch）	43.2%	55.4%
增速（Jittor 比打开 benchmark 的 PyTorch）	40.3%	51.6%

21.3 DeepSeek-R1 模型部署和使用

21.3.1 DeepSeek 是什么

DeepSeek 是由中国深度求索公司（DeepSeek 公司）研发的新一代人工智能大模型，具备多模态信息处理能力，在自然语言处理、计算机视觉、语音识别等领域展现出卓越性能。该模型能够实现文本生成与理解、图像识别与生成、语音转换与合成等多样化功能。

2025 年 1 月，DeepSeek 推出其最新迭代版本 DeepSeek-R1。该模型通过整合互联网实时信息与预训练知识库，为用户提供智能对话服务。其应用场景广泛，涵盖数学问题求解、文本文档撰写、多语言翻译、代码编写与优化等多个领域。

DeepSeek 语言模型的演进历程体现了持续的技术突破：2023 年 10 月发布 DeepSeek-Coder，2024 年 2 月推出 DeepSeek-Math，2024 年 12 月发布 DeepSeek-V3，直至 2025 年 1 月推出最新版本 DeepSeek-R1。这一系列产品在保持技术延续性的同时，实现了显著的性能提升。在技术创新方面，DeepSeek 采用高效的训练算法与优化的模型架构，结合先进的分布式训练技术，大幅降低了训练成本。据技术报告显示，DeepSeek-V3 的完整训练流程（包括预训练、上下文扩充和精调）在 Nvidia Tesla H800 平台上仅需约 278.8 万卡时[一]，以 2 美元/卡时的成本计算，总训练费用约为 557.6 万美元。这一成本仅为 GPT-4o 训练成本（约 1 亿美元）的 5.6%，展现出显著的成本优势。

值得注意的是，尽管训练成本显著低于主流大模型，DeepSeek 在多项自然语言处理基准测试中（包括文本分类、机器翻译、问答系统等）的表现均达到或超越了这些高成本模型，体现了其卓越的性价比和技术实力。这一突破性进展给人工智能领域的发展提供了新的可能性，展示了通过技术创新实现降本增效的可行路径。表 21-2 简要对比了 DeepSeek 与其他同类大语言模型各项特性差异。

表 21-2　DeepSeek 与其他同类大语言模型各项特性的对比

特性	DeepSeek	ChatGPT	文心一言	通义千问
单次训练成本（万美元）	约 557	约 10000	—	—
开源程度	完全开源	闭源	部分开源	部分开源
生态活跃度	高	依赖官方	一般	一般
二次开发自由度	高度自由	受限	部分受限	部分受限

21.3.2　DeepSeek 的使用与本地部署

深度求索公司提供了完全免费的网页端 DeepSeek-V3 和 DeepSeek-R1[二]可视化应用。此外，腾讯元宝[三]、国家超算互联网平台[四]等平台也提供了 DeepSeek 的部署版本应用。

本地可以使用 DeepSeek-Infer 进行本地推理，首先需要安装依赖并复制深度求索公司提供的代码。

```
pip install torch==2.4.1 triton==3.0.0 transformers==4.46.3 safetensors==0.4.5
git clone https://github.com/deepseek-ai/DeepSeek-V3.git
cd DeepSeek-V3/inference
pip install -r requirements.txt
```

从 Hugging Face 下载模型权重，并将其放入/path/to/DeepSeek-V3 文件夹中。将模型权重转换为特定格式：

```
pip install torch==2.4.1 triton==3.0.0 transformers==4.46.3 safetensors==0.4.5
git clone https://github.com/deepseek-ai/DeepSeek-V3.git
cd DeepSeek-V3/inference
```

[一] 卡时是计算硬件资源使用量时常用的单位，表示一张计算卡运行 1h 所占用的资源量。
[二] https://chat.deepseek.com/。
[三] https://yuanbao.tencent.com/chat/naQivTmsDa。
[四] https://www.scnet.cn/ui/mall/。

```
4  pip install -r requirements.txt
```

而后，即可在本地运行简单的演示，例如进行简单的对话：

```
torchrun --nnodes 2 --nproc-per-node 8 --node-rank $RANK --master-addr $ADDR generate.py
    --ckpt-path /path/to/DeepSeek-V3-Demo --config configs/config_671B.json --
    interactive --temperature 0.7 --max-new-tokens 200
```

或者对给定文件进行批量推理：

```
torchrun --nnodes 2 --nproc-per-node 8 --node-rank $RANK --master-addr $ADDR generate.py
    --ckpt-path /path/to/DeepSeek-V3-Demo --config configs/config_671B.json --input-
    file $FILE
```

此外，例如 Ollama 等大语言模型部署框架也可以快速完成 DeepSeek 的部署任务。

参 考 文 献

[1] 0—＞oo. 无人驾驶–规划–深度优先搜索和广度优先搜索(EB/OL). (2021-12-29)[2025-01-23]. https://blog.csdn.net/weixin_47012067/article/details/122032024.

[2] AGHION P, JONES B F, JONES C I. Artificial intelligence and economic growth[EB/OL]. [2025-02-24]. https://doi.org/10.7208/chicago/9780226613475.003.0009.

[3] AI 学习者. 计算机视觉(CV) 的发展史(EB/OL). (2024-04-18)[2025-01-23]. https://aijishu.com/a/1060000000460036.

[4] BENGIO Y, DUCHARME R, VINCENT P, et al. A neural probabilistic language model[J]. The Journal of Machine Learning Research, 2003, 3: 1137-1155.

[5] BOIKO D A, MACKNIGHT R, KLINE B, et al. Autonomous chemical research with large language models[J]. Nature, 2023, 624: 570-578.

[6] BOLANOS F, SALATINO A A, OSBORNE F, et al. Artificial intelligence for literature reviews: opportunities and challenges[EB/OL]. [2024-01-23]. https://arxiv.org/abs/2402.08565.

[7] BOUMAN K L, JOHNSON M D, ZORAN D, et al. Computational imaging for VLBI image reconstruction[C]//IEEE Conference on Computer Vision and Pattern Recognition. Las Vegas: IEEE, 2016: 913-922.

[8] LUO C. Understanding diffusion models: a unified perspective(EB/OL). (2022-08-05)[2025-01-23]. https://arxiv.org/abs/2208.11970.

[9] CHANG H S, HALDER U, SHIH C H, et al. Energy-shaping control of a muscular octopus arm moving in three dimensions[EB/OL]. (2023-02-01)[2025-01-23]. https://doi.org/10.1098/rspa.2022.0593.

[10] CHANG Y, WANG X, WANG J, et al. A survey on evaluation of large language models[EB/OL]. [2025-01-23]. https://doi.org/10.48550/arXiv.2307.03109.

[11] CHOQUETTE J, GANDHI W, GIROUX O, et al. NVIDIA A100 tensor core GPU: performance and innovation[J]. IEEE Micro, 2021, 41(2): 29-35.

[12] CHUNG J. CIMON spherical robot returns from the international space station[EB/OL]. (2019-09-02)[2025-01-23]. https://www.techeblog.com/cimon-spherical-robot-iss/.

[13] colagold. 推荐系统方法的分类[EB/OL]. (2021-11-14)[2025-01-23]. https://zhuanlan.zhihu.com/p/433220881.

[14] DAVIES A, VELICKOVIC P, BUESING L, et al. Advancing mathematics by guiding human intuition with AI[J]. Nature, 2021, 600: 70-74.

[15] DEB K, GUPTA H. Searching for robust Pareto-optimal solutions in multi-objective optimization[C]//International Conference on Evolutionary Multi-criterion Optimization. [S.l.]: [s.n.], 2005: 150-164.

[16] DEVLIN J, CHANG M W, LEE K, et al. "BERT: Pre-training of deep bidirectional transformers for language understanding[C]//2019 Conference of the North American Chapter of the Association for Computational Linguistics: Human Language Technologies. Minneapolis: Association for Computational Linguistics, 2019: 4171-4186.

[17] DORIGO D, BONABEAU E, THERAULAZ G. Ant algorithms and stigmergy[J]. Future Generation Computer Systems, 2000, 16(8): 851-871.

[18] DORRI A, KANHERE S S, JURDAK R. Multi-agent systems: a survey[J]. IEEE Access, 2018, 6: 28573-28593.

[19] DUAN C, DU Y, JIA H, et al. Accurate transition state generation with an object-aware equivariant elementary reaction diffusion model[J]. Nature Computational Science, 2023, 3: 1045-1055.

[20] EETOP. XPU、神经拟态、量子计算、异构整合……英特尔的第四次转型[EB/OL]. (2019-12-24) [2025-01-23]. https://baijiahao.baidu.com/s?id=1653775570091761736.

[21] enjoy 编程. 具身智能 (Embodied AI) 的概念、核心要素、难点及突破性进展 [EB/OL]. (2024-02-25)[2025-01-23]. https: //blog.csdn.net/penriver/article/details/136287650.

[22] FlagTech. 浅显易懂的 AI 人工智慧简史 [EB/OL]. [2025-02-21]. https://flagtech2020.medium.com/%E6%B5%85%E6%98%BE%E6%98%93%E6%87%82%E7%9A%84-ai-%E4%BA%BA%E5%B7%A5%E6%99%BA%E6%85%A7%E7%AE%80%E5%8F%B2-d3fd8801da4f.

[23] FOOT P. The problem of abortion and the doctrine of the double effect[J]. Oxford Review, 1967, 5: 5-15.

[24] FUDENBERG D, TIROLE J. Game theory[M]. Cambridge: MIT Press, 1991.

[25] GIL D, HOBSON S, MOJSILOVIĆ A, et al. AI for management: an overview// The future of management in an AI world: redefining purpose and strategy in the fourth industrial revolution[M], [S.l.]: [s.n.], 2020: 3-19.

[26] GILES C L, JIM K C. Learning communication for multi-agent Systems//TRUSZKOWSKI W, HINCHEY M, ROUFF C. Innovative concepts for agent-based systems[M]. Berlin, Heidelberg[s.n.], 2003: 377-390.

[27] GIOVANNI F G. Physical principles underpinning quantum computing[EB/OL]. [2025-01-23]. https://www.eetimes.eu/physical-principles-underpinning-quantum-computing/.

[28] GOODFELLOW I, POUGET-ABADIE J, MIRZA M, et al. Generative adversarial networks[J]. Communications of the ACM, 2020, 63(11): 139-144.

[29] GUO D, RUSH A M, KIM Y. Parameter-efficient transfer learning with diff pruning[C]//59th Annual Meeting of the Association for Computational Linguistics and the 11th International Joint Conference on Natural Language Processing. [S.l.]: ACL, 2021: 4884-4896.

[30] GUTOWSKA A. What is a multiagent system? [EB/OL]. [2025-01-23]. https://www.ibm.com/think/topics/multiagent-system.

[31] HAGEBACK N, HEDBLOM D. AI for Arts[M]. Florida: CRC Press, 2021.

[32] HARLEY C B. Learning the evolutionarily stable strategy[J]. Journal of Theoretical Biology, 1981, 89(4): 611-633.

[33] JAMES L. 5 ways mother nature inspires artificial intelligence[EB/OL]. [2025-01-23]. https://towardsdatascience.com/5-ways-mother-nature-inspires-artificial-intelligence-2c6700bb56b6.

[34] JavaEdge. 人工智能导论（二）Methodologies of knowledge representation[EB/OL]. (2019-02-15)[2025-02-24]. https://cloud.tencent.com/developer/article/1391173.

[35] OPENAI JOSH A, ADLER S, et al. GPT-4 technical report[EB/OL]. [2025-01-23]. https:doi.org/10.48550/arXiv. 2303.08774.

[36] JURAFSKY D, MARTIN J H. Speech and language processing: an introduction to natural language processing, computational linguistics, and speech recognition with language models[EB/OL]. (2025-01-12)[2025-02-24]. https://web.stanford.edu/~jurafsky/slp3/.

[37] KAMDAR R, PALIWAL P, KUMAR Y. A state of art review on various aspects of multi-agent system[J]. Journal of Circuits, Systems and Computers, 2018, 27(11): 1830006.

[38] KATZSCHMANN R K, DELPRETD J, MACCURDY R, et al. Exploration of underwater life with an acoustically controlled soft robotic fish[J]. Science Robotics, 2018, 3(16): eaar3449.

[39] LECUN Y, BENGIO Y, HINTON G. Deep learning[J]. Nature (London). 2015, 521: 436-444.

[40] LEMOS P, JEFFREY N, CRANMER M, et al. Rediscovering orbital mechanics with machine learning[EB/OL]. [2025-01-23]. https://arxiv.org/abs/2202.02306.

[41] LIN L. Brain-computer interface technology for rehabilitation exoskeleton applications[J]. Applied and Computational Engineering, 2024 31: 19-28.

[42] LIU Y, CHEN W, BAI Y, et al. Aligning cyber space with physical world: a comprehensive survey on embodied AI[EB/OL]. [2025-01-23]. https://arxiv.org/abs/2407.06886.

[43] The Manufacturer. CAD is a lie: generative design to the rescue[EB/OL]. [2025-02-21]. https://www.themanufacturer.com/articles/cad-is-a-lie-generative-design-to-the-rescue/.

[44] MERCHANT A, BATZNER S, SCHOENHOLZ S S, et al. Scaling deep learning for materials discovery[J]. Nature, 2023, 624: 80-85.

[45] MIRHOSEINI A, GOLDIE A, YAZGAN M, et al. Chip placement with deep reinforcement learning[EB/OL]. [2025-01-23]. https://doi.org/10.48550/arXiv. 2004.10746.

[46] MÜLLER V C. Philosophy of AI: a structured overview[EB/OL]. (2024-10-20)[2025-10-23]. https://en.wikipedia.org/wiki/Multi-agent_system.

[47] MURPHY M. A new chip architecture points to faster, more energy-efficient AI. (2023-10-20)[2025-01-23]. https://research.ibm.com/blog/northpole-ibm-ai-chip.

[48] National Highway Traffic Safety Administration (NHTSA). Traffic safety investigation report: crash of a 2015 Tesla Model S operating with automated vehicle control systems[EB/OL]. [2025-02-24]. https://static.nhtsa.gov/odi/inv/2016/INCLA-PE16007-7876.PDF.

[49] 罗素, 诺维格. 人工智能: 现代方法 原书第 4 版 [M]. 精装版. 张博雅, 陈坤, 田超, 等译. 人民邮电出版社, 2023.

[50] OpenChat. 知识表示学习：从数据到知识，解锁 AI 的潜力 [EB/OL]. (2023-12-26)[2025-01-23]. https://juejin.cn/post/7316468141877297202.

[51] PFEIFFER J, RUCKLE A, POTH C, et al. AdapterHub: a framework for adapting transformers[C]// 2020 Conference on Empirical Methods in Natural Language Processing: System Demonstrations. Stroudsburg, PA: ACL, 2020: 46-54.

[52] Associated Press. Barack Obama Shakes Mind-Controlled Robot Hand Wired to Sense Touch [EB/OL]. (2016-10-13)[2025-01-23]. https://www.houstonchronicle.com/news/nation-world/nation/article/ Barack-Obama-shakes-mind-controlled-robot-hand-9970359.php.

[53] RAJBHANDARI S, RASLEY J, PUWASE O, et al. Zero: memory optimizations toward training trillion parameter models[C]//International Conference for High Performance Computing, Networking, Storage and Analysis. [S.l.]: IEEE, 2020: 1-16.

[54] RASLEY J, RAJBHANDARI S, RUWASE O, et al. Deepspeed: system optimizations enable training deep learning models with over 100 billion parameters//26th ACM SIGKDD International Conference on Knowledge Discovery & Data Mining. [S.l.]: ACM SIGKDD, 2020: 3505-3506.

[55] REN J, RAJBHANDARI S, AMINABADI R Y, et al. ZeRO-offload: democratizing billion-scale model training[C]//USENIX Annual Technical Conference. [S.l.]: USENIX Asscciation, 2021: 551-564.

[56] rink1t. 智能优化算法：PSO-粒子群优化算法基本原理 [EB/OL]. (2023-11-21)[2025-01-23]. https://juejin.cn/post/7303465518157217833.

[57] ROMERA-PAREDES B, BAREKATAIN M, NOVIKOV A, et al. Mathematical discoveries from program search with large language models[J]. Nature, 2024, 625: 468-475.

[58] Ronny. Harris 角点 [EB/OL]. (2014-10-09)[2025-01-23]. https://www.cnblogs.com/ronny/p/4009425.html.

[59] RUPPERT F, BADRI-SPRÖWITZ A. Learning plastic matching of robot dynamics in closed-loop central pattern generators[J]. Nature Machine Intelligence, 2022 4: 652-660.

[60] RUSSELL S, NORVIG P. Artificial intelligence: a modern approach[M]. 4th US ed. New Jersey: Pearson Education Limited, 2021.

[61] 罗素, 诺维格. 人工智能：现代方法 原书第4版 [M]. 张博雅, 陈坤, 田超, 等译. 北京：人民邮电出版社, 2023.

[62] GOLDMAN SACHS. The economic potential of generative AI: productivity gains across industries[R]. New York: Goldman Sachs, 2023.

[63] seh_sjlj. 人工智能：知识表示 [EB/OL]. (2022-12-08)[2025-01-23]. https://blog.csdn.net/qaqwqaqwq/article/details/128110427.

[64] SETTLES B. Active learning literature survey[EB/OL]. [2025-02-24]. https://minds.wisconsin.edu/handle/1797/60660.

[65] SimonCoder. 图像超分辨：基于插值的方法 (个人总结)[EB/OL]. (2024-06-17)[2025-01-23]. https://blog.csdn.net/SimonCoder/article/details/107125534.

[66] STACEY K. Brain-computer interface enables people with paralysis to control tablet devices [EB/OL]. (2018-11-21)[2025-01-23]. https://www.brown.edu/news/2018-11-21/tablet.

[67] NORVIG P, RUSSELL S. Problem-solving[M]. New Jersey: Pearson Education Limited, 2020.

[68] SYNOPSYS. What is AI chip design? How it works? [EB/OL]. [2025-01-23]. https://www.synopsys.com/glossary/what-is-ai-chip-design.html.

[69] SZABADFÖLDI I. Artificial intelligence in military application-opportunities and challenges[J]. Land Forces Academy Review, 2021, 26(2): 157-165.

[70] TechArtisan6. 数字图像处理 (11)：图像平滑 (均值滤波、中值滤波和高斯滤波)[EB/OL]. (2019-05-03)[2025-01-23]. https://blog.csdn.net/zaishuiyifangxym/article/details/89788020.

[71] TechArtisan6. 数字图像处理 (17)：直方图均衡化处理 [EB/OL]. (2019-05-04)[2025-01-23]. https://blog.csdn.net/zaishuiyifangxym/article/details/89813977.

[72] VINA A. AI in aviation: a runway to smarter airports by Abirami Vina[EB/OL]. [2025-01-23]. https://www.ultralytics.com/blog/ai-in-aviation-a-runway-to-smarter-airports.

[73] WALLACH W, ALLEN C. Moral machines: teaching robots right from wrong[M]. Oxford: Oxford University Press, 2008.

[74] WANG F, GE J, WILLIS K. Discovering faint and high apparent motion rate near-Earth asteroids using a deep learning program[J]. Monthly Notices of the Royal Astronomical Society, 2022, 516(4): 5785-5798.

[75] wang-jue. 计算机视觉中的经典骨干网络总结. [EB/OL]. (2022-03-31)[2025-01-23]. https://blog.csdn. net/qq_36561737/ article/details/122343872.

[76] wangduo. 基于阈值的图像分割方法 [EB/OL]. [2025-01-23]. https://www.cnblogs.com/wangduo/p/ 5556903.html.

[77] WENG L. LLM Powered Autonomous Agents[EB/OL]. (2023-06-23)[2025-01-23]. https://lilianweng. github.io/posts/2023-06-23-agent/.

[78] FUTURE SPACE WORLD. The Evolution of SpaceX Raptor Engines[EB/OL]. [2025-02-21]. https://medium. com/@futurespaceworld/the-evolution-of-spacex-raptor-engines-228a4df8837a.

[79] XI Z, CHEN W, GUO X, et al. The rise and potential of large language model based agents: a survey[EB/OL]. (2023-09-14)[2025-01-23]. https://doi.org/10.48550/ arXiv. 2309.07864.

[80] Yong Yuan. 图像检索：基于内容的图像检索技术 [EB/OL]. (2016-06-05)[2025-01-23]. https://yongyuan.name/blog/cbir-technique-summary.html.

[81] ZHANG E. Types and causes of bias in machine learning algorithms[J]. Journal of Artificial Intelligence Research, 2022, 58: 345-367.

[82] ZHANG S, YAO L, SUN A, et al. Deep learning based recommender system: a survey and new perspectives[J]. ACM Computing Surveys, 2019, 52(1): 1-38.

[83] ZHAO W X, ZHOU K, LI J, et al. A survey of large language models[EB/OL]. [2025-02-24]. https://doi.org/10.48550/arXiv.2303.18223.

[84] ZHOU A, MA Y, ZHU J. et al. Learning n: m fine-grained structured sparse neural networks from scratch[EB/OL]. (2021-02-08)[2025-01-23]. https://doi.org/10.48550/arXiv.2102.04010.

[85] FRAZELLE J. Introducing Text-to-CAD[EB/OL]. (2023-12-18)[2025-02-24]. https://zoo.dev/blog/ introducing-text-to-cad.

[86] 一个 IT 老兵眼中的人工智能. 人工智能的三大学派 (原创)[EB/OL]. (2021-12-09)[2025-02-24]. https://zhuanlan. zhihu.com/p/443257981.

[87] 一个写湿的程序猿. 什么是推荐系统? 应用场景有哪些? [EB/OL]. (2021-03-12)[2025-01-23]. https:// blog.csdn.net/qq_32727095/article/details/114675805.

[88] 一杯盐水. 图像常用的插值算法：最近邻插值、双线性插值和双三次插值算法. [EB/OL]. (2020-04-26)[2025-01-23]. https: //blog.csdn.net/CFH1021/article/details/105361280.

[89] 思维世界. 一阶谓词逻辑表示法的特点：优点缺点和局限性 [EB/OL]. (2024-06-23)[2025-01-23]. http: //www.siweishijie.com/5317.html.

[90] 中国军号. 高清大图! 导弹发射图片公布! . [EB/OL]. (2024-09-26)[2025-01-23]. https://mp.weixin. qq.com/s/jd4yCf3zk84jZjA_qHACEQ.

[91] 义柏. 具身智能专题研究：开启智能通用机器人的奇点时刻. [EB/OL]. (2024-01-24)[2025-01-23]. https: //www.100summit.com/cn/details/id/4312.

[92] 央视新闻客户端. 刷脸登录还安全吗？警方侦破全国首起"AI 技术"侵犯隐私案 [EB/OL]. (2024-09-14)[2025-02-24]. https://news.cnr.cn/native/gd/kx/20240914/t20240914_526903980.shtml.

[93] 古德费洛, 本吉奥, 库维尔. 深度学习 [M]. 赵申剑, 译. 北京: 人民邮电出版社, 2017.

[94] 以太以北. 模拟退火算法 (Simulated Annealin)[EB/OL]. (2022-10-21)[2025-01-23]. https://blog. csdn.net/u014042772/article/details/127451653.

[95] 修春波. 人工智能技术 [M]. 北京: 机械工业出版社, 2018.

[96] 吴进. 语音信号处理实用教程 [M]. 北京: 人民邮电出版社, 2015.

[97] 吴飞. 人工智能导论：模型与算法 [M]. 北京: 高等教育出版社, 2020.

[98] 周志华. 机器学习 [M]. 北京: 清华大学出版社, 2016.

[99] 国家互联网信息办公室, 中华人民共和国工业和信息化部, 中华人民共和国公安部, 等. 互联网信息服务算法推荐管理规定 [EB/OL]. (2021-12-31)[2024-02-24]. https://www.cac.gov.cn/2022-01/04/c_1642894606364259.htm.

[100] 国家新一代人工智能治理专业委员会. 新一代人工智能治理原则: 发展负责任的人工智能. (2019-06-17)[2025-02-24]. https://www.most.gov.cn/kjbgz/201906/t20190617_147107.html.

[101] 图灵人工智能研究院. "欧卡智舶"获 5000 万元 A 轮融资, 国家队批量入场, 加速"水面无人驾驶"时代到来 [EB/OL]. [2025-01-23]. https://www.ainanjing.org.cn/newsinfo/2771729.html.

[102] 小梁不秃捏. 蚁群算法 (Ant Colony Optimization, ACO) 讲解 + 代码实现 [EB/OL]. (2024-07-09)[2025-01-23]. https://blog.csdn.net/m0_73804764/article/details/140304201.

[103] 小花技术大本营. 从零开始学人工智能—搜索: 对抗搜索 [EB/OL]. [2025-01-23]. https://www.cnblogs.com/RoyalFlush/p/12460242.html.

[104] 崔原豪.《流浪地球》科学顾问自述: 在电影里探索如何实现人类的数字永生 [EB/OL]. (2023-01-28)[2025-01-23]. https://zhishifenzi.blog.caixin.com/archives/264229.

[105] 廉师友. 人工智能导论 [M]. 北京: 清华大学出版社, 2020.

[106] 开发者社区. 计算机视觉概述（一）. [EB/OL]. (2023-09-19)[2025-01-23]. https://developer.aliyun.com/article/1331866.

[107] 张伟伟. 西工大张伟伟教授: 智能流体力学研究的进展 [EB/OL]. (2022-02-08)[2025-01-23]. https://www.leiphone.com/category/academic/4M1siLoFTmdbBcn6.html.

[108] 张奇, 桂韬, 黄萱菁. 自然语言处理导论 [M]. 北京: 电子工业出版社, 2023.

[109] 张良均. Python 数据分析与挖掘实战 [M]. 北京: 机械工业出版社, 2016.

[110] 微微菌. 智能矿山迎来数据革命 [EB/OL]. (2023-06-29)[2025-01-23]. https://easyv.cloud/c/article/721.html.

[111] 抖音百科. 多智能体系统 [EB/OL]. [2025-01-23]. https://www.baike.com/wikiid/3838419358820422406.

[112] 拾牙慧者. 角点检测 (Harris 角点检测法)[EB/OL]. (2021-04-26)[2025-01-23]. https://juejin.cn/post/6955402913619378189.

[113] 探索科技 TechSugar. EDA 智能化趋势, AI 正改变芯片设计方式 [EB/OL]. (2021-08-27)[2025-01-23]. https://m.ofweek.com/ai/2021-08/ART-201700-8500-30521415.html.

[114] 文亮. 推荐系统技术原理与实践 [M]. 北京: 人民邮电出版社, 2023.

[115] 时链科技 TimeChains. 时链 AIoT 智慧供热解决方案助力北方供热高效减碳 [EB/OL]. (2023-11-29)[2025-01-23]. https://www.sohu.com/a/739958773_121071116.

[116] 曹文明. 深度学习理论与实践 [M]. 北京: 清华大学出版社, 2024.

[117] 木人舟. 人工智能导论–知识表示 [EB/OL]. (2024-10-18)[2025-01-23]. https://blog.csdn.net/m0_73366745/article/details/140503323.

[118] 朱飞. 在华为东莞松山湖基地, 见证一场始于 AI 质检的智能制造变革 [EB/OL]. (2020-08-11)[2025-01-23]. https://zhuanlan.zhihu.com/p/180523204.

[119] 机器之心. 为什么说具身智能是通往 AGI 值得探索的方向？上海交大教授卢策吾深度解读 [EB/OL]. (2023-01-21)[2025-01-23]. https://new.qq.com/rain/a/20230121A02I1100.

[120] 李德毅. 人工智能导论 [M]. 北京: 中国科学技术出版社, 2018.

[121] 杨正洪. 人工智能技术入门 [M]. 北京: 清华大学出版社, 2021.

[122] 梁瑞宇, 王青云, 谢跃, 等. 现代语音信号处理: Python 版 [M]. 北京：机械工业出版社, 2022.

[123] 沈颖, 丁宁. 自然语言处理导论 [M]. 北京: 机械工业出版社, 2023.

[124] 河北网络广播电视台. 人工智能为供热行业注入新动能, 插上"智慧的翅膀"[EB/OL]. (2021-11-30)[2025-01-23]. https://m.huanqiu.com/article/45nbtAR4Sz1.

[125] 清华大学北京信息科学与技术国家研究中心. 清华大学发布深度学习框架: 计图 (Jittor). [EB/OL]. (2020-03-01)[2025-01-23]. https://www.bnrist.tsinghua.edu.cn/info/1108/1953.htm.
[126] 焦李成. 深度学习简明教程 [M]. 西安: 西安电子科技大学出版社, 2023.
[127] 王万良. 人工智能导论 [M]. 3 版. 北京: 高等教育出版社, 2011.
[128] 王万良. 人工智能导论 [M]. 4 版. 北京: 高等教育出版社, 2017.
[129] 王万良. 人工智能导论 [M]. 5 版. 北京: 高等教育出版社, 2020.
[130] 王书浩, 徐罡. 深度学习: 从算法本质、系统工程到产业实践 [M]. 北京: 清华大学出版社, 2024.
[131] 王琦, 杨毅远, 江季. 深度学习详解: 基于李宏毅老师"机器学习"课程 [M]. 北京: 人民邮电出版社, 2024.
[132] 王科, 夏睿. 情感词典自动构建方法综述 [J]. 自动化学报, 2016, 42(4): 495-511.
[133] 王荣胜. 图解 AI: 什么是语义分割、实例分割、全景分割 [EB/OL]. (2021-04-29)[2025-01-23]. https://zhuanlan.zhihu.com/p/368904941.
[134] 薛峰. 推荐系统: 飞桨深度学习实战 [M]. 北京: 清华大学出版社, 2023.
[135] 盼小辉丶. 遗传算法 (Genetic Algorithm) 详解与实现. [EB/OL]. (2024-11-13)[2025-01-23]. https://blog.csdn.net/LOVEmy134611/article/details/111639624.
[136] 肖桐, 朱靖波. 机器翻译: 基础与模型 [M]. 北京: 电子工业出版社, 2021.
[137] 腾讯研究院. 中美两国人工智能产业发展全面解读 [R]. 北京: 腾讯研究院, 2017.
[138] 莫宏伟, 徐立芳. 人工智能导论 [M]. 2 版. 北京: 人民邮电出版社, 2024.
[139] 李东胜. 推荐系统: 前沿与实践 [M]. 北京: 电子工业出版社, 2022.
[140] 蔡自兴, 刘丽钰, 陈白帆, 等. 人工智能及其应用 [M]. 7 版. 北京: 清华大学出版社, 2024.
[141] 赵港, 王千阁, 姚峰, 等. 大规模图神经网络系统综述 [J]. 软件学报, 2022, 33(1): 150-170.
[142] 赵金晶, 李虎, 张明. 深度学习与神经网络 [M]. 北京: 电子工业出版社, 2024.
[143] 醉梦江湖. TextCNN: 一个简洁而高效的文本处理算法 [EB/OL]. (2023-02-08)[2025-01-23]. https://zhuanlan.zhihu.com/p/602765246.
[144] 阳志梁. 基于新型信任模型的自适应推荐方法研究 [D]. 上海: 上海师范大学, 2018.
[145] 阿里云. 解密淘宝推荐实战, 打造"比你还懂你"的个性化 APP [EB/OL]. (2019-12-12)[2025-01-23]. https://developer.aliyun.com/article/739057.
[146] 陶显, 侯伟, 徐德. 基于深度学习的表面缺陷检测方法综述 [J]. 自动化学报, 2021, 47(5): 1017-1034.
[147] 傅彦, 顾小丰, 王庆先, 等. 离散数学及其应用 [M]. 3 版. 北京: 高等教育出版社, 2019.
[148] 高博, 刘冰, 李力. Python 数据分析与可视化从入门到精通 [M]. 北京: 北京大学出版社, 2020.
[149] 龚涛. 基于正常模型的人工免疫系统: 200610092973.8 [P]. 2012-08-22.

推荐阅读

深入理解计算机系统（原书第3版）

作者：[美] 兰德尔 E.布莱恩特 等 ISBN: 978-7-111-54493-7 定价: 139.00元

计算机体系结构精髓（原书第2版）

作者：（美）道格拉斯·科莫 等 ISBN: 978-7-111-62658-9 定价: 99.00元

计算机系统：系统架构与操作系统的高度集成

作者：（美）阿麦肯尚尔·拉姆阿堪德兰 等 ISBN: 978-7-111-50636-2 定价: 99.00元

现代操作系统（原书第4版）

作者：（荷）安德鲁 S.塔嫩鲍姆 等 ISBN: 978-7-111-57369-2 定价: 89.00元

推荐阅读

机器人学导论（原书第4版）
作者：[美] 约翰 J. 克雷格　ISBN：978-7-111-59031　定价：79.00元

现代机器人学：机构、规划与控制
作者：[美] 凯文·M.林奇 等　ISBN：978-7-111-63984　定价：139.00元

自主移动机器人与多机器人系统：运动规划、通信和集群
作者：[以] 尤金·卡根 等　ISBN：978-7-111-68743　定价：99.00元

移动机器人学：数学基础、模型构建及实现方法
作者：[美] 阿朗佐·凯利　ISBN：978-7-111-63349　定价：159.00元

工业机器人系统及应用
作者：[美] 马克·R.米勒 等　ISBN：978-7-111-63141　定价：89.00元

ROS机器人编程：原理与应用
作者：[美] 怀亚特·S.纽曼　ISBN：978-7-111-63349　定价：199.00元

推荐阅读

人工智能：原理与实践

作者：（美）查鲁·C.阿加沃尔　译者：杜博　刘友发　ISBN：978-7-111-71067-7

本书特色

本书介绍了经典人工智能（逻辑或演绎推理）和现代人工智能（归纳学习和神经网络），分别阐述了三类方法：

基于演绎推理的方法，从预先定义的假设开始，用其进行推理，以得出合乎逻辑的结论。底层方法包括搜索和基于逻辑的方法。

基于归纳学习的方法，从示例开始，并使用统计方法得出假设。主要内容包括回归建模、支持向量机、神经网络、强化学习、无监督学习和概率图模型。

基于演绎推理与归纳学习的方法，包括知识图谱和神经符号人工智能的使用。

神经网络与深度学习

作者：邱锡鹏　ISBN：978-7-111-64968-7

本书是深度学习领域的入门教材，系统地整理了深度学习的知识体系，并由浅入深地阐述了深度学习的原理、模型以及方法，使得读者能全面地掌握深度学习的相关知识，并提高以深度学习技术来解决实际问题的能力。本书可作为高等院校人工智能、计算机、自动化、电子和通信等相关专业的研究生或本科生教材，也可供相关领域的研究人员和工程技术人员参考。